JN438738

환경유해인자 감시·저감관리 대응기술
- 미세먼지/유해화학물질/미세플라스틱 -

R&D정보센터

발 간 사

환경부는 '안전한 환경, 모두가 건강한 사회'를 비전으로 제2차 환경보건종합계획(2021~2030)을 작년부터 본격적으로 시행하며, 사전예방·관리에서 피해 대응·복구까지 확장된다.

첫째, 환경유해인자의 사전 감시를 강화한다. 미세먼지·소음 등은 물론 기후변화, 나노물질·미세플라스틱·미생물 등 잠재적 유해인자에 대한 건강영향도 지속적으로 감시한다. WHO에 따르면 전 세계 117개국 6천 700개 도시를 대상으로 한 대기질 모니터링 결과 전 세계 인구 99% 이상이 유해한 수준의 미세먼지를 마시고 있다. 2019년 기준으로 연간 700만여명이 나빠진 공기질의 직·간접적 영향으로 사망했으며 대기오염이 초래한 건강 관련 비용은 8조 1000억 달러에 이른다고 WHO는 전했다.

둘째, 환경유해인자의 노출 관리를 강화한다. 실내공기·소음·빛 공해와 더불어 화학물질 평가와 산업계 관리를 강화한다. 2021년 유해화학물질 사고 건수가 최근 5년 사이 최다였으며, 전체 사고 58%(161건)는 환경부에서 영업허가를 받은 시설에서 발생했다. 앞으로도 등록이 필요한 화학물질 수는 2021년까지 1천944종, 2024년까지 2천785종, 2027년까지 5천640종, 2030년까지 6천727종으로 늘어날 예정이다.

셋째, 환경성 건강피해 대응능력을 강화한다. 가습기살균제·석면·환경오염 피해구제 시 합리적 수준의 지원금이 지급될 수 있도록 하고, 의료 사후관리 등 피해자 지원을 보다 강화할 계획이다. 마지막으로 환경보건 시스템을 견고화한다. 환경보건법 개정(`20. 12)으로 지자체별로 환경보건 표준조례가 만들어지고, 관련 계획이 수립될 예정이다. 끝으로 전문성이 보다 더 강화되며, 환경보건 빅데이터를 점진적으로 구축·공개할 계획이다.

이에 본원 R&D정보센터에서는 환경유해인자에 대한 능동적 감시 및 저감과 환경보건 서비스 강화를 위하여 「**환경유해인자 감시·저감관리 대응기술 -미세먼지/유해화학물질/미세플라스틱**」을 발간하였다. 본서는 총 3편으로 구성되었으며, 1편에서는 환경보건계획과 스마트안전 세부내용을, 2편에서는 환경유해인자별 노출·감시 강화방안과 대응기술을, 3편에서는 플라스틱 재활용과 대체물질 개발동향을 다루었다. 본서가 학계·연구기관 및 관련 산업분야 종사자 여러분들에게 다소나마 유익한 정보자료로 활용되기를 바라는 바입니다.

2022. 10.

지식산업정보원 R&D정보센터

제 I 편 환경보건과 스마트안전

제1장 국내 환경보건 사례연구와 관련기술 추진방향

제Ⅱ편 환경유해인자 노출 감시강화 및 대응기술

제1장 공기 노출 유해인자 관련 연구·기술 동향

제2장 환경유해인자 독성과 국가별 화학물질 규제동향

제4장 유해물질 통합 위해성 평가와 水환경 유해물질 현황·대응

제5장 잠재 유해인자 미세플라스틱 위해성과 저감·대응 기술

제Ⅲ편 플라스틱 순환경제와 대체물질 개발

제1장 플라스틱 대체소재 및 재활용기술 개발동향

도표(통계) 목차

제Ⅰ편 환경보건과 스마트안전

제1장 국내 환경보건 사례연구와 관련기술 추진방향

제Ⅱ편 환경유해인자 노출 감시강화 및 대응기술

제1장 공기 노출 유해인자 관련 연구·기술 동향

제2장 환경유해인자 독성과 국가별 화학물질 규제동향

제3장 유해물질 화학사고 현황과 대응기술 개발동향

제4장 유해물질 통합 위해성 평가와 水환경 유해물질 현황·대응

제5장 잠재 유해인자 미세플라스틱 위해성과 저감·대응 기술

제Ⅲ편 플라스틱 순환경제와 대체물질 개발

제1장 플라스틱 대체소재 및 재활용기술 개발동향

Ⅰ편
환경보건과 스마트안전

1장 국내 환경보건 사례연구와 관련기술 추진방향

제 1장 국내 환경보건 사례연구와 관련기술 추진방향

1. 제2차 환경보건종합계획(2021~2030)

1) 계획 수립 배경과 역할

(1) 수립 배경

❑ 삶의 질·건강의 중요성이 부각되면서 환경유해인자와 그로 인한 건강 영향을 예측하고, 예방하는 환경보건정책의 중요성이 점점 부각되고 있다.

- 배출원 관리에서 사람 건강에 미치는 영향을 관리하는 수용체 중심의 전환 필요

❑ 그간, 환경성질환 건강영향 분석 기반 마련, 환경오염 피해구제 제도 도입, 환경유해인자 노출저감 등 다양한 제도 등의 기반을 마련했으나, 제한적인 환경오염 피해구제 지원, 생활주변 환경유해인자 관리 수준 국민 기대치 대비 미흡, 환경보건 전담기구·인력 부족 등의 지적도 존재했다.

❑ 향후 환경건강에 대한 국민 관심 증가, 유해화학물질 유통량 증가 전망, IoT·빅데이터 등 신기술의 발달 등의 여건 변화도 고려할 필요가 있다.

- 「제2차 환경보건종합계획(2021~2030)」 수립으로 향후 10년간의 환경 보건정책 방향과 여건 변화에 맞는 새로운 정책 수단 마련 필요

(2) 계획의 위상과 역할

가. 계획의 위상

A) 성격

❑ 「환경보건법」에 따라 10년마다 수립하는 법정 계획으로 환경 보건정책의 목표와 실천방향을 제시하는 국가 기본계획이다.

- (환경보건법 제6조 제1항) 환경부장관은 관계 중앙행정기관의 장과의 협의와 제9조에 따른 환경보건위원회의 심의를 거쳐 환경유해인자가 수용체에 미치는 영향과 피해를 조사·예방 및 관리함으로써 국민의 건강을 증진시키기 위하여 환경보건종합계획(이하 "종합계획"이라 한다)을 10년마다 세워야 한다.

B) 타 계획과의 관계

❑ 「환경정책기본법」에 따른 '제4차 국가환경종합계획('16~'35)'의 환경보건분야 실천과제 추

진을 위한 부문 계획이다.

❑ 「환경정책기본법」에 따른 '시·도 환경보전계획'의 상위 계획이다.

- (환경보건법 제7조 제3항) 특별시장·광역시장·특별자치시장·도지사·특별자치도지사 및 시장·군수·구청장은 「환경정책기본법」 제18조 및 제 19조에 따른 시·도의 환경보전계획 및 시·군·구의 환경보전계획을 세울 때에는 종합계획에 따라 관할 구역의 환경보건에 관한 계획을 지역환경계획에 포함시켜야 한다.

나. 계획의 역할

❑ 환경보건에 관한 중앙행정기관 및 지자체의 정책 수립 원칙과 기본 방향을 제시하는 지침 역할로, 다양한 환경매체별 계획을 수용체 중심으로 통합하고, 조정·선도하는 가이드라인 역할을 한다.

❑ 환경유해인자로 인한 국민건강 피해를 예방하기 위한 정책을 제시함으로써 환경정책과 보건정책 사이의 사각지대를 해소하는 역할을 한다.

2) 현황 및 전망

(1) 제1차 환경보건종합계획 평가

가. 제1차 계획의 주요내용(2011년~2020년)

❑ **(비전)** 환경유해인자로 인한 피해를 예방하여 건강하고 안전한 사회를 구현한다.

❑ **(목표)** 2020년까지 환경보건 선도국가에 진입한다.

❑ **(전략)** ① 환경성질환 예방·관리 내실화, ② 국민의 환경유해인자 노출 최소화, ③ 환경보건 기반 개선이 있다.

❑ **(원칙)** ① 사전예방원칙, ② 수용체 지향 접근 원칙 ③ 환경정의 구현 원칙, ④ 참여와 알권리 보장 원칙 등이다.

[도표 I-1] 전략별 추진 과제

전략	추진 과제
① 환경성질환 예방·관리 내실화	▪ 꼼꼼한 환경보건 조사·감시 체계 마련 ▪ 환경성질환 예방 대책 강화 ▪ 민감계층·취약지역 건강 보호 ▪ 환경피해 구제시스템 정비
② 국민의 환경유해인자 노출 최소화	▪ 생활주변 환경오염 저감 ▪ 유해물질 안전관리 강화 ▪ 월경성·기후변화로 인한 건강피해 대비 ▪ 신규 환경유해인자 관리 강화
③ 환경보건 기반 개선	▪ 환경보건 인력·산업 육성 ▪ 환경보건 연구 및 기술개발 강화 ▪ 국민 참여와 알권리 보호

자료 : 관계부처합동 [제2차 환경보건종합계획(2021~2030)], 2020. 12

나. 종합 평가 및 시사점

A) 성과

❑ 수용체·취약지역 중심의 환경성질환 사전 예방체계 구축 및 어린이 등 민감계층 환경안전 관리 기반을 마련하였다.

❑ 환경오염피해구제 제도 정착, 피해에 대한 지원 확대 등 피해자 중심의 피해구제 기반을 확립하였다.

❑ 실내공기질 등 생활환경 개선을 위한 제도 강화 등 생활 속 환경유해인자 제거 서비스를 확대하였다.

❑ 화학제품안전법·화평법·화관법 제·개정 등 화학물질과 제품의 전과정 안전관리 체계 강화 및 잔류성유기오염물질(POPs) 관리체계를 정비하였다.

❑ 환경보건정책 개발과 시행에 활용가능한 환경보건 R&D, 환경보건센터 등 환경보건 기반을 구축하였다.

⇒ 수용체 중심의 환경보건 정책 기반 마련을 통해 환경정책과 보건 정책 사이의 사각지대 해소를 도모함

B) 한계

❑ 조사·연구결과를 환경보건 정책에 직접적으로 활용할 수 있는 체계가 미흡하고 환경오염피해구제제도는 실질적인 피해 회복과 연계가 미흡하다.

❑ 생활환경 개선 정책 효과가 실제 국민이 체감하기에는 부족한 부분이 있어, 환경유해인자 관리에 따른 국민건강 개선 효과를 평가·환류하는 체계가 필요하다.

❑ 환경보건 연구수행부터 국민체감 환경보건 서비스까지 전적으로 수행할 수 있는 환경보건 전담기구나 전문인력이 부족한 실정이다.

(2) 환경보건정책 관련 현황 분석

가. 매체별 환경오염 현황

A) 일반환경

❑ **(대기)** 배출규제 강화·청정연료 공급 확대 등으로 납·이산화황 등의 농도는 감소 추세이지만 이산화질소·PM10 등의 개선은 더딘 실정이다.

- 특히, `18년에는 초미세먼지(PM2.5)가 이슈화되면서 계절 관리제, 대기관리권역 확대 등을 시행 중임
  - * 우리나라 모든 광역시에서 초미세먼지 연간 기준 농도(15μg/m^3)를 초과

❑ **(물)** 하수처리시설 확충·배출규제 강화 등으로 하천수 내 BOD와 T-P 농도는 감소하고 있으나, 화학물질 사용 등으로 TOC는 증가 경향을 보인다.

* (예) 낙동강 수질(`10년→`18년) : BOD 16.7%↓, T-P 63.9%↓, TOC 21.0%↑

- 전국 지하수 오염우려지역의 수질기준 초과율은 `11년 대비 감소 추세(`11년 9.0% → `17년 6.4%)
- 먹는 물과 관련해서는 정수장·수도꼭지의 수질기준 초과율(0.25%)은 매우 낮으나, 약수터의 수질기준 초과율(36.1%)은 매우 높은 상황

❑ **(토양)** `10년부터 카드뮴·비소·수은·구리 등 토양오염도는 모두 감소 추세이나, 비소의 토양오염도는 증가 추세이다.

- 그간의 환경정책으로 매체 내 오염도는 전반적으로 감소 추세
- 다만, 국지적인 환경오염(약수터, 특정지역의 토양 등)에 따른 환경 건강피해를 예방하기 위한 지역별 관리 역량 강화 필요

B) 생활환경

❑ **(실내공기)** 실내공기질 관리 기본계획(`09년~) 추진으로 다중이용시설 내 미세먼지·총부유세균에 대한 오염도는 감소하다가 정체, 이산화탄소 농도는 증가하였다.

- 시설에 따라 물질별 오염도가 상이하나 모두 기준치 이하 수준 유지

[도표 Ⅰ-2] 공기오염도

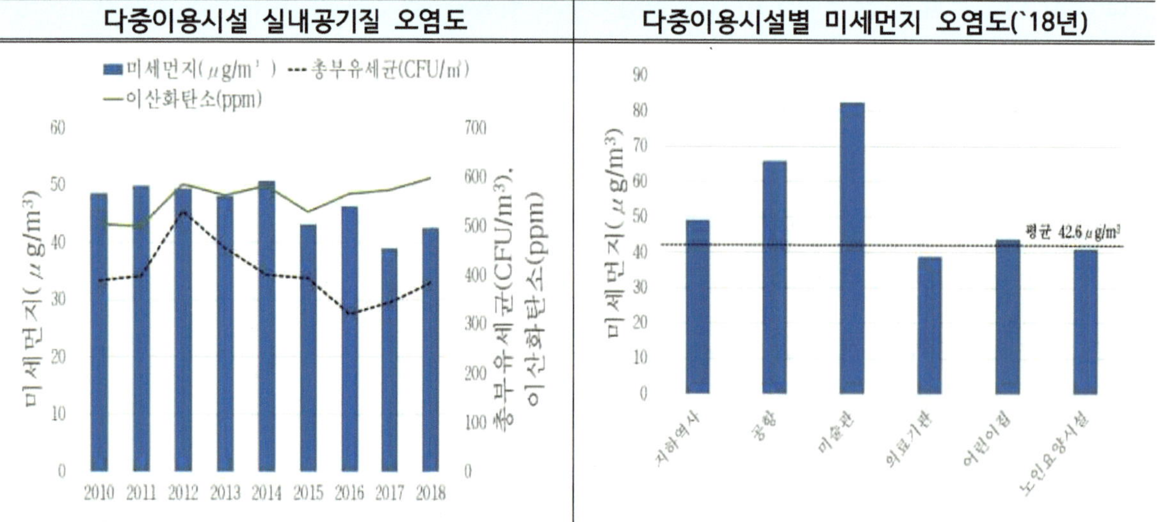

자료 : 관계부처합동 [제2차 환경보건종합계획(2021~2030)], 2020. 12

❑ **(실내라돈)** 주택 구조 변경, 환기 습관 개선 등으로 전국 주택 실내 라돈 농도는 `11년 이후 꾸준히 감소 중, 지역별 평균 주택 라돈 농도는 상이하다.

- 주택라돈농도 : `11년 126.3Bq/m$^3$ → `14년 102Bq/m^3 → `18년 72.4Bq/m^3

[도표 Ⅰ-3] 실내 라돈 농도

전국 주택 실내 라돈 농도	지역별 주택 실내 라돈 농도(`18년)
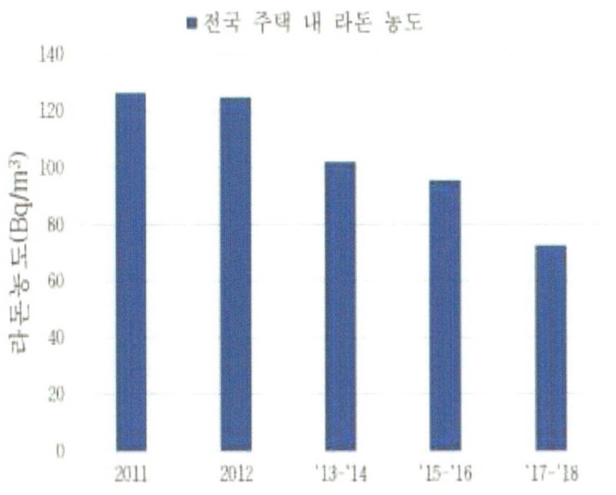 ■전국 주택 내 라돈 농도 라돈농도(Bq/m³) 0, 20, 40, 60, 80, 100, 120, 140 2011, 2012, '13-'14, '15-'16, '17-'18	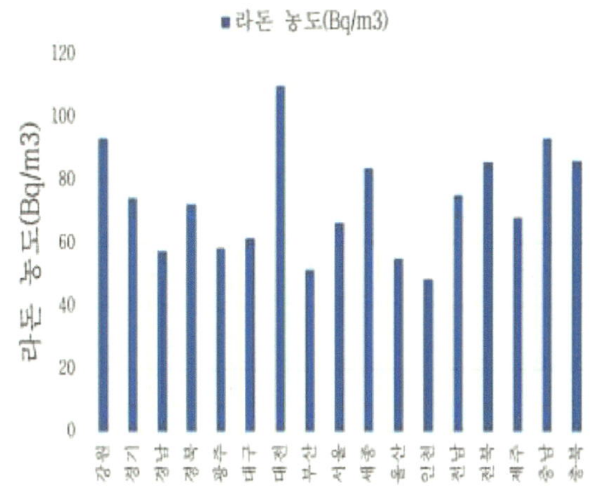 ■라돈 농도(Bq/m3) 라돈 농도(Bq/m3) 0, 20, 40, 60, 80, 100, 120 강원, 경기, 경남, 경북, 광주, 대구, 대전, 부산, 서울, 세종, 울산, 인천, 전남, 전북, 제주, 충남, 충북

자료 : 관계부처합동 [제2차 환경보건종합계획(2021~2030)], 2020. 12

❑ **(소음·진동)** 구역별·시간대별로 환경소음도 초과 정도가 다르고, 관련 민원은 꾸준히 증가(`10년 53,718건 → `19년 143,181건)하고 있다.

* 낮에는 전용주거지역에서, 밤에는 주거지역과 상업지역에서 기준 초과

- 특히, 일부 지자체에서는 환경 민원의 대다수가 소음·진동 관련

* 환경민원 중 소음·진동 관련 민원 비중(`19년) : 서울(82.4%), 인천(69.8%)

[도표 Ⅰ-4] 전국 소음·진동민원 현황

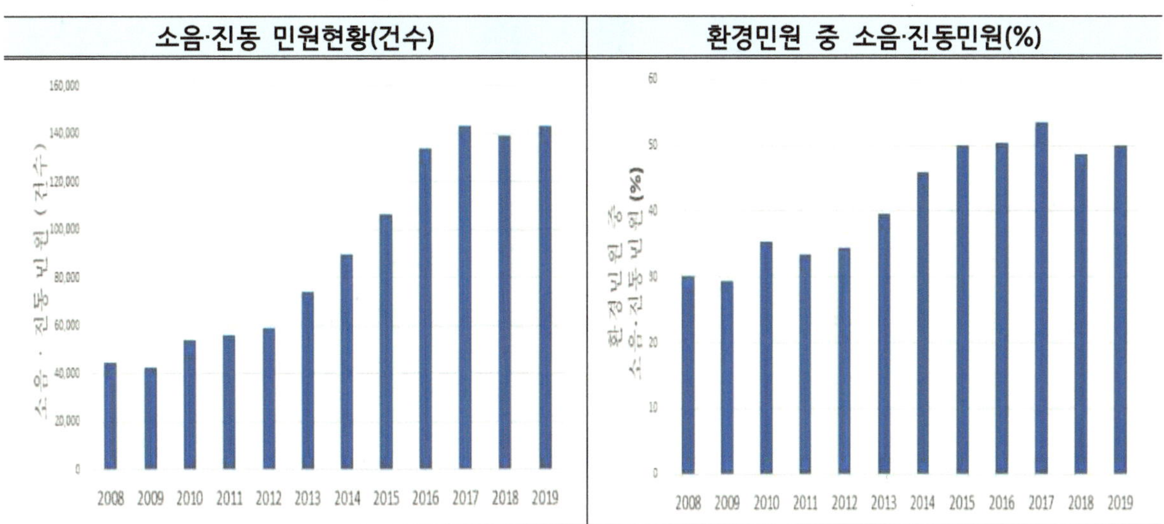

❑ **(빛공해)** 지역별로 빛방사 허용 기준치 초과율이 다르나, 전국 빛방사 허용기준 초과율 및 민원건수는 지속적으로 증가(`10년 1,030건 → `17년 6,813건) 하였다.

- 빛방사 허용 기준치 초과율 : 전국(45%), 제주도(68.5%), 울산(66.2%), 부산(31.4%)

[도표 Ⅰ-5] 빛공해 현황과 허용 기준치 초과율

전국 빛공해 민원 현황	지역별 빛방사 허용 기준치 초과율
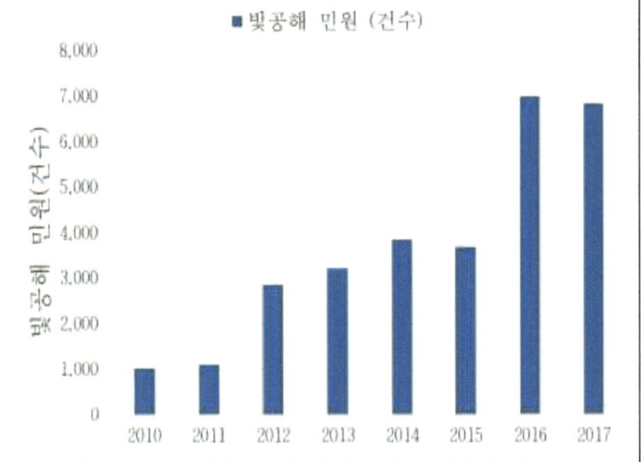 ■빛공해 민원 (건수) 빛공해 민원(건수) 8,000 7,000 6,000 5,000 4,000 3,000 2,000 1,000 0 2010 2011 2012 2013 2014 2015 2016 2017	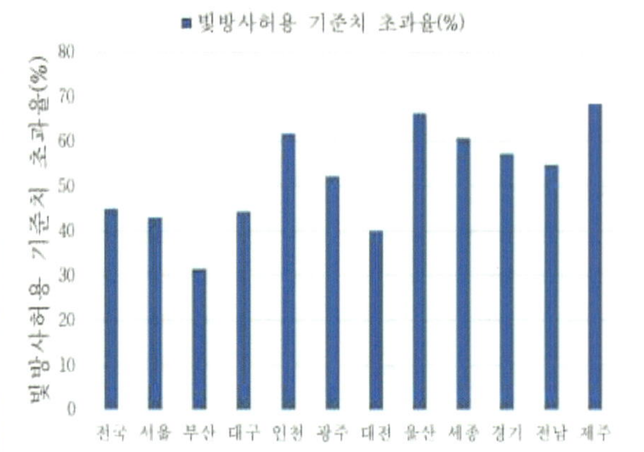 ■빛방사허용 기준치 초과율(%) 빛방사허용 기준치 초과율(%) 80 70 60 50 40 30 20 10 0 전국 서울 부산 대구 인천 광주 대전 울산 세종 경기 전남 제주

❑ **(석면)** 슬레이트 처리 지원 사업(`11년~)추진으로 `19년 말까지 약 19만동 처리, 지역별 전체 석면 건축물 수는 서울·경기가 가장 다수이다.

[도표 Ⅰ-6] 노후 슬레이트 지붕 철거 누적 동 수

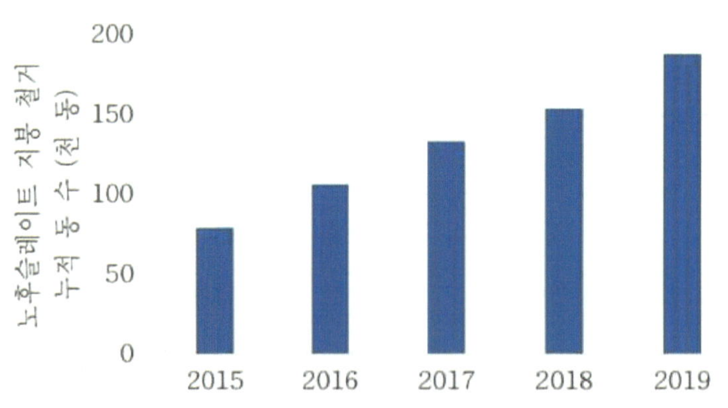

❑ **(녹지환경)** 오염물질 방어력과 관련 있는 1인당 생활권 도시림 면적은 증가 추세(`15년 9.91㎡/인 → `17년 10.07㎡/인)이나, 지역에 따라 큰 차이가 있다.

[도표 Ⅰ-7] 전국 1인당 생활권 도시림 면적 현황

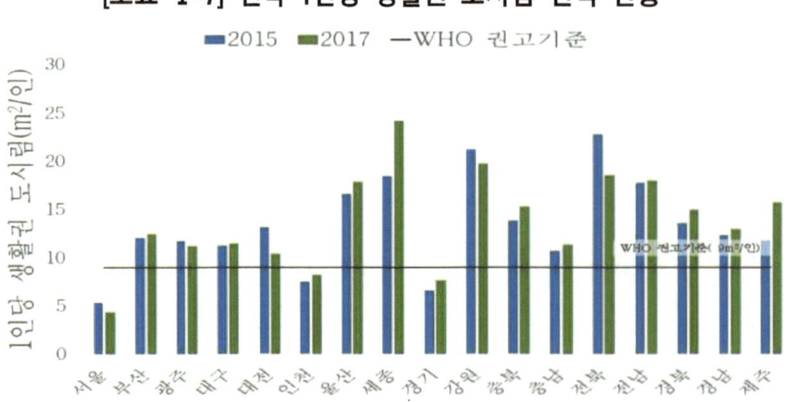

자료 : 관계부처합동 [제2차 환경보건종합계획(2021~2030)], 2020. 12

- 생활환경은 지역에 따라 매우 다른 특성이 있고, 국민 생활수준이 높아짐에 따라 관련 민원도 지속 증가하는 경향
- 생활환경 유해인자에 대한 국민 노출 수준을 줄이기 위해서는 인구집단별·지역별 맞춤형 환경보건 서비스 제공 필요

나. 체내 유해물질 농도

A) 중금속류

❑ **(납)** 납 노출 관련 물질 생산이 금지되면서 혈중 납 농도가 지속적으로 감소하는 경향(`11년 1.77μg/dL → `17년 1.60μg/dL)을 보였다.

❑ **(수은)** 미나마타 협약 이행을 위한 수은관리 종합대책 등이 추진되면서 혈중 수은 농도는 지속적으로 감소(`11년 3.08μg/L → `17년 2.75μg/L) 하였다.

- 혈중 수은 권고치(15 μg/L, 독일연방환경청 HBMⅡ) 초과 비율도 감소 추세(`11년 1.92% → `17년 1.79%)

❑ **(카드뮴)** 소변 중 카드뮴 농도가 소폭으로 감소(`11년 0.58μg/L → `17년 0.36μg/L) 하였다.

- 소변 중 카드뮴 농도 권고치(4 μg/L, 독일연방환경청 HBMⅡ) 초과 비율도 감소 추세(`11년 1.45% → `17년 0.58%)

[도표 Ⅰ-8] 혈중 중금속류 농도

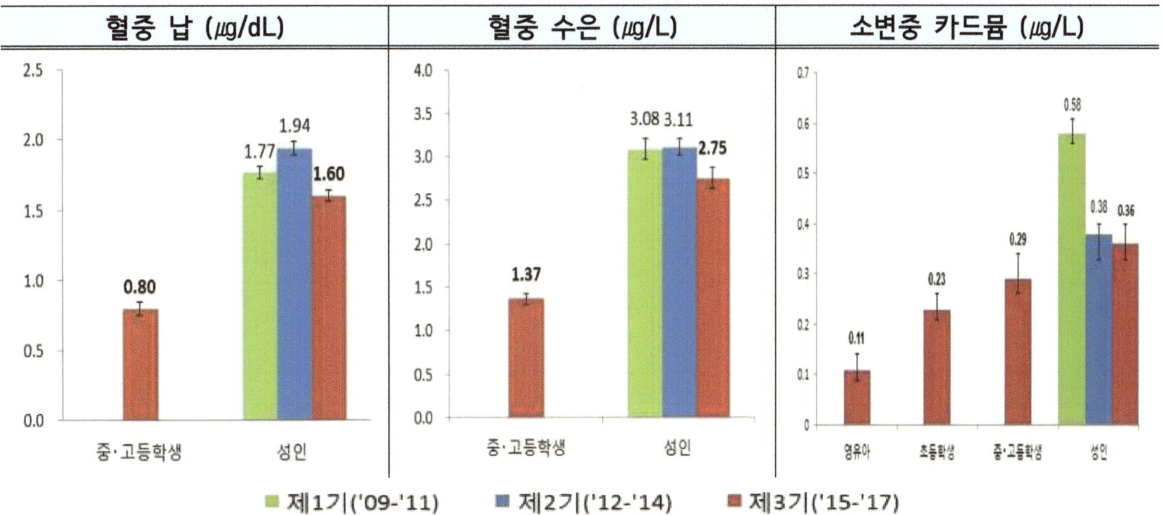

자료 : 관계부처합동 [제2차 환경보건종합계획(2021~2030)], 2020. 12

B) 화학물질

❑ **(다환방향족탄화수소, PAHs)** 1-하이드록시피렌와 2-나프톨(PAHs의 대사체)의 요중 농도는 감소 추세이나 성인보다 영유아에서 높은 편이다.

- 2-나프톨 : `16년 성인 2.63μg/L < 영유아 3.37μg/L

❑ **(프탈레이트)** 성인의 요중 농도는 지속적으로 감소하고 있으나 여전히 높은 편이며, 어릴수록 증가하는 경향을 보인다.

- MEHHP(프탈레이트 대사체) : `16년 성인 13.2μg/L < 초등학생 28.8μg/L < 영유아 34.6μg/L

❑ **(휘발성유기화합물, VOCs)** 벤질머캅투르산(VOCs의 대사체)의 요중 농도는 어릴수록 높은 경향을 보인다.

- 벤질머캅투르산: `16년 성인 4.63μg/L < 초등학생 7.39μg/L < 영유아 10.6μg/L

❑ **(비스페놀A)** 성인의 요중 농도가 증가(`10년 0.75μg/L → `16년 1.18μg/L)하고 있으며, 어릴수록 더 증가하는 경향을 보인다.

- 비스페놀A : `16년 성인 1.18μg/L < 초등학생 1.70μg/L < 영유아 2.41μg/L

❑ **(파라벤류)** 미용 및 개인위생용품(화장품, 보습제품, 세정제 등)의 보존제로 많이 사용되며, 성인 여성과 영유아에서 높은 농도를 보인다.

- 메틸파라벤 : `16년 성인 남성 27.3μg/L < 성인 여성 45.2μg/L < 영유아 46.3μg/L

> - 중금속류와 프탈레이트 등의 체내 농도는 지속적으로 감소하는 추세이나, 비스페놀A·VOCs의 체내 농도는 증가 경향
> - 특히 대부분의 화학물질에서 어릴수록 체내 농도가 높아지는 것을 감안하여 어린이용품 및 실내 공기질 등의 관리 강화 필요

[도표 I-9] 체내유해물질 농도

분류				중금속			PAHs 대사체		프탈레이트 대사체				VOCs 대사체	환경성 페놀류	파라벤류
검체				혈액	혈액	소변	소변		소변				소변	소변	소변
항목				납	수은	카드뮴	1-하이드록시피렌	2-나프톨	MEHHP	MEOHP	MECPP	MnBP	벤질머캅투르산	비스페놀 A	메틸파라벤
단위				μg/L											
한국 국민환경보건기초조사	제3기('15-'17)	영유아	평균	-	-	0.11	*	3.37	34.6	25.5	45.3	47.2	10.6	2.41	46.3
		초등학생		-	-	0.23	0.11	2.67	28.8	19.2	44.5	43.2	7.39	1.7	28.9
		중·고등학생		0.8	1.37	0.2	0.16	3.05	13.6	9.24	28.4	36.9	5.66	1.39	26.1

분류				중금속			PAHs 대사체		프탈레이트 대사체				VOCs 대사체	환경성 페놀류	파라벤류
검체				혈액	혈액	소변	소변		소변				소변	소변	소변
항목				납	수은	카드뮴	1-하이드록시피렌	2-나프톨	MEHHP	MEOHP	MECPP	MnBP	벤질머캅투르산	비스페놀 A	메틸파라벤
단위				μg/L											
한국 국민환경보건기초조사	제3기(`15-`17)	성인 평균	전체	1.6	2.75	0.36	0.13	2.63	13.2	9.88	23.2	22.3	4.63	1.18	35.2
			남성	1.87	3.29	0.36	0.16	3.34	14.1	10.3	24.0	24.0	4.65	1.34	27.3
			여성	1.37	2.30	0.36	0.11	2.08	12.3	9.47	22.4	20.7	4.62	1.04	45.1
	제2기(`12-`14)	성인	평균	1.94	3.11	0.38	0.15	2.22	17.5	12.1	20.1	23.6	-	1.09	-
	제1기(`09-`11)	성인	평균	1.77	3.08	0.58	0.11	2.99	20.6	15.5	-	44.7	-	0.75	-
미국	NHANES	성인	평균	0.967	0.814	0.156	0.128	4.24	6.06	3.91	9.57	8.44	-	1.26	52.5
독일	HBM		I	suspended	5	0.5 1	-	-	500 (6-13세) 750 (14세~) 300 (가임기)				-	100 200	-
			II		15	2 4	-	-	- -		-	-	-	-	-

자료 : 관계부처합동 [제2차 환경보건종합계획(2021~2030)], 2020. 12

다. 주요 환경성질환 발생 현황

□ **(호흡기계 질환)** 대기오염·흡연 등과 관련이 있는 만성폐쇄성 폐질환(COPD)·천식 연령표준화 입원률은 대체로 감소추세를 보였다.

- 만성폐쇄성폐질환(COPD) 진료비는 지속적인 증가 추세, 천식 진료비는 `14년부터 증가하는 추세를 보임

□ **(알레르기성 질환)** 미세먼지·곰팡이 등과 관련이 있는 알레르기성 비염 환자는 증가했으나, 아토피성 피부염 환자는 감소 추세를 보였다.

- 알레르기성 비염과 아토피성 피부염의 진료비는 모두 증가 추세임

[도표 Ⅰ-10] 호흡기계 질환

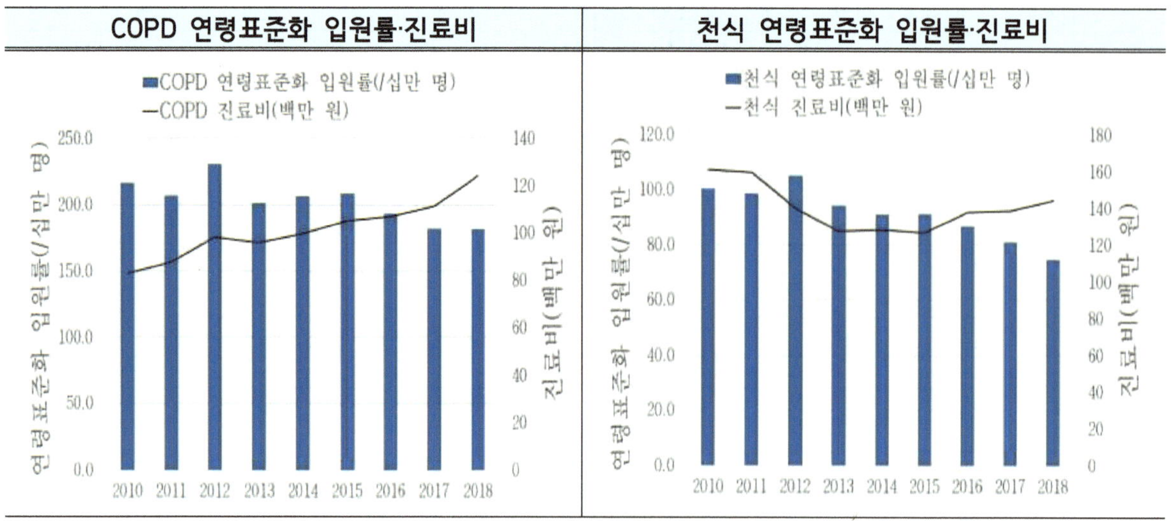

[도표 Ⅰ-11] 알레르기성 질환

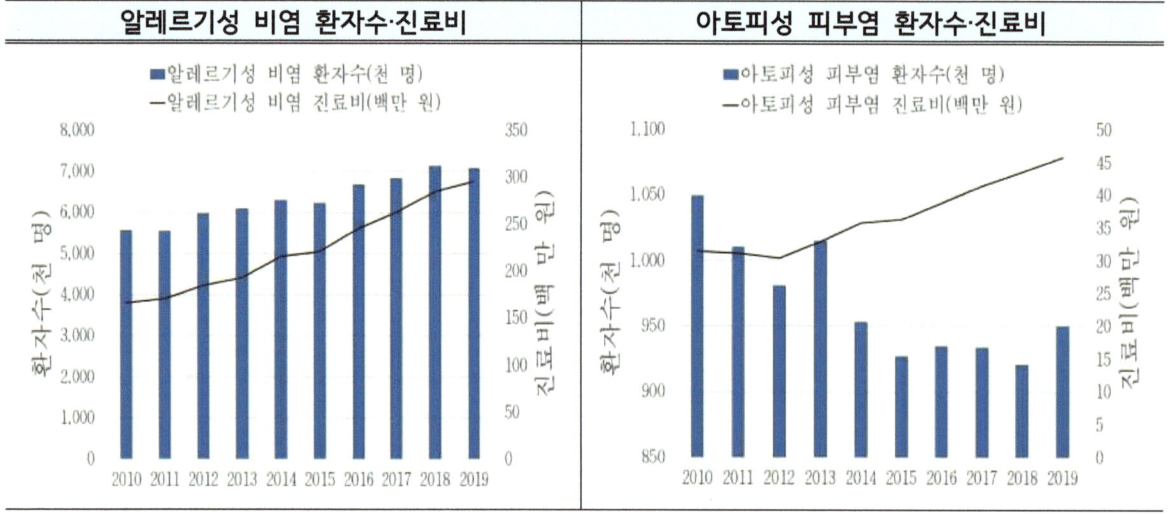

자료 : 관계부처합동 [제2차 환경보건종합계획(2021~2030)], 2020. 12

❑ **(심혈관계 질환)** 대기오염과 카드뮴·납·비소 등과 관련이 있을 수 있는 뇌경색증·허혈성 심질환 환자수는 지속적인 증가 추세이다.

- 뇌경색증·허혈성심질환 진료비도 지속적인 증가 추세임

❑ **(암)** 포름알데하이드·벤젠·전리방사선·자외선·석면 등이 영향을 끼칠 수 있는 모든 암 연령표준화 발생률은 감소 추세를 보인다.

- 모든 암 진료비는 증가 추세임

❑ **(기후변화 관련 질환)** 폭염일수의 증가로 온열질환이 지속적인 증가 추세, 기타 진드기 매개 감염병 등 증가하는 경향을 보였다.

[도표 Ⅰ-12] 심혈관계 질환

뇌경색증 환자수·진료비	허혈성심질환 환자수·진료비
■뇌경색증 환자수(천 명) —뇌경색증 진료비(백만 원) 환자수(천 명): 380, 400, 420, 440, 460, 480, 500, 520 진료비(백만 원): 0, 200, 400, 600, 800, 1,000, 1,200, 1,400 2010 2011 2012 2013 2014 2015 2016 2017 2018 2019	■허혈성심질환 환자수(천 명) —허혈성심질환 진료비(백만 원) 환자수(천 명): 700, 750, 800, 850, 900, 950, 1,000 진료비(백만 원): 0, 200, 400, 600, 800, 1,000, 1,200 2015 2016 2017 2018 2019

[도표 Ⅰ-13] 암

모든 암 연령표준화 발생률	모든 암 진료비

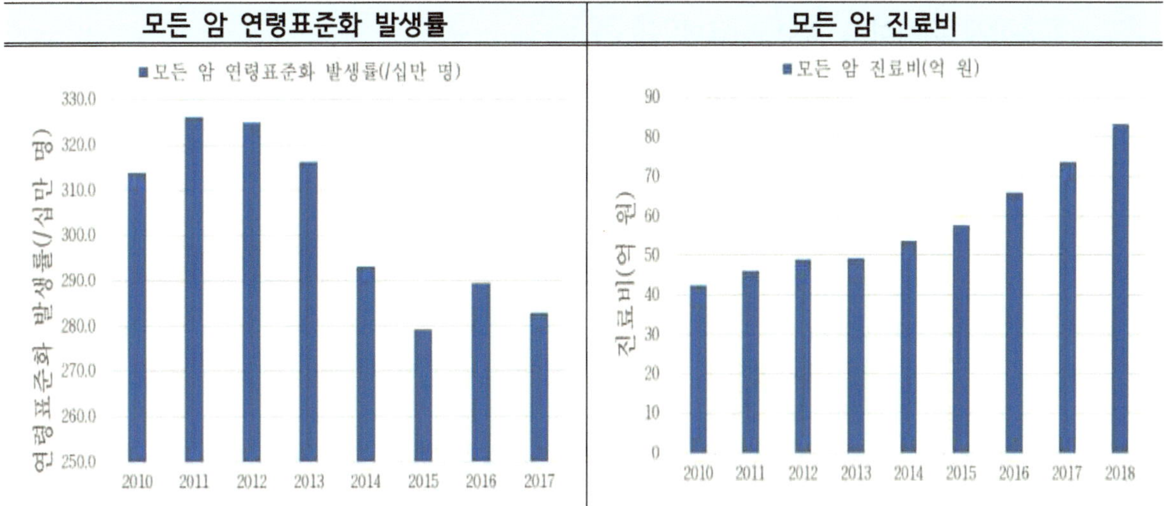

자료 : 관계부처합동 [제2차 환경보건종합계획(2021~2030)], 2020. 12

- 호흡기계 질환과 아토피성 피부염의 환자수 감소 추세이나, 알레르기성 비염 및 세부 심혈관계 질환 환자수는 증가 경향
- 환경성 질환 진료비가 전체적으로 증가 추세로 환경성 질환에 대한 지속적 관리 필요

라. 일반국민·전문가 인식

❑ **(환경보건정책 인식도)** 일반국민이 '환경보건'에 대해 잘 알고 있거나 조금 알고 있다고 답변한 비율이 증가(`15년 65% → `19년 88%) 하였다.

- 전문가가 '환경보건'에 대해 잘 알고 있거나 조금 알고 있다고 답변한 비율은 95%(`20년)로 일반국민보다 높음

[도표 Ⅰ-14] 일반국민 환경보건 인식도

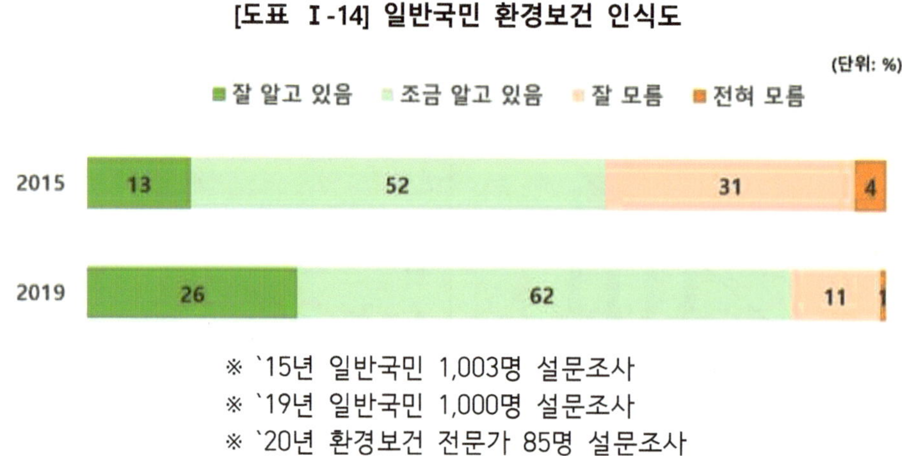

※ `15년 일반국민 1,003명 설문조사
※ `19년 일반국민 1,000명 설문조사
※ `20년 환경보건 전문가 85명 설문조사

❑ **(정책 만족도)** 일반국민이 정부 대처수준에 대하여 '보통 이상'이라고 답변한 비율은 크게 향상(`15년 28% → `19년 75%) 되었다.

- 일반국민의 29%는 정부가 잘 대처해 나가고 있다고 생각했으며, 46%는 보통, 25%는 미흡하게 대처하고 있다고 답변(`19년)

[도표 Ⅰ-15] 환경보건 관련 정부 정책 만족도

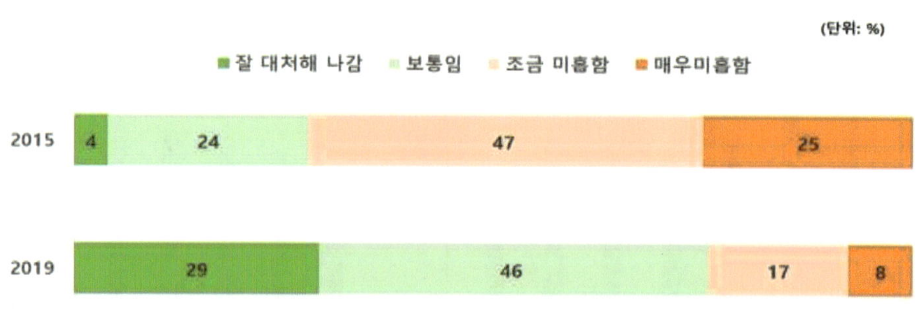

자료 : 관계부처합동 [제2차 환경보건종합계획(2021~2030)], 2020. 12

- 전문가의 21%는 정부가 잘 대처해 나가고 있다고 생각하며, 62%는 보통, 17%는 미흡하게 대처하고 있다고 답변(`20년)

❑ **(관심이슈)** 과거에는 석면·중금속·환경호르몬·실내공기오염에 대한 우려가 높았으나, 최근에는 '기후변화', '미세먼지', '폭염·한파' 등을 더 우려하는 것으로 나타났다.

- 전문가는 일반국민 보다 '어린이 용품의 유해물질'에 대해 더 우려 하는 반면, '폭염, 한파', '수질위생' 분야에 비교적 적은 관심을 보임

❑ **(정책우선순위)** 일반국민은 정책 최우선 순위로 '환경성질환 예방 관리대책 마련', 2순위로 '환경성질환 조사·감시 대책 마련'을 선정하였다.

- 전문가는 정책 최우선 순위로 '유해화학물질 건강피해 저감대책 마련', 2순위로 '환경성질환 예방관리대책 마련' 선정함

[도표 Ⅰ-16] 환경보건 관심이슈

일반국민 (`15년)	① 석면, 중금속, 환경호르몬 ② 실내외 공기오염 ③ 환경오염사고, 화학사고 ④ 소음·진동, 층간소음 ⑤ 수질위생 ⑥ 방사능, 전자파, 빛공해 ⑦ 아토피 등 환경성질환 ⑧ 기후변화에 따른 건강
일반국민 (`19년)	① 기후변화, 지구온난화 ② 미세먼지 농도 ③ 폭염, 한파 ④ 수질위생 ⑤ 환경호르몬, 미세플라스틱 ⑥ 중금속 ⑦ 어린이 용품의 유해물질 ⑧ 소음, 진동
전문가 ('20년)	① 기후변화, 지구온난화 ② 미세먼지 농도 ③ 어린이 용품의 유해물질 ④ 환경호르몬, 미세플라스틱 ⑤ 중금속 ⑥ 폭염, 한파 ⑦ 수질위생 ⑧ 소음, 진동

자료 : 관계부처합동 [제2차 환경보건종합계획(2021~2030)], 2020. 12

마. 국제 동향

A) 국제기구

❑ (OECD) 대기오염과 기후변화 현황에 대하여 우려하는 입장을 보이고 있다.

- **(대기오염)** 대기오염 노출 평균 인구수는 감소 추세이지만, 고농도 대기 오염(WHO 권고기준 이상)에 노출된 인구는 여전히 높은 편임
  - * 2016년에 대기오염으로 인한 조기사망인구를 2.4백만명으로 추정
- **(기후변화)** 현재의 기후변화 대응 노력은 장기적으로 기온 상승을 막기에 부족하다고 판단

❑ (WHO) 건강한 환경을 통해 삶과 웰빙을 지속 개선하는 것을 목표로 한다.

- ▴1차 예방을 위한 건강결정요인에 대한 조치 확대, ▴모든 정책과 부문에서 건강 결정요인 고려, ▴보건 부문 거버넌스 구축, ▴문제해결을 위한 근거기반 정보 생산 및 커뮤니케이션 등을 강조함

B) 유럽연합

❑ 제7차 환경이행계획의 2050년 비전은 'Living well, within the limits for our planets'으로, 저탄소 경제로의 전환과 함께 건강보호를 강조하고 있다.

- **(목표)** ① 자연의 보호·보존 강화, ② 저탄소경제로의 전환, ③ 환경위험 요인에 대한 건강 보호
  - * 환경보건과 관련해서는 ▴실외 대기질·소음공해 개선, ▴유해물질의 환경과 건강영향(특히 어린이)에 대한 위험분석 및 최소화, ▴기후변화 적응, ▴화학물질의 복합적 영향 및 내분비계 장애물질과 관련된 대응 등을 강조

❑ 유럽위원회(EC)는 제7차 환경이행계획을 실현하고자 도시건강, 인체노출 모니터링, 플라스틱 노출의 건강영향 등에 대한 연구를 중점적으로 지원하고 있다.

- **도시건강(Urban health)** : 도시 거주민의 만성적 건강상태와 웰빙, 만성적 건강 상태와 도시 환경(환경, 기후, 사회경제적 요인) 간 인과관계를 규명
- **인체노출 모니터링(HBM4EU)** : 유럽 28개국 협력사업으로 2017년부터 5년간 우선순위 화학물질에 대한 체내 노출수준 모니터링(어린이, 임신부 등 민감계층 건강영향 연구와 연계)

C) 미국

❑ EPA는 2018~2022 전략계획을 수립하고, '깨끗한 공기, 물, 토양 제공 및 화학적 안전 보장을 위한 실질적 결과 제공'을 미션으로 제시하였다.

- 특히, EPA 산하 연구개발국은 대기와 에너지, 화학안전, 국토안보, 수자원 등의 환경위험을 해결하기 위한 문제해결 중심의 다학제간 연구를 수행 중

❑ 2020 환경정의 이행계획의 주요 목표로는 환경정의 및 누적영향(cumulative impact) 관련 정책 이행을 위한 역량 강화를 제시하였다.

- 과거, 현재, 미래의 인간 활동으로 인하여 화학적 및 비화학적 환경유해인자가 동시에 여러 노출경로를 통하여 수용체에 미치는 영향

❑ 미국 독성물질 질병 등록청(ATSDR)에서도 2016년 우선순위 목표로 환경성 질환 분야를 선정하였다.

- 천식으로 인한 사망률 감소, 유해물질 노출로부터 어린이 건강 보호, 환경성 질환 감지·진단·예방을 위한 혁신적 방법론 활용 등

❑ 국립환경보건원(NIEHS)에서는 환경보건 기초과학을 발전시키고 연구 결과의 정책적 활용성을 높이기 위해 환경보건 불균형, 기후변화의 건강영향(유행성질병 포함), 엑스포좀, 개별민감성 등에 대한 연구를 중점적으로 수행 중이다.

- 환경보건 불균형 : 사회적 결정요인(연령, 성별, 교육, 소득 등)과 결합된 노출 부담
- 엑스포좀(exposome) : 생애주기 전체에 걸쳐 노출되는 환경 노출 총합

(3) 미래사회 전망과 여건 변화

▶ [사회] 저출산·고령화 시대 → 어르신·어린이 건강에 대한 관심 증가

❑ 고령인구는 `17년 707만명에서, `67년 1,827만명까지 증가할 것으로 전망되는 반면, 출생아수는 `17년 35만명에서 '67년 21만명까지 감소할 것으로 전망된다.

- [고령인구] `17년 707만명 → `25년 1,000만명 → `67년 1,827만명
- [출생아수] `17년 35만명 → `21년 29만명 → `67년 21만명

❑ 점점 더 건강·여가 등 삶의 질을 중시하는 방향으로 변화하고 있는 추세이다.

☞ 환경오염의 민감취약계층(어린이, 고령자 등)의 건강증진을 위한 전생애 주기별 환경보건정책 수요 증대

▶ [경제] 저성장 기조 → 양극화에 따른 사회적 취약계층 증가

❑ 우리나라의 잠재성장률은 `30년 1%대로 하락할 것으로 전망되며, 이로 인한 양극화 심화로 지역별·집단별 불균형이 예상된다.

- 생산연령인구 비중은 감소(`17년 73.2% → `67년 45.4%), 65세 이상 고령인구 비중은 증가(`17년 13.8% → `67년 46.5%)에 따라 노동력 문제가 심각해질 것으로 전망

❑ 코로나19 이후 1인 서비스 및 비대면 서비스의 중요성이 부각되고 있으며, 디지털 경제 등 4차 산업혁명 또한 더욱 가속화될 전망이다.

- 온라인 소비, 원격교육, 재택근무 등 비대면 수요가 급증하면서 물류·유통서비스 및 데이터 산업 등의 중요성 부각

☞ 지역·집단별 환경 불평등을 해소할 수 있는 환경보건 안전망 강화와 다양한 수요를 충족하는 맞춤형 환경보건정책 필요

▶ [기술] 기술 혁신·초연결사회 → 신규 유해물질 증가 전망

❑ 신규 물질 개발 등으로 국내 화학물질 종수와 유통량은 지속적으로 증가 추세를 보일 것이다.

- 세계적으로 매년 3,000여 종의 화학물질이 신규 개발 및 상품화될 것으로 보이며, 국내에는 매년 2,000여 종이 새롭게 국내 시장에 진입할 것으로 예상됨

❑ 인공지능·사물인터넷·빅데이터 등에 기반한 초연결사회가 도래할 것이다.

☞ 신규 환경유해인자에 대한 선제적 예측 및 관리, 개인용 기기 등을 활용한 유해물질 노출평가 등의 환경보건관련 기술 도입 필요

▶ [환경] 기후변화 가속화 → 온열질환·감염병 증가 전망

❑ 온난화 경향은 2100년까지 지속될 것으로 예상, 폭염일수·열대야 일수 등 증가로 온열질환과 감염병 발생빈도 상승할 것으로 전망된다.

- 기후변화가 현재 추세로 계속될 경우 한반도는 미세먼지 고농도 사례가 증가할 것으로 예측되었음

❑ 사전예방적 관점에서 인수공통 감염병을 막기 위해 야생동물 감염 관리, 환경보건과 기후변화 대응 정책 연계 필요성이 증가하고 있다.

☞ 특히, 코로나19 이후 예방.관리 중심의 공중보건 시스템으로 패러다임 변화에 따라 수용체 중심의 환경보건 선제적 예방의 중요성 부각

▶ [정치] 세계화 → 슬로벌라이제이션(Slowbalization), 세계화의 쇠퇴

❑ 코로나19 이후 탈세계화 진행에 따른 보호무역과 고립주의가 심화되는 로컬리즘과 개인주도가 심화될 것으로 전망된다.

❑ 코로나19 이후 국제적 공조 및 남북관계 여건 변화에 따른 공동 협력 사업 수요도 예측하여 대비할 필요가 있다.

☞ 개인주도 사회로 전환됨에 따라 새로운 거버넌스 모델 필요

3) 환경보건정책 추진방향

❑ 환경부는 '안전한 환경, 모두가 건강한 사회'를 비전으로 제2차 환경보건종합계획(2021~2030년)을 2021년부터 본격적으로 시행하였다.

- '환경보건법'에 따라 환경부 장관이 10년마다 환경보건정책의 목표와 실천방향을 제시하는 국가 기본계획임

❑ 이번 환경보건종합계획은 환경보건 정책의 영역을 '환경유해인자 사전예방·관리'에서 '피해대응·복구'까지 확장했다.

❑ 환경보건 정책은 그간 제1차 환경보건종합계획(2011~2020)에 따라 국민환경보건 기초조사 기반 마련, 환경책임보험·피해구제 도입 등 수용체 중심의 환경보건 정책 기반을 확대하는데 집중하였다.

❑ 특히, 최근 4년간 가습기살균제·환경오염취약지역 피해 등 환경유해인자로 인한 건강피해를 전향적으로 규명했고, 피해구제를 확대했다.

- [가습기살균제 피해인정자수] `17.8. 280명 → `20.12. 4,114명
- [석면 피해인정자수] `17.12. 2,842명 → `20.12. 4,823명
- [환경오염 취약지역 피해인정자수] `17.12. 81명 → `20.12. 171명

❑ 또한, 주택 석면슬레이트 철거 확대, 실내공기질 기준 강화, 조명환경관리 구역 확대 등 생활환경 유해인자 관리를 강화한 바 있다.

- [주택 슬레이트 철거] `17.12. 133,602동 → `20.12. 226,610동
- [대중교통차량 실내공기질 권고기준] `17. PM10 150~200 → `20. PM2.5 50㎍/㎥ 이하
- [조명환경관리구역] `17. 3개 → `20. 5개 지자체

❑ 이번 종합계획은 한국형 환경보건 감시체계 구축을 위해 환경유해인자의 △사전 감시 강화, △노출 관리 강화, △환경성 건강피해 대응 능력 강화, △환경보건시스템 견고화라는 4개의 전략과 세부과제로 구성됐다.

[그림 Ⅰ-1] 환경보건정책 비전 및 목표

자료 : 환경부 보도자료 [제2차 환경보건종합계획 본격 추진…환경건강 안전망 구축], 2021. 1

▶ 전략 ① 환경유해인자의 사전 감시 강화

❑ 신규 유해인자 등 혹시 모를 환경피해를 예방하기 위해 사람-인자-지역단위를 더욱 꼼꼼하게 조사·감시할 계획이다.

❑ 국민환경보건 기초조사의 조사항목을 2020년 30종에서 2030년 100종으로 대폭 확대하고, 실제 노출된 오염물질을 정확하게 측정하기 위해 '착용가능(웨어러블) 첨단 측정장비'를 활용할 계획이다. 신규 연구개발(R&D) 등을 통해 환경유해인자와 건강영향과의 상관성을 보다 면밀하게 조사할 계획이다.

- `27년까지 신규 연구개발 1,617억원 투입 계획(환경성질환 안심관리 기술 등 3개 사업)

❑ 미세먼지·소음 등 주요 유해인자의 건강영향은 물론 기후변화, 나노물질·미세플라스틱·미생물 등 잠재적 유해인자에 대한 건강영향도 지속적으로 감시할 예정이다.

❑ 난개발·교통 밀집지역 등에 대한 건강영향조사를 확대하고, 빅데이터를 토대로 지역별 환경피해 예측 지도를 작성하는 등 취약지역에 대한 환경·건강감시 또한 강화된다.

- [난개발지역] (현재) 21개소 → (`24) 누적 100개소 건강영향조사·약식조사 실시

❑ 특히, 향후 도시·택지 개발사업 등이 환경영향평가를 받을 경우, 건강과 관련된 항목을 더욱 꼼꼼하게 확인할 계획이다.

▶ 전략 ② 환경유해인자의 노출 관리 강화

❑ 실내공기 등 생활 속 불편·위해 요소를 적극적으로 줄일 계획이다.

- 다중이용시설별 실내공기질의 법적 관리 수준을 차등화하여 맞춤형으로 관리하고, 신축 공동주택 공기질의 권고기준을 강화함. 또한, 실내 라돈 고농도 지역과 시설은 보다 집중적으로 관리할 계획임
- 체감형 소음·진동 관리를 위해서는 환경소음 실시간 자동측정망을 확대하고, 공사장 규모에 따라 차등 제재를 하며, 옥외행사에서 사용하는 확성기 등 이동소음에 대한 관리를 강화할 예정임
  - * [실시간 자동 측정망] (현재) 67개소 → (`22) 153개소 → (`23) 297개소
- 한편, 빛공해 관리를 위해서는 옥외조명 사전 심사제도를 보급하고, 스마트 조명 등 빛공해 관리 신기술을 개발할 계획임

❑ 화학물질 평가와 산업계 관리를 강화하여 화학물질로부터 안전한 사회를 조성한다.

- 등록된 화학물질에 대해 유해성 심사를 조속히 실시하고, 허가·제한·금지물질 관리체계를 개선하는 등 유해화학물질로부터 국민의 건강을 보호할 계획임
- 또한, 제도의 현장 이행력 제고를 위해 산업계 대상 현장 밀착형 1대1 상담(컨설팅)을 비롯해 유해성 시험자료를 생산하고 저가로 제공하는 등 화학물질 등록지원을 지속적으로 실시함

❑ 취약·민감계층을 위한 맞춤형 환경보건 서비스가 보다 확대된다.

- 어린이용품 내 유해인자 감시를 강화하고, 어린이활동공간의 환경안전관리 기준을 강화할 예정임. 특히, 자연친화적인 어린이 활동공간 조성을 위해 지침서(가이드라인) 배포 등을 실시할 계획임

  * [납] 600 → 90ppm / [프탈레이트 가소제] 6종 기준 신설(총 함유량 0.1% 이하) 등

- 여성·노인 등을 위해서는 생활용품 화학물질 안전정보를 제공하며, 주거공간 내 환경유해인자 측정·진단 서비스를 확대할 예정임
- 기타 저소득층 등 환경보건 취약계층을 위한 실내환경 상담(컨설팅)·개선 사업도 확대함

▶ 전략 ③ 환경성 건강피해 대응능력 강화

❑ 통합 환경오염 피해 대응 시스템이 구축될 예정이다.

- 피해자에게 더 다가가는 서비스를 위해, 기존에 가습기살균제·석면·환경오염피해 등 피해 종류별로 달랐던 전담부서의 기능을 통합·강화하여, 가칭 '환경보건문제 전담 상담 창구(핫라인)' 등을 운영할 계획임

❑ 환경오염 피해구제의 내용과 범위도 전향적으로 확대된다.

- 가습기살균제·석면·환경오염 피해 구제 시 합리적 수준의 지원금이 지급될 수 있도록 하고, 의료·사후관리 등 피해자 지원을 보다 강화할 계획임
- 보다 적극적인 환경오염 피해구제가 될 수 있도록 피해규모·심각성·지속성 등을 고려하여 정부가 우선 구제를 실시하고, 선제적인 조사를 통해 피해구제가 필요한 지역을 발굴할 계획
- 장기적으로는 환경오염 취약지역의 피해 복구를 위해 친환경재생 사업 대표 사례*를 만들고, 관련 제도도 정비할 계획임

  * [친환경 재생사업계획 수립 지역수] (현재) 1개 → (`25) 3개 → (`30) 5개

- 환경책임보험과 관련해서는 보험 가입 사업장에 대한 안전진단을 의무화하고 환경오염사고 피해 시 보험적용을 강화하는 한편, 손해 사정 이견 조정기구 설치 등 책임보험의 공공성을 강화함

▶ 전략 ④ 환경보건 시스템 견고화

❑ 환경보건정책 추진 시 지자체의 역할도 강화된다.

- '환경보건법' 개정(2020년 12월)으로 지자체 건강영향조사·사후관리 이행에 대한 법적 근거가 강화되었음. 이에 지자체별로 환경보건 표준조례가 만들어지고, 환경보건계획이 수립될 예정임

  * [환경보건 조례 수립 지자체수] (현재) 3개 → (`25) 8개 → (`30) 14개

- 지자체를 지원하기 위해 올해 지역 환경보건계획 시범사업이 추진되며, 권역형 환경보건센터도 지정·운영됨

❑ 환경보건정책의 전문성이 보다 강화된다.

- 분산된 환경보건 조사·연구를 통합하기 위해 전문기관 설립을 추진 할 계획이며, 환경보건센터 기능도 강화(연구형→정책지원형)
- 또한, 전문가·민간·일반인도 환경보건정보를 적극 활용할 수 있도록 환경보건 빅데이터를 점진적으로 구축·공개할 계획임

[도표 Ⅰ-17] 종전 계획과의 비교

구분		1차 환경보건종합계획		2차 환경보건종합계획(안)
비전		환경유해인자로 인한 피해를 예방하여 건강하고 안전한 사회 구현		안전한 환경, 모두가 건강한 사회
목표		2020년까지 환경보건 선도국가 진입		환경보건 안전망 구축을 통한 환경성 질병 부담 완화
원칙		- 사전예방원칙 - 수용체 지향 접근 원칙 - 환경정의 구현 원칙 - 참여와 알권리 보장 원칙		- 사전주의 원칙 - 수용체 지향 원칙 - 환경정의 구현 원칙 - 참여와 알권리 보장 원칙
전략		① 환경성질환 예방·관리 내실화 ② 국민환경유해인자 노출 최소화 ③ 환경보건기반 개선		① 환경유해인자 사전 감시 강화 ② 환경유해인자 노출 관리 강화 ③ 환경성 건강피해 대응 능력 강화 ④ 환경보건 시스템 견고화
정책 방향	유해인자 감시	- 개별 환경유해인자 분산 감시 - 문제 발생 이후 사후적 대응	⇒	- 물질-사람-지역의 전방위적 조사·감시 - 환경 유해 인자 사전 예방적 대응 강화
	유해인자 관리· 저감 서비스	- 민원 대응 위주의 사후 관리 - 공급자 중심의 시혜적·단편적 환경보건서비스 제공		- 건강위해성 기반 유해인자 노출 관리 확대 - 국민체감형 환경보건서비스 확대
	피해구제	- 분산된 피해구제 시스템 - 환경피해범위지원 협소, 피해구제 장시간 소요 - 실질적 피해 복구는 미흡		- 원스톱 피해 대응 체계 - 환경피해범위 확대, 지원 내용 강화 - 환경오염 피해 복구 강화
	관련 기반	- 중앙정부 위주의 환경보건정책 - 환경보건 조사·결과 활용 미비 - 환경보건 전문기관 부재		- 지역 중심 환경보건시스템 강화 - 환경보건 조사·결과 정책적 활용 활성화 - 환경보건 전문기관 신설

자료 : 관계부처합동 [제2차 환경보건종합계획(2021~2030)], 2020. 12

(1) 환경유해인자의 사전 감시 강화

가. 전방위적 환경보건 조사·감시 체계 구축

❑ **(사람)** 국민환경보건 기초조사 강화, 전생애 건강영향감시 코호트 및 패널조사 수행, 웨어러블 측정기기를 활용한 수용체 중심의 노출평가를 추진한다.

❑ **(지역)** 난개발·교통밀집지역 등에 대한 건강영향조사 확대, 빅데이터를 활용한 지역별 환경피해 예측지도 작성 등 취약지역 모니터링를 강화한다.

❑ **(인자)** 미세먼지·소음 등 생활환경유해인자 측정망 고도화·건강영향조사 체계 강화, IoT 기반 주요 유해인자 감시시스템 구축, 생활화학제품 관리를 강화한다.

나. 잠재적 유해인자 대비 체계 마련

❑ **(기후변화)** 기후변화로 인한 오염물질 거동 및 건강영향 예측, 건강영향 취약지도 구축, 탄소중립 등 기후변화 관련 대책의 건강편익을 평가한다.

❑ **(신규 유해인자)** 신규 유해인자·환경보건 이슈 사전 예측 및 대응 체계 마련, 환경유해 미생물·나노물질·미세플라스틱 인체 위해성 평가 기반을 구축한다.

- [기존] 이슈 발생 후 유·위해성검토 → [개선] 전문가 통한 이슈 사전 예측·검토

다. 사전 건강영향평가 제도 고도화

❑ **(대상사업 확대)** 도시·택지 개발사업, 소규모 산단 등 건강영향평가 대상사업 확대, 건강영향평가 거버넌스 구축 및 운영한다.

❑ **(방법론 고도화)** 대상사업별 특성 반영한 건강영향평가 방법론 개발, 누적 위해성평가 도입, 사후 관리로 건강영향평가 환류 체계를 구축한다.

(2) 환경유해인자 노출 관리 강화

가. 생활환경 불편·위해요소 적극 관리

❑ **(실내공기)** 다중이용시설별 법적 관리 수준 차등화, 신축 공동주택 공기질 권고기준 강화, 신규 제작 대중교통차량 내 VOCs 등 권고기준 마련 등이 있다.

❑ **(소음·진동)** 환경소음 실시간 측정체계 구축, 공사장 규모별 차등 제재, 이동소음규제지역 지정 확대, 쾌적한 음환경 조성을 위한 도시 설계 방안 마련 등이 있다.

❑ **(빛공해)** 옥외조명 사전 심사제도 확대, 스마트 조명 등 신기술을 활용한 빛공해 관리 기술 개발, 조명용도·지역특성별 맞춤형 관리 강화 등이 있다.

❑ **(매체통합관리 체계)** 매체별 환경보건협의체 운영, 주요 환경유해인자 위해성 정보 분석·제공, 저감시 건강편익 산출 등 매체별 정책지원을 강화한다.

나. 화학물질로부터 안전한 사회 조성

❑ **(화학물질 평가·관리 강화)** 등록된 모든 화학물질 유해성 심사 및 평가, 허가·제한·금지물질 지정 및 관리 체계 개선, 화학물질 유통 사후관리 강화 등이 있다.

❑ **(산업계 자율관리 강화)** 화학물질별 Use Map 통한 산업계 노출관리 지원, 화학안전산업계 지원단 운영 등이 있다.

다. 맞춤형 환경보건 서비스 제공

❑ **(어린이·청소년)** 어린이활동공간 환경안전관리 기준 강화, 어린이용품 안전관리 강화, 자연친화적 공간·프로그램 확대(국립공원 연계 등) 한다.

❑ **(여성·노인)** 생활용품 화학물질 안전정보 제공, 주거공간 환경유해인자 측정·진단 서비스 확대, 폭염·미세먼지 등 실시간 정보 제공 등이 있다.

❑ **(환경보건 취약계층)** 실내환경 컨설팅·개선 지원, 환경보건 바우처 서비스 도입 등이 있다.

(3) 환경성 건강피해 대응능력 강화

가. 원스톱 환경오염 피해 대응 시스템 구축

❑ **(초기 대응 체계 구축)** 환경건강피해 영향 조사 방법론 및 피해범위 예측 모델 개발, 피해양상별 위기관리 매뉴얼 및 경보시스템 개발 등이다.

- 보건소 또는 온라인 시스템을 활용한 국민 환경건강우려 신고 체계 구축 등

❑ **(건강피해 사후관리 강화)** 환경사고·질환별 사후 모니터링 지표 개발, 피해지역 주민 코호트 운영, 원스톱 역학조사-분쟁조정-피해구제 체계 구축 등이다.

- 한국환경산업기술원 내 환경오염 피해구제 관련 전담 부서 기능을 확대·강화

❑ **(위기소통 강화)** 이슈 발생 후 환경보건 위해소통 매뉴얼 마련, 피해 직후 전과정 정보 공개, 환경보건 핫라인(가칭) 운영 등이다.

나. 환경보건 피해구제 확대

❑ **(피해구제 제도 정비)** 피해 규모·심각성·시급성 등을 고려하여 정부가 우선 구제 실시, 구제 필요지역 선제적 발굴 및 피해구제 전주기 지원 체계 구축 등이 있다.

❑ **(지원내용 확대)** 가습기살균제피해·석면피해·환경오염피해 구제시 합리적 수준의 지원금 지급 및 의료서비스·사후관리 프로그램 등을 제공한다.

❑ **(책임보험 공공성 강화)** 보험가입 사업장에 대한 안전진단 의무화, 환경오염사고 피해시 보험 적용 강화, 손해 사정 이견 조정기구 설치 등을 추진한다.

다. 환경오염 취약지역 개선 체계 구축

❑ **(친환경적 복구·재생 모델 마련)** 난개발 지역의 친환경재생 시범 사업 추진 및 관련 제도 정비, '환경오염 피해 재정비 재원' 마련을 추진한다.

- 전국 난개발 지역 건강영향조사에 따른 '건강우려지역'을 대상으로 친환경 재생사업 확대를 추진함

(4) 환경보건시스템 견고화

가. 지역 중심의 환경보건 정책 추진 강화

❑ **(제도적 기반 구축)** 지자체 건강영향조사·사후관리 이행에 대한 법적 근거 강화, 지자체별 환경보건 표준 조례 및 환경보건계획 수립을 추진한다.

❑ **(지자체 역량 강화)** 지자체 '환경보건 지원 센터' 운영, 권역형 환경보건센터 지정·운영, 보건소·시도보건환경연구원 협력체계 구축 등이 있다.

- 지자체 관계자 업무 토론회 개최 등을 통해 애로사항을 청취, 관계기관 협의 추진

❑ **(지역형 환경보건 서비스 지원)** '우리동네 환경건강문제 해결방안' 공모를 통한 '환경건강도시' 시범운영 및 국민 참여형 서비스를 제공한다.

나. 환경보건 조사·연구 결과 활용 활성화

❑ **(환경보건지표 개선)** 지역단위 환경보건평가 등 지자체 활용 강화(통합 환경보건지표 신설 등), 환경보건 지표 평가주기·방법 등 정비 등이 있다.

❑ **(환경보건 빅데이터 구축·공개)** 환경유해인자 측정망, 지역별 건강정보 등 빅데이터 수집·공개(환경보건통계 연보 발간 등) 등 활용 방안을 도모한다.

다. 환경보건 조직 역량 및 전문성 강화

❑ **(조직 강화)** 분산된 환경보건 조사·연구 및 서비스에 대한 전담기관 설립 추진, 환경보건센터 기능 강화(연구형→정책지원형), 전문위원회를 신설한다.

- 환경보건 R&D 방향, 건강영향조사 방법론, 신규 환경유해인자 등 검토·자문

❑ **(전문성 강화)** 생애 주기별 표준 환경보건교육 프로그램 개발, 전문인력 양성 기관 지정·운영, 환경보건이슈 국제적 협력 체계 구축 등이다.

2. 국내 주요 환경보건 재난 전개과정과 역학연구

1) 연구 개요

❑ 환경보건(環境保健, Environmental Health)은 인간의 건강에 영향을 미칠 수 있는 모든 자연적 또는 인위적인 환경을 다루는 보건학의 한 분야로 정의할 수 있다. 역학(疫學, Epidemiology)은 어원학적으로 인구집단에 관한 학문 또는 인구집단의 질병에 관한 학문이라는 뜻을 가진다. 역학을 통해 인구집단의 질병 빈도와 분포를 확인하고, 질병의 원인이 되는 요인을 규명하며, 질병을 사전에 예방하기 위한 대책을 강구한다. 역학으로 밝힌 질병의 특징과 원인은 효과적인 질병 예방 대책을 수립하는데 필수 자료이기에 역학은 환경보건을 포함한 보건학의 기초학문이라고 할 수 있다.

❑ 역학연구(epidemiologicalstudy)의 가장 큰 특징은 인간을 직접 대상으로 한다는 점이다.

동물실험은 모든 외적 변수를 조절할 수 있다. 반면에 실험 역학(experimental epidemiology)은 임상실험이나 지역사회 실험 등을 통해 이루어질 수 있지만 변수의 조절이 쉽지 않다. 따라서 역학연구는 대체로 관찰(observation)에 의존하는 경우가 많다.

❑ 환경역학(environmental epidemiology)은 역학의 한 분야로 환경적인 요인과 질병의 원인적 연관성 여부를 규명하는 학문이라고 할 수 있다. 환경역학에서 환경은 유전적 요인에 반대되는 개념으로 인간의 외부에 존재하면서 질병 또는 건강상태에 영향을 주는 모든 요인으로 볼 수 있다.

❑ 환경적 요인은 흔히 물리적, 화학적, 생물학적 요인으로 구분한다. 넓은 의미의 환경은 식이요인 및 직업적인 노출을 포함하지만, 흔히 환경역학은 식이와 관련된 요인을 다루는 영양역학(nutritional epidemiology)이나 직업적 요인을 다루는 직업역학(occupational epidemiology)의 영역은 제외하고 대기와 같은 환경매체 속 오염물질에 한정하여 정의되어 왔다. 그러나, 식이요인의 경우 경구로 노출되는 화학물질로 볼 수 있으며, 직업적 노출 역시 비직업적인 환경의 노출에 비해 강도와 기간이 더 긴 경향이 있다는 차이가 있을 뿐, 본질적인 환경인자 자체는 동일하다. 따라서, 환경역학을 영양역학 또는 직업역학 분야까지 포함하여 넓은 의미로 정의하는 것도 가능하다. 더 나아가, 재해(disaster, 전쟁, 홍수, 해일, 지진 등)를 통해 환경이 파괴된 인구집단에서 발생하는 감염성 질환을 포함한 광범위한 분야로 확장할 수 있다.

❑ 본문에서는 환경보건에서 역학적 연구가 가지는 역할과 기능을 정리하고, 우리나라 환경보건 분야에서 수행된 역학연구 사례를 살펴본 후, 환경역학 관련 이슈 및 앞으로의 전망을 고찰해 보고자 한다.

2) 환경보건에서 역학의 역할과 기능

❑ 환경보건에서 역학의 역할과 기능으로는 첫째, 환경으로 인한 건강영향의 양상을 체계적으로 기술하는 것, 둘째, 환경으로 인한 건강영향의 원인을 규명하는 것, 셋째, 환경으로 건강 영향이 일어나지 않도록 예방하는 정책에 근거 자료를 제공하는 것을 꼽을 수 있다. 더 나아가 기존 환경정책을 환경역학의 측면에서 모니터링하고, 사후평가하여 개선안을 제공하는 것 역시 역학의 역할과 기능으로 편입될 필요가 있다. 건강영향은 질병(疾病, disease)이나 질병 상태 이전의 생물학적인 변화, 그리고, 건강상태에 큰 영향을 줄 수 있는 재해/사고까지 포함할 수 있다. 최근 혈액이나 소변 등의 생체시료에서 분자수준의 생체지표(biomarker)를 측정하는 분자역학(molecular epidemiology)이 발전하여, 이전에는 불가능했던 노출이나 질병 상태를 측정할 수 있고, 개인적인 감수성(susceptibility) 정보를 포함하는 지표도 분석 가능하게 되었다.

❑ 건강영향의 양상을 체계적으로 기술한다는 것은 질병이나 건강과 관련된 현상이 언제, 어디서, 어떤 사람에게서 잘 발생하는지, 또 건강영향의 빈도, 중증도와 같은 특성이 어떠한지를 체계적으로 파악하는 것이다. 대상 질병은 소위 환경성 질환 또는 직업성 질환과 같이 환경적 요인이 명확하게 작용하는 경우뿐만 아니라, 거의 모든 만성병도 대상이 될 수 있다. 현대 역학의 다요인

설에 의하면 거의 모든 만성병의 발생에 환경 또는 직업적 요인이 어느 정도 관여하기 때문이다. 우리나라 '환경보건법'은 환경성 질환을 수질오염에 의한 질환, 유해화학물질에 의한 중독증, 신경계 및 생식계 질환, 석면에 의한 폐질환, 환경오염 사고로 인한 건강장해, 대기오염물질과 관련된 호흡기 및 알레르기 질환 등으로 감염병은 제외한다고 정의한다.

❑ 그러나, 경우에 따라서는 오염된 환경으로 인해 발생하는 감염병이 포함되기도 한다. 직업성 질환 또는 직업병(職業病, occupational disease)의 정의는 특정업무, 특정물질 또는 특정 환경에 기인해서 발생하는 질병으로, 통상적으로 사고에 의한 돌발적인 상해나 중독은 포함되지 않는다.

❑ 건강영향의 환경 원인을 규명하는 것은 질병과 환경적/직업적 노출 간의 원인적 연관성을 평가하는 것이다. 관찰되는 연관성이 우연히 또는 왜곡되어 마치 관련이 있는 것처럼 보이는 것은 아닌지, 정말 명확한 인과관계를 내포하는 원인적 연관성(causal relationship)이 있는지를 잘 판단해야 한다. 환경역학 조사는 일상 생활환경의 범주에 속하는 유해인자의 노출로 발생하는 건강영향을, 직업역학 조사는 직업 또는 작업환경의 범주에 속하는 유해인자의 노출로 발생하는 건강영향을 조사한다.

❑ 환경으로 인한 건강영향을 예방하는 정책에 근거 자료를 제공한다는 것은 인과성이 규명되거나 가능성이 높은 요인의 노출을 막거나 줄이는 보건정책을 수립하고, 시행하는 것을 뒷받침할 수 있는 과학적 근거를 마련하는 것이다. 보건정책 수행 시에는 확실한 증거가 존재하지 않더라도 예방을 위한 조치를 취하는 것이 중요하며, 이를 사전주의 원칙(precautionary principle, 사전예방 원칙)이라고 한다.

❑ 이는 비록 원인과 결과 간의 원인적 연관성이 과학적으로 확실하게 증명되지 않았더라도, 건강에 위해를 줄 가능성이 있다고 판단되면 사전에 조치를 취해야 한다는 것을 의미하는데, 위해(risk)의 증거가 없다는 것이 위해가 없다는 증거가 아니라는 개념에 기반한 것이다.

❑ 1854년 영국의 런던에서 발생한 콜레라의 유행을 음용수가 나오는 펌프를 폐쇄하여 종식시킨 일은 사전주의 원칙이 성공적으로 적용된 사례이다. 콜레라 균이 발견된 것은 이후 수십 년 후의 일이다. 이후 사전주의 원칙은 1992년의 리오선언에서 환경개발에 관한 기본 원칙으로도 언급되었으며, 과학적 불확실성이 환경의 악화를 막는 조치를 지연하는 수단으로 사용될 수 없다는 의미로 확대되었다.

3) 국내 환경보건 분야의 주요 역학연구 성과 사례

❑ 우리나라에서는 1980년대 말까지만 해도 수질오염이나 대기오염 등 환경공해를 거론하는 일이 금기시될 만큼 환경보건은 다른 분야에 비해 우선순위가 낮았다. 정부는 중화학공업 육성을 경제개발의 기본 목표로 삼았으며 환경공해에 대한 대책은 후순위였다. 우리나라에서 비로소 본격적으로 환경 및 직업 보건 분야에서 역학연구가 수행되기 시작한 때는 1990~2000년대 이후라고 할 수 있다.

❑ 여기에서는 환경 및 직업보건 분야에서 이슈가 된 주요 사건에서 수행된 역학연구 사례를 살펴보기로 한다.

[도표 Ⅰ-18] 환경 및 직업보건 분야 주요 사건에서 수행된 역학연구 사례

환경보건 사건	연도	환경적 유해인자	건강영향	수행된 역학적 연구	역학연구의 주요 결과
온산 및 여천공단 환경오염 피해	온산: 1974~1991 여천: 1992~2006	- 중금속(카드뮴 등) - VOCs (클로로포름, 스티렌, 톨루엔 등)	- 어업 및 농작물 피해 - 피부병, 가스 중독 등	- 환경오염 물질의 측정 - 증상호소율 조사	- 환경 및 인체 내 유해물질(예 혈액내 중금속)의 확인 - 대조지역과 비교하여 높은 증상호소율 관찰
낙동강 페놀 사고	1991	- 식수 중 페놀	- 악취, 구토 - 유산	- 증상 호소 비율 조사 - 페놀 오염 식수 노출과 임신결과 간 연관성 평가	- 노출군에서 증상 호소율이 높았으나, 페놀 노출과 관련이 없는 증상도 유의하게 높았음 - 전반적으로 임신결과와 연관성이 뚜렷이 증명되지 못함
고잔동 주민 유리섬유 건강피해	1994~1996	- 유리섬유	- 피하 양성 종양, 피부질환	- 지하수 분석 - 병리학적 검사 - 조직 내 유리섬유 분석	- 지하수 및 지방조직 내 유리섬유 발견 - 노출군과 비교군의 피하 종양에 대한 유병률비가 6.32임
베트남전 참전군인에 대한 고엽제 노출 피해 조사	1995~현재 진행중	- 고엽제	- 참전군인의 암 및 다양한 질병 사망 및 발생수준 증가 - 2세에서 일부 질병의 사망 및 발생수준 증가	- 고엽제에 대한 노출 평가 - 표준화사망비(SMR) 및 표준화발생비(SIR) 산출 - 노출수준에 따른 비교	- 위암, 간암, 담관담낭암, 간경화, 뇌졸중, 만성하기도질환 사망이 고엽제 노출과 연관성 있음 - 침샘암, 위암, 간암, 담낭암, 가슴샘암, 신장암, 방광암 발생이 고엽제 노출과 연관성이 있음
고성 폐금속 광산 오염 피해	2004	- 카드뮴 등 중금속	- 근골격계 증상 의심	- 폐광산 인근 주민 건강검진 - 카드뮴 분석	- 혈중 카드뮴 및 뇨중 카드뮴 농도가 노출군에서 높음

환경보건 사건	연도	환경적 유해인자	건강영향	수행된 역학적 연구	역학연구의 주요 결과
시멘트 공장 주변 주민 피해(영월, 충북, 삼척, 강릉, 장성)	2006~현재 진행중	- 시멘트 분진	- 만성폐쇄성 폐질환 등 호흡기계 질환	- 건강검진 - 만성폐쇄성 폐질환 유병률 비교	- 노출지역에서 대조군에 비해 만성폐쇄성 폐질환 유병률이 더 높음
태안반도 원유유출 사건	2007~201	- 벤젠 - 다환방향족탄화수소	- 두통, 피부증상 등	- 지역주민 및 방제 작업자에 대한 건강 피해 조사 - 유전손상 지표 측정	- 중/고오염 지역에서 저오염지역 보다 증상 유병률이 높음 - 태안 해안가 주민에서 산화손상 확인
가습기살균제 피해	1994~현재 진행중	- 가습기살균제 성분(PHMG, PGH, CMIT/MIT 등)	- 중증폐질환, 천식, 폐렴 등	- 중증폐질환에 대한 환자-대조군 연구 - 가습기살균제 피해 신고자 및 가족을 대상으로 연구 - 일반 가습기살균제 사용자를 대상으로 한 연구	- 중증폐질환에 대한 오즈비: 47.3 - 가습기살균제의 사용시간/일, 가습기까지의 거리 등이 위험요인 - 천식, 간질성 폐렴과의 연관성 확인
대기오염의 건강영향	1990년대 중반~현재 진행중	- 미세먼지, 오존 등	- 조기사망 증가 - 호흡기 질환	- 대기오염 모니터링 자료와 사망 자료를 이용한 시계열적 연구 - 대기오염과 호흡기 질환 등으로 인한 응급실 내원수 간 연관성 평가	- 미세먼지와 오존의 농도가 높을 때 사망률이 높아지는 연관성 확인 - 미세먼지가 높은 시기에 응급실 내원수 증가
원자력발전소 주변 주민의 건강	1990~현재 진행중	- 방사선	- 기형아 출산 등 건강피해 우려 - 암발생	- 암코호트 구축 및 추적조사 및 재분석 연구	- 대조지역에 비해 여성 갑상선암 발병 위험도가 높음
장점마을 암 발병	20107	- 연초박(담뱃잎 찌거기)	- 암발생	- 지역주민에 대한 노출평가 - 표준화암발생비(SIR) 산출	- 연초박의 건조 과정에서 다환방향족탄화수소 및 담배 특이니트로사민 배출 확인 - 모든 암, 피부암, 담낭 및 담도암 발생이 유의하게 높음

자료 : 한국환경보건학회지 [한국 환경보건 발전에 대한 역학 연구의 기여 및 전망], 2022. 6

(1) 온산 및 여천공단 환경오염 피해

가. 온산공단 환경오염

❑ 1974년부터 현재의 울산광역시 울주군 온산읍 일대의 19개 마을에 걸친 512만 평은 비철금속 위주의 산업단지로 지정된 이후 온산공단으로 개발되었다. 그러나, 주민 이주 계획이 미흡한 상태에서 공장이 우선 입주하여, 주민들의 거주지역이 공장들 사이에 위치하는 등 주거지와 공장이 매우 근접한 상황에 놓이게 된다. 공단이 본격적으로 가동되면서 주민들은 산업폐수로 인해 어업에 피해를 입거나, 대기에 포함된 유황으로 벼가 시드는 등 농사에 피해를 입기 시작하였다.

❑ 이에 1981년부터 주민 이주 계획을 추진하였고, 1982년에는 온산면 이주 추진협의회가 조직된다. 이후 인근 지역주민들에게 피부병, 가스 중독 등의 피해가 발생하였고, 1983년부터는 피부, 근골격계, 눈, 신경계, 호흡기계 등 전신에 비특이적인 통증을 호소하는, 소위 '온산병'으로 일컬어지는 환자들이 집단적으로 발생하기 시작하였다. 1983년 12월에는 주민들의 손해배상 소송에 대해 보상금지급 판결이 내려졌다. 1984년, 한 대학의 연구기관이 수행한 조사연구에 따르면 온산지역 주민들의 자각 증상 평균 호소율은 43%로, 같은 온산지역이면서 거리가 상대적으로 먼 대조지역의 33%보다 더 높았다. 주민의 혈중 카드뮴 농도는 0.005~0.015 ppm, 혈중 구리 농도는 0.821~1.042 ppm, 혈중 납 농도는 0.162~0.206 ppm이었으며, 해양생물 내 중금속 농도 또한 매우 높은 결과를 얻었다.

❑ 1985년 1월에는 한국공해문제연구소에 의해 이 지역 주민수백 명이 이타이이타이병과 유사한 증상을 보인다는 소견이 언론에 보도되었고, 전국적인 관심의 대상이 되었다. 역학조사 결과 전형적인 이타이이타이병은 아닌 것으로 판단되었다. 즉, 특정 오염물질에 의한 특이적인 증상이 아니라 여러가지 중금속 등이 복합적으로 작용하여 다양한 건강 이상이 나타난 것으로 추정되었다. 1985년 7월에는 한국공해문제연구소가 593명의 주민을 대상으로 실태조사를 수행하였다. 이 연구소는 총 465명인 78%가 온산병 환자이며, 온산 지역의 총 환자수는 1,500~2,000명 정도라고 추산하였다. 그러나, 명확한 기전은 밝히지 못하였다. 이후 1987년부터 1991년까지 지역주민들은 이미 추진 중이었던 이주 계획에 따라 다른 지역으로 삶의 터전을 옮기게 되는데, 세 차례에 걸쳐 이주가 이루어졌으며 이사한 주민은 당초 계획의 20%에 못 미치는 2,601명이었다.

❑ 이 사건으로 인해 많은 시민들이 경제성장의 그늘에 가려져 있던 공해피해가 결국 온산병이라는 공해병으로 나타났음을 인식하고, 환경문제를 가장 심각한 사회문제 중의 하나로 여기게 되었다. 또한, 당시 환경청이 공해병이 아닌 환경성 질환이라는 용어를 사용하고 여러 환경운동단체가 활동하게 되는 계기가 되었다.

나. 여천공단 환경오염 피해

❑ 현재의 여수인 여천에 위치한 여천공단은 1969년에 583만 평 규모로 조성된 대단위 공업단지이며, 이후 2001년에 '여수국가산업단지'로 명칭이 변경되었다. 이 지역은 급속한 발전 및 산업

규모의 확장에 따라 각종 환경피해 분쟁이 계속되었고, 1990년대에 들어서는 여천공단 주변 지역 주민들이 집단 이주 대책 수립을 요구하기에 이르렀다. 여천시는 여수산단 주변마을 주민피해에 대해 객관적인 증거를 마련하기 위해 한국과학기술연구원(KIST)에 용역을 의뢰하여 '여천공단 주변마을 환경영향 및 대책에 관한 연구(1992~1995)'를 진행하였다. 2년 4개월에 걸친 조사가 끝난 1996년에 여천산단 주변 마을의 환경오염이 심각하다는 결과를 발표하였고, 사회적으로 큰 이슈가 되었다.

❑ KIST의 보고서에 따르면, 휘발성유기오염물질에 속하는 클로로포름, 스티렌, 톨루엔의 경우 기준치를 초과하였으며, 해수의 수은과 공단 주변 하천, 지표수의 화학적 산소요구량 역시 그러하였다. 이에 환경부는 6개월 동안 역학조사를 수행하고, 이주 요구에 대해 논의하기로 하였다. 환경부의 역학조사에서는 대기오염물질의 농도가 높은 마을에서 증상호소자의 비율이 높았고, 특히, 림프 및 조혈조직의 악성 신생물 발생이 전국에 비해 훨씬 높은 수치를 보였으며 통계적으로도 유의하였다. 이후 1999년에 이주계획을 확정하였고, 2000~2006년에 걸쳐 1,671세대가 이주하였다. 이 사건은 1986년 온산공단 주변지역 주민들의 집단 이주 경험이 있었음에도 불구하고 여전히 공단 주변의 주민들에 대한 대책이 미흡하였음을 보여주었다.

❑ 이러한 사례들을 통해 국가 차원의 체계적인 조사의 필요성이 대두되었다. 이후 2003~2010년에 광양만권, 포항, 울산, 청주, 시화·반월 등의 주요 국가산단을 대상으로 1단계 사업인 '지역주민 환경오염 노출수준 및 생체모니터링' 사업이 수행되었다. 2011~2016년에는 같은 지역에 2단계 사업으로 '산단지역 주민 환경오염 노출 및 건강영향 감시' 사업이 수행되었다. 이어 2018~2022년에 3단계 사업이 추진되고 있으며, 각 지역에서 노출평가 및 건강영향 평가로서 다양한 방법을 적용하고 있다.

(2) 낙동강 페놀 사건

❑ 낙동강 페놀 오염 사건은 구미 소재 공업단지 내 두산전자의 페놀수지 저장탱크로부터 1991년 3월과 4월 두 차례에 걸쳐 다량의 페놀이 낙동강으로 유입된 사건이다. 한 역학연구는 대구시에서 낙동강 물을 수원으로 하는 다사 수원지와 낙동강 수원지에서 수돗물을 공급받는 1,352가구를 노출군으로, 가창댐 물과 공산댐 물을 수원으로 하는 가창 수원지와 공산 수원지에서 수돗물을 공급받는 907가구를 비노출군으로 하여, 증상호소 정도를 비교하였다. 비교 결과, 대체로 노출군에서 각종 증상의 경험 비율이 높았으며, 비노출군에 비해 2~6배 더 높은 수준이었다. 그러나, 관련이 없다고 분류된 증상에서도 경험비가 2~5배로 높게 나타난 점을 감안할 때 신중하게 해석할 필요가 있다는 논의도 제기되었다.

❑ 당시 큰 이슈가 되었던 페놀 오염 식수 노출과 임신 결과의 영향 여부를 살펴본 국내 연구는 임신부들이 1991년 3월에 대구시의 페놀에 오염된 식수에 노출됨으로써 임신 20주 미만의 유산, 사산, 조산, 태내발육지연, 선천성 기형, 생후 1주 이내의 신생아 사망 등이 증가했을 것이라는

가설을 뒷받침할 수 있는 뚜렷하고 충분한 증거는 발견하지 못했다고 밝혔다. 임신 37주 미만의 조산아 비율에서 오염 지역이 6.0%, 비오염 지역이 4.8%로 통계적으로 유의한 차이가 관찰되기는 하였으나, 전반적으로 당시 페놀을 함유한 식수의 노출 정도와 임신결과 간의 인과성이 뚜렷이 증명되지는 못하였다.

❑ 이 사건을 계기로 먹는 물의 수질검사 기준과 항목을 선진국 수준으로 강화하자는 요구에 따라 기준이 대폭 강화되었다. 또 먹는 물 안전에 관심이 증폭되어 고도정수처리 시설 확대와 4대강 수질 개선 등 맑은 물 공급종합대책이 마련되었고, 환경범죄의 처벌에 관한 특별 조치법이 제정됐다. 이와 함께 이 사건은 건강권과 환경권에 대한 전 국민적 관심을 불러일으킨 계기가 되었다.

(3) 고잔동 주민 유리섬유 건강피해

❑ 1974년부터 가동된 유리섬유 제조 공장이 있는 인천시 고잔동의 인근 마을 지역주민이 집단적으로 피부병과 암에 시달리고 있다는 기사가 1994년에 보도되었고, 사회적인 관심을 유발하였다. 유리섬유로 인한 건강피해를 연구한 경험이 있는 한 연구팀이 소식을 듣고 조사에 착수하였다. 이들은 1995년 1월부터 수개월 동안 32가구, 주민 152명(남자 71명, 여자 81명)을 대상으로 주민들의 건강피해를 조사하였다. 이 연구팀은 지하수 분석, 설문조사, 병리학적 검사, 조직 내 유리섬유 분석 및 과거 병록 조사 등을 시행하였다.

❑ 그 결과, 피부질환 35건(유병률: 23.0%), 피하 종양 15건(유병률: 9.9%, 과거 수술도 포함)을 확인하였고 지하수에서는 유리섬유가 검출되었다. 또한, 피하 양성 종양을 가진 주민의 피하에서 종양 조직을 절제하여 편광 현미경으로 관찰한 결과, 종양의 지방조직 외피를 이루는 섬유조직에서 이중 반사 소견을 보이는 불규칙한 유리섬유 조각들이 다수 발견되기도 하였다. 조사 이전 10년간 지역 내에서 악성종양으로 사망한 환자는 4명이었고, 3명은 동일한 가구에서 발생하였다. 암의 종류는 위암 1예, 식도암 1예, 구강암 1예 및 위암 및 식도암 1예였다. 이러한 결과를 토대로, 유리섬유에 의해 피부질환 등의 건강 장해가 발생하였으며, 피하 양성 종양은 유리섬유가 원인일 가능성이 크다고 결론을 내렸다. 그러나, 악성종양의 발생 가능성에 관하여는 관련성을 밝히지 못하였다. 이후, 1994년부터 약 1년 동안 매립된 약 700여 톤의 유리섬유 폐기물을 파내는 정화작업이 이루어졌으며, 1995년 5월에는 고잔동 일대에 상수도가 보급되었다.

❑ 1995년 6월부터 12월까지 환경부가 주관하는 역학조사도 수행되었다. 이 역학조사는 유리섬유 매립지와 같은 유동계 지하수를 사용하는 고잔동 1통 1반 6가구 거주 주민을 노출군으로 선정하였고, 이들을 제외한 조사대상 인구를 비교군으로 하여 다양한 분석을 수행하였다. 피하 종양의 과거력에 대한 유병률비(prevalence ratio, PR)는 6.32로 노출군에서 더 높게 나타났으며, 통계적으로도 유의하였다. 그러나, 공장 구내식당의 지하수에서만 유리섬유를 검출할 수 있었고, 나머지 지하수 시료와 피하 양성 종양의 조직에서는 유리섬유가 검출되지 않았다. 최종적으

로, 이러한 분석 결과와 문헌조사, 세포 및 동물실험 결과에서 특이점이 관찰되지 않은 점을 종합하여, 오염된 지하수에 의해 피하 양성 종양과 피부질환 등의 건강 영향이 발생하였다는 가설은 확인할 수 없다는 결론을 내리게 된다.

❑ 상반된 두 조사 결과로 인해 추가적인 연구 결과 발표 등 많은 논란이 이어지는 가운데 환경부와 별도로 조사를 수행한 역학조사팀은 식수 및 피하 양성 종양 조직에서 유리섬유가 검출되지 않은 까닭은 시료의 전처리 및 분석 방법의 차이로 인한 것임을 증명하였다. 즉, 지하수 시료를 채취하여 용기에 담아 실험실에서 검사하는 과정에서 유리섬유가 용기의 바닥과 벽에 달라붙는다는 사실을 알아낸 것이다. 이로써 지하수로 인한 유리섬유 노출이 피하 양성 종양을 발생시킬 수 있다는 가설이 최초로 인정받게 되었고, 공해를 유발한 회사가 피해와 자사 오염물질이 무관하다고 입증하지 못하면 유죄가 된다는 선례가 세워졌다.

(4) 베트남전 참전군인에 대한 고엽제 노출

❑ 국가보훈처는 보상과 관련하여 베트남전 참전군인과 그 자녀들의 질병이 고엽제 노출에 의한 후유증이라는 근거를 찾기 위해 지속적으로 역학조사를 시행하고 있다. 참전군인을 대상으로 1차 조사(1995~1996), 2차 조사(1998~2001), 3차 조사(2003~2006) 및 4차 조사(2009~2012)를 수행하였으며, 참전군인의 2세를 대상으로 한 고엽제 2세 역학조사(2007~2010)도 진행하였다. 참전군인과 2세 모두를 대상으로 한 5차 조사(2015~2016)는 결과가 공개된 가장 최근의 조사이며, 2018년부터 수행된 6차 조사의 결과는 아직 발표되지 않았다.

❑ 5차 조사의 최종보고서는 후향적 코호트 연구 설계로 베트남전 참전군인 267,526명을 23년(1992~2014) 간 추적 관찰한 결과를 수록하고 있다. 관찰 결과, 2014년 12월 31일까지 사망한 참전군인은 모두 49,623명이었다. 주요 결과는 위암, 간암, 담관담낭암, 간경화, 뇌졸중, 만성하기도질환 사망과 침샘암, 위암, 간암, 담낭암, 가슴샘암, 신장암, 방광암의 발생이 고엽제 노출과 연관성을 보인 것이었다.

❑ 참전군인과 인구 전체의 사망을 분석한 결과 참전군인의 총 사망에 대한 표준화사망비(standardized mortality ratio, SMR)는 남자 인구 전체와 비교해 유의하게 낮게 나타났다(SMR=0.85, 95% CI=0.84~0.86). 이는 건강근로자(군인) 효과가 개입된 것으로 해석된다. 하지만, 내부비교군(고엽제에 대한 저노출군)을 적용하여 비례위험비(hazard ratio, HR)를 산출한 결과, 고노출군이 저노출군에 비해 유의하게 사망 수준이 높은 것으로 나타났다(HR=1.11, 95% CI=1.09~1.14). 베트남 참전군인의 경우, 노출 기간이 길지 않으며(평균 참전 기간이 1.1년) 고엽제에 노출되는 것이 싫어 군대를 떠나는 경우는 거의 없다는 점을 생각할 때, 건강근로자생존효과가 일반 직업과 비교하여 크지 않을 것으로 보인다. 따라서, 이 결과는 내부 비교군을 사용하여 분석함으로써 상당 부분 건강근로자(군인) 효과를 제어할 수 있다는 사실 또한 보여준다고 말할 수 있다.

❑ 결과 해석 시 고려해야 할 또 다른 점은 선택적 생존비뚤림(selective survival bias)이 개입되었을 가능성이다. 고엽제 피해 역학조사는 베트남전 참전군인들이 귀국한 후 짧게는 20년, 길게는 27년 정도가 지난 후에 이루어진 만큼, 연구를 위한 코호트 구성 시기인 1992년 이전에 사망하였을 가능성이 있다. 이 경우 사망위험은 과소평가되었을 것으로 판단할 수 있다. 추가 분석에서 고엽제 저노출군 대비 고노출군의 사망위험이 추적 초기인 1992~1999년에서만 유의한 결과(HR=1.16, 95% CI=1.11~1.21)를 보인 점은 선택적 생존비뚤림의 개연성을 뒷받침하는 것으로 해석할 수 있다.

❑ 고엽제 피해 범위 인정은 시간의 경과에 따라 확대되는 경향이 있으며 한국도 이러한 영향을 강하게 받고 있다. 이는 의학 기술의 발전에 따른 고엽제 해독성의 확인, 고엽제 관련 정보의 공개, 이해 당사자들의 조직적인 의사표시 등에 기인하고 있다.

(5) 고성 폐금속 광산 오염 피해

❑ 2004년 한 신문사는 경남 고성군의 한 폐금속 광산 인근지역의 주민들에게 '이타이이타이병'이 의심된다는 내용을 보도하였다. 환경 시민단체의 조사 결과 인근 지역주민 7명의 뇨중 카드뮴 농도를 측정한 결과 높은 수치를 보였고, 그 중 상당수가 근골격계 증상을 보였다는 것이다. 2004년은 환경보건정책과가 환경부 환경정책실 산하에 새롭게 만들어진 해로 이 사건을 조사하기 위해 환경부를 비롯한 정부의 여러 부처와 시민단체가 공동으로 역학조사단을 구성하여 대대적인 조사를 시행하였다. 인근 주민 102명과 대조군 149명을 대상으로 혈액과 뇨중 중금속(카드뮴, 구리, 비소, 납, 아연) 수준을 측정하였으며, 대기, 토양, 식수 및 농산물(쌀, 보리, 고추, 콩 등) 내 농도를 측정하여 비교하였다. 또한, 신장기능지표인 beta2-microglobulin, alpha1-microglobulin, NAG (N-acetyl-betaglucosaminidase)와 골밀도를 측정하였다.

❑ 조사결과, 노출지역 주민의 혈액 및 뇨중 카드뮴 농도의 평균과 범위는 각각 3.3 μg/L (범위 0.7~14.6), 2.1 μg/g creatinine(범위 0.1~11.6)이었고, 대조지역 주민에서는 2.2 μg/L (범위 0.3~5.1), 1.5 μg/g creatinine (범위 0.1~14.7)으로 유의한 차이를 보였다. 반면, 카드뮴의 영향을 반영하는 것으로 알려진 신장 손상 지표들의 수준과 골밀도 수준은 두 그룹 간에 차이가 관찰되지 않았다. 따라서, 명확한 '이타이이타이'병은 확인되지 않았다고 할 수 있다. 그러나, 용량-반응 관계로 해석될 수 있는 일부 결과와, 폐광산 침출수의 영향을 직접 받는 논에서 재배된 쌀의 카드뮴 농도가 상대적으로 높게 나타난 점, 갱내 수질 검사 결과 카드뮴 농도가 높게 검출된 점을 볼 때 지속적으로 추적조사가 필요하며, 다른 지역의 폐광산 인근마을 주민에 대해서도 정부차원의 건강영향조사를 체계적으로 수행할 필요성이 제기되었다.

❑ 이후 폐광 등 취약지역 건강영향조사 기본계획안이 마련되었으며, 2008~2011년에 걸쳐 38개소 폐광지역에 대해 1단계 조사, 2013~2017년에 걸쳐 104개소에 대해 2단계 조사, 2019년부터 84개소에 대해 3단계 조사가 이루어지고 있다. 고성 사건을 해결하기 위해 실시한 역학조사 방법

과 사후관리 절차는 전국적으로 진행된 폐금속 광산 지역주민 건강영향조사의 모형을 제시하였다는 점에서 의미를 찾을 수 있다.

(6) 시멘트 공장 주변 주민 피해

❑ 시멘트 공장에서 나오는 먼지, 분진 등으로 건강 피해, 정신 피해를 호소하는 민원이 지속되었으나 처음으로 사회적 이슈가 된 계기는 2006년의 강원도 영월 지역 사례였다. 분쟁해결을 위해 영월에 위치한 3개의 시멘트 회사와 지역주민 간에 논의가 이루어졌으며, 주로 기업이윤의 일부를 지역사회에 환원하는 방식으로 해결 방안을 모색하였다. 이러한 배경 아래, 국립환경과학원은 2007년에 4년에 걸친 역학조사를 시작하였고, 이후 충북의 제천과 단양, 강원도의 삼척, 전라남도의 장성, 강원도의 강릉, 동해, 충청북도의 청주 등 다른 지역으로도 조사를 확대하였다.

❑ 영월 지역의 조사결과, 유효조사자 1,357명 중 15.9%인 216명이 만성폐쇄성폐질환(COPD) 진단을 받았다. 40세 이상으로 한정할 경우, 유효조사자 1,217명 중 17.3%인 211명이 COPD 진단자였는데 이를 2008년 전국 읍ㆍ면 단위 인구로 표준화한 유병률은 15.6%였다. 한편, 2008년 국민건강영양조사의 읍면 단위 40세 이상에서 COPD의 유병률 역시 15.0%로 유사하였다. 이 두 수치가 큰 차이가 없는 듯이 보일 수 있으나, 두 조사의 진단 정확성이 다를 수 있다는 점이 제기되었고, 이러한 측면을 보완하기 위해 대조지역을 선정하여 비교하는 방식의 분석이 이루어졌다. 예를 들면, 충북의 제천과 단양 지역의 경우 COPD의 유병률은 유효조사자 1,713명 중 13%로 208명이었음에 반해, 이들의 대조지역은 8.5%였다.

❑ 또한, 초등학생의 혈중 납과 수은 농도 역시 대조지역에 비해 유의하게 높았다. 강원도의 강릉과 동해의 경우에도 COPD의 연령표준화율이 각각 7.2%, 5.9%로 대조지역의 2.9%에 비해 높았으며, 뇨중 다환성방향족탄화수소류(polycyclic aromatic hydrocarbons, PAHs) 대사체인 뇨중 1-OHP의 농도도 대조지역 보다 다소 높았다. 이들 연구는 시멘트공장 및 석회석 광산에 대한 건강영향조사가 전국으로 확대되는 계기가 되었다.

(7) 원유유출로 인한 지역주민 및 방제작업자의 건강 피해

❑ 2007년 12월 7일 충청남도 태안군 만리포 인근에서 허베이스피리트호의 원유가 유출되는 사고가 발생하였다. 사고 지점과 인접한 충남 해안은 다양한 어패류 양식장이 있어 이들을 중심으로 큰 피해가 발생했으며, 생태계 전반이 훼손되었다. 또한, 지역주민과 방제작업에 참여한 사람들에게 벤젠, 다환성방향족탄화수소류(PAHs)로 인한 신체적 피해가 나타나 이에 대해 역학연구가 수행되었다.

❑ 지역주민에게 발생한 두통 등의 증상은 저오염 지역군에 비해 중오염 지역군에서 8배, 고오염 지역군에서는 13배 높았다. 피부계 증상 중 가려움은 고오염지역에서 4.8배, 눈 아픔이 3.3배 높은 것으로 조사되었다. 사고 이후 설립된 태안환경보건센터가 2009년 1월부터 2010년 6월까지 1차 중장기 건강영향조사를 실시한 결과, 태안의 해안가 주거 주민들의 PAHs 로 인한 유전물질

손상지표는 4.46 수준으로 일반인 평균치인 1.18보다 4배 가까이 높은 것으로 나타나 유전자 손상 가능성이 크다고 보고하였다. 또한, 방제작업기간이 긴 주민들의 산화손상지표가 높게 나타났으며, 해안가 지역 학생의 천식 유병률이 기타 태안 내륙지역 학생들보다 2.5배 정도 높았고, 공단지역보다도 2~4배 높았다. 또한, 피해지역의 고노출 주민에게서는 외상 후 스트레스 장애 및 우울증 등의 만성화 가능성이 확인되었다.

❑ 허베이스피리트호 사건 당시 수행된 역학연구는 누구(또는 어떤 집단)에게 어떤 질병이 얼마만한 규모로 발생했는지 그 건강 손실 정도를 파악하기 위해 잠재적 위해 대상 집단을 장기 추적하는 데 많은 노력을 기울였다는 점에서 긍정적으로 평가된다. 그러나 방제 작업 작업 당시 설문조사를 통해 자원봉사자들에게 작업 전후 두통, 메슥거림 등의 건강영향을 확인하였음에도 불구하고 노출평가가 이루어지지 못한 한계점도 있다. 따라서, 환경 사고 발생 초기에 노출평가가 이루어져야 한다는 인식과 함께 구체적인 매뉴얼 작성의 필요성도 대두되었다.

(8) 가습기살균제 피해

❑ 2011년 4월, 서울의 한 대형병원 중환자실에서 미확인 바이러스로 인한 중증폐손상으로 임산부들이 사망하거나 입원 중이라는 사실이 보도되면서 사회적 이슈가 되었다. 진료를 담당한 호흡기내과 의사는 이러한 폐손상이 바이러스성 폐렴 등 기존 질환과 전혀 다르다며 질병관리본부에 역학조사를 의뢰하였다. 질병관리본부는 2011년 8월 원인 미상 폐손상의 원인을 가습기살균제로 추정하는 주요 역학연구 결과를 발표하였다. 질병관리본부가 2004년부터 2011년까지 A의료기관 입원 환자 중 원인 미상 폐손상 환자 정의에 부합한 18명의 환자군과 121명의 대조군을 대상으로 역학조사를 실시한 결과 가습기살균제를 사용한 집단의 폐손상 발생 위험도(odds ratio, OR, 오즈비)가 그렇지 않은 집단보다 47.3 (95% CI=6.0~369.7)배인 것으로 나타났다.

❑ 역학조사를 통해 처음 보고된 병원 외에도 전국적으로 유사한 환자가 발생하였고, 발생 시기는 가습기살균제 사용이 가장 많은 시기와 3개월 정도의 간격이 있음이 확인되었다. 또한, 질병관리본부는 2011년 9월부터 가습기살균제 3종에 대해 동물독성 흡입실험을 진행한 결과, 2종('폴리헥사메틸렌 구아니딘(polyhexamethylene guanidine, PHMG)' 성분과 '올리고 에톡시에틸 구아니디움(PGH, oligo (2-(2-ethoxy)ethoxyethyl guanidium chloride)')의 실험군에서 호흡이상 및 폐섬유화 현상을 확인하였다.

❑ 이러한 결과를 바탕으로 2011년 11월 11일 보건복지부는 가습기살균제가 원인 미상 폐손상 환자들의 직접적인 사망 원인이라고 결론을 내리면서 가습기 살균제 6종에 대해 수거명령을 내렸다. 수거명령의 대상이 된 가습기살균제는 PHMG 및 PGH 성분이 들어간 종류였으며, 나머지 종류에 대해서도 사용자제를 권고하였다.

❑ 가습기살균제와 관련된 최초의 역학 연구는 2008년으로 거슬러 올라갈 수 있다. 가습기살균제가 원인으로 밝혀지기 전, 2008년 초 대한소아학회지에 '2006년 초에 유행한 소아급성 간질성

폐렴'이라는 사례보고 논문이 발표된 바 있었다. 전 사회적 이슈가 된 직후인 2012년 초 한국환경보건학회에서는 2011년 이후 환경보건시민센터와 가습기살균제 피해자 모임(인터넷 카페)에 접수된 피해사례 174건(133가족)을 대상으로 방문조사를 수행하였다.

❑ 이 조사에서는 역학적으로 매우 의미있는 짝지은 환자-대조군 분석을 실시하였다. 각기 다른 방에서 취침한 형제 세트(n=4) 또는 다른 방에서 취침한 성인 가족 세트(n=20)에서 환자군은 전적으로 가습기살균제 사용군에서만 관찰되어 오즈비가 무한대로 산출되었다. 이는 사망 또는 증상이 나타난 후 출생한 형제 세트(n=4)에서도 동일하게 관찰되었다. 같은 방에서 취침한 형제 세트(n=9)에서는 피해자가 가습기와의 상대적인 거리가 더 먼 경우는 한 건도 관찰되지 않아 마찬가지로 오즈비가 무한대였으며, 같은 방에서 취침한 성인 가족 세트(n=24)에서는 가습기와의 상대적인 거리가 짧은 경우에 피해자가 발생할 위험도가 3배 이상 증가하는 결과를 보였다(OR=3.7, 95% CI=1.02~13.2).

❑ 이후 가습기살균제의 사용 특성과 가습기살균제폐손상(HD-associated lung injury, HDLI)의 연관성을 평가한 일련의 역학연구들이 수행되었다. 피해신청자 169명을 환자군으로 피해를 입지않는 303명의 가족을 대조군으로 하여 분석한 결과, 하루 중 평균 사용 시간, 하루 평균 취침 시 노출 시간, 가습기까지의 거리, 공기 중 농도 추정값(사용량과 방 크기를 고려한 농도)이 중요한 요인이었다. 16명의 중증폐손상 소아 환자군과 3배수의 대조군을 비교한 연구에서는 가습기살균제 사용 및 초음파 타입 가습기가 유의미한 연관성을 보였다. 16명의 성인 중증폐손상 환자와 5배의 지역사회 대조군을 비교한 연구에서도 가습기살균제의 사용정도에 따라 강한 양-반응관계가 관찰되었다. 총 62건의 신고된 중증폐질환 사망자를 대상으로 한 생존분석 연구에서 PHMG를 사용한 경우에는 영유아와 주당 가습기 사용일수, 공기 중 농도 추정값을 유의미한 요인으로 꼽았으며, PGH를 사용한 경우에는 영유아만이 유의미했다고 분석하였다.

❑ 한편, 피해 신고자가 아닌 일반인을 대상으로도 조사가 수행되었는데, 가습기살균제 노출 특성과 건강이상 경험과의 연관성을 살펴본 결과 하루 중 사용 시간, 가습기살균제 한 통을 다 쓰는 데 소요되는 기간, 가습기살균제를 투입하는 빈도 등 가습기살균제 사용정도를 나타내는 변수와 가정내 건강이상 경험자 여부 간에 유의한 연관성이 관찰되었다. 최근에는 가습기살균제 노출과 간질성폐질환, 천식, 폐렴 간의 연관성에 대한 역학적 증거도 제시되고 있다. 더 나아가 가습기살균제 사용에 따른 아동의 학업성취도 간의 연관성을 평가한 연구도 존재한다. 그리고, 2020년 CMIT/MIT를 주성분으로 하는 가습기살균제를 제조 및 판매한 기업에 대한 형사소송에서 무죄가 선고된 이후 CMIT/MIT 노출과 건강영향 간의 인과성에 대한 논란도 진행중이다.

❑ 가습기살균제 사건은 「화학물질의 등록 및 평가 등에 관한 법률(2013년)」 및 「생활화학제품 및 살생물제의 안전관리에 관한 법률(2018년)」이 제정되는 계기가 되었다.

(9) 구미 (주)휴브글로벌 불화수소 누출 사고

❑ 2012년 9월 27일 오후 3시 40분경, 경북 구미 제4 국가산업단지에서 불소 화학제품 생산 업체인 ㈜휴브글로벌에서 탱크로리에 있던 불화수소를 공장 내 설비로 옮기는 과정에서 근로자의 실수로 탱크로리의 밸브가 열리며 불화수소 가스가 유출되었다. 이 사고로 작업자 5명이 현장 또는 병원 이송 중 사망하고 18명이 부상을 당했다. 더욱이 가스 누출 이후 신속한 조치가 이루어지지 않아 산업단지 인근 주민 거주 지역까지 가스가 퍼지면서 농작물이 죽고 가축이 가스 중독 증상을 보이는 등 피해가 속출하였다.

❑ 10월 21일까지 총 12,243명이 인근 지역 의료기관과 구미시가 마련한 임시진료소에서 진료를 받거나 검진을 받았다. 이 중 병원에 입원한 사람은 급성 호흡기·위장관계·신경학적 건강 문제를 겪었고 비입원환자는 주로 상기도 자극과 관련한 급성 증상을 보였다. 사건 직후 다양한 증세의 환자발생은 불화수소 노출로 인한 광범위한 피해범위를 보여준다. 이는 국내 화학물질 누출 사고 중 가장 큰 규모였다. 정부는 사고 발생 12일 뒤인 10월 8일 구미시 봉산리 일대를 특별재난지역으로 선포했다.

❑ 불화수소(Hydrogen fluoride)가 물과 결합하면 무색의 불산(Hydrofluoric acid) 수용액이 된다. 불화수소 농도가 40% 이상이면 불산은 공기 중 흄 형태로 존재한다. 불화수소 및 이를 1% 이상 함유한 혼합물질은 유해물질관리법 상 유독물로 취급된다. 불화수소 기체를 흡입하면 기관과 식도가 심하게 자극된다. 또한, 자각증상 없이 노출 1, 2일 후 고열, 오한 등 몸살같은 증상에 이어 흉곽 압박감, 수포음, 청색증 등이 유발될 수 있다. 또한 불산은 눈에 접촉하면 화상과 각막괴사를 일으켜 실명할 수 있고, 피부에 접촉하면 화상과 각종 피부염을 일으킨다. 단시간 노출에 의해서도 심한 증상이 발생한다. 노출 당시의 불화수소(불산) 농도와 노출 시간 정도에 비례해 건강 영향이 심각해진다.

❑ 이 사고를 계기로 2013년 5월 화학물질관리법이 제정되어 2015년부터 시행되고 있다. 하지만 이 법 제정 이후에도 화학물질 사고는 계속되고 있다. 사고 발생한 이후 4년간 연도별 사망·부상자 현황을 보면 2014년이 222명으로 가장 높았고 2016년(10월까지) 121명, 2015년 117명, 2013년 46명 순으로 나타났다. 전체 화학물질 사고 건수와 인명피해 가운데 유출·누출로 인한 사고가 각각 72%와 75%를 차지하고 있는 것으로 분석됐다. 사망자만 놓고 보면 대부분 화재·폭발이 원인이었다.

❑ 정부는 이 사고를 계기로 2013년 7월 “화학물질 안전관리 종합대책”을 마련한 데 이어 2013년 9월 화학물질안전원을 신설했다. 또 환경부, 노동부, 소방청, 산업통상자원부, 지자체 등이 화학 사고에 공동으로 대응하기 위해 범부처 합동방재센터를 여수, 시흥, 서산, 울산, 충주, 구미, 익산 등 전국 7곳에 만들어 예방 및 대응에 힘쓰고 있다.

❑ 이런 노력에도 화학 사고는 계속되고 있다. 가장 최근에 발생한 대표적 사례는 한화토탈

공장에서 일어난 스티렌모노머 유출 사고를 꼽을 수 있다. 2019년 5월 17~18일 충남 서산의 한화토탈 스티렌모노머 공장에서 유증기 유출 사고가 발생해 주민 2,612명, 근로자 1,028명 등 3천여 명이 지역 병의원을 내원해 진료를 받았다. 법제도 개선과 감시대응 조직 강화만으로 화학물질 유출 사고를 막는데 한계가 있다는 사실을 알 수 있다. 1960~1980년대 조성된 전국 각지의 화학산업단지 내 공장의 노후화로 인해 사고가 빈발한다는 지적이 나오고 있는 만큼 사고 예방을 위한 새로운 대책이 필요하다.

(10) 대기오염의 건강영향

❑ 20세기 중반까지 벨기에의 뮤즈 계곡사건, 미국의 펜실베니아 도노라 사건, 영국의 런던 스모그, 미국의 LA 스모그, 멕시코의 포자리카 중독사고 등 피해가 상당한 대기오염 사건들로 인해 대기오염이 공중보건에 큰 위해가 된다는 사실이 알려진 이후 대기오염 수준이 개선됨에 따라 낮은 수준의 대기오염 물질에 대한 노출이 과연 건강에 위험이 될 것인가에 대한 논란이 진행되었다. 1990년대 초반부터 대기오염 사건 수준이 아닌 평상시 낮은 수준의 노출만으로도 사망 및 질병 발생이 달라질 수 있다는 연구 결과가 발표되었고, 본격적으로 대기오염역학 연구가 시작되었다.

❑ 우리나라의 대기오염과 관련된 건강영향 조사는 1960년대로 거슬러 올라간다. 초기의 대기오염 역학연구는 주로 단면조사 연구 또는 생태학적 연구 형태로 수행되었다. 예를 들어, 1969년 서울시 주민 1,167명을 대상으로 호흡기질환에 대한 설문조사를 수행하고, 병원의 호흡기질환 내원기록을 이용하여 호흡기질환자의 일별 내원율과 대기 중 SO_2 및 CO 농도의 연관성을 평가한 연구가 수행되었다. 이후 1990년대까지 도시(개발) 지역과 농촌 지역 등의 대조지역 주민을 대상으로 코넬메디컬인덱스(CMI)나 호흡기계 질환을 조사하는 설문지 조사, 지역의료보험 자료에서 만성 호흡기계 질환의 입원율과 외래 수진율 등을 조사하여 비교하는 연구 등이 수행되었고, 대체로 대기오염의 건강영향을 시사하는 결과를 얻었다.

❑ 한편, 1990년대 초 세계적으로 대기오염 역학연구 방법이 발달하면서 우리나라도 1990년대 중반 이후부터 대기오염 모니터링으로 얻은 시계열 자료와 사망 자료를 연계하여 인천, 서울, 울산 등 대도시 대기오염이 조기사망에 미치는 영향을 평가하였다. 예로, 1995~1996년 간 인천의 PM10이 10 $\mu g/m^3$이 증가할 때 사망자 수는 0.8% 가량 증가하였고, 1991~1995년간 일일 최대 시간당 오존 농도가 50 ppb 증가할 때 사망자 수가 서울의 경우 1.5%, 울산의 경우 2.0% 정도 증가했다고 분석한 연구를 들 수 있다.

❑ 이후 대구 등 다른 광역시에 대해서도 사망수 증가에 대한 연구가 이루어졌으며, 사망뿐만 아니라 폐암발생과의 연관성을 평가하거나, 천식의 급성 악화 등 호흡기 질환으로 인한 응급실 내원수에 대한 영향을 평가하는 연구도 이루어졌다. 최근에는 기여위험도를 산출하거나, 시공간 분석 등 새로운 분석기법을 도입하는 연구도 수행되고 있다.

(11) 원자력발전소 주변 주민에 대한 역학조사

❑ 국내 최초의 원자력발전소 주변 주민에 대한 역학조사는 1990년 전라남도 영광 주민을 대상으로 이루어졌다. 이 조사는 영광 원자력발전소 주변 주민의 무뇌아 유산이 원전의 방사선 누출에 의한 것이라는 주장이 1989년에 제기된 이후 수행되었다. 그 후 1992년부터 4년간 전국의 원전이 속해 있는 모든 지역주민과 원자력발전소 종사자를 대상으로 코호트(cohort)가 구축되었다.

❑ 코호트 입적 시 조사내용은 건강실태조사, 역학설문조사, 추적관찰조사, 환경 방사선량 평가였으며, 해외 사례에 대한 조사도 이루어졌다. 조사대상은 4개 원전 종사자와 원전으로부터 3~5 km 이내 10세 이상의 지역주민이었으며, 비교대상은 원전으로부터 약 20 km 이내에 거주하는 근거리 주민과 먼 거리 지역인 경기도 양평군(농촌지역)과 서울(도시지역) 지역 주민이었다. 종사자 9,500명, 주변주민 7,494명, 근거리 대조군 3,464명, 원거리 대조군 3,552명을 대상으로 신체검사를 시행하였고, 이후 2011년까지 전향적 코호트 연구가 계속되었다. 1992년에 코호트가 구축된 이후 최종적으로 원전 주변지역의 주민 11,367명(남: 4,491명, 여: 6,876명), 근거리, 원거리, 서울지역을 모두 포함한 대조지역 주민 24,809명(남: 10,503명, 여: 14,306명)을 추적관찰하였고, 각각 705명(남: 393명, 여: 312명) 및 1,593명(남: 941명, 여: 652명)의 암 발생을 확인하였다.

❑ 2011년 최종보고에서 유일하게 원전 주변 여성의 갑상선암 발병 위험도가 원거리 대조지역 주민보다 2.5배 높은 것으로 관찰되었으나(위험비, hazard ratio, HR=2.5), 원전 방사선과 암 발병 위험도 간에 인과적인 관련성은 찾을 수 없었다는 결과가 발표되었다. 이러한 결론을 두고 전개된 학계의 논쟁은 주로 발견비뚤림(detection bias, 검진 바이어스)의 개입 여부에 대한 것이었다. 이에 다른 연구팀에 의해 자료의 재분석이 이루어졌으며, 발견비뚤림을 고려해도 갑상선암 위험이 여전히 통계적으로 유의한 연관성을 보인다는 결과를 발표하였다.

❑ 최근에는 월성 원자력발전소 부지 지하수에서 삼중수소(트리튬)가 검출되었다는 사실이 이슈가 되어 사회적인 논란과 논쟁이 진행되기도 하였으며, 갑상선암과 관련한 논란으로 지속적인 역학조사의 필요성이 강조되고 있다. 이러한 역학적 이슈는 민원 해결 또는 유·무형적 보상 과정과도 밀접하게 연계되어 있다.

(12) 장점마을의 비특이적 암발생 인정 사례

❑ 2000년대 이후 지역 주민에게 발생하는 집단적인 암 발병에 대해 역학조사를 의뢰하는 경우가 점차 증가하고 있는데, 장점마을은 그 대표적 사례 중 하나이다. 2017년 4월, 인근 비료공장에서 배출된 유해물질의 건강영향을 조사해 달라는 청원이 제기되었으며, 주민대표, 주민 및 환경부 추천 전문가 등 10명으로 민관 합동조사협의회가 구성되었다. 이후 2017년 12월부터 환경안전건강연구소 주관으로 역학조사가 진행되었다.

❑ 2001년 비료공장 설립 이후, 2017년 12월 31일을 기준으로 주민 99명 중 22명에게 암이 발생하였다. 장점마을의 남녀 표준화발생비(standardized incidence ratio, SIR)는 모든 암에서

남녀 전체 2.05배, 기타 피부암에서 여자 25.4배 및 남녀 전체 21.14배, 담낭 및 담도암에서 남자 16.01배 등이었으며, 각각의 결과는 통계적으로 유의하였다. 또한, 공장이 가동되던 시기에 주민들이 거주했던 기간이 길수록 갑상성암을 제외한 모든 암, 담낭 및 기타 담도암, 기타 피부암의 발생률이 더 높아지는 경향을 보였다.

❑ 이러한 건강 손상은 마을 인근의 비료공장에서 불법적으로 사용한 연초박(담뱃잎찌거기) 때문임이 밝혀졌다. 연초박을 건조하는 과정에서 발암물질인 다환성방향족탄화수소류(PAHs)와 담배특이니트로사민(TSNAs)이 배출되었음을 확인한 것이다. 담배특이니트로사민 중 NNN 및 NNK와 다환방향족탄화수소 중 벤조에이피렌은 국제암연구소에서 발표한 발암물질이며, 사람에게 폐암, 피부암, 비강암, 간암 등을 일으키는 것으로 보고되고 있다. 장점마을 사례는 환경오염 피해로 인한 비특이성 질환의 역학적 관련성을 정부가 인정한 첫 번째 사례로서 의미가 있다.

4) 환경역학 관련 이슈 및 전망

❑ 이상의 사례에서 보았듯이 사회적 관심이 집중된 환경보건 사건에서 다양한 형태의 역학적 연구가 수행되었으며, 수행된 역학적 연구는 환경보건 문제의 해결에 기여해 왔다. 그러나, 역학적 연구를 통해 명확한 인과관계 규명이나 특정 원인으로 야기된 환경보건 문제의 크기를 결정하는 과정이 원활히 수행되지 못한 경우도 있었고, 역학적 자료보다 오히려 동물실험에 의존하여 원인적 관련성 여부를 평가하고자 하는 경우도 있었다. 동물실험이 생물학적 개연성을 보여주는 실험적 증거를 찾기 위한 과정의 일부일 수 있으나, 실험을 통해 뚜렷한 증거를 찾지 못하였다고 하여 잘 디자인된 역학연구 결과의 타당성이 부정되는 것은 바람직하지 않다.

❑ 환경역학, 노출평가, 독성학, 임상의학 등 각 분야의 학제 간 긴밀한 협력과 보완을 지향하되 역학연구의 경우 연구설계의 적합성과 그에 기반한 결과해석 여부에 초점을 맞춘 평가가 필요하다. 또한, 원인적 연관성을 평가하기 위한 다양한 통계적인 방법론이 시도될 수 있는데, 예를 들면, 국민건강보험공단 빅데이터를 활용한 분석, 시계열 분석, 기계학습 도구를 이용한 분석, 이중차분 분석(Difference in Difference) 등을 들 수 있다. 앞서 살펴본 여러 가지 사례를 바탕으로 향후 좀 더 개선된 환경역학 연구 설계가 필요한 주요 이슈와 고려해야 할 점을 몇 가지 요약하여 제시하면 다음과 같다.

(1) 저농도 장기 노출에 의한 건강영향

❑ 생활환경은 직업 환경과 달리 유해인자의 노출 수준이 상대적으로 낮다. 생활환경은 환경적 재난사건이 아니라면 극단적으로 높은 수준의 노출이 발생하기 쉽지 않다. 하지만, 낮은 수준의 노출이라도 장기간 지속된다면 결국 심각한 건강영향이 야기될 수 있다. 따라서, 저농도 장기 노출에 의한 건강영향을 찾아내는 데 적합한 역학적 연구 설계와 분석방법의 개발이 필요하다. 작은 크기의 영향을 찾아낼 수 있는 통계적 기법의 발달은 좋은 예인데, 이들 기법을 활용하려면

충분한 표본수를 확보해야 하며, 많은 경우 장기간의 추적관찰이 필요하다.

❑ 대기 오염 물질의 장기 노출이 미치는 건강 영향 연구의 경우 대기오염 예측 모델과 개인의 주소 정보를 통해 개인별 노출을 평가하고, 대기오염 물질 농도에 따른 질병이나 사망의 위험비를 구하거나 생존분석으로 대기오염 물질 장기 노출이 건강에 미치는 영향을 분석할 수 있다. 또한 낮은 수준으로 여러 가지 인자에 동시 노출되는 복합노출의 건강영향을 평가하는 연구도 반드시 필요하다.

(2) 분석역학 연구설계

❑ 역학연구는 질병과 노출을 있는 그대로 잘 서술하는 기술역학적 접근에서 시작하여, 어떠한 요인과 결과 간의 연관성을 평가하는 분석역학적 단계로 나아가는 것이 자연스러운 과정이라고 할 수 있다. 그러나, 사회적인 관심사가 된 사건에서는 명확한 인과관계 규명이 요구되고 피해구제와 관련된 소송에서 역학적 연구결과가 판결의 주요 근거 중 하나가 된다는 점에서, 생태학적 연구나 단면적인 연구에서 그치지 않고, 노출과 질병의 선후 관계를 잘 확립한 분석역학적 연구가 적극적으로 수행될 필요가 있다. 비록 분석역학 연구를 통해 인과적 관련성이 확인되었다 하더라도 특정 개인의 질병 발생에 유해인자의 노출이 얼마나 기여하였는가를 평가하는 것은 간단치 않은 문제이다.

❑ 시멘트 공장 주변 주민에 대한 역학조사와 같이 인구집단을 단위로 하는 생태학적 연구 결과는 연구디자인 자체에 내재하는 한계점으로 인해 환경오염 관련 소송에서 불충분한 증거로 간주되기도 하였다. 따라서, 단순히 2차 자료의 분석에 그치지 않고, 최대한 분석역학적 연구설계를 적용하는 단계까지 수행하는 것이 중요하며, 개인 수준의 노출이 증가함에 따라 건강영향의 정도가 증가하는 용량-반응관계를 살펴보는 것도 매우 중요하다. 분석역학 연구를 통해 얻어진 결과를 해석할 때는 계통적 오류(systematic error)인 비뚤림(bias)이 개입될 가능성은 없는지도 반드시 평가해야 한다.

(3) 분자역학적 접근

❑ 개인 수준의 노출과 건강영향의 정도를 평가하고자 할 때, 노출 수준을 정확하게 측정하는 것이 쉽지 않기에 다양한 노출 평가 방법이 적용되고 있다. 그 중 하나는 다양한 노출 경로의 총합을 반영하는 생체지표(biomarker)의 활용인데, 이처럼 역학적 연구에서 생체지표를 활용하는 분야를 분자역학(molecular epidemiology)이라고 한다. 생체지표는 흔히 노출을 반영하는 노출 지표(exposure biomarker), 건강영향을 나타내는 건강영향 지표(disease biomarker), 개인적인 감수성 차이를 나타내는 감수성 지표(susceptibility biomarker)로 나뉜다. 노출 지표는 노출에 대한 특이성이 높은 반면, 건강영향 지표는 특정 노출에 의한 것으로 단정 짓기 어려워 비특이적이라는 한계점이 있다.

❑ 한편, 건강영향 지표는 질병 이전의 생물학적인 변화를 보여주기 때문에 질병 발생 기전에

대한 단서를 얻을 수 있다는 점에서 유용하다. 다양한 생체시료를 이용하여 신뢰도와 타당도가 확보된 생체지표를 측정함으로써 노출수준을 더 정확하게 파악할 수 있으며, 그에 따라 원인적 연관성도 더 잘 파악할 수 있게 된다. 특히 유전자형 등의 감수성 지표를 통해 유전자-환경 상호작용에 대한 평가도 가능하다.

(4) 과거 노출상황의 재연

❑ 현장에서 역학연구가 수행되는 시점은 이미 노출이 중단되거나 약화된 후여서 정확한 노출평가가 어려운 경우가 많다. 경우에 따라서는 매우 비우호적인 조건에서 역학연구가 수행되기도 한다. 현재 문제가 제기된 질병의 잠복기에 해당하는 기간 이전의 노출 수준을 재연하는 것은 무엇보다 중요하다. 따라서 현실적으로 어려움이 있더라도 과거 노출 수준을 재연하기 위해 노력해야 한다. 설문조사에 과거의 노출을 알아보는 문항을 넣거나, 현재 상황을 관찰하고 결과를 일지에 기록하거나, 개인 모니터링 장비를 활용하여 현재의 노출 수준을 조사한 후 과거의 노출 상태를 추정하기도 한다. 만약 장기간의 노출을 반영할 수 있는 생체 지표가 있다면 이를 측정하여 과거의 노출을 비교적 정확히 추정하는 것도 가능할 것이다.

❑ 최근에는 지리정보시스템(GIS)과 과거 주소력 등의 정보를 이용하거나, 시공간적 모델링 기법을 적용하여 노출을 추정하는 방법도 시도하고 있는데, 이처럼 새로운 기법을 적극적으로 탐색, 도입하여 활용할 필요가 있다.

(5) 장기적 추적조사와 상시적 질병감시

❑ 관찰 기반의 역학적 연구설계 중 인과성에 대한 신뢰정도가 가장 높은 분석역학 연구는 코호트 연구(cohort study)이다. 따라서, 단면적이고 일회적인 역학조사가 아닌 장기적이고 체계적인 추적관찰을 할 수 있는 코호트 연구 기반을 구축하는 것이 중요하다. 코호트를 구축할 때 반드시 고려해야 할 사항으로 선택적 생존이나 발견 비뚤림(검진 비뚤림), 충분한 추적 기간 등을 들 수 있다. 추적관찰이 효율적으로 수행되려면 충분한 시간적 물적 비용, 전문 연구 인력과 함께 대상자의 적극적인 참여도 필요하다.

❑ 당장 환경적 유해인자에 의한 뚜렷한 건강영향이 관찰되지 않더라도 장기적으로 나타나는 건강영향이 있을 수 있으므로 장기간의 추적조사 기반을 마련하는 것이 매우 중요하다. 또한, 사안이 발생한 후에 수습을 위한 역학연구 보다는 국가적 차원의 단면조사나 2차 자료 등을 활용한 상시적 질병감시가 이루어질 필요가 있다. 이러한 감시체계의 성공적인 구축은 환경보건 분야의 사회적 혼란이나 갈등을 사전에 예방하는 데도 크게 기여할 수 있다.

❑ 최근 사회적인 이슈인 기후변화로 인한 건강영향을 감시하는 것은 상시적 질병 감시 시스템을 활용할 수 있는 좋은 사례가 될 수 있다. 기후변화는 물, 식품, 거주 환경 등 건강을 결정하는 기본적인 요인에 직접적인 영향을 미치며, 기후변화로 인한 다양한 부상, 질병, 장애 및 사망은 이미 발생하고 있다고 볼 수 있다. 기온, 강수량, 습도의 변화는 병원체의 성장, 매개체 및 척추동

물 숙주의 활성화에 영향을 미치고, 매개체 및 설치류의 서식지를 변화시켜 전염병의 전파 속도에 관여한다. 기후변화에 대비한 질병감시를 통해 수집된 역학자료에 기반할 때 지역별, 대상 인구집단별 환경보건 정책이 효과적으로 마련될 수 있을 것이다.

[그림 Ⅰ-2] 「제2차 환경보건종합계획」관련 주요 인포그래픽

01 "더 꼼꼼하게" 환경유해인자를 감시하겠습니다.

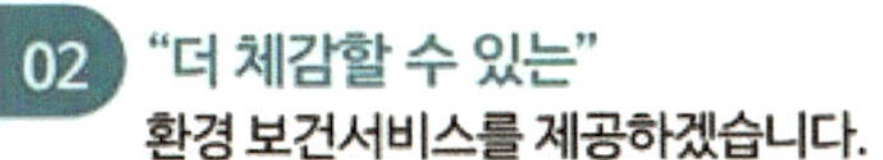

03 환경 피해 발생 시,
"더 신속하고, 효과적으로"
대응하겠습니다.

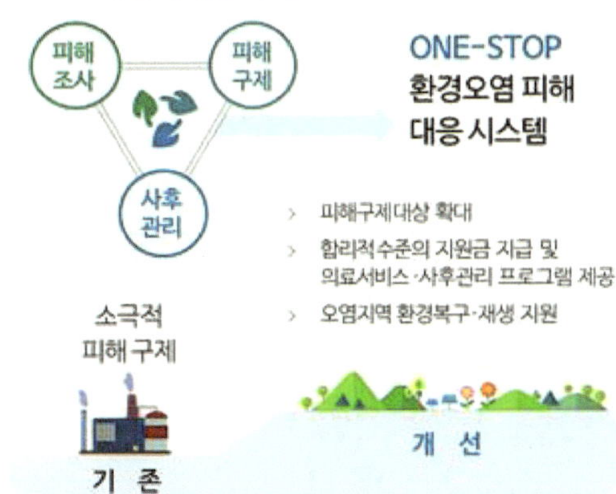

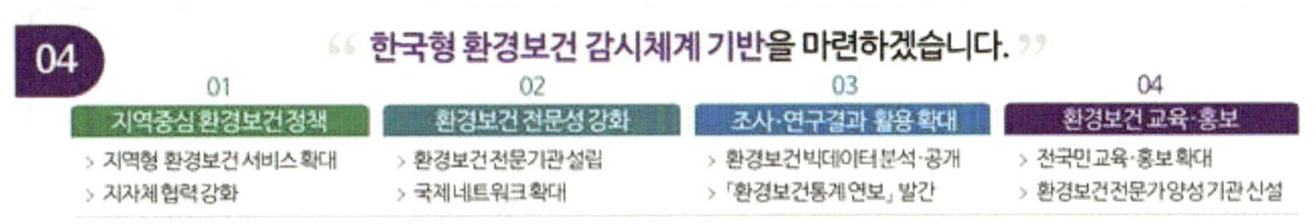

자료 : 관계부처합동 [제2차 환경보건종합계획(2021~2030)], 2020. 12

3. IoT 기반 환경보건 분야 사례분석 및 기술동향

❑ 인공지능(AI)은 여러 학문이 연계된 융합 분야이며 기술적 관점에서는 인간의 인지, 학습, 추론 등 지적 능력을 기계(컴퓨터)로 구현하는 기술로 정의한다. 인공지능은 데이터와 지식이 산업 경쟁력의 핵심 원천이 되는 4차 산업혁명의 핵심 원동력이며 의심할 여지없이 현재 가장 주요한 기술 트렌드 중 하나이다. 따라서 세계는 AI 기술 수준이 국가의 역량을 좌우하는 핵심 기술로 보고 있다. 특히 머신러닝 알고리즘은 우리가 원하는 부분의 솔루션에서 더욱 정교해지고 정확해지고 있다. 이는 공공 영역의 데이터를 활용하여 컴퓨터 비전 시스템에서부터 접촉 추적 이니셔티브를 통해 밝혀진 상호작용을 분석하는 데 이르기까지 자기 학습 알고리즘은 수동적인 인간 분석을 통해 눈에 띄지 않는 연결과 통찰력을 발견할 것이다.

❑ 세계적인 IT 시장조사기관인 가트너는 COVID-19 위기에 대응하고 성장 추세로 변화하기 위한 전략에 주목했으며 중대한 격변과 세계의 경제현황 속에서 탄력적인 사업체들이 필요로 하는 9대 전략적 기술 트렌드를 발표하였다. 다음 그림에서 보면 2021년 AI 전략기술 트렌드는 사람중심으로서 사람과 기술 간의 상호작용에 초점을 맞추고, 여러 기술이 통합을 강조하였다. 또한 인공지능과 함께 새로운 비즈니스 모델인 AI 엔지니어링, 초 자동화를 만들어 낼 것이라는 전망을 내 놓았다.

[그림 I-3] 2020년 가트너 AI 9대 이슈 및 기술 동향

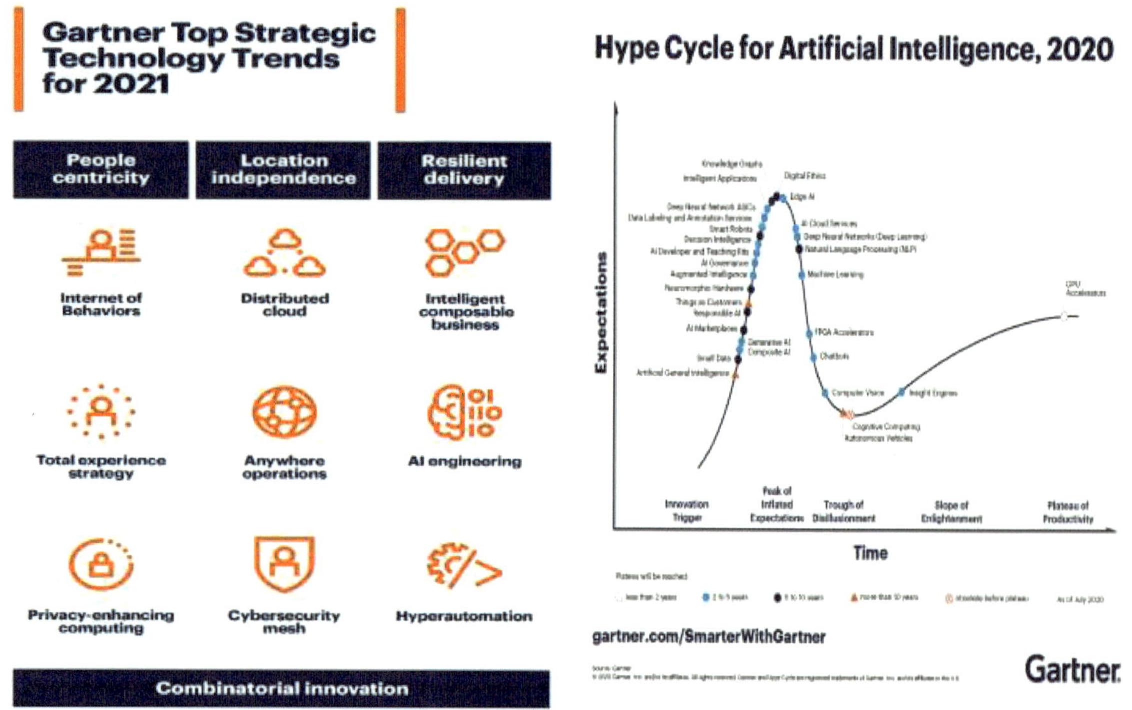

자료 : ICT플랫폼학회 지능정보기술동향 [AI 기반 빅 데이터 분석 적용 사례 IoT환경보건 기술], 2021. 5

❑ 이는 지난 10년 동안 사물인터넷(IoT)의 발달과 플랫폼 서비스는 폭 넓은 분야에 적용되고 있으며 글로벌 성장의 핵심이었다. 최근 가트너가 발표한 "2020년 유망기술 하이프 사이클"을

통해 팬데믹 상황에서 인공지능(AI) 기술을 접목한 IoT는 많은 분야에 도움을 미쳤으며 일상생활까지 보편화 되고 있는 단계에 접어들면서 필요성이 대두되고 있음을 보여주었다.

❑ 데이터 중심 사회로의 발전은 필연적으로 데이터 기반의 의사결정과 지능적 서비스로 연결되며 인공지능 기술의 영향력은 점차 증가될 것으로 전망된다. 정부는 AI 기술력을 향상시키고자 응용분야에서의 R&D 프로젝트를 진행 중이며, 공공 데이터 수집 및 분석하여 이를 이용한 분야를 중심으로 핵심기술구축 사업 등을 시행하고 있다. 이는 국가와 기업 그리고 사용자 모두에게 경제적, 사회적 가치를 제공할 수 있을 것으로 기대할 수 있다.

❑ 다음 그림에서 보면 AI의 도입은 안전, 의료, 환경(농업, 도시, 에너지) 등 다양한 분야에 적용되고 있음을 보여준다. 특히 환경오염(미세먼지, 유해물질 등)문제와 국제적인 팬데믹 상황으로 AI의 활용이 보편화될 가능성이 클 것으로 전망했다. 정보통신정책연구원은 최근 발표한 보고서에 따르면 보건 의료분야에서는 AI 성과가 상당하며 상당수준의 기술을 선보였다고 소개했다. 국내에서는 AI을 기반으로 성남시는 네이버 클로버 AI 음성봇으로 감염 의심자 감시, 전주시는 한컴 AI체크 25를 이용하여 자가격리자 관리, KT는 코로나 확산 예측 연구에 AI를 사용하였다.

[그림 Ⅰ-4] 인공지능 기술 개요도

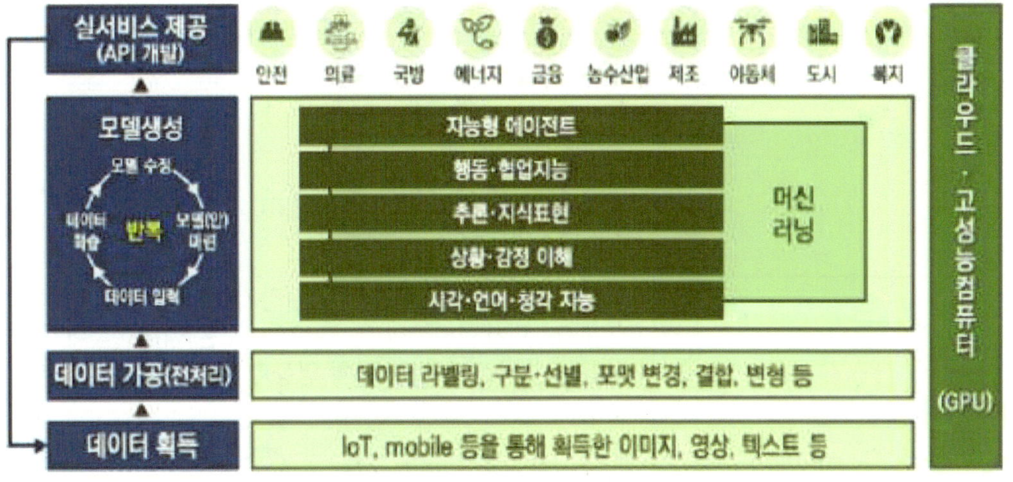

자료 : ICT플랫폼학회 지능정보기술동향 [AI 기반 빅 데이터 분석 적용 사례 IoT환경보건 기술], 2021. 5

❑ 2016년 다보스포럼에서 발표한 상위 '10대 글로벌 리스크 중 단 한 번의 실패로도 가장 큰 영향을 줄 수 있는 것'은 환경을 꼽았다. 또한 마이크로소프트는 지구환경 분야에 인공지능을 사용하는 '지구환경AI(AI for Earth)' 프로젝트를 출범하였다. 또한 과학기술정보통신부와 국토교통부에서 2017년도부터 '스마트 환경 모니터링 실증사업'을 추진하여 실시간으로 발생하는 악취, 미세먼지 등을 통해 신속한 원인 규명 및 대응을 통해 환경 사각지대의 해소에 기여하고 있다. 이처럼 환경분야는 빅데이터와 AI의 활약이 가장 절실한 분야이다.

❑ 본문에서는 AI 기반 빅데이터 분석의 개발 동향과 국·내외의 IoT기반 환경보건분야의 기술 연구 및 사례와 향후 전망에 대해 살펴보고자 한다. 이를 위해 먼저 IoT 기반 환경보건 기술 동향

과 선행연구들을 보여준다. IoT 기반의 환경보건분야에서 실제 적용되고 있는 활용 사례를 소개함으로써 AI 도입에 따른 기대효과를 확인해 본다.

1) IoT 기반 국내 및 국외 환경보건분야 적용사례

(1) 국내

❑ 다음은 국내 IoT 기반 환경보건분야의 적용 사례를 보여준다. 빅데이터 관련하여 미세먼지, 공기질의 환경 난재의 예측 및 분석이 가능해야하며 다분야에서 빅데이터 분석 R&D를 추진하여 한다. 이는 IoT 정보를 활용하여 실시간으로 얻어진 환경 데이터를 수집 후 데이터 전처리 및 분석할 수 있는 다양한 기술을 확보해야한다.

[도표 Ⅰ-19] 국내 IoT 기반 환경보건 분야 적용 사례

구분	주요 내용
국민건강보험공단 <국민건강 알람서비스>	타 기관이 보유한 식중독, 기상기후, 환경자료를 연계하고 민간의 SNS 정보를 융합하여 주요 질병의 위험도 동향과 알람 제공 서비스 
한국환경공단 <실시간 대기오염도 모니터링>	대기질 모니터링 시스템으로 대기환경기준 물질 6개 항목(아황산가스, CO, NO_2, 미세먼지(PM10, PM2.5), 오존)에 대한 대기 오염도를 모니터링 하는 시스템. 이는 인체 영향과 체감오염도를 반영한 통합대기환경지수 적용, 4개 등급으로 표현 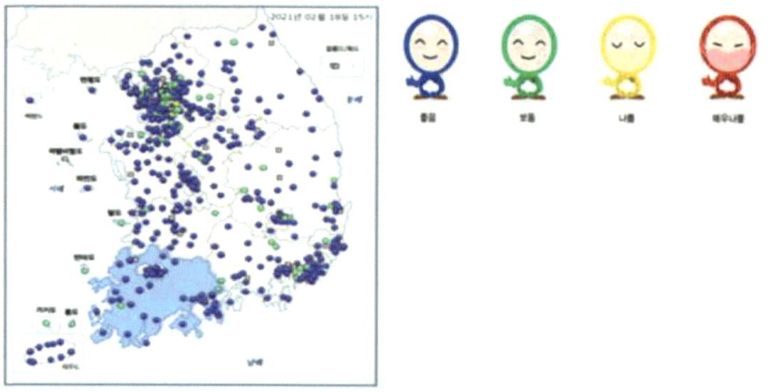
지능정보산업협회 <저에너지, 저탄소 지향의 지능형 빌딩 관리 플랫폼>	실시간으로 건물 내 에너지 소비현황을 모니터링 함으로써 저에너지, 저탄소를 구현할 수 있는 지능형 빌딩 건설이 확산관리하는 플랫폼이다. 이는 건물 내 환경 및 전력에너지 관련 데이터를 수집하는 에너지 IoT 정보와, 효율적으로 관리하기 위한 에너지 빅 데이터 분석정보를 사용자의 스마트폰에 증강현실(AR)로 구현할 수 있음

구분	주요 내용
지능정보산업협회 <저에너지, 저탄소 지향의 지능형 빌딩 관리 플랫폼>	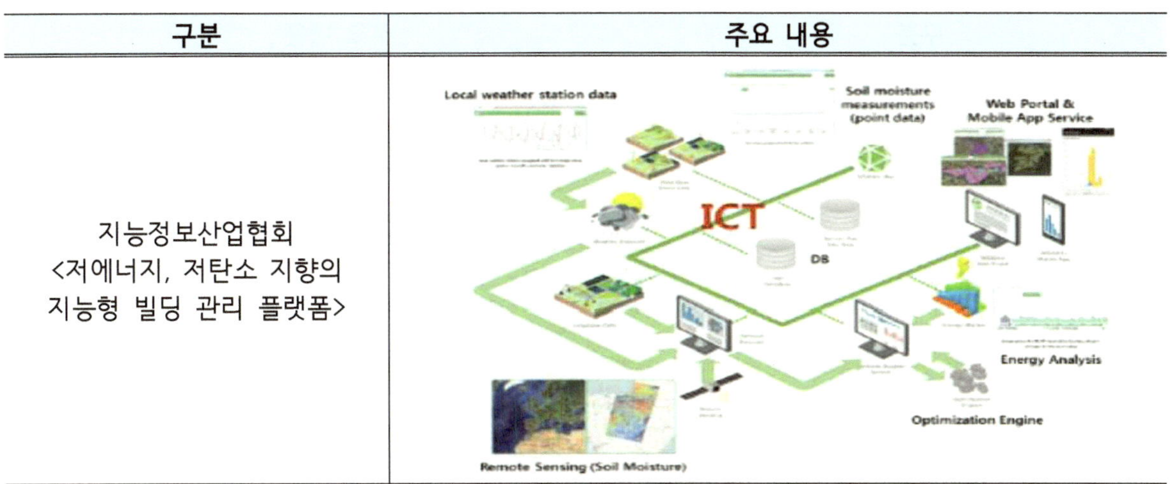

자료 : ICT플랫폼학회 지능정보기술동향 [AI 기반 빅 데이터 분석 적용 사례 IoT환경보건 기술], 2021. 5

(2) 국외

❑ 다음은 국외 IoT 기반 환경보건분야의 기술 및 정책현황 적용 사례를 보여준다. 대기, 수질 등의 다양한 환경 오염도를 측정할 수 있는 GIS 기반 시스템을 도입하였으며 다양한 환경오염 데이터베이스를 수집하고 있다.

[도표 Ⅰ-20] 국외 IoT 기반 환경보건 분야 적용 사례

구분	주요 내용
미국 <환경보호청 (EnviroAtlas)>	주정부, 지역단체, 그리고 민간단체 등에서 정책 또는 개발사업에 대한 영향을 평가할 수 있도록 만들어진 인터넷 기반 환경보건 정보시스템 1) 2014년 미국 환경보호청이 상용화한 환경보건관련 빅데이터 GIS 도구 2) 대기, 수질, 토양과 같은 기본정보와 자연재해빈도, 재해예방시설, 기후변화, 여행정보와 같은 다양한 정보 제공 3) 현재 환경오염정도에 따른 위해도와 질병발생 가능성 모의 가능
미국 <환경보건 감시 프로그램>	환경 유해성, 건강영향에 대한 자료를 감시 네트워크를 통해, 수집, 통합하여 모든 이해관계자들에게 공개함으로써 유해인자로부터 건강피해를 예방하고 공중 보건을 개선하는 체계 구축 시스템

구분	주요 내용
미국 <환경보건 감시 프로그램>	환경 유해성, 건강영향에 대한 자료를 감시 네트워크를 통해, 수집, 통합하여 모든 이해관계자들에게 공개함으로써 유해인자로부터 건강피해를 예방하고 공중 보건을 개선하는 체계 구축 시스템 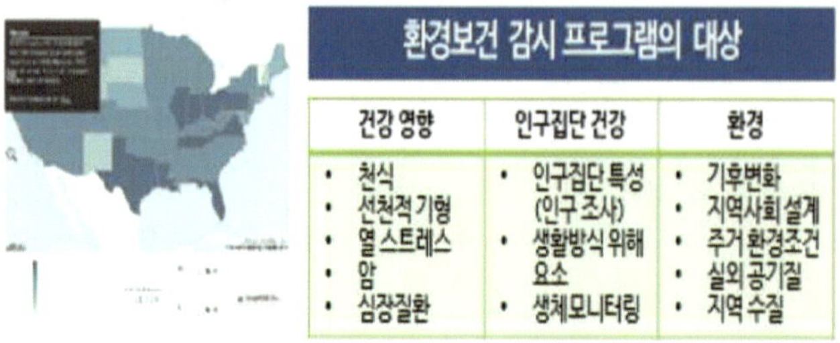 환경보건 감시 프로그램의 대상 건강 영향: • 천식 • 선천적기형 • 열스트레스 • 암 • 심장질환 인구집단 건강: • 인구집단 특성(인구조사) • 생활방식 위해요소 • 생체모니터링 환경: • 기후변화 • 지역사회설계 • 주거환경조건 • 실외공기질 • 지역수질
EU(포르투갈, 스페인, 독일) <WEAM4i(Water & Energy Advanced Management For Irrigation) 프로젝트>	3개국에서 시범적으로 시행한 프로젝트(2013.11~2017.04)로 관개의 수자원 관리에서 수자원 에너지 측면을 고려하는 혁신적인 솔루션의 개발 및 배포하는 프로젝트. 위성영상의 토양수분 정보, 토양수분 실측값 및 기상자료에 기초한 관개 정보 등을 데이터화하고 이 정보를 이용하여 가뭄 현황을 분석, 살수 관개 장치인 피벗 구동을 위한 전원 공급 정보 등의 솔루션을 개발
영국 <환경 보건 감시 시스템>	영국의 건강보호국(Health Protection Agency, HPA)에서는 독성 위험과 건강 영향평가를 위한 필수 내용을 제공하기 위하여 Environmental Public Health Tracking System와 포괄적인 Environmental Public Health Surveillance System(EPHSS)을 개발하는 시스템 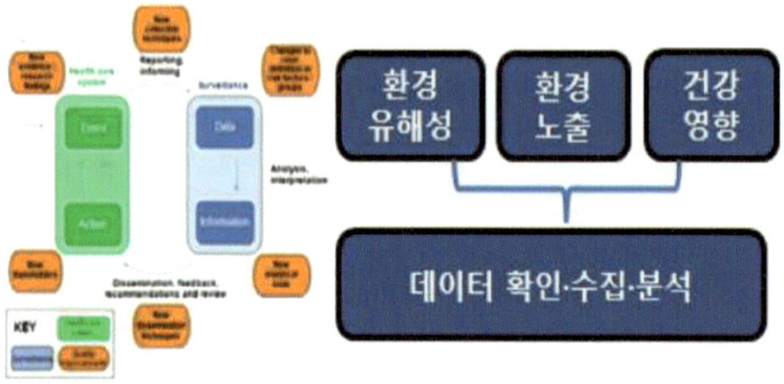 환경 유해성 / 환경 노출 / 건강 영향 데이터 확인·수집·분석
아프리카 <AfSIS 프로젝트>	지능정보기술 및 위성영상 융합을 통하여 아프리카의 토양 유형, 토양수분 변화를 통한 가뭄 가능성 등을 나타내는 다양한 토양지도를 제작하는 프로젝트 

자료 : ICT플랫폼학회 지능정보기술동향 [AI 기반 빅 데이터 분석 적용 사례 IoT환경보건 기술], 2021. 5

2) 인공지능(AI) 기반 IoT 기술동향

(1) AI 기반 IoT 기술 정책 동향

❑ AI, IoT, 빅데이터가 모든 산업에서 성장 동력으로 주목받으면서 데이터 수집과 활용의 가치가 높아지고 있다. 이에 따라 압력, 온습도, 가속도 등 물리량을 전기적 신호나 데이터로 변환하는 센서의 수요가 증가하고 있는 추세이다. 특히 세계 IoT 센서 시장에서 환경 관련 주요 센서의 비중은 2022년까지 53.7%로 전망하고 있다. 특히 온도센서, 조도센서, 환경 모니터링 센서는 2015년부터 2022년까지 연 평균 각각 25%, 27%, 그리고 26%씩 성장하였고 2022년 각각 147.2억 달러, 97.0억 달러, 그리고 57.4억 달러로 성장할 것으로 예측하고 있다. 다음에서 보듯이 바이오센서 시장 점유율은 증가하는 추세를 보인다.

[도표 Ⅰ-21] 스마트센서 시장

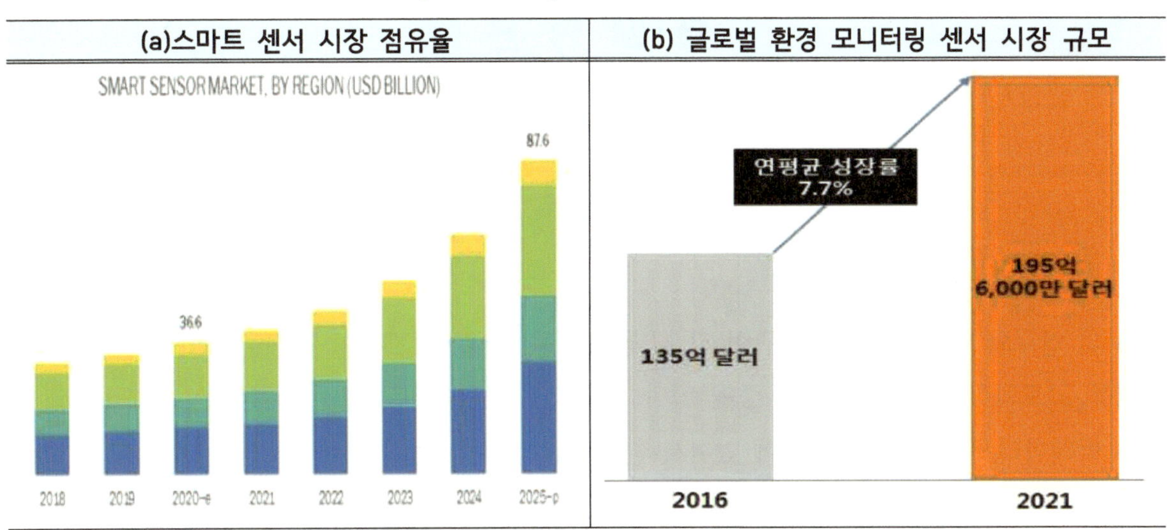

자료 : ICT플랫폼학회 지능정보기술동향 [AI 기반 빅 데이터 분석 적용 사례 IoT환경보건 기술], 2021. 5

❑ 최근 국내 환경부는 '안전한 환경, 모두가 건강한 사회'를 비전으로 제 2차 환경보건종합계획(2021~2030년)을 발표하였다. 최근에는 환경오염(미세먼지 질량, 수농도, 독성물질 등)에 대한 국민의 관심이 증가하면서 이를 측정할 수 있는 스마트 센서에 대한 수요가 상당할 것으로 예상하고 있다. 전 세계적으로 스마트센서 시장 내 환경 센서의 비중은 50% 이상이지만 현재까지 국내 환경 센서 관련 기업의 비중은 상대적으로 작고, 원격제어, 오작동 등 데이터의 신뢰성의 문제가 제기되고 있다. 따라서 환경부는 환경유해인자 사전예방관리에서부터 피해 대응 복구까지 범위가 확장하여 인공지능 기술을 접목한 환경보건 분야 기술의 고도화의 필요성을 언급하였다.

(2) AI 기반 IoT 연구개발 기술 내용

❑ 'ICT 기반 환경모니터링 센서 검증 플랫폼을 구축' 연구과제는 환경 센서 무선 네트워크 신뢰성 시험규격(LoRa, NB-IoT, WiFi), 원격 모니터링 기반 신뢰성 검증(센서 빅데이터 구축,

신뢰성 진단 알고리즘 개발 등)에 따른 데모 시스템을 구축 중에 있다. 본 연구는 다음 그림에서 볼 수 있듯이 환경 센서 신뢰성 진단의 주어진 데이터를 기반으로 수행하였으며, 센서 신뢰성 진단의 특징을 비교한 후 알고리즘을 설계하였다.

[그림 I-5] 실내 공기질 악화(담배, 요리, 난방 상황 등) AI 전처리, 특징 도출 및 선택, 구분 및 군집화 방법

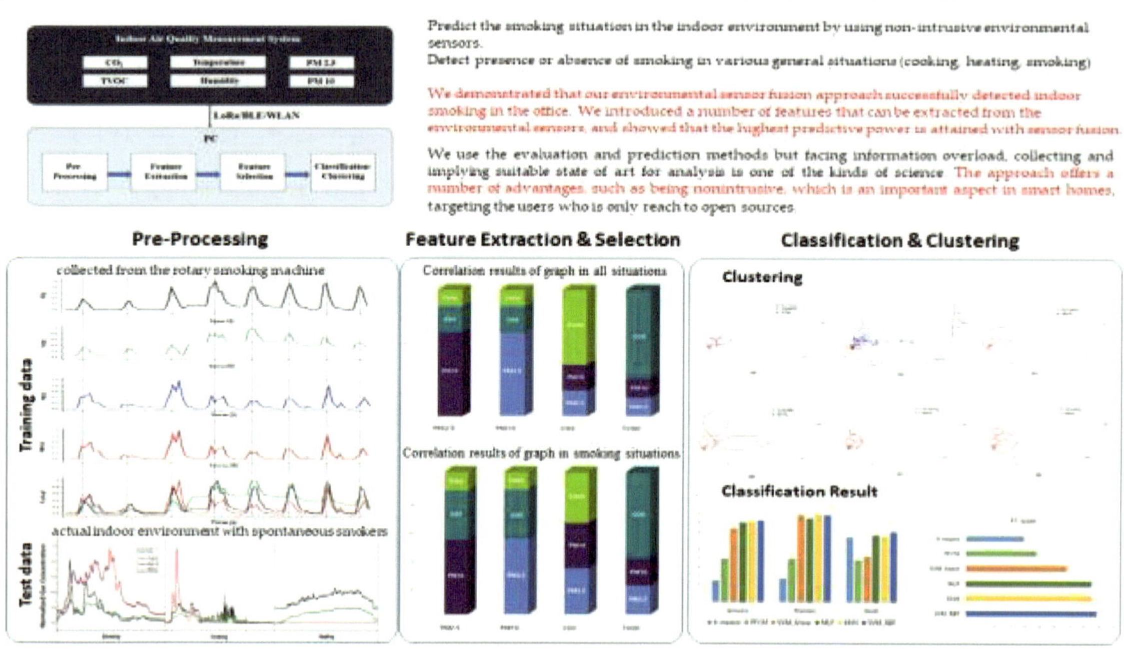

□ 위 연구와 더불어 환경보건관련 된 지역기반 등 빅데이터 DB를 구축하여 AI를 적용한 감시체계를 고도화하는 연구를 진행 중에 있다.

□ 빅데이터 플랫폼 기반 설계에 있어서 환경보건정보시스템과 문헌정보를 연계하여 데이터를 정형화 하고 구조화 한다. 다음 그림에서 보면 빅데이터를 구성하기 위해서는 데이터 형태는 크게 정형데이터와 비정형 데이터로 구분한다.

[그림 I-6] 환경보건시스템 연계 및 빅데이터 플랫폼 설계 및 구축

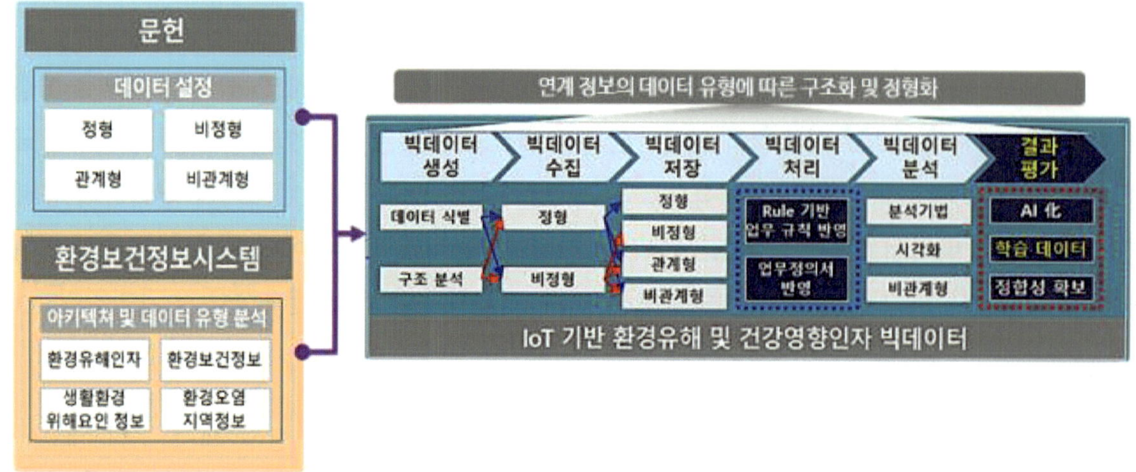

자료 : ICT플랫폼학회 지능정보기술동향 [AI 기반 빅 데이터 분석 적용 사례 IoT환경보건 기술], 2021. 5

❑ 다음 그림에서 정형 데이터는 다양한 IoT 기반 환경센서, 웨어러블센서 등 각종 디바이스와 환경보건 공공데이터(환경부, 기상청 정보 등)를 통해 수집한다. 비정형 데이터는 환경 측정 자료에서 측정된 자료는 유형별로 분류하여 재구성하여 빅데이터를 활용한 수요, 예측 분석에 주로 사용할 수 있다. 특히 비정형 데이터의 정형화는 부분은 데이터소스 부터 수집해서 각 시스템별로 데이터를 구분을 하고 전사메타표준관리체계에 따라서 정리되는 사항(지침, 단어, 도메인 등)을 통해서 표준관리해서 정리할 예정이다. 또한 정리되지 않은 것들은 비표준 매핑을 통해서 유형별로 데이터 마이닝을 할 수 있다.

[그림 Ⅰ-7] 환경보건시스템 연계 및 빅데이터 플랫폼 설계 및 구축

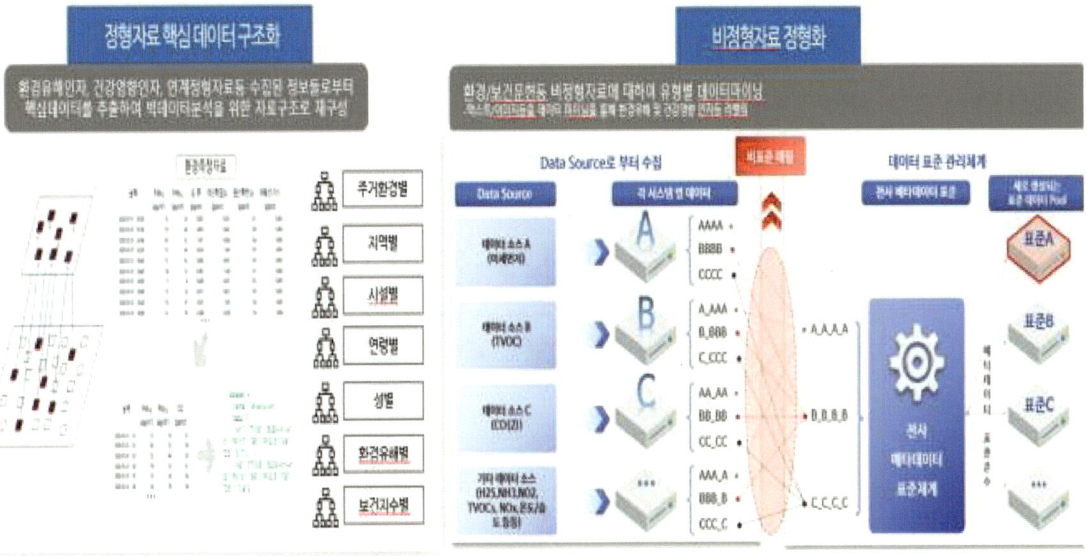

자료 : ICT플랫폼학회 지능정보기술동향 [AI 기반 빅 데이터 분석 적용 사례 IoT환경보건 기술], 2021. 5

❑ 다음 그림과 같이 다양한 환경유해인자 및 건강영향인자의 원시 데이터를 원활하게 수집하기 위해서는 기존 디바이스 현황(하드웨어, 소프트웨어, 통신 방식, 저장체계 등) 및 통신방식별(블루투스, 와이파이, LTE, 5G 등) 특성 분석을 통해 초기데이터 수집용 디바이스 선정 및 IoT 모듈을 설계하였다. 그림에서 볼 수 있듯 온·습도 센서의 경우 온도와 습도를 측정하는 감지(Sensing)부와 감지부에서 온 신호를 디지털로 바꿔주는 아날로그부, 디지털 신호를 해석하는 연산부, 그리고 이를 무선 신호로 바꿔 중앙 클라우드나 관제 시스템으로 전송해주는 RF부로 구성되어 있으며 감지부에서 두 전극의 저항 차이를 알아내 아날로그 신호 처리 블록에 보내면 아날로그 부에서 이를 디지털로 변환해 연산부에 보내고, 연산부는 이를 처리해 RF부로 보내게 되며 RF부는 이 신호를 무선 신호로 바꿔 송출하게 된다.

❑ 측정된 센서 데이터의 신뢰성 확보하는 방법으로는 이어지는 그림에서 볼 수 있듯이 첫 번째 빅데이터를 이용해서 원격으로 센서의 상태를 검사하고 센서의 이상상태를 검출 및 교정하기 위해서 필요한 데이터 구성요소를 정의하여 필요 데이터를 수집하고 센서의 설정을 변경 할 수 있는 방법에 대한 연구를 하였다. 이는 서버에서는 빅데이터 처리를 통하여 센서에서 수집된 데이터를

이용하여 센서 데이터의 오류를 검출하는 알고리즘 구현하였다.

[그림 Ⅰ-8] 디바이스 선정 고려사항 및 IoT 모듈 설계

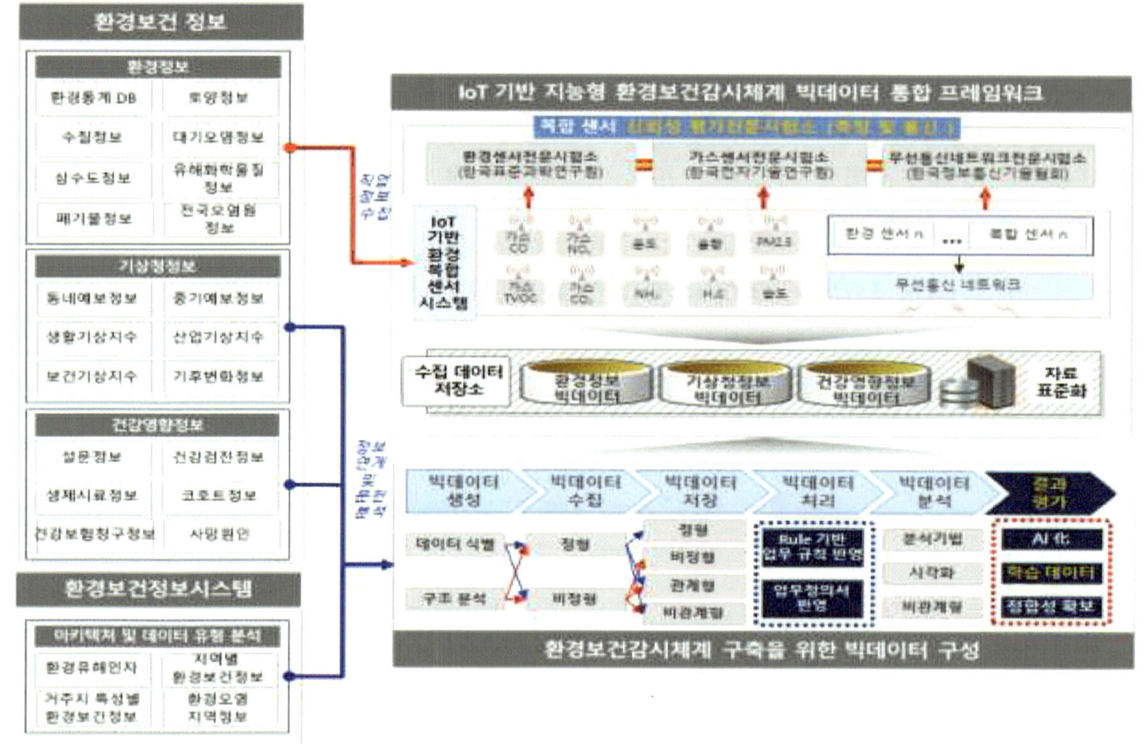

[그림 Ⅰ-9] 센서 데이터 오류 검출 방법 예시

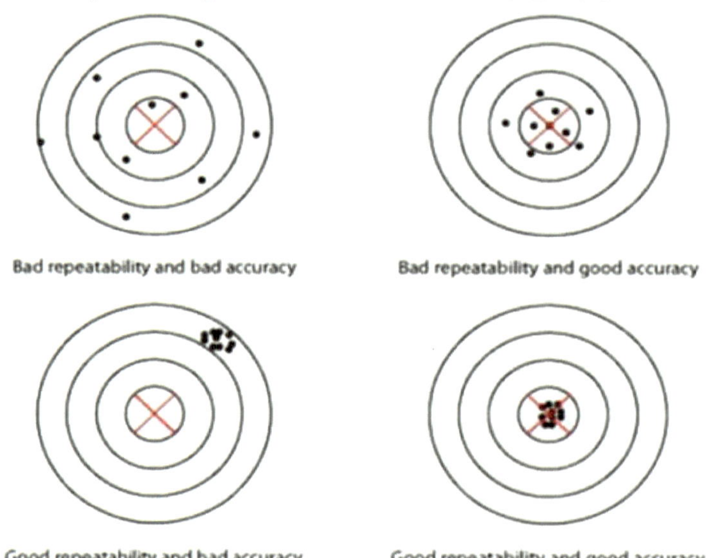

자료 : ICT플랫폼학회 지능정보기술동향 [AI 기반 빅 데이터 분석 적용 사례 IoT환경보건 기술], 2021. 5

❑ 두 번째로는 통계기반 기법으로 Z-값을 활용하였으며, 관측 값 추정을 위해 Kalman Fitter 등을 활용하였다. 또한 다음 그림과 같이 통계기반으로 신뢰성 진단을 위해 탐색적 데이터 분석(EDA)를 활용하여 데이터의 구조적 특성을 알아낼 수 있었다.

[그림 Ⅰ-10] 센서 데이터 세부 분석 절차

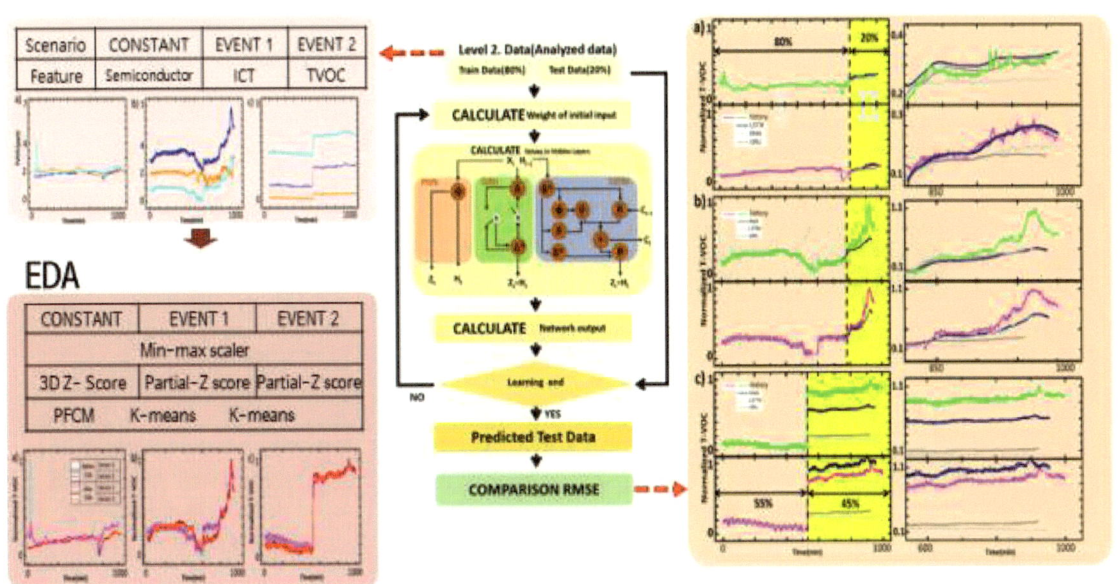

□ 환경유해인자 및 건강영향인자 빅데이터 활용 서비스 구현 기술 개발을 위해 인공지능 기반 환경유해인자 및 건강영향 데이터를 생산하고 이를 결측·이상 데이터 처리 알고리즘 등 검수 모듈 개발에 필요한 AI 구현 필요하다. 인공지능 분석 및 예측을 위해 실시간으로 수집된 데이터는 bigdata 저장소, file storage와 기계학습(지도, 비지도, 강화학습)을 활용하여 F1 score, ROC를 통한 모델을 평가하여 AI를 이용한 데이터를 분석할 수 있다.

[그림 Ⅰ-11] 센서 데이터를 적용할 기계학습(지도, 비지도, 강화학습)

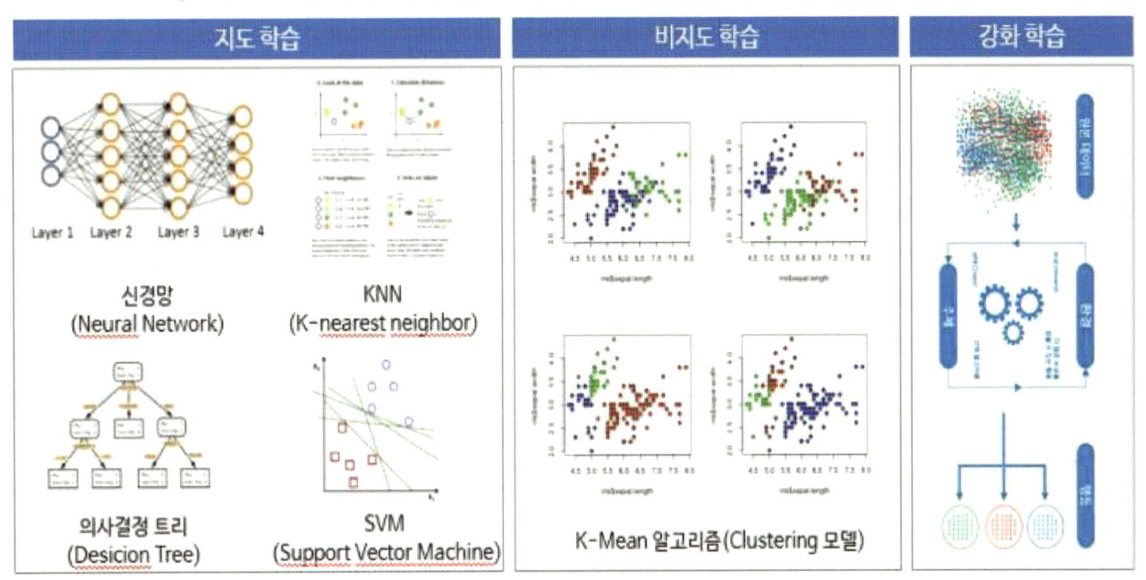

자료 : ICT플랫폼학회 지능정보기술동향 [AI 기반 빅 데이터 분석 적용 사례 IoT환경보건 기술], 2021. 5

[그림 I-12] 인공지능 분석 및 예측

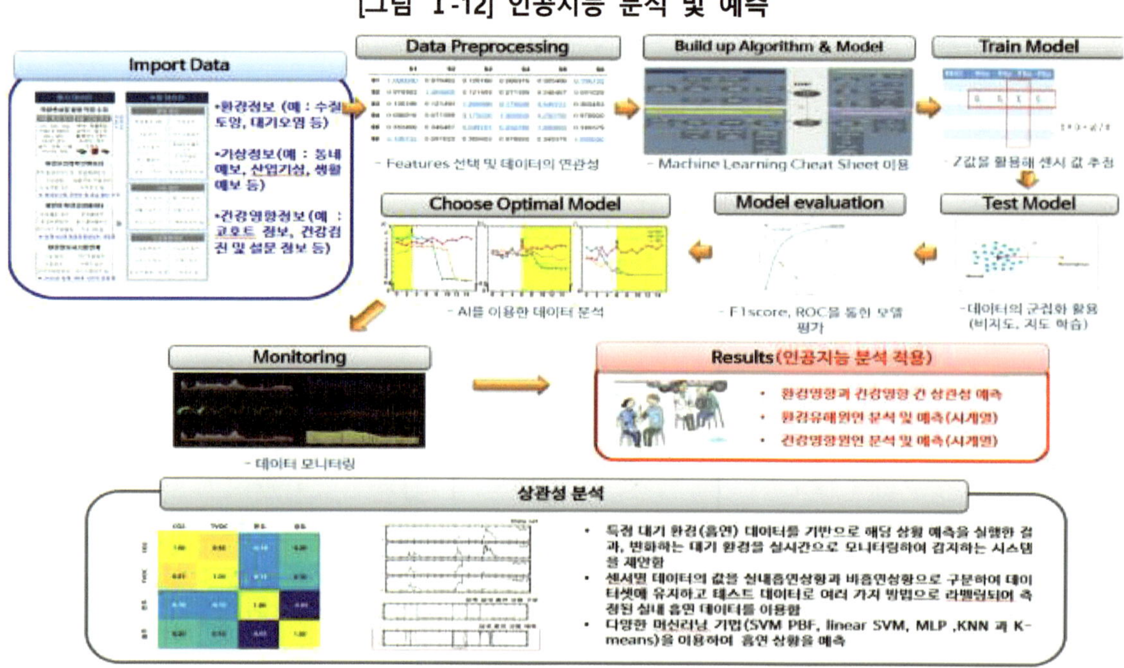

자료 : ICT플랫폼학회 지능정보기술동향 [AI 기반 빅 데이터 분석 적용 사례 IoT환경보건 기술], 2021. 5

❑ 이를 내부적, 외부적으로 쉽게 사용할 수 있도록 OPEN API로 개발하여 GIS 기반의 시각화 할 수 있다.

3) 시사점

❑ 최근 수년간 진화를 거듭하고 있는 인공지능(AI) 기술은 4차 산업혁명을 선도하는 주요 차세대 기술들 가운데 가장 혁신적인 기술로, 산업뿐 아니라 인간의 삶 자체를 변화시키는 핵심 역할을 수행할 것으로 보인다. 최근 5G시대를 맞아 IoT 디바이스 보급으로 인해 데이터가 폭증함에 따라 빅데이터는 더욱 중요해 질것으로 예상되고 있는 실정이다.

❑ 특히 환경오염문제가 대두되면서 국가차원에서 환경 난제 예측 분석을 위해 기상, 환경, 교통, 생산 등 다분야 빅 데이터 분석 R&D 추진 중에 있으며 많은 데이터를 확보하기 위해서 지속적인 환경측정센서 개발이 필요하며 센서의 신뢰성을 고도화하기 위해 본문에서는 센서 데이터를 통해 환경유해인자와 건강영향 인자간의 상관관계를 파악하고, AI를 이용하여 핵심데이터를 구조화 및 정합성을 설계하여 기존 선행연구와 차별성을 두었다. 이는 환경유해인자를 측정할 센서에 대한 물리량 측정 신뢰성, 센서 통신 신뢰성, 센서 원격검증 기반센서 데이터 신뢰성에 대한 평가·검증체계를 구축하여 센서 데이터의 신뢰성을 확보하여 다각적인 활용이 가능하다.

❑ 그러나 아직도 우리나라는 세계 글로벌 기업들과 비교해서 상대적으로 인공지능 기술 역량과 데이터 측면에서 상당한 격차를 가지고 있다. 이를 위해 국가적 차원에서 부처 및 연구소간의 협업을 강화하여 인공지능기반 다분야의 R&D 및 인프라 자원을 위한 중장기적 정책방안이 필요

하다. 두 번째로는 사물인터넷, 스마트시티, 스마트 자동차 등 미래 성장분야와 인공지능 적용 산업에 세 번째는 IoT 기반의 빅데이터 확보하기 위해서 개인정보보호 환경이 구축되어야한다. 많은 데이터로 인해 개인의 프라이버시 침해 등 인권침해로 인해 우려할만한 부정적 요소가 존재한다. 국내 법체계와 해외 입법 동향을 분석한 결과를 반영하여 글로벌 동향과 조화를 이루면서 우리의 실정에 맞는 법제 정비(안)을 마련해야한다.

❑ 따라서 이는 취약지역, 집단별 불평등을 해소할 수 있는 환경보건 안전망 강화와 다양한 수요를 충족할 수 있어 맞춤형 환경보건정책 및 서비스에 활용이 가능하다. 또한 환경보건 관련 기술 개발로 신규 환경유해인자에 대한 선제적 예측 및 관리 등이 가능하여 국민 삶의 질 향상에 기여할 수 있다.

4. 스마트 안전관리 시스템연구 기술 및 시장동향

1) 스마트 안전관리 시스템

(1) 개요

❑ 중대재해처벌법이 적용되는 첫해로 건설업계에 많은 책임과 관심이 집중되고 있다. 2021년 한 해 발생한 중대재해 발생사업장은 총 576건 중 건설업 비중이 58.8%로 재작년대비 3.8% 더 증가된 양상을 보여주었다. 무엇보다 건설안전관리에 대한 근본적인 패러다임의 변화가 필요하다는 지적이 많아지면서 발주처와 시공사 모두 안전강화를 위해 제도개선과 시스템을 정비해 나가고 있다.

❑ 국가철도공단은 철도 공사입찰시 안전관리 능력이 우수한 업체가 수주할 수 있도록 기준을 개정하였으며 수자원공사는 공사현장 안전관리비를 추가로 정산할 수 있도록 규정을 개편하고 있다. 한국도로공사는 안전관리비 현실화를 위해 필수 인건비와 안전시설 비용을 설계 단계에서 공사비에 직접 반영하도록 방침을 수립하였다. 무엇보다도 건설기술진흥법 시행령 개정에 따라 안전관리비 항목에 무선통신 및 설비를 이용한 안전관리체계 구축, 운용비용이 추가되면서 IoT, 빅데이터 등을 활용한 통신기반의 스마트 안전장비와 관리 시스템이 적극적으로 발굴되어 활용될 수 있는 제도적 발판이 마련되었다는데 의미가 있다.

❑ 정보통신기술은 4차산업의 첨단산업혁명을 이끄는 주요기술이다. 각각 독립적으로 운영, 관리되던 요소기술들이 센서, 통신 칩 등으로 클라우드와 연결되어 다양한 시너지를 동반할 수 있는 건설정보 디지털화의 시작점이 되어줄 수 있을 것이다. 아직은 건설안전사고의 발생 원인이 너무도 다양해 예측이 어려운 경우가 많다. 관리자와 작업자가 메뉴얼에 맞추어 진행되도록 관리체계를 지속적으로 강화하고 안전교육과 트레이닝을 병행하지만 건설현장의 특수성과 참여자 개개인의 다양성에 따른 변수로 인해 중대재해 원인요소를 완전히 제거하는 것은 현실적으로 거의 불가능하다. 산업규모가 점점 확대되고 고도화됨에 따라 건설안전관리를 보안하기 위해서는 첨단기술을

기반으로 스마트 안전솔루션 구축을 통한 대비가 점점 필수적일 수밖에 없다는 시각이 많다.

❑ 안전강화부분을 위해 활용할 수 있는 방안들에 대한 폭넓은 시도와 새로운 아이템 기술들을 적용해 통합적으로 관리할 수 있도록 현장의 스마트안전 관리에 대한 설명과 적용사례를 설명하고자 한다.

(2) 스마트 안전 시스템

❑ 스마트기술 안전시스템은 기존의 건설안전체계에 스마트기술을 접목, 활용하여 건설현장의 안전성을 획기적으로 향상시키기 위한 관리방식이다. 정보통신이 발달됨에 따라 무선네트워크/와이파이를 이용하는 IoT, ICT기반의 스마트 기술적용이 가능해지면서 스마트안전장치들은 단순 정보를 공유하는 매개체의 역할 이상의 순기능을 수행하고 있다. 산업재해를 발생 시킬 수 있는 직·간접요인 제거를 위해 스마트안전기술이 활발히 사용되고 있다.

가. 스마트 네트워크 통신 시스템

❑ 위험작업구역이나 비인가자의 위험구역 출입을 통제하거나 현장 내 이동가능한 건설기계 등 변화하는 물리적 작업환경내 비롯될 수 있는 잠재적인 위험을 예측하기 위해서는 중장비와 작업자의 위치를 포함한 물리적 상태를 실시간 확인하는 것이 중요하다.

❑ 통신이 어려운 터널이나 지하 등 현장근로자의 위치정보를 수집하기위해서는 터널 내 무선통신망 구축이 필수적이며 위치 스캐너와 비콘(Beacon)이라는 블루투스 기반의 근거리 통신 기술을 활용하여 현장 근로자와 주요장비위치 수집이 가능하다. 앱이 설치된 스마트폰이나 안전모에 부착가능한 위치 태그인 비콘을 스캔되면서 실시간 트래킹이 가능하며 입출입 관리와 구역별 현장 작업자의 이동한 위치가 가시화되어 모니터링 화면에 표시되게 된다.

[그림 I-13] 스마트 안전 관리시스템 개요

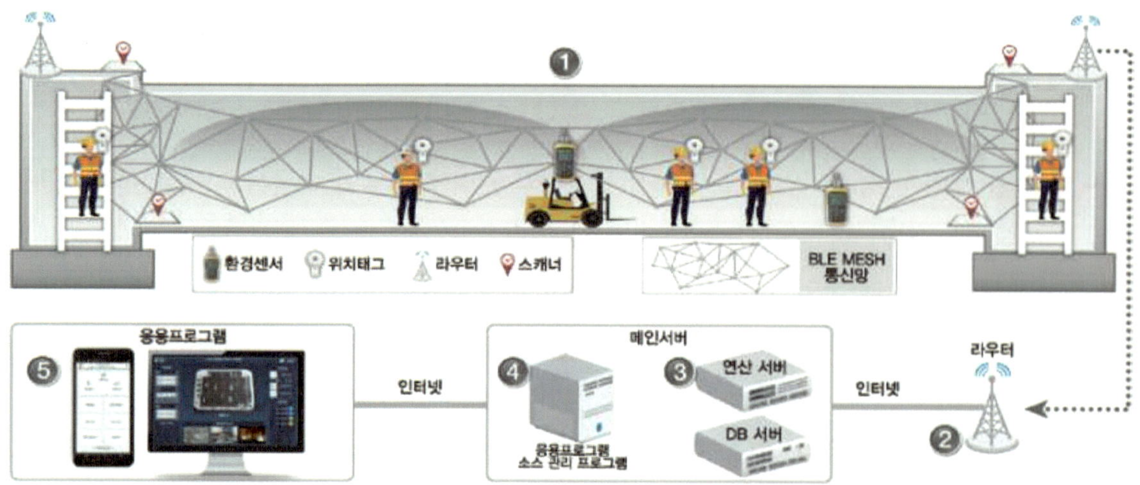

❑ 와이파이, LTE, LoRa자가망 등 현장상황에 적합한 무선신호 송수신 설비를 활용하면 위치센서 외에도 다양한 센서기반 장치들로 정보를 시각화 시킬 수 있다. 현장에 설치된 환경센서,

압력센서 등 수집 가능한 정보를 연결하면 근접경보시스템, 개구부 개폐 위험 알림 경보기, 붕괴위험경보기와 같은 다양한 원격관제가 가능하다. 통신기반시설을 통해 응급 또는 재난 상황에서 긴급 구조요청이 가능하도록 임시 와이파이와 현장사무실 핫라인 등이 구성 되어야한다.

[그림 Ⅰ-14] 안성-평택 전력구 현장 터널1구간 위치관제 시스템

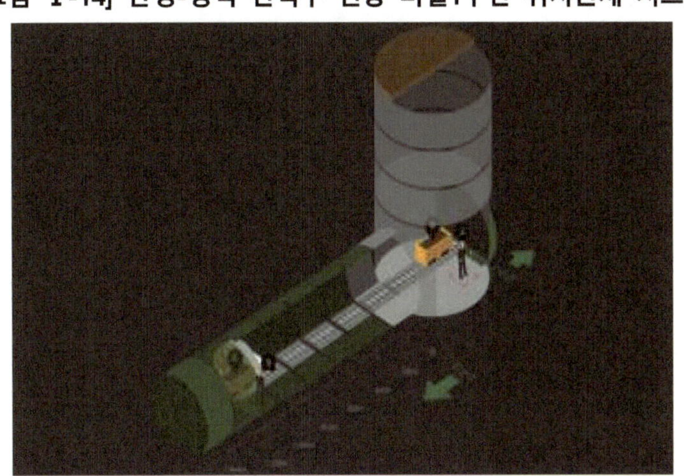

자료 : 안전보건공단 주요국제안전보건 동향 제488호 [스마트 안전관리 시스템], 2022.

나. 스마트 안전보호장치

❑ 스마트 안전보호장치란 근로자를 재해, 유해인자로부터 신체를 보호하기 위해 착용하는 안전보호구에 전자장치를 탑재하여 착용자의 위치, 신체 상태, 착용유무, 근접거리의 위험환경인자 수집 등 실시간 착용자의 안전관리가 가능하게 도와주는 장치를 말한다. 스마트보호구는 신체센서, 위치센서, 배터리 등이 탑재된 전자식 보호구와 첨단소재를 사용한 기능적으로 우수한 보호구로 크게 구분되나 통상적으로 전자를 일컫는다.

[그림 Ⅰ-15] 스마트 개인보호구의 구성 및 데이터 수집 기능에 따라 분류한 도식

스마트 개인보호구

전자식

비전자식

데이터 수집 기능 없음

예

- 조명이 내장된 스마트 안전복
- 저항 히터에 사용되는 스마트, 전도성 섬유

착용자 정보를 제외한 정보 수집 기능

예

- 개인보호구 상태 데이터 (사용자가 직접 활용 또는 중앙에서 데이터 수집 후 실시간/추후 분석)
- 착용자 주변 환경 데이터

착용자 정보 수집 기능

예

- 생체 정보
- 위치 정보
- 이동 감지 정보

환경과 상호작용하는 첨단소재(데이터 수집 기능 없음)

예

- 스마트 충격 흡수 소재로 제작된 무릎보호대
- 유해 물질에 접촉되면 색상이 변하는 스마트 섬유로 제작된 장갑

❑ 충격센서, 복합가스센서, 카메라, 착용 유무감지 센서, 마이크, SOS경보 등 다양한 인식센서와 기능이 부착된 안전모나 안전벨트, 스마트 워치 사용이 건설현장에 점차 확대되어 가고 있다.

[그림 Ⅰ-16] 액션캠과 비콘이 장착된 스마트 안전모

❑ 전자식 스마트보호구를 통하면 작업자의 건강상태와 행동 동작 데이터를 수집하여 알려주고, 불안정한 상태정보 수집이 가능하여 작업자별 개인성향, 신체적 상태, 참여공정별 작업 특성에 따른 행동예측을 위한 모니터링에 활용 가능하다. 센서 단말기 가격이 싸며 전력소모가 적고 제품 크기가 점점 작아지며 다양해지고 있어 스마트 보호장비에 대한 도입이 더욱 활발해 질것으로 기대한다. 현장 스마트 관리에 활용도가 점점 높아지고 있는 만큼 근로자 데이터 취급에 대한 개인정보 보호규정과 스마트제품의 검사표준을 준수한 안전인증제품 사용 또한 고려되어야 한다.

다. 무형의 위험인자

❑ 공사현장 재해발생의 주요 원인 중 하나인 불안정한 환경상태를 제거하기 위해서는 현장내 존재하는 대기 중의 유해 가스와 독성가스, 비활성 가스 등을 구분하고 안전한 작업환경에 적당한 온도, 습도, 소음, 배기 등이 유지되어야 한다.

❑ 비산먼지나 일산화탄소, 산소, 황화수소, 메탄 등 농도측정을 위한 복합가스센서를 설치하여 실시간 수치뿐 아니라, 장기간의 적절한 작업환경 유지가 필요하다. 모니터링을 위해서는 정확한 현장설치 위치와 측정센서별 농도범위 설정을 통한 알람기능 탑재가 필요하다. 기준농도 이탈시 통신 단절상태에서도 현장 상황파악 및 긴급 대피가 원활히 이루어지도록 주기적인 대응훈련과 검측기 검교정 등이 병행되어야 할 것이다.

[그림 Ⅰ-17] 복합가스센서

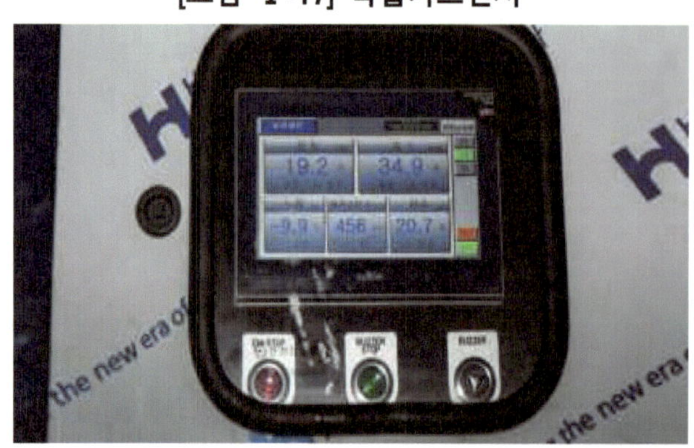

자료 : 안전보건공단 주요국제안전보건 동향 제488호 [스마트 안전관리 시스템], 2022.

(3) 적용현장 사례

가. 수도권(II) 광역상수도 용수공급 신뢰성 제고사업 제2공구 현장

❑ 경기도 과천, 안양, 안산, 의왕, 수원, 군포지역의 상수도 노후관(L=25.4km)을 개량하고, 단선 관로(L=27.9km)를 복선화하는 관갱생 사업 현장에 스마트안전시스템이 첫 번째로 적용되었다. 프로젝트 특성상 방대한 작업구역과 밀폐되고 좁은 관내에 장시간에 머무르는 작업환경으로 위험상황시 빠른 대응을 하는 것이 중요하다. 실제작업구역이 현장사무소와 멀리 떨어져 매일 변동하기 때문에 작업자 위치와 위험요소를 예측하는 것이 어렵고 중요한 현장이다.

[그림 Ⅰ-18] 수도권(Ⅱ) 광역상수도 현장 스마트 안전관리 플랫폼

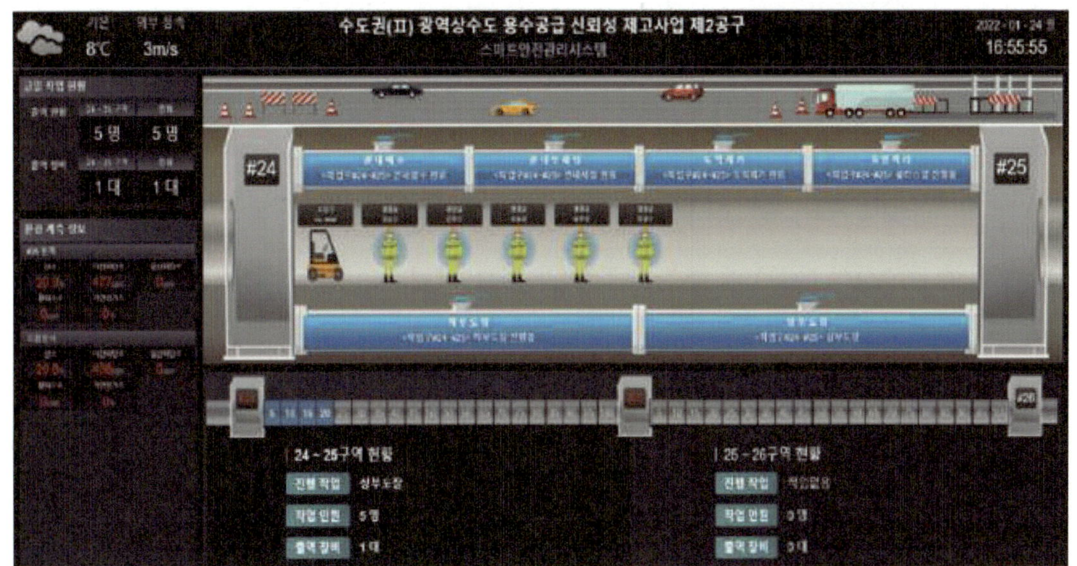

자료 : 안전보건공단 주요국제안전보건 동향 제488호 [스마트 안전관리 시스템], 2022.

❑ 스마트안전플랫폼을 사용하여 구역별 일일 투입된 체류인원과 공정정보를 확인하고 이동식 CCTV를 활용하여 변동하는 작업위치의 상황을 상시 모니터링할 수 있도록 계획되었다.

❑ 매일 업데이트된 실제 작업분 기록을 통해 작업패턴과 계획안과의 비교를 통한 전체적인 진척관리가 용이하다. 모바일 어플을 통해서도 작업자, 관리자별 안전관리가 이루어지고 위급 상황시 Push알림서비스가 적용된다.

나. 안성-평택지역 전기공급시설 전력구 현장

❑ 안성 평택지역의 전력계통 안전성 확보를 위해 진행중인 전력구 현장으로 총 연장구간 3893m로 중심부근에 위치한 50미터가량의 2개의 지하 수직구를 주축으로 양방향으로 TBM 굴진이 진행된다. 공사초기부터 발주처와의 협의를 통해 스마트안전기술을 적극적으로 도입해 운영중이다. 작업자 출입기록에는 작업자의 소속, 국적정보, 비콘 관리번호 등을 포함하는 상세정보가 포함되며 장기간 현장에 체류 중인 인원은 별도로 관리된다. 배터리카와 같은 터널 내 운행 차량의 위치도 실시간으로 파악할 수 있다.

[그림 Ⅰ-19] 안성-평택지역 전력구 현장 스마트 안전관리 플랫폼

자료 : 안전보건공단 주요국제안전보건 동향 제488호 [스마트 안전관리 시스템], 2022.

❑ 기본 터널내 고정식 CCTV에 추가로 TBM과 주요 터널내 장비인 배터리카 운반대차에 CCTV를 탑재하고 이동식 CCTV를 추가로 구성하였다. 실시간 체류중인 작업구간의 상황을 고화질로 생생하게 모니터링하고 원격으로 카메라의 각도도 조절할 수 있어 원하는 부분을 쉽게 확인가능하다. 특히, 수직구를 통한 자재 입반출시 겐트리에 설치된 센서를 통해 50m지정선 아래로 겐트리가 내려오면 빔레이저를 통해 자동으로 로고 라이트가 해당 바닥에 켜지며 하역 알람이 울린다. 시각적인 부분이 추가가 되어 시끄러운 현장 내 작업자들에게 유용한 안전장치가 되어준다.

❑ 현장 출입구 앞 옥외에 비치된 고해상도DID는 외부에서도 큰 화면으로 모니터링이 가능하고 공지사항 확인이 가능하다. 복합가스센서 기준치 농도 범위를 벗어나면 그림과 같은 적색 경고창이 뜨면서 신속한 조취를 취할 수 있도록 도와준다.

[그림 Ⅰ-20] 실시간 안전상태 경고창 예시 및 옥외 DID

실시간 안전상태 경고창 예시

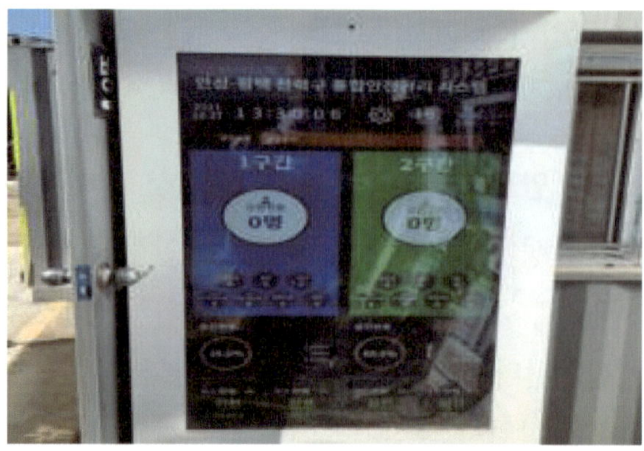

옥외 DID

다. 별내선 8호선연장 1공구 현장

❑ 최근 별내선 8호선 연장 1공구 현장에도 스마트안전기술 적용이 최근 적용되었다. NFC태깅과 비콘센싱을 통한 근로자 출력 관리와 작업구간 관리가 이루어지며 구간별 금일 작업사항과 근로자의 정보를 쉽게 파악할 수 있다. 근로자가 현장 내 이동시마다 지정된 작업분야에 따라 색깔이 실시간으로 모니터링 화면상에 변경된다.

[그림 Ⅰ-21] 별내선현장 스마트안전관리 플랫폼

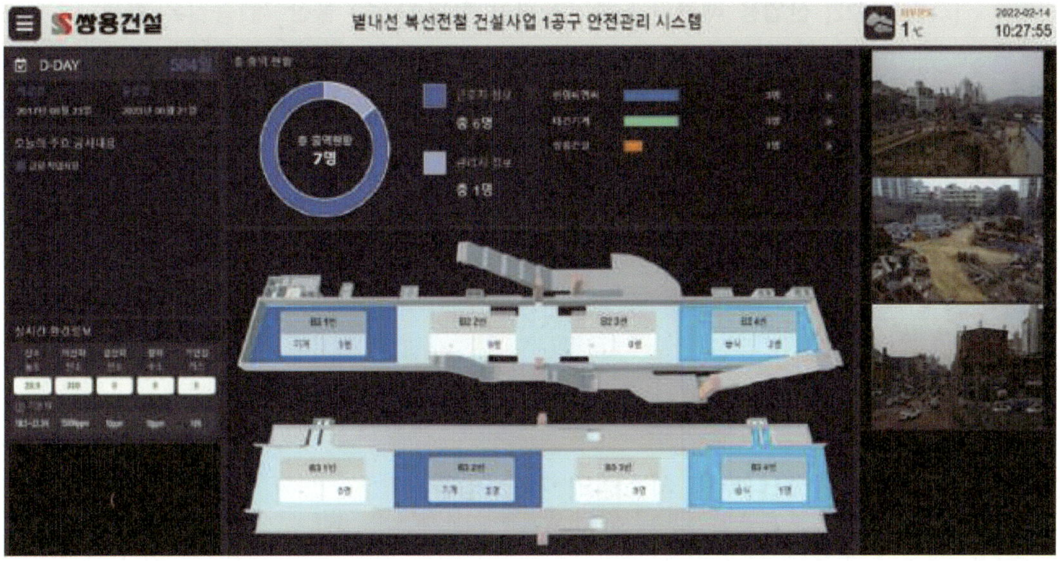

자료 : 안전보건공단 주요국제안전보건 동향 제488호 [스마트 안전관리 시스템], 2022.

라. 청주지역 전기공급시설 전력구 현장

❑ 2,556m의 쉴드TBM공법이 적용, 총 연장 길이는 2,719m인 청주지역 전력구 현장에도 스마트 안전 시스템 설치를 현재 준비 중이다.

2) 산업용 배관 모니터링 시스템 시장동향

(1) 산업용 배관 모니터링 시스템

❑ 산업용 배관은 다량의 가스, 기름 등을 신속하고 안전하게 수송하는 수단으로서 현재 산업 전반의 혈관과 같은 역할을 수행하고 있다. 단적인 예로 석유, 화학제품을 도시까지 끌어오는 산업용 배관을 비롯하여, 우리 주변 가까이에 있는 도시가스관 상하수도관등이 산업용 배관에 속하는 항목이라 할 수 있다.

❑ 하지만 관내 이송물질의 화학작용에 따른 부식, 시간경과에 따른 관로 노후화, 최초 설치 관로 경사의 불량, 관로 주변 침하에 따른 관로 변형 발생 등으로 관로 이송능력이 저해되는 일이 자주 발생하고 있다. 이런 이유로 이송물질이 누출되면 배관 주변지반의 침하와 붕괴, 가스폭발 등의 2차 오염이 발생될 수 있다. 또한 관로 불량으로 이송물질이 불규칙하게 유인되면 이송능력

을 정확하게 예측할 수 없어 구축시설의 처리능력이 초과하게 되면서 효율을 저감시킬 수도 있다.

□ 산업용 배관의 기능불량을 방지하기 위해서는 관로의 검사와 감시 등 관리 감독이 지속적으로 수행되어야 하는데, 최근에는 지하에 매설되는 배관의 상태를 검사하고 도장작업까지 수행할 수 있는 로봇에 대한 연구도 많이 진행되고 있다. 그러나 기반시설인 도시가스망에 적용하기 위한 배관 로봇은 분기관, 수직관 등 배관구조가 복잡하거나 가동상태에서의 검사를 요구하는 등 기술적으로 난이도가 높기 때문에 상용화까지 더 많은 시간이 필요할 것이다.

[그림 I-22] 산업용 배관의 노후 및 관련 화재(SK(주) 울산 제1중질유 화재)

자료 : ASTI MARKET INSIGHT [산업용 배관 모니터링 시스템], 2021.

(2) 관내 탐지용 배관 모니터링 시스템의 기술 동향

□ 산업용 배관의 누출에 대한 모니터링을 위해서 최근까지는 관내 유량, 압력, 온도, 밀도를 기준으로 감지하는 방식을 취하고 있으며, 유량의 경우 기 매설된 포인트 센서를 사용하여 추적하는 방식을 활용한다. 압력 역시 압전 센서를 활용하고 있으며, 온도가 상승하면 흐르는 유체의 점도와 밀도가 더 낮아지는 경향이 있어 열 센서 역시 함께 활용되고 있다.

□ 하지만 이는 신규 매설 배관에 적용되는 사항으로 기존 설치된 산업용 배관은 주로 지하에 매설되어 있어 노출된 배관과는 달리 센싱을 통한 비파괴 기법으로는 진단하는데 한계가 있다. 또한 관로의 길이가 짧게는 수백 m에서 길게는 수백 km에 이르기 때문에 광범위한 부분을 효율적으로 진단할 수 있는 비파괴 진단 기술이 필요하며, 이를 처리하기 위한 산업용 배관 모니터링 시스템으로 인텔리전트 피그와 배관탐지용 로봇이 주로 활용되고 있다.

가. 인텔리전트 피그(Intelligent Pig)

□ 인텔리전트 피그는 배관 내 가스, 오일 등 유체의 흐름을 이용하여 피그를 진행시키면서 배관의 상태를 파악하는 상용 장비이다. 기존 피그는 배관 내부 청소와 배관 내용물을 분리하는 용도로 사용되었지만, 최근 들어 비파괴 검사 기술과 컴퓨터의 발달로 배관의 모든 상태를 파악할 수 있는 지금의 인텔리전트 피그로 발달하였다. 인텔리전트 피그에는 자기누설방식 등 여러 가지 비파괴검사를 위한 센서들로 구성되어 있으며, 현재까지는 매설된 배관의 모재 손상 여부를 진단할 수 있는 최적의 기술이라 할 수 있다.

[그림 Ⅰ-23] 인텔리전트 피그

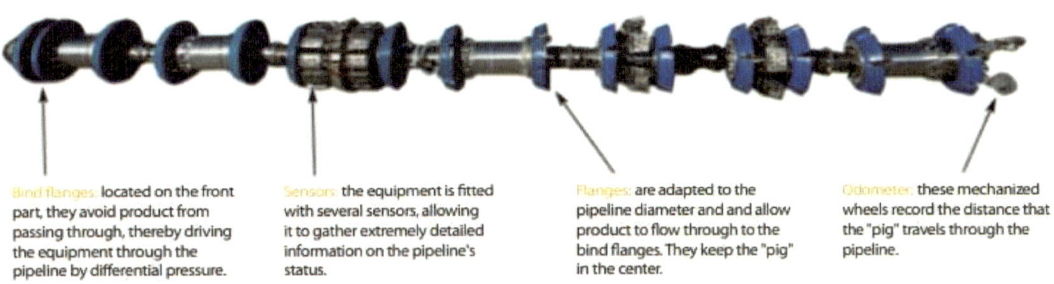

자료 : ASTI MARKET INSIGHT [산업용 배관 모니터링 시스템], 2021.

나. 배관 탐지용 로봇

❑ 배관 탐지용 로봇은 인텔리전트 피그와 유사한 방식으로 측정하지만, 압축공기를 통해 이동하는 인텔리전트 피그와는 달리 로봇은 자가 추진할 수 있는 구동장치를 장착하는 것으로 가장 큰 차이점을 가지고 있다. 그러나 자가 구동방식에는 배터리와 제어케이블 등과 같은 로봇에 필요한 하드웨어적 모듈과 함께 실제 측정 및 조작을 지원할 수 있는 인터페이스, 그리고 소프트웨어가 동시에 구성되어야 함에 따라 배관 내부와 같은 극한환경에서의 상용화에는 아직까지 한계점이 있다. 일반적으로 배관 탐지용 로봇의 주요 요소인 구동장치의 형태를 살펴보면, 이동 환경조건에 따라 벽면 이동 로봇과 기둥 이동 로봇으로 구분되며, 이동방법에 따라 궤도형, 보행형, 견인형, 바퀴형으로 구성된다. 또한 그리고 부착방법에 따라 자석형, 진공흡착형, 생체모방형, 손잡이형 등으로 구분된다.

[그림 Ⅰ-24] 산업용 배관 탐지용 로봇

(3) 산업용 배관 모니터링 시스템의 시장 동향

가. 시장 규모 및 전망

❑ 산업용 배관 모니터링 시스템의 세계 시장은 도시가스망, 송유관, 중화학 플랜트, 원자력 발전소 등과 같은 산업 기반에서 활용되어 지는 각종 배관을 중심으로 매우 활성화되어 있다.

특히 미국과 인도 등 대규모 가스 배관과 송유관 시설을 보유하고 있는 국가를 중심으로 시장이 형성되어 있으며, 시장규모는 2017년 41억 달러에서 2024년 65.6억 달러로 연평균 5.6% 성장할 것으로 추정되고 있다.

[도표 Ⅰ-22] 산업용 배관 모니터링 시스템의 기술별 세계 시장규모

(단위: 백만달러)

구분	2017	2018	2019	2020	2021	2022	2023	2024	2025	CAGR (%)
초음파	1,256	1,340	1,426	1,536	1,655	1,782	1,919	2,067	2,226	7.7
MFL	799	851	908	971	1,039	1,112	1,190	1,273	1,362	7.0
PIG	492	529	570	616	666	720	779	842	910	8.1
스마트볼	351	376	402	432	464	498	535	575	617	7.4
광섬유	273	292	315	335	359	385	413	443	476	7.3
기타	930	980	1,033	1,093	1,157	1,224	1,29	1,370	1,449	5.8
계	4,100	4,367	4,651	4,912	5,187	5,477	5,784	6,108	6,450	5.6

자료 : MarketsandMarkets, ASTI MARKET INSIGHT [산업용 배관 모니터링 시스템], 2021.

❑ 민간위주의 해외 시장에 비해 국내시장의의 경우 산업용배관이 공공재임에 따라 주로 한국가스공사, 한국원자력연구원 등 주요 공공기관에서 발주하는 형태의 시장이 형성되어 있으며, 실제 수행 역시 해외 대기업의 기술을 빌려와 국내 용역기업에서 시공하는 방식으로 진행되고 있다. 이 경우 측정된 데이터는 해외기업으로 반출되며, 긴급 상황의 경우 약 2주, 정밀검사결과의 경우 약 3개월 후 우편으로 발송되는 형태로 진행되고 있다.

❑ 이에 국내의 경우 현재까지는 배관 공사를 수행할 수 있는 시공기업의 역할로만 시장이 형성되어 있음에 따라 향후 기대할 수 있는 시장으로 기하학 구조 측정 활용 지능형 피그 시장의 아시아태평양 지역(APAC) 시장의 10%를 국내시장으로 가정해 시장을 추정한다면 2019년 54억 원에서 연평균 성장률 5.53%를 적용하여 2025년 75억 원의 시장을 확보할 수 있을 것으로 판단된다.

[도표 Ⅰ-23] 기능별 산업용배관 모니터링 시스템의 국내시장 추정

(단위: 억원)

구분	2019	2020	2021	2022	2023	2024	2025	CAGR (%)
금속손실/ 부식감지	4,930	5,172	5,427	5,695	5,978	6,273	6,581	4.93
기하학 구조 측정	354	369	385	401	418	435	454	4.23
균열 및 누수감지	2,047	2,132	2,223	2,315	2,412	2,515	2,618	4.19
국내 산업용 배관 모니터링 시스템 시장	54	57	60	63	67	71	75	5.53

(4) 경쟁 현황

❑ 산업용 배관 유지보수와 관련된 글로벌 기업은 제품 포트폴리오가 방대하며 전 세계 유통망

을 통해 배관 모니터링 서비스를 진행 중이다. 특히 개별국가별로 배관 클리닝 서비스를 진행하는 영세 시공업체와 협약을 체결해 용역사업을 진행하고 있으며, 자체 기술력을 통한 인텔리전트 피그 등의 장비를 대여하고 검사하는 서비스를 진행하는 형태로 사업을 진행 중에 있다.

❑ 대표기업으로 독일 로젠(Rosen), NDT글로벌(NDT Global), 미국 베이커휴스(Baker Hughes), TD윌리엄슨(T.D. Williamson), 스위스 SGS, 스페인의 에이플러스(APPLUS)를 들 수 있다.

[도표 Ⅰ-24] 해외 산업용 배관 모니터링 시스템 관련 주요 기업

기업명	연혁 및 보유 기술	대표 장비
베이커 휴스	• GE 자회사 • 석유 및 가스 산업에서 사용되는 관로 검사 솔루션을 제공 • 관로 서비스, 관로 검사, 관로 유지, 관로 사전 시운전 및 시운전, 통합 관로 서비스, 심해 관로 솔루션을 제공 • 최근 석유 및 가스 사업의 가치 사슬 전반에 인공지능을 배치하기 위해 NVIDIA와 협력해 연구개발 진행	
로젠	• 독일 기업으로 세계 인텔리전트 피그 시장 2위 • 3인치에서 최대 64인치까지 직경이 작은 액체 및 가스 관로를 위한 인텔리전트 피그를 제공 • 서비스 : 검사, 무결성, 청소, 연구 및 개발 솔루션 • 제품 : 데이터 수집 기술, 자동화 검사 시스템, 초음파 유량계, 관로 청소 도구, 코팅	
TD 윌리엄슨	• 1920년에 설립된 미국기업 • 핫태핑, 플러그 솔루션, 관로 피깅 솔루션, 관로 무결성 검사 서비스, 침입 방지 인라인 격리 기술을 제공 • 최근 초대형 검사 피그와 스마트 피깅 기술 등 광범위한 청소, 배칭, 검사 피그를 생산	
에이 플러스	• 스페인 바르셀로나 위치 • 테스팅, 검사, 인증, 품질 보증 서비스 분야에서 선두 • 피그가 불가능한 관로의 벽 두께를 확인과 부식 검사에 사용되는 인라인(in-line) 관로 무결성 검사 서비스를 제공하며, 또한 인라인 자속 누출 결함 피그 서비스 진행 • 최근 탱크와 관로의 원격 가시화 검사 서비스 제공	

자료 : ASTI MARKET INSIGHT [산업용 배관 모니터링 시스템], 2021.

❑ 국내의 배관 내부 탐지 피그 및 로봇 관련 연구개발은 주로 한국가스공사와 한국로봇융합연구원에서 수행중이며, 한국가스공사가 최초로 인텔리전트 피그를 개발하고, 2004년부터 상업화를 진행하고 있다. 그 후 한국로봇융합연구원에서는 2011년부터 가스 배관 비파괴 검사용 자가추진 로봇 및 산업시설용 배관 이동 및 청소 로봇 개발을 지속적으로 추진하고 있으며, 대규모 용수 관로 내외부를 이동하면서 부식에 의한 두께 변화, 누수, 결함 등 관의 구조적인 상태를 확인할 수 있는 관내외면 비파괴 정밀진단 로봇에 대한 연구개발 역시 진행 중에 있다.

❑ 또한 한국가스공사에서는 인텔리전트 피그로 점검할 수 없는 배관에 적용하기 위한 소형 로봇 개발 프로젝트를 자체적으로 진행 중인데, 2016년 한국가스공사에서 축방향 자기누설(Axial Magnetic Flux Leakage, MFL) 탐상 기법이 적용된 인텔리전트 피그 시스템의 경우 시제품을 개발해 적용 중에 있다.

[그림 I-25] 한국가스공사 개발 인텔리전트 피그 및 비파괴 검사용 자가추진 로봇 시나리오

자료 : ASTI MARKET INSIGHT [산업용 배관 모니터링 시스템], 2021.

3) 그래핀 복합소재를 이용한 유해물질 감지 센서 개발

❑ 과학기술정보통신부 산하 정부출연연구기관인 한국재료연구원 나노표면재료연구본부 전기화학연구실 이규환 박사(과학기술연합대학원대학교(UST) 신소재공학과 교수) 연구팀은 일상생활 속에서 접하기 쉬운 제품에 포함된 인체 유해 환경호르몬인 비스페놀A와 체내 유해 활성 산소인 과산화수소를 동시에 감지 가능한 전기화학 센서를 세계 최초로 개발하는데 성공했다.

❑ '비스페놀A'는 내분비계 독성을 갖고 있어 내분비계 장애물질, 생식독성물질, 고위험우려물질 후보군 등으로 지정되어 있다. 밀폐용기, 젖병, 캔, 생수통, 영수증 용지, 비닐 등 생활 속에서 쉽게 접할 수 있는 제품에 포함된 유독물질이다. 불임, 유방암, 성조숙증 등 다양한 질환의 원인이기도 하다. 또한 유해 활성 산소인 '과산화수소'는 산소가 인체 내에서 에너지를 생성할 때 영양소와 결합하는 과정에서 만들어진다. 세포의 신호전달체계를 무너뜨리고 면역을 낮춰 당뇨병, 동맥경화, 암 등의 질병으로 이어지기도 쉽다. 이 때문에 이를 실시간으로 감지하기 위한 센서는 그 이용 가치가 크다고 할 수 있다.

❑ 기존 전기화학 센서에 사용되는 촉매소재의 기술은 그동안 산화 또는 환원 등 하나의 반응만을 이용해 물질을 감지하는 한계를 갖고 있었다. 본 연구팀은 팔라듐 나노입자를 3D그래핀 에어로젤에 도입하는 방식을 이용해 팔라듐이 비스페놀A와 과산화수소 두 물질의 산화 및 환원반응을 촉진하는 촉매로 작용하도록 했다. 이를 통해 팔라듐이 나노몰(nM, 1몰의 1000분의 1) 수준의 매우 낮은 농도에서도 이를 동시에 검출할 수 있음을 확인했다.

[그림 Ⅰ-26] 개발된 복합소재를 이용한 환경물질 및 생체물질 검출의 전반적인 개략도

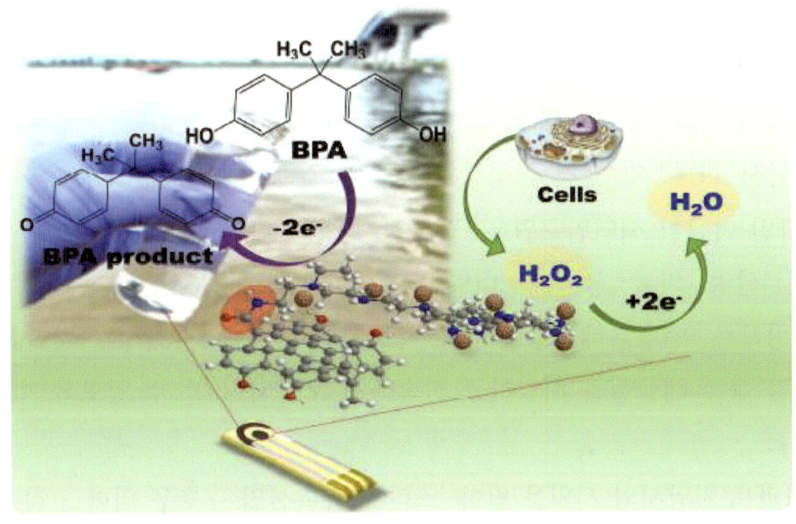

[그림 Ⅰ-27] 개발된 복합소재의 BPA와 H_2O_2를 검출하는 메커니즘 모식도

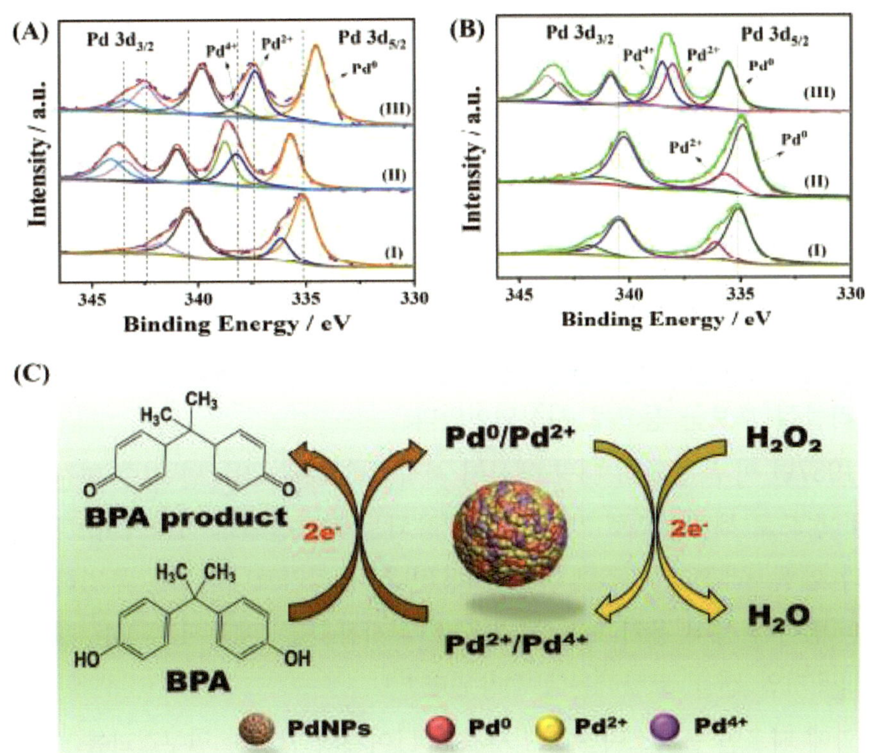

자료 : 한국재료연구원 보도자료 [국산 센서기술로 유해물질의 공포 극복한다!], 2022. 4

❑ 연구팀은 간단한 열처리 과정을 통해 3D형태의 그래핀-전도성고분자-팔라듐 나노입자 복합소재를 합성했다. 복합소재는 3D형태에 수많은 다공성을 보유하고 있어, 넓은 표면적과 물질 수송에 유리해 유해 물질의 감지에 뛰어난 성능을 보여줬다. 특히 양전하를 띠는 전도성고분자로 인해 감지소재의 안정성을 향상시키고, 팔라듐 나노입자의 균일한 결합을 유도함으로써 넓은 검출 범위를 얻을 수 있었다.

❑ 우리나라뿐만 아니라 세계 각국은 비스페놀A의 위험성에 따른 엄격한 안전관리 기준을 마련하고 있으며, 용출이 의심되는 경우 용기포장의 수입 및 제조를 전면 금지하는 추세이다. 유해 활성 산소 또한 위험성으로 인해 인체 내 미량의 과산화수소를 검출하기 위한 기술이 요구된다. 현재 전기화학 센서 기술 분야의 세계 시장 규모는 연간 6조 6,190억 달러($USD)로 평가되고 있으며 2025년까지 11.4%의 연평균 성장률을 보일 것으로 예상되었다.

❑ 연구책임자인 이규환 책임연구원은 “실시간 현장 모니터링이 가능한 전기화학센서의 국산화 기술은 환경, 산업, 의료, 농업 등 다양한 분야에서 지속적으로 요구되어 왔다.”며, “이번 연구 결과를 바탕으로 여러 유해물질을 동시 측정할 수 있는 다중측정 전기화학 센서 시스템을 개발해, 일상생활 속 유해물질을 저렴하고 신속하게 모니터링 할 수 있도록 계속해서 노력하겠다.”라고 말했다.

❑ 본 연구 성과는 밀양시의 지원을 받아 ‘스마트 농축산업 구축을 위한 고감도 실시간 전기화학센서 소재 개발 및 응용’ 과제로 수행됐다. 또한 본 연구결과는 재료 및 화학분야 세계적인 학술지인 케미컬 엔지니어링 저널(Chemical Engineering Journal, IF=13.273)에 3월 1일자로 게재됐다. 연구팀은 다양한 유해 물질을 동시에 감지할 수 있는 다중측정 전기화학 센서 개발을 위해 후속 연구를 계속해서 진행 중에 있다.

(1) 기술개발 배경

가. 환경호르몬으로 작용하는 유해 물질 비스페놀 A(Bisphenol A, BPA)

❑ BPA는 $(CH_3)_2C(C_6H_4OH)_2$ 화학식으로 여성호르몬인 에스트로겐과 유사한 분자구조를 가지는 무색의 고체 유기화합물이며, 내분비계 독성을 가지고 있어 내분비계 장애물질, 생식독성 물질, 고위험우려물질 후보군 등으로 지정되어있다.

❑ BPA는 1957년 이후 상업적 대량 생산이 시작된 이래로 2011년 기준 연간 100억 파운드의 BPA가 사용될 정도로 세계적으로 가장 많이 사용되는 화학물질의 하나이며, 대게 폴리카보네이트 플라스틱과 에폭시레진의 제조에 주로 사용된다. 폴리카보네이트는 투명하게 만들 수 있기 때문에 음료수 병이나 음식 용기 또는 젖병 제조에 사용되고, 에폭시 수지는 치과에서 사용하는 레진이나 음식용기인 캔을 코팅하는데 적용된다.

❑ 연구 결과에 따르면 플라스틱 제조업자들은 11여개의 안전한 연구결과를 내놓았지만, 104여개의 독립적인 연구에서는 90% 이상 인체에 위험하고, 특히 태아의 신경 발달에 문제를 일으킨다는 연구결과도 발표되었다. 최근에는 감열지 (Thermal Paper)에 사용되는 BPA가 심각한 것으로 인식되고 있다. 우리가 일상생활에서 흔히 접할 수 있는 종이영수증, 순번대기표, 극장티켓 등에서 발색제·바인더 등에 BPA가 사용되는데 국내 감열지에서 유럽연합 기준의 60배를 초과하는 BPA가 검출되었다.

❑ 또한 우리나라 성인의 체내 BPA 농도는 지속적으로 증가하고 있다. 2019년 12월 24일 환경

부가 발표한 제3기 국민환경보건 기초조사결과에 따르면 BPA의 체네 농도는 제1기 0.75㎍/L, 제2기 1.09㎍/L, 제3기 1.18㎍/L로 지속적으로 증가해 왔다. 이들은 적은 양으로도 인체에 유해한 영향을 미치기 때문에 이들의 규제 및 실시간 감지는 중요한 의미를 갖는다.

나. 원자폭탄보다 무서운 유해 활성산소, 과산화수소(H_2O_2)

❑ 산소는 사람의 생명유지에 꼭 필요한 분자이다. 그러나 산소가 인체에서 에너지를 생성하기 위해 영양소와 결합하는 과정에서 활성산소 (Free Radical)라는 유해성 산소를 생성하는데 이 활성 산소는 인체에 질병을 유발하고, 노화의 주범으로 지목되었다.

❑ 보통 산소는 정상적으로 인체에 약 100초 이상 머무르지만 활성산소는 불안정한 구조로 인해 100만~ 10억분의 1초 동안 생성되었다 사라지기를 반복한다. 우리 몸에 아주 잠시 동안 존재하는 유해물질이지만 반응성이 워낙 강해서 순식간에 세포의 세포막을 공격하여 세포의 기능을 망가뜨리고 세포내 유전자를 공격하여 세포의 재생을 방해한다. 이는 결국 세포 신호전달체제를 부수고, 면역성을 떨어뜨려 당뇨병, 동맥경화, 암 등의 질병을 유발한다.

❑ 한 가지 흥미로운 사실은 활성산소가 우리 몸에 침투한 세균이나 바이러스를 죽이기도 한다는 점이다. 한 연구에서 우리 몸의 TLR4란 단백질이 병원균의 체내 침투를 인식하면 소량의 활성산소가 만들어지고 이들이 살균기능을 수행한다는 결과를 보여주었다. 즉 활성산소가 인간에게 필수 성분이면서도 해악을 끼치는 양면성을 지니고 있음을 알아낸 것이다.

❑ 대표적인 활성산소로는 초과산소수소이온, 과산화수소, 하이드록시 라디칼, 싱클레트 옥시전 등 4가지 종류가 있다. 이들 중 물 분자에 산소원자가 추가되어 있는 과산화 소수는 늘 산소원자를 주고 물과 같은 안정된 분자가 되려는 성향이 강해 뛰어난 반응성을 나타낸다. 따라서 생체내 이들을 감지하는 기술이 요구된다.

(2) 국내외 환경

❑ 최근 실시간 모니터링 및 센서의 중요성이 부각되고 있지만, 센서 분야의 다품종 소량생산이라는 한계점 때문에 국내 센서 기술의 국산화가 부진하다. 다양한 산업 분야에서 이들의 니즈가 증가하고 있지만 국내 기술이 부족한 실정이다.

(3) 시장 규모

❑ 전기화학 센서 기술과 관련한 분야의 세계 시장규모는 연간 6조 6,190억 달러 ($USD)로 평가되었으며, 연간 2025년까지 11.4%의 CAGR로 급격하게 성장할 것으로 기대된다.

※ 자료 : 한국재료연구원 보도자료 [국산 센서기술로 유해물질의 공포 극복한다!], 2022. 4

Ⅱ편
환경유해인자 노출 감시강화 및 대응기술

1장 공기 노출 유해인자 관련 연구·기술 동향

2장 환경유해인자 독성과 국가별 화학물질 규제동향

3장 유해물질 화학사고 현황과 대응기술 개발동향

4장 유해물질 통합 위해성 평가와 水환경 유해물질 현황·대응

5장 잠재 유해인자 미세플라스틱 위해성과 저감·대응 기술

제 1장 공기 노출 유해인자 관련 연구·기술 동향

1. 유해대기오염물질 측정 및 분석기술

1) 입자상 유기독성물질 측정분석 및 자료해석

(1) 유해대기오염물질(HAPs)

❑ 국내에서는 미세먼지 중량농도의 기준치 초과 여부에 대해서 주로 관심을 기울이고 있으나, 인체 위해성 차원에서는 미세먼지에 함유된 유해대기오염물질(Hazardous Air Pollutants: HAPs)을 주목할 필요가 있다.

- Toxic air pollutants나 Air toxics으로도 불렸으나, 최근에는 HAPs(햅스)로 불리는 경우가 많음

❑ 유해대기오염물질 중 일부 물질들은 발암성을 나타내며, 대기 중 미세먼지를 통해 인체에 유입된다. 미세먼지는 입경이 작을수록 부피 대비 표면적이 넓어져 오염물질의 흡착이 증가하며, 체내 깊숙한 곳까지 침투한다. 그러므로 미세먼지에 함유된 유해대기오염물질의 배출원, 입경 분포, 인체 위해성 등을 고려해야 한다.

❑ 유해대기오염물질은 암이나 심각한 건강영향을 초래하는 대기오염물질로서 미국 환경청(US EPA)에서는 187종을 유해대기오염물질로 지정하여 관리하고 있다.

❑ 유해대기오염물질은 크게 휘발성유기화합물, 반 휘발성유기화합물, 중금속, 기타 무기화합물 등 다양한 물성의 독성물질을 포함한다.

- 반 휘발성유기화합물 : 잔류성유기오염물질과 다환방향족탄화수소가 대표적인 반 휘발성 유기화합물을 지칭함

[그림 Ⅰ-1] US EPA 유해대기오염물질 홈페이지와 주요 물질군

❑ 잔류성유기오염물질은 독성, 잔류성, 생체축적, 다매체 거동, 장거리 이동성이 있는 물질로서, 우리나라는 2007년에 유엔환경계획이 주도하는 스톡홀름협약을 비준하였다.

- 2004년 협약 발표 당시 12종이 등재되었으며, 가장 대표적인 물질은 다이옥신임
- 잔류성유기오염물질은 크게 유기염소계농약류, 산업용 화학물질, 부산물로 나뉘며, 다이옥신 등과 같이 불완전 연소산물로 배출되는 물질이 부산물에 해당함

[그림 Ⅰ-2] 스톡홀름협약 등재 대표 12종 잔류성유기오염물질의 구조

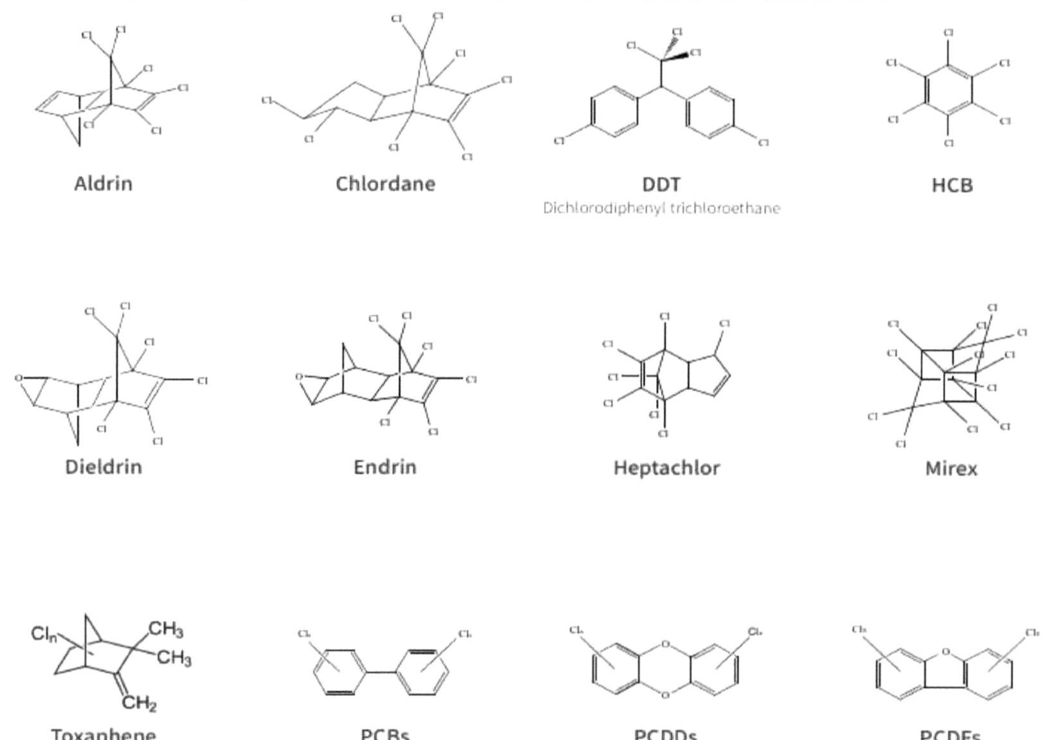

자료 : KIST 청정대기센터 미세먼지 인사이트 [입자상 유기독성물질 측정분석 및 자료해석], 2022. 3

❑ 다환방향족탄화수소는 대기환경 분야에서 가장 대표적인 입자상 유기독성물질로서 유기물의 불완전 연소로 생성된다.

- US EPA에서는 16종을 우선관리 대상물질로 지정하였으며, 벤조(a)피렌이 가장 잘 알려진 발암성 물질임
- 그러나 환경대기 중에는 16종 외에도 수백 종 이상의 다환방향족탄화수소가 존재하며, 유도체(기본 탄화수소 구조에 질소, 산소, 염소, 브롬 원자가 치환된 물질)까지 고려하면 존재할 수 있는 다환방향족탄화수소류는 상당히 많음

❑ 다환방향족탄화수소를 포함한 반 휘발성유기화합물은 환경대기 중에서 기체/입자 분배 거동을 거친다.

- 과냉각 증기압이 높은 물질은 대부분 기체상에 존재하며, 증기압이 낮은 대부분의 유기독성물질은 주로 입자상에 존재함

- 특히, 독성이 강한 벤조(a)피렌, 할로겐화 다환방향족탄화수소, 다이옥신류 등은 주로 입자상에 분배하므로, 미세먼지의 독성을 증가시키는 주요 물질임
- 기온이 상승하면 입자에서 기체로 이동하는 양이 증가하며, 기온이 낮아지면 반대로 기체에서 입자로 분배하는 경향이 강해지므로, 불완전 연소로 배출되는 입자상 물질의 농도는 겨울에 증가함

[그림 Ⅰ-3] US EPA 우선관리대상 16종 다환방향족탄화수소의 구조

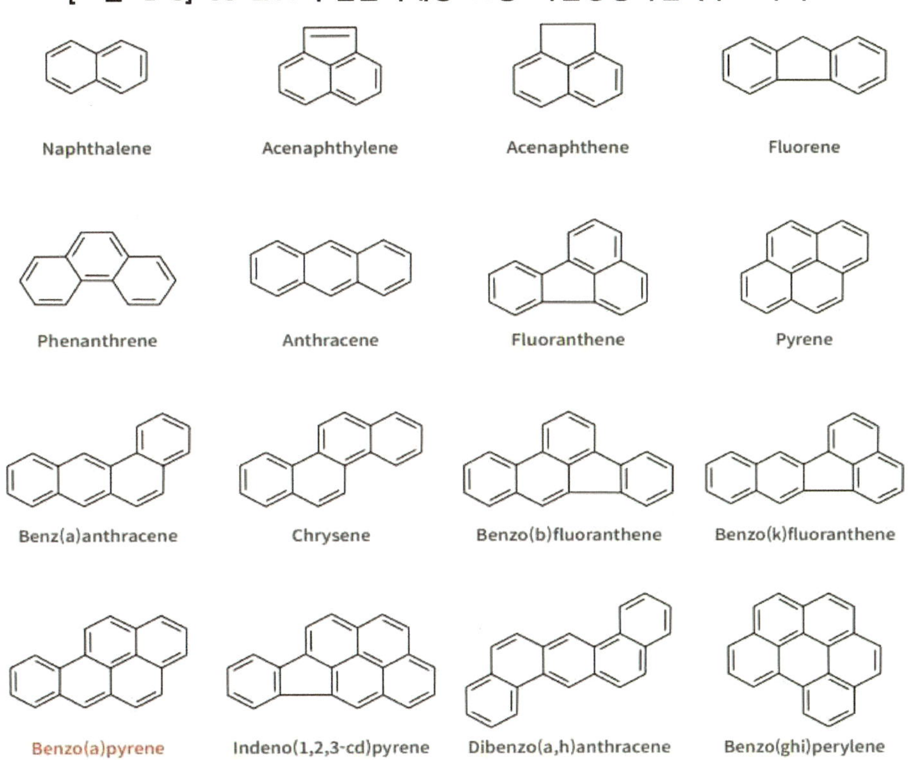

[도표 Ⅰ-1] 다환방향족탄화수소의 기체/입자 분배

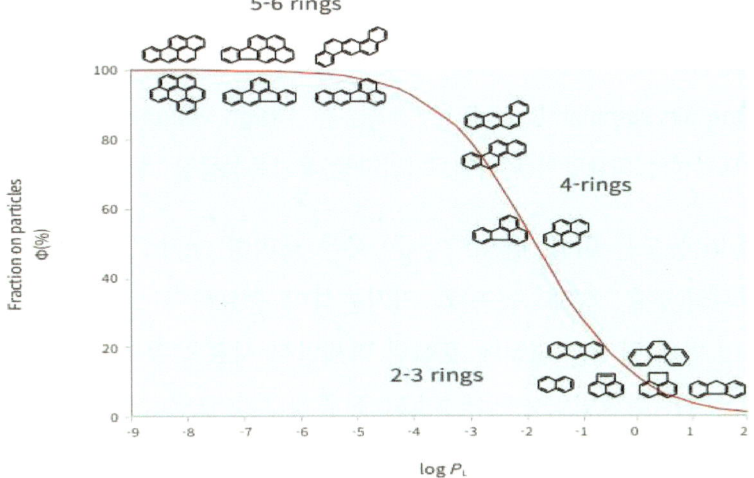

자료 : KIST 청정대기센터 미세먼지 인사이트 [입자상 유기독성물질 측정분석 및 자료해석], 2022. 3

(2) 입자상 유기독성물질의 측정분석

❑ 입자상 유기독성물질을 모니터링하기 위해서는 저용량/고용량 대기시료채취기를 이용하여, PM2.5 시료, PM10 시료, TSP 시료를 채취한다.

* TSP : 총 부유분진(Total Suspended Particle)은 환경대기 중에 존재하는 모든 크기의 먼지를 의미함

- 저용량 대기시료채취기에는 PM2.5와 PM10 입경별 사이클론이나 임팩터를 장착하여 원하는 입경 시료를 채취하며, 시료채취 유량은 통상적으로 16.7 L/min이며 보통 수 시간에서 하루 동안 시료를 채취함(유기/원소탄소, 이온, 금속, 유기성분 모니터링에 주로 사용함)
- 고용량 대기시료채취기로는 기본적으로 TSP를 채취하며, 폴리우레탄폼과 레진을 장착하여 기체상 시료도 함께 채취함. TSP 시료량은 보통 1,000 m^3임
- 고용량 대기시료채취기에 개별 입경별(PM2.5, PM10) 임팩터나 다단 임팩터를 장착하여 입경별 시료를 채취할 수 있음. 극미량 유기독성물질의 기체/입자 분배 모니터링과 모델링 연구를 위해서는 고용량 대기시료채취기를 사용해야 함

* 다단 임팩터 : 고용량 대기시료채취기 장착용 다단 임팩터 외에도 별도의 다단 임팩터(예: MOUDI)가 상용화되어 입경별 먼지 농도와 화학조성 연구에 많이 사용되고 있음

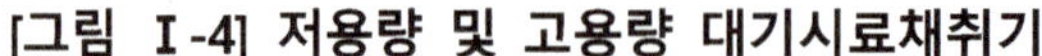
[그림 Ⅰ-4] 저용량 및 고용량 대기시료채취기

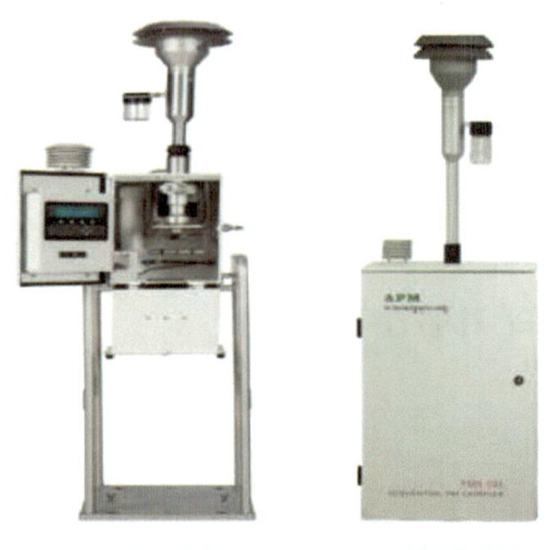

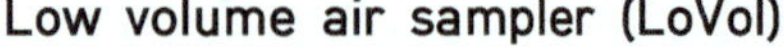
Low volume air sampler (LoVol)

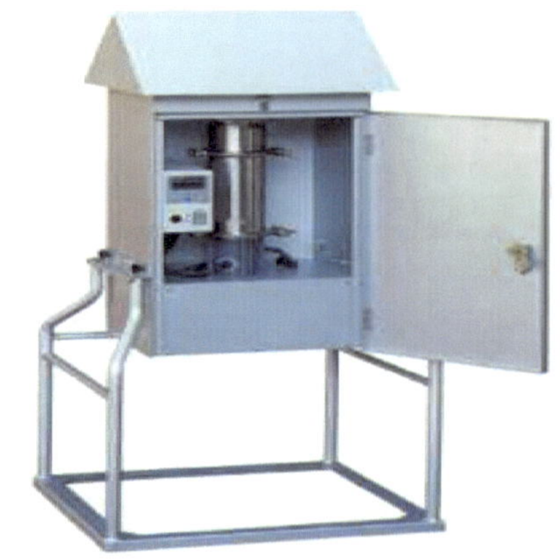
High volume air sampler (HiVol)

자료 : KIST 청정대기센터 미세먼지 인사이트 [입자상 유기독성물질 측정분석 및 자료해석], 2022. 3

❑ 유기독성물질의 농도는 미량(ng/m^3 수준) 혹은 극미량(pg/m^3 수준)이므로 정확한 농도 산출을 위해서는 전처리(추출, 정제, 농축)와 기기분석이 중요하다.

- 전처리의 첫 번째 단계는 필터에 포집된 미세먼지 시료를 용매 추출하는 것으로서, 비극성 물질인 경우에는(다환방향족탄화수소와 잔류성유기 오염물질 해당) 비교적 극성이 약한 유기용매로 추출함

* 일반적으로 속실렛(Soxhlet) 장치를 이용하여 비극성 물질을 추출하며, 자동 속실렛이

나 가속용매추출장치를 사용하는 경우도 있음. 추출효율에 문제가 없는 경우에는 간이 추출법으로 일반적으로 실험용 기구의 세정에 많이 사용하는 초음파 세정기를 사용할 수 있음

- 전처리의 두 번째 단계는 추출용액을 고체 흡착제를 사용하여 정제하는 것으로서, 주로 실리카겔을 사용하여 극성 물질을 제거하고 분석하고자 하는 비극성 물질 위주로 추출액을 정제하였음
  * 분석대상물질별로 다양한 정제방법이 개발되어 있으며, 극미량 분석일수록 정제과정이 까다롭고 시간이 소요됨. 예를 들어, 다환방향족탄화수소의 경우에는 농도가 비교적 높은 수준이므로 정제과정을 생략하거나 실리카겔 컬럼을 간단히 거치지만, 다이옥신의 경우에는 다층실리카겔 컬럼을 거쳐야 함
- 전처리의 마지막 단계는 정제용액을 최종 농축하는 것으로서 회전증발농축기와 질소농축기를 주로 사용함. 통상적으로 최종 농축액의 부피는 1 mL 이하이며, 극미량 분석의 경우에는 수십 μL까지 부피를 최소화함

[그림 Ⅰ-5] 유기독성물질 기기분석 절차

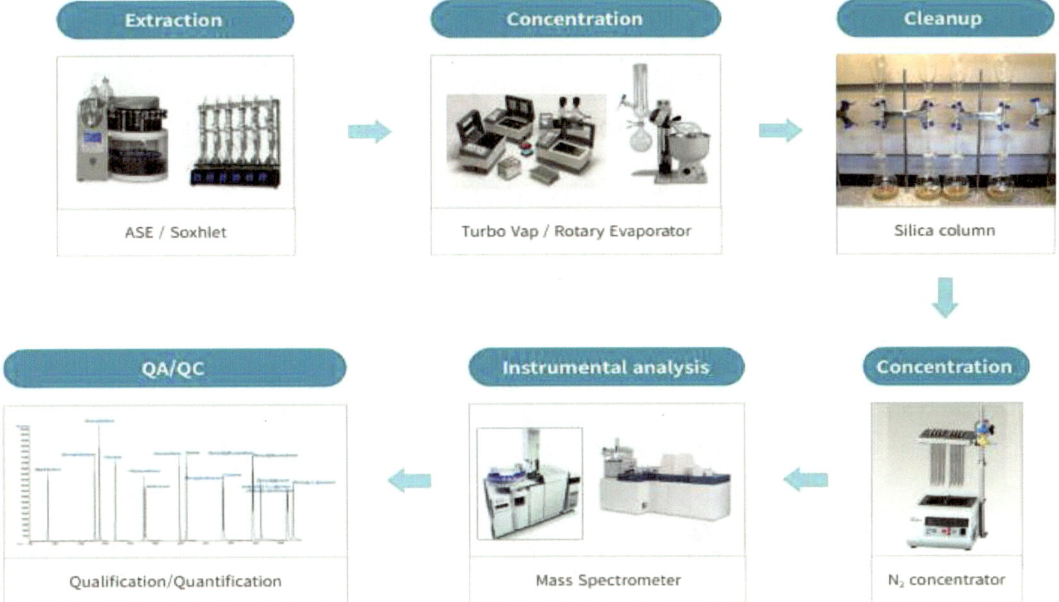

자료 : KIST 청정대기센터 미세먼지 인사이트 [입자상 유기독성물질 측정분석 및 자료해석], 2022. 3

❑ 미량분석을 위해 질량분석기를 사용하며, 비극성 물질의 분석에는 주로 기체크로마토그래프/질량분석기를 사용하며, 극성 물질의 분석에는 액체크로마토그래프/질량분석기를 사용한다.

- 입자상 독성물질은 대부분 비극성이므로 기체크로마토그래프/질량분석기가 기본 분석장비
- 다환방향족탄화수소의 분석을 위해서는 사중극자형 질량분석기를 사용하며, 잔류성유기오염물질의 극미량 분석을 위해서는 섹터형 고분해능 질량분석기를 사용함
- 최근에는 간단한 전처리법과 탄뎀 질량분석기 등을 이용하여 고분해능 질량분석기를 대체

하는 연구가 많이 수행되고 있으며, 비행시간 질량분석기를 이용하여 비표적 분석을 진행하는 것이 추세임

[그림 Ⅰ-6] 극미량 유기독성물질 분석장비의 다변화

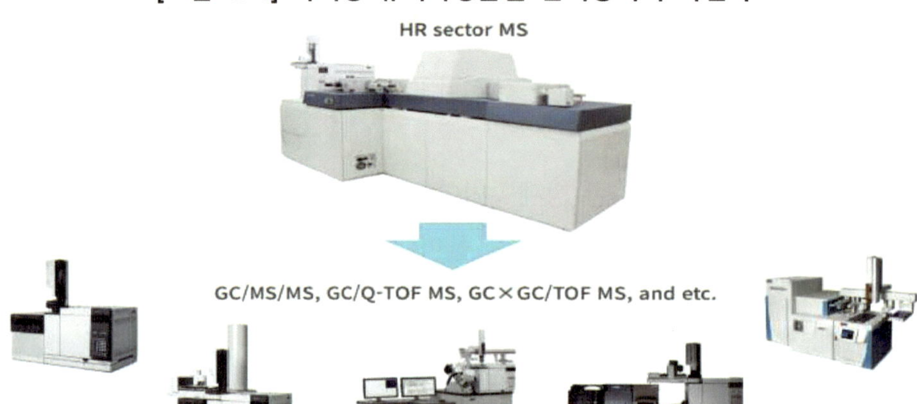

자료 : KIST 청정대기센터 미세먼지 인사이트 [입자상 유기독성물질 측정분석 및 자료해석], 2022. 3

(3) 유기독성물질 분석을 통한 미세먼지 오염원 추적

❑ 미세먼지 오염원을 추적하는 방법으로 가장 대표적인 방법이 진단비(diagnostic ratio)와 지시자(indicator)를 이용하는 것이다.

- 다환방향족탄화수소에는 다양한 이성질체가 존재하며 이들의 비율을 이용하여 오염원(예: 석탄연소, 석유연소, 차량 배출 등)을 평가할 수 있음

[도표 Ⅰ-2] 다환방향족탄화수소 진단비를 이용한 오염원 추정

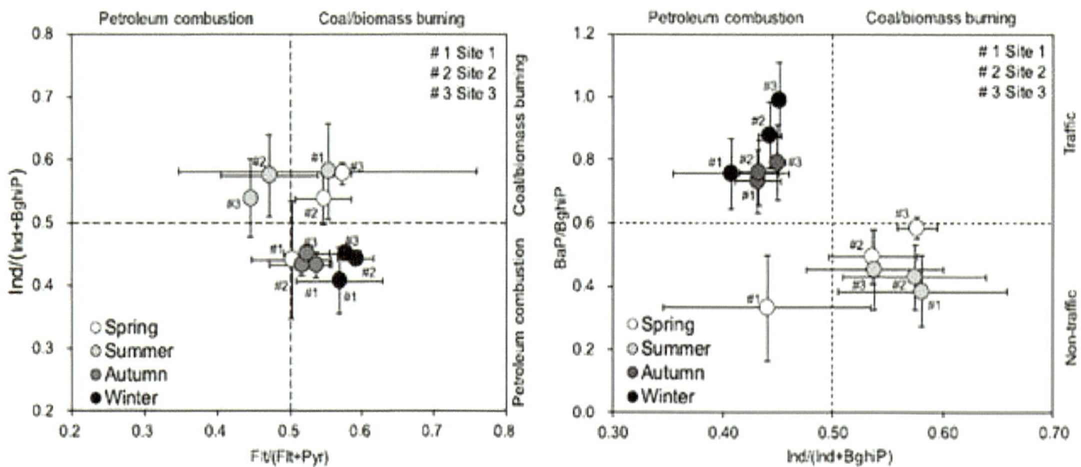

- 유기염소계농약의 경우에는 생산공정의 불순물과 분해산물의 이성질체 비율을 고려하여 오염원을 평가할 수 있음. 예를 들어, 최근에 농업용으로 사용한 DDT가 미세먼지에 결합한 것인지 오래전에 사용되었다가 대기로 휘발된 DDT인지 평가할 수 있으며, 장거리 이동 효과도 고려할 수 있음

[그림 Ⅰ-7] DDT의 오염기원을 평가하기 위한 진단비

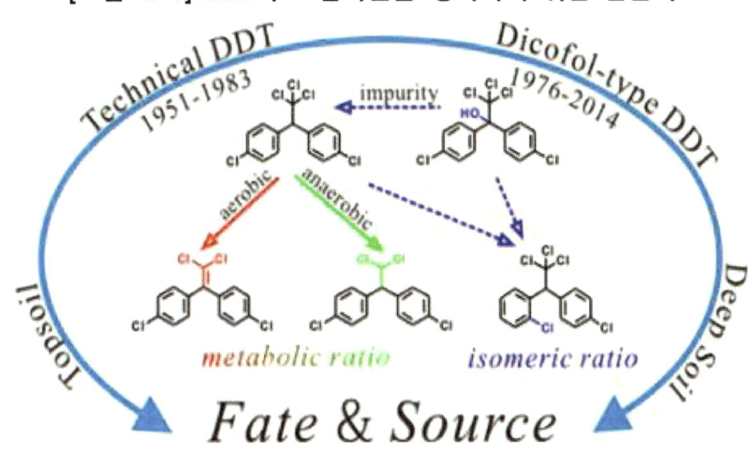

자료 : KIST 청정대기센터 미세먼지 인사이트 [입자상 유기독성물질 측정분석 및 자료해석], 2022. 3

- 한편, 유기염소계농약류인 미렉스(mirex)는 흰개미 퇴치를 위해 사용되는 농약으로서 주로 중국 남부에서 사용되었으며, 여름철 토양-대기 휘발 영향과 장거리 이동이 예상됨. 특히, 국내에서는 미렉스를 사용한 기록이 없으므로, 국내에서 검출되는 미렉스는 대부분 중국에서 이동한 것으로 추정할 수 있음. 그러므로 미렉스는 중국으로부터의 장거리 이동의 지시자임
  * UNIST에서 수행한 다수 연구에 의하면, 국내에서 채취한 미세먼지 시료에서 미렉스가 대부분 검출되고 있으며, 시료채취 당시의 역궤적을 고려할 때 중국으로부터의 장거리 이동이 예상되었음

[그림 Ⅰ-8] 중국 토양 중 미렉스 농도 분포

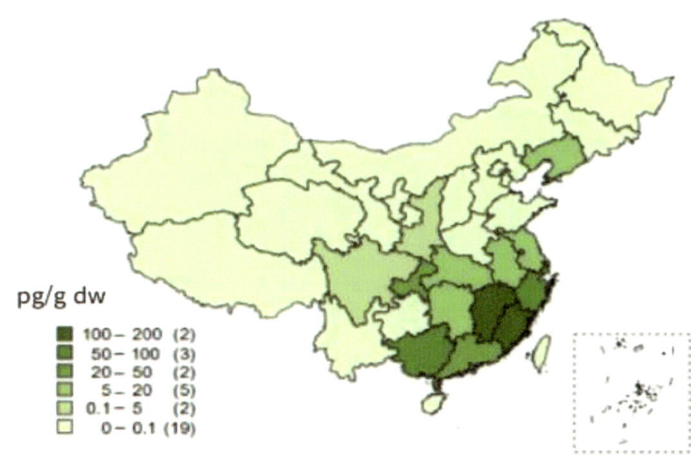

□ 측정분석 결과를 이용하여 장거리 이동을 평가하는 방법으로 최근에 많이 사용하는 방법이 하이브리드 수용모델링이다.

- 역궤적 자료와 수용지점(측정소)에서의 측정분석 시계열 자료를 결합하여, 어떤 지역을 역궤적이 통과할 때 수용지점에서 고농도가 발생하는지 파악하는 방법으로, Potential

Source Contribution Function(PSCF)와 Concentration Weighted Trajectory (CWT)를 주로 사용함

- 다환방향족탄화수소와 할로겐화 다환방향족탄화수소 측정분석 결과를 이용하여 PSCF를 수행한 결과, 중국과 북한을 포함한 외부유입효과를 확인하였음

[그림 Ⅰ-9] PSCF를 이용한 다환방향족탄화수소와 할로겐화 다환방향족탄화수소의 오염지역 파악

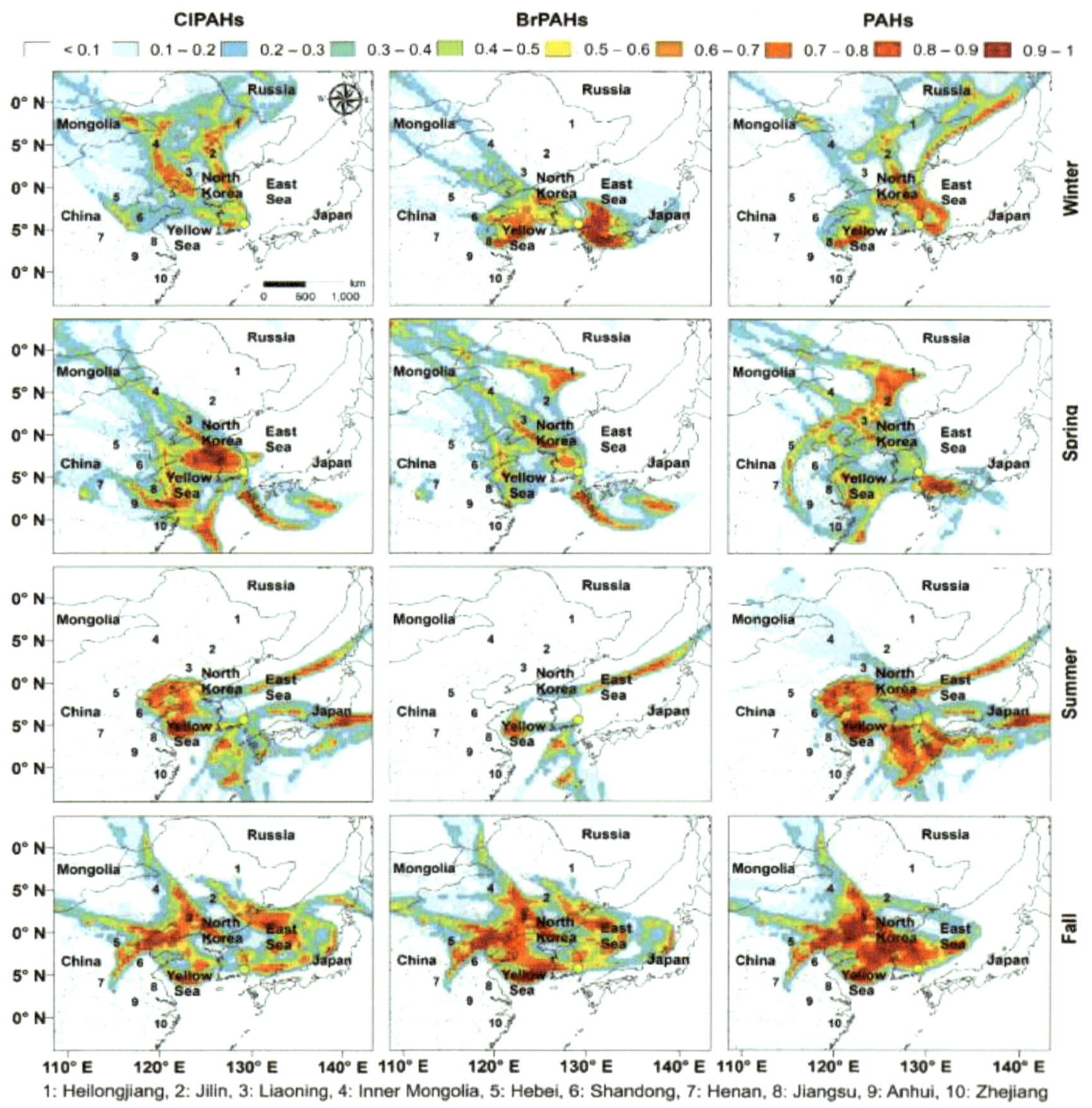

자료 : KIST 청정대기센터 미세먼지 인사이트 [입자상 유기독성물질 측정분석 및 자료해석], 2022. 3

❑ 고용량 대기시료채취기를 사용하면 시간 해상도를 증가시킬 수 있으나, 일반적인 모니터링 사업에서는 일부 지점에서만 동시 설치할 수 있으므로 고해상도로 공간분포를 파악하기 어렵다. 이를 보완하기 위해서는 수동대기채취기(Passive Air Sampler: PAS)를 사용할 수 있다.

- 도시 규모로 20개 이상의 지점에 수동대기채취기를 설치하고 월별 혹은 계절별로 시료를 채취하여 고해상도 공간분포 지도를 작성할 수 있음

- 울산에서 다환방향족탄화수소와 할로겐화 다환방향족탄화수소를 모니터링한 결과, 염소화 다환방향족탄화수소는 석유화학, 조선, 비철산단에서 농도가 높았고, 브롬화 다환방향족탄화수소는 석유화학과 자동차산단에서 농도가 높았음

[그림 Ⅰ-10] 울산시의 다환방향족탄화수소와 할로겐화 다환방향족탄화수소 공간분포

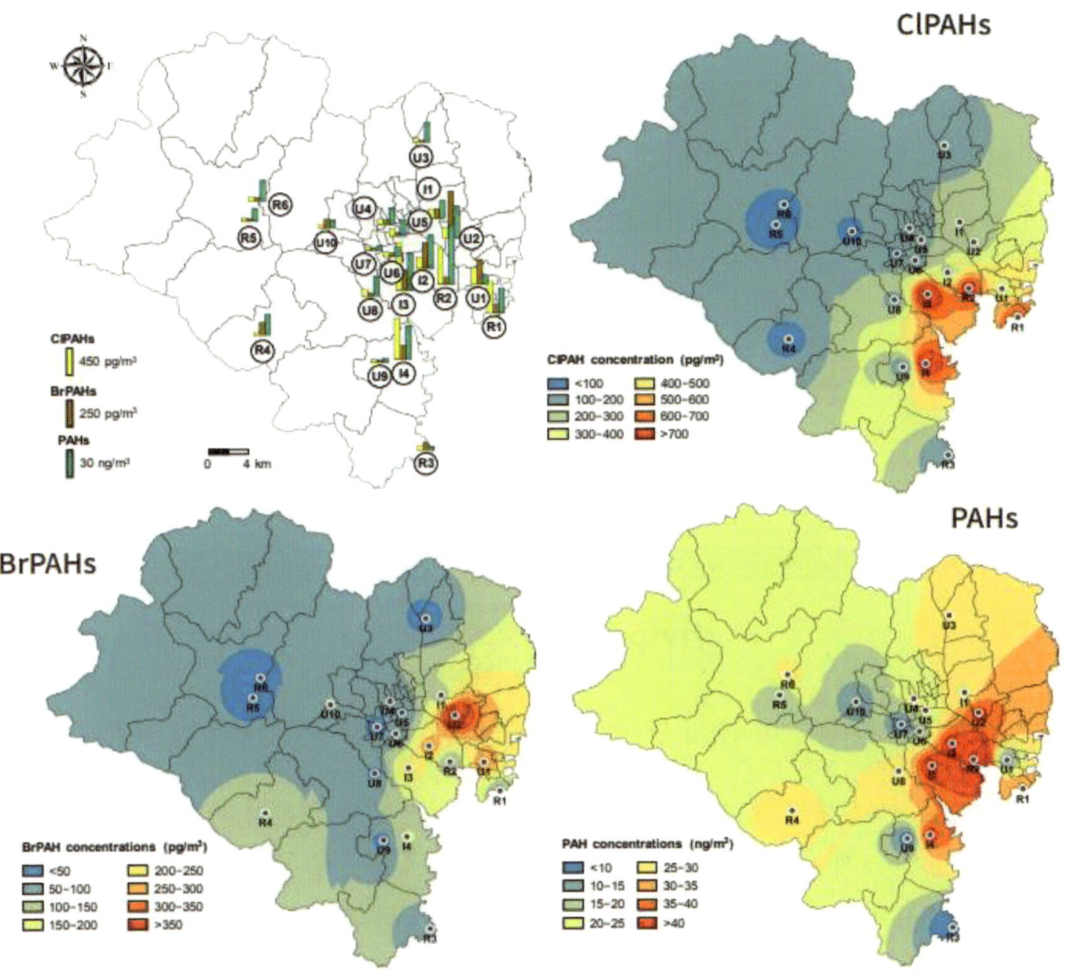

자료 : KIST 청정대기센터 미세먼지 인사이트 [입자상 유기독성물질 측정분석 및 자료해석], 2022. 3

(4) 자료처리와 해석

❑ 입자상 유기독성물질의 환경거동(기체/입자 분배, 장거리 이동, 배출원-수용원 관계 등)을 해석하기 위해서는 다양한 자료해석 기법을 입체적으로 사용할 수 있다.

- 진단비와 지시자를 사용하여 특정 오염원 영향을 파악할 수 있음
- 다변량통계기법과 기계학습 등을 통하여 오염특성을 파악하고, 특정 물질의 농도와 추세를 예측할 수 있음
- 역궤적 분석과 하이브리드 수용모델을 이용하여 장거리 이동을 파악할 수 있음
- 지리정보시스템을 이용하여 대기확산모델링 결과, 배출량 정보, 위성 자료 등을 지도에 표출하고, 측정분석 결과와 중첩하여 배출원-수용원 관계를 파악할 수 있음

[그림 Ⅰ-11] 유기독성물질의 환경거동 평가를 위한 다양한 도구

자료 : KIST 청정대기센터 미세먼지 인사이트 [입자상 유기독성물질 측정분석 및 자료해석], 2022. 3

❑ 입자상 유기독성물질 모니터링은 미세먼지의 독성과 인체 위해성을 평가하기 위한 가장 기본적인 연구로서 크게 아래와 같은 단계로 측정분석자료를 산출한다.

- 저용량/고용량 대기시료채취기에 사이클론이나 임팩터를 장착하여 입경별로 먼지 시료를 채취함
- 시료 전처리 과정은 용매 추출, 정제, 농축으로 구성되며 극미량 물질일수록 전처리 과정이 중요함. 일반적인 유기성분이나 다환방향족탄화수소의 경우에는 정제를 생략하는 경우도 많지만, 극미량 성분의 경우에는 정제가 매우 중요함
- 미량분석을 위해서는 기본적으로 질량분석기를 사용하며, 최근에는 비행시간 질량분석기를 사용하여 비표적 분석을 하는 것이 추세임

❑ 입자상 유기독성물질의 환경거동(기체/입자 분배, 장거리 이동, 배출원-수용원 관계 등)을 해석하기 위해서는 다양한 자료해석 기법을 입체적으로 사용할 수 있다.

❑ 입자상 유기독성물질의 농도를 신뢰성 있게 산출하기 위해서는 분석화학 지식과 충분한 측정분석 경험이 필요하며, 이 결과를 제대로 해석하기 위해서 데이터 사이언스를 접목하는 추세이다.

2) 미세먼지 저감을 위한 측정기술

(1) 미세먼지 측정기술의 전통적 역할

가. 측정데이터의 중요성

❑ 국내외 미세먼지 농도는 연속적으로 모니터링되고 있으며, 측정·분석 기술의 발달로 데이터 신뢰성이 높아지는 추세이다.

- 대표적인 공개 데이터로 한국환경공단의 '실시간 대기환경정보(에어코리아)', 'TMS 측정결과 공개(Cleansys)' 등이 있음

❑ 측정결과 데이터는 주요 환경정책의 방향성을 결정하는데 근거 자료가 되며, 미세먼지 배출시설의 모니터링에도 활용된다.

- 대기환경보전법 등 환경 관련 정책이나 규정은 측정 데이터를 근거로 결정되며, 미세먼지 계절관리제의 비상저감조치는 측정데이터가 기준이 되어 발효됨
- 환경부에서 제시하는 환경오염방지 및 통합관리를 위한 최적가용기법 기준서의 연계배출수준의 기반도 TMS와 SEMS 데이터를 활용하여 제시함
  * SEMS : Stack Emission Management System, 대기배출원관리시스템

[그림 Ⅰ-12] 에어코리아 및 한국환경공단 정보공개

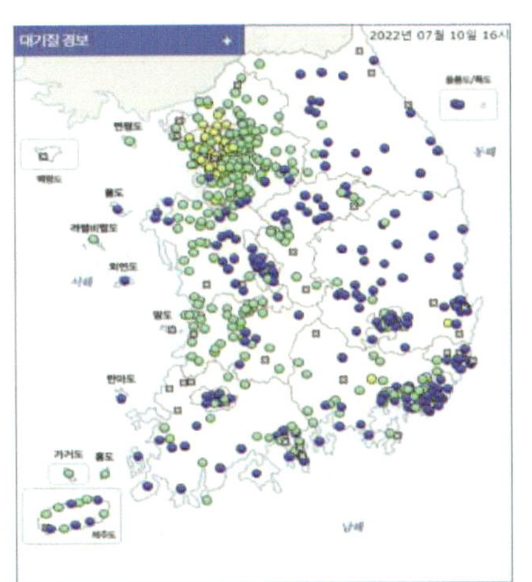

에어코리아(한국환경공단 실시간 대기환경정보)

한국환경공단 TMS 측정결과 공개

자료 : KIST 청정대기센터 미세먼지 인사이트 [미세먼지 저감을 위한 측정기술의 역할], 2022. 7

나. 입자성 미세먼지의 측정

❑ 고체나 에어로졸 형태의 입자성 미세먼지는 입자의 광학적 특성이나 질량 정보를 이용하여 농도를 측정한다.

- 광산란법을 이용하는 측정 장치는 입자에 조사한 레이저광의 산란 양과 발신 간격으로 입자 크기 및 농도를 산출함

- 베타선 흡수법을 이용하는 측정 장치는 입자의 질량과 비례하여 베타선이 많이 흡수되는 특성을 이용하여, 일정시간 포집한 입자에 베타선을 조사하고, 베타선 광량의 변동을 이용하여 농도를 산출함
- 입자성 미세먼지의 측정은 입자 성분, 모양, 크기, 특성이 다양하여 측정이 어려우며, 측정을 위한 입자의 흡입, 온도, 습도 등 측정환경의 정규화 준수도 필수적임

[그림 Ⅰ-13] 입자성 미세먼지 측정 원리

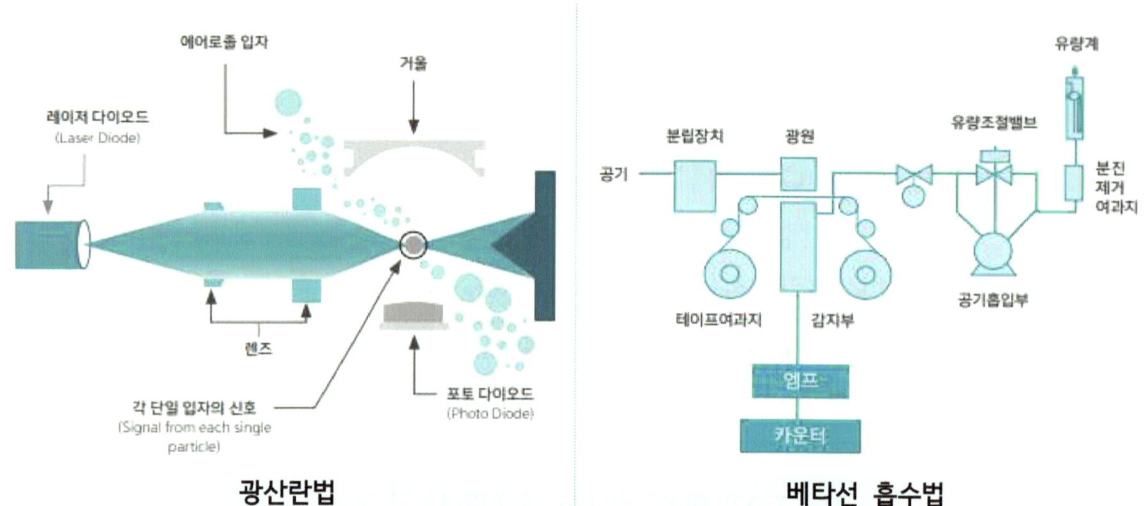

자료 : KIST 청정대기센터 미세먼지 인사이트 [미세먼지 저감을 위한 측정기술의 역할], 2022. 7

다. 가스상 미세먼지의 측정

❑ 가스상 미세먼지의 측정은 가스종과 농도에 따라 적용 가능한 방법이 다양하다.
- 대기환경 모니터링은 배출된 가스상 미세먼지가 희석된 상태이므로, 매우 낮은 농도(ppb 레벨)의 측정 방법이 적절함
- 공정 내 모니터링이나 배출단 배출가스의 모니터링은 ppm 레벨에서의 측정이 대부분이며, 전처리나 희석공기량에 대한 보정 등이 동반되어야 함
- TMS와 같은 배출감시체계의 측정은 측정방법이나 성능규격 등이 대기오염공정시험기준에 부합해야 함
- 같은 측정 원리라고 하더라도 적용 환경에 따라 그 주요 측정범위를 설정하여 장치를 구성하게 되므로, 농도 측정범위를 광범위하게 요구할수록 특정 범위에서 정밀도와 신뢰성은 낮아지는 경향을 보임

❑ 가스의 측정은 가스의 화학적 특성, 광학적 특성, 전기적 특성을 통해 농도를 분석한다.
- 전기화학(Electrochemical) 방식은 가스의 산화·환원 등의 화학 반응에서 발생하는 전위차에 의한 전류 신호를 측정함
- 적외선·자외선 흡수 방식은 NDIR, FTIR이 대표적이며 가스의 운동상태 변화에 대한

특정 파장의 광흡수량이 농도에 따라 달라짐을 이용하여 측정함

* Non-dispersive Infrared Spectroscopy, 비분산 적외선 분광법

* Fourier Transform Infrared Spectroscopy, 퓨리에변환 적외선 분광법

- 화학발광법(Chemiluminescence)은 측정 대상가스를 반응시키고 가스분자의 에너지준위 변동에 의해 방출되는 광량과 농도와의 비례 특성을 이용하여 측정함
- 가스의 측정은 다양한 방법이 있으나 측정 대상 공간 내 가스들의 혼합조건, 온도, 농도를 고려하여 적정한 방법의 선택이 필요하고 측정 방법별 측정시간, 정밀도가 상이하며 가스종마다 측정가능한 방법이 다름
- 대체적으로 입자의 측정대비 정밀한 측정이 가능하지만, 직접적으로 측정이 불가능한 가스종도 있음

[그림 Ⅰ-14] 가스상 미세먼지 측정 원리

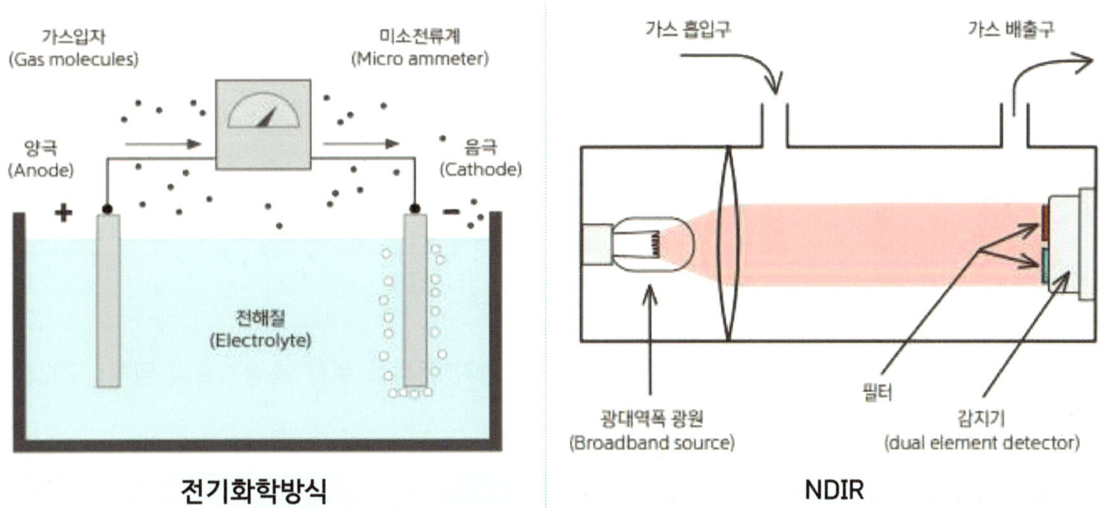

자료 : KIST 청정대기센터 미세먼지 인사이트 [미세먼지 저감을 위한 측정기술의 역할], 2022. 7

(2) 측정기술 역할의 변화

가. 시스템 진단·제어를 위한 측정

❑ 측정의 전통적인 모니터링 역할뿐 아니라 공정 등 시스템의 진단과 제어를 위한 역할이 대두된다.

- 공정과 설비들은 에너지 효율 향상과 오염물질 배출저감을 위해 정확한 공정상태 및 운전환경의 진단이 요구됨
- ICT 분야의 발달로 측정과 진단·제어의 연계가 용이해지면서, 정밀하고 빠른 측정 정보를 기반으로 하는 제어기술이 개발되고 있음
- 최근 빅데이터와 AI 기반 제어 측면에서 측정데이터의 질적인 향상이 요구됨

나. 난측환경 및 가스에 대한 측정

❑ 난측환경 및 난측가스에 대한 측정은 다양한 기술적 한계가 존재한다.

- 발전보일러, 철강가열로 등과 같이 고분진, 고온, 대형의 시스템들은 대표적인 난측환경으로 그 내부의 물성 정보를 파악하기는 매우 어려워 간접적이고 경험적 방법으로 내부의 온도 및 가스농도를 유추하고 있음
- 암모니아(NH_3)와 같은 고반응성 가스는 측정 시 흡착 등으로 인해 데이터 신뢰성이 낮으며, 사불화탄소(CF_4)는 화학적·광학적 안정성이 높아 측정이 어려운 경우로 이러한 난측가스들도 다양하게 존재함

[도표 Ⅰ-3] 습도 및 채집프로브 길이에 따른 암모니아 손실 특성

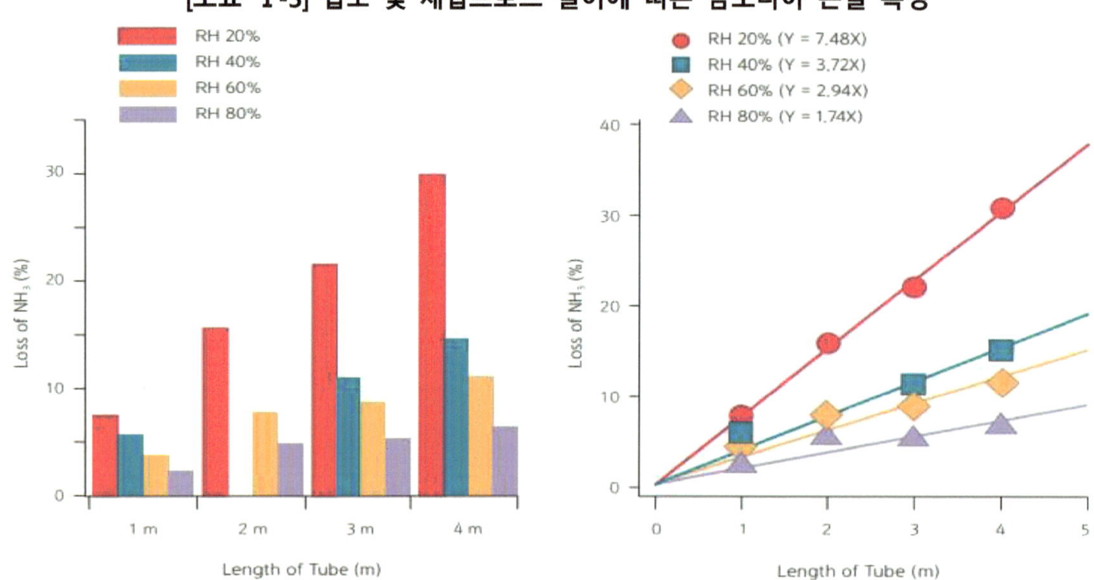

자료 : KIST 청정대기센터 미세먼지 인사이트 [미세먼지 저감을 위한 측정기술의 역할], 2022. 7

다. 실시간·In-situ 측정기술의 필요성

❑ 실시간 · In-situ 측정의 개념은 측정대상 환경에 따라 상대적이다.

- 실시간 측정의 개념은 대기환경과 같이 장기적인 변동성의 분석이 요구되는 경우 30분 이상에서 1~2시간 정보까지도 실시간 측정값이라 할 수 있는 반면, 연소설비와 같이 수초 이내에 시스템 안정성에 변동이 가능한 경우는 1~2초 이내의 정보를 실시간 측정값이라 할 수 있음
- In-situ 측정은 현장에서 직접 측정함을 의미하며, 대기환경에서는 목표한 현장사이트 내 분석데이터를 직접 도출하는가 또는 포집한 샘플을 이동하여 분석실에서 분석하는가의 여부로 In-situ 측정을 정의할 수 있음. 하지만, 공정 내부 분석이나 고반응성 가스의 경우에는 현장에서 직접 측정하더라도 채집 프로브로 측정기기에 샘플링 하는 순간 In-situ의 개념에서 벗어나며 비포집형(Non-sampling) 측정을 In-situ 측정이라 표현함

❑ 시스템 진단 · 제어 및 난측환경 · 가스에서는 실시간 · In-situ 측정이 필요하다.

- 친환경적 시스템 제어를 위한 대부분의 공정에서 배출가스의 공정 내 체류시간은 수초에서 수분 이내로 한정되어 있어 짧은 시간 내 공정의 진단과 제어를 가동하기 위해서는

수초 이내의 실시간 측정이 중요함

- 다양한 공정 및 환경설비 내부에서는 반응이 계속 진행되고 있어 가스나 입자의 변동이 일어나는 조건으로, 분석을 위한 포집은 반응을 인위적으로 변동시키기 때문에 실제 측정 대상 내부의 정보와 다른 측정값을 산출하는 오류가 빈번하며, Non-sampling 타입의 In-situ 측정이 필요함
- 대형시스템에서의 포집형 측정기기는 내부 한 점의 정보를 측정하므로 내부의 물성을 대표하는 측정값으로 판단하기 어려움

[그림 Ⅰ-15] 실시간 측정에 따른 환경설비 제어 차이

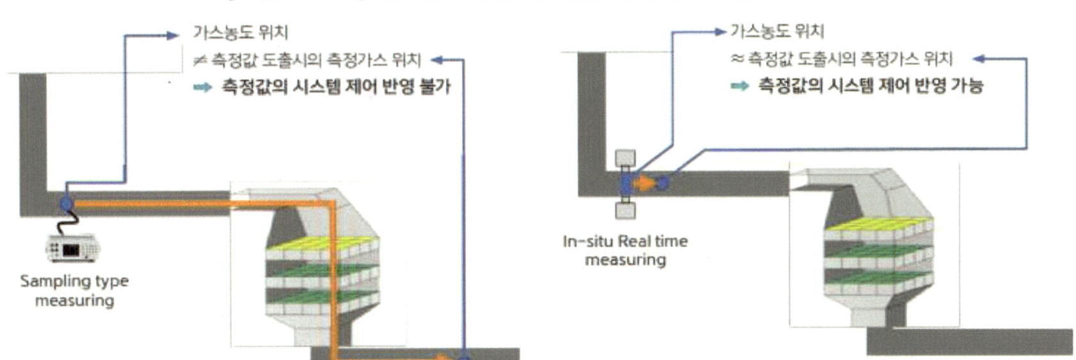

[그림 Ⅰ-16] 포집형 측정과 In-situ 측정의 차이

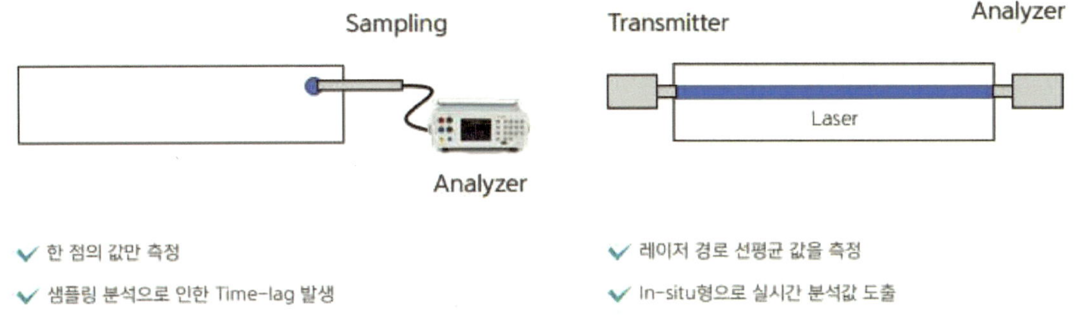

자료 : KIST 청정대기센터 미세먼지 인사이트 [미세먼지 저감을 위한 측정기술의 역할], 2022. 7

❑ 실시간 · In-situ 측정에 적합한 측정기술은 다음과 같다.

* 이후 언급되는 '실시간 · In-situ'는 수초 이내, Non-sampling 타입 측정 방식을 의미

- 실시간 · In-situ 측정을 위해서는 비접촉식이면서 빠른 측정값 도출이 가능한 광학식, 음파식 측정기술이 선호됨
- 대표적인 실시간·In-situ 측정기술로 TDLAS 방식이 있으며, 측정 대상 가스의 광흡수 파장 영역의 저출력 다이오드 레이저를 사용하고 파장 가변을 통해 기준신호와 광흡수신호를 동시에 취득하여 가스 농도나 온도를 분석하는 방식임

* Tunable Diode Laser Absorption Spectroscopy, 파장 가변 다이오드 레이저 흡수 분광법

- TDLAS 방식 측정기술은 레이저를 이용한 광학식 방법으로 실시간 정밀 측정이 가능하고, 비접촉식이면서 In-situ 방식 적용이 용이하며, 기준신호와 광흡수신호의 동시 취득으로 보정이 필요없어(Calibration Free) 공정 제어를 위한 측정기술로 적합함

[그림 Ⅰ-17] TDLAS 측정기술 원리

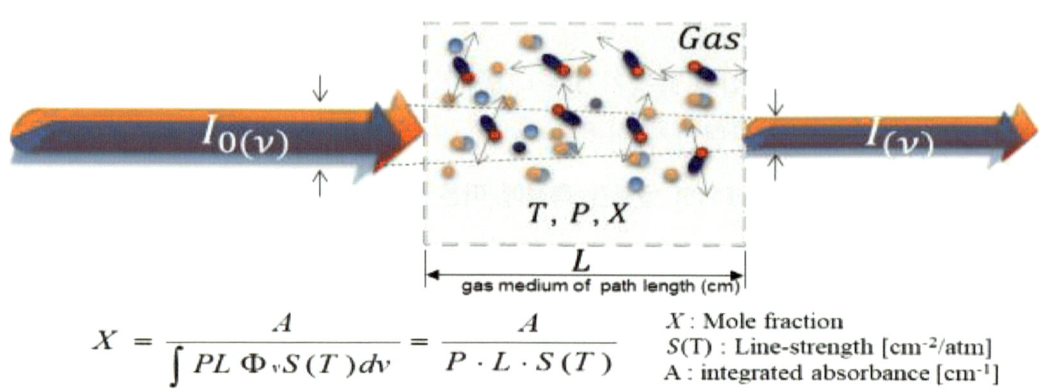

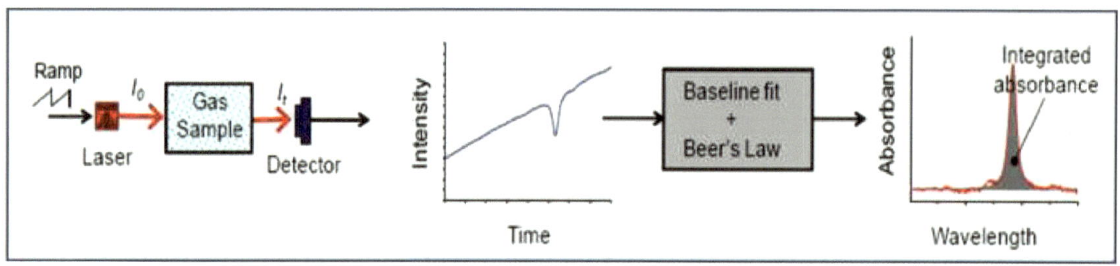

자료 : KIST 청정대기센터 미세먼지 인사이트 [미세먼지 저감을 위한 측정기술의 역할], 2022. 7

(3) 미세먼지 배출저감을 위한 측정기술 적용 연구

가. 환경설비 제어를 위한 측정기술의 적용 연구 사례

A) SCR 설비 질소산화물(NOx) 저감율 향상을 위한 측정기술 적용 연구

❑ 발전소 보일러 후단 등 대형 배기관 내부의 배출가스 중 일산화질소(NO) 농도 분포의 공간적 불균일성으로 인해 SCR의 질소저감율 한계가 발생하고, 환원제 추가 투입에 의한 암모니아 슬립이 증가한다.

- Selective Catalytic Reduction, 선택적 촉매 환원

❑ SCR 설비 전단에서 TDLAS 측정기술을 적용하여 실시간으로 NO, NH_3 농도를 2D 모니터링하고, AIG의 환원제 분사량을 단위 공간별로 적정 분사하도록 유량을 제어하여 NOx 저감율을 향상하고 암모니아 슬립은 최소화하도록 유도한다.

- NO, NH_3는 대기 중 초미세먼지를 생성하는 주요 미세먼지 원인물질
- AIG : Ammonia Injection Grid

B) 공정가스의 배출 저감을 위한 측정기술 적용 연구

❑ 공정 후 미반응 공정가스 배출량은 시간적으로 불균일하나 공정가스를 분해 처리하는 스크

러버는 일정한 부하로만 운전되어, 특정시간에는 과도한 부하로 에너지가 낭비되고 다른 시간에는 부하량이 부족하여 분해 처리되지 않는 문제가 발생한다.

❑ 미반응 공정가스의 배출량을 실시간으로 측정하여 스크러버의 작동 부하를 제어함으로서 스크러버 소비 연료를 줄이면서 미반응 공정가스 분해율도 높일 수 있다.

- 스크러버 연료 저감은 배기가스 총량을 줄여 미세먼지 배출저감에 기여하며, 미반응 공정가스는 미세먼지를 포함

[그림 Ⅰ-18] 공간적 불균일성의 측정 기반 미세먼지 저감 개념도

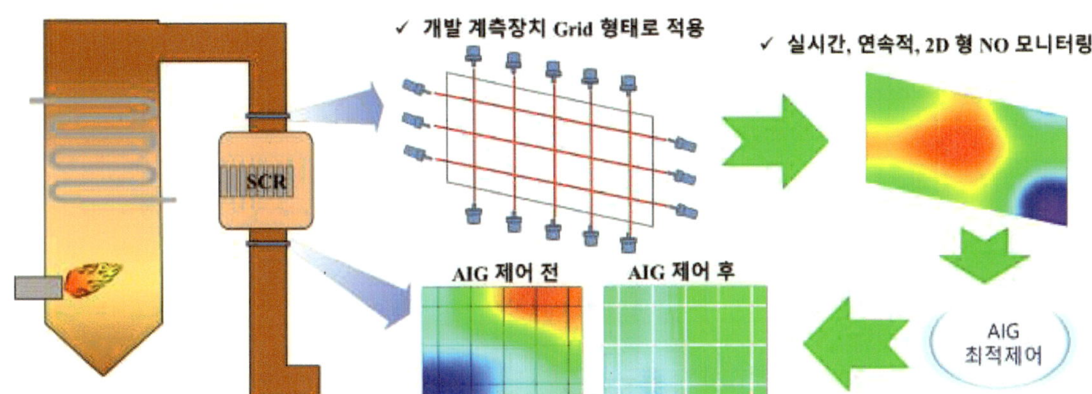

[도표 Ⅰ-4] 시간적 변동성에 대한 측정 기반 미세먼지 저감 원리

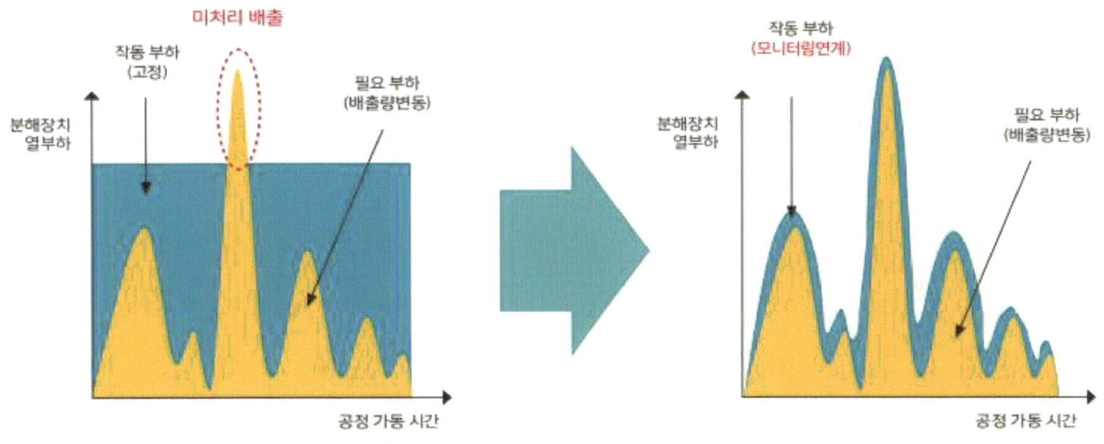

자료 : KIST 청정대기센터 미세먼지 인사이트 [미세먼지 저감을 위한 측정기술의 역할], 2022. 7

나. 연소제어를 위한 측정기술의 적용 연구 사례

A) 화염 내 미세먼지 생성 억제를 위한 측정기술 적용 연구

❑ 규모와 온도조건으로 인한 대표적 난측환경인 발전보일러 내부나 철강가열로 내부의 온도분포를 실시간으로 연속 측정하고, 연소기들의 조합을 최적 제어하는데 반영하여 미세먼지 생성 억제가 가능하다.

❑ 화염 내 라디칼은 매우 짧은 시간(μs~ms)만 존재하고 외란에 매우 민감하게 변동하므로 포집 방식으로는 측정이 불가능하여 In-situ 방식으로 측정이 필요하며, 연소 반응의 방향성을

결정하는 중간생성물이다.

❑ 화염 내 라디칼의 수십 μs 이내 광흡수 신호를 In-situ 방식 측정기술을 적용하여 분석하면 화염 반응 구조를 파악할 수 있고, 이를 통해 미세먼지 생성을 억제하는 연소기술 개발이 가능하다.

[그림 Ⅰ-19] 화염 내 라디칼 측정 실험 개략도

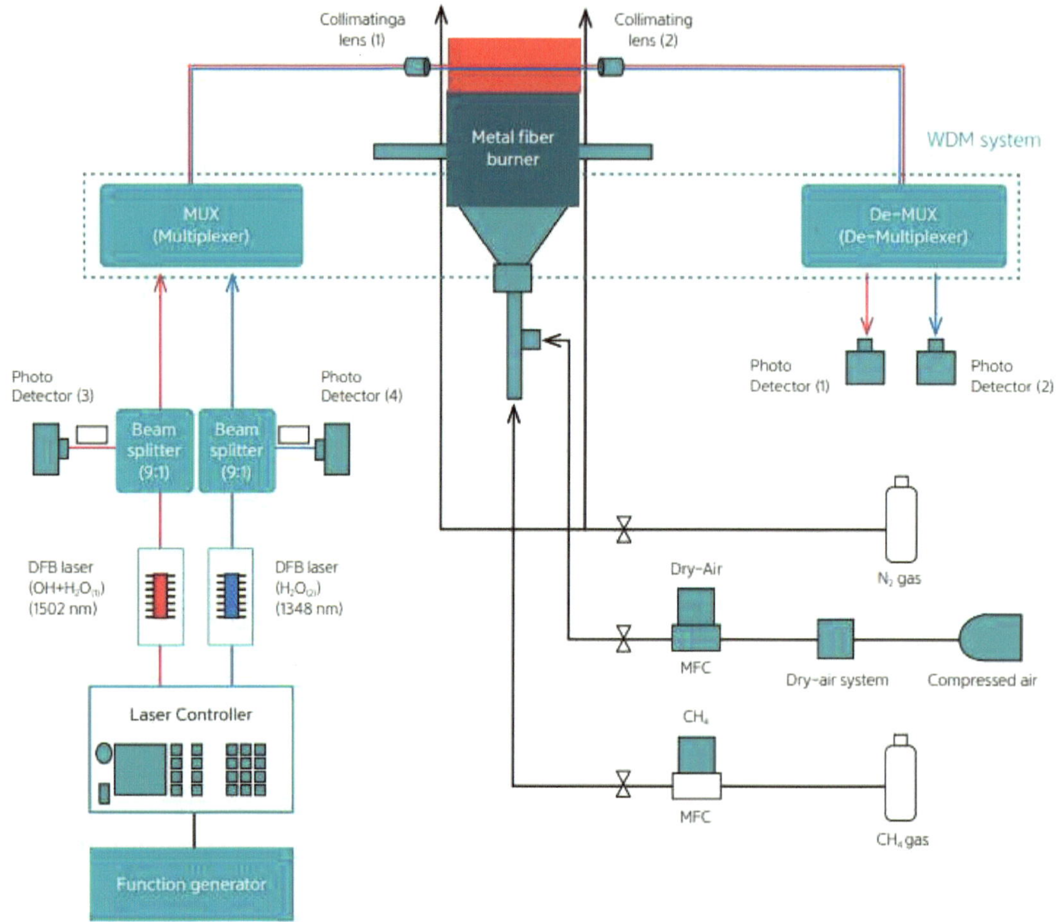

자료 : KIST 청정대기센터 미세먼지 인사이트 [미세먼지 저감을 위한 측정기술의 역할], 2022. 7

❑ 측정데이터의 활용이 다양화되고 중요성이 높아지면서, 미세먼지와 관련된 측정기술 개발의 방향성도 전환이 필요한 실정이다.

- 대기환경의 미세먼지 모니터링은 장기적인 경향성 분석, 국제적인 협의, 정책 방향의 결정 등에 활용되는 중요한 근거자료이므로, 측정 장치의 신뢰도 향상을 높이는 방향으로 꾸준한 개발이 필요함
- TMS와 같은 배출 감시형 모니터링은 다양한 환경조건에 적용되고 있으며 각 측정환경에 적합한 측정기술의 개발도 이루어짐과 동시에 측정방법에 대한 시험기준도 명확하게 확보되고 있음
- 공정시스템이나 설비의 제어와 연동되는 측정기술은 개발이 초기단계이나 향후 역할이 확대될 것으로 전망함

❑ 공정 제어 연계 측정기술은 실시간 · In-situ 형태로의 개발 진행이 적절하다.
- 미세먼지 배출원의 친환경 제어를 위해서는 실시간 진단에 데이터를 제공할 수 있도록 공간적 · 시간적 한계를 극복하는 실시간 측정기술 확보가 중요함
- 난측가스에 대한 측정데이터 확보의 요구가 커짐에 따라 다양한 비접촉식 · In-situ형 측정기술의 개발이 필요함

❑ 측정 분야 국내 기술의 보유가 시급한 실정이다.
- 현재 측정장비는 대부분 해외제품을 수입하고 있으며 국산화 측정시스템의 경우에도 전처리 부품을 연결하거나 수입 측정장비의 시스템화 수준으로 측정 관련 핵심기술 확보 수준이 낮음
- 제어에 연동되는 측정장비는 문제 발생 시 즉시 해결이 가능하여야 하나 해외제품의 경우 국내에서 수리가 어렵고 고장 수리에 수개월이 걸리는 경우가 많아 현장에서 적용을 꺼려하는 걸림돌로 작용하고 있음
- 측정기술 개발의 방향성이 전환되고 있는 현 시점에서 그간 미뤄왔던 측정기술의 국산화를 적극적으로 추진할 필요성이 있으며, 이를 통해 향후 전망이 우수한 지능형 제어 분야와 연계하여 선진 측정기술 보유국으로 도약이 가능함

2. 미세먼지 실태 및 저감기술 동향

1) 국내 미세먼지 오염의 특성

❑ 우리나라는 2015년 전국적으로 초미세먼지를 관측하기 시작한 이래 매년 정체 혹은 소폭 감소 추이를 보이다 2020년 전국 연평균 초미세먼지 농도가 19μg/m^{3}으로 역대 최저치를 기록하였다. 일반적으로 고농도 시기인 계절관리제 기간(12~3월)은 2019년 이전에는 평균 초미세먼지 농도가 약 30~33μg/m^3 수준으로 현 대기환경기준의 약 2배를 상회하는 정도였으나, 제1차 계절관리제 기간(2019.12~2020.3)에는 초미세먼지 평균 농도가 25μg/m^{3}으로 크게 개선되었다. 또한 초미세먼지 '나쁨' 이상 일수(36μg/m^3 이상)는 2020년 기준 총 27일로 2019년보다 20일이 감소하여 관측 이래 최소치를 보여 주었으며 '매우나쁨' 일수(76μg/㎥ 이상)는 관측되지 않았다. 이는 전례 없던 COVID-19로 인한 국내외 사회경제활동 감소 이외에도 유리한 기상조건과 계절관리제의 정책효과가 일부 반영된 것으로 설명하고 있다.

❑ 특히, 2020년 2월과 3월 중순까지 중국에서 COVID-19 확산 방지를 위한 봉쇄조치를 단행하여 인근 지역에서 경제사회활동이 광범위하게 위축되어 초미세먼지가 7~14μg/m^3 감소한 것으로 추정되고 있으며(He, Pan, and Tanaka, 2020, p.1), 우리나라는 서울의 경우 2020년 3월 중국의 봉쇄조치 영향에 국내에서 초유의 고강도 사회적 거리두기 조치가 더해져 2019년 3월 대비 초미세먼지 농도가 무려 44%나 감소하였다(-20μg/m^3). 이것은 우리나라의 초미세먼지 관리에 있어서 국내 기여분이 적지 않다는 사실을 방증하는 것이기도 하다(심창섭 외, 2021, p.3). 2020년은

기상조건도 2019년에 비해 유리하게 작용한 것으로 확인되었다. 2020년 전국 평균 강수량은 약 1,588mm로 2019년에 비해 34.1% 증가하였으며, 대기정체 일수도 소폭 개선(4.3%)된 것으로 확인되었다.

[도표 Ⅰ-5] 우리나라 연평균 초미세먼지 농도 추이(2015~2020년)

자료 : 환경부, 한국환경연구원 [미세먼지 통합관리 전략 수립 연구], 2021. 12

❑ 2021년에도 경제사회활동이 2020년 이전으로 완전히 회복되었다고 볼 수 없으나 2020년 2~3월과 같은 전례 없는 고강도 이동 제한이 없고 백신 접종 등으로 경제가 서서히 회복된 상황에서의 미세먼지 농도 추이를 살펴볼 필요가 있다.

❑ 다음은 서울지역의 2018년 12월부터 2021년 9월까지의 각 3년간의 월평균 초미세먼지 농도 추이를 비교하고 있다. 2021년 2월과 3월의 초미세먼지 월평균 농도는 2020년 고강도 사회적 거리두기가 실시되었을 때보다 각각 1, 7μg/m^3 높으나, 1월에는 2019~ 2021년 사이 38μg/m^{3}에서 21μg/m^3 까지 감소하였다. 또한 2021년 3월을 제외하고는 대체적으로 2020년의 농도와 비슷하거나 더 낮았다. 2021년 9월까지의 서울의 초미세먼지 평균 농도는 약 17μg/m^{3}으로 매우 낮은 농도를 기록했다.

[도표 Ⅰ-6] 서울시 월평균 초미세먼지 농도 비교(2018.12~2021.9)

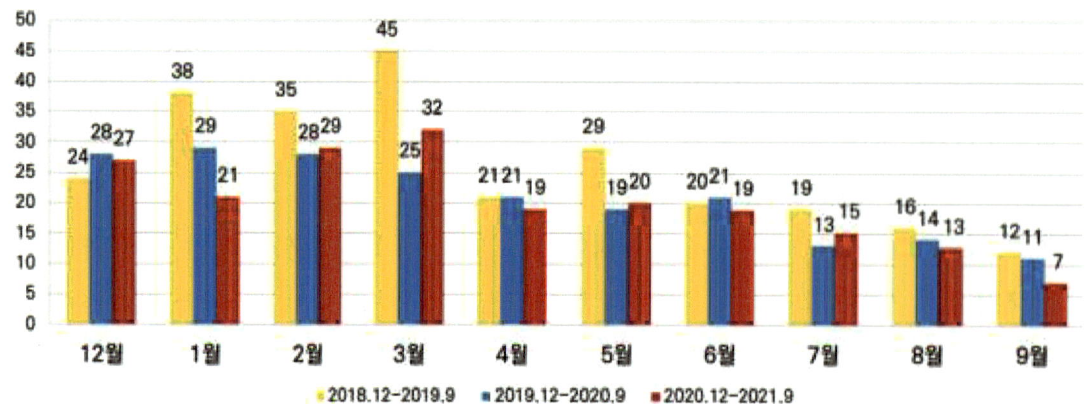

❑ 이러한 점은 미세먼지 관리대책의 일부 성과뿐 아니라 기상 상황이 다소 유리하게 작용한 것으로 해석될 수 있다(예: 동풍빈도 증가, 대기 혼합고 증가). 그러나 미세먼지 농도가 낮을수록 기상

등 정책 외적 요인이 큰 점(이승민 외, 2021a, p.9), 또한 기상 변화 등에 의한 실제 농도 감소 정도, 계절관리제 등 세부정책의 농도 저감효과에 대해서는 차후 정교한 연구결과가 필요하다.

2) 국내 미세먼지 정책 현황

❑ 우리나라는 2020년 4월 기존 시행 중이었던 『제2차 수도권 대기환경관리 기본계획 변경계획(2015-2024)』을 전국적으로 확대하기 위해 『중부권/남부권/동남권 대기환경관리 기본계획(2020-2024)』을 발표하였다. 이를 통해 미세먼지 관리권역을 확장하고, 광역시·도 단위의 특성을 반영한 대기오염물질 관리에 박차를 가했다. 지역단위의 계획 이외에도 실내공기질 법정계획인 『실내공기질 관리 기본계획(2020-2024)』을 수립함으로써 실내공기질 관리 준수에 대한 체계를 마련하고 기반을 강화하고자 하였다.

[그림 Ⅰ-20] 주요 미세먼지 관련 정책 현황(2016년 이후)

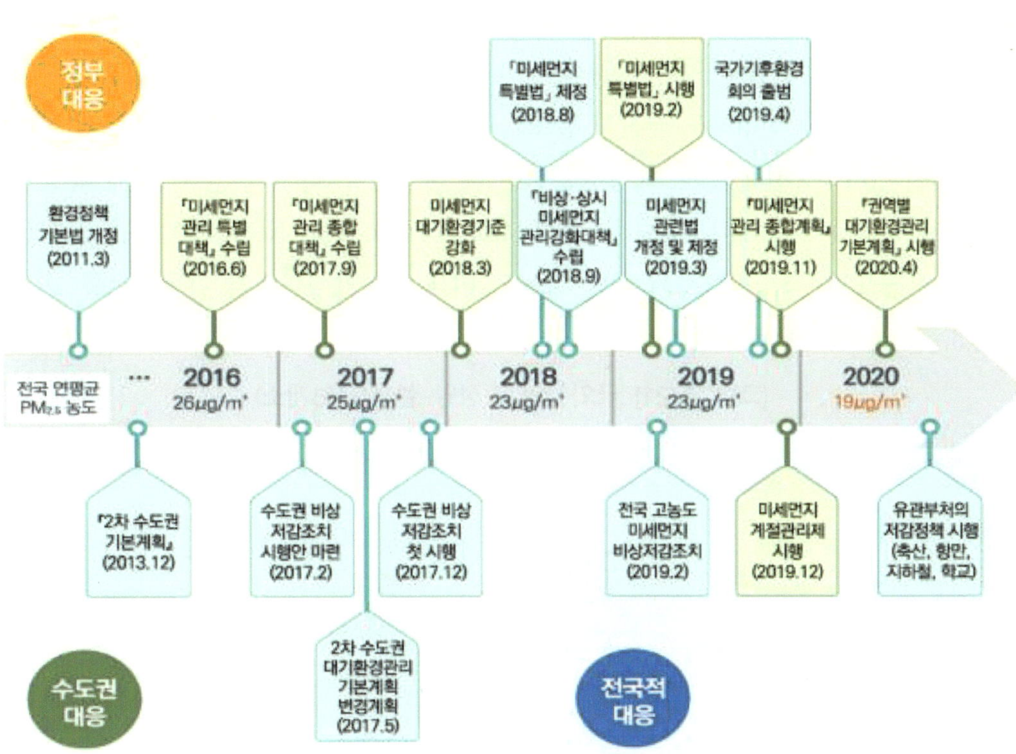

자료 : 한국환경연구원 [미세먼지 통합관리 전략 수립 연구], 2021. 12

❑ 또한 미세먼지 고농도 시기인 2020년 12월부터 이듬해 3월까지 '제2차 미세먼지 계절관리제'를 시행함으로써 지난 제1차 계절관리제 기간(2019.12~2020.3)과 달리 기상조건, 국외영향 등이 모두 불리하게 작용했음에도 불구하고 평균 농도의 감소는 물론 좋음 일수 및 나쁨 일수가 개선되는 효과가 있었다. 제2차 계절관리제 기간 동안 PM2.5 전국 평균 농도는 24.3μg/m³을 기록하여 최근 3년 평균 29.1μg/m³ 대비 16% 개선되었다. 지역별로는 수도권, 충청권 및 강원도 지역의 개선폭이 큰 것으로 드러났다.

❑ 환경부는 이번 제2차 계절관리제의 시행이 물질별로 PM2.5 직접 배출량 6,237톤, SOx 4만 2,184톤, NOx 5만 2,834톤, VOCs 2만 705톤을 감축하는 효과가 있었다고 밝혔다(환경부 보도자료, 2021.5.25, p.3). 지역별로는 발전·산업 배출원이 밀집된 경상북도, 충청남도 등에서 개선효과가 큰 것으로 드러났다(환경부 보도자료, 2021.5.25, p.4). 따라서 환경부는 계절관리제의 정책효과를 다시금 확인하고 이번 결과와 평가를 통해 개선 및 보완의 과정을 거쳐 제3차 계절관리제의 시행계획을 수립할 예정이다.

❑ 다음으로 2021년 국내 미세먼지 주요 정책 현황과 변화를 살펴보고 미세먼지 저감과 관리를 위해 어떠한 정부의 노력이 수반될 것인지를 논의해 보고자 한다.

(1) 정책기반 강화 관련

가. 미세먼지 국외유입 측정망 구축

❑ 서·남·동해상 등 한반도 경계지점에서 대기오염물질 상시 모니터링을 통해 국외유입물질을 신속하게 감지하고 그 경로를 파악하기 위해 지난 2019년부터 미세먼지 국외유입 측정망 사업을 시작하였다. 2020년 12월 전라북도 군산시 말도의 측정망 완공을 마지막으로 섬 지역 8개, 항만지역 15개, 접경지역(비무장지대) 5개, 해양경찰청 보유 대형함정 35개 등 총 63개의 측정망을 구축하였다. 구축된 측정망에서 대기오염물질 6종(PM2.5, PM10, SO_2, NOx, CO, O_3) 및 기상항목(풍향, 풍속, 온도, 습도)을 측정함으로써 국내 고농도 미세먼지 발생원인과 이동경로를 보다 상세하게 분석할 수 있을 것으로 기대된다.

[그림 Ⅰ-21] 국외유입 측정망 설치도(63개소)

자료 : 환경부, 한국환경연구원 [미세먼지 통합관리 전략 수립 연구], 2021. 12

(2) 수송 부문 관련

가. 제1차 항만지역 등 대기질 개선 종합계획(2021-2025)

❑ 그동안 정부는 2018년 1월『항만·선박 미세먼지 종합대책』, 2019년 4월에는「항만지역 등 대기질 개선에 관한 특별법(이하, 항만대기질법)」제정(2021.1.1 시행), 2019년 6월 '항만·선박 분야 미세먼지 저감 강화방안' 등 그동안 항만과 선박 분야의 초미세먼지를 저감하기 위해 다양한 정책을 수립 및 시행해 왔다. 하지만 중장기적으로 항만지역에 대한 대기오염 개선대책의 체계적이고 효과적인 추진을 위해서 과학적 배출량 산정에 기반한 종합계획 수립의 필요성이 대두하자, 해양수산부는 2021년 1월「항만대기질법」에 근거하여『제1차 항만지역 등 대기질 개선 종합계획(2021-2025)』을 발표하였다. 이로써 항만에서 배출되는 PM2.5 직접배출량을 2025년까지 60% 감축하는 목표를 제시하고 그에 따른 부문별 추진전략을 제시하였다.

❑ 추진전략은 ① 선박 기인 대기오염물질 저감, ② 항만의 친환경화, ③ 항만지역의 안전한 생활환경 조성, ④ 항만 대기오염물질 관리기반 구축의 4가지로 구분되며, 세부과제로는 내항선 저유황유 의무화, 배출규제해역 지정, 선박 저속운항 프로그램, 육상전원공급장치(AMP) 확충 등이 있다.

[그림 Ⅰ-22] 제1차 항만지역 등 대기질 개선 종합계획 비전 및 추진전략

자료 : 관계부처합동, 한국환경연구원 [미세먼지 통합관리 전략 수립 연구], 2021. 12

나. 제4차 친환경자동차 기본계획(2021-2025)

❑ 본 계획은 친환경자동차의 확산과 자동차산업 경쟁력 제고를 위해 산업통상자원부가 5년 단위로 수립 및 시행하는 기본계획으로,「환경친화적 자동차의 개발 및 보급 촉진에 관한 법률」에 의거한다. 그간 친환경차의 보급과 수출실적은 지속적으로 증가하였으나, 충전 애로, 짧은 주행거

리, 중대형 차량 미출시, 높은 차량가격 등은 여전히 친환경차 확산의 걸림돌이 되고 있다. 이에 정부는 친환경자동차 전환을 가속화하고, '2050 탄소중립'을 자동차 산업의 성장동력으로 연계하기 위해 『제4차 친환경자동차 기본계획』을 발표하였다. 친환경자동차 보급을 통해 2025년까지 온실가스 배출을 8% 감축하고, 2030년까지는 24% 감축하는 목표에 따라 다음과 같은 3가지 추진 전략을 세웠다.

[도표 Ⅰ-7] 제4차 친환경자동차 기본계획의 목표 및 추진전략

비전

2021년 친환경차 대중화' 원년,
2025년 친환경차 중심 사회' · 산업생태계' 구축

* 전기차 전용플랫폼 적용모델 출시, 수소트럭·특수차 보급 개시
* 전기 · 수소차 주차 · 충전 · 운행 편리, '25년까지 자동차 부품기업 500개 전환

목표

◆ **친환경차 누적보급**('20년 82만대) : **'25년 283만대**(신차판매 51%), **'30년 785만대**(신차판매 83%)

	'20년	'25년	'30년
친환경차	82만대	283만대	785만대
전기차	13.5만대	113만대	300만대
수소차	1.1만대	20만대	85만대
하이브리드	67.4만대	150만대	400만대
전체차량 중 비중	3%	11%	30%

◆ **온실가스 배출**('17년대비, 주행기준) : **'25년까지 8%, 30년까지 24% 감축**

	'17년	'25년	'30년
자동차 온실가스	73백만톤	67.1백만톤	55.7백만톤

* 친환경차 보급확대에 따른 온실가스 감축 효과(대중교통 전환 효과, 바이오연료 적용 등은 불포함)

추진 전략

① 친환경차 확산을 가속화하는 사회시스템 구축
가. 친환경차 확산을 통해 '30년까지 온실가스 24% 감축
나. 전기·수소차 충전시설을 적시·적소 배치
다. 내연기관차 수준의 경제성을 조기에 확보
라. 탄소중립을 실질적으로 구현하는 제도적 기반 구축
② 기술혁신을 통해 탄소중립시대 개척
가. 내연기관차 동등수준의 성능 확보 및 친환경차 수출강국 도약
나. 탄소중립시대를 개척하는 4대 「Challenge」프로젝트 추진
③ 탄소중립 산업생태계로 전환 가속화
가. 연대·협력을 통해 '30년까지 1,000개의 부품기업을 미래차로 전환
나. 미래차 분야 New-Player 집중 육성

자료 : 관계부처합동, 한국환경연구원 [미세먼지 통합관리 전략 수립 연구], 2021. 12

❑ 미세먼지 저감과 관련해서는 추진전략 '② 기술혁신을 통해 탄소중립시대 개척'에서 다루고 있는데, 이를 통해 탄소중립과 더불어 미세먼지 Net-Zero를 구현하고자 전략을 세웠다. 세부내용으로는 주행 중 미세먼지를 배출하는 만큼 포집·정화하는 '달리는 공기청정 자동차'를 조기 상용화하여 미세먼지 발생을 저감하고자 하는데, 본격 개발은 2022년부터 이루어질 전망이다. 또한 온실가스 및 미세먼지 배출이 많은 디젤열차를 단계적으로 감축하여 전기·수소 등 친환경열차로 대체할 예정이다.

(3) 산업 부문 관련

가. 소규모 대기배출사업장 사물인터넷 측정기기 부착 제도화

❑ 대기오염물질 배출량이 연간 10톤 이상인 대형사업장(1~3종 사업장)은 굴뚝자동측정기기(TMS)를 부착하여 오염물질 배출농도를 실시간으로 관리하는 반면, 10톤 미만인 소규모 사업장의 경우 부착비용 부담 등으로 효율적인 관리가 어려운 실정이다. 따라서 환경부는 「대기환경보전법」 하위법령(시행령 및 시행규칙) 개정으로 소규모 사업장의 사물인터넷 측정기기(IoT) 부착을 제도화하여 방지시설 등의 운전상태 등을 원격으로 점검할 예정이다.

❑ IoT 부착 의무화는 사업장 규모에 따라 단계적으로 적용하는데, 새로 설치되는 사업장의 경우 4종 사업장은 2023년 1월 1일부터, 5종 사업장은 2024년 1월 1일부터 적용한다. 개정내용 시행 전에 운영 중인 기존 4~5종 사업장은 2025년 1월 1일부터 의무화 예정이다.

[도표 Ⅰ-8] 대기배출사업장 현황(2019년 기준)

종별	1종	2종	3종	4종	5종
오염물질 발생량	연간 80톤 이상	연간 20톤 이상 ~80톤 미만	연간 10톤 이상 ~20톤 미만	연간 2톤 이상 ~10톤 미만	연간 2톤 미만
사업장수	1,196개	1,272개소	1,756개소	18,687개소	33,240개소
측정기기	굴뚝 자동측정기기			사물인터넷 측정기기	

자료 : 환경부, 한국환경연구원 [미세먼지 통합관리 전략 수립 연구], 2021. 12

❑ 환경부는 설치비 지원을 위해 2019년부터 측정기기 설치비의 90%를 지원하는 시범사업을 진행 중이며, 2020년 12월 말 기준으로 약 3,500개 사업장에 부착하였다.

[도표 Ⅰ-9] 사물인터넷(IoT) 측정기기

측정기	전류계	차압계	pH계	온도계
부착시설	- 배출시설 - 방지시설	- 여과집진 - 흡착시설	- 흡수시설	- 여과집진 - 흡착시설
주요기능	- 배출시설, 방지시설 가동 여부 확인	- 방지시설 가동, 상태정보(여과재 상태, 흡착제 충전 등) 확인 * 차압계(여과집진, 흡착), pH계(흡수), 온도계(연소, 반응)		
실물형태	직경 4~10cm	10~20cm	10~20cm	직경 8~10cm

나. 전국 사업장 배출원 전수조사

❑ 국가미세먼지정보센터는 국가 대기오염물질 배출량의 정확도 향상을 위해 2021년 12월까지 전국 1~5종 대기배출사업장 약 6만 곳을 대상으로 대기배출원을 전수조사하였다. 기존 4년마다

수행하던 소규모 사업장(4~5종)에 대해 배출원 조사기간을 단축하고, 전체(1~5종) 대기배출사업장 조사를 매년 실시하여, 시설 인·허가 정보, 자가측정 결과 등을 수집·검증하여 정책에 활용할 수 있도록 목록화한다. 1~3종 사업장은 전산에 의한 방법으로 기초자료를 수집하고, 4~5종 사업장은 전문조사원이 대기배출원 조사표를 이용하여 직접 조사에 착수하였다.

[그림 Ⅰ-23] 제1~5종 사업장 대기배출원 조사체계

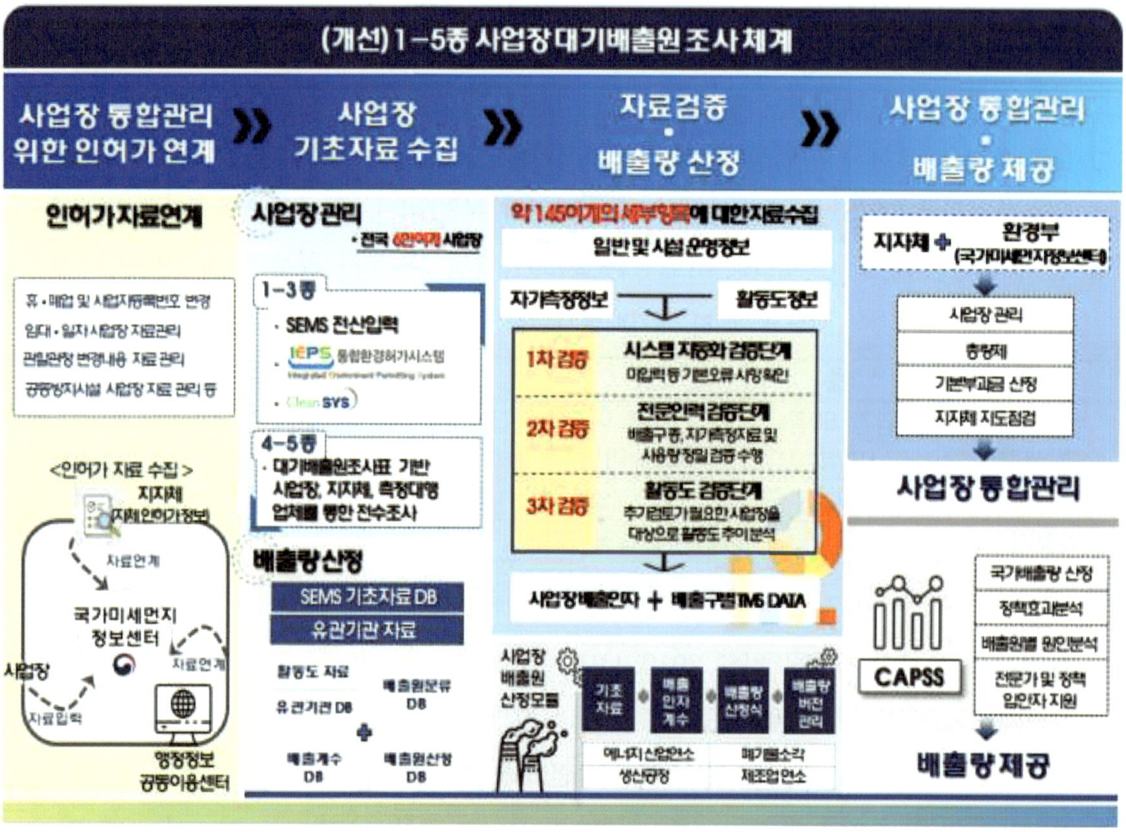

자료 : 환경부, 한국환경연구원 [미세먼지 통합관리 전략 수립 연구], 2021. 12

(4) 국민건강 관련

가. 지하철 승강장 실내공기질 실시간 측정

❑ 2021년 4월 1일부터 실내공기질 관리의 일환으로 전국 지하역사의 초미세먼지 농도를 실시간으로 측정하고, 이를 실내공기질 관리 종합정보망 누리집(www.inair.or.kr/info)과 모바일 애플리케이션(인에어)을 통해 제공한다. 이는 2019년 「실내공기질 관리법」을 개정하면서 지하역사를 관리하는 지자체, 대중교통 사업자 등에게 자동측정기기를 설치하고 측정결과를 공개하게 한 조치에 따른 결과이다. 관할 지자체는 주기적인 점검과 오염도 검사 등으로 지하역사 실내 PM2.5 농도가 유지기준(50μg/m^3)을 초과하지 않도록 지도하는 역할을 한다.

❑ 국민들은 자주 이용하는 지하역사의 PM2.5 농도를 손쉽게 확인할 수 있고, 지하역사에서는 농도가 일정 수준에 도달하면 공기청정기 등을 가동하여 공기질을 개선할 계획이다.

(5) 미세먼지 관리 종합계획(2020-2024) 2020년 추진실적 평가

❑ 정부는 2018년 미세먼지 문제에 대한 장기적·체계적 대응을 위해 「미세먼지 저감 및 관리에 관한 특별법(이하, 미세먼지법)」을 제정하고, 같은 법에 따라 5년마다 미세먼지 관리에 대한 계획을 수립하기로 하였으며, 이에 미세먼지 관리를 위한 최상위 법정계획으로 2019년 11월 『미세먼지 관리 종합계획(2020-2024)(이하, 종합계획)』을 수립하여 2024년까지 전국 PM2.5 연평균 농도를 2016년 대비 35% 이상 저감하겠다는 목표를 세웠다. 이는 종전 대책에 비해 강화된 감축목표를 설정하고, 총 대기오염물질 감축목표가 아닌 물질별 감축목표를 설정하여 목표를 구체화하였다는 점에서 그 의의가 있다.

[도표 Ⅰ-10] 종합계획의 비전, 목표, 분야 및 중점 추진과제

구분	내용
비전	맑고 깨끗한 공기, 미세먼지 걱정 없는 대한민국
목표	'16년 대비 초미세먼지 연평균 농도 35% 이상 저감 ※ 전국 초미세먼지(PM2.5) 연평균 농도 : '16년 26㎍/㎥ → '24년 16㎍/㎥

분야		15대 중점 추진과제
국내 배출 감축	· 산업부문	① 배출총량제 전국 확대 ② 사업장 점검 및 단속 강화
	· 수송부문	③ 노후경유차 감축 강화 및 저공해차 보급 확대 ④ 선박 및 항만 관리기준 강화 ⑤ 노후건설기계 관리 강화
	· 발전부문	⑥ 석탄발전 미세먼지 저감 ⑦ 친환경에너지 전환[중장기]
	· 농업 · 생활부문	⑧ 축산 환경 관리 강화 ⑨ 저녹스 보일러 보급 확대
국민 건강	· 국민건강 보호	⑩ 미세먼지 고농도 계절관리제 도입 ⑪ 실내공기질 관리 강화
국제 협력	· 동아시아 대기협력	⑫ 동아시아 미세먼지 저감 협약 추진[중장기] ⑬ 실체적 협력사업 확대
기반 ·소통	· 과학적 접근 · 실천 · 국민참여 · 소통	⑭ 미세먼지 해결 다부처 기술개발 사업 ⑮ 참여와 숙의를 통한 사회적 합의 도출

자료 : 환경부, 한국환경연구원 [미세먼지 통합관리 전략 수립 연구], 2021. 12

❑ 미세먼지의 저감 및 관리를 효율적으로 추진하기 위해 「미세먼지법」 제10조에 의거, 국무총리 소속으로 '미세먼지특별대책위원회'를 두고, 사무 및 운영 지원을 위한 '미세먼지개선기획단'을 설치하였다.

❑ 이렇게 종합계획 추진실적을 1년마다 평가하여 미세먼지특별관리위원회의 심의를 받게 되었고, 평가 대상의 첫 번째 해인 2020년 추진실적 평가를 위한 연구를 한국환경연구원에서 수행하였

다. 미세먼지 저감을 위한 세부과제를 산업/발전/수송/생활/국민건강보호·소통/국제협력·정책 기반의 6개 중점분야로 나누고 분야별 학계, 연구계 전문가를 평가위원으로 구성하여 종합계획 2020년 추진실적 평가를 진행하였다.

[도표 Ⅰ-11] 종합계획 2020년 추진실적 평가 내용

분야	평가 내용	정책 제언
국내 배출 (산업)	- 미세먼지 다량배출지역을 대기관리권역으로 지정하여 엄격 관리 시도 - 총량관리제와 중소사업장을 관리하기 위한 일부 사업장 배출량 정보의 불확실성 문제가 있음(TMS 부착 미완료)	- 중장기적 관점에서 사업장별 개별배출량 정보의 고도화 작업을 통해 합리적인 총량목표 산정 필요 - 중소배출시설에 대한 현장점검인력 확보, 사후관리에 대한 효과적 정책 이행, 명확한 업무분담을 위한 합리적 거버넌스 구축
국내 배출 (발전)	- 계절관리기간을 포함한 가동정지 및 상한제약 수행으로 타 부문 대비 2배 이상 배출량 저감성과 달성 - 소규모 발전시설 등 사각지대 관리 강화와 관련하여 당해 연도(2020년) 예산 확보 지연	- 계절관리제 성과를 바탕으로 지역별 발전부문의 미세먼지 발생과 영향에 대한 정확하고 과학적인 사실에 근거한 대상 발전기 선정 필요 - 도서지역에 대한 대기환경 개선, 안정적 에너지 사용의 기반 구축을 위해 신재생에너지 보급사업 등을 적극적으로 추진해야 함
국내 배출 (수송-도로)	- 노후 경유차 퇴출과 관련 사업은 계획 대비 실적 우수 - 현행 대중교통 편의 증진과 교통수요 관리 강화 관련 수행과제는 기존 교통체계 효율화 관점에서 진행되는 과제로, 미세먼지 감축과 직접 연계한 정량적 목표나 성과지표 구축 미흡	- 저공해차 보급의 미세먼지 감축효과를 높이기 위해 전환차종 중 경유차 비중이 높은 승합차 및 화물차 보급 정책 강화 - 장기적으로 자동차로 인한 미세먼지 발생량(비배기배출량 포함)을 감축하기 위한 차종 전환 로드맵 수립
국내 배출 (수송-비도로)	- 선박연료 유황함유량을 기존의 3.5%에서 0.5%로 대폭 강화함[관련 법령 강화(「항만대기질법」 등)] - ‘노후 건설기계 저공해화 조치(DPF 부착과 엔진교체) 지원사업’을 지속 추진중이나, DPF 성능 관련 민원 제기(백연 발생, 출력 저하 등)에 따라 사업효과가 미흡	- 배출 인벤토리(emission inventory) 및 배출-오염, 이동·확산, 영향 파악 결과를 바탕으로 최적의 해결전략 도출 - 노후 건설기계 저공해화 조치(DPF 부착과 엔진 교체) 지원사업 개선방안을 조기에 마련하여, 사업 추진 정상화가 필요
국내 배출 (생활)	- 가축 사육시설 유래 암모니아 배출량 인벤토리 구축을 위해 육성·비육돈사 내 배출되는 암모니아 배출계수를 현행화함 - 도로재비산먼지 발생 저감을 위한 저마모타이어 기술 개발 및 상용화 예정	- 최근 감사원 지적사항-암모니아 배출관련 통계자료 개선 필요 - 구체적인 암모니아 저감목표 부재 및 일부 지역 암모니아 농도 지속 증가 - 공익형 직불제에서 영농폐기물 처리의 의무를 부여하고 있으므로, 이를 통해 영농폐기물을 적법하게 처리하도록 지속적으로 관리해야 함 - 저마모타이어 상용화 및 지원 등을 확대할 수 있는 제도 필요

분야	평가 내용	정책 제언
국민건강보호 소통	- '고농도 미세먼지 대응 매뉴얼' 배포 및 비상저감조치(1단계) 실시, 미세먼지 집중관리구역 36개소 지정 - 실내대기질 관리기준 강화 - 비대면 프로그램을 이용한 온라인 교사 연수 콘텐츠 개발	- 미세먼지 감축의 목표와 성과는 건강영향의 감축을 기준으로 수립되고 평가되어야 함(고농도 노출 및 취약 지역 집중 관리 필요) - 미세먼지 발생·배출량 정보 등 보다 심화적·근원적인 정보를 다양한 매체를 이용해 제공해야 하며, 대국민 소통강화 필요
국제협력 정책기반	- NEACAP의 1단계(~2022년) 정책과 기술 협력 추진기반을 확보하는 성과가 있었으나, 효율적이고 개방적인 민간 연구자 주도 국제협력 사업의 전형을 창출할 필요가 있음 - 서해상으로 유입되는 대기오염물질 감시 및 동북아 지역 전체에 대한 정확하고 지속적인 측정자료 확보가 가능해짐	- 민간 주도 동북아 공동 관측·평가 체계 구축 추진, 다양한 국제협력 성과 및 데이터 공유를 위한 국내 연구진 간의 플랫폼 설치 운영 - 중장기적으로 미세먼지를 비롯한 대기오염 전반의 맥락을 파악할 수 있는 전문인력 양성과 탄소중립 등 기후와의 연계관리까지 가능한 역량 마련 필요

자료 : 한국환경연구원 [미세먼지 통합관리 전략 수립 연구], 2021. 12

❑ 이와 같은 평가를 통해 2020년에 추진된 종합계획의 분야별, 부문별 실적들에 대하여 개괄적으로 살펴보고, 정부가 선정한 일부 중요 과제에 대해서는 심층적으로 평가한 것에 평가의 의의가 있다. 미세먼지 관리를 위해 첫 번째로 수립된 종합계획의 첫 번째 이행연도에 대한 평가이기 때문에 본 평가는 전례가 없는 첫 번째 평가라 할 수 있다.

❑ 다만, 아쉬운 점은 정책효과에 대한 정량적 분석자료가 미비하여 객관적인 수치보다는 평가단의 전문성과 식견에 상당 부분 의존하여 평가가 진행되었다는 것이다. 또한 전례가 없었기 때문에 평가단과 담당 부처, 연구진 등 다수가 의견을 교환하는 과정에서 평가의 목적과 활용 등에 대한 이해 정도가 달라서 균형을 맞추어 평가하는 데도 다소 어려움이 있었다. 다음 평가가 조금 더 효율적으로 이루어지기 위해서는 종합계획 시행에 따른 부문별 미세먼지 감축량이 관측 농도에 미치는 영향을 정량적으로 평가할 수 있는 체계를 마련할 필요가 있을 것이다.

3) 나노 미세먼지(Ultrafine particle) 관리의 중요성

(1) 나노 미세먼지(Ultrafine particle: UFP)

❑ 나노 미세먼지(UFP)는 일반적으로 0.1 ㎛ 이하의 입자(particle)를 의미한다.

- 세계적으로 UFP 또는 PM0.1로 표기하여 사용하고 있음
- 국내에서는 명확히 정의되지 않았지만 환경부에서 초미세먼지라는 용어로 설명하고 있음
- 하지만, '대기환경보전법' 및 '미세먼지 저감 및 관리에 관한 특별법'에서 PM2.5를 '초미세먼지' 용어로 정의하고 있어서, 이와 구분하기 위해 연구분야 등에서 극미세먼지, 나노 미세먼지 등의 용어를 병행하여 사용함

(2) 나노 미세먼지 발생원

가. 인위적 발생

❑ 차량, 비행기, 선박 등 교통분야에서의 연료 연소가 나노 미세먼지 배출 원인 중 큰 부분을 차지한다. 특히, 도심지역의 나노 미세먼지는 차량에 의한 배출이 가장 큰 부분을 차지한다.

❑ 도로교통에 의해 나노 미세먼지가 배출되어 대기 중에 분포하는 과정은 배기구-도로 단계, 도로-주변공기 단계, 대기 중 단계 등 3단계로 구분된다.

[도표 Ⅰ-12] 도로교통에 의한 나노 미세먼지 배출 단계

단계	배기구-도로	도로-주변공기	대기 중
내용	배기구에서 외부 대기로 진입하는 순간의 과정	교통플룸(vehicle plume)이 이동하면서 희석과정을 거쳐 주변공기와 동화되는 과정	교통플룸이 도시 배경환경에 동화가 된 후의 과정
시간	수초 내의 짧은 시간	수십 분 내	수십 시간 내
배출 및 생성 원인, 제거 등	- 1차 : 엔진 마모 및 윤활유 첨가제, 또는 타이어와 도로면의 마찰 등에 의해 직접 배출 - 2차 : 응축 가능한 유기가스 및 황화합물의 핵 생성 및 1차 고체 입자의 응축	- 2차 : 농축된 탄소 및 황화합물로 인해 덜 희석된 교통플룸에서 형성 - 응축성 가스의 낮은 농도에서 희석된 플룸에서 증발이 발생할 수 있음. 동시에 건식 침착 및 응고로 인해 나노 미세먼지 감소	주로 축적
크기 분포 및 밀도 제어 요소	차량 상태 차량 후류 온도 및 습도	도로 주변 건물 환경 입자 동역학 차량 후류	대기 안정성 대기 난류 대기 중 화학작용 응고 및 건성 침착

※ 교통플룸 : 교통에서 배출된 배기가스가 차가운 외기온도 조건에서 온도가 이슬점 이하로 내려가 안개와 같은 형태로 배출되는 현상

❑ 폐기물 소각, 바이오매스 연소, 조리, 발전, 산불, 농업활동 관련 연소 등 교통을 제외한 분야에서도 연소로 인해 나노 미세먼지가 배출된다. 이는 도로교통에 의한 영향이 적은 환경에서 주요한 역할을 담당할 수 있지만, 현재 교통분야 이외의 분야에서 나노 미세먼지 배출에 대한 연구가 미흡한 실정이다.

❑ 연료 연소 외에도 타이어와 도로면의 마찰이나 브레이크 또는 엔진오일 등으로부터 직접 나노 미세먼지가 배출되는 것으로 알려져 있지만, 배출되는 양은 연료 연소에 비해 매우 적은 양이다.

나. 자연 발생

❑ 나노 미세먼지가 NPF(New particle formation)를 통해 자연적으로도 발생한다는 것이 관측을 통해 밝혀졌다.

- NPF는 산업, 교통, 자연 등에서 배출되는 유기물, 암모니아, 황산화물 등의 기체에서 입자로 전환되는 기체 증기로부터 2차 에어로졸이 형성되는 것을 의미함
- 휘발성이 작은 기체상 물질들이 핵 형성 과정을 통해 입자상 물질로 변환되고, 이렇게 형성된 초기 입자에 휘발성이 작은 기체들이 응축함으로써 성장하는 것이 주요 원인임
- NPF는 열역학적으로 안정적인 클러스터(<3 nm)를 형성하고 이후 점차 구름응결핵 활성 크기(>50-100 nm)로 성장함

[그림 Ⅰ-24] 나노 미세먼지 생성 프로세스

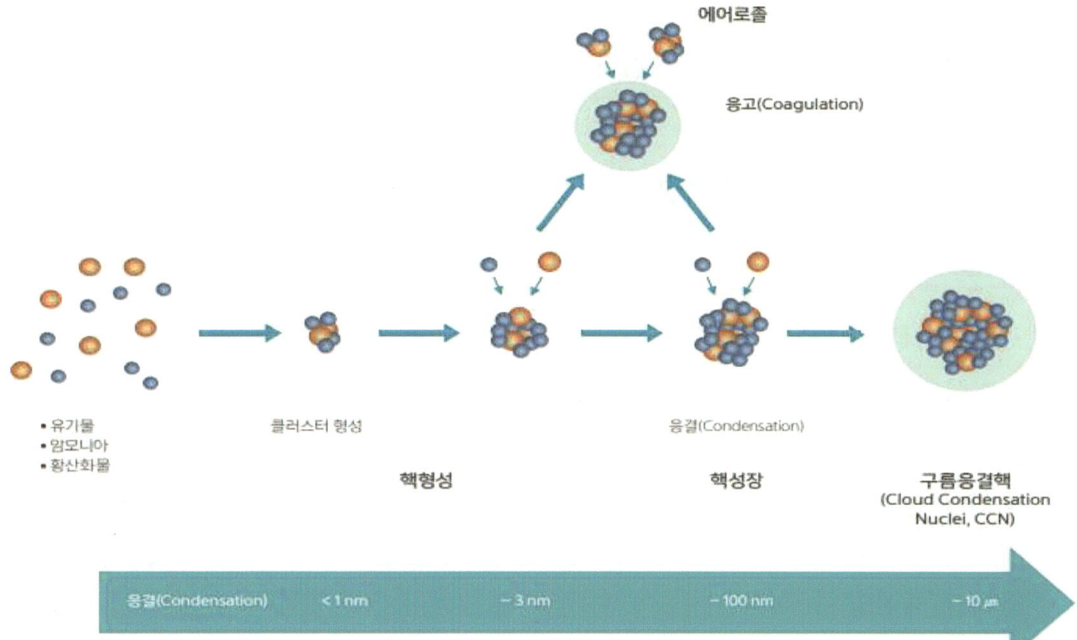

자료 : KIST 청정대기센터 미세먼지 인사이트 [나노 미세먼지(Ultrafine particle) 관리의 중요성], 2022. 8

다. 실내 발생원

❑ 사람들은 하루 중 대부분을 실내에서 생활함에 따라 실내공기질은 건강과 매우 밀접한 관련이 있으며, '실내공기질 관리법'을 통해 관리하고 있다. 실내 공기 오염물질은 내부 발생과 외부에서 침투하는 경로가 있다.

❑ 실내 나노 미세먼지의 경우에는 대부분 외부에서 실내로 유입되는 것이며, 내부 발생은 주로 조리에 의해 배출된다.

(3) 나노 미세먼지 측정 방법

❑ 나노 미세먼지 측정을 위한 다양한 샘플링 및 분석 방법이 개발된다.
- 주로 파티클 크기에 따른 질량, 입자 수를 측정하여 농도를 분석하며, 각각 단위는 $\mu g/m^3$, $particles/cm^3$ 을 주로 사용함
- 이외에도 표면적 측정법, 화학적 구성요소 측정법 등이 사용되고 있음

❑ 중량분석법

- 중량분석법을 이용한 실제 나노 미세먼지는 조금 더 큰 크기(<0.18 ㎛ 또는 <0.25 ㎛)의 입자로 추정되었고, 입자 질량의 측정은 캐스케이드 임팩터(Cascade impactor)를 이용하여 측정함
- 더 정확한 나노 미세먼지 질량 측정을 위해서는 여러 단계의 계단식 충돌이 필요하여, 직접 중량을 분석하는 방법보다는 다른 검출 형태를 선호하는 경향이 있음
- 나노 미세먼지 범위에서 입자의 질량 농도가 매우 낮기 때문에 질량을 직접 측정하는 중량분석법에는 한계점이 존재함
- 대기 중 나노 미세먼지 농도는 일반적으로 1 ㎍/m^3 미만이며 상업용 저울은 일반적으로 ±1~5 ㎍의 실제 검출 한계를 갖고 있어, 측정을 위해 충분한 질량의 샘플 수집이 필요하며 이는 긴 수집 시간을 필요로 함. 이러한 방법은 샘플링하는 동안 대기 환경에 영향을 크게 받아 정확하지 않을 가능성이 높음

❑ 입자 수 측정법

- 나노 미세먼지 측정 방법 중 가장 직접적이고, 많이 사용되고 있음
- 일반적으로 입자 표면의 응축에 의해 확대된 입자가 레이저 빔을 통과할 때 계수되는 응축입자계수기(Condensation particle counter, CPC)를 통해 연속 측정을 함
- 입자가 응축되기 전 크기별로 입자를 분리하는 미분형정전분급기(Differential mobility analyzer, DMA)와 같은 입자크기 측정기와 함께 사용하면 전체 분포 내 크기별 수치 농도를 측정할 수 있음
- 이와 같이 DMA와 CPC로 구성된 주사형 이동성 입자크기 분석기(Scanning mobility particle sizer, SMPS)의 사용이 최근 증가하는 추세임
- 나노 미세먼지의 크기를 특별히 제한하지 않으면 다른 의미를 가질 수 있음. 실제로 CPC와 SMPS를 사용하여 측정한 결과를 비교했을 경우 평균 및 중앙수 농도의 차이가 있었음

❑ 기타

- 표면적 분석법은 높은 표면적 대비 질량 비율이 갖는 생물학적 관련성을 바탕으로 주로 건강연구에 사용하기 위해 사용됨. 하지만 생물학적 상호작용에 기반하여 표면적을 정의하는 것은 매우 어렵고, 아직 구체적인 연구가 미흡함
- 화학적 구성요소 분석법은 비교적 최근에 개발된 방법으로 샘플링된 입자를 구성요소의 주요 이온으로 분해한 다음 질량분석기로 분석함. 이를 통해 생성된 스펙트럼을 라이브러리와 비교하여 배출원을 식별할 수 있음

❑ 나노 미세먼지의 농도와 구성을 측정하기 위해 수많은 방법이 개발되었고, 다양한 샘플링 및 분석 기술은 각각 고유한 장점과 단점이 있다.

- 최근에는 특정 크기의 입자와 건강 관련성에 대한 관심이 증가함에 따라 크기별 입자 수

데이터를 제공하는 방법의 사용이 증가하고 있음
- 연구에서는 사용된 측정 및 샘플링 방법에 관계없이 나노 미세먼지에 대한 측정 또는 노출을 보고하는 경우가 많기 때문에 여러 연구에서 결과를 비교, 합성 및 해석할 때 주의를 기울여야 함

(4) 나노 미세먼지 인체 유해성

가. 질병과의 관련성

❑ 나노 미세먼지는 주로 호흡을 통해 인체 내로 침투하여 비강 또는 구강, 후두, 폐, 기관지, 폐포 순서로 이동한다. 나노 미세먼지는 PM2.5보다 폐포 깊숙이 침투하고, 폐에 머물러 있는 시간이 적다.
- 동물실험을 통해 미세먼지를 흡입하고 한 달 후에 폐 속의 면역 세포에 남아있는 나노 미세먼지와 PM2.5의 수를 비교한 결과, 나노 미세먼지의 수가 PM2.5의 수보다 8배나 많았음
- 나노 미세먼지 중 일부는 폐포를 거쳐 간, 신장 등의 다른 장기로 빠르면 이틀 내에 이동
- 폐포 영역에서 나노 미세먼지의 확산 침착 확률은 20~30 nm에서 최고점임. 20 nm 미만의 나노 미세먼지의 경우 폐포 확산 침착이 감소하는데, 이는 부분적으로 이러한 작은 입자의 수가 상기도에 이미 침착되었기 때문임
- 나노 미세먼지는 주로 호흡기, 심혈관, 뇌에 영향을 준다고 보고됨. 자세히는 호흡기 증상, 폐 기능, 알레르기 및 아토피, 심혈관계질환, 뇌질환 등에 영향을 미침

[그림 Ⅰ-25] 대기 중 나노 미세먼지 흡입에 의한 심혈관, 호흡기, 뇌 건강 영향 경로

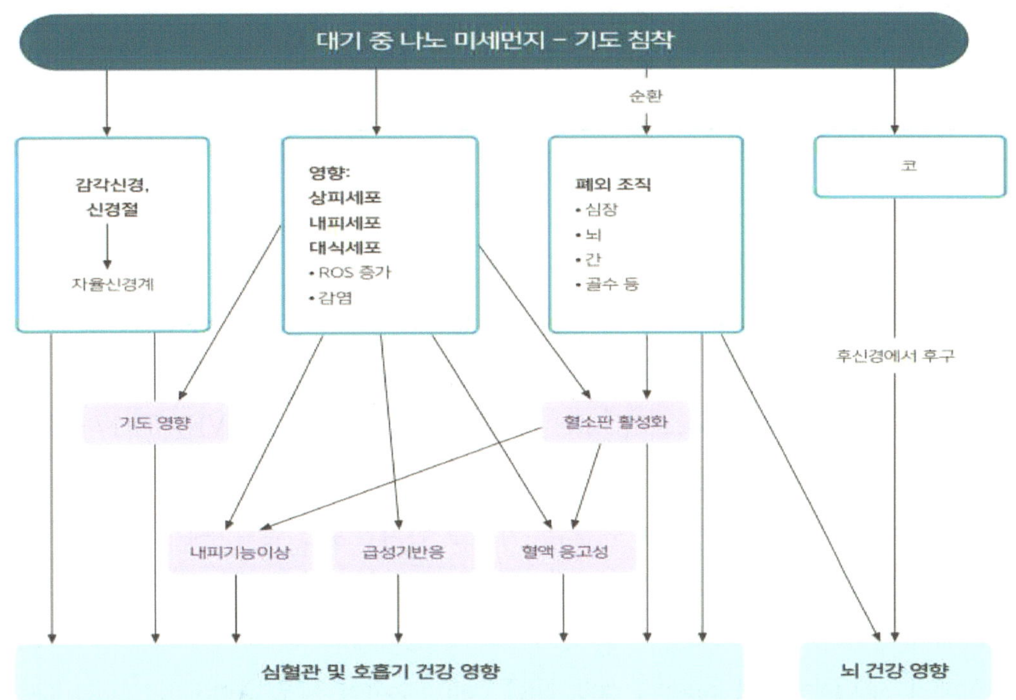

자료 : KIST 청정대기센터 미세먼지 인사이트 [나노 미세먼지(Ultrafine particle) 관리의 중요성], 2022. 8

나. 나노 미세먼지 중 생물학적 물질

❑ 나노 미세먼지에는 미생물 유래 물질, 바이러스 등 생물학적 물질도 포함되어 있다.

- 미생물은 일반적으로 마이크로미터 크기이지만, 미생물의 생장 및 사멸 등으로 인해 미생물에서 유래된 세포외소포(Extracellular vesicle, EV), LPS(Lipopolysaccharide) 등은 나노크기의 물질로써 상피세포를 통과하여 직접 조직 및 기관에 작용하여 직접적으로 건강에 영향을 미침

❑ 세균 유래 세포외소포(Bacterial Extracellular Vesicle)

- 세균 유래 세포외소포는 엑토솜(ectosome; shedding vesicle) 또는 세포자멸소체(apoptotic body) 형태로 생성됨. 이렇게 유래된 세포외소포는 이중인지질막으로 싸여있는 나노크기의 구형의 구조이며, 핵산, 단백질, 지질, 대사체 등 다양한 구성요소를 포함하고 있음
- 세포외소포는 세포와 세포 사이의 신호전달물질 로서 활성 생체분자 수송, 숙주세포 진입, 면역조절, 진단 바이오마커 등의 역할을 함
- 세포외소포에 포함된 세포질 단백질은 면역조절 및 약리학적 응용 분야에서 역할을 하며, 이중인지질막에 내장된 지방단백질 및 LPS는 세포 간 통신 및 세포외소포 구성요소 전달을 위한 특이적 표적화를 조절하고, 핵산은 면역조절 및 수평적 유전자 전달에 기여함
- 세균 유래 세포외소포가 대사산물을 포함할 수 있고 이는 약리학적 잠재력을 증가시킬 수 있음을 시사함

❑ 세균 유래 세포외소포 노출로 인한 인체 유해성은 다음과 같다.

- 세균 유래 세포외소포는 피부질환, 폐질환, 장질환, 대사질환, 암, 중추신경계질환 등과 관련이 있음. 특히, 공기 중 나노 미세먼지의 경우는 폐질환 및 피부질환에 직접적인 영향을 끼칠 수 있음
- 세포실험 및 동물실험을 통해 황색포도상구균(Staphylococcus aureus)과 대장균(Escherichia coli) 유래 세포외소포가 기도에 노출되었을 때 폐질환을 유발하며, 황색포도상구균 유래 세포외소포가 피부에 노출되었을 때 아토피 피부염을 유발한다는 연구결과가 있음

❑ 나노 미세먼지 중 생물학적 물질 노출에 의한 폐질환 발병 기전은 다음과 같다.

- 그람 음성균 유래 세포외소포(Outer membrane vesicle, OMV)는 Th17 면역반응을 유도하고 호중구 염증을 유발함. 그람 양성균 유래 막 소포(Membrane vesicle, MV)는 Th1 반응을 유도하고 단핵 염증을 유발함. 이러한 면역반응은 천식, 폐기종, COPD 및 폐암의 발병에 기여함
- LPS의 경우, 저농도 LPS는 기도 상피세포 및 면역세포(예. 대식세포(Macrophage), 자연살해 T 세포(Natural killer T cell, NKT cell), 수지상 세포(Dendritic cells, DC))에 흡수됨. 기도에서 저농도 LPS에 노출되면 Th2 면역반응 및 Th2 사이토카인(예. IL-5, IL-13)

을 통해 천식 발병에 기여함. 고농도 LPS는 혈관 내피 성장 인자(vascular endothelial growth factor, VEGF)를 유도하고, 기도에서 고농도 LPS 노출은 Th17 면역반응 및 Th17 사이토카인(예. IL-17)을 증가시킴으로써 천식, COPD 및 폐암 발병에 기여함

[그림 Ⅰ-26] 세균 유래 세포외소포 구성요소 및 관련 기능

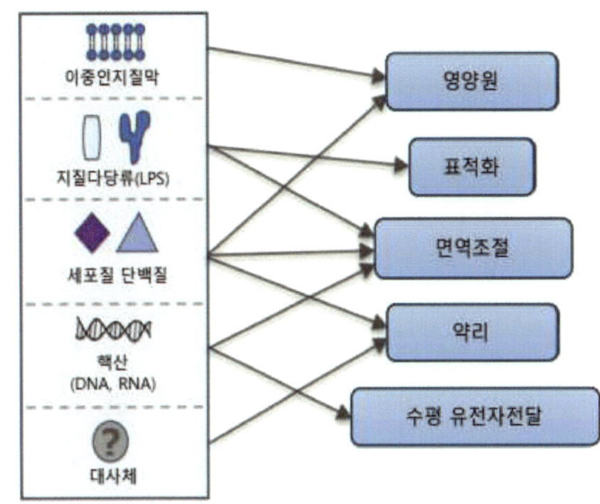

자료 : KIST 청정대기센터 미세먼지 인사이트 [나노 미세먼지(Ultrafine particle) 관리의 중요성], 2022. 8

(5) 나노 미세먼지 관리

가. 나노 미세먼지 관련 최근 연구동향

❑ 과거에 비해 나노 미세먼지에 대한 관심이 점차 커지면서 관련 연구가 확대되고 많아지는 추세이다.

- 대표적인 논문 데이터베이스인 Pubmed와 Web of Science에서 'Ultrafine particle', 'UFP', 'PM0.1'의 키워드로 검색해본 결과 관련 논문수가 점차 증가하는 경향을 보임. 2021년 논문 게재수는 각각 266건, 1,187건으로, 2000년에 비해서 약 9.9배, 3.3배 많은 논문이 게재되었으며, 이는 나노 미세먼지와 관련된 연구가 과거에 비해 활발하게 진행되고 있음을 시사함

나. WHO의 나노 미세먼지 관리

❑ WHO에서 나노 미세먼지의 노출에 의한 독성학적 영향의 증거는 인정했지만, 역학적 증거는 아직 불충분하여 공식화하기에 충분하지 못하다는 합의가 있었다. 하지만 나노 미세먼지 노출이 우려되는 상황으로 이를 해결하기 위해 4개의 사항을 공식화하는 것으로 결정하였다.

- 입자 수 농도(particle number concentration, PNC) 측면에서 나노 미세먼지를 정량화
- 나노 미세먼지 모니터링을 기존 대기질 모니터링에 통합하여, 다른 대기 오염 물질 및 미세먼지 특성과 함께 실시간 나노 미세먼지 농도(PNC)를 측정

- 나노 미세먼지 배출원 배출 통제의 우선순위 결정을 위해 Low PNC(<1,000 particles/cm^3(24시간 평균))과 High PNC(>10,000 particles/cm^3(24시간 평균) 또는 20,000 particles/cm^3(1시간 평균))으로 구분
- 역학 연구 및 노출 평가에 대한 접근 방식을 발전시키기 위해 새로운 과학기술 활용

[도표 Ⅰ-13] 2000년부터 2021년까지 Pubmed 및 Web of science에 게재된 나노 미세먼지 관련 논문 수

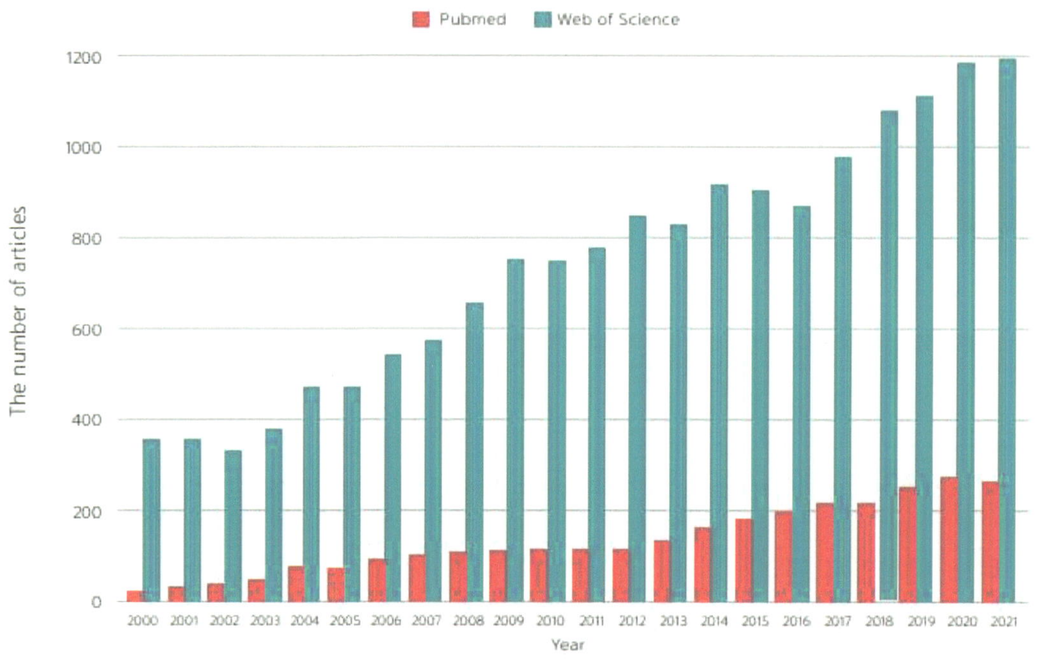

자료 : KIST 청정대기센터 미세먼지 인사이트 [나노 미세먼지(Ultrafine particle) 관리의 중요성], 2022. 8

다. 캐나다 몬트리올시의 나노 미세먼지 모니터링 시스템

❑ 캐나다 몬트리올시에서 2020년 10월에 1개소의 나노 미세먼지 연속 모니터링 시스템을 확립하여 2021년 처음으로 측정을 완료하였다.

- 대기질 모니터링 시스템(Réseau de surveillance de la qualité de l'air, RSQA)은 현재 나노 미세먼지에 대한 규정은 없으므로, 미래 규정에 기여하기 위해 나노 미세먼지에 대한 정보 수집 및 지식 증진을 위한 것임
- 일시적인 나노 미세먼지 모니터링 연구가 아닌 지속적으로 데이터를 수집하는 시스템을 최근에 시 자체에서 확립하고 운영했다는 점에 의의가 있으며, 이를 바탕으로 캐나다 전 지역뿐 아니라 전 세계에 나노 미세먼지 모니터링 시스템이 확립될 것으로 예상함
- 몬트리올시의 주거지역에 위치한 Station 55 역과 퀘벡시의 Collège St-Charles-Garnier역에서 나노 미세먼지 농도가 유사하게 나타났으며, 퀘벡시의 Henri IV 고속도로 주변에 위치한 Henri IV역에서는 높게 나타남

[도표 Ⅰ-14] 몬트리올시 staion 55 역(RSQA-55), 퀘벡시 Collège St-Charles-Garnier역(MELCC-Collège St-Charles-Garnier), 퀘벡시 Henri IV 역(MELCC-Henri IV)에서의 2021년 월별 나노 미세먼지 농도 비교

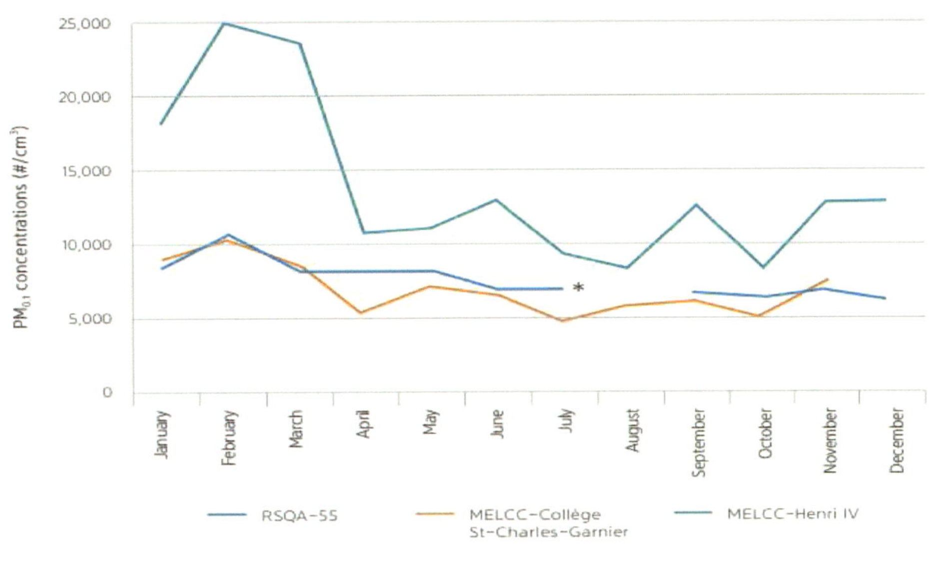

자료 : KIST 청정대기센터 미세먼지 인사이트 [나노 미세먼지(Ultrafine particle) 관리의 중요성], 2022. 8

4) 환경위성 현황과 위성기반 미세먼지 관측기술

(1) 인공위성을 이용한 대기환경 감시

가. 미세먼지 위성관측의 필요성

❑ 한반도에는 국내 미세먼지 배출 및 해외 유입에 의한 (초)미세먼지 고농도 사례가 빈번하게 발생하고 있다. 미세먼지는 건강과 관련된 대기질(Air quality) 문제 뿐 만 아니라 태양광과의 상호작용, 구름 미세 물리과정에 영향을 미쳐 지구복사 및 기후변화 연구에 매우 중요한 요소이다. 때문에 정확한 미세먼지 관측을 통한 다각도의 영향 분석이 필요하다.

- 미세먼지 예보에 직접 활용되는 대부분의 자료는 지상(in-situ) 관측을 통해서 수집
- 이외 라이다(LIDAR)를 통한 연직분포 및 이동 고도 분석, 선박·항공기 관측 등으로 미세먼지 농도 및 이동 측정

[그림 Ⅰ-27] 대기질 관측을 위한 연구용 항공기 및 기상선박

- 미세먼지 지상관측소는 불연속적으로 존재하여 관측공백이 발생하며, 항공 및 선박 관측의 경우 한정된 운영으로 지속적 관측이 불가하다는 단점 존재

❑ 미세먼지의 생성과 소멸 기간이 상대적으로 짧고 이들의 광학적 복사 특성의 공간적 변화가 크기 때문에 효과적인 관측을 위해서는 시간적/공간적 공백없이 위성기반의 전지구적 관측이 동반될 필요가 있다.

나. 인공위성을 이용한 대기관측의 장점

❑ 인공위성을 통한 관측은 광범위한 지역의 기후변화 및 대기환경, 기후변화 유발물질, 에어로졸과 미세먼지의 전구물질인 대기오염물질 농도를 연속적 공간 정보로 감시할 수 있다.

- 특히 대기오염물질의 장거리 이동에 대해서도 실시간 지속 감시가 가능하다는 장점
- 국가간 유입량에 대하여 객관적으로 정량적 평가를 가능하도록 하는 과학적 입증 자료 확보

[그림 Ⅰ-28] 지상관측과 위성기반 관측 비교

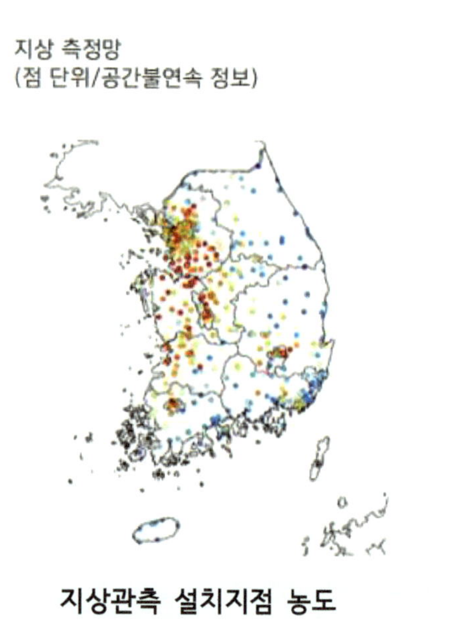

지상관측 설치지점 농도

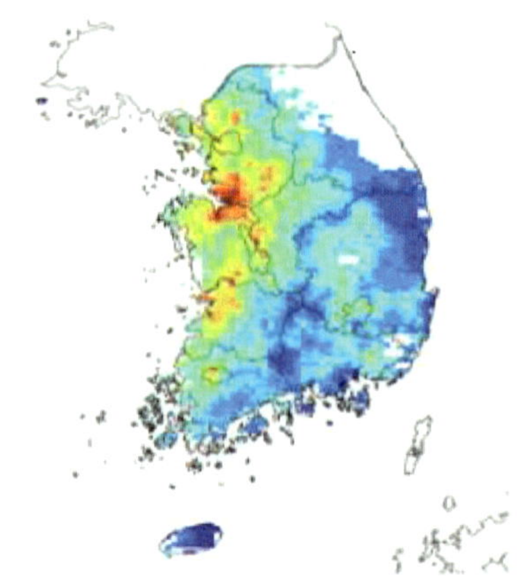

위성기반 지상 추정농도

자료 : KIST 청정대기센터 미세먼지 인사이트 [환경위성 현황과 위성기반 미세먼지 관측], 2022. 4

❑ 또한 사회, 외교적 측면에서도 우주는 공역으로 간주되어 여러 나라에 걸친 넓은 지역의 대기환경을 감시하는 데는 인공위성을 이용하는 것이 가장 효율적이고 비용 면에서도 유리하다.

- 그러나 위성개발에 필요한 기술력, 예산 규모, 개발 소요 기간 및 투입인력 등을 고려할 때 이들은 국가적 차원의 거대 프로젝트 수준이며 때문에 우주선진국(예 : 미국, 러시아, 영국 등) 위주로 진행되어 온 것이 현실

❑ 인공위성 활용과 더불어 다양한 관측(항공기, 선박, 지상 관측 및 지상원격관측)과 사람에 의한 작업 등과 연계한 입체적 정보망을 구축하였을 때 관측 가치를 제고시킬 수 있다.

❑ 입체적 관측망 구축으로 미세먼지 농도 측정의 정확도를 높이고 활용을 극대화할 수 있어 타 산업 분야를 촉진하는 순작용이 발생한다.

- 예) 자동차 및 발전소 배출량 산정에 위성자료를 포함한 종합 관측망 정보를 활용하여 배출 저감 관련 분야 산업의 도움을 주거나 스마트시티 프로젝트에서 환경·에너지 및 재해 재난예측 분야 플랫폼 개발 등의 산업 촉진

다. 인공위성을 이용한 미세먼지 관측 원리

❑ 인공위성을 활용한 미세먼지 관측원리는 일반적인 위성 원격탐사의 원리와 유사하다.

- 위성이 감지하는 신호는 주로 목표물에서 반사·방출하는 복사에너지로 서로 다른 물리적·화학적 특성을 지닌 대상은 파장별로 다른 에너지를 흡수·방출함
- 특정 파장의 복사에너지를 흡수하는 기체의 특성을 이용해 대기 중의 오염 기체량을 산출
- 위성의 망원경으로 관측지역에서 나오는 빛을 모으고 초분광기를 이용해 빛을 1000개 이상의 파장으로 잘게 쪼갬
- 이때 대기 중에 미세먼지나 대기오염물질이 있으면 이 물질에 해당하는 스펙트럼 위치에 검은선이 나타남
  * 모든 물질은 자기만의 공명주파수를 가지고 있으며 해당 파장대의 에너지를 흡수하여 스펙트럼 상에서 검은선으로 보이게 됨
- 검은 선이 어느 파장대에서, 얼마나 어둡게 나타나느냐에 따라 어느 정도 양의 미세먼지가 있고 어떤 성분이 포함되어 있는지 분석 가능

[그림 Ⅰ-29] GEMS 환경위성 탑재체 관측원리

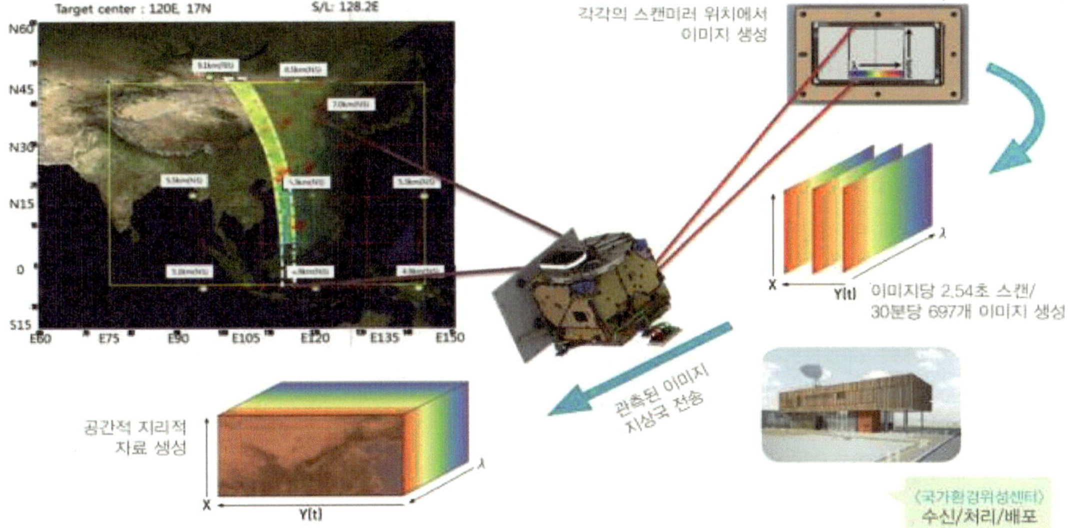

자료 : KIST 청정대기센터 미세먼지 인사이트 [환경위성 현황과 위성기반 미세먼지 관측], 2022. 4

라. 인공위성에서의 미세먼지 산출물

❑ 위성에서 미세먼지(PM10) 및 초미세먼지(PM2.5) 관측은 에어로졸(Aerosol) 산출물 및 전구물질 산출 정보로 추정 가능하다.

- 에어로졸이란 대기 중 떠다니는 고체 또는 액체상의 입자상 물질 전부를 총괄하여 일컬으며 미세먼지를 포함

❑ 에어로졸 산출은 구름이 없는 최소 관측단위 면적에서 수행되나, 구름이 관측단위 면적 내 일부 존재할 경우 에어로졸의 신호를 구분하기 어려워 구름에 의한 신호가 에어로졸에 의한 신호로 오인될 수 있다.

- 위성마다 정해진 공간해상도(예 : GEMS 에어로졸 산출 공간해상도: 3.5km × 8km)에 따라 달라질 수 있음

❑ 위성에서 제공되는 에어로졸 정보는 지표부터 대기 상한까지 전체 공기 기둥에 포함된 에어로졸 정보를 대표하는 값으로 지상에서 관측된 미세먼지 정보(PM10, PM2.5)와 완전히 일치하지 않아, 위성 관측시간대의 풍향 및 풍속 등 기상정보를 참고한 분석이 필요하다.

❑ 위성에서 에어로졸 정보와 관련된 산출물은 크게 세 가지로 구분된다.

A) 에어로졸 광학두께(Aerosol Optical Depth; AOD)

❑ 에어로졸 광학두께는 대기 중의 에어로졸에 의해 빛이 얼마나 흩어져 사라지게(불규칙한 산란 또는 흡수) 되는지를 나타내는 값이다.

- 대기 중에 에어로졸이 많을수록 높은 값을 나타냄
- 일반적으로 에어로졸 광학두께는 대기오염물질이 적은 지역에서는 0.3 미만, 대기오염도가 높은 지역에서는 0.7 이상, 황사나 산불, 심한 대기오염 등이 발생하여 에어로졸 분포가 매우 높을 경우 1 이상의 값을 가짐(대기상황에 따라 변동성 존재)

B) 에어로졸 단일산란알베도(Aerosol Single Scattering Albedo)

❑ 최대 1의 값을 가지며 값이 클수록 대기오염물질에 흡수되기보다 불규칙하게 흩어지는 빛의 양이 더 많다는 것을 의미한다. 에어로졸 광학두께가 낮을수록(0.4 미만) 에어로졸 신호가 약하기 때문에 에어로졸 단일산란알베도 해석 시 유의해야 한다.

C) 자외선·가시광 에어로졸 지수(Ultraviolet·Visible Aerosol Index)

❑ 자외선·가시광 에어로졸 지수는 에어로졸의 성질을 나타내는 지수로 자외선 에어로졸 지수는 에어로졸의 흡수성에 대한 정보를, 가시광 에어로졸 지수는 에어로졸의 크기에 대한 정보를 나타낸다. 에어로졸의 흡수 및 크기 정보는 황사 등의 구분에 활용된다.

(2) 세계최초 우리나라 정지궤도 환경위성

가. 천리안위성 2B호(GK-2B) 환경탑재체 GEMS

❑ GEMS는 우리나라를 중심으로 한 동아시아 지역의 기후변화 유발물질과 대기오염물질의 지속적 입체 감시를 위하여 개발한 세계 최초의 정지궤도 초분광영상기이다.

- 2020년 2월 19일 발사되어 고도 35,786km, 동경 128.25°에 위치한 천리안 2B위성에 탑재

된 GEMS는 남위 5°에서 북위 45° 일본 동쪽에서 인도 동쪽 지역까지 약 5,000㎞×5,000㎞ 범위를 30분씩 하루에 8번(4월은 10번) 낮 동안 지속적으로 관측

- 이산화황(SO_2), 오존(O_3), 이산화질소(NO_2), 포름알데하이드(HCHO), 에어로졸 등 대기에 오염을 일으키는 화학물질에 대하여 발생 지점부터 이동경로 등에 대한 데이터를 획득

❑ 환경위성 활용도를 높이기 위해 현재 국립환경과학원 환경위성센터에서는 에어로졸 이동량 영상을 공개하며 지상 초미세먼지(PM2.5) 및 미세먼지(PM10) 추정농도 영상을 공개하였다.

[도표 Ⅰ-15] 고농도 미세먼지 발생시 미세먼지 이동량 영상

	에어로졸 농도 분포(기존 위성자료)	에어로졸 이동량(신규 산출물)
`22년 1월 10일 (정체 사례)	GEMS L2_AERAOD 2022-01-10-01:45 UTC (2022-01-10-10:45 KST) HK_DPRO ESC	GEMS L4_AER_FRATE 2022-01-10-01:45 UTC (2022-01-10-10:45 KST)
`22년 3월 4일 (황사 사례)	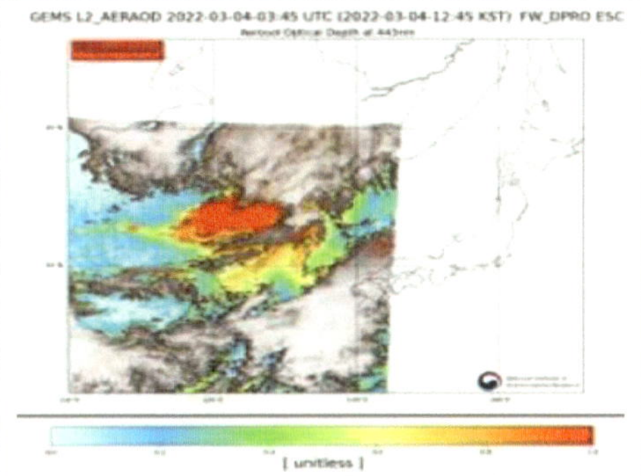 GEMS L2_AERAOD 2022-03-04-03:45 UTC (2022-03-04-12:45 KST) FW_DPRO ESC	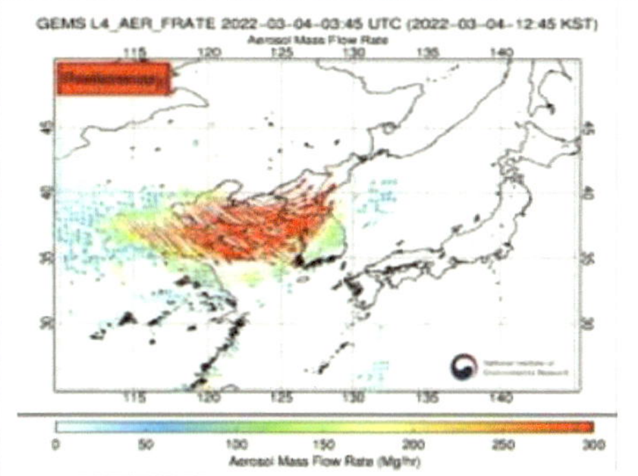 GEMS L4_AER_FRATE 2022-03-04-03:45 UTC (2022-03-04-12:45 KST)

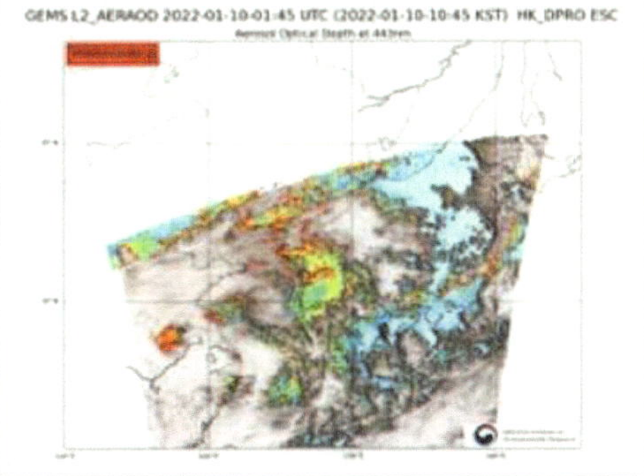

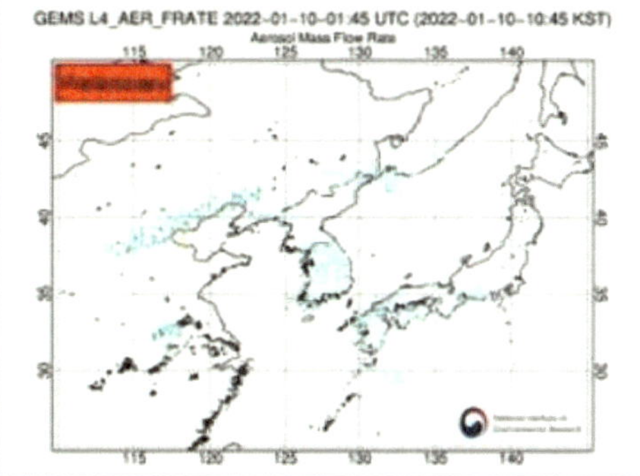

자료 : KIST 청정대기센터 미세먼지 인사이트 [환경위성 현황과 위성기반 미세먼지 관측], 2022. 4

❑ 위성영상 공개 이외에 고농도 미세먼지 및 황사 사례분석, 화산 및 산불 사례와 같은 특이사례 분석 자료를 제공한다.

- 2022년 3월 동해안 대형산불 발생 시 환경위성을 통해 대기오염물질의 시간별 이동 및 확산 상황을 포착함
- GEMS 산출물 중 자외선 에어로졸 지수(UVAI), 이산화질소(NO_2), 유기화합물(포름알데히드(HCHO), 글리옥살(CHOCHO)) 영상에서 산불에 의한 대기오염물질 농도 상승 확인
- 유럽 저궤도 환경위성(TROPOMI)에서는 자외선 에어로졸 지수(UVAI), 일산화탄소(CO) 농도 상승 확인

[도표 Ⅰ-16] 동해안 대형 산불에서 배출된 고농도의 NO_2 및 유기화합물(HCHO, CHOCHO)이 동해로 확산 중인 상황 위성으로 포착

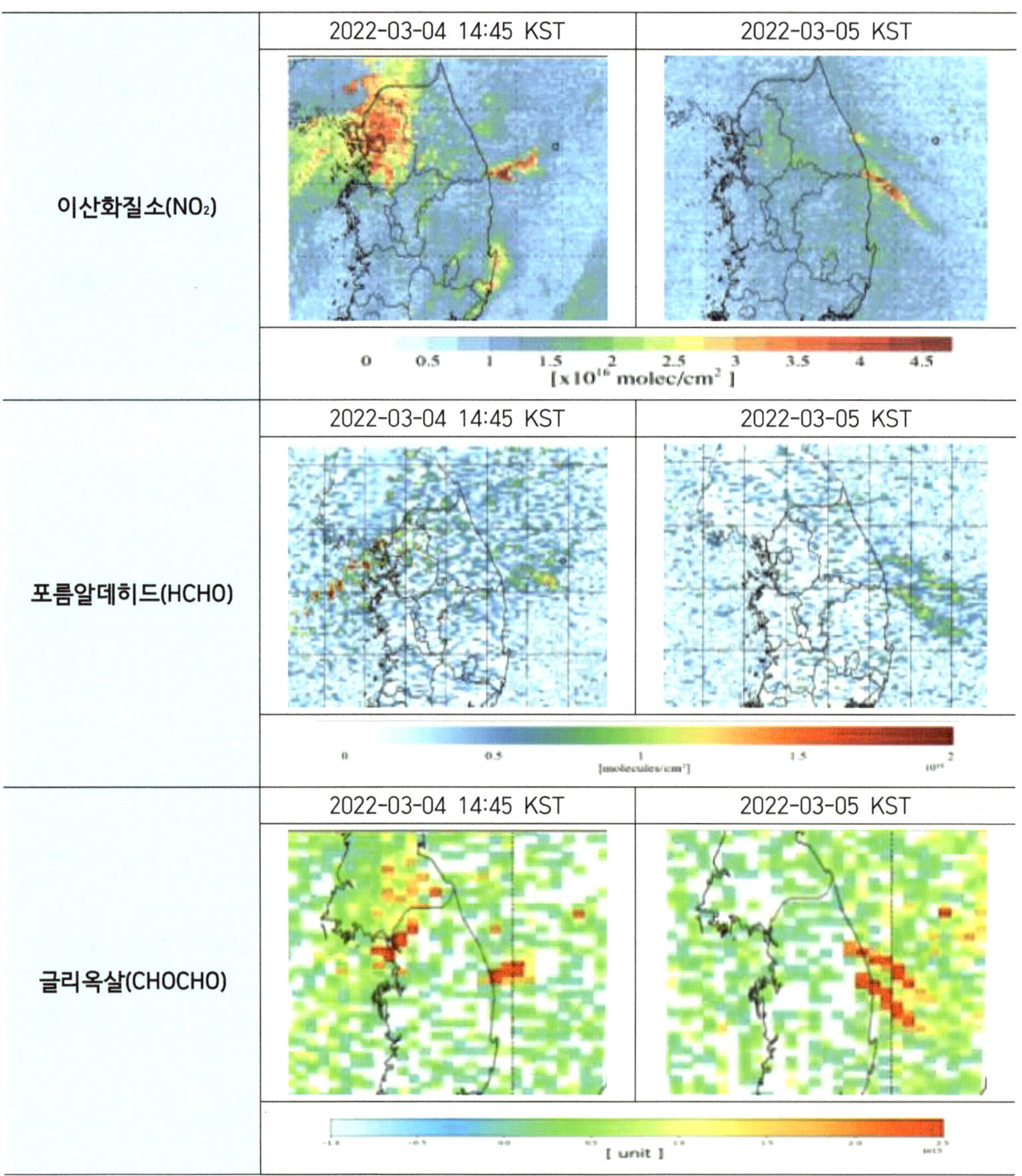

이산화질소(NO_2)	2022-03-04 14:45 KST	2022-03-05 KST
포름알데히드(HCHO)	2022-03-04 14:45 KST	2022-03-05 KST
글리옥살(CHOCHO)	2022-03-04 14:45 KST	2022-03-05 KST

자료 : KIST 청정대기센터 미세먼지 인사이트 [환경위성 현황과 위성기반 미세먼지 관측], 2022. 4

(3) 최신기술이 융합된 인공위성 관측

가. 인공지능기법을 적용한 미세먼지 위성관측

❏ 대기측정망이 부족해 미세먼지 농도를 파악하기 어려운 지역(미세먼지 사각지대)에 대한 정확도 높은 농도값 산출을 위한 최신 융합 기술 개발 중이다.

❑ 일례로, 정지궤도 환경위성 관측 자료에 인공지능기법을 적용한 지상 초미세먼지 및 미세먼지 농도 추정 시행 중이다.

- 위성자료는 대기 전체층을 관측한 값으로 이는 지상 미세먼지 관측값과 차이가 발생함. 인공지능기법을 활용해 실제 미세먼지 농도 상황이 잘 반영될 수 있도록 고농도와 저농도 비율을 조정하는 실시간 학습모델을 구축하고 이때 기상자료를 추가적으로 활용해 위성관측농도를 지상 미세먼지 농도로 변화하는 기법 적용

[그림 Ⅰ-30] 미세먼지 사각지대의 지상 미세먼지 농도 추정법

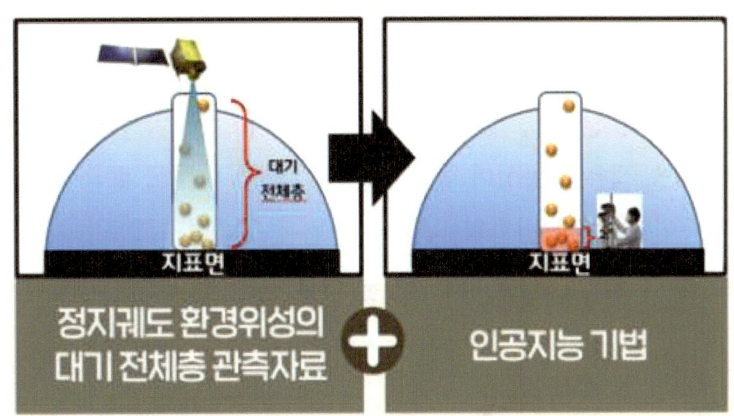

자료 : KIST 청정대기센터 미세먼지 인사이트 [환경위성 현황과 위성기반 미세먼지 관측], 2022. 4

❑ 정확한 측정을 위해 최근 30일간 자료를 활용해 고농도와 저농도 비율을 적절히 조정하는 방식으로 실시간 학습모델을 구축하였다.

❑ 특히 황사나 고농도 사례 발생이 빈번한 겨울철부터 봄철이 여름철에 비하여 더 높은 정확도를 보였다.

- 2021년 1월부터 11월까지 실제 지상관측 지점 자료와 비교 검증한 결과, 초미세먼지 및 미세먼지 농도는 관측치 대비 평균 약 10% 내외로 과소 추정하나 차이가 적은 편

❑ 인공지능 기법을 적용한 최신 융합기술을 통해 관측장비가 설치되어 있지 않아도 광범위한 지역에서의 지상 농도를 한눈에 알 수 있다.

❑ 지상 대기측정망이 부족한 사각지대의 미세먼지 현황 파악 및 대응에 효과적이다.

❑ 환경위성 관측 결과들은 미세먼지 발생원 및 이동 파악, 대기질 예보시스템의 정확도 향상뿐만 아니라 재난재해, 기후변화 대응 등 타분야로 확장하여 활용될 수 있으며 이를 위한 체계적인 시스템 구축이 요구된다.

❑ 위성을 통한 정확한 대기질 현황 분석은 향후 대기오염 관련 국가 간 협상 및 대기환경 분야의 글로벌 주도권 확보를 위한 중요한 자료로 사용될 수 있다.

5) 미세먼지 저감기술 동향

(1) 농업기계

❑ 노후 농업기계의 경우 p-DPF, DPF 등의 매연저감장치를 부착하여 미세먼지를 저감할 수 있다. p-DPF는 엔진에서 배출되는 미세먼지의 50% 이상을 저감할 수 있으며, 필터 막힘이 발생하지 않기 때문에 악조건에서도 엔진의 정지나 파손을 유발하지 않는다. 또한 DPF 대비 가격이 저렴하고 사후관리 및 유지보수가 용이하기 때문에 노후 농업기계에 효과적으로 적용할 수 있는 기술로 판단된다.

❑ 2020년부터 산업통상자원부 R&D로 '미세먼지 50% 저감을 위한 노후 농기계(25~100HP) 엔진 재제조 기술개발' 연구가 진행 중이며, 노후 농업기계에 적용 가능한 p-DPF 개발이 목적이다. 자연재생 방식의 저감기술 적용 가능성이 검토되었으며, 세라믹 재질과 금속 재질로 서로 다른 방법의 저감장치를 개발 중이다. 부착 방법과 내구성 등을 검토하여 2023년 이후 상용화할 예정이다.

[그림 Ⅰ-31] 노후 트랙터 엔진룸 내부 구조 및 p-DPF 부착위치

자료 : 한국환경연구원 [미세먼지 통합관리 전략 수립 연구], 2021. 12

❑ DPF는 미세먼지 저감효율이 80% 이상으로, 재생기술에 따라 자연재생 방식과 복합재생 방식으로 구분된다. 자연재생 방식은 필터에 촉매를 코팅하여 필터에 쌓인 매연을 배출 가스 열로 태우는 기술이며, 복합재생 방식은 버너와 같은 별도의 열원을 이용해서 포집된 매연을 태우는 기술이다. 농업기계는 비교적 고부하로 작업되기 때문에 배출가스 온도가 높아 자연재생 방식을 적용할 수 있을 것으로 판단되나, 실제 작업환경에서 측정된 배출가스 온도 자료가 충분치 않아 추가 검토가 필요하다.

❑ 2017년부터 2019년까지 환경부 R&D로 'Stage V 기준 대응 36kW급 Off-road용 디젤엔진 및 배기후처리 시스템 개발' 연구가 진행되었으며, 해당 연구에서는 기계식 엔진용 복합재생 방식의 저감기술을 개발하였다. 기계식 엔진은 전자제어 엔진과 달리 복합재생 방식을 적용하기 위해서는 배기관에 버너나 전기히터를 추가 설치해야 한다. 해당 연구에서는 배기관에 배기밸브를 설치하여 DPF 재생이 필요한 시점에 배기밸브를 일부 닫아 배출가스 온도를 높이는 기술을 개발하였으며, 해당 기술은 버너나 전기히터를 사용하는 DPF 대비 가격이 저렴하고 설치 공간 제약이

적은 장점이 있다. DPF 외 PM·NOX 저감장치, LPG 엔진개조 등도 농업기계에 적용 가능한 저감 기술이나, 아직 R&D, 시범사업 등으로 검토된 사례는 없다.

[그림 Ⅰ-32] 배기밸브를 이용한 DPF 재생기술 개요도

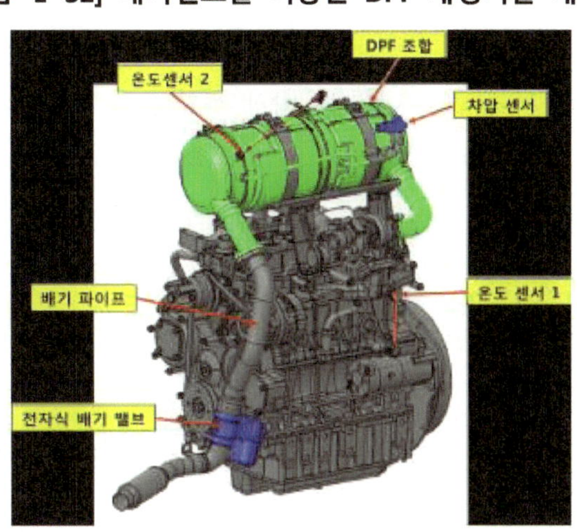

자료 : 한국환경연구원 [미세먼지 통합관리 전략 수립 연구], 2021. 12

(2) 선박

❑ 선박에 적용되는 미세먼지 저감기술은 육상의 플랜트, 자동차 등에서 검증된 기술을 선박에 최적화하여 적용하는 방향으로 개발·적용되고 있다. 해당 기술은 배기가스 내 미세먼지를 분리하는 기술을 기준으로 습식 방식과 건식 방식으로 분류할 수 있다. 습식 미세먼지 저감기술로는 습식 스크러버가 대표적이다. 건식 미세먼지 저감기술로는 건식 전기집진 장치와 DPF가 존재한다. 최근 새로운 기술개발도 시도되고 있으며, 대표적인 예로 보텍스 튜브를 활용한 미세먼지 저감장치가 있다.

[도표 Ⅰ-17] 선박 분야 미세먼지 저감기술

구분	방법	주요 기술
습식 저감기술	- 습식 스크러버(Scrubber)	- 공탑 설계 및 설치 기술, 액분사 제어 기술, 수처리 기술, 슬러지 장치 등 시설 경량화 기술, 제어 시스템 기술 등
건식 저감기술	- 건식 전기집진장치 - 디젤 미립자 필터(DPF)	- 고전압 제어 기술, 입자상 물질 대전 기술, DPF 설계 기술, DPF 유지보수 기술
기타 신기술	- 보텍스 튜브(Vortex Tube) 기반 분리/포집 장치	- 입자상 물질 분류 극대화 보텍스 튜브 설계 기술, 시스템 다중배치 최적화 기술, 미세먼지 포집/저장 기술

가. 습식 저감기술

❑ 습식 저감 기술의 대표적인 사례는 습식 스크러버 시스템으로 이는 대표적인 황산화물 처리 장치이나 미세먼지도 70~90%까지 저감할 수 있는 것으로 알려져 있다. 황산화물은 수분과의 반응성이 우수하여 선박에서는 해수를 이용하여 습식으로 배기가스를 탈황하는 후처리방법이 주

로 사용되고 있다. 미세먼지 역시 해수와의 반응성이 좋아 습식 스크러버를 통해 황산화물과 미세먼지, 특히 PM10을 동시에 저감할 수 있다. 선박에서 사용하는 습식 스크러버는 개방형과 폐쇄형, 하이브리드형의 세 종류로 구분할 수 있다.

❑ 개방형 스크러버는 펌프를 이용하여 해수를 선박 내부로 흡입하여 저장하였다가 스크러버에 분사하여 황산화물 및 미세먼지와 반응시킨 후 발생된 폐수를 바다로 배출하는 시스템이다. 폐쇄형 스크러버는 황산화물 및 미세먼지와 반응한 폐수를 화학적·기계적 처리를 통해 중화 및 정화하여 선박 내부에서 순환시켜 사용하는 방식이다. 마지막 하이브리드 스크러버는 개방형과 폐쇄형을 필요에 따라 전환하여 사용하는 시스템이다. 개방형 스크러버 방식은 비교적 설비가 간단하고 전력 사용량이 적은 점이 유리하지만, 황산화된 폐수를 바다로 배출하기 때문에 대기오염을 저감하여 바다를 오염시킨다는 문제가 있다.

[그림 Ⅰ-33] 개방형 및 폐쇄형 습식 스크러버 시스템 구성

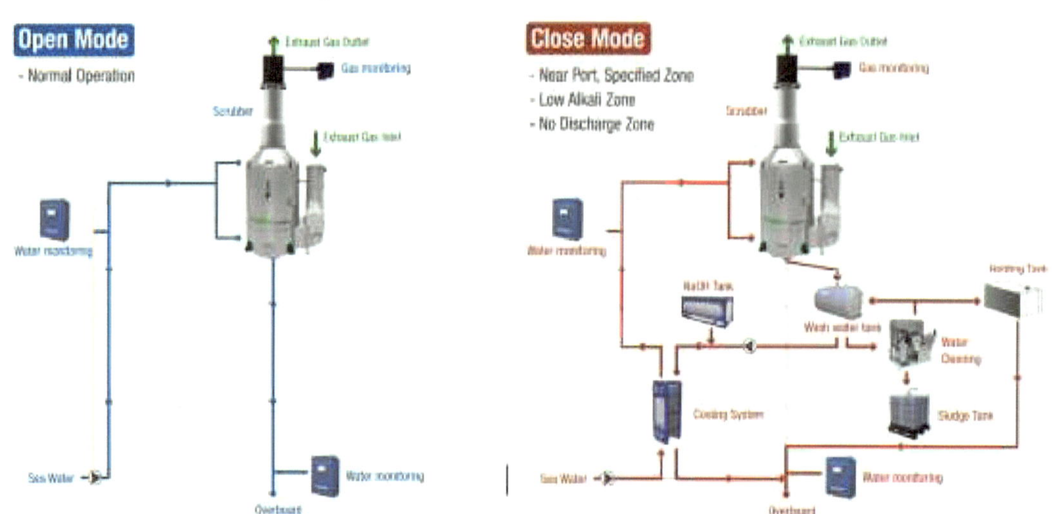

자료 : 파나시아, 한국환경연구원 [미세먼지 통합관리 전략 수립 연구], 2021. 12

❑ 또한 스크러버를 이용한 미세먼지 저감에서는 폐수에 포함된 미세먼지를 필터를 통해 기계적으로 분리하여 저장하고 선박이 입항할 때 육상으로 배출해야 하는 문제를 고려하여야 한다. 스크러버 시스템은 주로 대형 선박에 적용되는 것이 일반적으로, 황산화물 및 미세먼지와 해수를 반응시키는 공탑 및 해수 분사를 위한 각종 설비, 폐쇄형 구성을 위한 설비 등 다수의 장치를 설치하여야 하므로 공간 및 중량 제약에 따라 (약 200톤 이하) 소형 선박에 적용하기는 어렵다.

나. 건식 저감기술

❑ 건식 미세먼지 저감기술의 대표적인 예로 전기집진기술을 고려할 수 있다. 전기집진 시스템은 정전기를 이용하여 배출가스 내의 미세먼지를 집진기 내의 집진판으로 흡착하여 제거하는 기술이다. 전기집진 시스템은 정전기력이 전체 배기가스 흐름에 작용하는 것이 아니라 오직 제거 대상인 입자에만 작용하여, 입자 제거효율이 높고, 운전 시 압력손실이 낮으며, 넓은 온도범위에서

적용할 수 있다는 장점이 있다. 그러나 정전기력을 생성하기 위해 5~10kV의 고전압을 생성하고 이를 제어해야 하는 어려움이 있으며, 높은 초기 비용, 가스 유동 변화에 따른 급격한 집진효율 변화 등의 단점 역시 존재한다.

[그림 Ⅰ-34] 전기적 집진의 원리

방전극
이온화 물질
집진전극
분진,가스
D.O.P,SMOKE
깨끗한 공기

자료 : (주)세진이앤이, 한국환경연구원 [미세먼지 통합관리 전략 수립 연구], 2021. 12

❑ 이러한 배경에서 전기집진 시스템은 다른 기술과 융합되어 육상의 발전 플랜트 미세먼지 저감기술로 주목받고 있으나, 선박에 대한 적용연구는 아직 초기 단계에 있다. 해양수산부는 2019년부터 선박 배출 미세먼지 통합 저감기술 개발사업을 추진하면서 저배압 미세먼지 전기집진 복합장치 개발을 수행하고 있으며, 500kW~2MW급 출력을 내는 중형선박 적용을 위한 콤팩트형 전기집진장치 및 선택적 촉매환원정치(SCR) 통합 시스템을 개발하고 있다. 전기집진 시스템도 스크러버 시스템과 마찬가지로 저장된 미세먼지를 선박이 입항할 때 육상으로 배출해야 하는 문제를 고려하여야 한다. 또한 선상에서 집진판에 부착되어 모인 미세먼지를 한 곳으로 모아 저장하는 방법 및 장치에 대한 고려가 필요하다.

[그림 Ⅰ-35] 콤팩트형 저배압 미세먼지 전기집진 복합장치 개발 사례

Parameter	Range
Distance between plates	20-30 cm
Gas velocity in ESP	1.2-2.4 m/s
SCA(specific collection area)	11-45 m^2/1000 m^3/h
Particle migration velocity	3.05-15.2 cm/s
Number of fields	4-8
Corona power/Flue gas volume	59-295 watts/1000 m^3/h
Corona current/ft^2 plate area	107-860 microamps/m^2

❑ 건식 저감기술 중 DPF는 노후 경유차 및 건설기계에 적용되어 실효를 거두고 있는 대표적인 저감장치기술이다. 그러나 육상용 디젤엔진의 DPF를 선박에 적용하기 위해서는 연소 엔진 배압(back pressure), 촉매 코팅에서의 황 피독 문제 등이 있어 직접 적용이 어렵기 때문에 이에

대한 연구개발이 선행되어야 한다. 2019년부터 추진되고 있는 해양수산부의 선박 배출 미세먼지 통합 저감기술 개발사업에서 400kW급 이하 선박용 저가 보급형 PM·NOX 동시저감을 위한 p-SDPF 시스템 개발을 수행하고 있다.

❑ 자동차 엔진의 허용배압이 약 200mbar인 데 비해, 선박용 엔진의 경우에는 허용배압이 60mbar로 상대적으로 낮은 배압 조건에서 엔진을 운용하고 있으므로 배기관로에 설치되는 DPF 시스템의 배압 제어가 주요 연구내용으로 부각하고 있다. 또한 육상 디젤 자동차에서 사용하는 연료의 경우 황함유량이 10ppm 이하인 반면, 선박에서 사용하는 경유는 500ppm(0.05%)으로 지속적으로 황함유량을 낮추고 있는 추세임에도 불구하고 황함유량이 높아 촉매 코팅의 내구성을 저해하는 요소로 작용한다. 따라서 촉매 보호를 위한 재생기술 개발이 필요하다.

다. 기타 신기술

❑ 선박 미세먼지 저감을 위한 신기술로는 보텍스 튜브 필터(VTF: Vortex Tube Filter) 기술이 있다. 보텍스 튜브는 별도의 열역학적 사이클 구성없이 간단한 구조로 압축공기를 주입하여 장치 내에서 회전시켜 고온과 저온으로 분리하는 기계장치이며, 주입되는 공기의 에너지를 분리함과 동시에 입자상 물질도 분류하는 특성이 있다. 특히 디젤기관에 저압형 보텍스 튜브를 적용한 결과 배기가스에 포함된 미세먼지가 고온 쪽으로 분류되는 결과가 도출되었다. 이러한 보텍스 튜브의 입자상 물질 분류 특성을 활용하여 선박에서 배출되는 미세먼지 저감을 위한 건식 미세먼지 분류/포집 기술이 개발되고 있다.

❑ VTF는 건식 미세먼지 저감기술로 분류될 수 있고, 미세먼지 분류과정에서 흡착을 통한 분류가 아닌 기체 상태에서의 입자상 물질 분리를 통한 배기가스 분류와 침적을 통한 미세먼지 포집이 예상되어 작은 시스템 규모와 적은 중량이 기대된다. 또한 기계적인 배관 시스템으로 구성되므로 장비의 유지보수가 쉬울 것으로 생각된다. 그러나 다른 미세먼지 저감 시스템과 마찬가지로 저장된 미세먼지를 선박이 입항할 때 육상으로 배출해야 하는 문제를 고려하여야 한다.

[그림 Ⅰ-36] 보텍스 튜브 기반 건식 미세먼지 분류·포집 개념

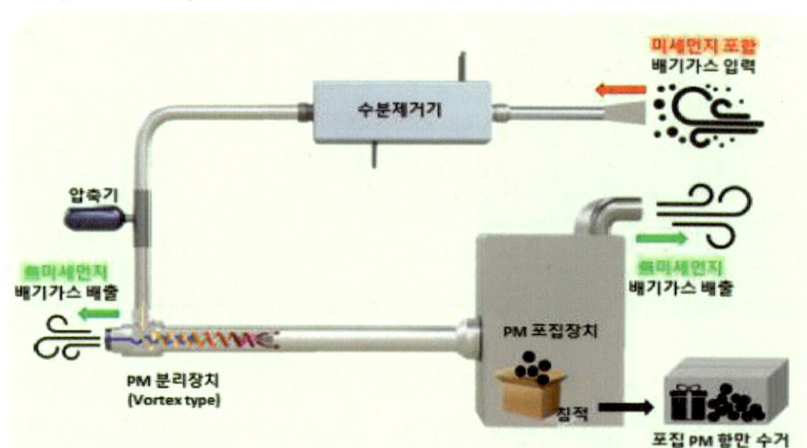

자료 : 한국환경연구원 [미세먼지 통합관리 전략 수립 연구], 2021. 12

(3) 철도

❑ 철도 미세먼지 저감 관련 R&D 현황은 다음과 같으며, 국토교통부 R&D 동향을 중심으로 검토하였다.

[그림 Ⅰ-37] 철도 미세먼지 저감 관련 R&D 동향

자료 : 한국환경연구원 [미세먼지 통합관리 전략 수립 연구], 2021. 12

가. 나노기술을 적용한 실시간 지하구간 오염물질 제거기술

❑ 본 사업은 '국민이 체감할 수 있는 공기질 수준 확보를 위한 지하구간 실시간 오염물질 제거기술 개발'을 위해 3개 세부기술 개발을 목표로 하며, 각 기술에 대한 개요는 다음과 같다.

- 세부기술 1: 도시철도 터널 Hot Spot 구간 관리기술 개발
- 세부기술 2: 전동차 부착형 도시철도 터널 오염물질 제거기술 개발
- 세부기술 3: 초미세먼지 제거차량 시스템 개발

A) 도시철도 터널 Hot Spot 구간 관리기술

❑ 전국 도시철도 터널 구간의 미세먼지 농도를 측정(2015년 7월~8월)하여 터널 오염도 지도를 작성하였다. 측정시간별 도시철도 터널의 미세먼지 농도를 색으로 표시하였으며, 다른 역에

비해 미세먼지 농도가 지속적으로 높아 관리가 시급한 Hot Spot 구간을 도출하였다. 또한 통계분석(상관분석, 군집분석)을 적용하여 터널 특성(심도, 길이, 구배, 환기, 대기오염도 등)에 따른 도시철도 터널의 오염 특성을 분류하였다. 또한 전도성 필터, 자성 필터 기반의 기능성 필터 시스템을 개발하였으며, 도시철도 현장시험을 통해 미세먼지 저감효율 99%를 검증하였다.

[그림 Ⅰ-38] 나노기술을 적용한 실시간 지하구간 오염물질 제거기술 개요

자료 : 국토교통과학기술진흥원, 한국환경연구원 [미세먼지 통합관리 전략 수립 연구], 2021. 12

B) 전동차 부착형 도시철도 터널 오염물질 제거기술

❑ 도시철도 운행 시 미세먼지의 주요 발생원은 차륜-레일 마모, 팬토그래프-급전시설 마모, 열차풍에 의한 바닥 미세먼지의 비산으로 알려져 있다. 이에 도시철도 운행에 의해 발생한 미세먼지의 확산에 앞서 발생원 근처에서 실시간으로 제거하기 위하여 전동차 하부 부착형 미세먼지 집진장치를 개발하였다. 이는 관성집진부와 전기집진부로 구성되며, 공인시험검사기관을 통해 52% 이상의 미세먼지 집진효율을 검증하였다. 또한 도시철도 운행차량 시험을 통해 터널 환경에서의 운행성능 검증을 완료하였다.

[그림 Ⅰ-39] 전동차 부착형 도시철도 터널 오염물질 제거기술 연구개발 성과물

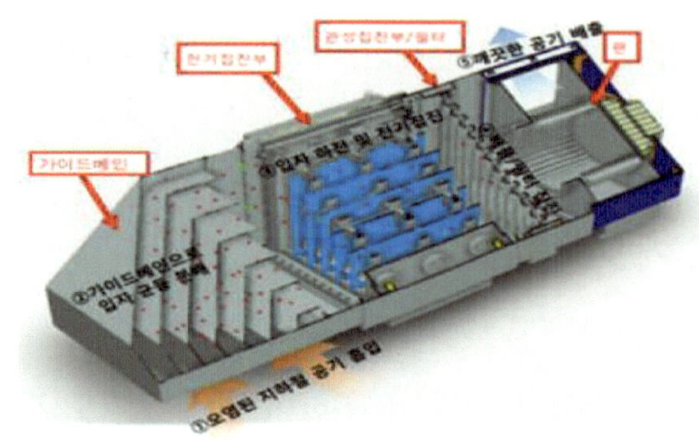

전동차 부착형 미세먼지 집진장치 구성

미세먼지 집진 성능평가 현장시험

C) 초미세먼지 제거차량 시스템

❑ 도시철도가 운행하지 않는 새벽시간에 터널 내 초미세먼지를 제거하기 위하여 3량 1편성 구성의 초미세먼지 제거차량을 개발하였다. 1호차, 3호차(동력차량)에는 차량주행 및 제어, 배터리, 공기압축설비, 배기팬 등의 기계설비를 탑재하였으며, 2호차(집진차량)에는 블로어, 흡진장치, 전기집진장치를 탑재하였다. 흡진모듈을 통해 흡입된 미세먼지는 사이클론, 전기집진기를 통과하며 99% 이상 제거됨을 공인시험검사기관을 통해 검증하였다. 또한 도시철도 시범노선 구간의 현장시험을 통해 터널 미세먼지 농도 33.6% 저감을 달성하였다.

[그림 Ⅰ-40] 전동차 부착형 도시철도 터널 오염물질 제거기술 연구개발 성과물(초미세먼지 제거차량의 도시철도 터널 현장 시험)

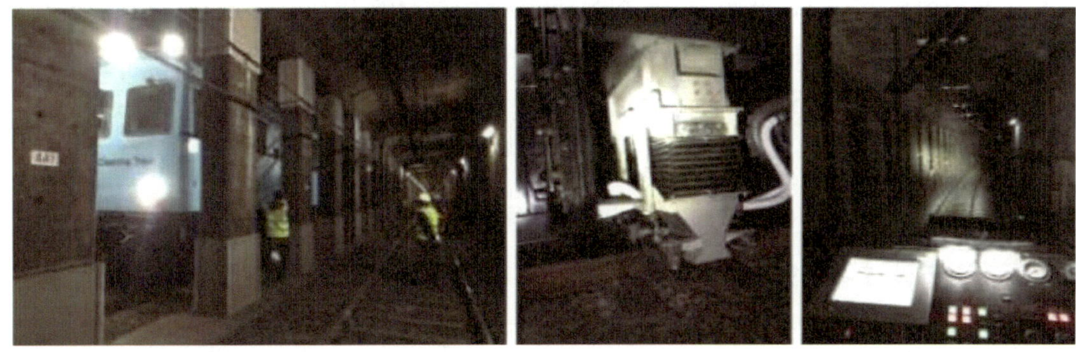

자료 : 국토교통과학기술진흥원, 한국환경연구원 [미세먼지 통합관리 전략 수립 연구], 2021. 12

나. 인공지능 기반의 지하철 이용객의 (초)미세먼지 노출 저감기술 개발

❑ 본 사업은 '지하철 이용승객의 (초)미세먼지 노출 50% 저감'을 위해 3개 세부기술 개발을 목표로 하고 있으며, 각 기술에 대한 개요는 다음과 같다.

[그림 Ⅰ-41] 인공지능 기반의 지하철 이용객의 (초)미세먼지 노출 저감기술 개발 개요

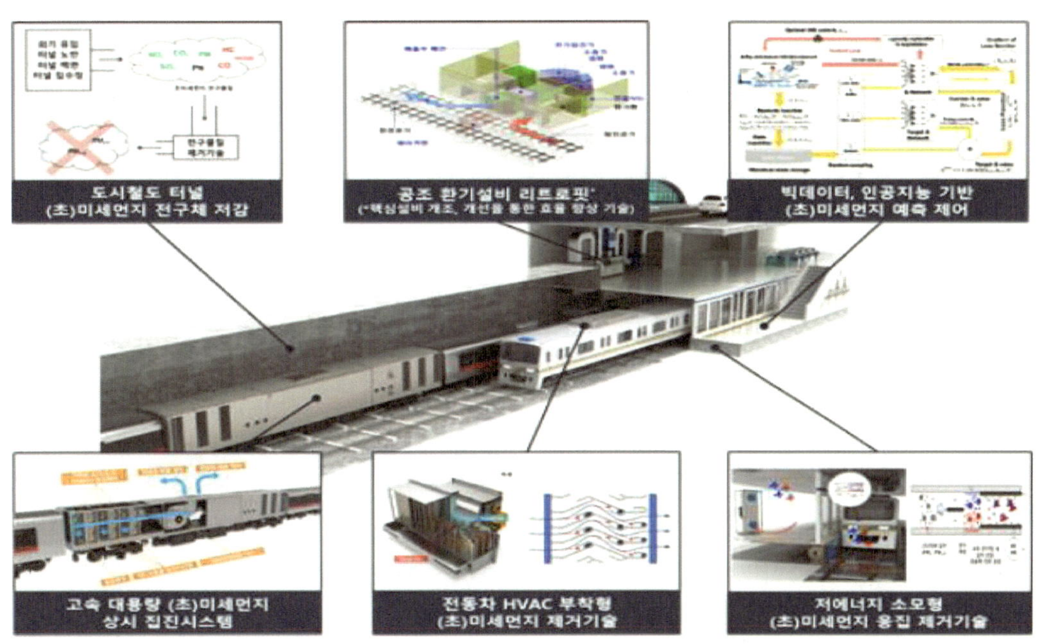

- 세부기술 1: 인공지능 기반 (초)미세먼지 예측 및 고속 저감기술 개발
- 세부기술 2: (초)미세먼지 저감시설의 효율 향상 핵심기술 개발
- 세부기술 3: 지하철 (초)미세먼지 전구체 저감기술 개발

A) 인공지능 기반 (초)미세먼지 예측 및 고속 저감기술

❑ 도시철도 (초)미세먼지 농도를 예측하여 실제 공기질이 악화되기 앞서 공조환기 시스템을 가동하기 위하여 인공지능 기반의 미세먼지 예측모델(예측간격 1시간, 정확도 90% 이상) 및 심층 강화학습 기반의 조기대응형 공조환기 제어모델을 개발하고 있다. 이를 위해 지하철 공기질 실시간 데이터베이스 구축 및 분석 시각화 기술, 하드웨어 플랫폼 제어기를 함께 개발 중이다.

❑ 또한 도시철도 터널 내 미세먼지를 집진 제거하는 동시에 미세먼지가 제거된 신선한 공기를 전동차 객실로 유입하는 전동차 공조환기 시스템(HVAC) 부착형 미세먼지 제거기술을 개발하고 있다. 관성집진 방식을 기반으로 객실 유입 PM10 50% 이상, PM2.5 30% 이상 차단을 목표로 하고 있다. 더불어 본 연구개발 성과물의 도시철도 시범노선 종합 적용 및 현장시험을 통해 (초)미세먼지 농도 저감에 따른 승객의 노출 저감효율을 검증할 계획이다.

[그림 Ⅰ-42] 인공지능 기반 (초)미세먼지 예측 및 고속 저감기술 개념도

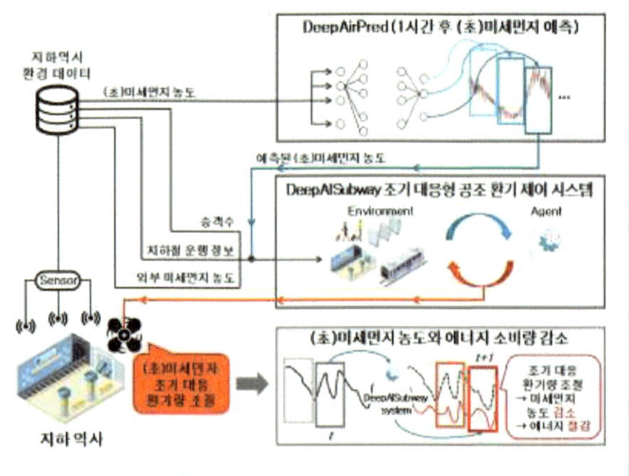

조기대응형 공조환기 제어기술

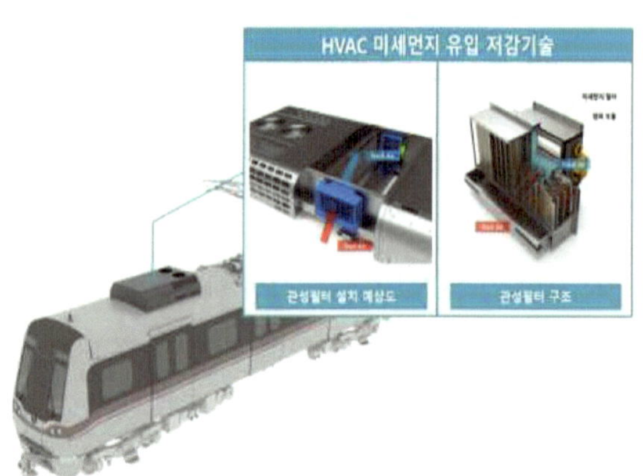

HVAC 부착형 미세먼지 저감기술

자료 : 국토교통과학기술진흥원, 한국환경연구원 [미세먼지 통합관리 전략 수립 연구], 2021. 12

B) (초)미세먼지 저감기술의 효율 향상 핵심기술

❑ 대합실, 승강장 공조환기 시스템의 미세먼지 제거효율 향상을 위하여 초미세먼지 제거장치 모듈화를 통한 공조환기 시스템 리트로핏(retrofit) 기술을 개발하고 있다. 기존의 공조환기 시스템에 사용 중인 필터 방식의 세척, 잦은 교체주기, 압력손실 등 유지관리 어려움을 해결하기 위하여 전기집진장치(하전, 응집, 집진 등)의 리트로핏 모듈 제작 및 현장 적용·구축 기술을 개발하고 있다.

❑ 본 기술은 초미세먼지 제거효율 90% 이상(처리 유량 6,000m^3/h), 압력손실 40mmAq 이하, 오존 발생량 0.03ppm 이하(24시간 연속 운전 기준)를 목표로 한다. 더불어 본 기술과 세부기술 1의 심층 강화학습 기반의 공조환기 제어모델을 도시철도 시범노선에 종합 적용함으로써 조기

대응형 공조환기 제어를 통한 미세먼지 저감성능을 검증할 계획이다.

[그림 Ⅰ-43] 도시철도 공조환기 시스템 현황

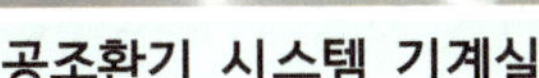

공조환기 시스템 기계실

미세먼지 제거필터(메시필터, 오토필터)

자료 : 한국환경연구원 [미세먼지 통합관리 전략 수립 연구], 2021. 12

C) 지하철 (초)미세먼지 전구체 저감기술

❑ 미세먼지 전구체의 대표물질은 황산화물(SOX), 질소산화물(NOX), 휘발성유기화합물(VOCS) 등으로, 대기 중 물리·화학적 반응을 통해 2차 미세먼지(PM2.5)를 생성하는 것으로 알려져 있다. 도시철도 터널 내 전구체 발생원은 자연환기구를 통한 주변 외기 유입으로 알려져 있으나, 현재 도시철도 내 미세먼지 전구체 현황 파악은 부족한 실정이다. 이에 도시철도 터널 내 주요 전구체에 대한 IoT 기반 감시·분석기술 및 가스상 물질 흡착필터 기반의 전구체 저감기술을 개발하고 있다.

[그림 Ⅰ-44] 열차제어 시스템 기술개발 동향

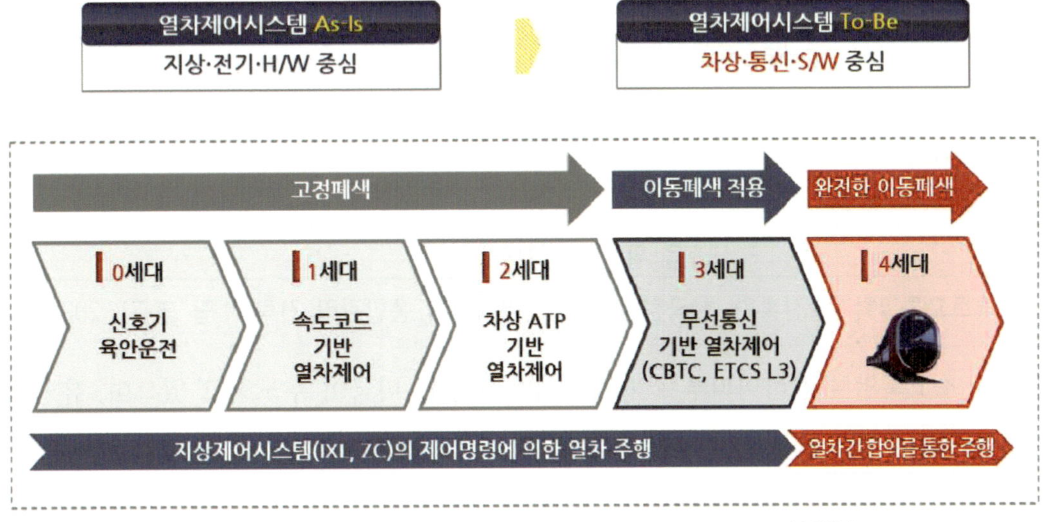

* ATP(Automatic Train Protection) : 자동열차방호
* CBTC(Communication Based Train Control) : 통신기반 열차제어시스템
* ETCS(European Train Control System) : 유럽 열차제어시스템
* IXL(Interlocking) : 연동장치
* ZC(Zone Controller) : 지상제어장치(지상 ATP)

❑ 이 밖에도 철도 부문에서는 미세먼지 등의 오염물질 저감과 관련하여 열차자율주행제어 핵심기술 개발, 수소철도차량 개발, 한국형 하이퍼루프 개발 등의 연구를 추진하고 있다. 열차자율주행제어 기술은 '차상·통신·S/W' 중심으로 열차제어 시스템의 패러다임 변화를 통해 열차 수송능력 향상 및 설비 관련 비용 저감을 도모하기 위한 기술이다. 본 연구개발 성과는 열차 운전시격 및 지연시간 단축을 통해 열차이용자들의 통행시간을 저감할 수 있으며, 이를 통하여 철도서비스 경쟁력 향상에 따른 철도 수단 분담률 증대효과를 기대할 수 있다.

❑ 최근 친환경 에너지원에 대한 요구로 수소에 관한 관심이 높아지면서 수소를 사용하는 연료전지 활용 분야도 넓어지고 있는데, 특히 수소차를 선두로 수송수단인 수소 모빌리티 분야에서 탄소 배출량 저감을 위해 많은 연구개발이 이루어지고 있다. 내구연한이 도래한 노후 경유철도차량은 철도 분야 대기오염물질 배출의 주원인을 제공하고 있어서 이를 친환경 철도차량으로 대체하기 위한 연구개발도 수행되고 있다. 수소철도차량과 관련된 국토교통부 R&D 개요는 다음과 같다.

[도표 Ⅰ-18] 수소연료전지 하이브리드 동력 시스템(1.2MW 이상)을 적용한 철도차량 추진 시스템 최적화 및 운용 기술개발 개요

구분	주요 내용
연구개발 기간 및 예산	- 연구 기간: 2018.4.1 ~ 2022.12.31(4년 9개월) - 연구개발비: 21,996백만 원(정부출연금) 이내
연구개발 목표	- 탄소·미세먼지 배출 저감 및 전력인프라(전차선, 변전소 등) 구축·유지보수 비용 절감을 위한 철도차량용 수소연료전지 기반 하이브리드 추진 시스템 최적화 및 운용기술 확보
연구개발 내용	- 수소연료전지-2차전지 하이브리드 동력 시스템 개발 - 수소연료전지 하이브리드 전력변환장치(DC/DC 컨버터) 개발 - 고출력밀도 추진제어장치 개발 - 전력계통 연계가 가능한 철도차량용 보조전원장치 개발 - 수소충전소 구축방안 연구 - 수소연료전지 하이브리드 철도차량 기술기준(안) 개발 - 구성품 조합시험 및 시험차량을 통한 성능검증
최종 성과물	- 수소연료전지 하이브리드 동력 시스템 적용 철도차량 추진 시스템 - 수소 충전 인프라 설계 사양 및 임시충전설비 - 수소연료전지 하이브리드 철도차량 기술기준(안) - 실증을 위한 시험차량

자료 : 국토교통과학기술진흥원, 한국환경연구원 [미세먼지 통합관리 전략 수립 연구], 2021. 12

❑ 또한 초고속열차인 하이퍼루프의 기술개발은 현재 미국이 주도하고 있으며, 유럽, 러시아, 아시아 등에서도 관련 내용을 연구하고 있다. 국내에서는 하이퍼루프와 유사한 속도의 하이퍼튜브(HTX: Hyper Tube eXpress)라는 이름으로 연구가 진행 중이다. HTX는 아진공 튜브 안을 캡슐차량이 부상하여 핵심 거점 간을 초고속으로 연결하는 신개념 교통 시스템이며, 한국철도기술연구원 등에서는 시속 1,200km 이상의 속도를 목표로 연구개발 중이다.

❑ 과학기술정보통신부 혁신도전 프로젝트 추진단은 2021년 4월 2일에 '하이퍼튜브 실용화 기

술개발사업'을 국토교통부와 과학기술정보통신부의 협동 혁신도전 프로젝트로 선정하였으며, 이르면 2023년부터 국가 R&D로 추진될 계획이다.

(4) 항공

❑ 항공 부문에서는 바이오 항공유 개발, 친환경 항공기 개발, 도심항공교통(UAM: Urban Air Mobility) 도입 등이 오염물질 저감을 위한 주요 방안으로 검토된다.

가. 바이오 항공유 개발

❑ 바이오 항공유는 오일 및 지방계열, 당류계열 및 목질 바이오매스 계열 등의 바이오매스 기원 원료를 이용한 합성기술로 제조된 항공연료를 의미한다. 전 주기를 기준으로 바이오 항공유는 원료작물을 재배할 때 이산화탄소가 흡수되므로 탄소순환에 의해 재순환되는 탄소중립원으로 인정받고 있다. 바이오 항공유가 공급되기까지의 과정은 생산, 인증, 혼합, 수송, 급유로 구분할 수 있다. 생산의 경우, 출발물질과 공정에 따라 OTJ(Oil-to-Jet), ATJ(Alcohol-to-Jet), GTJ(Gas-to-Jet), STJ(Sugar-to-Jet)로 구분한다. 그리고 해당 공정에 따라 온실가스 감축효과는 최소 40%에서 최대 82%까지 차이가 나타난다.

❑ 인증의 경우, 국제적으로 통용되는 규격과 품질조건을 만족해야 하며, 국제기준으로는 ASTM, DEF-STAN91-91(영국), IATA의 규격 등이 있다. ASTM 품질규격인 D7566에 등록하기 위해서는 ASTM D4054(Standard Practice for Qualification and Approval of New Aviation Turbine Fuels and Fuel Additives)에 따라 1) 연료물성시험, 2) fitness for purpose 시험, 3) 부품시험, 4) 엔진 및 APU 시험을 통과해야 한다. 그 다음 단계인 혼합·수송·급유 기술은 기존 항공유 보급기술과 큰 차이가 없어, 국내 바이오 항공유 개발에 중요한 부분은 생산과 인증 그리고 바이오 항공유 관련 정책인 것으로 나타났다.

❑ 국내의 경우 2010년부터 바이오 항공유에 대한 R&D 연구가 활발하게 이루어졌으나, 대부분이 원천기술 개발을 위한 단계로 pilot 및 실증 이상 개발을 위한 R&D 연구는 부족한 상황이다. 인증의 경우, 부품시험과 엔진 및 APU 시험이 가능한 설비가 구축되어 있지 않아 인증가능 여부를 정확히 판단할 수 없다. 과거 지속적으로 제기되었던 대체연료 개발 및 바이오 항공유 개발 및 사용 유도를 위한 정부정책 필요성과 함께 탄소중립체제로의 전환 의지 등이 맞물려 현재는 『제3차 항공정책기본계획(2020-2024)』에도 바이오 항공유 도입을 위한 기반 조성을 30개 추진과제 중 하나인 '지속가능성장을 위한 환경이슈 적극대응'에서 고려한다.

❑ 해당 계획상으로는 정부, 공사, 항공사, 조업사 등 공항운영자 참여 협의제 구성(2020년), 제휴를 통한 시험운항체계 구축(2022년~), 바이오 항공유 적용을 위한 법·제도 인프라 마련(2021년~), 국내 바이오 항공유 공급방안(생산, 저장, 운반, 급유 등) 확보(2025년~)를 명시하고 있다.

나. 친환경 항공기 개발

❑ 전 세계적으로 전기 또는 수소 연료를 추진동력으로 삼는 친환경 항공기에 대한 개발이 활발하게 이루어지고 있다. 특히, 전기동력 항공기의 경우 수직이착륙이 가능한 형태로 개발이 진행되면서 도심 내에서 활용될 수 있을 것이라는 기대와 함께 보잉이나 에어버스와 같은 기존 항공기 제작기업 뿐 아니라 이항(Ehang), 릴리움(Lilium) 등의 스타트업 업체들도 시장에 참가하여 기체를 개발하고 있는 것으로 나타난다. 그러나 전기동력 항공기는 배터리 문제로 기존 항공기를 대체하기는 어려울 것으로 판단되고 있으며, 100~135인 정도 탑승 가능한 상업용 항공기는 하이브리드 형태로 개발이 진행되고 있다.

❑ 반면 수소 항공기의 경우, 타 국가에서는 개발이 활발하게 이루어지고 있는 데 반해 우리나라는 아직 미진한 수준이다. 『제3차 항공산업발전 기본계획(2021-2030)』과 '수소 기술개발 로드맵(안)'은 수소연료전지 항공기 개발에 대한 계획을 포함하고 있으며, 『제3차 항공산업발전 기본계획(2021-2030)』에서는 세부 추진과제로 '전기/수소연료 추진 핵심기술 확보로 친환경 항공기 산업 육성'을 수립하였다. '수소 기술개발 로드맵(안)'에서는 수소 활용분야인 수송수단에서 항공의 경우, 현재 핵심 부품기술을 국외에 의존하는 수준인 수소드론 시스템을 개발할 것을 제시하고 있다. 최종적으로는 2030년 수소드론을 상용화하고, 2040년 연료전지 시스템 기반의 유인항공기 상용화가 가능한 원천·제품화 기술의 개발을 목표로 하고 있다. 향후 기술로드맵 이행을 위해 '범부처 수소 R&D 협의체'를 운영하고, 범부처 R&D 사업을 기획할 것으로 계획하고 있다.

다. 도심항공교통(UAM) 도입

❑ 도시항공교통(UAM)은 도심지 내 수직이착륙이 가능한 전기동력 비행체를 활용하여 도시권역(30~50km) 교통수요를 정체 없이 수용 가능한 차세대 3차원 교통서비스를 말한다. 수직이착륙전기동력항공기(eVTOL: electric Vertical Take-Off & Landing)를 활용하는 것이 핵심으로, 수직이착륙하므로 별도의 활주로가 필요 없고, 전기를 동력으로 하므로 소음 절감 및 공해 감소가 가능하여 도심 내 모빌리티 수단으로 활용할 수 있을 것으로 기대된다. 따라서 위에서 언급하였듯이 기존 항공기 제작업체뿐만 아니라 이항, 릴리움과 같은 스타트업 업체들과 General Motors나 현대와 같은 기존 승용차 제작 사업체들도 eVTOL 개발에 뛰어든 상황이다.

❑ 국내의 경우, 2020년 12월 한국형 도심항공교통(K-UAM) 정책공동체인 'UAM Team Korea' 협의체를 결성하였고, '21년 3월 K-UAM 기술로드맵을 확정하였다. 기술로드맵에 따르면 2025년에는 UAM이 도입되고, 초기(2025~2029년), 성장기(2030~2034년), 성숙기(2035년~)에 따라 기체, 인프라 등이 발전하여 시장이 변화되고 성숙기에는 도심 내 및 주요 도시 간(예: 서울-대구) 이동까지도 가능할 것으로 보고 있다.

❑ 기술로드맵의 추진전략 중 하나로 국민의 수용성을 증대할 수 있는 친화기술 확보가 있으며, 해당 기술에는 친환경 연료, 저소음 추진장치 등 개발이 포함되어 있다. 그러나 아직까지 국내에서

는 UAM을 이용할 경우의 환경 편익이 얼마나 될지 연구된 바가 없다. 유럽항공안전청(EASA: European Union Aviation Safety Agency)에서 발표한 보고서에 따르면, UAM 운영이 지역 공해에 미치는 영향은 거의 없을 것이지만, 부품 제작이나 조립 등에서 배출이 되지 않도록 설계 단계에서 주의를 기울여 전반적인 환경영향을 줄이는 데 중점을 두어야 할 필요가 있다고 언급하고 있다.

(5) 군용차량

❑ 군용차량의 배출가스 저감기술은 기본적으로 도로이동오염원의 차량 총중량 3.5톤 이상 화물차 등에 적용되는 기술과 같으며, DPF, PM·NOX 저감장치 등을 부착할 수 있다. 다만 군용차량은 도로이동오염원 대비 주행거리가 길지 않고 통행속도가 높지 않다는 특성이 있어 군용차량의 통행 특성에 적합한 저감장치를 개발해야 할 필요가 있다. 현재 군용차량을 대상으로 한 배출가스 저감장치 개발이 국가연구개발사업으로 활발하게 추진되고 있으며, 과학기술정보통신부 R&D 사업으로 플라즈마 기반 DPF 개발이, 환경부 R&D 사업으로는 PM·NOX 저감장치 개발이 각각 진행 중이다.

[그림 Ⅰ-45] 군용차량 배출가스 관련 R&D 사례

DPF + plasma burner

Diesel burner aided by rotating arc plasma

Diesel Particulate Filter (DPF) & mixer

Power supply 80 W

플라즈마 기반 DPF 개발

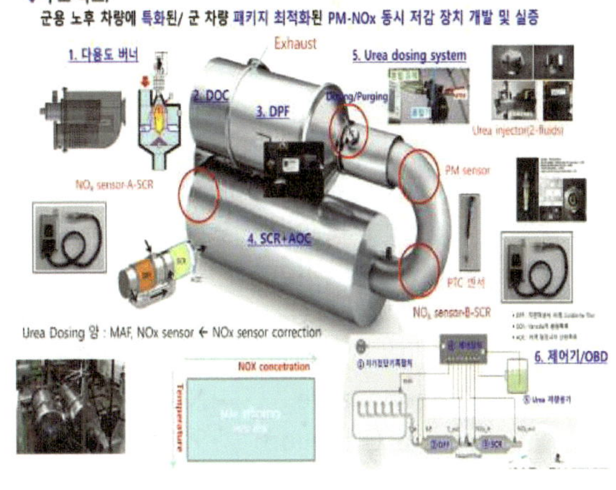

PM·NOX 저감장치 개발

자료 : 한국환경연구원 [미세먼지 통합관리 전략 수립 연구], 2021. 12

❑ 플라즈마 기반 DPF 개발은 저속, 저부하 등의 엔진 운전으로 배출가스 온도가 낮은 차종에서 발생하는 백연(white smoke) 문제 등을 해결하기 위하여 기존 승온용 버너 대신 플라즈마 버너를 적용한 저감기술이다. 플라즈마 버너는 화염의 착화 및 유지를 위하여 기존 버너에서 사용하는 전기히터 방식의 점화장치를 대신하여 회전하는 아크 플라즈마를 활용한 기술이다. 플라즈마 버너는 엔진의 운전 조건이 수시로 변하는 상황 속에서 배출가스의 산소농도가 순간적으로 낮아지거나 유속이 급격히 빨라지는 조건에서도 화염을 안정적으로 착화하고 유지할 수 있는 장점이 있다. 현재 일부 군용차량을 대상으로 한 실증시험과 군용차량 외 도로용 3종에 대한 시범사업을 각각 추진 중이다.

❑ PM·NOX 저감장치 개발은 특정 군용차량(2.5톤, 5톤 군 표준차량)을 대상으로 군 환경 및 요구조건에 부합하는 저감장치를 개발하고, 실제 적용 가능 여부를 판단할 수 있는 실증사업 추진이 주된 목적이다. 1차 연도 사업에서는 군 차량의 운행 특성 자료 수집, 군 차량에 부착 가능한 저감장치 설계, 저감장치 저감효율 등을 검토하였으며, 2차 연도 사업에서는 군 환경이 반영된 실운행 조건에서도 저감효율이 유지될 수 있도록 지속적인 튜닝을 수행하고 있다. 3차 연도 사업에서는 실증시험 및 사업화를 진행할 예정이다.

6) VOCs 저감장치 기술개발 및 특허동향

(1) 휘발성 유기화합물(VOCs, Volatile Organic Compounds)

❑ 휘발성 유기화합물 (VOCs, Volatile Organic Compounds)은 탄화수소류 중 레이드 기압이 10.3 KPa 이상인 석유화학제품, 유기용제 또는 기타 물질이며, 인체 노출 시 발암, 유전자 변이, 기형 등 피해를 유발시키는 대기오염물질이다.

❑ VOCs는 대기 중에서 태양광선에 의해 광화학 산화반응을 통해 지표면의 오존 농도를 증가시키고 스모그 현상을 일으키게 되며, 대기 중 수증기나 오존과 만나 과산화기를 생성하고 이러한 2차 유기입자는 대기 중의 NOx, NH_3, SOx와 결합하여 초미세먼지를 생성한다.

[도표 Ⅰ-19] VOCs 처리 기술의 종류 및 특성

분류	기술	장점	단점
파괴 기술	재생열산화법 (RTO, Regenerative Thermal Oxidation)	•높은 열회수 효율 •간단한 구조와 긴 수명 •NOx 발생 감소 •모든 VOCs 고효율 처리 가능	•초기 투자비용이 높음 •장치의 크기와 무게가 촉매장치 보다 큼
	재생촉매산화법 (RCO, Regenerative Catalytic Oxidation)	•저온연소로 에너지 효율 높음 •VOCs 고효율 처리 •NOx 발생 감소 •90% 이상의 열 회수 가능	•가스 특성에 따라 적용범위가 제한될 수 있음 •촉매 교체 비용 발생 •초기 투자비용이 높음
회수 기술	흡착법 (Adsorption)	•높은 제거 효율 •저농도 배출가스 제어 가능 •VOCs 고농도 회수	•수분 및 입자상 물질 등의 전처리가 요구됨 •재생회수가 증가함에 따라 효율이 점차 감소함
	흡수법 (Absorption)	•부식성 오염물질 제어 가능 •고농도와 저농도 모두 제어 가능 •입자상 물질도 포집 가능함 •적은 설치비와 공간효율이 높음	•폐흡수액에 대한 처리가 요구됨 •막힘현상 발생 •유지관리비가 높음
	생물학적여과법 (Biofiltration)	•설치비와 유지관리비가 적음 •고용량 저농도 배출가스 처리유리 •천연물질 사용	•생물학적 난분해성 물질 처리가 불가능함 •운영방법이 까다로움
	막분리법 (Membrane separation)	•오염부산물 생성이 없음 •VOCs 상변환 없이 회수 가능	•고농도 VOCs 회수가 어려움

(2) VOCs 저감 장치 기술 개발 동향

가. 관련 연구개발 추진 사례

❏ **(에이치에스이)** 인체 발암/비발암 VOCs 분해·파괴 저감장치 개발

- 중소벤처기업부의 '창업성장기술개발(R&D) (2021~2023)' 회전 글라이딩 아크 방전시스템을 이용한 고농도 VOCs 저감장치 개발, 고농도·저농도 VOCs 처리기술 및 저감시스템 개발, RGA를 활용한 VOCs 저감공정 최적화 등

❏ **(이화여자대학교)** 생활밀착형 VOCs 저감을 위한 보급형 전처리 장치와 댐핑 기술 개발

- 과학기술정보통신부의 '기후변화대응기술개발(R&D) (2017~2022)' 저에너지-고효율의 안전한 전처리기술 보급을 통한 생활밀착형 VOCs 피해를 저감하고자, 입자성물질(PMs) 처리용 보급형 습식 세정 장치 개발, 배출원 특성에 적합한 VOCs 흡수소재 개발 및 고농도 VOCs 충격 완화 댐핑 기술을 개발

❏ **((주)창성엔지니어링)** 소규모 도장공장용 가변농축 저온촉매 연소기술을 이용한 저비용고효율 VOCs 저감장치

- 환경부의 '미세먼지 사각지대 해소 및 저감 실증화 기술개발사업 (2020~2022)' 도장공정 적용용 6000, 1200NCMH급 Cabinet type VOCs 저감 장치 개발

❏ **(숭실대학교)** 전기화학적 저온산화법을 이용한 VOCs 저감기술개발

- 과학기술정보통신부의 '기후변화대응기술개발(R&D) (2017~2022)' 전기화학적 방법을 이용하여 강력한 산화제용액을 제조하고 이를 이용하여 VOCs를 산화시켜 제거할 수 있는 원천 기술을 개발하고 이를 사업화하기 위한 시작품을 개발

나. 기술 개발 이슈

A) 저온 구동 고효율 제올라이트 기반 VOCs 흡착 공정

❏ 흡착에 의한 휘발성유기화합물(VOCs) 제거에 있어서 사용되는 흡착제 및 흡착 공정은 경제성, 환경성, 효율성 측면에서 미래지향적인 기술로의 발전 가능성이 있어야 한다.

- 이에 따라 흡착제를 적용하여 VOCs를 흡착시킨 후 고농도로 회수·재생하기 위하여 탈착 기술을 반복적으로 수행
- 사용되는 흡착제는 흡착된 VOCs를 회수하여 흡착제를 재생시킴으로써 사용 가능한 횟수를 증가시켜 재사용이 수차례 가능함을 의미하며, 수명 연장이 가능한 정도가 중요한 관건이라 할 수 있음

❏ 상기 공정에서는 활성탄, 실리카겔, 알루미나 등 다양한 흡착제 중 제올라이트 기반 흡착제를 적용한다.

- 제올라이트는 기존에 주로 사용되는 활성탄보다 VOCs에 대하여 효율적으로 흡·탈착이 가능하며, 일정 농도 이상의 유기증기를 흡착했을 경우 폭발 가능성이 있는 활성탄을 대체

할 수 있는 소재로써 최근 많은 개발이 시도됨

❑ 제올라이트 기반 흡착제의 흡·탈착 성능을 증진시키기 위해 흡착제의 화학적 제어와 같은 소수성 부여(Si-Al 비율 조절, dealumination 등) 및 기공 제어의 과정을 통해 흡착제를 개질한다.

- 제조한 소수성 고실리카 제올라이트 흡착 소재는 VOCs 중 대표 물질인 벤젠, 톨루엔, 에틸벤젠, 자일렌을 대상으로 한 흡착 실험에서 우수한 흡착 성능을 나타냄

❑ 이러한 방식으로 제조한 흡착 소재는 수분 및 온도의 영향을 많이 받는 활성탄의 단점을 보완할 수 있고 다양한 형태로 적용이 용이하며, 내구성이 높다는 장점이 있다.

- 이를 통해 주요 현안인 VOCs 제어에 대한 문제점이 해결될 수 있으며, 다양한 VOCs 배출원에 개질한 제올라이트 기반 흡착제를 적용함으로써 안정성을 높이고 고효율로 VOCs를 저감하는 효과가 있을 것으로 기대됨

[그림 Ⅰ-46] 소수성 고실리카 제올라이트 흡착제 개발을 통한 VOCs 흡찰착 증진

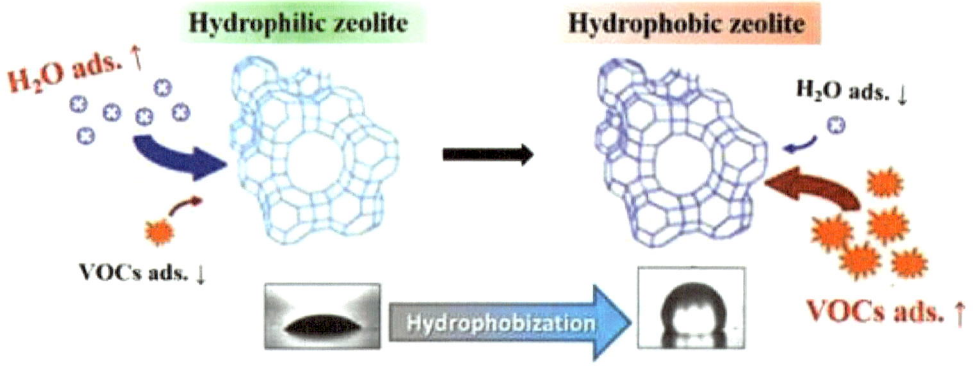

자료 : 중소벤처기업부, TIPA [중소기업 기술국산화 전략품목 상세분석 그린에너지편], 2022.

B) 마이크로웨이브를 활용한 VOCs 저감 장치

❑ VOCs를 처리하는 기존 처리 방식의 대안으로 마이크로웨이브(microwave)에 의한 분리 탈착 기술이 대두되고 있다.

- VOCs를 처리하는 방법에는 흡착처리법, 촉매열산화법, 축열산화에 의한 방법이 있음
- 최근 각각의 방법들의 단점을 보완한 하이브리드 시스템에 대하여 많은 연구가 수행됨

❑ 마이크로웨이브를 이용한 방법은 유전가열(dielectric heating)에 의한 방법이기 때문에 오염물질을 직접 가열할 수 있으며, 흡착된 오염물질이 마이크로웨이브가 통과하는 비극성 성분일 경우 주변에 있는 수분을 가열하여 오염물질을 효과적으로 가열할 수 있다는 장점이 있다.

- 마이크로웨이브를 이용한 VOCs 저감 장치는 VOCs 흡착제의 주기적 재생이 가능하여 흡착제를 반영구적으로 사용할 수 있으며, 기존 열풍방식 대신 마이크로웨이브 가열방식을 적용하여 VOCs 농축기, RTO, RCO 등의 기존 설비 대비 30% 이상 높은 에너지 효율을 나타냄

❑ 상기 공정에서는 제올라이트, 알루미나, 활성탄, 산화 금속 등의 소재를 사용할 수 있으며,

허니컴 구조의 담체에 코팅함으로써 접촉 면적을 증가시키고 흡착 및 산화 효율의 향상을 극대화 할 수 있게 된다.

❑ 또한, 유동에 따른 압력강하를 감소시킴으로써 제한된 구조 내에서 탈착과 산화가 효율적으로 이루어질 수 있다는 장점이 있다.

❑ 이러한 방식의 시스템은 VOCs 흡·탈착과 촉매 산화 기능을 겸비하여 비교적 장치 크기가 콤팩트하며 도장부스, 반도체/LCD 제조공정, 석유화학공정 등 VOCs 대량 발생 산업 현장에 효과적으로 적용 가능하다. 또한, 제습 및 Air dryer 설비로도 사용 가능하다.

[그림 Ⅰ-47] 마이크로웨이브 VOCs 정화시스템

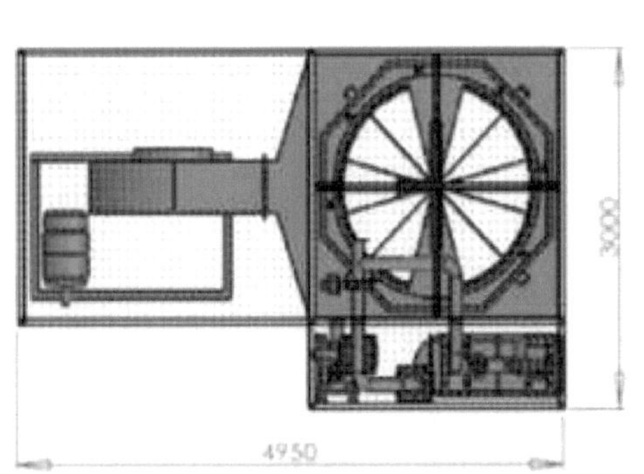

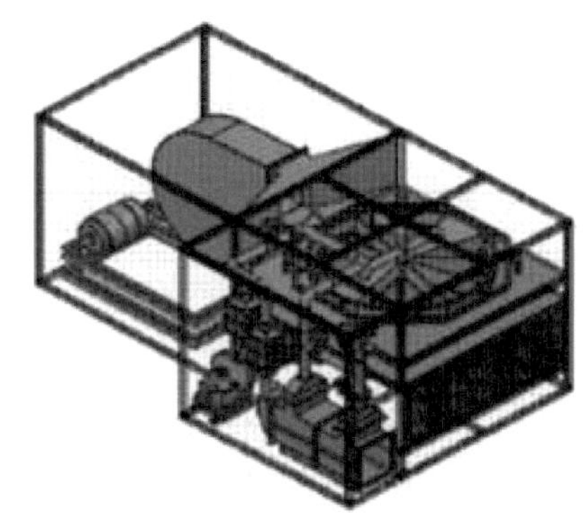

자료 : 중소벤처기업부, TIPA [중소기업 기술국산화 전략품목 상세분석 그린에너지편], 2022.

다. 생태계 기술 동향

A) 해외 플레이어 동향

❑ 주요 VOCs 제거 설비 업체로는 Reeco, Salem, Smith, Monsanto Environ. Chem., Envirotec., Lensi., LTG 등이 있으며 주로 도장, 화학, 목공, 전자 산업 등의 분야에 수요가 있다. 이러한 업체들이 기반이 되어 미국과 유럽 국가들을 중심으로 VOCs 규제 강화에 따른 시장 형성이 이루어질 것으로 기대된다.

❑ Ford

- 개발하고 있는 Fumes to Fuel Project는 VOCs를 에너지로 활용 해외 기술 중 대표적인 사례
- VOCs를 이용한 수소 생산과 더 나아가 연료전지와의 연계에 초점을 맞추어 개발 중

❑ Seibu Giken

- 제올라이트 농축 로터를 이용하여 VOCs 및 악취를 제거하는 기술을 개발
- 소수성 제올라이트를 허니컴 형태의 매트릭스에 결합시킨 고성능 농축로터를 연속적으로 회전시켜 저농도의 VOCs가 통과하면서 흡착될 수 있도록 구성
- 회전식으로 구동하기 때문에 흡착과 탈착의 과정이 반복적으로 이루어져 효율적인 처리가 가능하며, 톨루엔 및 자일렌 뿐 만 아니라 스틸렌 등의 열 중합성이 높은 VOCs 물질도 처리 가능한 것을 확인

[그림 Ⅰ-48] 허니컴 형태의 로터 상세

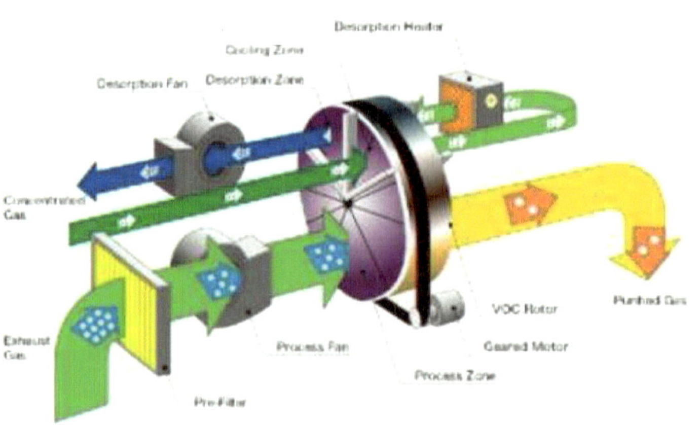

자료 : 중소벤처기업부, TIPA [중소기업 기술국산화 전략품목 상세분석 그린에너지편], 2022.

B) 국내 플레이어 동향

❑ **이지이앤엠**

- 러시아의 광촉매 산화시스템, 독일의 이산화염소 산화시스템 등의 해외 선진 특화기술을 보유하고 있는데, 특히 제올라이트 광물 흡착시스템을 보유함으로써 국내 아스콘 공장 대기배출 규정에서 설비 허가 기준을 유일하게 통과하는 결과를 나타냄

❑ SG

- 대기오염물질 저감뿐만 아니라 폐기물 처리 기술 등 전반적인 기술 개발 분야에서의 시너지 효과를 기대하고 있음

❑ **포스코**

- 제올라이트를 이용한 대기오염물질 저감을 위한 방법을 모색
- 실제로 2020년 11월, 공기 중의 질소산화물과 같은 대기오염물질 저감을 위해 '선택적 촉매 환원 설비(SCR)'를 구축하였고, 이에 촉매제로써 구리 제올라이트, 철 제올라이트 등 제올라이트 기반 촉매를 사용함으로써 질소산화물을 최대 80%까지 저감하고자 함

❑ KAIST

- 200여 개의 다양한 구조를 가진 대표적인 다공성 물질인 제올라이트를 인공지능(AI: Artificial Intelligence)을 활용하여 원하는 물성으로 설계하여 제조하는 방법을 개발
- 4차 산업과 포스트 코로나 시대를 맞아 빠르게 발전하고 있는 인공지능 트렌드에 맞춰 발전 가능함을 보여주는 대표적인 사례

❑ **에코프로**

- 2018년 상용화한 마이크로웨이브를 활용한 VOC 저감장치의 수요를 확대
- 발생되는 휘발성유기화합물의 특성에 최적화된 흡착제를 비롯하여 마이크로웨이브 효율 개선, 시스템의 에너지효율 극대화 등 제품 경쟁력 강화를 위한 연구를 지속적으로 추진

- 독자기술로 정유공정 촉매를 개발하고 있는 한편, 정유공정에서 대량으로 발생하는 중유 탈황 폐촉매로부터 몰리브덴, 바나듐, 니켈, 코발트, 알루미늄 등 유용금속 전체를 친환경적으로 회수하는 기술을 개발 중
- 수소제조용 천연가스 개질기, 차량용 세라믹필터, MLCC용 전자재료 등 다양한 중장기 신규아이템 개발을 통해 미래 성장 동력을 확보하기 위해 투자를 강화하고 있음

(3) 주요 플레이어 특허동향

가. 해외 플레이어 특허 동향

A) 연도별 출원 동향

❑ 해외 주요 플레이어 각각의 출원 동향을 살펴보면, SWISS KRONO TEC는 2013년 1건의 출원을 시작으로 2019년까지 꾸준하게 관련 특허를 출원 중이다. THE SHERWIN-WILLIAMS COMPANY는 2000년대 중후반에 관련 특허를 출원하였으나 그 후로는 출원이 감소하였다.

[도표 Ⅰ-20] 해외 연도별 출원 동향

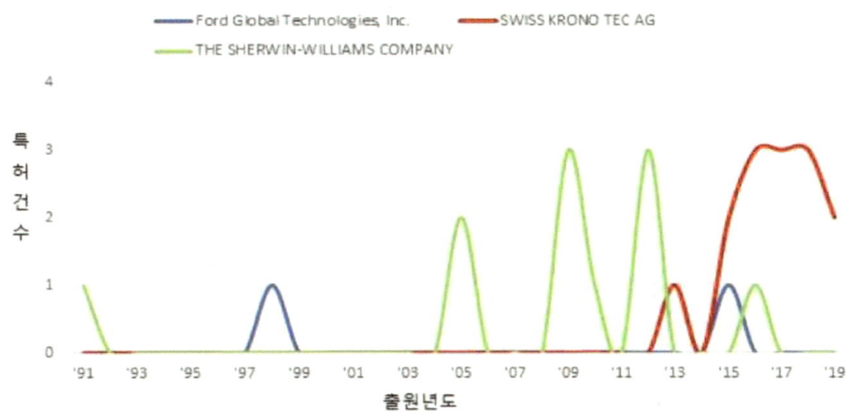

B) 국가별 출원 동향(건수)

❑ 해외 주요 플레이어 각각의 국가별 출원동향을 살펴보면, 공통적으로 자국에 집중적인 출원이 이뤄지고 있는 것으로 나타났으며, 특히 SWISS KRONO TEC은 미국과 일본에도 출원 중으로 각 시장을 중요하게 보고 있는 것으로 판단된다.

[도표 Ⅰ-21] 해외 국가별 출원 동향(건수)

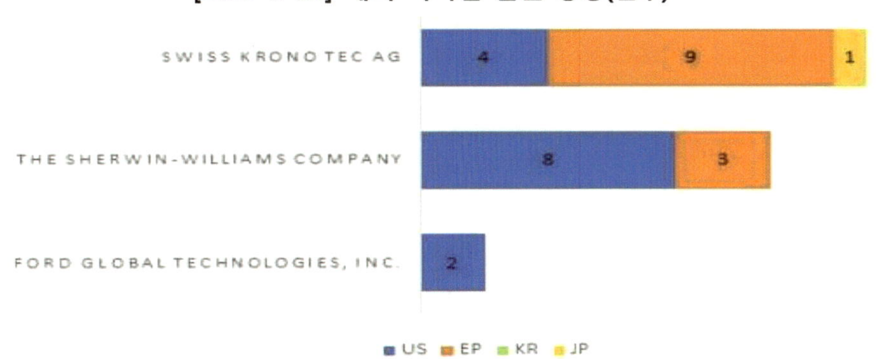

나. 국내 플레이어 특허 동향

A) 연도별 출원 동향

❑ 국내 주요 플레이어 각각의 출원 동향을 살펴보면, 삼성중공업은 2011년에 15건의 출원으로 가장 많은 출원을 하였으며 2014년에 4건 출원을 하였으나, 최근에는 관련 출원이 존재하지 않다. 고신대학교는 2013년 출원을 시작으로 2017년에 10건의 출원을 하였으며, 이를 통해 관련 연구를 진행하고 있는 것으로 판단되며, 포스코의 경우 1990년대에 출원이 있었으나 현재는 출원하지 않고 있는 것으로 확인된다.

[도표 Ⅰ-22] 국내 연도별 출원 동향

B) 국내 주요 플레이어 출원 동향(건수)

❑ 국내 주요 플레이어 각각의 국가별 출원 동향을 살펴보면, 3개의 기업 모두 자국 내 출원 경향이 강하게 나타난다.

[도표 Ⅰ-23] 국내 주요 플레이어 출원 동향(건수)

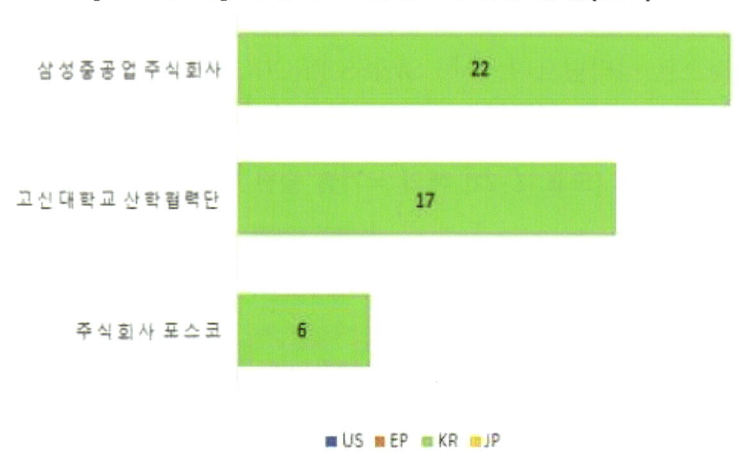

자료 : 중소벤처기업부, TIPA [중소기업 기술국산화 전략품목 상세분석 그린에너지편], 2022.

7) 고효율 헤파필터 연구개발 및 특허동향

(1) 고효율 헤파필터

❏ Air filter는 공기 중 분진을 포집할 목적으로, 용도별로는 공조용 (클린룸용 포함), 가전용, 마스크용, 집진용, 자동차용 등을 들 수 있다. 공조용(클린룸용 포함)의 경우 성능에 따라 prefilter (전처리 초급필터, 10 ㎛이상의 먼지 포집), medium filter(중성능, 0.5 ㎛이상 5.0 ㎛이하의 먼지 포집), HEPA filter(고성능, 0.3 ㎛의 입자를 포집), ULPA filter(초고성능, 0.1 ㎛의 입자 포집)으로 구분된다.

[그림 Ⅰ-49] 에어필터 종류

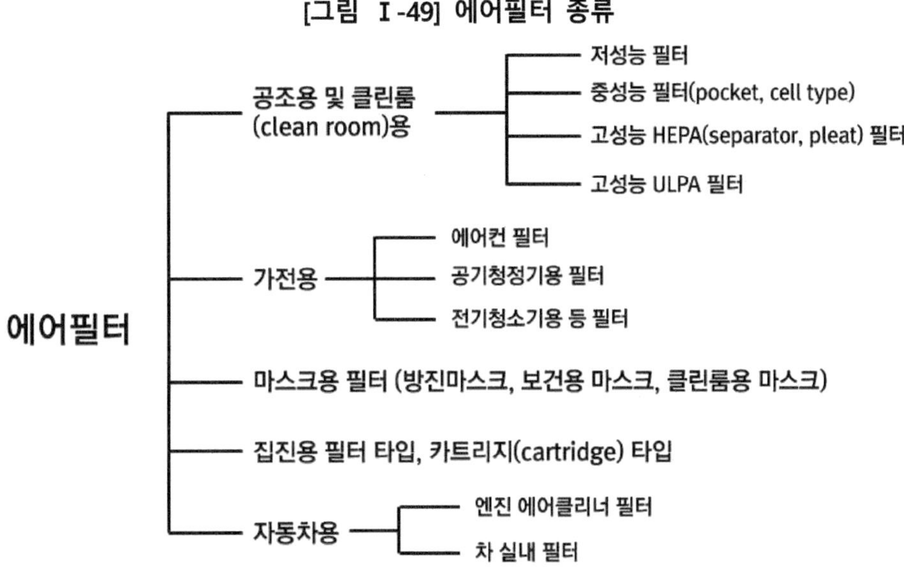

자료 : 중소벤처기업부, TIPA [중소기업 기술국산화 전략품목 상세분석 그린에너지편], 2022.

❏ 헤파(HEPA)는 “High Efficiency Particulate Air”의 앞 글자를 딴 공기 정화 부품을 의미하며, 성능의 구분에 따르면 고성능 필터로 0.3 ㎛의 입자를 99.97% 이상 여과하는 용도로 활용된다. 헤파필터는 원자력 연구가 시작되면서 공기 중의 방사성 미립자를 정화하기 위해 처음 개발되었으며, 이후 방사성 물질을 취급하는 시설 뿐 아니라 무균실, 의학실험실, 음압병실 등에서 활용되며 공기청정기에도 멤브레인(Membrane) 재질을 사용한 헤파필터가 내장되어 있다.

- HEPA 필터는 class 10-10,000의 클린룸의 최종 필터로서 소재로는 유리섬유, 정전 meltblown PP 섬유 등이 활용되고 있음
- HEPA 필터는 매우 적은 양의 분진을 제어하는 목적으로 미세 분진의 개수를 제어하기 위하여 활용됨
- 고성능 HEPA filter는 병원, 제약회사, 반도체 공장, 원자력 발전소 등 공조용부터 공기청정기용 및 마스크에 이르는 광범위한 활용 분야를 가지고 있음

(2) 필요성

❑ 급속한 산업화로 인해 초미세먼지 발생이 날로 심해지고 국내 발생 외에도 국외로부터 유입이 크게 증가하는 추세로, 국제보건기구 (World Health Organization, WHO)의 발표에 따르면 한해 약 400만명이 공기 중 오염물질로 인하여 사망하고 있고, 간접적으로 정신건강에도 악영향을 끼치는 등 사회적 영향이 점차 커져가고 있다.

- 초미세먼지의 구성 성분은 크게 무기성 이온, 유기탄소, 원소탄소, 지각성분, 중금속 등으로 구분할 수 있으며, 자동차, 화력발전, 산업체, 농축산, 조리과정, 소각 및 연소, 비산 등 다양한 오염원으로부터 배출됨
- 황산화물, 질소산화물, 암모니아 등 가스상 오염물질에 의해 생성되는 무기성 이온 성분은 산업, 발전, 농업 등 다양한 오염원에서 배출됨
- 유기탄소는 석유정제, 화학공정, 페인트 및 도장, 펄프 염색 같은 유기용제 사용 시 다량 배출되며, 조리 과정 등에서도 배출될 수 있음

❑ 공기의 질을 낮추는 미세먼지(황사 포함) 크기는 10 ㎛이하의 크기를 가지며. 이 중 초미세먼지는 2.5 ㎛이하의 크기를 갖기 때문에 이를 여과하기 위하여 HEPA filter의 사용이 요구된다.

❑ 실내 공기질 개선을 위해서도 HEPA 필터 기반 공기청정기 등이 개발되고 있으며, 최근 전 세계적으로 유행하고 있는 COVID-19의 경우 0.5 ㎛ 이상의 입경을 갖는 비말이 주요 감염 경로 중 하나로 알려져 있어 이를 차단하는 마스크에도 고성능 필터가 적용되는 등 고성능 필터의 수요가 급증하는 추세이다.

❑ 기존 HEPA 필터의 주요 소재는 정전 처리된 멜트블로운(Melt blown) 부직포나 유리섬유가 사용되고 있다.

- 정전 처리된 멜트블로운 부직포는 여과 환경 노출에 의하여 정전효과가 감소하기 때문에 성능 저하의 문제가 있고, 유리섬유의 경우 인체 유해성 논란 및 폐기 시 환경오염 등의 문제가 있어, 이를 대체하기 위한 소재 개발이 시급함
- 이러한 문제를 해결하기 위하여 불소계 필름(PTFE)의 이축연신을 통한 다공성 멤브레인을 활용한 고성능 헤파필터 개발이 진행되고 있지만, 소재 비용이 높고 압력손실이 큰 문제가 있음

❑ 전술한 기존 HEPA filter 여재의 문제를 해결하기 위한 방법의 하나로 고분자 용액기반 전기방사(polymeric solution electrospinning) 공법 기반 나노섬유 부직포 여과소재를 제조함으로써 높은 여과효율 및 저차압을 가지는 소재가 개발 중이다.

- 제조된 나노섬유 여재 중 일부가 제품에 적용됨. 유기용제 사용에 의한 잔류 용제 제거 문제로 인체 유해성 논란이 있고, polyolefin계 수지와 같이 용액 공정이 쉽지 않은 소재의 경우 여재 구현이 용이하지 않은 점과 같이 소재 선택의 한계가 있음

[그림 Ⅰ-50] 나노섬유 여재 제조의 필요성

[그림 Ⅰ-51] 전기방사 공정 모식도

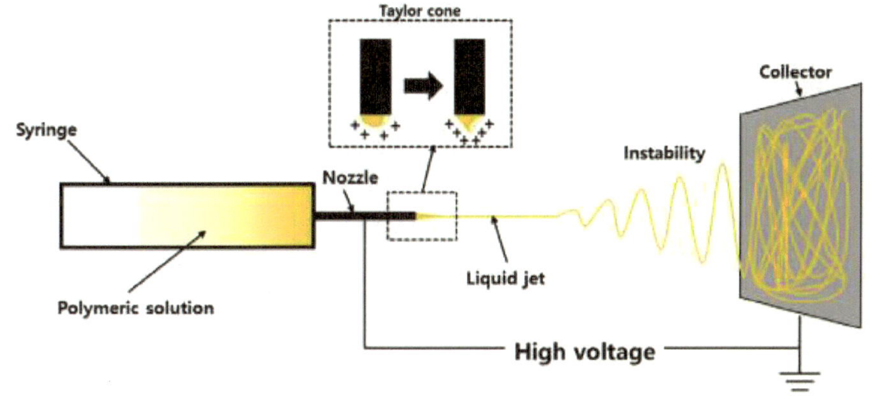

자료 : 중소벤처기업부, TIPA [중소기업 기술국산화 전략품목 상세분석 그린에너지편], 2022.

❑ 전술한 성능 저감, 인체 유해성 논란 등의 문제를 해결하기 위하여 유기용제를 사용하지 않고 서브마이크론 스케일 (submicron scale)의 섬유 여재를 제조하는 공정과 이를 통하여 제조된 여재를 포함하는 HEPA 필터의 개발이 시급한 과제이다.

[그림 Ⅰ-52] 용융 전기방사 공정 모식도

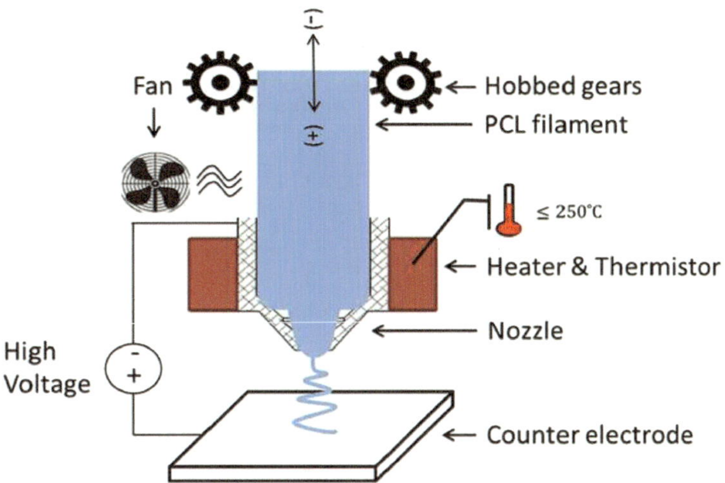

- 용융전기방사 공정은 고분자를 융점(Melting point) 이상의 온도로 가열하여 흐름성을 부여하고, 이에 고전압을 인가함으로써 서브마이크론 섬유를 개발할 수 있는 공정임
- 용융전기방사 공정 개발 및 이를 이용한 HEPA 필터 여재 제조는 인체 유해성 논란 및 성능 저감 등의 이슈를 동시에 해결함으로써 수입에 의존하고 있는 고성능 필터시장의 국산화에 기여하고, 불소계 수지 활용에 의한 제조 단가 상승 문제를 해결하는데 기여할 수 있음

(3) 범위 및 분류

가. 나노섬유 제조 분야의 가치사슬

❑ 나노섬유 분야는 본문의 여과소재 활용 목적 이외에도 환경, 섬유/의류, 에너지, 전자소재/부품 등 전방산업과 연구개발업, 공정장비제조업, 정밀기기 제조업 등 후방산업과 긴밀하게 연관되어 있다.

❑ 용융 전기방사 공정 개발을 통한 submicron 섬유 필터 개발 성과를 원료-공정-응용의 유기적 설계를 통하여 응용 범위의 확대 및 부가가치 극대화를 꾀할 수 있다.

나. 나노섬유 제조 공정 분류

❑ 나노섬유 제조 공정은 고전압을 인가하여 제조하는 방식의 전기방사 공정, 고압의 기체를 활용한 멜트블로운 공정을 들 수 있다. 고전압을 인가하는 전기방사 공정의 경우 용액 전기방사 공정에서는 submicron 섬유 제조 공정의 구현이 용이하지만, 용융 전기방사 공정의 경우 submicron 섬유 구현 자체가 연구 주제가 될 정도로 쉽지 않은 공정이다. 마찬가지로 고압 기체를 활용하는 멜트블로운 공정의 경우에도 submicron 섬유 제조 공정의 구현이 용이하지 않기 때문에 submicron 섬유를 대량 생산할 수 있는 공정 개발이 요구된다.

다. HEPA 필터의 분류

❑ HEPA filter는 입자 제거 효율에 따라 세미헤파, 헤파, 울트라헤파로 필터 등급이 나뉜다. 세하게는 다음과 같으며, 미국 에너지부(DOE)에 의해 특정한 효율 표준을 충족해야 한다.

[도표 Ⅰ-24] HEPA 필터 규격

Usage	Class	Performance test	Particular size approaching 100% retention	Test Standard
Semi HEPA	E10	85%	>1 μm	BS EN1822
	E11	95%	>0.5 μm	BS EN1822
	E12	99.5%	>0.5 μm	BS EN1822
HEPA	H13	99.95%	>0.3 μm	BS EN1822
	H14	99.995%	>0.3 μm	BS EN1822
ULPA	U15	99.9995%	>0.3 μm	BS EN1822
	U16	99.99995%	>0.3 μm	BS EN1822
	U17	99.999995%	>0.3 μm	BS EN1822

라. 기술수준과 기술격차

❑ 현재 용융 전기방사공정에 대한 연구 개발은 크게 1) direct writing, 2) gas-assisted process, 3) needless process 세 가지 주제로 연구가 진행되고 있으며, 본문과 관련된 용융 전기방사 공정 기반 필터를 포함한 응용에 대한 연구는 다소 미진한 실정이다.

- Direct writing 공정의 개발은 독일(Paul D. Dalton 교수)과 호주(Dietmar W. Humacher)의 연구진을 중심으로 바이오메디컬 분야에의 응용을 목적으로 연구가 진행 중임

[그림 Ⅰ-53] Stable melt electrowriting jets

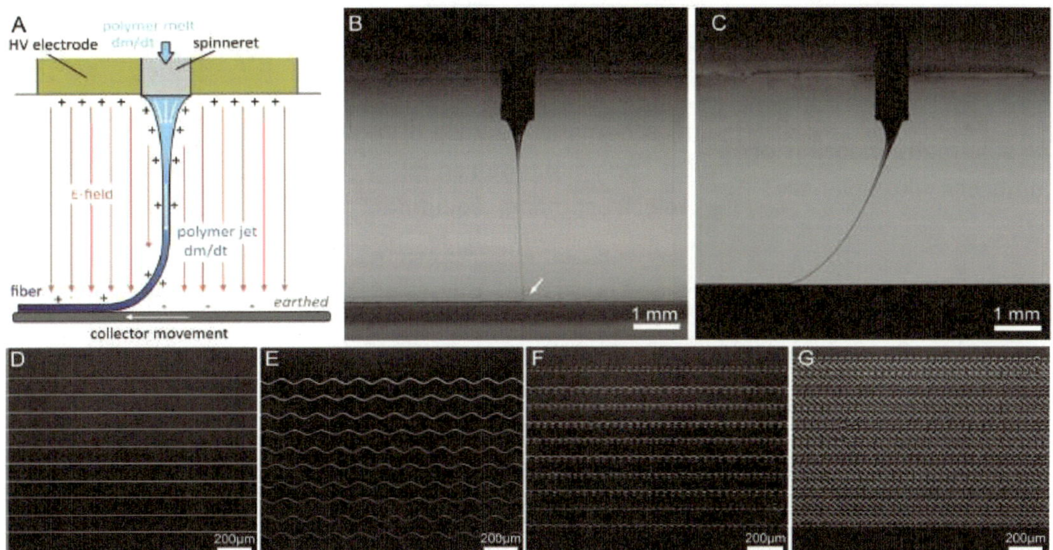

- Gas-assisted 공정의 개발은 미국 (주용락 교수)의 연구진을 중심으로 공정 설계 자체를 목적으로 연구가 진행 중임

[그림 Ⅰ-54] Schematic of electrohydrodynamic-driven air flow in melt electrospinning

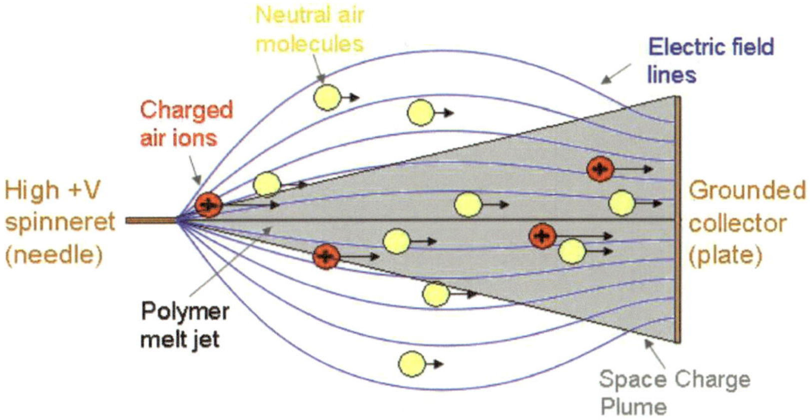

자료 : 중소벤처기업부, TIPA [중소기업 기술국산화 전략품목 상세분석 그린에너지편], 2022.

- needless 공정의 개발은 중국 (Weimin Yang 교수)의 연구진을 중심으로 공정 설계 자체를 목적으로 연구가 진행 중임

[그림 Ⅰ-55] Melt polymer differential electrospinning

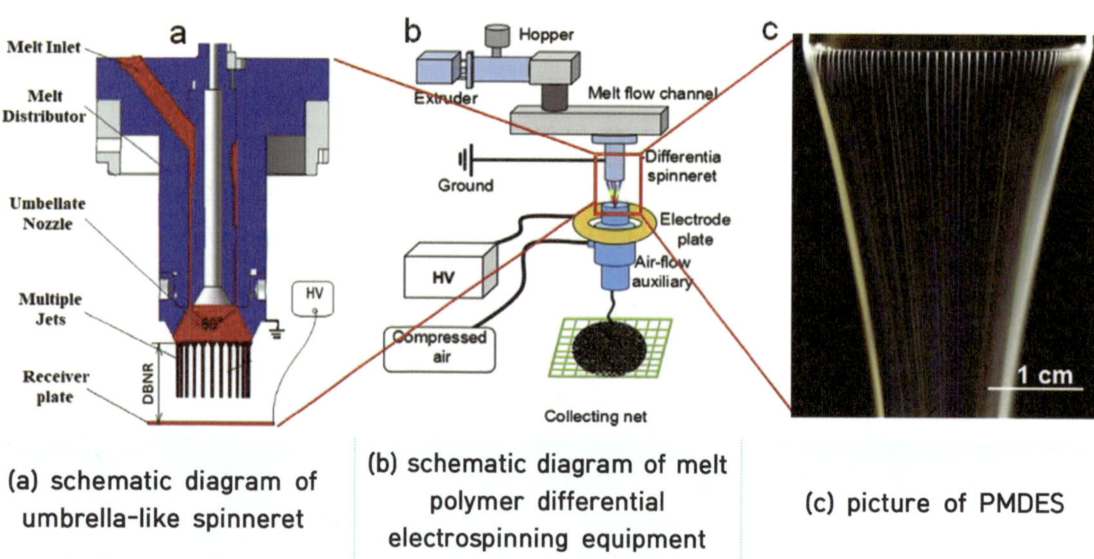

(a) schematic diagram of umbrella-like spinneret

(b) schematic diagram of melt polymer differential electrospinning equipment

(c) picture of PMDES

- 용융 전기방사 섬유의 필터 응용은 리투아니아(Dainius Martuzevicius 교수)의 연구진에 의하여 2019년 출간되었으며, 섬유의 평균 직경이 수~수십 ㎛로 다소 크게 형성되어 HEPA 필터 구현에 직접 적용하기에 기술적으로 한계가 있음

[그림 Ⅰ-56] SEM images of typical morphologies

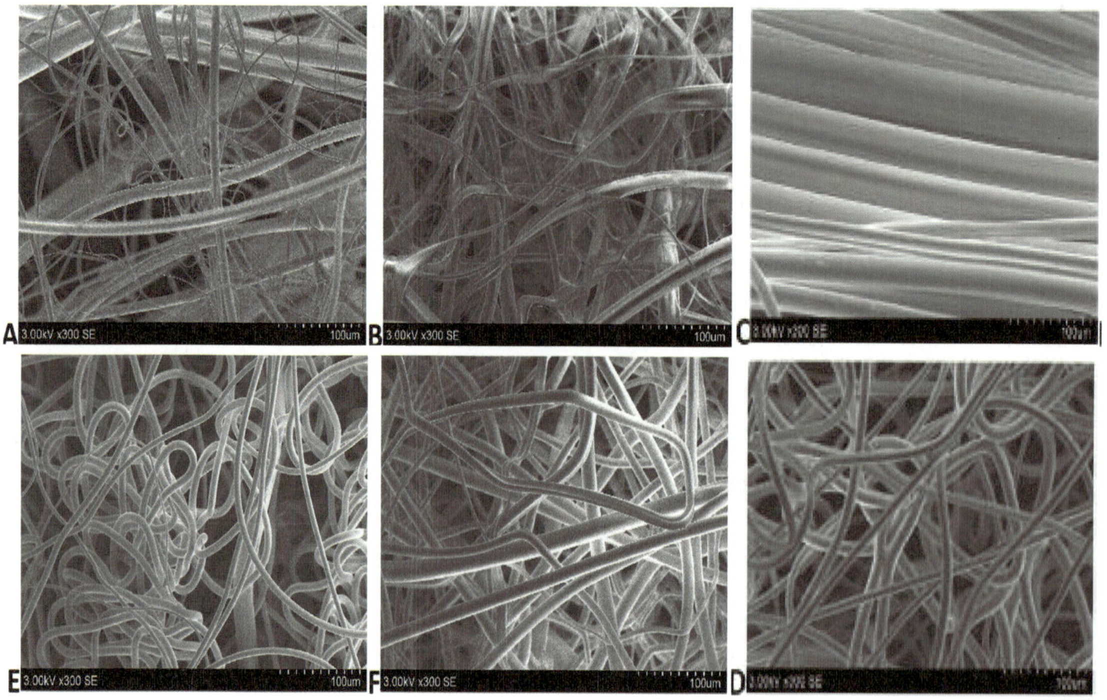

A 3.00kV x300 SE 100um
B 3.00kV x300 SE 100um
C 3.00kV x300 SE 100um
E 3.00kV x300 SE 100um
F 3.00kV x300 SE 100um
D 3.00kV x300 SE 100um

자료 : 중소벤처기업부, TIPA [중소기업 기술국산화 전략품목 상세분석 그린에너지편], 2022.

(4) 국내외 시장현황 및 전망

가. 세계 시장현황 및 전망

❏ 세계 HEPA 필터 시장규모는 2019년 25억 달러로 평가되었으며, 2020~2026년 CAGR 7.4%로 성장하여 2026년에는 43억 달러에 달할 것으로 예상되었다.

[도표 Ⅰ-25] HEPA 필터의 세계 시장규모 및 전망

(단위 : 십억 달러, %)

구분	2019	2020	2021	2022	2023	2024	2025	2026	CAGR (`20-`26)
세계 시장규모	25	28	30	32	35	37	40	43	7.4

❏ 제품 유형에 따라 HEPA 필터 시장은 공기 청정기, HVAC 시스템, 클린룸 필터, 자동차 필터 및 가스터빈 필터로 구분된다. 이 중 HVAC 시스템에 사용되는 HEPA 필터 시장규모는 2019년에 약 11억 달러를 차지했으며 계속해서 우위를 점할 것으로 예상되었다.

나. 국내 시장현황 및 전망

❏ 국내 HEPA 필터 시장규모는 2019년 8,576억 원으로 추정되며, 세계 HEPA 필터 CAGR을 적용할 경우 2020~2026년 CAGR 7.4%로 성장하여 2026년에는 약 1조 5,000억 원에 달할 것으로 예상된다.

- 2019년 국내 HEPA 필터 시장규모는 HEPA 필터가 가장 많은 비중(2019년 세계 HVAC 필터 시장 중 33.1% 점유)을 차지하고 있는 세계 HVAC 필터 2019년 시장(6,023.6 백만 달러)에서 한국의 HVAC 필터 2019년 시장(171.4 백만 달러)이 차지하는 비중 2.9%를 적용하여 산출하였음

[도표 Ⅰ-26] HEPA 필터의 국내 시장규모 및 전망

(단위 : 억 원, %)

구분	2019	2020	2021	2022	2023	2024	2025	2026	CAGR (`20-`26)
국내 시장규모	8,576	9,605	10,290	10,977	12,006	12,692	13,721	14,750	7.4

자료 : DATAINTELO, "Global HEPA Filters Market", 2020 자료를 기반으로 재구성

다. 경쟁 현황

❏ HEPA 필터 관련 주요 국내 기업으로 (주)이앤에치, 상아프론테크, 크린앤사이언스, 케이앤케이, (주)한새, 한국필텍, 한국코엔(주) 등이 있다.

❏ **(주)이앤에치**는 주로 Melt-Blown 공법으로 마이크론 단위의 극세 섬유를 방사하여 부직포를 생산한 후, 정전기를 부여하여 저차압 고효율의 필터여재(HEPA FILTER 또는 마스크제품 등)를

생산하고 있으며, 활성탄 소재와 결합시켜 미세먼지 뿐만 아니라 유해물질 및 냄새 제거 등의 기능성을 부여한 카본 필터미디어, 우수한 소음 차단효과를 갖는 흡음재 및 강력한 유제 흡착 특성을 갖는 유흡착재를 제조 판매하고 있다.

❑ **상아프론테크**는 글로벌 필터업체인 알스트롬 뭉쇼로부터 가정용(공기청정기, 진공청소기) 헤파필터 미디어 등의 부직포를 제공받아 동사가 제조한 멤브레인을 접합하여 헤파필터를 생산한다.

❑ **크린앤사이언스**는 국내 공기 청정기 필터 시장의 약 70%를 점유하고 있으며, 초극세사 섬유인 멜트브로운을 이용한 공기청정기용 헤파필터를 삼성전자, LG전자, 위닉스 등에 납품하고 있다.

❑ HEPA 필터 관련 세계 주요 기업으로 American Air Filter Company Inc, Camfil, W. L. Gore & Associates Inc, APC Filtration, Parker-Hannifin Corporation, Freudenberg, Donaldson Company, MayAir Group, Mann+Hummel Group, and Koch Filter 등이 있다.

(5) 기술 개발 동향

가. 연구 동향

❑ **((주)크린앤사이언스 정읍지점)** 에너지효율이 우수한 ePTFE 멤브레인 기반 초고성능(6N) HEPA 필터 개발

- 산업통상자원부의 '소재부품기술개발(R&D) (2020~2024)', 에너지효율이 우수한 ePTFE 멤브레인 기반 초고성능(3N) HEPA 필터 개발

❑ **((주)블루인더스)** Melt Blow-Wate Hydo Chagig공정 기술을 적용하여 폴리프로필렌-가시광 나노광촉매 기반의 80%이상의 VOCs 자체 탈취 성능을 보유한 공기청정기용 HEPA필터 개발

- 중소벤처기업부의 '중소기업기술혁신개발(R&D) (2021~2023)', 가시광선 나노광촉매 활용 VOCs 저감 기술 개발, 폴리프로필렌-나노광촉매 복합체 HEPA필터 제조 기술 개발

❑ **(엠에스필터 주식회사)** (극)초고온 환경의 고효율 에어필터 개발

- 중소벤처기업부의 '창업성장기술개발(R&D) (2020~2021)'. 세라믹 접착제 파손 시 발생하는 파티클 문제 해결, 세퍼레이터 타입의 현재 필터를 메쉬 스크린 타입으로 개선, 400℃ 크린오븐에 장착되어 높은 포집효율의 필터개발

❑ **(세인)** Cell Membae 구조모사를 통한 방미성과 항균 기능성이 부여된 H13 Gade 나노섬유 HEPA 필터 개발

- 중소벤처기업부의 '지역특화산업육성+(R&D) (2020~2021)'. H13 Grade 이상 고성능 나노섬유 HEPA 필터 여재개발

❑ **((주)라도)** 미세먼지 및 유해물질 제거용 고효율 캐빈 필터 개발

- 산업통상자원부의 '시스템산업기술개발기반구축(R&D) (2017~2020)', 이중절곡 비정형 다층 레이어 구조적용 미세먼지(PM10) 및 초미세먼지(PM2.5) 여과용 필터 구조 개발 및 제조 공정 확보, 복합 유해가스(산성, 중성, 염기성) 흡착용 고효율 첨착 활성탄 제조 및

코팅 기술 개발, 미세먼지 여과층 및 유해가스 흡착층 다층 레이어 적층 기술 개발, 미세먼지 및 유해가스 동시 제거용 고효율 캐빈필터 양산 프로세스 확립

❑ **((주)아모그린텍)** 나노섬유 복합 장섬유 제조기술 및 액체필터용 섬유사 개발

- 중소벤처기업부의 '중소기업기술혁신개발 (2013~2015)', 나노섬유 기반의 정밀 슬리팅 및 복합연사 기술 개발, 나노섬유 웹 고속제조 기술개발, 나노웹을 이용한 필라멘트 샘플 원사 제조 기술 개발(pilot scale) 및 원사 물성평가

❑ **(대진필터)** 친환경 나노섬유제조공법을 이용한 고효율 필터소재 개발

- 중소벤처기업부의 '창업성장기술개발 (2013~2014)', 용융전기방사 제조장치 설계 및 개발, PP 또는 Nylon 나노섬유 제조, PP 또는 Nylon 나노섬유 제조공정 최적화

❑ **(동화바이텍스(주))** 환경제어용 하이브리드 에어필터 개발

- 산업통상자원부의 '글로벌전문기술개발(주력및신산업) (2012~2014)', 코팅가공제의 액안정성 및 기능성 최대 구현을 위한 최적 조건 확립, 필터 소재에 적용에 따른 코팅제 물성 및 조건 확립, HEPA 필터 여재 항균기능 부여를 위한 연속 공정 확보, 온도 및 습도 변화에서도 항바이러스 및 항알러지성을 갖는 에어필터용 부직포 기재 개발

❑ **((주)엔바이오니아)** 호흡성먼지 제거를 위한 고성능 유리섬유 에어필터 개발

- 환경부의 '차세대에코이노베이션기술개발 (2011~2013)', 고성능 유리섬유 에어 필터 여재 제작 공정 확립 시제품 개발, 개발된 유리섬유 에어필터 여재를 적용한 필터 완제품 제작 및 성능시험 진행

나. 기술 개발 이슈

❑ 유리섬유 기반 헤파필터(HEPA Filter)는 Lydall, Hollingsworth&Vose(H&V), Flander 등 전 세계 5개 내외로 공급 업체가 제한적이며, 유리섬유 자체의 피부 자극성의 문제가 있다.

- 엔바이오니아와 한국생산기술연구원의 공동연구를 통하여 유리섬유 기반 헤파필터 여재 국산화에 성공하였으나, 여전히 유리섬유 자체의 피부 자극성 문제로 인체에 무해한 신규 소재 탐색이 필요함
- 유리섬유의 대안으로 공기중 오염물질이 대전되어 극성을 띠고 있는 특성으로부터 정전기가 부여된 멜트브로운(meltblown) 부직포 필터를 사용할 수 있음

❑ 정전식 멜트브로운부직포 기반 헤파필터의 경우 코로나 방전 또는 마찰 대전 등을 통해 보유 전하가 방전됨에 따라 필터 효율이 저감되는 문제가 있다.

- 크린앤사이언스, 씨앤투스성진, 이엔에이치 등 기존 기술에 대한 국산화가 진행되었지만, 교체 주기와 관련된 필터의 여과효율 저감 문제는 여전히 해결되지 않음
- 섬유 표면 전하밀도를 증가시켜 정전성능 유지시간을 증대시키거나, 멜트브로운 부직포 내 섬유 직경을 마이크로미터(μm, sub-micron) 이하로 감소시켜 정전기력보다 관성 충

돌, 차단 및 확산에 의한 입자제거 원리의 비중을 높임으로서 여과효율 저감을 억제하고 수명을 증대시킬 수 있음

[그림 Ⅰ-57] 크린앤사이언스社 멜트브로운부직포 헤파필터

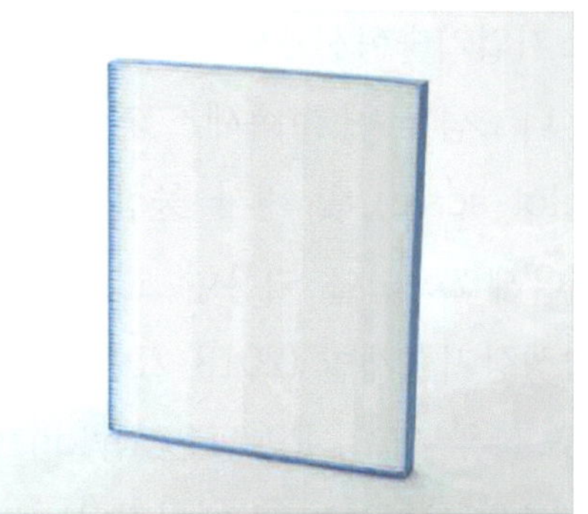

자료 : 중소벤처기업부, TIPA [중소기업 기술국산화 전략품목 상세분석 그린에너지편], 2022.

❑ 일반적인 멜트브로운 부직포 제조공정은 이론상으로는 마이크로미터 이하의 굵기를 갖는 섬유 제조가 가능하나 실제 양산 공정에서 제조되는 섬유는 3~8 ㎛수준으로 정전효과 없이 H13 등급 이상의 성능을 갖기 위하여 보다 가는 섬유 제조기술이 필요하다.

- 극세섬도 멜트브로운 부직포 제조를 위하여 용융흐름지수(melt-flow index)를 높여야 하고, 이를 위하여 저분자량 고분자 원료 사용 및 가소제 사용 등이 검토될 수 있으나 이로 인하여 기계적 물성이 떨어지고, 여재 가공 공정에서 터짐 현상 등이 발생할 수 있음
- 고분자 용액 및 용융액에 고전압 인가시 편재화된 전자들이 상호간 척력을 발생시켜 섬유의 직경을 감소시키는 전기방사 공정의 원리를 적용함으로써 균일한 극세섬도 섬유가 가능하며, 용융방사 기반의 전기방사공정이 최근 개발 중임

다. 생태계 기술 동향

A) 해외 플레이어 동향

❑ Lydall

- 유리섬유 습식부직포 여재의 제품 및 솔루션을 공급하는 세계적인 선도 기업

[그림 Ⅰ-58] Lydall社 필터여재 등급별 단면

(a) 미디움필터

(b) HEPA필터

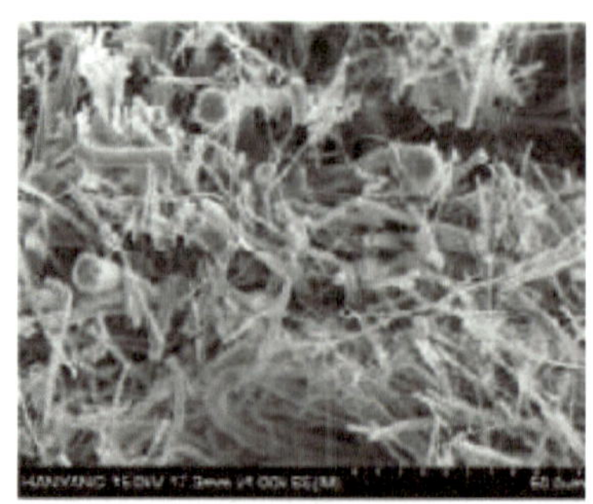

(c) ULPA필터

- 직경 6 ㎛내외의 굵은 섬유와 마이크로미터 이하의 극세섬유가 혼재되어 있는 형태로 굵은 섬유와 극세섬유 조성 및 평량, 두께 등을 조절하여 medium, HEPA, ULPA 등 다양한 필터 등급에 적합한 여재를 구성함

❑ Gore

- ePTFE 멤브레인의 원천 기술을 보유하고 있으며 독점적인 지위에 있음
- 1969년 발견된 10배 연신된 PTFE(ePTFE)는 다공성 구조와 우수한 기계적 물성을 토대로 의류 및 의류용 기기뿐만 아니라 필터에의 응용이 이루어지고 있음
- ePTFE 멤브레인은 fibril과 node로 구성되어 있고, 용도에 따라 fibril과 node의 형태 및 크기를 제어함으로써 통기성 등의 성능을 최적화한 제품 출시

[그림 Ⅰ-59] ePTFE 멤브레인

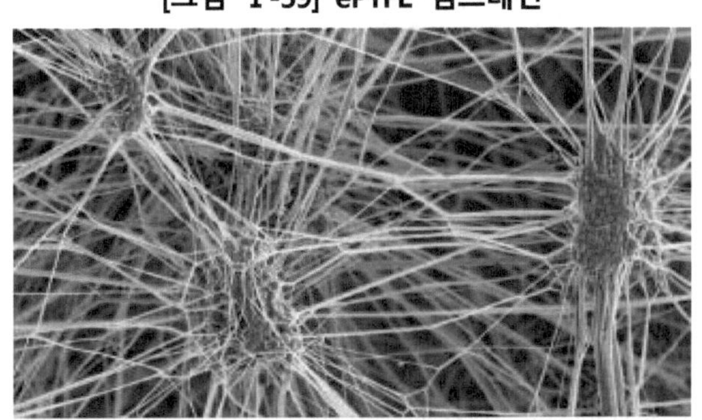

자료 : 중소벤처기업부, TIPA [중소기업 기술국산화 전략품목 상세분석 그린에너지편], 2022.

B) 국내 플레이어 동향

❑ **크린앤사이언스**

- 설립 초기 자동차용 및 산업용 필터를 주로 생산했으나, 2016년 이후 공기청정기를 중심으로 하는 가전용 필터 제조로 주력 사업을 변경함
- 2020년도 기준 연매출 약 1,500억원의 크린앤사이언스는 매출의 73%가 필터로부터 발생하고, 2017년에 비하여 매출액 95%, 영업이익 195%가 증가하는 등 가파르게 성장하고 있음
- 공기청정기용 헤파필터는 멜트브로운 부직포 적용, 클린룸용 헤파필터의 경우 멜트브로운 부직포 및 유리섬유 원단 적용하고 있음. 국내 공기청정기 필터 시장점유율 1위 기업으로 시장이 성장함에 따라 필터 수요가 확대될 것으로 전망됨

❑ **상아프론테크**

- 2020년도 기준 연매출 약 1,097억원의 상아프론테크는 이차전지, 디스플레이, 반도체 등 8개 사업 분야에 대한 제품을 생산하고 있으며, ePTFE 멤브레인 필터는 2019년 하반기부터 매출이 발생한 신사업분야임
- 고어텍스와 유사한 ePTFE 멤브레인 국산화 성공, 2019년 알스트롬뭉쇼와 3년간 130억원 규모 ePTFE 멤브레인 필터 공급 계약 체결

❑ **이앤에치**

- 주로 멜트브로운부직포 공법으로 마이크로미터 단위의 극세섬유를 방사하여 부직포를 생산한 후, 정전기를 부여하여 저차압 고효율의 필터여재를 생산하고 있으며, 연매출 448억 규모임
- 2020년도 멜트브로운부직포 제조설비 및 정전기 차징 설비 증설을 진행함

❑ **엔바이오니아**

- 고성능 필터여과지 제조업 등을 목적으로 설립, 2020년도 연매출 약 82억원 규모임. 기술 도입기(습식부직포 원천기술 개발) 및 기술 성장기(양전하부가 고성능 정수용 나노필터 및 첨단복합소재 제품화)를 거쳐 기술 확장기(첨단 복합소재 분야의 확장)에 있음
- 습식공정 기반의 부직포 제조기술 바탕 고성능 액체용 여과지 및 필터 개발에 성공, 이후 습식 첨단 부직포 제조기술 역량을 바탕으로 액체 여과필터 및 에어필터 개발 중

❑ **씨앤투스성진**

- 코로나19로 인하여 마스크 및 필터 매출 증가로 2020년 약 1,500억원, 2021년 약 1,800억원 매출이 예상되며, 헤파필터 매출은 약 500억원 정도로, 국내 1세대 멜트브로운부직포 업체 중 하나로 이를 기반으로 한 헤파필터용 필터모듈을 공급함

❑ **가드넥**

- 2018년 용액전기방사라인으로 생산된 나노섬유부직포를 집진필터, 연료필터, 유압필터 등의 용도로 개발 및 공급하고 있으며, 용융방식의 전기방사공정을 개발 중임

(6) 특허 분석

가. 연도별 국가별 출원 동향

❑ 고효율 헤파필터 분야에 대해 1999~2019년 동안 주요 5개 국가(대한민국, 미국, 일본, 중국, 유럽)에서 출원된 특허 872건의 연도별 출원 건수를 통해 해당 품목의 특허 출원 동향을 파악한 결과, 연도별로 상기 5개 국가들의 출원 건수를 통해 국가별 최근 출원 동향을 파악함으로써 향후 기술개발 경향 및 시장 전망을 예측하였다.

❑ 고효율 헤파필터 분야에 있어서, 2010년대 중반까지는 한국의 특허 출원이 가장 활발했으나, 이후 중국의 특허 출원이 크게 증가하는 것으로 나타났으며, 현재 한국 및 중국이 특허 출원을 주도하고 있는 것으로 나타났다.

나. 주요 출원인 동향

❑ 고효율 헤파필터 분야에서의 선도 기업(기관)을 파악하고 이들 기업(기관)의 특허 출원 현황을 비교, 분석하여 고효율 헤파필터 분야의 상위 10개 출원인을 살펴본 결과, 일본의 TOYOTA MOTOR가 28건을 출원하여 최다출원인인 것으로 나타났으며, 그 다음으로 한국에너지기술연구

원, 현대자동차, 일본의 HOYA 등이 상위권을 차지하고 있는 것으로 나타났다. 또한 상위 10위 내에는 한국기계연구원이 포함되어 있는 것으로 파악되었다.

[도표 Ⅰ-27] 연도별 국가별 출원 동향

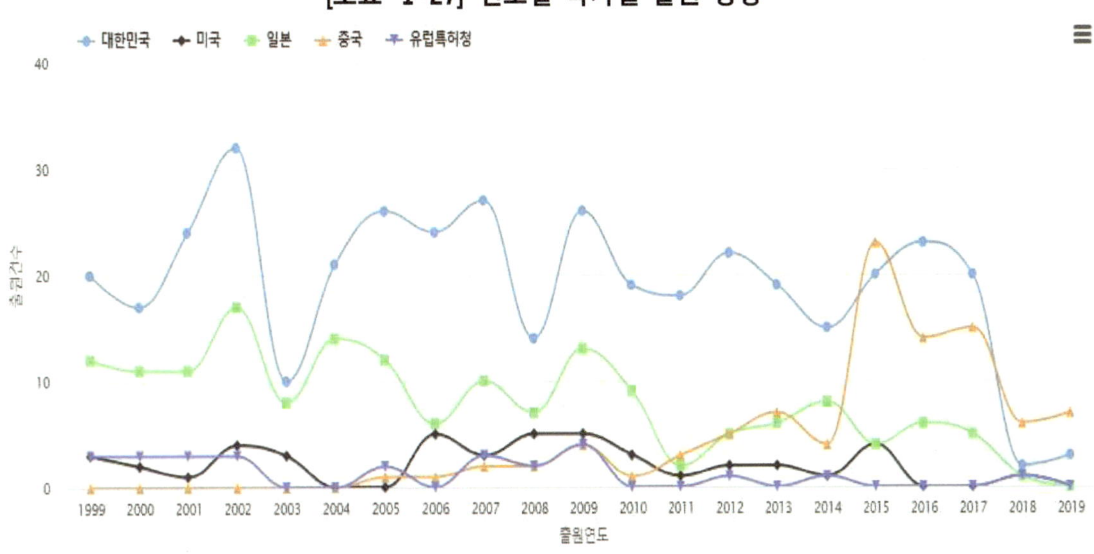

[도표 Ⅰ-28] 주요 출원인 동향

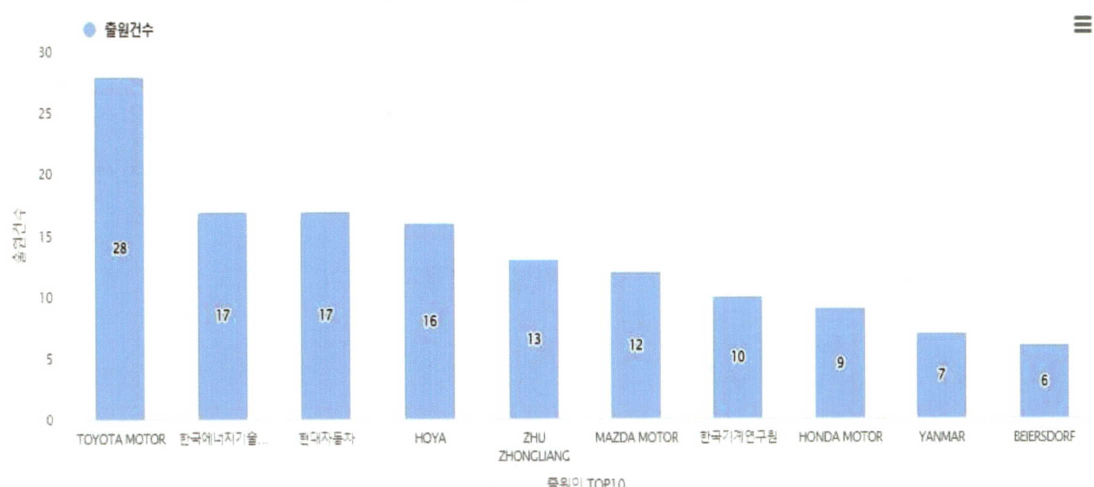

자료 : 중소벤처기업부, TIPA [중소기업 기술국산화 전략품목 상세분석 그린에너지편], 2022.

다. 국가별 세부 동향

A) 국가별 특허 점유율 동향

❑ 고효율 헤파필터 분야 특허 출원인의 국가별 양적 점유율을 분석하여, 특허 출원 선도국을 확인하고, 선도국 대비 한국 국적 출원인의 특허 점유율을 분석하여 양적인 경쟁력을 파악한 결과, 한국이 총 342건(47.9%)의 특허를 출원하여 가장 많은 특허를 출원하고 있고, 그 뒤를 이어 일본(207건, 29%), 중국(70건, 9.8%)의 순으로 나타나, 동 기술 분야는 한국 및 일본이 선도하고 있는 것으로 파악되었다.

[도표 Ⅰ-29] 국가별 특허 점유율 동향

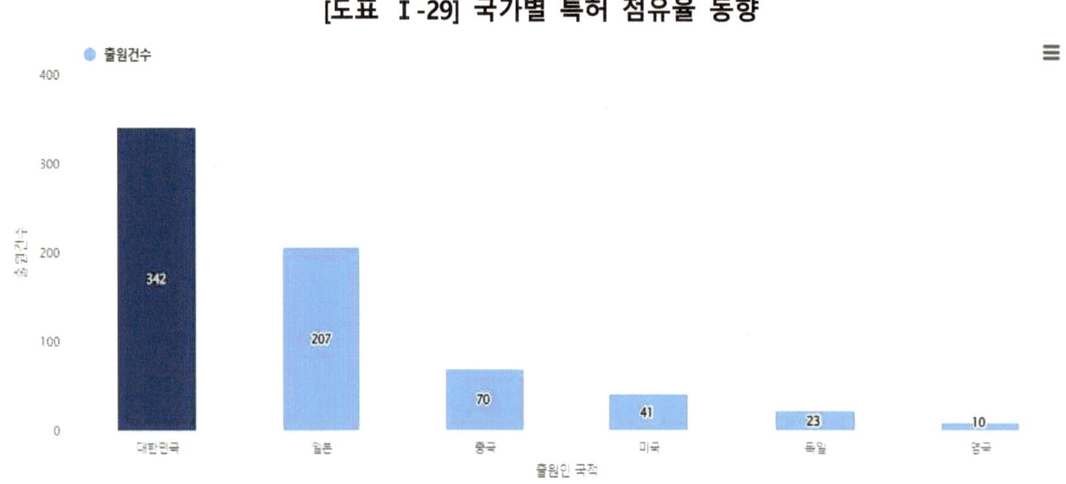

자료 : 중소벤처기업부, TIPA [중소기업 기술국산화 전략품목 상세분석 그린에너지편], 2022.

B) 국가별 피인용지수

❑ 고효율 헤파필터 분야 특허 출원인의 국가별 피인용도 분석을 통해, 영향력이 높은 특허를 출원한 선도국을 확인하고, 선도국 대비 한국 국적 출원인의 특허 피인용도 분석을 통해 질적인 경쟁력을 해석하였다.

❑ 고효율 헤파필터 분야의 국가별 피인용지수를 살펴보면, 일본이 15.421로 특허 파급력 및 영향력이 가장 높은 것으로 파악되었고, 그 뒤를 이어 영국(9), 미국(7.846), 독일(6)의 순으로 나타나고 있는 것으로 파악된다. 반면, 한국 및 중국은 피인용지수가 0으로 나타나 타 국가 대비 상대적으로 질적 경쟁력이 매우 낮은 것으로 파악된다.

[도표 Ⅰ-30] 국가별 피인용지수

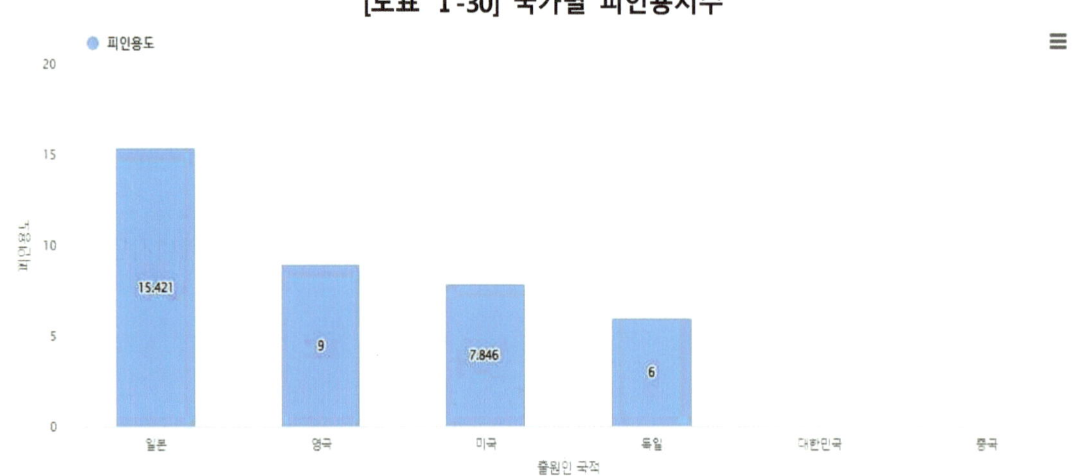

C) 국가별 주요시장 확보율

❑ 고효율 헤파필터 분야에 있어서 특허 출원인의 국가별로 주요 특허청(한국, 일본, 미국, 유럽, 중국) 중 3개 이상의 특허청에 동시 출원한 특허 비율을 분석하여, 주요시장 확보율이 가장 높은 선도국을 확인하고, 선도국 대비 한국 국적 출원인의 주요시장 확보율 분석을 통해 해당 품목의

국가별 시장영향력(또는 주요 시장 선점 의지)을 파악하였다.

❑ 고효율 헤파필터 분야에 있어서, 독일이 0.826으로 나타나 해외 시장 진출을 위한 권리 확보를 위해 가장 활발하게 여러 국가에 동시 출원하고 있고, 그 뒤를 이어 영국(0.8), 미국(0.585)의 순으로 나타났다. 반면, 한국과 중국은 각각 0.018 및 0.029의 낮은 수준을 나타내어, 해외 시장 진출보다는 상대적으로 자국 내 특허 출원에 집중하고 있는 것으로 파악된다.

[도표 Ⅰ-31] 국가별 주요시장 확보율

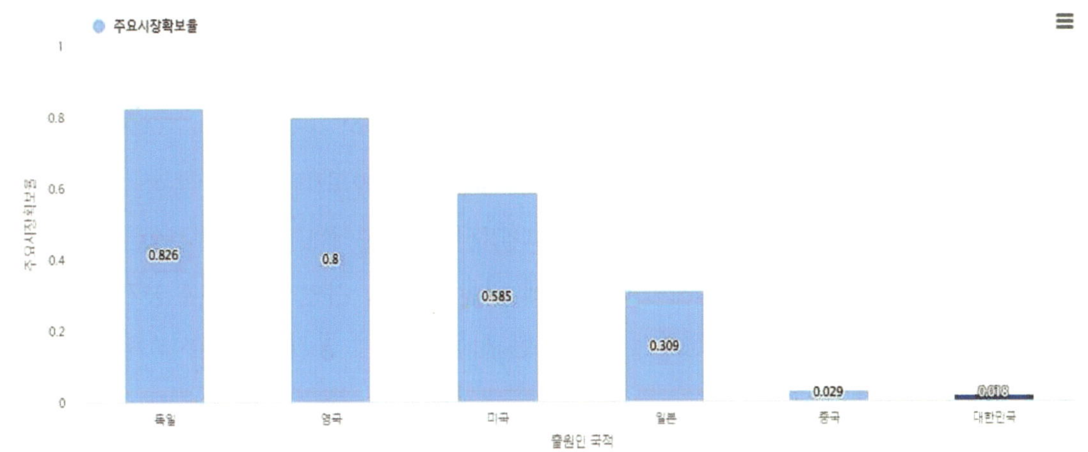

자료 : 중소벤처기업부, TIPA [중소기업 기술국산화 전략품목 상세분석 그린에너지편], 2022.

3. 실내 공기질 측정·관리 시스템 개발동향

1) 복합센서와 공조기반에서 지능형 실내공기질 관리시스템 개발

(1) 연구 개발

❑ 본문에서는 미국 환경보호국(EPA)이 조사한 실내 오염원의 심각한 수준이 외부 보다 두 배에서 다섯 배 가량 높았으며 경우에 따라 많게는 100배 이상의 높은 오염에 노출된 경우가 있다. 대부분 사람들이 하루 중 90 퍼센트에 해당하는 시간을 실내에서 보내기 때문에, 이러한 실내 공기 오염물질에 대해서 특별히 관심이 필요하다. 실내에서는 온도와 습도, 적절한 환기 가 실내 오염에 영향을 미치는 거대 요소이며, 이들은 공기질 관리에 상당한 역할을 한다. 실내 공기 질은 이용자의 건강뿐만 아니라 건물이 목적한 그들의 성과에도 상당한 영향을 끼치므로, 건물의 성격에 구분하여 실내 공기질(IAQ; Indoor Air Quality)관리 지침을 두고 관리가 되도록, 학생과 근로자들의 안전한 이용시설 의 관심과 투자가 증가되어야 하여야 할 것이다.

❑ 주거 공간에서 공기질 개선 방법은 냄새 유발 물질(흡연, 라돈, 곰팡이, 음식물 쓰레기, 목재 연료 및 기타 화학물질)을 두지 않거나 환기를 잘 시키는 방법이 있으며 습도 레벨을 50이하로 유지하여야 한다. 학교시설에서의 공기질 개선 방법은 오염된 실내 공기에 즉각 대응하는 것으로 오염된 실내 공기에 노출될 경우, 기침, 두통, 알레르기가 발생하며 진드기, 곰팡이 등으로 인한 천식이나 호흡기 계통의 병을 유발시킨다. 이러한 문제를 야기하는 주요 원인은 창문 또는 환기시

스템으로 부터 유입되는 실외 공기로서 자동차 매연의 일산화탄소 또는 이산화질소 등이 있다.

❑ 사업장에서의 공기질 개선 방법은 쾌적함과 관련된 온도, 습도, 공기 흐름의 관리, 마감재 관리와 복사기 배치 등 오염원 노출 저감 대책, 건물 내 적절하게 배치한 공기 순환 장치의 이용 등에 대한 지침을 안내하는 것이다. 과거 미세먼지(PM10) 기준으로 150~200μg/m^3에 달하던 대중교통 차량 실내 공기질 권고기준이 초미세먼지(PM2.5)로 바뀌었고, 다중이용 시설의 경우 관리기준이 50μg/m^3이고 민감계층 이용 시설의 경우 35 μg/m^3 이며 대중교통 차량의 경우 50μg/m^3 로 기준이 설정된다.

❑ 또한, 센서들간 네트워크는 Lora Device 및 PS-LTE Gateway를 이용하고, 실시간 환경 분석 관 제 시스템에 연동되는 Device는 환경 모니터링, 일반인 알림(앱 및 공공 환경 게시판) 서비스, 사용자 앱(담당자, 환경 미화작업자) 서비스, IoT 표준 인터페이스를 통한 유관기관 연동 서비스를 활용하며 위반 시 과태료 및 개선명령이 내려진다. 아울러 노출 저감 분야 적용이 필요한 시설에 대해 각 건물 내에 센서를 설치하고 센서에 의한 측정을 기반으로 실내 공기 질을 개선할 수 있는 공조기를 부착하여 공기를 정화시키기 위한 지능형 실내 공기질 관리시스템에 대한 개발 필요성이 증대되고 있다.

(2) 관련 연구

가. 지능형 실내 공기질 관리시스템

❑ 현재 가정, 학교, 기관, 공공장소에 공기청정기와 환기시스템이 많이 설치되고 있다. 그러나 24시간 계속 동작하기 때문에 소음 및 불필요한 전기 에너지 낭비가 심각하다. 실내 대기오염 상태를 측정 및 관리를 하지 않기에 실내 오염 상태를 실시간으로 복합센서를 이용하여 미세먼지(PM10), 초미세먼지(PM2.5), 온도, 습도, 이산화탄소(CO_2), 휘발성 유기화합물(tVOC), 포름알데히드(HCHO) 등을 측정하고 DATA를 수집하여 AI와 빅데이터를 이용한 실내 청정 환기용 공조기를 자동으로 제어 관리하는 시스템이 필요하다.

❑ 실내용 미세먼지를 측정하기 위한 광 산란 방식의 미세먼지 측정 기술 확보, 본 기술을 적용한 제품을 스마트항만 및 스마트시티 프로젝트에 적용하여 미세먼지 측정기를 현장에 적용 및 운용한다. 소형 실내용 미세먼지 기술을 보유하고, 본 과제의 요소 기술을 최적화한다.

나. IoT 플랫폼 솔루션&복합센서 H/W모듈

❑ oneM2M 표준기반 IoT 플랫폼 솔루션은 다음과 같다. 이는 사물인터넷 공통기반 기술 개발 및 인프라를 구축한 것이다

❑ 실내용 복합센서 연동 H/W 모듈 사양은 미세먼지, 실내 대기 상태 및 환경에 대하여 다음 그림과 같이 가스 종류, 측정농도, 센서 강도, 센서 방식 등으로 사양을 구분한다.

[그림 Ⅰ-60] IoT platform solution diagram

[그림 Ⅰ-61] Composite sensor specifications

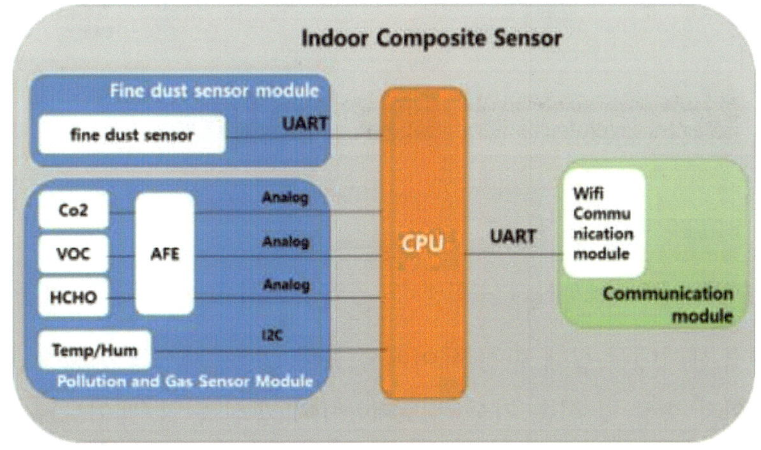

자료 : 차세대융합기술학회논문지 Vol.6, No.1 [복합센서와 공조기반에서 지능형 실내공기질 관리 시스템 개발], 2022.

❑ 게이트웨이 연동 기능 Wifi, 802.11b/g/n을 사용하고 복합센서는 미세먼지 센서로부터 UART 통신을 통하여 미세먼지 PM10, PM25 측정데이터를 센서 프로토콜에 따라 수신하고, CO_2, tVOC, HCHO 센서는 아날로그 프론트 엔드 단을 통하여 프로세서의 ADC를 사용하여 측정한다.

❑ 프로세서에서 서버와 통신하기 위한 IoT 플랫폼 Agent 사용하며(LwM2M), 네트워크 접속을 위하여 Wifi를 사용한다. 프로세서는 IoT 플랫폼 Agent 적용 가능한, 다수의 통신 인터페이스를 가지는 ARM 계열 32Bit 프로세서를 사용하며, FOTA를 적용하기 위한 여분의 저장 공간을 가진다. 복합센서는 미세먼지(PM10, PM2.5)와 실내 대기(CO_2, tVOC, HCHO), 실내 환경(온도 습도)를 측정한다. 측정된 센서값은 네트워크를 통하여 서버로 전달되어 지능형 실내 공기질 관리에 사용된다.

(3) 연구 방법

가. 복합센서 및 공조기 연동 H/W 개발

❑ 복합센서 기반 스마트 클린서비스를 구현하기 위하여 미세먼지 센서, 풍향 풍속 센서, 온습도 센서, 대기 환경과 생활환경을 측정하기 위한 오염 센서 및 가스 센서를 포함하는 복합센서가 제공되어야 한다. 이는 미세먼지 측정 및 전송 기술, 대기 가스 센서측정과 전송 기술, IoT 표준 관리 플랫폼 응용 기술을 개발하고, 간이 대기 가스측정 분야 인증 기준이 수립되지 않았으므로, 성능 측정은 정밀 측정 장비와 비교 시험을 통한 그림과 같이 데이터 신뢰성을 확보한다.

[그림 Ⅰ-62] Composite sensor configuration

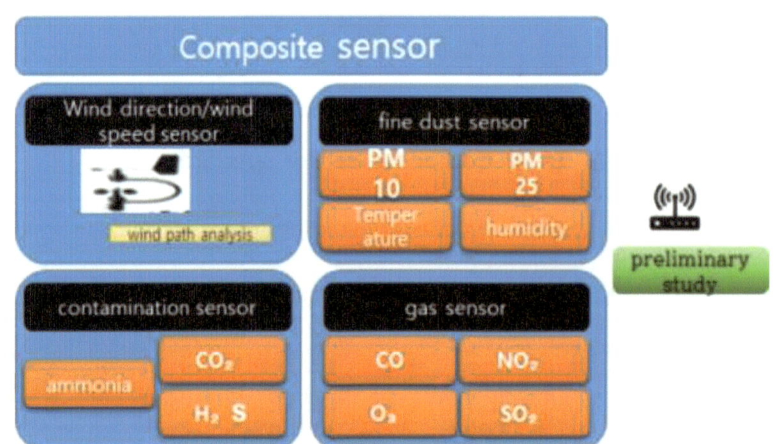

자료 : 차세대융합기술학회논문지 Vol.6, No.1 [복합센서와 공조기반에서 지능형 실내공기질 관리 시스템 개발], 2022.

❑ 고성능 고가격 센서에서 실내 환경 제어에 적합한 성능, 저가격 센서를 구현하여 시장 진입 기반 확보와 미세먼지 측정 및 전송 기술, Massive IoT 통신 단말/게이트웨이 연계기술, 미세먼지 기반 환경 플랫폼 연계기술 등 공조시스템의 개발 기간 단축 및 투입 비용을 절감한다.

나. 공조기 연동 H/W 모듈 개발

❑ 공조기 연동 모듈은 공조기와 지능형 실내 공기질 관리시스템 서버와 연동하기 위한 모듈로 공조기에서 시리얼 통신으로 정합하며, 서버와 정합하기 위한 Wifi 기능을 가진다. 공조기 연동 모듈은 공조기와 서버간 프로토콜 게이트웨이 역할을 수행하며, 서버와 통신하기 위한 IoT 플랫폼 Agent 사용(LwM2M) 한다.

❑ 다음 그림의 프로세서는 IoT 플랫폼으로 Agent 적용이 가능한, 다수의 통신 인터페이스를 가지는 ARM 계열 32Bit 프로세서를 사용하며, FOTA를 적용하기 위한 여분의 저장 공간을 가진다. 공조기 연동 모듈은 상용 의 다양한 공조기와 연동하기 위한 다수의 연동 인터페이스를 구현한다.

다. 공조기 연동기능 S/W 기능

❑ 실내 복합센서로부터 수집된 미세먼지와 같은 측정 데이터의 정보에 따라 자동으로 미세먼지를 저감할 수 있도록 공기청정기의 상태 정보를 모니터링 또는 제어 할 수 있는 기능을 포함한

다. 연동 어댑터의 개발 내용은 다음 그림과 같이 중앙관제를 통한 모니터링 및 원격제어 기능을 부여한다. 또한, 웹을 활용한 정기적인 리포트 발송 및 알람기능을 제공하고, 공기청정기가 설치된 현장에 따라 유/무선 통신을 위한 Wi-Fi 및 LAN 통신을 지원하며, 통신장애 및 충격 감지/필터 교환 알람 기능을 제공한다.

[그림 Ⅰ-63] Air conditioner interlocking module

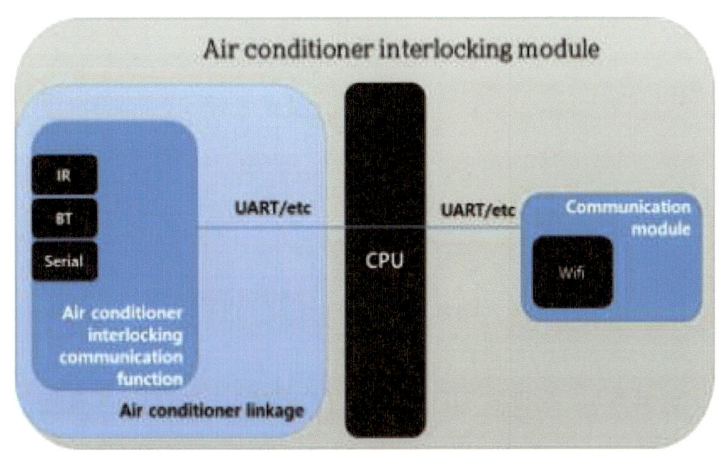

[그림 Ⅰ-64] Air purifier interlocking

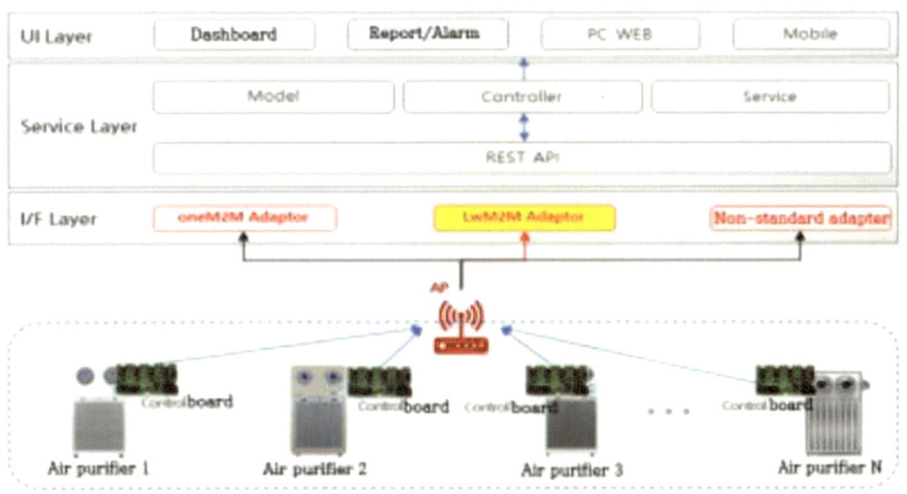

자료 : 차세대융합기술학회논문지 Vol.6, No.1 [복합센서와 공조기반에서 지능형 실내공기질 관리 시스템 개발], 2022.

❑ 공기청정기와 IoT 플랫폼의 연동은 공기청정기 내에 Control Board를 추가 장착하여 사물인터넷을 위한 국제 표준 프로토콜 LwM2M, CoAP를 기반으로 개발하여 연동한다. LwM2M(Lightweight M2M)이란 OMA(Open Mobile Alliance)에서 M2M 또는 IoT장치 관리를 위하여 경량화된 프로토콜로서 LwM2M 서버와 LwM2M 클라이언트 간의 응용 프로그램 계층 통신 프로토콜을 정의한 것이다. 소형 장치를 위한 응용 프로토콜인 CoAP을 기반으로 메시지가 작고(Lightweight) 작은 실행 공간을 요구하기 때문에 다양한 사물인터넷 기기를 지원할 수 있다. 그리고 오버헤드가 큰 XML 대신에 TEXT, JSON, TLV 포맷을 지원하고, 바이너리 포맷인 CoAP

메시지를 사용하여 효율성을 추구하고 있으며, 아키텍처는 그림에서 나타내고 있다.

[그림 Ⅰ-65] Client and application layer

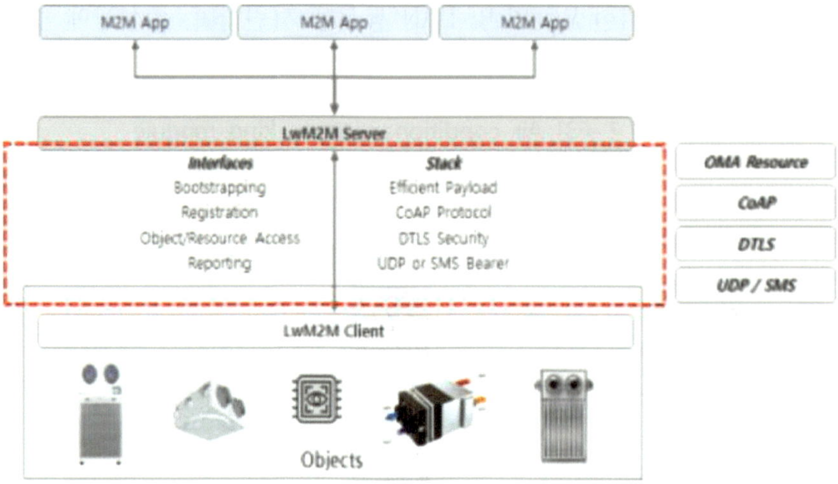

❑ 다음 그림에서 보여주는 스택은 UDP와 DTLS위에서 CoAP 프로토콜을 사용하여 메모리 및 CPU 성능이 낮은 소형 장치에도 적용할 수 있고, 필요에 따라서는 SMS를 이용하여 요청을 보내는 등 셀룰러 망에 맞는 동작도 포함하고 있다.

[그림 Ⅰ-66] Stack

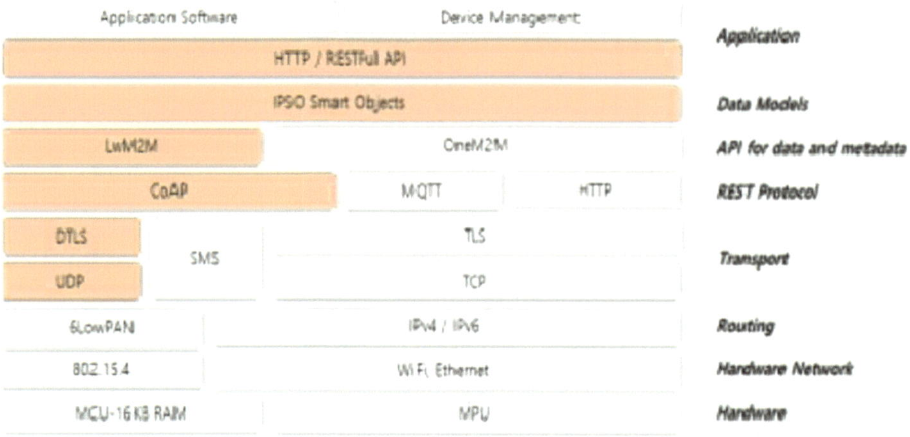

자료 : 차세대융합기술학회논문지 Vol.6, No.1 [복합센서와 공조기반에서 지능형 실내공기질 관리 시스템 개발], 2022.

라. 공조기 관제시스템 소프트웨어 설계

❑ 공기청정기의 미세먼지 농도를 관리하기 위한 통합관제 시스템의 프로그램 제어에는 장비 제어, 장비상태 모니터링, 장비 장애 시 경보, 장비 정보관리 기능 등을 제공하여, 효율적이며 간편한 장비 운용을 도모한다. 개발환경은 오픈소스 기반의 미세먼지 관제시스 템 개발을 위해 OSGi 기반의 오픈 프레임워크를 사용하며 하드웨어 및 OS(Operating System)에 독립적으로 동작하기 위해 JAVA를 기본어로 선택하고, 사용자 환경에 구애받지 않고 장비관제를 수행할 수 있도록 HTML5 웹/모바일 기반의 사용자 UI 인터페이스로 구현시킨다. 관제시스템은 리눅스 기

반 운영체계 우분투(Ubuntu) 16.04 LTS/18.04 LTS에서 동작하며, 관제시스템 UI(; User Interface)는 Google사의 Chrome Browser에서 동작하고, 이를 구동하는 프로그램은 JAVA 기반으로 개발되었다.

[도표 Ⅰ-32] Program source code

```
# For Cygwin, ensure paths are in UNIX format before anything is touched
if [ "$OSTYPE" = "cygwin" ]; then
  [ -n "$ACTIVEMQ_HOME" ] &&
   ACTIVEMQ_HOME="`cygpath --unix "$ACTIVEMQ_HOME"`"
  [ -n "$JAVA_HOME" ] &&
   JAVA_HOME="`cygpath --unix "$JAVA_HOME"`"
  [ -n "$ACTIVEMQ_CLASSPATH" ] &&
   ACTIVEMQ_CLASSPATH="`cygpath --path --unix
"$ACTIVEMQ_CLASSPATH"`"
fi
# Detect the location of the java binary
if [ -z "$JAVACMD" ] || [ "$JAVACMD" = "auto" ] ; then
 if [ -n "$JAVA_HOME" ] ; then
   if [ -x "$JAVA_HOME/jre/sh/java" ] ; then
     # IBM's JDK on AIX uses strange locations for the executables
   JAVACMD="$JAVA_HOME/jre/sh/java"
  else
  … …
syncopation
```

자료 : 차세대융합기술학회논문지 Vol.6, No.1 [복합센서와 공조기반에서 지능형 실내공기질 관리 시스템 개발], 2022.

(4) 실험 결과

가. 공조기 연동기능 S/W 시험

❑ 다음은 공조기 연동 통신 모듈 개발은 다양한 인터페이스를 적용한 공조기 연동 통신 모듈을 적용하여 다수 모델의 공조기 연동을 가능하게 개발한다.

[그림 Ⅰ-67] IoT platform

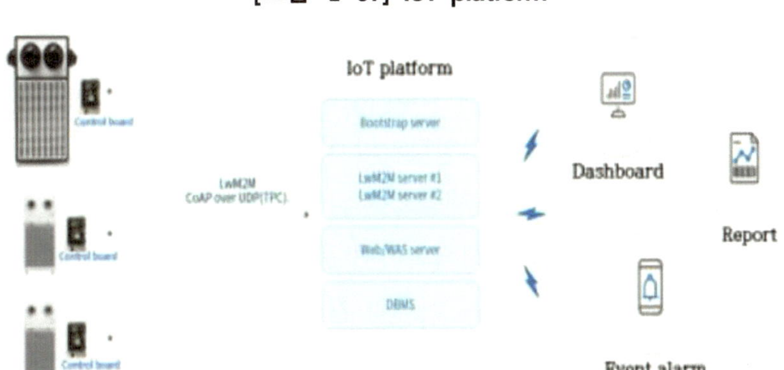

❑ 공조기와 자동관리 시스템 상호간 상태관리 및 제어 메시지 분석 S/W 개발을 위해 공기청정기 내의 IoT 센서 측정 정보수집을 위한 연동 Adaptor를 신규로 개발하여 공조기의 상태 정보를 수집한다. 공기청정기에 대한 제어 요청은 RESTful API를 이용하여 공기청정기 Reset, Fan-on/off 기능을 제공한다. 복합 센서로 부터 수집된 공기질 정보는 지능형 실내 공기질 관리 시스템에 저장하고 공기청정기와 연계하여 계절별, 온도별, 일정별 공기질 미세먼지 농도를 자동으로 저감 한다.

나. 지능형 실내 공기질 관리시스템 S/W 시험

A) 실시간 모니터링 서비스

❑ 대시보드 형태의 실시간 공기질 모니터링 화면 제공과 복합센서로부터 수집된 미세먼지, 초미세먼지, 온도/습도, 유기화합물(HCHO, tVOC), CO_2 등의 공기질 현황 정보와 농도 저감을 위한 공기청정기 현황 정보를 직관적으로 한눈에 파악할 수 있는 대시보드 형태의 모니터링 화면을 제공한다. 다음은 측정소 및 시간대별 실시간 오염물질의 농도 통계 및 조회 결과이다.

[그림 Ⅰ-68] Trend of atmospheric information statistics by measurement element

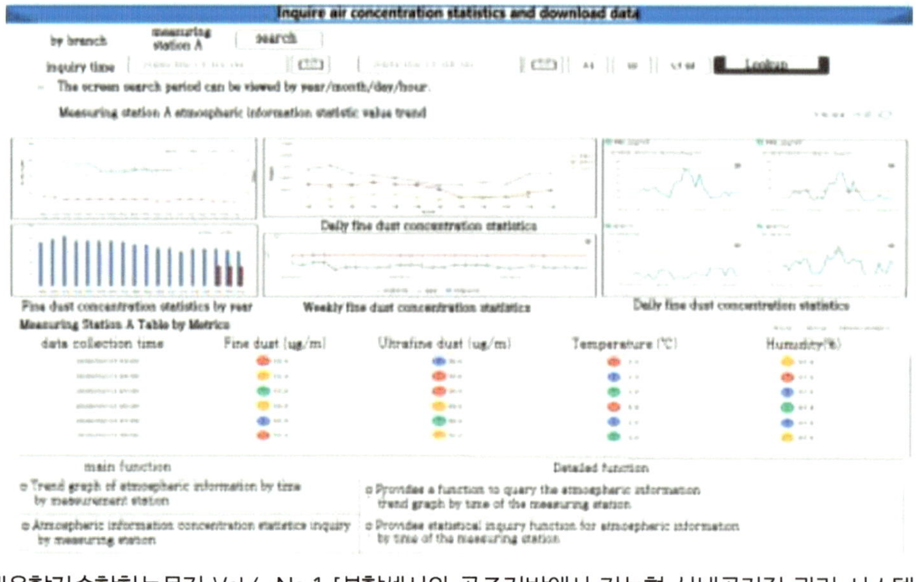

자료 : 차세대융합기술학회논문지 Vol.6, No.1 [복합센서와 공조기반에서 지능형 실내공기질 관리 시스템 개발], 2022.

B) 실시간 오염 지도 서비스

❑ 실내 지도기반의 시각화를 위해 미세먼지(PM10, PM2.5), 온도, 습도, 유기화합물(HCHO, tVOC), CO_2 등 복합센서 측정 정보와 공기청정기의 상태 정보를 실내 지도기반의 히트맵 형태로 시각화한다. 상세 시각화의 상세분석 정보 제공으로 위치별, 시간별 미세 먼지 발생 정보를 제공하고, 농도 통계분석 자료 등은 그래프화, 시각화하여 관리자에게 제공한다. 아울러 환경공간정보 연계분석으로 공기질 측정값과 기상/공조시설 등의 환경인자 간의 상관관계를 분석하여 미세먼지 발생에 대한 영향력 분석을 시각화하여 다음 그림에서처럼 실시간으로 제공한다.

[그림 Ⅰ-69] Intelligent AI-based air conditioner facility operation

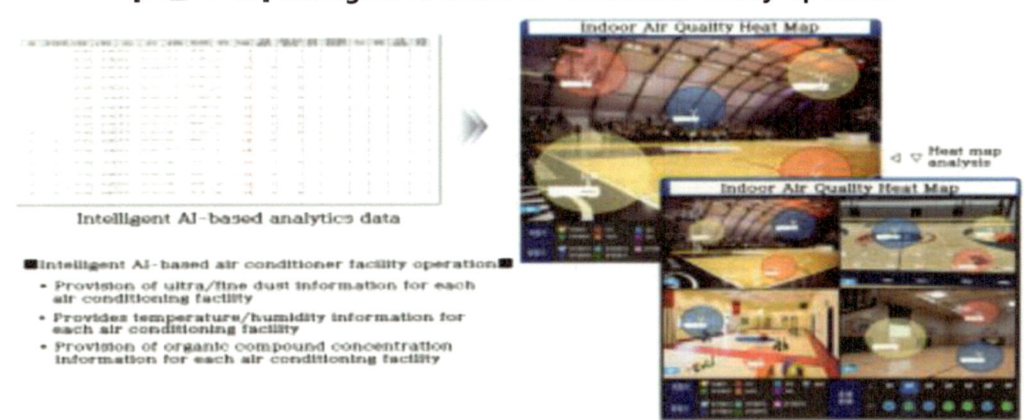

자료 : 차세대융합기술학회논문지 Vol.6, No.1 [복합센서와 공조기반에서 지능형 실내공기질 관리 시스템 개발], 2022.

C) 지능형 실내 공기질 관리 서비스

❑ 지능형 AI 분석 기반 공기청정기를 이용한 미세먼지 자동 저감 기술 제공을 위해 지능형 AI 분석 기반 미세먼지 오염 예측으로 공기청정기를 자동 및 수동으로 제어하고 모니터링 서비스를 통해 관리자나 최종사용자에게 실시간으로 다음 그림과 같이 정보를 제공한다.

[그림 Ⅰ-70] Intelligent indoor air quality management service

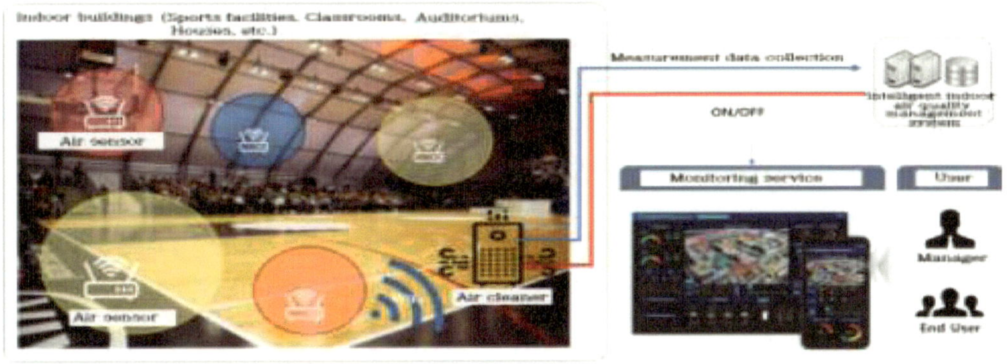

❑ 지능형 AI 기반 히트맵 분석 기능 제공으로 초미세 먼지, 온도 및 습도, 유기화합물 등 수집된 복합센서 정보와 대기 측정망 외부 공기질 정보를 지능형 AI 기반으로 분석하여 히트맵 형태로 가시화하는 기능을 다음 그림과 같이 제공한다. 여기서 지능형 AI기반 모니터링 시스템은 외부 공기질 화면과 내부공기질 히트맵을 제공하고 공기청정기의 최적 필터 교체시기를 제공한다. 외부 공기질 화면은 위치분석으로 외부 공기질 변화에 따른 데이터와 외부 환경에 따른 내부 공기질 상태 데이터를 분석하고, 내부공기질 히트맵은 시공간 분석으로 실내 공기질 농도 및 유입 데이터와 공조시설 장비의 데이터를 분석한다. 지능형 AI기반 공조시설의 최적 필터 교체시기 제공은 공조시설 필터의 장비상태를 통해 차압을 예측하고 공조시설 필터의 최적 포인트를 예측하여 필터의 교환주기를 예측해 주므로 최적의 환경을 유지한다.

[그림 Ⅰ-71] Air quality information measurement app

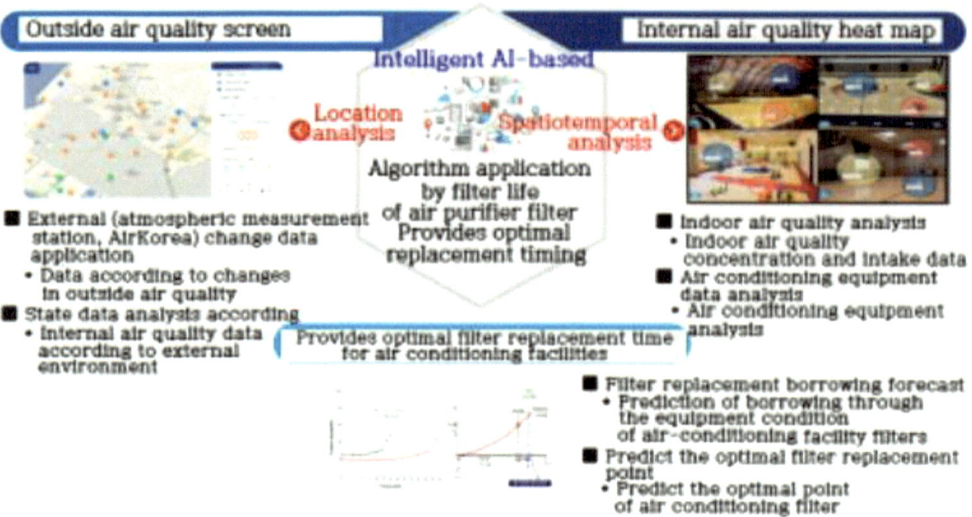

자료 : 차세대융합기술학회논문지 Vol.6, No.1 [복합센서와 공조기반에서 지능형 실내공기질 관리 시스템 개발], 2022.

❑ 사용자 웹 서비스에서 사용자 관리 서비스는 다음과 같이 웹과 모바일 웹으로 제공하여 센서 상태 정보, 공기청정기 등 방지시설 정보를 실시간으로 모니터링하고, 제어하는 기능을 제공한다.

[그림 Ⅰ-72] Real-time monitoring of prevention facility information

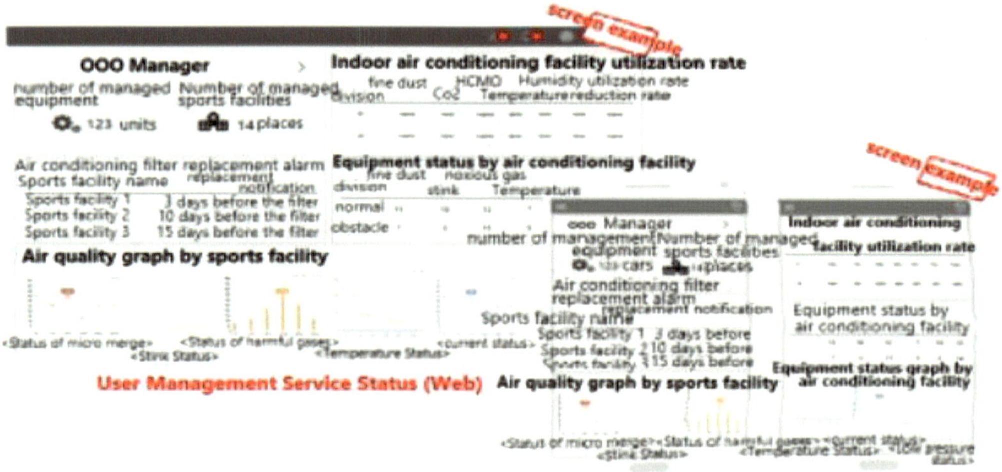

❑ 또한 위치별/일 평균/최고/최저 환경정보 추이 등의 통계 기능을 제공한다.

(5) 결론

❑ 국내외 최초 대기 환경 기준물질인 미세먼지(PM10), 초미세먼지(PM2.5), 이산화 탄소(CO_2), 유기 화합물(포름알데이드 등), 온도, 습도 측정이 가능한 간이 측정 장비에 복합센서와 지능형 AI를 연계하여 미세먼지 농도에 따라 자동으로 공기청정기를 제어하는 지능형 실내 공기 질 관리 시스템을 개발한다.

❑ 이는 실내 시설의 미세먼지의 유기성분 생성 수율 및 전구물질의 물질별 기여도 등을 파악하

여 미세먼지 저감 대책을 수립하여 활용한다. ICT 기반 미세먼지, 대기오염물질 등 관리 분야에 적용하여 효율적인 관리 서비스를 제공하고, 학교, 병원, 체육시설의 대중시설 및 가정집의 미세먼지에 대한 근본적인 문제를 해결한다.

❑ 이에 본 연구에서는 지능형 실내 공기질 관리시스템 개발을 통해 실내 공기질을 자동으로 관리하는 혁신적인 제품을 국내 다양한 분야에 적용시킨다. 이 시스템은 공기 오염물질 저감기술 및 관리 고도화로 비용 절감 효과, 센서 계측기 성능 및 신뢰성 확보로 대기오염의 최소화, 에너지 효율성 증대 등 AI와 빅데이터 기술을 통한 재난재해 예측분석, 예방, 공기질 개선 관리를 통해 건강과 환경 가치를 높인다. 또한, 건강 취약계층, 지역사회, 주민들의 생활과 환경 개선 및 건강과 환경 가치를 높이는 효과를 발생시킨다. 이들 기술은 4차 산업혁명 시대 빅데이터, 인공지능, 센서 집적 고도화, 융복합 환경을 하나의 센서로 통합시킴으로 지능형 환경재해 매체개발에 새로운 비즈니스 모델을 창출하게 될 전망이다.

2) 휴대용 실내 미세먼지 농도 측정 장치 개발

(1) 연구 배경

❑ 눈으로는 보기 힘든 미세먼지 측정과 관리에 대한 중요성이 지속적으로 대두되는 추세에 따라, 본 연구에서는 저렴한 가격으로 실내에서 활용할 수 있고, 원하는 장소의 미세먼지 농도 정보를 얻을 수 있는 소형 미세먼지 농도 측정기를 설계하였다. 광 산란법을 사용하는 미세먼지 센서를 통해 국부적인 미세먼지 농도를 실시간으로 측정하고, 해당 값을 모바일 앱을 통해 지속적으로 받아볼 수 있는 실내 미세먼지 농도 측정기를 개발하였다.

❑ 실내 미세먼지 농도 상승의 대부분을 차지하는 외부 유입 미세먼지 농도 모니터링을 위한 창문 부착형과 조리 시 발생하는 미세먼지 농도 모니터링을 위한 주방 후드 부착형으로 나누어 제작하였고, 미세먼지 농도가 위험군일 경우 소리와 앱 화면을 통한 알림 기능과 더불어 해당 공간의 미세먼지 농도에 따른 적절한 대응을 하도록 제작하였다.

(2) 실험장치 및 방법

가. 하드웨어 제작

❑ 본 연구에서는 광 산란 방식의 미세먼지 농도 측정 센서를 사용하였다. 광 산란 방식의 미세먼지 농도 측정 센서는 대기 중 부유하고 있는 입자상 물질에 빛을 가하면 미세입자에 의해 빛이 산란되는데, 산란되는 빛의 양은 입자의 질량농도에 비례하고 이로부터 미세먼지의 직경 및 개수를 측정한다. 이러한 광 산란 방식의 미세먼지 농도 센서들은 중량 농도법이나 베타선 흡수법에 비해 측정 정확도가 부족하다는 단점이 있으나, 가격 대비 성능이 우수하고 소형이라는 장점이 있다. 다양한 광 산란 방식의 미세먼지 농도 측정 센서들 중 측정범위가 0.3-10 μm로 PM10과 PM2.5를 동시에 측정할 수 있고, 비교적 2만원 대로 센서 가격이 저렴한 PLANTOWER 사의

PMS7003, CUBIC 사의 PM2008, FOSENSOR 사의 FS00202를 사용하여 그 성능을 비교하고 정확도가 높은 센서를 선정하였다.

❑ 선택한 미세먼지 센서뿐 아니라 소형 브레드 보드, 회로를 연결하는 점퍼케이블, 센서 측정 정보가 화면에 출력되는 LCD 디스플레이 모듈, 온도와 습도를 측정하는 DHT11 온습도 센서, 주방 후드 제어에 활용되는 서보모터, 아두이노 우노, 스마트폰 통신을 위한 블루투스 모듈을 사용하여 크게 창문 부착형, 주방 후드 부착형 두가지 타입으로 제작하여 실내 미세먼지 농도 측정에 활용 가능하도록 제작하였다.

[그림 Ⅰ-73] Arduino sensors to compose the hardware

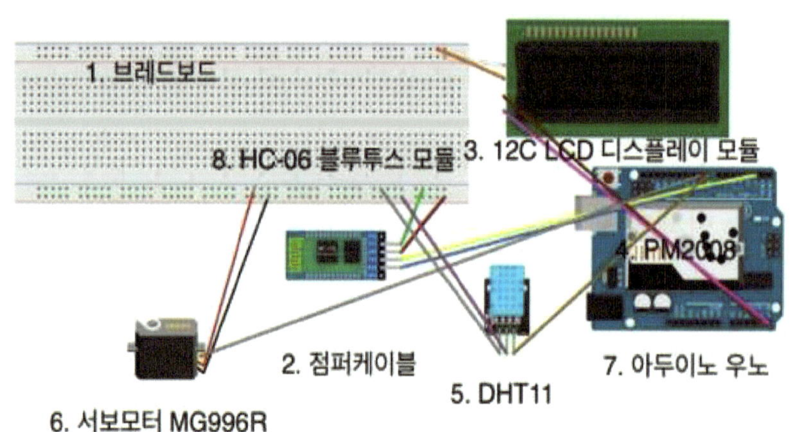

자료 : 한국가시화정보학회지 Vol.20, No.1 [휴대용 실내 미세먼지 농도 측정 장치 개발], 2022.

❑ 전체적인 외관은 CATIA CAD 프로그램을 이용하여 설계하였고 3D 프린터로 출력하여 외장을 완성하였다.

나. 소프트웨어 구성

❑ DHT11 센서에서 현재 온습도에 대한 정보를 받고, 미세먼지 센서로부터 미세먼지 농도 정보를 입력받아 LCD 디스플레이 모듈에 해당 정보를 출력하였고, 블루투스 통신 모듈을 통해 해당 정보를 스마트폰에 전송하도록 아두이노 코드를 작성하였다. 추가적으로 주방 후드 부착형의 경우, 국부 미세먼지 농도가 나쁨 이상일 때, 서보모터가 주방 후드를 작동시키게끔 설정하였다.

❑ 모바일 앱은 오픈소스 앱 메이커 중 하나인 App inventor for Android를 활용하여 제작하였다. 블루투스 통신을 통해 아두이노 센서 값을 1초에 1번 온도, 습도, 미세먼지 농도 값을 받고 출력되도록 설정하였다. 또한, 환경부의 한국환경공단에서 제공하는 예보 등급을 참고하여 PM10 농도가 0-30 μg/m^{3}일 경우 '좋음', 31-80 μg/m^{3}일 경우 '보통', 81-150 μg/m^{3}일 경우 '나쁨', 151 μg/m^3 이상일 경우 '매우 나쁨'을 기준으로, 모바일 앱 오른쪽 하단 부분 상태 창에 4단계 미세먼지 농도 변화에 따라 얼굴 이모티콘 모양이 변하여 보다 이해하기 쉽도록 디자인하였다.

[그림 Ⅰ-74] Mobile app. design using App inventor for Android

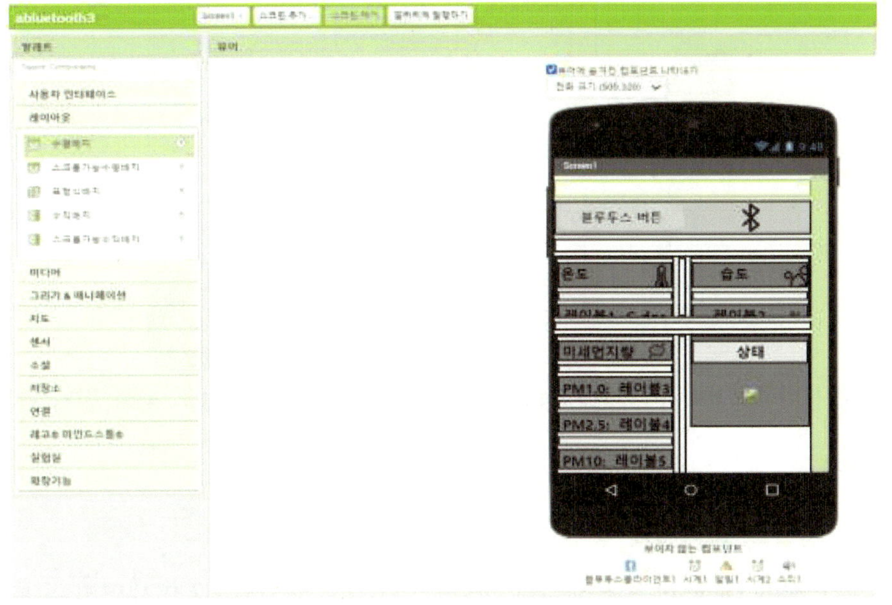

자료 : 한국가시화정보학회지 Vol.20, No.1 [휴대용 실내 미세먼지 농도 측정 장치 개발], 2022.

다. 미세먼지 농도 측정 센서 평가

❑ PMS7003, PM2008, FS00202 미세먼지 농도 측정 센서의 성능을 비교하여 높은 정확도를 보이는 미세먼지 센서를 선정하기 위하여 챔버 내 실험을 진행하였다.

❑ 해당 실험은 연소 시, 일산화탄소, 이산화탄소를 포함한 기체상 물질과 함께 입자상 물질을 생성하는 incense smoke을 사용하여 챔버 안에 미세먼지를 발생시키고, 이를 각각의 센서와 산업용 분진 측정기(TES5200, TES Electrical Electronic Corp., Taiwan)로 동시에 측정하였다. 산업용 분진 측정기에서 출력되는 미세먼지 농도는 참값으로 활용하였다. 산업용 분진 측정기는 1분 동안 2.84 L의 외부 공기를 흡입하여 그 속에 포함된 PM10과 PM2.5 농도를 측정한다.

❑ 한편, 본 연구에서 활용한 미세먼지 농도 측정 센서의 경우 1초에 1번씩 PM 10과 PM 2.5 농도를 제공하기 때문에 해당 센서의 성능을 평가할 때 60초 동안의 미세먼지 농도를 평균하여 산업용 분진 측정기로 측정한 미세먼지 농도(참값)와 비교하였다. 실험에 사용한 챔버의 경우, 표면 정전기를 최소화할 수 있도록 유리와 스테인리스 스틸로 제작하였다.

❑ 실험 방법은 챔버 안에 일정 시간 동안 incense stick을 사용하여 미세먼지를 생성시킨 후, 생성된 미세먼지가 챔버 내부에 골고루 분포되도록 3 - 4번 가량 챔버 문을 여닫았다. 추가로 10분 경과 후, 챔버 안의 미세먼지 농도를 해당 미세먼지 센서와 산업용 분진 측정기로 동시에 측정하였다. 초기 챔버 내부 미세먼지 농도는 총 부유입자 지표(TSP index) 기준으로 1000 - 1300 μg/m^3 수준으로 통제하였다. 센서 정확도는 미세먼지 농도는 PM10 기준, 0 - 1000 μg/m^3로 넓은 미세먼지 농도 범위로 평가하였다.

[그림 Ⅰ-75] Photograph of the test chamber

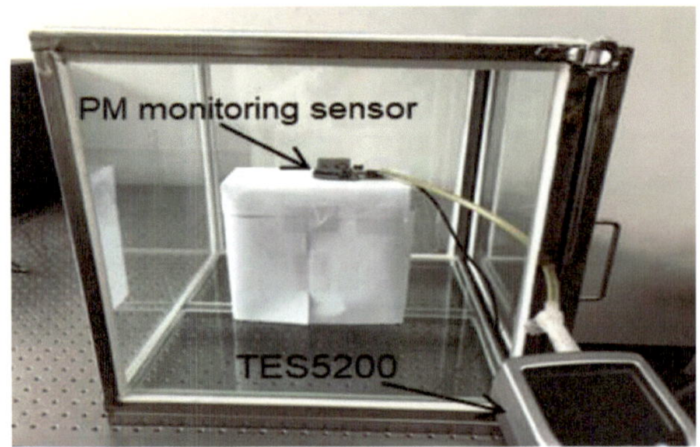

자료 : 한국가시화정보학회지 Vol.20, No.1 [휴대용 실내 미세먼지 농도 측정 장치 개발], 2022.

(3) 실험 결과

가. 광 산란 방식의 미세먼지 농도 측정 센서 선정

❑ 앞서 설계한 챔버 내 실험을 통해 PMS7003, PM2008, FS00202 미세먼지 농도 측정 센서의 성능을 비교하였다. 다음은 PM10 농도가 0 - 1000 μg/㎥ 범위에서 각 센서에서 측정한 미세먼지 농도 값(measured value)과 산업용 분진 측정기로 측정한 미세먼지 농도 값(ground truth)의 분포이다. 그 결과, 실험한 세 가지 센서 중 PM2008 센서가 실험한 범위에서 가장 참값에 가까운 미세먼지 농도(y = x)를 예측하였다.

[도표 Ⅰ-33] Comparison of PM10 concentrations measured by individual sensors with their ground truth values

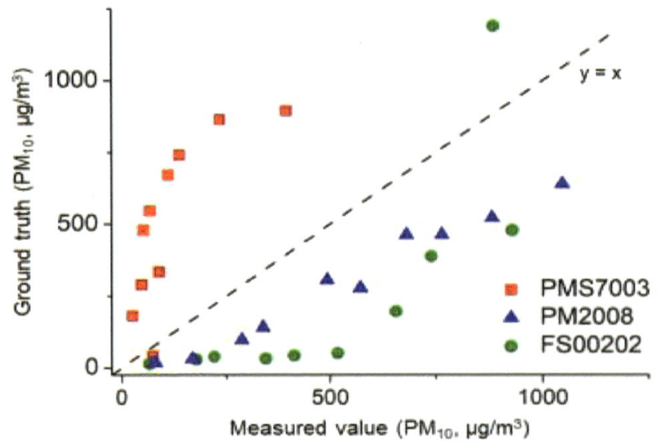

❑ 그 결과, PMS7003 센서는 432.8 μg/m^3, PM2008 센서는 256.0 μg/m^3, FS00202 센서는 338.0 μg/m^{3}로 각각 나타났다. RMSE 값 비교에서도 PM2008 센서가 가장 참값에 가까운 값이 측정됨을 확인하였다.

❑ 앞선 결과를 바탕으로 PM2008을 미세먼지 농도측정 센서로 선정하였으나, 여전히 참값과 차이가 존재하였다. 이를 해결하기 위해 선형 회귀 기법(linear regression)을 활용하여 센서로

측정된 값을 참값으로 변환시키는 함수를 도출하였다. 도출된 선형 함수를 통해서 PM2008 센서를 활용한 미세먼지 측정값을 보다 참값에 가깝게 변환시켰고, 이렇게 변환된 값을 기반으로 미세먼지 위험수준 분류 및 알림에 궁극적으로 활용하였다.

[도표 Ⅰ-34] Linear regression for converting measured PM10 concentration to ground-truth PM10 concentration

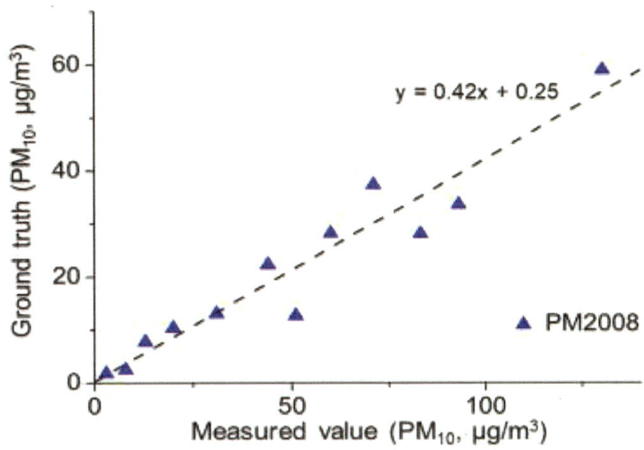

자료 : 한국가시화정보학회지 Vol.20, No.1 [휴대용 실내 미세먼지 농도 측정 장치 개발], 2022.

나. 실내 공간별 미세먼지 농도 측정

❑ 해당 PM2008 센서와 아두이노 센서들을 사용하여 공간별 실내 미세먼지 농도 측정기를 크게 창문 부착형과 주방 후드 부착형 2가지 타입으로 제작하였다.

[그림 Ⅰ-76] Two types of indoor PM monitoring sensors

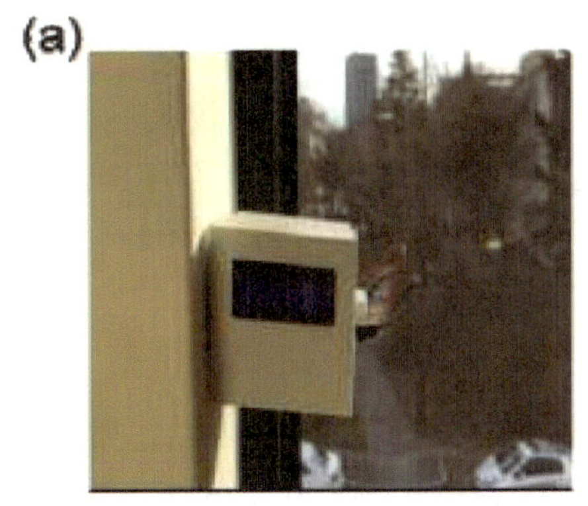

(a) Window attachment type

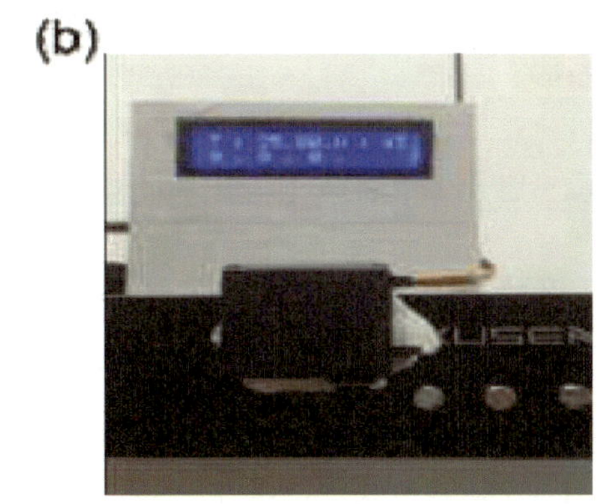

(b) Kitchen hood attachment type

❑ 창문 부착형은 뒷면에 PM2008센서를 위치하도록 설계함으로써 창문에 부착하여, 외부 공기의 유입을 모니터링할 수 있다. 주방 후드 부착형의 경우 아랫면에 PM2008센서를 위치시켜 조리 시 국부적인 미세먼지 농도 모니터링을 보다 용이하게 하였고, 추가적으로 조리 시 국부적인 미세먼지 농도가 PM10 기준 81 $\mu g/m^3$ 이상일 경우 (환경부 기준 '나쁨' 상태), 서보모터가 주방 후드를 자동적으로 작동시키게 하였다.

❑ 2가지 타입의 미세먼지 농도 측정기 모두 LCD 창을 통해, LCD의 윗줄에는 온도(T), 습도(H), 아랫줄에는 차례대로 PM1.0, PM2.5, PM10 농도가 올바르게 출력되었다. 본체는 휴대를 위해 DC 9V건전지로 작동되고, 크기는 가로 10 cm × 세로 7 cm × 높이 8.5 cm, 무게는 약 200g, 가격은 6만원대이다.

다. 모바일 앱

❑ 개발한 모바일 앱 실행 시, 주변 환경 정보를 확인할 수 있었다. 온도, 습도, PM1.0, 2.5, 10 농도 값들이 정상적으로 1초마다 업데이트되며 사용자에게 정보를 제공하였다. 또한 미세먼지 농도에 따라 얼굴 이모티콘의 변화가 나타나 이용자가 보다 쉽게 국부적인 미세먼지 농도 상태를 확인 가능하였다. 또한 PM10 미세먼지 농도가 81 $\mu g/m^3$ 이상 '나쁨' 상태일 때, 별도의 알림창이 나타나도록 하였다. 이러한 알림 기능을 통해 사용자는 창문을 여닫음으로써 실내 미세먼지 농도를 낮출 수 있으며, 조리시 발생되는 미세먼지를 저감하기 위해 주방 후드가 서보 모터에 의해 자동으로 작동될 수 있다.

[그림 Ⅰ-77] User-friendly mobile app. for PM concentration monitoring

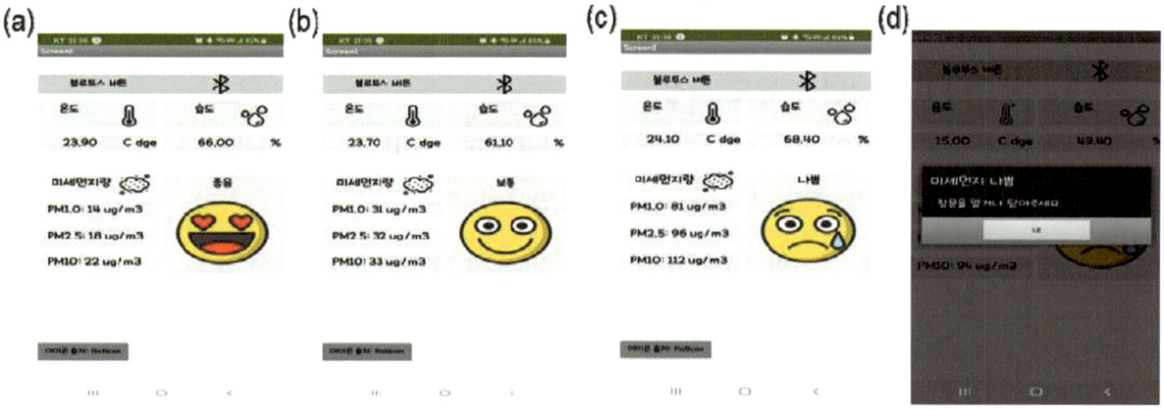

자료 : 한국가시화정보학회지 Vol.20, No.1 [휴대용 실내 미세먼지 농도 측정 장치 개발], 2022.

라. 휴대용 미세먼지 농도 측정 시스템 성능 검증

❑ 개발한 휴대용 미세먼지 농도 시스템의 성능을 최종적으로 검증하고자 해당 기기로 얻은 미세먼지 농도와 실제 측정소에서 제공하는 미세먼지 농도를 비교하였다. 2022년 1월 12일 17:00 - 22:00 동안 전라북도 익산시 부송동에서 개발한 기기를 사용하여 미세먼지 농도(measured value)를 측정하였고, 근처 원광대학교 사범대학 측정소에서 제공하는 미세먼지 농도(ground truth)와 비교하였다.

❑ 그 결과, PM10, PM2.5 모두 개발한 기기를 사용하여 측정소에서 제공하는 정보와 거의 비슷하게 미세먼지 농도에 대한 정보를 획득할 수 있었다. PM10 농도의 경우, 참값에 비해 측정값이 약간 낮게 측정되었다. 이러한 결과는 선형 회귀 기법을 사용하여 참값에 가깝게 변환시킬 때, 0 - 15 $\mu g/m^3$ 저농도에서 실제 농도값보다 변환된 농도 값(선형 함수 상의 값)이 과소평가

(underestimation)되어 나타난 것으로 보인다.

[도표 Ⅰ-35] Field-test of the developed PM monitoring system

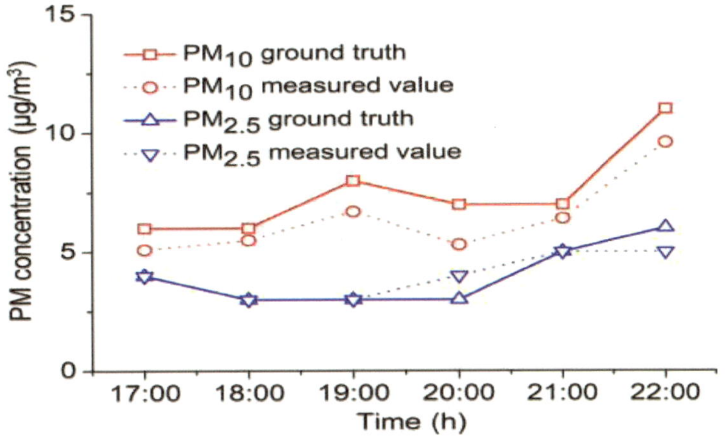

자료 : 한국가시화정보학회지 Vol.20, No.1 [휴대용 실내 미세먼지 농도 측정 장치 개발], 2022.

(4) 결론

❑ 본 연구에서는 미세먼지 관리에 대한 경각심이 증대됨에 따라, 창문 부착형, 주방 후드 부착형 두 가지 종류의 소형 실내 미세먼지 농도 측정 장치를 고안하였다.

❑ 정확한 미세먼지 농도 측정을 위한 센서 선정을 위해 챔버 내 실험을 진행하여, 실험한 세 종류의 센서들 중 PM2008 센서가 가장 참값과 가까운 미세먼지 농도값을 측정하였으며, 선형 회귀 방식을 적용하여 보다 참값에 가깝도록 변환하였다. 선택된 PM2008 센서를 포함하여 두 가지 종류에 따라 각각 하드웨어를 제작하였다. 그리고 소프트웨어 설계 과정을 통해 센서를 통한 측정값이 LCD 패널에 잘 출력되도록 하였으며, 모바일 앱 제작을 통해 사용자가 실시간 미세먼지 농도를 쉽게 알 수 있게 하였다. 또한 미세먼지 농도가 '나쁨' 상태일 때, 알림창과 경고음이 울리고, 주방후드 버튼을 자동으로 눌러 작동되게 하였다.

❑ 본 연구를 통해 설계한 미세먼지 농도 측정 시스템은 사용자가 눈에 보이지 않는 미세먼지 농도에 대한 정보를 쉽고, 휴대가 간편하며, 공간의 제약 없이, 비교적 저렴한 가격으로 측정할 수 있다는 장점이 있다. 따라서, 현재 거주하고 있는 국부적인 장소의 미세먼지 농도를 확인 및 위험을 알림으로써 사용자의 적절한 대응을 도울 수 있기 때문에 미세먼지로 인한 악영향을 저감하는데 도움을 줄 것으로 기대된다.

4. 도시 미세먼지 인증표준물질 개발

❑ 한국표준과학연구원(KRISS, 원장 박현민)이 미세먼지 속 유해 원소를 포함한 7가지 화학성분을 정확히 측정한 도시 미세먼지 인증표준물질(CRM) 개발에 성공했다. 이는 미세먼지의 유해성분 측정, 유해성 평가, 발생원 추적의 신뢰성 향상 등에 활용될 전망이다.

- **인증표준물질(CRM)** : 측정내용과 분석방법이 정확한지 확인할 수 있는 표준이 되는 기준 물질을 지칭함

❑ KRISS 융합연구팀이 개발한 인증표준물질은 서울과 경기 지역에서 2년간 대량 포집한 미세먼지를 균질하게 가공한 것으로 국내의 도시 환경 특성을 반영한 최초 사례다. 이를 이용하면 우리나라 환경에 맞춰 미세먼지의 유해성분 분석의 신뢰성을 확보하고 미세먼지 발생원을 추적하는데 활용할 수 있다.

- 화학바이오표준본부 무기분석표준그룹, 유기분석표준그룹, 바이오분석표준그룹, 가스분석표준그룹, 안전측정연구소 온실가스표준팀

1) 연구 내용

❑ 미세먼지는 대기 중에 떠다니며 눈에 보이지 않을 정도로 작은 먼지를 말한다. 현대에 이르러 산업활동 영향으로 다양한 유해 화학성분에 의한 오염이 더해지면서 대기 오염을 악화시키고 인류의 건강에 중대한 위협이 되고 있다.

❑ 미세먼지는 원소 성분, 유기 화합물, 이온 성분 등 복합적 물질로 구성돼 있어 여기에 포함된 화학성분의 정확한 측정이 매우 어렵다. 하지만 미세먼지의 농도 및 이를 구성하는 다양한 화학성분을 신뢰성 있게 측정하는 것은 미세먼지의 유해성을 평가하고 저감 방안을 마련하는데 필수적인 요소이다.

❑ 현재까지 미세먼지 중 화학성분 측정을 위한 인증표준물질은 미국 표준기관 NIST와 유럽의 JRC에서 개발된 것이 주로 활용되고 있다. 그러나 이는 1970년대부터 개발되었으며, 시료를 포집한 곳의 지역적 특성이 우리나라와 달라 국내의 환경 특성을 반영하기에 한계가 있었다.

❑ KRISS 융합연구팀은 국내의 환경 특성을 반영해 안타모니, 칼슘, 구리, 납, 마그네슘, 주석, 아연 등 7가지 화학성분을 정확히 측정할 수 있는 도시 미세먼지 인증표준물질을 개발했다.

- KRISS의 최상위측정방법과 국제단위계로의 측정소급성을 갖춘 원소 표준용액을 사용해 미세먼지 중 원소성분의 함량에 대한 가장 정확한 인증값을 제공할 것으로 기대됨

❑ 환경부의 대기오염집중측정소에서는 주기적으로 미세먼지 중 유해성분에 대한 측정을 수행하고 있는데, 이번에 개발한 인증표준물질을 측정의 품질관리에 활용하면 미세먼지 유해성분 측정의 신뢰성 향상에 기여할 수 있다.

❑ 또한, 도시 미세먼지 인증표준물질에서 제공하는 화학조성 정보와 향후 제공할 동위원소비 등은 미세먼지의 발생원 추적을 위한 지표로 활용될 수 있다. 발생원 추적 활용 연구는 현재 개발 중인 도로 미세먼지, 지하철 미세먼지, 소각장 미세먼지 등 다양한 기원의 미세먼지 표준물질을 개발 완료 시 본격화할 전망이다.

❑ KRISS 화학바이오표준본부 임용현 책임연구원은 “최근 미세먼지의 유해성 연구와 관련해 미세먼지 표준물질의 수요가 폭발적으로 증가하고 있다”라며, “이번 연구 성과는 국민 안전을

위해 연구원 내외 여러 부서가 협력한 성과로서, 향후 지속적인 융합연구를 통해 유해 유기성분, 이온성분, 동위원소비, 미생물 종 분포, 다중 유기성분 복합패턴 등 유용한 인증 정보를 추가해 미세먼지의 다양한 특성 정보를 제공할 예정"이라고 밝혔다.

❑ 이번 연구결과는 KRISS 주요사업의 지원을 받아 수행됐으며, 개발된 도시 미세먼지 인증표준물질은 3월부터 KRISS 표준성과한마당(https://eshop.kriss.re.kr)에서 구입할 수 있다.

[도표 Ⅰ-36] 미세먼지 인증표준물질 제조과정

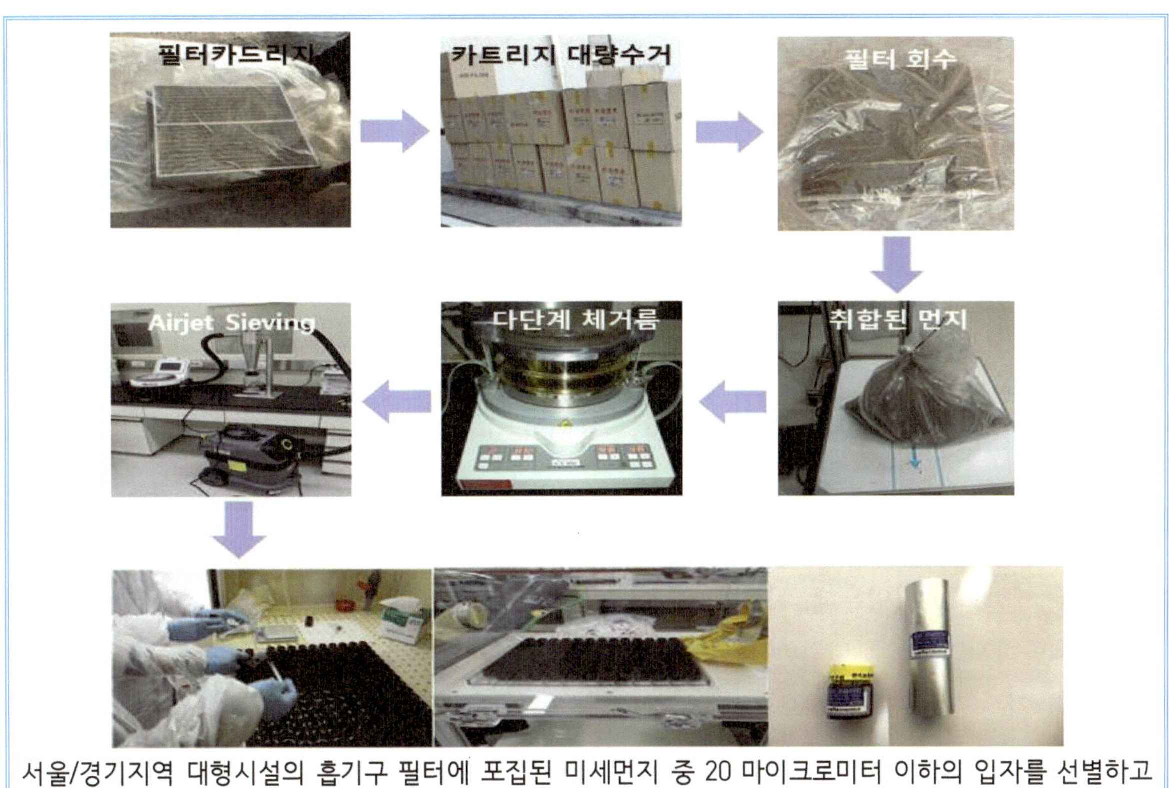

서울/경기지역 대형시설의 흡기구 필터에 포집된 미세먼지 중 20 마이크로미터 이하의 입자를 선별하고 균질하게 섞어준 다음 안정성을 유지할 수 있도록 포장하여 제조한다.

자료 : 한국표준과학연구원 보도자료 [미세먼지 유해성분 측정부터 발생원 추적까지…], 2022. 3

2) 활용 분야

❑ 미세먼지 측정소의 유해성분 측정 품질관리에 활용

- 환경부 대기오염집중측정소의 미세먼지 유해성분 측정의 신뢰성 향상 및 품질관리에 활용

❑ 미세먼지 유해성 평가의 신뢰성 향상

- 미세먼지의 유해성에 영향을 줄 수 있는 다양한 물리화학적 특성 정보를 제공해 미세먼지 독성 평가의 신뢰성을 향상

❑ 미세먼지 발생원 추적

- 다양한 화학 조성과 동위원소비 정보는 미세먼지의 발생원 추적에 활용

[그림 Ⅰ-78] 도시 미세먼지 인증표준물질

자료 : 한국표준과학연구원 보도자료 [미세먼지 유해성분 측정부터 발생원 추적까지…], 2022. 3

3) 기존 연구와 차별점

❑ 미세먼지 중 화학성분 측정을 위한 인증표준물질은 미국 표준기관 NIST와 유럽의 JRC에서 개발된 것들이 현재 주로 활용되고 있는데, 개발된 시기의 환경이 다르고 시료를 포집한 곳의 지역적 특성이 우리나라와 달라 국내의 환경 특성을 반영하기에 한계가 있었다.

❑ 이번에 개발한 인증표준물질은 우리나라의 지역적 특성을 반영한 표준물질이라는 점에 차별성이 있다. 기존 미세먼지 표준물질이 제공하는 인증값은 PAH를 포함한 유해 유기성분과 원소성분 등으로 제한되어 있었는데, 이번에 개발된 인증표준물질은 일차로 7종 원소성분에 대한 특성정보만 제공하지만, 향후 다양한 특성에 대한 정보를 추가해 미세먼지의 유해성 평가와 발생원 추적 관련 가장 많은 특성 정보를 제공하는 표준물질로 개발될 예정이다.

5. 배기가스 정화 촉매 시장

1) 기술 개요

❑ 배기가스 정화 촉매는 기체상 반응 속도를 가속하기 위해 촉매변환기에 사용되는 고체 촉매로써, 내연 기관과 발전소, 화학 및 산업 공정, 석유 및 정유 공장과 같은 산업 분야에서 사용된다.

- 자동차 배기가스 시스템과 산업용 기계는 온실가스의 주요 원인 물질인 일산화탄소, 질소산화물, 탄화수소, 이산화탄소 및 미립자 물질을 환경으로 배출함
- 배기가스 정화 촉매는 오염물질을 산화시켜 질소 및 수소와 같이 유해성이 적은 배출물로 전환

❑ 배기가스 정화 촉매는 백금, 팔라듐, 로듐과 같은 귀금속으로 구성되어 있다.

2) 시장 현황

❑ 미국에서의 청정대기법 시행은 배기가스 정화 촉매에 대한 가능성을 열었고, 규제적 관점에서 충분한 추진력을 제공함으로써 배기가스 정화 촉매 분야에서 많은 발전을 이끌었다.

❑ 개발도상국의 배출가스 규제 강화, 자동차 수요와 판매량 증가, 다수 국가에서의 발전 및 향후 신규 발전소 증가는 배기가스 정화 촉매 시장 성장의 긍정적인 요인에 해당한다.

❑ 촉매변환기 사용의 이점에 대한 자동차 제조업체의 인식도 시장 성장에 영향을 미치고 있다.

❑ 미국 환경보호국(EPA, Environmental Protection Agency), 신규발생원 실시기준(NSPS, New Source Performance Standards) 및 유해대기오염물질 국가배출기준(NESHAP, National Emission Standards for Hazardous Air Pollutants)의 시행은 예측 기간 동안 배기가스 정화 촉매에 대한 수요를 더욱 강화할 것으로 예상된다.

[도표 Ⅰ-37] 글로벌 배기가스 정화 촉매 시장의 원동력

구분	주요 내용
성장 촉진요인	- 배기가스 정화 촉매 수요를 높이기 위한 엄격한 배기가스 배출 규제 - 촉매변환기 애프터마켓 성장 - 중형 디젤 엔진의 SCR(Selective Catalytic Reduction) 시스템 수요 증가
성장 억제요인	- 외부 온도 환경에 대한 높은 의존도 - 독소 및 열적 불활성에 의한 출력 저하 - 배터리 전기차에 대한 수요 증가
시장 기회	- 워시 코트 기술 및 혁신에 대한 촉매 제조업체의 초점 - 촉매변환기 사용에 대한 자동차 제조업체의 인식 상승
해결해야 할 과제	- 귀금속의 가격 변동

자료 : MarketsandMarkets(2020), 연구개발특구진흥재단 [배기가스 정화 촉매 시장], 2021. 5

3) 시장 동향

(1) 글로벌 전체 시장 규모

❑ 전 세계 배기가스 정화 촉매 시장은 2020년 109억 2,746만 달러에서 연평균 성장률 6.04%로 증가하여, 2025년에는 146억 4,973만 달러에 이를 것으로 전망된다.

[도표 Ⅰ-38] 글로벌 배기가스 정화 촉매 시장 규모 및 전망

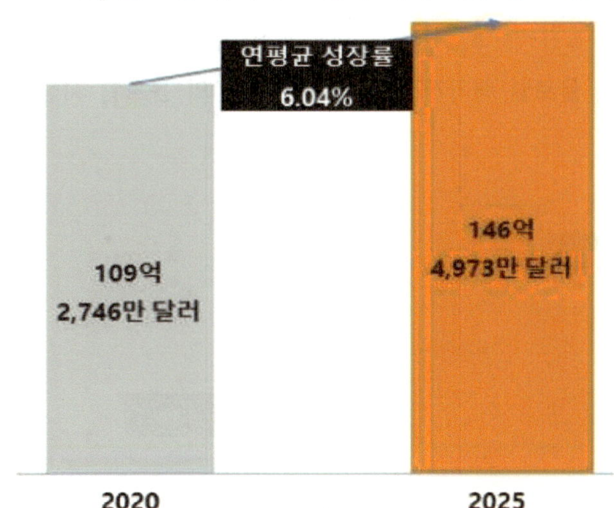

(2) 세부항목별 시장 규모

❑ 전 세계 배기가스 정화 촉매 시장은 금속 종류에 따라 팔라듐계 배기가스 정화 촉매, 플라티늄 배기가스 정화 촉매, 로듐계 배기가스 정화 촉매, 기타 금속계 배기가스 정화 촉매로 분류된다.

- 팔라듐계 배기가스 정화 촉매는 2019년 129억 1,650만 달러에서 연평균 성장률 9.0%로 증가하여, 2024년에는 198억 4,500만 달러에 이를 것으로 전망됨
- 플라티늄 배기가스 정화 촉매는 2019년 42억 4,300만 달러에서 연평균 성장률 3.8%로 증가하여, 2024년에는 51억 1,730만 달러에 이를 것으로 전망됨
- 로듐계 배기가스 정화 촉매는 2019년 28억 3,460만 달러에서 연평균 성장률 7.9%로 증가하여, 2024년에는 41억 4,850만 달러에 이를 것으로 전망됨
- 기타 금속계 배기가스 정화 촉매는 2019년 10억 5,690만 달러에서 연평균 성장률 5.5%로 증가하여, 2024년에는 13억 8,170만 달러에 이를 것으로 전망됨

[도표 Ⅰ-39] 글로벌 배기가스 정화 촉매 시장의 금속 종류별 시장 규모 및 전망

(단위: 백만 달러)

25,000.0
20,000.0
15,000.0
10,000.0
5,000.0
0.0
2019
2024
9.0%
12,916.5
19,845.0
3.8%
4,243.0
5,117.3
7.9%
2,834.6
4,148.5
5.5%
1,056.9
1,381.7
팔라듐계 배기가스 정화 촉매
플라티늄 배기가스 정화 촉매
로듐계 배기가스 정화 촉매
기타 금속계 배기가스 정화 촉매

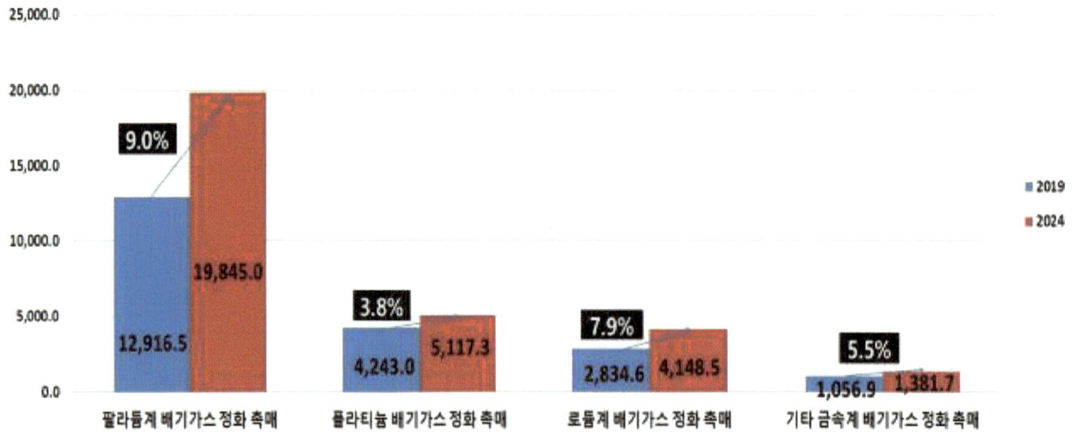

자료 : MarketsandMarkets(2020), 연구개발특구진흥재단 [배기가스 정화 촉매 시장], 2021. 5

❑ 전 세계 배기가스 정화 촉매 시장은 용도에 따라 휴대용, 고정용으로 분류된다.

[도표 Ⅰ-40] 글로벌 배기가스 배출 촉매 시장의 용도별 시장 규모 및 전망

(단위: 백만 달러)

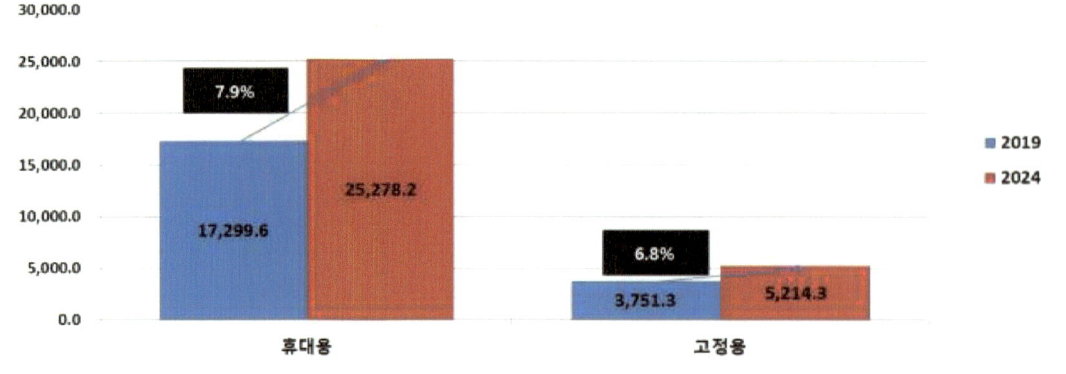

- 휴대용은 2019년 172억 9,960만 달러에서 연평균 성장률 7.9%로 증가하여, 2024년에는 252억 7,820만 달러에 이를 것으로 전망됨
- 고정용은 2019년 37억 5,130만 달러에서 연평균 성장률 6.8%로 증가하여, 2024년에는 52억 1,430만 달러에 이를 것으로 전망됨

(3) 지역별 시장 규모

❑ 전 세계 배기가스 정화 촉매 시장을 지역별로 살펴보면, 2018년을 기준으로 아시아-태평양 지역이 56.04%로 가장 높은 점유율을 나타내었다.

- 아시아-태평양 지역은 2019년 113억 3,560만 달러에서 연평균 성장률 8.8%로 증가하여, 2024년에는 172억 5,840만 달러에 이를 것으로 전망됨
- 유럽 지역은 2019년 58억 5,170만 달러에서 연평균 성장률 6.7%로 증가하여, 2024년에는 80억 8,880만 달러에 이를 것으로 전망됨
- 북아메리카 지역은 2019년 32억 1,960만 달러에서 연평균 성장률 5.7%로 증가하여, 2024년에는 42억 4,100만 달러에 이를 것으로 전망됨
- 남아메리카 지역은 2019년 3억 8,670만 달러에서 연평균 성장률 4.6%로 증가하여, 2024년에는 4억 8,480만 달러에 이를 것으로 전망됨
- 그 외 지역은 2019년 2억 5,750만 달러에서 연평균 성장률 10.3%로 증가하여, 2024년에는 4억 1,960만 달러에 이를 것으로 전망됨

[도표 Ⅰ-41] 글로벌 배기가스 정화 촉매 시장의 지역별 시장 규모 및 전망

(단위: 백만 달러)

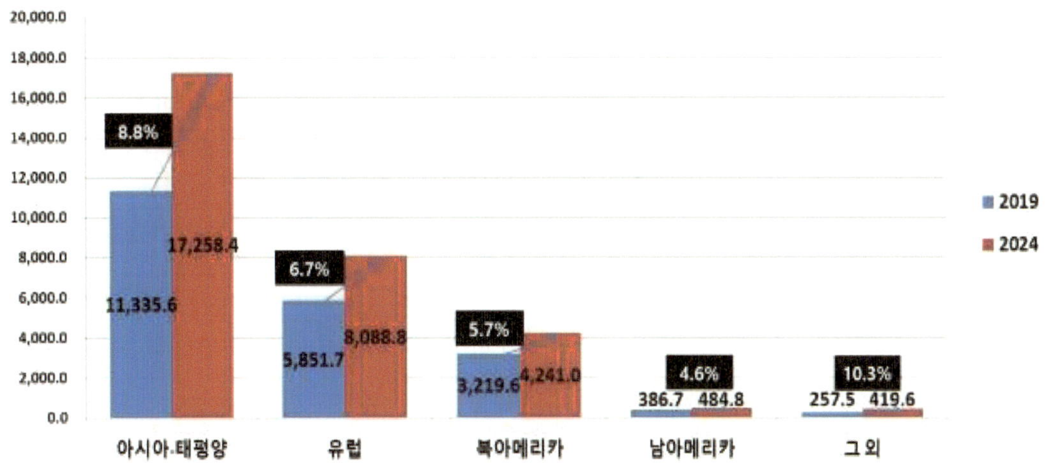

자료 : MarketsandMarkets(2020), 연구개발특구진흥재단 [배기가스 정화 촉매 시장], 2021. 5

(4) 국내 시장 규모

❑ 우리나라의 배기가스 정화 촉매 시장은 2019년 9억 910만 달러에서 연평균 성장률 5.1%로 증가하여, 2024년에는 11억 6,510만 달러에 이를 것으로 전망되었다.

[도표 Ⅰ-42] 우리나라 배기가스 정화 촉매 시장 규모 및 전망

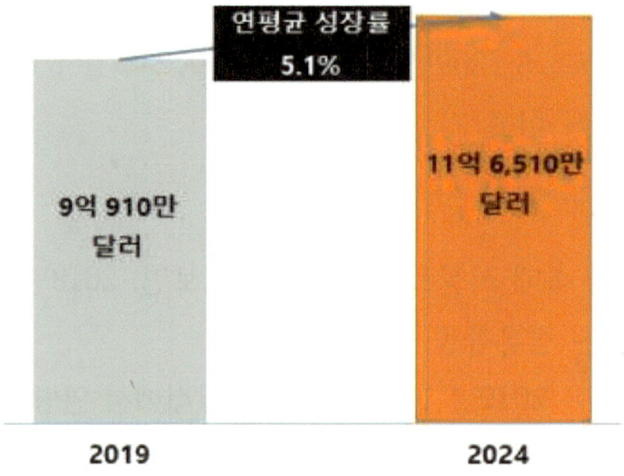

자료 : MarketsandMarkets(2020), 연구개발특구진흥재단 [배기가스 정화 촉매 시장], 2021. 5

4) 주요 기업 동향

(1) BASF Catalyst

❑ 화학, 발전소, 자동차 등 다양한 산업에서 환경 및 공정 촉매를 공급하며, 대기를 보호하고 오염되지 않도록 하는 기술 개발에 우수한 전문성을 제공한다.

❑ 기능성 소재 및 솔루션 사업부는 전 세계 고객을 위해 휴대형 및 고정형 배출 촉매를 개발 및 생산하고 있으며, 지속적인 공정과 제품 혁신을 통해 촉매 기술 분야에서 주도적인 역할을 수행하고 있다.

[도표 Ⅰ-43] BASF Catalyst의 주요 제품 제공 현황

제품 유형	설명
CSF(Catalyzed Soot Filters) or DPF(Diesel Particulate Filters)	CSF(Catalyzed Soot Filters)는 디젤 엔진의 미립자 물질 배출을 최대 90%까지 줄일 수 있도록 설계되었음
DOC (Diesel Oxidation Catalysts)	DOC(Diesel Oxidation Catalysts) 기술을 사용하여 디젤 차량의 탄화수소, 일산화탄소 및 미립자 물질 배출을 제어할 수 있음
LNT(Lean NOx Traps)	린번 가솔린 또는 디젤 엔진의 질소산화물 배출을 제어할 수 있으며, 산화 촉매, 흡착 및 환원 촉매의 조합으로 구성되어 있음
SCR(Selective Catalytic Reduction) on Filter	SCR(Selective Catalytic Reduction)과 DPF(Diesel Particulate Filters)의 조합으로 디젤 엔진의 배기가스 배출을 제어함
AMoX Ammonia Oxidation Catalysts	SCR(Selective Catalytic Reduction) 시스템에서 암모니아가 침입하는 것을 방지하도록 설계되었음
LNT (Lean NOx Traps) &CS4F	엄격한 유럽 배출가스 기준을 준수하는 데 도움을 주는 시스템으로 LNT(Lean NOx Traps)+CSF(Catalyzed Soot Filters) +UF-SCR (Under Floor Selective Catalytic Reduction) 시스템과 비교하여 하나의 촉매 성분을 제거하였음
TWC(Three-Way Conversion) Catalyst	가스 엔진의 광범위한 조건에서 일산화탄소, 탄화수소 및 질소산화물의 높은 전환율에 사용됨

제품 유형	설명
FWC(Four-Way Conversion) Catalyst	가솔린 엔진 배기가스에서 미립자 물질, 일산화탄소, 탄화수소 및 질소산화물을 제거할 수 있음
Lean GDI(Gasoline Direct Injection) Catalysts	높은 열 안정성과 질소산화물 감소 효율을 가지고 있음
Small Engine Catalysts	가솔린 연료로 작동하는 2행정 및 4행정 엔진에서 발생하는 유해한 배출물의 절반 이상을 줄이도록 설계되었음
EVAPTRAP	역압을 증가시키지 않고 탄화수소를 흡수하는 데 사용됨
CAMET Oxidation Catalyst Systems	천연가스 및 석유 연소 터빈 및 보일러에서 탄화수소, 일산화탄소, 질소산화물 및 미립자 물질을 제거하는 데 도움
SCR(Selective Catalytic Reduction) Catalyst	발전 장비에서 배출되는 질소산화물을 줄이는데 매우 효과적임
NOxCAT AD Series 100, 200, 300, VNX, ZNX	천연가스 터빈과 고정 엔진, 석탄 발전소에서 나오는 암모니아 배출을 제어하는 데 도움을 줌
CHARCat	VOC(Volatile Organic Compound) 및 미립자 물질의 83% 이상을 제거하고 숯 브로일러에서 방출되는 매연과 가스를 제어함
VOCat VOC (Volatile Organic Compound) Catalysts (VOCat 300S, VOCat 300H, VOCat 310HC, VOCat 350HC, VOCat 360 PFC, VOCat PTA)	다양한 산업 공정에서 탄화수소 및 기타 VOC(Volatile Organic Compound)의 배출을 제어함
PremAir NXT Direct Ozone Reductions Catalyst	지상에서 오존을 산소로 전환하는 반응을 촉매함
NGC(Natural Gas Catalysts)	일산화탄소, 질소산화물, 탄화수소 및 암모니아 배출량을 조절하는데 도움을 줌
MC(Motorcycle Catalyst)	가솔린 연료로 작동하는 2행정 및 4행정 엔진의 오염을 줄이기 위해 고안되었음

자료 : MarketsandMarkets(2020), 연구개발특구진흥재단 [배기가스 정화 촉매 시장], 2021. 5

(2) Johnson Matthey

❑ 유럽, 북미 및 아시아-태평양에서 주로 운영되는 특수 화학 비즈니스 그룹으로, 세계 최고의 배출가스 정화 촉매제 제조업체이자 기술 제공 업체이다.

❑ 청정 공기, 효율적인 천연자원, 신규 시장 및 건강 등 4개 사업 부문을 통해 운영되고 있다. 차량 배기가스 배출 제어용 촉매 및 산업 공정에서 배출되는 배출량을 줄이기 위한 촉매 시스템을 제조하고 있다.

(3) Umicore

❑ 소형 및 대형 차량용 배기가스 배출 시스템에 사용되는 주요 촉매 제조업체이다. 촉매는 가솔린, 디젤 및 대체 연료 엔진을 포함한 다양한 파워 트레인 및 기타 시스템에 사용된다.

- 하이브리드 차량에서도 이러한 촉매의 중요성이 대두되고 있음

❑ 또한, 정밀 화학 및 생명 과학 산업과 같은 화학 공정에 사용되는 촉매 제품을 제조하고 있다. 재활용, 에너지&표면 기술 및 촉매 작용 등 3개 사업 부문을 통해 운영되고 있다.

[도표 Ⅰ-44] Johnson Matthey의 주요 제품 제공 현황

제품 유형	설명
SCR Catalysts (Selective Catalytic Reduction)	배압 감소 및 높은 먼지 조건을 포함하는 특정 사항을 위해 설계된 촉매로써, 석유 및 가스 연소 보일러, 고정식 디젤 엔진, 선박용 디젤 엔진 및 고정식 천연가스 엔진에 적용됨
2 Way (Oxidation) Catalysts	산화 촉매를 사용하여 산소와 함께 일산화탄소 및 탄화수소를 제거함
3 Way (NSCR(Non-Selective Catalytic Reduction)) Catalysts	가스에서 이산화탄소, 탄화수소, 질산산화물 및 기타 오염 물질을 완전히 변환하여 무해한 가스의 배출을 제공함
Ammonia Slip Catalysts	유해한 배출물에 높은 질산산화물 감소 효율을 제공하고 암모니아의 침입을 방지하도록 설계되었음
NAC (NOx Adsorber Catalysts)	빈 가스에서 화학 흡착에 의해 질산산화물을 제거함
Diesel Particulate Filter	물리적 여과를 통해 디젤 배기가스에서 입자상 물질을 제거함
Nitrous Oxide Abatement Systems	질산 제조 공장에서 발생하는 아산화질소 배출을 제어함
DOC(Diesel Oxidation Catalytic Converters)	소형 및 초대형 디젤 및 가스 엔진에 사용됨
CRT Particulate Filter Systems	엔진 배기의 산화질소를 사용하여 필터에 축적된 그을음을 산화시키고, 미립자 물질, 일산화탄소 및 탄화수소를 감소
VOC(Volatile Organic Compound) Catalysts	배기가스의 99.8%까지 줄일 수 있는 촉매로써, 백금 금속을 기반으로 하는 배기가스 컨트롤 시스템에 사용됨
CSF(Catalysed Soot Filters)	CRT 및 CCRT 시스템의 대안으로, 일부 애플리케이션은 촉매가 필터에 있는 DPF 시스템을 사용함
Modulex and Dualox Catalytic Converters	증가하는 청정 공기 기술 및 소음에 대한 수요를 충족시키기 위해 개발되었음

[도표 Ⅰ-45] Umicore의 주요 제품 제공 현황

제품 유형	설명
Diesel Oxidation Catalyst	유럽의 승용차와 미국의 상용차에 사용되는 촉매로써, 고온에서 이산화탄소와 물로 산화시켜 배기가스의 일산화탄소와 탄화수소의 환원을 도움
cDPF(Catalysed Diesel Particulate Filters)	일산화탄소 및 탄화수소의 환원에 사용됨
Oxidation Catalysts	일산화탄소 및 탄화수소를 이산화탄소 및 물로 변환시킴
3 Way Catalyst	3가지 반응에 의해 일산화탄소, 탄화수소, 질산산화물 오염물질의 산화에 사용되며, 가솔린 엔진에 적용됨
NOx Adsorber Catalyst	희박 연소 조건에서 가솔린 엔진이 작동하는 동안 질산산화물을 흡착하도록 설계되었음
SCR(Selective Catalytic Reduction) Catalyst	질산산화물의 함량을 줄이는 데 도움이 되며 중형 및 소형 디젤 엔진에 사용됨

(4) Corning Incorporated

□ 세계 주요 가솔린 및 디젤 엔진 제조업체들을 위한 첨단 셀룰러 세라믹 기판과 디젤 미립자 필터의 선두 공급업체이다.

□ 디스플레이 기술, 광통신, 전문소재, 환경기술, 생명 과학 등 6개 사업 부문을 통해 운영되고 있다. 환경 기술 부문을 통해 휴대형, 고정형, 가솔린 및 디젤 응용 분야에서 배출 제어를 위한 세라믹 기판 및 필터 제품을 제조하고 있다.

[도표 Ⅰ-46] Corning Incorporated의 주요 제품 제공 현황

제품 유형	설명
Ceramic Substrates	CELCOR라는 제품명의 시리즈로 세라믹 기판으로써, 소형차와 중형차에 모두 적용됨
Ceramic Particulate Filters	디젤 또는 가솔린 배기가스 배출에서 발생하는 그을음 또는 미립자 물질을 포착하도록 설계되었음
Stationary Applications	프린터, 드라이클리닝 업체, 페인트 작업장 및 플라스틱 금형 작업장과 같은 작업에서 발생하는 VOC(Volatile Organic Compound)의 배출을 줄이도록 설계된 시스템에서도 사용될 수 있음

(5) Solvay

□ 소비재에서 에너지에 이르기까지 전 세계적으로 다양한 시장에서 서비스를 제공하는 첨단 소재 및 특수 화학 회사이다.

□ 고급 재료, 고급 제제 및 성능 화학 물질 등 3개 사업 부문을 통해 운영되고 있다.

- 배기가스 정화 촉매 제품은 고급 재료 부문에 포함되어 있음

[도표 Ⅰ-47] Solvay의 주요 제품 제공 현황

제품 유형	설명
Catalyst Additive (Eolys Powerflex)	단시간에 완전한 미립자 필터 재생을 가능하게 하는 촉매 첨가제이며 디젤 엔진에서 사용됨
Actalys and OPtalys	귀금속의 사용을 줄이고 촉매변환기의 성능을 개선하며 가솔린 차량에 사용됨

자료 : MarketsandMarkets(2020), 연구개발특구진흥재단 [배기가스 정화 촉매 시장], 2021. 5

제 2장 환경유해인자 독성과 국가별 화학물질 규제동향

1. 환경유해인자(라돈/석면/유해가스/가습기살균제) 독성연구 사례분석

1) 라돈가스의 문제점과 사례분석

(1) 라돈가스의 환경적 문제점

❑ 자연 상태의 방사성 물질에 의한 피해 중 가장 심각한 것은 라돈(Radon, 원자번호 86)에 의한 피해라 할 수 있다. 라돈은 무색무취의 방사성 기체이며 우라늄의 자연붕괴 사슬 중에 자연적으로 발생하며 반감기는 3.82일이다. 미국 환경보호국(USEPA)에서는 라돈 기체의 흡입을 흡연 다음의 폐암 요인으로 경고하고 있다(USEPA, 2003). 라돈은 방사성 붕괴 과정 동안 14가지로 변환되는데, 각 단계에서 원자핵은 방사선 알파, 베타 입자 또는 감마선을 방출한다.

❑ 라돈은 암석이나 토양에 존재하는 우라늄의 자연붕괴로 대기 중으로 방출되거나, 물, 토양 반응에 의해 지하수로 함유되어 노출되고 인간의 흡입 및 섭취로 인체 내로 유입된다. 지하수, 암반 또는 건축 자재의 라돈은 작업공간과 생활공간에 침투되어 피해가 발생할 수 있다. 라돈은 지하수 섭취를 통해 인체로 고농도로 유입될 수는 있지만, 일반적으로는 암반과 흙에서 방출된 라돈의 기체 상태의 흡입이 더 큰 피해를 초래한다.

❑ 라돈가스는 단일 원자로 구성된 가스이기 때문에 산소(O_2)분자보다 다양한 물질에 침투할 수 있다. 라돈은 일반적으로 건축물의 바닥이나 벽체의 균열이나 구멍을 통해 실내에서 감지되며, 종이, 플라스틱, 목재 및 단열재를 관통할 수 있다. 또한, 물에서의 라돈 노출 경로로는 음용수 섭취나 욕실과 주방 등에서의 물 사용이 있을 수 있다. 그러나 라돈은 휘발성이 커서 일반적으로는 음용에 의한 위해도는 호흡에 의한 위해도보다 낮은 것으로 알려져 있다. 물에 의한 영향은 전체 약 19%를 차지하며, 이 중 약 89%는 음용, 샤워, 및 설거지 등의 과정에서 호흡을 통해 이루어지고, 약 11%는 직접 섭취에 의한 것으로 알려져 있다.

❑ 라돈가스가 인체에 유입되면, 라돈의 붕괴 생성물에 의해 방출된 이온화된 라돈입자(알파입자)는 폐의 수많은 조직과 반응하여 DNA 손상을 초래할 수 있다. 이것이 폐암의 원인이며, 이것은 매우 낮은 농도의 라돈이라도, 인체에 유해한 영향을 줄 수 있음을 나타낸다. 1998년 국제암 연구소는 라돈에 상대적으로 높은 농도로 노출된 지하 광부에 대한 역학 연구를 통해 라돈을 폐 발암 물질 Group 1로 규정했다. 또한, 공기 중의 라돈가스에 장기적으로 노출될 경우 폐암을

발생시킬 확률이 담배 다음으로 높은 것으로 알려져 있다(USEPA, 2003).

[그림 Ⅱ-1] Radon occurrence path in the house (WHO, 2004)

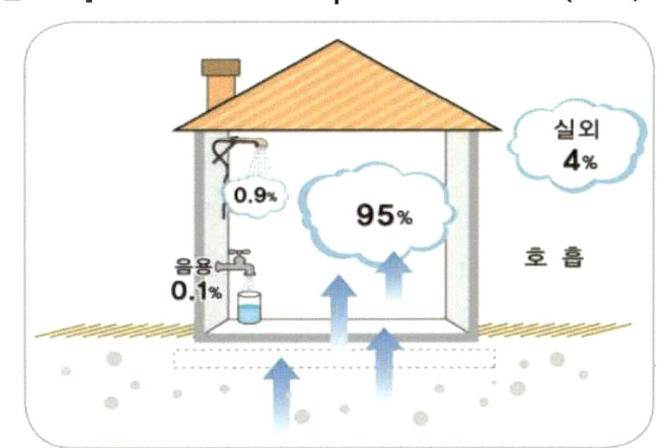

자료 : 한국지하수토양환경학회지 Vol.25 [라돈가스의 문제점과 사례분석을 통한 해결방안], 2020.

❑ 유럽, 북미 및 중국의 세계 보건기구(WHO, World Health Organization) 연구에 따르면, 미국 환경 보호국(EPA)은 개인이 리터당 4 pCi(picocurie)의 실내 라돈농도에 평생 노출된 경우 폐암으로 사망할 위험이 23/1000(10^{-3})인 것으로 추정한다. EPA는 라돈의 노출로 인해 매년 미국에서 21,000명이 폐암으로 사망한다고 추정하고 있다(EPA, 2003).

❑ 실외 공기 수준과 비교하여 밀폐된 공간에 있는 사람, 특히 광산 및 건물의 지하 작업장에 있는 사람은 높은 농도의 라돈 및 붕괴 생성물에 노출된다. 조완근 등의 연구에 의하면 다중 이용 건물 및 지하 실내 공간의 라돈 오염도는 환기장치가 없는 지하철 승강장이 가장 높은 수치 32 Bq/m^3를 나타냈으며, 찜질방, 사무실 건물 지하실 및 지하 주차장 각각 14 Bq/m^3로 두 번째로 높았으며, 지하상가, 보육시설, 환기장치가 있는 지하철 승강장 순으로 나타났다. 또한, 대형 슈퍼마켓, 병원 1~2층, 2층 사무실 건물 2층이 낮은 라돈 농도를 나타냈다. 이는 지상 실내 공간이 지하 실내 공간의 라돈 농도 보다 낮게 나타났으며, 저자는 지하 공간이 라돈 오염원인 토양에 보다 인접해 있기 때문으로 추정하였다(조완근 등, 2009).

[도표 Ⅱ-1] Radon pollution level in multi-use buildings and underground indoor spaces(Bq/㎥)

장소	층	평균	표준 편차	환기장치 유무
병원	1~2층	7.3	4.5	O
찜질방	2층	14.0	6.4	O
보육시설	1층	10.0	5.5	O
사무실 지상	2층	5.7	3.6	O
사무실 지하	지하	14.0	8.5	O
지하철 #1	지하	8.9	6.7	O
지하철 #2(2005)	지하	32.0	22	×
지하철 #2(2006)	지하	9.0	5.9	O
슈퍼마켓	1층	7.9	3.6	O

장소	층	평균	표준 편차	환기장치 유무
지하주차장	지하	14.0	8.1	O
지하상가	지하	12.0	6.5	O

자료 : 한국지하수토양환경학회지 Vol.25 [라돈가스의 문제점과 사례분석을 통한 해결방안], 2020.

❑ 폐암 7,148건을 분석한 Darby 등의 연구에 의하면(Darby et al., 2005) 주거 노출에서 폐암의 상대적 위험은 라돈 노출 농도가 100 Bq/m^3 증가할 때마다 8.4%(95% 신뢰구간: 3.0%-15.8%) 증가했다. 북미 지역에서 실시한 7회의 역학조사 결과를 종합하여 폐암 총 3,662건을 분석한 Krewski 등(2006)의 연구에서도 이와 유사한 결과를 보고하였다(라돈 노출 농도 100 Bq/m^3 증가 시 폐암의 상대적 위험 11% 증가; 95% 신뢰구간: 0%-28%).

[도표 Ⅱ-2] Comparison of cumulative mortality from lung cancer by 75 years of age between smokers and non-smokers

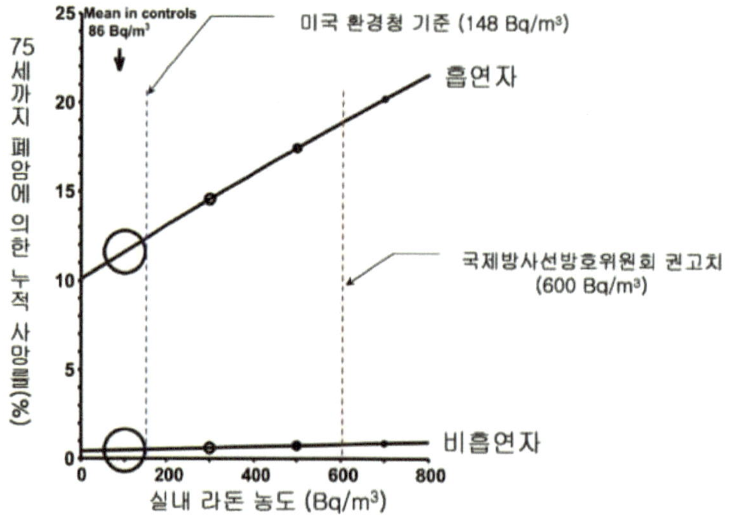

(2) 각국의 라돈가스 환경문제 사례

가. 한국

❑ 생활환경 중 라돈의 농도는 한국원자력안전기술원(KINS)에 의해 1981년부터 1989년까지 조사가 실행되어 왔으며, 2000년 이후부터 국민방사선 위해도 평가와 전국 실내라돈방사능조사 연구 사업이 시행되어 왔다(한국원자력안전기술원, 2010). 또한, 환경부에서는 2020년까지 라돈 노출 취약지점을 중심으로 라돈 농도를 집중 분석하고 있다.

❑ 다음 그림에 전국 주택의 실내 라돈 농도와 지체 구조가 제시되었다. 전국 주택의 실내 라돈 농도의 주요 인자는 토양 및 공기 중 라돈의 실내 유입과 건축 재료에서의 방출이며, 화강암류의 분포와 유사하다. 즉, 화강암에 포함된 라듐에서 발생한 라돈가스가 높은 농도의 원인일 수 있다. 그러나 우리나라 환경기준에 따르면 집계된 전국 주택의 실내 라돈 농도는 유해한 수준은 아닌 것으로 판단된다.

[그림 Ⅱ-2] Indoor Radon Concentration and Retardation Structure of National Housing

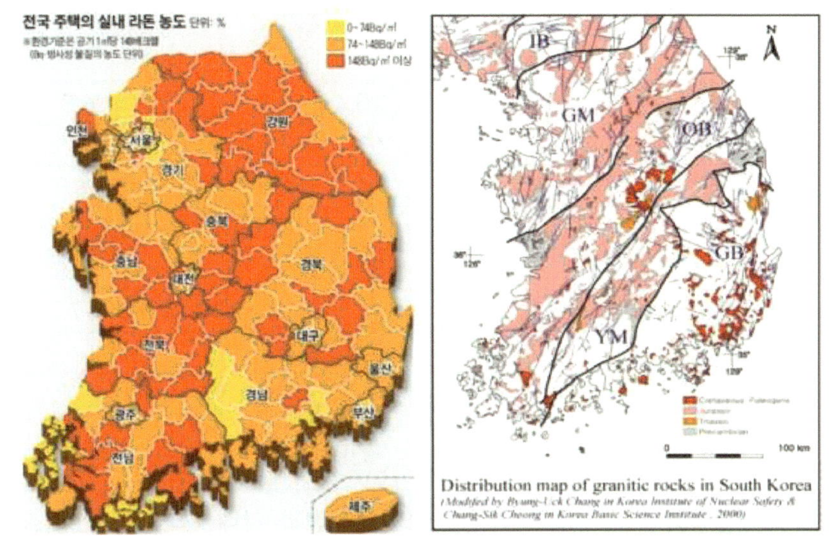

자료 : 한국지하수토양환경학회지 Vol.25 [라돈가스의 문제점과 사례분석을 통한 해결방안], 2020.

❑ 우리나라의 경우 지하상가 등 17개 다중이용시설군과 학교 등에 대하여 실내 라돈 권고기준을 4 pCi/L로 설정하여 관리하고 있으며, 미국환경보호청(USEPA) 또한 실내 공간 기준치로 4 pCi/L(148 Bq/m^3) 이하를 규제 기준으로 제시하였다(질병관리본부, 2016).

❑ 행정구역별 산술 평균 라돈 농도를 집계해 본 결과, 전라북도, 충청남도, 강원도의 평균 라돈 농도가 전체 평균 보다 다소 높게 측정되었다(환경부, 2010). 그러나 라돈 조사지점의 개수 및 대부분의 지점에서의 농도를 고려하여봤을 때, 환경기준치를 밑돌아, 큰 의미가 없는 것으로 보고 되었다. 각 지역의 라돈 농도는 위치 등의 지역의 지리적 특성에 큰 영향을 받지 않는 것으로 판단된다.

[도표 Ⅱ-3] Arithmetic mean radon concentration by administrative area of multi-use facility(Bq/㎥)

행정구역	지점수	여름	가을	평균	148 Bq/㎥ 초과지점수 (초과비율)
강원도	16	40.1 ± 41.2	37.7 ± 23.2	38.9 ± 31.1	-
경기도	73	25.0 ± 11.3	29.5 ± 12.8	27.4 ± 11.1	-
경상남도	8	17.7 ± 4.4	23.7 ± 6.3	20.7 ± 4.5	-
경상북도	18	18.7 ± 13.1	31.4 ± 29.9	25.1 ± 21.1	-
광주광역시	15	21.7 ± 16.9	24.3 ± 15.2	23.1 ± 15.9	-
대구광역시	26	15.5 ± 7.8	24.6 ± 10.4	20.4 ± 8.3	-
대전광역시	14	25.1 ± 17.5	30.0 ± 11.9	27.6 ± 14.2	-
부산광역시	27	14.5 ± 5.4	19.2 ± 7.3	16.1 ± 4.6	-
서울특별시	64	25.7 ± 17.2	29.3 ± 24.3	28.1 ± 20.2	1 (0.3%)
울산광역시	1	11.5 ± 0.0	95.2 ± 0.0	8.3 ± 0.0	-
인천광역시	22	22.1 ± 10.2	21.8 ± 11.0	22.0 ± 9.4	-

행정구역	지점수	여름	가을	평균	148 Bq/㎥ 초과지점수 (초과비율)
전라남도	13	21.0 ± 9.3	20.4 ± 6.0	20.7 ± 6.8	-
전라북도	6	43.0 ± 28.8	61.5 ± 39.3	53.2 ± 35.2	-
제주도	7	26.9 ± 18.2	34.5 ± 20.0	31.9 ± 16.0	-
충청남도	9	32.2 ± 17.7	49.8 ± 28.6	41.0 ± 22.3	-
충청북도	13	21.7 ± 13.1	39.1 ± 22.7	30.8 ± 17.4	-
전국 평균	332	23.7 ± 17.3	29.1 ± 20.0	26.7 ± 17.7	-
최고값		168	189	152	
148 Bq/㎥ 초과지점수 (초과비율)		1 (0.3%)	1 (0.3%)	1 (0.3%)	

자료 : 한국지하수토양환경학회지 Vol.25 [라돈가스의 문제점과 사례분석을 통한 해결방안], 2020.

[도표 Ⅱ-4] Distribution of radon concentration by region(Ministry of Environment, 2010)

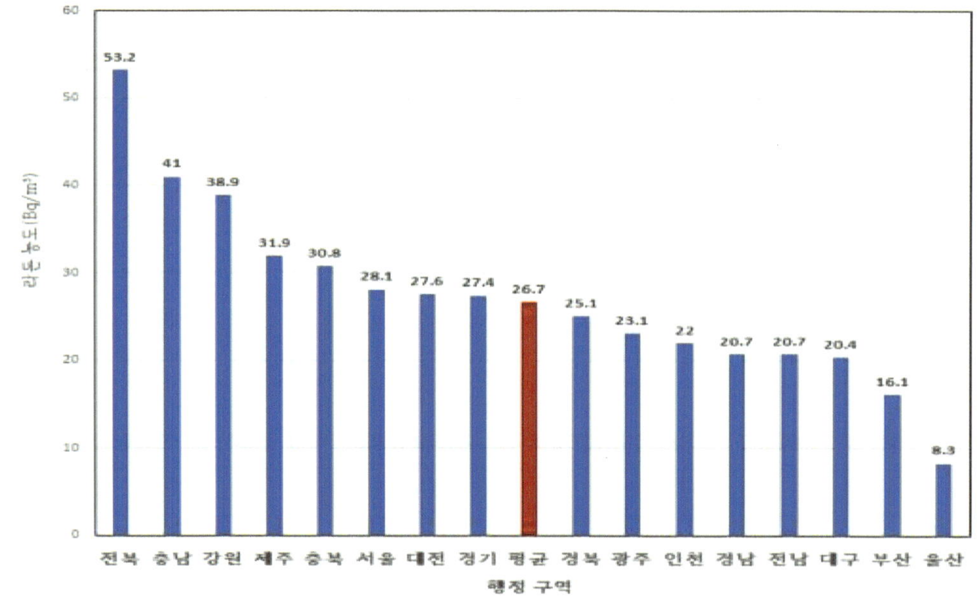

나. 미국

❑ 미국국립연구위원회(National Research Council) 소속 Committee on the Biological Effects of Ionizing Radiation(BEIR)는 라돈에 노출된 광업종사자에 대한 연구 사례를 정리하였다(BEIR VI 1999). 해당 연구 사례들은 라돈 노출도가 증가함에 따라 폐암발병률 또한 증가하는 양상을 나타내는 우라늄 광산을 대상으로 진행되었다. BEIR VI 위원회는 라돈 가스에 대한 11개의 연구를 바탕으로 라돈 독성의 위험성에 대한 결과를 제시하였다.

❑ 보고서에 따르면, 광업 종사자의 WLM(working level month) 당 폐암사망률은 평균 약 0.44% 증가하였고, 노출시간에 대한 가장 높은 사망률은 6~12년으로 라돈가스가 사람의 폐에

만성적인 독성을 나타내는 것으로 추정된다. 또한, 라돈 농도는 WL(working level) 단위로 표현되었으며, 낮은 라돈 농도(<0.5 WL)로 노출된 광부들이 높은 농도(>15.0 WL)로 노출된 사람들보다 사망률이 약 9.10배 더 높은 것으로 나타났다.

□ BEIR VI 리스크 모델에서 광업 종사자에 대한 전반적인 라돈 노출 농도의 범위를 분류하였고, 그 중 낮은 수준에 해당하는 라돈 농도는 50 WLM 이하이다. 2007년에 수행된 북미 연구에 따르면, 1 WLM은 약 3,700 Bq/m^3에 해당하며, 50 WLM은 고농도의 라돈을 방출하는 주거지에서 장기간 노출하는 것과 같은 수치로 설명되었다. 광업 종사자 기반 리스크 모델을 사용하여 광산 및 주택 노출의 상관관계를 비교하였고, 그 결과에 근거한 외삽법에 따르면 주거용 라돈의 요인은 매년 폐암 사망의 거의 10-15%를 차지할 가능성이 있다고 추정된다(Krewski et al., 2006).

□ 또한, Po-214(반감기: 26.8분) 및 Po-218(반감기: 3.04분) 등의 반감기가 짧은 방사성 라돈 붕괴 생성물(short-lived radon decay product)은 세포 DNA를 손상시킨다는 연구 결과가 제시된 바 있다(Krewski et al. 2006). 그러나 주거용 라돈 및 폐암에 관한 연구사례들은 라돈노출도와 폐암발병률에 대한 확실한 증거가 제시되지는 않았다. 결론적으로, 해당 연구의 결과는 라돈 노출도와 광업 종사자들의 폐암 발병률의 관계성을 직접적으로 입증하지는 못하였으나 가능성을 제시하였다.

다. 독일

□ 2005년 독일에서 최대 규모의 사례가 연구되었다. Wichmann et al.(2005)에 따르면, 2,963건과 4,232건의 대조군으로 구성된 24세에서 75세 사이의 피실험자를 대상으로 실내 라돈에 대한 노출 농도가 50, 80, 및 140Bq/m^3 인 3개의 그룹으로 분류되었다.

□ 이 연구는 라돈 노출과 폐암 사이의 선형적 반응 관계가 비흡연자보다 흡연자에서 더 명백하다는 것을 보여준다(Kreuzer et al. 2002).

라. 스페인

□ Torres-Durán 등(2014)은 스페인 갈리시아에서 192개의 폐암 사례와 329개의 대조군을 분석하고, 연구하였다. 연구 대상은 30세 이상의 흡연자를 대상으로 하였다. 이 연구는 실내 라돈과 폐암 사이의 중요한 관계를 보여주었다.

□ 가장 높은 라돈에 노출된 개인(>200 Bq/m^3)의 노출교차비(OR)는 가장 낮은 라돈에 노출된 그룹(<100 Bq/m^3)에 비해 2.42(95% CI : 1.45-4.06)를 나타냈다. 또한, 200 Bq/m^3 이상의 농도에 노출되었고 흡연자와 함께 살지 않은 개인은 1.99의 OR을 나타냈다(95% CI : 1.16-3.41).

□ 또한, 이러한 결과는 폐암 위험에 대한 실내 라돈 노출과 간접흡연과의 관계를 시사한다. 갈리시아의 토양은 높은 수준의 화강암이 포함되어 있기 때문에 모든 주택의 약 20%가 실내 라돈에 대한 EPA의 action level(4 pCi/L)보다 높은 것으로 집계되었다. 이 연구는 실내 라돈과 폐암 위험 사이의 연관성의 중요한 증거를 보여주었다(USEPA, 2012).

마. 스웨덴

❑ 라돈과 폐암 발병률에 대한 상관관계를 알아보기 위해, Pershagen 등(1994)은 1980년에서 1984년까지 폐암 발병 진단자들 중 35살부터 74살 사이의 여성 586명, 남성 774명을 대상으로 상관관계를 분석하였으며, 발병하지 않은 대조군으로서 여성 1320명, 남성 1467명을 설정하였다. 또한, 흡연 습관 등 타 요인들에 대해서도 연구된 것으로 보고된다.

❑ 생활환경 내 라돈농도에 영향을 미치는 주요인자 중 하나는 환기로서, 창문의 여닫힘이 주요 인자로 작용할 수 있다. 실험자들은 측정 가능했던 거주 기간의 평균 81.6% 동안 열린 창문 근처에서 수면을 취하였고, 이 실험자들을 분석에서 제외하였을 때, 리터당 라돈 2.7 pCi 당 초과 위험은 0.18(95% 신뢰 구간, 0.06~0.37)로 보고되었다. 열린 창 근처에서 잠을 잔 실험자와 그 외 실험자들 사이에서 폐암 위험의 명백한 차이는 보이지 않았다. 본 연구에서는 시간 가중 평균 노출도(time weighted mean exposure)을 이용하여 분석하였을 때, 폐암 발병률과 라돈의 누적된 노출량이 밀접한 관계가 있는 것으로 추정된다.

[도표 Ⅱ-5] Relative Risk of Lung Cancer in Sweden, 1980–1984, According to Time-Weighted Mean Residential Radon Exposure since 1947 and the Habit of Sleeping near an Open Window

창문 근처 수면	라돈 노출 농도(Bq/m³)*										라돈 단위당 증가한 상대 위험도 (95% CI)†
	=<50		>50 TO 80		>80 TO 140		>140 TO 400		>400		
	Subjects	Relative risk (CI)	Subjects	Relative risk (CI)	Subjects	Relative risk (CI)	Subjects	Relative risk (CI)	Subjects	Relative risk (CI)	
No or unknown	330	1	214	1.2	204	1.2	195	1.5	37	2.6	0.18
	716	-	418	(0.9-1.5)	386	(1.0-1.6)	315	(1.1-1.9)	41	(1.5-4.4)	(0.06 - 0.37)
Yes	122	1.2	54	0.9	68	0.8	21	1.1	6	0.8	-0.03
	236	(0.9-1.6)	143	(0.6-1.8)	182	(0.6-1.1)	121	(0.7-1.7)	18	(0.3-2.1)	(0.05)‡

* 1 Bq/m³ =37*1 pCi/L, 각 분류된 구간의 첫 줄은 실험군의 숫자, 두 번째 줄은 대조군의 숫자를 나타낸다. 상대위험도와 95% 신뢰구간(CI)은 연령, 직업, 성별, 흡연 습관, 주거 지역(도시, 전원) 등을 조정한 후 나타내었다.

† 해당 카테고리는 라돈 농도가 단위당 증가함을 나타낸다.(1 단위 = 2.7 pCi/L 또는 100 Bq/m³)

‡ 표시된 수치는 통계학적으로 유의미한 값을 나타내지 않는다(P≥0.05). 신뢰구간에 0이 포함된 경우, 사용된 계산방법으로는 하한을 계산할 수 없기 때문에 상한만 표시되었다.

(3) 라돈가스 유입의 방지법

❑ 특정한 지점에 적용할 라돈가스 차단 기술을 선정할 때는 라돈 농도를 위험 수준 이하로 낮출 수 있는지, 정화 과정이 안전한지, 장기적 효과가 있는지, 모니터링이 용이하며 정화과정에

서 소음이 발생하는지, 설치와 운영 및 유지 보수를 위한 비용이 효율적인지를 고려해야 한다. 위와 같은 기준들을 토대로 다양한 라돈가스 처리 기술들이 존재하며 각 기술의 효과와 평가는 다음에 정리되어 있다.

[도표 Ⅱ-6] Radon gas treatment technology alternative and effect evaluation(USEPA, 1993)

대안	라돈 가스 저감 가능성	장기적 효과	모니터링 가능 여부	소음 및 공해	비용	
					설치	운영
토양배기법	매우 좋음	매우 좋음	라돈 테스트 필수	매우 좋음	낮음	보통
자연배출법	낮음	좋음	반복적 라돈 테스트 필수	매우 좋음	낮음	매우 낮음
표면밀봉 기술	매우 낮음	나쁨		좋음	보통	매우 낮음
차단막 설치 기술	지역 특성에 따라 다름	보통		매우 좋음	보통	없음
환기법	낮음	좋음		매우 좋음	높음	높음

자료 : 한국지하수토양환경학회지 Vol.25 [라돈가스의 문제점과 사례분석을 통한 해결방안], 2020.

❑ 라돈가스 정화시에 가장 중요한 기술적 요소는 공기의 흐름이다. 이 흐름은 대류에 의해 토양에서 바깥공간으로 자연스럽게 이어져야 한다. 라돈은 기압의 차이에 의해 실내로 들어오는데, 이는 라돈 가스가 실내로 유입되는 가장 큰 이유이다. 그렇기에 이러한 기압의 차이를 이용한 라돈가스 정화방법 및 기술이 다양하게 연구되고 있다.

❑ 토양감압법과 같은 기술이 적용 가능하며 토양과 실내 사이의 공기는 주로 membrane으로 차단한다. 이 기술에서 사용되는 membrane은 고체나 어떠한 액체도 통과할 수 없고 오로지 기체만 통과하도록 제작된 membrane을 사용한다. 또한, 특정 지역의 라돈가스의 차단 및 정화에서는 지역의 특성을 고려하여 주로 어떠한 경로로 라돈가스가 발생하고 유입되는지에 대한 공학적 분석이 필수적이다. 라돈가스 차단 및 정화기술은 다른 정화기술과 함께 적용하여 제거효율을 극대화시키기도 한다. 다음은 라돈가스 차단 및 정화기술이다.

가. 토양배기법(Active Soil Depressurization, ASD)

❑ 토양배기법은 토양 내 공기를 인위적으로 외부로 배출함에 따라 기압을 상대적으로 실내보다 낮게 만들어서 토양으로부터 유입을 방지하는 기술이다. 토양배기법은 장비의 설치가 쉽고 자연배출법(Passive Soil Depressuri-zation, PSD)에 비해 라돈가스를 더 효율적으로 제거한다(USEPA 1993). 토양배기법은 주로 건물 설계자들이 선호하는 방식이며 캐나다 과학자인 Scott에 의해 1979년에 처음으로 적용되었다. 토양배기법은 다음과 같은 요소를 포함한다.

- 공기 흡입 지점은 지하에 위치하며, 이는 집의 바닥과 접촉하고 연속 투과성 골재 층과 지하수 제어 시스템에 연결됨

- 다음 그림과 같이 건물의 가장 높은 위치로 사람의 노출을 최소화 할 수 있는 곳에 배출지점을 둠. 지상으로 방출된 라돈가스가 다시 압력에 의해 집안으로 돌아들어올 수 있기 때문에 배출지점은 높은 곳에 존재해야 함(Henschel and Scott, 1991). 가스의 농도가 낮더라도 토양배기법을 통해 관리해야 함
- 집 밖에 inline fan을 설치하여 연속적으로 가동하는 것이 필수적임. 토양배기법의 가장 주요한 장점은 적은 에너지로 높은 효율을 낼 수 있음. 본 시스템에 태양광, 혹은 풍력을 적용하여 유지관리비를 저감하는 것도 시스템 지속가능성을 확보하는 아이디어임

[그림 Ⅱ-3] Active Soil Depressurization Scheme(Angell, 2011)

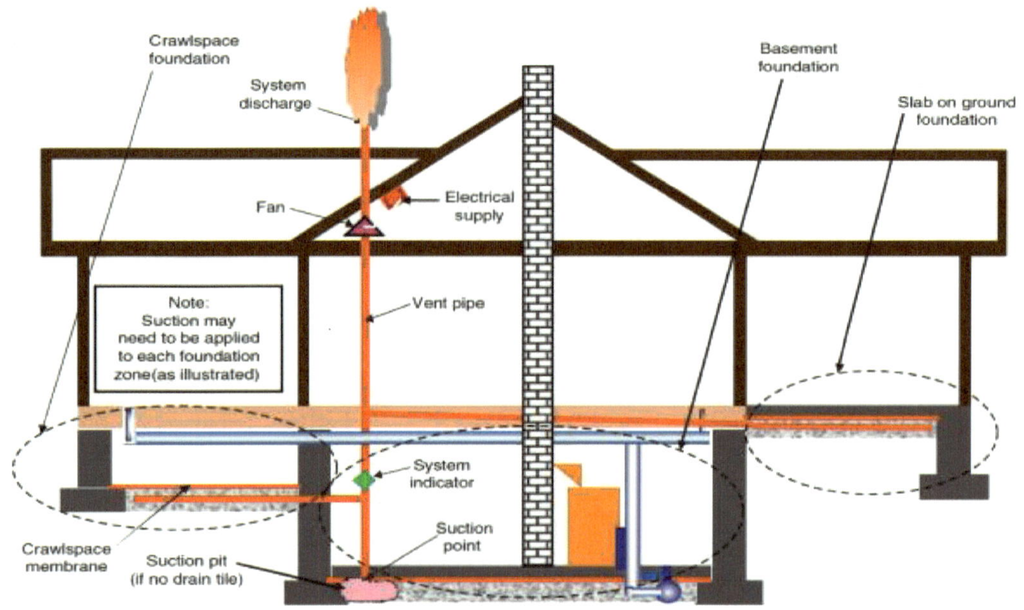

자료 : 한국지하수토양환경학회지 Vol.25 [라돈가스의 문제점과 사례분석을 통한 해결방안], 2020.

나. 자연배출법(Passive Soil Depressurization, PSD)

❑ 자연배출법은 토양배기법과 매우 유사하다. 신축 공사에서 자연배출법은 라돈을 약 50% 이상 저감 가능하다(Dewey and Nowak, 1994). 자연배출법 시스템이 정확하게 설계되고 설치되면 작은 팬을 사용하여 시스템을 활성화 할 수 있다(Saum, 1991). 팬의 크기가 작을수록 효율성은 증가하지만 제거효율이 낮아질 수 있기 때문에 적절한 크기를 선택해야 한다.

- 자연배출법 시스템은 지면에 직접 접촉하는 모든 바닥부분에 투과성 막이 설치되어야 함. 이를 통하여 라돈이 자연 배출되도록 유도함. 대신, 다른 모든 벽체 등에 존재하는 크랙이나 틈새는 밀봉시키어 전체적인 효율성이 유지되도록 함
- 통풍관을 제거하지 않으면 통풍구 유형의 파이프는 건물의 가열된 부분을 지나가야 함
- 자연배출법 시스템이 라돈가스를 충분히 줄이지 못하면 제거 효율을 증가시키기 위해 팬을 설치해야 함. 즉, 토양배기법으로 전환되어야 함

다. 표면 밀봉 기술

❑ 표면 밀봉 기술은 토양배기법이나 자연배출법과 함께 사용될 때 외부 토양과 실내 공간을 분리하여 처리하므로 매우 효과적이며 최대 제거효율을 보여줄 수 있다. 즉, 표면을 밀봉함으로 지중으로부터의 공기의 유입을 유도, 보장하고, 실내로부터 유입되는 short circuit 현상을 막아 준다. 이렇게 표면 밀봉 기술은 실내에 존재하는 깨끗한 공기의 손실을 막아주는데, 그 효율이 매우 높다고 알려져 있다(Henschel, 1993).

❑ 표면 밀봉 기술은 독립적으로 적용 가능한 기술이지만, 라돈가스 제거에 있어서는 한계가 존재하여 이 기술만으로는 충분한 양의 라돈가스 저감이 불가능하다(Brennan, 1990). 즉, 타 기술의 효율을 높여주는 보조적인 기술이라 할 수 있다(Scott, 1993).

라. 차단막 설치 기술

❑ 토양과 실내 사이에 차단막을 설치하는 기술은 라돈가스 유입방지에 있어서 매우 효율적이며 단독 기술로도 적용 가능하다. Membrane과 같은 막은 수분이 실내로 유입되는 것도 막을 수 있어서 더 효율적이다. 차단막을 설치할 때에는 강도, 확산성, 지속성, 내구성과 같은 특성을 반드시 고려하여 결정해야 한다(SINTEF, 2007). 이 차단막 설치 기술을 토양배기법이나 자연배출법과 함께 적용할 때, 차단막은 반드시 연속적으로 전 영역에 설치 존재할 필요는 없다.

[그림 Ⅱ-4] Barriers and membranes(Poor and Good) (WHO, 2009)

Poor

Good

자료 : 한국지하수토양환경학회지 Vol.25 [라돈가스의 문제점과 사례분석을 통한 해결방안], 2020.

마. 환기법

❑ 환기법과 같은 점유 공간과 토양 사이의 빈 공간의 공기를 순환시키는 것은 실내 공기를 토양에서 분리하여 실내라돈 농도를 줄일 때 효과적이다. 환기법은 다양한 주변 환경적 요소들에 따라 효율성이 달라지기도 한다. 실내공기와 실외공기를 성공적으로 분리할 수 있는지가 매우 중요하다. 환기법은 팬을 이용하여 빈 공간에 가압을 하여 빈공간도 활용할 수 있어야 한다. 그러나 팬을 활용한 감압은 back drafting이나 효율성 감소와 같은 문제를 야기할 수 있으므로 주의해야 한다(ASTM, 2003). 그러므로 이렇게 건물 내에 빈 공간이 많아서 환기법 적용이 어려울 경우

에는 막 횡단 감압(Submembrane Depressurization, SMD)법을 적용하여 라돈 가스의 농도를 감소시켜야 한다.

(4) 결론

❑ 라돈은 우라늄의 자연 붕괴로 자연적으로 발생하는 무색무취의 방사성 기체이며 반감기가 3.82일이다. 토양에 존재하는 우라늄의 자연붕괴로 대기로 방출되거나 물, 토양 반응에 의해 지하수로 함유되어 인간에게로 노출된다. 라돈 가스는 단일 원자로 구성되어 다양한 물질에 침투할 수 있다. 세계보건기구(WHO)는 전 세계 폐암 발생의 3~14%가 라돈에 의한 것이며, 라돈을 흡연에 이은 폐암 발병 주요 원인물질로 규정하고 있다.

❑ 이러한 위해성으로 우리나라의 경우 다중이용시설에 대해 실내 라돈 권고기준 4 pCi/L로 설정하여 관리하고 있으며, 환경부에서 2018년 먹는 물 수질감시항목에 라돈을 포함시켜 모니터링을 실시하고 있다. 또한, 국민의 라돈 노출 최소화를 위해 라돈 무료 측정 및 컨설팅 서비스(www.radon-free.or.kr)를 제공하며 라돈에 대해 관리하고 있다.

❑ 국내 라돈 농도는 토양 및 공기 중에서의 유입과 건축 재료에서의 방출로 인해 누적되며 국내외 라돈 실내 규제 기준에 따르면 우리나라의 실내 라돈 농도는 유해한 수준은 아닌 것으로 판단된다. 또한, 국외에서 실내 및 지하 광업 환경을 대상으로 폐암 발병률과 라돈 노출도에 대한 상관관계를 분석한 결과 밀접한 연관성의 가능성을 제시하였다. 라돈의 방출원과 이동 매커니즘에 따라 라돈 저감 기술 및 정책이 상이해질 것으로 판단되므로 환경에 따른 적절한 적용이 필요하다.

❑ 라돈가스가 환경적으로 인간에게 위험한 물질인 만큼, 이를 처리하기 위한 다양한 기술들이 개발되었다. 토양배기법, 자연배출법, 표면 밀봉 기술, 차단막 설치 기술, 환기법 등의 방법을 소개하였다. 문제가 발생한 각 상황에 따라 적절한 기술을 적용하여 경제적이면서 시간적으로도 효율적인 해결책을 찾는 것이 무엇보다 중요하다. 라돈가스의 위험성이 알려지면서 더욱 효율적이고 다양한 공학적 해결 기술들의 개발이 필요한 상황이다. 안전하고 빠르고 경제적으로, 인간에게 위해가 되지 않도록 하기 위한 다양한 기술연구가 필수적인 상황이다.

※ 자료 : 한국지하수토양환경학회지 Vol.25 [라돈가스의 문제점과 사례분석을 통한 해결방안], 2020.

2) 국내외 석면 관련 제도분석

(1) 석면 위해성

❑ 석면이 우리 생활에 언제부터 이용되었는지 정확히 알 수는 없으나 최초로 인류가 석면을 사용한 흔적은 핀란드에서 발견되었으며 전 세계적으로 거의 모든 경제 분야에 석면이 사용되고 있다. 우리나라의 경우 1930년대 중반 전국에 걸쳐 석면광산이 개발되었으며, 2차 대전 중에 일본은 군수물자 조달을 위해, 특히 해군함정에 사용하는 석면의 수요가 급증함에 따라 우리나라에서 석면 생산을 시작하였는데 이때 생산된 석면은 대부분 일본으로 수출되었고 일부는 국내에서 사용되었다.

❏ 그러나 산업현장에서 석면 관련 작업 후 석면 잔재물에 의해 근로자의 건강장애의 문제가 지속적으로 나타나고 있다. 따라서 석면 관련 작업 시 작업의 안전한 관리가 요구되고 있다. 이는 석면의 위험성에 대한 인식이 증가함에 따라 석면을 안전하게 관리하고자 하는 정부 및 업계의 요구에 따라 정책·법률적인 석면 관련 개선(안)의 필요성이 대두되고 있다. 일반적으로 석면(Asbestos)이란 그리스어에서 유래한 것으로 "불멸의, 끌 수 없는"이라는 의미를 갖는 물질이다. 일반적으로 석면은 규소, 산소, 수소 및 다양한 양이온 금속으로 구성되며, 천연적으로 채굴되는 광물로서 크게 사문석 계통과 각섬석 계통으로 나눈다.

❏ 사문석계 석면은 백석면(Chrysotile)이며, 각섬석계(Amphibole) 석면에는 갈석면(Amosite), 청석면(Crocidolite), 트레모라이트(Tremolite), 악티노라이트(Actinolite), 안소필라이트(Anthophylite) 등이 있다. 이에 관한 각 물질의 특징은 다음과 같다.

[도표 Ⅱ-7] 석면의 종류별 특징

구분		특징
백석면 (chrysotile)		- 제일 많은 용도로 사용된 섬유 - 세계 석면사용량의 93% 이상을 차지했던 석면으로 유연하고 강도가 강하며 색은 담녹색 또는 백색 - 강도는 500kg/mm^2 이상도 있어 철강의 항장력 보다 큼 - 꼬인물결모양의 섬유다발로 그 끝은 분산형태 - 종횡비는 전형적으로 10:1 이상이고 내화성, 불연성이며 400℃에서 탈수분해가 일어나 800℃에서 결정수를 잃고 강도와 보온성을 상실함
청석면 (crocidolite)		- 실리카와 산화철이 주성분이며, 철분함유량이 많아 청색을 띠고 있음 - 다색성인 광물로 석면 광물 중 강도가 가장 강하고 곧은 섬유다발로 이루어짐 - 종횡비는 일반적으로 10:1 이하 - 끓는점은 1,200℃, 불연성이고 1,200℃ 에서 분해 - 내산성이 매우 강하여 내산성 패킹재료로 사용 - 딱딱해서 잘 쓰이지 않았으나, 분무하면 부피감이 있어 분무(뿜칠) 석면으로 이용
갈석면 (amosite)		- 보온재로 과거에 많이 사용됨 - 내열성이 강한 바늘모양의 곧은 섬유 - 다발 끝은 빗자루모양이고 가열하면 무색에서 갈색의 색상을 띠며 약한 다색성의 특징이 있음 - 종횡비는 전형적으로 10:1 이상이고 취성 및 고내열성이며, 끓는점은 600~800℃로 1,000℃에서 분해 - 강도는 청석면보다 강하고 탄력이 있어 휘어도 원상태로 복귀하는 성질이 있음
안소필라이트 (anthophyllite asbestos)		- 바늘모양의 곧은 섬유로 섬유와 섬유다발로 이루어져 있으며, 절단된 파편이 존재함 - 무색에서 밝은 갈색 색상을 나타내며 종횡비는 일반적으로 10:1 이하임

구분		특징
트레모라이트 (tremolite asbestos)		- 바늘모양의 곧은 섬유로 무색 - 일반적으로 절단된 파편형태로 존재하며 화학약품 필터링하는데 사용함
악티노라이트 (actinolite asbestos)		- 바늘모양의 곧은 섬유로 녹색이거나 약한 다색성 - 일반적으로 절단된 파편형태로 존재하며 주로 산업현장에서 사용함

자료 : 안전보건공단 연구보고서 [산업안전보건법상의 석면관리제도 발전방향 연구], 2021. 11

❑ 특히, 석면은 산업현장에서 내화성 및 단열성, 절연성, 방부성, 방적성 및 고인장성, 유연성, 내마모성, 비흡습성 등의 특성과 값이 저렴하다는 장점 때문에 여러 가지 용도로 건설업, 제조업, 조선업 등에서 사용되고 있었다. 석면 관련 제품으로는 크게 시멘트제품, 마찰재, 조인트시트, 방직제품 등에 포함되어 현재까지 다양한 분야에 사용되었다.

❑ 그러나, 1987년 세계보건기구(WHO) 산하 국제암연구소(IARC)에서는 석면을 1급 발암성물질로 규정하였다. 특히 공기 중에 비산된 석면은 주로 인체의 호흡기를 통해 흡입되며 일반 먼지와는 달리 표면의 높은 산화력과 긴 모양의 형태 때문에 세포막과 접촉하면 막이 손상된다. 석면에 노출될 경우 석면의 특성상 15~40년의 잠복 기간을 거쳐 석면폐증, 폐암, 악성중피종 등 인체에 치명적인 질병을 일으킬 가능성이 있다.

❑ 이러한 석면의 위험성을 관리하기 위해 우리나라에서는 1990년 7월 14일 시행된 산업안전보건법 시행령 제30조(허가대상 유해물질)에 석면을 추가하는 것을 시작으로 1997년 5월 16일 시행된 산업안전보건법 시행령 제29조(제조 등의 금지 유해물질) 제1항 제6의2호에서 갈석면과 청석면을 금지하였으며 2009년부터 6가지 종류의 석면함유가능물질의 제조·수입·양도·제공 또는 사용을 전면 금지하였다. 또한 2011년 석면안전관리법이(법률 제10613호, 2011. 4. 28., 제정·시행 2012. 4. 29.) 제정되어 2012. 4. 29부터 시행되어 왔다.

❑ 당시의 석면안전관리법의 제정 배경을 보면 생활 전반에 광범위하게 사용되고 있는 석면에 대하여 효율적인 관리의 필요성이 대두되고 생활 전반에 광범위하게 사용되고 있는 석면에 대한 보다 근본적인 국가 차원의 안전관리를 위하여 이 법을 제정되었다.

❑ 그러나 석면안전관리법 규정 속에 사용금지대상을 "누구든지"로 규정한 것은 모든 사람을 대상으로 석면을 사용금지토록 하는 것이다. 이는 석면은 발암물질로서 전 국민건강을 위하여 필요한 내용이라고 생각된다. 하지만 산업안전보건법에서도 사용금지대상을 "누구든지"라고 규정하는 것은 논란이 된다고 볼 수 있다. 산업안전보건법에서 석면의 사용 금지규정을 두는 목적은

근로자들이 석면에 노출되어 직업병이 발생하는 것을 보호하기 위한 것이다. 이는 석면안전관리법의 사용금지 대상에 관한 "누구든지"와 산업안전보건법에서도 "누구든지"라는 규정을 재정비하여 혼란을 방지 할 필요가 있다고 본다.

(2) 국내외 석면 관련 제도

가. 국내 석면 관련 제도

A) 국내 석면관리 제도의 연혁

❑ 석면 관리에 관한 국내 법률제도의 연혁을 다음과 같이 정리하였다. 석면 관리에 관한 국내 법률제도의 연혁을 살펴보면, 1990년 7월 최초로 고용노동부 관련 산업안전보건법 시행령 제30조에서 석면을 허가대상 유해물질에 추가하였고, 1997년에는 산업안전보건법 시행령 제29조에서 제조 등의 금지 유해물질에 청석면과 갈석면을 추가하였으며, 2008년에는 [고용노동부 고시 제26호] 개정으로 "석면이 제품 중량의 0.1%를 초과하면 안된다"고 규정하였다. 2009년에는 6가지 종류의 석면(백석면(Chrysotile), 갈석면(Amosite), 청석면(Crocidolite), 트레모라이트(Tremolite), 악티노라이트(Actinolite), 안소필라이트(Anthophylite))의 제조·수입·양도·제공 또는 사용이 금지되었다.

❑ 또한 2012년도에 환경부 관련 석면안전관리법 [시행 2012. 4. 29.] [법률 제10613호, 2011. 4. 28., 제정]이 시행되어 석면관리 기본계획, 석면함유제품 관리 등을 관리하고 있다.

[도표 II-8] 국내 석면규제 연혁

연도	법규	내용
1990년 7월	산업안전보건법 시행령 개정	- 허가 대상 유해물질에 석면 추가
1997년 5월	산업안전보건법 시행령 개정	- 제조 등 금지 유해물질에 석면(청·갈석면)추가
1999년 6월	산업안전보건법 시행령 개정	- 제조 등 금지 유해물질에 석면 함유(1% 이상) 제재 추가
2003년 6월	산업안전보건법 시행령 개정	- 금지석면종류 확대 (악티노라이트, 안소필라이트, 트레모라이트)
2003년 7월	산업안전보건법 시행령 개정	- 석면함유 건축물 철거허가제도 시행
2006년 9월	산업안전보건법 시행령 개정	- 석면함유제품(지붕, 천장, 벽 또는 바닥재용 석면시멘트 제품과 자동차용 석면마찰 제품)의 제조·수입·양도·제공 또는 사용금지
2007년 1월	산업안전보건법 시행규칙 개정	- 개정된 시행령 시행 단, 석면시멘트제품 중 압출성형 시멘트 판에 대해서는 2008년 1월 1일 시행
2008년 1월	산업안전보건법 개정 시행령 시행	- 백석면 및 이를 1% 이상 함유한 혼합물질 중 석면시멘트 제품(지붕·천장·벽 및 바닥재용) 및 석면마찰제품(자동차관리법 상의 자동차용)의 용도로 제조·수입·사용 등을 금지, 환경부고시 2007-152호

연도	법규	내용
2008년 7월	화학물질관리법의 제조·수입 또는 사용 등을 금지하거나 제한하는 화학물질에 관한 규정 개정	- 석면함유제품 제조·수입·양도·제공 또는 사용금지 - 석면 중량이 제품 중량의 0.1% 초과해선 안됨 - 2008년 1월 1일부터 시행 단, 석면개스킷제품 및 석면마찰제품에 대해서는 2009년 1월 1일 시행
2009년 2월	산업안전보건법 시행령 개정	- 모든 석면 제조·수입·양도·제공 또는 사용금지 - 석면해체·제거작업 기준의 준수 - 석면해체·제거 작업 후 농도기준 준수 - 석면해체·제거업체의 등록제 도입 - 일정규모 이상의 건축물이나 설비를 철거·해체시 석면조사 의무화
2009년 8월	산업안전보건법 개정	- 등록업체에 의한 석면의 해체 및 제거 - 석면조사기관 허가제 - 석면제거 후 공기 중 석면농도 제시
2010년 7월	산업안전보건법 시행령 개정	- '대통령으로 정하는 일정 규모 이상의 건축물이나 설비'에 관한 석면조사대상 제시
2011년 4월	석면안전관리법의 제정 공포 2012년 4월 29일 시행	- 석면관리기본 계획수립 - 석면함유제품의 관리 - 자연발생석면의 관리 - 건축물의 석면관리 - 석면해체 사업장의 주변환경관리
2011년 7월	산업안전보건법 일부개정 2012년 1월 26일 시행	- 이분화된 석면조사의무를 법률로 정비
2013년 8월	산업안전보건법 시행규칙 일부개정 2013년 8월 6일 시행	- 건강관리수첩 발급 대상 확대 - 석면과 관련된 업무에 종사한 근로자로서 흉부방사선상 석면으로 인한 징후유소견자 포함
2014년 3월	석면안전관리법 일부개정 2014년 3월 18일 시행	- 벌금형을 물가를 반영하여 징역 1년당 1천만원으로 상향
2016년 1월	석면안전관리법 일부개정 2016년 1월 27일 시행	- 석면실태조사 공개규정 마련 - 석면해체제거비용 반영여부에 과태료부과
2016년 2월	석면안전관리법 일부개정 2016년 2월 28일 시행	- 석면건축물 소유자 석면측정 위반시 과태료 부과 - 석면조사 실시 대상 학원건축물의 확대
2016년 7월	석면안전관리법 시행령 일부개정 2016년 7월 시행	- 석면 이용관리 등에 관한 실태조사 결과 공개 - 석면배출허용기준 위반 시 2천만원 이하의 과태료 부과
2017년 11월	석면안전관리법 일부개정 2018년 5월 29일 시행	- 건축물석면조사대상에 용도변경승인의 경우 추가 - 석면의 해체 등으로 인하여 시설물 개량에 필요한 비용도 일부 또는 전부 지원
2017년 12월	석면안전관리법 시행규칙 일부개정 2018년 1월 1일 시행	- 석면건축물의 소유자는 석면건축물의 실내공기 중 석면농도 주기적 측정 및 보관
2019년 12월	산업안전보건법 전부개정 2020년 1월 16일 시행	- 산업안전보건법 전면 개정

❑ 따라서 산업현장에서 석면 관리는 고용노동부와 환경부가 같이 관리하고 있음을 알 수 있다. 고용노동부는 산업현장의 가장 기본이 되는 산업안전보건법을 바탕으로 사업장 내의 석면 노출로부터 근로자를 보호하기 위해 석면을 관리하고 있으며, 환경부는 사업장 외부로 석면이 노출될 경우 주변 환경과 시민을 보호하기 위해 석면안전관리법을 통해 석면을 관리하고 있는 것이다.

B) 석면의 사용 주체

❑ 석면의 사용 주체에 관해 산업안전보건법 제117조(유해·위험물질의 제조 등 금지) 제1항을 보면 “누구든지 다음 각 호의 어느 하나에 해당하는 물질로서 대통령령으로 정하는 물질(이하 “제조 등 금지물질”이라 한다)을 제조·수입·양도·제공 또는 사용해서는 아니된다.”고 규정하고 있다.

❑ 우리나라 산업안전보건법의 취지는 산업현장의 안전 및 보건에 관한 기준을 확립하고 그 책임의 소재를 명확하게 하여 산업재해를 예방하는 것을 목적으로 하고 있다. 그러나 제117조 제1항의 “누구든지”에 관해서는 석면 사용 주체가 불명확하여 책임소재를 명확하게 판단하기 어렵다. 그 예로 석면에 관하여 해체작업은 고용 관계에서 나타나는 의미로 사업주 개념을 둘 수 있지만, 제조·수입·양도·제공 또는 사용에 있어서 사업주 개념의 의미가 다를 수 있다. 따라서 제조·수입·양도·제공 또는 사용에 있어서 “누구든지”에 관한 정리가 필요하다고 본다.

C) 석면의 관리 주체

❑ 현재 석면과 관련된 관할 부서가 고용노동부와 환경부로 이원화되어 있어 정책 집행 시 책임의 한계도 명확하지 못하여 산업현장의 혼란을 초래할 수 있다. 특히 석면 함유물질의 범위 및 회수조치에 관한 문제가 대두되고 있다. 따라서 본 연구는 석면 함유물질의 범위 및 회수조치에 관해 현행 산업안전보건법 및 석면 안전관리법을 검토한다.

▶ 석면함유가능물질 및 함유제품의 범위

❑ 우리나라의 석면함유가능물질(Asbestos Containing Materials. ACM)의 정의는 환경부의 석면안전관리법 제10조 제2항에 따라 석면을 포함할 가능성이 있는 광물질, 즉 4개의 광물(활석, 질석, 사문석, 해포석)만을 지정하고 있다. 이에 대한 가공·변형된 석면함유가능물질의 석면허용기준([고용노동부고시 제2020-517호, 2020. 12. 28.])은 고용노동부장관과 환경부장관이 공동으로 정하여 고시하고 있다.

[그림 Ⅱ-5] 석면함유가능물질의 종류

활석

사문석

질석

해포석

자료 : 안전보건공단 연구보고서 [산업안전보건법상의 석면관리제도 발전방향 연구], 2021. 11

❑ 그러나 “가공·변형된 석면함유가능물질의 석면허용기준”의 고시에 관한 근거는 환경부의 석면안전관리법에는 있으나 고용노동부의 산업안전보건법 상에는 없어, 산업현장의 집행상의 문제가 발생할 수 있으므로 산업안전보건법 상의 석면가능함유물질에 대한 근거 법령이 필요하다. 또한 현재 자연발생석면(비의도적 석면)을 4가지로 규정하고 있어 그 외의 자연발생석면 발생 시 적용의 문제점이 발생하므로 이에 대한 검토도 필요할 것으로 사료된다.

[도표 Ⅱ-9] 가공·변형된 석면함유가능물질의 석면허용기준

<table>
<tr><th colspan="3">구분</th><th>허용 기준</th></tr>
<tr><td colspan="3">가공·변형을 위해 유통되는 경우</td><td>1%</td></tr>
<tr><td rowspan="6">최종제품으로 유통되는 경우</td><td rowspan="5">원석 그대로 또는 단순히 파쇄된 상태</td><td>분말 제품</td><td rowspan="3">불검출</td></tr>
<tr><td>인체 직접 접촉용도</td></tr>
<tr><td>바닥골재
(주차장, 운동장 등에 사용된 것)</td></tr>
<tr><td>조경석</td><td>표면에 석면이 노출되지 않을 것</td></tr>
<tr><td>기타</td><td>0.1%</td></tr>
<tr><td colspan="2">기타 가공·변형된 상태</td><td>0.1%</td></tr>
</table>

자료 : 안전보건공단 연구보고서 [산업안전보건법상의 석면관리제도 발전방향 연구], 2021. 11

❑ 또한 석면함유제품(Asbestos Containing Product)에 대한 고시, 즉 석면 함유제품의 제조·수입·양도·제공 또는 사용 금지에 관한 고시([고용노동부고시 제2020-14호, 2020. 1. 6.])를 살펴보면, 제2조(제조 등 금지) “누구든지 함유된 석면의 중량이 제품 중량의 1.0%를 초과하는 석면함유제품을 제조·수입·양도·제공 또는 사용하여서는 안된다.”로 규정하고 있다.

❑ 일반적으로 석면함유제품은 사용 용도에 따라 표면재, 보온단열재 등으로 구분할 수 있으며, 비산의 정도에 따라 부서지기 쉬운 석면(Friable asbestos)와 잘 부서지지 않는 석면(Non-friable asbestos)로 구분할 수 있다. 산업안전보건공단에서 제시된 자료에 따르면 석면함유제품의 종류는 다음과 같다.

[도표 Ⅱ-10] 석면함유제품 종류

대분류	중분류
석면 시멘트제품	석면슬레이트
	석면시멘트판
	석면천정재
	압출성형시멘트판
석면 마찰제	석면브레이크 라이닝
	석면클러치라이닝&패이싱
	석면특수브레이크
석면 조인트시트	석면조인트시트
석면 방직제품	석면가스켓
	석면사
	석면로프

대분류	중분류
석면 방직제품	석면패킹
	석면테이프
	석면포
	석면장갑
기타 석면제품	석면정류자
	산업용 석면단열재

자료 : 안전보건공단 연구보고서 [산업안전보건법상의 석면관리제도 발전방향 연구], 2021. 11

❑ 현행 법령에 따르면 석면이 제품 중량의 1.0%를 초과하는 석면함유제품을 제조·수입·양도·제공 또는 사용이 금지하고 있다. 그러나 최종제품 중 석면이 의도적 및 비의도적으로 함유될 가능성이 있다. 이에 석면함유가능물질에 대한 범위 및 함유제품에 기준치 범위를 명확하게 규정할 필요가 있을 것으로 사료된다.

▶ **석면 회수조치**

❑ 석면안전관리법에서는 제8조(석면 등의 사용금지 등) 제1항에 따라 석면 등의 제조·수입·양도·제공 또는 사용을 금지하고 있으며, 이를 위반할 경우 동조 제3항에 따라 관계 중앙행정기관의 장 및 시·도지사는 해당 제품의 회수조치를 할 수 있다.

❑ 또한 동법 시행령 제10조(회수 또는 판매금지 명령) 제3항에 근거하여 "관계 중앙행정기관의 장 및 시·도지사는 제1항 및 제2항에 따라 제품의 회수 또는 판매금지를 명하거나, 회수 또는 판매금지 명령의 이행사항을 제출받았을 때에는 그 결과를 즉시 환경부장관에게 통보하여야 한다."로 규정하고 있다.

❑ 그러나 산업현장의 기본이 되는 산업안전보건법 상에는 석면 회수조치에 관한 규정이 없어, 석면안전관리법 상에서 제시하고 있는 석면함유가능물질 외의 물질에 관한 회수조치에 대한 책임부처가 명확하지 않다. 따라서 이에 대한 책임소재의 명확화를 위해 산업안전보건법 상의 회수조치 권한에 관한 검토가 필요하다.

D) 석면해체·제거작업 전담인력 기준

❑ 현행 석면해체·제거작업의 등록요건에 관한 내용은 산업안전보건법 시행령 제92의 [별표 28]에 규정되어 있다. 그 내용을 보면 석면해체·제거업자의 인력·시설 및 장비 기준 속에는 "~~~ 해당하는 자격을 취득한 후 석면해체·제거작업 방법, 보호구 착용 방법 등에 관하여 고용노동부장관이 정하여 고시하는 교육(이하 "석면해체·제거 관리자과정 교육"이라 한다)을 이수하고 석면해체·제거 관련 업무를 전담하는 사람 1명 이상~~"인 자격이 있는 자로 규정되어 있다.

❑ 그런데 현재 석면해체·제거작업의 인력이 다른 영업의 인력으로 중복하여 등록될 수 있는가에 대해서 논란이 되고 있다. 즉, '인력 중복등록'이라 함은 석면 전담자가 건설 현장에서 다른 업무도 수행한다는 의미를 말하는 것이다.

❑ 또한 최근 법제처에서 '석면해체·제거 관련 업무를 전담하는 사람'에 대해 중복등록이 가능

하다는 법령해석을 내놓았다.

❑ 법제처 행정해석 20-0455(2020.10.06.)을 보면, 산업안전보건법 제21조 제4항에 근거하여 중복 등록에 관한 취소는 침익적 행정행위라 하여 등록된 석면 해체업자에게 불리한 방향으로 해석해서는 안된다는 취지로 중복등록을 인정하고 있다.

❑ 과거 석면해체·제거업체의 인력기준으로 '전담'이라는 용어가 사용되고 있지 않아 중복등록이 가능하다는 법제처의 법령해석(2019.12.02.)이 존재했었지만, 이를 방지하기 위하여 산업안전보건법 시행령을 개정(2020.01.16.)하여 '전담'이라는 용어를 사용하고 있음에도 여전히 중복등록이 가능하다는 법령해석을 하고 있다.

❑ 다시 설명하면, 중복등록을 할 수 있는 여부는 업무를 수행할 때 중복이라는 의미를 두면 직업선택의 자유나 경제활동의 자유가 제한된다는 점을 고려하면 '업무를 전담'하도록 한 법 규정의 의미를 지나치게 확장 해석하고 있어 하나의 업무에 등록된 사람은 오로지 그 업무만을 수행해야 한다고 보는 것은 타당하지 않다는 것이 최근 법제처 해석이다.

❑ 그러나 석면을 직접적으로 다루는 석면해체·제거작업에서의 '업무의 특수성'에 따라 직업선택의 자유나 경제활동의 자유보다 노동자의 안전 및 석면해체·제거작업이 끝난 후 인근 주민들의 안전을 보장할 필요성이 있다고 본다.

❑ 이런 의미에서 법령 상의 전담자라는 의미를 명확하게 제시할 필요가 있다. 특히 산업안전보건법 시행령 제92조 [별표28]에서 석면해체·제거업자에게 등록되는 인력이 산업안전보건법 및 다른 법령에 따른 영업의 인력기준을 겸하는 것을 금지하는 등 규정을 별도로 두고 있지 않아 해석상 논란을 일으킬 수 있다. 따라서 석면해체·제거작업 전담인력의 직무를 규정하고 전담자만이 해당 직무를 수행하도록 하는 것이 타당하다고 본다.

나. 국외 석면 관련 제도

❑ 석면사용 주체, 관리 주체(석면함유가능물질의 범위 및 회수조치), 석면 해체·제거작업의 인력 기준과 관련된 해외 법령을 미국, 영국, 일본을 중심으로 조사하였다.

[도표 Ⅱ-11] 해외 석면 관리 법령

구분	미국	영국	일본	한국
석면 사용주체	Asbestos Ban and Phaseout Rule, 40 CFR 763	Asbestos Prohibitions Regulations 2003	노동안전위생법	산업안전보건법 제117조
석면 전담 인력	Asbestos Hazard Emergency Response Act, 40 CFR Part 763, Subpart E	Asbestos: The licensed Contractors' guide, HSG247	석면장해예방규칙	산업안전보건법 시행령제92의 [별표 28]

구분		미국	영국	일본	한국
석면 관리 주체	석면 함유 가능 물질의 범위	Asbestos Ban and Phaseout Rule, 40 CFR 763 Subpart 1	Disposal of asbestos waste	노동안전위생법 시행령	고용노동부 고시 제2020-517호
	석면 회수 조치	40 CFR Chapter 61 Subpart M	Disposal of asbestos waste Guide	폐기물처리 및 청소에 관한 법률	석면안전관리법 8조

자료 : 안전보건공단 연구보고서 [산업안전보건법상의 석면관리제도 발전방향 연구], 2021. 11

A) 미국

❑ 미국에서는 석면 노출 및 제어에 관련해서 일반적으로 두 개의 연방기관인 산업안전보건관리국(Occupational Safety and Health Administration, OSHA)과 환경보호국(Environmental Protection Agency, EPA)에서 관리하고 있다.

▶ 석면의 사용 주체

❑ 1989년 미국의 EPA는 유해물질관리법(TSCA; asbestos Ban &Phase out) 제6조에 근거하여 일부 사용을 제외하고는(로켓 엔진에서의 사용과 베터리 격리판) 거의 모든 석면 제품의 제조·수입·처리·공급 및 판매를 전면 금지하는 명령을 제정하였다. 그러나 1991년 미연방 대법원에 의해 석면사용의 금지로 인하여 얻는 이익(구제되는 생명의 이익)이 경제계에 미치는 영향에 비하여 크지 못하다고 결론을 내리고 취소되었다.

❑ 따라서 현재까지도 미국에서 석면이 사용되고 있다. 다만 석면함유제품의 금지에 대해서는 미국의 환경보호국(Environmental Protection Agency, EPA)에서 제정된 "석면 금지 및 단계적 금지규칙(Asbestos Ban and Phaseout Rule, 40 CFR 763 Subpart 1, Sec. 762.160-763.179, 1985)"에 의해 관리되고 있다. 석면 금지 및 단계적 금지규칙의 내용을 살펴보면, Part 763의 석면 부분의 Subparts가 A부터 I까지 규정되어 있다.

❑ 특히 석면의 사용 주체에 관해 석면 금지 및 단계적 금지규칙 중 § 763.165 Manufacture and importation prohibitions(석면함유 제품의 제조 및 수입 금지), § 763.167 Processing prohibitions.(석면함유 제품의 사용 금지), § 763.169 Distribution in commerce prohibitions.(석면함유제품의 상업적 유통 금지)의 부분이 우리나라의 산업안전보건법 제 117조(유해·위험물질의 제조 등 금지)에서 제시하고 있는 내용과 유사하다.

❑ 미국의 "석면 금지 및 단계적 금지규칙" 내용과 우리나라 산업안전보건법 제117조를 비교해 보면, 첫째, 미국의 "석면 금지 및 단계적 금지규칙"에서는 석면함유제품의 용도(제조, 수입, 사용, 유통)에 따라 각각의 조문이 구성되어 있다.

❑ 그러나 미국의 "석면 금지 및 단계적 금지규칙"에서도 우리나라 산업안전보건법 제117조

제1항에서 표현하고 있는 “누구든지”라는 용어와 유사한 “No person”이라는 용어를 사용하고 있는 것을 확인할 수 있었다. 이는 석면의 용도에 따라 조문을 구분하지만 사용 주체에 관해서는 불명확함을 알 수 있다.

▶ 석면의 관리 주체

* 석면함유가능물질 및 함유제품의 범위

❑ 석면 금지 및 단계적 금지규칙(Asbestos Ban and Phaseout Rule, 40 CFR 763 Subpart 1)의 § 763.163 (정의)를 살펴보면, 석면의 종류를 백석면, 청석면, 갈석면, 트레모라이트, 안소필라이트, 악티노라이트 등으로 정의를 내리고 있으며, 이는 현행 우리나라의 산업안전보건법 시행령 제87조(제조 등이 금지되는 유해물질)와 석면안전관리법 시행규칙 제2조(석면의 종류)에서 규정하고 있는 내용과 동일함을 알 수 있다.

❑ 그러나 미국의 석면 금지 및 단계적 금지규칙에서 석면함유제품의 농도기준을 살펴보면, “석면함유농도는 무게 또는 면적별로 1.0% 이상의 석면을 함유하는 모든 제품을 의미한다”로 기술되어 있다. 우리나라의 석면함유물질의 범위와 비교해보면, 한국은 고용노동부 고시(제2020-14호)에 따르면, 함유된 석면의 중량이 제품 중량의 1.0% 초과할 수 없도록 규정하고 있으나, 미국은 중량의 1.0% 이상의 제품을 석면함유제품으로 취급하고 있어 우리나라의 석면함유기준과 차이가 있다고 본다.

❑ 또한 미국에서 제품의 비의도적으로 포함될 수 있는 석면에 관한 규정을 파악하기 위해 EPA의 유해대기오염물질배출기준(National Emissions Standards for Hazardous Air Pollutants Regulation, NESHAP)을 조사하였다. NESHAP는 석면함유물질을 설치 또는 이용된 시설을 해체, 보수 시 석면의 방출을 최소화하기 위하여 공기 중 유해 오염물질의 종류와 석면함유물질의 종류와 석면 관련 작업 시 공지, 제거, 이동과 폐기, 공기질 측정, 감시, 훈련, 처벌에 대한 규정을 포함하고 있다.

❑ 미국 EPA는 석면 1.0% 초과함유를 기준으로 규제하는 이유는 “유의미한 양의 석면을 함유한 물질의 사용을 규제하되, 다양한 자연물질에서 발생하는 미량의 함유된 석면이나 의도적으로 가한 1.0% 미만의 미량의 석면은 허용함”이라고 밝혔다. 즉, 비의도적 석면에 대해서는 규제하고 있지 않은 것으로 확인되고 있다.

* 석면 회수조치

❑ 미국의 환경보호국(Environmental Protection Agency, EPA)은 공기청정법(Clean Air Act, CAA)에 근거하여 만들어진 유해공기오염물질에 대한 방출기준(National Emissions Standards for Hazardous Air Pollutants, NESHAP)에 의해 석면을 규제하고 있다. 특히 석면의 방출기준은 NESHAP 40 CFR Chapter 61 Subpart M6)에서 제시하고 있다.

❑ 석면에 관한 국가 표준(Asbestos NESHAP)(40 CFR61, Subpart M)은 제분, 제조, 제작 등을

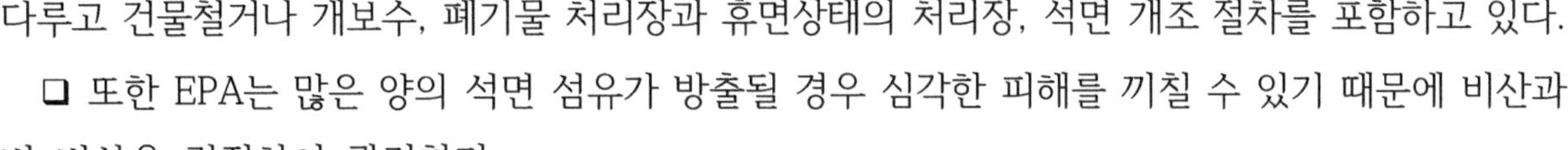

다루고 건물철거나 개보수, 폐기물 처리장과 휴면상태의 처리장, 석면 개조 절차를 포함하고 있다.

❑ 또한 EPA는 많은 양의 석면 섬유가 방출될 경우 심각한 피해를 끼칠 수 있기 때문에 비산과 비 비산을 결정하여 관리한다.

❑ 비산 석면물질ACM(Friable Asbestos-Containing Materials)이란 1.0 %의 석면을 함유한 물질로 PLM 방법에 의해 결정되고, 건조했을 경우 손의 악력만으로 쉽게 부서지고 분쇄되는 물질을 나타낸다.

❑ 비 비산물질ACM(Non-friable ACM)이란 1.0%이상의 석면을 함유한 물질로 PLM 방법에 의해 결정된다(손의 악력만으로 쉽게 부서지거나 분쇄되지 않는 물질). 또한 비 비산물질은 Category Ⅰ과 Category Ⅱ로 구분하여 관리한다.

❑ Category I의 비 비산물질은 1.0%의 석면을 함유하고 PLM 방법에 의해 결정되는 물질로 Packing, Gasket, Resilient floor covering(탄력 있는 바닥 마감재), Asphalt roofing product(아스팔트 지붕재)를 포함한다.

❑ Category I의 비 비산 ACM은 불량한 상태일 경우 반드시 검사되어야 하고 Asbestos NESHAP의 대상여부의 판별을 위하여 철거하기 전 비산 여부 테스트를 실시한다.

❑ Category II에 속하는 비 비산 물질은 Category I를 제외한 ACM을 지칭한다. 1.0%의 석면을 함유하고, Appendix A, SubpartF, 40 CFR Part763, Section1, PLM의 방법에 의해 결정되는 물질로 건조했을 경우 손의 악력만으로 분쇄하거나 파괴할 수 없는 물질을 지칭한다. 다만 천둥번개와 같은 악천후나 높은 열, 습기에 오래 노출된 Category II 비 비산 ACM은 weathered-비산이 될 수 있게 되는 단계가 된다.

▶ 석면해체·제거작업 전담인력 기준

❑ 석면해체·제거작업자에 대한 규정은 OSHA와 EPA에서 모두 규정하고 있다.

❑ 고용주는 Class I, II, III, IV 석면 작업에 참여하는 작업자에게 관련 교육을 무상으로 제공하여야 하며 이는 해당 작업이 수행되기 전에 제공되어야 한다. OSHA에서 요구하는 교육은 석면작업 등급에 따라 다음과 같다.

- Class I 작업을 위한 교육은 4일의 EPA Model Accreditation Program에 명시된 석면제거 작업자 교육 (Asbestos Worker)과 동등하여야 함
- Class II 작업을 위한 교육은 실습교육과 물질 카테고리에 따른 특정작업실행과 공학적 통제방법에 대한 내용 및 OSHA가 요구하는 주제에 대한 내용이 포함되어야 함
- Class III 작업을 위한 교육은 석면함유물질을 교란시킬 수 있는 유지 보수 및 청소 작업자에 대해 AHERA에서 요구하고 있는 교육내용과 일치하여야 하며 실습을 포함한 16시간의 교육이어야 함
- Class IV 작업을 위한 교육은 석면과 접촉하지만 석면함유물질을 교란시키지 않는 유지보

수 및 청소작업자에게 제공되어야 하며 최소 2시간이어야 함

❑ 둘째, 미국 환경보호국(EPA)은 학교 석면 긴급 대응법(Asbestos Hazard Emergency Response Act, AHERA)에 의해 제시된 40 CFR Part 763, Subpart E, Appendix C, Asbestos Model Accreditation Plan (MAP)에서 학교, 공공 및 상업 건물에서의 석면 조사, 해체·제거 계획을 수립하고 석면 제거 시 AHERA MAP에서 제시한 교육을 수료하도록 되어 있다.

❑ 특히 이러한 교육은 시험을 통해 인증된 석면 관련 인력에 의해 수행되어야 함을 요구한다. 이러한 표현의 하나로 Contractor/Supervisors는 "A person must be accredited as a contractor/supervisor to supervise any of the following activities with respect to friable ACBM in a school or public and commercial building"으로 표현하고 있다.

❑ 또한 40 CFR Subpart M(National Emission Standard for Asbestos)에서는 NESHAP의 적용을 받는 지붕제거의 경우에는 석면 지붕재를 제거하는 동안 교육을 받은 최소 한 명의 현장 감독자가 상주해야 한다고 규정하고 있다.

B) 영국

❑ 영국의 산업안전보건법(The Health and Safety at Work etc. Act 2012)상의 모든 고용주는 모든 근로자의 작업에서 보건, 안전, 복지를 위해 가능한 수단을 이용하여 보장하는 것을 의무로 규정하고 있으며, 고용주에게 작업의 장치와 설비의 유지와 제공, 물질 또는 제품의 수송, 저장, 취급 등에서 근로자의 안전 이용 보장, 요구되는 지침, 훈련, 정보 등의 제공, 안전한 작업 공간 제공 보장, 근로자의 복지를 위한 충분한 시설 제공 등의 의무를 부여하고 있다. 다만 영국의 산업안전보건법에서 석면에 관한 직접적인 내용은 찾을 수 없었다.

❑ 그러나 영국의 산업안전보건청에서는 석면관리 규정(Control of Asbestos Regulation 2012)을 통해 일괄적으로 관리하고 있다. 이 규정에서는 석면의 노출을 최소한으로 하기 위한 평가와 계획의 수립을 규정하고 있으며, 작업 방법에 대한 계획과 작업자에 대한 교육, 석면의 제거·해체 진행 시 보호구의 착용과 근로자에 대한 교육, 작업장의 공기질과 비산에 대한 측정, 노출 근로자의 건강검진 기록의 보존 등에 관해 규정하고 있다.

▶ 석면의 사용 주체

❑ 영국의 석면금지법 2003 (Asbestos (Prohibitions) Regulations 2003)은 총 10개의 조문으로 구성되어 있다.

❑ 이 중 제3조(각섬석계 석면 수입금지: Prohibition of the importation of amphibole asbestos) 제4조(각섬석계 석면 공급 금지: Prohibition of the supply of amphibole asbestos), 제5조 (각섬석계 석면 함유제품의 사용금지: Prohibition of the use of amphibole asbestos and products containing it), 제7조(백석면 함유제품 금지: Prohibition of products containing chrysotile) 이다.

❑ 영국의 석면금지법 내용과 우리나라 산업안전보건법 제117조를 비교해보면, 첫째, 영국의 석면금지법에서는 수입, 공급, 사용금지에 관해 각각 따로 조문이 구성되어 있다. 특히 3조의 각섬석계 석면 수입금지에 관한 조문을 살펴보면, 위반사항에 대한 산업안전보건법에서 처벌하는 것이 아니라 관세 및 소비관리법(the Customs and Excise Management Act 1979)에서 처벌한다고 되어있어 우리나라도 석면 해외 수입에 관해 처벌규정을 법 조문에 삽입하여 주관부처를 명확히 할 필요가 있을 것으로 사료된다.

❑ 둘째, 제4조, 제5조의 조문을 살펴보면, 우리나라 산업안전보건법 117조의 "누구든지"라는 용어와 유사한 "No person"이라는 용어를 사용하고 있는 것을 확인할 수 있다. 이는 용도에 따라 조문을 구분하지만 사용 주체에 관해서는 불명확함을 알 수 있다. 그러나 제3조의 각섬석계 석면의 수입에 관한 조항에서는 "누구든지"에 관한 용어 없이 석면의 수입 형태(원유, 섬유, 조각, 분말 또는 각섬석 석면)에 따라 기술하고 있다. 이는 수입의 경우 사업주를 쉽게 예측할 수 있기 때문에 생략한 것으로 추정된다.

▶ 석면의 관리 주체

*** 석면함유가능물질 및 함유제품의 범위**

❑ 영국의 석면관리규정(Control of Asbestos Regulation 2012)의 25조에 따르면, "의도적(intentional)으로 첨가된 석면"의 정의를 제시하고 있다. "의도적(intentional)으로 첨가된 석면이란 석면이 제품에 존재하고 그 석면이 제품, 제품의 원료 또는 구성물의 자연 발생된 불순물이 아닌 경우를 말한다."고 규정하고 있다. 그러나 비의도적으로 첨가된 석면에 관해서는 규정되어 있지 않다. 다만 석면 수입금지의 경우 규제 편의상 비의도적인 석면도 포함하여 금지하고 있다.

❑ 영국 산업안전보건법에서 석면함유가능물질의 석면허용기준을 찾을 수가 없었다. 그러나 보건안전청에서 발간한 "폐석면 처분 가이드(Disposal of asbestos waste)"에서 석면함유가능물질의 범위를 유추해 볼 수 있다.

❑ 잉글랜드와 웨일즈의 경우 석면함유물질이 0.1% 초과한 경우 위험폐기물로 지정하고 있으며, 스코트랜드 역시 석면함유물질이 0.1% 초과할 경우 'Special Waste'로 규정하고 있다. 따라서 실질적으로 석면함유가능물질의 범위는 0.1% 이하임을 추정할 수 있다.

*** 석면 회수조치**

❑ 영국의 석면 관리(회수조치)에 관해 살펴보면, 사업장 내 석면 폐기물 관리에 관해서는 보건안전청(Health and Safety Executive)이 담당하며, 사업장 외부에서 석면 폐기물의 관리(회수)에 관해서는 환경청(Environment Agency)이 관리하는 것으로 사료된다.

❑ 첫째, 사업장 내 석면 폐기물 관리에 관한 사항은 보건안전청(Health and Safety Executive)의 석면관리규정(Control of Asbestos Regulation 2012) 제24조에 기술되어 있다. 그 내용을 살펴보면, 사업주는 작업장 내 석면폐기물을 보관하거나 다른 작업 장소로 보내지거나

밀폐가 되어있지 않은 경우에는 다른 장소에 분배·보관해서는 안된다.

❑ 둘째, 사업장 외부에서 석면 폐기물의 관리(회수)에 관해서는 환경청(Environment Agency)에서 담당하고 있는 것으로 사료된다. 그 이유는 앞에서 언급한 "폐석면 처분 가이드(Disposal of asbestos waste)"에 석면 폐기물에 관해서는 환경청에 문의하라는 문구를 토대로 석면 폐기물의 관리는 영국의 환경청에서 관리하는 것으로 사료된다.

▶ 석면해체·제거작업 전담인력 기준

❑ 영국의 석면해체·제거작업은 석면관리법(The Control of Asbestos Regulations 2012)의 제5조(석면의 존재 확인)에 근거하여 사업주는 석면의 철거, 유지관리 또는 관련 작업에 근로자를 종사시키기 전에 해당 건축물 등의 석면함유 여부, 석면의 종류, 석면함유물질의 종류와 상태를 파악하도록 규정되어 있다. 또한 영국의 석면 관련 작업은 면허작업과 비면허작업으로 구분되며, 면허작업을 하려는 사업주는 석면관리법 제8조(석면작업의 면허) 및 제9조(석면작업의 신고)에 근거하여 면허작업을 하기 위해서 보건안전청으로부터 면허를 교부받아야 하며, 면허작업 시작 14일 전에 세부작업계획을 감독기관에 신고하도록 되어있다.

C) 일본

❑ 일본의 석면 관련 제도(법령)는 석면 제조공장 등에서 일하는 근로자의 건강장애 예방을 위해 1960년대 제정된 "진폐법(じん肺法)"에서 시작된다. 1971년에 "특정 화학물질 등 장애 예방규칙(特定化学物質等障害予防規則)"이 제정으로 석면에 의한 관리현황이 크게 변화되었고, 특히 석면의 발암원성 등에 대한 대책 강화를 위해 "특정 화학물질 등 장애 예방 규칙(特定化学物質等障害予防規則)"을 개정(1975)하였다. 2005년도에 "석면장해예방규칙(石綿障害予防規則)"을 제정하여 건축물의 해체 등에 따른 노동자의 석면에 의한 노출 정도를 최소화할 수 있도록 조치를 더욱 강화하였다.

❑ 또한 석면의 비산에 따른 대기오염을 방지하기 위하여 "대기오염방지법(大気汚染防止法)"을 개정(1989)하여 석면 제품 제조공장에 대한 규제를 도입하였다. 1991년 "폐기물처리 및 청소에 관한 법률(廃棄物の処理及び清掃に関する法律)"에 따라 폐석면 등을 특별관리산업폐기물로 지정하여 관리하고 있다. 일본의 석면 정책은 국토교통성의 건축기준법에 의하여 해체 단계에서 신고를 실시하도록 규정하고 있으며, 석면해체작업장의 관리는 후생노동성의 노동안전위생법 등에서 관리하고, 최종적으로 발생되는 석면폐기물의 경우에는 환경성의 대기오염방지법 및 폐기물의 청소에 관한 법률 등에서 관리하고 있다.

▶ 석면의 사용 주체

❑ 우리나라의 산업안전보건법 제117조(유해·위험물질의 제조 등 금지)과 유사한 법령을 일본 노동안전위생법을 찾아보면, 노동안전위생법 제55조(제조 등 금지)가 있다. 일본의 노동안전위생

법 제55조를 살펴보면, 우리나라의 산안법 제117조 제1항에서 제시된 "누구든지"에 관한 표현을 찾을 수 없다. 그러나 조문의 구성형식은 우리나라와 유사하다. 일본의 노동안전위생법 제55조의 "누구든지"에 관한 표현이 없는 것은 사업장의 관리 책임의 주체인 사업주를 쉽게 예측할 수 있기 때문에 생략한 것으로 추정된다.

▶ **석면의 관리 주체**

*** 석면함유가능물질 및 함유제품의 범위**

❑ 노동안전위생법 시행령 제16조 제4호의 석면에서 석면의 종류는 악티노라이트, 갈석면, 안소필라이트, 백석면, 청석면 및 트레모라이트(アクチノライト、アモサイト、アンソフィライト、クリソタイル、クロシドライト及びトレモライト)로 6가지 종류의 석면에 관해 금지하고 있다.

❑ 또한 석면함유제품의 범위는 "총무게에서 0.1% 초과해서는 안된다"고 명시되어 있다. 제품에 함유된 석면이 0.1%를 초과한 경우 의도적·비의도적 구분 없이 불법으로 간주하고 있다.

❑ 특히 노동안전위생법 제55조를 위반할 경우 법인의 대표자 또는 행위자가 양쪽 모두에게 3년이하의 징역 또는 300만엔이하의 벌금에 처해진다(何らの許可を受けずに、労働者に重度の健康障害を生ずるもので、政令で定めているものを製造·輸入·譲渡·提供·使用した場合。(安衛法55条), 3年以下の懲役又は300万円以下の罰金).

*** 석면 회수조치**

❑ 일본의 석면폐기물에 관해서는 환경성의 "폐기물처리 및 청소에 관한 법률(廃棄物の処理及び清掃に関する法律)"에 따라 폐석면 등을 특별관리산업폐기물로 지정하여 관리하고 있다. 환경성의 홈페이지를 통해 "폐기물처리 및 청소에 관한 법률(廃棄物の処理及び清掃に関する法律)"에 따라 폐석면 처리방법을 살펴본다.

① 특별관리산업폐기물인 폐석면의 정의(시행령 제2조의4 제5항, 시행규칙 제1조 제7항) : 폐석면 등은 폐석면과 석면이 포함된 산업폐기물 가운데 비산할 우려가 있는 것으로 다음으로 내세우는 사업 등에 의해 발생한 것을 말한다.

i) 석면 건축물 제거 사업(건축물 기타 공작물에 사용되는 재료로서 석면을 분사작업, 또는 석면이 포함되는 것을 제거하는 사업)에 의해 생긴 것
- 분사석면, 석면보온재, 규조토 보온재, 펄라이트 보온재
- 사람의 접촉, 기류 및 진동 등으로 석면이 비산할 우려가 있는 보온재, 단열재 및 내화 피복재
- 석면 자재 제거 사업에서 사용되고 폐기된 플라스틱 시트, 방진 마스크, 작업복 기타 공구 또는 기구이며, 석면이 붙어있는 우려가 있는 것

ii) 대기 오염 방지법에 규정하는 특정 분진 발생 시설이 설치되어있는 사업장에서 발생한 석면이며, 집진 시설에서 모아진 것 또는 당해 사업장에서 사용되고 폐기된 방진 마스크, 먼지 필터 기타 공구 또는 기구이며, 석면이 붙어있는 우려가 있는 것

ⅲ) 수입된 것 (사업 활동에 수반해 생긴 것에 한함)

② 처리기준

ⅰ) 수집·운반 (시행령 제6조의5 제1항 제1호)

- "운반 차량 및 운반 용기는 폐기물이 비산 및 유출, 및 악취가 샐 우려가 없는 것일 것" 등 특별관리 산업 폐기물에 공통의 기준이 적용된다.

ⅱ) 중간처리 (시행령 제6조의5 제1항 제1호ㅏ)

- 폐석면 등의 처분 또는 재생 방법은 폐석면 등을 용융 설비를 이용하여 석면이 검출되지 않도록 용융하는 방법 또는 무해화 처리(법 제15조의4의4 제1항의 인정을 받은 자가 해당 인정에 관한 처분하는 경우에 한한다)하고 있음
- 특별관리 산업폐기물 처리 시설에서 적정한 처분 또는 재생을 위해 부득이하다고 인정되는 경우 보관 기간을 초과할 수 있음

③ 매립처분기준

ⅰ) 폐석면 등을 직접 매립하는 경우 : 특별관리 산업폐기물의 처분 기준이 적용된다.

❑ 위의 내용과 같이 일본의 폐석면에 관한 회수는 환경성이 "폐기물처리 및 청소에 관한 법률(廃棄物の処理及び清掃に関する法律)"에 근거하여 주도적으로 관리하고 있음을 알 수 있다.

[그림 Ⅱ-6] 일본 환경성의 폐석면 처리에 대한 공개 사이트

자료 : 안전보건공단 연구보고서 [산업안전보건법상의 석면관리제도 발전방향 연구], 2021. 11

▶ **석면해체·제거작업 전담인력 기준**

□ 우리나라 산업안전보건법 시행령 제92조 [별표 28]에서 제시하고 있는 "석면해체·제거 관련 업무를 전담하는 사람"에 관한 내용을 일본의 노동안전위생법에서 조사하였다. 일본의 노동안전위생법 제14조(작업주임자) 및 시행령 제6조(작업주임자 선임해야할 작업)에 근거해 석면 관련 작업(23호)은 작업주임자를 선임하도록 되어 있다. 또한 석면장해예방규칙 제19조에 의해 석면작업주임자의 선임은 석면작업에 관련된 기능강습을 수료한 자 중에서 석면작업주임자를 선임하도록 되어 있으며, 동 예방규칙 제20조에서 석면작업주임자의 직무를 명시하고 있다.

□ 2006년 3월 31까지는 일본에서는 "특정화학물질 등 작업주임자(特定化学物質等作業主任者)"가 "석면작업주입자"로 겸직이 가능하였다. 그러나 2006년 4월 1일 이후 "특정화학물질 등 작업주임자"와 "석면작업주임자" 와의 겸직이 불가능하게 되었다. 그 이유로는 석면작업주임자에 요구되는 지식이 다른 특정화학물질에 관한 것과 다르기 때문에 개정된 것으로 나타났다.

□ 또한 일본의 후생노동성에서 석면에 대한 질의 사항(石綿相談Q&A)의 내용 중 "작업장의 교대작업에 대한 작업주임자의 선임은 어떻게 하는가?"에 대해 "석면작업주임자는 작업이 현장에서 근로자의 지휘, 보호구 사용상태 점검 등의 직무를 수행하여야하기 때문에 교대작업 각각에 석면작업주임자를 선임해야한다"라고 되어 있어, 우리나라에서도 석면관련 교대작업에 대한 기준이 필요할 것으로 사료된다.

□ 석면작업주임자의 기능강습에 대해 동경노동기준협회에서 실시하고 있는 석면작업주임자 교육조건을 살펴보았다. 석면작업주임자의 기능강습 교육은 건강 장애 및 그 예방 조치에 관한 지식 [2시간], 작업 환경의 개선 방법에 관한 지식 [4시간], 보호 장비에 관한 지식 [2시간], 관계 법령 [2시간], 수료시험 [1시간]으로 총 11시간으로 나타났으며, 특히 교육과정 이수 후 수료시험을 통해 석면작업주임자를 수료시키는 것으로 판단된다.

□ 또한 석면작업주임자 교육 신청자의 자격 조건은 없는 것으로 나타났다. 끝으로 석면작업주임자를 선임하지 않을 경우, 노동안전위생법에서의 벌칙조항을 살펴보면, 6개월 이하 또는 50만엔 이하의 벌금으로 나타났다(6か月以下の懲役又は 50万円以下の罰金: 高圧室内作業、その他労働災害を防止するための管理を必要とする作業にあたり、作業主任者を選任しなかった場合).

3) 화재현장 호흡가스 유해물질 위험성 연구

(1) 연구 배경

□ 국제암연구소(International agency for research on cancer, IARC)에서는 소방관 직업 자체를 다양한 화학물질과 함께 Group 2B(Possibly carcinogenic to human)으로 분류하고, 메타분석을 통하여 고환암, 전립선암, 비호지킨림프종의 발병 위험이 있다고 보고하였다. 아울러 최근 국내연구에서도 국내 자료(1996년에서 2007년)를 분석하여 국내 소방공무원에게 대장 및 직장암, 신장암, 방광암, 비호지킨종 및 림프조혈기계암이 유의하게 증가함을 보고하였다. 이상의

두 가지 연구결과에서 공통된 암은 바로 비호지킨림프종이며 이 암의 유해인자는 산화에틸렌(Ethylene oxide)과 벤젠(Benzene)이다.

❑ 소방공무원의 경우 화재 진압 시에 다양한 유해성 화학 물질에 노출되지만 실제로 공기호흡기(Self-contained breathing apparatus, SCBA)를 착용하여 유해물질의 호흡 노출은 방지하고 있다. 그러나 화재조사, 현장지휘 등의 업무 시 불편함과 비효율성 등의 이유로 공기호흡기 착용을 하지 않는 것이 일반적이고, 방진마스크를 주로 착용하고 현장 활동을 하고 있다. 2017년 부산소방본부에 소속된 화재조사관의 호흡보호구 착용 실태조사에 따르면, 조사대상 70명 중 감식활동 중 현장 진입 시 착용하는 호흡보호구가 방진마스크라고 응답한 비율이 90%에 달하고, 심지어 화재진압이 진행되고 있는 상황에서 화재원인조사를 위해 현장에 진입하는 경우에도 50% 정도가 방진마스크에만 의존하여 호흡보호를 한다고 응답하였다. 실제로 잔화 정리 등의 업무 시 현장(주로 주택화재)에서 측정한 벤젠의 농도(20여건 평균)는 대략 0.3 ppm으로 보고되었다.

❑ 방진마스크는 이러한 가스상 유해물질을 걸러줄 수 없기 때문에 화재조사 및 지휘 임무를 맡은 소방공무원은 방독기능의 호흡보호방안이 필요하다. 벤젠의 경우, 한국 고용노동부 기준의 작업 노출 한계(Time-weighted average, TWA, 1일 8시간 작업시간을 기준으로 한 시간가중평균농도)는 0.5 ppm이며 시중에 판매되고 있는 A사의 방독마스크는 위의 벤젠 농도에서 벤젠을 걸러주기 위해 사용가능하다. 하지만 화재현장에서는 벤젠뿐만 아니라, 현장에 존재하는 가연물에 따라 천차만별의 유해물질이 발생할 수 있고 현장 활동 소방공무원에게 부정적인 건강영향을 줄 수 있는 독성물질을 포함하고 있다.

❑ 소방공무원에 대한 일반국민의 통념과는 달리, 소방공무원은 직무를 나누어 특정임무를 집중적으로 수행한다. 화재진압대원 및 구조대원을 제외하고는 현장에서 공기호흡기를 착용하고 업무를 수행하지 않는 편이다. 따라서 유해물질이 다수 발생하는 화재현장에서 소방공무원들은 직무와 현장활동시간, 활동범위, 개인보호장비 사용현황 등에 따라 유해물질에 노출되는 수준이 달라 질 수 있다.

❑ 본 연구에서는 소방공무원 직무 중 화재현장에서 머무르는 시간이 긴 편이고 개인보호수단을 높지 않은 수준으로 적용하고 있는 화재조사관 직군을 대상으로 화재현장에서 발생하여 호흡으로 노출될 수 있는 유해물질의 기초적 분석과 건강영향에 대한 고찰을 통해 화재조사 직무환경 개선방향을 제시하고자 한다.

(2) 연구범위 및 측정방법

❑ 본 연구는 화재원인을 조사하는 소방공무원을 대상으로 2015년에서 2017년 기간 중 화재조사현장 총 53 곳(실제 51곳 및 모의화재 2곳)에서 특정 유해물질을 직독식 기기와 관련 법규에 명시된 공정시험법을 준용하여 정량적 측정 분석을 실시하였다. 2015년에는 천안시내 화재현장 건물 내 실내공기질 기준에 따른 측정을, 2016년까지는 전국 화재조사현장 내 유해가스 직독식

측정을, 2017년에는 강원도소방학교에서 열린 제1회 전국화재감식대회 모의화재현장에서 산업안전보건법에 따른 공인시험법 측정방법을 적용하였고 상세한 방법은 아래에 기술하였다.

가. 실제 화재현장에서의 유해물질 측정방법

A) 화재현장 건물 내 실내공기질 분석

❑ 실제 화재조사현장의 유해성을 평가하기 위해서 실내공기질 기준에 따르는 측정방법으로 현장 유해물질을 측정하였다. 화재가 발생하여 화재조사 출동 시, 외부전문측정기관(순천향대학교 순천향환경보건센터)의 측정전문가의 현장방문으로 시료채취를 실시하였고 실험실 분석을 통해 정량분석(농도 값)을 얻었다.

❑ 시료는 실내공기질 기준에 따른 **항목 7종**(미세먼지, 이산화탄소, 포름알데히드, 총휘발성유기화합물, 일산화탄소, 이산화질소, 오존)이고, 측정방법과 사용기기는 각각 순서대로 **소용량공기포집법**(Airmetrics, Mini-Vol Air Sampler, USA), **비분산적외선법**(TSI, IAQ-CALc, USA), 2,4-DNPH 유도체화 HPLC 분석법(Shimadzu, LC-10vp, Japan), **고체흡착열탈착법**(TD-GC/MS) (Shimadzu, GC/MS-2010, Japan/DANI, STD 1000, Italy) **비분산적외선법**(Teledyne advance pollution instrumentation inc, 300E, USA), **화학발광법**(Teledyne advance pollution instrumentation inc, 200E, USA), **자외선광도법**(Teledyne advance pollution instrumentation inc, 400E, USA)이다.

❑ 대상시설 내 측정지점은 현장대원의 호흡위치를 고려하여 시설 내 중앙점 바닥으로부터 1.2에서 1.5 m 높이로 선정하였다. 측정현장은 천안시내 화재현장 총 3곳이고, 측정일자는 7월 중으로 실내기상이 온도 30 ℃, 습도 50%, 기류속도 0.1 m/s 내외로 기록되었다.

B) 화재조사현장 유해가스 분석

❑ 외부기관에 의뢰하여 측정하는 것은 기동성의 한계가 있어, 화재조사 현장을 좀 더 빠르게 접근하기 위하여 현직 화재조사관(전국 시·도 본부의 6명)의 도움을 받아, 현장 출동시에 가스측정기(Rae Systems사, MultiRae Lite, PGM6208)를 사용하여 각자의 화재조사 현장에서 직접 측정하게 하였다. 대상물질은 7종으로 선정하고, 산업안전보건법에 명시된 각 물질의 단시간노출한계(Short-term exposure level, STEL, 15 min간의 시간가중평균값) 농도 범위에서 측정을 할 수 있는 센서를 구입하여 가스측정기에 탑재하였다.

❑ 7종의 화학물질과 최대검출농도는 각각 이산화황(SO_2) 20 ppm, 포름알데히드(HCHO) 10 ppm, 이산화질소(NO_2) 20 ppm, 시안화수소(HCN) 50 ppm, 일산화탄소(CO) 500 ppm, 이산화탄소(CO_2) 50,000 ppm, 총휘발성유기화합물(VOC) 1,000 ppm 이며, 각 가스센서의 측정 분해능은 SO_2 0.1 ppm, HCHO 0.01 ppm, NO_2 0.1 ppm, HCN 0.5 ppm, CO 1 ppm, CO_2 100 ppm, VOC 1 ppm이다. 가스측정기는 매년 가스측정기 교정지침서(RISET-QI-01)에 따라 국가측정표준기관으로부터 소급성이 유지된 표준기를 사용하여 교정을 의뢰하고 있다.

❑ 2017년 8월에 받은 교정성적서에 따르면 사용된 기기의 농도 측정 정확도는 종합적으로 -1.28%에서 +2.87% 범위로 확인되었다. 가스측정기는 각 다른 센서가 장착된 2식(HCN, NO_2, CO, CO_2 용 1식, VOC, SO_2, HCHO용 1식)을 세트로 현장대원(화재조사관) 6명에게 지급하였다.

❑ 현장대원들은 현장에서 가스측정기를 착용하거나 현장에 위치(성인 허리 이상의 높이) 시켜 유해물질의 농도가 기록되도록, 측정유지시간은 최소 10 min 이상이 되도록 하였다. 이 측정방법은 직독식 방법으로써 누구나 측정할 수 있는 방식이므로 소방공무원이 특별한 교육을 받지 않고서도 기동성 있게 활용할 수 있게끔 적용하였다. 측정은 환경부 실내공기질 공정시험기준에 따라 흡착여재 등을 이용하여 현장에서 시료를 채취한 후 실험실에서 정해진 분석기기로 정량 분석하는 것으로써 본문의 측정방법과 차이가 있음을 밝힌다.

나. 화재 재현실험 현장에서의 유해물질 측정방법

❑ 실제 화재현장은 예측하기 어려워 측정에 대한 변수가 상당히 많다. 예측 가능한 측정환경을 조성하여 다양한 현장 변수를 제어하기 위해서 화재 재현실험 현장에서 유해물질을 측정하여 그 결과를 실제 경우와 비교하며 고찰하고자 하였다.

A) 실제 건물 화재 재현실험 현장 측정

❑ 2016년 10월 12일 서울소방재난본부에서 수행한 서울재개발지역 아파트(10, 13평형 각 2개 호실) 실화재 실험에서 화재진압 후 유해가스 농도를 측정하였다. 사용된 기기는 앞서 같은 방법 및 같은 직독식 측정기(Rae Systems사, MultiRae Lite, PGM6208)로 HCN, NO_2, CO, CO_2, VOC, SO_2, HCHO 물질의 농도를 측정하였다. 실험장소 내에 가연물로는 소파, 싱크대, 목재붙박이장을 거실과 욕실에 두었고, 침실에는 침대와 수납장 가연물을 배치했다.

❑ 화재진압은 발화 후 10 min 후에 완전진화가 이루어졌고, 기기를 통한 가스 측정은 완전진화 후 20 min 경과 후부터 사람 허리 이상 높이 정도의 가구 탄화잔해물에 두고 기록하였다. 총 4회의 화재현장을 재현하였는데 13평형 세대의 경우 착화 후 하나의 호실에서는 현관문을 개방하고, 다른 호실에서는 현관문 미개방 상태에서 화재를 진행시켰고, 10평형 세대의 경우는 착화 후 모든 문은 닫아둔 채로, 발코니 창 개방한 호실과 발코니 창 미개방 호실을 화재진행 상황을 만들어 비교하였다.

B) 화재감식대회 실험세트 화재 현장 측정(포름알데히드)

❑ 2017년 11월 28일 강원도 소방학교(강원도 태백시 동점동)의 화재감식훈련장의 일부공간을 실제 주택 내부와 같이 모사하여 세트장이 제작되었다. 소방청 화재대응조사과가 주관하는 제1회 전국화재조사감식대회를 위한 현장이었다. 배치된 가연물 종류는 가구 10가지, 전자제품 7가지, 기타비품 8가지를 안방과 거실에 각각 다른 품목으로 사용되었다. 더불어 인화성 지역 물질로는 안방에는 휴대용 가스레인지와 부탄가스를, 작은방에는 라이터기름을 비치하여 발화시켰다.

❑ 측정은 11월 30일에 진행된 화재재현 및 대회 현장에서 잔화정리, 조사, 발굴 작업을 실시하는 오전 10 h 부터 오후 3 h경까지 지역시료와 개인 시료를 채취하였다. 지역시료채취 지점은 총 4곳으로 모의화재 발생공간의 창문과 가까운 1곳, 제1펌프차 근처에 1곳, 안방 내부 1곳, 작은 방 내부 1곳이었다. 개인 시료는 모의화재 발생장소를 드나드는 2명의 화재조사관을 대상으로 측정하였다. 지역시료 채취는 화재발생장소 외부에서는 삼각대와 의자를 이용하였고, 화재발생장소 내부에서는 개인측정조끼를 해당공간에 걸어두어 지역측정을 보완하였다. 개인시료 채취는 측정조끼를 착용하도록 하였다.

❑ 유해물질 측정대상은 앞선 측정에서 노출기준을 초과한 포름알데히드(HCHO)에 대한 것으로써 작업환경측정 근거로서 공신력 있는 한국산업안전보건공단의 KOSHA-56-2015와 NMAM 2016(포름알데히드), 그리고 미국 환경청(Environmental Protection Agency; EPA)의 Method 8316을 참조한 방법을 적용하여 분석하였다. 시료는 오존 스크러버와 연결된 2,4- DNPH 코팅 실리카 카트리지(SUPELCO 21014)에 약 0.15 L/min 의 유량으로 펌프를 연결하여 채취한 후 흡착관을 분리시켜 분석 전까지 냉장 보관하였다.

❑ 분석은 고속액체크로마토그래프(High performance liquid chromatograph, HPLC, Wates 2695, USA) 기기에 C18 컬럼(150 mm × 4.6 mm, 5 μm)을 사용하였고, 이동상은 아세토니트릴(Acetonitrile 100%)과 테트라하이드로퓨란 수용액(20% in distilled water)으로 여과지 사용하여 여과한 후 초음파 장치로 탈기한 조건으로 분석하였다. 분석 자료의 정도관리를 수행하여 분석결과의 신뢰성을 검증하였는데, 탈착효율은 2,4-DNPH 카트리지를 이용하여 2가지 수준(저농도 및 고농도)에서 각 농도 수준별로 시료 3개씩을 적용하여 분석한 결과 88.9~118.7%였다.

(3) 결과

가. 실제 화재현장의 가스상 유해물질

A) 화재현장 건물 내 실내공기질 분석 결과

❑ 화재조사현장의 유해성을 평가하기 위해서 실내공기질 기준에 따라 외부의뢰로 측정한 결과를 도표에 제시하였다. 총 3개의 화재 현장에서 측정하였는데, 오존(O_3)의 경우 모든 현장에서 불검출되었다. 가장 빨리 현장에 도착한 경우가 화재 발생 후 약 8 h이 지난 경우였고 책 등이 쌓여있던 창고 화재(Case 1)였다. 비교적 환기가 덜 되는 사무실 안에서 측정하였을 때, 총휘발성유기화합물(VOC)의 경우가 권고기준을 초과하였고 NO_2의 경우 유지 기준을 초과하여 측정되었다.

❑ 두 번째(Case 2)의 화재현장은 고등학교의 식당에서 발생한 화재로 실내공기질을 측정할 당시에 물청소와 빠르게 현장을 복구하는 중이었다. 이 경우에는 NO_2를 제외한 모든 항목에서 기준 농도 이하로 측정되었음을 확인할 수 있다.

❑ 마지막 경우인 Case 3는 주택(공방으로도 사용) 화재였으며, 2일 정도 후에 화재현장을 방문하여 농도를 측정하였는데, 이 경우도 총휘발성유기화합물과 NO_2의 경우가 농도 기준을 초과하였

다. 본 실험의 경우, 화재현장에서 일정 시간이 지나도 총휘발성유기화합물 및 NO_2의 경우가 실내 공기질 기준을 초과함을 확인하였다.

[도표 Ⅱ-12] Measured Concentrations of Substances in Indoor Air Quality Standard at Three Fire Investigation Scenes

Analyte (Unit)	Exposure limit	Case 1 (Warehouse)	Case 2 (School)	Case 3 (House)
		After about 8h	After about 63h	After about 48h
PM10 (mg/m³)	100	52.66	58.12	60.87
CO_2 (ppm)	1000	508	491	682
HCHO (mg/m³)	100	28..26	17.03	23.12
VOCs (mg/m³)	400	439.52	322.74	542.84
CO (ppm)	10	0.97	0.91	9.48
NO_2 (ppm)	0.05	0.49	0.055	0.23
O_3 (ppm)	0.06	Not detected	Not detected	Not detected

자료 : 한국화재소방학회 논문지 제34권 제6호 [화재조사현장 호흡가스 유해물질 분석 기초연구], 2020.

B) 화재조사현장 유해가스 측정 결과

❑ 화재조사 현장의 현실성을 반영하기 위해서 화재조사관이 직접 직독식 가스측정기를 통해 현장물질을 측정하여 전국 51개 현장에서 농도 결과를 얻었으며, 수집된 데이터의 측정시간은 짧게는 10 min 이내로, 길게는 1 h 이상이었다. 대부분의 경우 현장에서 짧게 머무르는 경우가 많아 본 연구에서는 STEL, TWA 농도한계치에 따라 측정농도를 평가를 하지 않고, 화재조사관의 업무 중 측정된 농도 중 최고의 농도만을 고려하여 평가하였다.

❑ 각 물질별로 x축에는 화재발생시점에서 현장 활동 착수시점까지 경과시간(분)을, y축에는 현장 활동 중 측정된 각 물질 농도 중 최고치를 점으로 표기하여 그래프로 나타내었다. 화재조사 활동은 화재발생시점에서 빠르면 20분 안에 시작되었고, 길게는 6일 후(8589 min)에 실시되기도 하였다. 여기서 대상물질의 허용한계치 농도는 대부분 국내 고용노동부 기준치을 적용하였고, CO의 STEL은 미국정부산업위생전문가협의회(American conference of govermental industrial hygienists, ACGIH) 기준치를 적용하여 비교하였다. 특히 포름알데히드는 노출기준을 제시하는 기관별로 편차가 크므로 해석에 큰 차이가 있을 수 있어, 중간값을 적용하여 비교하였다. 측정결과에서 CO_2 결과치는 STEL, TWA 기준농도를 넘는 경우가 존재하지 않아 분석에서 제외하였다.

❑ SO_2의 경우 STEL와 TWA 기준농도는 각각 5 ppm, 2 ppm이다. 전체 51건의 화재현장에서 SO2의 최고농도가 STEL 기준농도를 초과하는 경우는 8건, TWA 기준농도를 초과하는 경우는 14건(STEL 8건 포함)이었다. SO_2는 대략 1 h 30 min이 지나야 모든 농도가 STEL 농도 이하가 되고 대략 6 h이 지나야 TWA 기준 농도 이하로 되었다. 포름알데히드(HCHO)의 경우는 STEL 기준농도(1 ppm)를 초과하는 경우가 29건, TWA 기준농도(0.5 ppm)를 초과하는 경우는 36건(29건 포함)이었다.

[도표 Ⅱ-13] Scatterplot of maximum concentration for SO_2 at 51 fire scenes

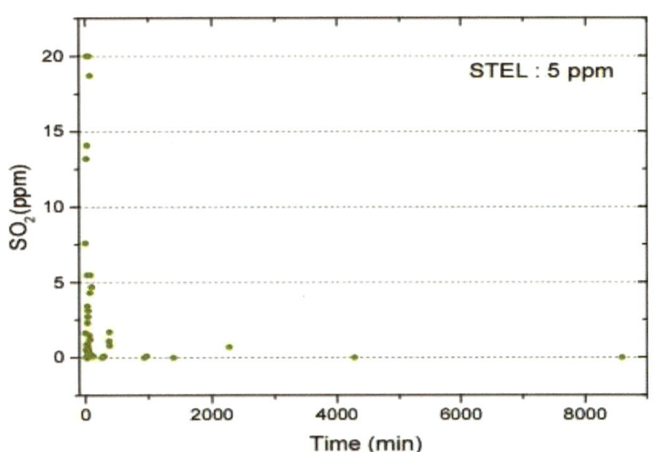

[도표 Ⅱ-14] Scatterplot of maximum concentration for HCHO at 51 fire scenes

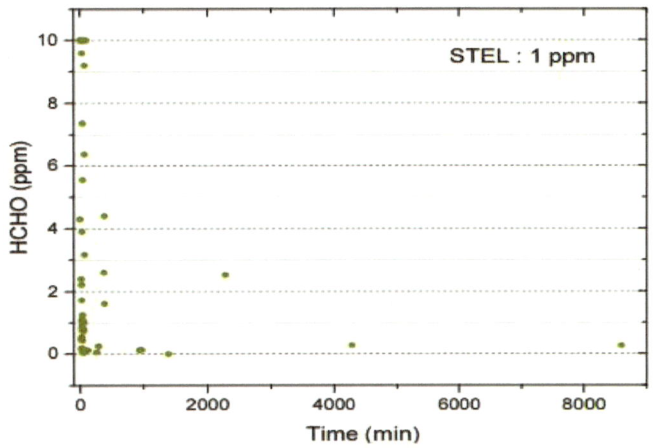

자료 : 한국화재소방학회 논문지 제34권 제6호 [화재조사현장 호흡가스 유해물질 분석 기초연구], 2020.

□ NO_2의 경우 STEL 기준 농도인 5 ppm을 초과한 경우는 1건이었으며, 이는 치과에서 발생한 화재로 화재 출동 후 약 23 min 후에 측정되었으며, 비교적 화재 발생 후 빠르게 측정된 경우였다. NO_2의 경우 본 연구에서는 작업환경 기준 농도(TWA, STEL)를 초과한 건수는 1건이고 대부분의 현장에서 1 ppm이하의 농도로 측정되었음을 알 수 있다.

□ HCN의 경우 STEL 기준은 4.7 ppm이며 이를 초과한 경우가 13건으로 측정이 되었다.

□ CO의 경우 TWA 기준 농도는 25 ppm이고 STEL 기준농도는 200 ppm이며, 측정결과를 도표에 나타내었다. 화재조사관이 측정한 현장에서 CO의 TWA 기준농도를 초과한 경우는 17건, STEL기준 농도를 초과한 경우는 2건이었다. 휘발성유기화합물(VOC)의 경우 직독식 장비는 사실상 한계가 있고 신뢰성이 낮으나 참고값으로 활용하기 위해서 측정하였다. VOC는 벤젠이라고 가정하고, 벤젠의 STEL기준(2.5 ppm)과 TWA기준(0.5 ppm)을 초과한 경우는 각각 18건, 32건이었다.

[도표 Ⅱ-15] Scatterplot of maximum concentrations by measured times after fires for NO_2 at 51 fire scenes

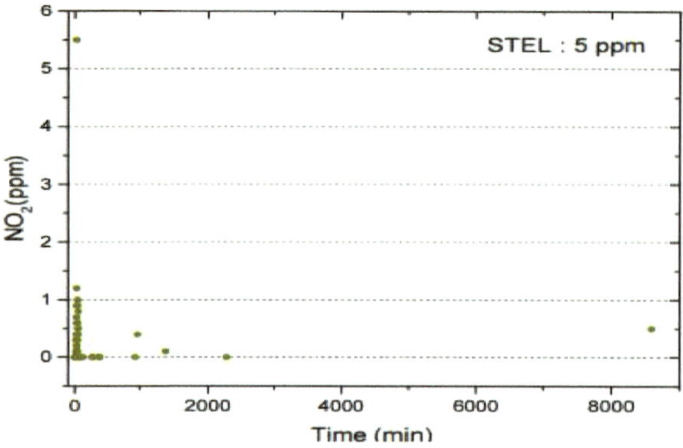

[도표 Ⅱ-16] Scatterplot of maximum concentrations by measured times after fires for HCN at 51 fire scenes

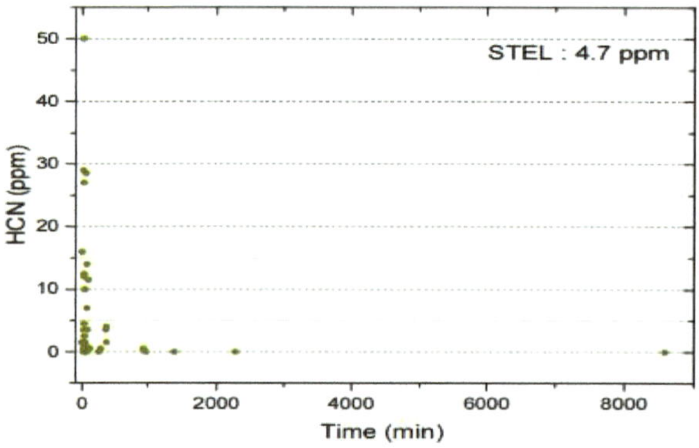

[도표 Ⅱ-17] Scatterplot of maximum concentrations by measured times after fire for CO at 51 fire scenes

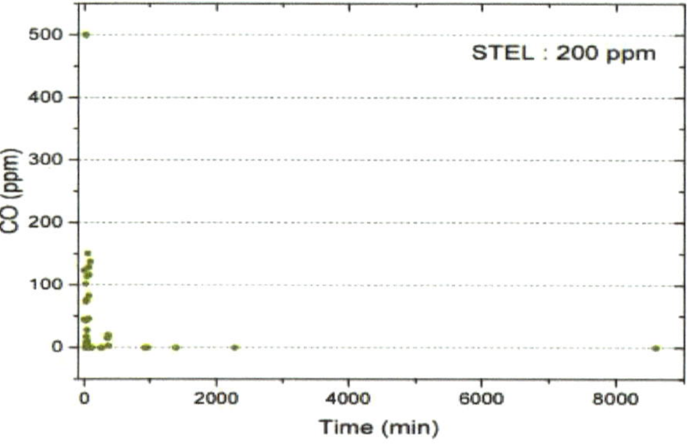

[도표 Ⅱ-18] Scatterplot of maximum concentrations by measured times after fire for VOC at 51 fire scenes

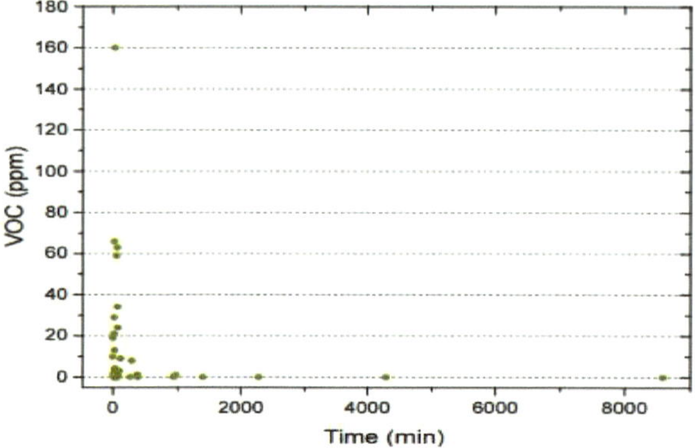

❑ 한편 화재 발생 후 시간에 따라 각 유해물질의 최고 농도가 STEL/TWA 농도를 초과한 경우를 다음에 정리하였다. 화재 발생 후 1 h이 경과하면 각각의 유해물질에 대한 STEL 농도를 초과한 건수는 SO_2 2건, HCHO 10건, HCN 3건이었다. 화재 발생 2h 후에는 HCHO만이 유일하게 STEL 기준 농도를 초과함을 알 수 있다.

[도표 Ⅱ-19] Exposed Case No. Over the Exposure Limit according to the Time after Fire

Chemicals and its exposure limit (STEL / TWA)	No. over the exposure limit			
	after 1h		After 2h	
	STEL	TWA	STEL	TWA
$SO2_2$ (5ppm / 2ppm)	2	4	0	0
HCHO (ppm / 0.5ppm)	10	11	3	3
NO_2 (5ppm / 3ppm)	0	0	0	0
HCN (4.7ppm / -)	3	-	0	-
CO (200ppm / 25ppm)	0	5	0	0

자료 : 한국화재소방학회 논문지 제34권 제6호 [화재조사현장 호흡가스 유해물질 분석 기초연구], 2020.

나. 화재재현실험 현장에서의 유해물질 측정 결과

A) 실제 건물 화재 재현실험 현장 측정 결과

❑ 총 4회의 화재 중 대상물질의 농도가 높았던 발코니 미개방 화재에서 측정된 결과는 시간대별 농도변화로 다음 그래프에 나타내었다. 이 경우는, 10평형 호실로 투룸 형태이고 소파, 싱크대, 목재 붙박이장으로 이루어진 거실과 욕실이 있고, 침실에는 침대와 수납장이 들어가 있는 현장이었다. 이 경우는 발코니 창을 개방하지 않은 조건에서 발화시켰고, 거실 소파에 발화시킨 후 화재가 거의 확대되지 않고 진화되어 소파 일부가 탄화되고 주변 벽지, 천장 및 싱크 주변이 그을린 형태로 남아있었다. 본 화재 실험의 경우 창의 개방여부에 따른 유해물질의 농도와 영향이 있었고 상대적으로 창을 개방하지 않았을 때, 환기가 되지 않아 유해물질의 농도가 높게 측정되었다.

[도표 Ⅱ-20] Concentrations of SO_2, HCHO and VOC depending on time during fire investigation in fire experiment

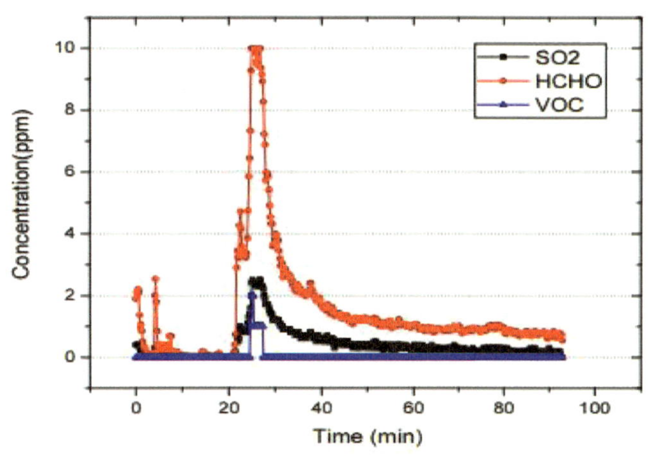

❏ HCHO의 경우 STEL 농도 기준을 초과하였고, SO_2와 CO의 경우는 TWA 농도 기준을 초과하였음을 확인할 수 있다. SO_2와 CO의 경우 측정 시작 후 30 min 정도가 지나면 TWA 농도 기준 이하가 되었다. 아울러 HCHO의 농도가 STEL 기준 농도 이하로 되는 시간은 화재 발생 후 약 90 min (측정 시작 후 60 min 경과)이었다. 실제 화재 조사 현장과 유사하게 HCHO의 농도가 STEL 기준 농도를 초과하였다. 특히 HCHO는 측정기기의 검출한계인 10 ppm 농도 근처까지 최고치가 기록되었고, STEL 기준최고치인 2 ppm (Occupational Safety and Healthy Association, OSHA)를 상회하는 농도로 약 18 min간 유지되는 것을 알 수 있다.

[도표 Ⅱ-21] Concentrations of HCN, CO and NO_2 depending on time during fire investigation in fire experiment

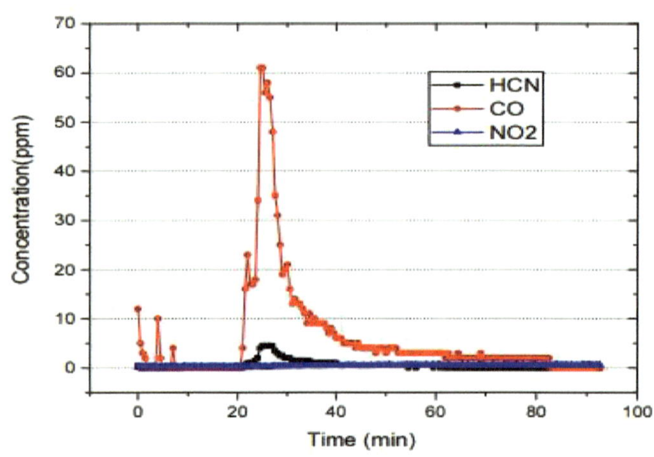

자료 : 한국화재소방학회 논문지 제34권 제6호 [화재조사현장 호흡가스 유해물질 분석 기초연구], 2020.

B) 화재감식대회 현장 유해물질(포름알데히드) 측정 결과

❏ 지금까지 직독식 측정기로 현장 유해가스 7종을 모니터링 한 결과, 포름알데히드가 노출기준치를 상회하여 검출되는 경우가 가장 많았고, 또한 위험한 수준의 농도로 검출되는 지속시간도 가장 길었다. 이 물질은 또한 측정대상 중에서 가장 건강에 악영향을 주는 인자로 알려진 물질이므로, 작업환경측정 분야의 공인시험법을 적용한 신뢰성 있는 정량분석 결과를 추가적으로 얻어 도표에 나타내었다. 화재조사관 2명의 개인 시료와 정치시킨 지역시료를 각각 화재현장 작업 상황에 따라 구분하여 시료채취하고 분석한 결과이다.

❏ 개인시료(Personnel A vs. B) 에서 현장작업 중 잔화정리 및 조사(Overhauled and investigated)의 경우와 발굴작업(Excavated)의 경우를 비교해 보면, 포름알데히드 노출 농도는 같거나 오히려 발굴 시 줄어드는 차이를 보였다. 이는 측정대상이었던 개인이 직접 발굴에 참여하지 않는 대회주최 측 감독자였으므로 소극적 행동반경을 보여주었다는 점에서 한계점을 지니고 있다. 지역측정(Area)에서는 발화지점(큰방과 작은방에서 동시 발화)에서 떨어진 창밖과 펌프차 위치에서 상대적으로 낮은 포름알데히드 농도가 측정됨을 알 수 있다.

❏ 전체적으로는 각 측정의 오차를 배제하기 위해 각 측정치를 평균한 결과, 측정시간 87분에

포름알데히드 농도가 0.04 ppm 이었다. 측정 위치별로 편차는 9배 정도로 크게 나타났고, 발화점에 가장 가까운 지점과 높이에서의 지역시료가 가장 높은 농도를 보였다. 포름알데히드의 단기간 노출허용한계는 미국 국립산업안전보건연구원(National Institute of occupational safety and health, NIOSH, USA)에서 규정하는 천장값(C, Ceiling, 어느 순간에도 노출되지 않아야 하는 농도)이 0.1 ppm 이고, TWA는 0.02 ppm이다. 8가지 측정치 중에서 NIOSH의 권고기준 TWA 수준을 초과하는 결과는 50%이다.

[도표 Ⅱ-22] Concentration Distribution of Formaldehyde by Area in the Field of Fire Demonstration Event

Measurement objective		Active situation	Measuring period (min)	Concentration (ppm)
Personnel	A	Overhauled and investigated	68	0.05
	A	Excavated	54	0.05
	B	Overhauled and investigated	68	0.04
	B	Excavated	59	0.02
Area	Outside the window of the second room	Overhauled, investigated and excavated	131	0.01
	Near the fire engine	Overhauled, investigated and excavated	132	0.01
	Upon the sink of the first room	Overhauled and investigated	98	0.09
	Near the inner wall of the second room	Overhauled and investigated	87	0.02
Average value			87	0.04

자료 : 한국화재소방학회 논문지 제34권 제6호 [화재조사현장 호흡가스 유해물질 분석 기초연구], 2020.

(4) 고찰

가. 실제 화재현장 가스상 유해물질의 위험성

❑ 실내공기질 기준으로 하여 화재조사현장(3건) 건물 내부의 유해물질을 측정한 결과는 총휘발성유기화합물(VOC)과 이산화질소(NO_2)의 농도가 기준치를 초과하였지만, NO_2의 경우 STEL, TWA 기준을 초과하는 값은 아니었다. 일반적인 실내의 쾌적함을 판단하는 실내공기질 기준을 적용하는 것 보다, 인체 노출에 대한 허용치와 비교하는 것이 바람직할 것으로 판단하여, 이 후의 분석은 작업환경의 노출 평가 방법과 그 기준(STEL, TWA, C 값 등)을 적용하여 고찰하고자 하였다. 또한 규정상 실내공기질 측정분석기관(인증기관)에 외뢰하여 측정할 경우 화재현장에서 활동하는 당시의 환경에 대한 측정이 어려운 단점이 있어 측정방법을 보완할 필요가 있어 이후 측정은 실제 화재현장에서 원인조사를 하는 화재조사관 6명과 연계하여 진행하였다.

❑ 화재조사현장 51곳에서 측정한 유해물질 7종중에서 기준한계치를 넘지 않았던 CO_2를 제외하고 6종(HCN, NO_2, CO, VOC, SO_2, HCHO)에 대해 노출 기준 한계치 이상의 농도로 대부분 현장에 존재했다고 할 수 있다. 현장에서 1 h이 흘러도 HCN, SO_2, HCHO에 대해서는 STEL 값 이상으로 존재하는 경우가 있고, 이 단시간 노출기준(STEL)을 초과한 횟수는 SO_2, HCN, HCHO 순으로 2회, 3회, 10회로 많아진다.

❑ **이산화황(SO_2)**은 무색이고 톡 쏘는 냄새가 나고 공기보다 밀도가 두 배가량 되는 호흡기 자극제이다. 급성 건강영향으로는 심각한 점막의 자극과 호흡기 자극을 유발하여 고농도의 노출이 아니더라도 심각한 폐수종을 초래하기도 하며 만성 건강영향으로는 기관지염을 나타내기도 하는 물질이다. 현장에서 측정된 농도는 국내 고용노동부 기준인 STEL과 비교하더라도 51가지 현장 중에서 15% 정도에서 노출기준을 상회하였지만, ACGIH에서 규정하는 단기간 노출기준인 0.25 ppm을 넘는 경우는 과반수가 넘게 되는 결과이다.

❑ **시안화수소(HCN)**는 무색이고 아몬드 향이 나는 화학적 질식제로써 인체 내 세포호흡 기능을 저하시켜 급성 영향으로는 두통과 경련이 나타나므로, 일반 근로자의 작업환경분야에서도 TWA 보다 단기간기준 인 STEL 또는 천장값(C, Ceiling, 어느 순간에도 노출되지 않아야 하는 농도)의 기준을 적용하여 관리하고 있다. 여기서 STEL 기준치는 잠시라도 노출되지 않아야 하는 천장값으로 볼 수 있기 때문에, 기준치를 초과한 경우가 전체 51건의 현장 중에 13건 현장에서 위험한 상황이 있었고, 그 중 3건은 1h 후에도 그 기준치 이상의 농도로 존재하므로, 경고성이 높은 현장 유해인자라고 할 수 있다. 시안화수소는 고온의 환경에서 산소 농도가 낮을 때 많이 발생하는 물질로 알려져 있고, 특히 질소를 포함하는 플라스틱과 레진으로 이루어진 건물 내장재, 가구, 카펫, 가전제품, 의류와 같은 재료가 불완전 연소될 때 과량 생성된다. 즉 일상 화재현장에서는 어디서든 생성될 수 있는 물질일 것이다.

❑ **포름알데히드(HCHO)**는 거의 무색이며 숨이 막힐 정도의 자극적인 냄새가 나지만 냄새서한이 0.5~1 ppm 인데 반해 국내 고용노동부의 작업환경 노출기준은 0.5 ppm 이어서 경고성이 좋지는 못하다. 포름알데히드 노출은 흡입이나 피부 또는 눈으로 접촉을 통해 대부분 일어난다. 급성으로 노출될 경우 냄새를 통해 포름알데히드의 존재를 인지할 수 있지만, 감작된 사람인 경우에는 냄새 서한 보다 낮은 수준에서도 두통이나 눈 및 기도의 자극을 경험할 수도 있다고 알려져 있다. 포름알데히드는 전 세계적으로 발암물질로 알려져 있고, 국내 고용노동부 고시 「화학물질 및 물리적 인자의 노출기준」 별표1의 발암성, 생식세포 변이원성 및 생식독성 정보에서도 '발암성 1A' 및 '생식세포변이원성 2'에 해당하는 물질이다. 따라서 화재조사 현장에서 1~2h 경과 후에도 위험수준 농도로 존재하므로, HCHO를 고려하여 관련 호흡 보호구를 선정하여 착용하는 등의 호흡보호방안이 필요할 것이다.

나. 화재 재현실험 현장 유해물질의 건강유해성

❑ 서울시 재개발아파트 재현실험 결과에 따르면 화재진압 후 30 min 정도 경과되었을 때, 유해물질의 농도가 치솟는 특징이 있었는데, 환기가 되지 않는 환경에서 산소부족으로 화재확산은 일어나지 않으나 보이지 않는 독성물질이 과량 생성되는 것으로 판단된다. 이는 가연물의 불완전연소로 생성될 수 있는 HCHO, HCN 등 과 같은 유해물질이 존재하여 바닥부터 깔려 차오르면서 측정기기에 과량 검출된 것으로 추정할 수 있다. 공기와 비슷한 밀도를 가진 CO는 가연물의 불완전 연소로 가장 많이 생성되는 물질이기에 가장 높은 농도로 존재했을 것이다. 재현실험 현장에서도 가장 문제가 되는 것은 발암물질인 HCHO가 위험한 수준의 농도로 1 h 30 min 이상 지속되고 있다는 사실이다. 화재초기진압 후에도 잔불이 남아있을 수 있어서 불완전연소는 적게라도 지속되고 있고, 이때가 화재조사관이 현장에 투입되는 일반적인 시기로써 화마가 아닌 보이지 않는 물질이 인체를 위협하는 상황이 조성되는 시간이라 할 수 있다.

❑ 전국화재감식대회를 위해 마련된 모의화재현장에서 발생하는 포름알데히드는 작업환경측정법으로 알려진 공인시험법을 적용하여 정량분석 하였다. 발암물질인 포름알데히드의 노출평가를 위해서는 각 국가와 관련기관이 규정하는 기준이 상당히 다른 것을 주목하여야 한다. 국내 고용노동부에서는 단시간 노출기준을 적용하지 않고 있는 특징이 있고, NIOSH가 제시하는 기준은 법적 강제력을 가진 다른 기준들에 비해 매우 엄격한 편인 것을 알 수 있다. 이 NIOSH의 TWA와 비교하여 측정 시료 8개 중 과반이 초과한다고 한 것은 8h을 기준으로 하는 TWA와 직접적으로 비교해서는 안되나 노출 수준의 크기를 비교하기 위한 것이다. 포름알데히드가 인체에 강한 자극을 줄 수 있는 물질이기도 하고 만성적인 노출로 백혈병 및 비강암을 일으키기도 하므로 가능한 낮은 수준으로 유지할 필요가 있다. 따라서 화재조사관은 이런 화재현장에서도 포름알데히드 노출을 방지할 수 있는 개인보호구를 필수적으로 착용해야 한다.

[도표 Ⅱ-23] Comparison of Exposure Limits for Formaldehyde by Institute and Country

Institute and country	Exposure limit (ppm)	
	TWA	STEL
Ministry of Employment and Labor, South Korea	0.3	-
Occupational Safety and Healthy Association (OSHA), USA	0.75	2
National Isititute of Occupational Safety and Health (NIOSH), USA	0.02	C 0.1
American Conference of Govermental Industrial Hygienists (ACGIH), USA	0.1	0.3

자료 : 한국화재소방학회 논문지 제34권 제6호 [화재조사현장 호흡가스 유해물질 분석 기초연구], 2020.

❑ 화재조사관은 대부분의 화재현장에서 화재진압 도중이나 잔화정리 시에 현장에 진입한다는 사실을 기억할 때 적절한 수준의 방독마스크 이상의 개인호흡보호구가 필수적일 것이지만 현실은 방진마스크 수준으로 개인보호를 하고 있는 실정이다. 2017년 7월에 소방청이 실시한 전국화재조사관 1,002명에게 지급된 호흡보호구 실태조사는 반면형 또는 전면형 방독마스크를 합하여 94%

정도라고 밝혔다. 이는 조사관 1인당 지급 수량 조차도 100%에 미치지 못하고, 방독필터의 현실적 사용을 위해서는 턱없이 부족하게 지급되었음을 시사한다.

❑ 현장에서는 보이지 않는 발암성 화학물질이 존재하지만, 편의성과 소방 활동 중 시야확보를 위한 효율성을 고려하여 현직 화재조사관의 호흡보호구 착용 빈도가 낮아져 더욱 위험한 현장 상황이 전개됨을 오래전 연구에서도 문제로 지적하였다.

❑ HCHO의 경우 4 h 이상이 되어도 STEL 기준 농도를 초과하는 경우가 있어 다른 유해물질에 비하여 유해성이 클 것으로 판단이 되며, 화재조사관의 경우 현장진입시간과 관계없이 최소한 HCHO를 제거할 수 있는 방독기능 호흡보호구를 반드시 착용하고 업무에 임해야 할 것이다. 화학물질안전원 연구에서는 포름알데히드 대비 호흡보호구를 선정할 때 최소 유기화합물용 방독마스크 이상을 추천하고 있다. KOSHA GUIDE (H-150-2014)에 따르면 시중에서 판매하는 방독마스크 정화필터에 갈색표시줄(유기화합물용)이 있는 것을 선택하면 된다.

❑ 본 연구는 작업환경측정분야의 공정시험법에 의한 측정이 아니라는 점과 화재현장에 존재했던 가연물 정보를 반영하지 못한 한계를 갖고 있다. 또한 소방 활동현장은 직업 환경분야의 공정시험법을 적용하여 유해성 평가를 하기 어려운 환경적 측면이 존재한다. 하지만 본 기초연구는 측정의 신뢰성과 대표성의 결여에도 불구하고 현장 활동 소방대원 중에서 자기안전 확보를 도모하지 못하는 직무에 놓인 집단의 보건환경 실태를 개선하기 위한 동력으로 활용할 수 있을 것이다. 또한 향후 화재현장에 접근과 통제가 어렵다는 점과 연구기간의 제한점을 극복할 수 있는 기술적인 접근과 함께 다양한 화재현장과 광범위한 유해인자에 대한 측정과 소방공무원 노출평가를 위한 장기적인 연구를 기획하여 추진해야 할 필요가 있다.

4) 환경유해인자의 연관성을 규명하기 위한 독성 연구

(1) 환경성질환과 환경유해인자의 연관성

❑ 산업화에 따른 환경오염, 새로운 화학물질의 개발, 유해화학물질의 국가 간 이동이 점차 많아지면서 환경성질환에 대한 국제적인 관심도 높아지고 있다. 환경성질환(environment disease) 또는 환경 관련성 질환(environmental related disease)이란 물리적, 화학적, 생물학적 환경 유해인자(environmental factor)로 발생하는 건강장애를 의미한다.

❑ 우리나라의 환경성질환은 「환경보건법」에 따라 '역학조사를 통해 환경유해인자와 상관성이 있다고 인정되는 질환'으로 정의하고 있으며, 환경부 환경보건위원회 심의를 거쳐 환경부령으로 정해진다. 즉, 1) 「물환경보전법」에 따른 수질오염물질로 인한 질환, 2) 「화학물질관리법」에 따른 유해화학물질로 인한 중독증, 신경계 및 생식계 질환, 3) 석면으로 인한 폐질환, 4) 환경오염사고로 인한 건강장애, 5) 「실내공기질 관리법」, 「대기환경보전법」에 따른 실내·대기 오염물질과 관련된 호흡기 및 알레르기 질환, 6) 가습기살균제에 포함된 유해화학물질로 인한 폐질환을 환경성질환이라 일컫는다.

❑ 우리나라와는 달리 국외 기관에서는 환경성질환을 '환경유해인자로 유발되는 질환'으로 정의하여 광의의 개념으로 접근하고 있다. 예를 들어 세계보건기구(WHO)에서는 환경요인에 의한 질환을 85개로 분류하고 있으며, 이러한 질환에는 설사질환, 신경정신질환, 심혈관 질환 등이 포함된다. 미국의 국립환경보건연구소(NIEHS)에서는 천식(asthma), 산모의 유해요인 노출로 인한 영아의 출생 결함(birth defects), 암(cancer) 등의 질환(직업성 질환까지 포함)을 A-Z까지 26개 범주로 나누어 제시하고 있다. 전 세계적으로 환경성질환에 대한 기준이 동일하지 않지만 '환경적인 요인에 의해 발생하는 질환'이라는 의미를 공통적으로 내포하고 있으며, 주로 화학물질에의 만성적인 노출을 질환 발생의 요인으로 다루고 있다.

❑ 환경성질환의 임상양상만으로는 환경적 요인에서 기인한 것인지 구별하기 어렵기 때문에 환경성질환에 대한 상병코드를 개별적으로 부여하여 발생자수를 공식적으로 집계한 자료는 없다. 국민건강보험공단 및 건강보험심사평가원의 자료에 따르면 2015년 기준으로 알레르기 비염(상병코드 J30) 환자는 628만명(소아 242만명, 성인 386만명), 아토피 피부염(상병코드 L20) 환자는 98만명(소아 60만명, 성인 38만명), 천식(상병코드 J45) 환자는 168만명인 것으로 추산된다.

❑ 수질오염물질로 인한 질환, 환경오염사고로 인한 건강장애, 유해화학물질로 인한 중독증, 신경계 및 생식계 질환, 석면 또는 가습기살균제로 인한 폐질환 등 다른 환경성질환까지 포함하면 900만명 이상이 될 것으로 예상된다. 해마다 환경성질환 환자수가 증가하고 있으며, 성인보다 민감군(영유아·어린이)에서 더 많이 발생하는 질환(예: 아토피 피부염)도 있어 환경성질환에 대한 전 생애 관리의 필요성이 증가하고 있다.

❑ 환경성질환을 지정하는 것은 질환과 관련된 환경매체와 환경유해인자를 관리하고자 하는 목적이 크므로, 질환 발생의 요인으로 주목되는 화학물질의 노출 수준과 독성기전을 확인하는 것이 중요하다. 환경매체(대기, 물, 토양 등) 또는 제품 내 화학물질의 검출 수준과 환경성질환 발생 간의 연관성을 확인하거나 질환을 발생시키는 독성기전에 관한 연구들이 지속적으로 보고되고 있다. 본 연구에서는 환경보건의 지난 50년 역사를 되돌아보며 「환경보건법」에 명시된 환경성질환과 환경유해인자 간의 연관성 규명을 위한 독성학적 연구를 고찰하고, 앞으로 환경성질환의 예방관리를 위해 필요한 독성학적 연구의 방향에 대해 기술하였다.

(2) 환경성질환에 관한 연구 추세

❑ 현행 「환경보건법」에서 정의된 환경성질환에 대해 체계적인 연구와 조사가 시작된 것은 2005년 이후부터이다. 환경보건 10개년 종합계획을 기반으로 2006년부터는 민감군(영유아·어린이)에서의 천식 및 아토피 피부염 발생과 환경오염 간의 연관성을 규명하려는 연구들이 시작되었다. 2007년부터는 환경보건센터를 지정하여 환경성질환으로 인한 건강피해를 규명·감시·예방하고 있으며, 2021년 9월 기준으로 17개소 센터가 운영되고 있다.

❑ 「환경보건법」 (2009년 시행), 「석면피해구제법」 (2011년 시행), 「석면안전관리법」 (2012년

시행), 「환경오염피해 배상책임 및 구제에 관한 법률」(2016년 시행), 「가습기살균제 피해구제를 위한 특별법」(2017년 시행) 등을 토대로 환경성질환의 범위를 확대하고 사전 예방 관리를 강화하는 방향으로 환경보건정책의 패러다임을 전환하고 있다.

❑ 최근에는 환경성질환 예방관리 핵심기술개발 사업의 일환으로 2개 세부사업(환경성질환 상관성 규명 기술개발, 환경성질환 예측·평가 기술 개발), 6개 중점기술, 34개 세부기술과제가 제안되어 연구과제들이 진행되고 있다.

❑ 환경성질환을 유발하는 환경유해인자가 비교적 명확히 제시된 3가지 질환(석면으로 인한 폐질환, 실내·대기 오염물질과 관련된 호흡기 및 알레르기 질환, 가습기살균제에 포함된 유해화학물질로 인한 폐질환)의 연구 추세를 살펴보기 위해 PubMed와 Web of Science를 검색하여 2011년~2020년에 보고된 연구 자료의 수를 확인하였다.

[도표 Ⅱ-24] Number of papers related to environmental disease caused by environmental factors

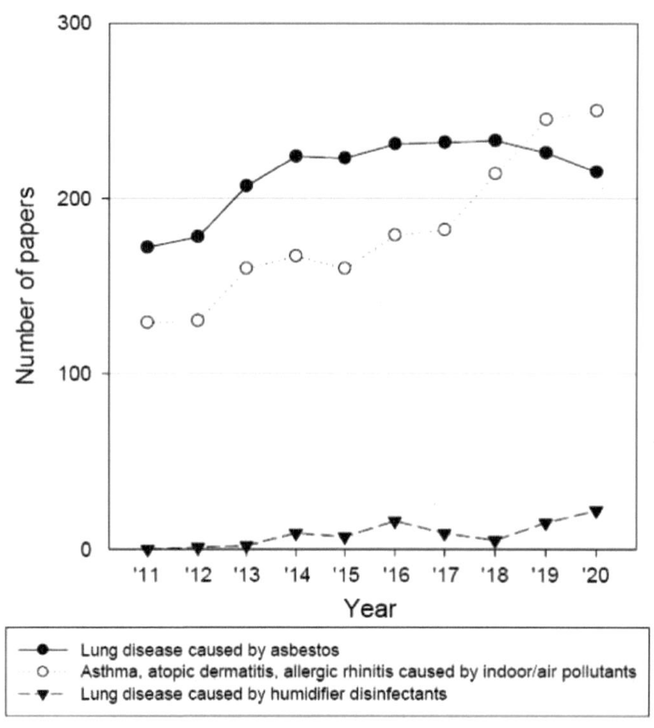

자료 : 한국환경보건학회지 [환경성질환과 환경유해인자의 연관성을 규명하기 위한 독성 연구 고찰], 2021.

❑ '대상 환경유해인자(예: asbestos, air pollutants, humidifier disinfectants)' + '질환(예: lung disease, asthma, atopic dermatitis, allergic rhinitis)' + '독성(toxicity)'을 키워드로 입력하였고, 학술대회 초록이나 영어로 이용이 불가능한 문헌은 제외하였다.

❑ 석면으로 인한 폐암, 악성 중피종, 석면폐증, 흉막반, 실내공기 및 대기 오염물질(예: 폼알데하이드, 일산화탄소, 이산화탄소, 미세먼지(PM2.5, PM10), 오존, 일산화질소, 이산화질소, 휘발성유기화합물 등)로 인한 천식, 아토피 피부염, 알러지성 비염, 만성폐쇄성폐질환, 폐쇄성 세기관지염, 폐암, 가습기살균제 성분(예: 폴리헥사메틸렌 구아니딘(PHMG), 염화에톡시에틸구아니딘

(PGH), 메틸클로로이소티아졸리논/메틸이소티아졸리논(CMIT/MIT), 염화 디데실다이메틸암모늄(DDAC), 염화벤잘코늄(BKC) 등)으로 인한 폐질환에 관한 연구가 주로 보고되었다.

❑ 환경오염사고로 인한 건강장애에 관한 연구는 상대적으로 적었는데, 이는 환경오염 현장에서 특정 환경유해인자와의 인과관계를 밝히기 어려운 실정이 반영된 것임을 나타낸다. 가습기살균제 노출로 인한 폐질환 연구는 대부분(85.3%) 우리나라에서 보고되고 있으며, 매년 연구 성과물이 증가하고 있다.

(3) 가습기살균제로 인한 폐질환과 화학물질의 연관성 규명을 위한 독성학적 연구

❑ 국내 보고가 많은 '가습기살균제로 인한 폐질환'에 대해서는 연관성 규명을 위한 독성학적 연구들을 살펴보고 제한점을 제시하였다. 2011년~2021년 10월까지 PubMed에 보고된 문헌 중 시험물질(PHMG-phosphate, PHMG-hydrochloride, CMIT/MIT), 독성(toxicity), 시험종(rat, mice)의 키워드를 입력하여 검색하였고, PECO framework에 충족되는 연구들을 선별하였다. Klimisch score에 따라 독성실험에 대한 신뢰도를 평가하였으며, R1(reliable without restriction), R2(reliable with restriction)에 해당하는 문헌을 확인하였다. 원자료의 이용이 불가능하거나 영어로 이용이 불가능한 문헌은 제외하여 총 11편의 문헌을 다음에 정리하였다.

[도표 Ⅱ-25] Elements of a population-based comparator-outcome(PECO) statement in the present study

Element	Explanation	Inclusion criteria	Exclusion criteria
(P) Population	What are the characteristics of the receptors?	Experimental rodents studies	All human studies
(E) Exposures	What are the types of chemicals?	Exposure to PHMG, PGH, and CMIT/MIT	Exposure to other chemicals
(C) Comparator	Which exposure groups will be compared to each other?	Exposed groups versus vehicle-treated or negative control	No controls in experimental studies
(O) Outcome	Which outcomes will be included or covered?	Toxicity indicators related to the occurrence of lung diseases	All other effects
Publication parameters		• Peer-reviewed • Original data • Available in English	• Non-peer reviewed • Not an original data (e.g., review, editorials) • Unavailable in English

자료 : 한국환경보건학회지 [환경성질환과 환경유해인자의 연관성을 규명하기 위한 독성 연구 고찰], 2021.

❑ 흡입 또는 경구 경로를 통해 PHMG-p에 노출된 랫드와 마우스에서는 전신독성(호흡기능 이상, 체중 감소, 먹이 활동 감소), 태아 발달 독성, 염증 반응 증가, 활성산소 생성 증가, 폐섬유화 및 폐손상 관련 유전자 발현 변화가 보고되었다. 흡입 경로를 통해 PHMG-h에 노출된 랫드에서는

호흡기계의 조직학적 병변 뿐만 아니라 다른 기관(비장, 흉선, 생식기관 등)에서의 독성이 보고되었다. CMIT/MIT 혼합물에 노출된 마우스에서는 T helper 2와 관련된 면역반응 조절 장애가 발생하였으며, 수컷 랫드에서는 중성지방 수치가 감소하였다. 동물모델의 독성평가에서 유의미하게 관찰된 생체지표들은 피해자들의 증상보고 및 역학연구와 더불어 질환 발생의 전조증상을 확인하는 데 활용할 수 있으나, 이러한 생체지표가 질환-특이적으로 반응하는지 등에 대해서는 추가적인 검토가 필요하다.

[도표 Ⅱ-26] Summary of toxicity studies related to major ingredients of humidifier disinfectants

Chemical	Species	Exposure conc.	Exposure duration	Major results
PHMG-p	Rat (SD)	0.14, 1.6, 3.2 mg/㎥	2-week	• ↑Systematic toxicity (respiratory function abnormalities, decreased body weight gain & food consumption) • ↑Prenatal development toxicity
	Rat (SD)	0.4 mg/㎥	4-week, 10-week	• ↑Genes related to inflammatory response (4-week) • ↑Genes related to chronic lung fibrosis (10-week)
	Rat (SD)	1.51 mg/mm³	4 h/d, 5 d/w, 3-week	• ↑Pulmonary inflammation & fibrosis • ↑Genes related to inflammatory cytokines & fibronectin • ↑ROS generation
	Rat (SD)	13, 40, 120 mg/kg	31 d (♂), 41 d (♀)	• ↑Systematic toxicity (subdued behavior, thin appearance, decreased body weight, decreased food consumption) • ↑Reproductive/developmental toxicity
	Rat (Wistar)	1) 1.5 mg/kg 2) 0.1 mg/kg	1) Single exposure 2) 2 times/w, 4-week	• ↑Genes related to pulmonary damage (arginase 1 & lipocalin 2) • ↑Serum or urinary glutamate and choline (endogenous metabolites related to pulmonary damage by PHMG-p)
PHMG-h	Mice (C57BL/6)	0.9 mg/kg	10-week	• ↑Pulmonary inflammation & fibrosis

Chemical	Species	Exposure conc.	Exposure duration	Major results
PHMG-h	Rat (F344)	1, 5, 25 mg/㎥	6 h/d, 5 d/w, 2-week	• ↑Histological lesions in respiratory system (degeneration, atrophy, ulcer, inflammation, fibrosis) • ↑Secondary effects on other organs (spleen, thymus, reproductive organ)
CMIT/MIT	Rat (F344)	0.14, 0.41, 1.18 mg/㎥	13-week	• ↑Histological lesions in respiratory system (alveolar/interstitial fibrosis, bronchioalveolar hyperplasia)
	Rat (SD)	0, 0.26, 0.78, 2.33, 7.0 mg/kg	4-week	• ↓Serum triglyceride levels (♂) • ↑Hepatic phase 1 xenobiotic metabolizing enzymes (♀)
	Mice (BALB/C)	0.1875 mg/kg/d	5 d/w, 3-week	• ↑Genes related to T helper 2 (Th2)-related cytokines • Cause atopic dermatitis symptoms through the dysregulation of Th2-related immune response

자료 : 한국환경보건학회지 [환경성질환과 환경유해인자의 연관성을 규명하기 위한 독성 연구 고찰], 2021.

❑ 가습기살균제로 인한 폐질환의 연관성을 규명하기 위해 진행된 독성연구를 토대로 몇 가지 제한점을 확인할 수 있다.

❑ 첫째, 특정 화학물질 노출과 관련성이 있는 노출 생체지표(exposure biomarker)와 환경성 질환 발생과 관련이 있는 독성영향 생체지표(effect-biomarker)가 부족하다. 예를 들어, PHMG와 관련된 노출 생체지표(예: PHMG 대사체)를 피검자의 혈액, 소변, 조직에서 검출한다면 가습기살균제의 노출을 확인할 수 있으며, 폐손상과 관련이 있는 독성영향 생체지표(예: cytokine)를 활용한다면 폐질환 발생을 확인할 수 있다. 그러나 가습기살균제의 성분들은 물에 잘 녹기 때문에 장기에 축적되기 어렵고, 가습기살균제에 노출된 지 10년 이상이 지나 피해자의 혈액과 소변 등에서 노출 생체지표의 수준을 확인해 연관성을 조사하는 것이 쉽지 않다. 또한 가습기살균제 사용으로 나타날 수 있는 미미한 증상들은 시간이 지남에 따라 독성 영향 생체지표로 감지하기 어려울 수도 있다. 노출 이후로 오랜 시간이 지나도 확인할 수 있으며 질환발생에 특이적인 생체지표를 지속적으로 개발하는 것이 필요하다.

❑ 둘째, 가습기살균제로 인한 폐질환은 제품 내에 포함되어 있는 여러가지 화학물질이 혼합되어 발생할 가능성이 있는데, 현재까지 진행된 연구는 단일물질의 노출로 인한 최종 독성영향을 관찰하는 것에 주로 초점이 맞추어 졌다. 제품의 기능을 발휘하기 위해 첨가되는 주성분과 그 역할을 돕기 위해 함께 포함되는 부수적인 성분들의 상호작용을 확인하는 것이 필요하다. 연관규칙(association rule) 등을 이용해 다빈도, 고농도로 노출될 가능성이 높은 화학물질의 조합을 선별하고, 이들의 독성영향이 개별 독성과 어떻게 차이가 나는지 확인한다면 개별물질의 독성으로 설명되지 않는 공백을 찾고 사건의 인과관계를 입증하는데 활용할 수 있을 것이다.

❑ 셋째, 가습기살균제로 인한 폐질환의 원인으로 추정되는 화학물질이 체내에서 어떠한 생리적인 움직임을 보이는지에 대한 독성동태(toxicokinetic) 연구가 부족하다. 독성동태를 평가하기 위해서는 우선 표적장기 내에서 대상물질을 분석하는 기술이 필요하다. 흡입 경로로 노출된 폴리머(polymer) 형태의 PHMG는 폐동맥에 흡수되기 어려운데, 어떻게 폐가 아닌 다른 기관으로 이동하여 독성을 유발하는지에 대해 확인할 필요성이 있다. 또한 정맥주사로 대상물질의 생체이용률을 최대로 높인 후 폐 이외의 장기에서 독성이 발견되는지 평가해 보아야 한다. 이러한 연구결과는 폐질환 이외의 다른 증상과 인과관계를 입증하는 증거로도 활용될 수 있다.

(4) 환경성질환 예방관리를 위한 독성학적 연구의 방향

가. 독성 발현경로의 활용

❑ 환경성질환은 주로 대기, 수질, 제품 등 다양한 매체에 존재하는 화학물질로 인해 발생된다. 최근에는 화학물질에 대한 고속대량 스크리닝(high-throughput screening, HTS) 등을 통해 다량의 독성정보를 구축하는 노력이 있어 왔고, 이를 환경성질환 연구에 활용하는 것이 가능하다. 그 예가 독성발현경로(adverse outcome pathway, AOP)이다.

❑ 독성발현경로(AOP)란 화학물질의 독성이 분자수준초기현상(molecular initiating event, MIE)에서 시작하며, 여러 단계의 주요 현상(key event, KE)을 거쳐 최종 독성영향(adverse outcome, AO)이 나타난다는 개념이다. 화학물질의 MIE와 KE를 알면 AO가 발생할 것인지 예측할 수 있다. 역으로 환경성질환으로 이어지는 AO-KE-MIE를 확인하여 AOP를 구축하면, 최종 독성영향과 질환이 발생하기 전에 MIE를 살펴봄으로써 선제적인 환경성질환 관리가 가능할 것이다.

❑ 최근 가습기살균제 노출로 인한 독성영향을 확인하는데 AOP 구축과 활용이 제안된 바 있다. 한 연구팀에서는 MIE가 PPARγ 비활성, KE가 변형 성장인자(transforming growth factor)-β 활성, 염증 증가, 콜라겐 침착, 상피-간엽전환(epithelial mesenchymal transition) 유발, AO가 폐섬유화인 AOP no. 206를 개발하였다. 또한 MIE가 angiotensin II receptor type 1 receptor (AT1R) agonist 결합, KE가 활성산소종 증가, nuclear factor kappa B (NF-kB) 활성화 증가, proinflammatory and profibrotic mediator 분비 증가, 콜라겐 축적, AO가 폐섬유화인 AOP no. 382가 제안된 바 있다. 폐질환 유발과 관련된 폐섬유화 독성영향의 다양한 MIE (예: PPARγ

비활성, AT1R agonist 결합 등)를 적극적으로 활용한다면 폐질환 관리에 도움이 될 것이며, 향후 특정 환경유해인자와의 특이성이 높은 MIE가 포함된 AOP를 구축한다면 질환 발생 전에 선제적인 관리가 가능할 것이다.

[그림 Ⅱ-7] A schematic diagram depicting an adverse outcome pathway(AOP)

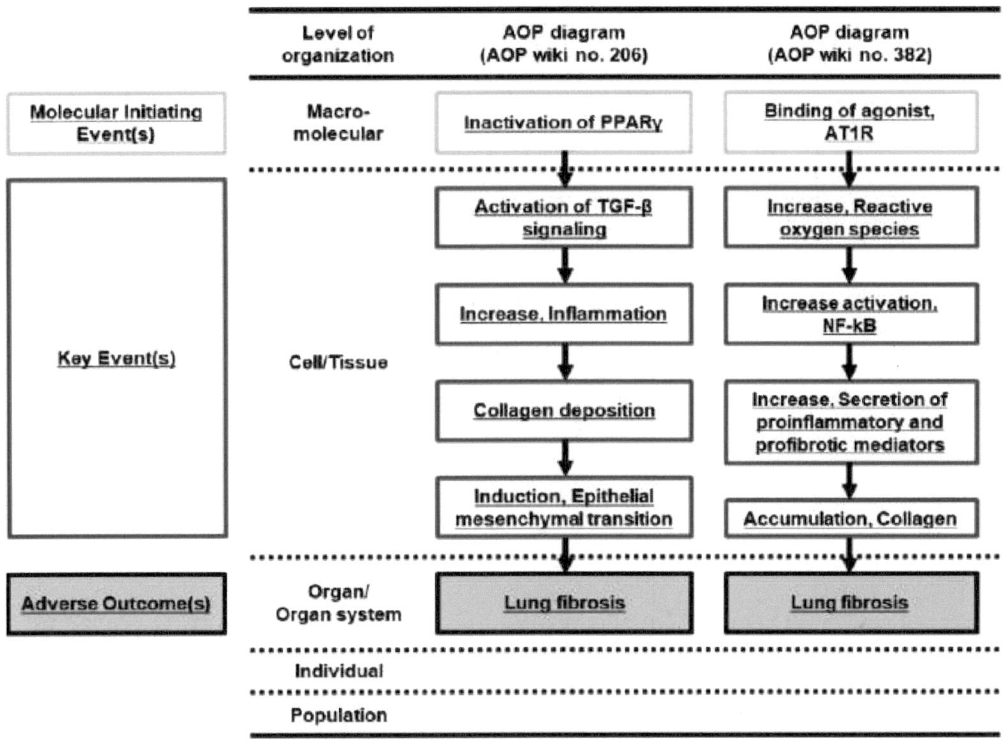

※ This figure shows an example indicating chemicals triggering molecular initiating events leading to a sequential series of high order effects to produce lung fibrosis (modified from AOP wiki 206 and 382).

나. 환경성질환 유발 화학물질 선별 시스템 구축

❑ 수많은 화학물질들 중 환경성질환 발생과 관련이 높은 화학물질을 미리 선별할 수 있는 시스템이 구축된다면 환경성질환에 대한 선제적인 관리가 가능하다. 그러나 동물실험(in vivo)에 기반을 둔 독성평가는 고비용, 저효율, 윤리적인 문제 때문에 점차 줄어드는 추세이며, 증가하는 화학물질에 비해 동물실험 자료는 턱없이 부족하다. 최근 Toxicity Forecaster(ToxCast)와 같은 in vitro HTS 자료가 많아지고 있으며, 인공지능 기술(예: 기계학습(machine learning), 심층학습(deep learning))을 적용한 예측독성(in silico) 자료의 활용도 증가하고 있다.

❑ In vivo-in vitro-in silico를 통합한 화학물질 선별 시스템은 화학물질에 관한 독성 빅데이터와 인공지능 기술을 활용해 동물실험을 최소화하고 AOP를 반영하는 화학물질을 선별하는 데 활용될 수 있다. 한 연구팀에서는 폐섬유화 유발 AOP를 구축한 후 ToxCast 독성자료를 토대로 심층학습 예측 모델을 만들었고, 흡입 시 폐섬유화 유발이 가능한 물질을 선별하는 데 기여하기도 하였다. 환경성질환과 관련이 있는 다양한 AOP가 개발되면 MIE를 반영하는 시험관 내 독성 빅데

이터 자료와 예측독성자료로 신속 정확하게 환경성질환 발생과 관련이 높은 화학물질을 선별할 수 있을 것이다.

[그림 Ⅱ-8] Workflow for screening potential chemicals related to specific adverse outcome pathway(AOP) using in vivo-in vitro-in silico toxicity data

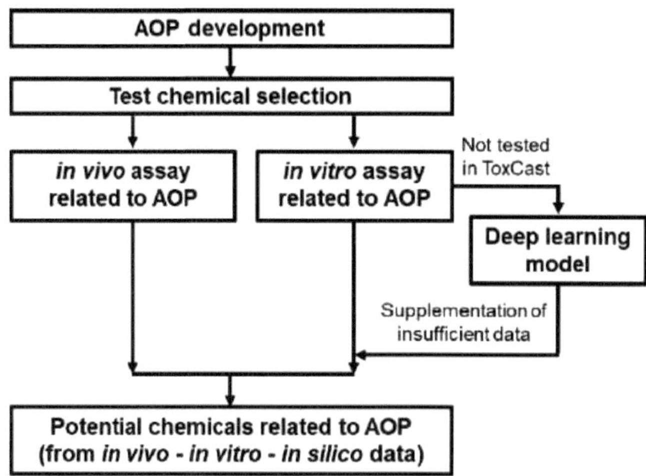

자료 : 한국환경보건학회지 [환경성질환과 환경유해인자의 연관성을 규명하기 위한 독성 연구 고찰], 2021.

(5) 결론

❏ 본 연구에서는 환경성질환과 환경유해인자 간의 연관성 규명을 위한 독성학적 연구를 고찰하고, 앞으로 환경성질환의 예방관리를 위해 필요한 독성학적 연구의 방향에 대해 기술하였다.

❏ 환경성질환과 특정 환경유해인자 간의 과학적 인과관계를 규명하기 위해서는 질환발생과 관련된 다양한 노출 생체지표(exposure-biomarker)와 독성영향 생체지표(effect-biomarker)를 개발할 필요가 있으며, 독성동태학(toxicokinetic) 연구도 진행될 필요가 있다.

❏ 환경성질환을 조기에 예방하기 위해서는 화학물질 노출로 인한 환경성질환 발생의 독성기전을 조사하여 AOP를 구축하는 것이 필요하다. 또한 화학물질 독성 빅데이터와 인공지능 모델을 활용하여 환경성질환 예측모델을 개발한다면, 독성기전을 토대로 환경성질환을 유발할 가능성이 있는 화학물질을 사전적으로 선별할 수 있을 것이다.

5) 환경보건분야 AIoT 기술 기반 디지털트윈 시스템적용 기술

(1) 연구 배경

❏ 정보통신기술(ICT)/사물인터넷(IoT)의 기술과 On-line to Offline(O2O) 등 다양한 사업의 발굴로 4차 산업혁명은 우리 생활의 여러 분야에 적용되어지고 있다. 4차산업혁명의 추진과정에 이루어지는 디지털 전환(digital transformation)으로 기존 문제점 해결과 불필요한 낭비요소를 제거하고, 소비자 행동양식의 변화를 다양한 채널을 통한 정보 파악 및 빅데이터 분석결과를 통해 서비스에 대한 마케팅과 전달방식의 다변화를 추구하고 있다.

❑ 4차산업 중 환경보건 분야에서 추진되고 있는 영역으로는 ICT/IoT 기술 기반으로 생성된 공간 단위의 시간별 존재인구(성별/연령별에 대한 통계적 데이터를 활용하여 단위 지역의 총노출량 산정 알고리즘을 개발하고 시스템으로 구현하는 분야가 있다.

❑ 또한, 반도체 기술과 생체 신호 알고리즘을 활용하여 실시간 개인맞춤형 환경성 질환 정보 확보를 위한 착용기기 기반의 바이오마커(Biomarker) 구현분야도 연구를 진행 중에 있다. 환경보건분야에서도 4차산업의 핵심 기술 요소(고도화된 통신 인프라, IoT(Internet of Things), 인공지능 등)를 활용하여 환경유해인자에 대한 농도 정보, 착용기기 기반의 생체 정보 및 관련 데이터의 연동을 통해 비용 효율적인 방법으로 수용체의 건강영향평가를 수행할 수 있는 방안이 활발히 연구되고 있다.

❑ 본문에서는 4차산업혁명의 추진과정에서 이루어지고 있는 환경보건분야 관점의 수용체에 대한 환경유해인자의 노출평가 및 위해성평가 방법을 알아보고, 이에 ICT/IoT 기술 기반의 디지털트윈 기술을 적용함으로써 보다 실시간적이고 자원 효율적인 환경보건서비스의 구현 방안을 제시하고자 한다.

(2) 노출 및 위해성평가

❑ 노출평가는 수용체에 환경유해인자가 노출된 농도, 빈도 및 기간을 측정하는 방법이다. 일반적으로 '위해성'이란 '어떤 바람직하지 않은 일이 일어날 가능성'을 나타내며, '위해성 평가'란 환경오염인자의 유해성과 노출량 모두를 조사하고, 사람의 건강이나 환경 중 생물에서 영향이 미칠지를 명확히 하는 것으로 정의할 수 있다.

❑ 위해성 평가 절차는 미국 국립연구위원회(United States National Research Council, NRC)에 의해 고안된 유해성 확인, 용량-반응평가, 노출평가, 위해성결정의 주요 4단계로 구성된다.

[그림 Ⅱ-9] 노출 및 위해성 평가 절차

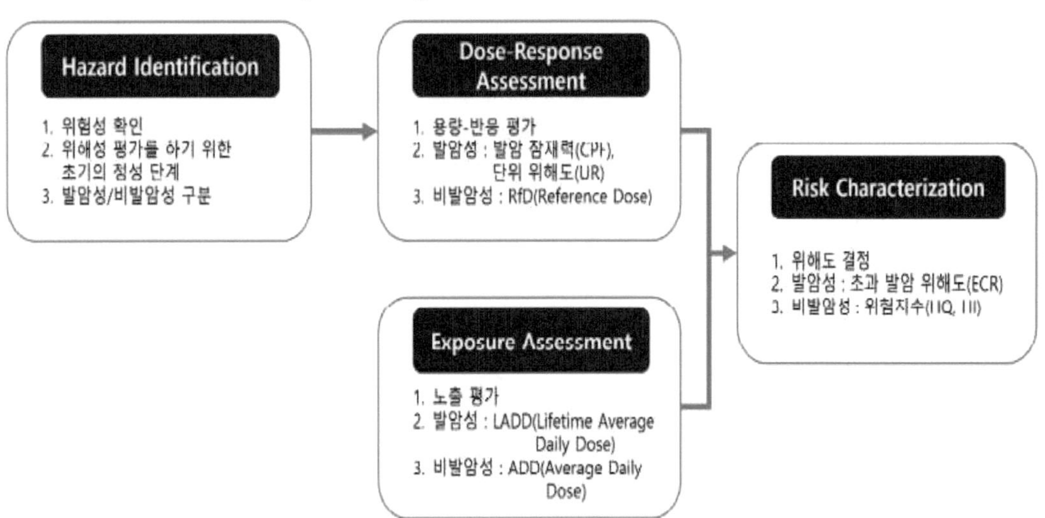

자료 : 공기청정기술 제34권 제3호 [환경보건분야 AIoT 기술 기반 디지털트윈 시스템적용], 2021. 9

❑ 인간 건강 위해성 평가(Human Health Risk Assessment, HRA)는 환경유해물질이 배출될 때 인체에 노출되는 크기와 해당 환경유해인자의 안전 수준을 비교 평가하여 인체에 미치는 건강 영향의 크기와 발생확률을 추정하는 일련의 과정이다. 건강위해성평가 시에는 노출기간 노출빈도, 평균수명, 체중 등의 노출계수와 환경유해인자별 병합 평균농도와 노출인자계수 및 이들의 확률밀도를 이용하여 일일 평균 용량(Average Daily Dose, ADD)등을 반영한다.

(3) 디지털트윈

가. 메타버스

❑ '메타버스(Metaverse)'는 소설가 닐 스티펀슨의 1992년 SF소설인 'Snow Crash'에 처음 등장하는 용어로 '초월, 그 이상'을 의미하는 그리스어 메타(Meta)와 '세상 혹은 우주'를 뜻하는 유니버스(Universe)의 합성어로 현실을 초월한 가상의 세계를 의미한다.

❑ 메타버스의 유형은 사이버의 개념과 사용자의 개입 정도에 따라 네 가지로 분류할 수 있다. 1) 증강현실(Augmented Reality, AR), 2) 생활기록(Lifelogging), 3) 거울세계(Mirror World) 4) 가상현실(Virtual Reality, VR)의 유형이며, AR/VR은 다양한 서비스로 추진 중에 있으며, Lifelogging은 사회관계망서비스(Social Network Service, SNS)을 예시로 들 수 있으며 이미 우리와 친숙한 분야이다. Mirror World라고 표현되는 영역은 본문에서 주요하게 논의 디지털 트윈에 해당된다.

❑ 한국에서는 2021년 5월에 SK텔레콤 등 이동통신 3사, 네이버, 현대자동차 등이 주축이 된 '메타버스 얼라이언스(Metaverse Alliance)'가 출범하였다. 메타버스 얼라이언스는 메타버스 시대를 선도하기 위해 민간이 프로젝트 기반으로 주도하고 한국 정부가 이를 뒷받침하는 체계이며, 다양한 기업이 참여해 데이터를 축적·활용하고 새로운 서비스를 개발하는 개방형 메타버스 플랫폼을 구축하는데 목적이 있다.

[그림 Ⅱ-10] 메타버스 4가지 유형

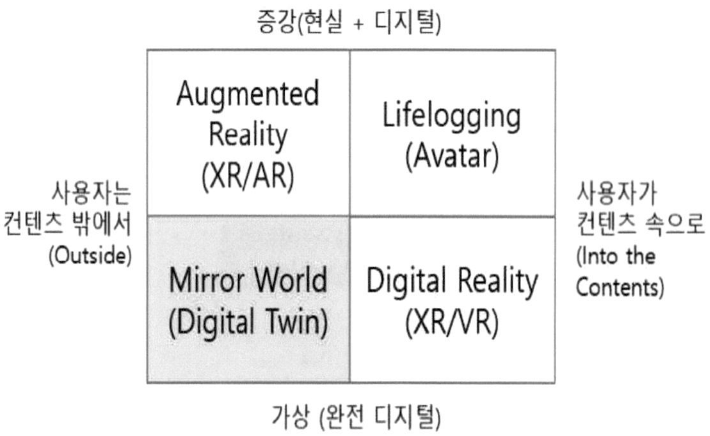

증강(현실 + 디지털)

사용자는 컨텐츠 밖에서 (Outside)			사용자가 컨텐츠 속으로 (Into the Contents)
	Augmented Reality (XR/AR)	Lifelogging (Avatar)	
	Mirror World (Digital Twin)	Digital Reality (XR/VR)	

가상 (완전 디지털)

자료 : 공기청정기술 제34권 제3호 [환경보건분야 AIoT 기술 기반 디지털트윈 시스템적용], 2021. 9

나. 디지털트윈

❑ 디지털트윈은 비행기 엔진 개발 과정에서 시뮬레이션을 하기 위해 적용된 개념이다. 물리적인 시제품 생산을 대신해 가상의 시스템에서 주요 부품 등의 제원, 3D 설계도면, 제품 구동 환경 등을 적용하고, 센서 등의 정보를 활용하여 제품의 생애주기와 이상상황 대처 능력 등을 시험하는데 목적이 있는 시스템으로 구현되었다.

❑ 스마트시티 등으로 확장된 디지털트윈 시스템은 실물 세계와 동일한 또 하나의 세계를 사이버 상에 구축하여, 실물 세계에서의 발생할 수 있는 상황을 시뮬레이션하고 제어하기 위한 목적으로 만들어진 시스템이다.

❑ 이와 같은 디지털트윈 시스템은 컴퓨터의 성능향상과 인공지능 기술 개발로 제품의 생산 이외에 제조분야(스마트 팩토리), 건설분야(스마트 시티)및 의료분야 등 다양한 산업분야에 적용이 되고 있다.

[그림 Ⅱ-11] 디지털트윈 개념

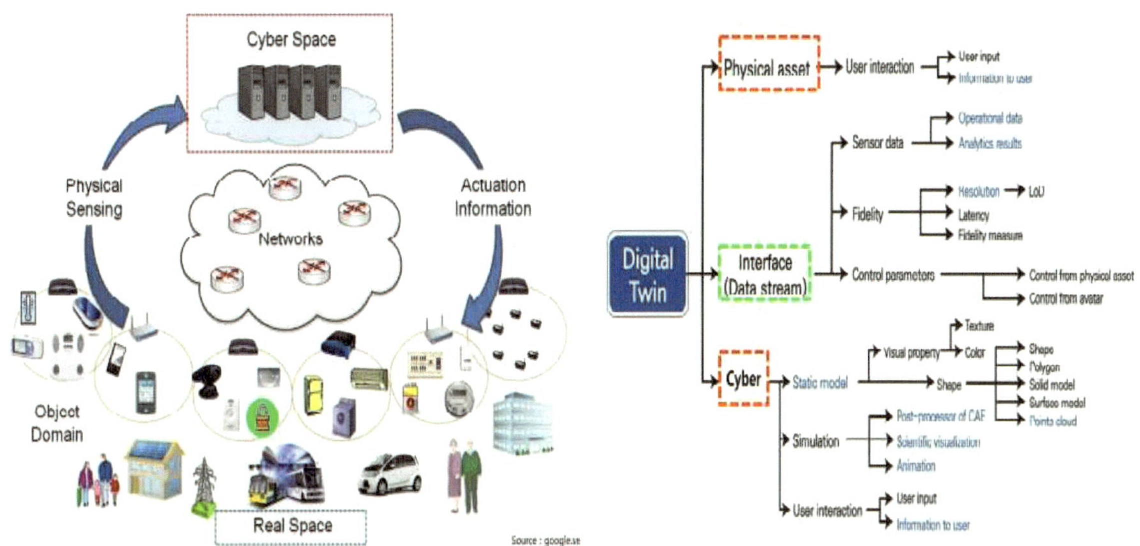

자료 : 공기청정기술 제34권 제3호 [환경보건분야 AIoT 기술 기반 디지털트윈 시스템적용], 2021. 9

A) 디지털트윈 개념

❑ 디지털트윈 시스템에는 3D도면 및 세부 구성요소가 표현된 현실의 자원 정보(Physical Asset)와 모델링/시뮬레이션/사용자활용방안 등이 적용된 시스템 정보(Cyber Asset)가 정의되어야 한다. 또한 현실세계의 상황을 반영할 수 있는 사용자 활용방안이 필요하며, 센서 데이터, 신뢰성 있는 정보(해상도, 통신 지연 등)와 현실을 상황 통제를 위한 제어 파라메터 등으로 구성된다.

B) 디지털트윈 플랫폼 및 주요 기술요소

❑ 디지털트윈 플랫폼은 플랫폼에서 제공하는 서비스와 제공 기술로 구분할 수 있다.

❑ 디지털트윈 시스템은 구현 목적을 명확히 하고 시스템 설계를 하는 것이 중요하다. 핵심

서비스로는 1) 현실 상황의 환경 변동 사항을 센서 등을 기반으로 파악하기 위한 모니터링 시스템, 2) 상황 변동에 따른 대응 체계 구축을 위한 시뮬레이션 시스템, 3) 일상적이지 않은 상황 발생 시 실시간적인 대응을 위한 제어 시스템(actuation systems)이 있다.

❑ 디지털트윈 플랫폼을 구현하기 위해서는 크게 4가지 정도의 기술이 필요하다.

1) **시각화 모델** : 현실세계를 가상세계에서 표출하기 위해 사용자가 이해할 수 있도록 2D 혹은 3D로 구현하는 기술

2) **공간 정보 모델링 기술** : GIS(Geographic Information System) 혹은 BIS(Building Information System)을 기반으로 대상으로 하는 공간의 세부적인 정보를 제공

3) **IoT(Internet of Things)** : 현실 세계의 상황을 측정하여 서버에 실시간으로 정보를 제공하는 기술

4) **인공지는 모델링** : 현실세계의 상황 변동에 대한 인지와 시뮬레이션을 지원할 수 있는 인공지능 모델링 기술

[도표 Ⅱ-27] 디지털트윈 성숙도 모델

성숙도 수준	명칭	요구사항	사례
Level 5	자율 디지털 트윈 (Autonomous DIgital Twins)	- 현실의 물리 트윈과 디지털 트윈, 또한 다수 디지털트윈들 간의 실시간, 통합적, 자율/자동 동기화 동작(사람의 개입이 불필요)	-
Level 4	상호작용 디지털 디지털 (Interactive Digital Twins)	- 이종 도메인이 상호 연계되는 디지털 트윈간의 연합적 동작 모델 - Digital Twins 간의 연계, 동기화 및 상호작용 작업(동작 수행을 위해 사람의 개입이 요구) - 디지털트윈 간의 데이터 인터페이스 버스(예 : Digital Thread)와 동기화를 통해 작용과 반작용의 상호작용을 할 수 있으나 최종적인 실행단계에서 관리자의 확인과 결정을 통한 개입이 필요 - 인터페이스 버스는 물리 트윈의 생애주기 전체 과정 걸쳐 디지털 상호 연봉을 위한 데이터 채널로서 가능함	-
Level 3	동적 디지털 트윈 (Dynamic Digital Twin)	- 현실 대상에 대한 동작 모델이 존재함 - 동작 모델에 대한 입력변수의 변화를 통해 변화되는 동작을 시뮬레이션할 수 있음 - 현실 대상에게 이미 일어난 문제에 대해 로그 데이터를 바탕으로 동작 모델을 통해 문제를 재현하여 원인을 분석할 수 있음	CAE, Digital Factory, Virtual Singapore, HILS, CPS 등

성숙도 수준	명칭	요구사항	사례
Level 3	동적 디지털 트윈 (Dynamic Digital Twin)	- 현실 대상과 디지털 트윈은 데이터 링크(예 : MTConnect)를 통한 동기화에 따라 작용과 반작용의 상호 작용을 할 수 있으나 최종적인 실행단계에서 관리자의 확인과 결정을 통한 개입이 필요할 수 있음(시스템의 안정성과 신뢰성을 보장할 수 없는 경우에 사람의 개입이 반드시 필요)	CAE, Digital Factory, Virtual Singapore, HILS, CPS 등
Level 2	정적 디지털 트윈 (Static Digital Twin)	- 구축 설치되고, 고정되어 있고, 재구축 외에는 사실상 영구적인 연결 - 행동 및 역학 모델은 없지만, 프로세스 논리가 적용되어 운명 - 실시간 모니터링 - 부분 자동제어, 그러나 주로 인간의 개입을 통한 동작	SCADA, DCS, CAM 등
Level 1	형상모사 디지털 트윈 (Look-alike Digital Twin)	- 2D/3D로 모델링되어 시각화된 현실	CAD 등

자료 : 공기청정기술 제34권 제3호 [환경보건분야 AIoT 기술 기반 디지털트윈 시스템적용], 2021. 9

(4) 환경보건분야 디지털트윈 기술 적용

❑ **AIoT(AI+IoT) 기술** 적용은 환경의 실시간 변동을 파악하여 환경오염 저감에 대한 정책을 수립하는 데 활용하고, 생체 신호 등의 정보와 연동하여 환경성 질환을 예방할 수 있는 환경보건 서비스 구현이 가능할 것으로 예측된다.

[그림 Ⅱ-12] 디지털트윈 서비스와 기술요소

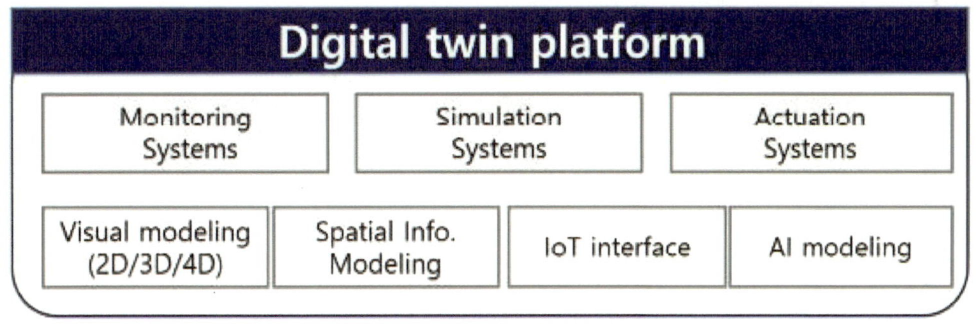

가. 환경보건서비스를 위한 데이터 종류 및 수집 방법

❑ 보다 양질의 환경보건서비스 구현을 위해서 보다 정확한 미시환경정보(Micro Environment), 수용체의 위치 정보 및 생체 신호 정보가 필요하며, 실시간으로 정보를 수집할 수 있는 기술이 소요된다. 미시환경정보를 실시간으로 수집하기 위한 데이터 전송이 가능한 측정기는 다양한 형태로 개발되고 상용화되고 있어, 연구 목적에 따른 디바이스의 선정은 가능하다. 미시환경정보를 수집하는 또 하나의 방법은 현재 데이터를 수집 중인 다른 서버(정부/지자체,

연구과제, 민간 등)와 연동하는 방법이다.

❏ 수용체의 위치 정보는 GPS와 기타 솔루션을 활용한 LBS(Location based service) 디바이스 확보가 가능하며, 서버에서 수용체별 데이터 관리를 위해서는 개인정보 보호처리가 되어져야 한다. 착용기기 기반의 생체 신호 정보는 폐소리, 심박수, 산소포화도, 피부수분함유량 등 다양한 형태로 정보를 확보할 수 있는 기술들이 상용화 되고 있으며, 원하는 목적에 따라 활용할 수 있다.

[그림 Ⅱ-13] 디지털트윈 데이터 수집시스템

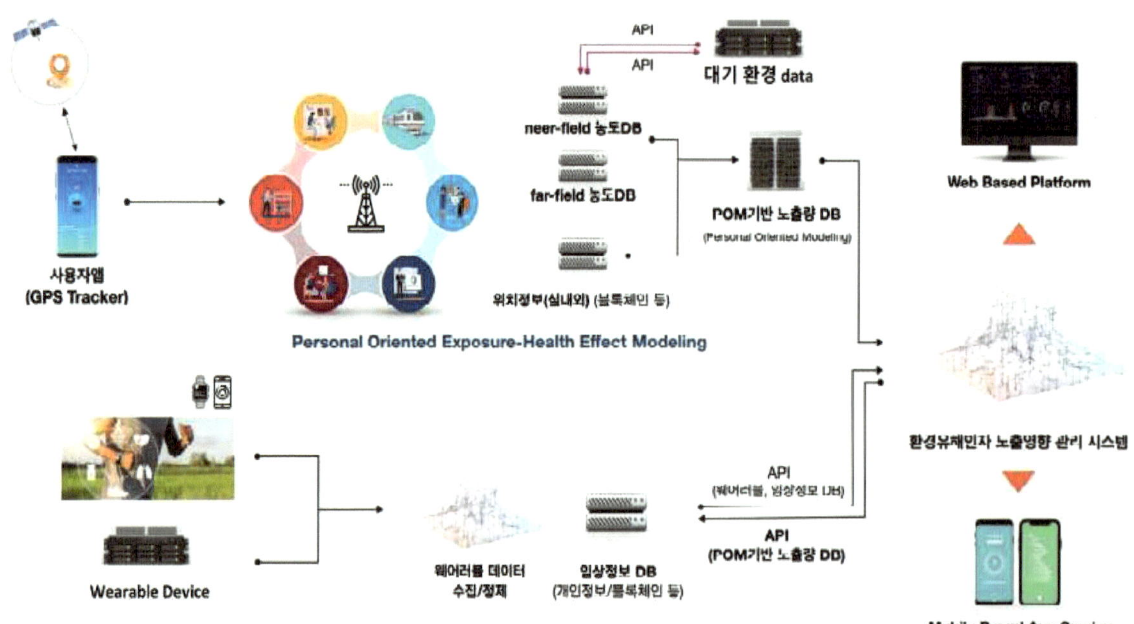

자료 : 공기청정기술 제34권 제3호 [환경보건분야 AIoT 기술 기반 디지털트윈 시스템적용], 2021. 9

나. 인공지능을 활용한 데이터 처리 방법

❏ 환경보건서비스의 구현을 위해서는 다양한 인공지능 모델링이 소요된다.

1) 측정된 데이터의 정확도 향상을 위한 측정 이상감지 모델링
2) 비용 효율적으로 고해상도 환경유해인자 농도 정보 제공이 가능한 인공지능 기술 기반의 보간 모델링
3) 환경유해인자와 생체신호를 통합 분석하여 환경성 질환 증상징후의 사전예측을 가능하게 하는 바이오마커 (Biomarker) 추출 모델링

다. 디지털트윈 기술 적용 방안

❏ 디지털트윈 기술 기술이 적용된 시스템은 가상공간구현 실시간 상태 정보 수집, 수집 정보의 데이터 전송저장, 인공지능 기반 시뮬레이션 및 통합관제로 구성된다.

1) **가상공간구현** : GIS/BIS 정보기반의 객체 및 일련의 행위(상태정보, 측정 상황 등)를 가상공간에 구현함
2) **실시간 상태정보 수집** : IoT 센서 등을 활용하여 물리적 객체에 대한 실시간 데이터 측정

3) **수집 정보 데이터 전송** : 외부 변화 실시간 감지 및 물리가상 객체간 실시간 데이터 전송 및 저장함

4) **인공지능 기반 시뮬레이션** : 수집된 빅데이터와 목적에 맞는 인공지능 모델링 기반의 분석·예측 시뮬레이션

5) **통합관제** : 시설물 및 위해성 관리를 통한 위험상황 모니터링 및 대응

[그림 Ⅱ-14] 인공지능 모델링 적용 시스템(이상감지)

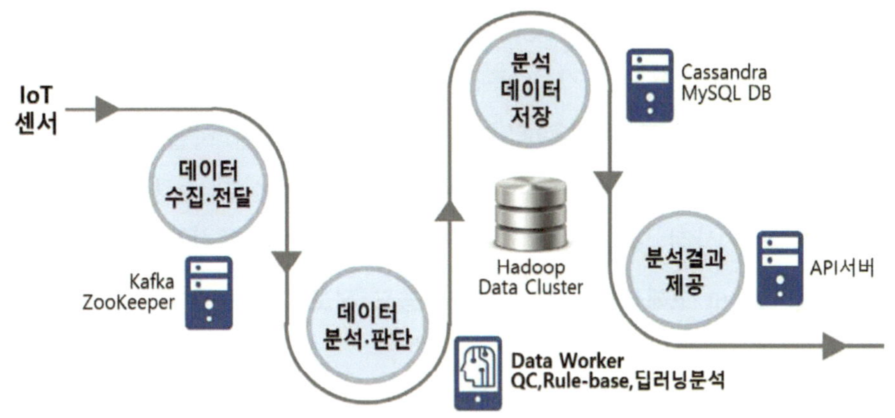

[그림 Ⅱ-15] 디지털트윈 시스템(예시)

5G기반 디지털 트윈

가상공간 구현 (3D 모델링)	실시간 상태정보 수집 (IoT 센서)	수집 정보 데이터 전송 (5G 네트워크)	시뮬레이션 (인공지능)	통합관제
제품·공정·시스템 등의 실객체 또는 현상을 가상 공간에 구현	물리적 객체에 대한 실시간 데이터 수집 및 물리·가상 객체 간 실시간 데이터 전송	외부 변화 실시간 감지 및 원격 제어	수집 빅데이터 기반 시설물 안전관리 분석·예측 및 시뮬레이션	시설물 통합관리 및 위험상황 사전관리 등

자료 : 공기청정기술 제34권 제3호 [환경보건분야 AIoT 기술 기반 디지털트윈 시스템적용], 2021. 9

라. 환경보건분야 디지털트윈 시스템 구현

A) 고해상도 환경유해인자 농도

❑ 환경유해인자 농도에 대한 고해상도 데이터를 수집하기 위한 방법으로는 1) 저가 측정기 기반의 실측 데이터 활용, 2) 인공지능 모델링 기반의 보간 기술의 활용이 있다.

B) 단위 공간의 총노출량 산정 프로세스

❑ 환경보건서비스에서는 환경유해인자의 농도를 예측하고 대응 체계를 수립하는 것과 함께

단위 공간의 수용체에 대한 총노출량을 예측하는 것이 중요하다. 환경유해인자의 동일한 농도 하에서도 수용체의 수에 따라 건강영향이 높은 지역에 대한 대응을 수립할 수 있어야 한다. 단위 공간(100m×100m)에 거주했던 존재인구는 다양한 통계데이터를 활용할 수 있으며, 이동통신시스템을 활용한 P-Cell 기반의 데이터도 환경보건서비스에 적용이 가능하다.

❑ 고해상도 환경유해인자 농도 정보와 존재인구 데이터를 디지털트윈 시스템 활용하여 단위 시공간의 총노출량을 산정할 수 있다. 기초데이터는 5분 단위로 형성이 되지만, 총노출량 모니터링을 위해서는 1시간 평균 데이터를 활용한다.

❑ 디지털트윈 시스템에 적용하여 객체 공간에 대한 시간별 총노출량 변동을 모니터링 할 수 있으며, 축적된 데이터 기반으로 환경유해인자 농도 변화에 대한 시뮬레이션도 가능하다. 또한 본 시스템에 활용된 존재인구 데이터는 5세 단위의 연령별과 성별 통계 수치를 반영하고 있어, 민간계층에 대한 노출량 산정 및 고농도에 따른 건강영향 시뮬레이션도 수행할 수 있다.

[그림 Ⅱ-16] 고해상도 환경유해인자 농도 정보 수집(실측 및 AI 보건)

[그림 Ⅱ-17] 인구 기반의 단위 시공간 총노출량 산정

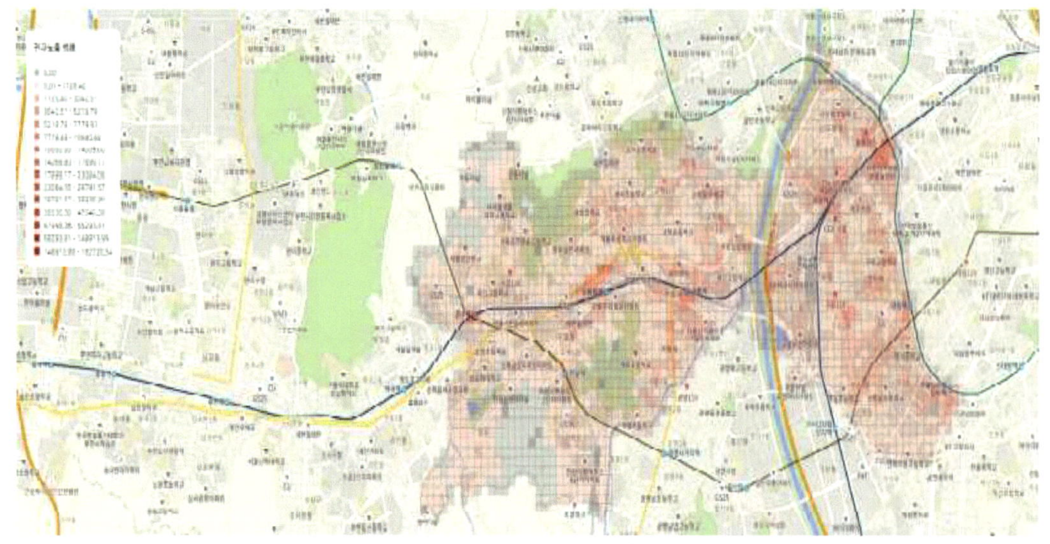

자료 : 공기청정기술 제34권 제3호 [환경보건분야 AIoT 기술 기반 디지털트윈 시스템적용], 2021. 9

C) 실내공간의 디지털트윈 기술 적용 사례

❑ 2020년 과학기술정보통신부에서는 디지털트윈 기술을 적용하여 공공건물의 상태감시와 이상 상황발생 시 대응시스템을 시범적으로 구현하였다. 객체 건물의 시각화모델링, 환경유해인자 측정을 위한 IoT 디바이스 설치와 5G 기반의 데이터 전송, 센서의 측정 정확도 향상을 위한 인공지능 모델링 및 통합관제 시스템을 구성하고 활용 중에 있다. 향후 수용체에 대한 파악이 가능한 모션센서, 열화상 카메라 등의 IoT 디바이스가 추가되면 실내 공간에서의 건강위해성평가도 가능할 것으로 예측된다.

[그림 Ⅱ-18] 실내공간에 대한 디지털트윈 기술 적용 사례

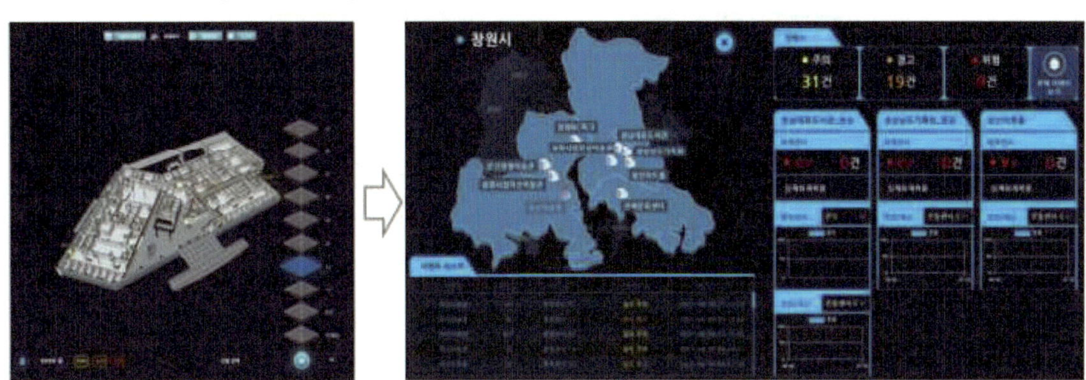

자료 : 공기청정기술 제34권 제3호 [환경보건분야 AIoT 기술 기반 디지털트윈 시스템적용], 2021. 9

D) 디지털트윈 기술 기반의 환경보건서비스

❑ 환경보건서비스는 실시간 수용체 및 환경유해인자 상태 모니터링과 대상 수용체의 환경성 질환의 예측이 반영되어져야 하며, 예측치 못한 상황에 대한 신속한 대응이 이루어질 수 있도록 서비스 구현 시 디지털트윈 기술은 유용할 것으로 판단된다. 3차원 공간정보와 IoT플랫폼을 연계하고, 통합 모니터링 및 시뮬레이션을 통한 지속성 확보함으로써 수용체사물간의 상호작용 기반의 동적 자율대응이 가능한 디지털트윈 플랫폼이 되어야 한다.

[그림 Ⅱ-19] 환경보건 디지털트윈 플랫폼 개념도

1) **데이터의 생성** : 환경보건서비스를 구현하기 위해 객체의 3D모델링, 환경유해인자의 상태, 수용체위치 정보 및 단위 공간 내의 존재인구 정보 등의 데이터가 수집되어야 함
2) **분석 및 시뮬레이션** : 환경보건서비스를 위한 디지털트윈 플랫폼은 수집된 데이터의 신뢰도를 향상하고 데이터 분석에 필요한 솔루션을 포함하여 시뮬레이션 기능을 제공하여야 함. 또한 서비스의 지속성 유지를 위해 사용자에 대한 효율적인 운영을 솔루션도 제공이 되어야 함
3) **데이터 표출(사용자 활용 방안)** : 디지털트윈 시스템 적용의 목적과 효과는 이상상황 발생 시 효율적인 상황 제어에 있음. 환경 정보에 대한 효율적인 감시와 대응을 위한 사용자 인터페이스가 구현되어져야 함

(5) 결론

❑ 2020년 12월에 발표된 '제2차 환경보건종합계획'에서는 '환경보건 안전망 구축을 통한 환경성 질병부담 완화'를 목표로 하여, 안전한 환경, 모두가 건강한 사회'의 비전을 달성하고자 한다. 환경보건 안전망을 구축함에 있어 환경유해인자에 대한 노출평가와 위해성평가를 기반으로 정책이 반영되기 위해서는 현실 세계에 대한 정확한 정보와 실시간 모니터링 방안이 적용되어져야 한다. 디지털트윈 기술의 적용은 안전한 환경을 지속적으로 유지하는데 도움이 될 것이라고 판단된다. 디지털트윈 시스템이 환경보건서비스에 효율적으로 적용되고 확대되기 위해서는 수집되는 다양한 데이터의 표준이 이루어져야하며, 복합적으로 적용되는 솔루션을 연계할 수 있는 통합플랫폼 구축에 대한 지속적인 연구가 필요하다.

❑ 본문에서는 환경유해인자와 환경성 질환 상관관계에 대한 알고리즘 기반으로 수용체별 환경성 질환 발병 위험을 연계하는 서비스를 반영하지는 못했으나, 현재 환경부에서 추진 중인 연구과제의 결과를 디지털트윈 시스템의 컴포넌트로 개발·적용이 된다면 예방의학 분야에도 기여할 수 있을 것으로 기대한다.

2. 국내외 화학물질 규제동향 분석

1) 국외 주요 화학물질 규제 동향

(1) EU REACH

가. 규제 주요 내용

❑ REACH(Registration, Evaluation, Authorisation and Restriction of Chemicals, (EC) No 1907/2006)는 화학물질의 양과 위해성에 따라 등록, 평가, 신고, 허가, 또는 금지하는 新 화학물질관리규정이다. 기존의 40여 개의 법령을 하나로 통폐합한 것으로 2007년 6월 1일에 발효가 되었으며, 2008년 6월 1일부터 시행되고 있다. REACH의 목적은 화학물질로 야기되는 위해(risk)

로부터 인간의 건강과 환경을 보고하고 EU 화학산업의 경쟁력을 강화하며, 동물을 사용하지 않는 유해성 평가 대체방법을 촉진하는 것이다.

❑ REACH는 전 세계의 화학물질 관리체계를 근본적으로 변화시켰다. 이전에 많은 화학물질이 충분한 정보도 없이 유통되고 사용되고 있던 상황에서 '정보가 없으면 판매할 수 없다.'는 것을 법에 명시함으로써 화학물질에 대한 체계적인 정보관리가 시작되었다고 할 수 있다.

❑ REACH는 모든 화학물질과 이들이 섞여 있는 혼합물, 그리고 완제품에서 의도적으로 배출되는 화학물질 및 비의도적으로 배출되는 화학물질이 적용 대상이다.

[도표 Ⅱ-28] REACH 적용대상 요약

구성	적용 대상	적용 조건	의무 사항
화학물질	화학물질	연간 1톤 이상	등록
		고위험성 물질(SVHC)	허가 또는 금지
혼합물	혼합물을 구성하는 각각의 화학물질	화학물질별로 연간 1톤 이상	등록
완제품	의도적으로 배출되는 화학물질 (Intended release)	화학물질별로 연간 1톤 이상	등록
	비의도적으로 배출되는 화학물질	허가후보목록 물질이 0.1 중량%, 연간 1톤 초과	신고

자료 : 국회예산정책처 연구용역보고서 [주요 국내외 화학물질 규제 동향 및 산업별 영향 조사], 2022. 1

❑ EU는 방대한 법 집행을 위한 주무 부처로 유럽화학물질청(ECHA, European Chemical Agency)을 헬싱키에 설치하여 운영하고 있다.

▶ 의무사항 1 (등록)

❑ EU 역내에서 연간 1톤 이상 제조 또는 수입되는 모든 화학물질은 반드시 사전에 등록해야 한다. 2008년 6월부터 법이 시행되면서 12월까지 톤수별 등록유예기간을 부여하기 위한 사전등록이 진행되었다. 참고로 2009년에 『REACH 대응 공동추진단』에서 조사한 결과 우리나라에서는 모두 442개 기업이 사전등록을 완료하였다. 이후 톤수별로 본등록이 진행되어 2018년 5월 31일 연간 1톤 이상의 물질에 대한 등록이 모두 마감되었다. 이에 따라 새로 EU에서 화학물질을 제조 또는 수입하기 위해서는 반드시 등록을 마쳐야 한다. 이것은 기존물질이나 신규물질에 관계없이 적용된다. 다만, 고분자 물질 자체와 비분리 중간체(non-isolated intermediate) 등은 등록에서 제외된다.

❑ 등록하기 위해 연간 1톤 이상의 물질은 기술서류, 10톤 이상인 경우 기술서류와 화학물질안전성보고서(CSR, Chemical Safety Report)를 ECHA에 제출해야 한다. 등록에 필요한 정보는 등록 톤수에 따라 다른데, 톤수가 높을수록 더 많은 자료가 요구된다. 톤수 범위는 연간 1~10톤, 10~100톤, 100~1000톤, 1000톤 초과로 구분된다.

▶ 의무사항 2 (허가)

❑ 고위험성우려물질(SVHC)은 허가대상 후보물질이 되며, 허가물질로 지정되면 해당 용도로 허가를 받아야만 사용할 수 있다. ECHA는 이해관계자의 공공자문과 의사 결정 과정을 거쳐 SVHC 후보 목록(Candidate List of SVHCs)에 등재하게 된다. 이후 우선순위를 정하여 부속서 14(허가물질 목록) 등재를 유럽집행위원회에 제안하고, 집행위원회에서 등재 여부를 결정하게 된다. ECHA는 1년에 약 2회 정도 SVHC 후보 목록을 공개하고 있는데, 2021년 11월 219종의 물질이 등재되어 있다. 또한, 허가물질(부속서14)은 현재 54종이 등재되어 있다.

❑ 허가물질로 등재되면 그 물질을 허가 없이 사용할 수 있는 날짜가 정해지는데, 허가 신청은 이날로부터 18개월 전까지 해야 하며 다음의 자료가 필요하다.

[도표 Ⅱ-29] 허가 신청서류 목록

구분	허가 신청서류
신청 서류	ㅇ 물질정보(부속서 6) ㅇ 신청자 성명 및 세부 연락처 ㅇ 허가 신청 물질의 용도 ㅇ 화학물질안전성보고서(등록시 제출하지 않은 경우) ㅇ 물질 대체에 대한 기술적, 경제적 실행가능성 분석 ㅇ 물질 대체 계획(대체가 가능한 경우)

자료 : 국회예산정책처 연구용역보고서 [주요 국내외 화학물질 규제 동향 및 산업별 영향 조사], 2022. 1

❑ 허가기간은 물질별로 다를 수 있으며, 허가기간 만료 18개월 전에 재신청이 가능하다. 재신청 시에는 처음에 부여된 승인번호와 함께 변경된 부분만 갱신하여 제출하면 된다. 여기에서 허가는 물질 사용 허가가 아니라, 특정 용도에 대한 허가이므로 허가받은 용도 이외에는 사용할 수 없다. 또한 등록과 허가는 별도로 진행되므로, 등록 요건에 해당되면 등록해야 하며 그 물질이 허가물질이면 허가 신청도 별도로 해야 한다.

▶ 의무사항 3 (신고)

❑ 완제품에 함유된 SVHC가 완제품 부품 기준으로 중량 대비 0.1%를 초과하고 연간 1톤 이상일 경우 사전에 신고해야 한다. 만일 SVHC 후보 목록이 추가로 등재되는 경우에는 그날로부터 6개월 전에 신고를 마쳐야 한다.

❑ 신고 시에는 물질정보와 함께 물질 분류표시 정보, 완제품 내 해당 물질의 용도 등을 제출해야 한다.

❑ SVHC 후보목록 물질이 중량비로 0.1%를 초과할 경우에는 연간 1톤이 넘지 않더라도 완제품을 공급하는 모든 공급자는 고객에게 물질명을 포함한 충분한 정보를 제공하여야 하며, 소비자 요청이 있는 경우에는 45일 이내에 제공해야 한다. SVHC 후보목록 물질 제조자는 고객에게 물질 안전자료를 제공해야 한다.

▶ **의무사항 4 (사용금지)**

❑ 부속서 17의 금지물질 목록에 포함된 물질은 사용이 금지되거나 제한된 조건에서만 사용된다. 2021년 10월 기준으로 70종이 등재되어 있다.

▶ **의무사항 5 (평가)**

❑ 평가는 ECHA 및 EU 회원국의 업무로, 등록된 물질의 서류평가와 물질평가를 시행하게 된다. 등록서류평가는 접수된 등록서류가 REACH의 요건에 부합하는지를 평가하는 적합성 평가와 중복시험 방지를 위한 시험제안서 평가로 구성된다. 접수된 등록서류 중 각 톤수 범위에서 약 5%를 선별하여 적합성 평가를 하게 된다. 부속서 9, 10의 시험자료를 등록자가 보유하고 있지 않을 경우, 시험제안서를 ECHA에 제출하는데 접수된 시험제안서를 ECHA홈페이지에 공개하여 제3자의 의견 수렴 과정과 제3자가 보유 여부를 확인하게 된다.

❑ 물질평가는 연간 100톤 이상의 물질과 SVHC 물질을 우선적으로 시행하며, 평가 결과에 따라 추가적인 자료 제출이 요구될 수 있다.

나. 규제 동향

A) REACH 이행상황 점검 및 제재 지속

❑ 2020년 12월 ECHA에서 발표한 REACH 이행 프로젝트 결과에 의하면, 등록이 필요한 1,193개 물질 중 77개(6.5%) 물질은 등록이 누락되었으며, 180개(15%)의 물질은 등록 의무 조항의 한 개 이상을 위반한 것으로 나타났다. 여기에는 서류 업데이트, 엄격하게 통제된 조건에서의 중간체 사용, 정확한 톤수 정보, 대리인 요건 준수 등의 의무도 포함된다. 검사관이 기업에서 점검한 업무 중 위반사항이 발견되면 이를 해결하기 위해 시행조치를 단행했다. 서면 자문과 행정명령 등이 가장 많이 사용되었다. 과태료와 경우에 따라서는 검사관이 물질을 등록하지 않은 업체에 형사소추를 위한 조서를 발부하기도 했다.

❑ 국내에서는 REACH가 순조롭게 진행되었다고 평가되지만, 이면에서는 이행과정에서 많은 물질의 등록이 누락되고, 실제 등록과정에서 요건을 충족하지 못하는 경우가 발생되고 있음을 알 수 있다.

❑ 또한 2021년 12월 8일에 발표된 다른 ECHA 이행 점검 프로젝트에 의하면 온라인으로 판매되는 약 6,000개 검사 대상 모든 제품에서 하나 이상의 요구 사항을 준수하지 않는다는 사실이 적발되었다. 이번 조사는 사용이 제한된 화학물질에 초점을 맞추었는데 검사 제품의 78%가 규정을 준수하지 않는 것으로 나타났다. 제품에는 직물, 가죽, 육아 용품, 장난감 및 보석을 비롯한 전문 및 소비자 제품이 모두 포함되었다.

❑ 약 2,600개의 제품에 대해 제한물질에 대한 요구사항을 확인한 결과, 1,800개 이상의 제품에서 용접용 납과 붕산과 같은 CMR 물질이 확인되었다. CMR이 포함된 제품은 전문 사용자만 사용할 수 있어야 함에도 불구하고, 검사 제품의 99%는 소비자가 온라인으로 구매할 수 있었다. 또한

장난감에서 프탈레이트를 사용하거나 장신구에 카드뮴을 사용한 부적합 사례도 발견되었다.

❑ 이번 조사결과에 따라 5,000건 이상의 시정 조치가 내려졌다. 대부분은 회사 웹사이트에서 제품 광고를 삭제하거나 규정을 준수하여 광고하도록 조치되었다.

B) 허가 후보물질인 고위험성우려물질(SVHC)의 지속적인 증가

❑ 2021년 1월, ECHA는 2종의 물질을 SVHC로 등재하였다. 추가된 물질은 잉크, 토너 등의 제품과 플라스틱 및 고무 타이어 생산 시 첨가제로 사용된다. 허가대상 후보물질은 인체와 환경에 심각한 영향을 미칠 수 있는 물질로써 해당 물질을 사용하는 제품의 수입·제조자 등에게는 제품 내 물질 함유 여부 보고 등의 법적 의무가 발생된다.

❑ EHCA는 2021년 7월에도 내분비계 교란물질을 포함한 8종의 SVHC를 허가대상 후보물질로 신규 등재하였다. 매년 SVHC 등재 건수가 지속적으로 증가됨에 따라 관련 물질이 사용되는 소재 및 부품산업의 관심이 필요하다.

C) SVHC 증가에 따른 허가물질 등재 추진

❑ 2021년 4월, 유럽집행위원회는 SVHC 목록의 물질 중에서 7종의 물질을 허가목록에 등재할 것을 제안하였다. 이 중 사이클로실록산의 경우 REACH 하에서 이미 그 사용이 제한되고 있으나, 전자제품 산업 생산 및 폐쇄 시스템의 드라이클리닝과 같은 전문적 용도로는 제한되고 있지 않아 허가목록에 포함되도록 우선순위가 정해졌다. 또한 접착제, 실란트(sealants), 코팅, 잉크 및 페인트에서 열전달 유체(heat transfer fluid)로 사용되는 수소화된 테르페닐(Terphenyl)은 환경에 유해한 것으로 확인되었으며, 기타 물질 등은 인체 건강에 해로운 것으로 판단되어 허가목록에 등재 예정이다.

D) 신규 금지물질 지정

❑ 2021년 8월 5일, 유럽집행위원회는 탄소수 9~14인 과불화카르복실산(PFCA, Perfluoro-carboxylic acids)을 부속서17의 금지물질로 등재하였다. 이에 따라 2023년 2월 25일부터 유럽 역내의 제조, 수입자는 PFCA 및 관련 물질을 단일 또는 혼합물, 완제품 내에 포함하여 시장에 진출할 수 없다. 다만, PFCA 및 그 염이 25ppb 미만이거나, 관련 물질이 260ppb 미만인 경우 적용이 제외된다. 또한 PFCA의 사용 형태에 따라 제한 시점이 다르게 적용된다. 예로 다음의 경우에는 2023년 7월 4일까지 적용이 유예된다.

- 작업장에서 사용되는 위험한 액체로부터 근로자를 보호하기 위한 발유 및 발수 섬유
- 특정 제품 생산을 위한 폴리테트라플루오로에틸렌(PTFE) 및 폴리불화비닐리덴(PVDF) 제조

❑ 또한 집행위원회는 EU 시장에서 용매 N,N-디메틸포름아마이드(DMF)를 제한하기로 결정하였다. DMF는 많은 산업에서 대량으로 이용되고 있는데 생식독성 물질로 분류되어 있다. 이번 결정에 따라 2023년 12월 12일부터 DMF가 0.3% 이상의 농도로 함유된 물질 또는 혼합물은 제조

또는 사용되거나 시장에 출시할 수 없다. 단, 직물 및 종이 재료의 폴리우레탄 코팅 공정 또는 폴리우레탄 멤브레인 생산 및 전사 폴리우레탄 코팅 공정에서 용매로 사용하는 경우에는 2024년 12월 12일부터, 합성 섬유의 건식 및 습식 방사 공정에서 용매로 사용되는 경우에는 2025년 12월 12일부터 적용된다.

E) 추가적인 동물 시험자료 요구

❑ 2021년 7월, ECHA는 1톤 이상 등록물질에 대해서도 체외 시험자료(In-vitro)인 유전자 돌연변이 및 염색체 이상 시험자료에서 유전독성이 우려되는 경우 체내 유전독성 자료인 통합 코메트 시험과 소핵 테스트를 추가로 요청하는 내용을 고시하였다.

❑ 이 조치는 지난 2020년 6월, ECHA가 10톤 이상의 등록물질 중 in-vitro에서 유전독성이 우려되는 물질에 적용한 요구사항과 동일한 것으로 대상이 연간 1톤 이상 등록물질로 확대된 것이다.

❑ In-vitro 테스트는 유전독성 평가의 중요한 초기 단계의 시험으로 이 시험 결과가 음성이면 추가적인 in-vivo 시험이 요구되지 않으며, 시험결과가 양성일 경우 동일한 평가 변수를 포함하는 in-vivo 시험자료가 필요하다. 구체적으로 다음의 경우에 in-vivo 통합 시험자료가 요구된다.

- 박테리아에서 유전적 돌연변이를 일으킬 수 있는 화학물질의 잠재력을 평가하는 Ames 시험결과가 양성임
- 기타 시험 결과상 염색체 이상 우려가 있는 경우
- 또한 등록서류에 다른 적절한 in-vitro 시험 데이터가 없는 경우

F) 시험자료 요건 개정

❑ 유럽집행위원회는 화학물질 등록에 필요한 시험자료 요건을 일부 개정하여 2022년 1월 8일부터 시행하였다. 개정되는 시험자료 요건 중 주요 변경 사항은 다음과 같다.

- 금속 및 격렬하게 녹는 금속화학물의 표면장력 및 물용해도 요건
- 눈자극성 시험관 시험(in vitro) 및 눈·피부자극성 동물시험 요건
- 28일, 90일 반복투여독성 시험자료의 채택 요건 등

(2) 미국 TSCA

가. 규제 주요 내용

❑ 기존 화학물질에 대한 유해성을 평가하고, 신규화학물질의 시장 출시 전에 사전 신고와 평가를 거쳐 유통과 용도 등을 제한하기 위해 1976년 10월 11일에 제정되고, 1977년 1월 1일부터 시행되었다. 제정 이후 40년 만인 2016년 6월 7일 의회 비준을 거쳐 Frank R. Lautenberg Chemical Safety for the 21st Century Act로 전면 개정되었으며 같은 해 6월 22일부터 시행되고 있다.

❑ 개정에 따라 화학물질 관리감독 권한을 주별 행정자치부문에서 연방정부 소관으로 이전함으로써, 화학물질 규제에 대한 환경청(EPA, Environmental Protection Agency)의 권한이 강화되

었다. EPA는 안전성 자료 요구, 위해성 평가 대상 기존 화학물질 우선순위 선정, 신규 또는 기존화학물질의 중요 신규용도 검토, 화학물질의 안전성 평가 및 결정 등에 필요한 정책 및 절차, 지침 등을 마련해야 한다.

▶ 의무사항 1 (사전 제조신고, PMN)

❑ 미국 EPA는 1975년 1월부터 미국 내에서 사용할 목적으로 제조, 가공 또는 수입되는 모든 물질을 기존물질 목록으로 관리해왔으며, 동 목록에 등재되지 않은 물질은 신규물질로 간주한다. 이 목록은 EPA 홈페이지에서 대략 6개월마다 업데이트되는데 2021년 8월 기준으로 86,607종 물질이 등재되어 있고 이 중 41,963종의 물질이 활성화되어있다.

❑ 기존물질 목록에 등재되지 않은 신규화학물질을 제조, 수입할 경우는 90일 이전에 다음 서류를 최대한 갖추어 EPA에 사전 제조 신고를 마쳐야 한다.

[도표 Ⅱ-30] 사전 제조신고 신청서류 목록

구분	사전 제조신고 신청서류
신청서류	ㅇ 화학적 정체성, 구조 및 화학식 ㅇ 공정도 및 설명 ㅇ 생산량 ㅇ 부산물과 불순물 ㅇ 의도된 용도 ㅇ 환경적 방출 ㅇ 폐기 방법 ㅇ 인간의 노출 ㅇ 인간의 건강 또는 환경에 미치는 영향에 대한 기존의 이용 가능한 시험자료

자료 : 국회예산정책처 연구용역보고서 [주요 국내외 화학물질 규제 동향 및 산업별 영향 조사], 2022. 1

❑ EPA는 90일 동안 PMN 물질에 대한 심사를 진행하며, 심사 기간이 부족할 경우 신청기업이 자발적으로 기간 연장을 신청할 수 있다. 대부분의 심사는 1년 이상 소요되는 경우가 많으며, 진행상황은 해당 사이트에서 확인할 수 있다.

❑ EPA는 신규화학물질 심사 과정에서 제출된 모든 정보를 검토하여, 신규화학물질이 건강이나 환경에 불합리한 위험을 초래하지 않도록 하기 위한 여러 조치를 취할 수 있다. 불합리한 위해(unreasonable risk)가 존재 또는 존재 가능성이 있는 경우, 정보가 불충분한 경우 또는 제조·수입량 및 노출량을 고려하여 사용을 금지할 수 있으며, 불합리한 위해가 없을 것으로 예상(not likely to present)하면 신고 절차가 완료되는데 PMN의 약 20%가 해당된다.

▶ 의무사항 2 (활성-비활성 규칙 준수)

❑ 개정된 TSCA에 따라 EPA는 미국 시장에서 기존화학물질 목록에 있는 화학물질을 "활성(active)" 또는 "비활성(inactive)"으로 지정하도록 요구하고 있다. TSCA에 등재된 기존화학물질이라도 "활성"이어야 미국 내 제조·수입이 가능하며, Inactive 물질의 경우 미국 역내 수출 시,

90일 전에 전향신고(Forward-looking Notice)가 필요하다. 전향신고는 Noitce of Activity (NOA) Form B 및 EPA CDX(Central Data Exchange)를 통해 전자 제출한다.

❑ EPA는 2016년 6월 21일에 종료되는 10년 기간에 걸쳐 미국에서 제조되거나 가공된 화학물질에 대한 산업 보고를 요구하는 규칙을 확정했다. 이 보고는 2018년 10월 5일에 완료되었으며, TSCA 기존화학물질 목록에 있는 화학물질이 미국 상거래에서 "활성" 또는 "비활성"인지 식별하는 데 사용되었다.

❑ 2019년 8월 5일부터 제조자와 가공자는 비활성 물질을 미국 상거래에 재도입하기 위해서는 사전에 EPA에 통보해야 한다. EPA는 비활성 물질의 상업적 활동 명칭을 활성으로 변경한다.

❑ 2021년 1월 EPA는 2016년 6월 21일 끝나는 10년 기간 동안 미국에서 제조·수입·가공된 화학물질에 대해 기업이 해당 기관에 신고하는 TSCA 활성-비활성규칙(Active-Inactive Rule)에 따라 신고 기간을 재개한다고 밝혔다. 보고 기간은 연방관보에 공표된 후 30일 후에 재개되며 해당 날짜 이후 60일 동안 계속된다.

▶ 의무사항 3 (중요 신규용도 신고, Significant New Usu Notification)

❑ EPA는 기존화학물질 및 혼합물이 문제를 일으킬 수 있는 새로운 방식으로 사용되기 전에 TSCA 섹션 5(a)의 중요 신규용도 규칙(SNUR, significant new use rule)을 적용할 수 있다. EPA는 화학물질의 제조 및 처리 예상량, 화학물질에 대한 인간 또는 환경의 노출 유형 또는 형태를 변경하는 정도, 화학물질에 대한 인간 또는 환경의 노출 크기와 지속 시간을 증가시키는 정도, 상업적인 제조, 가공, 유통 및 화학물질의 폐기에 대해 합리적으로 예상되는 방법 등을 종합적으로 검토하여 결정한다.

❑ 기존화학물질 목록에서 SNUR 요구사항의 대상이 되는 물질은 "S" 플래그로 지정된다. 만일 화학물질이 SNUR을 적용받고, 해당 물질을 제조, 가공 또는 사용하는 것이 중요 신규용도인 경우, 해당 물질을 제조하기 90일 전에 SNUN을 제출해야 한다. 또한, 화학물질을 판매하는 제조자 또는 가공자는 사용자에게 해당 물질의 SNUR 상태를 통지해야 한다. 또한 정체성이 공개되지 않은 화학물질의 구매자는 의도된 사용이 중요 신규용도가 아니라는 것을 판매자로부터 증명받아야 한다.

❑ EPA는 중요 신규용도가 잠재적으로 노출된 하위 집단에 대한 불합리한 위험을 포함하여 건강이나 환경에 불합리한 위해성이 있다고 판단할 경우 제조,가공, 유통되는 양을 제한하거나 상업적인 제조, 가공 또는 유통을 금지할 수 있다.

▶ 의무사항 4 (화학물질 자료 보고, Chemical Data Reporting)

❑ 연간 유통량이 25,000파운드(약 11.3톤)를 초과하는 화학물질은 4년마다 EPA에 생산량 또는 수입량, 상업적 제조나 이용에 관한 정보를 제공해야 한다. 지난 2016년~2019년 제조·수입량 보고는 2020년에 수행되었고, 2020년~2023년까지의 제조·수입량 보고는 2124년에 보고하면 된다.

❑ 2016년에 보고된 화학물질 수는 8,767종이며, `21년 하반기 중 업데이트된 CDR 자료가 홈페이지에 공개될 예정이다. EPA는 CDR 규칙에 따라 미국에서 생산되고 미국으로 수입되는 화학물질의 유형, 수량 및 사용에 대한 정보를 포함한 기본적인 노출 관련 정보를 수집한다. EPA는 CDR 자료를 사용하여 기존화학물질의 안정성 평가, 잠재적인 인체 및 환경영향 평가를 위한 화학물질의 우선순위 지정 시 활용할 예정이다. 또한, 보고 자료에 따라 특정 화학물질에 대해 제조회사는 시험을 수행할 것을 요구받을 수 있으며(Section 4. Test rules), EPA는 제한, 경고표지, 기록보관, 생산금지 등의 수단을 이용하여 화학물질의 위험 관리가 가능하도록 한다.

▶ 의무사항 5 (수입 확인)

❑ 미국 관세청은 TSCA의 요건을 준수하지 않은 화학물질, 혼합물 또는 완제품의 미국 내 반입을 거부할 수 있다.

❑ 화학물질의 수입자는 TSCA 상의 모든 규정을 준수하였거나 법의 적용을 받지 않는다는 것 중 하나의 문구에 서명하여 송장에 명시해야 한다.

나. 규제 동향

A) 5종의 PBT 물질에 대한 최종 규칙 발표

- Decabromodiphenyl ether(DecaBDE), Phenol, isopropylated phosphate(3:1)(PIP(3:1)), 2,4,6-Tris(tert-butyl)phenol(2,4,6-TTBP), Hexachlorobutadiene(HCBD), Pentachlorothiophenol(PCTP)

❑ 2021년 6월, DecaBDE 등 5개 물질에 대한 최종규칙을 발표하였다. 이 중에서 DecaBDE는 텔레비전, 컴퓨터 등에 사용되는 전선용 플라스틱 마감재의 난연제로 사용되어 관련 산업의 주의가 필요하다. 이들 5종의 물질에 대해서는 특정용도 이외의 제조, 가공, 유통이 금지되며, 추가적인 위해성(risk) 평가는 필요하지 않다.

B) 4종의 물질에 대한 중요 신규사용 규칙(SNUR) 발표

❑ EPA는 2021년 9월 16일 사전 제조신고 대상이었던 4가지 물질에 대한 중요 신규사용 규칙을 발표하였다. 앞으로 이 물질을 지정된 중요한 신규 용도로 제조, 가공 또는 수입하려면 최소 90일 전에 EPA에 신고해야 한다.(시행 2021년 11월 15일)

C) PFAS 규제 통합로드맵 발표

❑ 2021년 10월 18일, EPA는 새로 신고된 내용과 기 신고된 PFAS 내용을 재검토하여 필요시 주요 신규용도 규칙(SNUR)을 지정하는 등의 규제강화를 예고하였다.

❑ PFAS 제조자는 TSCA 섹션 4에 따른 시험비용 분담이 요구될 예정이며, EPA는 시험자료 검토와 추가 연구로 우선순위 지정이 필요한 PFAS 물질군을 선정할 계획이다.

(3) 일본 화심법

가. 규제 주요 내용

❑ 정식명칭은 화학물질의 심사 및 제조 등의 규제에 관한 법률(化学物質の審査及び製造等の規制に関する法律)이다. 사람의 건강을 해칠 우려가 있거나 동식물의 서식이나 생육에 지장을 줄 우려가 있는 화학물질에 의한 환경오염을 방지하기 위해 신규화학물질의 제조나 수입 시에 사전에 화학물질의 성상에 관해 심사하는 제도를 마련하는 동시에 성상 등에 따라 화학물질의 제조, 수입, 사용 등에 대해 필요한 규제를 하기 위해 1973년 10월 16일에 제정되었으며 1974년 4월 1일부터 시행되었다. 주무부처는 후생노동성, 경제산업성, 환경성으로 나누어져 있다.

❑ 일본은 화심법을 제정해 신규화학물질 규제를 시작했는데 당시에는 선진국에서도 유례없는 규제였다. 이후 REACH가 제정되면서 일본도 2009년에 화심법을 대대적으로 개정하여 시장에 유통되고 있는 기존 화학물질을 포함한 모든 화학물질로 관리범위를 확대하였다. 화학물질 및 화학반응으로 얻어진 화합물 등이 대상이며, 의약품, 농약 등 타법의 관리대상 물질은 제외된다.

❑ 화심법에서는 신규화학물질, 일반화학물질, 특정일반화학물질(2017년 신규 신설), 우선평가화학물질, 제1종 특정화학물질, 제2종 특정 화학물질 및 감시화학물질로 구분하여 규제를 진행하고 있다.

[도표 Ⅱ-31] 일본 화심법 화학물질 분류

분류	정의 및 규제내용
제1종 특정화학물질	○ 난분해성, 고축적성, 인간 또는 고등 포식동물에 대해 장기·만성독성을 가진 화학물질 - 제조·수입에 대한 허가 필요(사실상 금지)
제2종 특정화학물질	○ 고축적성은 없더라도 인간 및 생활환경 동식물에 대한 장기·만성독성을 가지며, 광범위한 지역의 환경 중에 상당히 잔류하고, 피해를 줄 우려가 있는 화학물질 - 제조·수입(예정 및 실적)량, 용도 등의 신고
감시화학물질	○ 난분해성, 고축적성으로 판명된 물질 중, 독성여부가 불명확한 화학물질 - 제조·수입 누적수량, 상세용도 등 신고
우선평가 화학물질	○ 제2종 특정화학물질의 요건에 해당하는지 여부에 대한 평가를 우선적으로 수행해야 하는 화학물질로서, 사람의 건강과 관련된 피해 등을 일으킬 우려가 없다고 인정되지 않아, 평가를 우선적으로 실시할 필요가 있다고 인정되는 화학물질 - 1톤 이상 제조·수입 누적 수량, 상세 용도 등의 신고
일반화학물질	○ 위에 열거한 화학물질(제1종 특정화학물질, 제2종 특정화학물질, 감시화학물질, 우선화학물질), 신규화학물질을 제외한 화학물질
신규공시 화학물질 (`11. 4. 1. 이후)	○ 2011년 4월 1일 이후 신고된 화학물질 중 제1종 특정화학물질에 해당되지 않는 것으로 판정되어 2017년 이후에 공시된 물질 ○ 일반화학물질에 포함
특정 일반화학물질	○ 일반화학물질 중 독성이 높은 물질로 평가된 물질 - 주무부처의 독성평가결과를 해당 물질의 신고기업에 통보 등

자료 : 국회예산정책처 연구용역보고서 [주요 국내외 화학물질 규제 동향 및 산업별 영향 조사], 2022. 1

▶ **의무사항 1 (신고)**

❑ 연간 1톤을 초과하는 신규화학물질을 제조, 수입하려는 자는 사전에 후생노동성, 경제산업성, 환경성 등에 신고해야 한다. 연간 1톤 이하는 소량신규 신고, 10톤 이하는 저생산량 신고, 저우려고분자 신고를 통해 신고 절차가 간소화된다.

❑ 관계부처는 대상물질의 분해성, 축적성, 만성독성 및 생태독성에 대한 사전평가를 실시하며, 평가결과에 따라 일반화학물질, 특정일반화학물질, 우선평가화학물질, 특정화학물질, 감시화학물질로 구분하여 규제하게 된다.

[도표 Ⅱ-32] 신고 종류별 제출 서류 목록

구분	저분자	고분자
소량 신규 신고 (개별 회사 기준은 연간 1톤 이하, 전국 기준은 연간 1톤 환경배출량)	시험 불필요	시험 불필요
저생산량 신고 (개별 회사 기준은 연간 10톤 이하, 전국 기준은 연간 10톤 환경배출량)	① 분해도 시험 ② 농축도 시험 또는 ③ 분배계수측정	고분자 Flow Scheme 시험
보통 신규 신고	(위 시험 항목에 추가적으로) ④ AMES 시험 ⑤ 염색체이상시험 ⑥ 28일 반복투여독성시험 ⑦ 어류 급성독성시험 ⑧ 물벼룩류 급성유영저해시험 ⑨ 조류 생장저해시험	

자료 : 국회예산정책처 연구용역보고서 [주요 국내외 화학물질 규제 동향 및 산업별 영향 조사], 2022. 1

▶ **의무사항 2 (연례 보고)**

❑ 연간 1톤 이상의 일반화학물질을 제조 또는 수입하는 업체는 수량, 용도 및 기타 정보를 보고해야 한다. 신고기간은 매년 4월부터 6월까지이며 신고대상 기간은 제조·수입 시작일로부터 다음 해 3월 말까지이다.

❑ 신규로 지정된 우선평가화학물질을 지난 회계연도에 1톤 이상 제조 또는 수입한 경우에는 다음 해에 연간제조 및 수입보고서를 제출해야 한다. 신고기간은 일반화학물질과 같다.

❑ 또한, 소비자에게 제품이 우선평가화학물질인지 또는 제품에 우선평가화학물질이 포함되었는지 등에 대한 정보를 전달할 의무가 있으며, 감시화학물질을 연간 1kg 이상 제조·수입하는 자도 전년도의 제조, 수입량 및 용도 등을 신고해야 한다.

▶ **의무사항 3 (특정일반화학물질관리)**

❑ 일반화학물질 중 사람 및 동물에 대해 독성이 강한 물질을 특정일반화학물질로 지정할 수 있다. 이 물질의 양도 시에는 정보전달 등의 의무가 부여된다.

나. 규제 동향

A) 과불화옥탄산(PFOA) 및 그 염화물을 제1종 특정화학물질로 지정

❏ 2019년에 개최된 스톡홀름협약 제9차 당사국회의에서 위의 물질을 폐기목록에 추가하기로 결정함에 따라, 일본 정부는 2021년 4월 16일 PFOA 및 그 염화물을 제1종 특정화학물질로 지정하였다. 시행일은 2021년 10월 2일이다. 이에 따라 PFOA 및 그 염화물이 사용된 다음의 제품은 수입이 금지된다.

[도표 Ⅱ-33] 수입이 금지되는 PFOA 및 그 염화물 사용제품 목록

- 내수성 또는 내유성을 부여하기 위해 처리된 종이
- 발수성 또는 발유성을 부여하기 위해 처리된 직물
- 세정제
- 반도체 제조에 사용되는 반사 방지제
- 도료 및 광택제
- 발수성 및 발유성 제품
- 접착제 및 밀폐용 충전재(밀폐 필러)
- 소화기, 소화기용 소화약제 및 포소화약제
- 토너
- 발수성 또는 발유성을 부여하기 위해 처리한 의복
- 발수성 또는 발유성을 부여하기 위해 처리한 바닥 깔개
- 바닥용 왁스
- 업무용 사진 필름

자료 : 국회예산정책처 연구용역보고서 [주요 국내외 화학물질 규제 동향 및 산업별 영향 조사], 2022. 1

B) 2022년도 신규화학물질의 제조·수입신고 등과 관련된 일정 발표

❏ 화심법 관련 3개 부처는 2021년 9월 16일 2022년도 신규화학물질의 제조·수입신고 일정을 발표하였다. 2022년에는 총 12회에 걸쳐 신고할 수 있으며, 신고 시에는 화학구조, 분자식과 같은 물질정보를 제출해야 한다.

[도표 Ⅱ-34] 신규화학물질 제조·수입신고 등과 관련된 일정

차수	예비심사용 자료 제출 기한	2018년 3월 말까지 판정 결과가 통지된 스크리닝 독성시험 등을 실시한 신규 화학물질의 동일물질 연락기한	신고 마감일
1회	2021년 10월 7일	2021년 12월 24일	2022년 1월 5일
2회	-	-	2022년 2월 4일
3회	2021년 12월 20일	2022년 3월 4일	2022년 3월 11일
4회	2022년 1월 12일	2022년 3월 25일	2022년 4월 1일
5회	2022년 2월 8일	2022년 4월 22일	2022년 5월 6일
6회	2022년 3월 11일	2022년 5월 27일	2022년 6월 3일
7회	2022년 4월 7일	2022년 6월 24일	2022년 7월 1일
8회	-	-	2022년 8월 5일

차수	예비심사용 자료 제출 기한	2018년 3월 말까지 판정 결과가 통지된 스크리닝 독성시험 등을 실시한 신규 화학물질의 동일물질 연락기한	신고 마감일
9회	2022년 6월 9일	2022년 8월 26일	2022년 9월 2일
10회	2022년 6월 29일	2022년 9월 22일	2022년 9월 30일
11회	2022년 8월 3일	2022년 10월 28일	2022년 11월 4일
12회	2022년 9월 13일	2022년 11월 25일	2022년 12월 2일

자료 : 국회예산정책처 연구용역보고서 [주요 국내외 화학물질 규제 동향 및 산업별 영향 조사], 2022. 1

(4) 중국 신규화학물질환경관리제도

가. 규제 주요 내용

❑ 정식명칭은 신규화학물질 환경관리등록제도(新化学物质环境管理登记办法)로, EU REACH와 유사하게 중국 내에서 새로 생산되거나 수입되는 신규화학물질을 등록하는 제도이며 China REACH라고도 부른다.

❑ 신규화학물질의 위해성을 통제하고 공중보건을 보장하며, 환경을 보호하기 위해 2010년 1월 10일 제정되었으며, 2010년 10월 15일부터 시행되었다. 2020년 4월에 2차 개정되어 2021년 1월부터 시행 중이다. 현재 주무 부처는 생태환경부이다.

▶ 의무사항 1 (신고, 등록)

❑ 기존화학물질 목록(IECSC)에 등록되지 않은 모든 신규화학물질을 제조 또는 수입하기 위해서 사전 신고 또는 등록을 마쳐야 한다. 연간 1톤 미만의 물질과, 단량체의 함량이 2% 미만인 고분자, 또는 저우려 고분자는 별도의 시험자료 없이 신고할 수 있다. 신고물질의 경우, 생태환경부에 필요 정보와 서류를 제출하는 즉시 생산, 수입 또는 사용할 수 있다. 연간 10톤 미만의 물질은 물리화학적 특성과 생태독성 시험자료를 첨부하여 간이등록 신청이 가능하다. 단, 생태독성 시험자료는 중국 역내에서 제공되는 생물을 사용하여 중국 역내에서 관련 규정에 따라 시험한 자료만 인정된다. 연간 10톤 이상의 물질은 인체독성 자료를 추가하여 등록 신청해야 한다.

❑ 일반 등록된 신규화학물질은 승인일로부터 5년 후에 기존화학물질 목록에 추가된다. 간이등록된 신규화학물질은 IECSC에 추가되지 않고 신규화학물질로 유지된다.

❑ 신규화학물질이 IECSC에 추가된 이후에는 등록된 용도로의 사용만 가능하며, 다른 용도로 사용하고자 하는 경우는 반드시 신규화학물질로 재등록해야 한다. 등록된 신규물질이 잔류성·생물농축성·독성 물질 모두에 해당될 경우에는 사용이 금지되며, 잔류성·생물농축성·독성 중 2가지 이상에 해당될 경우, 연례보고를 실시해야 한다.

❑ 신규화학물질로 등록된 물질이 다음과 같은 경우에는 재등록해야 한다.

- 생산, 수입 수량이 등록 수량을 초과하려는 경우
- 활동유형이 수입에서 생산으로 변경될 경우

- 물질의 용도(intended use)가 업데이트되는 경우
- 위해성 관리대책을 변경할 것을 제안받는 경우
- 환경위험을 증가시키는 기타 상황의 경우

❑ 등록된 신규화학물질에 대해서는 5년 동안 회사 기밀 보호가 허용(연장 불가) 되는데, 기존화학물질 목록에 등록된 회사 기밀은 2025년 12월 31일자로 보호 기간이 만료되며, 2026년 1월 1일부터 전체 공개될 예정이다. 등록 또는 신고 이후에는 다음의 사항을 관리해야 한다.

[도표 Ⅱ-35] 등록 이후 조치 사항

등록 분류	등록 이후 조치 사항
일반 등록	ㅇ 등록증 번호, 등록신청서, 위험 특성, 위해 통제 조치 및 환경 관리 요건을 포함한 관련 정보 전달 ㅇ 화학물질 활성 상황 기록 체계구축 ㅇ 문서를 10년 이상 파일로 보관 ㅇ 환경위해관리대책 및 환경관리요건의 이행상황 공개 ㅇ 최초활동보고서 제출 ㅇ 지난해의 신물질 발생 상황 보고 ㅇ 새로운 위험이나 위해가 발생할 경우 업데이트된 자료를 제출하고 위해를 제거하거나 줄이기 위한 조치를 취함
간이 등록	ㅇ 등록증 번호, 등록 신청서, 위험 특성, 위해 통제 조치 및 환경관리 요건을 포함한 관련 정보 전달 ㅇ 화학물질 활성 상황 기록 체계구축 ㅇ 문서를 10년 이상 파일로 보관 ㅇ 1차 활동보고서 제출 ㅇ 새로운 위험이나 위해가 발생할 경우 업데이트된 자료를 제출하고 위해를 제거하거나 줄이기 위한 조치를 취함
신고	ㅇ 기록 수령, 등록된 신청서, 위험 특성, 위해 통제 조치 및 환경관리 요건을 포함한 관련 정보 전달 ㅇ 화학물질 활성 상황 기록 체계구축 ㅇ 문서를 3년 이상 파일로 보관 ㅇ 새로운 위험이나 위해가 발생할 경우 업데이트된 자료를 제출하고 위해를 제거하거나 줄이기 위한 조치를 취함

자료 : 국회예산정책처 연구용역보고서 [주요 국내외 화학물질 규제 동향 및 산업별 영향 조사], 2022. 1

▶ 의무사항 2 (신규용도 등록)

❑ 기존화학물질 중 고위해화학물질과 잔류성(P), 생물축적성(B), 독성(T) 물질의 경우, 등록자가 용도를 변경할 때에는 사전에 생태환경부에 신규용도를 등록해야 한다. 이때 신청서와 함께 신규용도에 대한 환경노출평가보고서와 위해성 관리대책, 사회경제적 효능 분석 자료를 제출해야 한다.

▶ 의무사항 3 (정보전달 및 보고)

❑ 신규화학물질 등록자는 해당 물질을 처음으로 제조하거나, 사용자에게 수입한 물질을 전달한 후 60일 이내에 개시활동보고서를 제출해야 한다. 하위사용자에게 환경독성 및 인체독성 자료와 위해성 관리계획 등의 정보를 제공해야 한다.

나. 규제 동향

A) 기존화학물질 목록 추가

□ 중국 생태환경부는 2021년 10월 18일 기존화학물질목록(IECSC)에 23개 물질을 추가 등재하였다. 이로서 2021년도에는 총 6차례에 걸쳐 총 620종의 물질이 IECSC에 등재되었다. 이로써 2021년 11월 현재 전체 목록 수는 46,805종으로 늘어났다.

B) 미등록 신규화학물질에 대한 조사 확대

□ 중국 정부는 신규화학물질 환경관리제도 2차 개정안이 시행된 이후 미등록 신규화학물질에 대한 검사를 확대하고 있다. 동 규정에 따라, 기존화학물질목록(IECSC)에 등재되지 않은 물질을 신규화학물질로 간주하고, 중국에서 제조되거나 중국으로 수입되는 제품에 대하여 미등록 신규화학물질이 포함되어 있는지 확인을 위한 검수관 수를 대폭 늘렸다. 현재 다롄(Dalian)을 비롯하여 상하이와 칭다오 내 위치한 항구를 중심으로 무작위 검사가 실시되고 있다.

□ 중국 내 제조업체와 수입업체는 이와 관련한 등록 의무를 반드시 준수해야 한다. 제품 내 신규화학물질이 함유되어 있는 경우 관련 업체들은 수출 전에 반드시 등록증명서와 관련기록물을 제공해야 할 의무가 있으며, 이를 위반할 경우 해당 화물을 몰수하거나 제조업체로 반환 명령을 받을 수 있다. 또한, 10,000~30,000위안의 벌금과 향후 1~3년간 등록신청에 제재를 받을 수 있다.

2) 국내 주요 화학물질 규제 동향

(1) 화학물질의 등록 및 평가 등에 관한 법률(화평법)

가. 규제 주요 내용

□ 화학물질의 등록·신고 및 유해성(有害性)·위해성(危害性)에 관한 심사·평가, 유해화학물질 지정에 관한 사항을 규정하고, 화학물질에 대한 정보를 생산·활용하도록 함으로써 국민건강 및 환경을 보호하기 위해 2013년 5월 22일 제정되어 2015년 1월 1일부터 시행되었으며, 주무 부처는 환경부이다.

□ 화평법 이전에 유해화학물질관리법에서 화학물질 등록, 관리 등을 총괄하던 것을, EU REACH 출범 이후에 화학물질의 등록, 평가 등의 내용은 화평법으로 분리되어 새로 제정되었으며, 화학물질의 안전관리 및 사고대응은 화학물질관리법(화관법), 피해 발생 시 신속한 구제조치는 환경오염피해 배상책임 및 구제에 관한 법률(환구법)로 분리되었다.

▶ 의무사항 1 (등록)

□ 연간 100kg 이상 제조 또는 수입되는 신규화학물질 또는 1톤 이상의 기존 화학물질은 사전에 등록해야 한다. 기존화학물질은 톤수별 등록 유예기간을 부여하기 위한 사전신고 기간이 종료(2019.6.30.)되었으며 이후에는 정해진 등록 유예기간 내에 등록해야 한다.

[도표 Ⅱ-36] 사전신고한 기존화학물질 톤수별 등록 유예기간

톤수 범위	등록 유예기간
1,000톤 이상 및 CMR 물질	2021년 12월 31일
100톤 이상 ~ 1,000톤 미만	2024년 12월 31일
10톤 이상 ~ 100톤 미만	2027년 12월 31일
1톤 이상 ~ 10톤 미만	2030년 12월 31일

자료 : 국회예산정책처 연구용역보고서 [주요 국내외 화학물질 규제 동향 및 산업별 영향 조사], 2022. 1

❑ 신규화학물질은 등록기준이 되면 즉시 등록해야 하며, 사전신고 요건에 해당되었으나 신고를 누락한 기존화학물질도 톤수에 관계없이 즉시 등록해야 한다. 등록대상기존화학물질 510종은 제조, 수입 전에 등록을 마쳐야 한다. 등록 대상이 아님에도 불구하고 사람의 건강 또는 환경에 심각한 피해를 입힐 우려가 크다고 인정되거나, 연간 총 제조, 수입량이 기준을 초과하여 환경부장관이 지정고시한 화학물질은 등록해야 한다. 즉, 기업의 입장에서 볼 때 연간 1톤이 넘지 않아 등록대상이 아님에도 불구하고 등록해야 하는 경우가 발생할 수 있으므로 유의해야 한다.

[도표 Ⅱ-37] 국내 총 제조, 수입량 등록기준

	개별기업 등록 기준	국내 총 제조·수입량 기준
신규화학물질	연간 0.1톤 이상	1톤(개별기업 01톤 미만)
기존화학물질	연간 1톤 이상	10톤(개별기업 1톤 미만)

❑ 등록신청은 아래의 서류를 구비하여 개별적으로 등록 신청하되, 화학물질의 분류 및 표시 등 3개 자료와 미비된 시험자료에 대한 시험계획서는 반드시 대표자를 정하여 공동으로 제출해야 하며, 2개 자료는 합의할 경우 공동 제출할 수 있다.

[도표 Ⅱ-38] 등록서류 목록

시험자료	위해성평가 자료	필요서류
최대 47개 항목 (25개 시험성적서 및 22개 시험계획서 제출)	연간 10톤 이상인 경우	ㅇ 제조·수입자의 명칭, 소재지, 대표자 ㅇ 화학물질의 명칭, 분자식·구조식 등 화학물질 식별정보 ㅇ 화학물질의 용도 ㅇ 화학물질의 분류 및 표시* ㅇ 물리적·화학적 특성 자료* ㅇ 화학물질의 유해성 자료* ㅇ 화학물질의 위해성에 관한 자료** ㅇ 안전사용을 위한 지침 관련 자료** ㅇ 화학물질의 사용 용도와 관련한 노출정보

* 필수 공동제출, ** 선택 공동제출(신청자들이 합의한 경우)

❑ 사전신고 종료일(2019.6.30.) 이후에 처음으로 연간 1톤 이상의 물질을 제조 또는 수입하는 경우, 그리고 처음에는 사전신고 대상이 아니었으나 제조·수입량이 증가되어 등록대상이 된

물질의 경우에는 '늦은 사전신고'를 통해 등록 유예기간을 확보할 수 있다. 또한 사전신고를 완료한 물질에 대해 변경된 내용이 발생한 경우에는 발생한 날로부터 1개월(제조·수입량의 무게 범위에서 변경되는 경우, 신고자의 상호·소재지·연락처 등이 변경된 경우 등) 또는 안 날로부터 1개월(화학물질의 분류표시가 변경된 경우, 새로운 소비자 용도가 확인되어 변경된 경우) 이내에 변경할 수 있다.

❑ 다음의 경우에는 등록과 신고가 면제된다. 등록등면제확인을 받으려면 등록등면제확인을 신청하며, 환경부장관은 면제대상에 해당하는지를 확인하여 신청인에게 통지해야 한다.

- 기계에 내장(內藏)되어 수입되는 화학물질
- 시험운전용으로 사용되는 기계 또는 장치류와 함께 수입되는 화학물질
- 특정한 고체 형태로 일정한 기능을 발휘하는 제품에 들어있어 그 사용 과정에서 유출되지 아니하는 화학물질
- 위해성이 매우 낮은 화학물질로서 평가위원회의 심의를 거쳐 환경부장관이 지정·고시하는 화학물질
- 그 밖에 국외로 전량 수출하기 위하여 제조하거나 수입하는 화학물질 등 대통령령으로 정하는 화학물질로서 환경부장관으로부터 등록 또는 신고의 면제 확인을 받은 화학물질

❑ 등록이 완료된 이후 화학물질의 연간 제조량·수입량이 법에서 정한 범위 이상 변경된 경우와 등록한 화학물질의 용도, 유해성 및 위해성 등에 관하여 환경부령으로 정하는 사항이 변경된 경우에는 반드시 변경등록을 해야 하며, 등록한 자의 상호·성명 또는 소재지나 대표자(등록한 자가 법인인 경우)가 변경된 경우에는 변경신고를 해야 한다.

▶ 의무사항 2 (신고)

❑ 국내에서 제조 또는 수입되는 연간 100kg 미만인 신규화학물질과 제품에 함유된 중점관리물질이 0.1중량% 이상이고 연간 1톤 이상인 경우 사전에 신고해야 한다. 신고가 면제되는 물질인 경우 면제확인(의무사항 1 참조)을 받아야 한다.

[도표 Ⅱ-39] 신고서류 목록

ㅇ 국외 제조·생산자에 의한 선임 사실 신고증(국외 제조·생산자가 선임한 자가 신고하는 경우)
ㅇ 자료보호 신청서(자료보호를 요청하는 경우만 해당)
ㅇ 위탁계약서 사본 등 위탁을 증명하는 서류(화학물질을 위탁하여 제조하려는 자가 신고하는 경우)
ㅇ 종전의 「유해화학물질 관리법」(법률 제11862호로 개정되기 전의 것) 제12조에 따른 유해성심사 면제 확인 결과 통지서(법 제10조제4항제2호에 따른 신규화학물질을 신고하는 경우만 해당한다)

자료 : 국회예산정책처 연구용역보고서 [주요 국내외 화학물질 규제 동향 및 산업별 영향 조사], 2022. 1

❑ 신고가 완료된 화학물질의 용도, 유해성 및 위해성 등에 관하여 환경부령으로 정하는 사항이 변경된 경우, 등록한 자의 상호·성명 또는 소재지나 대표자(등록한 자가 법인인 경우)가 변경된 경우에는 변경신고를 해야 한다.

❑ 과거 유해화학물질관리법에 따라 이미 유해성 심사를 받은 자는 다음 기간까지 신고할 경우 현행 화평법에서 등록 및 유해성 심사를 받은 것으로 간주된다. 또한 유해화학물질관리법에 따라 면제를 받은 신고대상 물질은 화평법 시행일로부터 2년 이내에 신고해야 한다.(2020년 12월 31일 종료)

[도표 Ⅱ-40] 유해화학물질관리법에 따라 심사를 받은 물질의 신고 기한

톤수 범위	신고 기한
1,000톤 이상 및 CMR 물질	2019년 12월 31일
연간 100톤 이상 1,000톤 미만	2022년 12월 31일
연간 10톤 이상 100톤 미만	2025년 12월 31일
연간 1톤 이상 10톤 미만	2028년 12월 31일

자료 : 국회예산정책처 연구용역보고서 [주요 국내외 화학물질 규제 동향 및 산업별 영향 조사], 2022. 1

▶ 의무사항 3 (안전정보 제공)

❑ 신고 또는 등록된 화학물질과 등록되지 않은 기존화학물질 중 유해화학물질 또는 그 물질이 들어있는 혼합물을 양도하는 경우에는 등록번호, 명칭, 유해성 및 위해성에 관한 정보, 안전사용 정보 등의 안전정보를 제공해야 한다. 물질안전보건자료(MSDS)를 제공해야 하는 경우에는 MSDS에 기록하여 제공하거나 MSDS에 첨부하여 제공한다.

❑ 구성성분 및 함유량이 영업비밀에 해당한다고 인정되는 사항은 제공하지 않을 수 있다. 단, 유해화학물질은 해당되지 않으며, 건강 유해성 또는 환경 유해성이 있는 것으로 분류되는 화학물질에 대해서는 환경부장관의 승인을 받아야 한다.

❑ 양도자가 반복해서 동일한 화학물질 또는 해당 화학물질이 들어있는 혼합물을 동일인에게 양도하는 경우에는 최초 1회만 제공할 수 있다. 정보 제공자 또는 그 정보를 제공받은 자는 제공된 정보에 환경부령으로 정하는 변경사항이 발생한 경우 변경사실을 안 날부터 1개월 이내에 그 사실을 상대방에게 알려야 한다. 화학물질 또는 혼합물 양도자는 양수자에게 해당 화학물질의 안전정보를 양도하기 전이나 양도할 때 제공해야 한다.

▶ 의무사항 4 (하위사용자 등의 정보제공 의무)

❑ 하위사용자 및 판매자는 해당 화학물질을 제조·수입하는 자가 등록을 위해 자료를 요청한 경우 화학물질의 용도, 노출정보, 사용·판매량, 안전사용 여부 등의 정보를 제공해야 한다. 또한, 하위사용자나 판매자가 요청한 경우 제조·수입자는 화학물질안전정보를 제공해야 한다.

나. 규제 동향

A) 등록 의무 등 불이행에 대한 조치 강화

❑ 지금까지는 미등록등화학물질의 제조자나 수입자에 대해서만 조치할 수 있었던 것에서 미등록등화학물질의 하위사용자 또는 이를 판매한 자에 대해서도 조치명령을 내릴 수 있도록 개정되었으며, 2021년 10월 14일부로 시행되었다. 환경부장관은 미등록등화학물질의 하위사용자에게

사용·판매 중지, 회수 등의 필요한 조치를 명할 수 있으며, 이를 위반할 경우 5년 이하의 징역 또는 1억원 이하의 벌금에 처하도록 하였다.

B) 제한물질, 금지물질의 지정 내용 강화

❑ 2021년 9월, 제한물질인 납 및 이를 0.06% 이상 함유한 혼합물 함량 기준을 0.009%로 강화하고 모든 페인트 용도로 취급할 수 없도록 제한 내용이 확대되었다. 또한, 제한물질인 크로뮴(6+) 화합물 및 이를 0.1% 이상 함유한 혼합물의 경우 모든 페인트 용도로 제한 범위가 확대되었다. 아크릴아미드 및 이를 0.1% 이상 함유한 혼합물을 그라우트 용도로 취급할 수 없도록 신규 제한 물질로 지정되었다.

[도표 Ⅱ-41] 제한물질 지정 내용 강화

고유 번호	화학물질의 명칭	제한 용도 (제조, 수입, 판매, 보관·저장, 운반, 사용 금지)	개정된 내용의 시행일
06-5-8	납(7439-91-1) 및 이를 0.009% 초과 함유한 혼합물	금속장신구 용도 페인트 용도	2022년 7월 1일(제조, 수입) 2023년 1월 1일(판매, 보관·저장, 운반, 사용
06-5-10	크로뮴(6+, 18540-29-9) 및 이를 0.1% 이상 함유한 혼합물	물탱크 방청도료 용도 페인트 용도	2023년 1월 1일(제조, 수입) 2023년 7월 1일(판매, 보관·저장, 운반, 사용
06-5-14	아크릴아미드(79-06-1) 및 이를 0.1% 이상 함유한 혼합물	크라우트 용도	2023년 7월 1일(제조, 수입) 2024년 1월 1일(판매, 보관·저장, 운반, 사용)

자료 : 국회예산정책처 연구용역보고서 [주요 국내외 화학물질 규제 동향 및 산업별 영향 조사], 2022. 1

C) 고분자화합물 및 나노물질 관련 시행규칙 일부 개정(시행 2021. 10. 14)

❑ 연간 1천톤 미만으로 제조·수입되는 고분자화합물에 대해서는 위해성자료를 생략할 수 있다. 또한 「생활화학제품 및 살생물제의 안전관리에 관한 법률」에 따라 물질승인이 신청된 화학물질에 대해서는 제출자료 중 중복 자료를 생략하여 등록·신청할 수 있도록 개정되었다.

❑ 화학물질안전정보를 작성할 경우, 등록 유예기간 내에 있는 기존화학물질 중 아직 위해성 자료가 작성되지 않아 위해성 정보가 없거나, 제조·수입하려는 화학물질의 양이 10톤 미만 등으로 위해성 자료를 제출하지 않고 등록한 경우에는 물질안전보건자료에 해당 화학물질의 등록·신고 번호를 작성하여 제공할 수 있도록 개정되었다.

❑ 또한, 나노물질 등록 시 나노물질 정의에 해당하는지 여부 등의 확인을 위해 입자크기, 입자크기분포, 입자모양, 종횡비(縱橫比, aspect ratio)의 자료를 제출하도록 하고, 각종 서식의 등록의 형태 구분 항목에 나노물질을 추가하도록 하였다.

(2) 화학물질관리법(화관법)

가. 규제 주요 내용

❑ 화학물질로 인한 국민건강 및 환경상의 위해를 예방하고 화학물질을 적절하게 관리하는 한편, 화학물질로 인하여 발생하는 사고에 신속히 대응함으로써 화학물질로부터 모든 국민의 생명과 재산 또는 환경을 보호하기 위해 2013년 6월 4일 제정되었으며, 2015년 1월 1일부터 시행되었다. 주무 부처는 환경부이다.

❑ 기존의 유해화학물질관리법에서 화학물질 등록, 관리 등을 총괄하던 것을, EU REACH 출범 이후에 화학물질의 등록, 평가 등의 내용은 화평법으로 분리되어 새로 제정되었으며, 화학물질의 안전관리 및 사고대응은 화학물질관리법(화관법)으로 피해 발생 시 신속한 구제조치는 환경오염피해 배상책임 및 구제에 관한 법률(환구법)로 분리되었다.

▶ 의무사항 1 (화학물질 확인 제출)

❑ 국내 제조자 또는 수입자는 화학물질을 제조하거나 수입(통관) 전에 해당 화학물질이나 성분이나 기존화학물질, 신규화학물질, 유해화학물질(유독물질, 허가물질, 제한물질, 금지물질, 사고대비물질) 중 어디에 해당하는 지를 확인하여 환경부장관에게 제출해야 한다. 특정한 고체 형태로 일정한 기능을 발휘하는 제품에 들어있어 그 사용 과정에서 유출되지 않는 경우 등 환경부장관이 고시하는 기준에 해당되는 경우에는 면제된다. 제조 또는 수입자가 화학물질 확인을 위해 필요한 서류를 작성하여 한국화학물질관리협회에 화학물질 확인 증명신청서를 제출하면, 신청한 화학물질이나 그 성분이 어떤 물질에 해당하는 지 확인받을 수 있다.

❑ 화학물질 확인은 제조 및 수입량에 관계없이 모두 해당되며, 동일 제품의 경우 최초 1회만 제출하면 된다. 시험용·연구용·검사용 시약이나 시범 생산용 등 시장출시와 직접 관련이 없는 화학물질의 경우에는 제조 또는 수입 후 30일 이내에 제출하면 된다.

▶ 의무사항 2 (통계조사)

❑ 환경부는 매 2년마다 화학물질 취급현황, 취급시설 등에 관한 조사를 실시한다. 연간 1톤(유해화학물질은 100kg) 이하의 화학물질을 조사 대상에서 제외하던 규정을 업종별로 세분화하여, 일부 업종의 경우에는 취급량과 관계없이 모든 화학물질이 조사 대상이다.

▶ 의무사항 3 (배출량 조사)

❑ 매년 4월 30일까지 대통령령으로 정하는 화학물질을 취급하는 사업장에서 배출되는 화학물질 현황을 조사한다. 조사 내용에는 물질별 취급량, 용도, 환경 배출량, 외부로의 이동량 및 자가매립량 등이 포함된다.

❑ 배출량 조사대상 사업장 중 유해성이 높은 화학물질을 직전 연도에 1톤 이상 배출한 종업원 30명 이상의 사업장은 5년마다 화학물질 배출저감계획서를 작성하여 제출해야 한다. 해당 화학물

질을 처음으로 1톤 이상 배출한 경우 다음 해 4월 30일까지 최초의 화학물질 배출저감계획서를 검토신청서와 함께 화학물질안전원장에게 제출한다. 환경부는 조사 완료 시 사업장 별로 그 결과를 지체 없이 공개해야 한다.

[도표 Ⅱ-42] 화관법에 의한 화학물질 통계조사 대상 및 내용

구분	내용
통계조사 대상	ㅇ 「대기환경보전법」 제23조제1항 또는 「물환경보전법」 제33조 제1항에 따라 배출시설의 설치 허가를 받거나 설치 신고를 한 사업장 ㅇ 화학물질을 제조·보관·저장·사용하거나 수출입하는 사업장 ㅇ 그 밖에 환경부장관이 화학물질 통계조사가 필요하다고 인정하여 고시한 대상
조사 내용	ㅇ 업종, 업체명, 사업장 소재지, 유입수계(流入水系) 등 사업자의 일반정보 ㅇ 제조·수입·판매·사용 등 취급하는 화학물질의 종류, 용도, 제품명 및 취급량 ㅇ 화학물질의 입·출고량, 보관·저장량 및 수출입량 등의 유통량 ㅇ 화학물질 취급시설의 종류, 위치 및 규모 관련 정보 ㅇ 그 밖에 환경부장관이 화학물질 통계조사를 위하여 필요하다고 인정하여 고시하는 정보

[도표 Ⅱ-43] 화학물질 배출저감계획서 주요 내용

ㅇ 업종, 업체명, 사업장 소재지 등 사업장 일반정보
ㅇ 배출저감 대상 화학물질의 취급량 및 취급공정
ㅇ 배출저감 대상 화학물질의 배출원 및 연간 배출량
ㅇ 향후 5년간 배출저감 방안 및 연도별 배출저감 목표
ㅇ 배출저감계획서의 이행 실적(최초로 배출저감계획서를 작성하는 경우는 제외)
ㅇ 그 밖에 환경부장관이 배출저감계획서의 검토 및 현황 조사를 위하여 필요하다고 인정하여 고시하는 사항

자료 : 국회예산정책처 연구용역보고서 [주요 국내외 화학물질 규제 동향 및 산업별 영향 조사], 2022. 1

▶ 의무사항 4 (유해화학물질 안전관리)

❑ 유해화학물질을 안전하게 취급하여 안전사고를 미연에 방지하기 위해 필요한 규정으로, 일정량을 초과하여 유해화학물질을 운반하려는 경우에는 사전에 운반계획서를 작성하여 제출해야 한다. 또한, 유해화학물질 취급자는 반드시 개인 보호장구를 착용해야 한다. 취급이 제한된 용도로 사용되는 제한물질 또는 금지물질을 수출하려는 자와 유독물질을 수입하는 경우 그 종류와 용도 등을 신고해야 한다.

▶ 의무사항 5 (화학사고예방관리계획서 작성 및 제출)

❑ 유해화학물질 취급시설을 설치·운영하려는 자는 사전에 화학사고 발생으로 사업장 주변 지역의 사람이나 환경 등에 미치는 영향을 평가하고 그 피해를 최소화하기 위한 화학사고예방관리계획서를 작성하여 제출해야 한다. 연구실과 학교, 그리고 필요성이 낮은 유해화학물질로서 환경부령으로 정하는 시설은 제외된다. 화학사고예방관리계획서에는 다음 내용이 포함되어야 한다.

[도표 Ⅱ-44] 화학사고예방관리계획서 주요 내용

ㅇ 취급하는 유해화학물질의 목록 및 유해성 정보 ㅇ 화학사고 발생으로 유해화학물질이 사업장 주변 지역으로 유출·누출될 경우 사람의 건강이나 주변 환경에 영향을 미치는 정도 ㅇ 유해화학물질 취급시설의 목록 및 방재시설과 장비의 보유현황 ㅇ 유해화학물질 취급시설의 공정 안전정보, 공정위험성 분석자료, 공정운전절차, 운전책임자, 작업자 현황 및 유의사항에 관한 사항 ㅇ 화학사고 대비 교육·훈련 및 자체점검 계획 ㅇ 화학사고 발생 시 비상연락 체계 및 가동 중지에 대한 권한자 등 안전관리 담당 조직 ㅇ 화학사고 발생 시 유출·누출 시나리오 및 응급조치 계획 ㅇ 화학사고 발생 시 영향 범위에 있는 주민, 공작물·농작물 및 환경매체 등의 확인 ㅇ 화학사고 발생 시 주민의 소산 계획 ㅇ 화학사고 피해의 최소화·제거 및 복구 등을 위한 조치계획 ㅇ 그 밖에 유해화학물질의 안전관리에 관한 사항 ※ 취급하는 유해화학물질의 유해성 및 취급수량 등을 고려하여 화학사고예방관리계획서에 포함되어야 하는 내용을 달리 정할 수 있다.

자료 : 국회예산정책처 연구용역보고서 [주요 국내외 화학물질 규제 동향 및 산업별 영향 조사], 2022. 1

❑ 유해화학물질의 취급량 또는 취급시설 용량이 증가하거나 새로운 유해화학물질 취급시설을 설치하는 경우, 유해화학물질의 품목, 농도, 성상 또는 취급시설의 위치가 변경되는 등 환경부령으로 정하는 중요사항이 변경되는 경우, 사업장 소재지의 지방자치단체의 장이 화학사고 발생 시 주민의 소산계획 보완이 필요하다고 요청하고 환경부장관이 인정한 경우에는 변경된 계획서를 제출해야 한다.

❑ 환경부는 제출한 계획서를 검토하여 해당 유해화학물질 취급시설의 위험도 및 적합 여부를 통보해야 한다. 적합통보를 받은 자는 이를 사업장 내에 비치한다. 또한, 사업장 인근 지역주민에게 취급하는 유해화학물질의 유해성 정보 및 화학사고 위험성, 화학사고 발생 시 대기·수질·지하수·토양·자연환경 등의 영향 범위, 화학사고 발생 시 조기경보 전달 방법, 주민대피 등 행동 요령 등을 고지해야 한다.

▶ 의무사항 6 (취급시설 안전관리)

❑ 유해화학물질 취급시설은 환경부령으로 정하는 배치·설치 및 관리 기준 등에 따라 설치·운영해야 한다. 현재 유해화학물질 취급시설별 설치 및 관리기준은 328개로 세분화되어 있다.

❑ 유해화학물질 취급시설의 설치를 마친 자는 시설을 환경부령으로 정하는 검사기관에서 가동하기 전에 설치검사를 받고 그 결과를 환경부장관에게 제출해야 한다. 유해화학물질 취급시설을 설치·운영하는 자는 취급시설별로 검사기관에서 정기검사 또는 수시검사를 받고 그 결과를 환경부장관에게 제출한다. 다만, 안전진단을 실시하고 안전진단결과보고서를 제출한 자에 대하여는

1년 동안 정기검사를 면제할 수 있다. 유해화학물질 취급시설의 설치를 마친 자 또는 유해화학물질 취급시설을 설치·운영하는 자는 검사기관에서 안전진단을 받고 안전 상태를 입증하기 위한 안전진단결과보고서를 환경부장관에게 제출해야 한다.

나. 규제 동향

A) 유독물질의 추가지정 고시

❑ 2021년 9월에 31종의 유독물질이 추가로 지정되었으며, 고시일인 2021년 9월 13일부터 즉시 시행된다. 이번에 지정된 물질은 유독물질에 관련된 각각의 의무사항은 다음과 같다.

[도표 Ⅱ-45] 유독물질 의무사항

의무 사항	대상	경과 조치
화학물질 확인	제조·수입하고 있는 화학물질이나 그 성분이 신규 지정된 유독물질에 해당하는 경우	2022년 7월 1일까지
유해화학물질 표시	신규 지정(함량 기준이 변경된 경우 포함)된 유해화학물질 취급자	2022년 7월 1일까지
유독물질 수입신고	신규 지정(함량 기준이 변경된 경우 포함)된 유독물질의 수입자	2022년 7월 1일까지
화학사고예방관리계획서 작성·제출	고시 시행 전에 유해화학물질 취급시설을 설치, 운영하는 자	2024년 1월 1일까지
유해화학물질 영업허가	신규 지정(함량 기준이 변경된 경우 포함)된 유독물질을 제조, 판매, 보관·저장, 운반 또는 사용하고 있는 자로서 영업허가를 받아야 하는 자	2024년 1월 1일까지
유해화학물질 취급 기준	신규 지정(함량 기준이 변경된 경우 포함)된 유해화학물질 또는 유해성분류 정보가 변경되는 유해화학물질을 취급하는 자	2023년 1월 1일까지 (화관법 시행규칙 별표1) 2026년 1월 1일 (화관법 시행규칙 별표5)

자료 : 국회예산정책처 연구용역보고서 [주요 국내외 화학물질 규제 동향 및 산업별 영향 조사], 2022. 1

❑ 또한 환경부는 2021년 11월 22일 12개 유독물질의 지정 내용 개정, 1개 물질 제외, 19개 물질을 새로 지정하는 고시를 예고하였다. 12월 13일까지 의견을 수렴하여 고시하면 즉시 시행될 예정이다. 고시가 시행되면 법에 따른 의무사항을 다음 일정에 맞추어 준수해야 한다.

[도표 Ⅱ-46] 의무사항 시행 일정

의무 사항	대상	경과 조치
화학물질 확인	제조·수입하고 있는 화학물질이나 그 성분이 신규 지정된 유독물질에 해당하는 경우	2023년 1월 1일까지
유해화학물질 표시	신규 지정(함량 기준이 변경된 경우 포함)된 유해화학물질 취급자	2023년 1월 1일까지

의무 사항	대상	경과 조치
유독물질 수입신고	신규 지정(함량 기준이 변경된 경우 포함)된 유독물질의 수입자	2023년 1월 1일까지
화학사고예방관리계획서 작성·제출	고시 시행 전에 유해화학물질 취급시설을 설치, 운영하는 자	2024년 7월 1일까지
유해화학물질 영업허가	신규 지정(함량 기준이 변경된 경우 포함)된 유독물질을 제조, 판매, 보관·저장, 운반 또는 사용하고 있는 자로서 영업허가를 받아야 하는 자	2024년 7월 1일까지
유해화학물질 취급 기준	신규 지정(함량 기준이 변경된 경우 포함)된 유해화학물질 또는 유해성분류 정보가 변경되는 유해화학물질을 취급하는 자	2023년 7월 1일까지 (화관법 시행규칙 별표1) 2026년 7월 1일 (화관법 시행규칙 별표5)

자료 : 국회예산정책처 연구용역보고서 [주요 국내외 화학물질 규제 동향 및 산업별 영향 조사], 2022. 1

B) 유독물질, 제한물질, 금지물질 및 허가물질의 규정수량 지정 (환경부고시 제 2021-220호, 시행 2021. 11. 5.)

❑ 2021년 9월에 추가로 지정한 31종의 유독물질 중 23종에 대해 상위 규정수량과 하위 규정수량을 지정하였다.

C) 대표설비 검사 근거 마련 (환경부고시 제2019-157호 개정, 시행 2021.6.29)

❑ 2021년 6월, 클린룸 등 밀폐시설에서 동일한 생산시설 및 공정을 운영 중인 업종에 대한 대표설비 검사 근거가 마련되었다. 반도체 및 영상표시장치 업종에만 한정되며, 제4조의2 별표1의 요건을 갖추어 관할 지방환경관서의 장에게 승인을 받은 경우, 전체 시설 중 일부를 대표설비로 인정받을 수 있다.

❑ 대표설비를 인정받은 자는 영업허가, 변경허가 및 변경신고 시 법 제24조에 따른 검사결과서로서 대표설비의 검사 결과를 제출할 수 있다. 이 경우 대표설비 외 나머지 동종설비의 설치검사는 대표설비의 차기 정기검사 시까지 이행해야 하며, 이행하지 않은 경우에는 설치검사를 받지 않은 것으로 간주된다.

D) 2021년 9월 화평법에서 신규 지정된 제한물질의 취급금지 시행

❑ 납 및 이를 0.009% 초과 함유한 혼합물에 대하여 개정된 제한내용으로의 제조, 수입 제한은 2022년 7월 1일부터, 판매, 보관·저장, 운반, 사용 제한은 2023년 1월 1일부터 시행된다.

❑ 크로뮴(6+)화합물 및 이를 0.1% 이상 함유한 혼합물에 대하여 개정된 제한 내용으로의 제조, 수입 제한은 2023년 1월 1일부터, 판매, 보관·저장, 운반, 사용 제한은 2023년 7월 1일부터 시행된다. 아크릴아미드 및 이를 0.1% 이상 함유한 혼합물에 대한 그라우트 용도로의 제조, 수입 제한은 2023년 7월 1일부터, 판매, 보관·저장, 운반, 사용 제한은 2024년 1월 1일부터 시행된다.

(3) 산업안전보건법

가. 규제 주요 내용

❑ 산업 안전 및 보건에 관한 기준을 확립하고 그 책임의 소재를 명확하게 하여 산업재해를 예방하고 쾌적한 작업환경을 조성함으로써 노무를 제공하는 사람의 안전 및 보건을 유지·증진하기 위해 1996년 7월 1일 제정되었으며, 1996년 7월 1일부터 시행되었다. 주무 부처는 고용노동부이다.

▶ 의무사항 1 (물질안전보건자료의 작성 및 제출)

❑ 물질안전보건자료(MSDS) 대상물질을 제조하거나 수입하려는 자는 물질안전보건자료와 화학물질의 명칭 및 함유량에 관한 자료를 한국산업안전보건공단에 제출해야 한다. 다만, 영업비밀과 관련되어 화학물질의 명칭 및 함유량을 물질안전보건자료에 적지 않으려면 고용노동부장관의 승인을 받아 해당 화학물질의 명칭 및 함유량을 대체할 수 있는 명칭 및 함유량(대체자료)으로 적을 수 있다. 승인기간은 5년이며, 연장할 수 있다. 다만, 근로자에게 중대한 건강장해를 초래할 우려가 있는 화학물질로서 「산업재해보상보험법」 제8조 제1항에 따른 산업재해보상보험및예방심의위원회의 심의를 거쳐 고용노동부 장관이 고시하는 것은 대체자료로 낼 수 없다.

❑ MSDS에는 다음과 같은 내용이 기재되어야 한다. 한편 대상물질을 구성하는 화학물질 중 분류기준에 해당하지 아니하는 화학물질의 명칭 및 함유량은 고용노동부장관에게 별도로 제출한다.

[도표 Ⅱ-47] 물질안전보건자료 주요 내용

- 제품명
- 대상물질을 구성하는 화학물질 중 제104조에 따른 분류기준에 해당하는 화학물질의 명칭 및 함유량
- 안전 및 보건상의 취급 주의사항
- 건강 및 환경에 대한 유해성, 물리적 위험성
- 물리·화학적 특성
- 독성에 관한 정보
- 폭발·화재 시의 대처방법
- 응급조치 요령
- 그 밖에 고용노동부장관이 정하는 사항

❑ 물질안전보건자료 대상물질을 제조하거나 수입한 자는 다음 내용이 변경된 경우 변경 사항을 반영한 물질안전보건자료를 제출해야 한다.

[도표 Ⅱ-48] 물질안전보건자료 변경 사유

- 제품명(구성성분의 명칭 및 함유량의 변경이 없는 경우로 한정)
- 물질안전보건자료대상물질을 구성하는 화학물질 중 제141조에 따른 분류기준에 해당하는 화학물질의 명칭 및 함유량(제품명의 변경 없이 구성성분의 명칭 및 함유량만 변경된 경우에 한정)
- 건강 및 환경에 대한 유해성, 물리적 위험성

자료 : 국회예산정책처 연구용역보고서 [주요 국내외 화학물질 규제 동향 및 산업별 영향 조사], 2022. 1

▶ **의무사항 2 (물질안전보건자료 제공)**

❑ 물질안전보건자료 대상물질을 양도하거나 제공하는 자는 이를 양도받거나 제공받는 자에게 물질안전보건자료를 제공해야 한다. 이때 물질안전보건자료시스템 제출 시 부여된 번호를 해당 물질안전보건자료에 반영해야 한다. 또한, 대상물질을 양도하거나 제공하는 자는 상대방의 수신 여부를 확인해야 한다.

▶ **의무사항 3 (물질안전보건자료의 게시 및 교육)**

❑ 대상물질을 취급하려는 사업주는 작성하였거나 제공받은 물질안전보건자료를 대상물질을 취급하는 작업장 내에, 이를 취급하는 근로자가 쉽게 볼 수 있는 장소에 게시해야 한다. 또한, 대상물질을 취급하는 근로자의 안전 및 보건을 위하여 교육하는 등 적절한 조치 의무를 이행해야 한다.

▶ **의무사항 4 (신규화학물질의 유해성·위험성 조사)**

❑ 신규화학물질의 제조, 수입자는 신규화학물질에 의한 근로자의 건강장해를 예방하기 위하여 신규화학물질의 유해성·위험성을 조사하고 그 조사보고서를 고용노동부장관에게 제출해야 한다. 연간 1톤 이상인 경우 제조 또는 수입 30일 전까지, 100kg 이상 1톤 미만인 경우에는 14일 전까지 제출하면 된다. 단, 신규화학물질을 화평법 제10조에 따라 등록한 경우에는 유해성·위험성 조사보고서를 제출한 것으로 본다.

❑ 다음의 어느 하나에 해당하는 경우에는 적용되지 않는다.

- 일반 소비자의 생활용으로 제공하기 위하여 신규화학물질을 수입하는 경우로서 고용노동부령으로 정하는 경우
- 신규화학물질의 수입량이 소량이거나 그 밖에 위해의 정도가 적다고 인정되는 경우로서 고용노동부령으로 정하는 경우

❑ 신규화학물질 제조자 등은 유해성·위험성을 조사한 결과 해당 신규화학물질에 의한 근로자의 건강장해를 예방하기 위하여 필요한 조치를 하여야 하는 경우 이를 즉시 시행해야 한다. 고용노동부장관은 유해성·위험성 조사보고서가 제출되면 그 신규화학물질의 명칭, 유해성·위험성, 근로자의 건강장해 예방을 위한 조치 사항 등을 공표하고 관계 부처에 통보해야 한다. 검토 결과 근로자의 건강장해 예방을 위하여 필요하다고 인정할 때에는 신규화학물질 제조자 등에게 시설·설비를 설치·정비하고 보호구를 갖추어 두는 등의 조치를 하도록 명할 수 있다.

❑ 신규화학물질을 양도하거나 제공하는 경우에는 근로자의 건강장해 예방을 위하여 조치하여야 할 사항을 기록한 서류를 함께 제공해야 한다.

나. 규제 동향

❑ 물질안전보건자료 작성·제공 의무의 개정 및 유예기간 적용 종전의 법(법률 제16272호로 개정되기 전의 것)에 따라 물질안전보건자료를 작성 또는 변경한 자가 물질안전보건자료 대상물질을 최초로 제조하거나 수입한 자인 경우 연간 제조·수입량 따른 MSDS 제출 기간은 다음과 같다.

[도표 Ⅱ-49] 제조 또는 수입량별 제출 기간

연간 제조 또는 수입량	제출 기한
1,000톤 이상	2022년 1월 16일
100톤 이상 1,000톤 미만	2023년 1월 16일
10톤 이상 100톤 미만	2024년 1월 16일
1톤 이상 10톤 미만	2025년 1월 16일
1톤 미만	2026년 1월 16일

자료 : 국회예산정책처 연구용역보고서 [주요 국내외 화학물질 규제 동향 및 산업별 영향 조사], 2022. 1

3. 안전확인대상생활화학제품 표시기준

1) 각국의 입법례

(1) 미국

❑ 미국에서 유해물질 등으로부터 제품안전을 규율하는 법률에는 「연방 살충·살균·살서제법」(Federal Insecticide, Fungicide and Rodenticide Act, FIFRA), 「연방 식품·의약품·화장품법」(Federal Food, Drug, and Cosmetic Act, FD&C Act), 「연방유해물질법」(Federal Hazardous Substances Act, 이하 FHSA라고 함), 「소비자제품안전법」(Consumer Product Safety Act, 이하 CPSA라고 함), 「소비자제품안전개선법」(Consumer Product Safety Improvement Act, CPSIA), 「중독방지포장법」(Poison Prevention Packaging Act, PPPA) 등이 있다.

❑ 다양한 법령으로 제품의 유해성을 규제하고 있는 미국은 우리나라의 안전확인대상생활화학제품 관리와 유사하게, 개별 제품 자체를 규제하는 것이 아니라, 물질을 기준으로 제품을 규제하는 형식을 취하고 있는 것이 특징이다. 여러 법령 가운데 FHSA에서는 유해물질과 관련된 생활화학 목적으로 사용되는 물질·제품과 관련된 가정용 소비제품에 대하여 시장 출시 전 안전표시를 부착(예방적 표지 부착제도)하게 하여 소비자들이 관련 제품에서 발생할 수 있는 잠재적 위험을 인식하고 안전하게 사용할 수 있도록 규제하고 있다.

❑ FHSA와 소비자제품안전위원회(Consumer Product Safety Commission, CPSC) 규정(Regulation) '16 CFR Part 1500'을 통하여 용어의 정의, 독성물질검사 방법 등 기준을 제공하고 있다. 주요 제품으로는 독성, 부식성, 자극제, 인화성, 가연성 또는 강한 감광제(strong sensitizers) 등을 다루고 있다. 이에 의하면 소매점에서 쇼핑할 때 소비자에게 가장 눈에 띄게 표시하는 등 위험 제품에 대한 모든 안전 정보를 라벨에서 두드러지게 보이도록 해야 하며, 라벨에 인쇄된 다른 정보와 대비하여 눈에 띄게 읽을 수 있어야 한다(16 CFR 1500.121).

❑ 12세 이하 어린이제품에 대해서는 「소비자제품안전법」(Consumer Product Safety Act, 이하 CPSA라 함) § 2063(a)(5)에서 더욱 강력하게 규제한다. 어린이제품에는 일명 추적 라벨(tracking label)이라 불리는 뚜렷하고 영구적인 표시(distinguishing permanent marks)가 의

무화된다. 모든 추적 라벨에는 제조업자나 라벨부착자의 이름, 제품 생산자의 위치와 생산일자, 제조 공정 상세 정보, 제품의 원천확인을 촉진해 주는 다른 정보를 표시해야 한다.

❑ 이러한 표시규정을 위반할 경우 일정한 처벌을 받는다. FHSA(§1264)에서는 제1263조에 규정된 일정한 행위에 대한 처벌규정을 두고 있다. 즉 위험 물질의 라벨을 변경, 훼손, 제거 등을 하는 경우, 위험물질의 상표를 잘못 부착한 경우(misbranded) 등 표시규정 위반, 관련된 관공서 명령을 위반한 경우(§1274) 형사처벌 대상이다. 적절한 주의 라벨을 부착하지 않은 위험물질은 상표를 잘못 부착한 것으로 간주할 수 있다. 일반적으로 경죄로 500달러 이하의 벌금 또는 90일 이하의 징역에 처한다(병과 가능). 그러나 고의범이나 재범은 5년 이하의 징역에 처할 수 있다. 또한 이러한 행위에 대하여 10만 달러 이내의 과태료(civil penalty)가 부과될 수 있다. 이 과태료 처분은 형사처벌과 별개이다. 한편 CPSA에서도 소비자 제품안전규칙에 부합하지 않은 소비자 제품을 판매·제조·유통·수입 행위에 대하여 벌금형·징역형 등으로 처벌한다(§2070).

❑ 또한 1970년 제정된 PPPA를 통해서도 어린이의 안전을 위하여 포장을 규제하고 있다. 과용할 경우 신체에 위험을 야기할 위험성이 있는 물질을 함유한 의약외품, 생활화학 가정제품, 화장품, 화학물질, 특정물질 함유제품 등은 어린이 보호포장 용기에 담을 것을 의무화하였다. 이 규제가 시행된 이후 아동이 약물 등 유독성 생활용품 섭취로 인한 사망자가 크게 줄어들었다.

(2) 일본

❑ 일본은 「유해물질을 함유하는 가정용품의 규제에 관한 법률」(有害物質を含有する家庭用品の規制に関する法律, 이하 가정용품규제법이라 함)에서 가정용품의 기준, 판매금지, 회수명령을 규정하여 개별 제품에 대한 함유물질의 안전관리를 하고 있다. 이 법은 가정용품에 함유된 물질 중 사람의 건강에 피해를 줄 우려가 있는 물질을 유해물질로 지정하는 동시에, 가정용품을 지정하고 유해물질의 함유량 등에 관한 필요 기준을 정한다(법 제4조).

❑ 동 법률 시행규칙에서 21개 개별 유해물질의 함유기준을 확인할 수 있다. 이러한 기준에 적합하지 않은 가정용품에 대해서는 판매를 금지하고 이를 위반할 경우 형사 처벌한다. 즉 검출기준을 초과하는 가정용품을 판매·수여하거나 판매·수여 목적으로 진열하는 것이 금지되고, 안전기준이 규정되지 않은 가정용품에 대하여 건강과 관련된 위해가 발생할 우려가 있어 내린 회수명령에 위반할 경우 1년 이하의 징역 또는 30만엔 이하의 벌금에 처할 수 있다(법 제10조). 그러나 이 법에서 제품의 표시와 관련해서는 직접적으로 규제하지 않고 있다.

❑ 제품 표시의 규제와 관련하여, 일본에서는 상품 구매자에게 올바른 상품 정보, 또한 최소한 필수 불가결한 내용을 전달하기 위해 다양한 법률에 의해 표시 규제가 이루어지고 있으며, 화학제품에 대한 표시도 규제하고 있다.

❑ 먼저 「가정용품품질표시법」(家庭用品品質表示法)과 같은 법 시행령, 시행규칙에서는 성분, 성능, 용도, 기타 품질에 관하여 표시해야 할 사항(표시사항)과 표시사항을 표시할 때 표시하는

자(제조업자, 판매업자 또는 표시업자 등)가 지켜야 할 사항(준수사항)을 개별 품목마다 정하여 규제하고 있다.

❑ 여기에 해당하는 제품은 섬유제품, 합성수지 제품(세면기, 식기, 식품용기 등 지정된 것), 전기기계기구(세탁기, 청소기, 냉장고 등 지정된 것), 잡화공업품(합성세제, 표백제, 비누, 도료, 접착제, 왁스 등 지정된 것) 등이 있다. 가정용품에 대하여 표시사항을 표시할 때 해당 표시사항과 관련된 준수사항(법 제8조 제5항)을 지키지 않으면 20만엔 이하의 벌금에 처한다(법 제25조). 그 밖에 「화학물질 배출파악관리 촉진법」, 「의약품·의료기기등법」, 「농약단속법」, 「비료단속법」, 「독극물단속법」, 「소방법」 등에서 화학물질과 관련된 표시를 규제하고 있다.

(3) 독일

❑ 유럽에서는 유럽연합 법령 “Regulation (EC) No 648/2004” 등에 따라 세정제, 살생물제의 안정성을 관리하고 있으며, 유럽연합의 신화학물질관리 제도(Registration, Evaluation, Authorization and of Chemicals, REACH)와 분류, 표시 및 포장에 관한 규정(Classification, Labelling and Packaging Regulation, 이하 CLP라 함)에서 방향제, 탈취제 내 유해물질의 함량 기준 등을 규정하고 있다. 유럽연합 내에서 화학물질을 출시하는 제조자·수입자는 유럽연합 화학물질청에 화학물질에 관한 분류·표시 정보를 신고해야 한다.

❑ 독일은 유럽연합의 회원국으로서 유럽연합의 법령을 국내법에 충실히 반영하고 있다. 독일에서 유해물질은 연방화학물질청(Die Bundesstelle für Chemikalien)에서 관장한다. 독일 「유해물질보호법」(Chemikaliengesetz; Gesetz zum Schutz vor gefährlichen Stoffen, ChemG)은 유해물질 및 혼합물의 유해한 영향으로부터 인간과 환경을 보호하기 위하여 유해물질과 관련된 모든 사항을 기본적으로 규정하고 있다.

❑ 법 제13조에서는 화학물질의 분류, 표시 및 포장 의무를 규정하고 있다. 이에 따르면 물질과 혼합물의 분류, 표시 및 포장(Einstufung, Kennzeichnung und Verpackung)은 ‘Regulation (EC) 1272/2008’ 즉 CLP를 따라야 한다. 이에 의하면 물질이나 혼합물을 시장에 출시하는 경우 분류하고 표시하여야 한다. 구체적으로 공급자, 라벨과 포장에 관한 정보 등을 표시하고 포장해야 한다. 제품에 유해물질 표시와 관련된 법 제13조의 규정을 지키지 않을 경우 법 제26조 제1항에 따라 범칙금(Bußgeldvorschriften) 대상이 될 수 있다. 이러한 범칙금은 질서 위반행위에 대한 금전적 제재로 형사처벌은 아니다.

2) 안전확인대상생활화학제품 표시기준 관련 주요 내용

(1) 화학제품안전법 제정 배경 및 주요 내용

❑ 수많은 인명피해가 발생한 가습기살균제 사고로 인하여 각종 화학제품 전반에 대하여 공포증이 생기는 등 국민적 불안이 가중되었다. 특히 유해생물을 제거하거나 무해화하는 등의 기능을

가진 살균제·살충제 등 살생물제에 대하여 더 체계적으로 관리하고자 살생물물질 및 살생물제품에 대한 승인제도를 도입하여 살생물제에 대한 사전예방적 관리체계를 마련하였다. 또 생활화학제품에 대한 체계적인 안전관리를 위하여 그간 화평법에서 규율하여 오던 생활화학제품에 대한 사항을 화학제품안전법으로 옮겨 효율적 관리를 도모하였다.

❑ 또한 기존 화평법 체계에서는 사전적 관리 수단인 등록제도가 위해 우려제품에는 적용되지 않고, 화학제품의 안전성 관리가 소극적인 사후적 관리에 머무는 본질적 한계를 가지고 있는 위해성평가에 근거하였기 때문에 관리의 공백이 발생할 수밖에 없었다. 이러한 문제점을 보완하고자 화학제품안전법이 탄생한 것이다. 이로서 화평법에서는 일반화학물질을 관리하고, 화학제품안전법에서는 생활화학제품과 살생물제를 관리하는 2원적 체계가 확립되었다.

❑ 화학제품안전법의 제정으로 살생물물질·살생물제품의 시장유통을 위해서는 유통 전 안전성 입증이 필요한 사전승인제가 도입되고, 다른 법률에 규정된 생활화학제품 관련 규정이 화학제품안전법에 통합되고 관리가 강화되었다. 또한 생활화학제품과 살생물제의 표시 및 광고가 규제되고 사후관리도 강화되었다. 주요 내용은 다음과 같다.

❑ 첫째, 안전확인대상생활화학제품의 적합 여부를 철저히 확인하도록 하였다. 환경부장관은 생활화학제품에 대한 실태조사와 위해성평가 등을 기반으로 위해성이 있다고 인정되는 경우에는 안전확인대상생활화학제품으로 지정·고시하고, 안전확인대상생활화학제품을 제조 또는 수입하려는 자는 시험·검사기관으로부터 안전기준 등에 적합한지를 확인받도록 하였다.

❑ 둘째, 살생물물질의 승인 및 물질동등성의 인정 규정을 두었다. 살생물물질을 제조 또는 수입하려는 자는 해당 살생물물질에 대하여 환경부장관의 물질승인을 받도록 하고, 물질승인을 받은 살생물물질과 화학적 조성, 위해성 및 유해생물 제거 등의 효과·효능이 기술적으로 동등한 성질을 인정받은 살생물물질에 대해서는 물질승인을 받은 것으로 보도록 하였다.

❑ 셋째, 살생물제품의 승인 및 표시에 대한 규제가 강화되었다. 살생물제품을 제조 또는 수입하려는 자는 해당 살생물제품에 대하여 환경부장관의 제품승인을 받도록 하고, 제품승인을 받은 살생물제품과 함유된 물질의 성분·배합비율, 용도, 위해성 및 유해생물 제거 등의 효과·효능이 유사한 성질을 인정받은 살생물제품에 대해서는 제품승인을 받은 것으로 보도록 하고, 제품승인을 받은 살생물제품을 제조 또는 수입하려는 자는 살생물제품에 사용된 살생물물질의 성분, 살생물제품의 사용에 따른 위험성 및 응급처치 방법 등을 해당 살생물제품의 겉면에 구매자가 알아보기 쉽게 표시하도록 하였다.

❑ 넷째, 살생물처리제품의 안전기준·표시기준, 표시·광고 규제를 도입하고 사후관리를 강화하였다. 살생물처리제품을 제조 또는 수입하려는 자는 해당 살생물처리제품에 제품승인을 받은 살생물제품만을 사용하도록 하고, 유해 생물 제거 등에 대한 효과·효능을 구매자에게 알리려는 경우에는 사용된 살생물제품의 위험성 및 취급 시 주의사항을 해당 살생물처리제품의 겉면에 구매자가 알아보기 쉽게 표시하도록 하였다. 또한 소비자의 오해·오인을 유발할 수 있는 표시나 광고를

제한하여, '무독성', '환경친화적', '자연친화적', '무해성', '인체·동물친화적' 등 문구 또는 이와 유사한 표현을 사용하지 못하도록 하였다.

❑ 또한 법률위반 제품에 대해서는 즉시 제조 및 수입, 판매를 중단하고, 회수조치명령, 과징금 부과 등 행정제재를 하여 위반제품이 시장에 유통하는 것을 원천적으로 차단하도록 규정하였다.

[그림 Ⅱ-20] 안전확인대상생활화학제품의 표시도안 예시

1. 제품 겉면 또는 포장의 표시면에 표시하는 경우

2. 표시면의 면적이 50㎠ ~ 100㎠ 표시하는 경우

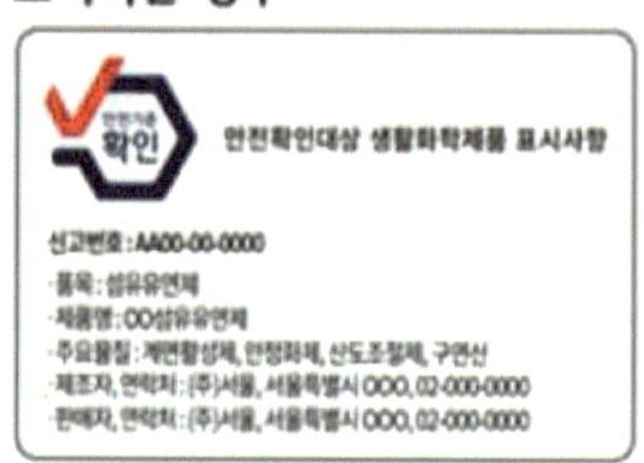

3. 표시면의 면적이 50㎠ 미만에 하는 경우

품목:
제품명:
신고번호: 0000

자료 : 형사법의 신동향 통권 제73호 [화학제품안전법 처벌규정의 문제점과 개선방안], 2021. 12

(2) 화학제품안전법상 표시기준 준수 의무

❑ 화학제품안전법 제35조 제1항에서는 특정 생활화학제품의 판매 등을 금지한다. 즉 제조·수입이 금지된 생활화학제품, 확인·승인을 받지 아니한 안전확인대상생활화학제품, 신고를 하지 아니한 안전확인대상생활화학제품, 법정 표시기준을 위반한 안전확인대상생활화학제품 물질 또는 제품은 판매 또는 증여하거나 판매 또는 증여의 목적으로 진열, 보관 또는 저장하는 행위가 금지된다.

❑ 이 가운데 '안전확인대상생활화학제품'이란 환경부장관이 위해성평가를 한 결과 위해성이 있다고 인정되어 지정·고시한 생활화학제품이다. 여기에는 세정제품, 세탁제품, 코팅제품, 접착·접합제품, 방향·탈취제품, 염색·도색제품, 자동차 전용 제품, 인쇄 및 문서관련 제품, 미용제품, 살균제품, 구제제품, 보존·보존처리제품, 초, 습기제거제, 인공 눈 스프레이, 공연용 포그액, 가습기용 생활화학제품 등이 있다.

❑ 종래에는 화평법에서 이를 '위해우려제품'이라고 명명하고 관리하였으나 화학제품안전법이 새로 시행되면서 '안전확인대상생활화학제품'으로 용어를 변경하고 관련규정을 화학제품안전법으로 옮겨 새롭게 규정하였다.

❑ 안전확인대상생활화학제품을 제조·수입하여 국내에 판매하거나 유통시키기 위해서는 안전확인대상생활화학제품 겉면 또는 포장에 법정 표시사항을 한글로 표시(이하 표시기준이라 함)하여야 한다.

❑ 표시해야 할 사항으로는 안전확인대상생활화학제품의 명칭, 제조 또는 수입하는 자의 성명 또는 상호, 주소 및 연락처, 안전확인대상생활화학제품에 사용된 화학물질에 관하여 환경부령으로 정하는 사항, 중량 또는 용량, 사용할 때의 주의사항, 안전기준이 고시된 제품에 대하여 안전기준 적합 확인을 받아 제품정보·성분·함량 등 환경부장관에게 신고한 사항(법 제10조 제4항), 안전기준이 고시되지 아니한 제품에 대하여 환경부장관의 승인을 받은 사항, 그 밖에 환경부령으로 정하는 사항이 있다.

❑ 환경부고시 '안전확인대상생활화학제품 지정 및 안전·표시기준' '별표 5', '별표 6'에서 안전확인대상생활화학제품의 겉면 또는 포장에 표시하여야 하는 사항과 표시하기 위한 구체적인 방법을 자세히 명시하고 있다.

4. 국내 환경보건 강화를 위한 협력사업 및 법률추진

1) 어린이용품 자가관리 사업

❑ 환경부(장관 한화진)와 한국환경산업기술원(원장 직무대행 이우원)은 2022년 7월 11일부터 15개 어린이용품 관련 중소기업과 협력하여 환경유해인자 저감을 위한 '어린이용품 자가관리 사업(이하 자가관리 사업)'을 추진한다.

* '중소기업기본법' 제2조에 따른 중기업 1개 사, 소기업 14개 사로 구성

- '자가관리 사업'은 2012년 첫 사업을 시작으로 2021년까지 561개 중소기업이 협력했으며, 2022년에는 15개 중소기업이 참여함
- 이들 기업은 환경유해인자 관리 전담인력이 없거나 '화학물질 위해성평가' 제도에 대한 정보가 부족하는 등 환경유해인자 관리에 대한 역량은 낮았지만 어린이 건강보호의 중요성을 인식하여 이번 '자가관리 사업'에 협력하기로 결정함

❑ '자가관리 사업'에 참여한 중소기업은 환경부에 어린이용품에 쓰인 화학물질 정보 등을 제공하고, 환경부는 위해성평가, 제작공정 진단, 친환경 디자인 방안 등을 지원한다.

- 한국환경산업기술원은 '환경보건법' 상 규제 대상인 환경유해인자 4종을 비롯해 어린이 건강에 영향을 줄 수 있는 위해성평가 대상 화학물질인 프탈레이트류, 아닐린 등이 어린이 용품에 얼마나 포함되어 있는지를 이달 중순부터 본격적으로 평가할 예정임

  * 다이-n옥틸프탈레이트(DNOP), 다이이소노닐프탈레이트(DINP), 트라이뷰틸 주석(TBT), 노닐페놀

- 아울러, 분야별 전문가가 15개 중소기업을 직접 방문하여 어린이 용품 제작 공정 단계별로

환경유해인자 관리방안과 페인트 및 접착제 등 환경유해인자 노출을 저감할 수 있는 친환경 어린이용품 디자인 방안을 지원함

❑ 박용규 환경부 환경보건국장은 "이번 자가관리 사업은 환경유해인자 노출로부터 어린이 건강을 보호하기 위해 어린이용품을 제조하거나 수입하는 중소기업과 환경부가 함께하는 사업으로 내년에도 많은 어린이용품 관련 중소기업과 협력할 예정이다"라고 밝혔다.

[도표 Ⅱ-50] 기업 맞춤형 환경유해인자 컨설팅 프로세스

사전 조사		자가관리계획 수립			이행체계구축
		관리체계 구축	실행체계 구축		실행및이행점검
- 기업별 환경유해인자 관리수준 파악 및 관리 취약점 도출	⇒	- 관리대상 환경유해인자 및 목표설정 - 조직체계 구성 - 환경유해인자 관련 인증 - 환경유해인자 관련 교육·훈련	- 제품 설계 관리 - 원부자재 구매관리 - 제조 공정 관리 - 제품 품질 관리 - 제품 사후 관리	⇒	- 자가관리계획이행 수준 확인 - 제품내 환경유해인자 관리(개선사항) 확인

자료 : 환경부 보도자료 [어린이 환경보건 강화를 위해 환경유해인자 저감 협력], 2022. 7

[도표 Ⅱ-51] 어린이용품 자가관리 사업 우수 사례

(사례 1) 판매 예정 용품을 대상으로 환경유해인자를 분석, 해당 용품에서 프탈레이트 가소제(DINP, DIDP) 검출 → 원부자재 교체 및 부품 생산업체 변경 → 교체 부품 분석 결과 가소제 불검출 확인

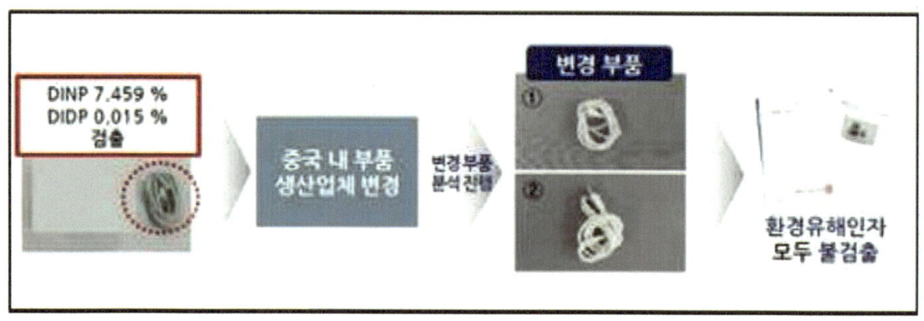

(사례 2) 완제품에서 환경유해인자(DEHP) 검출 → 공정 중 PVC 재질의 공급 호스가 열에 의해 페인트에 녹아드는 문제점 발견 → 공급호스를 교체하여 제품 내 환경유해인자 불검출 확인

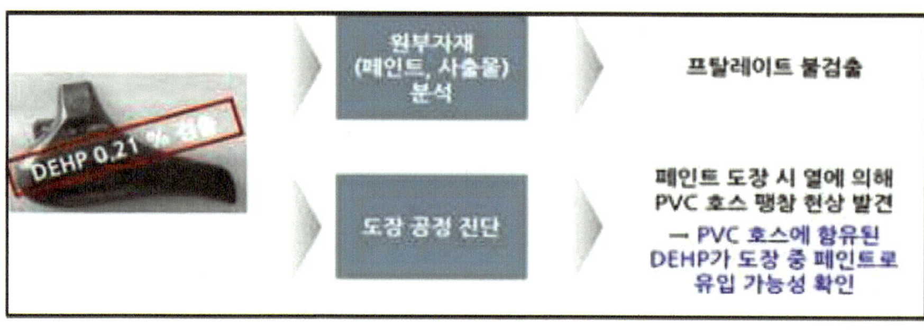

(사례 3) 수입 전 용품의 환경유해인자를 분석, 부자재에서 프탈레이트 가소제(DEHP) 검출 → 용품 수입 계획 철회

(사례 4) 환경유해인자 관리 직원 퇴사로 환경유해인자 관리 업무분장이 체계적으로 규정되어 있지 않음 → 컨설팅을 통해 체계적인 환경유해인자 관리조직 구축 방안 제시

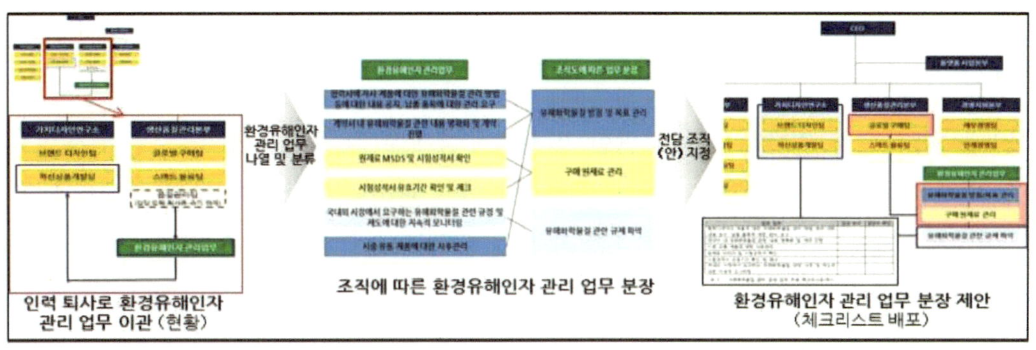

자료 : 환경부 보도자료 [어린이 환경보건 강화를 위해 환경유해인자 저감 협력], 2022. 7

2) 유해오염물질 저감화 협의체 발족

❑ 식품의약품안전처는 식품 제조과정에서 생길 수 있는 유해물질을 줄이기 위해 식품업계와 공동으로 '유해오염물질 저감화 협의체'를 구성해 2021년 4월 28일부터 활동을 시작한다.

- 유해오염물질 : 식품 제조과정에서 자연적으로 생성되는 3-MCPD, 아크릴아마이드 등 유해물질을 말하며, 생성 후에는 제거가 어려움

❑ 식약처와 27개 업체로 구성되는 협의체는 글리시돌 등 새롭게 대두되는 유해물질 생성을 식품 제조단계에서부터 저감시켜 국민들에게 유해물질 노출이 최소화되도록 하기 위해 추진됐으며, 제조공정 중 저감화 기술개발, 공정개선이 필요한 유해물질별로 실무협의체를 구성해 운영할 계획이다.

❑ 주요 역할은 ▲ 유해물질 생성 저감기술 개발 ▲ 식품 제조공정 개선 지원 ▲ 유해물질별 저감화 실행규범 마련 등이다.

❑ 2021년은 국내·외에서 관심이 높아지고 있는 글리시딜에스터(GE) /3-MCPD에스터(3-MCPDE), 아크릴아마이드에 초점을 두고 저감화 방안을 논의할 예정이다.

- **GE/3-MCPDE** : 유지를 고온에서 가공하는 과정에서 생성되며, 체내 흡수되면 발암가능성이 있는 글리시돌과 3-MCPD로 분해되는 것으로 알려짐
- **아크릴아마이드** : 탄수화물이 많은 식품(감자 등)을 고온(120℃이상)에서 가열 조리 할 때 발생하는 발암가능성이 있는 물질

❑ GE/3-MCPDE는 14개 업체(식용유지류 등), 아크릴아마이드는 16개 업체(과자류 등)가 참여하는 실무협의체를 각각 꾸려 현장 맞춤형 기술 등을 개발하게 된다.

❑ 식약처는 앞으로도 지속적으로 국내외 위해정보 등을 통해 식품제조·가공·조리 중 저감화가 필요한 유해물질을 발굴하고 관련 업체와 실무협의체를 추가 구성·운영할 계획이며, 이 협의체를 통해 국내 제조 현장에 적합한 저감화 기술 개발과 업체에 실질적 도움이 되는 유해물질 저감화 실행규범을 운영해 안전한 식품이 제조·유통되도록 노력할 것이다.

※ 자료 : 식품의약품안전처 보도자료 [식약처, 업계와 협력해 식품 속 유해물질 생성 줄인다], 2021. 4

3) '통합 위해성 평가' 도입

❑ 「인체적용제품의 위해성평가에 관한 법률」 제정에 따라 식품, 의약품 등 인체적용제품의 위해요소가 인체에 미치는 영향을 종합적으로 평가하고 관리하는 '통합 위해성 평가'가 도입된다.

- **인체적용제품** : 사람이 섭취·투여·접촉·흡입 등을 함으로써 인체에 직접 영향을 줄 수 있는 것으로 식품, 의약품, 의약외품, 화장품, 의료기기, 위생용품 등 식약처 소관 제품

❑ 그동안 인체적용제품에 포함된 유해물질은 개별 제품별로 위해성을 평가하여 설정한 안전기준에 따라 관리해왔으나, 이번 법률 제정에 따라 식품, 의약품 등 다양한 제품을 통합 평가함으로써 해당 유해물질이 섭취·접촉·흡입 등으로 인체에 노출되는 영향을 종합적으로 관리할 수 있게 되며 위해우려가 있는 제품은 사용금지하거나 안전기준을 설정하는 등 사후관리를 하게 된다.

- 평가 대상은 외국에서 생산·판매 금지, 새로운 기술이나 원료 사용, 소비자 요청 등으로 국민 건강을 해칠 우려가 있다고 인정되는 인체적용제품으로 위해성평가정책위원회의 심의를 거쳐 선정함

[그림 Ⅱ-21] 통합 위해성평가 도입

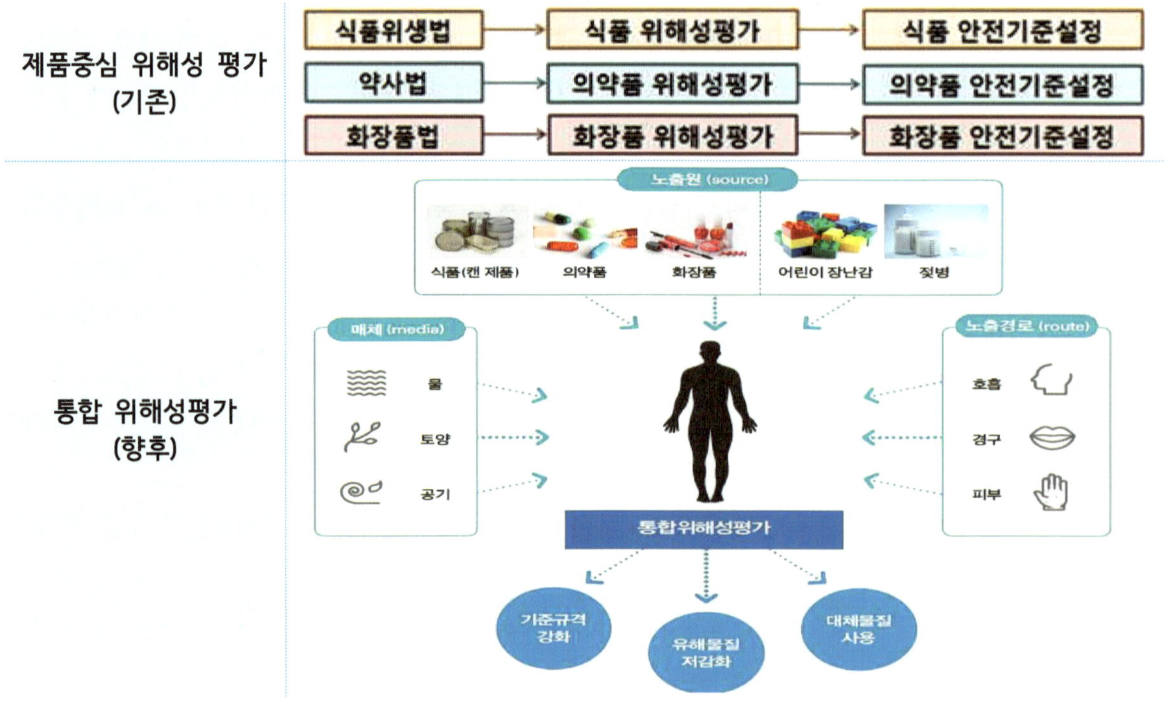

제품중심 위해성 평가 (기존)
식품위생법 → 식품 위해성평가 → 식품 안전기준설정
약사법 → 의약품 위해성평가 → 의약품 안전기준설정
화장품법 → 화장품 위해성평가 → 화장품 안전기준설정

통합 위해성평가 (향후)
노출원 (source): 식품(캔 제품), 의약품, 화장품, 어린이 장난감, 젖병
매체 (media): 물, 토양, 공기
노출경로 (route): 호흡, 경구, 피부
통합위해성평가
기준규격 강화, 유해물질 저감화, 대체물질 사용

자료 : 환경부 보도자료 [인체 유해물질 관리 및 노인 등 급식지원 강화], 2021. 6

5. 물질안전보건자료 대상물질의 유해성 분류기준 적용 연구동향

❑ 국내・외 화학물질 유해성 분류체계 적용 제도 및 사례를 조사하고, 국내・외 화학물질 유해성 분류 Database(DB)를 비교・분석, 고찰함으로써 산업안전보건법 개정에 따라 MSDS가 정부에 제출되는 새로운 환경에서 MSDS의 유해성 분류 기준 적용, 이에 대한 각 주체(정부, 제조・수입・조제・사용자)의 역할과 이를 관리하기 위한 합리적인 방안을 제시하고자 하였다.

1) OECD Global list project 중심의 국제적 화학물질 분류체계 적용 동향

❑ UN의 GHS는 화학물질의 분류 및 표시에 관하여 국제적으로 동일한 기준을 사용하기 위한 것으로, 전세계적으로 2008년부터 도입할 것을 장려하였다. GHS라는 화학물질의 분류・표시에 대하여 국제적으로 조화된 체계를 개발한 UN에서는 본 과업의 완수를 위해 UN의 GHS 전문가 소위원회를 통해 GHS 분류, 지침서 세부사항 등 다양한 의제를 논의하고, 2003년 GHS 지침서 초판 발행 이후 2년마다 개정판을 발행하고 있다.

❑ 이 위원회에서는 2008년 이래 GHS 시행을 보다 용이하게 하기 위하여 GHS에 따라 분류된 화학물질의 Global list(국제 화학물질 분류 목록) 개발 가능성을 연구하기 시작했다. 현행의 GHS 지침서에 조화된 분류 목록이 첨부된다면 GHS의 실질적인 목표인 세계적으로 일관되고 적정한 화학물질정보의 제공(소통)이 실현될 가능성이 높아질 것이다.

❑ 해당 프로젝트는 기존의 국제적 분류 목록을 조사하고, 관련 지침을 개발하고, 이에 따라 시범사업을 추진하는 한편, 분류 목록을 비교하기로 하였다. 국제적 분류 목록을 조사하는 것은 2010년도에 이루어졌으며, 당시 GHS에 따른 분류 목록을 제공하는 국가는 5개국(호주, 일본, 한국, 뉴질랜드, 스위스)과 유럽연합이 있었다. 당시 유럽연합의 분류와 일본의 분류 목록 비교에 대한 제안이 있었고, 두 가지 목록에 공통적으로 해당되는 89종의 물질을 비교한 결과 동일 분류는 없었으며, 이로 인해 추가 분석은 불가하다는 결론에 도달하였다. 이와 함께 국제 화학물질 분류 목록 개발 가능성을 검토하기 위한 시범사업을 수행하였다.

❑ 해당사업은 UN의 GHS 전문가 소위원회의 제안 하에 OECD 그룹에서 조정 역할을 하였으며, 시범사업 결과는 다음과 같이 요약할 수 있다. 3개 물질에 대한 분류・표시 보고서(안)을 작성하기까지 약 18~20개월이 소요되었으며, 최종적으로 법적 구속력은 없는 GHS 분류에의 합의에 도달할 수 있었다. 아울러 한 가지 화학물질의 GHS 분류를 평가하기 위한 보고서 작성에 약 38일, 이를 검토하는데 약 5일이 소요됨을 확인할 수 있었다.

❑ 이와 같이 UN의 GHS 전문가 소위원회에서는 국제 화학물질 분류 목록 개발 가능성을 지속적으로 연구하고 있었으며, 프로젝트의 방향성에 대해서도 필요 자원과 역량에 대한 우려, 각국 주무관청 및 비정부기구에 의해 이루어진 물질 분류 작업의 존재와 이에 대한 활용 및 영향, 목록에 포함된 물질을 선택하는 방법 등을 포함한 다양한 논의가 이루어지고 있다.

[도표 Ⅱ-52] Summary of OECD Global List Project(OECD, 2016)

Chemical		Dimethyltin dichloride (CAS No. 753-73-1)	Di-n-butyl phthalate (CAS No. 84-74-2)	Dicyclopentadiene (CAS No. 77-73-6)
Sponsor		European Chemicals Agency	United States	Russian Federation
Time	Assessment	41.75 days	28.5 days	43.5 days
	review	3.1 days	6.9 days	5 days
Proposed Classification (non-binding agreement)		Acute Tox. 3(oral) Acute Tox. 3(dermal) Acute Tox. 2(inhalation) Skin Corr. 1 Eye Dam. 1 Repr. 2 STOT RE 1 Aquatic Acute 3 Aquatic Chronic 3	Repr. 1B Aquatic Acute 1 Aqua tic Chronic 1	Flam. Liq. 3 Acute Tox. 3(oral) Acute Tox. 5(dermal) Acute Tox. 2(inhalation) Skin Irrit. 2 Repr. 2 STOT SE 3 STOT RE 2 Asp. Tox. 1 Aquatic Acute 1 Aquatic Chronic 2

※ Acute Tox.(Acute Toxicity), Skin Corr.(Skin corrosion), Eye Dam.(Serious eye damage), Repr.(Reproductive toxicity), STOT RE(Specific target organ toxicity-repeated exposure), Flam. Liq.(Flammable liquids), Skin Irrit.(Skin irritation), STOT SE(Specific target organ toxicity-single exposure), Asp. Tox.(Aspiration hazard)

2) 국내 화학물질 분류체계 및 적용 제도 고찰

❑ 국내에서는 2006년부터 GHS 도입을 추진하였다. 그러나 국내의 경우 화학물질의 용도에 따라 관리하는 부처가 달라 여러 부처(고용노동부, 환경부, 소방청, 산업통상자원부, 농촌진흥청)에서 각기 GHS 제도를 도입하였다. 이에 따라 소관법령별 화학물질 분류·표시 기준이 상이하여 산업계의 혼란을 초래하였다. 이는 소관부처에 따라 2년 주기로 개정되는 UN의 GHS 지침서 도입 시 서로 다른 개정판으로 적용한 것과 유해위험등급 및 구분, 유해위험문구, 예방조치문구 등에 대한 소관부처별 해석의 차이에 기인하였다.

❑ 이러한 혼란을 해소하기 위하여 국내 GHS 주관기관인 소방청(`09년 5월, UNECE 지정)의 주도 하에 산업통상자원부, 환경부, 고용노동부, 농촌진흥청 등 9개 정부 부처 및 안전보건공단, 한국소방산업기술원, 한국생산기술연구원 등 7개 전문가기관이 참여해서 화학물질 분류 및 표시 기준에 대한 통합표준을 제정하였으며, 2019년 6월 공개된 「GHS 분류체계 조화를 위한 화학물질 분류·표시기준 통합표준안」은 소방청 정책자료실에서 확인할 수 있다(NFA, 2019). 해당 작업의 의의는 화학물질의 분류·표시에 대한 국내의 조화된 기준이 마련되었다는 것이다.

❑ 이와 같이 유해성 분류기준은 현재 통합을 추진 중이나, 국내 GHS 도입 이후부터 각 기관별로 유해성 분류 정보를 제공해왔다. 다만 실제 분류결과가 달라 공단에서는 2011년부터 「GHS

분류정보의 정부기관 통일화 협력사업」을 추진해왔으며, 동 사업의 목적은 국내에서 화학물질에 대한 GHS 분류정보를 제공하고 있는 정부기관(공단, 환경부, 소방청)의 상이한 화학물질 분류와 표시내용을 통일화하여 화학물질 취급사업장의 혼란 방지 및 화학물질 안전관리를 도모하고자 함이다(KOSHA, 2019).

❑ 해당 사업 대상 및 검토 결과는 다음과 같으며, 일부 제한된 대상에 한하여 분류정보 조화율이 높아진 것을 확인할 수 있었다. 이러한 국내 분류정보의 상이함은 유해성 분류 기준의 차이, 근거로 사용하는 참고자료 범위 및 우선순위의 차이 외에도 외국기관의 최신정보에 따른 적용 시점 차이, 단순한 적용 오류, 자체 생산 자료의 인정 여부 등이 그 원인으로 작용하였다.

[도표 Ⅱ-53] The history of cooperative project for GHS Classification harmonization in KOSHA

Year	Objective	Result
2011	· Explosives, Organic peroxides, Gases under pressure (40 chemicals) · Toxic substances(10 chemicals)	· Partial agreement on Explosives, Organic peroxides, Gases under pressure, and Carcinogenicity
2012	· Harmful factors to be maintained at or below permissible level(4 chemicals) · Toxic substances(16 chemicals)	· Physical hazards: (before†) -% → (after‡) 100% · Health and environmental hazards: (before) 30.5% → (after) 74.6%
2013	· Controlled hazardous substances(20 chemicals)	· Physical hazards: (before) -% → (after) 100% · Health and Environmental hazards: (before) 46.9% → (after) 77.6%
2014	· Carcinogenicity(34 chemicals) · Self-reactive substances and mixtures(7 chemicals)	· Carcinogenicity: (before) -% → (after) 20.6% · Self-reactive substances and mixtures: (before) -% → (after) 71.4%
2015	· Flammable liquids(28 chemicals)	· Flammable liquids: (before) -% → (after) 67.9%
2016	· Chemicals requiring preparation for accidents(69 chemicals)	· Physical, Health and Environmental hazards: (before) 53.6% → (after) 83.0%
2017	Restricted substances(58 chemicals)	· Physical, Health and Environmental hazards: (before) 35.5% → (after) 56.3%
2018	Physical hazards(604 chemicals)	· Physical hazards: (before) -% → (after) 100%

† before : harmonization rate before review
‡ after : harmonization rate after review

자료 : 한국산업보건학회지 제30권 제3호 [물질안전보건자료 대상물질의 유해성 분류기준 적용 연구], 2020.

3) 국내외 화학물질 유해성 분류자료 비교·분석

❑ 2019년 7월 기준 공단, 환경부, EU CLP에서 공통적으로 분류를 제공하는 물질은 604종이었으며, 이에 대한 유해성 분류정보를 비교 분석한 결과는 다음과 같다.

[도표 Ⅱ-54] The harmonization rate of hazard classification among KOSHA*, MoE†, and EU CLP‡

	Overall hazard	Physical hazard	Health hazard	Environmental hazard
N§	604	150	602	485
n‖ (harmonization rate¶)	9 (1.5%)	64 (42.7%)	21 (3.5%)	173 (35.7%)

† MoE : Ministry of Environment
‡ CLP : Classification, Labelling and Packaging (CLP) Regulation ((EC) No 1272/2008)
§ N : number of target chemicals with hazard classification within each category
‖ n : number of chemicals with same classification result among target chemicals
¶ harmonization rate : percentage of chemicals with same classification result among target

❑ 분석 대상 604종 중 3개 기관의 유해성 분류가 전체적으로 일치(조화)하는 물질은 단 9종이었으며, 각 분야별로 물리적/건강/환경 유해성 군에 해당하는 물질만을 대상으로 하여 세부 분석을 하였을 때, 그 대상군은 건강 유해성에 해당하는 물질(602종)이 제일 많았으며, 환경 유해성(485종), 물리적 유해성(150종) 순이었다. 개별 군에서의 조화율은 물리적 유해성 42.7%, 환경 유해성 35.7%, 건강 유해성 3.5% 순으로, 물리적 유해성의 경우 대상물질이 적은데 반하여 조화율이 상당히 높았으나, 건강 유해성의 경우 대상물질은 많고 조화율은 매우 낮음을 확인할 수 있었다. 각 유해성별로 나누어 분석한 결과는 다음과 같다.

[도표 Ⅱ-55] The harmonization rate of individual hazard classification among KOSHA*, MoE†, and EU CLP‡

Physical hazards	N§	n‖ (harmonization rate¶)
Explosives	11	2(18.2%)
Flammable gases	14	11(78.6%)
Aerosols	0	0(-%)
Oxidizing gases	3	2(66.7%)
Gases under pressure	25	22(88.0%)
Flammable liquids	65	46(70.8%)
Flammable solids	4	2(50.0%)
Self-reactive substances and mixtures	1	0(0.0%)
Pyrophoric liquids	1	0(0.0%)
Pyrophoric solids	1	1(100.0%)
Self-heating substances and mixtures	0	0(-%)
Substances and mixtures which, in contact with water, emit flammable gases	6	4(66.7%)

Physical hazards	N[§]	n[‖] (harmonization rate[¶])
Oxidizing liquids	3	1(33.3%)
Oxidizing solids	19	9(47.7%)
Organic peroxides	2	0(0.0%)
Corrosive to metals	19	3(15.8%)

Health hazards	N[§]	n[‖] (harmonization rate[¶])
Acute toxicity(oral)	496	224(45.2%)
Acute toxicity(dermal)	329	76(23.1%)
Acute toxicity(inhalation)	376	73(19.4%)
Skin corrosion/irritation	279	126(45.2%)
Serious eye damage/eye irritation	325	71(21.8%)
Respiratory sensitization	30	15(50.0%)
Skin sensitization	174	82(47.1%)
Germ cell mutagenicity	109	46(42.2%)
Carcinogenicity	208	116(55.8%)
Reproductive toxicity - Effects on or via lactation	116 4	57(49.1%) 0(0.0%)
Specific target organ toxicity - Single exposure - Category 1 - Category 2 - Category 3(respiratory tract irritation) - Category 3(narcotic effects)	 21 12 131 28	 3(14.3%) 0(0.0%) 43(32.8%) 2(7.1%)
Specific target organ toxicity - Repeated exposure	227	84(37.0%)
Aspiration hazard	9	2(22.2%)

Environmental hazards	N[§]	n[‖] (harmonization rate[¶])
Hazardous to the aquatic environment - Acute - Chronic	383 444	242(63.2%) 160(36.0%)
Hazardous to the ozone layer	3	2(66.7%)

자료 : 한국산업보건학회지 제30권 제3호 [물질안전보건자료 대상물질의 유해성 분류기준 적용 연구], 2020.

❑ 물리적 유해성의 경우 비교적 실험값(인화점, 끓는점)에 의하여 결정되는 인화성액체 분류가 제일 많았으며 조화율도 비교적 높은 편이었다. 이 외의 물리적 유해성 분류는 개별 시험결과를 확인하여 분류한 결과보다는 이미 확인된 결과로 위험물 판단 결정을 해서 목록으로 제공하는 UN 위험물 운송 기준상의 분류로 결정되는 경우가 많다. 비교적 조화율이 0.0% ~ 33.3%로 낮은

위험성 분류(폭발성, 인화성 에어로졸, 산화성액체, 자기반응성물질 및 혼합물, 자연발화성액체, 자기발열성 물질 및 혼합물, 유기과산화물, 금속부식성)도 있지만 이는 대부분 해당 분류가 없거나 5개 미만으로 대상범위가 좁아 과대평가된 것으로 물리적 유해성 분류의 조화율은 상대적으로 높은 경향임을 알 수 있었다.

❑ 건강 유해성의 경우 한 가지 유해성 내에 동시에 다른 분류가 가능한 것은 급성독성, 생식독성, 특정표적장기독성(1회 노출)로서, 급성독성은 경로에 따라 경구, 경피, 흡입으로 나누고, 생식독성은 수유독성을 별도로 구분하였으며, 특정표적장기독성(1회 노출)은 구분 1, 구분 2, 구분 3(호흡기계 자극), 구분 3(마취작용)을 각각 나누어 분석하였다. 3개 기관에서 분류정보를 공통 제공하는 물질 604종 중 602종에 대하여 건강 유해성이 분류되었고, 이들의 조화율은 3.5%로 상당히 낮았다. 이는 건강 유해성 분류 및 구분이 유해성에 있어 매우 중요한 요소이며 여전히 이견이 많음을 보여주는 것이다.

❑ 세부 분류별로 조사한 결과는 0.0% ~ 55.8%로 전반적으로 낮은 편이나, 그 차이는 물리적 유해성 분류에 비해 작았다. 즉, 건강 유해성 전체로 보면 완전히 일치하는 분류는 매우 적었으나, 개별 유해성으로 접근하면 그 차이는 좁혀지는 경향을 보였다. 상대적으로 조화율이 높은(40% 이상) 분류는 수유독성을 제외한 CMR(발암성, 생식세포변이원성, 생식독성), 급성경구독성, 피부부식성/자극성, 호흡기 및 피부 과민성이었다.

❑ 대상이 적은 수유독성을 제외하면 특정표적장기독성 분류 조화율이 매우 낮았고, 이는 분류에 대한 근거가 수치적으로 정량화되어 있는 분류나 국제적으로 인정받은 기관의 1차 분류를 활용하고 있는 분류군에 비해 보다 정성적인 전문가 판단에 의한 결정에 기인하는 것으로 판단된다. 환경 유해성은 해당 그룹에서 조화율(35.7%)과 개별 유해성에서의 조화율(36.0% ~ 66.7%) 모두 건강 유해성에 비해 상당히 높았다. 즉 화학물질의 유해성은 본질적으로 변하는 것이 아니지만 각 사회의 기준 및 적용에 따라 여전히 차이가 있음을 알 수 있었다.

❑ 추가로 정부에서 유해성 분류에 대한 표준 정보로서 활용할 수 있는 가능성을 확인하기 위해 기관간 분류정보 조화율을 비교하였다. 건강 유해성을 중심으로 분석한 결과 다음과 같이 제도적, 절차적 타당성을 보유하고 있는 환경부의 유해성 분류 고시와 EU CLP 분류 정보의 조화율이 전반적으로 상당히 높은 것을 확인할 수 있었다.

[도표 Ⅱ-56] The interagency harmonization rate of health hazard classification

Health hazards	MoE[*] vs. EU CLP[†]		MoE vs. KOSHA[‡]		EU CLP vs. KOSHA	
	N[§]	n[‖] (harmonization rate[¶])	N[§]	n[‖] (harmonization rate[¶])	N[§]	n[‖] (harmonization rate[¶])
Acute toxicity(oral)	478	299(62.6%)	1,312	638(48.6%)	1,405	623(44.3%)
Acute toxicity(dermal)	300	160(53.3%)	561	216(38.5%)	662	154(23.3%)
Acute toxicity(inhalation)	337	163(48.4%)	896	219(24.4%)	943	142(15.1%)

Health hazards	MoE* vs. EU CLP†		MoE vs. KOSHA‡		EU CLP vs. KOSHA	
	N§	n‖ (harmonization rate¶)	N§	n‖ (harmonization rate¶)	N§	n‖ (harmonization rate¶)
Skin corrosion/irritation	222	176(79.3%)	613	240(39.2%)	1,191	364(30.6%)
Serious eye damage/eye irritation	150	98(65.3%)	660	121(18.3%)	1,383	269(19.5%)
Respiratory sensitization	26	20(76.9%)	48	18(42.9%)	179	54(30.2%)
Skin sensitization	148	115(77.7%)	388	130(33.5%)	873	282(32.3%)
Germ cell mutagenicity	77	53(68.8%)	168	64(38.1%)	726	558(76.9%)
Carcinogenicity	184	150(81.5%)	520	383(73.7%)	1,264	1,026(81.2%)
Reproductive toxicity	94	70(74.5%)	243	131(53.9%)	460	232(50.4%)
Effects on or via lactation	4	1(25.0%)	3	0(0.0%)	19	0(0.0%)
Specific target organ toxicity - Single exposure						
- Category 1	8	4(50.0%)	31	7(22.6%)	64	3(4.7%)
- Category 2	-	(-%)	25	0(0.0%)	102	0(0.0%)
- Category 3 (respiratory tract irritation)	66	55(83.3%)	198	46(23.2%)	533	123(23.1%)
- Category 3(narcotic effects)	11	3(27.3%)	79	6(7.6%)	166	37(22.3%)
Specific target organ toxicity - Repeated exposure	193	143(74.1%)	577	260(45.1%)	750	154(20.5%)
Aspiration hazard	3	2(66.7%)	10	2(20.0%)	255	98(38.4%)

자료 : 한국산업보건학회지 제30권 제3호 [물질안전보건자료 대상물질의 유해성 분류기준 적용 연구], 2020.

4) 국내 일부 화학물질 취급 사업장의 유해성 정보 인식 실태

□ 화학물질의 유해성 분류를 포함한 MSDS 제출 등 신규제도 수용성 및 인식을 파악하기 위하여 국내 화학물질 제조・수입・사용업체(8개소)를 조사하였다.

□ 국내 주재 다국적 기업(제조・수입 2개소)의 경우 유해성 분류는 국외 본사 주관으로 화학물질의 독성 등을 검토・평가할 수 있는 자체 전문가 그룹에 의해 결정되고 있었다. 유해성 분류에 참고하는 자료는 주로 EU CLP 혹은 등록 자료를 활용하였으며, 국내 환경부 유해화학물질 분류・표시를 가급적 준용하는 정책을 취하고 있었다. 그리고 유럽 혹은 국내의 화학물질 등록 경험이 있어 유해성 정보 생산의 책임이 기업에 있음을 인식하고 있었다. 제조자 그룹 중 원료물질 생산과 원료물질을 혼합하여 생산하는 경우는 차이가 있었다. 국내 다수는 원료물질을 공급받아 이를 혼합하여 생산하는 조제자(formulator)로서, 조제자 군에 대한 조사결과 화학물질 등록 경험에 따라 인식의 차이가 발생하였다.

□ 국내외 화학물질 등록을 경험한 경우(4개소 중 1개소)는 가급적 제조자의 유해성 분류를 인정하여 제품의 유해성 분류에 반영하려고 노력하고 있었으나, 이에 대한 인식이 없는 경우 혹은 번거로운 경우 생산자가 제공한 분류정보는 사라지고(원료물질의 MSDS 비치용으로만 활용) 자

체적으로 유해성 분류를 적용하여 사용하고 있었다(4개소 중 3개소). 이렇게 자체적으로 유해성 분류를 새롭게 적용하는 조제자의 경우 유해성 분류 주체는 일반적으로 현업 경험이 있는 부서내 기술자였으며, 이를 판단하기 위한 별도 전문가 등을 보유하고 있지 않았다.

□ 국내 사용자의 경우는 유해성 분류정보를 주로 법적 규제 대응 용도로 활용하고 있었으며, 국내 환경부 유해화학물질 분류 및 공단 분류를 참고하고 있었다. 그리고 사용자에게 유해성 분류의 책임은 없기 때문에 별도의 전문가를 보유하고 있지는 않지만, 분류 검토를 위해 업무 담당자에게 관련 교육을 이수하도록 하고 있었다. 전반적으로 화학물질 취급 영역 혹은 화학물질 등록 경험에 따라 유해성 분류에 대한 인식 차이가 있었으며, 비교적 인식이 높은 사업장의 경우는 유해성 정보 생산의 주체는 기업이며 실제 유해성 분류 시 등록정보 혹은 EU CLP 및 환경부 유해화학물질 분류 정보를 우선적으로 활용하고 있었다.

5) 국내 유해성 분류 적용의 합리적인 방안 제시

□ 국내에 신규 도입되는 유해성 분류를 포함한 MSDS 제출 제도는 화학물질의 안전한 사용이라는 최종 목적지에 이르기 위한 다양한 활동 중 '올바른 화학물질정보의 생산 · 전달'을 목표로 한다. 화학물질 제조 · 수입자가 성분의 정체를 파악한 후, 유해성을 판단하여 MSDS를 작성하고 정부에 제출할 때 구성성분 및 제품의 '유해성 분류'에 대한 명확한 기준은 동 제도를 시행하는데 있어 중요한 요소이다.

□ 국내에서 GHS가 도입된 MSDS 제도에서의 유해성 분류는 계속 존재했던 항목이지만, 큰 의문을 가지지 않은 채로 운영되어 왔다. 하지만 유해성 분류결과에 따라 MSDS 대상 및 기재대상 구성성분이 결정되고, 정부에 제출해야 하는 부담에 따라 현 시점에서 유해성 분류의 의미가 무엇이고, 작성 · 제출하는 사업장의 역할과 수집된 자료를 어떻게 판단해야 할지에 대한 정부의 역할을 명확히 해야 할 필요가 있다. 이에 따라 유해성 분류에 대해 적용할 수 있는 합리적인 방안을 그림과 같이 제시하였다.

□ 첫째로 화학물질 제조 · 수입 사업장에서는 이용 가능한 정보를 수집 · 활용하여 책임있게 자체적으로 유해성 분류를 해야 한다. 화학물질의 유해성 분류와 관련된 국내 · 외 동향 중 화학물질관리 체계의 큰 변화는 단언컨대 EU REACH(Registration, Evaluation, Authorization and Restriction of Chemicals), 국내 화학물질등록평가법의 도입 · 시행이다. 제조 · 수입자의 경우 관련법에 따라 유해성 정보를 생산하고 전달하여야 한다. 유해성 분류는 이와 동일 흐름 내에서 작동하는 하나의 단계이며, 독립적으로 고려될 수 없는 부분이다. 동 제도 내에서 중요한 요소는 화학물질 정보 생산의 주체가 사업장이라는 변화이다. 국내 화학물질 취급 사업장 조사대상 8개소 중 조제자 및 사용자를 제외한 제조 · 수입업체 4개소 전수에서 이러한 변화를 확인할 수 있었다. 즉 화학물질등록평가법을 직 · 간접적으로 경험한 제조 · 수입 사업장에서 유해성 분류의 의미는 사업장 주관으로 책임있게 분류하는 것이었다.

❑ 다만 정부에서 제시하는 일부 유해성 분류는 참고하고 있었다. 제조·수입을 시작으로 하위의 사용자 중 조제자의 경우는 제공받은 정보를 사용하여 유해성을 재분류하고 MSDS를 작성해야 하며, 최종 사용자는 전달받은 유해성 정보 및 MSDS를 활용하여 사업장 내 화학물질 관리를 하도록 해야 한다.

[그림 Ⅱ-22] Reasonable application logic of hazard classification parts in relation to MSDS submission

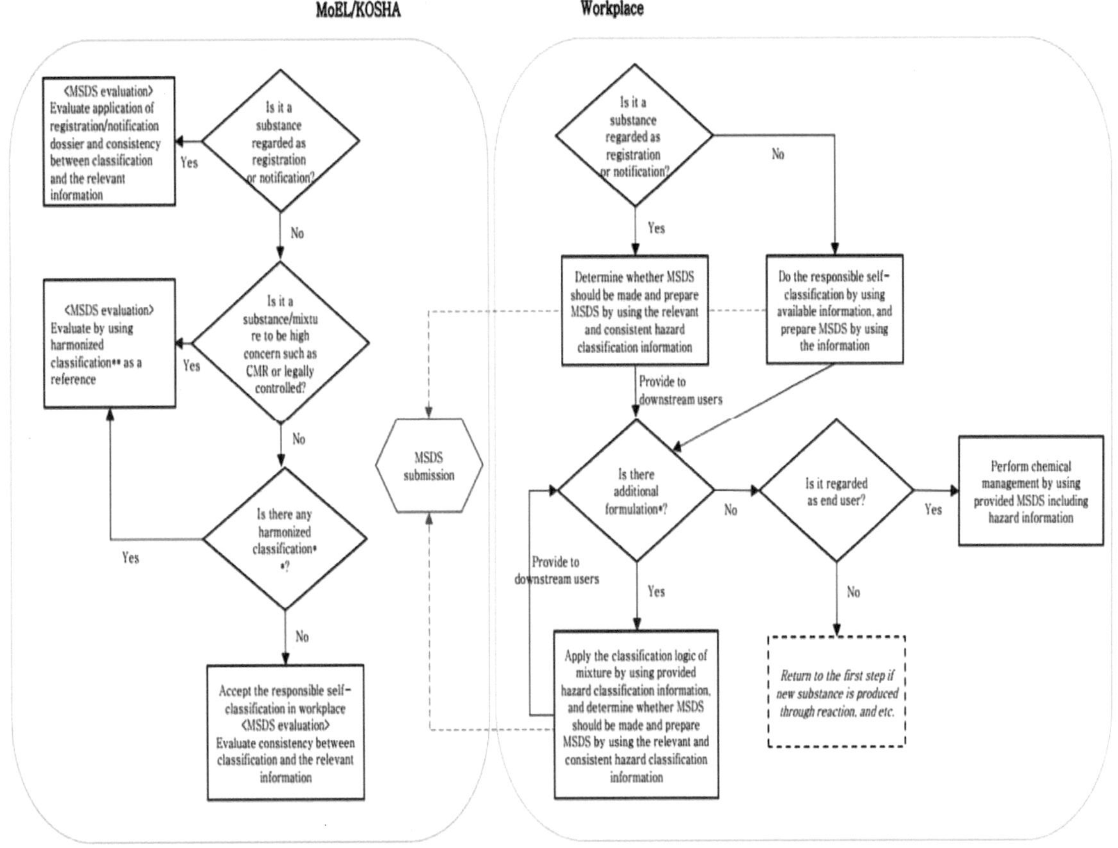

* Formulation : mixing the individual substances to produce the mixture
* Examples of harmonized classification : classification of hazardous chemical substance according to public notice of Korean MoE or harmonized classification according to EU CLP

자료 : 한국산업보건학회지 제30권 제3호 [물질안전보건자료 대상물질의 유해성 분류기준 적용 연구], 2020.

❑ 그렇다면 둘째로 정부에서는 사업장이 제 역할을 하는 동안 위와 같은 일련의 과정이 잘 이루어지도록 지원을 하거나 감독을 통해 지속적으로 방향을 제시해야 할 것이다. 이를 위해 단계별로 감독 대상 및 시기, 내용에 대한 전략 수립이 필요하다. 예를 들어 제도 도입 초기에는 국내 공급망의 제일 상위에 있는 1차 원료물질 생산·수입업체의 MSDS가 등록 자료와 일관되게 작성되어 있는지, 근거와 유해성 분류가 일관되게 작성되어 있는지를 목표로 해야 하며, 일정 기간 후에는 공급망의 다음 단계에 있는 업체에 정보전달이 제대로 되어 해당 정보를 활용하여 작성되었는지 감독하는 등 시기별, 단계별 감독 전략을 수립하는 것이 제도 도입 목적을 실현하기 위한

도구가 될 것이다. 아울러 화학물질정보의 품질 관리를 위한 유해성 분류 평가 부분에 있어 사업장의 유해성 분류를 일차적으로 인정해야 한다.

❑ 다만 일부 물질의 경우는 최소한의 정해진 분류를 적용하도록 관리할 필요가 있다. 즉 정부에서 공통적으로 같은 분류(조화 분류)를 적용하여 해당 정보가 전달될 필요가 있는 우선순위의 물질을 정해서 관리(평가)해야 한다는 것이다. 여기서 합리적인 우선순위는 절차적 타당성을 보유한 국내외 조화 분류(환경부 고시에 따른 유해성 분류 및 EU CLP 규정상의 조화 분류)일 것이다. 국내 현장 조사에서도 최소 이와 같은 분류는 적용하고 있는 것을 확인할 수 있었다.

❑ 아울러 제도별 시행시기나 정보의 단절과 같은 제한점은 여전히 존재한다. 먼저 MSDS 제출은 2021년부터 시행되고, 화학물질등록은 2030년까지의 목표일정을 가지고 있다. 세부적으로는 유통량 등에 따라 시행시기가 다르지만, 이 부분은 유해성 분류를 포함한 MSDS 작성에 대한 책임이 사업장에 있다고 인정한다면 쉽게 해결될 수 있을 것이다. 등록하기 전까지는 이전과 같이 이용 가능한 정보를 수집・활용하여 사업장에서 책임있게 자체 유해성 분류를 하도록 하고, 등록 후에는 등록 신청 자료와 일관되게 해당 유해성 정보를 활용하여 MSDS 대상 판단 및 작성을 하도록 하는 것이다.

6) 결론

❑ MSDS는 1996년 이래로 여러 비판에도 불구하고 국내 주요한 화학물질 정보제공 수단으로 자리잡고 있다. MSDS와 같은 화학물질정보에 있어 현재 가장 우선적으로 고려해야 할 요소는 '유해성 분류'라고 할 수 있으며, 향후 MSDS를 정부에 제출하는 제도가 본격 시행(`21.1.16)되면 그 중요성은 더 크다 할 수 있다. 이에 본 연구에서는 국내외 유해성 분류 제도 현황, 분류정보 비교 분석 등을 통하여 새로운 제도 내에서 유해성 분류에 대한 명확한 인식과 이에 대한 각 주체의 역할, 그리고 유해성 분류를 관리하기 위한 합리적인 방향을 제안하고자 하였다.

❑ 화학물질의 유해성은 본질적으로 변하는 것이 아니지만 각 사회의 기준 및 적용에 따라 여전히 변이가 있으며 보다 세밀한 기준 정립 및 평가(판단), 합의에 따라 유해성 분류 조화의 가능성은 여전히 열려 있다. 물론 이 조화에 대한 필요성은 상당히 인정되나, 기본적으로 불확실성을 내포하고 있으며 필요자원 및 역량에 대한 우려가 있어 국제적으로도 여전히 논의 중인 일이다.

❑ 화학물질 사용을 결정하고, 화학물질을 식별하고, 유해성 분류를 하는 것은 사업장의 몫(책임)이며, 이 과정에서 정부의 역할은 올바른 화학물질정보(정체, 유해성 등)가 생산되고, 전달될 수 있도록 지원 혹은 감독을 통한 방향 제시를 하는 것이다. 앞으로 화학물질 유해성 정보전달 체계는 화학물질의 전생애 주기 안에서 일관되게 작동해야 할 것이다.

※ 자료 : 한국산업보건학회지 제30권 제3호 [물질안전보건자료 대상물질의 유해성 분류기준 적용 연구], 2020.

제 3장 유해물질 화학사고 현황과 대응기술 개발동향

1. 유해화학물질 사고사례와 대응현황

1) 유해화학물질 노출사고와 위험지역 설정·운영

(1) 유해화학물질 노출 위험에 취약한 한국의 공간구조

❑ 2015년 유해화학물질 관리 패러다임이 '사업장 단위'에서 '지역 단위'로 변화하였다. 2015년 「유해화학물질 관리법」이 개정되기 전까지 유해화학물질 관리가 개별 사업장 단위에서 자체적으로 방재계획을 수립하여 실행하였다.

- 우리나라에서는 '독물 및 극물에 관한 법률'이 1964년 처음 제정되면서 유해성이 높은 독극물 중심으로 관리를 시작
- 1991년 「유해화학물질 관리법」이 제정되어 본격적인 유해화학물질에 대한 등록과 평가, 화학사고에 대한 대응 체계가 구축되었음

❑ 2012년 구미 휴브글로벌 불산 누출사고, 2013년 화성 삼성전자 불산 누출사고를 계기로 2015년에 「화학물질 관리법」으로 전면 개정되면서 지역 단위 화학사고 대응의 필요성이 대두하였다.

- 화학물질에 대한 만성노출 영향 저감을 위하여 '배출저감 계획서' 작성 및 제출제도가 2017년에 도입됨
- '화학사고 예방관리 계획서'와 '지역 화학사고 대응계획' 수립이 2020년에 도입되어 지역 단위 화학사고 대응체계로 전환됨

❑ 급격한 산업화와 도시화, 난개발로 화학사고 위험에 노출된 주거지역이 존재한다. 한국사회의 위험은 전통사회, 산업사회, 현대사회가 같은 공간에서 혼재되어 발전한 결과로 유해화학물질 취급시설과 주거지역이 인접하게 된 구조적 문제가 발생한다.

- 전통사회는 촌락 단위로 발전을 하였으며 신분과 명예가 위험의 요인이 됨
- 산업사회에 들어와 대규모 산업단지를 조성하거나 사업장의 개별 입지 형식으로 개발을 진행하였으나 산단과 주거지역 사이 안전거리를 두지 않고 도시화가 진행

❑ 산업화, 도시화를 겪으면서 난개발이 화학사고 위험의 구조적인 문제를 내재하고 있다.

- 유해화학물질 취급시설 주변에 대규모 아파트 개발이 이루어져 화학사고 시 피해 규모가 매우 클 것으로 우려가 되고 있음

[도표 Ⅲ-1] 시대별 위험의 특성 변화

구분	위험의 특성	사회구조적 특성과의 연관성
전통사회	- 신분과 명예가 위험 발생의 주요 요인 - '자기원인귀속성'이 강함 - 자연재해, 전염병, 전쟁 등은 불가항력적으로 이해됨	- 명예와 신분을 원인으로 하는 위험의 감수는 공동사회를 유지하는데 중요한 역할을 수행함으로써, 직업윤리의 토대를 마련하였고, 집단소속감을 발생시켜 집단의 범위를 고정
산업사회	- 확률적 통계의 도움을 받아 위험 예측이 가능해짐 - 위험을 통제 관리의 대상으로 인식	- 위험의 예측가능성은 위험관리의 학문적 접근을 가능케 하였고, 보험 제도를 발생시킴 - 한편, 보험제도는 위험을 사회적으로 공동분배하여 신분집단의 동질성을 해체시키고, 직업윤리의 토대를 약화시켰으며, 개인주의를 초래
현대사회	- 기술공학 및 매스미디어의 발달로 인하여 위험은 일상성, 타율성, 피해산정의 불확실성 등을 지니게 됨	- 환경오염 등의 새로운 위험은 위험유발자와 피해 자간의 상호무관심과 사회적 무력감으로서의 위험 불감증을 심화시키거나, 집단경계를 초월한 자발적 시민연대를 생성시키기도 함

자료 : 경기연구원 이슈&진단 No.498 [화학 노출 사고로부터 안전은 위험지역 설정], 2022. 5

❑ 유해화학물질 취급사업장이 주변의 도시화로 인해 주거지역과 인접하고 있다. 「도시공원 및 녹지 등에 관한 법률」 제35조에 따라 녹지의 기능은 완충녹지, 경관녹지, 연결녹지로 분류되며 완충녹지가 화학사고 위험방지를 위해 필요하다.

- 완충녹지는 대기오염・소음・진동・악취 그 밖에 이에 준하는 공해와 각종 사고나 자연재해, 그 밖에 이에 준하는 재해 등의 방지를 위해 설치하는 녹지임
- 산업단지 내 완충녹지는 수질오염・대기오염・소음・진동 등 공해의 발생원이 되는 곳 또는 가스폭발, 유출 등 재해 대비가 필요한 산업지역과 주거지역을 분리

[그림 Ⅲ-1] 완충녹지 사례

인천 서구 사례

오스트레일리아 퀴나나 공단 사례

❑ 녹지공간 자체를 확보하지 않은 산업단지가 다수 있으며, 유해화학물질 취급사업장이 개별적으로 입지하여 주거지역과 인접하게 입지한 결과를 초래한다.

- 1960년~1970년대에 설치된 산업단지의 경우 녹지공간 자체를 확보하지 않은 산업단지가 대부분으로 인접한 주거지역에 대한 환경적 악영향 사례 발생
- 유해화학물질 취급사업장이 외곽지역에 있어 주거지역과 분리가 되어 있었으나 도시화가 진행됨에 따라 대규모 아파트 등이 인접 입지하면서 환경문제 발생

(2) 화학사고 누출로 인한 주변 지역 노출 사례

가. 산단과 인접한 마을에 불화수소가 확산된 구미 휴브글로벌 누출사고 사례

❑ 2012년 구미국가산업단지 ㈜휴브글로벌에서 불화수소 누출사고가 발생하여 주변 농촌마을 지역으로 확산되어 피해가 발생하였다.

- 2012년 ㈜휴브글로벌 불화수소 누출사고가 발생하여 약 8톤의 불산기체가 외부로 유출되어 주민대피 유도(3km)
- 사고 발생 약 8시간 후인 23시 30분경 중앙119구조단 화생방대응팀이 와서 탱크로리 밸브를 잠가 불화수소 유출을 차단함

❑ 주변 지역 대기로 확산된 불화수소는 식생(농작물, 과수 포함) 및 사람 건강에 영향을 미쳐 식물괴사 및 노출 피해가 발생하였다.

- 불산 피해를 입은 식생은 잎의 끝과 가장자리에 불소가 축적되어 식물괴사가 발생함
- 2012년 10월 6일까지 사고와 관련하여 지역주민 및 근로자 등 총 2,497명(중복포함)이 검진에 참여함

[그림 Ⅲ-2] 화학사고 누출로 인한 주변 지역 노출 사례(구미)

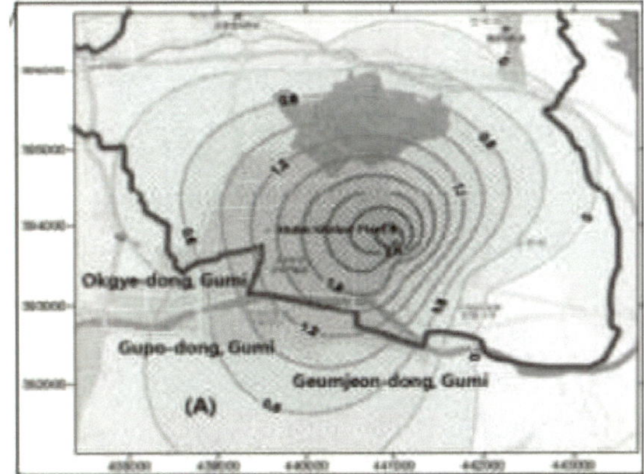

자료 : 경기연구원 이슈&진단 No.498 [화학 노출 사고로부터 안전은 위험지역 설정], 2022. 5

나. 소규모 산단에서 누출된 불산이 영주 시가지로 확산되어 피해가 발생한 사례

❑ 2018년 경북 영주시 SK머티리얼즈에서 육불화텅스텐이 누출되어 공기 중의 수증기와 결합하여 불산으로 전환되어 주변 지역으로 확산되었다.

- 육불화텅스텐은 반도체 핵심 공정인 '금속 배선 공정'에 사용되는 화학물질로 3차원 낸드 플래시 메모리 생산이 늘어나면서 수요가 폭발적으로 증가하였음
- 2018년 4월 13일 경북 영주 SK머티리얼즈에서 저장되어 있던 약 1.8톤의 육불화텅스텐 중 40kg 정도가 누출되어 주변 지역으로 확산됨

❑ 인근 주민 대피, 학교 수업 중단 등 광범위한 지역에서 피해가 발생하였다.

- 인근 주민을 대피시키고, 공장 반경 2km 이내에 위치한 영주여자중학교는 학생들을 귀가, 서부초등학교와 제일고등학교는 학교 내에서 보호 조치 실시함

[그림 Ⅲ-3] SK머티리얼즈 화학사고 누출로 인한 주변 지역 노출 사례(영주)

자료 : 경기연구원 이슈&진단 No.498 [화학 노출 사고로부터 안전은 위험지역 설정], 2022. 5

다. 유해화학물질 취급시설의 밀집으로 피해가 확산된 인천 이레화학 사례

❑ 도금업체들이 집중 분포해 있는 지역에 인접해 입지한 이레화학에서 폐유를 정제하여 재활용하는 과정에서 화재가 발생하여 화학사고로 확산되었다.

- 이레화학은 아세톤과 톨루엔 등 폐유를 정제해 재활용하는 업체로 정제한 화학액을 1,000L 용기에 옮기는 도중에 전기 스파크가 일면서 화재가 발생함
- 불길이 폐유를 따라 인근 공장들로 옮겨 붙었고, 그 결과 이레화학 공장 2개 동과 도금공장 2개 동 등 4개 동 전소, 도금공장 2개 동은 반소 함

[그림 Ⅲ-4] 이레화학 화학사고 누출로 인한 주변 지역 노출 사례(인천 동구)

❑ 이레화학 사고 사례를 통해 유해화학물질을 취급하는 시설이 집중 분포할 때 특히 사고에 매우 취약하다는 점을 확인했고, 대응 과정에서 문제점도 드러났다.

- 사고 발생 초기에 화재사건으로 처리되어 '캐리스 앱'도 구동되지 않아 나중에 화학사고로 취급되었으며, 건강영향 조사 시 한계가 드러남
- 화학물질 확산 피해지역은 실제로 동구 지역인데 대시민 문자 메시지는 사고지역 행정단위에 따라 서구 지역에 전달이 되어 위해소통 문제가 드러남

(3) 화학사고 대응을 위한 유럽의 '위험지역' 설정 사례

가. 유해화학물질 노출 위험을 줄일 수 있는 '토지이용계획'의 수립과 추진

❑ 유럽은 전통적인 봉건사회에서 산업사회로, 다시 '위험사회'로 전환되었다. '위험사회'는 산업사회에서 실패의 결과가 아니라 정상적인 발전과정을 통해 도달된 결과로서 나타난 사회이다.

- 산업사회에서는 재화의 분배, 사회계급, 필요의 유대, 평등의 이상, 적극적 목표, 좋은 것의 획득 등의 특성이 있음
- 위험사회에서는 위험한 것의 분배, 개인화된 사회, 불안한 유대, 안전의 이상, 소극적/방어적 목표, 최악의 것의 예방 등의 특성을 보임

[그림 Ⅲ-5] 산업사회에서 '위험사회'로 전환되는 과정

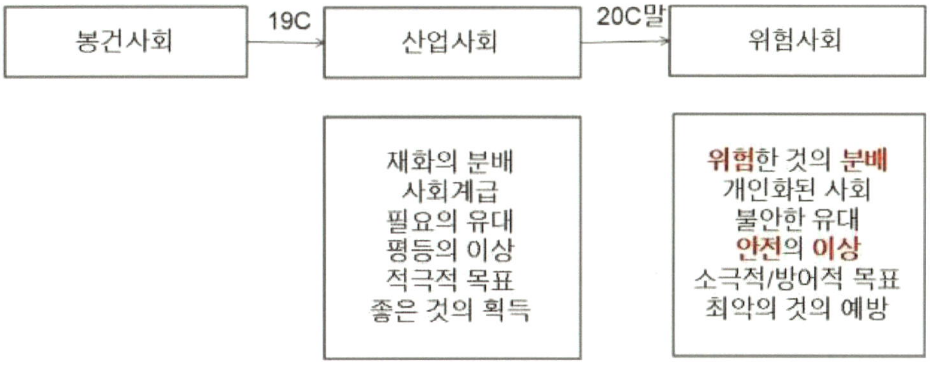

봉건사회 → (19C) → 산업사회 → (20C말) → 위험사회

산업사회	위험사회
재화의 분배	위험한 것의 분배
사회계급	개인화된 사회
필요의 유대	불안한 유대
평등의 이상	안전의 이상
적극적 목표	소극적/방어적 목표
좋은 것의 획득	최악의 것의 예방

자료 : 경기연구원 이슈&진단 No.498 [화학 노출 사고로부터 안전은 위험지역 설정], 2022. 5

❑ 이탈리아 세베소市에 있는 ICMESA사의 트리클로로페놀 생산공장에서 1976년 반응기 안전밸브가 열리면서 염소가스와 다이옥신이 누출되는 사고가 발생하였다.

- 1976년 7월 10일, 반응기 내부 과압으로 안전밸브가 열려 다량의 유독성 화학물질이 대기로 방출되는 사고가 발생
- 방출된 유해물질은 인근 5km 이내 11개 마을로 퍼져나가 1,800헥타르에 이르는 지역의 토양 깊이 60cm까지 오염 초래

❑ EU에서는 세베소 사건 이후 유사한 산업재해 발생을 예방하기 위해 1982년 '세베소 지침'을 만들어 적용하면서 화학사고 대응체계 구축의 전환기를 마련하였다.

- 위험물질로 인한 사고를 예방하고, 인간과 환경에 대한 영향을 최소화
- 이 지침은 두 차례 개정을 통하여 현재 '세베소 지침Ⅲ'이 운영되고 있음

[그림 Ⅲ-6] 세베소 사고현장과 염소가스 노출에 따른 피해 사례

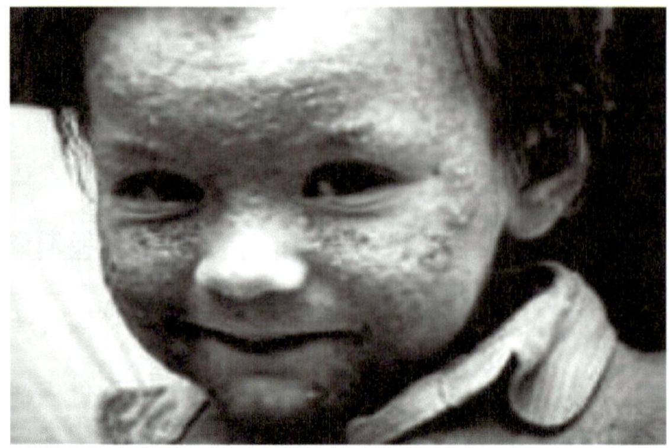

자료 : 경기연구원 이슈&진단 No.498 [화학 노출 사고로부터 안전은 위험지역 설정], 2022. 5

❑ 유럽연합은 세베소 지침을 통하여 화학사고 예방을 목적으로 '안전보고서 제출 제도'를 도입하여 화학물질 위험도에 따른 관리체계를 도입하였다.

- 화학사고 예방을 위해 안전보고서 제도를 도입하여 화학물질의 종류와 취급량만으로 유해 ・위험도에 따라 고위험과 저위험으로 구분하여 관리함
- 안전보고서를 5년마다 다시 제출하여 심사와 현장 확인을 받도록 함으로써 지속적으로 위험을 관리함

❑ 세베소 지침 Ⅱ에 따라 토지이용계획을 도입하였으며, 세베소 지침 Ⅲ에서는 사업장 유해 위험정보의 제공 의무를 강화하였다.

- 토지이용계획(Land Use Plan)은 화학물질을 다량 취급하는 공정이나 설비 등에서 발생한 사고 영향을 미리 평가하여 위험지역을 구분하고, 영향을 받는 주민의 수, 인구구성, 개발밀도 등을 고려하여 등급에 따라 개발을 제한
- 세베소 지침 Ⅲ에 따라 사업장의 유해 위험정보 제공 의무를 강화하고 화학물질의 분류 및 표시에 관한 국제기준(GHS) 도입

[그림 Ⅲ-7] 주거지역 분포에 따른 화학물질 노출 위험

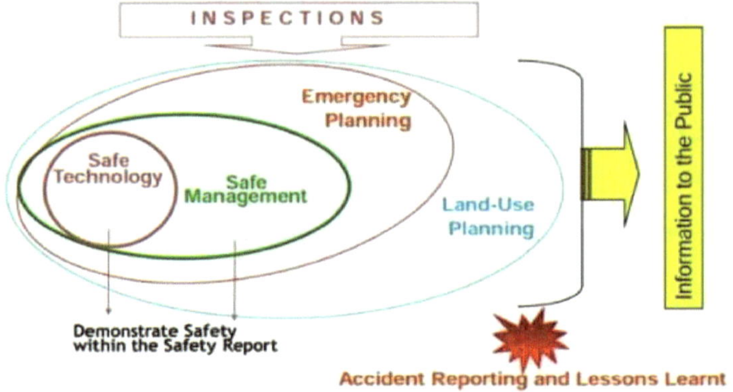

나. 영국의 토지이용 규제와 위험등급 설정 사례

❑ 영국은 유해화학물질에 대한 노출 위험과 화학사고 대응을 위해 유해화학물질 취급사업장 주변 지역에 대한 토지이용규제로 관리한다.

- 사업장 내에서는 공정안전관리와 안전경영을 통하여 화학사고 발생 및 주변 지역 누출 위험을 예방
- 사업장 외부 지역에 대해서는 위해도에 기반하여 10^{-6} 이내 지역에 대해서는 거주지역이 형성되지 못하도록 법률적 기반하에 규제 실시

❑ 영국 안전보건청에서는 자문절차로 위험지역을 설정, 위험 강도를 구분, 위험성 평가와 위험 강도를 결합하여 토지이용규제 관련 자문 의견을 작성한다.

- 위험지역을 3개 지역으로 구분하여 위험 등고선(Risk Contour) 작성
- 영향을 받는 사람의 수, 인구구성(노인 등 취약계층) 분포, 개발밀도 등을 고려하여 위험 강도를 4개 등급으로 구분
- 위험성 평가와 위험 강도를 결합하여 결정하고 자문 의견을 제시

[그림 Ⅲ-8] 영국의 토지이용계획 자문을 위한 위험등급 구분도

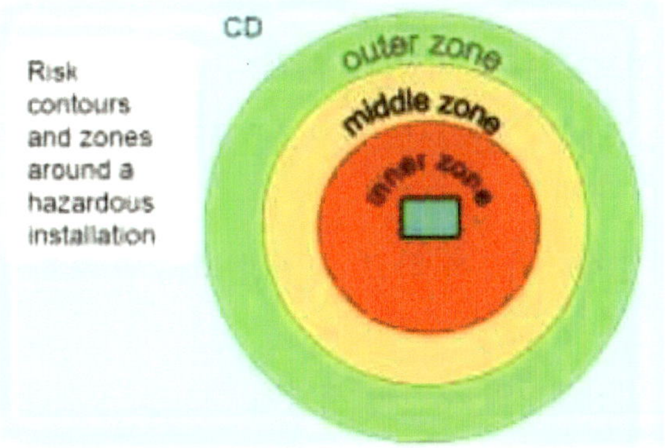

위험등급	안쪽지역	중간지역	외곽지역
1	DAA	DAA	DAA
2	AA	DAA	DAA
3	AA	AA	DAA
4	AA	AA	AA

주 : DAA : 반대자문을 하지 않음, AA: 반대자문

자료 : 경기연구원 이슈&진단 No.498 [화학 노출 사고로부터 안전은 위험지역 설정], 2022. 5

❑ 영국은 1972년부터 중대 화학사고 위험으로부터 안전한 지역개발을 위하여 유해화학물질 위해성에 기반한 주변 지역 토지이용을 제한하는 지침을 운영한다.

- **안쪽지역(Inner Zone, IZ)** : 위해도 10^{-5} 이내 지역. 화학사고 발생 시 치명적 상해가 우려되는 지역
- **중간지역(Middle Zone, MZ)** : 위해도 10^{-5}과 10^{-6} 사이 지역. 치명적인 상해가 낮은 수준으로 우려되는 지역
- **외곽지역(Outer Zone, OZ)** : 위해도 10^{-6}과 0.3×10^{-6} 사이 지역. 취약한 인구집단이 치명적 상해가 발생할 가능성이 매우 낮은 지역

❑ 영국은 중대한 화학사고로 인한 직접적인 노출 위험을 예방하기 위하여 안쪽지역(IZ)과 중간지역(MZ)에 주거지역을 허용하지 않고 있다.

- 주거지역은 외곽지역(OZ)에 위치하도록 규정하여 중대 화학사고로 인한 노출 위험을 사전에 예방할 수 있도록 규정을 하고 있음
- 학교, 병원 등 대규모 인구집단 시설은 특히 외곽지역 이상으로 거리를 두게 함으로써 대규모 피해 발생을 예방

[그림 Ⅲ-9] 화학물질 노출 위험지역 분석 사례

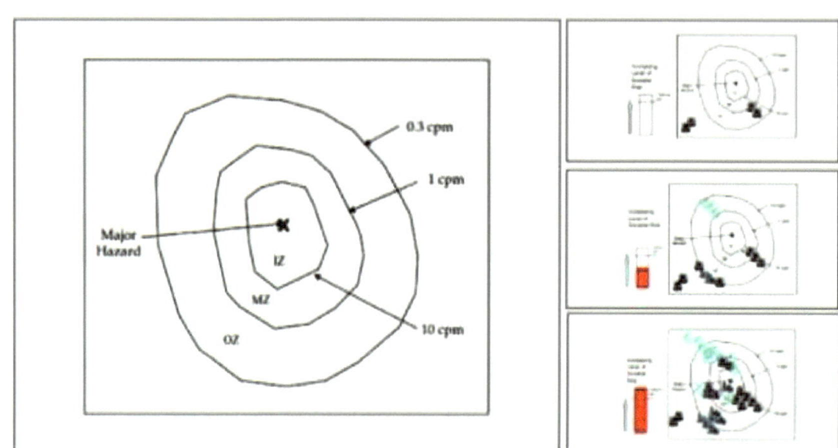

자료 : 경기연구원 이슈&진단 No.498 [화학 노출 사고로부터 안전은 위험지역 설정], 2022. 5

다. 유럽연합과 미국은 화학사고로부터 주민 보호를 위해 비상대응체계 구축

❑ 유럽연합은 사업장 내부의 경우 안전성 보고서와 안전관리시스템으로, 사업장 외부의 경우 토지이용계획서와 비상대응계획으로 관리한다.

- 사업장 내 주민 보호 비상계획은 사업장에서 작성하도록 하고, 사업장 외 주민 보호 비상계획은 관할 기관에서 작성
- 유해·위험물질 취급사업장은 사업장 내 비상계획의 주민과 지역에 정보를 공개하여야 하고 관할 기관에 정보를 제공
- 사업장 위해관리계획서는 지역주민, 공동체, 대응기관 의견을 반영하여 명시하도록 하고 있음

[그림 Ⅲ-10] 이탈리아의 세베소 지침Ⅲ에 의한 주민 보호 비상대응체계

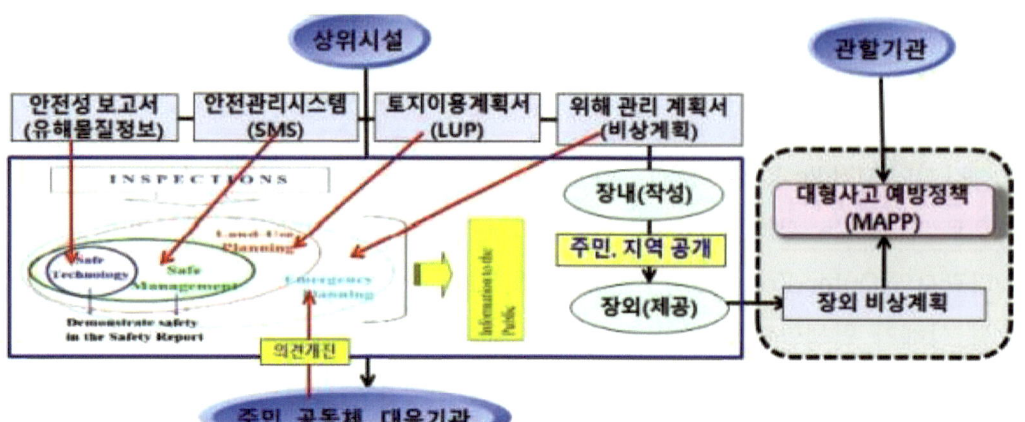

라. 미국은 인도 보팔사고를 계기로 지역 단위 대비체계 구축

❑ 1984년 인도 보팔사고를 계기로 미국은 「비상계획 및 지역사회 알 권리법」 제정을 통한 위해관리계획 수립, 지역 비상대응계획의 수립 및 지역대비체계를 구축한다.

❑ 미국에 본사를 두고 인도 보팔에 입지한 유니온 카바이드 인도지사(UCIL)의 메틸 아이소사이안산 누출사고로 인해 인근 지역주민 3,700명 이상 사망하였다.

- 유니온 카바이드사가 인구 밀집 지역에' 입지하여 메틸 아이소사이안산(MIC) 누출로 지역 주민 3,700명 이상이 사망함

❑ 미국은 1986년 「비상계획 및 지역사회 알 권리법(EPCRA)」을 제정하여 독성화학물질의 저장과 취급으로 인한 환경 및 안전 위험에 대응하기 위하여 독성화학물질에 대한 지역사회의 알 권리 요구를 수용하였다.

- 주요 내용은 비상계획 수립, 비상누출 신고, 유해화학물질 저장, 보고, 독성화학물질 누출 목록으로 구성

[그림 Ⅲ-11] 미국 비상계획 수립절차 개념도

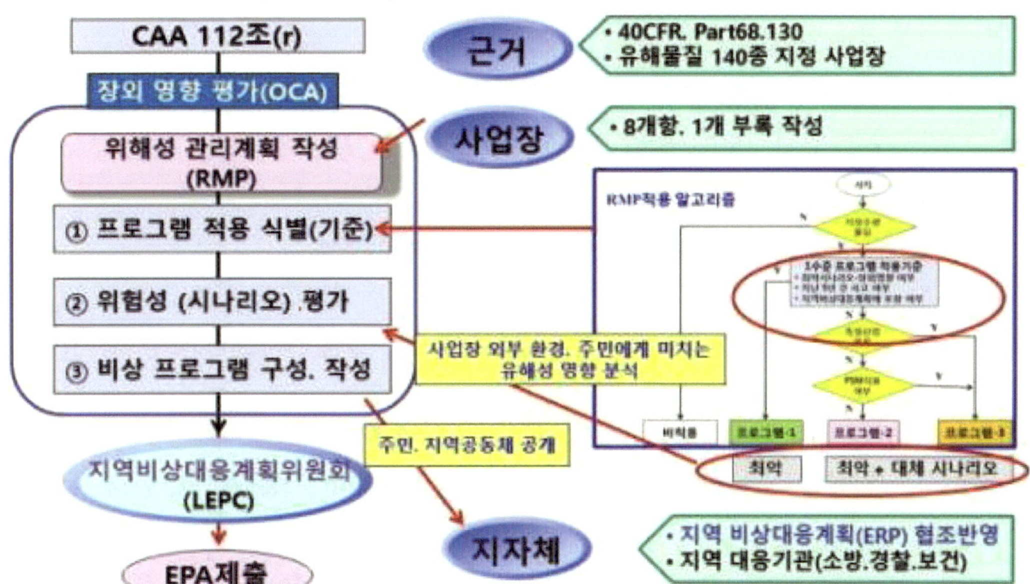

자료 : 경기연구원 이슈&진단 No.498 [화학 노출 사고로부터 안전은 위험지역 설정], 2022. 5

(4) 화학사고 위험지역의 설정과 운영

가. 화학물질 위해성에 기반한 사고예측도를 이용하여 '위험지역' 설정 관리

❑ 화학사고 횟수, 유해화학물질 취급량, 주변 지역 영향 범위 내 거주 인구, 민감집단 규모 등을 반영하여 '위험지역'을 설정한다.

❑ **사고예측도(F)**는 유해화학물질 취급물질 수, 연간 취급량, 사고대비 물질 수, 보관저장량, 사고 이력의 합으로 계산한다.

- 유해화학물질 취급 수를 기준으로 3개 이하이면 "1"점, 3개 초과 5개 이하면 "2"점, 5개 초과 7개 이하면 "3"점, 7개 초과 10개 이하면 "4"점, 10개 초과면 "5점"으로 평가
- 연간 취급량, 사고대비물질 수, 보관저장량, 사고 이력도 5개 구간으로 구분하여 평가
- F값이 40 초과 시 "매우 높음", 30 초과 40 이하면 "높음", 10 초과 30 이하면 "보통", 10 이하면 "낮음"으로 평가

[도표 Ⅲ-2] 화학사고예측도 산정방법

항목	가중치	구간1	구간2	구간3	구간4	구간5
구간별 점수		1	2	3	4	5
취급물질 수(a)	2	a≤3	a≤5	a≤7	a≤10	a > 10
연간 취급량(b)	3	b≤10	b≤100	b≤500	b≤1,500	b > 1,500
사고대비물질 수(c)	2	c=1	c=2	c=3	c=4	c > 5
보관저장량(d)	3	d≤10	d≤30	d≤50	d≤100	d > 100
사고 이력(e)	10	e=1	e=2	e=3	e=4	e > 5

□ **화학사고 위해도(R)**는 사고 예측도에 GIS를 활용해 주변 지역 반경 1km 이내의 인구수를 반영하여 크기를 평가한다.

- 위해도(R) = 사고예측도(F) × 인구수(P) ÷ 1,000(scale factor)
  - * 인구수는 반경 1km 내 인구를 GIS에서 산정
  - * 사고 발생 시 주변 지역의 피해 크기를 반영

[도표 Ⅲ-3] 화학사고 위해도 구분

화학사고 위해도	매우 높음	높음	보통	낮음
구간 구분	R > 1,200	300 < R≤1,200	10 < R≤300	R≤10

□ 위해도 산정을 기반으로 영향 반경에 따라 '위험지역'을 선정한다.

- 화학사고 위해도(R)가 높은 지역을 중심으로 반경 500m를 위험지역, 반경 3km를 준위험지역으로 선정
- 사업장과 사업장이 인접한 경우 각각의 원을 포함하여 '위험지역'을 선정

[그림 Ⅲ-12] 화학사고 위험지역의 설정

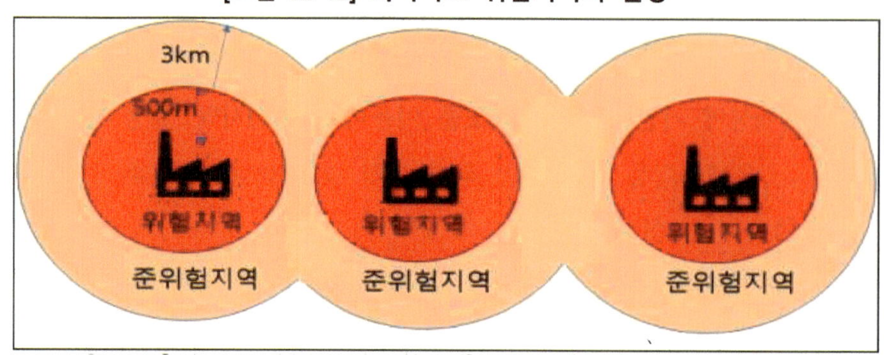

자료 : 경기연구원 이슈&진단 No.498 [화학 노출 사고로부터 안전은 위험지역 설정], 2022. 5

나. 화학사고 발생 시 화학물질 노출 위험 저감을 위한 실내대피 관리체계 구축

❑ 화학사고 발생 시 '위험지역'에서는 1차적으로 실내대피를 하게 되기 때문에 화학물질에 노출되지 않는 건물이 전제 조건이다.

- 화학사고가 발생하게 되면 위험지역에서 주민들은 신속하게 실내로 대피를 하게 되며, 대피한 건물은 화학물질이 유입되지 않도록 기밀성을 확보해야 함
- 화학물질에 노출되지 않기 위해서는 외부 공기가 실내로 유입되는 경로를 차단해야 하기 때문에 에어컨 가동 등도 하면 안 됨

❑ 화학사고 규모가 커서 실외대피를 해야 하는 경우에도 유해화학물질이 실내로 유입되지 않도록 해야 복귀 후 노출될 위험의 예방이 가능하다.

- 실외대피를 할 경우, 재난 약자에 대한 대응이 필요하며 부득이하게 이동이 어려운 경우 화학물질에 노출되지 않도록 독립적인 산소공급장치를 사전에 비치하여 위험에 대비할 수 있도록 지방자치단체 관리가 필요

[그림 Ⅲ-13] 화학사고 발생 시 주민대피 절차

주민대피

주민대피의 기본은 「실내대피」 (외출 자제, 외부공기 유입 차단)

▶ 주민대피 결정 관련 전문의견 수렴
- 화학물질안전원 화학안전종합상황실 (☏ 042-605-7030~7033)
- 화학물질안전원 다자간통화폰 (☏ 010-2906-7030)

1단계: 실내대피 — 상황공유 → 안전원 협의 → 실내대피 알림 → 언론대응

2단계: 상황관찰 — 상황관찰 → 안전원 협의 → 진행단계 검토 → 언론대응 → 상황종료

3단계: 주민소산 — 상황공유 → 안전원 협의 → 주민소산 알림 → 언론대응

▶ 표준 주민대피안내문구: 실내대피 알림/주민소산 알림 - 화학물질안전원 지자체 대응절차 매뉴얼 참조

자료 : 경기연구원 이슈&진단 No.498 [화학 노출 사고로부터 안전은 위험지역 설정], 2022. 5

❑ 위험지역 내 건물 시설개선을 위해 인센티브 모델을 만들어 틈새를 막고 화학사고 노출 위험을 예방하는 것이 필요하다.

- 민간건물의 그린리모델링 공사비 대출에 대한 지원을 지속, 확대하고 타 정책과 연계를 통한 확산 지원
- 위험지역에 입지한 건물이 시설개선 시 인센티브를 제공하여 단열효과 제고 및 화학사고 노출 위험 예방

❑ 위험지역 내 민간건물은 화학사고 노출 위험을 예방하기 위하여 시설개선을 함으로써 부가적으로 제로에너지건축 확산과 녹색건축을 활성화한다.

- 「2050 탄소중립을 위한 녹색건축 활성화」에 따르면 그린리모델링 활성화를 위한 다각도의 지원 사업을 통해 에너지 성능 향상 및 효율 개선 추진

- 제로에너지건축물(이하 ZEB)은 2020년 공공부문 제로에너지건축물 의무화(1,000m^2 이상, 공동주택 제외)를 시작으로 2025년 민간 부문 의무화(1,000m^2 이상, 공동주택 30세대 이상) 추진 계획

[그림 Ⅲ-14] 프랑스 화학사고 위험지역 내 주거지역

자료 : 경기연구원 이슈&진단 No.498 [화학 노출 사고로부터 안전은 위험지역 설정], 2022. 5

2) 유해화학물질 사고대응 현황

(1) 화학물질 사고 위험성

❑ 우리나라의 화학산업의 규모는 2015년 기준 생산량으로 보면 439조원/년 세계 5위이고, 전 세계 생산량(5.54조 달러/년, 15년 기준)의 약 1/15 정도로 매우 크다. 국내 화학산업의 위상은 2018년 수출액 규모에서 반도체와 일반기계 뒤를 이어 3위로 비중이 매우 높고, 해마다 규모가 성장할 것으로 전망되고 있다.

❑ 국내 총유통량은 2010년 기준 432.5백만 톤(15,840종, 제조 289.1 백만 톤, 수입량 231 백만 톤, 수출 87.6 백만 톤)에서 2016년 기준 558.6 백만 톤(16,874종, 제조 378,1 백만 톤, 수입량 321.6 백만 톤, 수출 141.1 백만 톤)으로 22.6% 증가하였다. 향후 유해화학물질의 총 유통량은 꾸준히 증가 추세로 확인되고 있다.

❑ 화학물질을 다량 취급하고 있는 대부분의 화학산업단지는 조성된지 30~60년 이상 경과되어, 시설의 노후화로 인한 화학사고 발생 가능성에 노출되어 있다. 예를 들어, 각 산업단지별로 형성된 시기를 보면, 구미 산업단지(`68년), 울산미포 산업단지(`62년), 여수 산업단지(`82년), 대산 산업단지(`88년)으로 대략 30년 이상 노후된 시설이어서 화학사고 발생 가능성이 높다.

❑ 국민소득 3만 불 시대에 안전에 대한 요구가 커지고 있으나, 화학물질 취급량 증가, 작업자의 안전의식 부재, 시설노후화 등으로 인해 2012년 이후 매년 60~120건의 화학사고가 발생하고 있고, 5년(2014~2018)간 총 사고발생 건수는 449건에 달한다.

❑ 화학사고로 인한 인명피해와 재산피해 등 부정적 파급효과가 지속적 발생하고 있다. 인적 피해의 경우 화학물질은 인체에 노출되면 피부손상, 호흡장애, 신경계 장애 등 여러 질병을 유발

하며, 누출에 따른 화재, 폭발 등의 대형사고로 이어질 경우 심각한 인명 피해를 발생시킨다. 화학사고로 인한 사상자 수는 매년 1,000여 명에 이르며, 최근 4년 간 사상자 수는 3,600여 명에 이른다. 2014년부터 2017까지 4년간 누적 건수를 보면, 재해자는 3,404명, 사망자는 222명이나 된다. 화학사고는 다소 줄어드는 추세이나 여전히 꾸준히 국민의 안전을 위협하고 있다.

[도표 Ⅲ-4] 국내 유해화학물질 유통량 현황

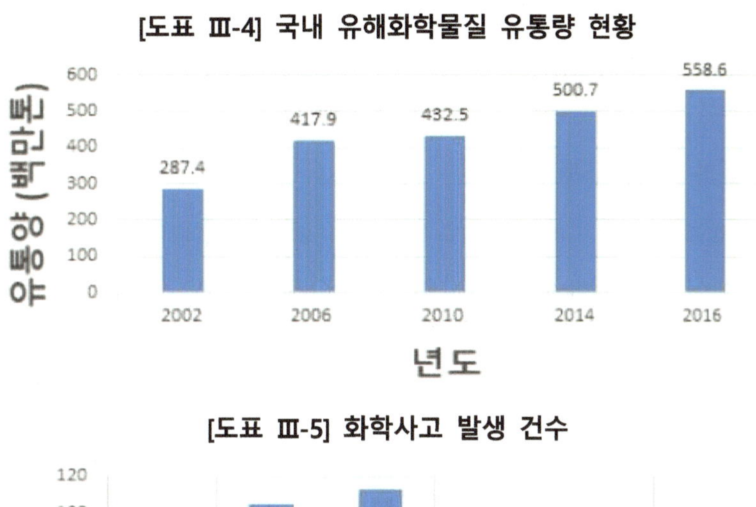

[도표 Ⅲ-5] 화학사고 발생 건수

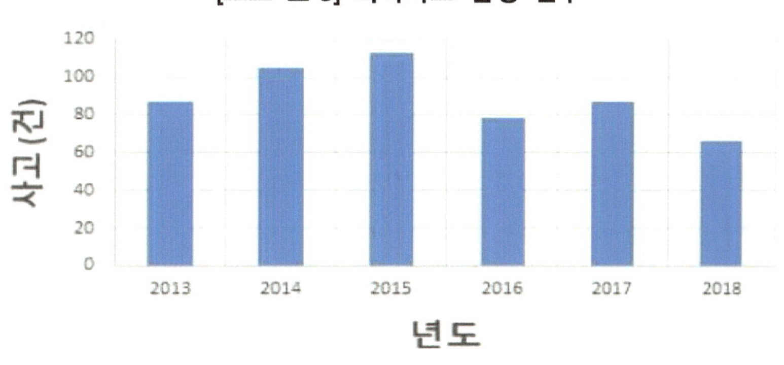

[도표 Ⅲ-6] 국내 화학사고 재해자·사망자 수

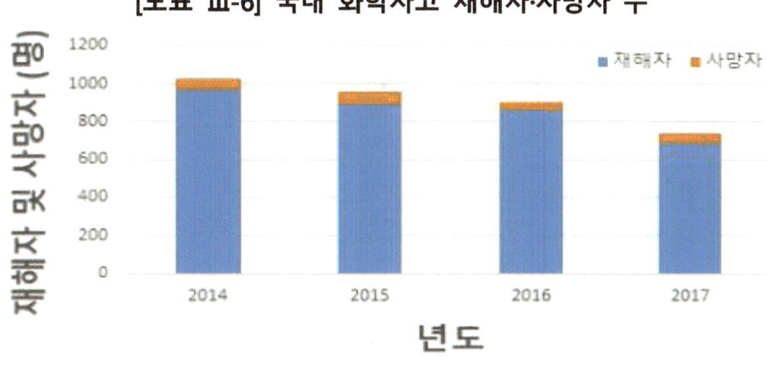

자료 : 한국화학연구원 화학소재정보은행 심층보고서 [유해화학물질 사고대응 현황 및 동향], 2021. 1

❑ 환경 피해의 경우는 화학물질 누출사고 발생 시, 주변 토양 및 지하수로 침투하거나 잔류되어 농작물, 축산물 등 주변 생태계를 파괴하여 복구 불가능한 환경 피해를 발생시킨다.

❑ 물적 피해의 경우 화학물질 사고로 인한 유해화학물질이 확산되면 추가적인 인명피해방지, 발생한 사고에 대한 보수공사, 환경 피해 복구 등을 위해 막대한 비용이 소모되며, 유해물질 누출 및 공장 폭발사고로 인한 경제적 손실은 수십억 원에서 수백억 원에 달하게 된다.

[그림 Ⅲ-15] 화학사고로 인한 경제적손실액 추정

피해복구 비용 추정

2008년
7,314 억원
허베이스피리트호
유류유출

2012년
544 억원
구미 불화가스
누출사고

재산 피해 수준

2014년
75.6 억원
대구 염소산가스
누출사고

2018년
23.0 억원
인천 이레화학
아세톤 누출사고

(2) 사고대비물질과 사고 사례

❑ 우리나라의 중화학공업이 단기간 압축성장하여 화학사고에 대한 경험 및 대비기술이 수백년의 역사를 가진 선진국에 비해서 미비하여, 신속하게 화학사고 대응에 대한 사회적, 과학적 기술수준을 향상시킬 필요가 있다.

❑ 유해화학물질은 유독물질, 사고대비물질, 제한물질, 금지물질로 구분되고, 이 중 한 가지만 해당되어도 유해화학물질이다. 사고대비물질은 국내·외 유통 또는 규제되는 화학물질 중 급성독성, 화재·폭발, 반응성, 사고이력 등을 종합적으로 고려하여 지정된다. 사고대비물질 42종에 대한 분류를 표에 나타내었다.

❑ 사고대비물질로 유독물질 42종이 지정된 이래, 유독물질이 아닌 화학물질 27종이 사고대비물질로 추가 지정되어 총 69종이 되었다. 2018년 1월에는 69종에 신규 사고대비 물질로 사염화규소, 실란, 브롬 등 28종이 추가 지정되어 총 97종으로 되었으며, 국민안전에 대한 강화 추세로 관리됨을 알 수 있다.

[도표 Ⅲ-7] 사고대비물질(42종 : 산성, 염기성, 탄화수소계 유해화학물질)

<table>
<tr><th>순위(개념)</th><th>사고 대비 물질</th><th colspan="2">비고</th></tr>
<tr><td>1 순위
(사고다발물질)</td><td>염산, 불산, 질산, 황산, 암모니아, 톨루엔, 메탄올, 메틸에틸케톤</td><td colspan="2">사고발생빈도
상위(8종)</td></tr>
<tr><td rowspan="2">2 순위
(인체/환경
고위험군)</td><td>염화벤질, 페놀, 삼염화인, 클로로술폰산, 옥시염화인</td><td>인체</td><td rowspan="2">인체/환경 피해
(13종+1)</td></tr>
<tr><td>포름알데히드, 포름산, 아크릴산, p-니트로톨루엔, m-크레졸, 에틸렌디아민, 2,4-TDI, 디이소시안산이소포론, (시안화나트륨)</td><td>환경</td></tr>
<tr><td>3 순위
(잠재적 사고 위험군)</td><td>벤젠, 메틸하이드라진, 시안화수소, 이황화탄소, 산화프로필렌, 메틸비닐케톤, 메틸아크릴레이트, 아크로레인, 아릴클로라이드, 아크릴로니트릴, 아릴알코올, 노말부틸아민, 트리에틸아민, 아세트산에틸, 에틸레이민, 아크릴일클로라이드, 메틸에틸케톤과산화물, (인화아연, 나트륨)</td><td colspan="2">취급량 많고
화재/폭발 위험성
(17종+2)</td></tr>
<tr><td>4 순위
(탈취/전용 위험군)</td><td>과산화수소</td><td colspan="2">탈취 및 전용으로
테러 등 특수재난 위험물
(1종)</td></tr>
</table>

자료 : 한국화학연구원 화학소재정보은행 심층보고서 [유해화학물질 사고대응 현황 및 동향], 2021. 1

❑ 다음과 같이, 사고 건수는 2014년부터 2018년까지 최근 5년간 소방청이 조사한 화학사고 이력물질에 의하면 다음과 같다. 암모니아 69건, 염화수소(산) 60건, 질산 52건, 황산 35건, 불화수소(산) 15건, 가성소다 9건, 염소 7건, 개미산 3건, 인산 4건, 사염화규소 5건, 사불화규소 2건, 과산화수소 5건, 경유 23건, 가솔린 4건, 톨루엔 14건, 메탄올 2건, 메틸에틸케톤 2건, 금속류 24건 (알루미늄 11건, 마그네슘 7건, 리튬 5건, 아연 1건), 기타 약 300건 등이 보고되었다. 산성/염기성 유해화학물질과 탄화수소계 유해화학물질의 사고는 모두 연간 100여 건 보고되었다.

❑ 1순위 사고다발 화학물질의 사고가 압도적으로 많이 일어난 것을 확인할 수 있다. 이 중 산·염기 유해화학물질 관련 사고가 전체사고에 대하여 40% 이상이고, 금속류의 사고도 약 4% 정도인 것을 알 수 있다.

[도표 Ⅲ-8] 최근 5년간 사고대비물질의 사고 건수(2014~2018년)

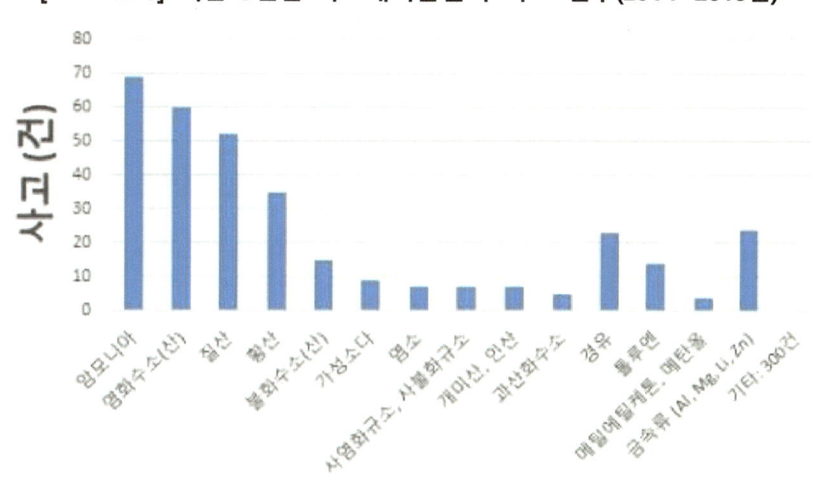

자료 : 한국화학연구원 화학소재정보은행 심층보고서 [유해화학물질 사고대응 현황 및 동향], 2021. 1

❑ 다음은 그 동안 사회적 관심을 받은 사고사례이다. 국내에는 울산, 여천, 대산 등지의 대규모 화학산업시설과 구미, 수원, 평택 등지의 반도체 및 디스플레이 등의 전자산업 관련 화학 산업단지가 분포되어 있어서 전국에 화학물질을 생산 및 취급하는 곳이 산재해 있다. 화학물질은 생산 못지않게 유통, 운반, 사용 시에도 안전수칙 미준수에 의한 다수의 사고가 발생하기도 한다.

❑ 2012년 9월 구미 휴브글로벌 사업장에서 탱크로리에서 저장탱크로 불화수소를 옮기는 과정에서 불화수소가 8시간 이상 누출되었다. 노동자 5명 사망, 주민 1만여 명 통원치료, 농작물 200여 헥타르 고사, 가축 4천여 마리 희생되었고, 피해금액만 554억 원에 이르는 대형 화학사고가 발생하였다. 이 때 불화수소의 누출사고 대응현황 및 문제점 분석결과, 사전예방부터 현장방제, 사후관리까지 전 과정에서 기술 및 체계가 부족한 것으로 나타났다

❑ 2013년 1월 삼성전자 화성공장에서 불산 배관 교체작업 중 불산 누출, 작업자 1명 사망, 4명 부상자가 발생했다.

❑ 2014년 2월 경기도 남양주시 빙그레 공장에서 냉매로 사용되는 암모니아 누출에 의한 폭발 사고로 1명 사망, 3명 부상자가 발생했다.

❑ 2014년 11월 경북 봉화에서 황산 탱크로리의 운전 부주의로 전복, 황산 2톤 낙동강 유입 물고기 떼죽음 사고가 발생하였다.

❑ 2020년 2월 17일, 전남 순천 사매 2터널에서, 운전 부주의로 인한 탱크로리 전복 사고, 질산 1만 8천 리터 유출, 유독가스 발생 및 화재로 사망자 5명, 사상자 46명이 발생하였다.

[그림 Ⅲ-16] 산성 유해화학물질의 누출사고 예(2020년 2월, 질산 1만 8천L 유출사고)

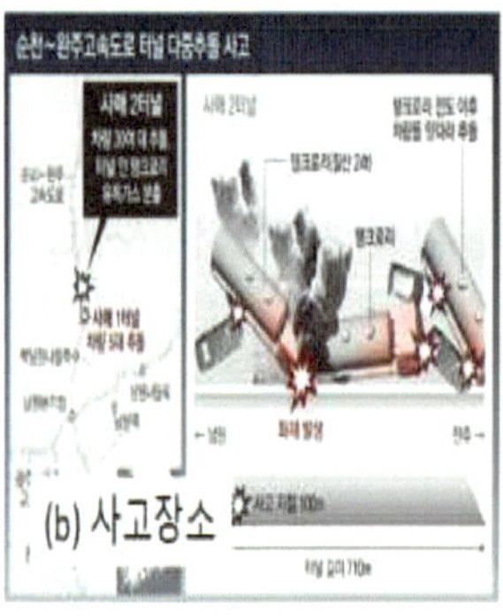

[도표 Ⅲ-9] 2012년 구미 불화가스 누출사고 대응현황과 문제점 분석

관리 단계		대응 현황	문제점	
사전 예방	유해화학물질 피해예측	• 화학 사고 대응 시스템 운영	• 현장중심 확산 예측 수준 불과	-
	사전감지	• 없음	• 사전감지 없음	
	화학사고 통합 정보시스템	• 없음	• 정보제공 없음	
현장 방제	유해화학물질 누출감지 및 측정	• 사고발생 1시간 40분 후 사고 상황 접수	• 누출감지 및 모니터링 미흡 • 휴대용, 이동형 측정장비 미흡	
	유해화학물질 환경오염방제	• 물을 뿌려 방제 실시 • 유독가스 확산 및 토양에 불산 침투	• 물질별 특성을 고려한 방제약품 부재 및 방제기술 부재	
	잔류오염 제거	• 고사된 농장물 전량 수거 소각처리 (9,100톤) • 오염가축 전량 살처분(소 951마리, 닭 640마리, 개 1,746마리)	• 오염폐기물 처리방법 없음	-
사후 관리	사후영향평가 (인체, 생태계)	• 주민대상 건강영향 평가	• 사후영향평가 기준 및 체계 없음	-

자료 : 한국화학연구원 화학소재정보은행 심층보고서 [유해화학물질 사고대응 현황 및 동향], 2021. 1

(3) 유해화학물질 운송·운반 차량의 사고 사례

가. 배경 및 목적

❑ 2020년 미국화학협회(American Chemistry Council)에서 발표한 보고서에 따르면, 코로나 바이러스감염증-19로 인한 경제 활동의 위축과 세계경제의 마이너스성장은 지난 40년 중 가장 큰 폭으로 세계 화학물질 생산량 감소(2.6%)를 가져왔다고 보고하고 있다. 그러나 2021년에는 화학물질 생산량이 약 4%가량 증가할 것으로 예측하고 있다. 이처럼 화학물질은 어떠한 시대 상황에도 불구하고 그 수요와 사용이 필수적이며, 인간 생활에 반드시 필요한 요소가 되었다.

❑ 그러나 2020년 인도 화학 공장의 스타이렌 누출 사고, 휴스턴 프로필렌 누출·폭발 사고, 레바논 질산암모늄 폭발 사고 등 시설 결함이나 취급 부주의 등으로 인해 발생하는 화학 사고는 인명·재산 피해 뿐 아니라 광범위한 환경 피해를 일으키는 원인이 되기도 한다.

❑ 우리나라는 2012년에 구미 불화수소 누출 사고를 계기로 화학 사고의 위험성에 대한 국민적 관심이 증가했다. 이에 화학 사고의 예방 및 대응을 목적으로 2014년에 환경부 화학물질안전원을 개원했고, 「화학물질관리법」을 토대로 국가적 차원의 화학 사고 관리 업무를 수행하고 있다. 동법을 시행하며 유해화학물질 취급 시설은 유해화학물질의 취급 방식에 따라 제조·사용 시설, 실내 저장·보관 시설, 실외 저장·보관 시설, 지하 저장 시설, 차량 운송·운반 시설, 배관 이송 시설로 구분되어 강화된 관리 기준을 적용받고 있다. 또한 유해화학물질 관리자, 취급 담당자, 운반자 등 유해화학물질 취급 사업장의 모든 종사자에게 안전 교육을 실시해 취급 부주의로 인한 화학 사고의 발생을 예방하고자 했다.

❑ 그럼에도 불구하고 다음과 같이 2015년 이후로 감소하던 화학 사고는 최근 4년간 매년 60~80건 수준으로 꾸준히 발생하고 있다.

[도표 Ⅲ-10] 연도별 화학 사고 발생 건수(2014년~2021년 9월)

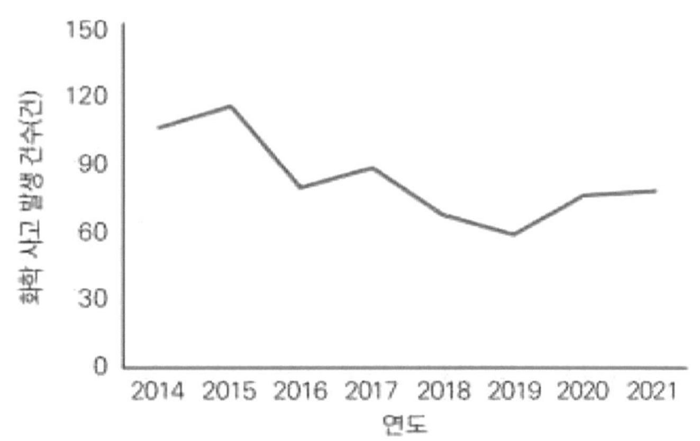

자료 : 국립재난안전연구원 재난 안전 2021년 제23권 제4호 (통권 제93호), 2021.

❑ 특히 차량 운송·운반 시설은 별도 시설로 분류·관리되고 있으며, 유해화학물질 운반자 교육(법정 교육) 이수, 유해화학물질 운반계획서 제출, 운반 시 휴식 시간 확보 및 개인 보호 장구의

구비 등 사고 예방 및 관리를 위한 시스템을 마련해 시행하고 있다. 그러나 전체 화학사고 대비 약 20%가 운송·운반 차량 사고에 의해 발생하는 것으로 매년 보고되고 있다.

[도표 Ⅲ-11] 화학 사고 발생 비율

(a) 원인별(2014년~2021년 9월)	(b) 연도별 운송·운반 차량 사고
(a) 시설결함 41%, 안전기준 미준수 38%, 운송차량 20%, 기타(자연재해) 1%	(b) 운송·운반차량 화학사고 발생 비율(%) — 연도: 2014 21, 2015 19, 2016 27, 2017 22, 2018 15, 2019 21, 2020 20, 2021 17

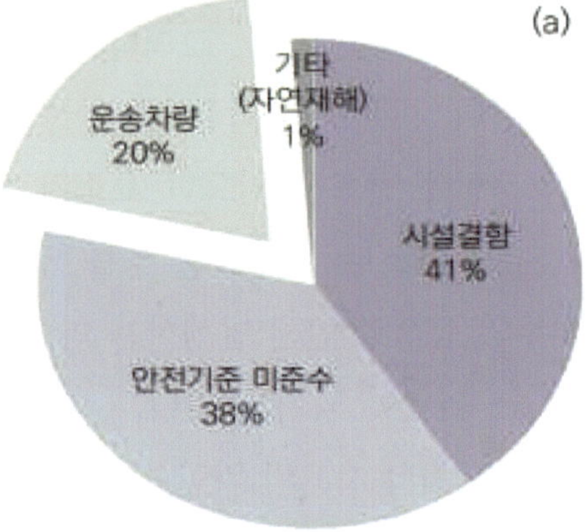

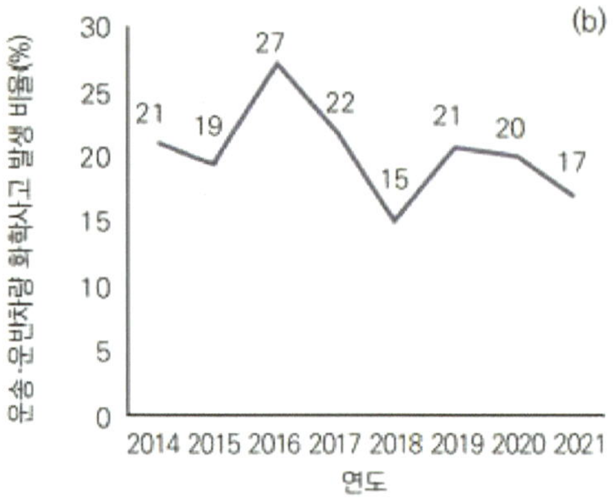

자료 : 국립재난안전연구원 재난 안전 2021년 제23권 제4호 (통권 제93호), 2021.

❑ 유해화학물질의 경우, 1회 일정량을 초과해 운반하고자 할 때는 운반계획서를 작성해 제출하도록 하고 있다. 2020년에 1년간 접수된 운반계획서는 약 60만 건으로, 일평균 1,650건에 달한다. 또 연간 운반량은 1,200만 톤으로, 일평균 33,000톤에 이른다. 이는 운송·운반 차량에 의해 발생한 화학 사고로 인해 사업장 외부에서 유해화학물질이 유출될 수 있는 가능성이 존재함을 의미한다. 또한 실제 운송·운반 차량 사고로 인한 화학사고(2014~2021년 9월)를 발생 장소에 따라 분류했을 때 3%를 제외한 97%의 사고가 사업장이 아닌, 고속도로나 일반 도로에서 일어났음을 확인할 수 있었다.

❑ 사업장 밖 도로에서 발생한 화학 사고는 개인의 재산과 생명은 물론 대규모 환경 피해로 확대될 가능성이 있으며, 환경을 매체로 확산된 사고 물질에 의한 피해는 불특정 다수에게 그 영향을 미칠 우려가 있다. 특히 도로상에서 발생한 차량 운송·운반 시설의 사고로 인해 인명 피해가 발생할 경우, 2022년부터 시행된 「중대재해 처벌 등에 관한 법률」 제2조 제3호에서 정의한 '특정 원료 또는 제조물 관리상의 결함을 원인'으로 발생한 '중대시민재해'로 해석될 수 있다. 이는 동법 제16조에 따라 정부 기관에서 해당 재해를 예방하기 위한 원인 분석, 대책 수립 및 시행, 기술 지원 및 지도, 교육 및 홍보 등의 이행이 필요함을 의미한다.

❑ 따라서 본문에서는 환경부 화학물질안전원 화학물질종합정보시스템의 화학사고 통계 정보를 바탕으로 2014년 1월~2021년 9월까지 발생한 운송·운반 차량 사고의 유형 및 세부 원인을 분석하고 특성을 평가해 사고 특성에 맞는 예방·대응 대책을 수립하는 기초 자료로 활용하고자 한다. 또한 최근 발생한 운송·운반 차량 사고 유형별 사고 사례를 통해 중대재해로의 확대 가능성을 검토해 보고, 사고 예방을 위한 노력과 관리의 필요성을 다시 한번 생각해 보고자 한다.

나. 운송·운반 차량의 사고 통계 및 특성

❑ 환경부 화학물질안전원 화학물질종합정보시스템의 화학사고 통계를 바탕으로 2014년 1월 ~ 2021년 9월까지 발생한 운송·운반 차량 사고를 조사·분석했다. 운송·운반 차량 사고의 발생 원인은 크게 교통사고, 정비 불량, 적재 불량, 취급 부주의로 나뉜다.

❑ '교통사고'는 다양한 원인으로 발생하는 차량 사고로 인해 운송 시설 또는 적재물이 파손되면서 화학물질의 유·누출, 폭발 등이 발생하는 경우다.

❑ 또한 '정비 불량'은 차량 자체 또는 운송·운반 시설의 정비를 소홀히 함으로써 생긴 결함으로 인해 사고가 발생하고, 화학물질의 유·누출 및 폭발 등이 발생하는 경우다. 타이어 불량, 브레이크 파열 등으로 인해 발생한 교통사고의 경우는 정비 불량 사고로 분류했다.

❑ '적재 불량'은 적재물의 체결 불량 등에 기인함으로써 주행 중 덮개 개방, 용기 파손, 용기 낙하 등으로 인해 화학물질의 유·누출 및 폭발이 발생한 경우에 해당된다.

❑ 또한 운송·운반을 위해 화학물질 적재 및 이송 과정에서 취급자의 부주의로 인해 발생한 유·누출이 발생한 경우, '취급 부주의'로 인한 사고로 분류했다.

A) 운송·운반 차량의 사고로 인한 화학 사고 발생 현황

❑ 다음 도표에 원인별 운송·운반 차량의 화학 사고 발생 현황을 정리했다. 2014년 1월부터 발생한 차량 사고는 총 134건으로 확인되었다. 특히 교통사고로 인해 발생하는 운송·운반 차량의 화학 사고는 2015년에 14건이 발생한 이후 현재 연간 3건 수준으로 꾸준히 감소하는 모습을 보이고 있다.

[도표 Ⅲ-12] 원인별 운송·운반 차량의 화학 사고 발생 건수

연도	교통사고	정비 불량	적재 불량	취급 부주의	총사고(건)
2014	9	5	8	0	22
2015	14	4	4	0	22
2016	12	3	3	3	21
2017	8	4	7	0	19
2018	5	3	2	0	10
2019	3	4	3	2	12
2020	3	8	3	1	15
2021	3	6	4	0	13
합계	57(42.5%)	37(27.6%)	34(25.4%)	6(4.5%)	134

자료 : 국립재난안전연구원 재난 안전 2021년 제23권 제4호 (통권 제93호), 2021.

❑ 이는 2015년에 「화학물질관리법」이 시행됨으로써 운송·운반 차량의 관리 기준이 강화되고 또 운반자 교육이 체계적으로 이루어지기 때문이라고 판단된다. 반대로, '정비 불량'은 2014년에 5건을 시작으로 매년 3~4건 수준의 화학 사고를 일으키는 원인으로 작용해 왔으나, 2020년 이후로 급격히 증가한 것으로 나타났다.

❑ 환경부는 코로나19가 확산됨에 따라 '기업의 부담 완화를 위한 현장 중심 규제 혁신 방안'의 일환으로 2020년 4~12월까지 2차례에 걸쳐 유해화학물질 취급 시설의 정기검사를 유예하고, 사업장 스스로 안전 관리를 수행하도록 했다. 그러나 일부 안전 관리 미흡 시설에서 정비 불량으로 인한 화학 사고가 발생함에 따라 사고 건수가 증가한 것이라고 판단된다. 그래프에서 보는 바와 같이 교통사고, 적재 불량에 의한 화학 사고는 시설검사 유예 전과 비교해 그 횟수가 감소하거나 유사한 반면, 정비 불량에 의한 사고 건수는 약 2배 이상 증가한 것으로 확인되었다.

[도표 Ⅲ-13] 원인별 운송·운반 차량의 화학 사고 발생 건수

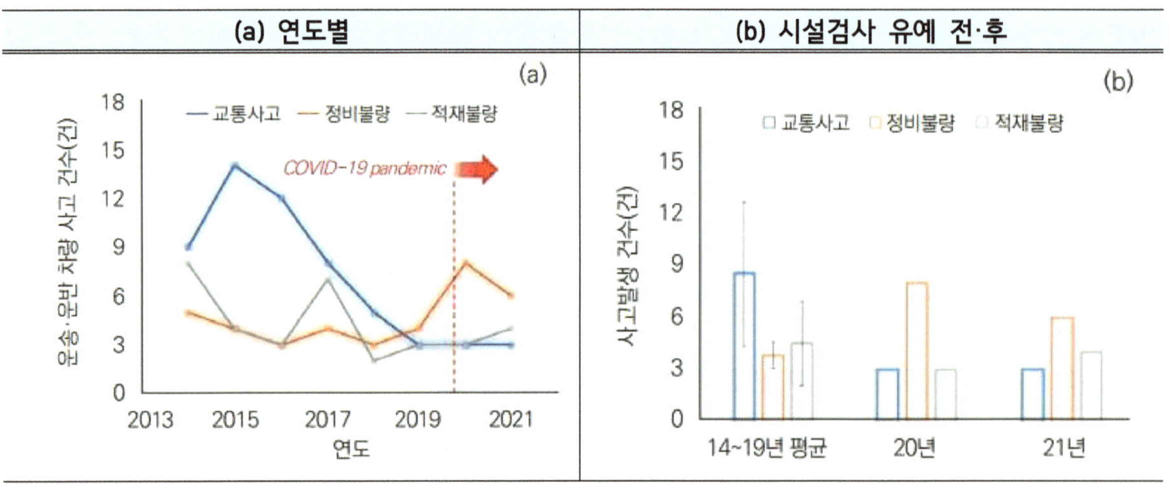

자료 : 국립재난안전연구원 재난 안전 2021년 제23권 제4호 (통권 제93호), 2021.

❑ 이는 시설관리 및 점검의 중요성과 법적 규제의 필요성을 확인할 수 있는 지표로 여겨지며, 철저한 점검을 통해 정비 불량으로 인한 화학 사고 발생을 최소화할 수 있도록 해야 할 것이다. 뿐만 아니라 주 1회 이상 실시하도록 한 자체 점검을 성실히 수행하고, 안전을 스스로 확보할 수 있도록 하는 것이 중요하다.

B) 정비 불량으로 인한 운송·운반 차량의 사고 통계 및 특성

❑ 정비 불량으로 인한 화학 사고의 발생 특성을 평가하기 위해 사고의 세부 원인을 조사했다. 정비 불량에 따른 사고는 크게 타이어 파손, 브레이크 파열 등의 차량 결함과 탱크로리 균열, 배관 불량, 운반 용기 파손 등의 설비 결함으로 나뉜다. 다음 그래프와 같이 정비 불량으로 인한 사고의 16%는 차량 자체의 결함에 의한 사고로, 84%는 운송·운반 설비의 결함에 의한 것으로 나타났다. 특히 탱크로리의 균열은 운송·운반 설비의 결함으로 인한 사고 중 48%, 전체 정비 불량으로 인한 사고 중 41%를 차지하는 것으로 나타나 이에 대한 면밀한 검토와 사고 예방 조치가 필요함을 알 수 있다.

❑ 탱크로리의 균열로 인해 발생한 사고는 주행 중 또는 주차 중에 탱크로리 하부나 측면에 생성되는 핀홀(pin hole)에서 화학물질이 누출되는 형태로 보고된다. 특이한 점은 탱크로리의 균열로 인한 사고 물질의 대부분이 염산이라는 사실이다.

[도표 Ⅲ-14] 정비 불량의 세부 원인에 따른 화학 사고 발생 현황 및 탱크로리 사고 물질

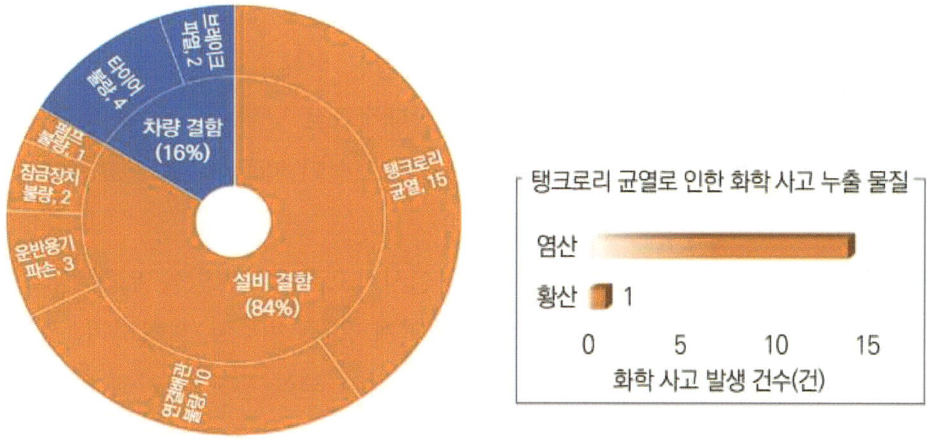

자료 : 국립재난안전연구원 재난 안전 2021년 제23권 제4호 (통권 제93호), 2021.

❑ 다음 도표는 정비 불량으로 인한 화학 사고와 염산 탱크로리의 균열로 인한 사고 발생 건수를 연도별로 보여 준다. 염산 탱크로리의 균열에 의한 화학 사고 발생 건수는 연평균 1.75건으로, 단일 원인으로는 매우 높은 빈도로 화학 사고를 일으키고 있음을 확인할 수 있다. 염산 탱크로리는 강철로 제조되며, 내부는 산에 의한 부식을 방지하기 위한 고무를 덧대어 사용한다. 그러나 고무라이닝의 상태 불량이나 파손, 부식 등에 의해 탱크로리에 채워진 염산이 고무 밖으로 흘러나가 탱크로리 내부의 강철표면과 접촉할 경우, 철을 부식시키고 또 핀홀 형태의 결함을 발생시킨다. 이러한 이유로, 탱크로리의 균열 사고는 외부의 충격 여부와 상관없이 주행 중 또는 주차 중에 발생하는 특징을 보인다.

[도표 Ⅲ-15] 연도별 화학 사고 발생 건수

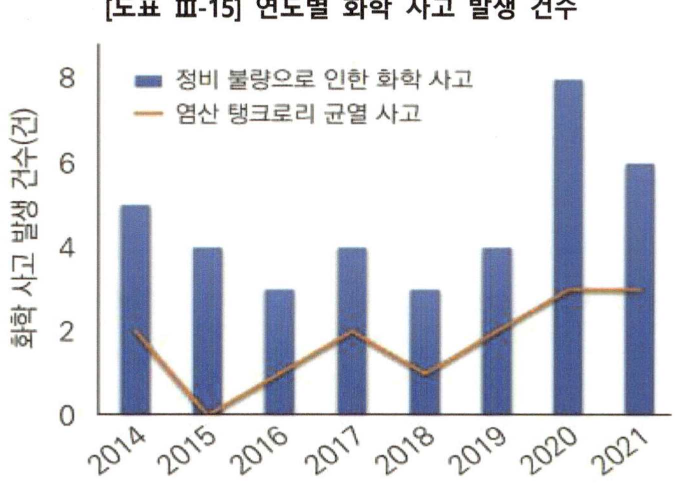

❑ 황산의 운반량이 염산보다 많음에도 불구하고 염산의 사고가 월등히 높게 발생하는 이유는 유통되는 제품의 농도 차이 때문이라고 판단된다. 상업적으로 유통되는 염산의 농도는 약 35%로, 염산이 완전히 해리된 상태로 탱크로리에 충진된다. 이때 고무라이닝의 불량으로 탱크로리 표면에 염산 용액이 접촉될 경우, 수소이온과 전자의 이동으로 인해 산화-환원 반응이 일어나고, 염산

용액이 쉽게 혼합되면서 탱크 표면에 수소이온을 충분히 공급함에 따라 산화-환원 반응은 평형에 이르지 못한 채 지속적인 반응이 일어나 결국 탱크에 균열을 발생시킨다.

❑ 반대로, 황산의 경우에는 주로 98% 이상의 농황산 형태로 유통되는데, 염산과 비교할 때 해리되어 이온으로 존재하는 수소이온의 농도가 상대적으로 낮아 pH가 높고 또 점성을 가지고 있어 반응에 참여하는 수소이온의 공급이 제한된다. 그렇기 때문에 탱크 표면에서 화학평형을 빠르게 이루어 산화-환원 반응이 종료된다.

❑ 탱크로리 차량은 설치검사에서 내압시험을 실시하고, 사고 예방을 위해 탱크 내부의 이상 상황을 감시할 수 있는 계측기(온도계, 압력계, 액면계 등)를 필수로 설치하며, 정기·수시검사를 통해 이를 점검하고 있다. 그러나 덧댄 고무의 파손이나 부식 등으로 인해 탱크로리의 표면과 염산의 접촉 가능성을 확인할 수 있는 점검 방법이나 규정에 대한 검토가 필요할 것으로 판단된다.

C) 적재 불량으로 인한 운송·운반 차량의 사고 통계 및 특성

❑ 국토교통부(이하 국토부)의 「화물자동차 운수사업법 시행규칙」에 운송사업자는 적재 화물의 이탈 방지를 위한 덮개·포장·고정 장치 등 필요한 조치를 하도록 규정하고 있다. 그러나 화학물질 운송·운반 차량의 적재 불량으로 인한 화학 사고의 발생 건수는 2014~2021년까지 연평균 4.25건으로, 매년 발생하고 있다. 적재 불량으로 인한 사고는 적재 용기의 낙하, 운행 중 충격에 따른 체결 불량 및 용기의 쓰러짐이나 파손 등의 형태로 발생한다.

❑ 다음은 적재 불량으로 인한 화학 사고를 발생 장소에 따라 분류한 결과를 보여 준다. 사고가 발생한 장소는 고속도로와 일반 도로로 구분했고, 교통사고나 정비 불량으로 인해 발생한 화학 사고의 경우에는 사고가 발생한 장소와 연관성을 보이지 않았다. 그러나 적재 불량으로 인한 사고의 경우, 일반 도로에서 주로 발생하는 것으로 나타났다. 이는 적재 불량에 대한 점검·단속이 고속도로에 비해 일반 도로에서 상대적으로 느슨하기 때문이라고 판단된다. 뿐만 아니라 운송·운반 차량의 운전자 역시 고속으로 장거리를 주행하는 고속도로보다 상대적으로 낮은 속도로 짧게 이동하는 일반 도로 주행 시 적재물 고정이나 이탈 방지를 위한 조치를 소홀히 하지 않는지, 의심해 볼 수 있는 결과라고 할 수 있다.

[도표 Ⅲ-16] 화학 사고가 발생한 장소별 적재 불량에 따른 화학 사고의 발생 건수

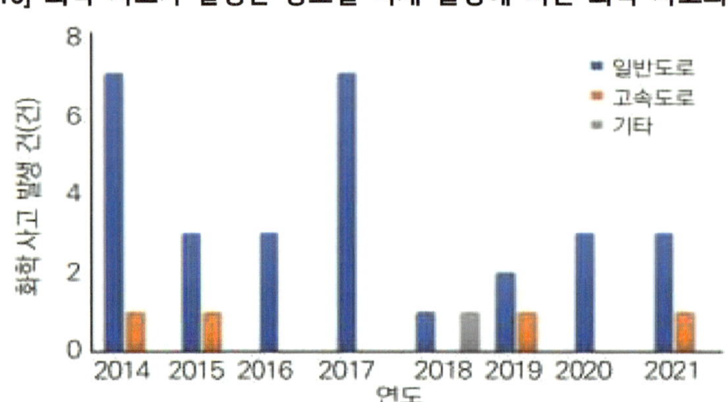

❑ 일반적으로, 화물차의 적재물 낙하 사고가 빈번히 발생하고 있어 '적재 화물 이탈 방지 기준'의 실효성에 대한 의문이 꾸준히 제기되고 있다. 이에 따라 최근 국토부에서는 적재 화물의 이탈을 방지하기 위한 구체적인 기준을 마련하고, 추후 법안을 강화하겠다고 밝힌 바 있다. 이와 함께 환경부에서도 유해화학물질 운송·운반 차량의 적재 특성에 맞는 구체적인 지침을 마련하고, 꾸준한 교육을 통해 적재 불량 사고의 재발을 방지하려는 노력을 기울이고 있다. 그러나 지속적인 교육과 홍보를 통해 운수사업자 및 운전자가 운행 전 사고의 위험성을 심각하게 받아들이고, 적재물의 안전성을 꼼꼼히 점검하도록 계도하는 것이 무엇보다 중요할 것이다.

D) 운송·운반 차량의 사고로 인한 누출 물질 통계

❑ 화학 사고를 올바로 관리하기 위해서 사고의 원인을 분석해 예방하는 것만큼 적절한 사고 대응을 통해 사고 피해 및 확대를 최소화하는 게 중요하다. 따라서 운송·운반 차량의 사고에 따른 누출 물질을 조사해 누출 빈도가 높은 물질에 대한 대응 방안을 생각해 보고자 한다.

❑ 다음은 2014~2021년 9월까지 발생했던 운송·운반 차량의 사고로 인해 누출된 화학물질 중 사고 빈도가 높은 5가지 물질의 사고 발생 건수를 보여 준다. 누출 물질에 따른 사고 발생 건수는 염산, 황산, 질산, 수산화나트륨, 과산화수소 순으로 높게 나타났다. 또한 자일렌, 톨루엔, 암모니아, 아세트산에틸, 4,4'-메틸렌디페닐 디이소시아네이트 등의 유해화학물질도 2건 이상 누출된 것으로 보고되고 있다. 앞서 언급된 탱크로리 균열 사고가 빈번하게 발생하고 있는 이유로, 염산이 가장 높은 사고 빈도를 나타내고 있는 것으로 판단된다. 아울러 일반적인 강산(strong acid)인 염산, 황산, 질산에 의한 사고 발생 건수가 총 54건으로, 전체 사고의 약 40%를 차지하는 것으로 나타났다.

[도표 Ⅲ-17] 운송·운반 차량의 화학 사고로 인한 누출 물질 통계(top 5)

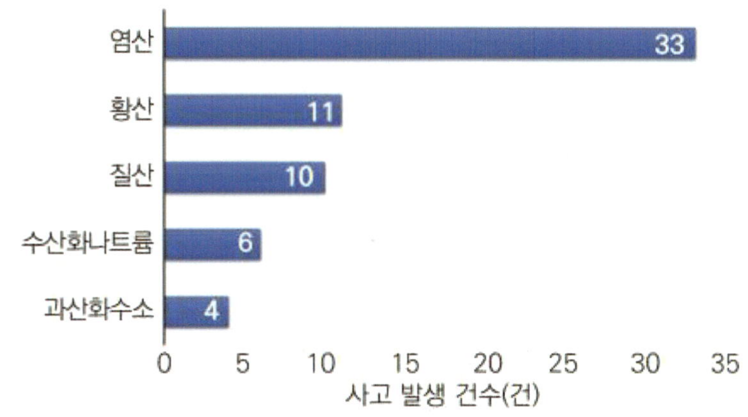

자료 : 국립재난안전연구원 재난 안전 2021년 제23권 제4호 (통권 제93호), 2021.

❑ 화학물질에 따른 사고 발생 건수와 화학물질 운송 량과의 상관성을 확인하기 위해 2020년에 접수된 운반계획서를 기준으로 유해화학물질별 운송량을 확인했다. 화학물질에 따른 월별 운송량에 따르면 수산화나트륨이 월평균 22만 톤으로 가장 높게 나타났으며, 황산·염산·과산화수소 등이

그 뒤를 이어 많이 운송되고 있는 것으로 확인되었다. 질산의 운송량은 9번째로 높게 나타났으며, 월평균 2만 톤의 질산이 운송되는 것으로 보고되고 있다. 2020년에 발생한 사고를 토대로 앞서 사고 건수가 높게 나타났던 염산·황산·질산의 운송량에 따른 사고 발생 빈도를 확인한 결과, 황산은 운송량이 가장 많음에도 불구하고 백만 톤당 1.44건의 사고가 발생했다. 반면, 질산과 염산의 사고 발생 빈도는 운송량 백만 톤당 각각 3.63 및 8.28건으로, 상대적으로 높은 것으로 나타났다.

[도표 Ⅲ-18] 2020년 월별 유해화학물질 운송량

[도표 Ⅲ-19] 화학물질 운송량 대비 사고 물질 누출 빈도

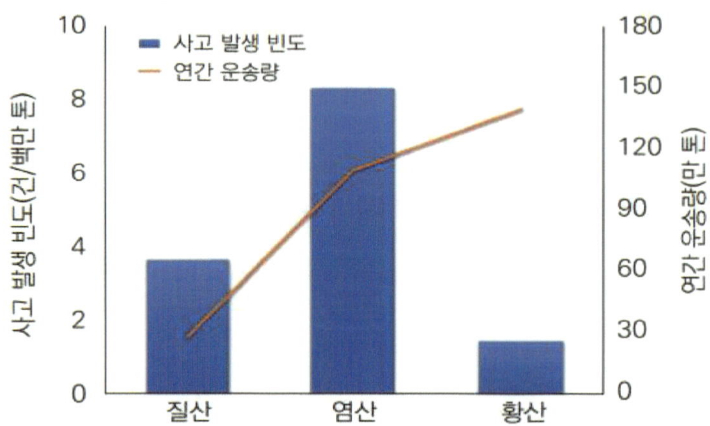

자료 : 국립재난안전연구원 재난 안전 2021년 제23권 제4호 (통권 제93호), 2021.

❑ 따라서 운송·운반 차량에 의한 화학 사고 시 산 사고를 대비한 방재 전략을 구축해야 할 것이다. 강한 산은 증기, 분진 또는 물질의 흡입, 섭취 및 접촉 시 심각한 상해, 화상 또는 사망에 이를 수 있고 또 환경오염을 일으킬 수 있다고 알려져 있다. 따라서 빠르고 적절한 방재가 이루어져야 하며, 이를 위해 운송·운반 차량의 사고에 대응하기 위한 방재 도구를 별도로 구비하거나 운송·운반 차량의 주요 이동 경로를 분석해 통행이 잦은 도로 인근에 방재용품함을 설치·활용하는 등의 대비가 필요할 것이다. 또한 염산 탱크로리에 누출 방지용 쐐기나 백(bag)을 구비해 사고 초기에 활용한다면 사고 영향을 억제하는데 도움이 될 것이라고 판단된다.

다. 운송·운반 차량의 사고 사례

❑ 최근 발생한 운송·운반 차량에 의한 화학 사고와 화학물질안전원에서 진행한 화학사고 영향 조사의 내용 일부를 소개하고자 한다.

A) 메탄올 탱크로리 전도 사고(교통사고에 기인)

❑ 2021년 8월에 발생한 메탄올 탱크로리의 전도 사고는 교통사고에서 기인한 화학 사고로, 다음과 같이 코너 구간을 과속으로 회전하던 탱크로리가 전도되며 탱크 좌측 부위가 찢어지는 등의 파손이 발생하면서 적재 중이던 25톤의 메탄올 중 약 15.66톤이 도로상으로 누출된 사고다.

[그림 Ⅲ-17] 메탄올 탱크로리의 전도 사고 사례

자료 : 국립재난안전연구원 재난 안전 2021년 제23권 제4호 (통권 제93호), 2021.

❑ 사고 발생 직후 경사면을 따라 우수로 유입을 차단하고, 화재·폭발 방지를 위해 소화용수를 살수했다. 화학물질안전원은 사고 지점으로부터 200미터 거리에 하천이 존재함을 확인하고, 수계 유입으로 인한 환경 피해가 우려되어 현장조사를 통해 피해 여부를 확인했다. 또한 현장조사 과정에서 도로 안전에 의한 사고 재발이 우려되어 한국교통안전공단의 협조로 도로 환경 및 교통안전 조사를 수행한 결과, 환경 피해는 확인되지 않았다. 이에 교통안전시설의 문제점 및 개선점을 확인하고, 도로관리 관할 지방자치단체에 제공할 개선안을 제안했다.

❑ 이렇듯 탱크로리 전도로 인한 화학물질 누출 사고는 언제든 재발할 가능성이 있다. 어떠한 물질도 예외가 될 수 없으며, 독성이 매우 높고 위험한 물질이 누출될 경우에는 중대재해로 확대될 가능성을 누구도 부인할 수 없기 때문에 예방 대책을 마련해 재발 방지에 힘써야 할 것이다.

B) 염산 탱크로리의 누출 사고(정비 불량에 기인)

❑ 염산 탱크로리의 누출 사고는 정비 불량으로 인해 발생한 화학 사고로, 사고 통계에서 확인되었듯이 매우 빈번히 보고되는 사고 사례 중 하나다. 본 사고는 2021년 9월에 발생한 사고로, 일반 도로를 주행하던 23톤 탱크로리의 옆면 파공으로 인해 염화수소 약 300킬로그램이 누출되었고, 입원 환자 1명 및 도로변 농경지 피해가 보고되었던 사고다.

[그림 Ⅲ-18] 염산 탱크로리의 누출 사고 사례

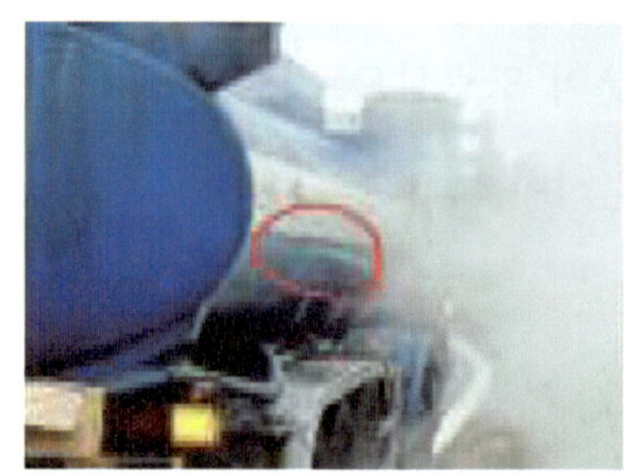

화학 사고 발생 상황

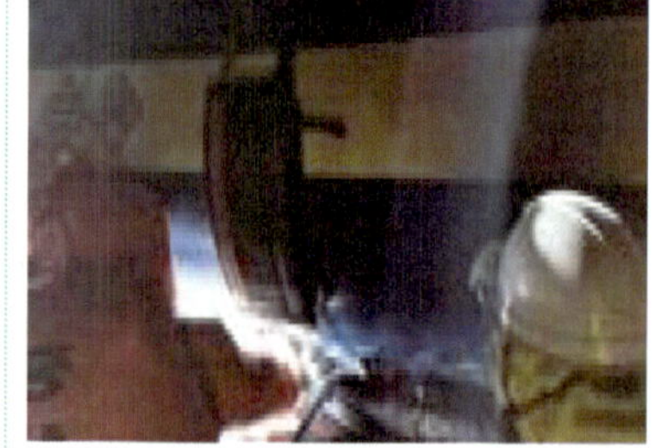

방재 과정(누출 부위 차단 및 이송)

화학물질안전원의 사고조사

자료 : 국립재난안전연구원 재난 안전 2021년 제23권 제4호 (통권 제93호), 2021.

❑ 사고 발생 후 누출 방지 쐐기 및 누출 방지 배수백으로 누출 부위를 차단하고, 탱크 내 화학물질을 이송 처리했다. 또한 주변 농수로의 pH를 측정해 중화 처리를 완료한 후 사고 대응을 종료했다.

❑ 사고 직후 화학물질안전원은 사고 지점으로부터 직선거리 20미터 이내에 농경지가 존재함을 확인했으며, 2차에 걸친 현장조사를 수행했다. 이어 국립생태원과 공동으로 식생 및 농작물의 환경 피해 여부를 조사한 결과, 염산에 의한 잎마름을 비롯해 황화·백화 및 괴사를 확인했다.

❑ 염산은 공기보다 무거워 대기 중으로 확산되지 않고 낮은 지면에 축적되며, 공기 중의 수분과 함께 반응해 물질을 부식시키는 특성을 가지고 있어 누출 부위를 빠르게 차단하는 것이 중요하다. 따라서 사고 대응을 위한 방재 물품이 대응 과정에 지체 없이 공급되어야 하며, 사고 빈도가 높은 염산 탱크로리의 누출로 인한 화학 사고 시 필요한 최소한의 방재 도구를 해당 차량에 구비하도록 하는 등의 제도 개선방안에 대한 검토가 필요할 것이다.

C) 포름산 누출 사고(적재 불량에 기인)

❑ 포름산 누출 사고는 2021년 6월 적재 불량으로 인해 발생한 사고로, 일반 도로를 주행 중이던 카고 트럭의 급정차로 인해 적재되어 있던 85% 포름산 IBC 탱크(1.2톤)의 하부가 앞 적재물 나무 팰릿에 충돌·파손되면서 포름산 약 200리터가 도로상으로 누출된 사고다.

❑ 사고 발생 후 마른 모래를 활용해 현장의 안전조치를 실시하고, IBC 탱크는 막음 조치 후 업체로 이송되었다. 사고 처리 후 도로에 인접한 임야의 식생 및 농작물 피해가 보고되어, 화학물질안전원에서는 3차에 걸친 현장조사를 수행했다. 조사 결과, 원점 주변으로 포름산 누출에 의한 농작물·식생 피해가 확인되었고, 탈엽 현상이 발생한 후 새로운 잎이 자라남을 확인했다.

❑ 본 사고는 물질 자체의 독성이나 위험성이 낮고 또 비교적 적은 누출량으로 인해 인명 피해 없이 종료되었으나, 적재 탱크가 움직일 수 없도록 적절한 고정·체결이 되었다면 사전에 막을 수 있었던 화학 사고라고 판단된다. 앞서 언급한 바와 같이 적절한 규정과 가이드라인의 제공, 유해화학물질 운반자 교육을 통해 적재물 고정·체결의 중요성을 지속적으로 강조해 사고가 재발되지 않도록 하는 노력이 필요하다.

[그림 Ⅲ-19] 포름산 누출 사고 사례

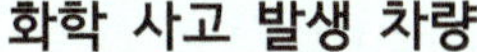

화학 사고 발생 차량

방재 과정(탱크 막음 조치 및 이송)

화학물질안전원의 사고조사

자료 : 국립재난안전연구원 재난 안전 2021년 제23권 제4호 (통권 제93호), 2021.

라. 결론

❑ 운송·운반 차량의 사고 특성을 분석함으로써 사고 예방을 위한 시설 점검의 중요성을 다시 한번 확인할 수 있는 계기가 되었으며, 시설 결함에 의한 사고 및 적재 불량에 의한 사고 중 일부는 적절한 사전 점검을 통해 예방이 가능했음을 알 수 있었다.

❑ 다양한 화학물질의 종류와 특성을 감안할 때 일반적인 점검 기준이나 방법을 규정하기는 어려울 것이다. 그러나 사고 분석을 통해 빈번한 사고 원인으로 나타났던 염산 탱크로리의 균열 사고, 적재물 고정·체결 불량으로 인한 사고 등은 구체적인 시설 점검 기준과 방법 그리고 적재물의 형태에 따른 체결 방법 등이 마련되어야 한다.

❑ 특히 사고 사례를 검토함으로써 운송·운반 차량의 사고는 사고 물질 및 상황에 따라 중대재해로 확대될 가능성이 충분히 높을 것으로 확인됨에 따라 유관 기관은 해당 재해를 예방하기 위한

원인 분석, 대책 수립, 기술 지원 및 지도, 교육 및 홍보 등을 지속적으로 이행해야 한다.

❑ 이를 위해서는 도로, 차량, 화학물질, 사고 및 사회 재난 등을 관리하는 다양한 관계 부처 및 지방자치단체 간 유기적인 협업이 필수적이며, 다양한 정보를 관리하는 유관 기관 간 정보의 교류가 더욱 원활히 이루어질 수 있는 시스템이 마련되어야 할 것이다. 향후 「중대재해 처벌 등에 관한 법률」의 시행과 더불어 화학 사고로 인한 중대재해 예방 노력을 통해 시민의 생명과 신체를 보호하고자 하는 법의 목적이 달성되기를 희망한다.

(4) 화학사고 규제대응과 대응기술 개발

❑ 일상적 경제활동 과정에서도 화학물질은 배출되고 있으며, 이들 물질에 의한 안전과 위해성은 시대적 과제로 나타나고 있다. 화학물질로 인한 국민건강 및 환경상의 위해를 예방하고 화학물질을 적절하게 관리하는 한편, 화학물질로 인하여 발생하는 사고에 신속 대응함으로써 화학물질로부터 모든 국민의 생명과 재산 또는 환경을 보호하는 것이 목적이다. 또한, 화학물질의 등록·신고 및 유해성·위해성에 관한 심사·평가, 유해화학물질 지정에 관한 사항을 규정하고, 화학물질에 대한 정보를 생산·활용하도록 함으로써 국민건강 및 환경을 보호하고자 한다.

❑ 구체적으로, 2012년 9월 구미 불화수소 사고 이후 유해화학물질에 대한 관리가 크게 이슈화 되었다. EU의 새로운 화학물질 관리규정(REACH)을 대응하는 유해화학물질관리법을 화학물질관리법(화관법)으로 보완하여 입법(2013.06)하고 2015년 01월부터 시행하고 있다.

❑ 화관법에 따른 유해화학물질 사고의 예방을 위한 제도로 화학사고 예방관리 계획서와 취급시설 안전관리 등이 있다. 화학사고 예방관리 계획서는 유해화학물질의 장외영향평가와 사고대비물질의 위해관리 계획을 하나로 합치고, 처리기간을 30일로 단축함을 2020년 3월 31일 공포하였다.

❑ 장외영향평가는 유해화학물질 취급시설 설계 단계부터 사고 시 영향 범위를 고려하여 사전에 안전성을 확보하도록 하는 사고예방 제도이고, 위해관리계획은 사고대비물질을 지정 수량 이상 취급하는 사업장에서 취급물질 및 시설의 잠재적인 위험성을 평가하고, 화학사고 발생 시 활용 가능한 비상대응체계를 마련하여 화학사고 피해를 최소화 하는 제도이다.

❑ 취급시설안전관리는 유해화학물질 취급시설을 설치·운영하는 사업장들은 의무적으로 이행해야 하는 유해화학물질 취급시설 설치·정기 검사에 대한 기술적인 지원을 통해 화학공정 취급시설에서 발생할 수 있는 사고위험을 반드시 예방하도록 의무화하였다.

❑ 효과적인 화학물질 관리를 위해 "화학물질관리법"과 "화학물질 등록 및 평가에 관한 법률(화평법)"을 강화하여 유해화학물질의 제조부터 폐기에 이르기까지 안전관리 수준을 대폭 강화하였다. 더욱, 국민의 알권리 보장을 위해 사업장의 화학물질 배출량의 통계조사 결과를 공개하고 있다.

❑ 참고사항으로 세계조화시스템(GHS : Globally Harmonized System of classification and labelling of chemicals)은 화학물질의 분류 및 표지에 관한 것으로 전 세계적으로 통일된 분류기준에 따라 화학물질의 유해성·위험성을 분류하고, 통일된 형태의 경고표지 및 MSDS로 정

보를 전달하는 방법을 말한다.

❑ GHS 제도 도입배경은 첫째, 화학물질의 대량 사용이다. 즉, 현재 상업적으로 사용되는 약 10만여 종의 화학물질 중 우리나라에서는 4만여 종의 화학물질이 사용되고, 매년 400여 종의 화학물질이 새롭게 도입되고 있다. 더욱, 정보전달 체계가 국가별로 다른 분류 및 정보전달 체계를 사용하여 화학물질 관리에 국가 간 비효율성과 혼란을 초래하였다.

❑ GHS 제도 목적은 다음과 같다. 첫째, 국제적으로 공통적이고 이해하기 쉬운 유해성·위험성 정보전달 시스템을 제공함으로써 사람의 건강과 환경보호 강화이다. 둘째, 유해성·위험성이 국제적으로 적정하게 평가되고 확인됨에 따라 화학물질의 국제교역이 용이하게 하는 것이다. 셋째, 기존시스템이 없는 국가들에게는 안정한 화학물질 관리체계를 제공하는 것이다.

❑ 더욱, 정부는 2015년 8월, 화학물질관리법이라는 유해화학물질의 법적 관리규제와 함께 환경부사업으로 효과적인 화학사고 예방 및 대응 역량 확보를 위해 2015년부터 2021년까지 약 6년 동안 910억 원 규모의 화학사고 대응 연구개발 사업을 추진하였다.

❑ 이 사업은 "화학사고 대응 및 관리를 위한 기술개발"이라는 화학사고의 전면적 개선사업으로, 유해화학물질의 사전예방, 피해저감, 사후관리 재난피해자 안심서비스구축 등 기술개발 사업을 진행하였다. 유해화학물질 사고와 같은 환경오염사고 등 인적, 사회적 재난에 대한 환경피해를 최소화하고 환경재난에 선제적으로 대응할 수 있는 기술개발을 목표로 하였다.

[도표 Ⅲ-20] 화학사고 대응 환경기술 개발 사업

분야	세부 기술
화학사고 환경피해 대비기술 개발	유해화학물질 취급 사업장 또는 하천·호소 지역에서 발생하는 사고로 인한 환경피해를 사전에 대비하기 위한 환경피해 예측 및 피해 대비기술 개발
화학사고 환경피해 저감기술 개발	유해화학물질 취급 사업장 또는 하천·호소 지역에서 발생하는 사고로 인한 대기·수질오염, 인체 및 생태계 피해 등 환경피해 저감기술개발
화학사고 환경피해 사후관리 기술 개발	화학사고 종료 후 인체 및 생태계 최적 사후관리를 통한 환경피해복구 범위 최소화
(다부처 공동) 재난피해자 안심 서비스 구축 기술 개발	유해화학물질 사고 및 대규모 환경오염사고 발생 시 신속한 대피 및 응급대응 정보제공으로 국민 보호 및 피해 최소화

자료 : 한국화학연구원 화학소재정보은행 심층보고서 [유해화학물질 사고대응 현황 및 동향], 2021. 1

3) 유해화학물질 화학사고 대응기술 개발현황

(1) 화학사고 대응 국내외 기술 비교

가. 국내 기술동향

❑ 환경기술원의 '미래환경 기술 예측 및 환경기술 수준분석' 보고서에 따르면 다음과 같이, 주요 5개국의 화학사고 분야 대응기술 수준은 최고 기술보유국인 미국 대비 EU(85.5%), 일본(81.6%),

한국(67.0%), 중국(53.1%) 순으로 나타나고, 우리나라의 기술 수준은 4위에 머무르고 있다.

❑ 우리나라의 화학사고 분야 3개 중분류(화학사고 피해대비, 화학사고 피해저감, 화학사고 사후관리 분야)의 기술수준은 평균 67%로 조사되었다. 주요국과 비교한 결과, 모든 중분류 기술수준이 미국, EU, 일본에 비해 매우 미흡한 것으로 나타나, 2015년부터 환경부에서 화학사고 분야 기술개발에 대한 투자가 집중적으로 이루어졌다.

[도표 Ⅲ-21] 화학사고 분야 주요 5 개국의 기술수준

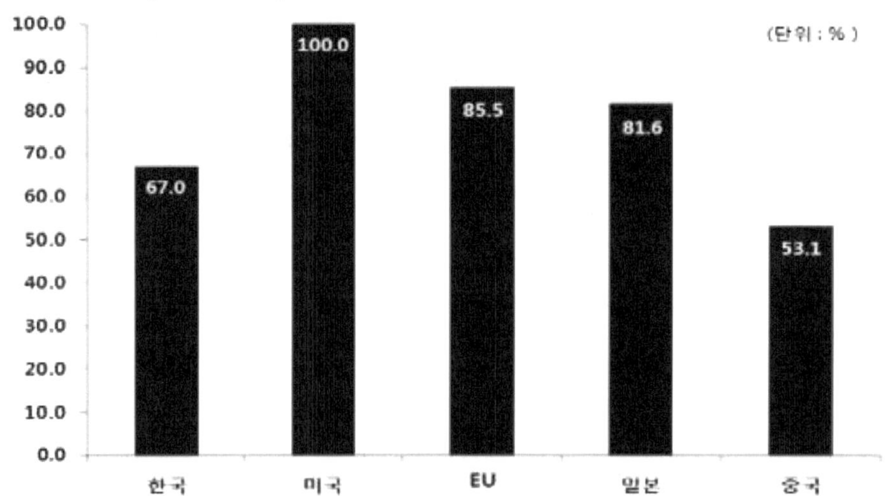

자료 : 한국화학연구원 화학소재정보은행 심층보고서 [유해화학물질 사고대응 현황 및 동향], 2021. 1

❑ 우리나라의 경우, 화학물질 취급과 관리, 보관 등 안전관리를 위한 기술 및 시스템 개발에 총력을 다하고 있으며, 유해화학물질 유출에 따른 실질적인 방제대책 및 방제기술개발은 미흡한 상황이다. 이후 산업현장에서 사용되는 유해화학물질 누출 대응에 대한 방제연구가 한국화학연구원을 통해 2015년부터 2019년까지 진행되었고, 관련 기술을 산업현장 보급에 노력을 하고 있다.

나. 해외 기술동향

❑ 미국은 테러 및 자연재해에 의한 피해 저감을 목표로 각종 기술개발 및 인프라를 지원하고 있다.

❑ 일본의 경우는 대규모 지진 재해 발생 가능성이 높은 것이 현실이다. 따라서 유해물질 유출 대응 방제기술보다는 예측 및 관리, 보관 등 Risk를 줄이기 위한 방향으로 연구개발 중이다.

❑ EU는 안보 분야에서 재난으로부터 시민 및 인프라 보호 기술을 중심으로 연구를 진행하였다. 이 중 안보 분야에서는 화학적, 생물학적, 방사능, 핵 및 폭발 물질 또는 인적·자연 재해로부터의 시민 보호, 주요 인프라 보호, 위기관리 기능, 지능형 해양 및 국경 감시, 시스템의 사전 표준화 및 상호 운용성에 대한 연구를 수행하였다.

❑ 기술 선진국인 미국 및 일본 또한 자연재해에 따른 유해물질 유출 예방 및 예측, 관리적인 측면에서 접근하고 있다.

(2) 유해화학물질 사고와 대응

❑ 유해화학물질 유출사고 원인과 사고형태는 다음과 같다. 설비의 운전조작 미숙이나 관리시스템 미흡, 지진이나 풍수피해, 운송사고, 그리고 장치 노후화 등의 다양한 원인으로 유해화학물질의 대규모 누출, 폭발, 운송차량 전복사고 등의 사고형태로 나타난다. 이를 여하히 신속 혹은 정확한 대응 여부에 따라 사상자 및 재산피해 규모를 축소할 수 있다.

[도표 Ⅲ-22] 유해화학물질 유출사고 원인과 사고형태

사고원인		사고형태		사고결과
(1) 운전조작 미숙 등 기술 부족 (2) 방화 등 고의에 의한 사고 유발 (3) 설계·기술 미비 및 감리 부족 등에 의한 부실공사 (4) 사고 축소·은폐 등 초동단계 대처 미흡 (5) 총체적인 관리 시스템 부재 (6) 지진·풍수해 등 자연재해 (7) 화학물질 운송사고 (8) 중요 핵심부품 결함 및 설비노후화	⇒	(1) 유해화학물질 대규모 누출 사고 (2) 유해화학물질 제조·폭발 사고 (3) 유해화학물질 운송차량 (탱크로리 등) 전복사고	⇒	대규모 사상자 및 재산피해 발생

자료 : 한국화학연구원 화학소재정보은행 심층보고서 [유해화학물질 화학사고 대응방제제 기술개발 현황], 2021. 2

❑ 방제 거리에 따른 산성·염기성 유해화학물질, 혹은 탄화수소계 유해화학물질의 대응 방제제 현황을 다음에 나타내었다.

[도표 Ⅲ-23] 산·염기, 혹은 탄화수소계 유해화학물질의 방제 거리에 따른 대응 방제제 현황

누출 대응 방제제	산성·염기성 유해화학물질	탄화수소계 유해화학물질	
		화재 이전	화재 후
근거리용	o 분말 중화제(소석회, 탄산칼슘, 탄산수소나트륨 등) o 액체 중화제(구연산 용액)	o 셀룰로즈 분말, pp(폴리플로필렌) 분말 및 섬유상, 이들의 패드, 필로우 형태 o 팽창질석, 점토, 모래 등	팽창질석, 폼(foam)방수/살포
원거리용	o 분말 방제제는 불가함 o 원거리 살포 가능한 과립 중화 방제제 개발(탄산수소나트륨, 소석회, 명반)	o 원거리 대응 흡수방제는 없음	폼 방수/살포

❑ 산성 유해화학물질 누출대응의 경우, 분말 소석회 방제제가 현재 사용되고 있고, 염기성 유해화학물질 누출대응에서는 소형 소화기에 담긴 구연산 용액이 근거리 대응 방제제로 사용되고 있다. 산성 유해화학물질 대응 방제제의 경우는 사고 규모가 작은 경우 방제자가 직접 사고현장에 접근하여 포대로 비치된 소석회를 삽 같은 도구로 살포 중화처리하고 있다. 그러나 대규모 누출사고에는 근접하여 신속 대응이 어려운 문제점이 있다.

□ 액상 탄화수소계 유해화학물질 누출사고는 누출 규모와 화재 이전과 이후로 나누어 고려해 볼 필요가 있다. 탄화수소계 유해화학물질 누출 대응의 경우, "2012 유해화학물질 비상대응 핸드북"에 따르면, 이에 대한 방제방법은 일차적으로 자루에 보관한 건토, 건사와 같은 비가연성 고체 분말을 사고지역에 뿌려 누출 유해화학물질을 흡수시킨다. 이후 이를 수거 후 안전한 장소로 이동하여 2차 방제작업을 계속 수행한다. 현장에서 삽과 같은 도구와 함께 도포 방식으로 대응하므로 방제자가 위험에 노출되는 상황이고, 방제 속도 또한 느리다는 한계를 가지고 있다.

□ 누출 규모가 작고, 화재로 전환되기 이전일 경우는 유기물 분말, 혹은 유기물 쉬트(패드), 유기물 필로우 형태를 이용하여 제방을 쌓는 방법 등으로 흡수 제거가 가능하다. 따라서 누출된 탄화수소계 유해화학물질의 방제속도 개선을 위해 흡수 능력이 좋은 분말 흡수 방제제 개발이 필요하다. 또한 작업자의 위험 노출을 고려한 원거리 살포 흡수방제제도 필요한 상황이지만 아직 개발되어 있지 않은 상황이다.

□ 그러나 화재로 전환된 경우는 방제자가 가까이 접근할 수 있는 경우와 접근할 수 없는 경우 모두 계면활성제가 섞인 물과 공기를 한꺼번에 토출하여 거품(폼, foam)을 누출된 탄화수소계 유해화학물질 위에 덮어버린다. 이는 공기를 차단하여 화재진압 하는 원리와 동일하다.

(3) 유해화학물질 사고대응 방제제 기술 개발

가. 산성·염기성 유해화학물질 대응 방제제 개발

□ 염산, 황산, 질산, 불산, 혹은 이들의 혼합 상태의 산성 유해화학물질은 흡착포 등으로 흡수 제거하여도 유독한 가스를 계속 발산하므로 가급적 중화제거가 바람직하다.

□ 강산성 유해화학물질 혹은 강염기 유해화학물질의 누출사고 대응으로 중화를 하면 산 혹은 염기의 본래 특성이 없어지거나 약해진다. 즉 강한 pH 영역(예, pH 1 이하 혹은 pH 14 이상)에서 중성 근처의 pH로 변화가 일어나 유해성이 대폭 제거된다.

□ 중화반응은 반드시 물이 있어야 일어날 수 있다. 산성 유해화학물질 혹은 염기성 유해 화학물질을 중화 제거할 경우, 강산과 강알칼리의 중화반응은 중화 알짜반응과 함께 매우 높은 겉보기 중화반응열을 발생하므로 유해화학물질의 부분적인 비등에 의한 폭발이나 비산 등으로 방제자의 접근이 매우 위험하다.

□ 현재 분말 방제제로 근거리 소량 누출의 경우에만 방제제가 직접 대응할 수 있는 문제점이 있다. 일반적으로 산성 유해화학물질에 대한 중화방제는 소석회 분말이 사용되고 있으며, 이는 중화반응 시 높은 중화반응열이 발생하여 방제자를 위협한다.

□ 따라서 더 큰 누출 사고에도 방제자의 안전을 보장하고 즉각 대응을 위해서는 중화 반응열을 낮추고 원거리 살포가 가능한 중화방제제가 요구되는 시점이다.

□ 겉보기 중화반응열을 낮추는 방법은 두 가지 측면에서 진행되었다. 첫째는 겉보기 중화반응열이 낮은 방제제를 찾는 것이고, 둘째는 중화반응을 하지 않는 무반응물질을 첨가하여 과립방제

제의 반응속도를 조절하는 것과 함께 과립의 강도를 부여하는 방안이다.

[그림 Ⅲ-20] 겉보기 중화반응열량의 열용량 측정에 의한 산성 및 염기성 유해화학물질 누출대응 방제제의 성분 도출 과정

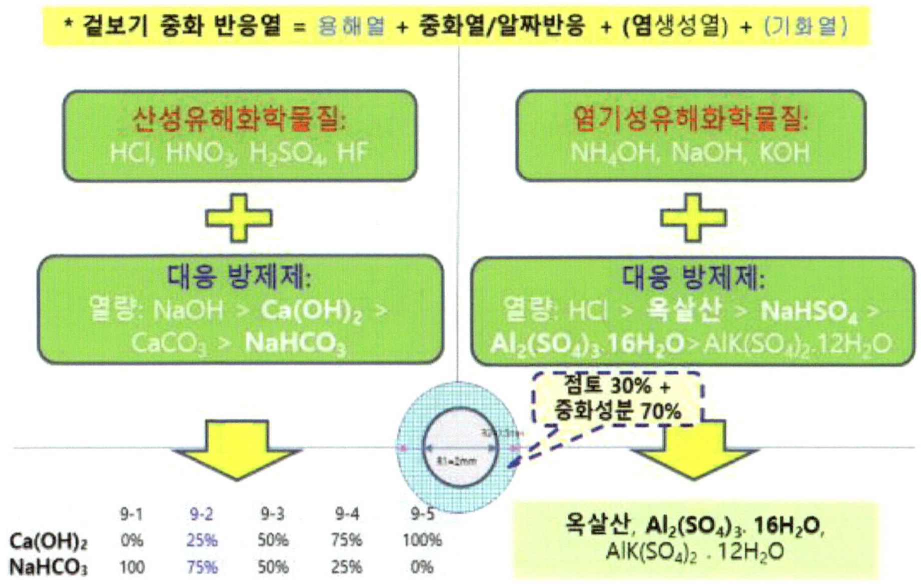

자료 : 한국화학연구원 화학소재정보은행 심층보고서 [유해화학물질 화학사고 대응방제제 기술개발 현황], 2021. 2

A) 중화반응열 실측

❏ 산과 염기 물질의 중화반응 시 발생하는 열의 생성 메커니즘이 단순하지 않다. 중화반응 시 발생하는 겉보기 중화반응열은 (1) 산과 염기물질 방제제가 물에 녹을 때 해리 및 수화 반응에 의해 생성되는 용해열, (2) 하이드로늄 이온(H_3O^+)과 하이드록사이드(OH^-) 이온이 반응하여 물이 생성될 때의 생성되는 알짜중화반응열, (3) 중화 중 생성된 염의 이온화 여부에 따라 복잡한 과정의 열 출입인 생성열, 그리고 (4) 중화반응이 진행되는 동안 방출되는 기체나 증기에 의한 기화열 등의 총합이다.

❏ 강산이나 강염기의 경우는 산 또는 염기 자체가 물에 용해될 때 발생하는 용해열과 산과 염기가 반응할 때 방출되는 알짜중화반응열량도 매우 크고 반응도 급격하다. 더욱 고농도에서 강산-약염기 또는 약산-강염기의 반응이 급격히 일어나 국부적인 비등을 초래할 수 있고, 이는 유해화학물질의 돌발적인 비산으로 방제자가 위험할 수 있다. 따라서 산-염기 물질의 중화반응 열량을 측정하여 겉보기 중화반응열량이 낮은 방제제를 선택하는 것은 매우 중요하다.

❏ 중화반응열 측정 시 고려사항은 실제 고농도의 누출사고를 고려하면 실제 고농도 측정이 바람직하지만, 측정 농도가 높을수록 발생 열량이 높아져 용액의 증발 혹은 비등으로 열량 손실에 의한 측정오차가 커지는 한계가 있다. 본 겉보기 중화반응열량 측정은 예비실험을 통하여 3mol/L의 산/염기 물질 100mL를 중화반응 하였고, 이는 고농도 유해화학물질(12~17mol/L)의 약 1/5 수준이다.

□ 염산, 질산, 황산, 불산 그리고 초산과 같은 산성 유해화학물질별 여러 방제제의 겉보기 중화반응열을 3mol/L 농도에서 측정한 결과는 다음 표와 같다. 산성 유해화학물질과 중화반응 시 발생하는 열량의 크기 정도는 다음과 같이 크게 4개의 그룹으로 나누어짐을 알 수 있었다.

[도표 Ⅲ-24] 산성 유해화학물질별 여러 방제제의 겉보기 중화반응열

겉보기 중화반응열 (KJ/mol)	HCl	HNO_3	H_2SO_4	HF	CH_3COOH (Acetic acid)
NaOH	90.0	87.9	92.9	90.6	85.5
KOH	88.8	92.2	95.0	94.1	90.5
$Ca(OH)_2$	61.9	63.6	72.2	72.5	57.0
CaO	84.7	81.3	71.8	-	69.7
$NaHCO_3$	-20.3	-19.0	-7.2	-13.3	-16.3
$KHCO_3$	-23.9	-11.9	-10.9	-18.0	-26.7
Na_2CO_3	16.3	18.8	25.5	25.8	14.2
K_2CO_3	21.0	22.7	30.5	27.7	15.9
$CaCO_3$	9.0	8.6	17.2	21.9	-

자료 : 한국화학연구원 화학소재정보은행 심층보고서 [유해화학물질 화학사고 대응방제제 기술개발 현황], 2021. 2

□ 첫째, NaOH와 KOH와 같은 강염기 중화반응에 의한 겉보기 중화반응열량은 약 90 KJ/mol로 매우 높다.

□ 둘째, $Ca(OH)_2$ 수산화칼슘의 겉보기 중화반응열량은 62~72 KJ/mol, CaO 생석회의 경우도 70~85 KJ/mol 매우 높다.

□ 셋째, Na_2CO_3, K_2CO_3, $CaCO_3$ 탄산물의 경우는 10~30 KJ/mol로 낮은 열량을 나타낸다. $CaCO_3$와 초산의 경우 많은 거품이 생성하면서 반응물이 열량계를 넘쳐 반응열 측정이 불가하였다.

□ 넷째, $NaHCO_3$, $KHCO_3$과 같은 탄산수소화합물은 -10~-20 KJ/mol로 매우 낮은 겉보기 중화반응열량을 나타내었다.

□ 요약하여 $Ca(OH)_2$ 수산화칼슘과 $NaHCO_3$ 탄산수소나트륨의 겉보기 중화열의 고찰은 다음과 같다. 중화반응 농도: 3mol/L에서 4종의 강산 중화반응에 대한 소석회와 탄산수소나트륨의 겉보기 중화반응열의 계산 값과 실측값을 비교한 것이다. 이는 겉보기 중화 반응열의 실측을 횡축과 계산 값을 종축으로 놓으면, 상관계수 R=0.98을 나타내었다. 실측값과 계산 값이 잘 맞고, 이는 겉보기 중화반응열의 계산항목 4가지 사항이 잘 들어맞고 있다는 것을 입증해주고 있다.

□ 한편 명반 무수물의 경우, 43.9~47 KJ/mol로 중화반응열량이 매우 높으나, $Al_2(SO_4)_3 \cdot 16H_2O$, $Al(NH_4)(SO_4)_2 \cdot 12H_2O$ 그리고 $AlK(SO_4)_2 \cdot 12H_2O$과 같이 수화물이 12~16인 명반류 방제제 경우, 3~18 KJ/mol로 매우 낮은 중화반응열량을 나타내었다. 결국 명반류의 수화물이 12~16개인 경우 30~40 KJ/mol의 중화반응열량이 낮은 것을 볼 수 있고 12~16개의 수화물의 역할이 매우 중요함을 확인하였다.

[도표 Ⅲ-25] 강산의 중화반응에 대한 소석회와 탄산수소나트륨의 겉보기 중화반응열의 계산 값과 실측값의 비교(중화반응 농도: 3mol/L)

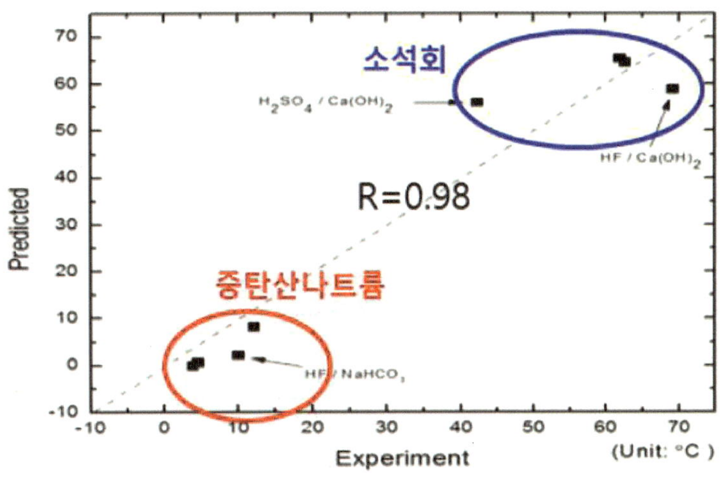

자료 : 한국화학연구원 화학소재정보은행 심층보고서 [유해화학물질 화학사고 대응방제제 기술개발 현황], 2021. 2

[도표 Ⅲ-26] 염기성 유해화학물질별 여러 방제제의 겉보기 중화반응열

겉보기 중화반응열량 (KJ/mol)	NH_4OH	NaOH	KOH
$NaHSO_4$	66.5	61.0	64.8
$NaHSO_4 \cdot H_2O$	61.0		60.0
옥살산 (무수물), $C_2H_4O_4$ anhydride	38.2	51.2	48.5
옥살산수화물, $C_2H_4O_4 \cdot 2H_2O$	28.0		37.6
구연산·H_2O	34.7	38.5	41.9
$Al_2(SO_4)_3$ anhydride	43.9		47.0
$Al_2(SO_4)_3 \cdot 16H_2O$	10.2	16.8	16.1
$AlNH_4(SO_4)_2 \cdot 12H_2O$	3.0		7.7
$AlK(SO_4)_2 \cdot 12H_2O$	3.0	8.8	18.3

B) 과립 방제제의 중화반응 서방성

❑ 95% 황산 유해화학물질 누출대응 탄산수소나트륨 과립 방제제의 중화반응에서 유효성분과 바인더 성분비의 변화가 중화반응 최고 온도와 중화에 소요되는 시간과 최종 pH를 살펴보고, 이들 결과를 다음에 나타내었다.

❑ 비교를 위해 바인더가 전혀 첨가되지 않은 수산화칼슘(소석회) 분말 방제제와 95% 황산과의 강제 섞음과 함께 겉보기 중화반응 온도는 약 180℃로 매우 높은 것을 확인하였다. 한편 탄산수소나트륨 분말 경우에는 약 110℃로 여전히 높지만, 방제제의 선택이 중요한 것을 알 수 있다.

❑ 점토 seed(씨드) 위에 탄산수소나트륨과 바인더 점토의 비율을 5~30% 변화시켜 제조한 과립 방제제와 95% 황산을 직접 중화한 결과이다. 탄산수소나트륨 과립 방제제의 구조는 점토 seed 2mm 크기이고 그 위에 3.5mm 크기로 성형한 과립 방제제의 유효성분과 점토의 비율을

변화한 결과이다. 점토성분 30%, 유효성분 70%로 된 쉘(표면)층을 갖고 있는 탄산수소나트륨 과립 방제제를 제조하면, 2mm 크기의 씨드 점토를 포함한 과립의 유효성분은 50% 정도임을 확인하였다.

❑ 바인더 성분 점토의 함량변화는 중화반응 시 중화 최고온도에 영향을 주고 있다. 바인더 함량이 높아질수록 중화반응 최고온도가 점차 낮아지고, 중화반응 완결 시간은 약 30분에서 약 50분 정도로 점차적으로 증가함을 확인하였다. 바인더 함량 5～10% 일 때 최고 중화반응 온도가 약 100℃로 매우 높게 나타나고, 바인더 함량 15%일 때는 최고 반응온도가 약 60℃로 낮아졌고, 바인더 함량 20～30%에서는 약 50℃로 안정적으로 낮아졌다.

❑ 그러나 방제제의 바인더 함량이 높아질수록 중화반응이 완료(pH 7 이상) 되는 시간은 증가하였다. 예를 들어, 바인더 함량 5～15%인 경우는 약 30분, 바인더 함량 20～25%인 경우는 약 40분, 바인더 함량 30%인 경우는 약 50분이 소요되었다.

❑ 바인더 점토는 유해화학물질과 중화반응을 일으키지 않고 유해화학물질의 흡수경로를 일시 차단한다. 이는 유해화학물질과 중화 유효성분과의 반응을 일시 차단하여 주는 일종의 "서방효과"를 제공한다. 그러나 과립방제제의 중화 유효성분이 소진될 때까지 중화반응이 완만히 일어나지만 중화반응이 중간에 중단되는 것이 아니다. 결국 바인더 점토는 중화반응 완료시간 지연과 함께 중화반응 최고온도를 낮추어 주는 효과를 가져와 방제를 안전하게 진행할 수 있음을 의미한다.

[도표 Ⅲ-27] 탄산수소나트륨 비드형 과립 방제제의 점토 함량별 방제성능

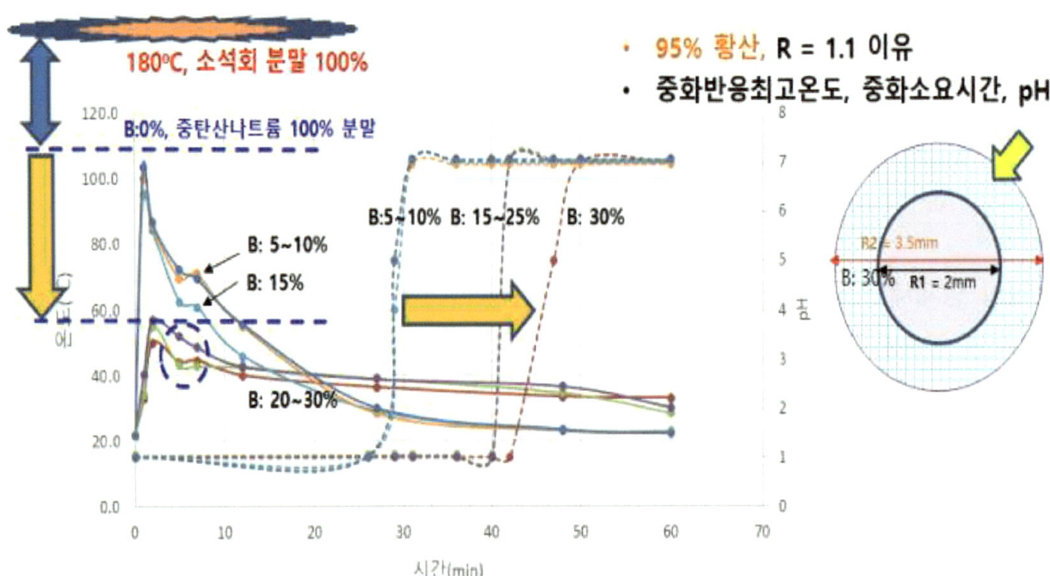

자료 : 한국화학연구원 화학소재정보은행 심층보고서 [유해화학물질 화학사고 대응방제제 기술개발 현황], 2021. 2

C) 제품 과립방제제의 실용성 확인

❑ 산성 유해화학물질 누출사고 시 탄산수소나트륨은 낮은 중화반응열을 나타내고, 수산화칼슘의 경우는 다소 높은 중화반응열을 발생하지만 2가의 화합물이고 분자량이 낮아 동량의 방제제일

경우 탄산수소나트륨에 비하여 방제효과가 높다.

❑ 이들 두 성분의 장점을 살리는 방법을 고려하여, 유해화학물질 3mol/L 농도에서 탄산수소나트륨(중조)과 수산화칼슘(소석회) 혼합조성 변화에 따라 과립방제제와 과립을 분쇄한 분말상태 방제제의 중화반응열량 비교로 과립상태 방제제의 실용성을 확인하고자 하였다.

❑ 다음 그래프는 질산, 황산, 불산에 대한 방제제 유효성분 중 수산화칼슘과 탄산수소나트륨의 혼합조성 변화에 따른 과립방제제와 과립을 분쇄한 분말상태 방제제의 겉보기 중화반응열을 비교한 결과이다.

❑ 질산의 경우는 혼합조성의 변화에 관계없이 모두 과립상태와 이를 분쇄한 방제제가 모두 거의 같은 겉보기 중화반응열을 나타내었다. 이는 질산의 경우 과립방제제의 경우는 전 조성의 범위에서 질산을 중화 방제 처리할 수 있다는 것을 알 수 있다.

❑ 그러나 황산과 불산의 경우는 질산의 경우와 다른 결과를 나타내었다. 즉 과립의 혼합조성이 소석회 함량이 60% 이상일 경우 (제품 범위를 벗어난 경우), 과립 방제제와 이를 분쇄한 분말 방제제의 경우와 겉보기 중화반응열이 크게 나타나 차이를 나타내었다. 즉 이 혼합조성 범위에서는 과립방제제의 성능이 충분히 발휘되지 못하는 것을 확인할 수 있었다.

❑ 이유는 다음과 같은 방제성분의 용해도와 중화반응 후 생성하는 염의 용해도, 그리고 생성하는 CO_2 가스 측면에서 고려해 볼 수 있다.

[도표 Ⅲ-28] 유해화학물질 3mol/L 농도에서 제품 과립방제제의 실용성 확인

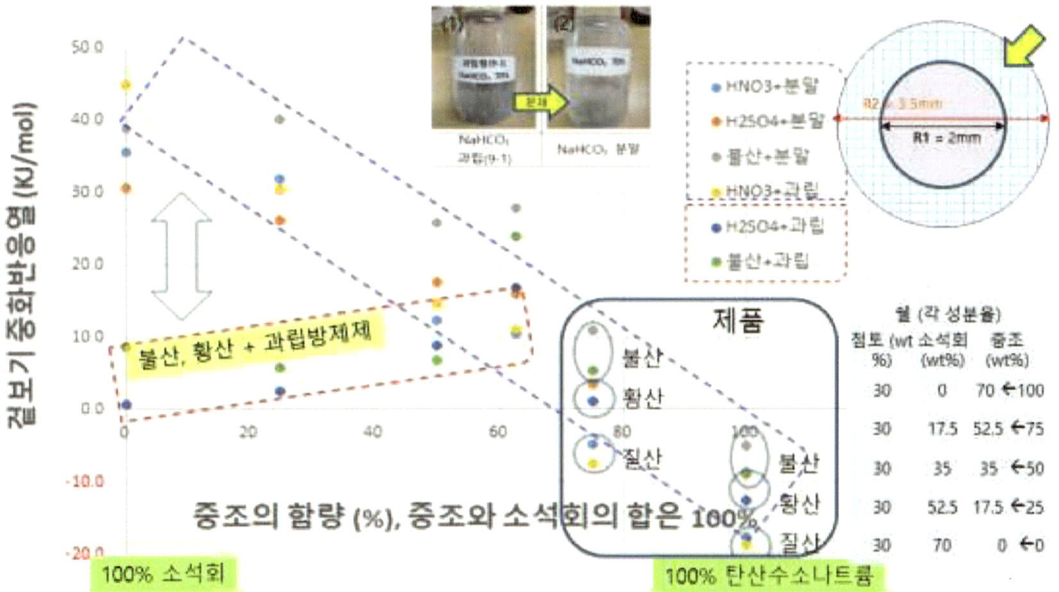

※ 우측하단 사각 박스의 제품 범위에서 과립방제제와 분쇄한 방제제의 중화반응열이 거의 동일함 이는 과립방제제의 내부까지 모두 중화반응에 참여함을 확인함

❑ 방제성분 중탄산나트륨의 물에 대한 용해도는 20 ℃에서 96 g/L 이고, 1.73 g/L인 소석회의 경우보다 약 50배 이상 높아서, 중탄산나트륨의 과립방제제 내부로의 유해화학 물질의 흡수유입

이 용이하다. 또한 중탄산나트륨 과립은 중화반응 후 생성하는 염 Na_2SO_4, NaF, $NaNO_3$, NaCl 등은 모두 물에 대한 용해도가 높다. 따라서 과립방제제 내부로 유해화학물질의 흡수는 충분히 일어날 수 있으며, 더욱 반응 후 발생하는 CO_2 가스는 과립의 붕괴를 유도하여 중화반응을 촉진할 것으로 생각된다.

❑ 소석회 방제제의 경우는 중탄산나트륨과는 양상이 매우 다르다. 첫째, 소석회의 용해도가 중탄산나트륨의 용해도에 비하여 1/50 정도로 낮아서 중탄산나트륨과 비교하여 소석회 과립방제제 내부로 유해화학물질의 흡수유입이 매우 어렵다. 둘째, 소석회 과립방제제로 황산과 불산을 중화할 경우, 생성된 $CaSO_4$와 CaF_2 염의 용해도는 각각 2.0×10^{-4}M, 2.05×10^{-4}M으로 물에 대한 용해도가 매우 낮다. 이는 과립방제제 표면에 불용성의 미세입자상태의 안정한 염을 생성하여, 유해화학물질의 과립 내부로 흡수 유입을 차단하여 중화반응을 멈추게 하는 효과가 있는 것으로 판단된다.

❑ 다만 염산, 질산과 소석회 과립 방제제의 중화반응 후 생성하는 $CaCl_2$, $Ca(NO_3)_2$, 염은 물에 대한 용해도가 높아, 염산과 질산에 대한 방제효과는 예상이 된다.

❑ 결국, 과립방제제 성분에 탄산수소나트륨과 소석회의 혼합조성 비율은 황산과 불산 방제의 가능 유무를 결정하게 된다. 제품 방제제의 경우는 탄산수소나트륨 성분이 50% 이상으로 연속적인 접촉상태를 이루는 퍼콜레이션을 형성하여 중화반응에서 유해화학물질의 과립 내로 유입이 원활하고, CO_2가스 발생으로 계속적으로 중화반응을 가능하게 한 것으로 판단된다.

D) 과립 방제제의 불소제거 효과

❑ 다음 도표를 보면, 탄산수소나트륨 75%와 수산화칼슘 25%인 과립 방제제의 경우, 불산 중화 후 불소 제거율에 대한 결과이다.

[도표 Ⅲ-29] 소석회와 중조 혼합 과립, 과립방제제 2~3배 양에서 90% 이상 불소제거 효과를 확인함

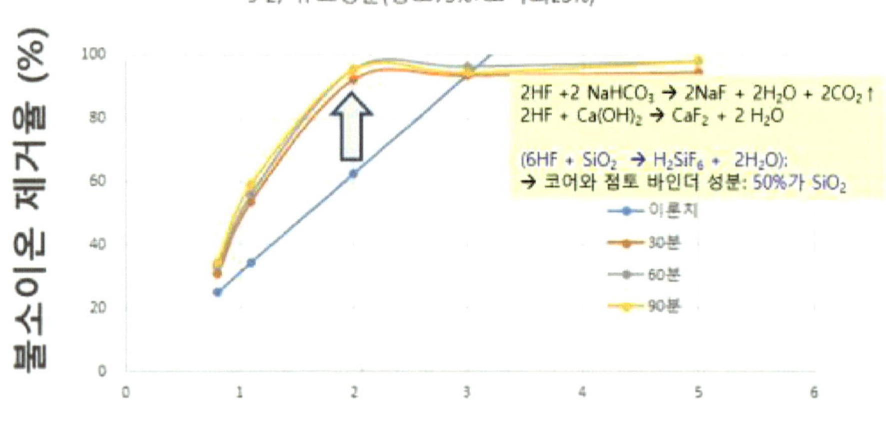

자료 : 한국화학연구원 화학소재정보은행 심층보고서 [유해화학물질 화학사고 대응방제제 기술개발 현황], 2021. 2

❑ 과립 방제제가 2배 양일 때, 30~90분에서 95% 이상 불소제거율을 나타내었다. 방제제 2배 양일 때 방제 성능은 이론치로 60% 제거 가능하지만, 훨씬 많은 양이 제거되었다. 탄산수소나트륨과 수산화칼슘 성분은 불산과 반응하여 NaF와 CaF_2를 형성하여 불산을 중화 제거한다. 더욱 점토 바인더에 있는 실리카 성분이 불산과 반응하여 불화규산(H_2SiF_6)을 형성하면서 불소를 제거한 것으로 판단되었다.

E) 염기성 유해화학물질 대응 과립 방제제

❑ 다음에 $AlK(SO_4)_2 \cdot 12H_2O$의 과립방제제와 과립을 분쇄한 분말상태 방제제는 20～40 KJ/mol로 낮은 겉보기 중화반응열량을 나타내었다. $Al_2(SO_4)_3 \cdot 16H_2O$(37.5), $AlK(SO_4)_2 \cdot 12H_2O$(62.5) 혼합 명반계 방제제의 경우 역시 20～40 KJ/mol로 낮은 겉보기 중화반응열량을 나타내었다.

❑ N-buthylamine 누출물의 경우, 옥살산 2수화물 비드 과립과의 중화반응열량은 약 60 KJ/mol로 매우 높은 겉보기 반응열량을 나타냈으나, $AlK(SO_4)_2 \cdot 12H_2O$, 과립의 경우 24 KJ/mol로 낮은 겉보기 중화반응열량을 나타내었다.

❑ 염기성 유해화학물질 대응하여 과립방제제와 이를 분쇄한 분말상의 중화반응열을 비교한 결과 유사한 값을 나타내어 과립방제제의 성능이 충분히 발휘되고 있는 것으로 확인되었다.

[도표 Ⅲ-30] 염기성 유해화학물질 대응 과립 방제제의 겉보기 중화반응열

겉보기반응열 (KJ/mol)		NH_4OH	NaOH	KOH	N-Buthyl amine
A-1, $Al_2(SO_4)_3 \cdot 16H_2O$(37.5%), $AlK(SO_4)_2 \cdot 12H_2O$(62.5%)	과립	19.2		18.6	
	과립 분말	38.4	16.4	28.7	23.9
D-1, $AlK(SO_4)_2 \cdot 12H_2O$ (중화반응 실험: 1차/2차)	과립	-/22.6	18.2	29.7/34.5	
	과립 분말	28.6/25.5		28.4/39.5	58.7
옥살산 2수화물	과립	60.8		57.6	
	과립 분말	58.8		48.8	

자료 : 한국화학연구원 화학소재정보은행 심층보고서 [유해화학물질 화학사고 대응방제제 기술개발 현황], 2021. 2

F) 과립 방제제의 대량 중화시험

❑ 다음 그림과 같이, 산성 유해화학물질 대응 방제제의 대량시험을 위하여 150cm × 70cm 크기의 테프론 재질 용기에서 유효성분 약 50% 탄산수소나트륨($NaHCO_3$) 과립 방제제 50Kg을 담고, 내산 펌프를 이용하여 95% 황산 8L(14.72Kg)를 임의 누출시켜 중화 성능과 중화반응 온도를 광학온도계를 이용하여 측정하였다. 그 결과 누출된 황산은 1시간에 약 95% 중화되었고, 중화반응 최고온도는 약 60℃를 나타내었다.

❑ 또한, 28% 암모니아수 3L를 10L 유리 재질 비커에 담고, 유효성분 약 60%인 옥살산 과립 방제제를 4.6Kg 넣고 외부에서 적외선 온도계로 중화반응열을 확인한 결과 약 40℃를 나타내었다.

[그림 Ⅲ-21] 테스트베드에서 95%황산 8L(14.7Kg)와 28% 암모니아수 3L의 규모로 중화반응을 시키고 중화반응 최고온도를 확인함

자료 : 한국화학연구원 화학소재정보은행 심층보고서 [유해화학물질 화학사고 대응방제제 기술개발 현황], 2021. 2

G) 과립방제제의 원거리 살포 시험

❑ 과립 방제제의 경우 분말 방제제가 가질 수 없는 충전 용이성, 살포 용이성, 원거리 살포 가능 등의 우수한 방제제 특성이 있다.

❑ 다음 그림을 보면, 과립 방제제의 원거리 살포성과 목표 적중성을 보면, 15m 거리에서 살포하여 5m × 5m 타겟 면적에 약 80% 적중률을 나타내고, 10m × 10m 타겟 면적에는 거의 100% 목표 범위 내에 들어왔다.

[그림 Ⅲ-22] 비료살포기를 이용한 과립방제제의 원거리 살포와 적중률

❑ 다음 도표와 같이, 그러나 분말 방제제는 타겟 적중율이 매우 낮아 적중률이 10%에도 이르지 못하여 방제제로서의 역할 수행이 어렵고, 주변 오염이 매우 심각한 치명적 단점이 확인되었다. 과립 방제제의 살포속도 역시 매우 높아, 주 흡수·살포 장비에서는 최대 100 Kg/min으로 살포

가능하고, 비료 살포기를 이용한 소형 살포기의 경우도 20Kg/1~2min으로 살포 가능하다. 이들 살포 양은 유해화학물질이 누출되었을 때 긴급대응이 가능한 수준이다.

❑ 과립 방제제의 1차 살포 시도에서 살포표적 2m × 2m크기와 5m × 5m 크기에 대하여 15m 거리에서 살포하여 각각 약 30%와 50%의 적중률을 확보하였고, 2차 살포 시도에서도 살포 표적 2m × 2m 크기와 5m × 5m 크기에 대하여 15m 거리에서 살포하여 각각 약 40%와 80%의 적중률을 확보하였다. 조금 더 숙달되면 더 높은 적중률을 확보할 수 있을 것으로 예상된다. 타겟 10m × 10m 크기에는 1차 시기와 2차 살포시기에도 모두 거의 100% 들어왔다. 20Kg의 비드형 과립 방제제를 살포기 위의 살포 저장고에 가득 채우고 이들 방제제 살포를 1~2분에 모두 살포가 가능하였다.

[도표 Ⅲ-31] 과립 방제제와 분말 방제제의 특성 비교

	과립 방제제	분말 방제제	비고
충전 용이성	매우 높음	매우 낮음	과립 유동효과
살포 용이성	분진 없음	분진	과립효과
목표 적중성	높음 * 5m × 5m: 80% @ 15m *10m × 10m: ~100% @ 15m	매우 낮음 (10% 이하), 바람 영향 매우 심각	과립효과, 수산화칼슘분말 경우: 주변오염 심각
살포거리	원거리 (10~25m) 및 조절용이	제어불가	과립효과
살포속도: 양	단시간에 다량 살포 (예: 100Kg/분 최대, 20Kg/(1~2min))	살포속도 매우 낮음 2Kg 이하/(1~2min)	긴급대응 가능
흡수/중화반응 균일성	균일	불 균일	과립효과
최고 반응온도	낮음	매우 높음	고농도 유해화학물질 직접 대응 가능
반응계 온도 증감	낮음	높음	과립/점토의 반응 억제 효과
보관성	분말보다 양호	-	온도, 습도 영향
가격	720만원/톤	00 만원/톤	탄산수소나트륨 경우
기대 효과	o 소방대원/방제자 안전 확보 o 초동대응/골든타임 확보 o 초기/말기 대응 가능	말기 대응에 적절	인명/재산 등 피해저감

자료 : 한국화학연구원 화학소재정보은행 심층보고서 [유해화학물질 화학사고 대응방제제 기술개발 현황], 2021. 2

❑ 요약하면 대형의 큰 누출사고에는 큰 살포 장비를 활용하고, 공장이나 작업장에서 적은 누출사고에서는 간단한 비료살포기를 사용하여 초동대응으로 사고의 위험성을 크게 낮출 수 있을 것으로 예상한다.

❑ 더욱 과립 방제제는 중화반응 최고 온도가 분말에 비하여 상당히 낮게 확인이 되어 고농도 유해화학물질에 직접 대응이 가능한 우수한 방제 특성이 확인되었다.

❑ 결국 멀리서 과립 방제제를 살포하여 방제자가 안전하게 초동대응이 가능하여 사고 대응의 골든타임을 확보할 것으로 기대된다.

나. 탄화수소계 유해화학물질 대응 흡수방제제 개발

❑ 탄화수소계 유해화학물질 누출사고는 화재나 폭발로 연결되기 전/후로 나누어 고려할 수 있다. 발화원이 있어 화재로 이어졌을 경우는 폼 방수를 방사하여 산소를 차단하여 방화하는 방법으로 근거리 혹은 원거리 대응이 모두 가능한 상태이다.

❑ 탄화수소계 유해화학물질은 모두 가연성을 가지고 있어서, 화재 등의 대형사고로 전환되는 것을 방지하기 위하여 쉽게 얻을 수 있는 건토, 건사 같은 비가연성 물질로 덮고, 흡수 제거하는 것을 볼 수 있다. 그러나 기존의 상용질석의 흡수용량이 100~200%(흡수물질 대비)로 그다지 흡수 제거 능력이 높지 않아 더 높은 성능의 무기물 흡수제가 요구되고 있다.

❑ 유기물 흡수제의 경우, 탄화수소계 유해화학물질의 종에 따라 흡수 능력이 다르다. 유기물 흡수제의 형태는 분말, 쉬트/포 형태, 필로우 형태 등으로 누출 시 둑이나 제방을 쌓아 탄화수소계 유해화학물질을 흡수하여 확산을 방지할 목적으로 사용된다.

❑ 본문에서는 무기물과 유기물 기반 흡수제의 탄화수소계 유해화학물질의 흡수 능력을 2배 이상 증진시킨 과산화수소 팽창 질석과 셀룰로오즈 혼합체 개발을 소개하고자 한다.

❑ 탄화수소계 유해화학물질 누출대응 흡수제 대응용 방제 후보제는 무기물 기반의 난연성 팽창질석이 좋은 흡수/흡착제이지만, 흡수성능을 올린 과산화수소 중에서 팽창시킨 흡수 방제제(과수팽창질석이라 칭함)을 개발하였으며, 혼합셀룰로스는 아세트산기가 기능화된 셀룰로오스, 인산기가 기능화된 셀룰로오스를 1:1로 혼합한 유기물 흡수제의 흡수능력을 도표와 같이 요약하였다. 또한 탄화수소계 물질을 수용성, 비수용성, 반응성 유해화학물질로 분류하고 결과를 정리하였다.

[도표 Ⅲ-32] 탄화수소계 유해화학물질 누출시 흡수 방제제의 성능 요약

물질명	함유량	방제제별 흡수·흡착 효율
1. Acrolein	90%	셀룰로오스계: 314%, Chemizorb: 89%, 과수팽창 질석: 464%, 상용질석: 237%
2. Acrylic acid	99%	셀룰로오스계: 290%, Chemizorb: 223%, 과수팽창 질석: 566%, 상용질석: 305%
3. Acryloyl chloride	96%	셀룰로오스계: 576%, Chemizorb: 123%, 과수팽창 질석: 610%, 상용질석: 294%
4. Acrylonitrile	99%	셀룰로오스계: 384%, Chemizorb: 66.2%, 과수팽창 질석: 427%, 상용질석: 252%
5. Ally chloride	98%	셀룰로오스계: 384%, Chemizorb: 107.8%, 과수팽창 질석: 457%, 상용질석: 231%
6. Benzene	99.8%	셀룰로오스계: 345%, Chemizorb: 118.6%, 과수팽창 질석: 462%, 상용질석: 279%
7. Benzyl alcohol	99.8%	셀룰로오스계: 305% Chemizorb: 277%, 과수팽창 질석: 872%, 상용질석: 441.5%

물질명	함유량	방제제별 흡수·흡착 효율
8. Benzyl chloride	99%	셀룰로오스계: 296.7%, Chemizorb: 274%, 과수팽창 질석: 619%, 상용질석: 323%
9. n-Buthylamine	99.8%	셀룰로오스계: 550.5%, Chemizorb: 81%, 과수팽창 질석: 330%, 상용질석: 140%
10. Carbon disulfide	99%	셀룰로오스계: 195%, Chemizorb: 51%, 과수팽창 질석: 379%, 상용질석: 141%
11. m-Cresol	99%	셀룰로오스계: 709%, Chemizorb: 127%, 과수팽창 질석: 540.6%, 상용질석: 351.5%
12. Epichlorohydrin	99%	셀룰로오스계: 333%, Chemizorb: 213%, 과수팽창 질석: 582%, 상용질석: 257%
13. Ethyl acetate	99.5%	셀룰로오스계: 328%, Chemizorb: 126%, 과수팽창 질석: 469%, 상용질석: 226%
14. Formaldehyde	35～37%	셀룰로오스계: 325%, Chemizorb: 212%, 과수팽창 질석: 789.5%, 상용질석: 340.5%
15. Furfuryl alcohol	98%	셀룰로오스계: 595%, Chemizorb: 145%, 과수팽창 질석: 595%, 상용질석: 308%
16. Isophorone diisocyanate	99%	셀룰로오스계: 590%, Chemizorb: 268%, 과수팽창 질석: 981.5%, 상용질석: 372%
17. Methanol	99.8%	셀룰로오스계: 152.5%, Chemizorb: 184%, 과수팽창 질석: 350%, 상용질석: 198%
18. Methyl acrylate	99%	셀룰로오스계: 254%, Chemizorb: 98%, 과수팽창 질석: 388%, 상용질석: 345%
19. Methyl ethyl ketone	99.5%	셀룰로오스계: 454%, Chemizorb: 169%, 과수팽창 질석: 486%, 상용질석: 328%
20. Methyl ethyl ketone peroxide	30～35%	셀룰로오스계: 176%, Chemizorb: 354%, 과수팽창 질석: 590%, 상용질석: 335%
21. Methyl vinyl ketone	99%	셀룰로오스계: 314%, Chemizorb: 96.1%, 과수팽창 질석: 502%, 상용질석: 325%
22. Nitrobenzene	99%	셀룰로오스계: 351%, Chemizorb: 292.5%, 과수팽창 질석: 710%, 상용질석: 369.5%
23. Nitromethane	96%	셀룰로오스계: 165%, Chemizorb: 240%, 과수팽창 질석: 496%, 상용질석: 253%
24. Propylene oxide	99.5%	셀룰로오스계: 263.5%, Chemizorb: 93%, 과수팽창 질석: 428%, 상용질석: 139%
25. Toluene	99.5%	셀룰로오스계: 305%, Chemizorb: 128.5%, 과수팽창 질석: 429%, 상용질석: 182%
26. Toluene-2,4 -diisocyanate	98%	셀룰로오스계: 366%, Chemizorb: 178%, 과수팽창 질석: 562%, 상용질석: 442%
27. Triethylamine	99.5%	셀룰로오스계: 127%, Chemizorb: 156%, 과수팽창 질석: 286%, 상용질석: 236%
28. Vinyl acetate	99%	셀룰로오스계: 121%, Chemizorb: 79.6%, 과수팽창 질석: 340%, 상용질석: 212%

※ 흡수 효율(%) = (흡수 후 무게 - 흡수 전 무게)/(흡수 전 무게) X 100

※ 방제량 계산: 사고대비물질(g/Kg/ton) / 흡수 흡착효율(%) X 100 = 방제량

자료 : 한국화학연구원 화학소재정보은행 심층보고서 [유해화학물질 화학사고 대응방제제 기술개발 현황], 2021. 2

❑ 모두 상용 팽창질석과 점토과립은 흡수 능력이 100~200% 범위로 흡수 능력이 낮았으며, 과수팽창 질석과 셀룰로오즈계 혼합 방제제의 경우는 300~500% 범위로 높은 흡수 능력을 보였다.

[도표 Ⅲ-33] 비수용성 사고대비물질에 대한 흡수/흡착 효율

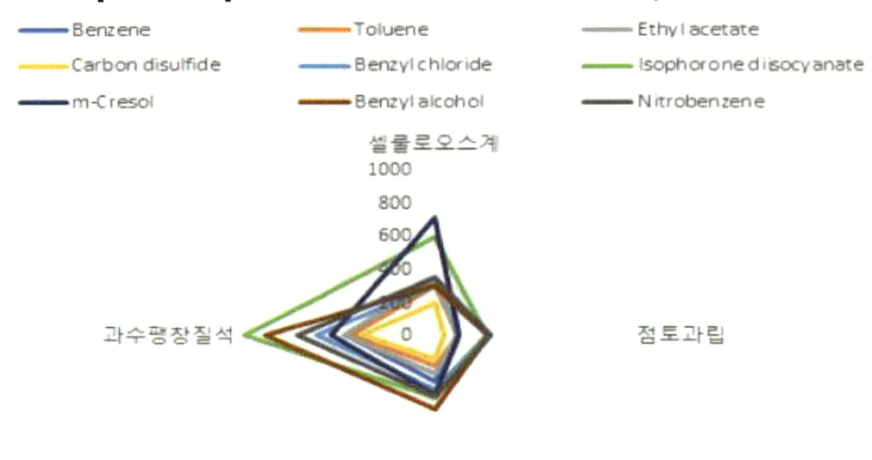

[도표 Ⅲ-34] 반응성 사고대비물질에 대한 흡수/흡착 효율

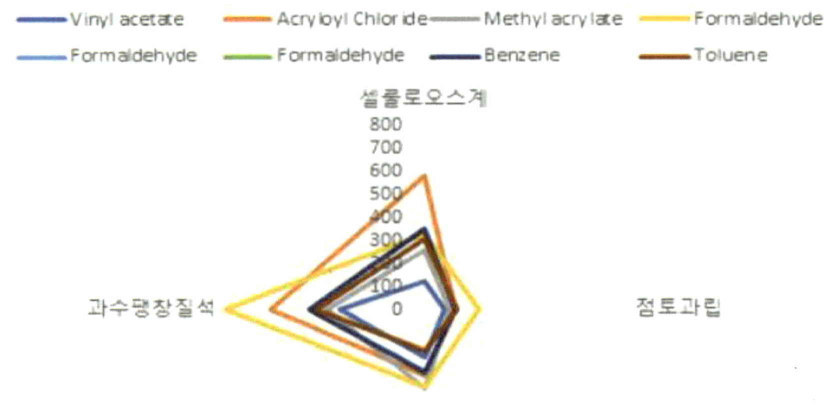

자료 : 한국화학연구원 화학소재정보은행 심층보고서 [유해화학물질 화학사고 대응방제제 기술개발 현황], 2021. 2

다. 산성·염기성 유해화학물질 사고대응 방제제 상용화

A) 국내 분말 방제제와 과립 방제제의 비교

❑ 기존제품은 분말형으로 원거리 살포가 불가능하며, 활성탄 성분의 흡착제와 중화제로 구분되어 있다. 중화반응 최고온도가 높아 작업자 접근성이 낮고, 유해화학물질의 부분 비등에 의한 2차 피해가 우려가 있다.

❑ 과립 방제제는 원거리 살포가 가능하며, 흡착과 중화를 동시에 진행해 방제효과가 우수하다. 기존제품 대비, 판매 가격은 절반 수준으로 가격경쟁력이 높다.

[도표 Ⅲ-35] 국내 제품 비교

<table>
<tr><th colspan="2">구분</th><th>국내제품 #1</th><th>국내제품 #2</th><th>신제품(과립형)</th></tr>
<tr><td colspan="2">형상</td><td></td><td></td><td></td></tr>
<tr><td colspan="2">제조사</td><td>(주)에스앤제이</td><td>-</td><td>-</td></tr>
<tr><td colspan="2">제품명</td><td>OCA-119</td><td>* 산중화: ACA -119
* 알칼리중화: BCA -119</td><td>* 산중화: ADT-B-01, ADT-BC-02
* 알칼리중화: BDT-AAO-02</td></tr>
<tr><td colspan="2">용도</td><td>탄화수소계
유해화학물질 흡수용</td><td>산·염기성 유해화학물질
방제 처리용</td><td>산·염기성 유해화학물질 방제
처리용</td></tr>
<tr><td colspan="2">형태</td><td>분말</td><td>분말</td><td>과립형
(Core-Shell 이중구조)</td></tr>
<tr><td colspan="2">살포방식</td><td>근거리 도포</td><td>근거리 도포</td><td>원거리 도포</td></tr>
<tr><td colspan="2">중화온도</td><td>낮음</td><td>높음</td><td>낮음</td></tr>
<tr><td colspan="2">흡착제거</td><td>○</td><td>×</td><td>○</td></tr>
<tr><td colspan="2">중화제거</td><td>×</td><td>○</td><td>○</td></tr>
<tr><td rowspan="2">구성</td><td>산성</td><td rowspan="2">OCA(Organic Solvent Chemicals Absorbent), 피트모스, 활성탄</td><td>ACA(Acid Chemicals Absorbent), 계면활성제</td><td>탄산수소나트륨, 수산화칼슘, 점토</td></tr>
<tr><td>염기</td><td>BCA(Base Chemicals Absorbent), 계면활성제</td><td>Alminum Potassium Sulfate, 점토, Aluminum Sulfate, Oxalic Acid</td></tr>
<tr><td rowspan="2">가격</td><td>산성</td><td rowspan="2">13,300원/Kg</td><td>15,840원/Kg</td><td rowspan="2">7,200 원/kg</td></tr>
<tr><td>염기</td><td>11,880원/Kg</td></tr>
</table>

자료 : 한국화학연구원 화학소재정보은행 심층보고서 [유해화학물질 화학사고 대응방제제 기술개발 현황], 2021. 2

B) 해외 분말 방제제와 과립 방제제의 비교

❑ 해외제품의 경우, 소량의 점토 또는 펄라이트를 함유시켜 흡착을 유도하는 제품이 있으나, 점토를 코어로 하여 과립형으로 제작된 제품은 존재하지 않는 것으로 조사된다. 모두 분말형으로 원거리 살포가 불가능하며, 흡착제와 중화제가 구분되어 있다. 중화반응 최고온도가 높아 작업자 접근성이 낮고, 유해화학물질의 부분 비등에 의한 2차 피해가 우려가 있다.

❑ 과립 방제제는 원거리 살포가 가능하며, 흡착과 중화를 동시에 진행해 방제효과가 우수하다. 기존제품 대비, 판매 가격은 절반 수준이어서 가격경쟁력이 높다.

[도표 Ⅲ-36] 해외 제품과 신제품 비교

구분		국내제품 #1	국내제품 #2	신제품(과립형)
형상				
제조사		미국 / CHEMSORB	미국 / Ansul	-
제품명		* 산중화: CHEMSORB AN * 알칼리중화: CHEMSORB CA	* 산중화: SPILL-X-A * 알칼리중화:SPILL-X-C	* 산중화: ADT-B-01, ADT-BC-02 *알칼리중화: BDT-AAO-02
용도		화학물질의 흡수 및 중화	소량의 화학물질 흡수	화학물질 1, 2차 처리용
형태		분말	분말	과립형 (Core-Shell 이중구조)
살포방식		근거리 도포	근거리 도포	원거리 살포 가능
반응		초기 폭발적 반응	초기 폭발적 반응	서방형 반응
중화온도 (산성 유해물질)		-	질산 : 110℃	질산 : 30.2 ℃
		-	염산 : 65℃	염산 : 25.0 ℃
중화온도 (염기성 유해물질)		-	암모니아 : 45℃	암모니아 : 31.2 ℃
		-	수산화칼륨 : 54℃	수산화칼륨 : 45.8℃
흡착제거		○	○	○
중화제거		○		○
구성	산성	탄산나트륨, 펄라이트	수산화마그네슘, 탄산나트륨, 점토	탄산수소나트륨, 수산화칼슘, 점토
	염기	시트르산, 펄라이트	푸마르산, 점토	Aluminum Potassium Sulfate, 점토, Aluminum Sulfate, Oxalic Acid
가격	산성	15,840원/Kg	13,300원/Kg	7,200 원/kg
	염기	11,880원/Kg		7,200 원/kg

자료 : 한국화학연구원 화학소재정보은행 심층보고서 [유해화학물질 화학사고 대응방제제 기술개발 현황], 2021. 2

C) 국내시장 규모 및 전망

❑ 유해화학물질 방제 국내 수요시장은 공공시장(중앙구조본, 관할소방서, 합동방제센터 등)과 다량의 화학물질을 취급하는 민간 대기업 및 중·소 화학공장이다. 유해화학물질 방제 시장은 각 지자체, 소방서 및 공장 별로 관리기준이 달라 시장규모의 예측이 매우 어렵다.

❑ 현재 소방서가 보유한 산성, 염기성, 탄화수소계 유해화학물질 대응 분말 방제제량을 기준으로 국내시장 규모를 산정하면 약 336억 원의 시장을 형성하고 있는 것으로 예상된다. 글로벌 화학산업 성장률을 고려하면 2030년에는 568억 원의 시장으로 성장할 것으로 전망된다.

[도표 Ⅲ-37] 국내시장 규모 및 전망

구분	소극론	일반론	낙관론
공공시장 규모	400톤	400톤	400톤
민간시장 규모예상	소방서 수요량의 5배	소방서 수요량의 10배	소방서 수요량의 20배
	2,000톤	4,000톤	8,000톤
사용량 합계	2,400톤	4,200톤	8,200톤
시장규모 예상	192 억원	336 억원	656 억원

* 전국 소방서 소석회 100톤 보유 가정하면, 탄산수소나트륨과립은 400톤 필요
 - 방제제 가격 : 산/염기 중화방제제 가격을 고려하여 약 800만원/톤 책정
 (최저/최고가격 중간값)
* 산 중화방제제 : 가성소다 98% 25kg (영진화학) = 38,500원 / 1톤 환산 시, 154 만원
* 염기 중화방제제 : 푸마르산 99% 25kg (대정시약) = 379,500원 / 1톤환산 시, 1518만원

자료 : 한국화학연구원 화학소재정보은행 심층보고서 [유해화학물질 화학사고 대응방제제 기술개발 현황], 2021. 2

❑ 연간 사용에 의한 소모량은 총용량의 10%로 예상되며, 방제제의 수명이 3~5년임을 고려하면 연간 교체량은 20~30% 일 것으로 추정된다. 연간 국내 사용량은 수용 용량의 30~40%로서 고정적인 연간 사용양은 100억원~130억원 (낙관론: 196억~262억원) 규모로 예상된다.

D) 해외시장 규모 및 전망

❑ 현재 글로벌 화학산업은 자동차, 제약, 전자산업의 성장과 함께 연평균 5.3% 씩 성장 중이며, 2027년엔 359억 달러 규모로 더욱 확대될 것으로 전망된다.

 - 자료 : Global chemical distribution market size (2019~2027)

❑ 우리나라의 화학산업은 세계 5위, 439조원/년(15년 기준)규모의 산업규모를 보유하고 있으며, 전 세계 생산량의 1/15의 생산하고 있다. 유해 화학물질 방제시장 규모 또한 비슷한 것으로 예상되며 세계시장 규모는 국내시장의 15배인 5,040억 원인 것으로 추정된다.

E) 과립 방제제의 판로확보 계획 - 공공 및 조달시장을 중심으로 단계적 국내시장 공략

❑ 본 개발제품은 필요제품 인증 획득을 노력중이며, 이후 소방서, 119중앙구조본부 등 공공. 조달시장을 중심으로 우선 진출할 계획이다. 이후 화학물질 처리업체 및 화학물질 취급 공장을 중심으로 순차적으로 진행할 예정이다.

❑ 재고 교체시기를 앞두고 있는 기관을 중심으로 샘플 제공 및 홍보를 진행하여 적극적 마케팅을 수행 예정이다. 또한, 소방서, 출연 연구원, 국내 이공과대학교, 부산항만 등 기보유 네트워크를 활용하여 국내 판로를 확대할 예정이다.

F) 제품 관련 과립 방제제의 산업재산권 보유현황

❑ 신제품 과립 방제제는 기술이전과 함께 필요 제품인증을 획득하고자 하며, 관련 특허는 아래 도표와 같다.

[도표 Ⅲ-38] 신제품 과립방제제 관련 산업재산권 보유현황

구분	등록번호	제목	등록내용 요약
특허등록 (기술이전에 따른 전용 실시권 등록)	10-1996926	산성오염물질 제거용 비드 및 이의 제조방법	본 발명은 산성오염물질 제거용 비드 및 이의 제조방법에 관한 것이다. 보다 상세하게는 산성오염물질의 제거 성능이 우수하면서도 작업 시 발생할 수 있는 위험요소를 줄일 수 있고, 이차오염을 최소화 할 수 있으며, 나아가 제거효율을 획기적으로 높일 수 있는 산성오염물질 제거용 비드 및 이의 제조방법에 관한 것이다.
특허등록 (기술이전에 따른 전용 실시권 등록)	10-2019645	염기성오염물질 제거용 비드 및 이의 제조방법	본 발명은 염기성오염물질 제거용 비드 및 이의 제조방법에 관한 것이다. 보다 상세하게는 염기성오염물질의 제거 성능이 우수하면서도 작업 시 발생할 수 있는 위험요소를 줄일 수 있고, 이차오염을 줄일 수 있는 코어-쉘 구조의 염기성 오염물질 제거용 비드 및 이의 제조방법에 관한 것이다.
특허등록 (기술이전에 따른 전용 실시권 등록)	10-2043186	무기산 제거용 비드 및 이의 제조방법	본 발명은 무기산 제거용 비드 및 이의 제조방법에 관한 것이다. 보다 상세하게는 무기산의 제거 성능이 우수하면서도 작업 시 발생할 수 있는 위험요소를 줄일 수 있고, 이차오염을 최소화할 수 있으며, 나아가 제거효율을 획기적으로 높일 수 있는 무기산 제거용 비드 및 이의 제조방법에 관한 것이다.
국제출원 : 2건	PCT/KR2019/013819 외 1 (지정국가: 미국, 유럽, 일본, 중국)	-	-

자료 : 한국화학연구원 화학소재정보은행 심층보고서 [유해화학물질 화학사고 대응방제제 기술개발 현황], 2021. 2

❑ 산성·염기성 유해화학물질 사고대응 과립 방제제 기술을 기업에 기술 이전하여 상용화를 진행하고 있으며, 화학 사고에 대한 대국민 안전에 기여할 수 있기를 기대한다.

2. 화학사고 대응 센서활용 ICT/모니터링 기술 주요동향

1) 화학물질 누출특성 고려한 폭발위험장소의 ICT설비 활용실태

(1) 조사 배경 및 목적

❑ 최근 다양한 센서의 개발을 통해 그 동안 측정이 쉽지 않았던 여러 분야의 공정 상황에 대해서 모니터링이 이루어지고 있다. 이를 위해 여러 가지 센서 등을 활용한 ICT(정보통신기술)설비의 보급을 통하여 얻어진 방대한 데이터를 분석할 수 있는 빅데이터 기술이 활용되고 있다. ICT설비는 다양한 정보의 형태로 현실 사회를 표현하며 모델링화에 의한 경험, 지식 및 노하우를 활용하여 많은 양의 정보를 조합하고 현실 사회에 새로운 부가가치를 창출할 수 있는 IoT(사물인터넷)를 통하여 급격한 발전이 이루어지고 있다.

❑ 또한 국내의 적지 않은 화학공장 등에서는 설비의 노후화가 진행되고 있으며 사업장에서는 조기 은퇴에 따른 안전에 경험이 많고 숙련된 노동자의 수가 감소하고 있다. 이는 사업장의 안전기술, 생산성 향상 및 기술 혁신 등의 발전을 저해하고 있으며 중대사고의 발생 위험성을 증가시키는 요인으로 작용하고 있다.

❑ 따라서 중대 화학사고를 예방하고 동시에 관련 산업을 발전시키기 위해서는 ICT설비의 보급을 통해 화학플랜트의 빅데이터를 수집·분석하여 활용하는 것이 필요하다. 이를 통해 공정설비의 고장, 인적오류, 시스템 이상의 방지대책을 추진해야 하며 이를 실현시키기 위한 화학공장 내의 ICT설비 도입의 수요가 높아지고 있다.

❑ 그러나 화학공장이나 위험물질을 취급하는 사업장에는 폭발위험장소가 존재하며 이러한 장소에서 ICT설비를 도입하여 사용하는 경우에는 ICT설비가 착화원으로 작용하여 화재폭발사고 위험성으로 이어질 수 있다. 더욱이 현재 사업장 내의 폭발위험장소에서 ICT설비를 활용하는 경우에는 산업안전보건법이나 고압가스안전관리법 등에 의해 제도적으로 관리되고 있으며 사용 상의 제한사항이 적지 않아 보급도 쉽지 않은 실정이다.

❑ 특히 폭발위험장소 범위 설정은 IEC 6079-10-1 (2015)의 규정에 따라 주로 이루어지고 있으며, 폭발위험장소 구분에 활용할 수 있는 상세한 기준이 충분하지 않고 관련 위험성 평가법이 매우 부족하여 사업장에서 활용할 수 있는 평가방법도 충분치 않은 것이 현실이다.

❑ 이러한 상황에서 ICT설비와 같은 최신 전자기기의 사용을 고려한 폭발위험장소 구분에 대한 지침 등도 없기 때문에 보다 정확한 폭발위험장소 구분에 대한 판단이 쉽지 않다. 따라서 산업안전보건법 및 관련 규정에서 요구하는 안전 수준을 확보하면서 ICT설비의 안전한 사용방법을 강구할 필요가 있다. 이를 위해 먼저 국내외 사업장에 있어서 비방폭기기의 ICT설비의 사용 상황 및 실태를 조사하였다.

(2) 국내외 실태 조사

가. 국내

❑ 국내의 정보통신기술(ICT)은 외국에 비하여 많은 발전을 이룩하였으며 선도적인 5G 기술 도입을 통하여 정보통신 인프라 구축과 이에 기반한 4차 산업혁명을 주도하고 있다. 그러나 2020년도 기준에서 보면 국내 기업들에 의한 ICT 인프라의 활용도는 높다고 할 수 없으며 외국과 비교하면 OECD의 평균 이하로 알려지고 있다. 또한 실제 적용 현황을 살펴보면 정보통신기술을 활용하기 위한 기업의 구축 사례도 많지 않다.

❑ 국내 ICT의 도입 및 활용 사례를 다음 도표에 나타냈다. 그동안 국내에 적용된 ICT설비 사례를 보면, 사업장 내의 LTE 전용망을 구축하고 IoT기술을 접목시켜 사업장의 공정 상황을 사내 서버에 실시간으로 기록, 관리하는 스마트팩토리의 예를 들 수 있다. 스마트팩토리를 적용한 사업장의 사내 LTE 전용망은 사전에 인증을 받은 작업자 만이 접속할 수 있기 때문에 통신망의 보안을 확보할 수 있으며 안정적인 업무 자료의 송수신에 따른 업무 효율성이 증가하였다. 그동안 이루어져 왔던 오프라인에 의한 문서작업 내용을 온라인 서버에 등록하여 활용함으로써 정보 보안의 확보와 신속한 업무처리에 의한 사업장 내의 안전관리 향상으로 이어지는 효과를 얻을 수 있었다.

[도표 Ⅲ-39] 국내 ICT의 도입 및 활용 사례

구분	활용 예시
노동자 안전	스마트장비 및 보호구, 공정 모니터링, 액션캠 LTE 장착한 안전모 등
품질 확보	스마트팩토리, 배관안전 시스템, 외관파열감지, 장비의 운용과 시설 장애의 자료 수집·분석, 이미지 기반 파손 및 위험후보 도출 기술 등
유해위험 작업 환경 안전	스마트안경(플랜트 안전관리), 모바일폰(밀폐 공간 알림서비스), 위험현장 유해위험정보 수집(가스확산범위 실측 및 대기환경 감시) 등

자료 : 안전보건공단 연구보고서 [화학물질의 누출특성을 고려한 위험장소 설정기준 개선방안 연구], 2021. 11

❑ 또한 기존 사업장 내에서는 작업 과정을 CCTV를 통하여 실시간 모니터링하고 있었는데, 이는 한정된 부분의 작업 과정만을 확인할 수 있다는 문제점이 있었다. 이러한 문제점을 해결하기 위하여 산업용 휴대용 카메라를 작업장에 도입하고 IoT기기를 활용하여 작업자 주변의 현장 모습을 실시간으로 안전관리부서에 전송하여 현장에서의 작업이상 유무, 사고 등의 발생에 신속한 대응이 가능하도록 하였다. 그 밖에도 화학공장에서는 방폭 스마트폰의 도입을 통하여 배터리 폭발에 의한 점화원을 차단하여 사고 발생 가능성을 방지한 사례도 있다.

❑ 산업안전보건법에서는 화학공장에서 가스 등과 같은 위험물이 존재하는 작업장이나 공정 내에서는 비방폭 전기기기의 사용을 금지하고 있다. 개인 스마트폰은 주로 리튬 배터리를 사용하고 있는데 외부 충격 등에 의해 리튬은 착화하여 화재폭발 위험성이 있기 때문에 폭발위험장소에서는 사용할 수 없다. 이러한 이유로 인하여 국내 화학공장에서는 폭발위험장소에서 대부분 방폭

무전기를 사용하고 있으며 이에 따른 정보 데이터의 송수신에 한계가 있으며 업무 효율성도 떨어지는 원인이 되었다. 국내 사업장 중에서는 방폭 스마트폰과 PDA 등과 같은 모바일 전자기기를 도입하여 공정 데이터를 수집하고 이를 활용하여 작업자들의 안전을 높일 수가 있었으며 ICT기술을 활용한 공정자료 수집을 통하여 업무 효율성이 향상되었다는 사례도 있다.

❑ 이상과 같이 국내 ICT설비 사례를 통하여 공정의 업무 효율성을 높이고 안전 확보에 도움이 되는 것을 확인할 수 있었다. 그러나 현재 국내 관련 제도 및 규정에서는 가스 등의 화재폭발 위험물질을 감지할 수 있는 IoT센서를 활용한 ICT설비는 매우 제한적이며 폭발위험장소에서의 적용 기준이나 규정이 없는 상황이다.

❑ 비방폭기기 ICT설비를 폭발위험장소에서 사용하기 위해서는 해당 폭발위험장소에서 발생하는 위험물질의 최소착화에너지(MIE)의 자료를 활용할 필요가 있다. 가스 등의 위험물질의 최소착화에너지(MIE)가 비방폭기기 ICT설비에서 발생할 수 있는 스파크 에너지보다 큰 경우에는 해당 폭발위험장소에서 비방폭기기 ICT설비의 사용이 가능하다.

나. 미국

❑ 미국에서는 직업안전위생법(Occupational Safety and Health act : OSHA)의 제 5 조에 따라 각 사업자는 노동자가 사망 또는 심각한 신체적 손상을 일으킬 수 있다고 인정되는 위험에 노출되지 않도록 하고 안전한 장소를 제공할 의무를 가진다. 미국 산업안전보건청(Occupational Safety and Health Administration : OSHA)이 인정한 UL 등의 미국국가인증시험기관(Nationally Recognized Testing Laboratories : NRTL)에서는 가스 감지기 등의 사용 가능 여부에 대해 최종 결정 권한은 없으며, 그러한 권한은 미국 각 주의 관할 당국(소방서장, 주정부 담당자 등)이 가지고 있다.

❑ 미국 전기공사코드(National Electric Code : NEC)의 제 500조에 따르면 폭발위험장소에 관한 사항이 규정되어 있다. 규정에 의해 분류된 지역 (Division 1, Division2, Zone 0, Zone 1, Zone 2)에서 비방폭기기의 가스 감지기 등을 사용하는 것이 금지되어 있다. 그러나 미국 직업안전위생법(OSHA Act)에 근거하여 사업자의 책임 하에 비위험장소 이외의 Zone 2에서 비방폭기기의 ICT설비가 사용되고 있다.

❑ 반면에 미국 전기공사코드(NEC)에 따라 폭발위험장소에서의 사용에 대한 인증을 취득하지 않은 모바일 전기기기는 위험장소에서의 사용을 금지하고 있다. 그러나 화기사용 허가(Hot Work Permit)라는 제도가 있는데, 해당 공정 구역에 위험이 없는 경우에는 작업 시점 및 구역에서 일시적으로 비방폭용의 전기기기를 사용할 수 있다. 그러나 “화기사용 허가”는 미국 전기공사코드(NEC)에 의한 것이 아니므로 그 활용 방법이나 요구사항은 지역에 따라 크게 다르다.

❑ 참고로 화기사용 허가(Hot Work Permit)는 대부분의 국가에서 제도적으로 활용되고 있으며 해당 구역을 감시하고 위험이 존재하지 않는 것이 확인된 경우에는 비방폭기기의 설비를 사용할 수

있도록 규정하고 있다. 해당 사업장의 안전관리 담당자가 화기사용 허가를 발행하고 있는데, 현장의 작업개시 전에 취득해야 하며 대부분 화기사용 허가의 유효 기간은 8시간으로 되어 있다.

다. 캐나다

❑ 캐나다에서 캐나다 노동법(CLC : 122.1)의 제 II 부에서 사업자는 취업중인 근로자의 안전과 보건을 확보해야 한다고 규정하고 있다. 다음 도표에 제시한 캐나다 전기코드(Canadian Electric Code : CEC)의 C22.118-068 항의 “가연성 가스 감지”에서는 “Zone 2의 사용 허용조건”에 적합한 경우에는 Zone 2에서 비방폭전기기기를 사용할 수 있음을 규정하고 있다.

[도표 Ⅲ-40] 캐나다 전기코드(CEC)의 Zone 2 사용허가 조건

구분	Zone 2에서의 비방폭기기 사용허가 조건
A	해당 사용 목적에 적합한 특정 기기를 사용할 수 없음
B	일반적인 사용에 있어서 해당 전기기기가 폭발가스분위기에 착화 가능한 아크, 스파크 또는 고온표면이 발생하지 않음
C	해당 장소가 다음의 가연성가스 감지 시스템에 의해 지속적인 모니터링이 이루어지고 있음

자료 : 안전보건공단 연구보고서 [화학물질의 누출특성을 고려한 위험장소 설정기준 개선방안 연구], 2021. 11

❑ 캐나다 전기코드(CEC)에서 규정하는 Zone 2의 비방폭기긱 사용 조건은 방폭구역에서 사용 가능한 비방폭기기가 없거나 비방폭기기를 사용하더라도 설비 자체에서 어떠한 착화원도 발생하지 않는 경우에서만 사용 가능하다고 규정하고 있다. 반면에 착화원 발생 가능성이 있는 비방폭기기를 Zone 2에서 사용할 수 있는 경우는 앞의 도표에서와 같이 방폭구역에서 가연성가스 감지 시스템에 의해 지속적인 모니터링이 이루어지고 있는 경우에 사용허가 하고 있다. Zone 2에서 비방폭 전기기기가 사용 가능한 경우는 다음에 제시한 안전설비 및 사용조건에 적합해야만 한다.

[도표 Ⅲ-41] CEC 규정의 Zone 2에서 사용 가능한 비방폭기기

구분	Zone 2에서의 비방폭기기 사용가능 조건
1	가스농도가 폭발하한농도(LEL ; Lower Explosion Limit)의 20 %에 도달할 때에 경보음을 발생한다.
2	환기설비 또는 가스농도가 LEL에 도달하는 것을 방지하기 위해 설계된 안전 설비가 제공되는 경우에는 가스농도가 LEL의 20 %에 도달했을 때에 환기설비 또는 안전 설비가 가동한다.
3	환기설비 또는 구분 2에 규정된 안전 설비가 있는 경우에는, 가스농도가 LEL의 40 %에 도달하면 보호대상의 전기기기를 자동으로 차단한다.
4	환기설비 또는 구분 2에 규정된 안전 설비가 없는 경우에는, 가스농도가 LEL의 20 %에 도달하면 보호대상의 전기기기를 자동으로 차단한다.
5	가스감지기가 고장난 경우에는 즉시 보호 대상 전기기기를 자동으로 차단한다.

❑ 또한 모바일 정보통신기기는 캐나다 규격심의회(Standards Council of Canada : SCC)의 공인시험기관에서 폭발위험장소에서의 사용에 대한 인증을 취득하지 않으면 위험장소에서 사용할 수가 없다. 일반적으로 모바일 정보통신기기는 사용 해당 폭발장소 구역을 조사하여 가연성 분위기가 존재하지 않는 것으로 측정, 확인된 경우에만 사용할 수 있다.

라. 영국

❑ EU지령(1999/92/EC)의 제 3조에는 폭발성 분위기의 형성을 방지 또는 작업 특성상 이것이 가능하지 않은 경우에는 폭발성분위기의 점화 방지대책을 실시해야 한다. 또한 사업자는 다음의 기본 규정에 따라 우선순위 작업의 특성에 적합한 기술적 대책 또는 구조적인 대책을 강구하도록 되어 있다. 이를 위해 노동자의 안전을 보장하기 위한 폭발피해 저감대책을 강구해야 하며, 이러한 대책은 필요에 따라 화재폭발전파 자체에 대한 안전대책을 고려하거나 폭발 확산에 대한 저감대책을 통하여 화재폭발 피해가 확대되지 않도록 해야 한다.

❑ 또한 이러한 대책은 정기적으로 검토하고 중대한 변경이 있을 때에는 즉시 재검토를 시행해야 한다. 또한 영국에서의 사업자는 EU지령(1999/92/ EC)의 제 3조에 따라 국소 지역의 가스농도를 검출하여 폭발분위기의 점화를 방지하기 위한 비방폭형의 가스검지기의 사용을 권장하도록 되어 있다.

❑ 그러나 이러한 방법이 허용되는 구역은 특히 규정되어 있지는 않지만, Zone 1에서는 일상 작업 조건에서 폭발성분위기의 누출이 발생할 수 있으므로 전기기기를 정상적으로 차단해야 하고 비방폭형의 가스검지기의 사용이 적용되는 경우는 거의 없으며 Zone 2에서만 사용되고 있다.

❑ EU지침(Directive 1999/92/EC)은 영국의 위험물질 및 폭발성분위기 규칙 2002(The Dangerous Substances and Explosive Atmospheres Regulations ; DSEAR, 2002)에 근거하여 시행되고 있지만, 여기에는 가스 감지기에 대한 요구사항은 규정되어 있지 않다. 영국 보건안전법(Health and Safety at Work Act ; 1974)의 제 2조에는 안전과 보건을 유지하는 책임은 사업자에게 있다고 규정하고는 있으며 영국 안전보건청(HSE : Health and safety executive)은 사업자에 대한 안전관련 지침을 제정하고는 있지만 본 지침의 내용에는 법적 구속력이 없다.

마. 독일

❑ 독일에서는 ATEX 지침의 적용범위에 규정되어 있지 않는 비방폭형 전기기기에 대해서는 독일연방물리기술원(Physikalisch-Technische Bundesanstalt ; PTB)은 사업자의 책임 하에서 사용되는 전기기기 중에서 사업자의 책임 하에서는 비위험장소 및 Zone 2에서 사용 가능하다고 규정하고 있다.

❑ 이는 EU지령(1999/92/EC)에 따르는 영국의 경우와 유사한 점이라 할 수 있다. 또한 PTB는 ATEX 지침에 따라 EU형식의 시험증명서 및 품질보증 통지의 발행을 통한 방폭기기 인증을 할 수 있는 권한이 부여되고 EU의 각국 정부가 EU위원회에 통보한 기관으로서, 모바일 정보통신기기를 폭발위험장소에서 사용하는 경우에는 방폭기기로의 형식 검정을 요구하고 있다. 그러므로 이러한 전기기기는 폭발위험장소에서 사용되는 고정식 전기기기와 마찬가지로 동일하게 취급되고 있다.

바. 일본

❑ 일본 노동안전위생종합연구소(Japanese National Institute of Occupational Safety and Health ; JNIOSH)의 기술 지침으로 제정된 "공장 전기 설비 방폭지침-국제정합기술지침"은 "제1편 JNIOSH-TR-46-1 : 2015"에서부터 "제9편 JNIOSH-TR-46-9 : 2015"까지 구성되어 있다. 또한 본 지침은 방폭구조 규격 제5조의 "국제표준 등"으로 규정되어 있는 IEC규격에 따라 제조된 방폭전기기기는 방폭구조규격에 적합한 것과 동등 이상의 방폭성능을 가지고 있음을 확인하기 위한 기준이 되고 있으며 본 공장전기설비 방폭지침은 JNIOSH 홈페이지(https://www.jniosh.johas.go.jp/index.html)의 공개 자료에서 열람이 가능하다.

❑ 일본 노동안전위생법 규칙 제280조(폭발위험장소에서 사용되고 있는 전기기계기구)에는 증기 또는 가스에 의한 폭발위험에 따라 적합한 방폭성능을 가진 방폭전기기계기구를 사용하도록 규정하고 있다.

❑ 반면에 다음과 같이 정격전압 등의 기준 값보다 작은 해당 전기기계기구의 경우에는 동법 제280조가 적용되지 않는다. 전기기구 기준 값 이하에서는 인화성 가스 또는 인화성 증기, 그리고 가연성 분진이 폭발분위기를 형성할 수 있는 위험이 있는 농도에 도달한 장소에서 사용하여도 점화원으로 작용하지 않는다.

❑ 그러나 전기기계기구를 다른 전기기계기구에 연결하여 해당 전기기계기구 회로의 정격전압 등이 도표의 각 구분 기준값을 초과할 우려가 있는 경우에는 사용할 수 없다. 비방폭기기 ICT설비의 위험장소 사용에 대해서는 미국, 영국 등과 같이 위험성평가를 통한 보다 현실적인 폭발위험장소 구분을 위해 관련 기관(일본 후생노동성 및 경제산업성)에서 새로운 기준을 협의하고 있으며 이를 통한 비방폭 전기기기의 안전한 사용의 확대를 검토하고 있는 실정이다.

[도표 Ⅲ-42] 폭발위험장소에서 사용 가능한 전기기구의 기준값

구분	기준값
정격 전압	1.5 V
정격 전류	0.1 A
정격 전력	25 mW

자료 : 안전보건공단 연구보고서 [화학물질의 누출특성을 고려한 위험장소 설정기준 개선방안 연구], 2021. 11

(3) 위험성평가를 통한 위험장소 구분 방안

가. 폭발과압에 의한 기준

❑ 인화성 가스 등의 누출원이 존재하면 그 주변은 원칙적으로 위험장소로 구분된다. 그러나 위험장소에 대한 위험성평가를 통하여 "무시할 수 있는 범위의 구역"으로 판정할 수 있는 경우에는 비방폭구역으로 설정이 가능하다. 무시할 수 있는 범위의 구역에서는 폭발이 발생하더라도 사고로 인한 피해 영향이 매우 작기 때문이다. 다만, "무시할 수 있는 범위의 구역"의 정량적인

피해크기에 대해서는 보다 상세한 검토가 필요하다. 폭발 과압에 의한 피해 크기는 다음과 같으며, 인화성 가스 등이 누출로 인해 폭발이 발생하여 인체가 과압에 노출되어 나타나는 피해 영향을 보여주고 있다.

[도표 Ⅲ-43] 폭발 과압에 의한 피해의 크기

폭풍압(과압) kPa	피해 크기
0.2	작은 유리창이 파손
0.7	큰 유리창이 파손
1	유리가 파괴되는 일반적인 압력
2	집의 지붕 일부가 파손. 10% 유리창의 파손
2.1	2.1 kPa(안전한계) 이하에서는 95% 확률로 피해가 없음
3	가벼운 구조물의 손상 (약 2.8 kPa)
3.5-7	크거나 작은 유리창의 파괴 또는 일부 창틀의 파손
5	주택 일부가 다소 파손
7	일부 주택의 파손으로 거주가 불가능
9	철 구조물이 다소 변형되거나 손상
15	주택의 벽과 지붕이 일부 파손
15-20	비 강화 콘크리트와 블록 벽 등이 파손
16	구조물이 심하게 손상하기 시작
18	주택의 블록이 50%정도 파손
20	건축물에서 철구조물이 손상되고 건물기초에서 이탈
20-28	지지대의 설치가 없는 강철 재질 건물 또는 오일 저장탱크의 파손
30	공장 건축물의 파손
35	나무 기둥의 전도
35-50	주택의 완전한 파손
50	적재 화물 차량의 전복
50-55	강화벽이 이외의 20~30 cm두께의 블록이 파손
60	대형 화물차의 전파
70	대부분의 건축물이 붕괴

자료 : 안전보건공단 연구보고서 [화학물질의 누출특성을 고려한 위험장소 설정기준 개선방안 연구], 2021. 11

❑ 폭발 발생으로 인한 안전한 과압 기준은 2.1 kPa 이하로 알려지고 있으며, 이 때 발생한 폭풍압으로 인한 피해는 약 5%로 나타나는 것으로 보고되고 있다(Clancey V.J., 1972). 따라서 위험장소 구분에 있어서 "무시할 수 있는 범위의 구역"의 판정 기준을 폭발로 인한 과압이 2.1 kPa 이하로 정하면 타당할 것으로 판단된다. 그러나 "무시할 수 있는 범위의 구역"으로 판정되더라도 누출원이 있는 경우에는 주변의 위험을 완전히 무시할 수는 없다. 그러므로 누출원이 매우 가까운 구역에서는 비방폭 전기기기를 사용하지 않는 것이 필요하다. IEC 6079-10-1(2015) 기준에서는 "무시할 수 있는 범위의 구역"을 "Negligible Extend (NE)"로 나타내며 가스 등의 평균농도는 LEL의 50 vol%이며, 0.1㎥ 미만이거나 밀폐 공간의 1.0 % 미만의 가연성분위기로 규정하고

있다. 또한 “Negligible Extend (NE)”로 판정을 받은 구역은 “Non-hazardous (Zone 2 NE)”로 표기하고 있다.

❑ 다음 그림은 플랜지 배관의 누출에 대해 가상체적을 적용하여 평가한 결과의 예로서 Zone 2가 넓게 설정되어 있으며, 상세 위험성평가를 실시한 후에 2차 누출원 주위의 비위험장소를 나타내었다. 2차 누출원이 단독 누출원이라면 일반적으로 위험장소 구분은 Zone 2가 된다. 그림에서 배관의 플랜지 부분의 빨간색 점선 영역을 보면, 상세 위험성평가를 하기 전에는 넓은 Zone 2로 설정되어 있다. 누출원에 대해 IEC규정에 따라 평가하여 가스 등의 방출특성 및 환기조건을 만족하지 않으면 위험구역으로 분류되지만 만족하는 경우에는 비 위험장소로 구분된다. 비 위험장소로 평가되지 않는 경우에는 Zone 2가 되며, Zone 2에 대해 상세 위험성평가를 통하여 Zone 2의 범위를 평가할 수 있다. Zone 2의 범위 설정과 비 위험장소 구역의 판정을 동시에 실시할 수 있다.

[그림 Ⅲ-23] 위험성평가를 통한 위험장소 구분의 판정

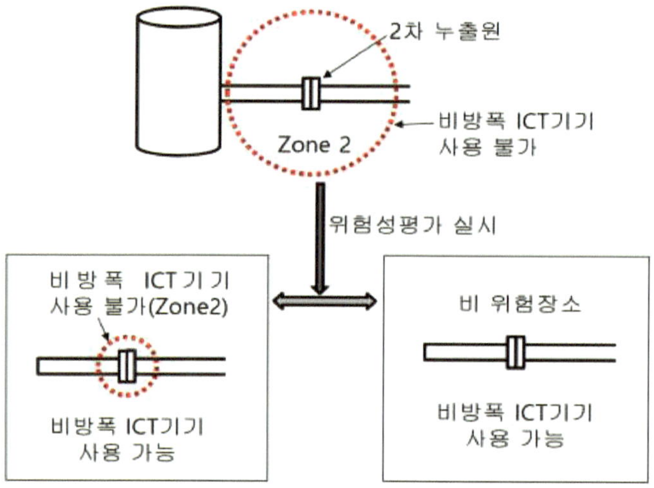

자료 : 안전보건공단 연구보고서 [화학물질의 누출특성을 고려한 위험장소 설정기준 개선방안 연구], 2021. 11

나. 복사열에 의한 기준

❑ 가스 등의 누출원이 착화에 의해 화재폭발이 발생하면 폭발과압 이외에도 화염에서 방출되는 복사열에 의한 피해도 예상된다. 복사열이 인체에 미치는 영향에 대해서 그동안 많은 실험적 및 이론적 연구가 이루어져 왔으며, 화염에서 방출되는 복사열의 크기에 따른 인체와 물체에 미치는 영향에 대한 여러 가지 조사 결과가 보고되고 있다(Stoll, A.M., 1969 ; ISO 17492, 2003).

❑ 화재폭발 시에 발생하는 복사열에 따른 피해 영향은 단위시간 당의 열량과 폭로 시간에 의해 평가된다. 인화성 액체의 액면 상부에서 인화성 증기의 착화에 의해 화재확산과 함께 화염이 지속하며 발생하는 Pool fire(액면화재)의 경우에는 화염이 인체에 미치는 영향 허용한계로서 2.3 kW/m^2가 주로 사용되고 있다. 화염의 복사열 크기(Radiant intensity)에 따라 인체에 미치는 피해 영향을 다음 도표에 제시하였다. 2.3 kW/m^2의 복사열 크기는 1분 이내에 피부 통증을 느끼는 정도로서 액면화재에서의 복사열에 따른 위험 기준값으로 정하고 있다.

[도표 Ⅲ-44] 복사열의 크기에 따른 피해 영향

복사열 크기		복사열의 영향 상세
(kW/m^2)	($kcal/m^2 \cdot h$)	
0.9	800	여름철의 태양빛에 의한 복사열
1.3	1,080	인체에 안전한 장시간의 폭로 크기
2.3	2,000	액면화재의 기준값으로 60초 미만에서 통증을 느낌
4.0	3,400	피부에 수포가 발생할 수 있으며 20초 이내에 통증을 느낌
4.6	4,000	장시간의 폭로에 의해 목판이 발화할 수 있음
8.1	7,000	10~20초 동안에 화상이 발생
9.5	8,200	고통의 한계는 8초이며, 20초 안에 2도 화상을 입음
11.6	10,000	파이어볼의 기준값(경계치)
12.5	10,800	나무 조각의 발화 또는 플라스틱 튜브의 용융
25.0	21,500	목재가 장시간 폭로에 의해 자연발화 가능 최소에너지
37.5	32,300	공정설비, 기계의 손상이 일어날 수 있는 크기

자료 : 안전보건공단 연구보고서 [화학물질의 누출특성을 고려한 위험장소 설정기준 개선방안 연구], 2021. 11

❑ 반면에 증기운폭발(UVCE ; Unconfied Vapour Cloud Explosion)이나 비등액체 증기운폭발(BLEVE ; Boiling-Liquid Expanded Vapour Explosion)과 같이 저장탱크의 유증기 가스 등이 다량으로 누출되어 착화된 경우에는 파이어볼(Fireball)을 형성하는데 특히 화염에 의한 복사열의 영향으로 인적, 물적 피해가 발생할 수 있다. 파이어볼에 의한 복사열의 피해영향 기준 값은 11.6 kW/m^2(10,000 $kcal/m^2 \cdot h$)가 사용되고 있다. 복사열 크기는 단위 시간 동안에 인체에 폭로되는 열량과 폭로시간에 의해 결정되며 피해영향은 통증 또는 화상으로 나타난다.

❑ 또한 일반적으로 복사열 크기(Radiant intensity, E, W/m^2)는 폭로 시간(Exposure time, T)에 따라 변화하는데 관계식은 E = A·Tn으로 나타내며, 관계식에서의 A와 n은 각각 복사열의 측정조건에 의해 정해지는 계수이다.

다. 위험장소 구분을 위한 폭발특성 기준값

❑ 폭발위험장소에서 누출된 가스 등에 의한 화재폭발 시에 인체 피해영향 기준을 고려하여 위험장소 구분을 정량적으로 평가할 수 있다. 이를 위해 폭발 특성값을 활용하여 “무시할 수 있는 범위의 구역”으로 구분할 수 있는 판정 기준 값이 필요하다.

❑ 저장탱크의 크랙이나 배관 손상으로 가스 등이 누출되어 일어난 폭발에 따른 과압으로 평가하는 경우에는 다음 도표와 같이 2.1 kPa을 기준 값으로 할 수 있다.

[도표 Ⅲ-45] 폭발특성에 따른 위험장소 구분 기준

구분		위험장소 구분을 위한 기준값
폭발 과압		2.1 kPa
복사열	액면화재	2.3 kW/m^2
	파이어볼	11.6 kW/m^2

❑ 과압의 평가 결과 2.1 kPa보다 작은 경우에는 "무시할 수 있는 범위의 구역"으로서 누출원 발생 장소를 비 위험장소로 구분하여 나타낼 수 있다. 복사열의 경우에는 액면화재 또는 증기운 폭발에 따라 복사열의 안전 기준값이 달라진다. 액면화재에서는 2.3 kW/m^{2}의 기준값을 가지며 유증기 등의 누출원이 착화에 의해 유증기 화재폭발을 일으키는 피해영향 기준값은 11.6 kW/m^{2}가 사용되고 있다. 본 연구에서는 액면화재 기준값으로서 2.3 kW/m^{2}는 1분 이내에 통증을 느끼는 위험기반(Risk-based) 안전기준으로 사용할 수 있을 것으로 판단된다. 또한 파이어볼의 기준값은 11.6 kW/m^{2}을 경계로 하여 화재폭발 발생에 따른 현실적이며 수용 가능한(Reasonable risk) 피해영향 평가를 고려하여 위험장소를 구분하는 경우에 판정기준으로서 사용하였다.

2) 유해화학물질 원격 모니터링 주요기술

(1) 정의 및 분류

가. 정의

❑ 유해 가스 검지 소재는 기체 중에 포함된 특정 성분의 가스를 검지하여 그 농도에 따라 전기 전도도 변화를 측정할 수 있는 센서를 위험지역에 투입하고 이를 실시간 모니터링하는 기술이다.

- 각종 화학적 유해 가스의 누출을 효과적으로 검출하기 위해 전기 전도도 변화를 이용한 방법으로 유해 가스의 농도를 검출하는 소재를 통칭함
- 유해 가스의 농도를 검출하고 이를 활용하여 DB와 구축하고 EMS 또는 FEMS와 연결하여 고장진단 및 작업환경의 사고를 예방할 수 있는 모니터링 시스템을 개발함
- 유해 가스 검출용 반도체 및 금속산화물 세라믹 가스 센서의 경우, 다양한 유해 가스의 선별이 어려운 문제점을 내포하고 있음. 이를 해소할 수 있는 센서 array를 제작하여 유해 가스 검출 시 특정 유해 가스를 규정할 수 있는 DB 및 reference를 획득하기 위한 DB를 구축하여 유해 가스검출 특성의 신뢰성을 확보할 수 있는 기술임

나. 용도별 분류

❑ 유해화학물질 원격 모니터링은 그 목적에 따라 다양한 용도가 존재한다.

❑ **(수소 및 고압가스 설비)** 인화성 가스를 검지하여 폭발 및 화재 가능성을 검지한다.

- 방폭형 드론 및 센서 array를 적용하여 측정에 의한 발화 발생을 억제함
- 발화 농도 및 주변 온도를 점검할 수 있는 측정 시스템 및 DB 구축
- 가스 누출 부위 및 폭발 가능성이 높은 위치를 선별할 수 있는 DB 구축 및 예방 시스템 개발

❑ **(급성 독성 가스 검지)** H_2S, NH_3, CO, HF와 같은 급성 독성 가스를 검지한다.

- 작업환경에서 가스 누출을 모니터링할 수 있는 드론 및 센서 array를 적용함
- 가스 누출 부위 및 중화 작업을 진행할 수 있는 DB 구축 및 예방 시스템 개발
- 반도체 공장의 오염물질 누출 검출 및 중화 작업을 진행할 수 있는 DB 구축 및 예방 시스템 개발

❑ **(산화성 가스 검지)** 공장 운영 통합, 기능 간 통합, 관리 기능 중심의 개발로 운용된다.

(2) 기술개발 동향

가. 기술경쟁력 분석

❑ 2019년 과기부의 기술경쟁력 조사에 따르면, 유해 가스 검지용 소재 관련 항목은 총 3개로 평균은 80%로 선진국 대비 추격 기술로 평가되었다.

[도표 Ⅲ-46] 유해 가스 검지용 소재 관련 국내 기술 경쟁력 평가

(단위 : 년)

기술	한국의 기술 역량 및 평가	최고기술국(수준)
기능성 유기 소재	• 유기 소재에 대한 관심 증가로 급격한 성장세 보이며, 대부분의 소재를 국내 개발 및 생산하고 있으나 첨단소재 일부는 해외에 의존	미국 (2.0)
고성능 금속 소재	• 티타늄, 알루미늄 소재 및 다양한 고부가가치 금속 소재 분야에서 관련 산업 인프라가 취약하고 연구인력 및 지원 규모가 부족	미국 (3.5)
나노구조제어 세라믹•탄소 소재	• 정보투자를 기반으로 단기간에 2차원 소재 응용 기술 분야의 세계적 기술력을 확보 • 응용개발 연구 수준은 최고기술 보유국과의 기술격차가 가장 적음 (80% 수준)	미국 (3.0)

자료 : 과학기술정보통신부(2019), 중소벤처기업부, TIPA 중소기업 전략기술로드맵 2022-2024 [재난/안전 편]

나. 생태계 기술 동향

A) 해외 플레이어 동향

❑ 해외 선진사로는 City Technology, Figaro Engineering, Ams, Membrapore, Alphasense, Bosch 등이 있다.

❑ **(City technology)** 촉매형 가연성 가스 검지 센서를 출시하였으며, 기존의 필터 기술을 향상시킬 수 있는 제품을 판매 중이다.

❑ **(Figaro Engineering)** 초소형 전기화학 가스 센서를 출시하였다. 인지 컴퓨팅 기술을 활용, AI 비서를 통해 학생들에게 말하기 시험을 제공하고 후속 질문을 통해 효과적인 맞춤형 평가를 진행할 수 있다.

❑ **(Arms)** MEMS 기반의 가스 센서를 출시하였다.

❑ **(Membrapore)** 사이렌 및 인화수소와 같은 반도체 공정에서 사용되는 인화/독성 가스에 대해 선택적 감도가 향상된 제품을 출시하였다.

❑ **(Alphasense)** 대학과의 공동연구 개발로 저전력, 저비용의 화산가스 탐지 장치의 개발을 완성하였다.

B) 국내 플레이어 동향

❑ 다수의 연구기관에서 반도체 및 나노구조체를 활용한 다양한 센서 후보를 발굴하고 있으나, 감도 향상 수준에 머무르고 있다.

- 울산과학기술원, 충남대학교, 고려대학교, 한양대학교, 가천대학교, 한국화학연구원, 한국과학기술원에서 다양한 나노 소재를 활용한 가스 센서의 연구 개발이 진행하고 있음
- 나노 세라믹 가스 센서 소재를 개발 적용하기 위한 연구 개발이 이루어지고 있으며, 울산과학기술원의 경우 전기화학식 센서 시스템을 개발하였음

❑ **(센코)** 국내 유일의 가스 센서 제작업체로는 센코가 유일하다.

- 현대 제철과 디지털 트윈 시스템을 활용한 시스템이나 센서에서 신호를 동기화시키기 위한 연구 개발을 진행하고 있으며, 이를 IOT 플랫폼과 빅데이터 플랫폼, 머신러닝에 동기화시키는 연구개발을 진행하고 있음

❑ **(한국건설기술연구원)** VOC 검출을 위한 가스 센서 제작을 시도하였다.

- 국내 R&D 그룹들에서는 그래핀, 탄소나노튜브, 탄소나노튜브 및 금속산화물 복합체를 활용한 단일 가스 센서 제작에 관한 방대한 연구 결과를 보유 중이나, 이를 센서 array로 제작하여 다양한 환경에서 선택적 가스 감도를 높이는 연구 개발을 진행하지 못하고 있음

❑ **(세종 공업)** 울산 친환경 전자 융합 실증화 단지 내에 수소가 안전 모니터링 시스템을 구축하였다. MEMS 공정 기술을 활용한 수소 가스 센서 제작 기술은 독보적인 기술력을 확보하였으나, 현재 양산 단계로 진입하고자 노력 중이다.

- 수소 자동차 및 수소 관련 검출용 가스 센서에 관한 방대한 DB를 축적 중이고, 이에 따른 reference를 확보하고 있음

C) 기관 기술개발 동향

❑ **(엔씨티)** 유해화학물질 산업 현장 사고 예측, 예방을 위한 스마트 센서 및 모니터링 시스템 개발 (2021-05-31 ~ 2023-05-30)

- 센서 제어기 시스템 기술개발
- 신호처리 알고리즘 및 상태진단 알고리즘 통합
- 유해화학물질 관련 산업 현장의 사고 예측, 예방을 위한 스마트 누액 감지 센서, 모니터링 및 분석 시스템 개발

❑ **(플로우테크)** 나노카본-금속 복합소재를 적용한 장기 신뢰성을 갖는 유해화학물질 감지 센서 기술 (2020-07-16 ~ 2022-07-15)

- 금속 와이어를 사용, 나노카본 잉크로 코팅하여 전극의 내식성 증대시켜 고농도의 산·염기에서 내화학성을 가진 나노카본 소재 기반 나노카본/금속 소재 센서 최적화 진행
- 나노카본 잉크 코팅 후 센서 동작 가능한 알람 모듈 메커니즘 개발

- 수 마이크로에서 수 나노 크기의 Gap을 통과하는 전단응력으로 분산성을 향상시키는 호모지나이저와 고압분산기를 활용한 분산성 향상 공정 개발 및 최적화

❑ **(인하대학교)** 2차원 나노물질/그래핀 계면 제어를 통한 유해대기오염물질 환경 센서 개발 (2019-03-01 ~ 2022-02-28)

- 유해대기오염물질 모니터링용 센서 최적화
- 2차원 나노물질/그래핀 계면 제어를 통한 센서 물질 개발 기반으로 연구가 많이 진행되어 있지 않은 유해대기오염물질 감지 센서 설계, 제작, 특성 평가
- 선택성이 우수한 다양한 2차원 나노물질과 전기 전도도가 우수한 그래핀과의 이종접합 구조 기반 유해대기오염물질 검출 환경 센서 개발

❑ **(지프코리아)** 그래핀 복합체를 이용한 유해화학물질 누출 센서 및 모니터링 시스템 (2018-06-01 ~ 2020-05-31)

- 그래핀 복합체를 이용한 유해화학물질 센서 모듈 개발
- 그래핀 복합체를 이용한 유해화학물질 모니터링 소프트웨어 개발
- 그래핀 복합체를 이용한 유해화학물질 모니터링 시스템 구축 현장 테스트

(3) 특허 동향

가. 연도별 출원동향

❑ 유해화학물질 원격 모니터링 체계 기술의 지난 20년(2000년~2019년)간 출원동향을 살펴보면 2000년대에는 특허출원 증감 추이의 큰 변화가 없었으나 2010년대 들어서 증가하는 추세를 보인다.

- 국가별로 살펴보면 한국이 가장 활발한 출원 활동을 보이는 것으로 나타났으며, 일본, 미국 및 유럽도 유사한 추세의 출원 활동이 진행되고 있는 것으로 나타남

[도표 Ⅲ-47] 연도별 출원동향

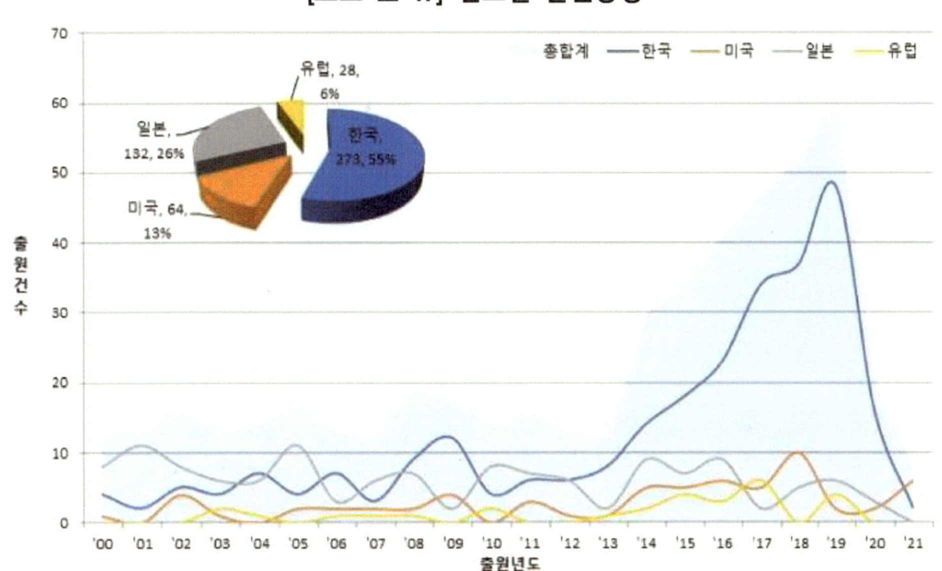

❑ 국가별 출원 비중을 살펴보면 한국이 전체의 55%의 출원 비중을 차지하고 있어, 최대 출원국으로 유해화학물질 원격 모니터링 체계 분야를 리드하고 있는 것으로 나타났으며, 일본은 27%, 미국은 13%, 유럽은 6% 순으로 나타났다.

나. 국가별 내·외국인 출원현황

❑ 한국의 내외국인 출원현황을 살펴보면, 유해화학물질 원격 모니터링 체계 기술을 주도하고 있는 것으로 나타났으며, 2000년대 초반부터 최근까지 외국인의 출원 활동이 활발하지 않은 것으로 조사되어, 해당 기술 분야에서 내수 시장 장악도가 높은 것으로 나타났다.

❑ 미국의 경우, 분석 초기에는 외국인의 출원 활동이 활발하지 않은 것으로 조사되었으나, 최근에는 외국인에 의한 출원 활동 비중이 높아진 것으로 나타나, 외국 출원인에 의한 해외 기술 의존도가 높은 것으로 분석된다.

❑ 일본의 내외국인 출원현황은, 2000년대 초반부터 최근까지 내국인의 출원 비중이 높은 것으로 나타나, 자국민의 기술개발 활동이 활발하게 진행되고 있는 것으로 분석된다.

❑ 유럽의 경우, 유해화학물질 원격 모니터링 체계 기술과 관련하여 출원 활동이 저조하게 진행된 것으로 나타나 증감의 경향을 판단하기 어려우나, 2000년대에는 외국인의 출원비중이 낮게 나타났으나, 2010년대 이후에는 내국인의 출원비중이 낮아지는 경향을 보이고 있어, 해당 기술 분야에서 유럽 시장에 대한 관심도가 높은 것으로 나타난다.

[도표 Ⅲ-48] 국가별 출원현황

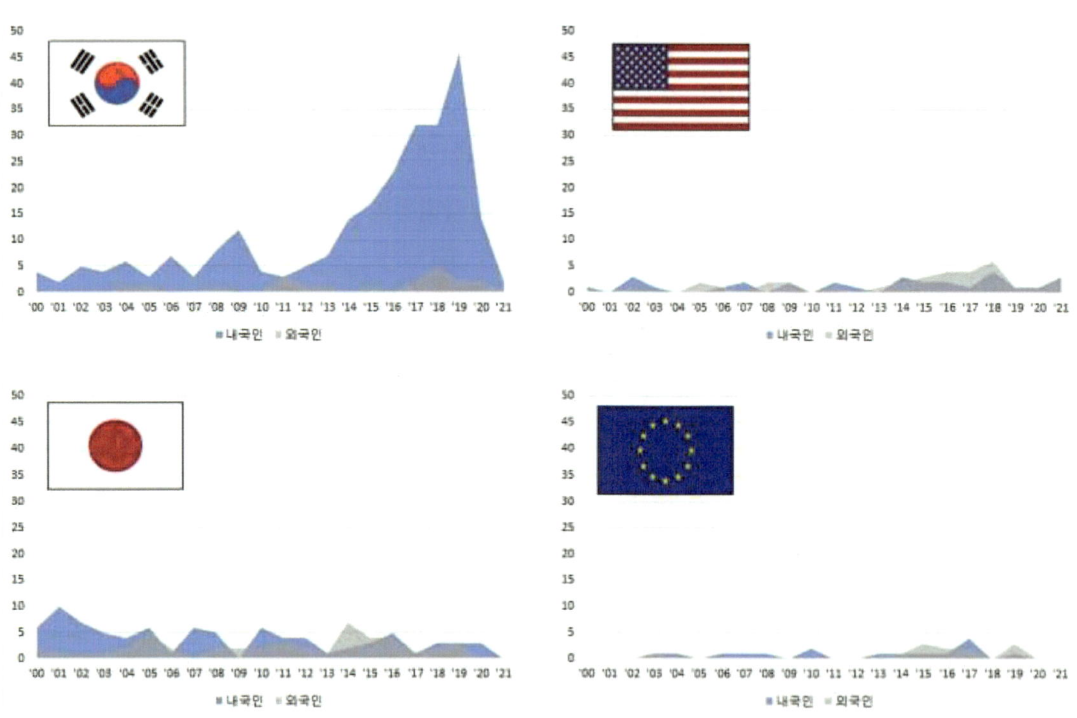

자료 : 과학기술정보통신부(2019), 중소벤처기업부, TIPA 중소기업 전략기술로드맵 2022-2024 [재난/안전 편]

다. 주요 출원인 분석

❑ 유해화학물질 원격 모니터링 체계 기술의 전체 주요 출원인(Top 5)을 살펴보면, 주로 한국과 일본 국적의 출원인이 다수 포함된 것으로 나타났으며, 제1 출원인으로는 일본의 PANASONIC IP MANAGEMENT인 것으로 나타났다.

- PANASONIC IP MANAGEMENT는 2014년 일본의 PANASONIC에서 지적재산권 기능을 분리하기 위해 별도로 설립된 회사임

❑ 유해화학물질 원격 모니터링 체계 기술 관련 국내 주요 출원인으로 히타치엘지 데이터스토리지 코리아 및 엘지전자가 도출되었으며, 한국 다음으로 미국, 유럽 순으로 출원을 진행한 것으로 나타났다.

[도표 Ⅲ-49] 주요 출원인 동향

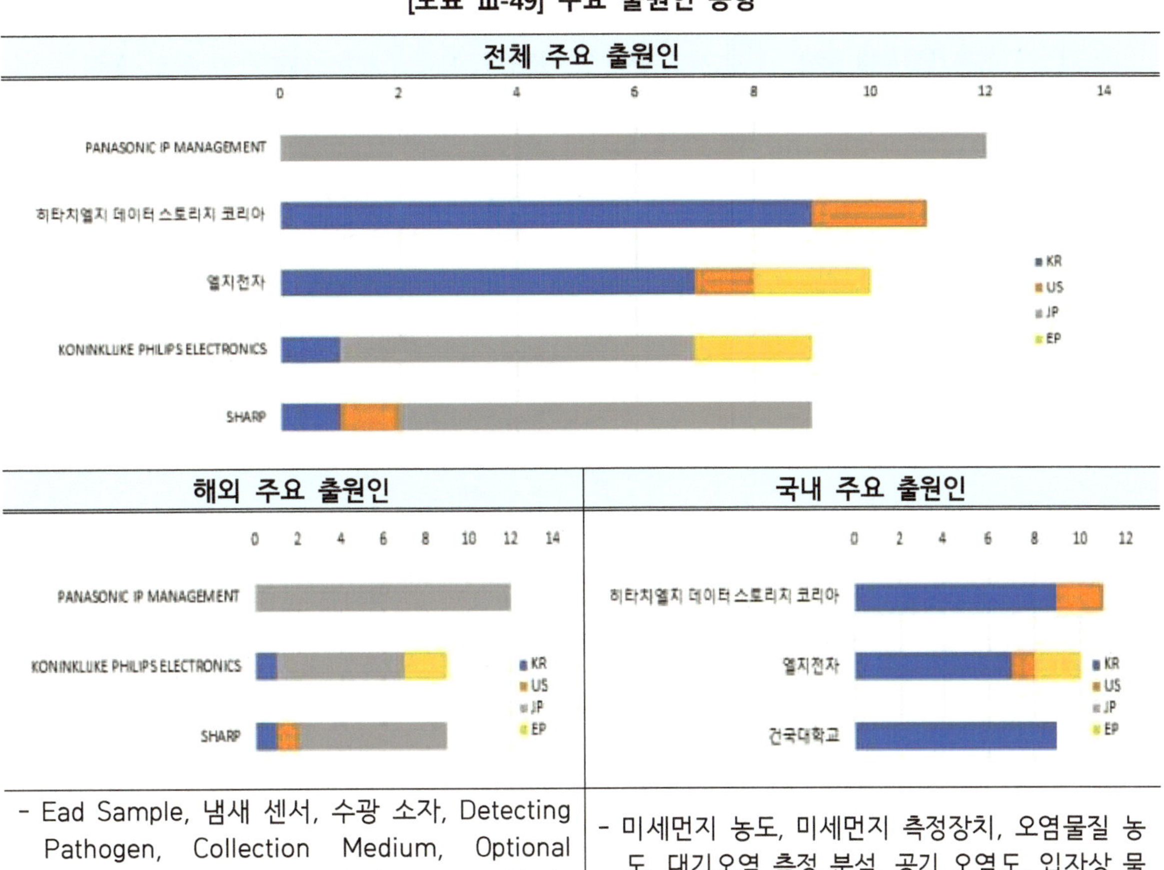

해외 주요 출원인	국내 주요 출원인
- Ead Sample, 냄새 센서, 수광 소자, Detecting Pathogen, Collection Medium, Optional Reverse Transcription, Polymerase Chain Reaction	- 미세먼지 농도, 미세먼지 측정장치, 오염물질 농도, 대기오염 측정 분석, 공기 오염도, 입자상 물질, 공기 흐름, 공기질 측정장치, 미세먼지 측정부

자료 : 과학기술정보통신부(2019), 중소벤처기업부, TIPA 중소기업 전략기술로드맵 2022-2024 [재난/안전 편]

(4) 인천남동산단 화학사고 24시간 원격 모니터링 사업

❑ 인천광역시는 '남동국가산업단지, 화학물질 원격 모니터링 사업'추진을 위해 2022년 3월 21일 환경부와 업무협약을 체결했다고 밝혔다.

❑ 협약 사업은 화학물질 유출 사전예방과 사고 시 신속한 대응을 위한 상시 모니터링 시스템을 구축(전액 국비 61억 원)하는 것으로, 환경부는 2021년 9월 인천시 남동국가산업단지를 사업 대상지로 선정했다. 남동산단에는 현재 650여개의 유해화학물질 취급업체들이 입주해 있어, 유해화학물질 유출 등 사고 발생 시 대규모 피해가 우려되는 곳이다. 이 시스템은 남동산단 내 인천종합비즈니스센터에 설치되며, 주변 원거리에서도 유해화학물질 유출을 감지할 수 있는 고해상도 열화상카메라 및 적외선 분석장비 등이 24시간 실시간으로 모니터링한다.

[도표 Ⅲ-50] 남동산단, 화학사고 원격 모니터링 사업 체계(안)

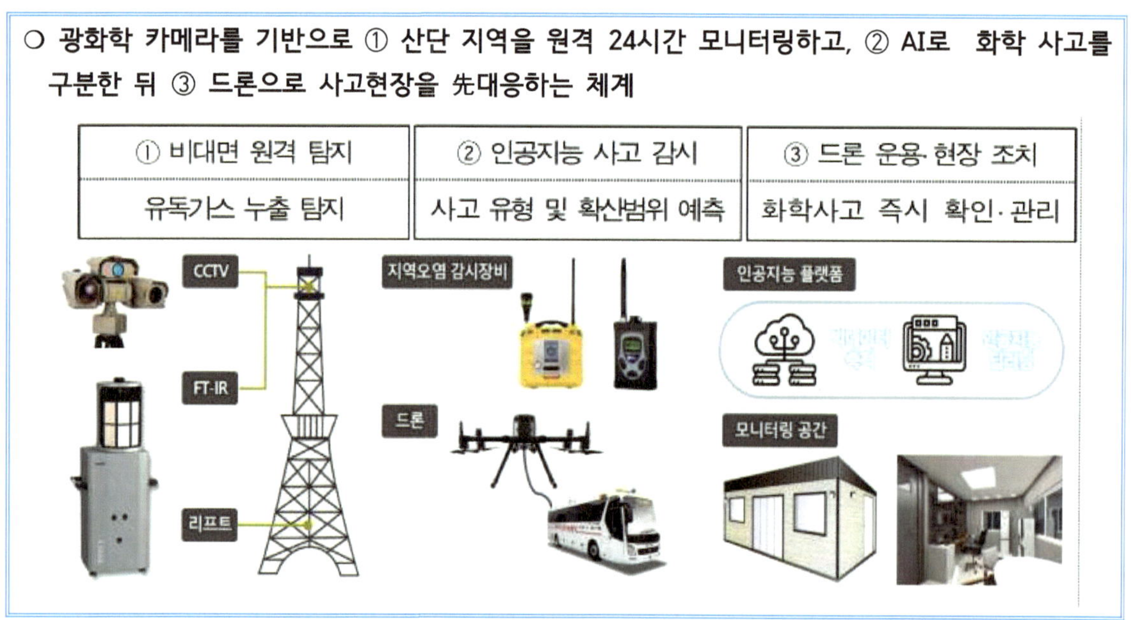

[도표 Ⅲ-51] 모니터링 정보 활용 예시

① 초고해상도 열화상 카메라	② 적외선 분광기(FT-IR)
Zoom in / 열화상	FT-IR
고정밀 모니터링(최대 60배, 左) 및 열화상(右)	육안으로 식별불가한 화학물질(가스)을 감지
- 감지거리: 2~10 km - 광학 및 열화상 동시감시	- 감지거리: ~5 km - 감지물질: 실시간 감시 35종* * 암모니아, 벤젠, 황화수소

자료 : 인천광역시 보도자료 [인천남동산단 화학사고 24시간 원격 모니터링], 2022. 3

❑ 시스템은 오는 9월 착공해 12월말에 준공하고, 시운전을 거쳐 2024년부터 본격적으로 운영할 예정이다. 인천시는 사업부지를 제공하고, 화학사고 안전관리 및 공조체계 강화에 힘쓰며, 환경부는 시스템 설치·운영과 화학사고 대응정보를 공유하기로 했다.

[도표 Ⅲ-52] 노후산단 화학사고 원격 모니터링 사업 설치 장소

설치위치(인천종합비즈니스센터)

설치형태(pole 형태)

자료 : 인천광역시 보도자료 [인천남동산단 화학사고 24시간 원격 모니터링], 2022. 3

3) 가스센서 시장동향

(1) 가스센서

❑ 가스 센서는 공기 중에 포함된 특정 가스 성분을 감지하고 해당 기체의 농도를 전기 신호로 변환하는 소자를 의미한다. 가스 센서는 유해화학물질을 취급하는 산업현장에서의 유해가스 검출, 음식물쓰레기 처리장이나 하수 처리장에서의 악취 진단, 식품의 신선도나 부패 여부의 파악, 자동차 배기가스 감지, 차량용 음주 측정, 재난 및 테러 대응 생화학적 유독 가스 감지 등 우리

삶에 직간접적으로 깊이 연관되어 광범위하게 활용되고 있는 것이 특징이다. 최근에 다양한 가스가 산업현장, 유통시장, 가정 등에 사용되면서 해당 수요에 비례해 가스 센서 시장의 성장에 대한 기대가 커지고 있다. 또한 산업현장에서의 유해화학물질 관리와 가스 유출 방지를 위해 법적, 제도적 장치가 마련되면서 관련 규제가 향후 가스 센서 시장을 더 성장시킬 강력한 요인이 될 것으로 예측된다.

❑ 가스 센서는 측정원리에 따라 크게 접촉식과 광학식으로 분류할 수 있다. 접촉식은 측정대상에 해당하는 가스 분자에 직접 접촉해서 반응하는 센서가 있고, 그 센서에서 발생하는 특정 물리량의 변화를 통해 가스 농도를 측정하는 방식으로 전기화학식, 접촉연소식, 반도체식 가스 센서로 세분화할 수 있다. 반면에 광학식은 측정하고자 하는 가스 분자가 가지는 고유의 흡수 파장을 이용하여 농도를 측정하는 비접촉식 방식이다.

[도표 Ⅲ-53] 가스 측정원리에 따른 가스 센서의 분류

측정 원리	접촉식			비접촉식
	전기화학식	접촉연소식	반도체식	광학식 (광이온화식, 적외선식)
모식도				
작동원리	가스와의 반응에 의한 전극 간의 기전력 변화	가열성 가스와의 발열 반응에 의한 열선의 저항 변화	가스와의 반응에 따른 금속 산화물의 저항 변화	가스에 의한 적외선 흡수도 변화
주요 감지 가스	CO, CO_2, O_3, SO_2, NO, NO_2, VOC	가연성 가스 (H_2, CH_4, C_3H_8, C_4H_{10} 등)	CO, NO_2, SO_2, H_2S, VOC(알코올, HCHO 등)	CO, CO_2, NO, NO_2, SO_2, O_2, CxHy
가스감지 선택성	중	하	하	상
민감도	상	하	상	중
반응시간	빠름	중간	빠름	느림
소모전력	중	대	중	저
가격	저	저	저	고

자료 : ASTI MARKET INSIGHT [가스 센서], 2021.

❑ 가스 센서에 적용되는 기술은 지속적으로 발전되고 있으며, 가스 센서에 활용되는 소재와 탐지 방식도 역시 더욱 효율적이고 효과적인 방향으로 나아가기 위해 연구가 지속되고 있다. 최근에는 나노 재료나 광기술(photonics)에 기반한 기술을 통해 더 효율적인 가스 센서를 개발하는 연구도 진행되고 있다. 또한 수많은 가스를 동시에 측정하면서도 측정 이후의 분석을 자동으로

수행하는 스마트 가스 센서 역시 시장에 진입하고 있으며, 이러한 스마트 시장은 레이저 기기나 금속 산화물 반도체 소자 시장과 같은 첨단 시장의 시장을 견인하는 효과를 내기 때문에 전략적으로 육성할 가치가 충분하다고 볼 수 있다.

(2) 관련 정책 및 제도

❑ 우리나라의 센서 핵심기술 수준은 다음에 나타난 바와 같이 다른 선진국보다 한참 낮은 수준으로 평가된다. 특히 가스 센서 소자는 대부분(80%)이 수입에 의존하고 있는 것이 현실이다.

[도표 Ⅲ-54] 센서 핵심기술의 국가별 수준

구분	소재	설계	설비	양산	핵심	평균
미국	100	100	90	85	100	95
유럽	100	100	95	95	100	98
일본	100	95	90	100	100	97
한국	55.5	72.4	70	69.7	55.8	64.7

자료 : CHO Aliance(2015), ASTI MARKET INSIGHT [가스 센서], 2021.

❑ 정부는 센서 소재의 경쟁력을 확보하기 위해 2015년부터 6년간 첨단 스마트 센서 육성사업에 1,508억 원을 투입하여 2020년 기준 42억 달러 생산과 21억 달러 수출 달성, 2025년 센서 분야 4대 강국 진입을 목표로 하는 '2015년도 센서 산업 고도화를 위한 첨단센서 육성사업'을 추진해 왔다. 비슷한 맥락으로 2021년 산업통상자원부에서는 "시장선도를 위한 케이 센서(K-Sensor) 기술개발 사업"을 2022년부터 7년간 총사업비 1,865억 원을 투자할 것을 발표하기도 했다.

❑ 한편 2015년 '화학물질 등록 및 평가 등에 관한 법률' 시행 및 '유해 화학물질관리법'이 강화되고, 환경부가 환경오염 시설의 통합관리에 관한 법률 및 대기환경 보존법의 시행규칙 개정 등을 시행하여 규제 수준을 높여왔다. 특히 이러한 규제의 핵심적인 방향은 산업재해 및 대기 오염원 배출을 신속히 감지하고 인지하여 재난사고 방지를 신속히 조치할 수 있는 감지 경보 시스템의 산업현장 도입에 있다.

❑ 일례로 『화학물질안전원고시 제2019-4호』 유해화학물질 제조 사용시설 설치 및 관리에 관한 세부기준에 따르면 "유해화학물질에 따른 누출·유출, 화재 또는 폭발을 미리 감지하기 위하여 검지·경보 설비를 설치하여야 한다"라고 적시되어 있다. 이러한 제도적 변화는 화학 업체에 직접적으로 영향을 주는 사안으로, 화학 업체들 사이에서 유해 물질 감지 센서의 수요가 증가하는 계기가 되기도 했다.

❑ 전 세계가 기후 위기에 대응해 국가 차원에서 탄소배출을 줄이려는 노력에 역량을 집중하고 있다. 특히 도시의 대기질 악화는 전 세계 국가들의 주요한 문제로 대두되고 있어서 주요 배출가스 주범인 자동차 배출가스와 산업시설에 대한 모니터링이 강화되는 환경 정책이 적극적으로 도입되고 있다. 또한 전 세계적으로 스마트 시티 프로젝트 추진이 증가하면서 환경오염 방지를 위한 가스 모니터링을 위한 사물인터넷(IoT) 지원 가스 센서에 대한 수요도 증가하고 있다.

❑ 실제로 **미국**의 경우 2015년 3월에 탄화수소와 질소산화물을 포함한 배기가스 배출량을 2025년까지 30 mg으로 81 % 감축을 의무화하는 제도를 도입한다. 이에 따라 금속 나노 입자와 나노튜브 등의 결합을 통해 다양한 가스(수소, 황화수소, 메탄, 일산화탄소, 질소산화물 등)를 탐지하는 연구가 활발히 진행되고 있으며, 특히 저온에서 동작하며 감도가 높은 초고감도 가스 센서 관련 연구를 진행 중인 것으로 알려져 있다.

❑ **일본**의 경우 세계온실가스자료센터를 일본 기상청 산하에 두어 운영하고 있으며, 특히 후쿠시마 원전 사고로 인해 방사능을 포함한 유해 물질에 대한 불안과 경각심이 심화됨에 따라, 환경오염 가스를 감지할 수 있는 센서 개발에 대한 수요가 급증하고 있다. 또한 4차산업혁명 대응 방안으로 "일본재흥전략(JAPAN is BACK) 2016"의 5대 핵심 시책 내 "관민 전략 프로젝트 10" 중 하나로 로봇, 센서 산업 투자를 발표하기도 했다.

❑ **유럽**은 공동연구조직을 통해 실내공기오염 문제에 적극적으로 관여하고 있으며, 영국은 차량과 거리조형물 등에 무선 센서를 장착하여 도시의 대기오염에 대한 데이터를 무선 센서 네트워크로 수집·감시하는 모바일 환경 센서 그리드(Pervasive Mobile Environmental Sensor Grids, PMESG) 프로젝트를 수행하기도 하였다. 한편 유럽 센서 시스템 클러스터(European Sensor Systems Cluster)에서는 유럽이 센서 시스템을 선도하기 위한 로드맵을 발표했으며, 독일은 "Industry 4.0"으로 부품 및 제조혁신 프로젝트를 추진하기도 하였다.

(3) 시장동향

가. 시장 규모 및 전망

❑ 가스 센서 시장은 석유 및 가스, 전력, 섬유, 화학 및 야금 등 다양한 산업에서 응용되면서 해당 규모도 아주 광범위하다. 북미와 아시아태평양 지역에서는 최종 사용 산업(광업, 석유 및 가스, 수처리, 식음료 등)이 많고 주거 및 상업용 인프라의 성장으로 가스 센서의 최대 시장을 형성하고 있다. 특히 중국, 인도 및 한국과 같은 신흥 경제국의 온실가스를 비롯한 각종 유해가스 배출 통제에 관한 환경 규제로 인한 가스 센서의 수요 증가로 아시아태평양 지역의 가스 센서 시장이 주목받고 있다.

❑ 가스 센서의 세계 시장은 2016년에서 2021년까지 CAGR 기준으로 6.31 %로 성장하고, 지역별로는 아시아태평양 지역 7.42 %, 북미 6.61 %로 성장할 것으로 전망되었다. 가스 센서나 감지기 관련 세계 시장이 전반적으로 성장할 것이라는 예측에 대한 배경에는 아시아태평양 지역에서는 신축건물 인프라 및 건설 활동으로 인해 가스 감지기 시장이 증가했다는 점과 북미 지역의 가정에서는 가스 감지기 장치의 사용량이 증가하면서 시장 수요 역시 증가했다는 점이 주요 요인으로 파악되었다.

[도표 Ⅲ-55] 세계 가스 센서 시장의 CAGR

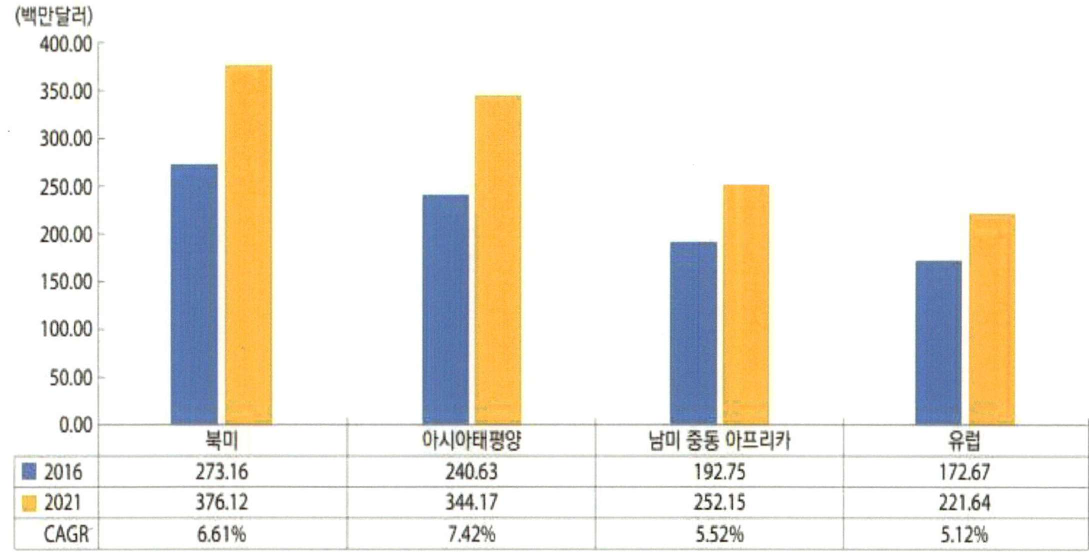

	북미	아시아태평양	남미 중동 아프리카	유럽
2016	273.16	240.63	192.75	172.67
2021	376.12	344.17	252.15	221.64
CAGR	6.61%	7.42%	5.52%	5.12%

자료 : Markets&Markets(2016), ASTI MARKET INSIGHT [가스 센서], 2021.

❑ 실제로 가스 센서 산업은 시장 확대와 수요 증가, 그에 상응하는 대대적인 투자 증가로 꾸준히 시장이 성장해 왔다. 특히 전통적인 산업시장을 넘어 환경 모니터링, 스마트 시티, 의료 부문에서의 가스 센서 수요가 전체 시장 성장을 견인하면서 지난 10년간 가스 센서 시장은 전례 없는 성장을 달성했다.

❑ 그러나 가스 센서 시장의 고공 성장세는 COVID-19으로 인한 팬데믹 상황을 맞이하며 예상치 못한 국면을 맞이하게 된다. COVID-19 확진자가 급증하면서 여러 국가의 봉쇄(lockdown) 기간 때문에 전 세계적으로 사회적 거리두기가 일상화되었다. 자연스럽게 산업활동이 멈춰지거나 둔화되면서 제조기업들은 설비나 시설 투자를 상당히 줄이는 결정을 하게 된다. 일례로 전 세계적으로 LNG, 석유화학, 석유 저장 및 정유공장을 포함한 다양한 부문에서 2,000 개 이상의 EPC 석유 및 가스 프로젝트가 중단되거나 지연되기도 하였다. 이처럼 COVID-19는 가스 센서 산업 전체에 큰 타격을 주면서 수요와 공급이 동시에 붕괴되는 사태를 초래하였다.

❑ 다음 도표에서 알 수 있듯이 실제로 2020년에 가스 센서의 세계 시장규모가 2019년 보다 상당폭 감소했고, 이후 COVID-19에서 얼마나 빠르게 극복하는지에 따라 가스 센서의 시장을 세 가지 측면, 즉 현실적 실제 시나리오, 비관적 시나리오, 낙관적 시나리오에 따라 예측하였다.

❑ 세 가지 시나리오에 따른 시장 전망 결론을 요약하자면, 실제 시나리오는 COVID-19을 점진적으로 극복함에 따라 경기 침체 역시 완만하게 회복되는 U자형 경제회복 상황에서의 가스 센서 시장 전망이다. 이때 가스 센서 시장의 2021년에서 2026년 CAGR은 7.0%로 예측되었다. 비관적 시나리오는 COVID-19의 확산세가 꺾이지 않아 경기 침체와 정치·사회적 혼란상이 장기화되는 L자형 경제회복 상황이다. 이때 가스 센서 시장의 2021년에서 2026년 CAGR은 5.5%로 전망된다. 마지막으로 낙관적 시나리오는 신속하고 효과적인 방역 조치로 인해 감염확산이 차단되고 경제가

빠르게 정상화되는 V자형 경제회복 상황으로 2021년에서 2026년 CAGR은 7.5%로 전망하였다.

[도표 Ⅲ-56] 가스 센서 시장의 시나리오별 성장 전망

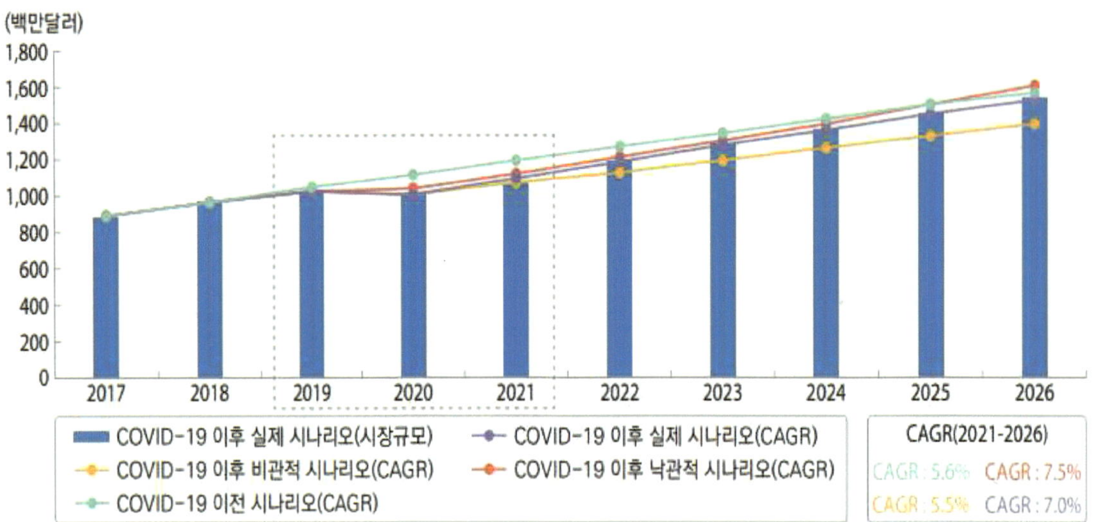

자료 : Markets&Markets(2021), ASTI MARKET INSIGHT [가스 센서], 2021.

(4) 시장 주도 기술 동향

가. MEMS 기반 가스 센서

❑ MEMS(Microelectromechanical system) 기반 가스 센서는 대기 매개변수 감지, 신호 조절 및 작동 제어와 같은 여러 작업을 수행하는 소형 시스템이다. 기존 가스 센서 기반 모니터링 시스템의 경우 장비 자체가 고가이고 크기가 상대적으로 크다 보니 건물 내부에 설치하는 것 자체가 어려웠다. 또한 음영지역이 많이 발생하여 모든 지역을 감시할 수 없고, 측정 방법이 복잡하는 등 여러가지 문제점이 있었다. 이러한 단점을 보완하기 위해서 소형의 저가형 고성능 센서 개발이 요구된다. 가격과 성능은 보통 비례를 하지만 MEMS 기반의 가스 센서는 생산 가격을 낮출 수 있고, 성능은 특정 가스에 대해서 기존의 센서와 거의 동일한 수준으로 맞출 수 있다.

[그림 Ⅲ-24] MEMS 가스센서 내부 구조

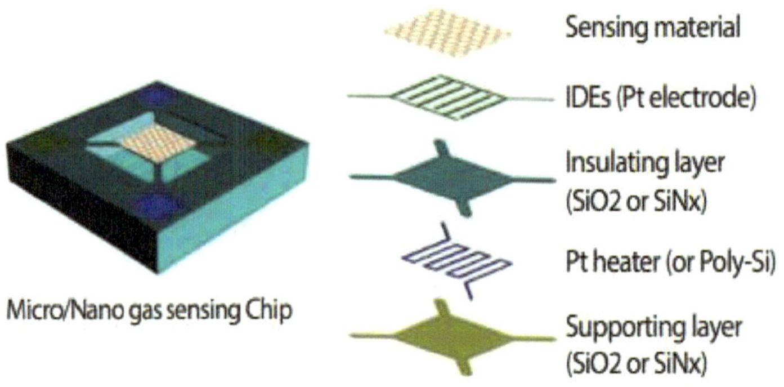

Micro/Nano gas sensing Chip
Sensing material
IDEs (Pt electrode)
Insulating layer (SiO2 or SiNx)
Pt heater (or Poly-Si)
Supporting layer (SiO2 or SiNx)

❑ 그리고 가스 센서에 MEMS 기술을 적용하면 소형화할 수 있을 뿐만 아니라 대량 생산이 가능하고 다양한 전자 장치와 저렴한 비용으로 통합할 수 있다. 또 다른 강점으로는 기존의 가스

센서보다 더 낮은 소비 전력을 사용하기 때문에 MEMS 기반의 저전력·고밀도 가스 센서 어레이에 대한 수요는 지속적으로 증가할 것으로 전망된다. 이에 따라 MEMS 기반의 가스 센서는 낮은 전력 소비가 필수적인 스마트폰, 태블릿 PC, 웨어러블 기기 등에 적극적으로 활용되고 있다.

❑ MEMS 가스 센서를 생산하는 주요 업체는 스위스 SGX센서테크(SGX SENSORTECH), 중국 정저우윈센전자기술회사(Zhengzhou Winsen Electronics Technology Co., Ltd.) 등이 있다.

나. 전자 코(E-nose) 기술

❑ 전자 코(Electronic nose, E-nose)는 가스 센서 분야에서 제품화, 상업화가 활발하게 진행되고 있는 최신기술 중 하나이다. 전통적으로는 식품, 음료, 화장품 산업에서의 품질 관리에서 주로 사용되었으나, 최근에는 의료용, 환경 모니터링, 폭발물 탐지 등 다양한 분야에서 폭넓게 활용되고 있는 추세이다. 사실 전자 코 기술이 처음 등장한 것은 1987년으로 상당히 오래된 기술이라고 할 수 있다. 그러나 최근 이 기술이 주목받는 이유는 일단 휘발성 유기화합물을 측정하는 센서 감도가 상당 수준이고, 특히 인공지능(AI), 딥러닝 기반의 데이터 분석 능력이 탁월하게 향상되어 활용도가 높아졌기 때문이라고 볼 수 있다.

❑ 예컨대 펜실베이니아 의과대학 연구진들은 먼저 난소암 환자와 건강한 사람의 혈장 샘플을 분석해 난소암 환자의 휘발성 유기화합물 특징을 알아낸 뒤 이를 감지하는 전자 코를 만들었다고 밝혔다. 이 전자 코는 20분 이내에 난소암 환자의 경우 95% 정확도로, 췌장암 환자는 90% 정확도로 냄새를 통해 그들이 건강한 사람의 혈액 패턴과 다르다는 것을 알아내는 데 성공했다.

❑ 전자 코를 개발하는 주요 기업으로는 네덜란드 e노우즈컴퍼니(eNose Company), 캐나다 오도테크(Odotech), 미국 일렉트로닉센서테크놀로지(Electronic Sensor Technology) 등이 있다.

[그림 Ⅲ-25] 전자 코 개념도

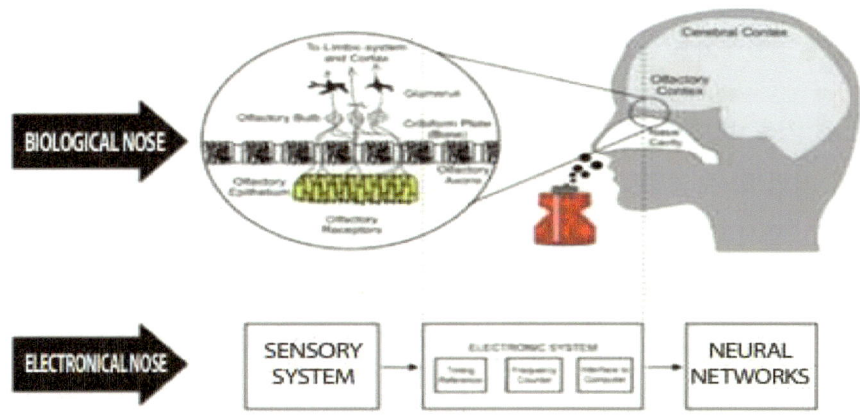

자료 : ASTI MARKET INSIGHT [가스 센서], 2021.

다. 나노 촉매 결합가스센서

❑ 가스 감지에 사용되는 나노 촉매와 결합된 전자 인쇄 제조 기술은 얇은 칩 크기의 성형 인자(form factor)를 가진 가스 센서의 개발로 이어지기도 했다. 이 센서는 고성능 기능을 갖춘 초저

전력 패키지로 가격 경쟁력이 우수하기도 하다. 주로 일산화탄소(CO), 알코올, 이산화황(H_2S), 오존(O_3) 등의 기체를 감지하는데 활용되며, 환경 모니터링을 위한 전자 제품이나 웨어러블 기기에 사용되기에 적합하다.

❑ 주요 기업으로는 미국 팰러앨토리서치센터(PARC), KWJ엔지니어링(KWJ Engineering) 및 스펙센서(SPEC Sensors) 등이 있다.

[그림 Ⅲ-26] 가스 센서 시장의 촉진 요인 및 기회

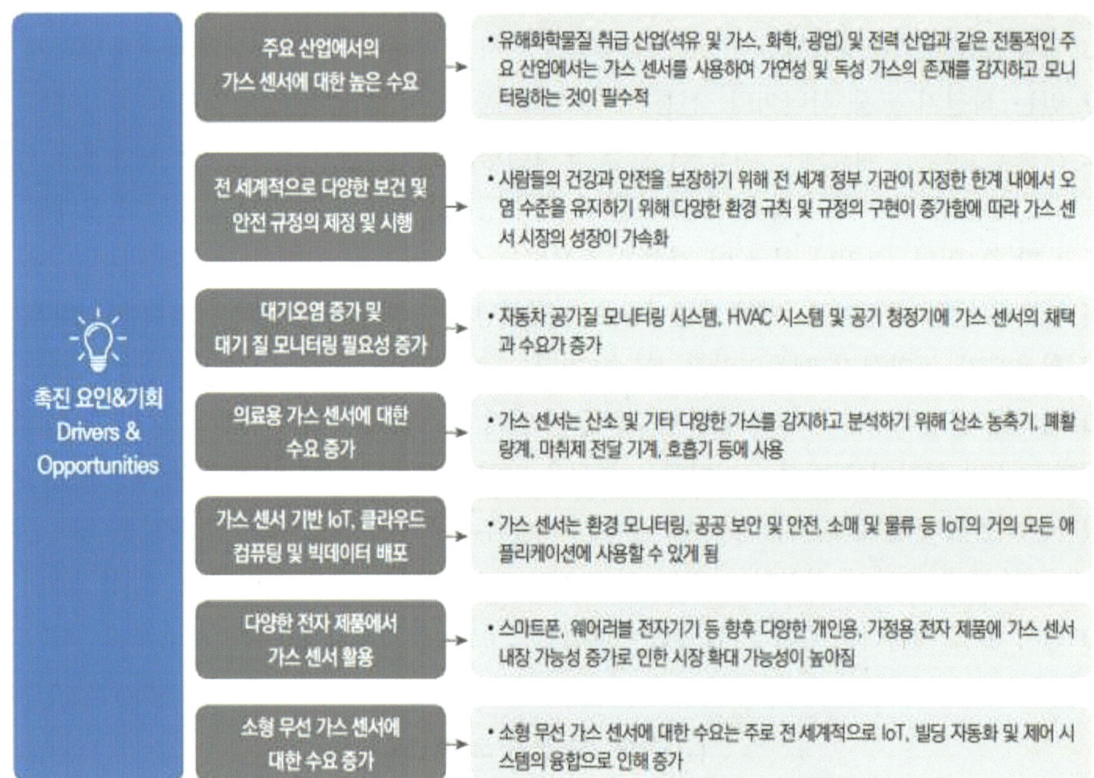

자료 : ASTI MARKET INSIGHT [가스 센서], 2021.

❑ 세계적으로 기후 변화에 대한 위기감이 고조되면서 대기질 모니터링, 유해물질, 가스시설 취급 운영, 관리 기업 및 오염물질 배출시설 운영, 관리 기업의 지속적인 유해가스 및 악취 모니터링 등을 위해 가스 센서에 대한 수요가 나날이 증가하고 있다. 아울러 의료, 환경, 생활 전반 등으로 가스 센서 시장이 확장되면서 기술발전이 지속될 것으로 기대되는 산업 분야이기도 하다.

❑ 하지만 우리나라의 센서 기술력과 산업 및 시장 장악력은 매우 미비한 수준에 그치고 있다. 과거 센서 기술에 대한 원천기술 확보 노력이 부족했고, 국가 차원에서 적극적으로 연구개발에 투입한 자원에 비해 아직은 이렇다 할 성과 역시 부족한 수준이다.

❑ 그럼에도 불구하고 4차 산업혁명 시대를 맞아 우리나라가 눈부신 첨단 ICT의 발전을 선도하고 있는 국가라는 점을 고려하면 가스 센서 시장에서 독보적인 위치를 선점할 수 있는 기회 요소들이 여전히 남아 있음은 분명하다.

❑ 현재 가스 센서는 IoT, 5G, AI 등 첨단 ICT 기술과의 융합을 통해 스마트 센서, 지능화 가스 센서로 진화하고 있다. 이때 주요 ICT 핵심기술은 우리가 강점을 지닌 기술들이다. 이런 점을 살펴 봤을 때, 다양한 분야에서 높은 부가가치를 창출하고 신시장을 개척할 수 있는 가스 센서 개발 기술력을 확보하는 혁신 주체가 COVID-19 이후 가스 센스 시장을 장악할 수 있을 것으로 사료된다.

4) WO_3 기반 가스 센서의 감응 특성 향상 연구동향

(1) 연구 배경

❑ 호기 가스의 주성분은 질소, 산소, 습기, 이산화탄소이지만, 1970년대 Pauling이 GC-MS (Gas Chromatography-Mass Spectroscopy)를 이용하여 인체 호기에 약 250 여종의 휘발성 유기화합물(Volatile Organic Compounds, VOC)이 포함되어 있음을 발표한 이후 인체 호기 분석을 통한 질병 진단법에 관한 연구개발이 활발하게 진행되어 현재는 특정 질병과 그에 연관된 호기 가스에 대한 정보가 충분히 존재한다. 대표적으로 산화질소, 아세톤, 암모니아가 각각 천식, 당뇨, 신장병 환자에게서 더 높은 농도로 배출된다고 알려져 있다.

❑ 대표적인 대기오염물질로는 일산화탄소, 질소산화물이 있다. 탄소 성분이 불완전 연소 시 발생하는 일산화탄소는 무색, 무취의 유독성 가스로서 인체 내 산소 운반기능을 감소시키므로, 두통, 현기증, 뇌 기능 저하 등을 일으킬 수 있고 심각할 경우 사망에 이를 수 있다. 질소산화물은 화학물질 제조공정, 화석연료를 사용하는 내연 기관 및 연소시설 등에서 발생하는데, 고농도의 이산화질소에 노출되면 폐렴, 폐출혈 등이 발병할 수 있다.

❑ 호기 가스 내 다양한 VOC는 많게는 수 ppm (part per million)에서 적게는 수 ppt(part per trillion) 존재하며, 국내외 관련 기관의 대기환경 기준에 따르면 대부분의 대기 오염 물질은 ppm, ppb(part per billion) 단위의 농도를 넘지 않을 것을 권고한다. 그렇기 때문에 미량의 유해 가스를 정밀하게 측정하는 것이 중요한데, 이를 위한 기존의 분석 장비들은 가격이 비싸고 부피가 커서 일반인이 실생활에 접목시키기에는 어려움이 있다. 이러한 한계를 극복하기 위하여, 금속 산화물 반도체 (Semiconducting Metal oxide, SMO) 기반 가스 센서에 대한 연구개발이 활발히 진행되고 있다.

❑ 금속 산화물 반도체 가스 센서는 가격이 상대적으로 저렴하고 간단한 구조로 초소형화에 용이하여 기존 분석기기의 한계점을 극복할 뿐만 아니라 높은 감도, 빠른 반응속도, 우수한 안정성 등의 장점이 있어 경제적이면 서도 성능이 우수한 호기 분석 및 대기오염 가스 센서로 활용 가능성이 높다. 다양한 종류의 금속 산화물 반도체가 감응물질로 이용되고 감응 특성을 향상시키기 위한 많은 전략들이 연구되고 있다.

❑ 본문에서는 호기 분석 및 대기오염 가스 센서의 감응 물질로 활용할 수 있는 금속 산화물 반도체 WO_3(Tungsten Oxide)의 감응 특성을 향상시키기 위한 다양한 전략들, 그 중에서도 나노

구조(nanostructure), 도핑(doping) 및 데코레이션(decoration)에 대해 고찰하고 그 결과를 비교·분석하고자 한다.

(2) 본론

❑ 금속 산화물 반도체 기반 가스 센서의 감응 원리를 WO_3를 중심으로 설명하고, WO_3의 이러한 감응 특성을 향상시키기 위한 다양한 전략 중 활발히 연구되고 있는 나노구조, 도핑 및 데코레이션에 대한 2014년부터의 최신 연구를 각각 다음 도표에 요약·정리하였다. 이를 바탕으로 각각의 방법과 결과에 대해 살펴보고자 한다.

[도표 Ⅲ-57] Sensing performances of nanostructure WO_3 based gas sensors

Dimension	Structure	Detecting gas	operating Temp. (℃)	Concentration (ppm)	Response
0D	Nanoparticles	Acetone	300	1.5	7.3[a]
		Ethanol	350	20	5.83[a]
		Toluene	225	100	132[a]
		NO_2	100	5	251.7[a]
	Quantum dots	NO_2	100	5	~6000[c]
		H_2S	80	50	57[a]
1D	Nanorods	Acetone	300	200	1.08[a]
		Formic acid	370	100	51.3[a]
	Nanofibers	Acetone	270	50	55.6[a]
		NO_2	150	25	15,000[a]
	Nanowires	NO	300	500	37[a]
		Cl_2	250	5	2.9[a]
	Nanotubes	NO_2	300	5	6.77[a]
		Acetone	250	40	19.7[a]
		NO	350	5	63.59[a]
		Acetone	300	100	32[a]
2D	Thin film	NO_2	150	0.016	0.26[b]
		NH_3	300	50	8.6[a]
	Nanosheets	NO_2	100	1	62.1[a]
		TEA	25	1000	14[a]
		Xylene	375	100	11[a]
	Nanoplate	NO_2	100	100	131.75[a]
		NH_3	25	100	34[a]
		NH_3	140	500	5.9[a]
	Nanolamella	NO_2	250	1	~200[a]
		Xylene	280	100	47[a]
		Ethanol	200	10	~12[a]
3D	Microspheres	NO	200	100	46.2[a]
		H_2S	80	100	153
		TEA	220	50	16[a]
	Flower-like	NO_2	90	0.08	152[a]
		NO_2	120	0.4	103[a]
		NO_2	100	0.1	45[a]
	Urchin-like	Ethanol	350	80	65.09
		Acetone	250	100	20.32[a]

Dimension	Structure	Detecting gas	operating Temp. (℃)	Concentration (ppm)	Response
3D	Cauliflower-like	CO	270	300	41.9[a]
	Cobweb-like	Ethanol	300	100	72[a]

※ 자료 : 세라미스트 제24권 제2호 [WO_3 기반 가스 센서의 감응 특성 향상 연구 동향], 2021. 6

	Elemental	Detecting gas	operating Temp. (℃)	Concentration (ppm)	Response* (Response**)
Doping	Co	Ethanol	250	20	2.34[a] (1.88[a])
	Cu	Acetone	300	20	5.24[a] (~3.6[a])
	Sb	NO_2	125	8	195[a] (~20[a])
	Cr	Acetone	250	100	71.52[a] (20.32[a])
	Sn	NO_2	100	0.1	55[a] (22[a])
	Fe	NO_2	120	1	4.7[a] (~2.5[a])
	Au	NO_2	175	5	212.3[a] (62.5[a])
	Ce	Ethanol	350	2	16.7[a] (~2[a])
Decoration	Au and Pd	Acetone	300	200	1.52[a] (1.08[a])
	CeO_2	Acetone	250	2.5	1.62[a] (~1.05[a])
	Pt	H_2	200	100	~1000[a] (~1[a])
	Ag	NO_2	200	3	12.22[a] (2.3[a])
	Au	n-butanol	250	100	127[a] (8[a])

* Optimum doping (or decoration) sensor response

** Pristine sensor response

a Gas response=Ra/Rg or Rg/Ra (R is the electrical resistance of sensor)

b Gas response=|Rg-Ra|/Ra

c Gas response=|Gg-Ga|/Ga (G is the electrical conductance of sensor)

가. WO_3 가스 센서의 감응 원리

❑ 금속 산화물 반도체 기반 가스 센서는 특정 가스에 노출되었을 때 발생하는 저항 변화를 측정하여 특정 가스의 존재 유무와 그 농도를 판별한다. 산화물 반도체는 주요 전하 운반자(Majority Charge Carrier)가 전자(electron)인 경우 n형(n-type), 정공(hole)인 경우 p형(p-type) 으로 분류된다. WO_3는 대표적인 n형 금속 산화물로, 100 ~ 500 ℃의 고온에 노출되면 공기 중의 산소가 표면에 흡착되어 WO_3의 표면으로부터 전자를 빼앗아 음전하를 띠게 된다. 이는 WO_3 표면에 전자 공핍층(electron depletion layer)을 형성한다. 이처럼 표면에는 전자 공핍층이 형성되고 내부는 반도체 코어(semiconducting core) 인 전기적으로 코어-쉘 구조 (core-shell structure)가 형성된다.

$$O_2(gas) \rightarrow O_2(ads) \quad (1)$$

$$O_2(ads) + e^- \rightarrow O_2^-(ads) \quad (2)$$

$$O_2^-(ads) + e^- \rightarrow 2O^-(ads) \quad (3)$$

$$O^-(ads) + e^- \rightarrow O_2^-(ads) \quad (4)$$

❑ 이러한 WO_3가 에탄올, 일산화탄소, 아세톤, 암모니아 등의 환원성 가스에 노출되면, 환원성 가스가 입자 표면의 흡착산소와 반응(결합)하여 산화되면서 전자가 다시 WO_3 입자 내로 주입되어 전자 공핍층이 얇아지고 이로 인해 센서의 저항이 감소하게 된다.

$$C_2H_5OH(gas) + 6O^- \rightarrow 2CO_2 + 3H_2O + 6e^- \quad (5)$$

❑ 반대로 질소산화물과 같은 산화성 가스에 노출되면, 산화성 가스가 입자 표면에 직접 흡착하여 환원되면서 전자를 더 빼앗아 전자 공핍층이 두꺼워지고 이로 인해 센서의 저항이 증가하게 된다. 이러한 전기저항의 변화는 일반적으로 가스의 농도에 비례하므로 가스의 존재 유무 및 농도를 판별할 수 있다.

$$NO_2(gas) + e^- \rightarrow NO_2^-(ads) \quad (6)$$

❑ 이처럼 가스 감응을 위해서는 가스 감응 물질의 표면에서 공기의 산소 흡착, 표면흡착산소와 환원성 가스 간의 화학반응 그리고 감응 물질과 산화성 가스 간의 화학반응이 필수적이다. 그렇기 때문에 가스 센서의 감응 특성을 높이기 위해서는 감응 물질의 표면적을 극대화하는 것과 감응 가스와 감응 물질의 표면 간의 화학반응을 활성화 시키는 것이 매우 중요하다. 이를 위하여 감응 물질을 나노구조로 만들고 표면에서의 화학반응을 증대시키기 위한 도핑, 데코레이션 등의 연구들이 활발히 진행되고 있다.

나. 나노구조(Nanostructure)

❑ 앞의 도표에 2014년부터 지금까지 발표된 WO_3 나노구조 기반 가스 센서 연구 결과를 차원(dimension)과 구조(structure)에 따라 구분하고, 특정 감응 가스와 농도에 따른 감도 등의 감응 특성을 정리하였다. 0D(zero-dimensional) 나노구조로는 나노입자(nanoparticle), 양자점(quantum dot)이 있다.

❑ Wang 등은 고온에서 센서 작동 시 나노 입자들의 입자 응집(particle agglomeration)에 의한 가스 확산 억제로 감응 감도가 떨어지는 문제를 해결하기 위하여 고상합성으로 분산된 WO_3 다공성(porous) 나노입자 합성을 하였다. 이는 합성 시 들어가는 Hexamethylenetetramine (HMT)의 양과 소성 공정을 복합적으로 조절하여 가능할 수 있었다. 다른 실험 조건을 동일하게 하면서 HMT의 양만을 바꿔 합성을 진행한 후 SEM(Scanning Electron Microscope) 이미지를 통해 HMT의 양에 따른 나노구조 변화를 명확하게 보여준다.

❑ HMT가 전혀 들어가지 않았을 때는 나노시트(nanosheet)들에 소량의 나노입자들이 달라붙어 꽃 모양을 이루다가 HMT가 합성 과정에 첨가됨에 따라 꽃 모양이 부서져 나노시트와 나노입자로 분리되고, HMT의 최적 양에서 나노입자들만이 분산된 형태를 이룬다. 이는 무기물 WO_3가 HMT와 수소 결합(hydrogen bonding), 공유 결합(covalent bonding)을 이루게 되어 HMT가 precipitation agent, surface capping agent로 작용하기 때문인 것으로 분석된다.

❑ 또한 소결 온도를 다르게 하였을 때 나노입자의 응집 정도를 비교하여 최종적으로 응집은 일어나지 않고 결정성은 높은 WO_3 나노입자를 얻게 된다. 이러한 두 가지 요인의 복합적인 작용으로 톨루엔(toluene)에 대한 WO_3의 감응 특성이 향상됨을 보고하였다.

❑ Epifani 등은 단사정계(monoclinic) WO_3 양자점을 고상합성을 통하여 합성했다. 이는 평균 4nm 크기의 회전타원체(spheroidal) 단결정을 이루었고, 감응 특성 측정 결과 산화성 가스인 NO_2와 환원성 가스인 에탄올에 모두 우수한 감응 특성을 보였다. XRD(X-ray diffraction), HRTEM(High Resolution Transmission Electron Microscopy), XPS(X-ray photoelectron spectroscopy), UV-vis, FTIR(Fourier Transform Infrared spectroscopy), Raman spectroscopy를 이용하여 WO_3 양자점을 분석한 결과, 중심은 단사정계 WO_3이나 표면은 불안정한 상태의 W species로 뒤덮여있었다. 이러한 이유로 표면에 NO_2와 산소의 흡착이 향상되었고, 에탄올 분해 역시 향상되었으며 이로 인해 NO_2와 에탄올 두 가스 모두에 우수한 감응 특성을 보이는 것으로 분석된다.

❑ 1D (one-dimensional) 나노구조로는 나노로드(nanorod), 나노섬유(nanofiber), 나노와이어(nanowire), 나노튜브(nanotube) 가 있다. Morais 등은 전자방사(electrospinning)로 합성한 WO_3 나노섬유의 하소 공정에서 heating rate에 따른 나노섬유의 두께와 입자 크기(grain size) 변화를 분석하여 감응 성능을 향상시키는 연구를 진행하였다. 동일한 조건으로 합성된 나노 섬유를 500 ℃에서 3시간 동일하게 하소하는데, 각각 분당 1, 5 그리고 10 ℃ 의 heating rate로 열처리 진행하였다. 이를 각각 NF500-1, NF500-5 그리고 NF500-10이라 명기하고 이들의 차이를 SEM 이미지를 통하여 명확히 보여준다.

[그림 Ⅲ-27] SEM images of the (A) as-prepared nanofibers before the calcination and (B) NF500-1, (C) NF500-5, (D) NF500-10 WO_3 nanofibers

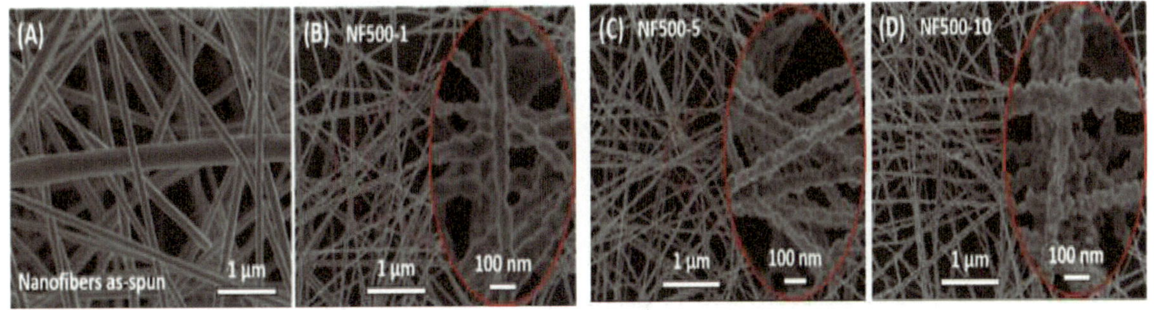

자료 : 세라미스트 제24권 제2호 [WO_3 기반 가스 센서의 감응 특성 향상 연구 동향], 2021. 6

❑ 이 때 heating rate가 증가하면 전자방사를 위하여 넣어준 중합체(polymer)의 제거(removal)가 더 빠르게 진행됨에 따라 나노섬유의 두께가 두꺼워지고, 열처리 시간이 짧아져 입자 크기는 작아지게 된다. 최종적으로 분당 10 ℃의 heating rate로 열처리 한 경우에 표면적이 가장 넓어져 감응 특성이 가장 좋은 것으로 분석된다.

❑ 2D (two-dimensional) 나노구조로는 박막(thin film), 나노시트(nanosheet), 나노플레이트 (nanoplate), nanolamella 가 있다. Wang 등은 반응 시 용매 중 하나인 물의 양을 조절함으로써 WO_3의 나노구조를 통제할 수 있었다. 물과 EG(ethylene glycol)를 혼합하여 반응 용매로 사용할 경우 1D 나노로드 형태가 EG만을 반응 용매로 사용할 경우 2D 나노시트 형태가 합성되었다. 감응 특성 측정 결과 두 나노구조 형태 모두 NO_2에 대해 우수한 감응 특성을 보였다. 물의 양에 따른 나노구조의 차이를 설명하기 위하여 합성 과정 중 가능한 화학반응식을 제시하는데, 물이 첨가될 경우 W source인 WCl_6의 가수분해(hydrolysis)가 발생하여 Cl^-가 생성되는 것이 물이 첨가되지 않았을 경우의 화학반응식과 차이를 만들기 때문에 이것이 최종적으로 나노구조를 바꾸게 된다고 설명한다.

❑ 3D (three-dimensional) 나노구조로는 마이크로스피어(microsphere)를 비롯하여, 0D, 1D, 2D 나노구조들이 입체적으로 뭉쳐서 다양한 형태를 형성한 구조들이 있다. Zhai 등은 120 ℃의 낮은 온도에서 고상합성을 진행하여 단결정 나노시트들로 이루어진 속이 빈(hollow) 3차원 구 형태의 WO_3를 합성하였다. 고상합성 시간이 길어짐에 따라 구형의 겉(outline)이 우선 형성되고 수많은 나노시트들이 모여서 속이 꽉 찬 구 형태를 이루었다가 최종적으로 속이 빈 구 형태가 되는 것을 SEM 이미지를 통하여 실험적으로 보여준다. 이를 구의 외부와 내면의 표면(계면) 에너지 차이와 Ostwald ripening 등으로 설명한다. 최종적으로는 이렇게 만들어진 속이 빈 구 형태의 WO_3가 높은 비표면적으로 인해 triethlamine(TEA)에 대한 우수한 감응 특성 결과를 보인다.

[그림 Ⅲ-28] (a–e) SEM images of the hollow microspheres samples prepared after 10min; 15min; 30min; 2h and 6h hydrothermal reaction time. (f) SEM image of the WO_3 hollow microspheres after annealing

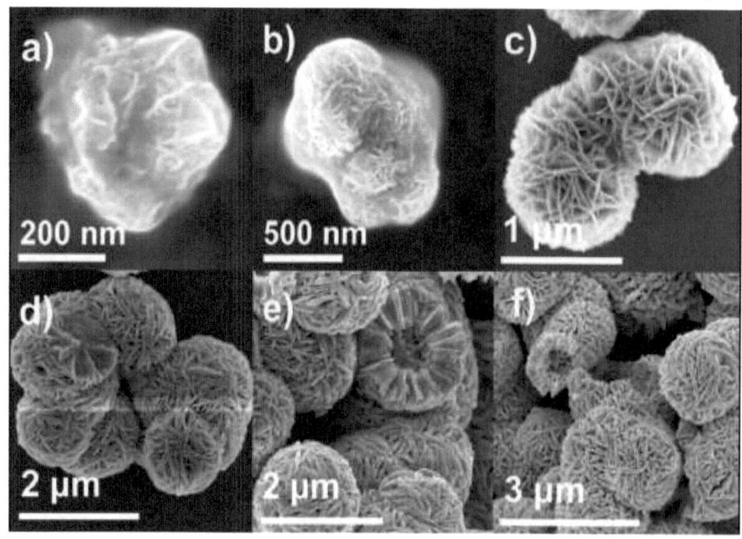

자료 : 세라미스트 제24권 제2호 [WO_3 기반 가스 센서의 감응 특성 향상 연구 동향], 2021. 6

다. 도핑 & 데코레이션(Doping & Decoration)

❑ 앞의 도표에 2014년부터 지금까지 발표된 도핑 혹은 데코레이션된 WO_3 기반 가스 센서 연구 결과를 도핑 혹은 데코레이션 물질에 따라 구분하고, 특정 감응 가스와 농도에 따른 감도

등의 감응 특성을 정리하였다.

□ Co, Cu, Sb, Cr, Sn, Fe, Au, Ce 등 다양한 원소들이 WO_3의 가스 감응 특성을 향상시키기 위한 도핑 원소로 연구되고 있다. Lim 등은 수열합성을 통하여 나노플레이트들이 뭉쳐서 꽃 모양을 이루는 형태의 Co가 도핑된 WO_3를 합성하였다. Co가 도핑되지 않은 순수한 WO_3와 각각 0.6, 1.2, 1.8at% Co 도핑된 WO_3를 합성한 후, 가스 감응 특성을 분석하였다. Co 도핑 농도에 따라 WO_3의 나노플레이트 두께들이 달라지는 것을 SEM 이미지를 통하여 보여준다.

[그림 Ⅲ-29] SEM images at (a, c, e, g) low and (b, d, f, h) high magnification showing morphologies of hierarchical flower-like WO_3 nanop lates acco rd ing to Co concentration

(a and b) pure WO_3

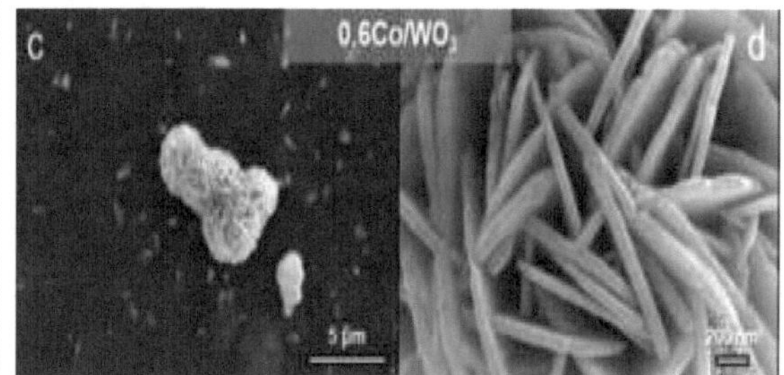

(c and d) 0.6 at% Co-doped WO_3

(e and f) 1.2 at% Co-doped WO_3

(g and h) 1.8 at% Co-doped WO_3

자료 : 세라미스트 제24권 제2호 [WO_3 기반 가스 센서의 감응 특성 향상 연구 동향], 2021. 6

□ Co 도핑에 의한 감응 특성의 향상을 단순히 나노구조 변화에 의한 비표면적 변화로 설명하는 것이 아닌, 감응 원리를 기반으로 도핑 농도에 따른 초기 저항 변화, 표면 결함, 도핑 원소의 촉매 역할, 계면에서의 schottky barrier 형성 등 여러 가지 직간접적인 이유들의 복합적인 결과로 설명한다는 점에서 의미를 가진다.

□ 데코레이션은 금속 데코레이션의 형태로 이루어지며, Au, Pd, Ce, Pt, Ag 등의 원소들이 WO_3의 가스 감응 특성을 향상시키기 위한 데코레이션 원소로 연구되고 있다. Zeb 등은 고상합성을 통하여 WO_3 나노입자를 형성한 후, Au를 데코레이션하여 Au-decorated WO_3 나노와이어 묶음(nanowire bundle)을 합성하였다. Au-decorated WO_3은 n-butanol에 대하여 우수한 감응 특성을 보였다. 이는 Au 나노입자와 WO_3 나노와이어의 일함수(work function)가 달라 electronic sensitization이 유발되기 때문이다. Au와 WO_3의 계면에서 rectifying schottky junction이 형성되어 electrical transport를 증가시킨다.

[그림 Ⅲ-30] Schematic diagram showing a typical EDL and the change of CCW inside a semiconductor according to the type of the sample and target gas

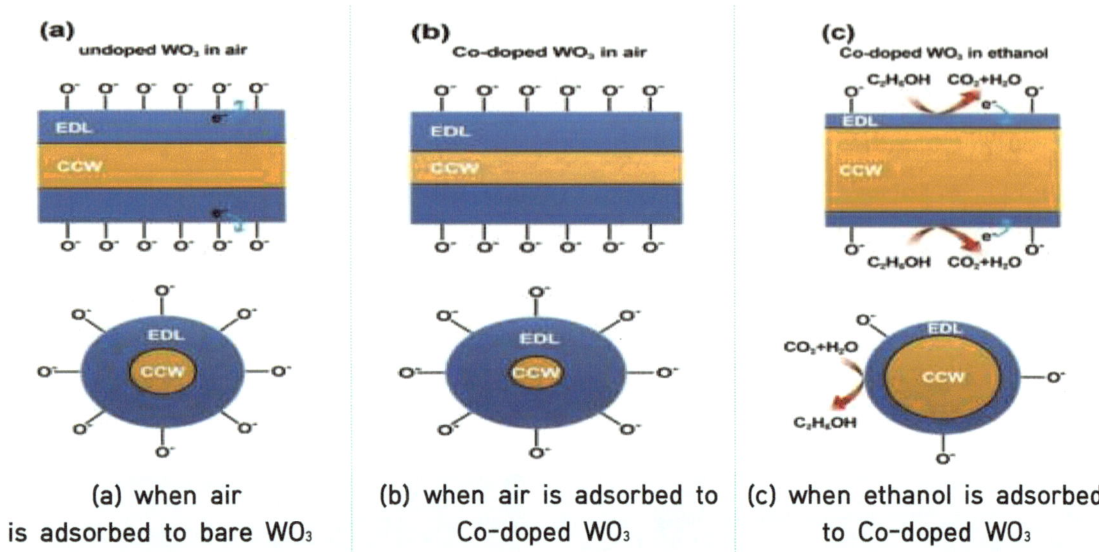

(a) when air is adsorbed to bare WO_3 | (b) when air is adsorbed to Co-doped WO_3 | (c) when ethanol is adsorbed to Co-doped WO_3

[그림 Ⅲ-31] (a) FESEM, (b) high magnification of TEM images of nanowires–assembly decorated with Au NPs, (c) HRTEM of Au NPs embedded WO_3 displaying the Au and WO_3 crystal lattices, (d) SAED image, and (e-g) EDS elemental mapping

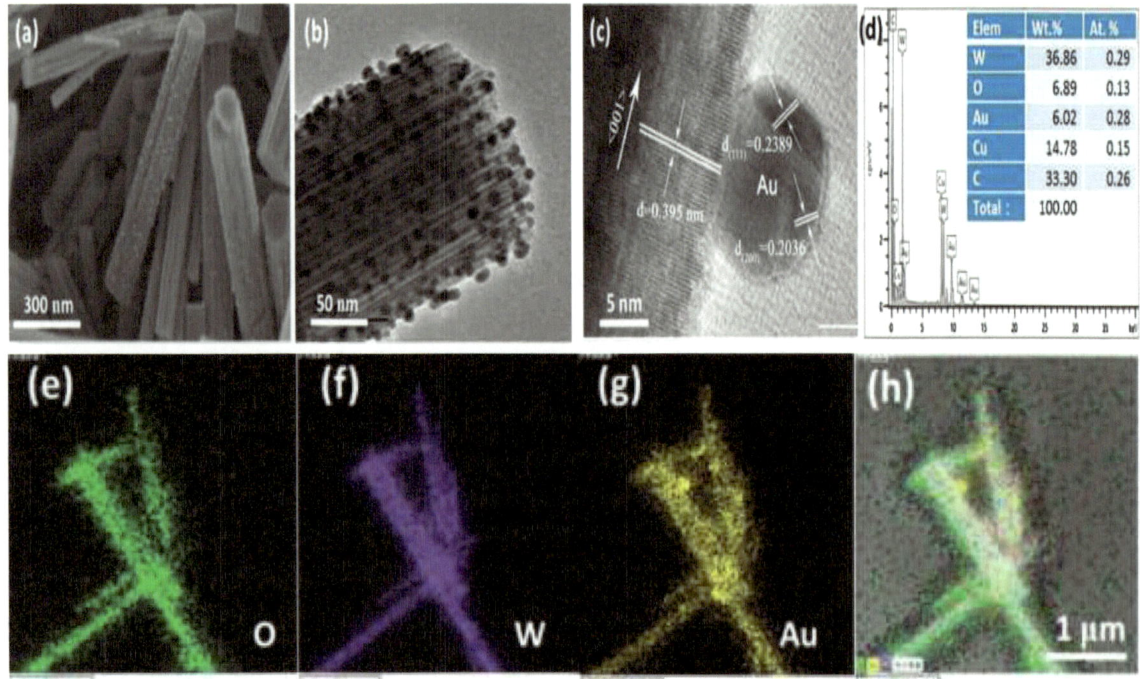

Elem	Wt.%	At.%
W	36.86	0.29
O	6.89	0.13
Au	6.02	0.28
Cu	14.78	0.15
C	33.30	0.26
Total :	100.00	

자료 : 세라미스트 제24권 제2호 [WO_3 기반 가스 센서의 감응 특성 향상 연구 동향], 2021. 6

(3) 결론

❑ 금속 산화물 반도체 물질 중 WO_3를 기반으로 한 가스 센서의 동작 원리와 감응 특성을 향상시키기 위한 최신 연구 동향을 분석했다. 대표적인 감응 특성 향상 전략으로 나노구조, 도핑 및

데코레이션을 비교 분석하였다. 인체 호기 내 혹은 대기 중 극미량의 유해 가스를 정밀하게 측정하기 위하여 매우 낮은 농도에서도 특정 가스를 정확하게 감응할 수 있는 고성능 가스 센서가 필요한 상황이다. 이러한 고성능 가스 센서 개발을 위해 이에 영향을 미치는 다양한 인자들과 그것을 조절하는 전략들을 정리하는 것이 도움이 될 것으로 판단된다.

❑ 각 방법을 향후 계속 발전시키고 적절히 조합하여 활용한다면 고성능 가스 센서 개발의 원천기술을 확보할 수 있을 것으로 기대되며, 이는 스마트 호기 센서, 대기 분석 센서 등 분야에서 파급 효과가 클 것으로 예상된다.

5) IoT기반 이용한 가스상 물질 측정용 스마트센서 개발과 전망

(1) 연구 배경

❑ 우리나라 사업장에서는 n-헥산(n-hexane), 2-브로모프로판(2-bromopropane), 메탄올(methanol) 등 화학물질로 인한 직업병이 지속적으로 발생되었고, 산업보건 전문가들이 그 원인을 분석하고 예방방안을 제시하여 왔다(Kim et al., 2001; Kang, 2005; Kim, 2009, Kim, 2016; Lee et al., 2017). 이러한 직업병 문제의 해결을 위해 근로자가 호흡하는 공기 중의 유해물질 종류 및 농도를 파악하고 해당 작업장에서 일하는 동안 건강장해가 유발될 가능성 여부를 평가하여 작업환경 개선의 필요성 판단을 위해 작업환경측정이 시행되고 있다.

❑ 작업환경측정제도는 1983년 시작된 이후 약 40여 년 동안 지속적으로 발전해왔음에도 불구하고 산업과 기술의 발전에는 발을 맞추지는 못한 것이 사실이다. 현재 사업장에서 작업환경측정 대상 유해인자인 191종만 측정을 하고 있고, 그밖에 유해인자들은 측정을 하지 않고 있다. 또한 현재 6시간 이상 측정을 하고 있는데 측정시간이 전체 업무시간을 반영하는지에 대한 논의도 지속적으로 이루어지고 있다. 기존의 작업환경측정이 그동안 업무상 재해 예방에 기여한 것은 자명하나, 그 한계는 분명히 존재한다.

❑ 2022년 1월 27일부터 시행된 중대재해처벌법 제2조 및 동법 시행령 제2조(별표1)에 해당하는 질병 24개를 명시하고 있다(MoEL, 2021). 기존의 작업환경측정제도로 명시된 질병을 예방하기 위한 측정과 평가를 할 수 있는지 고민이 필요하다. 중대재해처벌법에 해당하는 원인물질인 일산화탄소(CO), 트리클로로에틸렌(TCE), 황화수소(H_2S), 시안화수소(HCN), 염소(Cl_2), 불화수소(HF)만 놓고 보았을 때 급성중독을 일으키는 물질들이고 대부분 시간가중평균농도(Time Weighted Average, TWA)와 단시간노출기준(Short Term Exposure Level, STEL) 또는 최고노출기준(Ceiling, C)이 설정되어 있는 물질이다.

❑ 급성중독을 고려하여 STEL과 C를 측정하도록 하고 있지만 언제 어떻게 이를 측정하고 그 시간을 선정할 것인지에 대한 논의는 전혀 이루어지지 않고 있다. 단시간 고농도 노출이 발생할 수 있는 상황을 찾기 위해서는 기존의 작업환경측정 방법으로는 상당한 비용과 노력이 소모된

다. 그럼에도 불구하고 본 작업환경측정을 시작하기 전에 이러한 예비조사과정은 필요하나 대부분의 사업주는 제도적, 법적의무를 넘어서는 수준의 작업환경측정을 선택하지 않는 것이 일반적이다. 그렇기 때문에 유해인자 발생정도, 빈도, 기간, 간격, 정도 등의 특성을 근로자나 사업주의 진술을 통해서만 반영을 하여 실제상황은 완전히 이해하지 못한 상황에서 작업환경측정을 하고 그 결과를 놓고 평가를 하는 것이 문제이다.

❑ 이러한 한계를 극복하기 위한 기술적 노력이 필요하다. 최근에는 사물인터넷(internet of things, IoT), 클라우드, 빅데이터 등 4차 산업과 연계된 기술들이 보편화되면서 산업보건분야에서도 과거에 비해 활용할 수 있게 되었다. 이러한 기술들을 사용하여 얻을 수 있는 장점은 첫째, 실시간으로 결과를 알 수 있기 때문에 노출의 현황을 바로 파악할 수 있는 것이고, 둘째, 사람이 현장에 들어가지 않고도 측정이 가능하여 측정방식에 따른 위험요인을 줄일 수 있다. 셋째, 이 결과를 가지고 사업주나 근로자는 예방과 관련된 활동을 할 수 있는 시간적 공간적 여유를 가지며 유해인자를 관리하며 사용할 수 있다는 점이 있다.

❑ 예를 들어 급성중독 물질을 매일 단시간 사용하는 사업장에서의 노출 특성을 파악 할 수도 있고 밀폐공간의 경우 위험공간의 화학물질 농도를 실시간으로 파악할 수 있고, 사람이 들어가서 측정을 하지 않더라도 위험수준을 알 수 있다. 그럼으로써 위험공간에 대해 환기를 충분히 하여 근로자가 작업을 건강하고 안전하게 할 수 있도록 조치를 취할 수 있을 것이다.

❑ 이러한 연구는 국내에서도 최근에 이루어졌는데 밀폐공간 질식재해를 예방하기 위한 사물인터넷 측정장치와 그 이동장치에 대한 연구(OSHRI, 2018;OSHRI, 2019)와 전자산업에서의 중소규모 전자사업장 화학물질 상시 모니터링 시스템 구축(OSHFTI, 2019)에 대한 연구가 그동안 이루어 졌다. 이러한 연구들을 기반으로 산업보건에 4차 산업기술을 도입하는 것에 대한 가능성을 볼 수 있었고, 이러한 점들을 고려하여 실제로 현장에서 사용할 수 있는 화학물질 상시 모니터링 시스템을 개발하여 화학물질을 많이 취급하는 사업장에 적용할 필요가 있다.

❑ 화학물질 상시 모니터링 시스템은 스마트센서를 이용하여 작업장의 화학물질 수준을 실시간으로 감지하고 사업주 또는 근로자에게 노출수준을 알리거나 위험수준을 경고하여 사업장에서 환기, 국소배기, 작업조절 등 스스로 작업환경을 관리 할 수 있도록 지원하는 시스템이다.

❑ 안전보건공단은 화학물질 취급 작업자의 건강보호를 위한 상시 모니터링 시스템 구축을 추진하고 있으며 스마트센서는 시스템의 핵심요소 중 하나이다. 스마트센서는 분진 등 복합 유해인자가 존재하는 작업환경 중의 대상 화학물질 노출 수준을 정확하게 감지할 수 있어야 하는 등 정확성과 내구성이 필요하다. 또한 변화하는 기술을 적용시킬 수 있는 기술 적용성 및 많은 사업장에 보급하기 위한 경제성 등이 필요하다.

❑ 따라서 이 연구의 목적은 기존의 작업환경측정제도의 한계를 보완하여 사업장의 자율보건관리를 지원할 수 있는 스마트센서개발과정에 대해 설명하고 향후 과제에 대하여 고찰하는 것이다.

(2) 스마트센서

가. 기술과 제도 동향

□ 사물인터넷을 이용한 유해인자측정 시스템은 기본적으로 유해인자를 측정할 수 있는 센서부, 얻어진 데이터를 송수신하는 통신부, 이를 받아주는 서버(클라우드 또는 물리적), 그리고 이를 관제하고 데이터 처리를 하는 플랫폼으로 구성되어 있다. 이 플랫폼에는 권한을 다르게 하여 관리자와, 기타 접근권한이 부여된 기관(해당사업장)/개인(해당근로자)이 해당 자료를 함께 공유할 수 있도록 하는 것이다. 개발된 각 부분이 유기적으로 연결되고 실시간으로 정보를 주고받을 수 있어야 한다. 또한 산업보건 분야에서의 측정은 개인시료 측정과 지역시료 측정도 함께 고려를 해야 한다.

□ 환경보건 분야에서는 그 시장규모가 확대되고 있다. 특히 학교보건법 제4조의3(공기정화설비 등 설치)에는 학교의 장은 교사 안에서의 공기 질 관리를 위하여 교육부령으로 정하는 바에 따라 각 교실에 공기를 정화하는 설비 및 미세먼지를 측정하는 기기를 설치하여야 한다라고 2019년 4월 개정되어 각 학교에는 미세먼지를 측정하는 장비를 설치하여 사용하고 있고 IoT 기능을 탑재하고 설치가 된 제품들이 출시되어 사용되고 있다.

□ 산업보건 분야에서는 2018년 밀폐공간 사고예방을 위한 첨단기술 활용방안 연구(OSHRI, 2018)를 시작으로 근로자가 들어가지 않고도 밀폐공간 내의 유해가스를 측정할 수 있는 다양한 시스템에 대한 연구를 시작하여 당시 최신 기술의 고찰과 시작품 수준의 IoT 밀폐공간에 특화된 측정장비를 만드는 계기가 되었다.

□ 2019년 첨단센서기술을 이용한 밀폐공간 유해가스 측정장치 개발 연구(OSHRI, 2019)에서는 2018년 연구를 바탕으로 IoT 밀폐공간 측정장치 개발을 포함하여 밀폐공간의 특성상 사람이 들어가지 않고도 밀폐공간에 진입하여 측정을 하고 그 결과를 실시간으로 외부에 있는 근로자에게 알려주는 캐리어(드론, 로봇, 케이블, 레일, 공 형태 등) 시스템을 구현하고 실증을 하는 연구를 수행하였다.

□ 2020년에는 전자산업에서의 중소규모 전자사업장 화학물질 상시 모니터링 시스템 구축(OSHFTI, 2020)을 통해 IoT 기술을 이용한 총휘발성유기화합물(total volatile organic compounds, TVOC) 측정장비를 사업장에 설치하여 현장 적용성에 대한 가능성을 평가하였다.

□ 이러한 연구를 바탕으로 밀폐공간에서의 산소 및 유해가스 농도 측정에 있어서는 산업안전보건기준에 관한 규칙 제619조의2(산소 및 유해가스 농도의 측정) 제1항 「사업주는 밀폐공간에서 근로자에게 작업을 하도록 하는 경우 작업을 시작(작업을 일시 중단하였다가 다시 시작하는 경우를 포함한다)하기 전 다음 각 호의 어느 하나에 해당하는 자로 하여금 해당 밀폐공간의 산소 및 유해가스 농도를 측정(「전파법」 제2조 제1항 제5호・제5호의2에 따른 무선설비 또는 무선통신을 이용한 원격 측정을 포함한다. 이하 제629조, 제638조 및 제641조에서 같다)하여 적정공기가 유

지되고 있는지를 평가하도록 해야 한다」로 개정되는 제도의 뒷받침도 함께 이루어지고 있다.

나. 각 기술별 핵심기술

❑ 센서는 어떤 대상의 정보를 수집하여, 기계가 취급할 수 있는 신호로 치환하는 소자 및 장치를 말한다. 산업보건 분야에서는 대표적으로 소음을 측정하는 센서가 있다. 소음의 정도를 측정하여 이를 숫자로 표시해주는 센서이다. 최초에는 기록이 되지 않는 소음측정기(sound pressure level meter)를 도입하여 사용하다가 누적소음노출량측정기(noise dosimeter)가 도입되어 근로자가 일하는 시간동안의 소음수준을 평가할 수 있게 되었다.

❑ 화학물질을 측정하는 센서는 지금은 밀폐공간에 대해서는 산소, 일산화탄소, 황화수소, 폭발하한치(Lower Explosive Limit, LEL) 측정을 위한 센서를 사용하고 있다.

❑ 현재 화학물질측정을 위한 센서가 시중에 개발이 되어 판매가 되고 있다. 주로 영국, 독일, 미국 제품의 앞서 있으며, 우리나라 센서의 수준은 아직 걸음마 단계이다. 센서의 신뢰성은 인명피해와도 연결되어 있기 때문에 대부분의 센서는 해외 의존도가 매우 높은 실정이다. 화학물질센서의 경우 측정가능물질과 원리는 다양하다. 따라서 센서를 선정할 때에는 해당 화학물질을 측정가능여부, 측정범위, 반응속도, 작동온도, 작동습도, 수명, 보증기간 등을 고려해야한다.

❑ 통신은 거리가 멀어진 상태에서 특정 매체나 수단을 통하여 정보를 주고받는 것이다. 목적에 따라 통신방법을 선택 할 수 있다. 블루투스, LTE(Long Term Evolution), Wi-Fi 등 다양한 통신방법이 있다. 거리, 전송속도, 주파수대역, 연결속도, 확장성, 비용 등을 고려해야 한다. 통신부는 센서에서 감지한 데이터를 클라우드 또는 플랫폼으로 전송해주는 역할을 한다.

❑ 플랫폼은 다양한 의미를 포함할 수 있다. 통신을 통하여 전송된 데이터를 받아서 저장하는 서버(클라우드, 물리 등)가 있고 이 데이터들을 의미 있는 정보가 될 수 있도록 가공하여 보여주는 관리용 웹이나 앱이 있을 수 있다. 또한 이 데이터에 범위를 정하여 관리자나 근로자에게 알람을 주거나 다른 장비(환기장치 등)에 연동시킬 수도 있다.

(3) 스마트센서의 개발

가. 대상 화학물질의 선정

❑ 대상 화학물질을 선정하기 위해서는 다양한 요소를 고려해야 한다. 우선순위는 현재 산업보건 분야에 필요한 물질을 우선순위에 따라 선정을 해야 한다. 그 우선순위가 결정되면 기술적으로 가능여부를 판단한다. 총 네 가지의 자료를 통하여 우선순위를 선정하였다.

❑ 첫째, KOSHA Alert(2008-2020), 둘째, 과거 재해사례 분석(2009-2019), 셋째, 직업성 중독질환 감시체계 연구용역보고서(2017-2020), 넷째, 과거 KOSHA 연구보고서 추천물질(중소규모 전자사업장 화학물질 상시 모니터링 시스템 구축)을 참고하여 우선순위를 선정하였다.

❑ 우선순위에 따라 총 10종의 1차 대상 화학물질을 선정하였다. 총휘발성유기화합물, 염소,

불화수소, 시안화수소, 일산화탄소, 황화수소, 산소(O_2), 황산(H_2SO_4), 일산화질소(NO), 암모니아(NH_3)가 선정되었다. 2차 대상 화학물질은 기술적으로 가능한지 검토를 하여 2차 대상 화학물질로 선정결과 4종의 가스상물질을 선정하였다.

□ 총휘발성유기화합물, 염소, 불화수소, 시안화수소이다. 총휘발성유기화합물은 유기용제로 인한 중독사고가 빈번하고 KOSHA Alert 발생 빈도와 세척 등 사업장에서의 사용도가 매우 높은 물질이다. 염소는 전자산업(반도체, 디스플레이)에서 주로 사용하고 있으며 선행연구에서 후보로 선정된 물질이며 공정안전관리(process safety management, PSM) 대상 물질이었다. 불화수소도 전자산업에서 주로 사용하며 PSM 대상물질이다. 시안화수소는 도금산업에서 주로 사용하였고 KOSHA Alert 물질이며 PSM 대상물질이었다. 최종적으로 전문가 자문을 통하여 최종 선정을 하였다.

나. 알람기준 선정

□ 기존의 작업환경측정방법을 이용하여 측정을 한 것이 아니기 때문에 고용노동부의 화학물질 및 물리적인자의 노출기준을 단순 적용하기는 아직 연구가 더 필요하기 때문에 이를 참고하여 준용하였다.

□ 급성중독 물질과 만성중독물질의 알람기준을 별도로 고려하였다. 산업안전보건법에 준하여 TWA, STEL, C를 활용하였다. C는 노출기준 등을 고려하여 넘지 않도록 하고 물질에 따라 알람기준을 다르게 하였다. STEL은 지속적으로 15분간의 노출량을 환산하여 이에 따른 알람기준 설정을 하였다. TWA는 1시간 평균, 8시간 평균 이렇게 두 가지로 환산을 하여 관리자로 하여금 다양한 지표를 이용하여 관리를 할 수 있도록 하였다. 또한 정상(노출기준의 50% 미만), 주의(노출기준의 50% 이상 100% 미만), 경고(노출기준의 100% 이상)로 나누어 각각 초록, 노랑, 빨강으로 색상으로 표시하도록 하였다.

□ 기존의 작업환경측정을 통해서는 약 15분 이상 측정을 하도록 하고 있고 이를 분석하여 결과를 얻기까지에는 상당한 시간이 걸리기 때문에 특히 급성중독 물질에는 대응을 하지 못하였는데 실시간으로 측정을 해서 평가 결과에 따라 조치를 취할 수 있다는 점이 중요하다.

다. 스마트센서의 구조 및 주요성능

□ 스마트 센서는 측정장치(센서), 네트워크(통신), 플랫폼(관리 및 응용)으로 구성이 되어 있다. 각 기능은 유기적으로 연동이 될 수 있도록 설계를 하였다.

□ 스마트센서의 센서는 주요 필수 기능 구현을 위하여 몇 가지 주요 기능 및 제원을 갖출 수 있도록 하였다. 통신이 되지 않더라도 기록과 저장이 가능한 microSD 카드, 현장에서 바로알람 상황, 농도, 통신, 배터리 수준을 파악 할 수 있는 디스플레이, 조작을 위한 외부 입력키 3개(UP, Down, Enter), 전원 키, 가스상 물질이 센서에 맞닿을 수 있도록 설계된 벤트홀, 전기공급 및 충전의 편의성을 위한 C-type 타입 전원 공급 포트, 통신을 위한 내장 Wi-Fi기능, 2700 mAh

배터리, 직관적 표현을 위한 LED 4개(가스상태 LED 3개, Wi-Fi 접속 상태 LED 1개), 벽면 거치를 위한 거치대, LTE 라우터 거치를 위한 기구설계, 알람을 줄 수 있는 부저 등 최소한 갖춰야 하는 기능을 정의하였다.

❑ 센서는 이미 개발되어 검증된 제품을 사용하였고, 총휘발성유기화합물(photoionization detector, PID방식), 염소, 시안화수소 센서는 영국 Alphasense사, 불화수소센서는 독일 City Technology Sensoric사의 센서를 사용하였고 관리하고자하는 농도 범위 수준을 포함하는 센서를 선정하였다. 총휘발성유기화합물센서의 경우에는 반응계수(response factor, RF) 또는 제조사에 따라 보정계수(correction factor, CF) 등의 용어를 사용하여 환산해주는 계수를 가지고 있어 특정 물질에 대해서는 추정할 수 있도록 하고 있다.

❑ 통신은 Wi-Fi를 이용하여 LTE 라우터에 연결하는 방식을 선택하였다. Wi-Fi가 가능한 사업장에서는 비용을 줄일 수 있고, LTE 라우터가 필요한 사업장에서는 라우터를 도입하며 분리형으로 제작하여 그 활용도를 최대한으로 확대하였다. 물론 통신이 되지 않는 상황에서도 스마트센서는 스스로 작동하여 설정한 농도에 따라 근로자에게 알람을 현장에서 소리와 빛을 이용하여 알려주는 기능을 탑재하였다.

❑ 이렇게 얻어진 데이터는 플랫폼으로 전달되어 클라우드 서버에 저장이 되고, 플랫폼에서 등록된 사업장 관리와 근로자에게 알려주는 기능을 가지고 있으며, SMS를 이용하여 선택된 사람들에게 추가적으로 알람을 주는 기능을 가지고 있다.

[그림 Ⅲ-32] Conceptual design of smart sensor detecting system

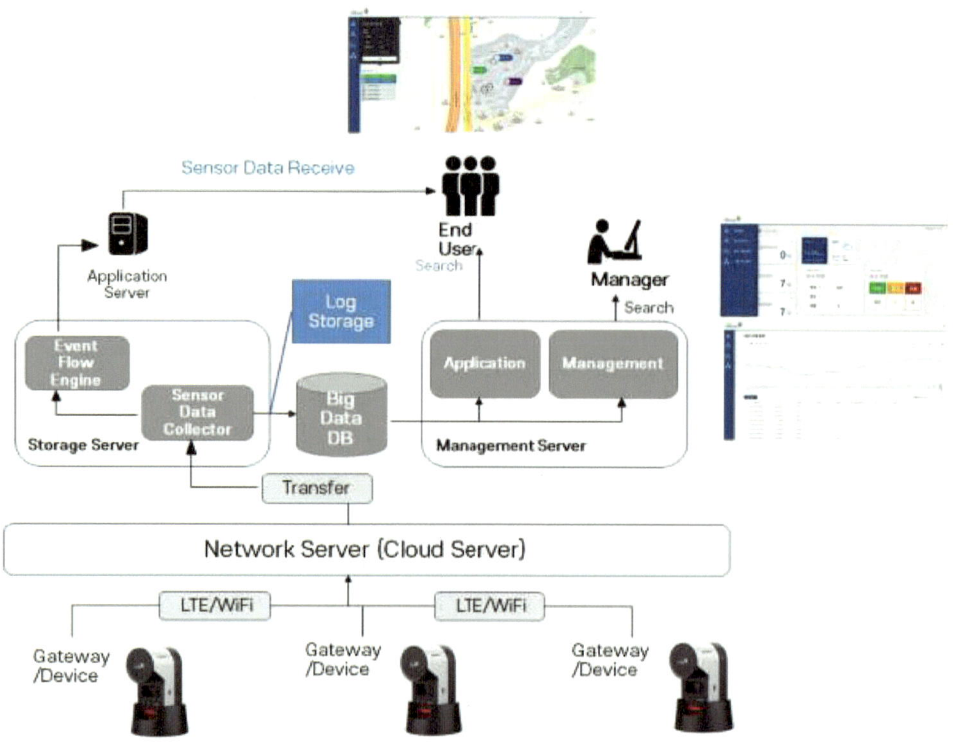

자료 : 한국산업보건학회지 제32권 제1호 [사물인터넷 기술을 이용한 가스상 물질 측정용 스마트센서 개발과 향후과제], 2022.

라. 스마트센서의 개발과정

A) 센서의 검정

❑ 현재 우리나라에 실시간 측정 장비의 정도관리 제도가 없기 때문에 기준농도 이상일 때의 알람여부 시험은 표준가스를 이용하여 진행하였다. 한국인정기구(Korea Laboratory Accreditation Scheme, KOLAS)에서 인정한 공인시험검사기관에서 센서의 능력을 검증하였다. 총휘발성유기화합물은 측정범위가 0-6,000 ppm이고 일반적으로 이소부틸렌(isobutylene) 100 ppm(KOLAS)을 이용하여 교정을 한다. 염소, 시안화수소, 불산은 교정이 아닌 시험으로 진행을 하였다. 염소는 10 ppm, 시안화수소는 10 ppm, 불화수소는 5 ppm의 표준가스로 시험을 하고 KOLAS 기관에서 교정성적서 및 시험성적서를 발급받았다. 이를 통과한 센서를 이용하여 스마트센서의 개발을 진행하여 인쇄 회로 기판(printed circuit board, PCB)를 설계하고 제작하였다. 또한 다양한 센서를 향후 접목 할 수 있도록 센서 소켓부위를 별도로 구성하여 확장성을 높였다.

[도표 Ⅲ-58] Characteristics of smart sensor system

Category	TVOC*	Cl_2†	HF‡	HCN§
Occupational Exposure Limit (ppm)	Depends on the substance	TWA‖ 0.5 STEL¶ 1	TWA 0.5 C** 3	C 4.7
Range (ppm)	0-6,000	0-20	0-10	0-100
Resolution (ppm)	0.05	0.02	0.15	0.05
Response time T90	Within 3 sec.	Within 60 sec.	Within 90 sec.	Within 70 sec.
Operation temp. (℃)	-40 to 65	-20 to 50	-20 to 40	-30 to 50
Operation humid. (%)	0 to 95	15 to 90	15 to 90	15 to 90
Operating life	5 years	24 months (80% ability)	18 months	12 months (80% ability)
Warranty	2 years or 5,000 hours	24 months	12 months	12 months

* Total volatile organic compounds / † Chlorine / ‡ Hydrogen fluoride / § Hydrogen cyanide
‖ Time Weighted Average / ¶ Short Term Exposure Limit / ** Ceiling

B) 디자인설계

❑ 정의했던 기능을 구현하기 위하여 다양한 형태와 모양의 디자인을 통하여 디자인 후보를 만들었고 이를 목적에 맞게 디자인을 하고 실제 생산을 하여 현장에 두었을 때를 고려하여 최종 디자인을 완성하였다. 디자인이 완성된 이후에는 색상을 결정하게 되는데 이번에는 스마트센서가 어디에 위치하더라도 눈에 잘 보일 수 있도록 하였다. 다음 그림 (a)와 같이 개념 디자인(concept design)을 통하여 필요한 기능에 대하여 개념적으로 정의를 하였고, 그림 (b)와 같이 실제 필요한 기능을

기술적으로 가능한지 여부를 파악하며 기능정의를 통하여 구현할 수 있도록 디자인 하였다.

[그림 Ⅲ-33] Design process of smart sensor system

(a) conceptual sketch design

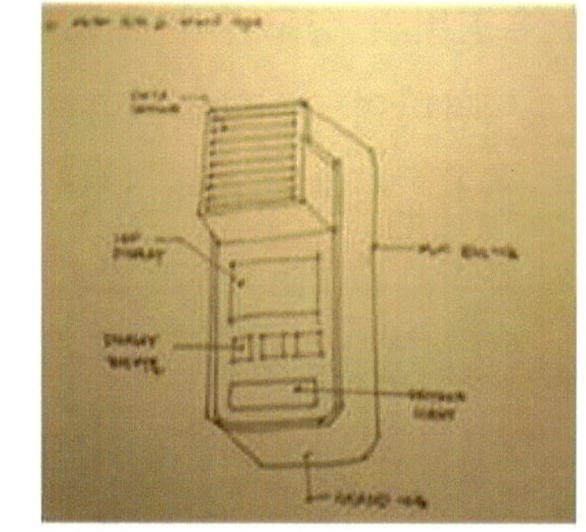

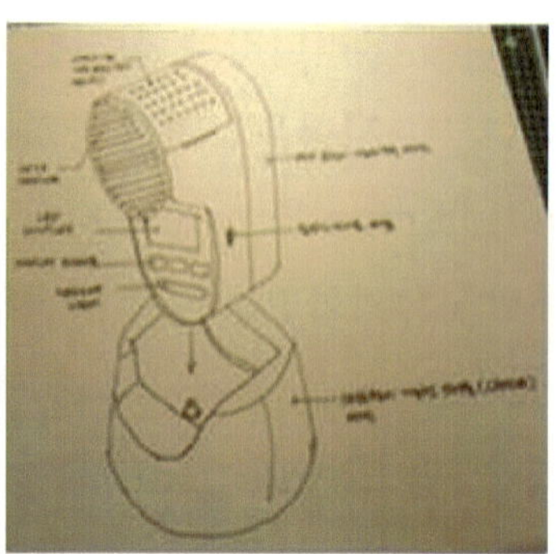

(b) functional design

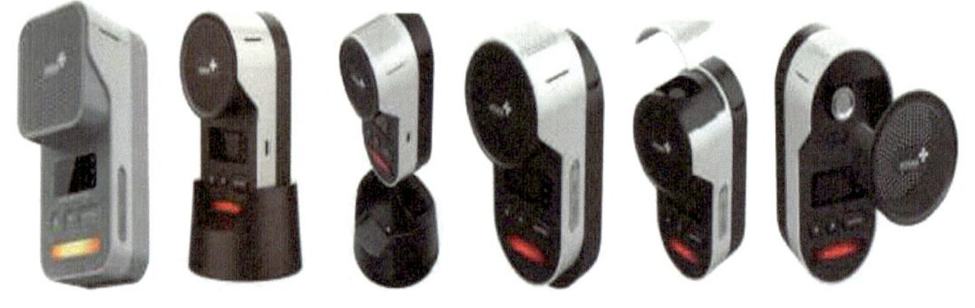

자료 : 한국산업보건학회지 제32권 제1호 [사물인터넷 기술을 이용한 가스상 물질 측정용 스마트센서 개발과 향후과제], 2022.

C) 기능설계, 기구설계, 3D 프린팅, 목업(Mock up)

❑ 다음 그림 (a)와 같이 전산유체역학(computational fluid dynamics, CFD)를 이용하여 Fan을 장착했을 때와 장착하지 않았을 때의 유체의 흐름을 확인하여 Fan을 장착하는 것이 센서의 정확도를 상승시킨다는 판단을 할 수 있었다. 그림 (b)는 스마트센서 세트가 생산이 되었을 때의 스마트센서의 움직임과 기능에 대하여 다시 확인을 하고 조립이 제대로 이루어질지를 확인하기 위하여 기구설계를 하였다.

❑ 또한 목업(mock-up)과정을 통하여 시제품을 만들어서 사출을 하여 대량생산을 했을 때 발생할 수 있는 다양한 문제에 대하여 확인을 하는 과정을 거쳤다. 그림 (c), (d)와 같은 과정을 통하여 최종적으로 금형을 만들고 대량 사출을 통하여 제품을 생산 하였다.

[그림 Ⅲ-34] Computational fluid dynamics verification

(a) left: without fan,
Right: with fan.
and production process of smart sensor system

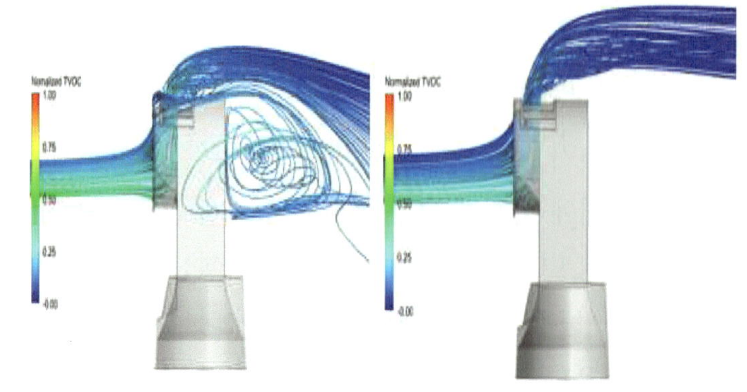

자료 : 한국산업보건학회지 제32권 제1호 [사물인터넷 기술을 이용한 가스상 물질 측정용 스마트센서 개발과 향후과제], 2022.

D) 모니터링 플랫폼 설계

❑ 모니터링 플랫폼은 중소기업에서도 비용부담 없이 사용할 수 있도록 안전보건공단 미래전문기술원에서 서버를 운용하고 있으며, 계정을 등록하면 사용할 수 있도록 하였다. 모니터링 플랫폼은 직관적으로 설계를 하여 지도에서 즉시 색상(빨강: 경고, 주황: 주의, 초록: 정상)으로 알람을 주었고(그림 (a)), 관리페이지(그림 (b))와 통계페이지(그림 (c))를 이용하여 관리를 할 수 있도록 구성하였다. 또한 향후 다른 종류의 센서를 사용하더라도 연동이 쉽도록 표준화하여 개발하였기 때문에 모니터링 플랫폼은 다양하게 활용이 가능하도록 구성하였다.

[그림 Ⅲ-35] Monitoring platform

(a) monitoring by mapping

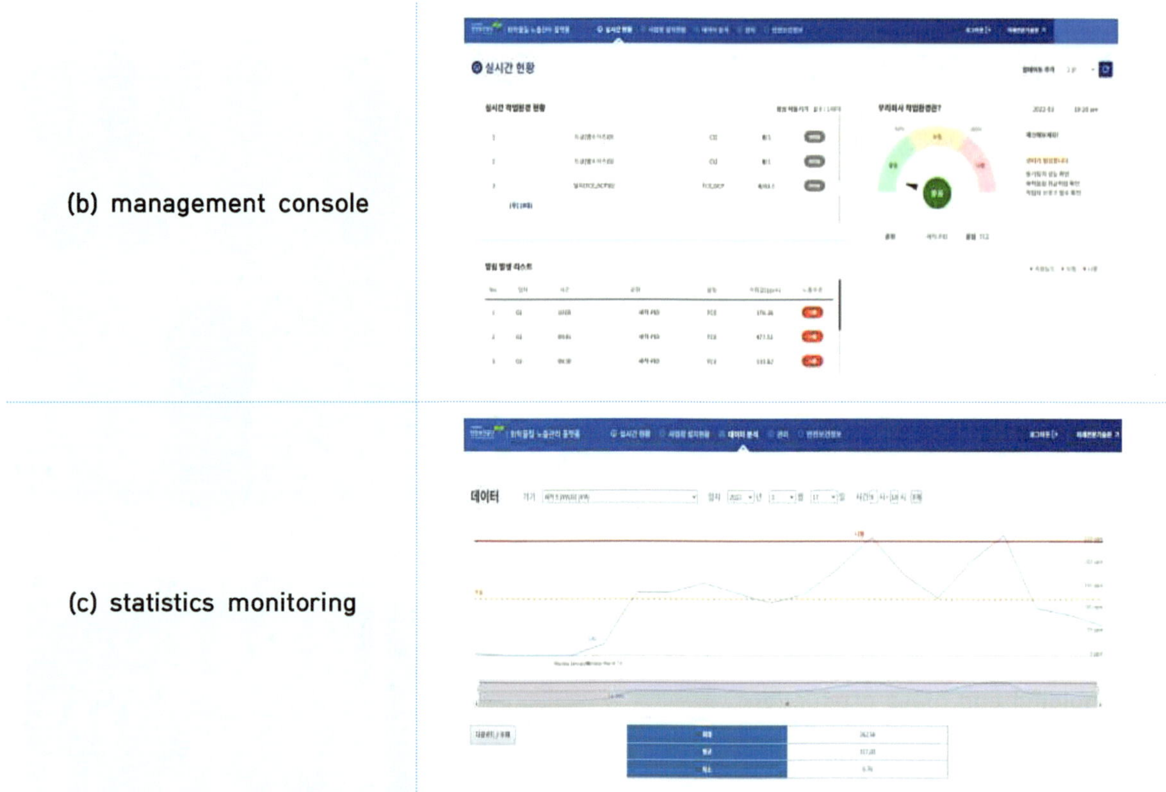

자료 : 한국산업보건학회지 제32권 제1호 [사물인터넷 기술을 이용한 가스상 물질 측정용 스마트센서 개발과 향후과제], 2022.

(4) 결론

❑ 이 연구에서는 스마트센서를 이용하여 소규모 사업장의 작업환경 자율관리를 지원하기 위한 상시모니터링 시스템을 시범 개발 하였다. 화학물질 감지 및 통신기능이 결합된 스마트센서세트와 수집된 정보를 표출하기 위한 플랫폼, 사업장에 대한 피드백 시스템 등을 구성하여 실현하였다.

❑ 기술적인 부분 뿐 아니라 스마트센서세트의 작업환경적용에 대한 전문가의 공감대형성과 사업주의 이해도 중요한 과제이다. 이를 위해 신뢰도 높은 시스템 구축 노력이 필요하며 아울러 위험사업장에 대한 시범적용을 통해 직업병예방 관리 사례 발굴 등이 병행되어야 한다. 현장 연구를 통해 2022년 시행된 중대재해처벌법에 따른 유기화합물, 시안화수소 등 화학물질 중독 및 산소결핍증 등의 직업성질병 예방에 상시모니터링 시스템이 보다 효과적으로 활용될 수 있는 방안 마련도 필요하다.

❑ 상시모니터링 시스템에 대한 정확도와 현장 적용성을 지속적으로 향상시키는 것과 함께 안전보건 관리여력이 부족한 중소규모 사업장 등의 화학물질 자율관리에 도움이 될 수 있도록 효과적인 현장 적용방안 및 지원방안이 마련되어야 한다.

제 4장 유해물질 통합 위해성 평가와 水환경 유해물질 현황·대응

1. 인체 및 생활 속 유해물질 통합 위해성 평가

1) 국민 체내 환경유해물질 농도 조사 및 결과

❑ 환경부 소속 국립환경과학원은 2018년부터 2020년까지 3년간 실시한 '제4기 국민환경보건 기초조사' 결과를 공개했다. 이번 조사는 전국에서 표본 추출한 245개 지역(읍면동 수준)과 181개의 보육·교육기관을 대상으로 3세 이상 국민 6,381명의 혈액 및 소변을 채취하여 33종의 환경유해물질 농도를 분석하고 설문조사를 거쳐 환경유해물질의 노출요인을 분석한 결과를 담았다.

- **국민환경보건 기초조사(Korean National Environmental Health Survey, KoNEHS)** : 환경보건법 제14조 및 동법 시행규칙 제4조에 근거, 환경부 국립환경과학원이 3년 주기로 국민의 인체 내 환경오염물질 농도와 영향요인을 파악하는 국가단위 조사(현재 제5기(`21 ~ `23) 조사 중)

[도표 Ⅳ-1] 제4기 국민환경보건 기초조사 구성

항목	세부 내역
조사대상	우리나라 거주, 3세 이상 어린이, 청소년을 포함한 국민
조사인원	총 6,381명
배정조사구	총 426개(181개 보육·교육기관, 245개 조사구)
표본추출단위	인구주택총조사(통계청, 2015), 교육기관 현황자료(교육부, 2017), 보육기관 현황자료(보건복지부, 2020)

[도표 Ⅳ-2] 환경유해물질 체내 노출 수준 평가

환경유해물질 체내 노출 수준 평가	총 33종
중금속	납(혈액), 수은(혈액, 소변), 카드뮴(소변)
PAHs 대사체	1-하이드록시피렌, 2-나프톨, 1-하이드록시페난트렌, 2-하이드록시플루오렌
환경성 담배연기(니코틴) 대사체	코티닌
환경성 페놀류	비스페놀-A, -F, -S, 트리클로산, 메틸파라벤, 에틸파라벤, 프로필파라벤, 부틸파라벤, 벤조페논-3
프탈레이트 대사체	MEHHP, MEOHP, MECPP, MnBP, MBzP, MCPP, MEP, MMP
피레스로이드 계열 농약류	3-페녹시벤조익산
VOCs 대사체	t,t-뮤콘산, 벤질머캅투르산
과불화화합물	과불화옥탄산, 과불화옥탄술폰산, 과불화헥산술폰산, 과불화데칸산, 과불화녹살산

자료 : 환경부 보도자료 [국민 몸속 환경유해물질 농도… 3년 전보다 대부분 감소], 2021. 12

- **조사대상(6,381명)** : 영유아(3세 이상 미취학 아동) 578명, 초등학생 736명, 중·고등학생 828명, 성인(19세 이상) 4,239명
- **조사물질(33종)** : △중금속(납, 수은, 카드뮴) 3종, △내분비계장애물질 및 대사체(비스페놀-A, 프탈레이트 대사체 등) 17종, △다환방향족탄화수소류 대사체 4종, △휘발성유기화합물 대사체 2종, △농약 대사체 1종, △담배연기 대사체 1종, △과불화화합물 5종

(1) 중금속

❑ 중금속의 경우, 성인의 혈액 중 **납 농도**는 1.51㎍/dL로 그간 발표된 이전 조사결과(제1기부터 제3기)에 비해 감소하는 추세이고, 혈액 중 **수은**의 농도는 2.96㎍/L, 1.38㎍/L로 성인, 중고등학생 모두 제3기(성인 2.75㎍/L, 중고등학생 1.37㎍/L)와 비슷한 수준으로 나타났다.

- 영유아, 초등학생은 혈액채취가 어려워, 소변 중 환경유해물질만 조사

❑ 소변 중 **카드뮴 농도**는 △영유아 검출한계 미만값, △초등학생 0.20㎍/L, △중고등학생 0.15㎍/L, △성인 0.35㎍/L로 전 연령대에서 제3기 조사 결과에 비해 감소했고, 특히 영유아 및 중고등학생에서 상대적으로 감소폭이 크게 나타났다.

[도표 Ⅳ-3] 혈액 중 납/수은(μg/L)

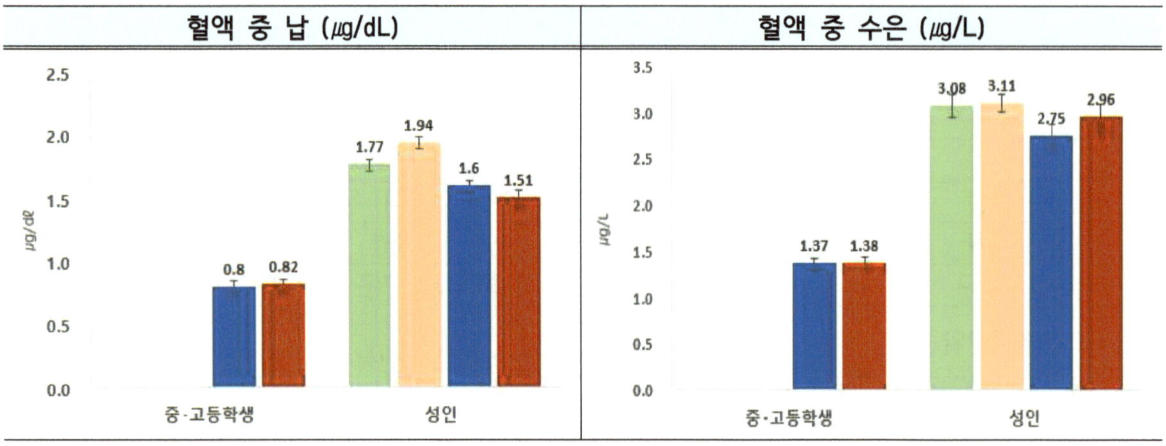

혈액 중 납 (μg/dL)	혈액 중 수은 (μg/L)
중·고등학생: 0.8, 0.82 / 성인: 1.77, 1.94, 1.6, 1.51	중·고등학생: 1.37, 1.38 / 성인: 3.08, 3.11, 2.75, 2.96

[도표 Ⅳ-4] 소변 중 카드뮴(μg/L)

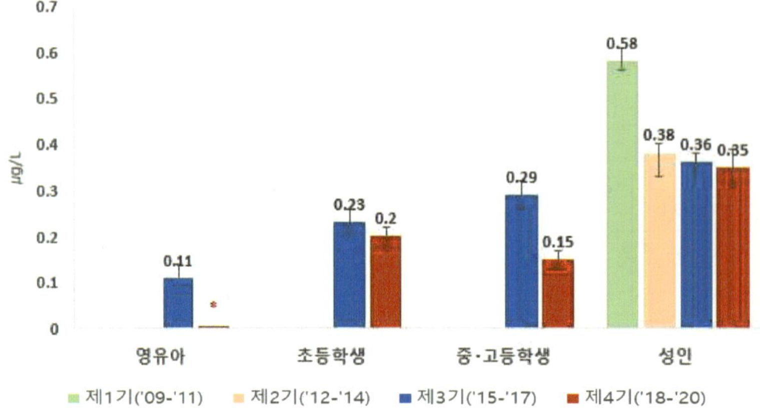

(2) 환경성 페놀류 및 프탈레이트 대사체

❑ **내분비계장애물질(Endocrine disrupting chemicals)** : 생물체 내의 정상적인 내분비계 기능을 방해하는 물질로서 환경 중에 배출되거나 잔류해 있다가 체내로 유입되어 마치 호르몬처럼 작용한다고 해서 일명 '환경호르몬'으로 불리기도 한다. 대표적으로 프탈레이트, 비스페놀A 등이 알려져 있다.

❑ **대사체(Metabolites)** : 생체 내 물질변화의 결과로서 생성되는 물질을 총칭하는데 환경에 존재하는 화학물질의 경우 사람의 몸속으로 유입되면서 체내에서 전환되어 대사체가 생성될 수 있어 환경유해물질의 노출 수준에 대한 지표로 사용하기도 한다.

❑ **프탈레이트(Phthalate)** : 플라스틱을 부드럽게 하는 가소제로 사용되거나, 그 외 목재가공, 향수용매, 가정용 바닥재 등에도 광범위하게 사용되기도 하는 화학물질로서 디에틸헥실프탈레이트(DEHP), 디부틸프탈레이트(DBP), 벤질부틸프탈레이트(BzBP) 등이 대표적이다. 동물실험 등을 통해 생식기계, 성장발달 등에 영향을 줄 수 있는 내분비계장애물질로 알려져 있다.

❑ **비스페놀(Bisphenol-A, -F, -S)** : 생식기계의 발달과 생식능력에 대한 영향이 대표적으로 비만, 심혈과 질환 등을 일으킬 수 있는 것으로 보고된다. 비스페놀F, 비스페놀S는 대체물질로 비스페놀A와 유사한 건강영향이 발견된 연구가 있다. 비스페놀-A는 내분비계장애물질로 여성호르몬의 일종인 에스트로겐과 유사한 작용을 할 수 있다.

가. 비스페놀-A

❑ 합성수지 원료, 식품저장용 캔의 내부 코팅 재료 등에 사용하는 **비스페놀-A의 소변 중 농도**는 △영유아 1.02μg/L, △초등학생 1.44μg/L, △중고등학생 0.99μg/L, △성인 0.92μg/L로 전 연령대에서 3년 전보다 감소했고, 초등학생 연령대에서 농도가 1.44μg/L로 나타나 상대적으로 높은 경향을 보였으나, 독일의 건강영향 권고치(HBM-I)인 어린이 100μg/L 및 성인 200μg/L보다는 매우 낮은 수준이었다.

- 비스페놀-A는 젖병 제조(`12.7.2.), 화장품 원료(`13.2.17), 모든 영유아용 기구 및 용기.포장(`20.1.1)에 사용 금지
- HBM-I : '독일 인체모니터링위원회'가 제시한 권고치로 건강피해 위험이 없는 수준 (비스페놀-A; 어린이 100μg/L, 성인 200μg/L)

나. 프탈레이트(디에틸헥실프탈레이트 대사체)

❑ 플라스틱 가소제로 사용하는 **프탈레이트(디에틸헥실프탈레이트 대사체)**의 소변 중 농도는 △영유아 32.2μg/L, △초등학생 39.3μg/L, △중고등학생 19.1μg/L, △성인 16.8μg/L로 모든 연령대에서 3년 전보다 감소했고, 중고등학생 이하 연령층에서 농도가 높은 경향을 보였다.

- 디에틸헥실프탈레이트(DEHP) 대사체 2종(MEHHP, MEOHP)의 농도를 합산하여 제시함

❑ 이 경향은 국내·외 조사 결과와 유사했고, 모든 연령대에서의 프탈레이트 대사체 농도는 독일의 건강영향 권고치(HBM-I)보다 낮은 수준이었다.

- DEHP(HBM-I) : 6～13세 500㎍/L, 14세 이상 750㎍/L, 가임기 300㎍/L

❑ 어린이는 단위 체중 당 음식 섭취량과 호흡률이 성인보다 높으며(약 2~3배), 특히 영유아의 경우 장난감을 빨거나 바닥에서 노는 등의 행동특성을 갖고 있어, 비스페놀-A, 프탈레이트 같은 내분비계장애물질의 몸속 노출 수준이 더 높은 원인이 될 수 있다. 따라서 어린이 등 민감 계층의 활동 공간, 사용제품 등에 더 많은 관심을 두어야 한다.

[도표 IV-5] 소변 중 비스페놀-A 및 DEHP 대사체(㎍/L)

소변 중 비스페놀-A (㎍/L)	소변 중 DEHP 대사체 (㎍/L)

3.0
2.5
2.0
1.5
1.0
0.5
0.0
㎍/L
2.41
1.02
1.7
1.44
1.39
0.99
0.75
1.09
1.18
0.92
영유아
초등학생
중·고등학생
성인

80
60
40
20
0
㎍/L
60.7
32.2
48.7
39.3
23.4
19.1
36.3
29.9
23.7
16.8
영유아
초등학생
중·고등학생
성인

■ 제1기('09-'11) ■ 제2기('12-'14) ■ 제3기('15-'17) ■ 제4기('18-'20)

자료 : 환경부 보도자료 [국민 몸속 환경유해물질 농도… 3년 전보다 대부분 감소], 2021. 12

다. 파라벤

❑ 살균성 보존제로 사용하는 파라벤류 중 가장 많이 사용되는 메틸파라벤 농도는 3년 전보다 크게 감소했고, 여성(14.9㎍/L)이 남성(8.54㎍/L)보다 높았으며, 이는 국외 결과와 유사한 경향을 보였다.

[도표 IV-6] 소변 중 메틸파라벤 농도(㎍/L)

구분	한국(성인)		미국	캐나다
	제4기	제3기	('15-'16)	('16-'17)
전체	11.3	35.2	31.8	14
남자	8.54	27.3	18.2	7.2
여자	14.9	45.2	54.4	28

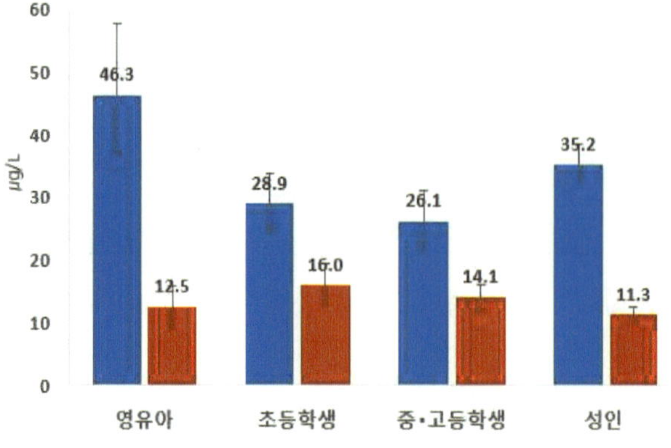

■ 제3기('15-'17) ■ 제4기('18-'20)

❑ 전 연령대에서 3년 전보다 에틸파라벤의 농도는 증가, 프로필파라벤은 감소한 것으로 나타났다. 에틸파라벤은 패스트푸드, 통조림류 등 가공식품 보존제로 사용되는데 설문조사 결과, 가공식품 섭취빈도는 3년 전보다 증가하는 경향을 보였다.

❑ 파라벤류는 화장품 외에도 의약품, 식품 등 다양한 분야에서 변질 및 부패 방지를 위한 방부제 및 보존제로 사용되므로 명확한 노출원인을 알기 위해서는 추가적인 연구가 필요하다.

[도표 Ⅳ-7] 소변 중 에틸파라벤/프로필파라벤(㎍/L)

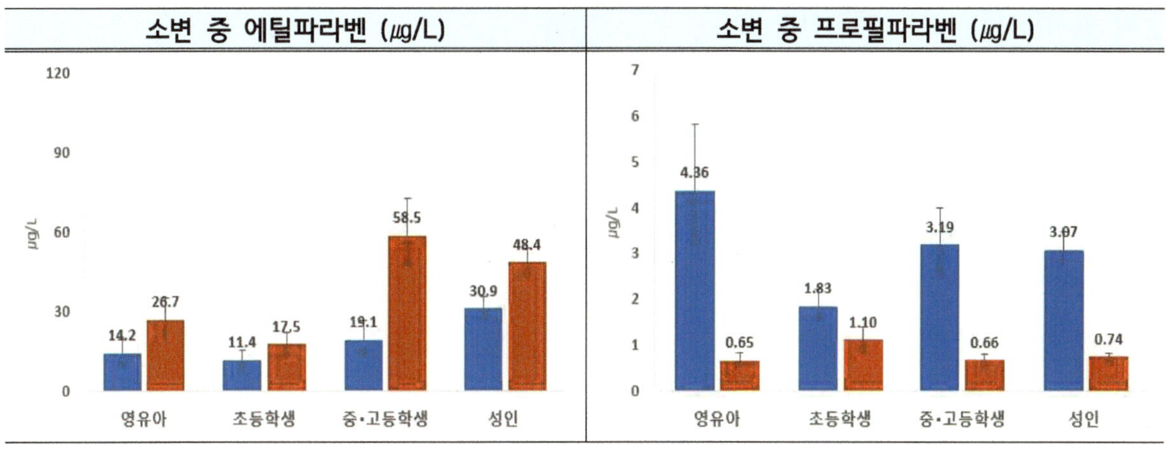

자료 : 환경부 보도자료 [국민 몸속 환경유해물질 농도… 3년 전보다 대부분 감소], 2021. 12

(3) 과불화화합물(PFCs)

❑ **과불화화합물(Perfluorinated compounds, PFCs)** : 얼룩, 기름, 물을 방지하는 기능이 있어서, 코팅제가 처리된 포장지부터 카펫의 얼룩방지제에도 포함되어 있을 정도로 다양한 소재에 사용되는데, 난분해성으로 인해 한번 배출되면 오랫동안 환경에 잔류한다.

❑ 이번 제4기 조사에서 신규로 조사한 과불화화합물 중 과불화옥탄산(PFOA)의 혈액 중 농도는 성인과 중고등학생에서 각각 6.43㎍/L와 3.66㎍/L, 과불화옥탄술폰산(PFOS)은 성인과 중고등학생에서 각각 15.1㎍/L와 7.97㎍/L를 나타내 과거 국내 조사사례와 유사한 수준을 보였다.

❑ 이 수치는 독일 인체모니터링위원회에서 제시한 권고값인 '건강영향이 우려되는 수준(독일, HBM-II)'인 10㎍/L(PFOA), 20㎍/L(PFOS)보다는 낮은 것이다.

- **HBM(Human Biological Monitoring) 값** : 독일의 인체모니터링 위원회에서 규정하는 값으로서 독성학적, 역학적 요인을 고려하여 산출하였으며 국제적으로 널리 활용되는 권고값
- **HBM-I**은 일반 인구집단이 해당 오염물질 노출로 인해 건강 피해를 입을 위험성이 없는 농도 수준이며, **HBM-II**는 일반 인구집단 중 민감한 계층이 건강피해를 입을 위험성이 있다고 판단되는 농도로 노출 저감을 위한 조치와 지속적 의료감시를 받을 필요가 있음
- 체내 노출농도가 I 과 II 사이인 경우는 일시적 노출에 의한 것인지 확인하고, 필요한 경우 동일한 환경에 있는 집단에 대한 추가 조사 등의 조치를 취할 필요 있음

❑ 과불화화합물은 방수코팅제로 다양한 산업공정 및 소비재로 사용되는데 인체 내에서 잘 분해되지 않고 장기간 축적되므로 지속적인 관측이 필요하다.

❑ 우리나라 국민의 체내 환경유해물질의 농도는 3년 전과 비교할 때 전반적으로 감소하거나 유사한 수준이었으며, 일부 비스페놀류 및 파라벤류 등은 다소 증가한 것으로 나타났다.

❑ 이번 결과는 국가통계포털(www.kosis.kr)과 환경통계포털(stat.me. go.kr)을 통해 국가승인통계(106027호)로 2022년 1월 초에 공개하며, 내년 상반기에 제4기 기초조사 설문과 분석결과 등의 원시(상세)자료도 제공한다.

❑ 한편, 환경부와 국립환경과학원은 2021년부터 2023년까지 국민 5,850명을 대상으로 '제5기 국민환경보건 기초조사'를 수행하고 있다.

2) 국내 유통식품 미세플라스틱 오염수준 조사 및 결과

❑ 식품의약품안전처 식품의약품안전평가원은 국내 유통 식품에 대한 미세플라스틱 인체노출량을 조사한 결과, 우려할 수준이 아니라고 평가했다. 또한 해조류(미역·다시마)의 경우 2회 이상 세척하면 미세플라스틱이 상당부분 제거되는 것을 확인했다.

- **미세플라스틱** : 플라스틱 해양쓰레기 등이 미세하게 분해되거나 인위적으로 제조된 5mm(5,000 ㎛) 이하의 플라스틱 입자를 일컬음

❑ 식약처는 국내 수산물 등 유통 식품에 대해서 미세플라스틱 오염 가능성이 제기됨에 따라 식품안전관리 근거 자료로 활용하기 위해 이번 조사를 실시했다.

- 조사대상은 국내 유통 중인 해조류, 젓갈류, 외국에서 미세플라스틱 오염이 보고된 식품 등 총 11종 102품목으로 2020년~2021년 미세플라스틱의 오염도와 인체노출량을 조사함
- 미세플라스틱에 대한 국제적인 공인분석법이 없어, 식약처는 이번 연구에서 최신 연구동향을 반영한 최적화된 분석법을 확립해 적용함

❑ 2017년부터 2021년까지 5년간 미세플라스틱 오염도 조사 결과와 식품섭취량을 토대로 산출한 인체노출량은 1인당 하루 평균 16.3개로 지금까지 알려진 독성정보와 비교하면 이는 우려할 수준이 아닌 것으로 판단된다.

- 동물실험(랫드)에서 미세플라스틱에 대해 28일간 경구투여(6만개/일) 독성시험을 실시했을 때, 독성학적 변화가 관찰되지 않았음(`19년 식약처 연구결과)

❑ 2020년~2021년 조사 결과, 검출된 미세플라스틱 재질은 주로 폴리에틸렌(PE)과 폴리프로필렌(PP)으로 45㎛이상 100㎛미만의 크기가 가장 많았으며, 미세플라스틱 검출량은 최소 0.0003개/mL(액상차)에서 최대 6.6개/g(젓갈) 수준이었다.

- 검출량 : 액상차 0.0003개/mL, 맥주 0.01개/mL, 간장 0.04개/g, 벌꿀 0.3개/g, 식염(천일염 제외) 0.5개/g, 액젓 0.9개/g, 해조류(미역·다시마·김) 4.5개/g, 티백 4.6개/티백, 젓갈 6.6개/g

[도표 IV-8] 미세플라스틱 검출수준

품목		품목수	검출율 (%)	검출갯수(개/g 또는 개/mL)* 평균±표준편차
음료류	액상차	2	33.3	0.0003±0.0004
	탄산음료	2	100	0.003±0.002
	과일음료	2	100	0.04±0.04
맥주		18	100	0.01±0.009
간장		10	90.0	0.04±0.03
벌꿀		6	100	0.3±0.2
식염(천일염 제외)		12	91.7	0.5±0.8
해조류		15	100	4.5±3.5
티백류		12	82.5	4.6±4.2(개/티백)
젓갈류	액젓	8	83.3	0.9±1.2
	젓갈	15	100	6.6±4.6

자료 : 식품의약안전처 보도자료 [국내 유통식품 미세플라스틱 오염수준 조사 결과], 2022. 3

[도표 IV-9] 검출 미세플라스틱 특성

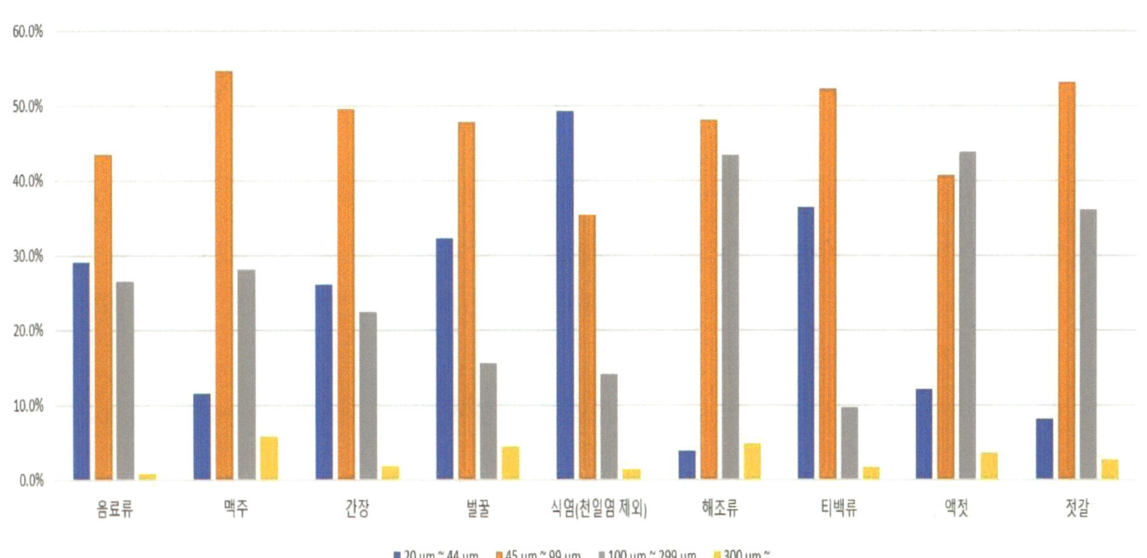

※ 대부분 300㎛ 미만의 크기였으며, 45㎛ 이상 100㎛ 미만의 크기가 가장 많았음

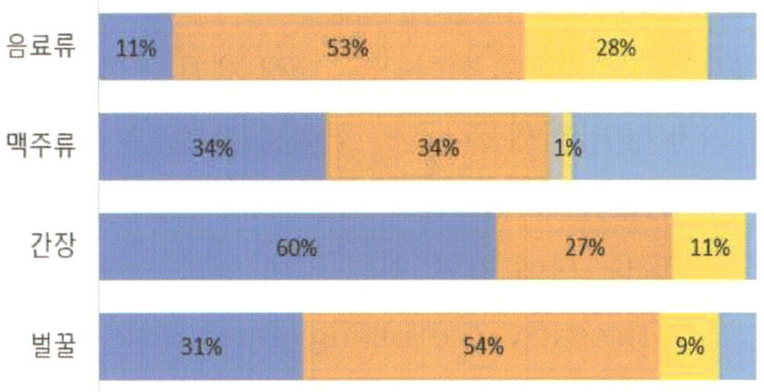

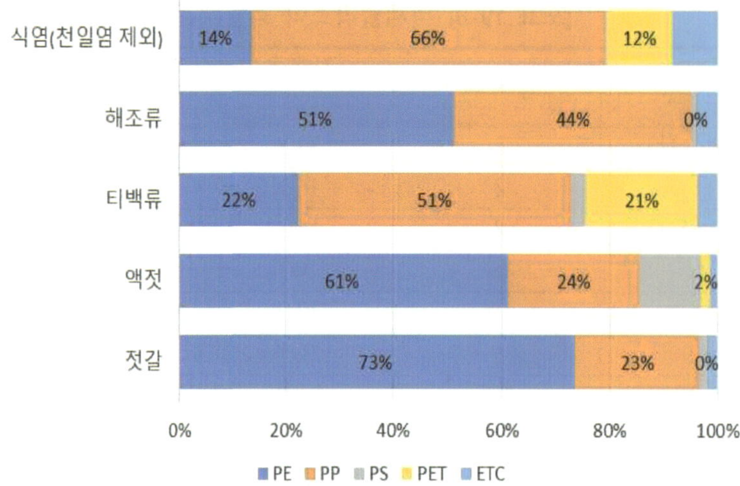

※ PS(폴리스티렌), PET(폴리에틸렌테레프탈레이트), ETC(폴리염화비닐(PVC), 폴리아미드(PA) 등)

※ 자료 : 식품의약안전처 보도자료 [국내 유통식품 미세플라스틱 오염수준 조사 결과], 2022. 3

❑ 2017년~2019년까지 국내 유통 중인 다소비 수산물 등 총 14종 66품목을 대상으로 미세플라스틱의 오염도를 조사한 결과, 최소 0.03개/g(낙지, 주꾸미)에서 최대 2.2개/g(천일염) 수준의 미세플라스틱이 검출되었다.

- 검출량 : 낙지·주꾸미 0.03~0.04개/g, 새우·꽃게 0.05~0.3개/g, 조개류 0.07~0.9개/g, 건조 중멸치 1.0개/g, 천일염 2.2개/g

❑ 아울러 미세플라스틱 섭취 저감 방안을 마련하기 위해 해조류 중 미역과 다시마의 세척 효과를 확인한 결과, 조리 전 2회 이상 세척하면 미세플라스틱이 상당 부분 제거되는 것으로 나타났다.

- 다시마, 미역을 물로 2회 세척하면 다시마는 4.85개에서 0.75개(85%↓)로, 미역은 4.2개에서 1.2개(71%↓)로 감소됨
- 따라서 미역국이나 다시마 국물 등을 조리하기 전에 미역, 다시마를 충분히 세척하면 미세플라스틱 섭취를 줄일 수 있음

❑ 참고로 2017년~2019년 조사에서는 갯벌에서 서식하는 바지락의 경우 소금물에 30분 이상 해감만 잘해도 미세플라스틱이 90% 이상 제거되는 것으로 나타났다.

- 인위적으로 오염시킨 바지락을 소금물에 30분 동안 방치(어두운 곳)하면 미세플라스틱이 468개에서 19~31개로 90% 이상 감소됨
- 따라서 수산물은 내장 제거 후 섭취하고, 내장 제거가 어려운 바지락 등은 충분히 해감과정을 거친 후 조리하면 미세플라스틱 섭취를 줄일 수 있음

❑ 한편 세계보건기구(WHO)는 미세플라스틱의 위해 가능성에 대한 신뢰성 있는 증거는 없으며, 현재 음용수 중 미세플라스틱에 따른 인체 위해 우려는 낮은 것으로 판단된다고 밝혔다.

- 출처: WHO, Microplastics in drinking water(2019)

❑ 세계식량기구(FAO)도 개인별 식습관 차이는 있지만 조개류로 하루 1~30개의 미세플라스틱을 섭취할 수 있다고 추정되는데, 미세플라스틱으로부터 유해한 영향이 나타난다는 증거는 없다고 밝혔다.

- 출처: FAO, Microplastics in fisheries and aquaculture(2017)

[도표 IV-10] 해조류의 세척에 따른 미세플라스틱 저감 효과

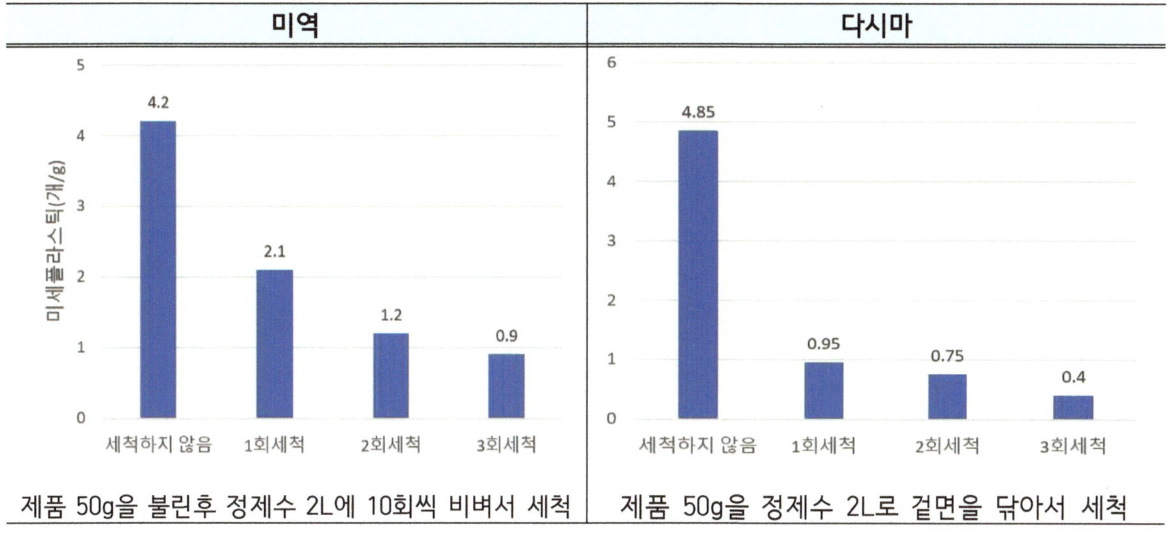

[도표 IV-11] 국내 유통 식품 미세플라스틱의 노출정도

품목	1인당 1일 미세플라스틱 섭취량 (개/person.day)	노출기여율 (%)
수산물	2.8	17.2
해조류	8.8	54.0
식염	1.3	8.0
간장	0.2	1.2
젓갈	1.1	6.7
액젓	0.2	1.2
맥주	0.7	4.3
탄산음료	0.1	0.6
과일음료	1.0	6.1
액상차	0.01	0.1
벌꿀	0.09	0.6
합계	16.3	100

자료 : 식품의약안전처 보도자료 [국내 유통식품 미세플라스틱 오염수준 조사 결과], 2022. 3

❑ 식약처는 앞으로도 식품 섭취로 인한 미세플라스틱의 인체 위해성을 평가하기 위한 연구를 지속적으로 수행하고, 환경부·과기부 등 관계부처와 함께 미세플라스틱의 안전관리에 최선을 다하겠다고 밝혔다.

3) 생활 속 유해물질(13종) 통합 위해성 평가 결과

❑ 식품의약품안전처 식품의약품안전평가원은 우리 일상생활에서 인체에 영향을 미칠 수 있는 과불화화합물, 포름알데히드 등 화학물질 총 13종에 대한 '통합 위해성 평가'를 실시한 결과, 우리 국민의 체내 총 노출량이 위해 우려가 없는 수준임을 확인했다.

- 과불화화합물 2종(PFOA, PFOS), 포름알데히드, 브롬화화합물, 노닐페놀, 다환방향족탄화수소류 8종(BaP, Chry, BaA, BbFA, BkFA, DBahA, IP, BghiP) 등 13종

❑ 이번 통합 위해성평가는 기존의 제품 중심의 단편적인 평가가 아닌 실제 생활 속에서 식품, 화장품, 생활용품 등 다양한 제품과 환경 등 모든 경로를 통해 흡수되는 양을 종합적으로 산출하여 수행하였다.

❑ 평가대상은 ▲ 식품포장재 등의 원료인 과불화화합물 2종, ▲ 건축자재 등의 보존제로 사용되는 포름알데히드, ▲ 식품의 제조·조리·가공 중 생성되는 다환방향족탄화수소류 8종, ▲ 전자기기 등의 난연제로 사용하는 브롬화화합물, ▲ 세제류 등의 계면활성제인 노닐페놀 등 13종이다.

❑ 평가 방법은 노출 경로(흡입, 경구, 피부)와 다양한 노출원(식품, 화장품, 위생용품, 공산품, 생활화학제품, 환경요인)의 오염도 자료를 분석하여 물질별 체내 총 노출수준을 산출하고, 이를 물질별 인체노출안전기준과 비교하거나 노출안전역을 확인하는 방식으로 진행하였다.

- 인체노출안전기준 : 평생 노출되어도 위해우려가 없다고 판단되는 노출량
- 노출안전역 : 독성이 관찰되지 않는 값 등을 노출량으로 나눈값으로 물질별 특성에 따라 현재 노출수준이 충분한 안전역을 확보하고 있는지 판단

❑ 식약처는 과불화화합물 2종(PFOA, PFOS), 포름알데히드, 다환방향족탄화수소류 8종(BaP, Chry, BaA, BbFA, BkFA, DBahA, IP, BghiP), 브롬화화합물, 노닐페놀 등 13종에 대한 통합위해성평가 결과, 인체노출안전기준 대비 위해 우려가 낮거나 노출안전역이 확보되어 있음을 확인하였다.

(1) 과불화화합물(2종)

❑ PFOA, PFOS 등 과불화화합물의 체내 총 노출량(0.76～1.64 ng/kg bw/day)은 인체노출안전기준과 비교할 때 인체 위해 우려가 낮은 것으로 확인(13.3~56.7%) 되었다.

- **인체노출안전기준** : (PFOA) 2.94 ng/kg b.w./day, (PFOS) 6 ng/kg b.w./day

❑ 주요 노출원은 식품(90% 이상)으로 물, 먼지 등 환경으로 인한 노출은 낮았으며, 농축산물에 비해 상대적으로 수산물에 주로 축적되어 있어 다양한 식품을 골고루 섭취하는 식습관이 노출을 줄이는 좋은 방법이 될 수 있다.

- 식품별 오염도: (수산물) 1.28 μg/kg, (농산물) 0.04 μg/kg, (축산물) 0.02 μg/kg

[도표 IV-12] 과불화화합물 중 PFOA의 다양한 노출원을 통한 총노출량

(단위 : ng/kg b.w./day)

품목분류		노출 경로	1~2세	3~6세	7~12세	13~18세	19세 이상	성인(남)	성인(여)
식품		경구	1.499	1.534	1.310	0.992	0.817	0.870	0.719
환경	물	경구	0.111	0.098	0.069	0.049	0.048	0.051	0.047
	토양	경구	0.001	0.000	0.000	0.000	0.000	0.000	0.000
	집먼지	경구	0.008	0.003	0.002	0.001	0.001	0.001	0.001
식품이외제품		경구	0.000	0.000	0.000	0.000	0.000	0.000	0.000
		피부	0.000	0.000	0.000	0.000	0.000	0.000	0.000
일일노출량(ng/kg bw/day)			1.619	1.635	1.381	1.042	0.865	0.921	0.763
위해지수(HI)			0.567	0.572	0.483	0.365	0.303	0.318	0.263

※ 위해지수(HI) = 노출량 ÷ 인체노출안전기준(2.94 ng/kg b.w./day)
(위해지수 1 이하인 경우 위해우려 없음으로 판단)

[도표 IV-13] 과불화화합물 중 PFOS의 다양한 노출원을 통한 총노출량

(단위 : ng/kg b.w./day)

품목분류		노출 경로	1~2세	3~6세	7~12세	13~18세	19세 이상	성인(남)	성인(여)
식품		경구	1.552	1.527	1.120	1.747	0.915	0.918	0.770
환경	물	경구	0.021	0.018	0.013	0.009	0.009	0.010	0.009
	토양	경구	0.001	0.001	0.000	0.000	0.000	0.000	0.000
	집먼지	경구	0.021	0.008	0.004	0.002	0.002	0.001	0.002
식품이외제품		경구	0.000	0.000	0.000	0.000	0.000	0.000	0.000
		피부	0.000	0.000	0.000	0.000	0.000	0.000	0.000
일일노출량(ng/kg bw/day)			1.595	1.554	1.137	0.758	0.925	0.929	0.781
위해지수(HI)			0.279	0.272	0.199	0.133	0.162	0.320	0.269

* 위해지수(HI) = 노출량 ÷ 인체노출안전기준(6 ng/kg b.w./day)
(위해지수 1 이하인 경우 위해우려 없음으로 판단)

※ 자료 : 식품의약안전처 보도자료 [생활 속 유해물질 통합 위해성 평가 결과발표], 2022. 4

(2) 다환방향족탄화수소류(8종)

❑ 다환방향족탄화수소류의 체내 총 노출량(14.98～42.64 ng/kg b.w./day)은 인체노출안전기준이 없어 독성시작값(490 ㎍/kg b.w./day)을 근거로 노출안전역을 확인한 결과, 10,000이상으로 위해 우려가 낮았다.

- 노출안전역은 독성시작값(최대무독성용량, 벤치마크용량 등)을 인체노출량으로 나눈값
- 다환방향족탄화수소류는 식품을 제조·가공 또는 조리과정에서 비의도적으로 생성될 수 있어 주요 노출원은 식품(96% 이상)이며, 조리할 때 굽기보다 삶는 조리법을 사용하면 노출을 줄일 수 있음

[도표 Ⅳ-14] 다환방향족탄화수소류 8종의 다양한 노출원을 통한 총노출량

(단위 : ㎍/kg b.w./day)

<table>
<tr><th colspan="2">품목분류</th><th>노출 경로</th><th>1~2세</th><th>3~6세</th><th>7~12세</th><th>13~18세</th><th>19세~64세</th><th>65세 이상</th></tr>
<tr><td colspan="2">식품</td><td>경구</td><td>40.919</td><td>41.341</td><td>33.031</td><td>26.054</td><td>22.139</td><td>14.563</td></tr>
<tr><td rowspan="4">환경</td><td>실외 대기</td><td>흡입</td><td>0.067</td><td>0.055</td><td>0.030</td><td>0.022</td><td>0.047</td><td>0.052</td></tr>
<tr><td>실내 대기</td><td>흡입</td><td>0.368</td><td>0.252</td><td>0.155</td><td>0.114</td><td>0.094</td><td>0.102</td></tr>
<tr><td>토양</td><td>경구</td><td>0.030</td><td>0.015</td><td>0.008</td><td>0.002</td><td>0.001</td><td>0.002</td></tr>
<tr><td>먼지</td><td>경구</td><td>1.258</td><td>0.810</td><td>0.417</td><td>0.256</td><td>0.233</td><td>0.257</td></tr>
<tr><td colspan="3">다환방향족탄화수소류 8종의 총 노출량</td><td>42.643</td><td>42.473</td><td>33.640</td><td>26.448</td><td>22.515</td><td>14.976</td></tr>
<tr><td colspan="3">노출안전역</td><td>11,491</td><td>11,537</td><td>14,566</td><td>18,527</td><td>21,763</td><td>32,718</td></tr>
</table>

※ 노출안전역 공식= 독성시작값(490 ㎍/kg b.w./day) ÷ 노출량
(다환방향족탄화수소류 8종의 경우 노출안전역 10,000 이상일 경우 위해우려 낮은 것으로 판단)

(3) 포름알데히드

❑ 포름알데히드의 체내 총 노출량(10.17∼22.54 ㎍/kg b.w./day)은 인체노출안전기준(150 ㎍/kg b.w./day) 대비 0.1~0.2% 수준이었으며, 주요 노출원은 식품(97% 이상)이었으나 체내 대사과정에서 빠르게 포름산으로 분해되어 배설되는 것으로 알려져 있다.

[도표 Ⅳ-15] 포름알데히드의 다양한 노출원을 통한 총노출량

(단위 : ㎍/kg b.w./day)

<table>
<tr><th colspan="2">품목분류</th><th>노출 경로</th><th>1~2세</th><th>3~6세</th><th>7~12세</th><th>13~18세</th><th>19세~64세</th><th>65세 이상</th></tr>
<tr><td colspan="2">식품</td><td>경구</td><td>21.922</td><td>19.501</td><td>13.399</td><td>10.221</td><td>12.718</td><td>9.891</td></tr>
<tr><td rowspan="3">식품이외 제품</td><td>화장품</td><td>경구</td><td>-</td><td>-</td><td>0.001</td><td>0.029</td><td>0.026</td><td>0.029</td></tr>
<tr><td>섬유유연제</td><td>경구</td><td>0.000</td><td>0.000</td><td>0.000</td><td>0.000</td><td>0.000</td><td>0.000</td></tr>
<tr><td>의류</td><td>경구</td><td>0.000</td><td>0.000</td><td>0.000</td><td>0.000</td><td>0.000</td><td>0.000</td></tr>
<tr><td>환경매체</td><td>음용수</td><td>경구</td><td>0.613</td><td>0.534</td><td>0.375</td><td>0.270</td><td>0.274</td><td>0.246</td></tr>
<tr><td colspan="3">포름알데히드의 일일 총 노출량</td><td>22.535</td><td>20.035</td><td>13.775</td><td>10.520</td><td>13.018</td><td>10.166</td></tr>
<tr><td colspan="3">위해지수(HI)</td><td>0.150</td><td>0.314</td><td>0.092</td><td>0.070</td><td>0.087</td><td>0.068</td></tr>
</table>

※ 위해지수(HI) = 노출량 ÷ 인체노출안전기준(2.94 ng/kg b.w./day)
(위해지수 1 이하인 경우 위해우려 없음으로 판단)

(4) 브롬화화합물, 노닐페닐

❑ 브롬화화합물, 노닐페닐의 체내 총 노출량(0.03∼4.69 ng/kg bw/day, 0.10∼0.25 ㎍/kg bw/day)은 인체노출안전기준이 설정되어 있지 않아 독성시작값을 근거로 노출안전역을 확인한 결과, 1000이상으로 위해 우려가 낮게 나타났다.

- 브롬화화합물 독성시작값 : (BDE-47) 1 ㎍/kg b.w./day, (BDE-99) 60 ㎍/kg b.w./day, (BDE-153) 83 ㎍/kg b.w./day (BDE-209) 50 ㎍/kg b.w./day
- 노닐페닐 독성시작값 : 10 ㎍/kg b.w./day

❑ 다만, 브롬화화합물은 영·유아의 경우 먼지가 총 노출의 약 80% 이상을 차지하는 하는데 먼지 묻은 손이나 물건을 입에 넣는 행동 때문인 것으로 분석되므로 가정에서는 실내 환기나 청소 등을 자주해서 노출을 줄일 수 있다.

[도표 IV-16] 브롬화화합물 중 BDE-47의 다양한 노출원을 통한 총노출량

(단위 : ng/kg b.w./day)

품목분류		노출 경로	1~2세	3~6세	7~12세	13~18세	19세 이상	성인(남)	성인(여)
식품		경구	0.051	0.048	0.035	0.026	0.023	0.026	0.022
환경	집먼지	경구	0.675	0.262	0.134	0.055	0.051	0.047	0.057
	실내공기	흡입	0.138	0.097	0.059	0.040	-[1]	-[1]	-[1]
BDE-47의 일일 총 노출량			0.864	0.407	0.228	0.121	0.074	0.073	0.079
노출안전역			1,157	2,457	4,386	8,264	13,514	13,699	12,658

[1] 성인연령에 대한 실내공기 모니터링 자료 부재로 인해 제외된 값

* 노출안전역 공식= 독성시작값(1 ㎍/kg b.w./day) ÷ 노출량

[도표 IV-17] 브롬화화합물 중 BDE-99의 다양한 노출원을 통한 총노출량

(단위 : ng/kg b.w./day)

품목분류		노출 경로	1~2세	3~6세	7~12세	13~18세	19세 이상	성인(남)	성인(여)
식품		경구	0.041	0.039	0.029	0.021	0.018	0.021	0.017
환경	집먼지	경구	0.402	0.156	0.080	0.033	0.031	0.028	0.034
	실내공기	흡입	0.063	0.044	0.027	0.020	-[1]	-[1]	-[1]
BDE-99의 일일 총 노출량			0.506	0.239	0.136	0.074	0.049	0.049	0.051
노출안전역			118,577	251,046	441,176	810,811	1,224,490	1,224,490	1,176,471

[1] 성인연령에 대한 실내공기 모니터링 자료 부재로 인해 제외된 값

* 노출안전역 공식= 독성시작값(60 ㎍/kg b.w./day) ÷ 노출량

[도표 IV-18] 브롬화화합물 중 BDE-153의 다양한 노출원을 통한 총노출량

(단위 : ng/kg b.w./day)

품목분류		노출 경로	1~2세	3~6세	7~12세	13~18세	19세 이상	성인(남)	성인(여)
식품		경구	0.011	0.010	0.007	0.005	0.005	0.005	0.005
환경	집먼지	경구	0.229	0.089	0.045	0.019	0.017	0.016	0.019
	실내공기	흡입	0.007	0.005	0.003	0.002	-[1]	-[1]	-[1]
BDE-153의 일일 총 노출량			0.247	0.104	0.055	0.026	0.022	0.021	0.024
노출안전역			336,032	798,077	1,509,091	3,192,308	3,772,727	3,952,381	3,458,333

* 노출안전역 공식= 독성시작값(83 ㎍/kg b.w./day) ÷ 노출량

[도표 Ⅳ-19] 브롬화화합물 중 BDE-209의 다양한 노출원을 통한 총노출량

(단위 : ng/kg b.w./day)

품목분류		노출 경로	1~2세	3~6세	7~12세	13~18세	19세 이상	성인(남)	성인(여)
식품		경구	0.284	0.245	0.172	0.126	0.098	0.116	0.093
환경	집먼지	경구	4.112	1.592	0.816	0.336	0.314	0.286	0.348
	실내공기	흡입	0.295	0.208	0.118	0.092	-[1]	-[1]	-[1]
BDE-209의 일일 총 노출량			4.691	2.045	1.106	0.554	0.412	0.402	0.441
노출안전역			10,659	24,450	45,208	90,253	121,359	124,378	113,379

[1] 성인연령에 대한 실내공기 모니터링 자료 부재로 인해 제외된 값
* 노출안전역 공식= 독성시작값(50 ㎍/kg b.w./day) ÷ 노출량
(브롬화화합물의 경우 노출안전역 1,000 이상일 경우 위해우려 낮은 것으로 판단)

❏ 노닐페놀은 세제류 등의 계면활성제로 사용되고 있어 토양 등에 침적되어 이행된 식품의 섭취가 주요 노출 원인으로 추정되고 있어 지속적인 모니터링이 필요하다.

[도표 Ⅳ-20] 노닐페놀의 다양한 노출원을 통한 총노출량

(단위 : ㎍/kg b.w./day)

품목분류		노출 경로	1~2세	3~6세	7~12세	13~18세	19세~64세	65세 이상
식품		경구	0.254	0.193	0.119	0.070	0.094	0.099
식품이외 제품	치약	경피	0.000	0.000	0.000	0.000	0.000	0.000
	구강 청결제	경피	-	0.000	0.000	0.000	0.000	0.000
	외음부 세정제	경피	-	-	0.000	0.000	0.000	0.000
	합성세제 섬유 유연제	경피	0.000	0.000	0.000	0.000	0.000	0.000
환경매체	음용수	경구	0.000	0.000	0.000	0.000	0.000	0.000
	토양	경구	0.000	0.000	-	-	-	-
노닐페놀의 일일 총 노출량			0.254	0.194	0.119	0.069	0.094	0.099
노출안전역			39,321	51,560	84,005	144,197	106,578	100,611

* 노출안전역 = 독성시작값(10 ㎍/kg b.w./day) ÷ 노출량
(노출안전역 1,000 이상일 경우 위해우려 낮은 것으로 판단)

※ 자료 : 식품의약안전처 보도자료 [생활 속 유해물질 통합 위해성 평가 결과발표], 2022. 4

❏ 식약처는 2022년 「인체적용제품의 위해성평가에 관한 법률」(`22.1.28.)이 시행됨에 따라 사회적 이슈가 제기되거나 평가 결과에 따라 지속적인 평가 필요한 유해물질 등에 대해 5년마다 기본계획을 수립하여 체계적으로 위해성을 평가할 계획이다.

❏ 식약처는 앞으로도 관련 부처와 협력하여 주요 노출원에 대해 지속적으로 모니터링을 실시하여 체내 노출수준의 변화와 그에 따른 건강영향을 평가한다.

- 식품, 기구 및 용기·포장(식약처), 생활제품·어린이용품(산업통상자원부), 집먼지·음용수 등 생활환경 및 인체바이오모니터링(환경부)

[도표 IV-21] 13종 화학물질의 약어

분류	물질명(약어)
과불화화합물(2종)	과불화옥탄산(PFOA)
	과불화옥탄수폰산(PFOS)
브롬화화합물	브롬화디페닐에테르-47(BDE-47)
	브롬화디페닐에테르-99(BDE-99)
	브롬화디페닐에테르-153(BDE-153)
	브롬화디페닐에테르-29(BDE-209)
노닐페놀	Nonylphenol
포름알데히드	Formaldehyde
다환방향족탄화수소류 8종	벤조(a)피렌(BaP)
	크리센(Chry)
	벤즈(a)안트라센(BaA)
	벤조(b)플루오란텐(BbFA)
	벤조(k)플루오란텐(BkFA)
	디벤즈(a,h)안트라센(DBahA)
	인데노(1,2,3-cd)피렌(IP)
	벤조(g,h,i)페릴렌(BghiP)

자료 : 식품의약안전처 보도자료 [생활 속 유해물질 통합 위해성 평가 결과발표], 2022. 4

2. 상하수도/방류수 수질위생 처리기술과 현황분석

1) 상·하수도에 존재하는 미량의약물질 모니터링 현황

(1) 수질 관리 정책 현황

가. 국내 수질 관리 정책

❏ 국내 상하수도 보급률은 90% 이상으로 양적 관리는 거의 마무리 단계이며 질적 관리도 높은 수준으로 고도처리가 많이 적용되고 있다. 그러나 노후화된 시설로 20년 이상된 처리 시설이 상수처리 시설 중 44.9%(217개소), 하수 처리시설 중 10.6%(69개소) 비중을 차지하고 있어 그에 따른 운영 및 유지관리 비용 절감에 대한 노력이 필요하다.

❏ 더불어, 환경 변화나 급속한 산업화 등의 요인으로 취수원의 안정성이 위협받고 있기 때문에 미량 및 신종 오염물질에 대한 관리가 필요하다. 이는 상하수도에 공통적으로 포함되는 내용으로 하수에서는 새로운 미량오염물질이 지속적으로 검출되며 종류 또한 증가하고 있기 때문에 적극적

인 관리가 필요하다(환경부한국환경 ·산업기술원, 2019).

❑ 이와 같은 사안에 대응하기 위해서 중장기 발전 전략으로 「제4차 과학기술기본계획(2018~2022)」, 「제4차 국가환경종합계획(2016~2025)」 등이 발표되었다. 이러한 국가 상위 계획들은 과학기술역량을 확충하여, 물 환경 위해 관리체계를 강화하는 목표를 제시하며, 수질오염물질 초고도 처리 및 제어기술, 기후변화 위험관리 및 새로운 기회 창출 현실화 등을 주요 과제로 설정하였다. 「제3차 전국수도종합계획(2016~2025)」과 「제2차 국가하수도종합계획(2016~2025)」을 통해 오염물질 유출에 대한 실시간 감시 강화, 미규제 미량유해물질에 대한 모니터링 강화 및 신규 분석 기법 연구, 처리시설에 따라 법적 항목 외의 관리가 필요한 물질을 대상으로 방류수 모니터링 기준설정체계 마련 등의 세부 추진전략을 수립하였다.

❑ 우리나라의 수질 기준은 수질과 위생을 합리적으로 관리하여 먹는 물로 인한 인체 위해를 방지하도록 규정한 먹는물관리법에 근거하여 설정하고 있다. 현재 먹는 물 수질 기준 및 검사 등에 관한 규칙에서는 먹는 물의 수원 특성 및 정수 처리 여부에 따라 수질 기준 항목을 달리 운영하고 있다(환경부한국환경과학원, 2017).

❑ 우리나라의 경우 1991년 낙동강 페놀 오염사고 이후 본격적으로 수돗물 중 미규제 미량유해물질에 대한 모니터링 사업이 시작되었다. WHO 및 미국 환경청(US EPA) 등의 먹는 물 관리 대상 항목을 고려하여 1992년부터 2016년까지 총 418종을 선정하였으며, 주요 정수장에 대한 연차별 모니터링을 실시하였다. 매년 평균 25개 항목이 추가되거나 제외되어 연간 모니터링 항목 수는 평균 75개 정도였으며 1997년 먹는 물 수질 감시항목 제도 시행 이후에는 먹는물 수질 감시항목이 포함되어 90여종에 대해서 모니터링이 수행되어왔다.

❑ 이때 조사대상 항목으로 선정된 화학물질은 첫째, WHO에서 관리할 것을 권고하고 있는 물질이나 US EPA 및 일본 등 선진국에서 규제하고 있는 항목을 우선 선정하였으며, 둘째, 국내외 관심 물질을 대상으로 하였고, 기타 소독부산물, 발암성 물질 등을 대상으로 조사를 시작하였다(박주현 외, 2016).

❑ 또한 국내 정부 연구기관 및 대학에서도 정수장을 대상으로 한 규제와 미량유해물질 조사가 지속적으로 이루어지고 있으며, 미량오염물질을 관리하기 위한 관리 제도와 계획, 조사 사업이 수행되고 있다. 수질 및 수생태 보전을 위한 국가 최상위 계획인 「물환경 관리 기본계획: 4대강 대권역 수질 보전 기본계획(2006~2015)」은 위해성과 생태계 건강성을 종합적으로 관리하는 것을 정책 방향으로 설정하고 있으며 미량유해 물질까지 위해성 관리 범위를 확대하는 것을 주요 과제로 제시하고 있다.

❑ 이외에도 4대강 수계별로 수계관리기금을 지원받아 수행되는 환경 기초조사사업이 있으며, 2007년부터 2015년까지 3단계로 구성된 유해물질 실태조사가 이루어졌다. 수돗물 수질관리 차원에서 미량오염물질에 대한 관리 역시 이루어지고 있으며, 「먹는물 수질감시항목 운영지침」을 통해 먹는 물 수질 기준에 등재되어 있지 않은 항목에 대해서도 먹는 물의 안정성을 확보하고 향후

수질 기준 설정을 위해 감시 항목을 지정, 현재 29~31개 항목에 대해 정기적인 모니터링을 진행하고 있다(환경부, 2012).

□ 국내에서도 지표수, 하수처리장, 상하수도에서 미량의약물질을 분석한 자료는 지속적으로 보고되고 있다. 그중 2018년 한국수자원공사가 진행한 '미관리 수질오염물질탐색체계 구축' 연구보고서에 의하면 국내 여러 모니터링 지점에서 미량의약물질의 농도가 42~94%의 검출빈도로, 검출범위가 외국 검출 사례보다 높은 물질이 다수였다(김윤석 외, 2018).

□ 미량 의약물질의 검출되었지만, 이는 정기적인 모니터링이 아닌 특정 연구 프로젝트이므로 의약물질에 대한 관리가 어렵다. 모니터링 항목에 없는 미량의약물질은 정기적인 모니터링을 통해 더 체계적인 관리가 필요할 것이다.

나. 국외 수질 관리 정책

□ 전 세계적으로 상하수도 보급률은 선진국과 개도국으로 나뉘어 보급률에 상당한 차이를 보인다. 또한 나라마다 환경적, 사회적, 문화적, 경제적 특성이 상이하기 때문에 상하수도 관련 정책에 차이가 발생한다. 유럽이나 미국 등 주요 선진국에서는 상수도 보급률이 80% 이상으로 기존 설치된 인프라의 노후화 관리 이슈가 증대되는 상황이며, 동남아시아 및 아프리카 등의 개도국에서는 상수도 보급률이 50% 미만이기 때문에 각 나라의 특성에 맞는 인프라 확충이 시급하다.

□ 상수도 보급률이 높은 선진국은 수자원 관리 강화, 운영 및 유지관리 효율화, 에너지 절감 노력에 더해 신규 오염물질 증가에 따른 수질 관리 강화 등 관련 정책에 집중하고 있다. 신규 오염물질 증가에 따른 수질관리 강화 정책은 조직, 국가별로 다음과 같다.

□ **EU**는 포괄적 정책 지침으로 'Water Framework Directive(WFD)'를 만들어 수질과 수량까지 관리 대상 범주로 포함하였다. 또한 다양한 환경매체에 대한 환경기준지침(Environmental Quality Standard Directive)을 마련하여 우선순위 관리 대상 오염물질을 제시했다.

□ **프랑스**의 경우, EU WFD의 저감 목표를 달성하고, 의약물질 내성에 대한 국가 전략계획을 보완하며 비스페놀 A와 같은 오염 물질에 대한 대응 방안을 수립하여 추진 중이다.

□ **독일**은 물 관련 실무그룹(LAWA)을 만들어 WFD 바탕의 물 관리, 오염물질 관리 등을 수행하고 국내외 다양한 조직의 연구결과를 규정에 지속적으로 반영하고 있다.

□ **네덜란드**와 **스위스, 미국, 일본**에서도 살충제나 의약물질에 대한 규제를 강화하며, 많은 미량오염물질을 LC-MS와 같은 기법으로 모니터링하고 있다.

□ EU의 경우, 1991년 도입한 폐수처리지침(Urban Waste Water Treatment Directive)을 기반으로 유해화학물질, 영양염류 등이 하천이나 해수로 유입되는 것을 줄이기 위해 노력하고 있으며, 2020년까지 WFD의 요건에 맞출 것을 명시했다.

□ **독일**이나 **스위스**는 수질 오염 방지를 위해 하수처리시설에 대한 투자를 늘렸다. 그들은 각종 고도처리 시설 적용을 통해 상당 수준의 수질 향상을 성취했다.

❑ **중국**의 경우에는 2014년 이후 시설기반확충에 중점을 둔 정책에서 환경개선효과를 추구하는 정책으로 전환했다. 주요 오염수 배출원에 대해 오염수 배출을 통제하며, 오염물 배출이 많은 산업을 지정하여 관리를 강화하고 있다(환경부한국환경산업기술원, 2019).

(2) 수처리 기술 현황 및 동향

가. 국내외 기술 현황

❑ 국내외 수처리 기술 현황은 상하수의 처리공법 및 기자재, 정수장 관리를 중심으로 분류되며, 처리공법 및 기자재의 상세 분류는 다음에 나열하였다. 상하수도 기술 발전은 3세대로 나뉘는데, 1세대는 수자원의 양적 관리를 중심으로 하는 기술이고, 2세대는 질적 관리를 목표로 하여 공정의 다양화, 효율 개선 등을 진행하며, 3세대는 앞서 개발된 기술의 효율화 및 지능화 관리를 포함한다((환경부한국환경산업기술원, 2019).

[도표 Ⅳ-22] 상하수도 처리기술 기술 분류

대분류	중분류	소분류	비고
상수	정수 처리공법 및 기자재	전처리	스크린, 혼화, 응집 공정 포함(약품 포함)
		표준 정수 처리	완속, 급속 여과관련 공법 및 기자재 포함
		고도정수처리	활성탄처리기술, 고도산화, 부상분리기술, 이온처리 등 공정 및 기자재 포함, 미량, 신규오염물질 처리를 위한 공법기술 중심
		소독	염소소독, UV, 오존, 전해소독 등 소독 공정 및 기자재
하수	하수 처리공법 및 기자재	1차처리	스크린, 응집, 침전, 혼합 등
		2차처리(표준공정)	생물학적 처리 기반 중심
		고도처리	질소, 인 처리 중심
		초고도처리	미량, 신규 오염물질 처리 중심
		슬러지처리	슬러지처리 공법 및 공법 내 기자재 개발 내용 포함(소화조 등)
		에너지생산 및 회수	바이오가스, 하수열에너지 등

자료 : 과학기술정책 제4권 제1호 [상·하수도에 존재하는 미량의약물질 모니터링 현황과 개선 방향], 2021. 6

❑ 현재 국내 기술은 상하수도 처리공법 및 기자재 분류의 전 분야에서 2세대 기술개발이 집중적으로 진행되고 있다. 부분적으로 3세대 기술개발이 진행되고 있으나 아직 초기 단계이다. 정수 처리공법 중 전처리, 표준정수 처리 기술이 중점적으로 개발되었으며, 기자재로는 막여과 공정 및 막소재를 개발 중이다. 하수 처리 공법으로는 1차와 2차 처리 기술개발이 추진되었고, 국내 처리장에 적용되어 운영 중인 것으로 파악된다. 하수 처리 기자재는 처리공법 개발에 비해 상대적으로 관심을 받지 못하고 있는 분야여서 해외 제품에 대한 의존도가 높은 실정이다. 최근 이슈가 되고 있는 신종 미량오염물질에 대한 분석 및 측정 기술개발은 이제 시작하는 단계로 볼 수 있다.

[도표 IV-23] 상하수도 기술개발 발전 단계

1세대 양적 관리	2세대 질적 관리	3세대 효율화/지능화 관리
표준처리 기반 양적 관리	고도처리 기반 질적관리	미량 및 신종오염물질 기반 환경영향 관리
처리 요소기술 확보	처리공정 다양화	처리 공정 에너지 자립
처리 장치 개발	장치효율 개선	장치 에너지 절감
	공정별 자동화 관리	통합형 지능화 관리

자료 : 과학기술정책 제4권 제1호 [상·하수도에 존재하는 미량의약물질 모니터링 현황과 개선 방향], 2021. 6

❑ 국외에서는 막여과 공정을 1990년대부터 개발하여 처리장에 적용하였으며, 의약품과 같은 신종 미량오염물질에 대한 기술개발은 2000년대 전후에 시작하여 관련 기술개발을 처리장에 적용하고 있다. 또한 정수 처리 기자재의 경우, 선진국은 UV, 오존, 전해질 소독 등 장치 개발의 핵심기술을 보유하고 있다. 하수 처리공법과 관련하여 MBR(Membrane Bio Reactor) 기술개발, MBR과 다양한 공정을 조합한 기술개발, 질소와 인을 포함하여 잔류 의약물질 등의 검출 및 처리 기술개발이 활발히 추진 중이다. 또한, 하수처리 기자재로 고도처리, 슬러지 탈수장치, 폭기장치, 신기장치 등의 기술을 꾸준히 개발하여 효율을 보완하고 있다.

❑ 앞서 설명한 현재 기술을 분류하면 크게 물리적, 화학적, 생물적 처리와 최종 처리, 4가지로 나누어 볼 수 있다. 물리적 처리에는 침전, 여과, 탈기법 등이 있고, 화학적처리에는 오존화, 염소화, 흡착 등이 포함되며, 생물적 처리로는 활성 슬러지 처리법, 호기성/혐기성 분해, 산화지법 등이 있고, 최종 처리에는 살균, 산화, 여과, 이온 교환 등이 있다.

❑ 통상적으로 사용되던 응집법, 침전법 등의 방법은 유해 의약개인위생용품을 효과적으로 제거하지 못한다는 단점이 있기 때문에, 흡착, 분리, 광분해, 열분해, 기술적 산화, 생분해, 광촉매 분해, 오존화, 고도산화공법 등의 기술이 개발되어왔다. 상기 언급된 기술 중 대다수가 비용과 능률 측면에서 효율적이지 못하다. 따라서 한계점을 극복하기 위한 흡착 기술에 대한 연구가 활발히 진행되고 있다.

❑ 흡착 기술은 다공성 물질을 활용하여 수중 미량오염물질을 제거하는 방법으로, 사용되는 흡착제의 성질에 따라 오염물질 제거능이 달라진다. 기존에는 흡착제로 다중벽 탄소나노튜브, 활성탄, 제올라이트, 점토 등이 사용되었으나 최근 다공성물질인 금속-유기 골격체가 기존 흡착제보다 뛰어난 성능을 보이는 논문이 지속적으로 발표되고 있다. 금속-유기 골격체는 금속 노드와 유기 리간드로 이루어진 물질로서, 구조를 이루는 금속과 리간드의 조합을 임의로 선택할 수 있기 때문에 다양한 성질을 갖는 흡착제 개발에 최적화되어있다. 금속-유기 골격체가 최적화된 흡착제인 이유는 높은 표면적, 최적화된 입구 크기, 구조의 합리적 설계가 가능한 다공성 물질이기 때문이다. 이와 같은 고효율 신소재 물질이 국내외 연구진에 의해 활발히 연구 개발되고 있다(Jin, E. et al., 2020).

나. 국내외 기술 수준

❑ 국내 수처리 기술 수준은 최고 수준 대비 약 7년 정도 뒤쳐진 것으로 조사되었다. 이는 주요 발주처인 지자체의 최저가 낙찰제 관행으로 인해 연구개발을 위한 R&D 투자가 저조한 상황이 기인한 것으로 보인다. 2017년 환경부 연구 보고서에 따르면 최고 수준에 비하여 국내 수준이 기자재/처리공법 6.1년, 지능형 관리 6.8년, 미량 및 신종오염물질 관리 수준은 7.6년 뒤처진다. 이는 연구개발투자비율이 전반적으로 감소하는 추세이고, 연구개발 탄력성이 낮음으로 해석할 수 있다(환경부, 2019).

❑ 세계 각국에서는 우수 기술력 확보를 위한 지원 및 전문 물 관련 기업 육성을 통해 기술 수준을 향상시키고 있다. 그동안 정부 부처에서 집중적으로 투자했던 고도산화 기술 실증화의 수준이 상대적으로 높은 것(72.2%)으로 조사되었다. 미량 및 신종 오염물질 관리 분야 기술은 2026년에 86.6%까지 수준을 향상시켜 기술격차가 3.7년으로 좁혀질 것이라 예측된다. 분석 기술과 거동 및 제거 예측 평가, 관리 기술까지 함께 기술이 성장하여 2032년에는 현장에 신기술을 도입할 것으로 전망한다.

(3) 수계에 존재하는 미량의약물질

가. 수질 시료 중 미량의약물질

A) 항생제 및 의약물질

❑ 수계에 배출된 의약물질은 중요한 생물군의 사멸이나 내분비계 교란, 종 감소나 종간 불균형을 야기하기도 하며, 노약자나 임산부와 같은 민간 집단에게 건강상의 피해를 가져오기도 한다. 또한 지속적으로 이들 물질에 노출되면 항생제 내성이 증가하여 질병 치료가 어렵게 되기도 한다. 수계에 존재하는 의약물 질은 생물 및 인체에 부정적 영향을 미칠 가능성이 커서, 신종 환경오염물질 중의 하나로 분류되는 상황이다. 환경에 분포하는 의약 물질에 대한 연구는 세계적으로 활발히 진행되고 있으며, 하천, 토양, 물 재생센터 등에서의 검출은 미국이나 유럽, 국내에서도 이미 다수 보고되고 있다(한인섭 외, 2012).

❑ 정수장으로 유입되는 대부분의 원수가 지표수에 해당하며, 지표수에 존재하는 의약물질의 연구가 국외에서 다양하게 수행되었다. 대략적인 국외 지표수에서의 의약물질의 농도 수준을 다음 도표에 나타내었다(오정은 외, 2017).

[도표 IV-24] 국외 지표수 시료에서의 의약물질 농도 수준

Compound	Concentration(μg/L)	Country
Acetylsalicylic acid	ND	Germany
	0.001 ~ 0.660	India
	0.025 ~ 0.294	Portugal
Sulfamethoxazole	0.003 ~ 0.031	USA
	ND	Spain

Compound	Concentration(μg/L)	Country
Sulfamethoxazole	0.058 ~ 0.059	USA
	0.013 0.045	China
	ND ~ 0.043	Portugal
Sulfamethazine	ND ~ 0.123	Portugal
	ND ~ 0.22	USA
Sulfathiazole	ND ~ 0.008	USA
	0.001 ~ 0.002	USA
Naproxen	0.08 ~ 0.44	Germany
	ND ~ 0.032	Germany
	0.013 ~ 0.032	Finland
	0.191 ~ 0.269	Italy
	ND ~ 0.028	India
	ND ~ 0.260	Portugal
Clarithromycin	0.001 ~ 0.004	Spain
	ND ~ 0.260	Portugal
Trimethoprim	ND ~ 0.02	Spain
	ND ~ 0.027	UK
	ND ~ 0.0001	Germany
Carbamazepine	0.021 ~ 0.080	Finland
	0.025 ~ 0.241	Portugal

※ ND : Not detected

자료 : 과학기술정책 제4권 제1호 [상·하수도에 존재하는 미량의약물질 모니터링 현황과 개선 방향], 2021. 6

B) 의약물질 관리 동향

❑ 세계 각국에서는 환경 중 의약물질을 현재 중요한 환경오염물질로 분류하고 분석방법을 개발하며 노출실태를 조사하고 있다.

❑ 미국의 경우 2007년 백악관(the White House on National Drug Control Policy)에서 "처방약의 적절한 폐기(Proper Disposal of Prescription Drugs)"를 위한 안내서를 발간하여 의약물질을 적절하게 폐기함으로써 의약물질로 인한 오염을 방지하도록 하였다(국립환경과학원, 2007). 또한, US EPA를 중심으로 1999년부터 의약물질의 오염원, 환경 중의 노출 양상 및 이동, 사람과 생태계에 대한 노출경로, 분석방법 연구 및 노출실태조사, 잠재적인 생태계 및 인간에 대한 위해성 평가, 관리 방안 등에 대한 연구 분야를 선정하여 연구하고 있다.

❑ 유럽과 미국의 경우 인체용 의약물질과 동물용 의약물질의 시장 판매 승인을 위한 환경위해성 평가를 분리하여 진행하고 있으며, 인체용 의약물질의 환경 위해성 평가는 각각 European Medicine Agency(EMA)와 US Food and Drug Administration(US FDA)이 관리하고 있다. 한편 동물용 의약물질의 환경위해성 평가는 '동물용 의약물질 환경위해성 평가 지침(VICH)'에 근거하여 관리하고 있다.

❑ 캐나다는 인체용과 동물용 의약물질에 대한 환경 위해성 평가를 환경부에서 관할하고 있으며, 인체위해성 평가는 보건부가 관리 하고 있다.

❑ 우리나라는 의약물질의 환경 위해성 측면의 법령 및 제도가 부족하다. 식약처에서는 의약품 품목 허가, 신고, 심사 규정, 의약품 등의 안전에 관한 규칙, 잔류동물용의약품 잔류허용기준을 설정하고 있으며 농림축산식품부에서는 동물용 의약품 등의 취급규칙, 안전성 및 유효성 심사에 관한 규정을 관리하고 있다. 우리나라는 환경 중 의약물질의 위해성의 과학적 근거를 마련하고자 2008년부터 국립환경과학원에서 의약물질에 대한 환경위해성 평가 연구 및 실태조사를 실시하고 있다. 의약물질 환경위해성을 효과적으로 관리하기 위해서는 의약물 질 등록과 배출 및 오염 측면에서 관리 방향을 모색할 필요가 있다.

나. 낙동강 수계에서 검출되는 미량의약물질

❑ 본 연구는 국내 주요 하천 중 낙동강 수계의 정·원수 미량유해물질 중 의약물질의 검출빈도 결과를 바탕으로 작성하였다. 참고 분석 자료는 2017년 부산대학교에서 수행한 낙동강수계 환경기초조사사업인 '취·정수장 미량유해물질 안정성 제고 방안 최종보고서'와 2020년도 왜관수질측정센터에서 조사한 낙동강 중류 '2019년 미량화학물질 조사(모니터링)' 결과이다(오정은 외, 2017; 환경부 보도자료, 2020).

❑ 참고 문헌에서는 정수, 원수를 격월(6, 8, 10, 12월)에 부산, 경남, 포항, 구미, 대구 지역의 취정수장에서 시료를 채취하였다(오정은 외, 2017). 채취된 시료는 전처리 과정(pH 3 혹 10)을 거친 후 고체상 추출장치를 거쳐 액체 크로마토그래프/탠덤질량 분석기로 분석을 수행하였다. 액체 크로마토그래프는 Agilent사의 1200 HPLC, 질량분석기는 Agilent사의 6470 triple-quadrupole mass spectrometer를 사용하였다고 명시되어있다. 왜관수질측정센터는 왜관지점(제2 왜관교)에서 주 2회로 시료를 채취하여 액체크로마토그래프/(탠덤)질량분석기, 가스크로마토그래프/(탠덤)질량분석기와 유도결합플라스마/질량분석기로 분석을 진행했다.

❑ 오정은 외 2017에서 진행한 의약물질 조사는 일반 하천과 정·원수에서 높은 빈도로 검출되거나 높은 농도 수준, 위해도를 보일 것으로 예상되는 항생제 및 의약물질을 대상으로 수행되었다. 왜관수질측정센터에서는 기존에 구축되어 있는 데이터베이스와 비교하고 물질을 추적하는 비표적 분석법을 통해 204종 이상의 물질을 조사 대상으로 선정하였다.

❑ 오정은 외 2017의 모니터링에서 국내 6개 정수장의 원수를 분석한 결과 분석대상 의약물질 총 46종 중 원수에서 20종, 정수에서 6종이 검출되었다. 당뇨병치료제로 사용되는 메트포민(metformin)이 모든 원수에서 검출되었으며 농도수준은 검출 의약물질 중 가장 높은 수준인 평균 727.5 ng/L (58.3~4918 ng/L)수준으로 다음 그래프에 나타났다.

❑ 카르마제핀(carbamazepine) 역시 원수 전체 시료로부터 검출되었으나 농도 수준은 상대적으로(평균 6.61 ng/L) 수준이었으며, 다음으로 카페인(caffeine), 크로타미톤(crotamiton)이 원

수에서 검출빈도 96%, 농도수준은 각각 평균 22.44 ng/L, 4.27ng/L) 수준으로 검출되었다. 이외에도 메페남산(mefenamic acid), 나프록센(naproxen), 설파메톡사졸(sulfamethoxazole), 라니티딘(ranitidine) 등이 50% 이상 원수에서 검출되었다.

❑ 정수에서는 원수에서 검출된 20종 중 6종 의약물질이 검출되었으며, 검출된 물질의 검출빈도는 30% 미만 수준으로 감소했다. 정수 내 의약물질의 농도 수준은 일부 시료를 제외하고 대부분 10 ng/L 이하 수준으로 검출되었으며, 이를 제외한 나머지 물질은 조사대상 전 시료에서 검출한계 이하 수준으로 확인되었다.

[도표 IV-25] 낙동강 수계 정수장 6지점의 원수 및 정수 내 의약물질 검출빈도 및 농도수준

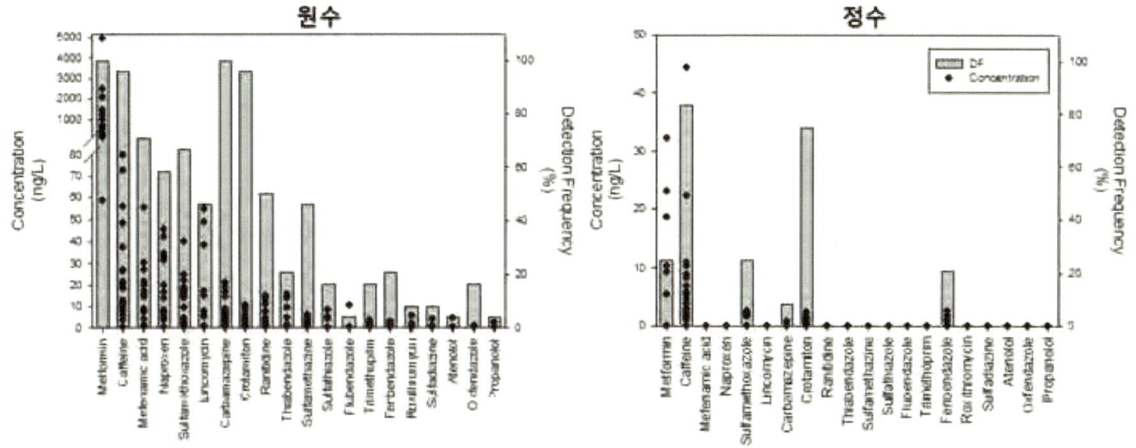

자료 : 과학기술정책 제4권 제1호 [상·하수도에 존재하는 미량의약물질 모니터링 현황과 개선 방향], 2021. 6

[도표 IV-26] 6지점 정수장 원수 및 정수 내 6월~12월 의약물질 검출빈도 및 농도 수준

(단위 : ng/L)

의약물질	원수				정수			
	검출빈도 (n=18)	농도			검출빈도 (n=18)	농도		
		최소	최대	평균		최소	최대	평균
Metformin	100%	58.3	4917.7	727.5	25%	ND	32.12	4.12
Caffeine	96%	ND	79.40	22.44	83%	ND	44.35	6.17
Mefenamic acid	71%	ND	54.94	12.03	0%	ND	ND	ND
Naproxen	58%	ND	45.44	11.45	0%	ND	ND	ND
Sulfamethoxazole	67%	ND	39.96	8.96	25%	ND	2.58	0.53
Lincomycin	46%	ND	54.39	8.32	0%	ND	ND	ND
Carbamazepine	100%	0.17	21.10	6.61	8%	ND	0.67	0.05
Crotamiton	96%	ND	10.39	4.27	75%	ND	2.30	0.70
Ranitidine	50%	ND	15.05	3.78	0%	ND	ND	ND
Thiabendazole	21%	ND	15.39	1.86	0%	ND	ND	ND
Sulfamethazine	46%	ND	6.32	1.41	0%	ND	ND	ND
Sulfathiazole	17%	ND	8.26	0.90	0%	ND	ND	ND

의약물질	원수				정수			
	검출 빈도 (n=18)	농도			검출 빈도 (n=18)	농도		
		최소	최대	평균		최소	최대	평균
Flubendazole	4%	ND	10.44	0.44	0%	ND	ND	ND
Trimethoprim	17%	ND	3.48	0.41	0%	ND	ND	ND
Fenbendazole	21%	ND	2.70	0.32	21%	ND	2.69	0.29
Roxithromycin	8%	ND	5.54	0.31	0%	ND	ND	ND
Sulfadiazine	8%	ND	4.16	0.22	0%	ND	ND	ND
Atenolol	4%	ND	4.64	0.19	0%	ND	ND	ND
Oxfendazole	17%	ND	0.86	0.11	0%	ND	ND	ND
Propanolol	4%	ND	2.15	0.09	0%	ND	ND	ND

자료 : 과학기술정책 제4권 제1호 [상·하수도에 존재하는 미량의약물질 모니터링 현황과 개선 방향], 2021. 6

❑ 정수처리공정을 거친 정수의 의약물질 검출결과를 살펴보면, 앞서 밝힌 바와 같이 6개 의약물질(메트포민, 카페인, 설파메톡사졸, 카르바마제핀, 크로타미톤, 펜벤다졸(fenbendazole))을 제외한 나머지 의약물질 메페남산, 나프록센, 린코마이신(lincomycin), 라니티딘, 티아벤다졸(thiabendazole), 설파메타진(sulfamethazine), 설파티아졸(sulfathiazole), 플루벤다졸(flubendazole), 프리메프림(trimethoprim), 록시트로마이신(roxithrymycin), 설파디아진(sulfadiazine), 아테놀올(atenolol), 옥스펜다졸(oxfendazole), 프로파놀올(propranolol)은 전체 정수 시료로부터 검출되지 않았다.

❑ 정수에서 검출된 의약물질을 살펴보면, 카페인이 83%로 가장 높은 검출 빈도를 보였으며, 평균 6.17 ng/L 수준으로 검출되었다. 다음으로 크로타미톤이 농도는 낮으나 (평균 0.70 ng/L) 검출빈도가 75%로 높은 수준이었다.

❑ 이외에 메트포민(검출빈도 25%), 설파메톡사졸(검출빈도 25%, 평균 0.53 ng/L), 펜벤다졸(검출빈도 21%, 평균 0.29 ng/L), 카르바마제핀(검출빈도 8%, 최대 0.67ng/L)이 미량 검출되는 것을 확인하였다(오정은 외, 2017). 미량이라도 정수에 의약물질이 잔존하면 사람의 건강과 수생생물에 유해 가능성이 있으므로 수질 관리 방안이 필요하다.

❑ 국립환경과학원 2019의 모니터링에서는 총 204종의 미량화학물질을 선정하여 검출여부를 확인했으며 그 중 118종이 검출되었다. 검출된 물질은 농약류 29%, 산업용 물질 27%, 의약물질 26%, 금속류 18%로 확인되었다. 그 중 국내외 규제기준이 있는 물질은 39종으로 검출농도가 모두 기준수치 이내로 확인되었다.

❑ 모니터링 결과를 용도별로 시기적 구분을 해보면 농약류는 5~9월 높은 검출량을 보였고, 이는 하절기의 농약 사용량 증가 때문으로 예상된다. 의약물질과 산업용 물질은 전반적으로 비슷한 경향을 보이면서 의약물질은 12~4월에, 산업용 물질은 6~8월에 비교적 높은 농도가 검출되었다. 이는 갈수기의 영향과 산업용 물질 배출 업소의 가동률 증가 때문으로 해석된다.

❑ 앞의 세 용도에 반해 금속류의 경우에는 뚜렷한 시기적 경향성이 나타나지 않고, Ca, Mg, K, Na, Sr을 제외한 환경 중 배경농도가 높은 일부의 항목이 많이 검출되는 것을 확인했다.

[도표 IV-27] 2019년 미량화학물질 204종 모니터링 주요 결과

<table>
<tr><th colspan="2">검출여부</th><th colspan="2">국내·외 규제기준 有·無</th><th colspan="2">용도</th></tr>
<tr><td rowspan="4">검출</td><td rowspan="4">118종</td><td rowspan="2">기준 有</td><td rowspan="2">39
(기준초과 無)</td><td>농약류</td><td>34 (29%)</td></tr>
<tr><td>산업용</td><td>32 (27%)</td></tr>
<tr><td rowspan="2">기준 無</td><td rowspan="2">79</td><td>의약물질</td><td>31 (26%)</td></tr>
<tr><td>금속류</td><td>21 (18%)</td></tr>
<tr><td rowspan="2">불검출</td><td rowspan="2">86종</td><td>기준 有</td><td>43</td><td colspan="2" rowspan="2">-</td></tr>
<tr><td>기준 無</td><td>43</td></tr>
</table>

* (국내) 수질환경기준, 먹는물 기준, 먹는물 감시항목/ (국외) WHO 먹는 물기준, EPA 먹는물기준/수질기준

[도표 IV-28] 낙동강 제2 왜관교에서 검출된 의약물질의 월별 농도차이

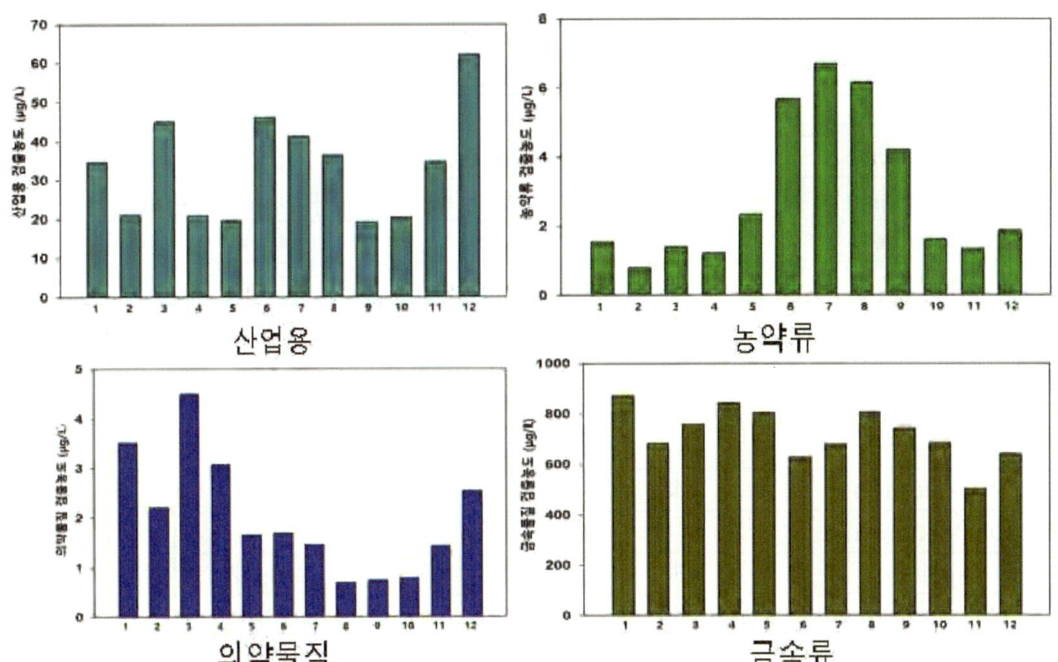

자료 : 과학기술정책 제4권 제1호 [상·하수도에 존재하는 미량의약물질 모니터링 현황과 개선 방향], 2021. 6

❑ 검출된 118종 중 규제 기준이 있는 39종 농약류나 산업용 물질, 금속류로 구성되어 있으며, 의약물질은 포함되지 않았다. 즉, 규제 기준이 없는 79종 검출 항목 중 39%에 달하는 31종이 의약물질이었다. 검출된 의약물질 목록은 다음 도표에 정리되어 있다.

❑ 정리된 항목들은 WHO, EPA, EPA의 먹는 물 혹은 수질 기준과 국내 수질 환경기준, 먹는 물 수질기준, 먹는 물 수질 감시항목 감시기준에 일절 명시되지 않았으며, WHO 국제암연구소(IARC)의 발암 등급 및 야생동물보호 기금의 내분비계 장애물질(WWF-EDCs)에도 분류되지 않아 유해성에 대한 정보도 확인할 수 없다.

[도표 IV-29] 2019년 왜관수질측정센터 미량화학물질 모니터링 결과 중 의약물질 검출항목

(단위: ng/L)

물질명	검출 결과		국외	
	빈도(%)	검출범위(Median)	논문	유럽
4-Acetamidoantipyrine	62	1.1-9.2	56-83	ND-1611
4-Dimethylamino-antipyrin	1	6.3	-	ND
4-Formyl-aminoantipyrine	70	1.5-9.7 (4.1)	12-225	ND-914.6
Antipyrine	39	0.5-2.1 (0.9)	ND-295	ND-27.3
Atenolol acid	30	1.6-9.5 (5.5)	20-890	ND
Caffeine	87	6.2-54.2 (22.7)	ND-5330	ND-4000
Candesartan	89	1.5-21.0 (6.1)	6-22	ND-31.2
Carbamazepine	66	4-11.1 (1.3)	ND-310	ND-1523.2
Celiprolol	69	2-35.3 (7.3)	-	ND
Clarithromycin	57	2-204.5 (27.5)	ND-719	ND-59.7
Climbazole	80	2-11 (2.8)	-	ND-177.6
Clopidogrel carboxylic acid	98	3.6-48.4 (18.4)	2-7	ND-22.3
Fexofenadine	90	1.5-41.7 (12.2)	ND-1144	ND
Lamotrigine	89	0.9-8.4 (3.5)	5-45	ND-188.5
Levetiracetam	30	9.1-37.2 (23.4)	ND-18	ND
Lidocaine	67	1-30.8 (12.3)	ND-40	ND-4.5
Losartan	96	1.5-34.2 (6.2)	ND-149	ND-296
Mefenamic acid	84	1.4-16.1 (3.4)	-	ND-257.2
Oseltamivir	25	1.8-21.3 (11.5)	-	ND
Propranolol	22	1.1-3.5 (2)	ND-65	ND-6.9
Ranitidine	14	9.1-260.4 (45.2)	ND-74	ND-1.9
Ritalinic acid	48	1.1-6.7 (3.1)	ND-6	ND
Roxithromycin	19	10.6-35.4 (19.4)	ND-100	ND
Sitagliptin	88	2.8-80.7 (22.7)	ND-121	ND
Sulfamethazine	53	1.6-50.6 (5.9)	ND-87900	ND-1.8
Sulfamethoxazole	46	1.6-21.5 (10.4)	ND-396	ND-1228.9
Sulfapyridine	43	1.4-57.4 (7.6)	ND-493	ND-83.1
Sulfathiazole	2	3.8-7.6 (5.7)	ND-101	ND
Trimethoprim	68	0.6-9.7 (1.6)	ND-2800	ND-55.9
Valsartan	99	2.6-133.7 (16.4)	31-297	ND-809.9
Vildagliptin	95	1.7-27.9 (7.1)	3-5	ND-5

자료 : 과학기술정책 제4권 제1호 [상·하수도에 존재하는 미량의약물질 모니터링 현황과 개선 방향], 2021. 6

다. 국내 지자체 수질검사항목 중 미량의약물질 조사

❑ 현재 우리나라 상수도로 공급되는 물은 수도법(2019.6.25. 시행 법률 제16082호) 제 29조 규정에 근거하여 법정 수질검사 항목을 따른다.

❑ 수질검사는 지방자치단체(지자체) 수도사업소나 상수도사업소에서 진행하고 있으며, 수질검사 항목에는 법정검사 기준 60개 항목, 환경부 검사 기준 29~31개 항목을 필수검사로 하고 있다. 그리고 지자체마다 지역 특성을 반영하여 의심물질을 감시항목으로 정하여 관리하고 있다. 부산·울산·대구광역시의 법정수질검사 및 환경부/지자체 수질감시항목 수를 다음 도표에 나타냈다.

[도표 IV-30] 부산·울산·대구 상수도사업본부에서 수행하는 상수도 수질검사/감시항목 수

(단위 : 개)

지자체	법정검사항목	감시항목		총 검사항목
		환경부 감시	자체 감시	
부산광역시 상수도사업본부	60	29	190	279
울산광역시 상수도사업본부	60	31	123	214
대구광역시 상수도사업본부	60	29	206	295

자료 : 과학기술정책 제4권 제1호 [상·하수도에 존재하는 미량의약물질 모니터링 현황과 개선 방향], 2021. 6

❑ 지자체 수질검사 항목 중 의약물질을 조사한 결과, 부산은 19개, 울산은 0개, 대구는 18개였다. 다음은 부산·울산·대구광역시 상하수도 자체검사 항목 중 의약물질을 비교한 결과이다.

[도표 IV-31] 부산·울산·대구광역시 상하수도사업본부에서 수행하는 상수도 수질검사항목 중 의약물질 비교 결과

번호	의약 물질	부산	대구	울산
1	Acetaminophen (아세트아미노펜)	○	○	-
2	Atenolol (아테놀올)	○	-	-
3	Caffeine (카페인)	○	-	-
4	Carbamazepine (카르바마제핀)	○	-	-
5	Chlorotetracycline (클로로테트라사이클린)	○	○	-
6	Diclofenac (디클로페낙)	○	○	-
7	Iopromide (이오프로마이드)	○	○	-
8	Lincomycin (린코마이신)	○	○	-
9	Metoprolol (메토프롤롤)	○	-	-
10	Primidone (프리미돈)	○	-	-
11	Propranolol (프리프라놀롤)	○	-	-
12	Sulfamethazine (설파메타진)	○	○	-
13	Sulfamethoxazle (설파메톡사졸)	○	○	-
14	Sulfathiazole (설파티아졸)	○	○	-
15	Trimethoprim (트리메소프림)	○	○	-
16	Estrone (에스트론)	○	-	-
17	17 beta-estradiol (17베타-에스트라디올)	○	-	-
18	17 alpha-ethinyl estradiol (17알파-에치닐에스트라디올)	○	-	-

번호	의약 물질	부산	대구	울산
19	Estriol (에스트리올)	○	-	-
20	Acetylsalicylic (아세트살리실산)	-	○	-
21	Naproxene (나프록센)	-	○	-
22	Mefenamic acid (메페남산)	-	○	-
23	Sulfadiazine (설파디아진)	-	○	-
24	Sulfadimethoxine(설파디메톡신)	-	○	-
25	Sulfamerazine (설파메라진)	-	○	-
26	Doxycycline (독시싸이클린)	-	○	-
27	Oxytetracycline (옥시테트라싸이클린)	-	○	-
28	Tetracycline (테트라싸이클린)	-	○	-
합계	수질검사항목에서 분석중인 의약물질 수	19개	18개	0개

자료 : 과학기술정책 제4권 제1호 [상·하수도에 존재하는 미량의약물질 모니터링 현황과 개선 방향], 2021. 6

❑ 낙동강 수계에서 검출된 미량 의약물질을 지자체 수질검사항목과 비교했을 때, 낙동강 수계에서 검출된 6개 의약물질(메트포민, 카페인, 설파메톡사졸, 카르바마제핀, 크로타미톤, 펜벤다졸) 중 부산은 3개(카페인, 설파메톡사졸, 카르바마제핀), 대구는 1개(설파메톡사졸) 공통되었다. 메트포민, 크로타미톤, 펜벤다졸 3종은 모두 부산·울산·대구광역시 검사 항목에 포함되지 않았다.

❑ **메트포민**의 경우 혈당강하제로 당뇨병 치료제로 사용되는데 체내에서 대부분 대사되지 않고, 체외로 배출되기 때문에 하천 내에 농도 수준이 다른 의약물질에 비해 높은 것으로 알려져 있다. 앞서 정수장 원수 및 정수 내 의약물질 검출빈도 및 농도수준 결과에서도 다른 의약물질에 비해 높은 농도 수준을 보였다.

❑ **크로타미톤**은 무좀, 백선에 따른 가려움증 진정 효과와 옴, 진드기, 사면발이 등의 기생충의 살충 및 구제약이며, 피부에 자극을 주지 않고 항소양 효과도 있다. 옴은 우리나라에서는 1980년1 이후로 발병률이 감소하여 0.1% 내외로 보이다가 최근 5~6년 사이 노년층 사이에서 증가하는 추세이다.

❑ **펜벤다졸**은 주로 개를 대상으로 사용하는 동물용 구충제이며, 동물을 대상으로는 안정성을 인정받아 자주 사용된 약품이다.

❑ 국내 보고서에서 검출된 의약물질이 미량이지만 장기적인 관점에서 상기 세 가지 의약물질을 대상으로 주기적 분석을 진행할 것을 제안한다. 분석을 통하여 상수도의 의약물질 농도를 파악하고 관리하며, 이를 흡착, 제거하는 연구가 필수적으로 병행되어야 한다.

❑ 결론적으로 환경오염으로 인해 수계에 존재하는 의약물질 모니터링은 시급히 요구되며, 지자체 상하수도관리본부에서의 수질검사항목에 없는 의약물질에 대해 추가적인 관리가 필요하다.

2) 미량오염물질 관리를 위한 산화·흡착 기반 하수 방류수 강화처리 기술 연구동향

(1) 연구 배경

❑ 하수 유래 미량오염물질 제거를 위한 하수 방류수 강화처리 기술 중 물리·화학적 처리공정의 연구 및 적용 현황에 대해 다루며, 이와 관련된 미량오염물질 검출 현황 및 관리 정책 방안에 대해서는 저자들의 이전 논문에서 주로 다루었다(Choi et al., 2021).

❑ 활성슬러지를 이용한 생물학적 처리공정과 자외선 및 염소를 이용한 소독공정 등은 전통적인 하수처리시설에서 이용되며 유입원의 고형물, 영양성분(유기물, 무기물) 및 병원균 처리에 효과적이나, 미량오염물질 제거에는 제한적인 효율을 보이며 수환경의 미량오염물질 배출원으로 인식되고 있다 (Luo et al., 2014). 미량오염물질의 방류에 따른 수질오염과 잠재적인 생태학적 영향을 최소화하기 위해 하수 방류수를 대상으로 강화된 물리·화학적 처리공정 도입이 고려되고 있다(Eggen et al., 2014).

❑ 국외에서는 하수방류를 통한 미량오염물질 환경 배출을 최소화하고자 분말/입상 활성탄 흡착공정 및 오존이나 자외선/과산화수소 산화공정과 같은 방류수 강화처리 기술에 대한 연구를 진행하였으며, 일부 서유럽 국가에서는 이러한 기술들이 현장에 적용되고 있다(Bourgin et al., 2018; Miklos et al., 2018a; Zietzschmann et al., 2016).

❑ 특히 스위스의 경우 실 공정에서 오존과 분말활성탄 공정을 이용하여 미량오염물질 제거 및 수반되는 독성을 감소시켰으며, 더불어 정치적 수용과 기술적 타당성 및 비용 효율성을 종합평가하여 하수 배출수의 수질개선을 위해 이러한 공정들을 도입하기로 결정하였다(Eggen et al., 2014).

❑ 최근 국내에서는 낙동강 소재의 하수 방류수에서 신경성 통증 치료제로 사용되는 gabapentin이 1 μg/L 이상 검출되었으며, 상수원수에서도 0.2 μg/L의 농도로 검출되었다(Ra et al., 2020). 다른 연구에서도 낙동강 수계에서 carbamazepine, metformin과 같은 의약물질이 0.1 μg/L 이상 검출되었으며, melamine, benzotriazole과 같은 산업 화학제품들이 1 μg/L 이상 검출되어, 수환경의 미량오염물질 오염이 보고되고 있다(Park et al., 2021).

❑ 낙동강 유역과 같이 강 상류 소재 하수처리시설의 방류수에 영향을 받은 원수를 상수원으로 이용하는 부산, 양산과 같은 도시들은 사실상의 먹는 물 재이용(unplanned potable reuse or de facto potable reuse)이 이뤄지는 실정이며, 상수원의 미량오염물질 유입 최소화를 위해 대책방안 마련이 요구되고 있다.

❑ 국내에서도 방류수 강화처리를 통한 미량오염물질 제거에 대한 일부 연구가 진행되고 있으나 대부분 실험실 규모 단계의 연구이며, 방류수 강화처리기술의 국내 하수처리시설 적용가능성에 대한 정보는 여전히 부족한 상황이다(Jeong et al., 2017; Son and Jang, 2011).

❑ 본문에서는 방류수 강화처리 기술 중 산화와 흡착을 통한 미량오염물질 제거 기작과 연구동향에 대해 살펴보고, 이러한 기술들의 국내 하수처리시설 적용 가능성 및 향후 발전 방향에 대하여 살펴본다.

(2) 방류수 강화처리 기술

❑ 미량오염물질 제거를 위한 하수방류수의 강화처리 공정은 다음 그림과 같이 크게 막여과, 산화, 흡착 공정으로 분류된다.

[그림 Ⅳ-1] Enhanced sewage effluent treatment technologies for micropollutants removal

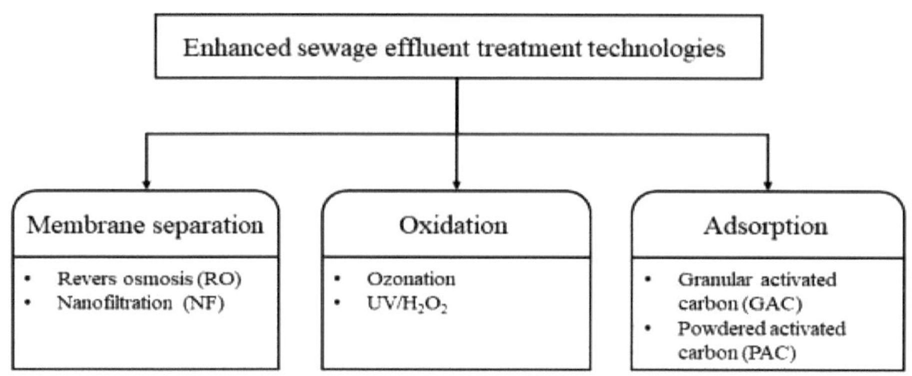

자료 : 상하수도학회지 제36권 제2호 [미량오염물질 관리를 위한 산화 및 흡착 기반 하수 방류수 강화처리 기술의 연구 동향 및 시사점], 2022

❑ 미국과 싱가포르와 같은 일부 지역에서는 물 재이용을 목적으로 역삼투 공정과 UV/H_2O_2 산화공정으로 구성된 초고도처리(full advanced treatment, FAT) 공정이 주로 이용되고 있으나, FAT 공정은 역삼투 공정의 높은 운전비와 농축수 배출의 문제가 야기되며 내륙지방의 경우 분리/농축이 아닌 분해 혹은 제거에 기반을 둔 강화처리 공정이 대안으로 고려되고 있다(Chuang and Mitch, 2017). 오존과 UV/H_2O_2 같은 산화기반 공정과 입상/분말 활성탄을 이용한 흡착기반 공정은 다양한 미량오염물질 처리에 유효하며 상대적으로 합리적인 운전비용으로 주목받고 있다(Kosek et al., 2020; Rahman et al., 2018).

❑ 따라서, 본문에서는 산화 및 흡착기반 고도처리공정을 중점으로 미량오염물질 제거 기작을 살펴보고 기술 성숙도 및 국내 적용성에 대해 살펴보았다.

가. 산화기반 수처리 기술

❑ 고도산화처리는 반응성이 높은 라디칼 화학종을 이용하여 수중 난분해성 미량오염물질을 화학적으로 분해하는 수처리 기술이다. 공정에 따라 수산화라디칼(hydroxyl radical, •OH), 황산염 라디칼(sulfate radical, $SO_4^{\bullet-}$), 염소 라디칼(chlorine radical, •Cl) 등의 이용이 고려되며 그 중에서도 산화력이 높은 수산화라디칼이 가장 널리 이용되고 있다.

❑ 고도산화처리는 라디칼을 발생시키는 방법에 따라 오존, 오존/과산화수소, 오존/촉매로부터 라디칼을 발생시키는 오존기반 기술, H_2O_2, O_3, Cl_2, 과산화이중황산염(peroxydisulfate, PDS, $S2O_8^{2-}$)을 라디칼 생성의 촉진제로 사용하는 UV기반 기술, SnO_2, PbO_2, TiO_2 등 전극을 이용하여 수산화라디칼을 발생키는 전기화학적 기술, 펜톤, 광(光)펜톤, UV/촉매 등 (금속) 촉매를 이용하는 촉매기반 기술, 전자빔, 초음파, 플라즈마 등을 이용하여 물에서 직접 수산화라디칼을 발생시키는 물리적 고도산화처리기술로 분류된다(Miklos et al., 2018b). 이 중 오존기반과 UV기반 고

도산화처리가 정수처리에서 수중 미량오염물질 처리를 위해 널리 적용되고 있다.

❑ 고도산화처리는 공통적으로 반응성이 높은 라디칼종, 그 중에서도 수산화라디칼에 의한 산화 반응이 주요 제거 기작이다. 그러나 오존이나 UV도 미량오염물질 분해에 기여할 수 있기 때문에, 고도산화처리 기술별 미량오염물질 제거 효율이 다를 수 있다. 여기에서는 고도산화처리에서 공통적으로 기대되는 수산화라디칼에 의한 처리 효과를 다루고, 이후 오존 및 UV 기반 고도산화처리 각 기술에 대해서 미량오염물질 제거 특성, 수처리 기술의 장점 및 한계, 적용 사례에 대해서 살펴보았다.

[그림 IV-2] Classification of removal mechanisms of enhanced sewage effluent treatment technologies

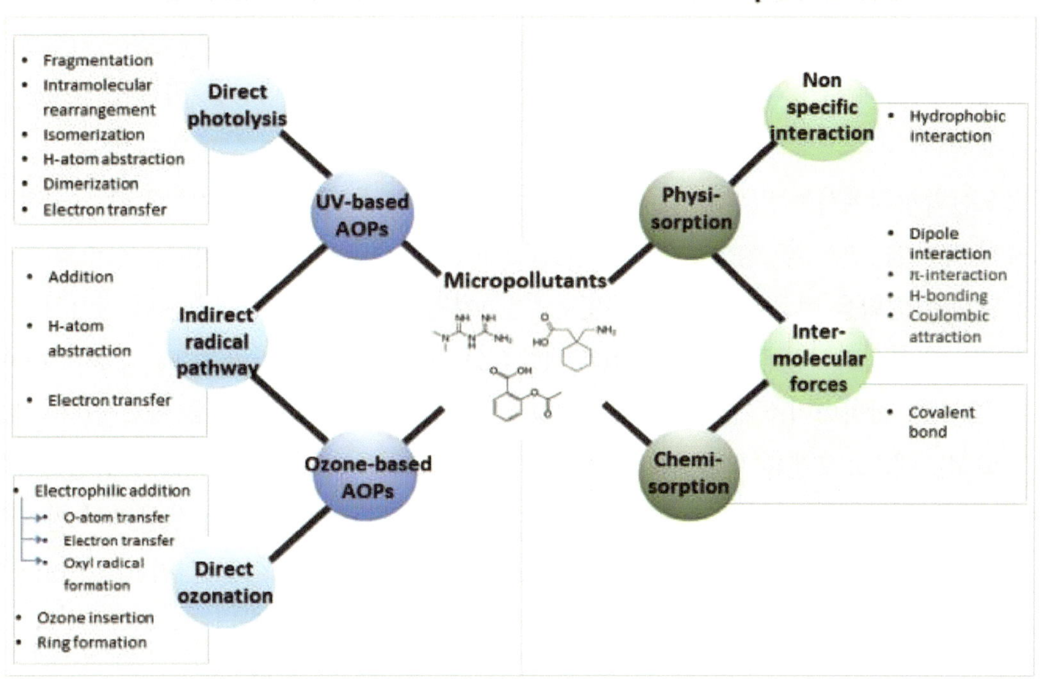

자료 : 상하수도학회지 제36권 제2호 [미량오염물질 관리를 위한 산화 및 흡착 기반 하수 방류수 강화처리 기술의 연구 동향 및 시사점], 2022

A) 수산화라디칼 반응 특성 및 영향 인자

❑ 고도산화처리의 효율은 미량오염물질과 산화제의 반응속도 및 산화제에 대한 노출 정도의 두 가지 인자로 결정된다. 미량오염물질과 산화제의 반응속도는 온도, pH, 산화제 및 유기화합물의 특성에 따라 결정되고, 산화제 노출량은 수중 산화제의 주입량과 소모량에 의해 결정된다.

❑ 수산화라디칼 반응은 대부분의 유기 화합물과 확산지배반응(diffusion-controlled reaction, 이차반응속도 상수 $k_{\cdot OH} \sim 1 \times 10^{10}\ M^{-1}\ s^{-1}$)에 가까울 정도로 빠르게 일어난다. 수산화라디칼은 1 전자 환원반응에 대해 pH 7에서 2.3 V_{NHE}의 높은 산화환원전위를 가지는 산화제로, 이러한 높은 산화력으로 다양한 유기화합물 구조와 비선택적으로 빠르게 반응하기 때문에 대부분의 미량오염물질을 효과적으로 제거할 수 있다. 미량오염물질과 수산화라디칼 간의 반응속도 연구는 그간 활발히 진행되어 현재는 상당한 수의 미량오염물질에 대한 이차반응속도 상수가 확보

되었다. 또한, 각 작용기의 반응속도상수와 인접한 작용기의 영향을 고려하고 합산하여 수산화라디칼의 이차반응속도 상수를 예측하는 작용기 기여법(Group contribution methods, GCM)이 개발되어, 수산화라디칼 반응성을 모르는 화합물일지라도 GCM을 이용할 수 있는 작용기로 구성되어 있으면 오차범위 2배 이내로 이차반응속도를 예측할 수 있다(Minakata et al., 2009).

❏ 수산화라디칼의 노출량은 수산화라디칼의 생성량이 일정하다고 가정할 때 원수의 수산화라디칼 소모에 의해 결정된다. 하수의 용존 유기물(Dissolved organic matter, DOM), 아질산이온(NO_4^-), 탄산이온(HCO_3^-/CO_3^{2-})은 발생한 대부분의 수산화라디칼을 소모한다. 이 중 용존 유기물이 가장 많은 양의 수산화라디칼을 소모하며, 전단 생물학적 처리공정에서 탈질과정이 제대로 이루어지지 않아 NO_2^- 농도가 0.1 mgN/L 이상으로 높은 경우에는 NO_2^-가 중요한 소모 인자가 되기도 한다. 고도산화처리의 효율은 수산화라디칼을 소모하는 요인 외에 수산화라디칼을 발생시키는 방법에 따라서 결정되는데, 오존 및 UV/H_2O_2의 처리효율에 영향을 미치는 인자는 다음에 각각 후술한다.

❏ 고도산화처리에서는 미량오염물질이 수산화라디칼 반응에 의해 무기화까지 도달하는 경우는 드물기 때문에, 반응 후 생성된 변환부산물(Transformation products)과 모(母)화합물의 생물학적 활성의 변화를 비교하여 실제로 미량오염물질의 위험성이 저감되었는지 평가하는 연구가 진행되었다. 수산화라디칼 반응은 in vitro 생물검정 결과 항생제(Dodd et al., 2009; Keen and Linden, 2013), 항바이러스제(Mestankova et al., 2012), 나이트로사민류 화합물(Mestankova et al., 2014), 에스트로겐류 화합물(Lee et al., 2008; Rosenfeldt et al., 2007)의 생물학적 활성(혹은 독성)을 크게 감소시켰으며, 따라서 변환부산물은 모화합물에 비해 생물학적 활성이 매우 낮은 것으로 평가되었다. 그러나 여전히 표본의 양이 제한적이므로 다양한 범위의 미량오염물질의 고도산화처리 시 생물학적 활성 변화에 대한 추가 연구가 필요하다.

B) 오존(O_3) 기반 고도산화처리

❏ 오존은 자극적인 냄새가 나는 투명한 기체이며, 1 전자 산화환원전위가 1.03 V_{NHE}인 그 자체로 강력한 산화제이다(Koppenol et al., 2010). 오존은 수중 미생물에 대한 강력한 소독력과 다양한 유기오염물질에 대한 산화력을 갖기 때문에 정수처리에서 주로 사용되어 왔다(Rice et al., 1981). 또한, 오존은 수산화이온(OH^-) 및 유기물과 반응하여 수산화라디칼을 생성하기 때문에 고도산화처리 효과도 갖고 있다.

❏ 오존 공정에서 수산화라디칼의 생성은 과산화수소나 금속 촉매의 주입을 통하여 증폭될 수 있다(Beltran, 2004; Merenyi et al., 2010; Pines and Reckhow, 2002). 특히 오존/과산화수소 공정은 peroxone 공정이라 불리며 오존을 이용한 고도산화처리로 정수처리공정 및 하수 먹는 물 재이용 처리 공정에서 역삼투 공정(Reverse osmosis, RO) 후단에 적용되고 있다(Miklos et al., 2018b). 방류수 강화처리에서 peroxone 공정은 하수유출수에 의한 수산화라디칼의 높은

소모율 때문에 오존 단독공정에 비해 산화 효과는 큰 차이가 없으나, 오존 분해를 가속시켜 오존 접촉조 용량이 최소화될 수 있으며 또한 독성 산화부산물인 브롬산염의 생성을 유의미하게 줄일 수 있다는 장점이 있다(Bourgin et al., 2018; Hubner et al., 2015; Lee et al., 2016).

❑ 오존에 의한 미량오염물질 제거는 회분식(batch reactor) 및 관류형(plug-flow reactor) 반응기에서 식 (1)으로 설명될 수 있다 (Lee et al., 2013; Lee and von Gunten 2016).

$$-\ln\left(\frac{[MP]_t}{[MP]_0}\right)= k_{O_3}\times\int_0^t [O_3]\,dt + k_{\cdot OH}\times\int_0^t [\cdot OH]\,dt \tag{1}$$

❑ 식 (1)에서 [MP]는 수중 미량오염물질의 농도, k_{O3}는 오존과 미량오염물질의 이차반응속도 상수, $k_{\cdot OH}$는 수산화라디칼과 미량오염물질의 이차반응속도 상수, $\int[O_3]dt$ 와 $\int[\cdot OH]dt$는 각각 오존 및 수산화라디칼 노출량이다. 식 (1)에 따르면 미량오염물질의 제거율 ($1-[MP]_t/[MP]_0 \times 100$)은 오존 반응속도, 수산화라디칼 반응속도, 오존 노출량, 수산화라디칼 노출량으로 결정된다. 오존 및 수산화라디칼 반응속도는 미량오염물질의 화학적 특성에 관련되며 동일 pH 및 온도에서 일정한 값이다. 상술했듯이 산화제 노출량은 처리수의 수질 조건(pH, 용존유기물의 농도 및 성상, 무기이온 농도 등)에 따라 가변하는 값이다(Elovitz and von Gunten 1999; Elovitz et al., 2000; von Gunten, 2003). 따라서, 오존에 의한 높은 미량오염물질 처리효율을 확보하기 위해서는 대상 미량오염물질의 산화제 반응성과 처리수의 수질 조건을 함께 고려해야 한다.

❑ 오존은 미량오염물질 제거에 효과적인 산화제이다. 오존은 그 자체로 전자밀도가 높은 작용기인 이중결합, 아민(amine), 유기황(sulfide), 페놀(phenol) 및 아닐린(aniline)처럼 활성화된 방향족 화합물과 반응성이 높기 때문에, 이러한 구조를 포함하고 있는 미량오염물질은 오존 반응속도 상수(k_{O3})가 높다(von Gunten, 2003). 반면에, 전자밀도가 낮은 아마이드(amide), 나이트로벤젠(nitrobenzene) 같은 비활성화된 방향족 화합물과는 잘 반응하지 않아서, 이러한 작용기로 구성된 미량오염물질의 제거는 대부분의 작용기와 반응성이 높은 수산화라디칼에 의존하게 된다(von Gunten, 2003).

❑ 미량오염물질의 오존 반응속도 상수는 다양한 문헌에서 인용 가능하며, 대략적인 반응속도 상수 값 범위를 계산할 수 있는 기법이 연구되어 왔다. 오존 반응속도 상수는 화합물의 치환기를 바탕으로 계산하는 정량적 구조-활성 관계(Quantitative Structure-Activity Relationship, QSAR, Lee and von Gunten, 2012)와 화합물의 분자에너지 수준을 이용하여 계산하는 양자화학적 계산 기법(Quantum chemical calculations)을 이용할 수 있다(Lee et al., 2015; Lee et al., 2017). 미량오염물질의 수산화라디칼 반응속도 상수도 앞서 기술한 대로 문헌에서 인용하거나 작용기 기여법을 통해 예측할 수 있다(Minakata et al., 2009).

❑ 오존 산화에서 산화제 노출량은 오존 노출량과 수산화라디칼 노출량으로 구분된다. 오존 노출량은 용존 유기물 농도와 성상, NO_2^- 농도, pH 영향으로 오존이 분해되는 속도에 영향을 받는다. 오존의 초기 반응 단계에서는 용존 유기물 내에 전자 밀도가 높아 오존 반응성이 높은 페닐(phenyl), 알켄(alkene), 아민(amine) 등의 작용기가 많아서 오존을 빨리 소모할수록 오존 노출량이 감소한다. 초기 반응 단계 이후의 오존 반응에서는 용존 유기물 내 오존 분해를 가속하는 $O_2\cdot^-$를 많이 발생시키는 작용기(1, 2차 알코올 및 아릴(aryl)기 등)가 많을수록 오존 노출량이 감소한다(Buffle et al., 2006; Staehelin and Hoigne, 1985).

❑ 또한, 용존유기탄소(dissolved organic carbon, DOC)가 높을수록 오존과 반응하는 수중 유기물이 많아져 오존 노출량이 감소한다(Buffle et al., 2006). NO_2^-는 매우 빠른 속도($k_{O3,NO2^-}$ = $3.7 \times 10^5\ M^{-1}\ s^{-1}$)로 오존을 소모해 질산염($NO_3^-$)이 되기 때문에 NO_2^- 농도가 높을수록 오존 노출량이 감소한다(Lee and von Gunten, 2016; Naumov et al., 2010).

❑ 오존 산화 처리에서 수산화라디칼은 오존의 반응 중에 생성되므로 수산화라디칼 노출량은 오존 노출량에 영향을 받으며, pH, DOC, 알칼리도 등과 같은 수질인자에 따라서도 달라진다(Elovitz and von Gunten, 1999). 수산화라디칼과 오존의 노출량 비율을 $R_{ct}(= \int[\cdot OH]_{dt} / \int[O_3]_{dt})$라고 하는데, R_{ct} 값은 자연수에서 10^{-6}~ 10^{-8} 정도로 측정된다(Elovitz and von Gunten, 1999; Elovitz et al., 2000).

❑ 수산화라디칼의 이차 반응속도 상수는 물질에 따라 비교적 일정하고($k_{\cdot OH} \sim 10^9 - 10^{10} M^{-1} s^{-1}$), 오존처리 상황에서 수중 오존분자가 수산화라디칼보다 10^6~10^8배 정도 많기 때문에 오존 반응속도 상수가 미량오염물질의 오존처리 시 주로 효율을 좌우한다. 오존 반응속도가 높은($k_{O3} > 10^4\ M^{-1}\ s^{-1}$) 물질은 오존이 주로 반응해 빠르게 처리되고, 오존 반응속도가 낮은($k_{O3} < 10\ M^{-1}\ s^{-1}$) 물질은 수산화라디칼에 의해 비교적 느리게 제거되며, 중간 범위의 오존 반응속도를 가진 물질은($10\ M^{-1}\ s^{-1} < k_{O3} < 10^4\ M^{-1}\ s^{-1}$)오존과 수산화라디칼이 함께 작용하여 제거된다(Lee et al., 2014; Mathon et al., 2021).

❑ 유기물의 성상에 따라 정도의 차이가 있지만, 오존 산화에서 산화제 노출량은 DOC 대비 동일한 농도의 오존을 주입하였을 때 대체로 유사하게 나타난다. 이에 따라 동일 오존 농도 주입 시 DOC에 따라 미량오염물질 제거율이 다르게 나타나는 문제는, DOC 대비 오존 농도(specific ozone dose, $gO_3/gDOC$)로 정규화시키는 방법으로 상당 부분 해결될 수 있다(Lee et al., 2013). NO_2^-에 의한 오존 소모량까지 고려한 보정된 오존 농도($gO_3/gDOC* = gO_3/gDOC - (48/14)(gNO_2\text{-}N/gDOC)$)를 사용하면 DOC와 NO_2^-에 대해 정규화된 오존 농도를 산정할 수 있다. 다음 그래프는 $gO_3/gDOC*$에 따른 오존 및 수산화라디칼 노출량을 나타낸 것이다(Lee and von Gunten, 2016). 여러 하수처리장에서 측정된 산화제 노출량은 동일한 $gO_3/gDOC*$에서 대체로 비슷한 범위에 있으므로, 하수 내 미량오염물질 제어에서 $gO_3/gDOC*$에 기반한 필요 오존 주입량 선정이 가능하다(Lee et al., 2013; Lee and von Gunten, 2016).

[도표 IV-32] $gO_3/gDOC$*에 따른 오존 및 수산화라디칼 노출량

(a) Ozone exposures	(b) hydroxyl radicals determined for various specific ozone doses($gO_3/gDOC$*) in municipal wastewater effluent
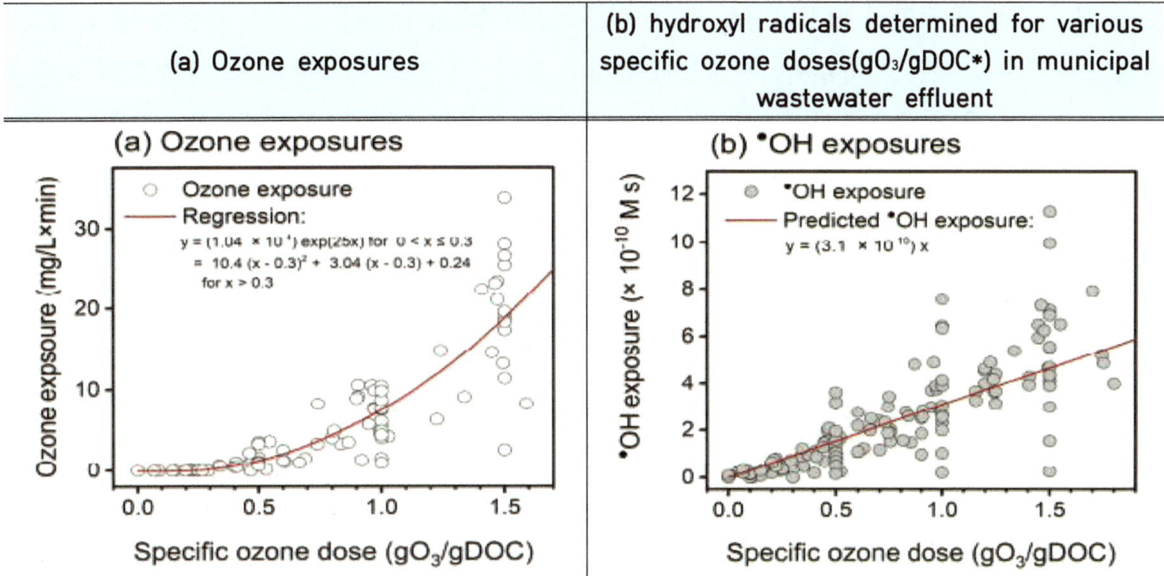	

※ The red line in (a) indicates the fitting of data with empirical equations and the one in (b) represents the model prediction on hydroxyl radicals exposures calculated using the ozone exposures in (a).

❑ 오존은 수중 전구체 물질과 반응하여 브로민산염(BrO_3^-), 나이트로사민 화합물(N-Nitrosamine, 이하 나이트로사민) 등과 같은 산화부산물(oxidation byproducts)을 생성하는 것으로 알려져 있다. 브롬산염은 먹는물 수질기준에서 10 μg/L, 나이트로사민은 먹는 물 수질 감시항목 감시기준 NDMA 70 ng/L, NDEA 20 ng/L로 설정되어있는 독성물질이다. 브로민산염은 브로민화 이온(Br-)이 포함된 물에서 오존처리를 할 경우 발생하며(von Gunten, 2003; von Sonntag and von Gunten, 2012), 나이트로사민은 용존유기물이나 미량오염물질 등과 같은 아민기 전구체 물질의 오존처리로부터 발생한다(Kosaka et al., 2014; Zimmermann et al., 2011). 또한, 오존 처리는 미량오염물질의 생물학적 활성 제거에는 효과적이지만 용존 유기물의 산화부산물(예, 알데히드) 생성으로 인해 일부 독성지표를 오히려 증가시키기도 하였다(Magdeburg et al., 2014; Stalter et al., 2010a; Stalter et al., 2010b).

❑ 오존처리 후 발생하는 독성 산화부산물은 모래여과, 활성탄 등 후속 생물학적 여과공정을 통해 저감될 수 있다(Chuang and Mtich, 2017; Magdeburg et al., 2014). 또한, 오존/과산화수소(peroxone) 공정으로 오존 단독공정보다 브로민산염 생성능을 낮추는 방안도 있다(Lee et al., 2016; von Gunten, 2003).

❑ 오존은 효과적으로 미량오염물질을 제거하지만, 처리대상 원수의 성상(NO_2^-, Br^-, DOC 등)에 따라 처리효율이 영향을 받고 독성 소독부산물이 생성될 수 있기 때문에 오존 처리를 적용하려는 하수 2차 처리수 성상이 오존 처리에 적합한지 평가하는 과정이 필요하다.

❑ 스위스에서는 오존처리를 적용하고자 하는 하수에 대하여 1) 산화제 안정성, 2) 미량오염물

질 제거율, 3) 독성 소독부산물(브롬산염, 나이트로사민) 생성, 4) 생태독성 변화, 5) 파일럿 테스트 단계로 구성된 적합성 평가과정을 제안하였고(Wildhaber et al., 2015), 적합성 평가 결과를 바탕으로 오존을 적용할 하수처리시설을 선정하고 있다. 그 결과, 0.4-0.6 gO_3/gDOC의 오존 농도와 모래여과 등의 생물학적 후처리의 조합이 미량오염물질 제거와 산화부산물, 생태독성 측면에서 적합성 평가를 통과하여 Neugut, Oberwynental, Bassersdorf, Werdholzli 하수처리장 등에서 오존을 이용한 강화된 하수처리시설을 선정 및 운영 중이다(McArdell and Meier, 2019).

C) 자외선(UV)기반 고도산화처리

❑ 자외선은 병원균에 대한 소독 효과가 뛰어나며 독성 부산물을 생성하지 않는 장점으로 수처리 분야에서 널리 사용되어 왔다. 수처리에서 사용되는 자외선 소독은 주로 280 nm 이하 파장대의 UV-C 영역에서 쓰이며 주로 사용되는 광원으로는 253.7 nm의 단파장 저압 수은 램프(Low-pressure mercury UV lamp, LPUV), 200 nm 이상의 연속파장에서 빛을 방출하는 중압 램프(Medium-pressure mercury UV lamp, MPUV), 비교적 최근에 개발된 LED 램프 등이 있다.

❑ 본 논의에서는 현재 상용화되어 가장 일반적으로 사용되는 저압 램프 기준으로 서술한다. 자외선 기반 고도산화처리는 대상수에 과산화수소(H_2O_2), 염소(HOCl), $S_2O_8^{2-}$ 등의 촉진물질(promoter)을 첨가하고 자외선에 노출시켜 반응성이 높은 라디칼을 발생시키는 방식으로 이뤄진다. 이 중 과산화수소를 촉진 물질로 쓰는 자외선/과산화수소(UV/H_2O_2)가 현재 가장 많이 사용되고 있다.

❑ UV/H_2O_2 공정에서 미량오염물질 제거는 1) 자외선에 의한 제거와 2) 수산화라디칼에 의한 제거의 두 가지 기작으로 주로 이루어진다.

❑ 자외선에 의한 제거는 미량오염물질이 253.7 nm에서 자외선을 흡광하고, 화학적으로 들뜬 상태의 미량오염물질이 고(高)에너지 준위에서 화학적 변화를 거치며 진행된다. 수산화라디칼에 의한 제거는 자외선을 흡수한 과산화수소가 수산화라디칼로 분해되어 일어난다. UV/H_2O_2에서 자외선에 의한 제거는 화합물의 흡광 파장대가 UV-C 영역에 걸쳐 있는 일부 방향족 화합물에서 잘 일어나며, 빛을 흡수하지 못하는 화합물들의 제거는 수산화라디칼에 의존하게 된다. 253.7 nm 파장대에서 과산화수소의 몰흡광계수는 18.6 M^{-1} cm^{-1} 정도로 그리 높지 않기 때문에, 충분한 수산화라디칼 발생을 위해 5-20 mg/L 정도의 비교적 고농도의 과산화수소가 주입되고, UV 조사 후에도 80% 이상의 과산화수소가 잔류하여 제거가 필요하다는 점을 고려해야 한다(Miklos et al., 2018a).

❑ 또한, 과산화수소 주입과는 별도로, 요구되는 UV 조사량이 보통 500 mJ/cm^2 이상으로 이는 UV 소독공정에서 요구하는 조사량 40 mJ/cm^2 보다 10배 이상 높다는 것이 특징이다. 따라서 UV/H_2O_2 공정을 운영하기 위한 에너지 요구량은 경쟁 기술인 오존보다 보통 높은 편이다(Miklos et al., 2018a). 미량오염물질 제거 관점에서 UV/H_2O_2의 효율은 처리수의 UV-C(253.7

nm) 파장대의 흡광도와 수산화라디칼을 소모하는 물질(DOC, HCO_3^-, NO_2^-, Br^- 등)의 종류와 양에 영향을 받는다.

❑ UV/H_2O_2 공정의 경우 수산화라디칼의 생성 측면에서 에너지 소모율이 높으나 브롬산염과 할로겐 계열 부산물을 거의 생성하지 않는 장점이 있다(Shah et al., 2011; von Gunte and Oliveras, 1998). 또한, UV/H_2O_2는 나이트로사민 화합물 중 대표적인 물질인 NDMA를 분해하는데 효과적으로 알려져 있다. NDMA는 오존(k_{O3} = 0.052 M^{-1} s^{-1}, Lee et al., 2007) 및 수산화라디칼($k_{\cdot OH}$ = 3.8 × 10^8 M^{-1} s^{-1}, Wols and Hofman-Caris, 2012) 반응성이 낮아서 산화로 인한 제거가 어렵지만, UV 광분해로 잘 제거된다(Mitch et al., 2003; Sharpless and Linden, 2003; Stefan and Bolton, 2002). 소독부산물을 거의 생성하지 않는 장점은 특히 253.7 nm 파장대를 이용하는 저압램프(Low pressure UV, LPUV)에서도 두드러진다.

❑ 한편, 최근에는 질산염(NO_3^-)이 풍부한 물에서 질소계 독성 소독부산물의 발생이 확인되었다. 중압 램프(Medium pressure UV, MPUV)를 이용한 MPUV/H_2O_2 공정에서는 수계 내 NO_3^-가 풍부할 경우 NO_3^-의 광분해 부산물인 반응성 질소종(reactive nitrogen species) 과산화질산염(peroxynitrite, ONOO-)이 용존유기물과 반응하여 질소계 산화부산물을 형성하는데, 이들은 돌연변이 유발성(mutagenic) 및 유전독성(genotoxic)을 띠는 것으로 알려졌다(Hofman-Caris et al., 2015; Kolkman et al., 2015; Martjin et al., 2014; Martjin et al., 2015).

❑ UV/H_2O_2를 이용하여 하수처리수 내 미량오염물질을 처리하는 연구는 실험실 규모(Kim et al., 2009; Lee et al., 2016; Rosario-Ortiz et al., 2010; Yu et al., 2015), 파일럿 규모 연구(Audenaert et al., 2011; Cédat et al., 2016; Köhler et al., 2012; Miklos et al., 2018a)에서 주로 진행되어 왔다. 일반적으로 하수처리수의 미량오염물질 제거목적으로 UV/H_2O_2를 사용하면 하수의 높은 UV 흡수율과 높은 수산화라디칼 소모율 때문에 처리효율이 비교적 낮다. 그러나 먹는물 재이용에서는 오존 등 다른 고도산화처리 기술에 비해 소독부산물 생성 우려가 낮은 점 때문에 UV/H_2O_2 처리가 이용되고 있으며, 그 적용 지점도 역삼투 처리를 거친 유기물 농도가 1 mg/L 이하인 물에 대해 잔류된 미량오염물질 제거 목적으로 적용되고 있다.

나. 흡착기반 수처리 기술

A) 활성탄 흡착공정

❑ 일반적으로 흡착공정은 다공성 흡착제인 활성탄을 이용하여 수중 오염물질들을 표면에 흡착시키는 물리/화학적 수처리 기술을 일컫는다. 수중에 용해된 오염물질은 활성탄 표면으로 상을 이전하는데, 이때 열역학적 에너지 차이를 기준으로 물리적 흡착(physical adsorption)과 화학적 흡착(chemisorption)으로 분류된다(Worch, 2012). 이 중 물리적 흡착은 수처리에서 오염물질을 제거하는 가장 일반적인 제거 기작으로, 1) 쿨롱 상호작용(coulombic interaction); 2) 수소 결합; 3) π-π 결합; 4) 이중 극자간 상호작용(dipole interactions); 5) 소수성 결합 등 다양하게

분류된다(Tong et al., 2019). 앞의 그림에서 물리·화학적 흡착 분류 및 간단한 메커니즘을 요약하여 나타내었다.

❑ 오염물질의 흡착은 일반적으로 흡착 등온식(adsorption isotherm)을 통해 설명된다. 흡착 등온식은 일정한 온도조건에서 흡착이 평형에 도달했을 때 활성탄에 흡착된 오염물질의 양(q)을 용매에 잔존하는 오염물질의 양(c)과의 관계로 나타내어지며, 이는 활성탄의 성상과 흡착공정을 평가하는 중요한 기본 정보이다. 일반적으로 사용되는 흡착 등온식은 Langmuir, Freundlich, Toth, Temkin 등이 있으며, 수처리 분야에서는 Freundlich 흡착 등온식이 널리 사용되고 있다(Worch, 2012).

❑ Freundlich 흡착 등온식은 식 (2)와 같이 표현되며, 흡착의 강도를 나타내는 흡착 상수 K [(nmol/mg)(L/nmol)$^{1/n}$]와 활성탄 표면 에너지의 이질성을 나타내는 흡착 지수 1/n은 매개변수로써 산정된다. 비록 Freundlich 흡착 등온식은 경험적으로 유도되지만, Langmuir 등온식에서 보였던 단일층 흡착과 활성탄 표면 에너지의 균일성을 보완하여 수중의 오염물질 흡착을 잘 모사하여 수처리에서 표준 방정식으로 활용된다(Worch, 2012).

$$q = KC^{1/n} \qquad (2)$$

B) 활성탄 특성

❑ 흡착은 표면 반응공정으로 활성탄 표면 특성에 의해 영향을 받는다. 활성탄의 표면 특성은 활성탄 원재료와 활성화 방법에 따라 다르게 나타난다. 입상 또는 분말 형태의 활성탄은 일반적으로 역청질(bituminous), 갈탄(lignite), 토탄(peat), 코코넛 껍질(coconut shell), 나무(wood) 등의 원재료를 탄화(carbonization) 하여 graphite 형태로 변형시킨 후 열적 또는 화학적 활성화(activation) 단계를 통해 미세기공을 형성하고 비표면적을 확장시킨다(Knappe, 2006). 이렇게 제조된 다공성 활성탄은 일반적으로 넓은 비표면적(800-1500 m^2/g), 높은 기공 체적 등 수처리에 적절한 기공 구조를 가진다.

❑ 여기서 기공은 국제순수·응용화학연합(international union of pure and applied chemistry, IUPAC)의 기준에 따라 직경 2 nm 이하를 미세기공(micropore), 2 nm에서 50 nm까지를 중간세공(mesopore), 50 nm 이상을 거대기공(macropore)으로 분류하며, 일반적으로 활성탄의 미세기공의 체적이 높을수록 우수한 미량오염물질 제거율을 보인다(Crittenden et al., 2012). 이는 기공이 작아질수록 활성탄 표면과 오염물질간의 접촉점이 증가하여 흡착력이 증가하고, 미세기공의 증가는 비표면적을 증가시켜 미량오염물질이 흡착할 수 있는 구역을 증가시키기 때문이다(Knappe, 2006).

❑ 이런 활성탄의 물리적 특성 외에도 재료 및 활성화 방법에 따라 표면 전하, 원자 비율, 표면 작용기 등 다양한 화학적 특성이 존재한다. 활성탄의 표면 전하(surface charge)는 쿨롱 인력에 의해 흡착되는 이온 분자에 대해 중요한 영향을 미친다. 한편, H/C 또는 O/C와 같은 원자 비율은

활성탄의 방향성(aromaticity)과 극성(polarity)을 나타내는 지표로 사용된다. 특히, 높은 O/C 비율을 보이는 활성탄은 극성 또는 이온화 물질에 대해 높은 친화성을 보였지만 소수성 물질에 대해 낮은 제거율을 나타내었다(Kang and Xing, 2005).

❑ 최근 기계학습(machine learning)을 통해 미량오염물질 흡착에 영향을 미치는 활성탄의 주요 특성을 분석한 결과, 비표면적과 기공 체적과 같은 물리적 특성이 주요한 영향을 미친다고 보고되었다(Sigmund et al., 2020; Zhang et al., 2020).

C) 활성탄 흡착에 미치는 수질 영향 인자

❑ 여기에서는 하수 처리수 내 유기물질, pH, 온도 등 다양한 수질 인자가 활성탄을 이용한 미량오염물질 흡착공정에 미치는 영향을 소개한다. 활성탄의 주입량, 접촉시간 등 공정 운영인자에 대한 영향은 다음에서 활성탄의 제형(분말/입상)에 따라 후술하였다.

❑ 활성탄을 이용한 흡착공정의 기본적인 원리는 용액 속의 미량오염물질을 활성탄 표면으로 이전하는 것이다. 그러나 정수처리 또는 하수처리를 위해 이용되는 흡착공정에서는 미량오염물질 뿐만 아니라 수중에 있는 유기물질도 함께 흡착된다. 특히, 하수처리시설에서 활성탄 흡착공정은 2차 침전지 후단에 위치하는데, 이때 방류수 유기물질(effluent organic matter, EfOM)은 대상 미량오염물질과 경쟁흡착을 한다.

❑ 방류수 유기물질과 미량오염물질은 크게 다음과 같이 2가지 경로로 경쟁흡착을 한다: (1) 활성탄의 미세기공 내 흡착 구역에 대해 저분자 유기물질과 미량오염물질간의 직접적인 경쟁; (2) 고분자 유기물질이 활성탄에 흡착되어 미세기공의 기공 막힘을 유발하여 간접적으로 미량오염물질의 흡착방해(Rizzo et al., 2019).

❑ 미량오염물질 제거를 위한 활성탄 주입 시 하수 내 유기물질의 농도를 고려하며 일반적으로 2~4 mgPAC/mgDOC를 주입하였을 때 60~80%의 미량오염물질 제거율을 보였다(Zietzschmann et al., 2016). 다양한 유기물 성상이 함유된 하수에서 미량오염물질과 경쟁흡착을 비교한 연구에 따르면, 방류수 유기물 중 미량오염물질과 비슷한 크기의 저분자 유기물(low molecular weight organic compounds, LMW)이 미량오염물질과 직접적으로 경쟁하는 것으로 나타났다(Zietzschmann et al., 2014).

❑ 용액의 pH 또한 이온화된 화합물의 흡착을 제어하는 중요한 요소로 알려져 있다. 먼저, 활성탄의 외부 표면에 산성 및 염기성 작용기가 존재하여 표면 전하를 띄게 되는데, 이때 용액의 pH와 영전하점(point of zero charge, pHpzc)을 기준으로 활성탄의 표면 전하를 결정할 수 있다. 일반적으로, 목재 계열의 활성탄은 pHpzc가 3.5~5.4 범위로 산성의 특성을 보이며, 석탄계 활성탄은 pHpzc가 9.0~9.5 범위로 염기성의 특성을 보였다 (Karanfil and Kilduff, 1999).

❑ 반면에 용액의 pH는 미량오염물질의 이온화에도 영향을 미친다. 용액의 pH 조건의 영향으로 이온화된 화합물과 활성탄 표면 전하의 정전기적 인력/척력에 따라 흡착능이 달라진다. 한

연구에서는 중성 pH(pH=7.8)에서 극성을 띄는 약산성과 약염기성 화합물인 5-fluorouracil과 cytarabine을 대상으로 pH 조건에 따라 활성탄에 흡착되는 정도를 조사하였다(Kovalova et al., 2013). 해당 실험에서는 pH 6.2, 7.8, 9.6의 조건에서 실험하였으며, 사용된 활성탄은 HOK super의 석탄계 물질을 사용하며 pHpzc가 10으로 모든 실험조건에서 활성탄은 양의 표면 전하를 보였다. Cytarabine 역시 모든 pH 조건에서 중성 형태로 존재하며 pH 조건별 흡착능의 차이를 보이지 않았다. 반면, 5-fluorouracil의 경우 pH 9.6에서 pH 6.2와 7.8보다 낮은 흡착성능을 보였다. pH 9.6에서 5-fluorouracil은 음으로 분화된 종의 비율이 높아졌으며, 활성탄 표면은 양의 전하를 띈 작용기의 농도가 감소하였다. 하지만, 여전히 활성탄의 표면 전하는 양의 전하를 띄며 정전기적 척력에 의한 흡착능 감소가 주요 기작이 아니었으며, pH 증가에 따라 수용성 음이온 형태로 존재하는 5-fluorouracil의 높은 수용해도에 기인하여 흡착 용량이 저해되기도 하였다(Kovalova et al., 2013).

❑ 용액 내 이온 강도(ionic strength) 또한 활성탄 흡착에 영향을 주는 것으로 알려져 있는데, 한 실험에서는 5 mM과 100 mM의 인산 완충용액(phosphate buffer) 내에서 활성탄 주입량별 흡착 용량을 비교하였다(Kovalova et al., 2013).

❑ 5-fluorouracil는 pH 7.8 조건에서 이온 강도가 증가함에 따라 흡착 용량이 감소되는 것을 확인하였으며, 이는 완충용액 내 성분과의 경쟁 또는 활성탄과 5-fluorouracil 사이의 정전기적 상호작용을 차단함으로써 흡착성능을 감소시킨다고 보고되었다.

❑ 기본적으로 수처리에서 주요한 흡착 기작인 물리적 흡착은 발열 흡착 과정(exothermic process)으로, 용액의 온도 조건 또한 미량오염물질의 흡착에 영향을 준다(Worch, 2012). 한 연구에서는 4℃와 20℃의 온도조건에서 미량오염물질의 제거율을 비교한 결과, 낮은 온도에서 제거율이 높은 것으로 확인되었다(Kovalova et al., 2013).

❑ 반면, 다른 연구에서는 친수성과 소수성 화합물을 대상으로 5℃와 20℃의 온도 조건에서 미량오염물질의 제거율을 비교한 결과, 낮은 온도 조건에서 모든 조사대상 미량오염물질의 흡착이 감소되었다(Nam et al., 2014). 특히, 소수성 화합물은 친수성 화합물 대비 온도의 영향을 크게 받았는데, 낮은 수온은 소수성 화합물의 활성탄 기공으로의 확산을 줄이고 접촉 빈도를 낮춤으로써 흡착성능을 낮춘다고 보고되었다(Nam et al., 2014). 따라서, 수온이 미량오염물질의 흡착에 미치는 영향에 대해 추가적인 연구가 필요하지만, 생물학적 처리공정을 사용하는 하수 유출수의 경우 최저 수온이 10도 내외로 유지되어 대부분의 경우 온도 영향이 크지 않을 것으로 사료된다.

❑ 한편, 일반적으로 낮은 pH 조건에서 아민(amine)과 아질산성염(nitrite)은 니트로소화(nitrosation) 반응을 통해 발암물질인 나이트로사민(N-nitrosamine)을 생성한다(Padhye et al., 2011). 그러나 일부 문헌에서 하수 처리수 내 아질산성 염의 유무와 상관없이 활성탄 흡착공정에서 나이트로사민이 발생하는 것을 확인하였다(Padhye et al., 2010). 이는 활성탄이 촉매로 작용하여 산소와 질소 분자의 활성화를 통해 비대칭 디메틸히드라진(unsymmetrical dimethylhydrazine, UDMH)

과 같은 2차 아민을 N-니트로소디메틸아민(N-nitrosodimethylamine, NDMA)으로 산화시켰기 때문으로 보고되었다(Padhye et al., 2010). 하지만 일반적으로 2차 처리수 내에는 낮은 농도의 아민이 존재하며 활성탄 흡착공정의 접촉시간이 다소 짧은 것을 고려하였을 때 수처리 내 활성탄 흡착공정 중에서 발생하는 나이트로사민의 생성 빈도는 현저히 낮을 것으로 보인다 (Padhye et al., 2010)

D) 분말활성탄(PAC) 활용 기술

□ 분말활성탄은 직경이 0.2 mm 이하의 활성탄을 일컬으며, 일반적으로 5~50 μm 크기의 활성탄이 대표적이다(Kosek et al., 2020). 입자 크기가 작은 분말활성탄은 입상활성탄보다 비표면적이 상대적으로 크기 때문에 미량오염물질 제거에 더 효율적이며, 공정 운전 측면에서도 다양한 지점에 활성탄 투여가 가능하여 운전의 유연성이 있다(Altmann et al., 2014).

□ 분말활성탄의 투여 위치에 따른 미량오염물질 제거율을 비교한 Streicher의 연구에 따르면, 하수 성상별 용존 유기물의 평균 농도는 유입수, 혐기조, 무산소조, 호기조, 하수처리수에서 각각 76.2 mg/L, 25.4 mg/L, 12.5 mg/L, 12.2 mg/L, 10.8 mg/L로 각 용존 유기물 농도를 고려한 동일한 활성탄 주입조건(gPAC/gDOC)에서 미량오염물질 제거율이 유사하게 나타났다(Streicher et al., 2016). 다만, 유입수 내 용존 유기물의 농도가 높아 투여하는 활성탄의 농도가 높아지는 문제점을 제시하였으며, 2차 침전지 유출수 지점에 폐분말활성탄을 회수할 수 있는 별도의 침전조가 필요하다는 문제가 있었다. 따라서, 활성탄 투입지점으로 생물반응조 내 무산소조가 가장 적절하다고 제안하였다.

□ 그러나 생물반응조 내에 활성탄을 투여하는 것은 슬러지 소화(sludge digestion)에 문제를 일으킬 수 있으며, 폐슬러지를 퇴비화에 사용할 수 없다는 단점도 있어 일반적으로는 활성탄을 2차 침전지 방류수에 투여한다(Rizzo et al., 2019). 전형적인 분말활성탄 반응조는 독립된 접촉반응조와 폐분말활성탄을 회수하기 위한 침전조로 구성되어 있으며, 일반적으로 응집/침전공정과 함께 이용된다 (Rizzo et al., 2019).

□ 분말활성탄 투여량은 미량오염물질 목표 제거율과 하수 내 잔류 유기물 농도에 따라 달라지며, 파일럿 또는 실 규모에서 2차 침전지 방류수를 대상으로 약 5~ 30 mgPAC/L의 농도로 투여하였다(Krahnstover and Wintgens, 2018). 접촉조에는 분말활성탄과 함께 응집제도 투여하는데, 대부분의 경우 응집제 투여량은 분말활성탄의 농도를 고려하여 0.1~0.4 mgMetal/mgPAC의 범위로 주입하였다(Margot et al., 2013).

□ 한편, 응집제는 분말활성탄과 동시에 투여하여도 미량오염물질 처리에 영향을 주지 않는다고 보고되었으며 접촉조에 함께 투여하는 것이 긴 접촉시간을 보장하여 효율적인 것으로 보고된다(Altmann et al., 2015). 또한, 효과적인 미량오염물질 제거를 위해서는 충분한 접촉시간이 요구되며 일부 문헌에서는 5~15분의 접촉시간으로 높은 처리효율을 보인다고 보고하였지만(Hu et al., 2016; Mailer et al., 2018), 대부분의 실 공정에서는 30분 이상의 접촉시간을 가진다

(Metzger et al., 2015). 하수처리시설에서 미량오염물질 제거를 위한 일반적인 분말활성탄 흡착 공정의 설계 및 운영 조건을 표에 나타내었다.

[도표 IV-33] General design criteria for removal of micropollutants by activated carbon units

Subject	Value	Unit
PAC		
Dosage	0.7-1.4	gPAC/gDOC
	10-20	mgPAC/L
Coagulant dosage	4-6	mg/L
Hydraulic retention time	30-40	Minutes
Surface load settler	2	m/h
Power consumption	45	W/m^3
GAC		
Empty bed contact time	20-40	Minutes
Upflow velocity	6-10	m/h
Backwash water	5-15	% of incoming
Power consumption	40	W/m^3

자료 : 상하수도학회지 제36권 제2호 [미량오염물질 관리를 위한 산화 및 흡착 기반 하수 방류수 강화처리 기술의 연구 동향 및 시사점], 2022

❑ 폐활성탄은 일반적으로 탈수, 건조 과정을 거쳐 최종적으로 소각되어 오염물질이 다른 환경으로 확산되는 것을 방지하고 있다(Kosek et al., 2020). 그러나, 분말활성탄은 입상활성탄과 다르게 회수 및 재생에 한계를 보여 분말활성탄의 효율적인 사용이 중요하다. 일부 연구에서는 폐활성탄을 접촉조 또는 생물반응조로 재순환하여 효율을 극대화하였으며, 재순환 시 미량오염물질 제거율이 증가하였다(Boehler et al., 2012).

❑ 다른 연구에서는 분말활성탄을 다단 접촉반응조에 연속적으로 재사용함으로써 투여하는 분말활성탄 용량을 보다 효율적으로 활용하여 높은 미량오염물질 제거율을 달성하였다(Zietzschmann et al., 2015). 일부 파일럿 규모의 연구에서는 분말활성탄의 접촉효율 및 회수율 증대를 위해 SAUR사의 CarboPlus 상향류 접촉 반응조를 이용하여 접촉조와 침전조를 일원화하였다(Mailer et al., 2015). 사용된 상향류 접촉 반응조는 10 mgPAC/L의 농도로 분말활성탄을 주입하였을 때, 미량오염물질이 평균 72-80%가 저감되었다.

❑ 최근에는 효과적인 분말활성탄 분리를 목적으로 활성탄 흡착공정 후단에 한외여과(ultrafiltration)나 부상공정(flotation) 등 다양한 기술들이 고려되고 있으나 여전히 연구단계에 있다(Krahnstover et al., 2018).

E) 입상활성탄(GAC) 활용 기술

❑ 입상활성탄은 직경이 1.2~1.6 mm 범위의 활성탄을 일컫는다(Kosek et al., 2020). 입상활성탄을 이용한 흡착공정은 적용성이 높고 운전과 유지보수가 용이하여 정수처리 또는 산업폐수 처리시설에서 널리 이용되고 있다(Krahnstover et al., 2018). 입상활성탄은 대부분 고정층 반응

기(fixed-bed reactor) 형태로 적용되며, 목적에 따라 이중매체여과(dual-media filtration)로 상부층을 다른 흡착제로 대체하여 운전되기도 한다.

❑ 입상활성탄을 이용한 고정층 반응기는 (1) 중력식 공급 접촉조(gravity feed contactor); (2) 압력 접촉조(pressure contactor); (3) 상향류 접촉 반응조(upflow fludized-bed contactor)로 나누어진다(Crittenden et al., 2012). 일반적으로 고정층 반응조는 중력식 공급 접촉조로 운영되며 하수가 상부에 유입되어 하향류로 흐르며 상부의 활성탄부터 포화되어 파과에 미칠 때까지 운전된다. 대부분의 실 공정에서 고정층 반응조는 여러 반응조가 병렬로 운전되며 일부 반응기에서 파과 후 오염된 배출수는 효율적으로 처리된 배출수와 혼합되어 후단 공정으로 이송된다(Krahnstover et al., 2018). 일부에서는 고정층 반응조를 연속적으로 설치하여 오염물질과 활성탄과의 접촉을 극대화시켰다(Krahnstover et al., 2018).

❑ 입상활성탄 흡착공정에서 가장 중요한 운전 인자는 반응기의 직경과 수리학적 표면부하율과 관련된 공탑 체류시간(empty bed contact time, EBCT)이다. 공탑 체류시간은 활성탄이 차지하는 부피를 유량으로 나눈 값으로, 미량오염물질 제거를 위해 일반적으로 5~40분으로 운전된다. 더불어, 표면유속(superficial flow)은 유량을 유속방향의 반응조 단면으로 나눈 값으로, 일반적으로 5~15 m/h의 속도로 운전된다(Crittenden et al., 2012).

❑ 입상활성탄의 크기 특성 또한 오염물질 처리효율에 영향을 미친다. 만약 입상활성탄의 크기가 너무 조대하면 미량오염물질의 파과점을 앞당기며, 반대로 너무 미세하면 수두 손실을 일으켜 잦은 역세척(backwashing)이 필요하다(Krahnstover et al., 2018).

❑ 한편, 입상활성탄 흡착공정의 파과곡선을 나타낼 때, 절대적 운전 시간을 사용하는 것이 아니라 bed volume(BV)을 이용하여 나타낸다. BV(m^3 water/m^3 GAC)은 운전 시간동안 처리된 유량을 입상활성탄 부피로 나눈 값으로, 사용된 입상활성탄의 부피 및 선속도가 다른 공정이더라도 직접적으로 BV를 이용하여 파과곡선을 비교할 수 있다. 스위스의 물 보호법에 따라 미량오염물질 처리를 위한 BV는 20%($C/C_0=0.2$)를 일반적인 파과점으로 사용하고 있으며, 유기물 처리를 위한 BV는 80%($C/C_0=0.8$)을 기준으로 파과점을 설정하고 있다(Benstoem et al., 2017).

❑ 다양한 파일럿 규모와 실 공정의 입상활성탄 흡착공정을 비교한 연구에서는 DOC, carbamazepine(CBZ), diclofenac(DCF), sulfamethoxazole(SMX)의 흡착처리시 파과에 도달하는 BV을 비교하였다(Benstoem et al., 2017). DOC-BV 80%는 2,000~28,000 BV의 범위를 보였으며, CBZ-BV 20%, DCF-BV 20%는 각각 2,900~24,000 BV와 1,600~20,000 BV로 나타나 DOC와 유사한 범위를 보였다. 이는 일반적으로 DOC가 20% 정도 처리되는 파과지점에서 CBZ와 DCF와 같은 흡착성이 강한 미량오염물질은 여전히 80%의 제거율을 보였다. 반면, SMX-BV 20%는 600~9,100 BV의 범위를 보이며 낮은 흡착성을 보였다. 하수처리시설에서 미량오염물질 제거를 위한 일반적인 입상활성탄 흡착공정의 설계 및 운영 조건은 앞의 표에 나타내었다.

❑ 하수 내 잔존하는 유기물은 미량오염물질과의 경쟁 흡착을 유발하여 입상활성탄을 이용한 고정층 반응조의 효율을 떨어뜨린다. 또한, 고분자 유기물이 많이 함유된 하수는 입상활성탄의 기공을 막으며 효율을 떨어뜨린다. 만약 고정층 반응조 유입수 내 부유 고형물(suspended solids, SS)의 농도가 10 mg/L 이상이라면, 반응조로 유입되지 않도록 우회(bypass)시켜 처리하여야 한다(Mulder et al., 2015). 고형물로 인한 기공 막힘(pore blocking)을 방지하기 위하여 모래여과(sand filtration)와 같은 전처리 공정과 결합하여 운영할 수도 있다. 또한, 반응조의 유기물 제거와 입상활성탄의 기공 막힘을 방지하기 위해 최종 방류수를 이용하여 역세척을 주기적으로 진행하며, 만약 물을 이용한 역세척을 진행하였음에도 불구하고 파과현상 및 수두손실이 발생하면 압축 공기를 이용하여 역세척을 진행하기도 한다.

❑ 일반적으로 파과점에 도달한 입상활성탄은 일부 회수되며 동일한 양만큼 신탄 또는 재생탄으로 보충된다(Kosek et al., 2020). 입상활성탄은 폐활성탄의 회수가 용이하며 열처리를 통한 재생이 가능하다는 점에서 분말활성탄보다 높은 경쟁력을 갖는다(Kosek et al., 2020). 재생과정을 통해 활성탄에 흡착된 유기성 오염물질은 휘발 또는 분해되며 추가적인 오염물질의 확산을 방지한다. 재생된 입상활성탄은 열처리 과정을 통해 흡착능을 회복하지만, 기공이 확장되고 비표면적이 감소하는 부작용으로 신탄 대비 낮은 효율을 보인다(Son et al., 2021). 더불어 열처리 과정 중 전체 활성탄 질량의 약 10%가 소실되며 재생 횟수에 제한을 보였다(Mulder et al., 2015). 또한, 재생을 위한 열처리는 에너지 소모가 심한 공정이며 높은 활성탄 재생 비용을 발생시킨다.

❑ 반면, 파과에 도달한 입상활성탄은 초기의 흡착능을 잃게 되지만, 활성탄을 지지체로 이용한 다양한 미생물이 자연적으로 군집을 형성하여 생물막을 형성하며 지속적으로 오염물질에 대한 제거능을 유지하였다(Sonet al., 2009). 이런 생물학적 활성을 이용한 오염물질 처리는 생물활성탄 공정(biological activated carbon, BAC)으로 명명되며 유기물, 소독부산물 제거 등을 목적으로 정수처리 공정에서 사용되어 왔다(Son et al., 2009). 최근 연구에서는 하수처리시설에서 생물활성탄 공정을 후처리로 이용할 경우 유기물 저감 측면에서 입상활성탄의 수명을 25~42%까지 연장할 수 있다고 보고되었으나, primidone(PMD)와 CBZ 같은 생물학적 난분해성 물질에 대한 파과시점은 각각 5,500 BV와 17,000 BV의 낮은 처리효율을 보였다(Fundneider et al., 2020).

❑ 따라서, 많은 연구들에서 오존 처리공정과 생물활성탄 공정(O_3/BAC)을 결합하여 사용하는 방류수 강화처리 공정이 고려되고 있다(Bourgin et al., 2018; Chuang and Mitch, 2017). 하수처리공정 내 2차 처리수를 대상으로 O_3/BAC 공정이 적용된 경우 조사된 15 종의 미량오염물질 중 13종에 대해 80% 이상의 처리효율을 보였으며, 32%의 유기물 처리효율을 보였다(Chen et al., 2017). 또한, O_3/BAC 공정은 오존 처리 공정에서 발생하는 trihalomethanes(THM), haloacetic acids(HAAs), bromate(BrO_3^-)와 같은 소독부산물 처리에 효과적이었으며 나이트로사민류 처리에도 효과를 보였으나 일부 NDMA에 대해서는 방류기준(< 10 ng/L, California Notification Level)을 만족하기 위해 처리효율을 높이는 추가적인 연구가 진행되고 있다.

(3) 방류수 강화처리공정 비교 및 국내 적용성 평가

❑ 다음 표는 미량오염물질 제거 목적으로 파일럿 및 실 공정에 적용된 오존, UV/H_2O_2, 및 활성탄 흡착 방류수 강화처리 공정사례를 정리하여 나타내었다(Bourgin et al., 2018; Miklos et al., 2018a; Schwaller et al., 2021). 조사된 미량오염물질은 총 5종의 의약물질을 대상으로 비교하였다.

[도표 Ⅳ-34] The removal efficiencies of micropollutants by advanced treatment processes in pilot- and full-scale wastewater treatment plants

Compounds	Removal efficiencies of MPs by enhanced sewage effluent treatment technologies (%)		
	Ozonation 0.67gO_3/gDOC (43min)	UV/H_2O_2 800mJ/cm^2 + H_2O_2 10 mg/L	PAC 3.8gPAC/gDOC
Benzotriazole	80	70	84
Carbamazepine	> 98	56	88
Diclofenac	> 99	> 99	74
Primidone	70	42	67
Sulfamethoxazole	> 97	86	60

자료 : 상하수도학회지 제36권 제2호 [미량오염물질 관리를 위한 산화 및 흡착 기반 하수 방류수 강화처리 기술의 연구 동향 및 시사점], 2022

❑ 각 고도처리공정에서의 미량오염물질 제거율은 일반적인 운전조건을 나타내는 문헌을 바탕으로 수집된 정보이며, 오존은 0.67 gO_3/gDOC의 농도로 주입하였으며, UV/H_2O_2는 800 mJ/cm^2의 자외선 조사량에 H_2O_2를 10 mg/L의 농도로 주입하였고, 분말활성탄은 3.8 gPAC/gDOC의 농도로 주입되었다. 실제 적용을 고려한 산화제 및 활성탄 주입조건에서 처리효율을 비교하면, 오존과 분말활성탄 공정은 조사된 모든 물질에 대해 상대적으로 높은 제거율을 보였다(> 60 %).

❑ 반면, UV/H_2O_2 공정은 CBZ과 PMD에 대해 각각 56%, 42%로 다른 물질대비 낮은 처리효율을 보였다. 5가지 의약물질은 수산화라디칼에 대해 상대적으로 유사한 반응속도를 보였으나(6.3 ~ 8.2 × 10^9 $M^{-1}S^{-1}$), CBZ와 PMD는 직접 광분해(direct phoyolysis) 속도상수가 각각 0.178·10^{-5} m^2/J와 0.882·10^{-5} m^2/J로 다른 물질대비 현저히 낮은 값을 보였으며 처리효율에도 차이를 나타냈다. 전반적으로, 3가지 고도처리공정은 조사된 미량오염물질을 대상으로 적합한 제거율을 보였으나, 부산물 생성, 생태독성 등 다양한 영향에 대한 평가를 고려한 종합적인 비교가 추가적으로 필요하다.

❑ 다음 도표에는 오존, UV/H_2O_2, PAC, 및 GAC의 4가지 방류수 강화처리공정에 대해 경제적, 기술적 지표를 기준으로 비교 평가하여 제시하였다(Bui et al., 2016; Kosek et al., 2020; Miklos et al., 2018a; Pesqueira et al., 2020).

[도표 IV-35] Overview of system costs and technical considerations of advanced treatment processes

Criteria	Ozonation	UV/H_2O_2	PAC	GAC
Primary energy demand (kWh/㎥)	0.09-0.37	0.55-9	0.05-0.08	0.04
Energy demand for production and transport (kWh/㎥)	0.03-0.09	Not available	0.36-0.72	0.36-0.72
CO_2 emission (gCO_2/㎥)	60-130	Not available	150-240	250
Cost (€/㎥)	0.16-0.22	Not available	0.18-0.26	0.26-0.29
By-products	NDMA, bromates	None	None	None
Waste	None	None	Disposal of used PAC	Spent GAC
Ease of construction	Complicate system	Complicate system	Easy	Easy
Flexibility	Affected by matrix	Not valid for turbid	High	Moderate
Ease of operation	Professional	Professional	Simple	Simple
Maintenance requirements	Material from corrosion	UV lamp	Separation of PAC	Replacement of GAC

자료 : 상하수도학회지 제36권 제2호 [미량오염물질 관리를 위한 산화 및 흡착 기반 하수 방류수 강화처리 기술의 연구 동향 및 시사점], 2022

❑ 조사된 방류수 강화처리 공정 중 UV/H_2O_2 공정은 운전에 필요한 에너지가 0.55~9 kWh/㎥으로 다른 공정들 대비 10~20배 이상의 에너지 소모량이 요구되었다. 오존처리 공정은 공정 운전에 필요한 에너지 소모량이 0.09~0.37 kWh/㎥으로 분말/입상활성탄 흡착공정(0.05~0.08 kWh/㎥) 대비 높은 에너지 소모량을 보였다. 반면, 각 공정에 필요한 산화제와 활성탄의 생산/유통에 필요한 에너지 소모량은 분말/입상활성탄이 0.36~0.72 kWh/㎥으로 오존처리 공정(0.03~0.09 kWh/㎥)대비 높은 에너지 소모량을 보였다.

❑ 전체적으로, 오존처리와 분말활성탄 공정은 유사한 수준의 운영비용을 보였으며, 입상활성탄은 주기적인 활성탄 교체 및 재생으로 인해 두 공정에 비하여 평균 25~45% 정도의 추가비용이 소요되었다. 입상활성탄은 단순한 공정 설계로 오존처리 공정과 분말활성탄 공정 대비 낮은 기술 설치비용을 보였으나, 동일한 처리효율 기준 분말활성탄 공정보다 많은 양의 활성탄 투여가 요구되었다. 이는 직경이 큰 입상활성탄은 동일한 체류시간에서 낮은 흡착속도를 보였으며, 일부 파과되지 않는 입상활성탄도 함께 정기적으로 교체되어 전체적으로 낮은 처리 효율을 보였다. 한편, 오존, UV/H_2O_2, PAC, 및 GAC의 4가지 방류수 강화처리공정은 다음 도표와 같이 각기 다른 기술적 장·단점을 가져 대상 하수처리시설에 적합한 고도처리공정 적용이 고려되어야 한다.

[도표 IV-36] Advantages and drawbacks for each advanced treatment processes

Advanced treatment	Advantages	Drawbacks	Recommendations
Ozonation	• High OMPs removal • Full scale evidence on practicability • Partial disinfection • Lower energy demand compared to UV/H_2O_2 and membranes	• Formation of by-products (NDMA, bromate) • Need for a subsequent biological treatment to remove organic by-products	• Toxicity test • NDMA and bromate should be monitored
UV/H_2O_2	• Moderate-good OMPs removal • Effective as disinfection process	• Formation of oxidation transformation products • No full-scale evidences on OMPs removal • Higher energy consumption	• Toxicity test
PAC	• High OMPs removal • Full scale evidence on practicability • Additional DOC removal • No formation of by-products	• PAC must be disposed • Post-treatment required to prevent discharge of PAC • Production of PAC needs high energy	• Test with different products/process configurations
GAC	• High OMPs removal • Full scale evidence on practicability • Additional DOC removal • No formation of by-products • GAC can be regenerated	• Production of GAC needs high energy • Still under investigation if more GAC is needed compared to PAC • Less flexible than PAC and O_3	• Test with different products

자료 : 상하수도학회지 제36권 제2호 [미량오염물질 관리를 위한 산화 및 흡착 기반 하수 방류수 강화처리 기술의 연구 동향 및 시사점], 2022

❑ 먼저, 오존처리공정은 운영비용이 가장 낮고 폐기물 발생이 없는 장점이 있으나, 유입되는 하수의 성상에 영향을 많이 받으며 부산물 생성에 대한 모니터링이 요구된다. 반대로 분말활성탄 공정은 부산물이 생성되지 않고 공정의 유연성이 확보되지만, 분말활성탄 확보 및 폐활성탄의 분리와 폐기물의 발생 및 처리가 요구된다.

❑ 마지막으로, 국내 하수처리시설 현황을 바탕으로 언급된 오존처리 공정과 분말활성탄 흡착 공정의 적용성에 대해 고찰·평가하였다. 일일 처리용량 500톤 이상의 하수처리시설 총 671개소 중 오존처리 공정을 운전 중인 시설은 17개소로 전체의 약 2.5%에 해당하였으며, 이들은 주로 소독, 색도, 유기물 제거 및 재이용 목적으로 오존처리 공정을 활용하고 있다(MOE, 2019a).

❑ 염색 및 산업폐수는 일반적으로 유기물 부하가 높고 반응성 염료가 다량 함유되어 고농도의 오존 주입량(18~24 mgO_3/L)이 요구되고 있다. 그러나 생활하수가 주 유입원인 대부분의 공공하수 처리시설은 2차 침전조 방류수 기준 DOC가 4~10 mg/L로 적절한 오존 주입량이 요구된다.

일례로 스위스에 위치한 실규모 하수처리시설을 대상으로 약 0.5 gO_3/gDOC로 오존을 주입할 경우 스위스 환경청에서 지정한 감시물질 12종에 대해 94% 이상의 제거율을 보였다(Borugin et al., 2018). 이는 방류수의 DOC 농도 기준 약 2~5 mgO_3/L의 적절한 오존 주입량이 요구되었으며, 높은 미량오염물질 제거 성능을 확인하였다.

❑ 또한, 오존처리 공정에서 생성되는 부산물 중 하나인브로민산염(BrO_3)는 0.5 gO_3/gDOC 조건에서 생성율이 1% 이하로 조사되었다(Borugin et al., 2018). 이는 하수 유입수 내 브로민화이온(Br-)의 농도가 60~100 μg/L인 점을 감안할 때 0.6~1 μg/L 정도 생성될 것으로 예측되며 먹는물 수질기준(10 μg/L)보다 낮은 농도를 보였다.

❑ 또 다른 오존 부산물인 나이트로사민은 0.5 gO_3/gDOC 조건에서 NDMA가 최대 30 ng/L 정도 발생하였으나, 이 또한 약 20배의 희석배수가 고려된 수계 농도를 감안하면 WHO와 독일 음용수 기준 이하로 생성되어 0.5 gO_3/gDOC 정도의 오존 주입량은 전반적으로 부산물에 대한 우려가 높지 않았다(Bourgin et al., 2018).

❑ 더불어 오존은 하수 방류수 수질 기준 지표 미생물종인 대장균(Escherichia coliform, E. coli), 분원성 대장균군(fecal coliform, FC), 총대장균군(total coliform, TC) 등에 대해 높은 소독력을 보여 현재 하수처리시설에서 운영하고 있는 UV 소독공정을 대체할 수 있을 것으로 사료된다. 다만, 소독공정으로서의 오존은 1) UV공정 대비 cryptosporidium에 대해 낮은 소독효과를 보이고, 2) 용존 유기물에 의해 빠르게 소모되어 후속되는 소독과정의 효과에 대한 한계를 보여 추가적인 연구와 개선 방안이 요구된다.

❑ 한편 국내 하수처리시설 중 97.3%가 총인 처리시설을 운영 중이다. 이는 기존 응집/침전공정에 분말활성탄이 함께 투여되어 운전 가능한 장점을 보여 추가 설치비용을 절약할 수 있을 것으로 사료된다(MOE, 2019b). 일례로 스위스 Lausanne에 위치한 하수처리시설은 인 처리를 목적으로 운전 중이던 응집/침전공정에 분말활성탄을 함께 투여하여 미량오염물질 처리 가능성을 평가하였다(Margot et al., 2013). 해당 연구는 pilot 규모의 응집/흡착공정을 대상으로 10~20 mgPAC/L의 활성탄과 4~15 mg/L의 $FeCl_3$ 응집제를 투여한 결과, 총 58종의 소수성 미량오염물질을 대상으로 평균 80% 이상의 제거율을 달성하였다(Margot et al., 2013).

❑ 이러한 분말활성탄을 이용한 방류수 강화처리공정은 대부분의 미량오염물질 제거에 효과적이며 문제시되는 부산물 생성에 대한 우려가 높지 않다는 장점이 있다. 반면 후속 공정에서 폐활성탄에 대한 적절한 회수가 이루어지지 않는다면, 수생태계에 독성을 미칠 가능성이 있다.

❑ 현재까지 조사된 연구에 의하면, 물벼룩을 대상으로 신탄과 미량오염물질이 흡착된 폐활성탄을 노출하여 독성을 평가한 결과, 21일 이상 노출시켰음에도 불구하고 뚜렷한 독성효과는 발견되지 않았다(Woermann and Sures, 2020). 그러나 그 이상의 장기간 노출 및 침전물에 흡착된 활성탄의 영향에 대한 평가는 향후 추가 조사될 필요성이 있으며, 수생태계에 미치는 영향에 대한 평가는 향후 추가 조사될 필요성이 있으며, 이를 예방하기 위해 사전에 폐활성탄 회수를 위한

후속 공정이 요구된다(Krahnstöver et al., 2018).

❑ 현재 국내 총인 처리시설에서는 후단 분리공정으로 여과(39%), 디스크필터(16%), 부상(25%), 침전(14%) 및 그 외(7%) 다양한 분리 공법이 적용되고 있다. 향후에는 기존에 운영 중인 분리공정의 폐활성탄 분리와 회수에 대한 적합성 평가가 요구되며 한외여과와 같은 공정과의 결합을 통한 소독효과까지 고려될 수 있을 것으로 사료된다. 또한, 폐활성탄의 처분과 재생에 관한 추가적인 연구도 경제적 측면에서 연구될 필요성이 있다.

(4) 결론

❑ 방류수 강화처리공정은 미량오염물질에 의한 수질오염을 효과적으로 해결할 수 있는 기술로서, 국내외적으로 지속적으로 연구되어 왔다. 특히 오존을 이용한 산화기반 공정과 분말활성탄을 이용한 흡착기반 공정은 미량오염물질을 효과적으로 처리하며 공정 운영 및 생산/유통에 필요한 에너지 소모량이 타 공정 대비 낮게 조사되어 일부 서유럽 국가의 하수처리시설에 도입되어 그 활용 가능성이 입증되었다.

❑ 국내 하수처리시설 현황을 바탕으로 오존처리 공정과 분말활성탄 흡착공정의 적용성을 고찰한 결과, 오존처리공정은 운영비용이 낮고 폐기물 발생이 없는 장점이 있으나 유입 하수의 성상에 영향을 받으며 부산물 생성에 대한 모니터링이 요구되었다.

❑ 반면 분말활성탄 공정은 기존 총인 처리시설을 활용하여 기술 설치비용이 낮게 요구되며 부산물이 생성되지 않는 장점이 있으나 폐활성탄의 분리와 폐기물 처리에 대한 대책이 요구되었다. 이와 더불어 국내 방류수 강화처리공정 도입 시 규제 수질 기준과 기술 적절성에 대한 구체적인 논의가 필요하며, 이를 뒷받침하기 위한 연구와 조사가 필요하다.

❑ 따라서 국내 하·폐수처리시설 방류수에서 지속적인 미량오염물질 모니터링과 오존·활성탄 등의 강화처리에서 공정 운전조건에 따른 미량오염물질 제거율과 부산물 생성에 관한 기본 연구가 필요하며, 이를 바탕으로 현재 운영 중이거나 앞으로 도입될 방류수 강화처리공정의 미량오염물질 저감 전략이 수립될 수 있을 것이다.

❑ 또한, 하·폐수처리시설별로 도입될 강화처리기술에 대한 위해성 변화 평가가 포함된 적용성/적합성 평가가 시행되어야 하며, 이를 위한 평가 프로토콜의 정립이 필요하다.

※ 자료 : 상하수도학회지 제36권 제2호 [미량오염물질 관리를 위한 산화 및 흡착 기반 하수 방류수 강화처리 기술의 연구 동향 및 시사점], 2022

3. 위험·유해물질 유출 해양오염 사고발생 현황 분석

1) 해양오염사고 발생 현황

❑ 우리나라는 길고 복잡한 해안선, 증가한 해상 교통량, 선박 대형화, 해양자원의 높은 경제·사회적 이용 등으로 지난 20년간(2001~2020년) 총 5,976건의 해양오염사고가 발생하였다. 2020년 해양오염사고 발생 건수는 254건으로, 2001년(455건) 대비 44% 감소하는 등 해양오염사고 발생은 감소 추세이다.

[도표 IV-37] 해양오염사고 발생 변화

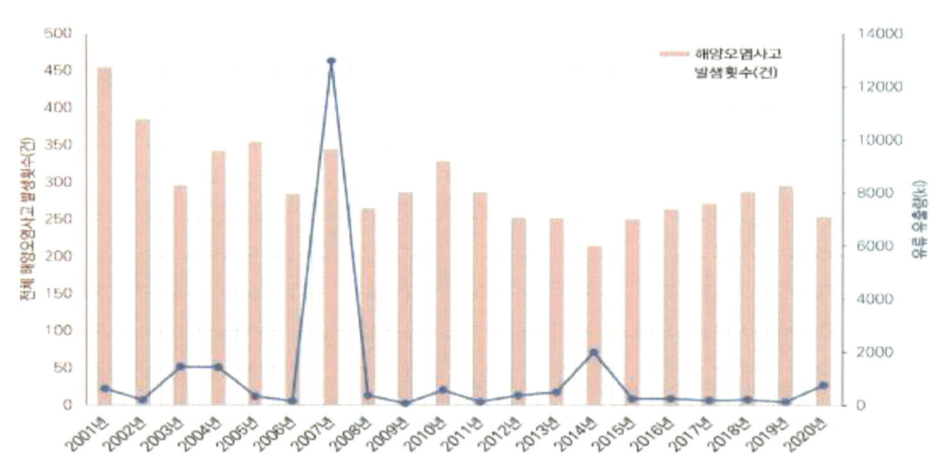

자료 : 한국환경연구원 [해양수송의 친환경·저탄소 전환에 따른 신형 해양오염사고 대비·대응 정책 연구], 2022.

❑ 해양오염사고 발생 상세 분석 결과는 다음 그래프와 같다. 과거 20년 전에는 부주의(45%), 해난(33%), 고의(15%), 파손(5%), 기타(2%) 순으로 해양오염사고가 발생하였다면, 2020년에는 해난(35%), 부주의(32%), 파손(27%), 고의(4%), 기타(2%) 순으로 해양오염사고가 발생하는 등 주요 사고 원인이 변화하였다. 2020년 해양오염사고 배출원은 선박(89%), 육상(해양시설)(9%), 기타(2%) 순으로 과거 20년 전과 동일하였으나, 2020년 해양오염사고 물질은 유류(92%), 폐기물(7%), 유해물질(1%) 순으로 폐기물 배출 비율이 증가(5%)하였다.

[도표 IV-38] 해양오염사고 원인·배출원·배출물질별 발생 변화(상: 2001년, 하: 2020년)

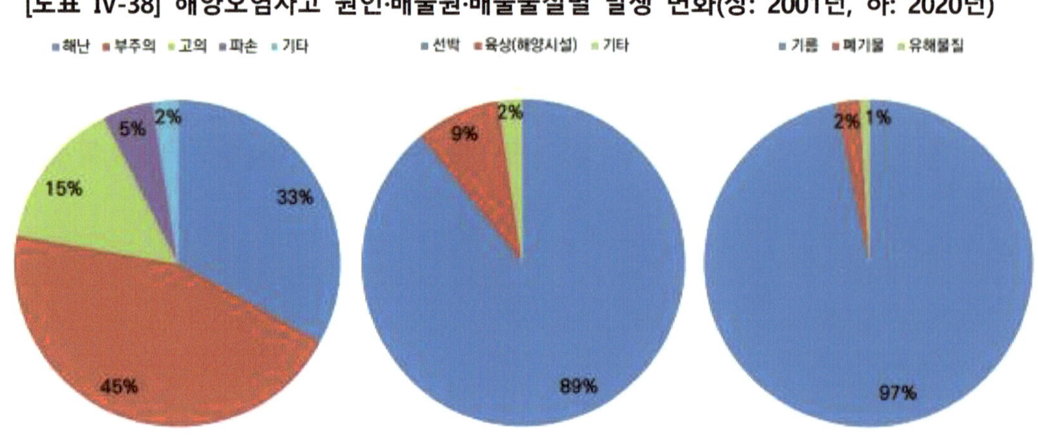

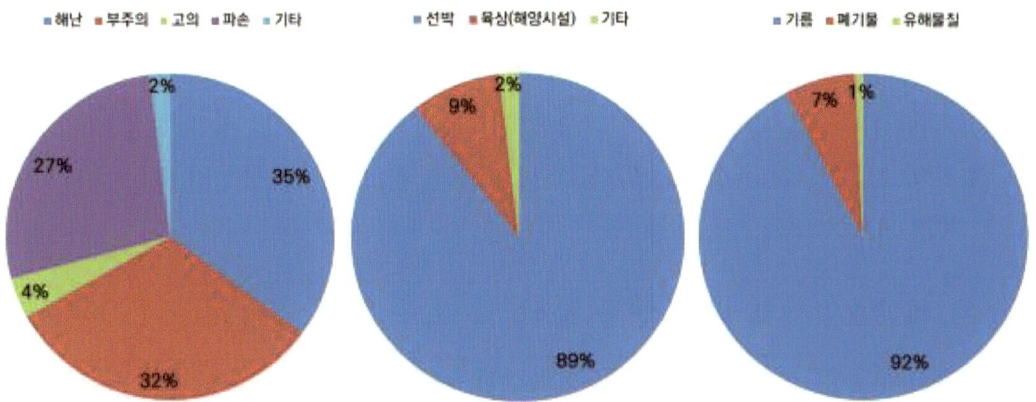

자료 : 한국환경연구원 [해양수송의 친환경·저탄소 전환에 따른 신형 해양오염사고 대비·대응 정책 연구], 2022.

❑ 지난 20년간 유류 유출 해양오염사고는 5,516건으로, 배출물질 중 가장 큰 비중(92%)을 차지하나, 2020년 유류 유출 해양오염사고(234건)는 과거 20년 전(440건) 대비 47% 감소하였다. 유류 유출 해양오염사고 발생 건수는 감소 추세이나, 유류 유출량은 큰 변동을 보이고 있어 유류 해양오염사고에 대한 지속적인 주의·관심이 필요하다.

[도표 IV-39] 유류 유출 해양오염사고 발생 변화

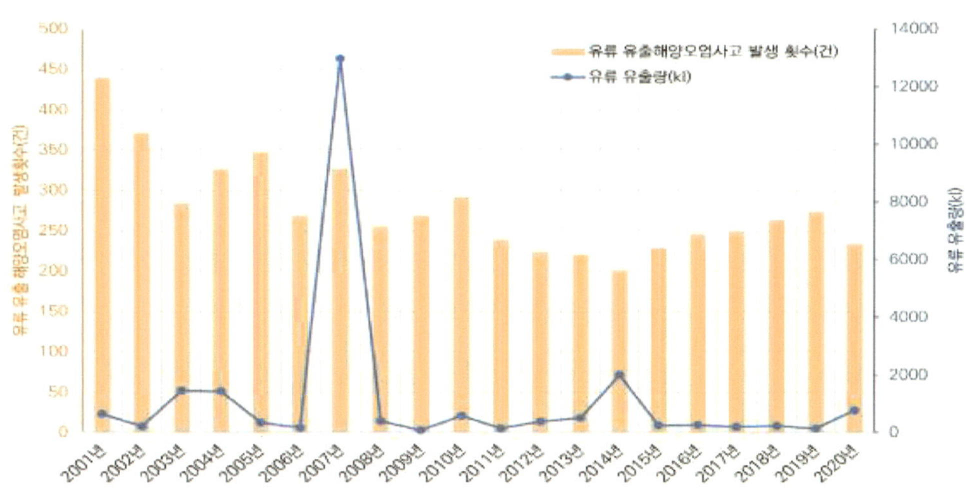

❑ 여천 씨프린스호 사고(1995년), 태안 허베이 스피리트호 사고(2007년)와 달리 화재, 폭발, 유해물질 유출, 인명·재산 피해 등을 동반한 신형 해양오염사고가 발생하고 있다. 몽블랑호 사고(1917년, 캐나다), 그랜드캠프호 사고(1947년, 미국)를 비롯하여 마리타임 메이지호 사고(2013년, 부산), 스톨트 그라이란드호 사고(2019년, 울산), 베이루트항 사고(2020년, 레바논)가 대표적인 신형 해양오염사고이다. 이 중 2019년 발생한 스톨트 그라이란드호 사고는 화학 화물 운반선 폭발 사고로, 인근 선박으로 화재가 확산되면서 인명피해(17명 상해)가 발생하였다. 2020년 발생한 베이루트항 사고는 항구 위험·유해물질 폭발사고로, 인명(200명 사망, 6,500명 상해)·재산(150억 달러) 피해를 입힌 바 있다.

❑ 유류 유출 해양오염사고 예방·방제 정책 개선(건조 유조선 이중선체 의무화 및 강제 퇴출)으로 유류 유출 해양오염사고 발생은 감소하고 있으나(해양경찰청 보도자료, 2019.12.23, p.1), 선박 대형화, 위험·유해물질 운송 증가, 친환경선박 개발, 대체연료 개발 등으로 그동안 경험해 보지 못한 신형 해양오염사고가 등장하고 있다. 특히 이러한 사고는 유출물질의 확산·비가시·유해·잔류 특성으로 복합·대량 피해를 입힐 수 있어 각별한 대비·대응이 필요하다.

2) 신형 해양오염사고 발생 현황 분석

❑ 해양수송 부문의 환경규제 대응을 위해 선박 대형화, 선형 및 추진장치 효율화, 저속운항, 운항 최적화 등의 노력을 이행 중이나(서용석 외, 2020, p.20), 이러한 방안만으로는 국제해사기구가 제시한 대기오염물질 및 온실가스 배출 저감목표 달성은 어렵다. 이에 저·무탄소 선박 연료가 주목받고 있으며, 중장기적으로 친환경 연료로의 전환은 불가피한 바, 친환경선박 개발·보급과 함께 선박 연료의 저·무탄소화 또는 탈 화석연료의 개발·공급이 가속화되고 있다. 친환경 연료는 해양수송의 친환경·저탄소화를 위한 핵심 요소로, 현재 저유황유, 액화천연가스, 액화석유가스, 바이오가스, 혼합 연료 등 휘발·가변성이 높은 대체연료가 개발되고 있다(김보람, 2021, p.2). 이에 친환경선박의 충돌·좌초 등에 따른 친환경 연료의 유출 사고로 인한 화재, 폭발 등 대규모 재난급 사고 발생 및 오염 피해가 우려된다.

❑ 최근 친환경 연료를 포함한 위험·유해물질 선박 입·출항 및 화물 해상 물동량이 증가하고 있어 신형 해양오염사고 발생 위험이 증가하고 있다. 지난 10년간(2011~2020년) 국내 해역 입·출항 선박 중 위험·유해물질 선박(원유 운반선, 석유정제품 운반선, 케미칼 운반선, 가스 운반선) 비율은 2011년 30%에서 2020년 35%로 증가하였다. 특히 액화천연가스·액화석유가스 화물수송 선박은 2011년 2%에서 2020년 현재 3%로 증가하였다.

[도표 Ⅳ-40] 위험·유해물질 선박 입·출항 및 화물 해상 물동량 현황

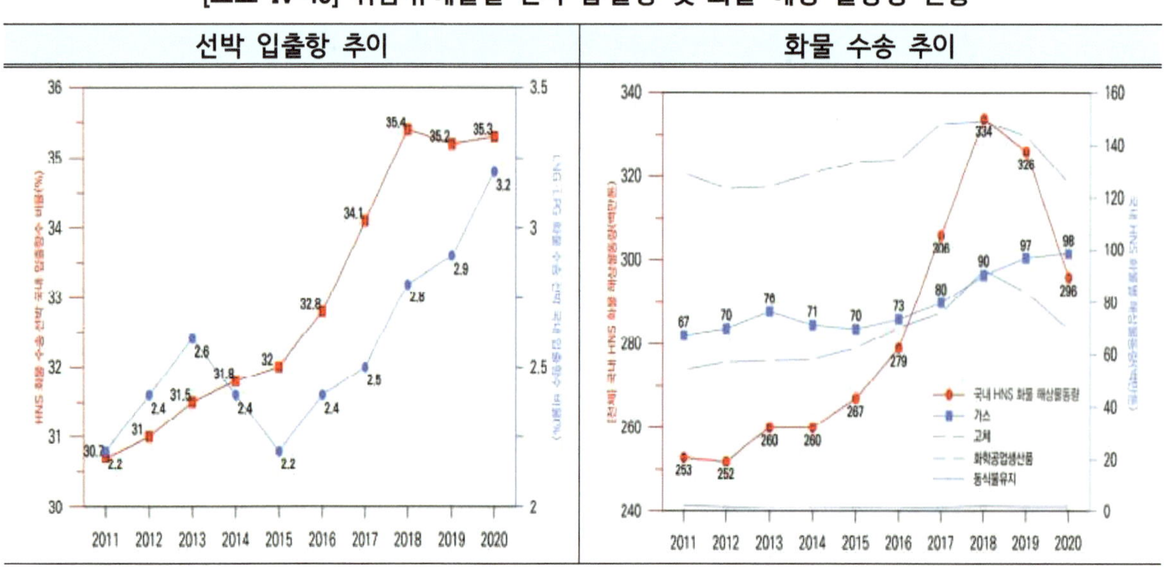

자료 : 한국환경연구원 [해양수송의 친환경·저탄소 전화에 따른 신형 해양오염사고 대비·대응 정책 연구], 2022.

❑ 위험·유해물질 화물(고체, 가스, 화학공업 생산품, 동·식물 유지) 해상 물동량은 2011년 2억 5,300만 톤, 2020년 2억 9,600만 톤으로, 지난 10년간 17% 증가하였다. 특히 가스 화물 해상 물동량은 2011년 6,700만 톤, 2020년 9,800만 톤으로, 지난 10년간 33% 증가하였다. 위험·유해물질 수송 선박의 입·출항 비율 및 해상 물동량이 증가하고 있어 신형 해양오염사고 발생 위험 역시 높아지고 있는 것으로 우려된다.

❑ 신형 해양오염사고는 기존 유류와 달리 친환경 연료 등 유출물질의 확산·비가시·유해·잔류 특성으로 복합·대량 피해가 발생할 수 있는 사고로, 상기와 같은 우려 속에 지난 20년간(2001~2020년) 총 59건(30,009 킬로리터 유출)의 신형 해양오염사고가 발생하였다. 2020년 신형 해양오염사고 발생 건수는 2건으로, 발생 정도는 미미하나 해당 사고가 지속 발생하고 있다.

[도표 Ⅳ-41] 위험·유해물질 유출 해양오염사고 발생 변화

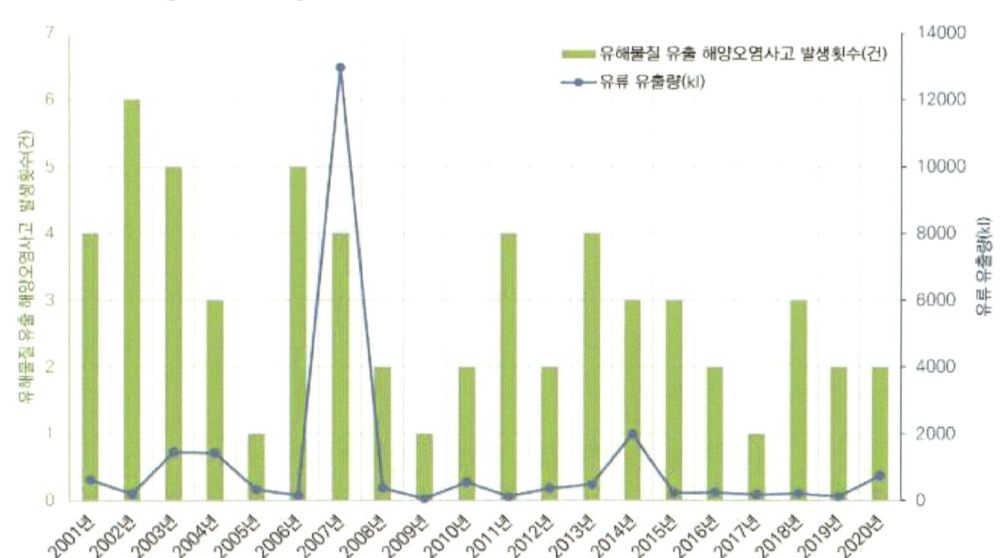

자료 : 한국환경연구원 [해양수송의 친환경·저탄소 전환에 따른 신형 해양오염사고 대비·대응 정책 연구], 2022.

❑ 신형 해양오염사고는 화재, 폭발, 해양·대기로의 유해물질 유출, 인명·재산 피해 등을 동반하여 몽블랑호, 그랜드캠프호, 마리타임 메이지호, 스톨트 그라이란드호 , 베이루트항 사고 사례와 같이 대형 복합 재난으로까지 이어질 수 있어 각별한 대비·대응이 필요하다.

[그림 Ⅳ-3] 신형 해양오염사고 발생 현황 분석

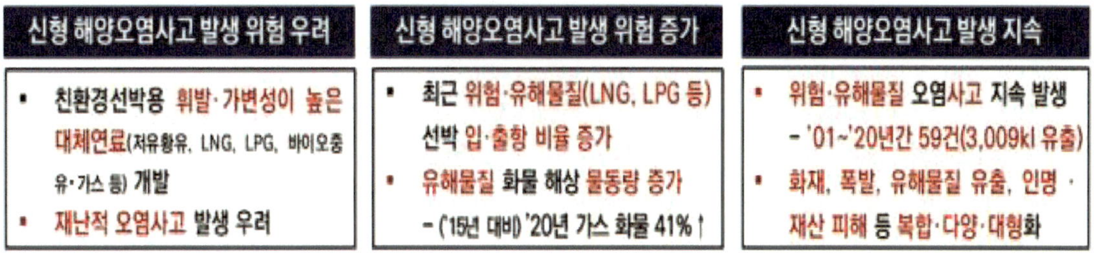

신형 해양오염사고 발생 위험 우려	신형 해양오염사고 발생 위험 증가	신형 해양오염사고 발생 지속
▪ 친환경선박용 휘발·가변성이 높은 대체연료(저유황유, LNG, LPG, 바이오중유·가스 등) 개발 ▪ 재난적 오염사고 발생 우려	▪ 최근 위험·유해물질(LNG, LPG 등) 선박 입·출항 비율 증가 ▪ 유해물질 화물 해상 물동량 증가 - ('15년 대비) '20년 가스 화물 41% ↑	▪ 위험·유해물질 오염사고 지속 발생 - '01~'20년간 59건(3,009kl 유출) ▪ 화재, 폭발, 유해물질 유출, 인명·재산 피해 등 복합·다양·대형화

3) 신형 해양오염사고 발생 영향 조사

(1) 친환경 연료 전환에 따른 위험성 제기

❑ IMO 2020 SOx 규제, IMO 2030 & 2050 GHG 규제 등 국제사회 해양수송 부문 환경규제 정책에 따라 선박의 친환경 연료로의 전환이 예상되는 바, 친환경 연료 사용·유출에 따른 위험성이 사례 혹은 실험을 통해 제기되면서 환경단체를 중심으로 친환경 연료 조사 시행에 대한 수요가 증가하고 있다.

❑ 친환경 대표 연료인 초저유황 연료유는 생산지, 선박 주요 기관 제작업체, 선박 주요 기관 마모 상태, 선박 주요 기관 내 타 화학물질과의 조합 등에 따라 선박에 부정적 영향을 미칠 수 있다. 초저유황 연료유는 혼합 연료로 휘발·가변성이 높아 선박 주요 기관으로부터의 피스톤(링) 해체, 정지·제어력 상실, 기관실 화재·폭발 등을 유발하여 선박 운항에 막대한 영향을 미칠 수 있다. 환경·노동단체는 실험과 실제 사례를 통해 초저유황 연료유의 부정적 영향을 지적하였다.

❑ 싱가포르 Veritas Petroleum Service는 초저유황 연료유의 인화점 문제로 벙커유 연료의 경보가 급격하게 증가하였다고 언급하였다. 캘리포니아 Chevron Marine Products는 선박 실험을 통해 초저유황 연료유가 선박 주요 기관 부품에 스트레스를 증가시켜 작동 조건을 열악하게 한다고 발표하였다(Chevron Marine Products, 2021, pp.1-6). 이에 국제운수노조연맹, 유럽 환경청, 청정북극동맹, 미국 해양보전센터 등은 초저유황 연료유가 선박 안전에 미치는 위험 영향에 대한 신속한 조사를 요청하고 있다.

[그림 Ⅳ-4] 선박 연료 전환에 따른 위험성 제기

VLSFO의 부정적 영향 발견 사례

- Veritas Petroleum Services (싱가폴 글로벌 연료 검사업체)
  - VLSFO 인화점 문제로 '20년 벙커유 연료 경보 급격 증가
- Chevron Marine Products
  - 17척 선박 실험 통해 VLSFO가 주기관 부품에 스트레스 증가시켜 작동 조건 열악하게 만듦

VLSFO에 따른 선박 사고 야기 가능성 (FORBES, '21.2.15)

자료 : 한국환경연구원 [해양수송의 친환경·저탄소 전화에 따른 신형 해양오염사고 대비·대응 정책 연구], 2022.

❑ 국내 역시 초저유황 연료유 사용에 대한 안전성 검증이 필요하다는 의견이 제시되었다(김보람, 2021, p.4). 탈·무탄소화를 향한 국제사회 움직임은 초저유황 연료유를 포함하여 향후 액화천연가스, 압축천연가스(CNG: Compressed Natural Gas), 액화석유가스, 바이오가스, 바이오디젤, 수소, 암모니아, 메탄올, 배터리 등 친환경 연료의 개발·사용을 촉진할 것으로 예상되는 바, 동 연료에 대한 조사·검사가 필요하다. 기술·생산·효율·비용성 외 환경·생태, 사회·경제는 물론 건강·안전까지 확보할 수 있는 친환경 연료의 개발·보급이 필요하다.

(2) 친환경 연료 전환에 따른 위험성 조사

❑ 기존 선박 연료유는 화석연료, 즉 탄화수소 기반 연료이다. 친환경 연료는 탄화수소 기반의 연료를 대체할 수 있는 연료로, 일반적으로 기존 연료유보다 탄소 함유량이 낮으면 친환경 연료로 분류된다. 다양한 친환경 연료 중 ① 탄소 함유량이 낮아 연소 시 이산화탄소 배출량이 적은 연료 및 ② 「환경친화적 선박의 개발 및 보급 촉진에 관한 법률」 중 「환경친화적 선박의 기준 및 인증에 관한 규칙」에 따라 환경친화적 에너지로 규정된 연료를 대상으로 해당 연료의 위험성을 조사하였다. 검토 대상 연료는 액화천연가스, 압축천연가스, 액화석유가스, 바이오가스, 바이오디젤, 수소, 암모니아, 메탄올, 배터리이며, 연료별 특성, 유출 위험, 유출 관리방안은 다음과 같다.

[도표 Ⅳ-42] 친환경 연료 전환에 따른 위험성 조사

연료	특성	유출 위험	유출 관리	비고
액화 천연가스	- 공기보다 가벼움 - 냉각 통한 운송·보관	- 폐위구역 화재·폭발 - 대량 유출 → 환각	- 통풍팬 설치 - 가압수 분무 장치 설치	- 극저온 공급체인 필요 → 비용↑
압축 천연가스	- 공기보다 가벼움 - 상온(0~45℃) 압축 - 기술장벽↓			- 안전 기준 미제정
액화 석유가스	- 인화점↑ - 공기보다 무거움 - 운송·보관↑, 기술장벽↓	- 폐위구역 폭발 - 미량 유출 감지 불가 - 대량 유출 → 환각	- 액화천연가스 동일 안전조치 - 충분한 통풍 설비 설치 - Dead Man Call 등 조치	- 선박 이중연료 디젤엔진 개발 중
바이오 가스	- 공기보다 가벼움 - 경제성↓, 생산량↓	- 폐위구역 화재·폭발 - 대량 유출 → 환각	- 통풍팬 설치 - 가압수 분무장치 설치	- 생산지 인근 발전소 설치 - 황화수소·실록산 제거 - 액화·압축천연가스 형태 운송
바이오 디젤	- 산화·연소↑ - 기존 연료유 혼합사용	-	- 기존 동일 안전조치	- 기존 연료유 혼합 시 질소산화물 배출
메탄올	- 인화점↓(12℃) - 탄소함유량↓	- 액적(Mist) 형태 유출 - 기관실 내부 20℃ 수준 표면 닿으면 화재 발생 - 대량 유출 → 급성 독성 실명 등 안구자극	- 안전설비 설치 - 기관실 내부 표면온도 제어 및 플랜지 등 누설 특별 고려 - 선원 보호 위한 특별 조치	- 추진 선박 기운항 - 화석연료·에너지 소모 높아 환경 - 전과정평가 불리
수소	- CO_2 발생 無 - 기술장벽↑	- 폭발	- 액화천연가스 방폭 등급보다 더 높은 방폭 설비 설치	-
암모니아	- 독성 연료 - 공기 수분 접촉 부식↑	- 선박 수명·안전↓	- 이중탱크·관 중간 수분 제거된 질소 가압·주입 - 인력 안전 특별 고려	-
배터리	- 충전·방전 가능 2차 전지 - 충전속도↑, 수명↑	- 심부화재, 재발화, 열폭 - 상당 시간 지속	- 심부화재 적합 추가 소화설비 설치	- 노르웨이 Ytterøyningen 폭발 사고

가. 액화천연가스, 압축천연가스, 바이오가스

❑ 액화천연가스는 냉각을 통해 액화된 천연가스로 극저온에서 보관 및 사용되며, 액화천연가스를 연료로 사용하는 경우 주로 압력탱크로 보관한다. 액화천연가스를 운송·보관하기 위해서는 극저온(-162℃) 공급망(선박-육상탱크-배관망-사용자)을 갖추어야 한다. 그러나 극저온 공급망에는 막대한 비용이 소요된다. 액화천연가스를 선박 연료로 사용하려면 화재 안전뿐만 아니라, 안정적인 공급·수납 등 다양한 검토가 필요하다.

❑ 압축천연가스는 상온(0~45℃) 압축을 통해 부피를 줄여 운송할 수 있는 천연가스로, 가스를 완전히 액화하지 못하지만 부피를 300배 가까이 축소시켜 운송·보관 효율을 높일 수 있다. 액화천연가스의 공급망 구축에 막대한 비용이 소요되므로, 압축천연가스는 액화천연가스 수요가 높지 않은 지역 또는 시기에 상대적으로 저렴하게 공급할 수 있다. 압축천연가스를 연료로 하는 선박에 대한 안전 기준이 제정되어 있지 않으나, 법령 정비만 완료된다면 압축천연가스 추진 선박이 등장할 것으로 예상된다. 그러나 압축천연가스 추진 버스 폭발사고 원인을 고려할 때, 선박에서 발생하는 진도 등으로부터 압축천연가스 탱크를 보호할 수 있도록 탱크를 고박하는(securing) 방법 등에 대한 기술적 보완이 필요하다.

❑ 바이오가스는 유기성 쓰레기(생활쓰레기, 분뇨, 폐수 등)에서 생산되는 가스로, 쓰레기 매립지에서 자연 발생하는 가스를 회수하거나 쓰레기를 일정 크기의 용기에 넣고 온도 등을 조절하여 생성하기도 한다. 바이오가스는 일반적으로 가스 생산지 근처에 발전소를 설치하고 전력을 생산하여 소비자에게 공급하는 형태로 운영되므로 바이오가스를 선박 연료로 사용하는 것은 경제적 측면에서 현실적 대안은 아니다. 바이오가스는 생성 과정에서 황화수소, 실록산 등이 발생하며 가스와 함께 배출된다. 황화수소는 독성과 황산화물을 생성하며, 실록산은 디젤 엔진의 연소실에 유입될 경우 실리콘 등으로 변환되어 엔진 손상을 유발하므로 정제 과정을 통해 제거되어야 한다. 이러한 정제 과정은 바이오가스 가격을 상승시킨다. 그러나 선박을 대상으로 한 신재생 에너지 공급 인증서 제도(REC: Renewable Energy Certificate)가 없어 경제성 확보가 어렵다. 또한 바이오가스는 생산량이 많지 않고, 생산된 가스를 선박에 공급하려면 액화 혹은 압축천연가스 형태로 운송하여야 되기 때문에 경제성이 떨어진다.

❑ 액화천연가스, 압축천연가스, 바이오가스는 다량 누출될 경우 환각 증세를 보일 수 있지만, 공기보다 가벼워 폐위구역이 아니라면 인체에 큰 영향을 미치지 않는다. 다만 동 가스가 폐위구역에 유출될 경우 화재·폭발 위험이 매우 높아지므로, 유출된 가스를 대기 등 안전한 장소로 단시간 내 배출하기 위한 통풍팬 또는 유출된 가스를 씻어낼 수 있는 가압수 분무 장치 등이 필요하다. 이때 통풍팬은 충분한 등급을 가진 방폭형 통풍팬이어야 한다.

나. 액화석유가스

❑ 액화석유가스는 유전으로부터 원유를 채취·정제하는 과정에 생산되는 가스로, 다양한 용도

로 활용된다. 액화석유가스는 액화천연가스 및 압축천연가스 대비 보관·운송이 편리하여 선박 연료로서 도입이 활발히 논의되고 있으나 상용화되지 못하고 있다. 액화석유가스는 프로판, 부탄 및 이의 혼합물로, 액화석유가스를 선박 연료로 사용하거나 가스 공급시스템을 설계·제작하는 것은 기술적으로 어렵지 않다. 액화석유가스를 연료로 하는 이중 연료 디젤 엔진이 개발되었고, 중소형 액화석유가스 추진 선박용 이중 연료 디젤 엔진도 개발 중이다.

❑ 액화석유가스는 액화천연가스보다 인화점이 높아 액화천연가스와 동일한 안전조치를 취한다면 안전상 큰 문제는 없다. 다만, 액화석유가스는 공기보다 무거워 유출 시 바닥에 집적될 가능성이 높으므로 액화석유가스 추진 선박(기관실, 가스 공급시스템용 밸브실)은 가스 누설에 대비한 충분한 통풍설비를 갖추어야 한다. 액화석유가스가 대량 누설된 경우 가스 감지기로 충분히 감지할 수 있으나, 미량 누설된 경우 공기 유동으로 액화석유가스가 쉽게 확산되기 때문에 현실적으로 이의 감지가 불가능하다.

❑ 공기보다 무거운 액화석유가스가 기관실 또는 밸브실 하부 일정 공간에 모이면 폭발사고의 원인이 될 수 있으므로 액화석유가스를 취급하는 폐위구역은 각 구획 바닥면으로부터 가스를 밀어내어 외부로 배출할 수 있는 통풍설비를 갖추어야 한다. 이때, 통풍설비는 매우 큰 통풍팬 및 바닥면의 가스를 밀어내기 위한 덕트 등으로, 폐위구역 형태에 따라 덕트 배치를 달리하여야 하므로 설계 과정에 다양한 기술적 검토가 필요하다. 액화석유가스가 대량 유출된 경우 유출구역 근무인력은 환각 증세를 보일 수 있으므로 액화석유가스를 연료로 사용하는 선박은 Dead Man Call 등 추가 안전조치가 필요하다.

다. 바이오디젤

❑ 바이오디젤은 식물을 이용하여 제조된 디젤유로, 제조공정에 알코올을 사용하기 때문에 분자 구조에 산소가 포함되어 일반 디젤유 대비 산화, 즉 연소가 쉽게 이루어진다. 메탄올은 분자 구조상 탄소 함유량이 낮지만, 바이오디젤은 15~20개의 탄소 분자로 구성되기 때문에 메탄올 등의 알코올 연료와 구분된다. 선박의 디젤 엔진 등이 기존 연료유에 적합하도록 제작되었기 때문에, 기존 연료유와 점도 및 밀도 등이 차이가 나는 바이오디젤만으로 디젤 엔진을 운전할 수가 없어 일반적으로 바이오디젤을 기존 연료유와 혼합하여 사용한다.

❑ 바이오디젤은 이산화탄소 저감효과가 크지 않다. 그러나 바이오디젤 제조를 위해 재배되는 식물이 성장하는 동안 광합성 등을 통해 이산화탄소를 흡수하기 때문에 이산화탄소 배출 감축(75% 이상 감축)으로 인정하여야 한다는 의견이 제기되고 있다. 바이오디젤을 연료유에 혼합할 경우 질소산화물 배출이 증가하므로, 이를 고려한 바이오디젤 혼합비율 조절이 필요하다. 바이오디젤은 일반 경유와 성상이 유사하므로 기존 연료유와 동일한 안전조치를 취한다면 인체·안전상의 문제는 발생하지 않는다.

라. 메탄올

❑ 메탄올은 알코올 대표 연료로, 선박 연료로 적극 검토되고 있다. 메탄올은 고온에서 천연가스, 납사, 석탄, 이산화탄소 등을 합성가스로 전환시킨 후 수소화 반응을 거쳐 생산한다. 메탄올은 탄소 함유량이 매우 낮아 연소 시 이산화탄소 배출량이 매우 적다. 메탄올을 연료로 사용하는 선박은 이미 운항 중이며, 메탄올을 개질(reforming)하여 수소를 생산함으로써 고분자 전해질 연료전지를 운전하기 위한 기술 개발이 이루어지고 있다. 특히 메탄올은 고체산화물 연료전지에 직접 사용할 수 있어, 향후 다양한 부문의 친환경 연료로 사용 가능하다. 메탄올 제조에 화석연료와 많은 에너지가 소모되므로, 환경 전과정평가(LCA: Life Cycle Assessment) 측면에서 불리하여, 이의 보완 및 생산가격 저하를 위해 식물성 원료로 메탄올을 대량 생산하는 기술 개발이 이루어지고 있다.

❑ 메탄올은 인화점(12℃)이 매우 낮은 액체연료로, 안전설비 구축에 상당한 노력이 필요하다. 가압된 배관을 통해 메탄올을 이송하는 과정에서 메탄올이 플랜지 등에서 누설되면, 작은 액적(mist) 형태로 배관 외부로 유출된다. 액적 형태의 메탄올이 20℃ 정도의 기관실 내부 표면에 닿으면 화재 발생 가능성이 있으므로 메탄올을 연료로 사용하는 선박은 기관실 내부 표면 온도 제어 및 플랜지 등에서의 누설에 대한 고려가 필요하다. 메탄올이 대량 유출되면, 급성 독성을 가진 실명 등 안구 자극이 발생하므로 선원 보호조치가 필요하다.

마. 수소

❑ 수소는 가장 친환경적인 연료로 이산화탄소를 전혀 발생시키지 않아 미래 연료로 고려되고 있다. 수소는 생산방식에 따라 그레이·블루·그린 수소로 구분된다. 그레이 수소는 화석연료를 분해하여 생산한 수소로, 생산 과정에서 이산화탄소가 발생한다. 블루 수소는 정제 등 화석연료 처리 과정에 발생하는 수소를 포집하여 생산한다. 그린 수소는 신재생에너지(풍력, 태양광 등) 생산 전력으로 해수를 전기분해하여 생산한 수소로, 이산화탄소가 발생되지 않는 진정한 수소 연료이다. 그러나 해수를 전기분해하는 과정에서 강력한 부식성 물질인 차염화수소가 생성되는 단점이 있다. 또한 전기분해 효율 유지를 위해 전기분해용 전극을 지속 교체하여야 하며, 전극 생산 시 고가의 금속물질이 사용된다. 그럼에도 수소는 차세대 친환경 연료로 각광받고 있으며, 수소를 연료로 에너지를 생산할 수 있는 연료전지 등 다양한 동력원이 개발되고 있다.

❑ 이 외에도 천연가스 등에 수소를 혼합한 디젤 엔진에서의 연소 추진 기술, 수소를 이용한 가스 터빈 구동 기술 등 다양한 기술이 개발되고 있다.

❑ 수소 수송·보관 방법에는 가압식 및 액화식이 있다. 가압식 방법은 기술적 한계로 약간의 누설이 발생하며, 수소 용기 승인시험에서 누설량을 검증하고 있다. 가압식 수소 용기는 액화될 수 없어 부피 감소를 목적으로 하므로, 수소를 액화하여 수송·보관하는 수소 액화 기술 개발이 본격 시작되고 있다. 수소는 대기압에서 -253℃에서 액화가 이루어지기 때문에 액화수소탱크는

-250℃까지 냉각하여 액화수소를 보관하여야 한다. 액화수소탱크는 -250℃에서 발생하는 열응력을 버텨낼 수 있는 재질, 탱크에서 발생하는 BOG 처리(최소화, 재액화 등), 탱크 내부 온도를 액체 수소 주입 가능 온도로 낮추는 데 상당한 기술적 장벽이 있다.

□ 수소는 인체에 영향을 미치는 물질은 아니나 방폭에 대한 특별 조치가 필요하다. 수소를 선박 연료로 사용하려면 액화천연가스 방폭 등급보다 더 높은 등급의 방폭설비를 갖추어야 한다.

바. 암모니아

□ 암모니아는 산업 활용도가 높은 화학물질로, 주로 조류 분뇨 등 자연 생성 물질로부터 추출한다. 암모니아는 매우 강한 냄새, 독성, 부식성 등 다양한 단점이 있지만, 이산화탄소를 전혀 배출하지 않아 친환경 연료로 관심 받으면서 암모니아를 선박 연료로 활용하기 위한 다양한 기술이 개발되고 있다. 암모니아는 액화가스운반선을 위한 안전 국제 기준(IGC Code: International Code for the Construction and Equipment of Ships carrying Liquefied Gases in Bulk)에서 선박 운송을 허용하고 있는 액화가스로, 동 기준에서 선박 운송을 허용하고 있는 암모니아는 무수질 암모니아이다.

□ 무수질 암모니아에서 허용되는 최대 수분 비율은 2%로, 내부 수분이 2%를 초과하면 부식성이 매우 강해진다. 이는 선박 수명 및 안전에 영향을 미칠 수 있으므로, 암모니아를 선박 연료로 사용하려면 이중동체 탱크 또는 탱크로부터 디젤 엔진까지 암모니아를 공급하는 배관을 이중관으로 구성하고, 암모니아 동체 또는 배관과 외측 동체 또는 외측관 사이에 수분이 제거된 불활성 가스로 충진하는 등 암모니아 유출에 대한 특별 고려가 필요하다. 암모니아는 대표 독성물질로, 대량 유출 시 유출구역 내 인력 안전 확보가 필요하다.

사. 배터리

□ 일반적으로 배터리는 1·2차 전지 모두를 지칭하지만, 현재 충전 및 방전이 가능한 2차 전지로 인지된다. 2차 전지는 다양한 종류가 있지만, 현재 리튬이온배터리가 주를 이룬다. 리튬이온배터리는 충전 속도가 빠르고 수명이 길어 선박에 적용되고 있다.

□ 배터리는 팩 또는 외함으로 보호되기 때문에 리튬이온 등 배터리 내부 물질이 유출되는 경우는 거의 없으나, 화재·폭발에 대한 특별 고려가 필요하다. 배터리를 선박에 적용할 때 가장 문제가 되는 사항은 소화설비이다. 배터리로 인한 화재는 배터리 팩 또는 외함 내부에서 발생하는 심부화재(deep seated fire)로, 이에 적합한 추가 소화설비가 필요하다. 배터리실에 설치되는 소화설비는 「선박소방설비기준」에서 요구하는 고정식 소화설비 또는 승인받은 무인 기관실용 자동소화설비로, 이는 모두 배터리실 보호를 위한 소화설비이다. 배터리는 배터리 외함으로 보호되고, 배터리 외함은 「전기추진선박기준」에 따라 IP 55 이상의 보호 등급을 갖추어야 한다.

□ IP 55 이상의 보호 등급에 대한 시험 기준을 고려할 때, 배터리실에서 이산화탄소, 고팽창 포말, 가압수를 분사한다 하더라도 배터리 외함 내부에서 발생하는 화재는 제어할 수 없다. 배터

리에서 발생하는 화재는 배터리 외함 내부의 배터리 모듈 단위에서 발생하기 때문에 배터리 외함 내부를 보호할 수 있는 소화설비를 설치하야야 한다. 노르웨이 페리선 Ytterøyningen호의 배터리 폭발사고를 고려할 때, 배터리는 재발화 및 열폭주의 재현이 상당 시간 지속되기 때문에 배터리 화재 특성을 고려한 소화설비가 반드시 필요하다.

(3) 신형 해양오염사고 발생 영향 조사

❑ 인화성, 폭발성, 유독성 등 친환경의 연료 특성 및 위험성으로 친환경 연료의 유출 사고, 즉 신형 해양오염사고는 사고 발생 시 유출된 연료의 용량 및 독성에 따라 환경·생태, 사회·경제, 건강·안전에 치명적 영향을 미칠 수 있다.

[그림 Ⅳ-5] 신형 해양오염사고 발생 영향 조사

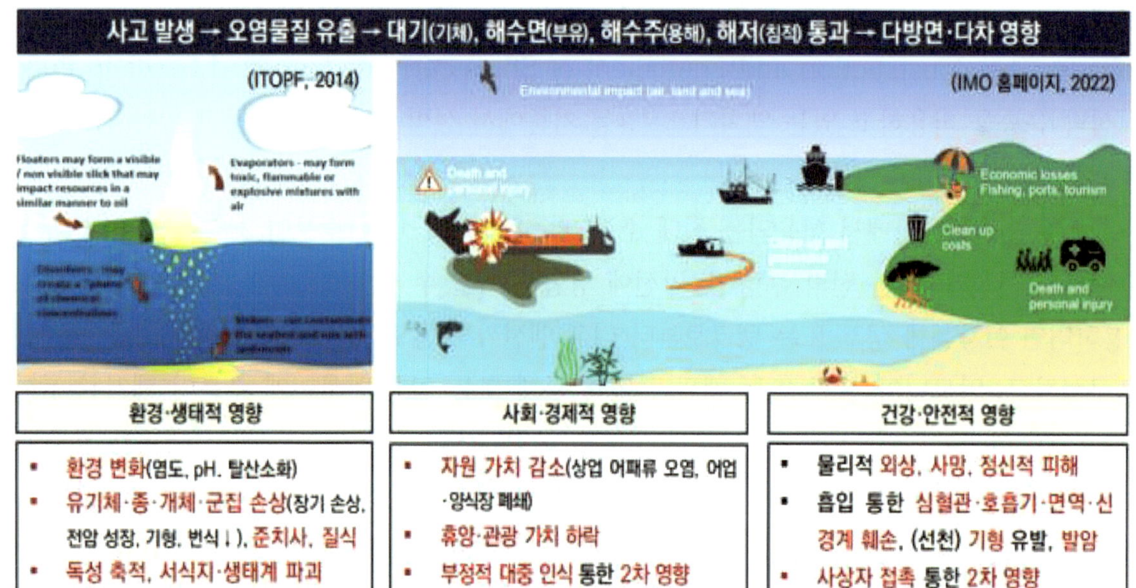

자료 : 한국환경연구원 [해양수송의 친환경·저탄소 전환에 따른 신형 해양오염사고 대비·대응 정책 연구], 2022.

가. 환경·생태 영향

❑ 신형 해양오염사고로 유출된 물질은 유출 물질의 지속·잔류성에 따라 장기간에 걸쳐 개별 유기체, 종, 개체군 또는 해양 공동체를 손상시킨다. 신형 해양오염사고는 대표적으로 지느러미 손상, 전암 성장, 내부 장기 손상, 골격 기형 또는 생식 성공률 감소 등을 통해 해양 생물의 생존능력을 감소시키는 등 해양 생물에게 준치사 효과를 입힌다. 신형 해양오염사고의 환경·생태적 영향은 생태 독성으로 요약할 수 있으며, 다음의 결과를 초래한다.

- (직접 영향) 생물 개체의 중요 신체기능 중단에 따른 개체 사망
- (직접 영향) 생물 개체의 생식, 호흡, 섭식 능력 감소를 수반한 준치사 효과로 생존 위협
- (직접 영향) 식용 생물의 피부·조직 오염 등을 통한 2차 영향
- (간접 영향) 생태계 구조 변화에 따른 생산성 교란 및 생물다양성 감소·손실

□ 신형 해양오염사고로 실제 유기체 치사량 이상의 물질이 유출되더라도 유출 물질이 해양·대기에 희석되면서 유기체에 치사량 이하로 작용하나, 유출 물질이 오히려 더 넓은 지역으로 확산되면서 해양 생물에 치명적 영향을 미칠 수 있다. 유출 물질의 독성은 희석에 의해 완화될 수 있으며 해양 공동체에 미치는 영향은 특정 지역에 제한될 수 있으나, 일부 물질, 즉 박테리아에 분해되지 않고 해양 환경에 영구적으로 영향을 미치는 '보존성 오염물질'은 유기화학 화합물 등의 특성으로 먹이사슬 등 생물학적 영향 경로를 통해 훨씬 더 넓은 영역, 심지어 전 지구적 규모로 해로운 영향을 미칠 수 있다. 노출 또는 섭취를 통해 생명체에 유입된 오염물질이 쉽게 배설될 수 없는 경우, 오염물질은 유기체의 수명 기간 동안 축적되기도 한다.

□ 축적된 물질은 오염된 유기체 내 준치사 및 치사 효과를 유도하여 종과 군집 감소를 초래할 수 있다. 이러한 준치사 및 치사 효과는 어류, 조류, 해양 포유류 및 인간과 같은 최상위 포식자에게도 영향을 미칠 수 있다.

□ 신형 해양오염사고로 유출된 물질이 해양 생태계에 직접적 영향을 미치는 물질이 아니더라도, 유출 물질이 분해되거나 생물학적으로 이용되면서 사고 발생 인접지역의 산소, 염도, pH 등 해양 환경을 변화시켜 해양 생태계에 치명적 영향을 미칠 수 있다. 염분 및 산소 함량 변화는 서식 생명체의 자연 내성으로 생명체에 영향을 거의 미치지 않을 수 있으나, 산호초 군락 등 변화에 민감한 생명체에는 큰 영향을 미칠 수 있다. 독성 또는 환경 영향이 없는 생물학적 불활성 물질도 질식 또는 지역의 물리적 특성을 변화시켜 해양 환경·생태에 영향을 미칠 수 있다.

나. 사회·경제 영향

□ 신형 해양오염사고는 장·단기적으로 지역사회 경제에 부정적 영향을 미친다. 신형 해양오염사고로 유출된 물질은 판매용 어류의 지느러미 손상, 기형 성장 등을 유발하여 해양자원의 상업적 가치를 감소시킨다. 특히 상업용 어패류 오염은 어업 및 양식장 폐쇄로까지 피해를 확대시킬 수 있다. 신형 해양오염사고로 유출된 물질은 해변, 해수욕 및 레크리에이션 용수 오염을 유발하여 관광 등 지역사회 경제 동인에 대한 어메니티 가치를 감소시킨다. 이러한 사고는 대중 인식에도 부정적 영향을 미쳐 사고 발생 지역의 방문 및 해당 소비재(어류, 조개류 등) 구매를 저하시킨다.

다. 건강·안전 영향

□ 신형 해양오염사고의 건강·안전 영향은 유독성(흡입), 인화성 또는 폭발성 등의 특성이 있는 유출 물질의 물리적 운명으로 결정된다. 유출 물질 농도는 인화성, 폭발성, 독성이 있는 유출 물질이 대기 혹은 해수에 용해·희석된 속도 및 양에 의해 결정되며, 이로부터 독성 수준이 결정된다. 그러나 이러한 물질은 방사선, 발암 등 높은 잠재적 위험을 보유하고 있으며, 희석되더라도 농도 감소에 거의 또는 전혀 영향을 미치지 않는 경우도 있어 유의가 필요하다. 유출된 물질의 잔류성은 잠재적 위험을 크게 증가시키기도 한다.

❑ 신형 해양오염사고로 유출된 물질은 피부, 점막(접촉), 호흡기(흡입), 소화기(음식물 섭취) 등을 통해 신체로 유입된다. 상대적으로 높은 농도의 물질에 급작스럽게 노출되어 건강에 대한 유해 영향이 신속히 발생하는 급성 중독은 특정 부위 또는 장기에 국한되어 영향을 미치거나 혹은 전신에 영향을 미칠 수도 있다.

❑ 피부, 눈 등을 통해 유출 물질과 접촉하였을 경우 자극, 화상, 알레르기를, 유출 물질을 흡입하였을 경우 자극, 폐 조직 병변, 기침, 호흡 곤란, 부종, 천식, 질식을, 유출 물질을 섭취하였을 경우 식도와 위 자극, 화상, 메스꺼움, 구토 등을 유발한다. 심장, 호흡기 및 중추신경계에 중증 영향을 미치기도 하며, 특정 경우 사망에 이를 수 있다. 낮은 농도의 유출 물질에 장기간 매일 반복 노출되어 건강에 대한 유해 영향이 발생하는 만성 중독의 경우 몇 년 또는 수십 년 후 영향이 나타나기도 하며, 대부분 심각한 만성 병리 현상을 유발한다.

[그림 Ⅳ-6] 신형 해양오염사고 영향 대응 필요성

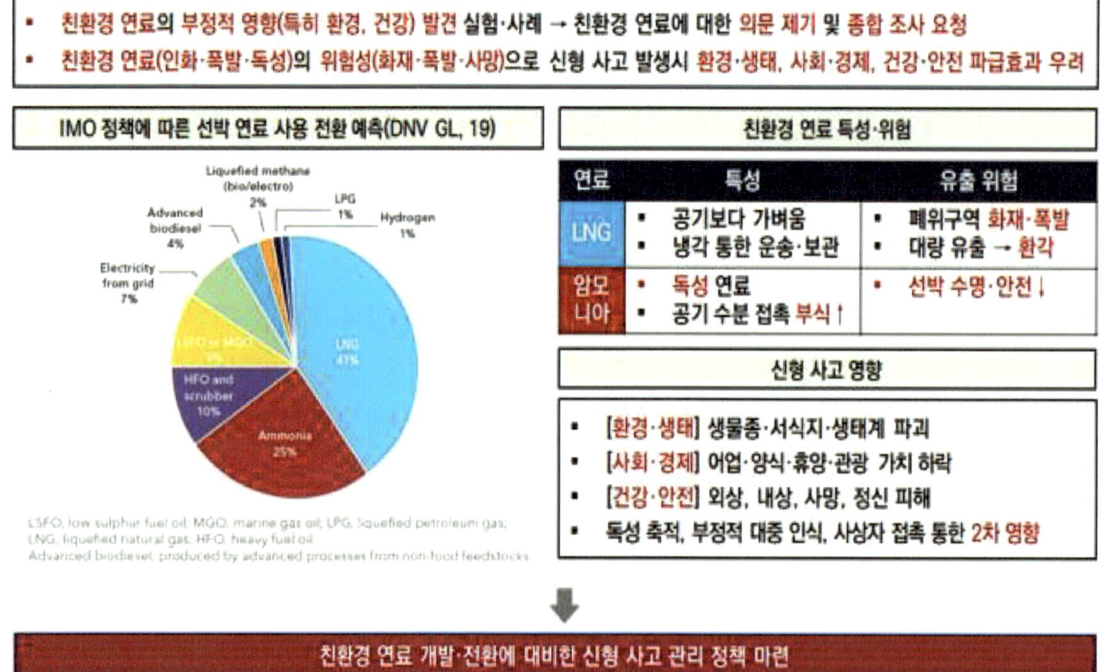

자료 : 한국환경연구원 [해양수송의 친환경·저탄소 전환에 따른 신형 해양오염사고 대비·대응 정책 연구], 2022.

제 5장 잠재 유해인자 미세플라스틱 위해성과 저감·대응 기술

1. 미세플라스틱으로 인한 환경오염과 위해성

1) 미세플라스틱 특성

❑ 플라스틱은 다음 그림 (a)와 같이 입자의 크기에 따라 메가플라스틱(megaplastics, >100 mm), 메크로플라스틱(macroplastics, > 25 mm), 메조플라스틱(mesoplastics, 5-25 mm), 미세플라스틱(microplastics, < 5 mm) 그리고 나노플라스틱(nanoplastics, < 100 nm)으로 구분하고 있다.

❑ 그리고 그림 (b)와 같이 생성유형에 따라서 생산당시 작게 제조된 1차 미세플라스틱(primary microplastics) 그리고 플라스틱이 물리화학적으로 파/분쇄 되거나 풍화 및 분해 등의 작용을 거쳐 작게 부서진 2차 미세플라스틱(secondary microplastics)으로 구분하고 있다.

[그림 V-1] 미세플라스틱의 정의 및 특성

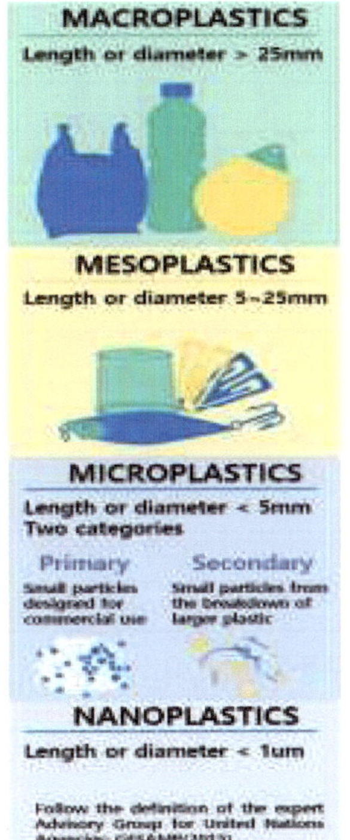

(a) Size classification of plastic

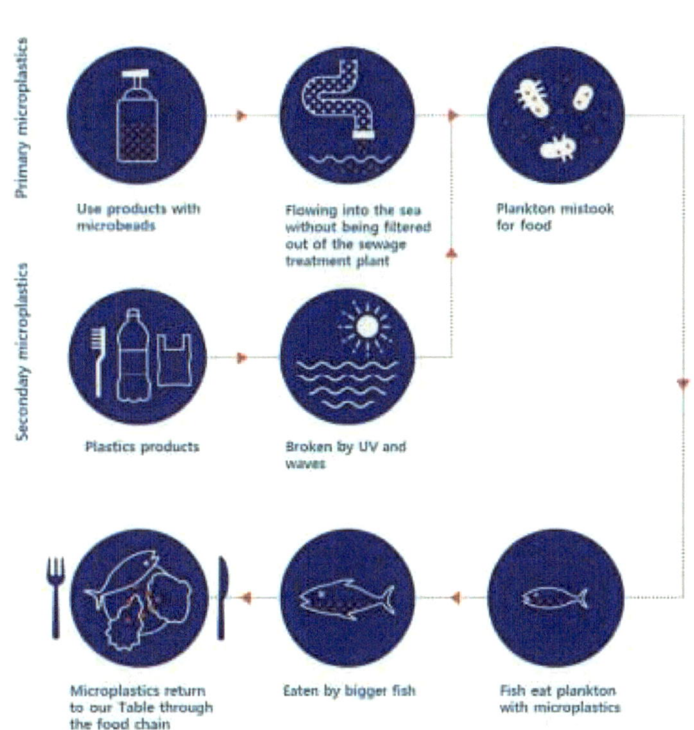

(b) microplastics from primary and secondary sources & food chain

자료 : 자원리싸이클링 제29권 제5호 [미세플라스틱 처리를 위한 연구동향], 2020.

❑ 대표적인 예로, 1차 미세플라스틱에는 다양한 충전재의 원료가 되는 작은 펠렛(pellet), 화장품에 들어가는 마이크로비즈(microbeads) 등이 있으며, 2차 미세플라스틱에는 외부로부터의 힘을 받아 작게 된 플라스틱 조각(debris), 밧줄 등에서 배출된 미세섬유(microfibers) 및 직물(textiles), 도로로부터 이송된 타이어 및 도로 페인트 입자 등이 있다. 이와 같은 미세플라스틱의 잔해는 전 세계적으로 극지방, 바다, 해안선 등에 널리 퍼져 있는 것으로 알려져 있다.

❑ 그리고 이러한 플라스틱은 폴리프로필렌(PP; Polypropylene), 폴리에틸렌(PE; Polyethylene), 폴리에틸렌 테레프탈레이트(PET; Polyethylene terephthalate), 폴리메타크릴산 메틸(PMMA; Polymethyl methacrylate), 폴리비닐알코올(PVA; Polyvinyl alcohol), 폴리스티렌(PS; Polystyrene), 폴리아미드(PA; Polyamide), 나일론(Nylon) 등의 석유계 화학물질 제품으로 구성되어 있다. 이런 석유계 화학물질을 포함하고 있는 미세플라스틱은 자연계에서 쉽게 분해되지 않으며, 최종적으로 수계를 통하여 해양으로 배출되고 있다. 그리고 플라스틱은 일반적인 퇴적물의 밀도보다 상대적으로 낮은 밀도를 가지고 있으나, 물과 유사하기 때문에 이를 분리하기 어려운 문제가 있다.

[도표 V-1] Densities of widely used plastics

Plastic class	Acronym	Density (g/㎤)
Expanded Polystyrene	EPS	0.03-0.15
Acrylonitrile butadiene styrene	ABS	0.90-1.53
Polypropylene	PP	0.91-0.95
Low density polyethylene	LDPE	0.92
High density Polyethylene	HDPE	0.96
Mater-Bi	MB	1.02
Nylon (Polyamide)	Nylon (PA)	1.02-1.06
Polystyrene	PS	1.05
Polymethyl methacrylate	PMMA	1.09-1.20
Polyurethane	PU	1.20
Polycarbonate	PC	1.20-1.22
Polyhydroxy butyrate	PHB	1.2
Polyactic acid	PLA	1.25
Polyvinyl chloride	PVC	1.35-1.39
Polyethylene terephthalate	PET	1.38-1.41
Polyester	PES	Unknown

자료 : 자원리싸이클링 제29권 제5호 [미세플라스틱 처리를 위한 연구동향], 2020.

2) 미세플라스틱 부문별 연구 현황과 환경오염 특성

(1) 해양 환경

❑ 지구 표면의 2/3는 해수면으로 해양에 배출된 폐플라스틱은 바람, 태양광, 파도 등의 영향을 받아 미세화가 빠르게 진행되는 경향이 있으며, 그러한 이유로 해양은 2차 미세플라스틱의 주요

공급원으로 추정된다(Krüger et al., 2020; Sui et al., 2020). 미세플라스틱으로 인한 환경오염에 대한 연구는 Carpenter et al.(1972), Carpenter and Smith(1972)의 해양 연구를 시초로 본다. Thompson et al.(2004)이 미세플라스틱(microplastic) 용어를 사용하기 전인 1970년대부터 2003년까지 '해양쓰레기(marine debris)', '플라스틱 폐기물(plastic waste)', '플라스틱 쓰레기(plastic debris)'를 다룬 해양 연구에서 플라스틱 조각을 지칭하는 다양한 표현(fragments, particle, 또는 small plastic 등)으로 그 존재가 확인된다.

❑ 앞서 진행된 많은 선행연구에서 주지해 온 사실이지만, 해양을 대상으로 한 미세플라스틱 관련 연구는 다른 환경 영역과 연구 대상에 비해 다수의 연구 사례를 축적하고 있다. 그에 따라 해양 부문에 한정하여 미세플라스틱에 대한 방법론적 표준 프로토콜도 존재한다(Hidalgo-Ruz, et al., 2012; GESAMP, 2019).

❑ 초기 연구 대부분은 미세플라스틱의 정량화(수량 측정, 계측)와 특성 조사(색상 등 물리적 특성, 고분자 유형 등)를 구분하지 않은 채 연구 분석이 이루어진 것으로 보이며, 구체적인 조사 정보와 샘플링 기법, 분석 도구 등에 대한 방법론적 정보가 미흡하게 제시된 경우가 많다.

❑ 최근에는 해양 환경에서 발견되는 미세섬유의 상당 부분이 의류 세탁의 결과로 발생하는 하수에서 유래한 것으로 보는 경향이 있으며(Padervand et al., 2020), 미세섬유를 배출하는 주요 경로가 하수 및 폐수처리시설로 추정되고 있다(Browne et al., 2011). 폐수처리시설은 해양뿐만 아니라 육상, 그중에서도 토양 내 미세플라스틱의 주요 배출 경로이자 발생원으로도 추정된다. 그 원인은 주로 하수 또는 폐수처리시설에서 침전되는 슬러지(sludge)를 재활용하기 때문이다. 슬러지는 농업용 비료나 부숙토 등으로 재활용되며, 이것이 농업용 토지에 사용됨으로써 수계에서 존재하는 미세플라스틱이 토양으로 전이되는 주요 경로인 것으로 알려져 있다.

❑ 해양 환경 부문의 미세플라스틱은 공간적으로는 해양이 배경 환경이고, 물을 매체로 하여(environmental matrix) 분포와 이동이 수평 및 수직 방향으로 진행된다. 구체적인 생태환경으로는 해변과 해안 지형 그리고 해변사구, 모래해변, 수면 아래 퇴적대, 심해층 등의 기저면에 물질이 쌓이는 퇴적물(sediment) 등이 해당된다.

❑ 물을 기질로 한다는 점에서, 해양 연구의 샘플링(sampling)은 해수의 수직 분포를 확인하는 해수의 물기둥(sea water column)과 표층수 등의 해수(수심을 구분하여 조사하는 경우가 있지만, 해수를 대상으로 하는 대부분의 연구에서는 표층수가 주요 연구 대상이 되고 있음)에서 이뤄진다.

❑ 2019년 이후의 연구는 해양오염 조사에 대한 보다 다차원적인 고찰과 정책적 시사점을 담은 연구가 진행되는 경향을 보이는데, Saliu et al.(2019)이나 Pinheiro et al.(2019) 등의 연구는 해양 공간의 폐쇄성/개방성에 따른 미세플라스틱 농도 차이를 비교한 현장 연구로서 개방된 공간일수록 미세플라스틱 농도가 낮아짐을 보여준다. 모든 사례에 해당될 수 없겠지만, 미세플라스틱 오염 저감을 위한 공간 관리 차원에서 개방 및 폐쇄성이 농도 수준의 영향을 미칠 수 있음을 암시하는 내용이다.

❑ 샘플링 방법이나 도구에 따라 발생하는 오염 수준의 편차를 확인하는 연구가 다수 확인된다. Barrows et al.(2017)은 해수면 조사에서 사용되는 Neuston net tow(격자망 크기 335㎛)가 Grab sampling(1L Grab sampler)에 비하여 미세플라스틱 농도를 과소 추정할 수 있다고 보았다. 또한 이 연구에서는 Grab sampling은 소량 채취된 표본 간의 조사결과 편차가 높게 나타날 수 있음을 설명한다(Barrows et al., 2017). Lindeque et al.(2020)이 수행한 연구에서는 333㎛ 망을 이용한 현장 조사결과는 미세플라스틱 농도를 과소 추정할 가능성이 높다는 연구 함의를 보여준다. Tokai et al.(2021)은 Nustone net의 격자망 크기에 따라 연구 결과와 해석에 차이가 발생하며 특히 자주 사용되는 크기인 300㎛의 망은 미세플라스틱의 크기 범주를 제한하기 때문에 환경 중 실제 분포하는 미세플라스틱의 크기 특성을 이해하는 데 한계가 될 수 있다고 설명한다.

❑ 이상의 연구 내용은 해양을 대상으로 하는 미세플라스틱에 대한 연구가 최근에는 다양한 공간 정보와 방법론적 변수 차이를 설명할 수 있는 사례 정보를 제공한다는 점에서 의의가 있다.

❑ 그러나 아직까지도 미세플라스틱 조사나 분석, 통계적 처리 등에 대한 표준화된 프로토콜과 정책적 가이드가 충분하지 않아 개별 연구 결과를 종합적으로 판단하는데 어려움이 있으며, 해수의 표면층을 대상으로 한 연구와 퇴적물에 대한 연구 사례는 증가하는 반면 수직적 분포를 이해할 수 있는 물기둥(water column)에 대한 조사 사례는 매우 드문 실정이다.

(2) 육상 환경

❑ 육상은 사실상 지구에서 발생하는 미세플라스틱의 주요 발생원으로 추정되지만, 해양 연구에 비하여 미세플라스틱에 대한 오염이나 발생 경로 및 거동 등에 대한 연구가 미흡하다. He et al.(2020)에 의하면 2004년부터 2018년 미세플라스틱을 대상으로 한 학술 연구의 44.15%가 생물학적 영향을 다루고, 38.31%는 해양오염, 13.18%가 담수오염, 3.8%의 연구만이 토양 연구이다.

❑ 육상 환경을 대상으로 한 미세플라스틱 연구는 McCormick et al.(2014), Sadri and Thompson(2014), Eerkes-Medrano, Thompson and Aldridge(2015), Li, Liu, and Chen(2018) 등을 통해 하천 및 저수지 등에 대한 조사가 진행된 바 있고, 인간 활동의 영향력 또는 토지 이용과의 상관성을 살펴보는 대표 연구로 인공저류지나 폐수처리장(WWTP)을 대상으로 한 연구도 최근 증가하고 있는 추세이다(Magnusson and Noren, 2014; Leslie et al., 2017; Sun et al., 2019). 국가적으로 보면 담수를 대상으로 한 연구 중 약 14%는 중국, 18%는 미국을 대상으로 한다(Szymańska and Obolewski, 2020).

❑ 육상 담수를 대상으로 한 선행연구 내용을 종합해 볼 때 가정 폐수, WWTP 배출, 빗물 범람, 산업 폐수, 농업 배출 및 대기 퇴적물과 같은 다양한 경로를 통해 강변 생태계로 이동되는 것으로 추정된다(Horton and Dixon, 2018; Sarkar et al., 2020). 또한 하천생태계는 미세플라스틱을 해양 환경으로 운반하기 위한 주요 경로로 간주되며, 하천의 퇴적물은 미세플라스틱이 퇴적되어 축적된 싱크로 고려할 수 있다(Guerranti et al., 2017; Yang et al., 2021a).

❑ 하천에서의 미세플라스틱 연구는 주로 하천의 집수 면적, 주변 도시의 형성과 인구 밀도 등의 영향을 받아 오염 수준이 결정되는 경향이 있다(Eriksen et al., 2013; Blair et al., 2019). 일반적으로 하천 등의 육상 담수 내 미세플라스틱 오염도는 육상에서 기인하는 발생원에서 유래하며 토지 이용, 산업 활동 및 인구 밀도가 하천 내 미세플라스틱 오염의 인위적 소스로 평가된다(Li, Liu, and Chen, 2018).

❑ 토양에서의 미세플라스틱 오염 문제는 Rillig(2012)을 시작으로 주목받기 시작했다. Rillig(2012)은 미세플라스틱이 지렁이 활동에 관여하면서 표층에서 심토까지 이동한다고 보며 토양 내 거동을 설명하였다. 토양 내 미세플라스틱의 존재 및 분포에 대한 현장 연구가 조금씩 증가하고 있으며, 토양 내 미세플라스틱 검출에 관한 연구 대부분은 중국을 대상으로 한다.

❑ 토양은 토양 질감, 유기물 함량 등에 따라 수직적으로 환경의 이질성이 높기 때문에 미세플라스틱 관련 연구를 수행하는 데 있어 샘플링 등의 조사 방법 설정을 비롯하여 토양 내 미세플라스틱의 오염 수준이나 영향, 오염 경로 등을 이해하는 데 어려움이 있는 연구 분야로 이해된다(Rillig, Leifheit, and Lehmann, 2021; Yang et al., 2021b). 토양의 샘플링은 퇴적물의 샘플링과 유사하지만, 인간의 영향을 비교적 직접적으로 받고 상호작용하는 특성이 있어 이질적 매트릭스(heterogeneous matrix)로서 샘플 채취가 훨씬 더 어려운 것으로 알려져 있다(Yang et al., 2021b, p.3). 샘플링 깊이 또한 다른 매체들보다 큰 범위를 포함시키는 경향이 있으며, 수직 분포에 따른 조사를 할 경우 계층화된 샘플링이 필요하다(Yang et al., 2021b, p.3).

❑ 이와 같은 이유 때문인지 토양을 대상으로 한 미세플라스틱 연구는 수환경을 대상으로 한 연구에 비하여 많이 부족한 편이다. 미세플라스틱 관련 연구 수행에 있어 토양과 지하수 환경에서의 미세플라스틱 거동과 오염 현황 등을 연구한 사례는 여전히 부족하다는 것이 많은 학자들의 견해이다(Rillig, 2012; Horton et al., 2017; Su et al., 2020; Rilling, Leifheit, and Lehmann, 2021; Ren et al., 2021).

❑ 아직 토양 환경 중 미세플라스틱의 이동과 영향, 수직적 분포 등에 대해서 여전히 많은 의문점이 남아 있지만, 기존의 연구 사례 축적과 다수의 리뷰 연구들을 종합해 볼 때, 하수 및 담수, 대기 등 다른 매체로부터 전이된 토양 중 미세플라스틱이 강우나 강설 등을 통해 전이될 가능성이 있으며, 농업 및 원예 활동을 위해 사용되는 종자 또는 비료, 살충제 등의 제품 속 1차 미세플라스틱이 직접 토양으로 유입되는 경로가 될 것으로 추정된다(ECHA, 2020a).

❑ 많은 선행연구에서 논의된 사항들을 고려해 볼 때, 환경 중 존재하는 미세플라스틱 중 1차 미세플라스틱의 비중은 그리 높게 예측되고 있지 않지만(Boucher and Friot, 2017; ECHA, 2020a), 1차 미세플라스틱 중에서도 농업 및 원예 용품에 함유되는 고분자 물질의 사용량이 높다는 점에서 토양으로 유입되는 미세플라스틱 중 농업을 통한 1차 미세플라스틱의 기여가 낮지 않을 것이라는 추측이 가능하다.

❑ 토양에 잔존하는 플라스틱 폐기물이 미세화를 통해 토양 내 유입되기도 하며, 농업 활동과 폐기물 매립 등의 인위적 인간 활동이 토양 내 2차 미세플라스틱의 주요 발생원으로 손꼽히고 있다. 농업 활동과 관련해서는 주로 농업용 멀칭 필름이 주요 발생원으로 추정되어 왔으며(Nizzetto, Futter, and Langaas, 2016; Bläsing and Amelung, 2018; Zhang et al., 2020; Qi et al, 2020), 최근 연구에서는 하·폐수 슬러지를 재활용한 비료가 토양 중 미세플라스틱 오염과 담수 중 존재하는 미세플라스틱 전이(transfer)의 주요 경로가 된다는 논의가 있다.

❑ 또한 토양에 잔존하는 미세플라스틱이 지하수로 전이되는 점에서 토양은 미세플라스틱의 흡수원일 뿐만 아니라 지표 유출 및 홍수와 같은 다양한 요인과 결합해서 토양에서 지하수 환경으로 미세플라스틱을 전이시키는 잠재적 공급원이기도 한 만큼, 궁극적으로 수생태계를 오염시키는 오염원으로 평가된다(Bläsing and Amelung, 2018; Scheurer and Bigalke, 2018; Meng, Kelly, and Wright, 2020; Ren et al., 2021).

❑ Nizzetto, Langaas, and Futter(2016, p.488)에 따르면 유럽과 북미 지역의 농경지에서 미세플라스틱의 연간 부하량은 각각 63~430톤 및 4만 4,000~30만 톤으로 추정된다. Rillig, Ziersch, and Hempel(2017)은 작고 표면적이 넓은 미세플라스틱이 토양 내 유입될 경우 지렁이나 대장균 같은 유기체에 쉽게 부착되거나 유입될 수 있고 이들을 통하여 수직 이동이 촉진되면서 잠재적으로는 지하수까지 유입될 가능성이 존재한다고 보고하였다.

[그림 V-2] 토양 환경 중 미세플라스틱 유입과 이동, 영향

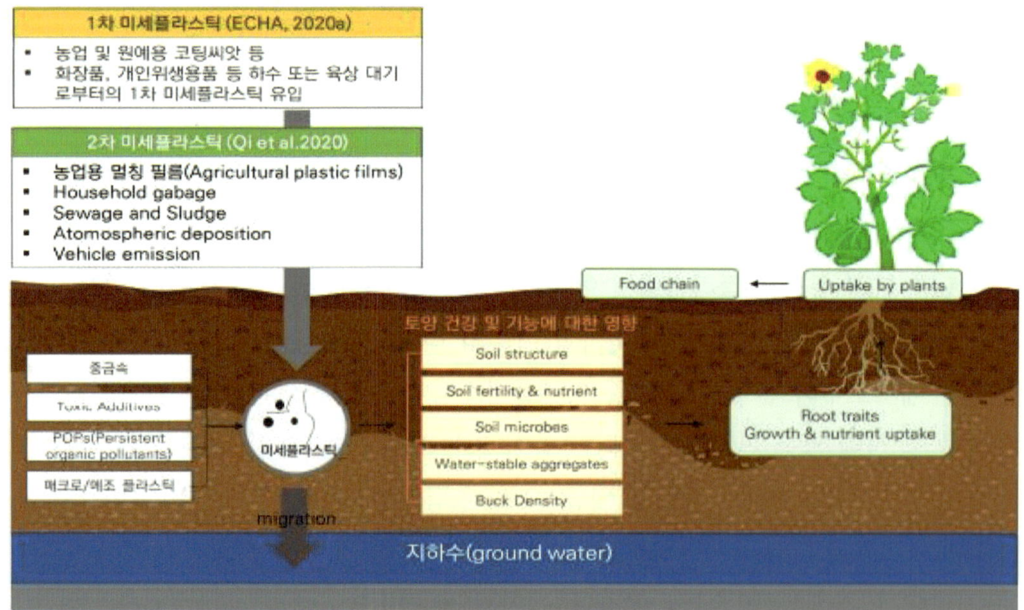

자료 : 한국환경연구원 [미세플라스틱의 건강 피해 저감 연구(Ⅲ)], 2021. 12

❑ Ren et al.(2021)은 토양 내 미세플라스틱을 중금속(Tang et al., 2020)과 유기오염물질(Yu et al., 2020), 이산화티타늄(TiO_2)과 같은 기타 가공된 나노물질을 운반하는 중요한 벡터로 보았다. Ren et al.(2021)은 미세플라스틱이 토양의 물리적·화학적 특성의 변화를 유발하고 토양 미생

물 군집과 효소 활동에 영향을 주어 육상 생태계에 잠재적인 환경 위험을 초래할 수 있다고 보면서, 중금속과 같이 공존하는 다른 오염물질과 함께 토양 미세플라스틱의 이동에 대한 연구가 필요하다고 강조한다. 토양을 대상으로 하는 최근의 연구들은 주로 농경지를 대상으로 하는 경향이 있으며, 중국이 주요 연구 대상 지역으로 활용되고 있는 점도 주목할 만하다.

❑ 대기는 미세플라스틱 연구 전체를 고려할 때 연구 수행 빈도가 매우 낮은 연구 분야로, 최근 도시 먼지를 대상으로 한 미세플라스틱 연구 사례가 늘고 있다. 대기와 관련한 미세플라스틱으로 인한 오염 연구는 Dris et al.(2017)을 시작으로 Dehghani, Moore, and Akhbarizadeh(2017)는 이란 테헤란을 대상으로 한 거리의 먼지 샘플에 대해 조사한 결과 건조 중량 30g당 88~605개의 미세플라스틱을 확인한 바 있다. 도로 먼지 샘플을 조사한 부셰르(Bushehr)시의 도로 먼지 샘플에 포함된 미세플라스틱을 살펴본 결과 교통량, 산업 활동, 인구 수준, 상점 수 등이 미세플라스틱 농도와 강한 상관관계를 가진 것으로 확인되었으며(Abbasi et al., 2017), 2019년 Abbasi et al.(2019)은 아살루예(Asaluyeh) 카운티의 도로 먼지 샘플에도 높은 농도의 미세플라스틱과 구리, 아연, 안티몬과 같은 중금속이 결합된 것을 확인하였다.

❑ Vogelsang et al.(2018)은 노르웨이의 도로 먼지에서 미세플라스틱의 주요 원인은 자동차 타이어의 표면 마모, 폴리머 개질 역청이 포함된 도로 포장 및 도로 표시 페인트임을 확인하였고, Yukioka et al.(2020)은 일본, 베트남 및 네팔에서 수집된 도로 먼지에 대한 미세플라스틱 조사를 통해 컨테이너 및 포장용에서 유래한 미세플라스틱과 합성고무가 다양하게 포함되어 있음을 확인하였다.

❑ Kitahara and Nakata(2020)는 일본의 오키나와, 구마모토와 도쿄에서 수집된 도로 먼지 내 미세플라스틱 풍부도와 특성을 조사한 연구에서 구마모토, 오키나와, 도쿄 각각의 샘플 건조 중량당 96±85개/kg(n=16), 68±77개/kg(n=12), 230±50개/kg(n=8)를 확인하였다. 도시별 미세플라스틱 풍부도에서는 도시의 일일 차량 통행량과 유의미한 관계가 있음을 확인하였다. 폴리머 분석에 따르면 폴리(디 알릴 프탈레이트), 폴리 비닐 클로라이드, 폴리 메틸메타크릴레이트 및 폴리에스테르가 분석된 전체 미세플라스틱의 60~70%를 차지하였다.

[도표 V-2] 대기를 대상으로 한 미세플라스틱 연구와 주요 결과

연구자	연구 대상	연구 방법	연구 결과
Dris et al.(2016)	프랑스 파리 시내 대기 낙진(fallout)	- 24개 샘플 채취 지역에서의 대기 중 낙진에서 미세섬유 농도 분석 - 식별 FT-IR 이용	- 범위: 2~355개/㎡/day - 평균: 110±96개/㎡/day - 확인된 미세플라스틱 대부분이 50㎛ 이하
Cai et al.(2017)	중국 Dongguan city	- 대기 낙진에서 미세플라스틱 농도 분석 - 조사 지점 3곳에서 2016년 10~12월 조사 시행 - 식별은 μFT-IR, SEM 이용	- 조사구 3곳 평균값: 36±7개/㎡/day - 형태: cellulose(73%), PE(14%), PP(9%), PS(4%) - 섬유 형태 우세

연구자	연구 대상	연구 방법	연구 결과
Dris et al.(2017)	프랑스 파리 시내 2개 아파트 거주지와 1개 사무실	- 2개 거주지와 1개 사무실에서 계절별 실내외 공기질 및 미세플라스틱 농도조사	- 모든 조사 지역에서 미세플라스틱이 확인됨 - 확인된 미세플라스틱이 모두 섬유형(미세섬유) - 실내: (범위) 0.4~59.4개/㎥, 중간값 5.4개/㎥ - 실외: (범위) 0.3~1.5개/㎥, 중간값 0.9개/㎥
Dehghani, Moore, and Akhbarizadeh (2017)	이란 테헤란 대도시의 도시 내 도로 먼지	- 형광 현미경 및 주사 전자 현미경을 대상으로 미세플라스틱 양과 연간 노출량 추정	- 건조 중량 30g당 88~605개의 미세플라스틱 확인 - 미세플라스틱 표면에서 미량의 Al, Na, Ca, Mg 및 Si, 플라스틱첨가제 등이 확인 - 거리 먼지 섭취를 통한 일/년당 미세플라스틱 섭취 빈도: 연간 평균 3,223개 및 1,063개의 미세플라스틱 입자가 어린이와 성인에 의해 섭취
Abbasi et al.(2017)	이란 남서부 Bushehr시	- 24개의 거리 먼지 샘플에 대한 조사 - X-선 분말 회절 분석 - 형광 현미경 및 에너지 분산형 X-선 분광기(SEM-EDS)	- 미세플라스틱: 210~1,658(MP) 44~782(MR) 항목/10g
Abbasi et al.(2019)	이란 Asaluyeh 지역	- 대기 중의 미세플라스틱과 미세고무 입자의 현존량 확인 - 250㎛ 필터 이용 - SEM/EDS 분석	- 조사구 15개 지역에서 총 1만 3,132개 미세플라스틱 확인 - 크기는 25㎛ 이하, 25~100㎛, 100㎛ 이상으로 확인 - 구형(spherules)이 우세하였고(74%), 그 외는 필름형
Klein and Fischer(2019)	독일 함부르크 지역의 6개 표 본 추출 지역에서의 도로 먼지	- 2017년 12월부터 2018년 2월까지 12주 동안 격주로 수집 - 샘플 수집을 위해 9개의 벌크 샘플러 설치 - 중합체 조성은 μRaman 분광법 (DXR2xi, ThermoFisher Scientific)	- 전체적으로 함부르크 대도시의 대기 침착 샘플 108개를 분석하고 모든 샘플에 미세플라스틱이 존재, 36개 샘플의 하위 샘플을 형광 현미경하에서 처리 - 샘플당 5~164개의 미세 플라스틱 입자 범위 - 검출된 마이크로 플라스틱 총 2,625개 중 주된 모양은 조각(95%), 대부분의 조각은 1,911개의 조각으로 63㎛ 미만

연구자	연구 대상	연구 방법	연구 결과
Yukioka et al.(2020)	일본 쿠사츠, 베트남 다낭, 네팔 카트만두 도로 먼지	- 입체 현미경과 디지털카메라: 조각의 최대 및 최소 직경 측정 - ATR-FTIR: 푸리에 변환 적외선 분광계(Cary 630 FTIR, Agilent)	- 크기: 100㎜-5㎛ - 3개 도시의 도로 먼지에서 MPs 풍부도: 0.10~39.6개/㎡ - 구사츠(13개 중합체) 2.0±1.6 개/㎡ - 다낭(14종) 19.7±13.7개/㎡ - 카트만두(15종)12.5±10.1개/㎡
Kitahara and Nakata(2020)	일본의 오키나와 구마모토와 도쿄	- 2017년 7월과 8월 일본의 구마모토(n=16), 오키나와(n=12) 및 도쿄(n=8)에서 36개의 도로먼지 샘플채취 - 실체 현미경(S9, LEICA, 독일)으로 길이 측정, ATR(attenuated total reflectance) FT-IR(IR Affinity 1S, Shimadzu, Japan) 폴리머 유형	- 구마모토: 96±85개/kg 건조 중량 - 오키나와: 68±77개/kg 건조 중량 - 도쿄: 230±50개/kg 건조 중량 - 구마모토: PDAP(n=77, 23%) - 오키나와: PE(n=41, 29%) - 도쿄: 측정 장소마다 다르게 확인
Su et al.(2020)	호주 빅토리아 지역 농촌 및 도시 도로 먼지	- 2018년 10월과 12월에 2개 유역에서 16개의 샘플링 사이트를 조사 - 강우의 계절별 차이를 고려한 계절 조사 및 강우 샘플링 실시 - 마이크로 푸리에 변환 적외선 분광법(μ-FT-IR)	- 두 계절에 걸친 평균 미세플라스틱 풍부도는 20.6~529.3개/kg - 0.08~4.7㎜ 범위였으며 평균 크기는 1.2㎜ - 발견된 미세플라스틱의 30.0~62.0%를 차지하는 1㎜ 미만의 미세플라스틱이 만연했으며, 전체 개수의 95%를 차지하는 미세플라스틱이 3㎜ 미만 - 두 계절에 따른 미세플라스틱 유형의 차이는 미미 - 인공 폴리머와 첨가제는 221개의 미세플라스틱 중 58.6%를 차지
O'Brien et al.(2021)	호주 퀸즐랜드 도시와 농촌 횡단 도로의 도로 먼지	- 가속 용매 추출에 이어 열분해 가스 크로마토 그래피-질량 분광법 (Pyr-GC / MS)을 사용하여 분석	- 농도: 0.5㎎/g(농촌 지역), 6㎎/g(브리즈번: 도시) - 대표적 고분자: 폴리염화비닐(29%), 폴리에틸렌테레프탈레이트(29%) - 크기(<250㎛, 250~500㎛, 500~1,00㎛, 1,000~2,000㎛ 및 2,000~5,000㎛) 중 <250㎛가 대표적 도로 먼지 내 미세플라스틱 농도는 차량 통행량, 인간 이동량 등 교통 환경과 상관성이 있음을 확인

연구자	연구 대상	연구 방법	연구 결과
Patchaiyappan et al. (2021)	인도 첸나이 (5번째 대도시) 내 16개 주요 거리	- 2019년 5월 건기 동안 안정된 기상 조건하에서 첸나이의 16개 지역 조사 - 나일 레드 염색 및 라만 분광 형광 현미경과 SEM-EDS	- 거리 먼지 샘플 1g당 227.94±89.82 입자로 추정 - 첸나이 북부 지역 평균 풍부도 190.46±83.38개/100g - 도시 남부 평균 풍분도 265.42±76.76개/100g - 대부분의 미세 플라스틱은 조각(92.46%)이었으며 섬유는 전체 결과의 7.54%. 남부 첸나이는 인구 밀도가 높고 대부분 주거 및 산업화된 북부 첸나이가 혼잡: 인구밀도가 미세플라스틱 농도에 영향을 미치는 것으로 추정

자료 : 한국환경연구원 [미세플라스틱의 건강 피해 저감 연구(Ⅲ)], 2021. 12

(3) 기타 : 극지방

❑ 극지방은 해양오염에 취약한 지역으로 알려져 왔으며 Comiso(2012), Morgana et al.(2018) 등을 통하여 빙하가 녹음에 따라 얼음에 축적된 플라스틱을 포함한 미세플라스틱의 배출량이 높을 것으로 예측되는 지역이다.

❑ Obbard et al.(2014)은 북극해 얼음 속에는 지표 지역에서보다 최소 2배 많은 플라스틱이 포함되어 있으며, 그 양을 따지면 미국 텍사스주 크기보다 크다고 예측한 바 있다. 동시에 기후변화로 인해 북극의 얼음이 녹으면서 앞으로 10년 동안 1조 개 이상의 플라스틱 조각이 바다로 방출되어 해양 생물에 위협을 가할 거라고 추정한 바 있다(Obbard et al., 2014).

❑ 북극해에 존재하는 플라스틱 쓰레기 패치를 대상으로 연구한 Cózar et al.(2017)은 그린란드(최북단 및 최동단 지역)와 바렌츠해에서 고농도의 플라스틱 파편이 확인된 것으로 보아 플라스틱 조각들이 북대서양에서 이동하면서 그린란드와 바렌츠해로 집중한 것으로 추정하였다. 그리고 그것을 통해 북극 지역의 해저가 플라스틱 쓰레기 및 플라스틱 조각의 중요한 싱크로서 기능할 수 있다고 예측하였다.

❑ Peeken et al.(2018)은 FTIR(Fourier-transform Infrared Spectroscopy)의 이미지를 결합한 북극 해빙 조사결과, 미세플라스틱 농도가 높음을 확인하였고 해빙이 미세플라스틱의 단기 싱크라고 보았다.

❑ Bergmann et al.(2017, p.11006)은 북극(Fram Strait, 프람해협)에 위치한 심해 퇴적물을 대상으로 조사한 결과, 조사지역 전체에서 4,356(±675)개/㎏, 범위로는 42~6,595개/㎏가 검출되었으며, 이는 다른 연안 퇴적물에서 발견된 수치를 고려할 때 매우 높은 수치라고 보았다. 또한 이 연구에서는 북유럽에서 유래한 미세플라스틱이 열염분 순환을 통해 북쪽으로 운반되었을 것으

로 예상하였으며, 심해 지역이 미세플라스틱의 주요 싱크가 될 수 있다고 보았다.

❑ Lusher et al.(2015, p.2)은 북극 해수 표층 샘플에서 0~0.13개/㎥, 조사지역 평균 0.34(0.31±SD)개/㎥의 미세플라스틱이 분포함을 확인하였다. Lusher et al.(2015, p.2)은 확인된 미세플라스틱의 95%가 섬유 형태였는데 북극 지역 인근에 인구 거주가 적으며, 북극해에서 이뤄지는 집약적 어업 활동과 선박 운송이 그 발생원이라고 보았다(Lusher et al., 2015, p.5). 이는 북극의 미세플라스틱이 육상보다는 지역 내 해운 활동, 낚시 장비의 이용, 레크리에이션 및 석유 가스 개발 등의 해양 산업과 같이 해양을 기원으로 할 것이라는 추정을 가능하게 한다.

❑ 그러나 최근의 연구에 따르면, 2016년에 수집된 북극해 해수 샘플에서 FTIR 식별을 통하여 폴리에스테르 섬유가 우점하고 있는 것이 확인된다(Ross et al., 2021). 이는 미세플라스틱 발생원을 해양으로 보던 Lusher et al.(2015)과 달리 셀룰로오스 섬유가 확인된 점을 근거로 할 때, 직물 등 합성섬유를 통해 영향을 받은 것으로 보는 근거가 될 수 있다. 또한 북극 전역에서 확인된 섬유가 폴리에스테르이면서(73.3%) 비교적 일관된 너비(14.1㎛)로 존재하고, 어업 분야에 사용되는 로프나 낚시 장비에 우점하는 폴리머 유형인 나일론(8.3%)이나 폴리프로필렌(3.3%) 등이 비교적 적게 존재한다는 점을 고려할 때, 북극 지역에서 확인된 섬유가 직물에서 유래했을 가능성이 높다(Ross et al., 2021, p.3).

❑ Ross et al.(2021)은 북극 경도와 미세플라스틱 농도 간에 상관관계가 있음을 확인했다. 즉, 북극의 동쪽으로 갈수록 고농도의 미세플라스틱이 확인되고 상대적 농도가 낮았던 서부 지역은 태평양의 영향을 받는 지역으로 섬유의 풍화도가 더 높다(Ross et al., 2021, p.2). 이 연구는 대서양의 영향을 받는 동쪽 북극 지역이 농도가 높음을 확인함으로써, 북극해에 유입되는 대규모의 북미 및 유라시아 강이 미세섬유의 주요 배출원이라는 추정이 가능하다고 보았다(Ross et al., 2021, pp.5-6).

❑ Grondahl, Sidenmark, and Thomsen(2009)은 남극에는 71개의 연구 기지가 있으며 이 중 52%는 폐수처리시설이 없는데, 이러한 인간 활동이 남극 지역 인근의 해양 내 플라스틱 오염 수준에 영향을 미칠 수 있음을 설명한 바 있다. Munari et al.(2017)는 남극 지역의 퇴적물 샘플을 수집한 결과 해안선 일대에서 고무와 나일론을 포함하는 미세플라스틱의 농도가 높음을 발견한 바 있다. Waller et al.(2017)은 남극 조약 지역을 포함한 극지 전선에서 플라스틱 쓰레기의 존재하고 있으며, CAMLR위원회에 의해 플라스틱 쓰레기에 대한 모니터링은 이뤄지고 있으나, 아직 미세플라스틱 모니터링은 포함되지 않아 그 양을 추정할 수 없음을 논의한 바 있다.

❑ 이처럼 남극과 북극 극지방의 해수와 해빙, 해저 퇴적지대에서 미세플라스틱이 존재함을 증명하는 연구가 다수 존재하며, 연구자들은 이러한 연구 결과를 통해 남극 및 북극과 같은 극지방이 잠재적으로 미세플라스틱의 주요 싱크 기능을 할 가능성이 높다고 평가한다.

3) 미세플라스틱의 노출 및 영향 연구 동향

(1) 미세플라스틱 노출

❑ 해양에서의 미세플라스틱 분포에 관한 추가 연구가 이루어진 바 있다. 우리나라 남해 개방 해역의 미세플라스틱 분포 특성을 조사한 민병규(2021)의 연구에서는 23개 정점에 대해 미세플라스틱의 풍도(abundance), 재질, 형태 등을 조사하였다. 미세플라스틱의 풍도는 동측에 비해 서측이 높은 것으로 나타났으며 재질은 PE, PP 재질이 68%, 폴리에스테르(polyester), 알키드(alkyd), 아크릴(acryl) 재질이 34%로 검출되었다. 미세플라스틱 형태의 경우, 조각 형태가 가장 많이 검출되었는데 중국 연안과 가장 가까운 정점과 제주도 인근 해역에 인접한 정점에서는 섬유 형태가 많이 발견되는 경향을 보였다.

[도표 V-3] 우리나라 남해 개방 해역의 미세플라스틱 분포 특성(Ⅰ)

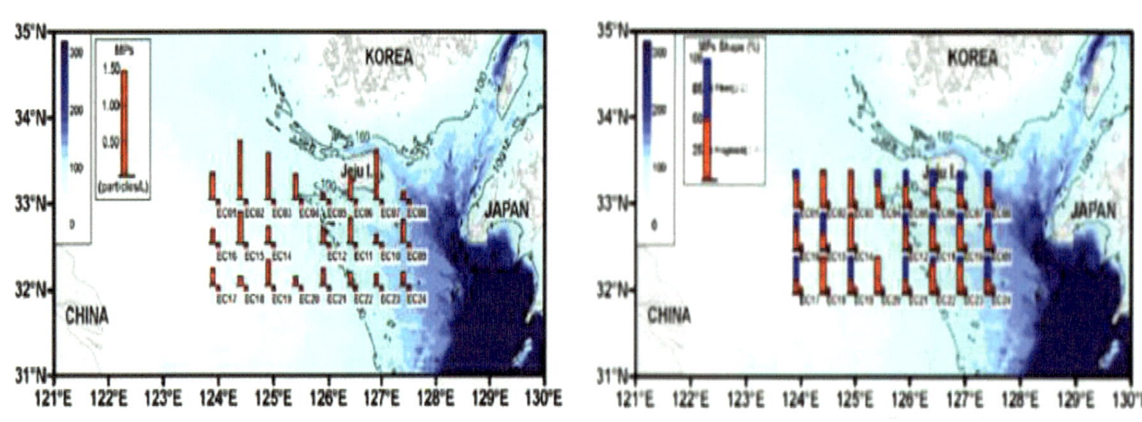

[도표 V-4] 우리나라 남해 개방 해역의 미세플라스틱 분포 특성(Ⅱ)

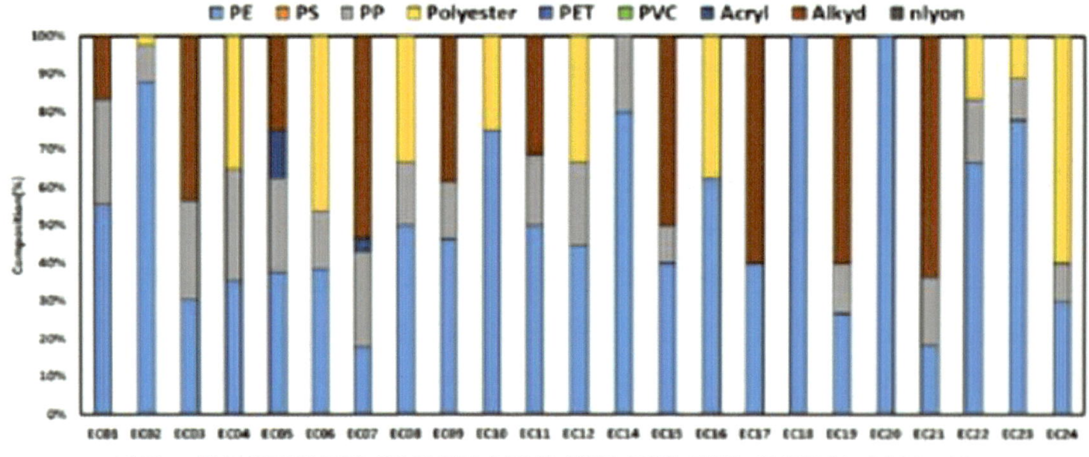

자료 : 한국환경연구원 [미세플라스틱의 건강 피해 저감 연구(Ⅲ)], 2021. 12

❑ 한편 국내에서 대기 중 미세플라스틱 농도를 측정한 연구가 처음으로 수행되었다. 서울시 보건환경연구원에서는 실내 및 실외에서 부유공기를 포집하여 20㎛ 이상의 미세플라스틱 발생 특성을 관찰하였다. 그 결과 다음과 같이 미세플라스틱이 검출되어 실외에 비해 실내에서 발생량

이 약 1.5배 높은 것으로 나타났다. 검출된 미세플라스틱 종류는 '폴리에틸렌(PE, 이하 PE), 폴리프로필렌(PP, 이하 PP), 폴리아마이드(나일론)[polyamide(Nylon)], 폴리에스테르(polyester), 아크릴(acrylic), 기타'의 순으로 높게 나타났으며, PE 및 PP가 전체 미세플라스틱의 약 67%를 차지하였다. 실내의 경우 합성섬유에 사용되는 폴리에스테르(polyester)와 같은 미세플라스틱의 비율이 높게 나타났다.

[도표 V-5] 우리나라 대기 환경 중 미세플라스틱 분포

구분		미세플라스틱 검출량 (개/㎥)
측정 위치	공기 중 부유	0.45 ~ 6.64 (평균 2.51±1.77)
	실내 공기	0.49 ~ 6.64 (평균 3.02±1.77)
	실외 공기	0.45 ~ 5.16 (평균 1.96±1.65)

자료 : 한국환경연구원 [미세플라스틱의 건강 피해 저감 연구(Ⅲ)], 2021. 12

(2) 미세플라스틱의 독성

❑ 2021년에 관심 있게 다루어진 미세플라스틱 노출 연구로는 종이컵을 통한 미세플라스틱 인체 노출 연구가 있다. Ranjan, Joseph, and Goel(2021)은 일회용 종이컵에 뜨거운 음료를 마실 때 용출되는 미세플라스틱에 대한 연구를 수행하였다. 커피나 차를 마시는 상황을 가정하였을 때 종이컵 한 개에서 2만 5,000여 개의 미세플라스틱이 음료로 방출되며, 하루 세 잔을 마신다면 미세플라스틱 입자를 7만 5,000여 개 섭취하게 된다고 보고하였다. 미세플라스틱의 인체 독성에 대한 정보 부족으로 그 유해성에 대해서는 명확하게 밝혀진 바는 없지만 종이컵이 미세플라스틱의 원인이 될 수 있다는 부분은 주목할 만한 사실이다. 본 연구에서는 해당 연구 결과에 착안하여, 종이컵 사용으로 인한 국내 노출평가를 시범적으로 수행하고자 하며 이를 위하여 종이컵 사용 빈도 등을 알아보기 위한 설문을 수행하였다.

❑ 유아 및 신생아의 미세플라스틱 노출과 관련하여 주목받은 주요 연구 결과가 두 편 있었다. Ragusa et al.(2021)은 최초로 신생아의 태반에서 미세플라스틱을 검출하였다. 태반뿐만 아니라 산모 및 태아, 양막 등 모든 태반 부위에서 미세플라스틱이 발견되었는데, 이로써 임신 중 산모의 체내에 있던 미세플라스틱이 태아에게 이동한다는 사실이 밝혀졌다. 기존 연구들에 따르면 미세플라스틱이 체내에 흡수되면 일부는 소화기를 통과하여 대변으로 배출되고 일부는 체내 장기에 축적되기도 하며, 일부는 세포막을 통과하여 혈류로 들어가는 것을 알 수 있었는데 세대를 거쳐 태아에게까지 전달될 수 있음을 확인한 연구였다.

❑ Zhang et al.(2021)의 연구에서는 신생아의 태변과 유아, 그리고 성인의 대변 샘플을 수집한 후 PET 및 PC 미세플라스틱의 농도를 분석하였다. 일부 태변 샘플에서 미세플라스틱이 검출되어 임신 중 산모로부터 태아에게 미세플라스틱이 이동할 수 있다는 것을 재확인할 수 있었다. 또한 성인의 대변보다 유아의 대변에서 미세플라스틱이 유의하게 높은 수준으로 검출되었는데, PC는 성인과 유아에서 유사한 수준으로 검출된 반면 PET 미세플라스틱은 유아의 대변에서 10~20배

이상 높게 나타난 것으로 보고되었다. 해당 연구의 교신 저자인 Kannan 교수는 유아의 경우 카펫 위를 기어 다니거나 입으로 다양한 물건을 빠는 유아기 행동 특성 때문에 높은 노출 수준을 보여준 것으로 파악되며, 유아기에 사용되는 제품에는 플라스틱을 사용해서는 안 된다고 경고하였다.

❑ 한편 국내 연구진에서 미세플라스틱의 생물 체내 거동을 밝혀낸 바 있다. Im et al.(2021) 연구에서 실험용 생쥐에게 폴리스티렌(PET) 미세플라스틱을 섭취시킨 후, 그 이동 과정을 '방사성 동위원소 표지(64C)' 및 '양전자방출단층촬영(PET)' 기술을 이용해 추적하였다. 미세플라스틱은 1시간 이내에 이동하기 시작하였으며, 간 등 조직에 일부가 축적되었다. 해당 연구를 통해 미세플라스틱의 생체 내 축적 가능성이 확인되었다.

❑ 생물 독성과 관련해서는 제브라피쉬를 대상으로 미세플라스틱의 신경발달독성 연구가 수행되었다. Im, Eom, and Choi(2021)의 연구 결과 제브라피쉬의 발달 초기 단계(ELS: Early Life Stage)에서 폴리스티렌 미세플라스틱에 노출될 경우 신경발달독성이 발현될 가능성이 있음을 확인하였다.

❑ 2021년 미세플라스틱 독성 연구의 특이점은 코로나와의 연계 이슈였다. 코로나 19로 인하여 마스크 사용 및 폐기가 증가함에 따라 마스크 유래 미세플라스틱의 생물 영향이 국내 연구진에 의해 확인되었다. 담수 무척추동물인 Daphnia magna 및 부유성 수생식물인 Salvinia natans에 대해 미세플라스틱 독성 실험을 수행하였다. 마스크를 분쇄하여 배지에 투여하거나 또는 배지에 담가 용출시킨 후 해당 생물에 노출하였다. 담수 물벼룩 D. magna에서 치사율이 증가하고 수생식물 S. natans에서 성장 저해가 관찰되었다. 해당 연구는 코로나로 인한 플라스틱 폐기물 증가와 연계하여 시의적절하고 관심도가 높을 것으로 판단된다. 다만 마스크의 환경 중 거동이나, 마스크 유래 미세플라스틱의 농도 등에 대한 기반 연구가 아직 이루어지지 않았기 때문에 그 해석에 있어 주의를 기울일 필요가 있다.

[그림 V-3] 마스크 유래 생물독성 연구 방법론 예시

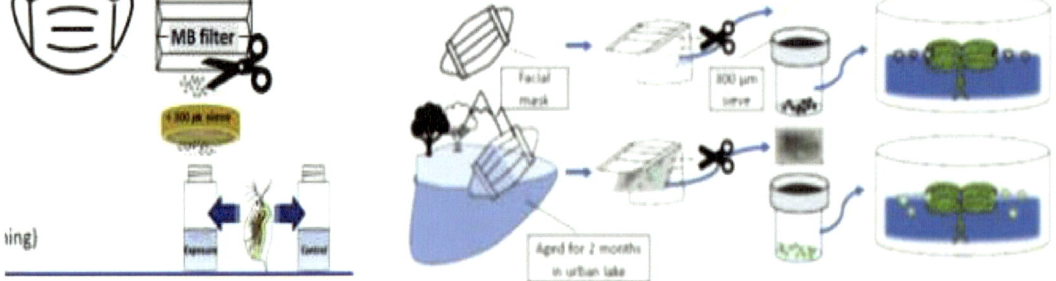

자료 : 한국환경연구원 [미세플라스틱의 건강 피해 저감 연구(Ⅲ)], 2021. 12

❑ 박정규 외(2020)에서는 세탁 시 미세플라스틱의 배출량을 추정한 바 있는데, 최근 세탁 시 미세플라스틱 배출 특성에 대한 연구가 수행되어 두 연구 결과의 연계가 가능할 것으로 기대된다. 국내 유통되는 향기캡슐 두 개 제품에 대해 세탁 후 미세플라스틱의 변형이 관찰되었다. 주로

큰 크기의 미세플라스틱에서 변형 현상이 나타났고, 온도에 따른 변형의 차이는 없었다. 세탁기의 종류에 따른 차이는 두 개 제품 중 하나의 제품에서만 나타났는데, 드럼세탁기에서만 파쇄 현상이 나타났다고 보고하였다. 추가적으로 라만 스펙트럼을 통한 세탁 전후의 미세플라스틱 관찰에서 주요 성분들과 미세플라스틱이 제품 내에서 흡착되었으며, 세탁 과정 이후에도 탈착되지 않는 것으로 판단되었다.

[그림 V-4] 소비자 세탁세제 사용 과정에서의 미세플라스틱 배출 특성(파쇄 및 변형)

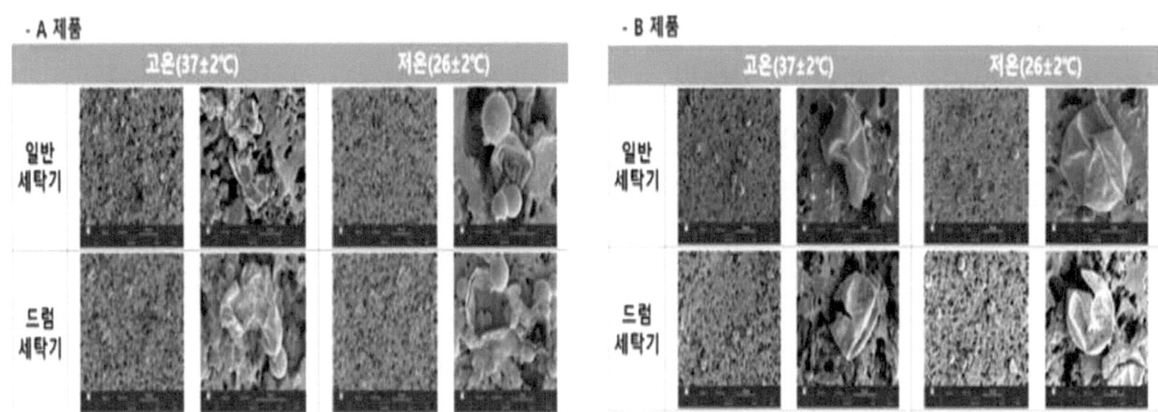

자료 : 한국환경연구원 [미세플라스틱의 건강 피해 저감 연구(Ⅲ)], 2021. 12

2. 미세플라스틱 검출분석/처리를 위한 기술 연구동향

1) 수환경 내 미세플라스틱 검출분석법 최신 동향 연구

(1) 연구 배경

❑ 플라스틱 산업은 1950년 이후 크게 발전하였고, 세계 플라스틱생산량은 2017년 기준 3억 8,800만톤에 달하였으며, 2050년에는 약 330억 톤이 생산될 것으로 예상되고 있다. 그러나, 1972년 플라스틱 입자가 해양에서 처음 발견된 후, 해양에서의 플라스틱 오염은 전 세계적으로 우려의 대상이 되었다. 해양으로 유입되는 플라스틱은 특정 환경 조건(자외선 노출, 기계적 상호작용 등)에 의해 쉽게 이동하며, 파편화되며 더 작은 미세플라스틱이 된다.

❑ 미세플라스틱은 일반적으로 5 mm 이하의 플라스틱으로 정의되며, 연구에 따라 1 mm 이하로 정의하기도 하며, 100 nm 미만입자의 플라스틱을 나노플라스틱으로 정의하기도 한다.

❑ 또한, 생산 의도에 따라 1차 미세플라스틱과 2차 미세플라스틱으로 분류할 수 있다. 1차 미세플라스틱은 화장품 및 치약 등에 사용되는 미세비드(microbead)와 같이 특정 기능을 수행할 수 있도록 의도적으로 제조된 플라스틱을 말하며, 2차 미세플라스틱은 큰 물체의 마모 또는 파편화로 인해 발생되는 미세플라스틱을 말한다. 이렇게 발생한 미세플라스틱이 수 환경으로 흘러가 대규모 개방형 시스템에 유입되면 제거하기가 어렵다.

❑ 그러나, 2025년까지 2억 5천만 톤의 플라스틱이 전 세계 해양으로 유입될 것으로 예상되며,

심지어 2050년까지 해양으로 유입된 플라스틱의 무게는 어류보다 더 많을 것으로 추정하고 있다. 이렇게 유입된 미세플라스틱은 광범위한 발생원을 가지며, 잠재적인 생물학적 영향으로 인해 수생태계에서 잠재적인 위험을 초래한다.

❑ 이에 따라 수 환경에서의 미세플라스틱 입자의 정확한 분석은 필수적이나, 미세플라스틱 정의는 물론, 검출법에 대해 지역·국제적 표준화가 이루어지지 않아 미세플라스틱의 범위는 다양하며 시료채취 깊이나 전처리 방법, 정성 정량 분석법 등 검출 방법이 다양하게 존재한다. 그러나, 현재 미세플라스틱의 위해성 및 규제를 위해서는 미세플라스틱 분석 데이터 해석 및 비교가 필요하며, 이를 위해서는 국제적으로 합의된 표준화된 분석 방법이 필요한 상황이다.

❑ 따라서, 본 연구에서는 2015년 이후 연구를 중점적으로 표면수, 해수 등 수환경에서의 미세플라스틱 검출법(e.g. 샘플링, 전처리, 분석법 등)의 최신 연구동향에 대해 조사하고, 이에 대한 발전 방향을 제시하고자 한다.

(2) 미세플라스틱 검출방법

가. Sampling

❑ 미세플라스틱 측정을 위한 샘플링 방법은 아직까지 표준화되거나 지정된 깊이가 없으므로, 연구마다 상이한 방법과 깊이에서 연구가 진행되고 있다. 그러나, 각 연구에 사용되는 샘플링 방법에 따라 미세플라스틱 측정에 큰 영향을 미치며, 특히 수집된 미세플라스틱의 크기 하한은 사용되는 mesh의 크기 및 처리 방법 등과 같은 시료 채취 방법에 의해 결정된다. 따라서, 샘플링의 위치와 채취하고자 하는 미세플라스틱을 고려하여 Sampling 방법을 결정하는 것이 중요하다.

❑ 샘플링 방법은 크게 3가지로 나눌 수 있으며, Selective sampling, Volume-reduced sampling, Bulk sampling으로 분류된다. Hidalgo-Ruz, V. 등에 따르면, Selective sampling (i.e. grab sample)은 육안으로 보이는 플라스틱을 수면이나 침전물과 같은 환경에서 직접적으로 추출하는 샘플링으로써, 시료를 채취할 병이나 용기만 있으면 시료를 채취할 수 있다. 또한, pellet과 유사한 형태로 1 mm보다 큰 크기의 미세플라스틱이 채취되나, 명확하지 않고, 해안 쓰레기와 섞인 형태로 채취된다.

❑ Volume-reduced sampling은 실험실분석을 위해 우선적 분리가 요구되는 미세플라스틱을 대상으로 진행되는 시료 채취방법으로 현장에서 실험 대상으로 하는 플라스틱의 필터링과 수집이 동시에 이뤄진다는 장점이 있으나, 미세플라스틱 채취 시 잠재적 손실 가능성을 배제할 수 없는 방법이기 때문에 지표수에서의 미세플라스틱보다 더 적게 평가될 수도 있다.

❑ 마지막으로, Bulk sampling은 시료 채취 현장에서 미세플라스틱을 분리하지 않고, 대량으로 시료를 채취하여 실험실에서 필터링을 통해 분리하는 것이다. 이 경우에는 100 L 이상 대량의 시료 채취가 가능하며, 이론적으로 크기나 가시성에 관계없이 모든 미세플라스틱을 채취할 수 있다. 또한, 시료 채취량을 정확하게 알 수 있으며, 일반적으로 20~80 μm, 체 또는 기공 크기

0.45~20 μm을 통해 여과된다.

❑ 또한, 샘플링 방법은 net의 크기에 따라 분류할 수도 있는데, 일반적으로 bongo nets (>500 μm), manta nets (neuston net) (>300 μm), plankton nets (>200 μm and >400 μm)로 분류되며, 이를 zooplankton sampling 방법이라고 한다. 또한, 300 μm 이하의 입자는 펌프를 통해 bulk sample을 통해 채취할 수 있다. 다음과 같은 샘플링 방법은 수평 견인방식(towing)으로, 시료 채취량을 추정하고 ㎥으로 결과값을 표시할 수 있도록 유량계를 부착하여 진행하여야 한다.

❑ 가장 일반적으로 사용되는 net은 Manta net으로, Trawl net과 용어를 혼용하여 사용된다. Manta net은 플랑크톤, 곤충 및 다른 생물군의 지표수(surface water)를 채취하기 위해 개발된 대형 직사각형 프레임에 부착된 미세 mesh 그물로, 표면을 떠다니며 해수를 채취하는 방식이다. Manta net의 mesh 크기는 200~335 μm 범위이나, 일반적으로 330 μm의 크기가 주로 사용된다. 그러나, Manta net은 날씨의 영향을 받으며, net에 여과된 시료의 양만 알 수 있어 정확한 시료의 양을 알 수 없으며, 샘플링을 위한 선박 속도는 날씨, 해상 상태 등에 따라 영향을 받을 수 있지만 일반적으로 1~5 knots 사이를 유지한다. 또한, Fischer, E. K. 등은 유기 함량이 높은 경우 net의 잠재적 막힘 효과를 방지하기 위해 샘플링 시간을 60분 미만으로 권장하고 있다.

❑ 반면, Bongo net은 원통형 또는 원추형의 모양을 가지며, Manta net과 달리 날씨의 영향을 받지 않는다. Plankton net은 일반적으로 mesh 크기가 100 μm 이하로 빠르게 막힐 수 있어 낮은 속도로 샘플링이 진행되며, mesh의 크기가 작기 때문에 1분 이내로 샘플링이 가능하며, manta net보다 30배 더 높은 농도 값을 보인다.

❑ 샘플링 방법은 다양하게 존재하며, 연구에 따라 각기 다른 샘플링 방법을 이용하며, 같은 지역이더라도 샘플링 방법에 따라 다른 농도 값을 보인다. 예를 들면, Kang, J.-H. 등은 Manta net과 hand net을 이용하여 연구를 진행하였으며, net의 크기는 각각 330 μm mesh, 50 μm mesh 로 샘플링을 진행한 결과, hand net으로 채취한 미세플라스틱 농도가 manta net으로 채취한 미세플라스틱 농도보다 평균적으로 2배 높은 것으로 확인하였다(Manta net을 이용한 시료 채취는 평균 선박의 속도를 1.5~2.5 knots로 하여 약 10분 동안 진행하였다.)

❑ 또한, Green, D. S. 등은 Manta net, Bongo net, Plankton net, Bottle grab sampling 방법을 비교한 결과, Grab sampling 보다 나머지의 샘플링 방법을 이용하는 것은 3~4배 정도 과소평가되었으나, Grab sampling에서의 미세플라스틱 조각(fragment) 및 필름(film) 유형은 Bongo net과 Plankton net (200 μm)에서의 농도보다 과소평가되었음을 확인하였다.

❑ 이처럼 다음 도표를 보면 같은 샘플링 같은 샘플링 방법을 사용하여 연구를 진행하였음에도 불구하고, 연구에 따라 mesh의 크기, 샘플링 깊이 등이 다르다. 이처럼 연구에 따라, 샘플링 방법에 따라 각각의 샘플링 깊이와 net size 등이 다른 것을 확인하였으며, 이에 따라 결과가 다른 것은 당연한 결과이다. 따라서, 이를 표준화할 수 있는 방법을 확립하는 것은 필수적이다.

[도표 V-6] Water sampling for microplastic analysis

Methods	Mesh size (μm)	Location	Depth
Manta (trawl)	330	Nakdong River, Korea	N/A
	333	Arctic Sea	10-16 cm
	330	Paris	0-0.3 m
	335	Bay of Brest, France	10 cm
	333	San Francisco Bay	N/A
	330-500	Arctic Sea	15 cm
	333	Mediterranean Sea	10 cm
	330	Bohai Sea	0.45 m
	300	Plymouth Harbour, England	15 cm
	333	Sea of Marmara, Turkey	N/A
		Northwest Pacific	0.45 m
	330	Bering Sea	
		Chukchi Sea	
Hand	50	Nakdong River, Korea	N/A
Bongo	> 500	Arctic Sea	6 m
	500	Stanley Harbour, England	1 m
Plankton	80	Paris	0-0.35 m
	153	Deep Bay, Hongkong	N/A
	200 and 400	Strangford Lough, England	2 m
Neuston	200	Mediterranean Sea	N/A
	200	Black Sea	20 cm
	350	Arctic Sea	N/A
Bulk	-	Nakdong River, Korea	less than 20 cm
			0.5 m
	-	South Funen Archipelage, Denmark	2.0 m
			5.0 m
	-	Zhangjiang River	-

자료 : Korean Chem. Eng. Res., Vol.59, No.3 [수환경 내 미세플라스틱 검출분석법 최신 동향 연구], 2021.

나. Pre-treatment

❑ 미세플라스틱 분석을 위해서는 환경시료 전처리가 필요하며, 연구 대상 크기의 미세플라스틱 확보를 위해 미세플라스틱 분리가 필수적이다. 시료 채취 환경에 따라 전처리 조건을 다르게 설정하여 연구를 진행한다. 일반적으로 미세플라스틱 분석을 위한 전처리는 유기물 제거와 미세플라스틱 분리로 나뉜다.

❑ 환경시료 속 유기물은 플라스틱과 혼동되어 미세플라스틱 측정시 과대평가되어 플라스틱 입자의 농도 값이 높게 측정될 가능성이 제기된다. 따라서, 환경시료에 다량의 유기물이 존재할 경우 정확한 분석을 위해 유기물 제거 과정이 필요하며, 특히 육안으로 미세플라스틱 정량이 이뤄질 때는 이 과정이 필수적일 것이다. 유기물 제거에 사용되는 방법은 산(Acid)처리, 알칼리(Alkali) 처리, 산화처리, 효소처리 등으로 다양하나, 수 환경에서 미세플라스틱을 분리할 때는 산화처리 또는 효소처리 방법을 사용하며, 수처리에서는 분해 능력이 큰 알칼리 처리는 거의 사용되지 않는

다. 알칼리 처리는 토양 및 유기체(어류, 무척추동물 등)에서 미세플라스틱 분리할 때 사용되는 것으로 나타났다. 따라서, 본 연구에서는 산화 처리와 효소 처리를 중점적으로 기술하였다.

❑ 우선 다양한 산을 이용하여 유기물을 제거하는 방법은 일반적으로 특정 기간 동안 실온에서 무기산(HNO_3, HCl 등)이 사용된다. 산처리는 비교적 반응시간이 24시간 이내로 빠르지만, 일부 입자가 변형될 수 있다.

❑ 반면, 가장 일반적으로 사용되는 전처리 방법은 산화 분해법으로, 과산화수소(H_2O_2, 30-35%)를 사용하며, 폴리머 분해 없이 NaOH와 HCl보다 유기물을 더 효율적으로 제거할 수 있다. 산화 분해법은 연구에 따라 노출 시간이나 사용하는 용액의 농도 등이 다르다. 시료를 2 mm sieve 여과시킨 후 2주 동안 34.5% H_2O_2로 분해하여 유기물을 제거하거나, 50% H_2O_2 또는 30% H_2O_2를 시료에 주입하여 섞은 후 3주간 차광 상태로 상온에 방치하여 유기물을 분해한다. 특히 형광염색을 하는 경우에는 1차적으로 H_2O_2으로 유기물을 제거한 후, NaClO(6~14%)을 첨가하여 잔류유기물을 제거하기도 한다.

❑ 또한, 효소 처리는 다른 방법들보다 위험요소가 적고, 미세플라스틱에 영향을 미칠(e.g. 모양 변형) 가능성이 낮다. Löder, M.G. 등은 유기물 제거를 위해 Basic Enzymatic Purification Protocol(BEPP)를 개발하였다. BEPP 방법은 5%(w/w) sodium dodecyl sulfate를 사용한 후 효소(protease, cellulase, chitinase)를 순차적으로 사용하는 방식이다. 단, 효소 처리 사이에 두 번의 H_2O_2 처리를 기반으로 최대 13일의 노출 시간으로 진행하였으며, 최대 98.3%의 효율을 보였다. Trypsin, collagenase, Papain 효소를 이용하여 유기물 제거 효율을 평가한 결과 72~88%의 효율을 보였으며, 최대 효율을 나타낸 효소는 Collagenase이다. 그러나, 아직까지 효소 처리는 소규모로 사용되고 있으며, 일부 연구에서는 효소 처리 후 H_2O_2 처리를 필요로 하고 있다. 이처럼 여러 단계의 전처리를 사용하여 유기물을 제거하는 연구도 있다.

❑ 국립해양대기청(NOAA, National Oceanic and Atmospheric Administration)은 환경시료에 대해 유리 비커를 75 ℃에서 가열된 Fe(II) 용액(0.05 M)(황산염(Fenton 시약))과 H_2O_2와 함께 사용할 것을 권장하고 있다.

❑ 위와 같이 다양한 방법들로 유기물이 제거된 시료는 연구 대상 미세플라스틱 크기에 따라 여과되거나 여과 과정 없이 분석한다. 특히, 여과 과정은 필터의 pore size에 따라 미세플라스틱 입자의 검출 한계가 결정되므로 표준화가 필요한 과정 중 하나이다. 일반적으로 표면수 시료를 채취할 때는 유기물이 거의 존재하지 않기 때문에 유기물 제거를 위한 전처리를 진행하지 않고, 여과하거나 여과 후 건조하여 연구가 진행된다. 물론, 유기물을 제거한 시료도 여과 과정은 진행된다.

❑ 연구에 따라 다르지만, 각각 >5 mm, 1~5 mm, <1 mm로 분류되며 < 1 mm의 미세플라스틱은 다시 동물플랑크톤 영역인 300-1 um 식물플랑크톤 영역인 20~330 um 로 분류하여 크기분류에 따른 체(sieve)와 여과지를 이용하여 여과한다. 5 mm, 4 mm, 2.8 mm, 2 mm, 1 mm, 500 um, 300 μm의 pore size를 갖는 체를 이용하여 연속적으로 여과시킨 후 최종적으로 유리 섬유

필터(GF filter)를 이용하여 여과를 진행하거나, 크기별 분석을 위해 100 um, 300 um, 1 mm, 5 mm의 공극을 가진 체에 걸러 분류한다. 또한, 유리 섬유 필터를 이용하여 여과한 후 필터를 60 ℃에서 건조시킨 후 분석을 진행한다. 미리 연소된 유리 섬유 필터를 통해 여과한 후 필터를 -20 ℃에서 건조시킨다. 이처럼, 미세플라스틱 분리를 위한 여과 과정은 연구마다 차이가 발생하며, 이 과정에서 발생하는 검출 한계를 줄일 필요가 있다.

다. Qualitative/Quantitative analysis

❑ 미세플라스틱의 식별 및 정량화는 대부분 육안, 현미경을 통해 분석되며, 계수된 미세플라스틱은 Fourier-transform infrared spectroscopy(FTIR), Raman spectroscopy 등 분광기법을 이용하여 정성 분석이 이루어지는 것이 일반적이다.

❑ 육안 식별은 비교적 입자 크기가 큰 미세플라스틱(5~25 mm)을 분류 및 식별하며, 간단한 교육을 받은 전문가와 비전문가 모두에게 쉬우며 간단한 방법이다. 그러나, 육안 식별 방법은 분석 가능한 크기 범위가 좁기 때문에 색상과 모양이 유사한 무기 및 유기 입자가 많은 경우 미세플라스틱을 과소평가(underestimation)이 발생하며 특히 직경이 1 mm 미만인 입자의 경우 더욱 구별하기 어렵다. 반면, 현미경을 사용하여 확대된 이미지는 플라스틱과 유사한 입자를 식별하는데 필수적인 입자의 표면과 구조 정보를 제공한다.

❑ 현미경 분석방법은 수백마이크로미터(~μm) 범위에서 널리 사용되며, 입자 크기가 50 μm 미만인 입자를 제외하고 비교적 쉽고 빠르게 미세플라스틱 식별이 가능하나, 1 mm 미만의 입자에 대해 식별 한계가 발생하며, 합성 섬유 및 천연 섬유를 현미경만으로 구별하기에 어려움이 있다. 육안식별, 현미경 식별과 같은 시각적 분류는 오인의 가능성이 존재하기 때문에 입자의 특성을 확인하기 위한 상호 보안적 분석이 필요하다.

❑ 이를 위해 FTIR 및 Raman 분광법을 이용하는 것이 일반적이다. FTIR 분광법은 식별 가능한 플라스틱 입자의 특정화학결합 및 작용기에 대한 정보를 제공한다. 2015년 이후 연구에서는 대부분 FTIR 분광법을 통한 분석이 진행되었으나, FTIR 분광법은 비용이 많이 들고, 미세플라스틱과 같은 입자를 하나씩 식별하는 데에 시간이 많이 소요되며, 분석 가능한 입자 크기가 작다.

❑ 또한, Attenuated total reflectance(ATR) 기반 FTIR에는 반사율 및 투과율 모드가 있으며, 특히 반사율 모드의 스펙트럼은 불규칙한 모양의 미세플라스틱을 분석할 때 발생하는 굴절 오류에 대한 스펙트럼 왜곡의 가능성을 보여주나, 투과율 모드에서는 일부 두꺼운 미세플라스틱에 대하여 스펙트럼 추출의 오류가 발생할 수 있다. 그러나, ATR FTIR은 micro FTIR보다 불규칙한 모양의 미세플라스틱 스펙트럼을 얻는데 이점이 있지만, 500 μm 이상의 입자 분석만 적합하였다. 이를 보완하기 위해 Focal plane array(FPA) 기반 FTIR imaging 기법을 적용한 연구에서는 기존의 FTIR 분광법보다 작은 크기인 20 μm 이하의 플라스틱 입자를 분석하였다.

❑ Raman 분광법은 흡수 스펙트럼(i.e. 쌍극자 변화에 의한 전자기파의 흡수를 측정)을 얻는

FTIR과 비교하여 가장 큰 차이는 유도 쌍극자(Induced dipole moment)에 의한 극성 변화로 인한 산란을 측정하여 산란 스펙트럼을 얻는다는 것이다. Raman 분광법은 FTIR과 비교하여 더 작은 입자인 1 μm까지 분석 가능하며, 더 넓은 스펙트럼 범위, 비극성 작용기에 대한 더 높은 감도 등을 보여주며, 비극성 플라스틱 작용기에 대한 반응이 더 우수하다. 특히 물 스펙트럼이 약하게 표시되고 다른 진동 영역을 방해하지 않기 때문에 습식 시료에 대해서도 사용할 수 있다.

❑ 비파괴분석법인 FTIR 및 Raman 분광법 이외의 파괴분석법인 열 분석방법은 입자의 열 안정성에 따라 물리적 및 화학적 특성 변화를 측정하여 미세플라스틱을 식별하는 방법이다. Differential scanning calorimetry(DSC)는 미지의 고분자 재료의 열적 특성을 연구하는 것에 유용한 방법으로, 비교적 간단하고 빠르게 플라스틱 유형 식별이 가능하지만 미세플라스틱 식별에 한계점이 존재한다.

❑ 또한, 열분해 가스 크로마토그래피(Pyr-GC/MS, Pyrolysis-Gas chromatography/Mass spectrometry)는 불활성 대기 또는 진공하에서 열분해를 통해 고분자를 저분자의 일부 또는 작용기로 분해하는 기술로, 미세플라스틱의 유형과 유기 첨가제를 동시에 분석 가능하나, 한 번에 하나의 입자만 튜브로 통과 할 수 있기 때문에 시간이 많이 소요되며, 튜브의 크기(<1 mm)에 의해 제한된다.

❑ Dümichen, E. 등은 Pyr-GC/MS와 TDS-GC/MS를 비교 분석한 결과, TDS-GC/MS 분석이 더 많은 시료를 처리하였고, 더 복잡한 matrix를 분석하였으며, Pyr-GC/MS는 효소 및 산화 분해 후 성공적으로 적용되었다. 그러나, 위와 같은 열 분석 방법은 FTIR 분광법에 비해 기기 실행 및 데이터 처리에 많은 시간과 노력이 소요되며, 미숙련자가 다루기 어려움이 있다.

❑ 또한 최근에는 미세플라스틱 분석을 위해 새로운 방법들이 제시되고 있으며, 정성 및 정량 분석 외에도 미세플라스틱 풍화 메커니즘 파 이뤄지고 있다. 현재 미세플라스틱 분석을 위한 가장 유망한 접근 방식은 IR 및 Raman 분광법이나, 분광법은 플라스틱의 표면, 형태 등에 대한 이미지를 제공하지 않기 때문에 풍화 메커니즘을 입증하기에는 어려움이 존재하여 Scanning electron microscope(SEM)을 통해 이에 대한 문제점을 해결하고자 연구가 진행되고 있다.

❑ SEM은 시료 표면에 고강도 전자빔을 발사하고 지그재그 타입의 패턴(raster scan)으로 스캔하여 시료 표면 이미지를 생성하는 분석방법으로, 플라스틱과 유사한 입자를 선명한 이미지로 제공한다. 최근 SEM은 Energy dispersive X-ray(EDX 또는 EDS)와 결합된 기기를 많이 이용하며, EDS를 통한 추가 분석은 동일한 입자의 원소 구성을 제공하며, 해당 시료의 원자 구성에 대한 정량적 정보를 제공한다. 그러나, SEM-EDS 또한 고가의 기기 장비이며, 시료 준비 및 검사에 상당한 시간이 소요되고, 처리할 수 있는 시료 수가 제한되며, 일부 비전도성 시료의 경우 시료 표면의 전하를 유발하였으며, 이로 인해 분석 결과의 오류가 발생하였다.

❑ 한편, 최근 미세플라스틱 분석 기기가 자동화되고 있으며, 미세플라스틱 측정에 특화된 기기(e.g. 8700 LDIR, Mophorogi 4 등)가 개발되고 있다. 특히, Laser Direct Infrared Infrared

(LDIR)은 이미징 및 스펙트럼 분석에 대한 자동화된 접근 방식을 제공하여 분석시간을 단축시킬 수 있으며, 소프트웨어 활용을 통해 10 μm 이하의 입자를 식별하고 시료의 화학적 특성, 크기 및 형태 등의 정보를 제공하며, 정량화가 가능하다.

❑ 반면, 미세플라스틱의 정량 분석은 정성분석보다는 일반적으로 육안 분석이나 소프트웨어 적용을 통해 연구가 진행되고 있다. 그러나, 현미경을 이용하여 육안 정량 분석을 진행하는 것은 오인 식별이 일어날 수 있으며, 연구 결과 시각적 분류가 미세플라스틱의 농도를 잘못 추정할 수 있음을 나타냈다.

❑ 실제로, Lee, J. 등은 여과지에 여과된 미세플라스틱의 계수 면적을 평가하기 위해 전체 면적을 대상으로 계수한 결과와 4분면으로 나눠 1개 분면 만을 측정하여 전체 면적으로 환산하여 비교한 결과, 많은 시간이 소요되어 효율성이 떨어지며 4분면 측정법은 각 분면마다 미세플라스틱 산정결과, 상대표준편차가 38.5~200%로 분석 결과값의 편차가 매우 큰 것으로 나타났다. 또한, 현미경과 FTIR 분석 결과를 비교해본 결과, 현미경 분석은 50 μm 이하의 입자를 제외하고 비교적 쉽게 식별할 수 있었으나, FTIR에 의한 분석 결과값이 1.6배 더 높은 것으로 나타났다.

❑ 특히, Lenz, R. 등에서 미세플라스틱 정량 분석을 육안 분석만으로 진행하는 방식은 위양성(e.g. paint particle)과 위음성(e.g. darkly colored MPs mistaken for naturally occurring particle) 모두로 이어진다고 강조하였다.

❑ 이를 해결하기 위해 정량 분석 시 플라스틱이 다른 유기물 또는 무기물에 의해 방해받지 않고 눈에 잘 띄게 하기 위해서 형광 염색법을 이용한다. 예를 들면, Maes, T. 등은 5가지 염색염료(Oilered EGN, Eoxin B, Rose Bengal, Hostasol Yellow 3G, Nile Red(NR))를 플라스틱에 흡착하는 능력에 대해 연구한 결과 NR가 흡착 및 형광 강도 측면에서 가장 효과적인 것으로 나타났다. 8가지 염색 염료(Acridine Orange, Basic Blue 24, Crystal Violet, Lactophenol Blue, Neutral Red, Nile Red, Safranin-T, Trypan Blue)에 대한 연구 결과 또한, 플라스틱 식별에 가장 최적인 염료는 Nile Red인 것으로 나타났다.

❑ Lv, L. 등은 3개의 염료(NR, FITC, Safranine-T)를 사용하여 다양한 플라스틱 입자(PS, PE, PVC, PET)를 온도와 염색 시간에 조건을 두고 시험을 진행한 결과, 50 ℃, 10분 동안 NR로 염색하는 것이 효과적이었다. 이처럼, 다양한 염색 염료의 흡착력을 확인한 결과 NR가 플라스틱 흡착에 가장 효과적인 것을 확인하였다. 현재 미세플라스틱 식별 향상을 위해 사용되는 가장 효과적인 염료는 NR이나, NR 염색에도 플라스틱 식별을 위한 몇 가지 문제점은 존재한다. NR 염색을 할 때는 유기물 제거, 즉 전처리가 중요하며, 몇몇 제거되지 않는 잔여 유기물 때문에 현미경 및 분광법 등으로 미세플라스틱을 분석할 때 어려움이 있으며, 이러한 이유로 환경 시료에서 미세플라스틱을 정량 분석하기 위해 NR 염색만 사용하여 분석하는 것은 권장되지 않는다.

❑ 또한, Stanton, T. 등은 NR 염료의 단일 염색은 100%과대평가된다고 판단하였고, NR의 한계점으로 어두운 색의 플라스틱 염색과 비플라스틱 입자의 염색으로 인한 형광발광 등을 평가

하였으며, 이를 보완하기 위해 Co-staining 방법을 제안하였다. Co-staining 방법은 NR과 4',6-diamidino-2-phenylindole (DAPI)를 사용하여 정량화하는 방법으로, NR에 의해 염색된 유기물을 식별하기 위해 DAPI를 사용하여 NR염색으로 인한 과대평가 정도를 측정할 수 있다.

❑ 그리고 일부 소프트웨어를 이용하여 미세플라스틱을 정량 분석하는 방법도 있다. 예를 들면, Image J를 기반으로 Microplastics Visual Analysis Tool(MP-VAT)을 개발하여 NR을 염색한 미세플라스틱을 자동적으로 계산한다.

❑ 정량 분석은 분석 방법, 분석 장비 등에 의한 차이가 존재하지만, 이외에 우선적으로 분석 시 단위를 하나의 단위로 통일시켜줄 필요가 있다. 각 연구마다 미세플라스틱 농도를 나타내는 단위가 조금씩 차이가 있기 때문에 각 연구, 지역의 농도 값을 비교하는 데 어려움이 있다. Trawling sampling에 의해 채취된 지표수에서 미세플라스틱을 특성화하는 데 가장 일반적으로 사용되는 단위는 items/particles/m^2 이나 items/particles/m^3 이며, column 또는 bulk sampling에 의해 채취된 지표수의 농도는 일반적으로 items/particles/m^3으로 표현된다.

❑ 즉, 정확한 채취량을 아는 경우 부피당 미세플라스틱 개수로 표현되지만, 정확한 채수량을 알지 못하고 net에 의해 여과 과정 거쳐 이동되면서 채취되는 경우 면적당 미세플라스틱 개수로 표현된다. 이처럼 연구마다 다른 샘플링 방법으로 표현되는 단위도 다르기에 미세플라스틱 측정 프로토콜의 국제적 표준화가 필요한 상황이다.

(3) 결론

❑ 미세플라스틱 관련 연구는 Carpenter, E. and Smith Jr, K.가 Sargasso 해에서 플라스틱 조각이 3500 particles/km^2이 검출된다고 발표한 후 지속되고 있으며, 다음 도표와 같이 2014년 이후 급증하고 있는 추세이다.

[도표 V-7] Trend in publication 1972-2020 from SCOPUS and Web of science using keyword "microplastic"

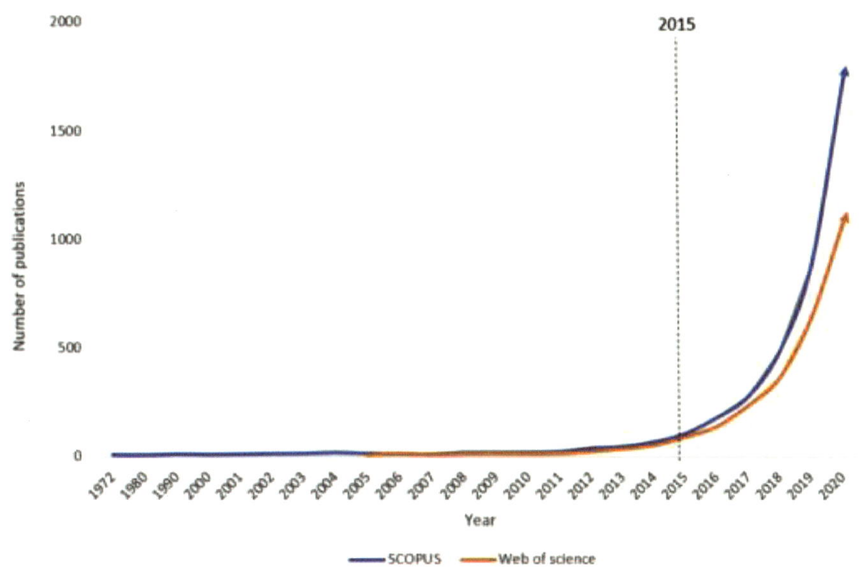

❑ 최근 5년간 미세플라스틱에 대한 관심은 기하급수적으로 증가하고 있으며, 이에 대해 각국에서 다양한 환경(물, 토양, 유기체 등)에서 연구가 진행되고 있다.

❑ 대부분 해양 환경에서의 연구이며, 미세플라스틱의 거동, 그로 인한 검출량은 주변 환경 요인(e.g. 계절, 오염정도, 인구수 등)에 의해 차이가 발생하기도 한다. 예를 들면, Kang, J.-H. 등은 장마 전 5월과 장마 후 7월까지의 미세플라스틱 검출량을 비교해본 결과, 장마 후의 섬유와 스티로폼 등의 검출량이 증가하는 것을 확인하였다. 특히, Kuo, F.-J. and Huang, H.-W. 는 봄과 가을의 미세플라스틱 검출량을 비교한 결과, 가을에 미세플라스틱 검출량이 높은 것을 확인하였으며, 조류(밀물과 썰물)에 의한 영향도 입증하였다. 이처럼, 수많은 환경 요인에 의해 차이가 발생하긴 하지만, 샘플링 과정이나 연구 방법에서 발생할 수 있는 차이에 의해 더 크게 변동될 수 있다.

❑ 다음 도표는 기존 연구의 미세플라스틱 검출량을 요약한 것으로, 검출 지역에 따라 Shape, type, size가 다르며, 검출량에도 큰 차이를 보인다. 특히, 검출량은 검출 지역에 따라 차이가 있지만 오염 정도를 반드시 반영하는 것이 아니나, 샘플링의 도구와 pore size와 관련이 있다.

[도표 V-8] A comparison of the abundance of microplastic according to sampling location

Location	Abundance (Concentration) (particles/㎥)	Shape	Type	Size
Nakdong River, Korea	0.62~57 (Manta) (May) 0.64~860 (Manta) (July)	Fiber, film, hard plastic, pellet, foam	PE, PP, EPS, Polyester (PL), Alkyd	<2 mm and 2~25 mm
	260~1410 (Hand) (May) 210~15,560 (Hand) (July)			
Geoje Island, Korea	127 ± 111 particles/L (microscope) 206 ± 117 particles/L (FTIR)	Fragment, fiber, sheet, EPS	N/A	<50 μm and 50~1000 μm
Arctic Sea	0~1.31 (surface sample) 0~11.5 (sub-surface sample)	Fiber, fragment, film	PL, PE, PVC polyamide, acrylic	N/A
Mediterranean Sea	243,853 particles/km^2	Fragment, film, foam, fishing thread, pellet/granule	N/A	0.2~100 mm
San Francisco Bay	700,000 ± 600,000 particles/km^2	Fragment, fiber, pellet, film, foam	N/A	0.355~4.75 mm and ≥ 4.75 mm
Black Sea	600~1200	Fiber, fragment, film	N/A	N/A
Antarctic (Southern Ocean)	100,000 pieces/km^2	Fiber, fragment	EPS, PS, PP, PE	0.1~30 mm

Location	Abundance (Concentration) (particles/㎥)	Shape	Type	Size
South Funen Archipelago, Denmark	0.07 ± 0.02	Fragment, fiber	N/A	0.3~5 mm
England	78.3 (Manta) 11.9 (Bongo) 29.7 (Plankton, 400 μm) 14.1 (Plankton, 200 μm)	Film, fragment, fiber	PE, PP, PVC, nylon, polyethylene terephthalate, arylic, neoprene, polyvinyl acetate	N/A
Zhangjiang River, China	50~725	Fragment, fiber, pellet, line, film, foam	PP, PE, PS, PES, PET	0.3-5 mm

자료 : Korean Chem. Eng. Res., Vol.59, No.3 [**수환경 내 미세플라스틱 검출분석법 최신 동향 연구**], 2021.

❑ Green, D. S. 등은 샘플링 방법에 따라 검출량의 차이를 보인 것을 확인하였고, Manta net 샘플링과 Bongo net 샘플링의 검출량 차이는 약 6배 이상의 차이를 보였다. 또한, Manta net 샘플링과 Hand 샘플링 방법을 비교한 결과, Hand 샘플링에 의한 검출량(<2 mm)은 Manta net 샘플링에 의한 것보다 2배 더 높았으며, 이는 Manta net 샘플링에서 50~330 μm의 미세플라스틱을 놓쳤다는 것을 의미하며, 실제로 미세플라스틱 크기에 따른 검출량을 비교해보면, 50 μm 미만의 미세플라스틱이 가장 높다.

❑ 이와 같이, 미세플라스틱 측정방법은 아직까지 국제적으로 표준화되지 않아 각국의 연구결과를 비교하기 어려운 상황에 놓여있다. 따라서, 미세플라스틱 분석방법의 표준화를 위한 논의가 요구되고 있다. 본 연구는 다양한 환경 중 미세플라스틱 문제가 가장 크게 대두되고 있는 수환경에서의 미세플라스틱 측정방법과 검출현황에 대해 검토하였고, 장래의 미세플라스틱 분석방법 표준화를 위한 발전방향을 제시하고자 하였다.

❑ 그 결과, 현재 가장 많이 사용되고 있는 미세플라스틱 분석방법은 Manta trawling 330 μm의 net을 통해 시료를 채취하고, 전처리 필요 시 과산화수소(H_2O_2, 30%)를 사용하여 FTIR 또는 Raman 분광법을 이용하는 방법이다. 그러나, 이 방법은 샘플링에서부터 오류가 존재한다. 330 μm net을 이용하기 때문에 크기 비교에서 가장 많은 부분을 차지하고 있는 330 μm 이하의 미세플라스틱은 채취 불가하며, 표준화된 분석 방법이 마련되어 있지 않기 때문에 국제적 비교 분석은 물론, 현재 우리나라에서의 미세플라스틱 비교 분석에도 어려움이 존재한다.

❑ 또한 현재 미세플라스틱 측정 방법 관련 연구는 정성분석에 초점을 맞춰 진행되고 있으며, 정량 분석은 비교적 연구의 중심에서 벗어나 있으며(미흡하다), 정량 분석 결과는 items/particles/m^2, items/particles/m^3의 형태로 사용되고 있다. 추후 미세플라스틱의 잠재적 독성을 평가하기 위해서는 정량분석이 필수적으로 요구되며, 단일화된 단위 표현법 정립도

필수적이다. 따라서, 본 연구에서는 채취 시 미세플라스틱 손실방지를 위해 net을 이용한 샘플링 방법보다는 Bulk 샘플링 방법을 권장하며, 전처리 사용 시 미세플라스틱 입자가 변형되지 않는 효율적인 새로운 전처리 방법을 찾는 것이 중요할 것으로 생각된다.

❑ 또한, 정성 분석 보다는 정량 분석에 초점을 맞춘 다양한 연구가 진행되어야 하며, 가장 중요한 것은 미세플라스틱 측정을 위한 국제적으로 표준화된 미세플라스틱 측정방법을 정립하는 것이다. 그러므로, 본 연구는 추후 미세플라스틱 측정 방법 표준화를 위해 기초자료로써 활용 가능하고, 이를 통해 측정방법 표준화 이후 더욱 효과적인 미세플라스틱 관리 정책이 마련될 것으로 사료된다.

2) 미세플라스틱 처리를 위한 연구동향

(1) 연구 목적

❑ 미세플라스틱 문제를 해결하기 위하여, 채취, 분석, 대체물질 개발 등의 연구가 진행되고 있다. 그림과 같이 미세플라스틱의 연구 방법론 측면에서도 다양한 학문적 카테고리, 환경 그리고 세부주제로 다뤄지고 있기 때문에 이를 처리하기 위한 융합적인 기술의 개발이 필요하다.

[그림 V-5] Research methodology

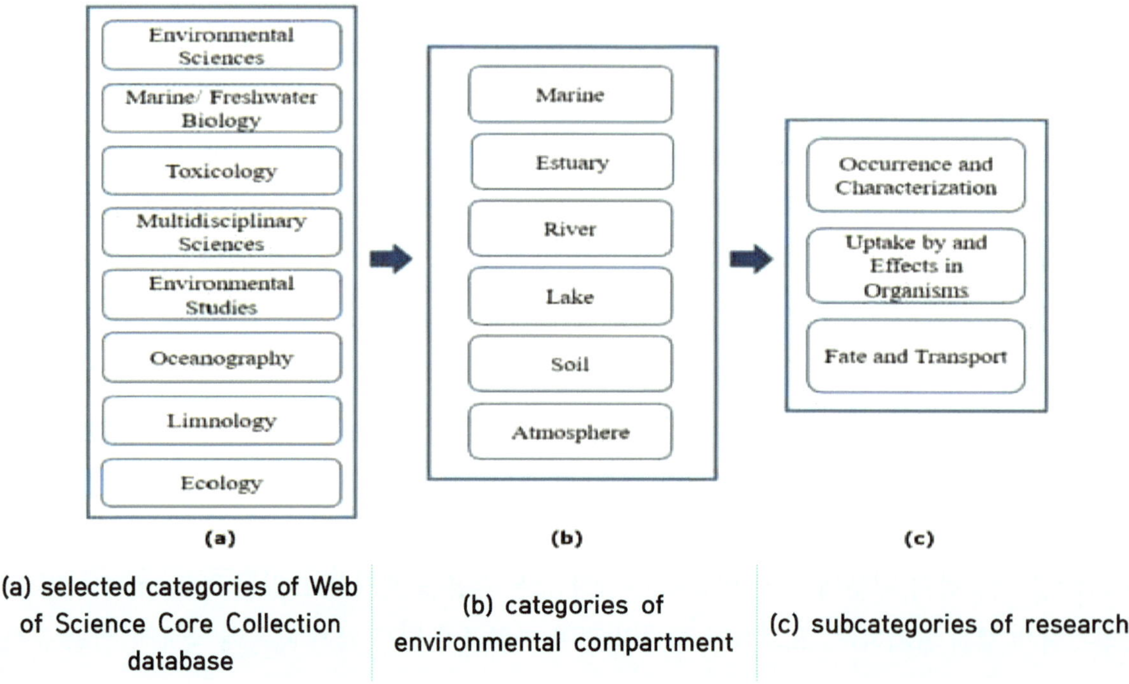

(a) selected categories of Web of Science Core Collection database	(b) categories of environmental compartment	(c) subcategories of research

자료 : 자원리싸이클링 제29권 제5호 [미세플라스틱 처리를 위한 연구동향], 2020.

❑ 분석방법은 ISO나 표준화된 공인방법도 없을뿐더러, 특히 이를 분석하기 위한 샘플링 공정도 미세플라스틱의 작은 입도로 인하여 매우 큰 문제가 되고 있다. 이를 해결하기 위한 방안을 모색하기 위하여 자원공학 측면으로 고려하면, 입자 간의 분리를 주로 하는 선광공정에서 사용하

는 기술을 적용이 가능할 것이라 판단된다. 다양한 환경으로부터 기인한 시료로부터 미세플라스틱을 분리하는 것은 분석을 위한 수집 뿐 아니라 제거를 위한 분리이기 때문에 매우 중요한 기술로서, 꾸준하게 연구되어야 할 분야이다.

(2) 미세플라스틱 선별 기술

❑ 플라스틱은 상대적으로 낮은 밀도를 가지는 것과 동시에 표면이 소수성인 것이 특징이다. 일반적인 플라스틱은 이러한 특성을 이용하여 선별 등과 같은 처리 공정을 적용하지만, 미세플라스틱은 작은 크기로 인하여, 입자의 특성 파악이 어렵기 때문에 선별이 어려운 것으로 알려져 있다. 그렇기 때문에 효율적인 미세플라스틱의 분리를 위하여 최근 다양한 연구가 진행되고 있다.

❑ 크게, 입도, 밀도, 표면특성을 활용하여 체가름법(Sieving), 세정법(Elutriation), 비중선별(Gravity separation), 부유선별(Flotation), 자력선별(Magnetic separation), 정전선별(Elec-trostatic separation) 등으로 구분할 수 있다. 그리고 이런 개별적인 방법들을 서로 결합하여 보다 포괄적인 분석 프로토콜 및 효율적인 처리 방안을 제시하는 연구가 보고되고 있다.

[그림 V-6] Venn diagram of weaknesses in current methods of microplastic separation from the environment

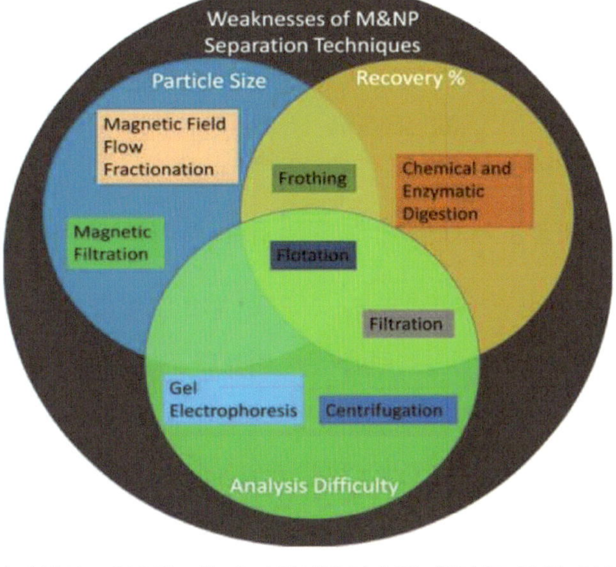

자료 : 자원리싸이클링 제29권 제5호 [미세플라스틱 처리를 위한 연구동향], 2020.

(3) 미세플라스틱 선별 연구 동향

❑ 폐기물 중 미세플라스틱은 단일 크기로 존재하지 않고, mm 단위부터 nm 단위까지 다양한 입도 범위로 존재하고 있다. 특히, 세정 및 세안제품에 다량 포함되어있다고 알려져 있는 미세플라스틱인 마이크로비즈(microbeads)는 용도 및 제품에 따라 크기의 차이가 나는 것으로 알려져 있다. Hernandez는 시중에 시판되고 있는 페이셜 스크럽(facial scrub) 제품을 선정하고, 그 중에 포함되어 있는 마이크로비즈(microbeads)를 분석하는 연구를 수행하였다. 페이셜 스크럽에

다양한 사이즈의 마이크로비즈가 포함되어 있을 것이라 예상하고, 이를 각각 분리하기 위하여 5단계로 나누어 서로 다른 크기의 필터를 사용하였다. 그 결과, 폴리에틸렌 재질의 미세플라스틱의 크기가 수십um-수십nm 까지 존재하는 것을 확인하고, 입자의 크기에 따른 각 분리 구간의 전자현미경(SEM and TEM) 사진과 현탁액으로 해당 입자를 성공적으로 분리시켰다.

[그림 V-7] 미세플라스틱 선별 연구(1)

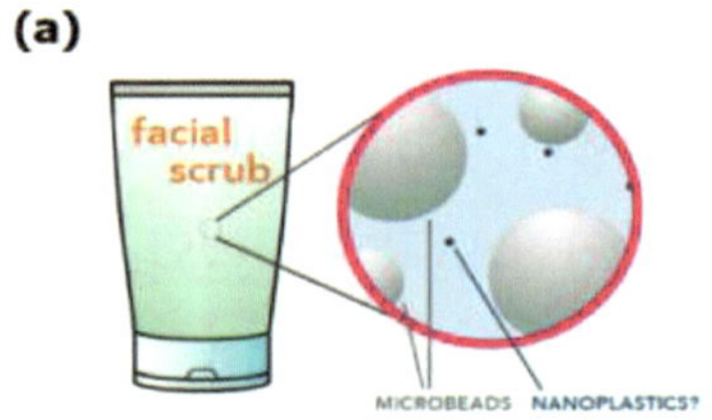

(a) Image of microbeads in facial scrub

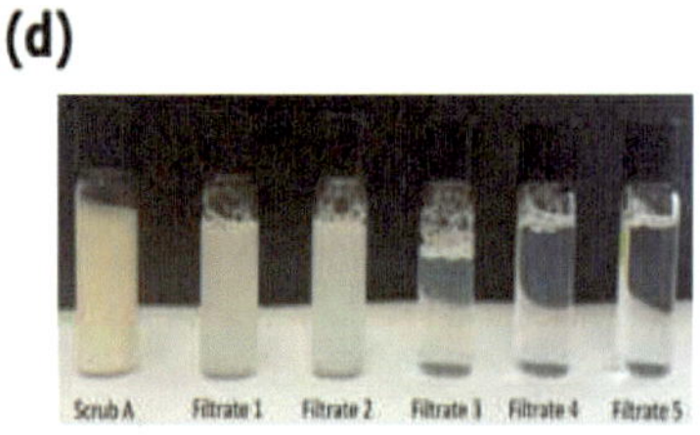

(d) picture of scrub A and its 5 filtrates

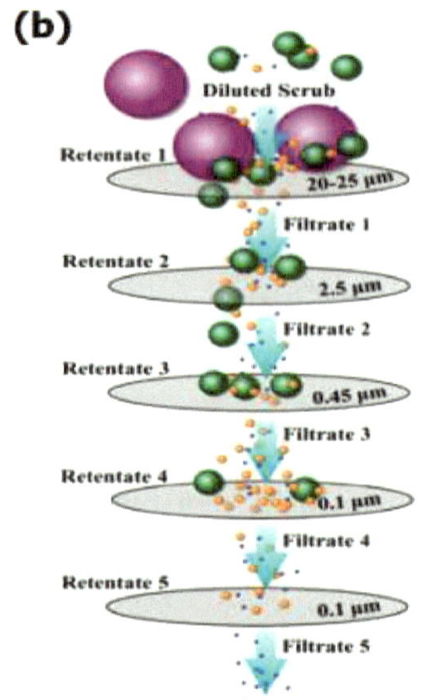

(b) scheme of the filtration process

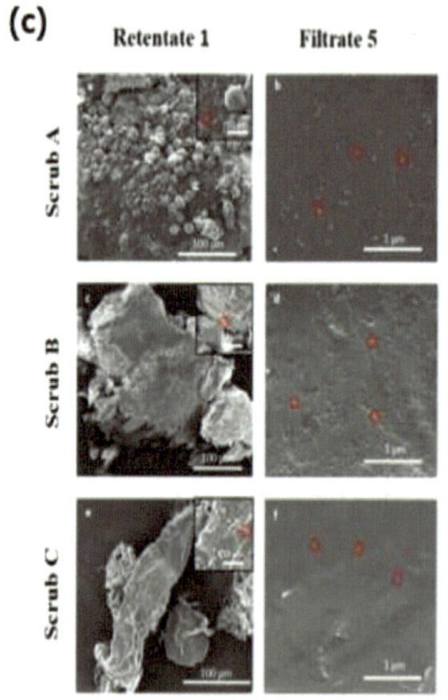

(c) SEM images of samples taken at different filtration steps of the commercial scrubs

자료 : 자원리싸이클링 제29권 제5호 [미세플라스틱 처리를 위한 연구동향], 2020.

❑ 세안 및 세정제품과 같이 1차 미세플라스틱은 비교적 균일한 입도 구간을 가지는 미세플라스틱이 포함되어 있으나, 2차 미세플라스틱에서는 이보다 입도 구간이 넓으며, 다양한 유기물질 등이 포함되어 있다. 또한, 체가름법과 같은 방법으로 미세플라스틱만 선택적으로 분리하기 어렵기 때문에 미세플라스틱의 표면특성을 이용하여 응집체를 형성하는 방법도 연구되고 있다. Ma는 용액 속에 존재하는 미세플라스틱이 너무 작아서 분리가 어렵기 때문에, 금속염을 이용하여 미세플라스틱 간의 응집을 유도하여 응집체를 형성시켜 분리하는 연구를 수행하였다.

❑ 응집제로는 주로 Al, Fe 염이 많이 사용되는데, Al 염은 잔류되어 섭취하는 경우 인체에 신경독성으로 작용 할 수 있기 때문에 Fe 염($FeCl_3 \cdot 6H_2O$, Iron(III) chloride hexa-hydrate)을 사용하였다. 그 결과, 미세플라스틱 간 플록(floc)이 형성되어 응집체가 커지는 것을 확인할 수 있었으며, 주요 구성성분으로는 폴리에틸렌인 것을 확인하였다. 그리고 이렇게 형성된 플록은 침전이나 여과법(filtering)을 통하여 미세플라스틱을 분리할 수 있는 것을 확인하였다.

[그림 V-8] 미세플라스틱 선별 연구(2)

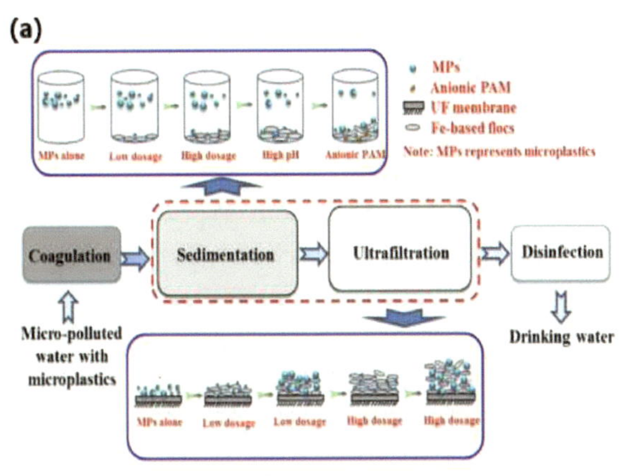

(a) Schematic diagram of microplasitcs during coagulation and ultrafiltration processes

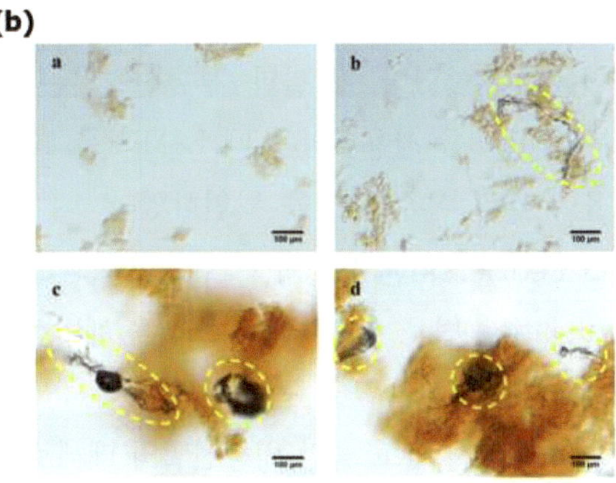

(b) morphology of Fe-based flocs before and after coagulation with microplastics at pH 7.0

a. flocs formed by 0.2 mmol/L $FeCl_3 \cdot 6H_2O$
b. flocs formed by 0.2 mmol/L $FeCl_3 \cdot 6H_2O$ and 12 mg/L anionic PAM
c. flocs formed by 2 mmol/L $FeCl_3 \cdot 6H_2O$ and 12 mg/L cationic PAM
d. flocs formed by 2 mmol/L $FeCl_3 \cdot 6H_2O$ and 12 mg/L anionic PAM

❑ 플라스틱은 재질별 밀도 차이가 있어, 해당 특성을 이용하여 분리하는 연구도 진행되었다. Imhof는 Munich Plastic Sediment Separator(MPSS)라는 비중선별기를 제작하여 미세플라스틱을 분리하는 연구를 수행하였다.

[그림 V-9] 미세플라스틱 선별 연구(3)

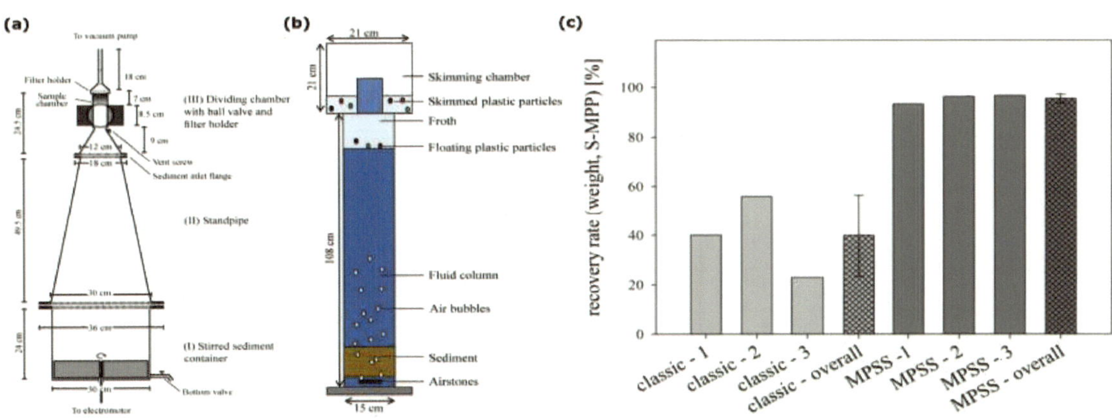

(a) Sectional drawing of the Munich Plastic Sediment Separator(MPSS) consisting of (I) the sediment container, (II) the standpipe and (III) the dividing chamber

(b) apparatus for the froth flotation and the experiments with the classical density separation setup

(c) Recovery rate(weight) of S-MPP (<1 mm) of different plastic particles, using density separation with zinc chloride solution(1.6-1.7 kg/L), for the density separation with classical setup(classic) and with the MPSS with an optimized handling procedure(MPSS)

❑ 1 mm를 기준으로 하여 이보다 크면 L-MPP, 작으면 S-MPP로 구분하여 새로 개발한 MPSS와 이에 대조군으로 기존에 사용하던 부유선별기를 이용하여 각 입자의 밀도 차이에 기인한 비중선별을 수행하였다. 그 결과, 부유선별기는 L-MPP는 55.0%, S-MPP는 39.8%인 것을 확인하였으며, MPSS를 사용하였을 때 L-MPP는 100%, S-MPP는 95.5%의 회수율을 보이는 것으로 그 효율이 훨씬 우수한 것을 확인하였다.

❑ Kedzierski는 사질퇴적물(sandy sediments)로부터 미세플라스틱을 분리하기 위하여, 세정(elutriation)법을 사용하는 시스템을 개발하고 연구를 수행하였다. 문헌조사를 통해서, 퇴적물과 미세플라스틱의 입도별 구분 기준을 다시 정립하고 이를 바탕으로 별도의 금속염과 같은 화학물질을 사용하지 않고 물만 비중선별의 매체로 사용하는 비중선별법인 세정법을 고안하여 시스템을 개발하였다. 그 결과, 미세플라스틱 범위인 63 um-2 mm에서 90% 이상 회수율이 나오는 것을 확인하였고, 추가적으로 시스템에서 컬럼(column)의 크기와 직경 및 펌프의 마력(HP)을 조절한다면, 메조/매크로플라스틱 뿐 아니라 나노플라스틱에도 적용이 가능한 것을 주장하였다.

[그림 V-10] schematic diagram of the elutriation system

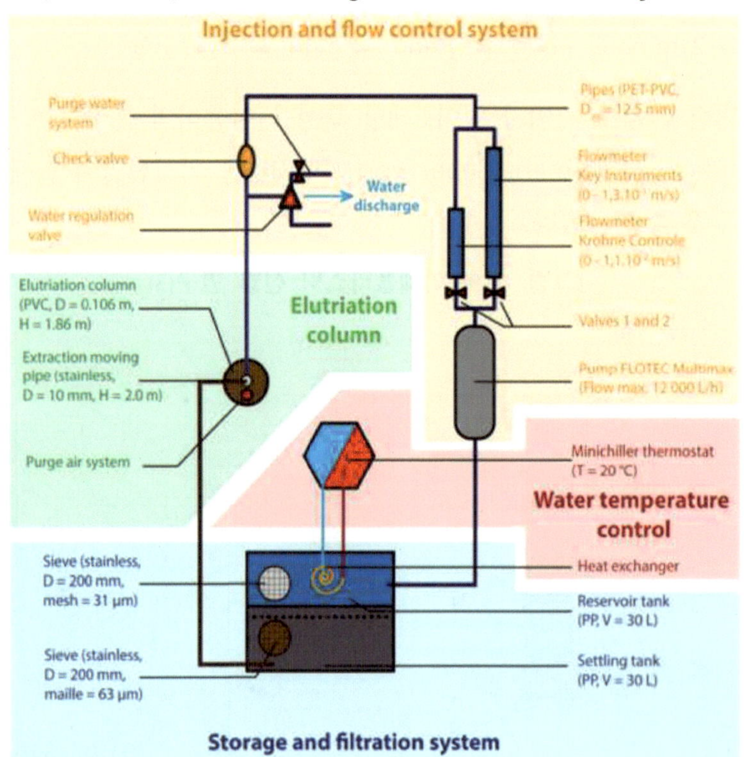

자료 : 자원리싸이클링 제29권 제5호 [미세플라스틱 처리를 위한 연구동향], 2020.

❑ Rodríguez-Alegre는 폐수와 슬러지로부터 미세플라스틱을 분리하기 위하여, 세정시스템에 화학적 전처리 및 하이드로사이클론을 접목시켜 연구를 수행하였다. Fenton reaction을 이용하여 산성 조건에서 폐수 및 슬러지의 유기물질을 분해시키고, 세정 공정을 통해서 분리한 플라스틱을 하이드로사이클론 공정을 통해서 크기를 나누어 분리하는 기술을 개발하였다. 그 결과, 다양한

크기의 미세플라스틱을 회수하였고, 또한 미세플라스틱에 스크럽과 치약으로부터 발생할 것으로 추정하는 구형의 마이크로비즈도 분리 가능한 것을 확인하였다.

[그림 V-11] 미세플라스틱 선별 연구(4)

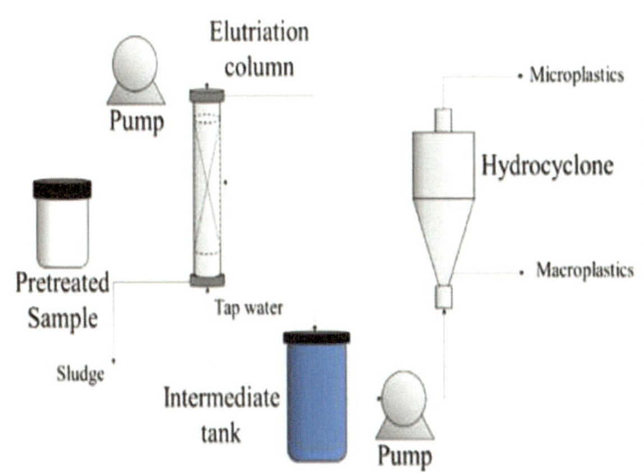

(a) Flow diagram of microplastics extraction system using elutriation and hydrocyclone

(b) Fenton process with different H_2O_2 concentration, from left to right: 0, 300, 4000, 7500, 15000 and 30000 mg/L

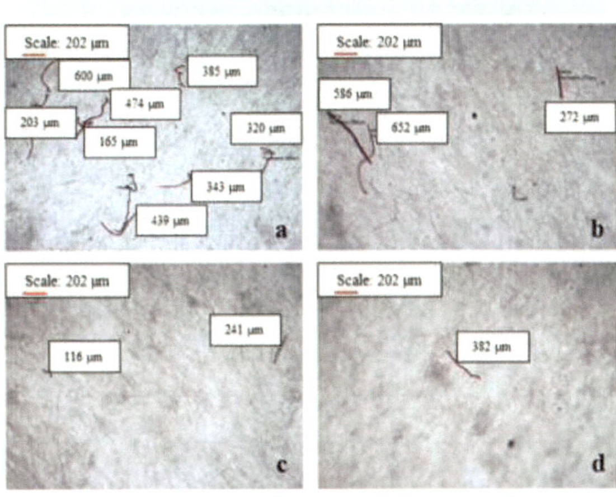

(c) visual analysis of separated products through an optical microscope a. 5min, b. 20min, c. 40min and d. 60min

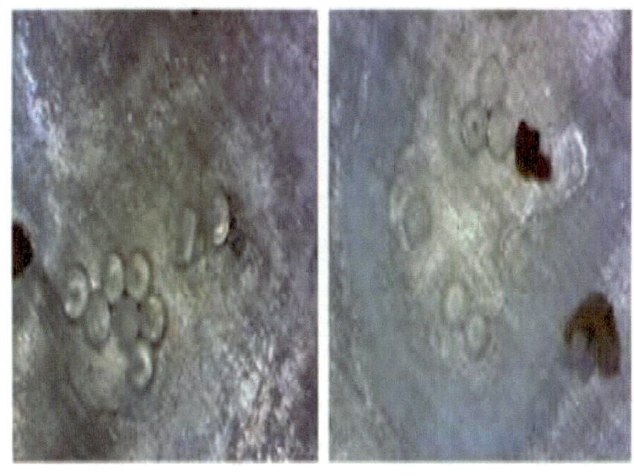

(d) microspheres observed in wastewater

자료 : 자원리싸이클링 제29권 제5호 [미세플라스틱 처리를 위한 연구동향], 2020.

❑ 이와 같이, 비중선별에는 밀도차이로 분리하기 위하여 다양한 외력을 이용하는 비중선별 장비를 연구하는 방법과 함께, 용액에 금속염을 용해시키거나, 밀도가 높은 금속 입자를 넣고 교반함으로써 용액의 밀도를 조절하여 분리하는 방법도 있다.

❑ Coppock는 해저퇴적물(marine sediments)에 포함되어 있는 미세플라스틱을 현장에서 바로 분리시키고 확인할 수 있는 방법(small scale and portable method)을 연구하였다. 이를 위하여, 작은 규모의 Sediment- Microplastic Isolation(SMI) 장비를 개발하고 다양한 농도의 금속염($NaCl$, NaI, $ZnCl_2$)을 이용한 진중액(1.2~1.8 g/cm^3)을 활용하여 비중선별 실험을 수행하였다.

그 결과 밀도 1.5 g/cm^3($ZnCl_2$ 사용)에서 미세플라스틱을 분리하는 경우 1회만 수행하여도 회수율이 95.8%로 매우 높은 것을 확인하였다. 특히, 본 연구는 시약의 사용량과 공정의 비용적인 측면도 고려한 것으로서, 다양한 침전물 유형에서 효과적으로 적용할 수 있을 것으로 언급하고 있다.

[그림 V-12] 미세플라스틱 선별 연구(5)

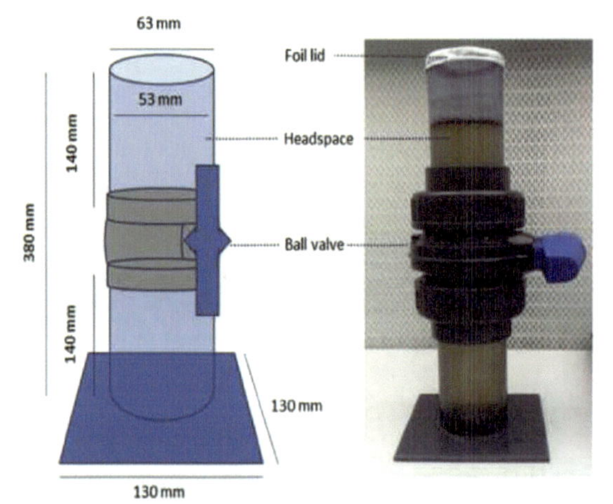

(a) Schematic and photograph of Sediment-Microplastic Isolation (SMI) unit

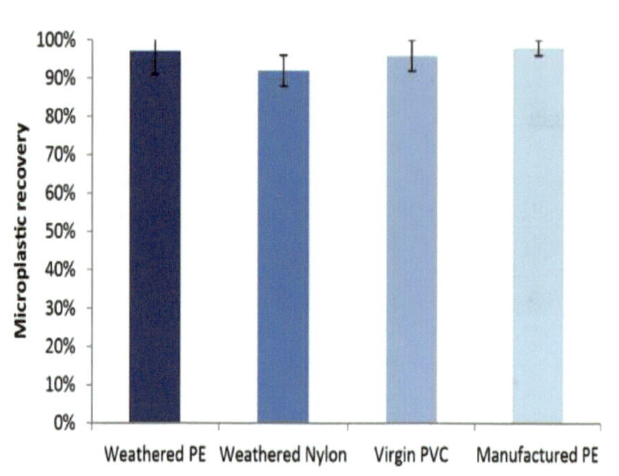

(b) mean percentage recovery of microplastics from artificially spiked sediment

[도표 V-9] Comparative amount of salts(g) added to 1 L ultra- pure water to achieve specific densities, and their associated costs

Salt	Density (g/cm^3)	Amount added to 1 L H_2O (g)	Cost (GBP/L)	Relative cost unit
Sodium chloride (NaCl)	1.2	337	4.17	1
Sodium Iodide (NaI)	1.3	494	85.44	20.5
	1.5	1000	172.95	41.5
Zinc chloride ($ZnCl_2$)	1.3	500	18.06	4.3
	1.5	972	35.10	8.4
	1.8	1800	65.00	15.6

자료 : 자원리싸이클링 제29권 제5호 [미세플라스틱 처리를 위한 연구동향], 2020.

❑ 플라스틱은 전도성이 모래, 자갈과 같이 광물 등으로 구성된 일반 퇴적물들 보다 높기 때문에, 이를 이용한 정전선별 연구도 수행되고 있다. Felsing은 미세플라스틱을 간단히 분리하는 방법을 연구하기 위하여 플라스틱 입자의 정전기적 특성을 이용하여 분리하는 연구를 수행하였다.

❑ 높은 전압을 이용하여 코로나방전을 발생시키는 원리를 활용한 코로나방전 정전선별기(Korona Walzen Scheider, KWS)를 이용하여 선별실험을 진행한 결과, 다양한 물질(모래, 퇴적물, 해사, 입자상 물질)들에 포함되어 있는 미세플라스틱의 회수율이 거의 100%인 것을 확인하였다. 해당 공정을 적용하면 기존의 화학물질을 사용하여 침전시키는 방법보다 화학물질로 인한

분해 반응을 방지할 수 있고, 처리시간이 줄어들며 사용이 용이한 것을 확인하였다. 그리고 미세플라스틱의 종류에 따른 밀도, 크기, 형상 등에 영향을 적게 받기 때문에 산업현장에 적용이 용이하며, 입자크기가 수십μm(63 μm)인 경우에도 99% 이상의 회수율을 보이는 것을 확인하였다.

[그림 V-13] 미세플라스틱 선별 연구(6)

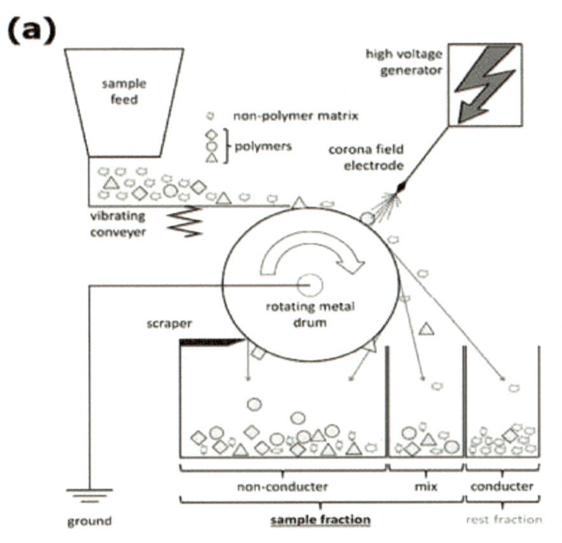

(a) Scheme of the Korona-Walzen-Scheider (KWS) electrostatic metal separator (hamos GmbH),

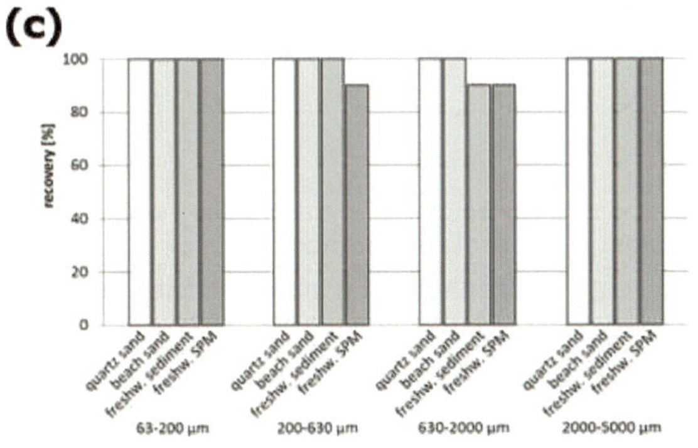

(c) recovery of MP particles in four size ranges from four different sample materials after the third separation step using the KWS

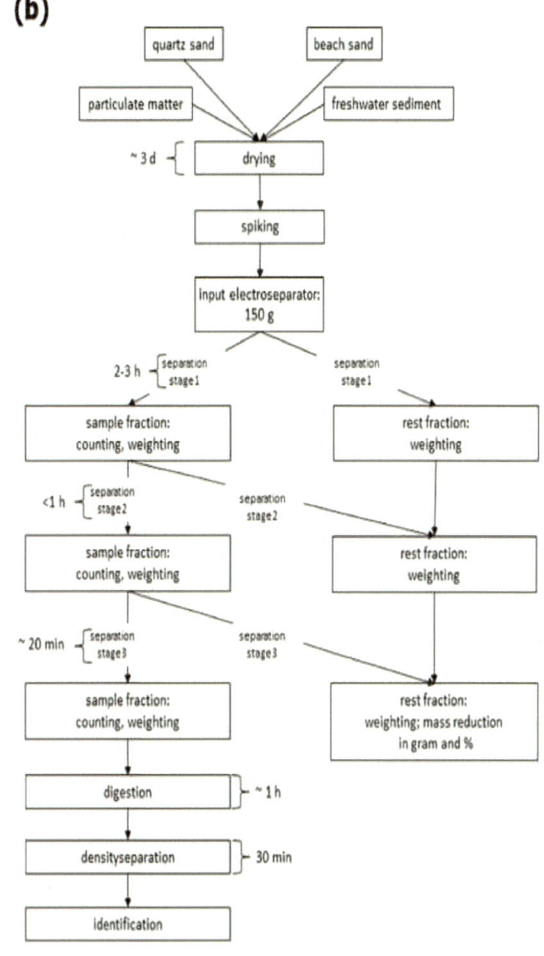

(b) scheme of the corona electrostatic separation process using the KWS

[도표 V-10] Grain size distribution of the materials used in the KWS recovery(unit: %)

Material	630-2000 μm	200-630 μm	63-200 μm	20-63 μm	<20 μm	Loss
Quartz sand	0	16.6	82.9	0.3	0.3	0
Freshwater sediment	0	2.9	25.7	17.9	47.1	6.4
Beach sand	0.1	41.4	57.6	0.1	0.3	0.6
Particulate matter	0	1.7	37.0	15.4	39.4	6.4

자료 : 자원리싸이클링 제29권 제5호 [미세플라스틱 처리를 위한 연구동향], 2020.

❏ 퇴적물들은 보통 표면이 친수성이나, 플라스틱은 표면이 소수성을 가지고 있기 때문에, 이를 이용한 선별도 진행되고 있다. 일반적으로 이러한 표면 특성을 이용하는 방법은 분리하고자 하는 입자의 표면을 소수성화 시켜 기포에 부착시키고 부유시켜 제거하는 부유선별이 많이 사용되나, 미세플라스틱과 같이 작은 입자에서는 기포에 입자가 부착되기 어려운 단점이 있다.

❏ Grbic는 입자가 매우 작은 미세플라스틱을 액상에서 분리하기 위하여 표면특성을 이용하는 연구를 수행하였다. 우선, 플라스틱의 표면이 소수성을 가지는 것을 이용하여, 표면이 소수성을 가지는 철 나노입자를 합성하였다. 그리고 미세플라스틱이 포함되어 있는 용액에 투입하면, 물 속 에서 철 나노입자가 같은 소수성을 가지는 플라스틱에 부착되고, 이를 자석을 이용하는 자력선별 공정으로 미세플라스틱을 분리하였다. 그 결과, 1 mm 이상의 미세플라스틱 뿐 아니라 다른 공정에서 분리가 어려운 20 μm 이하의 매우 작은 입자도 90% 이상 회수할 수 있는 것으로 확인되었다. 그러나 아직 200 μm-1 mm의 미세플라스틱은 80% 정도의 회수율로 그 효율이 다른 공정보다 상대적으로 낮은 문제점이 있기 때문에 이에 대한 후속 연구가 필요한 기술이다.

[그림 V-14] 미세플라스틱 선별 연구(7)

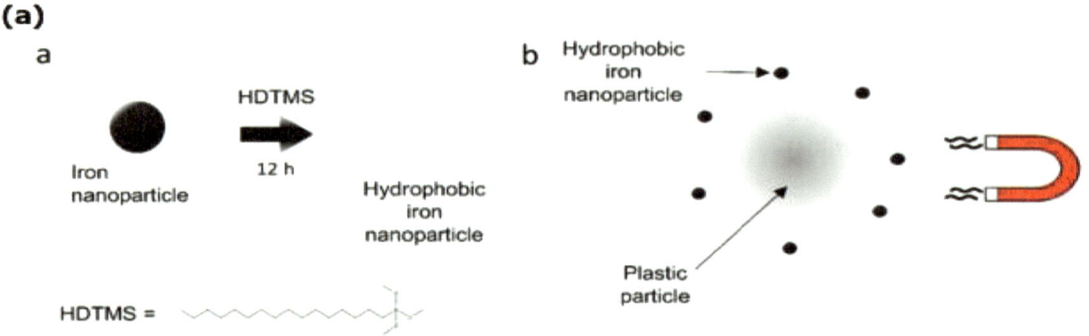

(a) Schematic of the magnetic plastic separation method;
a. modification of Fe nanoparticles with HDTMS to create hydrophobic Fe nanoparticles that bind to plastic due to hydrophobic interaction,
b. bound Fe nanoparticles allow magnetic recovery of MPs because magnetic force acts on the particles

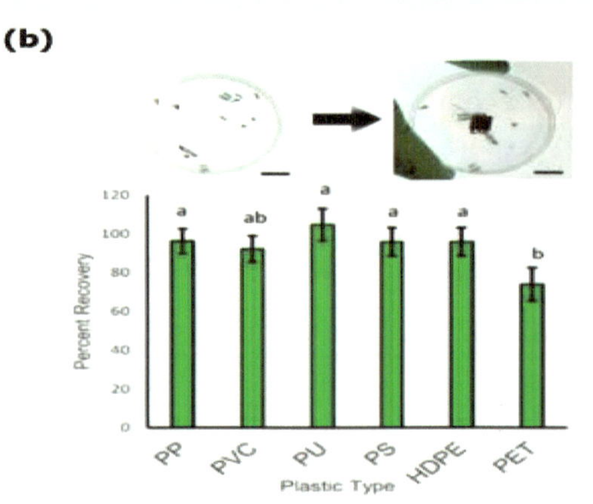

(b) results from the spike and recovery experiments with large MPs

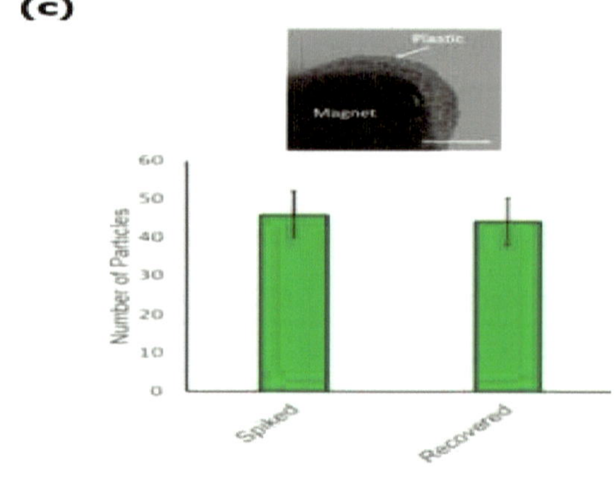

(c) spike and recovery of small (<20 μm) MPs in seawater (scale bar is 1 mm)

❏ Scopetani는 기존 비중선별 및 부유선별의 한계를 극복하기 위하여 올리브기름을 사용하여 토양이나 퇴비로부터 미세플라스틱을 사용하는 연구를 수행하였다. Fenton reaction으로 우선 유기물질 등을 제거하고, 남은 고형물질을 컬럼에 물과 올리브기름을 함께 넣어 교반 하였다. 표면이 친유성(소수성)을 띄고 있는 플라스틱은 올리브기름 내에 존재하게 되고, 올리브기름은 비중으로 인하여 물 위로 부유하여 미세플라스틱을 분리하였다. 본문에서는 6가지 종류의 비중이 서로 다른 플라스틱을 3개 군으로 구분하여 실험을 수행하였다(저비중; PE, PU, 중비중; PS, PC, 고비중; PVC, PET). 그 결과, 미세플라스틱의 회수율이 90% 이상이며, 플라스틱 간 비중은 회수율에 큰 영향을 미치지 않는 것을 확인하였다.

[그림 V-15] 미세플라스틱 선별 연구(8)

(a)

Oxidation
Soil/Compost
Olive oil
Water
Shaking
Freezing
Oil layer removal
Filtration
FTIR analysis

(a) Schematic diagram of olive oil-based method for microplastics (MPs) extraction and FTIR spectra of two poly-styrene MPs before and after oxidation and extraction procedure

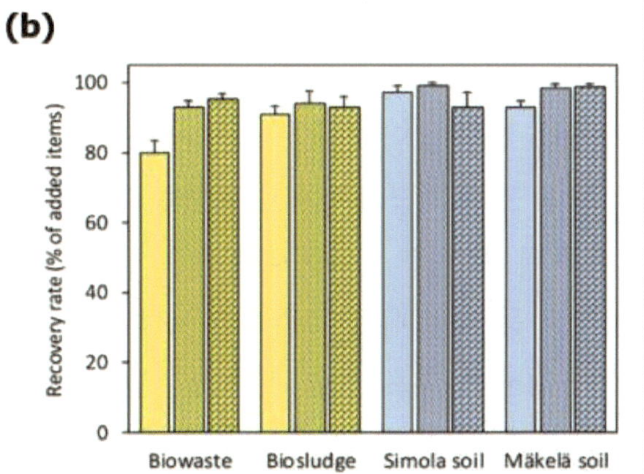

(b) MPs recovery rate for low density (plain), medium density (dotted) and high density (tiled) polymer groups in compost (yellow) and soil (blue) matrixes as averaged across the oxidation treatment

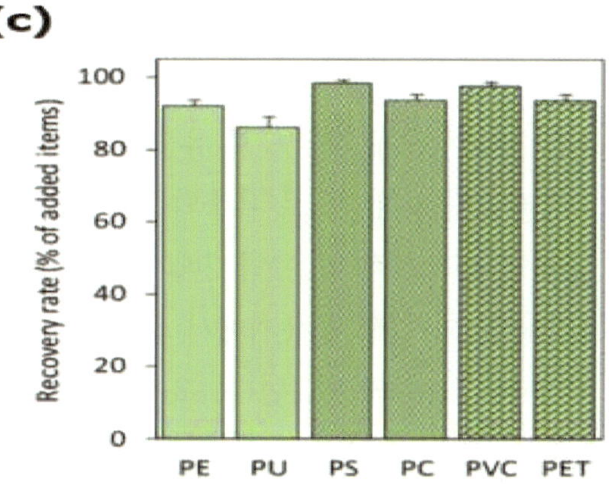

(c) MPs recovery rate for each polymer in low density (plain), medium density (dotted) and high density (tiled) polymer groups as averaged across all matrices and the oxidation treatment

자료 : 자원리싸이클링 제29권 제5호 [미세플라스틱 처리를 위한 연구동향], 2020.

❑ 또한 퇴비보다는 토양에서 미세플라스틱의 회수율이 5% 정도 높은 것을 확인하였다. 본 방법은 기존의 비중선별에서 사용하는 금속염이 필요 없으며, 중액에서 분리가 어려운 고비중 플라스틱인 PET, PVC도 높은 회수율로 분리 가능한 것을 확인하였다.

(4) 향후 미세플라스틱 선별 연구

❑ 이와 같이 전 세계에서 연구되고 있는 미세플라스틱의 선별 연구 동향을 확인하였다. 플라스틱이 가지고 있는 상대적으로 가벼운 밀도와 표면이 소수성인 특성을 주로 이용하는 선별 시스템과 및 이를 이용한 장비의 개발이 이루어지고 있는 것을 확인하였다. 각 선별 방법들은 미세플라스틱의 채취, 분석, 제거 시 필수 요소이기 때문에 지속적인 연구가 필요하며, 미세플라스틱의 종류 및 존재하는 환경에 따라 적절한 방법을 융합시켜 처리하는 공정을 개발한다면 경제성 또한 확보할 수 있을 것이라 판단된다.

3. 해양 환경의 미세플라스틱 오염실태와 수거기술 동향

1) 해양 환경 미세플라스틱 실태

(1) 플라스틱의 해양 유출

❑ 현대사회에서 플라스틱은 포장재, 건축자재, 음료용기 등 일상생활에서 흔히 사용되는 가장 중요한 산업재들 중 하나이다. 2018년 기준으로 전 세계 플라스틱 생산량은 3억 5,900만 톤에 이르렀고 이 중 중국이 약 25%를 생산하였으며 유럽은 6,200만 톤을 생산하였다. 미국에서는 생산량이 1960년 39만 톤에서 2018년에는 3,568만 톤으로 약 91.5배 증가하였다. 이 중 75.6%는 매립되었고 재사용한 비율은 약 8.7%에 불과하였다.

❑ 전 세계적으로 해양으로 유출되는 플라스틱의 양을 정확히 알기는 어려우나 연간 약 800만 톤의 플라스틱이 해양으로 유출되는 것으로 알려져 있다. 또한 지금의 추세로 판단할 때 2025년에는 해양의 플라스틱 양은 약 2배가 되어 2억 5,000만 톤에 이를 것으로 추정하고 있다. 해양의 플라스틱은 75~90%가 육지에서 유래하며 그물, 양식장 등 해양 유래 플라스틱은 상대적으로 적어 약 10~25%로 추정되었다. 육지-기원의 플라스틱 유출은 주로 강을 통해 일어난다. 최근의 연구에 따르면 전 세계에서 연간 115만 톤에서 241만 톤의 플라스틱이 강을 통해 유출된다.

❑ 주목할 만한 점은 전 세계에서 플라스틱 유출이 심각한 상위 20개 강 중 67%가 아시아 지역에 위치하고 있고 이 중 6개가 중국에 위치하고 있다. 또한 아시아 지역의 강을 통한 플라스틱 유출이 전 세계 강을 통한 플라스틱 유출의 약 86%를 차지하고 있다. 이러한 현상은 아시아 강 유역의 인구 밀도가 높고, 플라스틱 제품 생산이 많으며 강수량이 많아 강을 통한 유출이 용이하기 때문으로 분석된다. 따라서 플라스틱 오염으로 인한 피해를 줄이기 위해서는 육지에서 유래하는 플라스틱 배출을 획기적으로 줄이는 것이 무엇보다도 중요하다.

(2) 해양에서 미세플라스틱의 생성

❑ 미세플라스틱에는 세정, 화장품 등 산업용으로 사용하기 위해 생산되는 1차 미세플라스틱(primary microplastics)과 해양이나 지표면에서 보다 큰 크기의 플라스틱이 물리적 절단(physical breakdown), 광분해(photodegradation), 화학적 퇴적(chemical deposition), 생물학적 분해(biological degradation) 등을 통해 생성되는 2차 미세플라스틱(secondary micro-plastics)이 있다.

❑ 해양에서 물리적 절단에 의한 2차 미세플라스틱의 생성은 포말대(swash zone)에서 가장 활발하다. 포말대는 해안가에서 파도가 육지와 만나며 처오름과 처내림이 발생하는 영역으로 육상에서 배출된 플라스틱이 많이 관찰되고 파도에 따라 육지와의 충돌과 마찰이 발생하는 영역이다. 특히 해양에 가장 많이 노출되어 있는 polystyrene이 포말대에서와 같은 물리적 조건에서 쉽게 절단되어 미세플라스틱을 형성하는 것으로 밝혀졌다.

❑ 해양에서 2차 미세플라스틱의 생성은 생성원인이 중복될 때 촉진된다. 예를 들어, 물의 흐름에 따른 기계적 자극과 함께 자외선을 조사하면 거대 플라스틱의 절단에 따른 미세플라스틱의 생성이 2.3-3배 증가하는 것으로 보고되었다.

[그림 V-16] Indirect exposure of microplastics to human

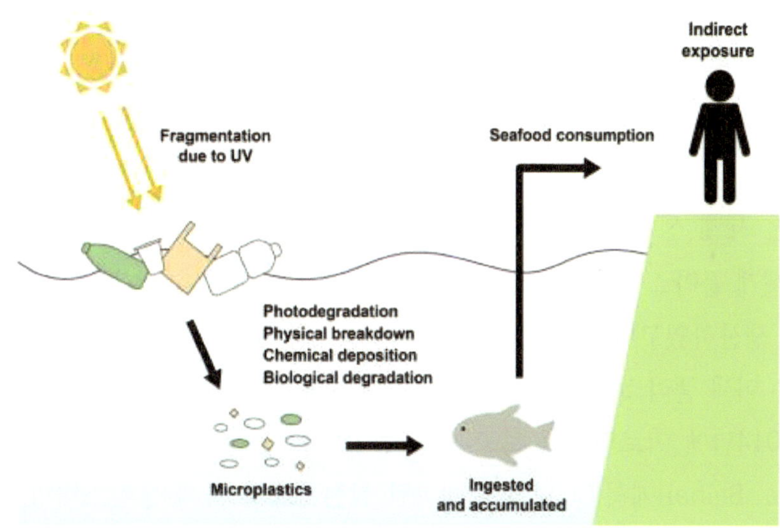

자료 : 생명과학회지 Vol.31 No.4 [Microplastics in the Marine Environment and Their Impacts on Human Health], 2021.

(3) 해양의 미세 플라스틱 오염 실태

❑ 해양의 미세 플라스틱 오염은 인간에 의해 사용 후 해양으로 유입된 1차 미세 플라스틱과 해양으로 유출된 큰 플라스틱의 물리적, 화학적 절단에 의해 생성되는 2차 미세 플라스틱의 합으로써 전 세계의 모든 바다에서 관찰된다.

❑ 먼저 프랑스, 벨기에 그리고 독일 북부 약 80 km 해안에서 2011년에 채취된 샘플에서 미세플라스틱(<1 mm)의 농도는 해수에서는 0.4±0.3 particles/L (range: 0.0-0.8 particles/L), 침

전물(sediment)에서는 6.0±5.7 particles/kg dry (range: 1.5-23.4 particles/L)를 기록하였다.

❑ 미국 샌프란시스코 만에서 채취된 해수에서는 평균 700,000 particles/㎢(range: 15,000-2,000,000 particles ㎢)의 미세플라스틱이 발견되었고 이러한 수치는 Great Lakes, Chesapeake Bay, Salish Sea 등 유사한 시기에 다른 북미 지역에서 보고된 미세플라스틱 농도보다 높다.

❑ 남미의 브라질 연안에서도 미세 플라스틱 오염이 심각하다. 2016년에 브라질 수도 리오데자네이로 Guanabara Bay에서 채취된 표층수의 미세플라스틱 농도는 1.40-21.3 particles/㎥를 기록하였다. 또한 미세 플라스틱의 종류를 분석한 결과 81.7%가 polyethylene이었고 16.20%는 polypropylene로 나타났다. Polyethylene과 polypropylene은 각각 전 세계 플라스틱 생산의 38%와 24%를 차지한다.

❑ 비교적 청정 해안으로 생각되는 호주 연안에서도 미세 플라스틱 농도가 측정된 바 있다. 2013년에 보고된 논문에서 호주 연안의 표층에는 4,256.4 particles/㎢의 플라스틱이 관찰되었으며 이 중 약 98.5%는 polyethylene, polypropylene이었다. 그러나 해당 연구 보고에서 분석된 플라스틱이 주로 미세 플라스틱으로 제시 되었으나 정확한 비중은 제시되지 않았다.

❑ 최근 남아프리카 공화국에서 진행된 연구에서도 연안 150 km에서 채취한 샘플에서 미세플라스틱의 농도는 평균 139 particles/㎥(range: 114-164 particles/㎥)를 기록하였다. 이러한 보고는 해양 미세플라스틱 오염이 주로 북미, 유럽, 아시아에서 보고되었으나 아프리카 대륙의 해안도 이미 미세 플라스틱 오염이 심각한 수준에 이르렀음을 의미한다.

❑ 2017년 통계를 기준으로 전 세계 플라스틱 생산량은 약 3억 4,800만 톤에 이르렀으며 이 중 아시아가 전체의 약 50.1%, 유럽이 18.5% 그리고 NAFTA에서 17.7%를 생산하였다. 아시아권에서는 중국이 전 세계 생산량의 약 29.4%를 생산하였고 일본이 3.9%로 그 뒤를 이었다.

❑ 중국은 전 세계 플라스틱의 주요 생산국이면서 주요 소비국이다. 2012년을 기준으로 중국은 약 4,800만 톤을 생산하였고 플라스틱 소비는 거의 6,600만 톤에 이르렀다. 따라서 중국의 해변 및 연안에도 많은 미세 플라스틱이 축적되어 있을 것으로 추측되는데 중국 연안에서의 미세 플라스틱 오염도는 2014년에 이르러서야 보고가 시작되었다. 중국의 5개 해변(Shapawan, Haikou, Wanning, Sanya, Beihai)에서 2014년에 채취된 침전물에서 미세 플라스틱의 농도를 측정한 결과 침전물 50 g 당 최소 251개에서 최대 436개의 미세 플라스틱이 검출되었다. 2018년도에는 보하이 해(Bohai Sea) 등 중국 연안의 72개 지점에서 침전물을 채취하여 분석한 결과가 보고되었다. 그 결과 보하이 해, 북부 황해 그리고 남부 황해에서 평균 미세 플라스틱의 양은 각각 171.8, 123.6 그리고 72.0 items/kg dry가 발견되었다. 타입별로 보면 전체의 93.88%가 섬유질이었고 약 71.06%는 지금 1 mm 미만의 입자였다.

(4) 우리나라 연안의 미세 플라스틱 오염 실태

❑ 우리나라도 최근 들어 해양 미세 플라스틱에 관한 관심이 증가하고 있다. 특히 전 세계에서

미세 플라스틱 배출 상위 20개 강(river) 중 6개가 중국의 강으로 조사된 바에서 알 수 있듯이 해양 미세 플라스틱 오염도가 낮지 않을 것으로 보고 있다. 2015-2016년에 각각 남부 해안과 서부 해안에서 조사된 결과에 따르면 남부 해안은 1.12-1.64 particles/㎥, 서부 해안은 1.70-2.79 particles/㎥를 기록하였다.

❑ 미세 플라스틱의 크기는 주로 0.33-0.5 mm로 나타났다. Chae 등은 인천 연안에서 미세 플라스틱의 농도를 측정하여 발표하였다. 이 연구에서 표면해수층(표층 1 mm)은 평균값 148,209 item/㎥와 53,706-294,937 item/㎥의 범위값을 얻었다. 또한 해수층에서 hand net을 이용하여 채취한 결과 평균값 1,600 item/㎥와 10-4,227 item/㎥의 범위값을 얻었다.

❑ 또한 같은 해에 Song 등은 거제 동부 연안에서 조사한 결과 총 미세플라스틱 농도가 표면 해수층은 210,722 item/㎥, 해수층은 1,339 item/㎥의 결과값을 얻었다. 이러한 결과로 볼 때 우리 나라도 1회용품 사용과 플라스틱 배출을 줄이고 재활용을 늘이는 등 많은 노력을 하고 있으나 이미 우리나라 연안의 미세 플라스틱 오염은 광범위하게 진행되었음을 알 수 있다.

(5) 해양 생물 체내의 미세 플라스틱 노출 및 축적

❑ 미세 플라스틱은 이미 해양에 광범위하게 분포하며 다양한 생명체에 영향을 주고 있다. 특히 해양에서 생존하는 생선, 조개류, 갑각류, 연체동물 등 해산물들은 인간이 음식으로 사용하고 있는 주요 식자재로 이들 해양 생명자원에 노출된 미세 플라스틱은 인간에게 간접적으로 전이될 수 있다.

❑ 미세 플라스틱이 건강에 미치는 영향은 크게 플라스틱의 주성분인 폴리머에 의한 영향, 플라스틱 제품을 생산할 때 첨가되는 첨가제(additives)에 의한 영향, 그리고 미세 플라스틱이 환경에 노출된 이후 흡착되는 화학적 오염물(chemical contaminants)에 의한 영향으로 구분할 수 있다.

❑ 따라서 해양 미세 플라스틱은 인간의 건강에 일차적인 위해 요인일 뿐 만 아니라 첨가제나 오염물에 의한 위해 경로를 제공할 수도 있어 과학계를 중심으로 많은 우려가 제기되고 있다. 이에 따라 최근 수산물의 미세플라스틱 오염 현황에 대한 연구가 매우 활발하다. 특히 전 세계적으로 소비가 많은 갑각류, 조개, 담치 등에 대한 현황 연구가 주를 이루고 있다.

❑ 먼저 갑각류를 대상으로 진행된 연구를 살펴보면 Fan 등은 베링해의 대게에서 평균 0.14±0.08 particles/g의 미세플라스틱이 발견되었다. 노르웨이의 새우(Crangon allmanni)는 미세플라스틱의 농도는 제시되지 않았으나 평균 65%의 개체에서 미세플라스틱이 발견되었다. 반면 중국의 황해, 방글라데시 연안은 비교적 높은 미세 플라스틱 농도를 보였다. 예를 들어, 방글라데시 연안의 새우(Metapenaeus Monoceros)에서는 3.87±1.05 particles/g의 미세 플라스틱이 발견되었고, 중국 황해 산 새우(Crangon affinis)에서는 무려 8.6±2.6 particles/g의 미세 플라스틱이 검출되었다.

❑ 조개류에서는 중국 연안의 호두조개(Acila mirabilis)에서 평균 6.9 particles/g의 미세 플라스틱이 발견되었고, 2014년에 중국 상해 수산시장에서 구입한 9 종의 조개류에서는 미세 플라

스틱 농도가 2.1-10.5 items/g의 범위로 발견되었다. 반면 미국 오레곤 주변 15개 해안에서 채집한 굴(Crassostrea gigas)과 조개(Siliqua patula)에서는 각각 0.35±0.04 pieces/g, 0.16±0.02 pieces/g의 미세 플라스틱이 발견되어 중국 연안과는 큰 차이를 나타냈다.

❑ 프랑스 Pays de la Loire 마켓에서 구입 또는 2015년에 프랑스 서부 지역에서 채취한 담치(Mytilus edulis)에서는 미세 플라스틱을 분석한 결과 0.23±0.09 particles/g의 농도를 보였다. 또한 2015년 유럽의 Channel coast에서 채취된 담치에서는 46%가 미세 플라스틱을 함유하고 있었으며 농도는 0.15±0.06에서 0.25±0.16 particles/g을 기록하여 Phuong 등의 연구 결과와 유사한 수치를 나타냈다.

❑ 우리나라에서 주로 소비되는 조개류 중 굴(Crassostrea gigas), 담치(Mytilus edulis), 바지락(Tapes philippinarum), 그리고 가리비(Patinopecten yessoensis)에서의 미세 플라스틱 함유 조사 결과가 최근에 보고되었다.

❑ 서울, 부산 그리고 광주의 주요 어시장에서 구입하여 분석한 결과 바지락이 0.34 ±0.31 particles/g (0.03-1.08 particles/g)으로 가장 높았고 그 다음으로 담치(0.12±0.11 particles/g, 0-0.35 particles/g), 가리비(0.08±0.08 particles/g, 0.01-0.17 particles/g), 굴(0.07±0.06 particles/g, 0-0.19 particles/g)의 순이었다. 발견된 플라스틱은 총 14 종류로 polyethylene, polystyrene, polyester가 80% 이상을 차지하였다. 우리나라 국민은 1인 당 평균적으로 바지락, 담치, 가리비, 굴을 일 평균 약 3.01 g을 섭취하는 것으로 알려져 있다. 이렇게 볼 때 우리나라 국민은 연간 이들 4개 조개류를 통해 약 212개의 미세 플라스틱을 섭취하는 것으로 추정된다.

[도표 V-11] Summary of published studies providing data on microplastic contamination in seafood samples collected from market in Korea

Sample phylum/class	Sample species	Sampling location	Mean MP	Range	Composition
Oyster	Crassostrea gigas	Fishery market	0.07±0.06 n/g	0-0.19 n/g	Polyethylene 24%
Mussel	Myilus edulis	Fishery market	0.12±0.11 n/g	0-0.35 n/g	Polypropylene 23%
		Fishery market	0.34±0.31 n/g	0.03-1.08 n/g	Polystyrene 22%
		Fishery market	0.08±0.08 n/g	0.01-0.17 n/g	
Clam	Meretrix lusoria	Fishery market	0.08 n/g		
Blood arkshell	Scapharca broughtonii	Fishery market	0.05 n/g		
Warty sea squirt	Wryela clava	Fishery market	0.12 n/g		

자료 : 생명과학회지 Vol.31 No.4 [Microplastics in the Marine Environment and Their Impacts on Human Health], 2021.

❑ 또 다른 연구로 2019년 부산 지역의 시장에서 구입한 대합(Meretrix lusoria), 피조개(Scapharca broughtonii), 미더덕(Styela clava)의 미세 플라스틱 농도를 분석한 결과 모든 생물종에서 미세 플라스틱이 검출되었다. 이를 농도별로 보면 대합은 0.08 particles/g, 피조개 0.05 particles/g, 미더덕은 0.12 particles/g을 기록하였다. 다만 검출된 플라스틱은 100 μm 범위까지 분석하였고, 크기가 100-300 μm가 43%, 1,000-3,000 μm 37%, 1-5 mm 16% 순으로 나타났으며 100 μm 이하의 미세플라스틱에 대한 오염도 있을 것으로 판단된다.

2) 미세플라스틱 수거 장비 기술개발 현황 및 전망

❑ 현재 국내외적으로 개발되고 있는 해양플라스틱 쓰레기 저감을 위한 기술은 크게 '플라스틱 쓰레기의 해양 유입차단 기술', '해양플라스틱 쓰레기의 수거 및 처리 기술'로 구분할 수 있다.

[그림 V-17] 우리나라 해변 미세플라스틱 분포 사례

자료 : 대한조선학회지 Volume 59 [해안가 미세플라스틱 수거 기술개발 소개], 2022.

❑ **플라스틱 쓰레기의 해양 유입차단 기술**은 육상 또는 해상에서 발생한 플라스틱 쓰레기가 해양으로 유입되지 않도록 차단하는 기술을 의미한다. **The Great Bubble Barrier 社(네덜란드)**는 강에서 바다로 유입되는 쓰레기 차단을 위해 강바닥에 공기 방울을 뿜어내는 파이프를 설치하여 쓰레기가 통과하지 못하도록 하고, 쓰레기를 강변으로 이동하도록 유도하는 기술을 개발하였다. **The Ocean Cleanup 社(네덜란드)**는 강을 통해 바다로 유입되는 플라스틱 쓰레기를 강에서 처리하기 위한 무인 바지선 Interceptor를 개발하였다.

❑ **해양플라스틱 쓰레기의 수거 및 처리 기술**은 해변, 해수, 해저 등 해양환경 중에 현존하는 플라스틱 쓰레기를 수거하고 처리하는 기술을 의미한다. 해수면 부유하는 해양플라스틱 쓰레기 수거를 위해 **Technika Engineering 社(캐나다)**는 항구, 터미널, 수력발전소 등의 수면에서 플라스틱 및 기타 해양쓰레기를 수거할 수 있는 이동형 수거장비 DeltaSea를 개발하였다. **4ocean 社(미국)**는 해안을 따라 자동으로 이동하며 플라스틱 등 1cm 이상 크기의 해안가 쓰레기를 수거하는 청소로봇 BeBot을 개발하였다. 현재까지 다양한 해양 플라스틱 쓰레기 수거기술 및 장비의 개발이 이루어졌으나 해양 미세플라스틱을 직접 수거하는 기술개발은 상대적으로 더디게 이루어

지고 있는 실정이다. 최근 Hoola One Technologies 社(캐나다)는 세계 최초로 해변 미세플라스틱수거 장치를 개발하였다. 해당 장치는 진공청소기로 해변의 미세플라스틱을 포함하는 모래를 흡입하여 물탱크로 보내고, 물탱크에서 미세플라스틱을 부유시켜 분류하는 기술을 적용하였다. 이 장비는 미세플라스틱 분류를 위해 물을 지속적으로 공급해야 하는 단점이 있어 넓은 해변에서의 미세플라스틱 수거에 한계를 가지고 있다.

[그림 V-18] 해양플라스틱 쓰레기 유입차단 기술 예

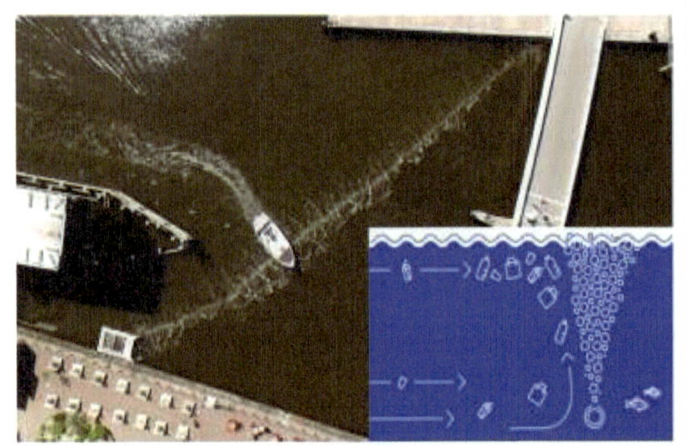

공기방울 유도 시스템

Intercepter

[그림 V-19] 해양플라스틱 쓰레기 수거 기술 예

DeltaSea

BeBot

[그림 V-20] 해변 미세플라스틱 수거장비 예 : 물탱크 내 미세플라스틱 부유 분리 기술

❑ 기존 미세플라스틱 직접 수거 장비의 운용 한계성을 극복하기 위한 기술개발이 2020년부터 해양수산부 지원으로 수행되고 있다. 해당 연구개발에서는 해변 모래에 함유된 미세플라스틱을 건식으로 직접 수거하기 위해 정전기(Static electricity)와 회오리 바람(Cyclone)을 이용하는 기술을 개발하고 있다. 또한 해변의 미세플라스틱을 자동으로 수거할 수 있는 '자가 이동형 미세플라스틱 수거 장비'와 개인이 휴대할 수 있을 정도로 작고 가벼운 '휴대형 미세플라스틱 수거 장비'를 동시에 개발하고 있다.

❑ **자가 이동형 미세플라스틱 수거 장비**는 해수욕장 등과 같이 국민이 직접 사용하는 해수욕장의 모래에 함유된 미세플라스틱을 자동으로 청소해 주는 장비로 정전기를 이용한 미세플라스틱 분류 기술이 적용되었다. 우리나라 해변에 존재하는 미세플라스틱의 90% 이상이 밀도가 낮은 발포 폴리스타이렌(EPS: Expended Polystyrene) 즉 발포 스티로폼으로 정전기력을 이용한 분류가 가능하다. 현재 장비의 설계 및 테스트베드를 활용한 미세플라스틱 분류 성능 검증이 완료되었다. **이동형 미세플라스틱 수거 장비** 기술개발이 완료되면 피서객이 사용하지 않는 야간 시간에 스스로 해변 및 해수욕장을 청소하는 미세플라스틱 수거 장비를 볼 수 있을 것이며, 해양에서 해변으로 유입되는 미세플라스틱을 찾아보기 어려운 깨끗한 해변을 볼 수 있을 것이다.

[그림 V-21] 자가 이동형 미세플라스틱 수거 장비 설계 및 정전기 활용 미세플라스틱 분류 시험

자료 : 대한조선학회지 Volume 59 [해안가 미세플라스틱 수거 기술개발 소개], 2022.

❑ 휴대형 미세플라스틱 수거장비는 사람의 접근은 가능하나 대형 장비의 접근이 어려운 지역에 해양플라스틱 쓰레기 수거 작업자가 휴대하고 들어가 미세플라스틱을 수거할 수 있는 휴대형 장비로 개발되고 있다. 휴대형 장비의 경우 일반 산업계에서 비산하는 먼지 최소화를 위해 사용하는 사이클론 집진기의 원리를 이용하여 무거운 모래와 가벼운 미세플라스틱을 서로 다른 배출구로 유도하여 분리하는 기술을 적용하고 있다. 분류된 미세플라스틱은 장비 내로 흡입되어 저장되고, 모래는 다시 해변으로 배출되는 구조로 되어 있어 장비의 크기 및 중량을 획기적으로 줄일

수 있다. 본 휴대형 미세플라스틱 수거 장비 기술개발이 완료되면 대형장비로 직접 수거가 어려운 해변 모래 함유 미세플라스틱의 손쉬운 수거가 가능할 것으로 생각된다.

[그림 V-22] 휴대형 미세플라스틱 수거 장비 설계 및 사이클론 활용 미세플라스틱 분류 시험

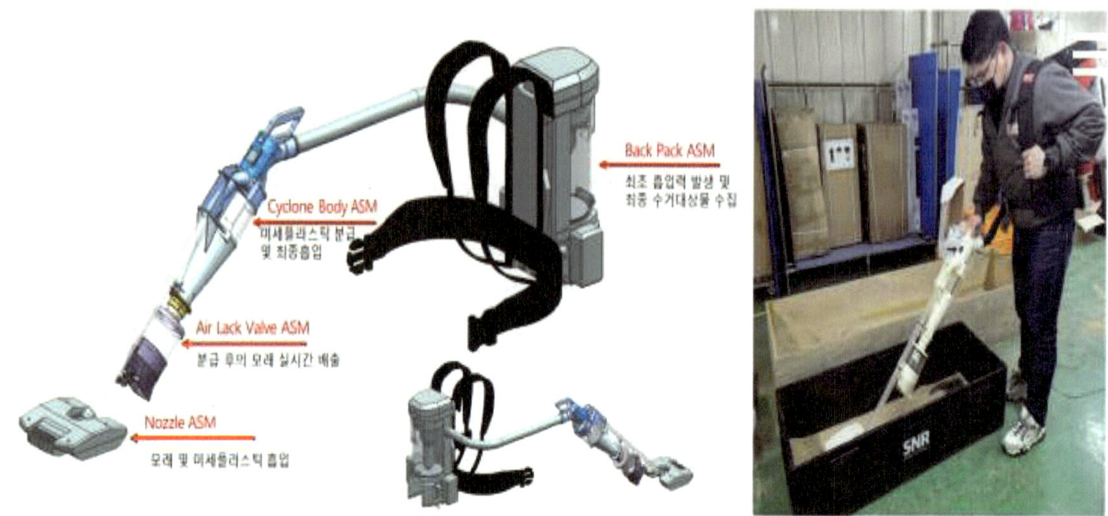

자료 : 대한조선학회지 Volume 59 [해안가 미세플라스틱 수거 기술개발 소개], 2022.

❑ 해양 생태계뿐만 아니라 인간의 건강까지도 위협하고 있는 미세플라스틱 문제는 이미 우리 주변에서 체감할 수 있는 환경 문제이다. 여름철 어린아이가 바닷가 해변 모래사장에서 놀고 있을 때 그 부모는 아이 주변에서 미세플라스틱을 손으로 줍고 있는 모습이 일상이 될 수도 있다. 이러한 배경에서 미세플라스틱 수거 기술개발은 더는 미룰 수 없는 중요한 문제이다.

❑ 그러나 수거 장비의 개발과 사용에 앞서 무분별한 플라스틱 사용과 무책임한 플라스틱 쓰레기 투기를 줄이는 것이 더욱 중요하다 할 수 있다. 아울러 안전하고 깨끗한 해양 먹거리를 위해 우리나라 연안 양식에서 사용되고 있는 부이 및 부표의 재료로서 발포 스티로폼 사용을 줄이는 것이 필요하다고 생각된다.

4. 1차/2차 미세플라스틱 저감 및 관리방안

1) 1차 미세플라스틱의 대체물질과 기술 개발 현황

❑ 2차 미세플라스틱과 달리 1차 미세플라스틱은 환경 중에 배출되면 회수나 제거가 어렵기 때문에 배출 이전에 그 사용량을 줄이는 측면에서 대안을 검토할 필요가 있다. 그러나 1차 미세플라스틱이 사용되는 제품군의 범위가 폭넓기 때문에 그 사용을 전면적으로 금지하는 것은 불가능하다. 1차 미세플라스틱의 기능을 대체하는 물질이나 유사한 품질 수준의 제품 개발 기술이 필요한 이유이다.

❑ 정책 입안자나 기술 개발을 준비하는 연구자들이 신뢰할 수 있는 기술 정보를 제공할 수 있는 기술 동향 조사가 필요하다. 안타깝게도 아직까지 1차 미세플라스틱을 대체하는 기술에 초점을 맞춘 보고 내용은 드물며, 특정 제품군에 대한 대체물질 적용 사례나 극히 일부의 기술 개발

사례 정보가 드물게 있을 뿐이다. 그러므로 2020년부터 2021년까지 조사·수집된 사례조사 결과를 리뷰함으로써 미세플라스틱을 대체할 수 있는 물질이나 기술 개발 현황을 파악하고 그에 맞는 정책 방향에 참고하려는 데 그 목적이 있다.

[도표 V-12] 1차 미세플라스틱의 주요 발생원

발생원	상세 제품군
화장품: 미용용품, 개인위생·관리제품 포함 (personal care and cosmetic products)	마이크로비즈를 포함하는 헹굼형 제품(rinse-off containing microbeads: exfoliators/cleansers)
	나머지 헹굼형 제품(other rinse-off)
	잔류형 제품(leave-on)
세정제 및 유지관리제 (detergents & maintenance product)	마이크로비즈를 포함하는 세제류 (microbeads contained in detergents)
	향기캡슐(fragrance encapsulation)
	기타 미세플라스틱을 포함하는 세제류 (other microplastics contained in detergents)
	왁스, 광택제 및 에어 케어 제품 (waxes, polishes and air care products)
농업 및 원예 (agricultural & horticulture)	방출 제어 비료(controlled release fertilizers)
	비료 첨가제(fertilizer additives)
	(코팅) 처리된 씨앗(treated seeds)
	식물보호제 및 살충제 등 캡슐 서스펜션 (capsule suspension PPPs and biocides)
도료·페인트·잉크류 및 기타 코팅제 (paints, inks & other coatings)	일반소비자용(consumer uses)
	전문가용(professional uses)
의료기기 및 의약품	인비트로 진단기기(in vitro diagnostic devices)
	의료기기(MD: medical devices)
	의약제품(medicinal product)
인조잔디 충전재(infill material for synthetic sports surfaces)	
석유 및 가스(oil & gas)	
건설 자재 및 건축 용품(construction products)	

자료 : 한국환경연구원 [미세플라스틱의 건강 피해 저감 연구(Ⅲ)], 2021. 12

(1) 대체기술 적용 주요 사례

가. 화장품류(미용제품 및 개인위생·관리용품 포함)

❑ Cosmetics Europe에 따르면 각질 제거 기능을 위해 성분은 각질을 기계적으로 제거하는 고체 연마 입자를 사용하거나 화학적으로 각질 제거를 강화하는 하이드록시산을 이용하는 것으로, 마이크로비즈가 광범위하게 사용되는 1차 미세플라스틱이다(ECHA, 2020b, p.191). 미세플라스틱으로 인한 환경문제가 대두되면서 가장 먼저 대체물질 적용을 고려한 제품군이 화장품이며, 연마 기능을 가진 헹굼형 화장품류에서 천연 식물 또는 광물 기원 물질을 대체 이용하려는 노력이 이어지고 있다.

□ **클렌징이나 각질 제거 기능**을 하는 마이크로비즈의 대체물질로는 실리카(silica), 셀룰로오스(cellulose), 옥수수 또는 오트밀(corn or oatmeal), 양귀비 씨앗(poppy seeds), 아몬드 또는 호두, 피칸 껍질(almond or walnut or pecan shells), 설탕(cyclodextrins), 푸미스(pumice), 코코아 콩(cocoa beans), 해염(sea salt), 구연산(citric acid), 살구 알맹이(apricot kernel), 아르간 핏 껍질(argan pit shell), 나무껍질 가루(wood dust), 호호바 비즈 및 왁스(jojoba beads or waxes), 수소화된 식물성 기름(hydrogenated vegetable oil), 비왁스(beewax), 쌀겨 왁스(rice bran wax), 캐스터 오일(castor oil), 마이카(mica) 등이 언급되고 있다(ECHA, 2020b, p.191).

□ ECHA는 **마이크로비즈**에 한정해서 볼 때, 식물성 또는 광물성 기반의 천연 성분으로 전환될 것으로 예상한다. 그리고 화장품 산업은 경쟁이 치열하고 최종 제품의 가격은 브랜드 이미지를 중심으로 다양한 요인에 따라 달라지므로, 천연제품을 사용한 각질 제거 또는 클렌징 기능이 있는 동일한 품질의 화장품이 유사한 가격으로 판매될 수 있을 것으로 예상하고 있다(ECHA, 2020b, p.192).

□ **마이크로비즈 외 기타 기능**을 위해 사용되는 1차 미세플라스틱을 대체할 수 있는 물질로는 전분(starch), 크산탄(xanthan) 또는 구아 검(guar gum), 카라기난(carrageenan), 알기네이트(alginates), 다당류(polysaccharides), 펙틴(pectin), 젤라틴(gelatin), 한천(agar) 및 셀룰로오스(cellulose) 유도체 등이 사용될 수 있다(ECHA, 2020b, p.194). 이러한 천연 성분의 가격은 미세플라스틱보다 비싼 편이다(ECHA, 2020b, p.194).

□ **잔류형 화장품**의 경우 과거에는 천연물질을 사용한 바 있으나 미세플라스틱 사용 이후 품질과 기능의 다양성 측면에서 큰 차이가 있어 대체물질 사용이 비교적 제한적이다. 이에 ECHA(2020a)는 잔류형 화장품 내 미세플라스틱 사용 제한에 유예기간을 적용할 방침이다.

□ 이상과 같이 화장품류의 경우 전통적으로 사용되어 오던 식물성 천연물질과 광물성 물질 등으로 대체 이용이 활발하게 이뤄지고 있으며, 마이크로비즈의 경우 대부분의 대체물질이 기존 기능과 품질을 유지할 수 있어 규제 시행에 따른 무리가 없는 제품군으로 평가된다. 마이크로비즈 외 기타 기능을 위한 미세플라스틱의 경우 품질과 비용에 차이가 있어 시장 반응을 고려한 규제 설계가 필요해 보인다.

나. 세정제 및 유지관리제

□ 세정제 및 유지관리제는 주로 표면층에 기능을 하는 마이크로비즈와 같은 연마제 기능을 내기 위해 1차 미세플라스틱이 주로 사용된다. 섬유유연제나 일반 세제의 발향을 목적으로 사용되는 향기캡슐도 주요 1차 미세플라스틱이다. 2020년 조사를 통하여 화장품류와 함께 세정제 및 유지관리제는 주로 미세플라스틱 프리 제품(미함유 제품)으로 출시하거나 천연 소재의 재료를 대체물질로 사용하는 것이 확인되었다.

□ **섬유유연제** 등에 사용되는 향기캡슐은 세탁 후 섬유에 붙은 10㎛ 크기의 캡슐이 터지면서 향료를 배출하는 방식으로 기능을 발휘한다. ECHA(2019a, p.197)에 의하면 펙틴과 셀룰로오스

를 향기캡슐의 주요 대안으로 검토 중이지만 분자량이 높아 캡슐 기능 발현에 제약이 있고, 점토 및 실리카의 경우 향기 제어 능력이 현격히 떨어지는 단점이 있어 현재까지 해당 대체물질이나 기술을 개발하는 데 어려움이 있다.

❑ 우리나라 환경부에서는 세정제 중 향기캡슐에 대한 1차 미세플라스틱 사용 규제는 대체물질과 기술 개발이 확보된 이후 규제할 방침임을 발표한 바 있다. 2차 연도 조사결과 향기캡슐은 천연의 에센셜 오일을 대체하여 사용하거나, 발향 물질의 함유량을 높여 향의 잔존력을 높이는 방식으로 1차 미세플라스틱의 기능을 대체한 것으로 조사되었다(박정규 외, 2020, pp.92-93).

❑ 2021년 추가 조사도 이와 큰 차이가 없으며, 주로 천연물질로 대체하여 사용하는 사례가 확인되었다. 특히 BioPowder사는 천연 올리브 분말, 자두/복숭아/살구/아르간/호두 등의 종자 분말이나 아몬드/피스타치오 껍질, 아보카도 추출 분말 등을 사용하여 다양한 제품군(인조잔디 충전재, 개인위생용품 및 화장품, 산업용 연마재, 가정용 및 세제 첨가제 등)에서 1차 미세플라스틱을 대신한 천연 분말을 사용하는 기업으로 확인된다.

❑ 이 회사에서 생산하는 **세제 및 유지관리제** 대표 제품은 표면 재료의 질감과 청결도를 유지하고 숏블라스팅(shot blasting), 디플래싱(de-flashing) 또는 평활화(smoothing)와 같은 다양한 마무리 공정에 필요한 다양한 입자 크기와 모양의 연마재를 올리브 분말을 이용하여 개발한 것으로 100~315㎛, 300~600㎛, 600~800㎛, 0.8~1.3㎜, 1.3~1.7㎜, 1.7~2.0㎜, 2.0~4.0㎜ 등 다양한 크기의 분말이 판매되고 있다. 또 다른 제품군으로 가정용 및 청소 세제 등의 첨가제로 과일 석재 분말을 이용하여 표면 세정제와 산업용 연마재 등을 개발하고 있는 사례도 확인된다. 왁스 및 폴리쉬 등 하위 제품군에서는 아직 대체기술을 적용한 사례가 확인되지 않다.

❑ 이처럼 세제 및 유지관리제에서 사용되는 미세플라스틱은 세정제를 중심으로 천연제품으로 대체하여 사용하는 것이 주류인 것으로 파악되며, 아직까지는 왁스 및 폴리시 등의 유지관리제에서의 대체물질이나 기술 개발은 더딘 상황으로 파악된다.

다. 농업 및 원예 용품

❑ 농업 및 원예 부문에서는 방출 제어 기능, 종자 보호 등을 위하여 코팅을 하거나 미세캡슐을 형성하는 데 1차 미세플라스틱을 사용한다. ECHA(2020b, p.161)에 따르면, 방출 제어 기능을 위해 쌀겨 등을 기반으로 한 천연 왁스를 사용한 사례가 확인되지만 상용화 가능한 수준의 방출 제어 기능을 확보한 기술 사례는 아직 없는 것으로 확인된다. 농업 부문에서는 쌀겨 외에도 셀룰로오스, 키토산, 사이클로 덱스트린 같은 물질이 미세캡슐의 대체물질로 사용 가능성이 고려되고 있으며, 알부민(albumin), 아미노레진(amino Resins), 알기네이트(alginate), 전분(starch) 등이 코팅재로 대체 가능한 천연물질로 고려된다(ECHA, 2020b, p.161).

❑ 농업 부문에서 대체 재료와 기술 개발에 가장 어려움을 겪는 부문은 **미세캡슐**로 알려져 있다. 유럽 비료협회 등에서 대체물질 개발을 위한 R&D를 5년 과제로 시행 중이며, 이것을 시장으로

진입시키는 데까지는 추가로 2년 이상의 시간이 소요될 것으로 보고된다(ECHA, 2020b, p.162).

❑ 업계에서는 1차 미세플라스틱을 대체할 물질 개발에 실패할 경우 기존의 비료 사용으로 되돌리는 것을 하나의 대안으로 논의하고 있지만, 이로 인한 추가적인 환경오염과 비용 발생 등의 문제가 우려되고 있다. 1차 미세플라스틱을 사용한 비료는 토양 내 18개월 이상 안정적으로 기능 활성을 보여 적은 양의 비료로도 품질 관리가 가능했지만, 미세플라스틱 프리 제품을 사용(기존으로 회귀)할 경우 비료 사용량과 그에 따른 운영비용 등이 높아질 것이라는 이유에서이다.

❑ 이처럼 ECHA(2020b) 보고서를 기반으로 확인한 농업 부문 대체물질 및 기술 개발 수준은 화장품에서는 실용 사례가 있는 것으로 알려진 천연물질로 대체하려는 시도가 있다. 구글 등 웹 서칭을 통해 조사한 바에 따르면, 천연물질을 대체 사용하여 방출 제어 코팅재를 개발한 사례가 확인되어, 미세캡슐 및 방출 제어 코팅재 대체기술 개발도 조금씩 그 성과를 보이는 것으로 판단된다.

A) EdenResearch의 Sustaine® 미세캡슐 기술

❑ 이 기술은 효모 추출물에서 추출한 플라스틱이 없는 삼투압 원리를 적용한 사례이다. EdenResearch의 홈페이지에서 소개하는 Sustaine® 기술의 기본 스펙을 간단히 정리하면 다음 그림과 같이 정리할 수 있다.

[그림 V-23] Eden의 Sustaine® 기술에 의한 방출 제어 코팅제 개발 사례 및 기술 개요

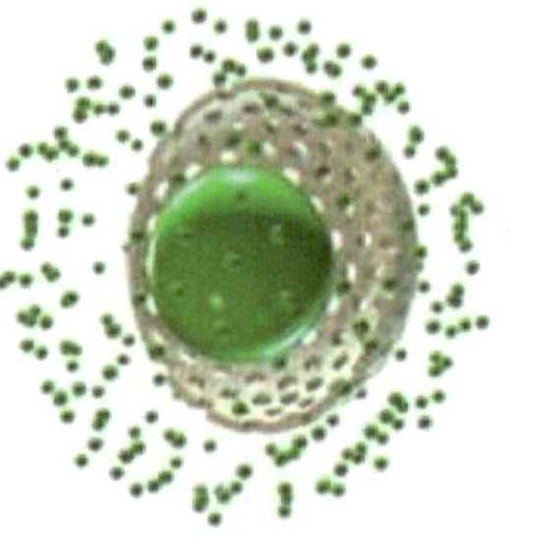

자료 : 한국환경연구원 [미세플라스틱의 건강 피해 저감 연구(Ⅲ)], 2021. 12

❑ 천연물질을 기반으로 만들어진 Sustaine® 코팅재는 외부가 건조할 때, 바깥 껍질은 탄수화물 유리를 형성하여 캡슐 내 활성 성분들을 고정하는 역할을 하게 된다. 건조한 상태에서 수분에 노출되어 표면부가 수화되면 모공이 열리며, 이로 인해 입자가 활성화되면서 외부가 건조해질 때까지 일정 기간 활성 입자를 방출하게 된다. 캡슐이 삼투압을 경험하고 탈수되어 외부가 건조해지면 다시 바깥 껍질의 모공이 닫히면서 방출을 멈추는 원리이다.

❑ ECHA(2020b)는 천연물질 기반의 방출 제어 기능을 구현하는 미세캡슐의 경우 기능이 현저히 떨어져 제품으로 상용화하기 어렵다고 보았다. 그러나 Sustaine® 기술은 농화학제품에 적용되어 현재 여러 작물에 적용·판매 중이다. 그 대표 제품군이 농업용 살균제(식물보호제)인 Mevalone과 Cedroz이다.

B) 기술 적용 사례 : Mevalone

❑ Mevalone은 포도에서 발생하는 곰팡이균 Botrytis cinerea 치료 솔루션이다. 활성 재료는 세포막을 파괴하는 Geraniol, Eugenol, Thymol와 같은 테르펜이다. 기본적인 메커니즘은 활성 성분이 식물의 잎에 접촉하여 잔류하고 있다가 조건에 따라 식물살균제를 활성화시키는 방출 제어 캡슐을 적용하는 방식이다. 즉, Mevalone이 잎 표면에 남아 Sustaine® 기술 원리로 껍질층 구멍의 개폐를 조정하면, 활성 성분의 잔여량으로 여러 번의 항진균 작용이 가능하도록 하는 방식이다. 다음과 같이 효능 시험에서 기존 화학물질 적용 그룹과 비교할 때 뒤지지 않는 항진균 효능이 작용하는 것으로 확인되었다. 포도 작물을 대상으로 한 이 제품은 최근에는 딸기, 키위, 석류, 멜론, 토마토, 가지, 고추, 올리브 등의 원예 작물에도 사용하도록 승인을 받았다.

[그림 V-24] Sustaine® 기술이 적용된 식물보호제 Mevalone

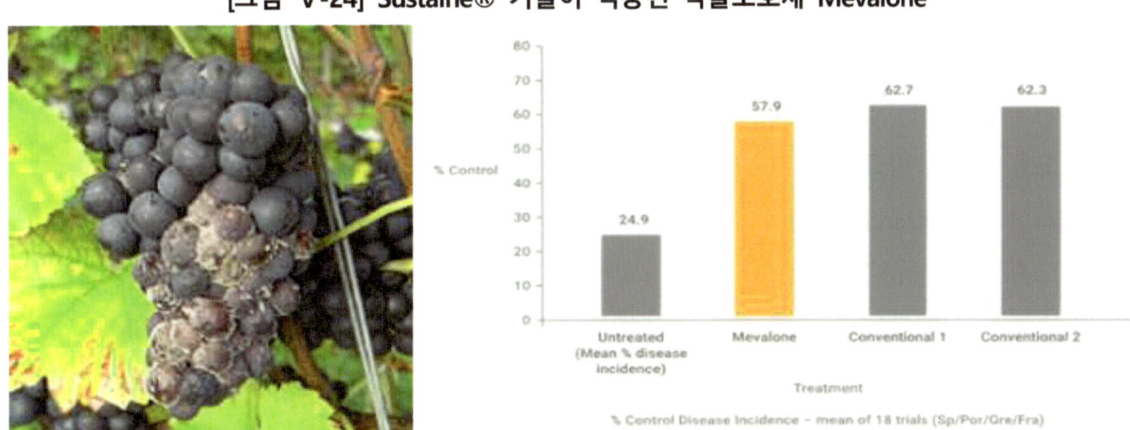

자료 : 한국환경연구원 [미세플라스틱의 건강 피해 저감 연구(Ⅲ)], 2021. 12

C) 기술 적용 사례: Cedroz

❑ Cedroz는 EdenResearch PLC와 Eastman Chemical Company가 공동으로 개발한 대부분의 작물들의 뿌리 부분에서 발생하는 선충류의 감염에 따른 수확량 손실을 예방하는 제품이다. 이 제품은 Thymol 및 Geraniol의 활성 성분이 조합된 수성 제형의 식물보호제이다. 이 제품 역시 Sustaine® 기술이 적용되었으며, 토마토를 대상으로 한 작물 수확량에 대한 효능 검증 결과 Cedroz 적용 시 대조군에 비해 64.2%p 높은 효능을 보이는 것으로 분석되었다. 또한 당사 소개 자료 기준으로 볼 때, Cedroz 처리된 작물들은 대조군 대비 수율 증가율이 Bell pepper가 38%, 멜론이 19%이다. 현재, 이탈리아, 벨기에, 프랑스, 그리스, 멕시코에서 작물 사용이 승인 및 등록된 것으로 알려져 있다.

❑ EdenResearch의 사례는 앞서 2차 연도 연구에서 확인한 2개 제품 사례와는 다르게 구체적인 기술 스펙을 공유함으로써 유사 산업계에 유용한 정보를 제공하고 있다는 점에서 의의가 있다. 특히 EdenResearch의 Sustaine® 기술은 단순히 기술 개발로 그친 것이 아니라 다양한 작물의 식물보호제 제품으로 실용화되고 있고, 농업 및 원예 부문에서 오랜 기술 개발 시간이 소요될 것으로 예측한 미세캡슐화를 성공적으로 개발·적용한 사례라는 점에서 매우 고무적이다. 미세캡

슐화 기능은 1차 미세플라스틱이 사용되는 다른 제품군(화장품 및 개인 위생제품군과 세정제 및 유지관리제 등)에서의 활용 가능성도 높아 그 의의와 가치는 더욱 크다.

[그림 Ⅴ-25] Sustaine® 기술이 적용된 식물보호제 CEDROZ

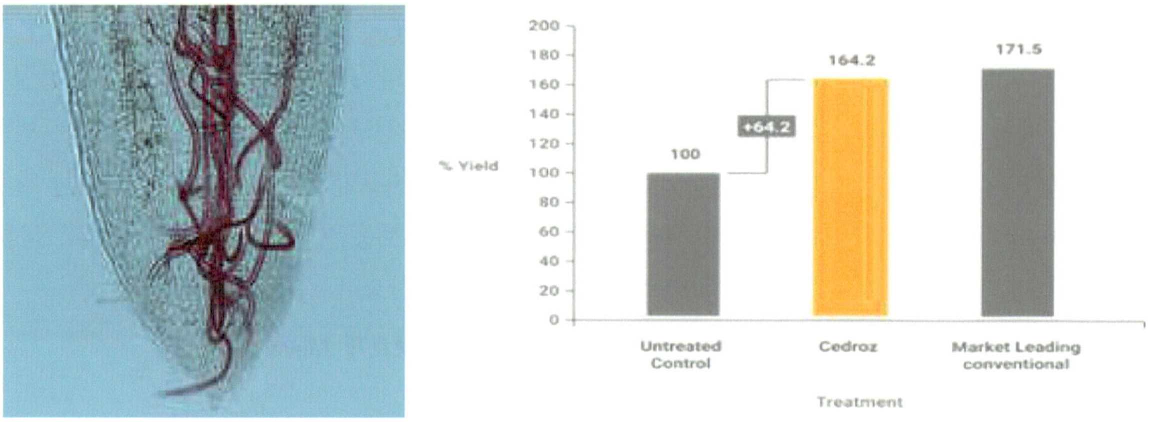

자료 : 한국환경연구원 [미세플라스틱의 건강 피해 저감 연구(Ⅲ)], 2021. 12

라. 도료·페인트·잉크류 및 코팅제

❑ 2020년 조사에서 **도료, 페인트 및 잉크 부문**은 대체물질 개발 사례를 확인할 수 없었던 제품군이었다. Durkin and Tobén(2018, pp.5-7)에 따르면 도료 및 페인트, 잉크류는 크게 사용처에 따라 해양 페인트와 코팅제, 도로 페인트, 내외장 인테리어 및 건물 페인트 등으로 구분할 수 있으며 해수에 의하여 풍화와 마모가 심하게 일어나는 해양 페인트의 경우 제품의 약 50%가 1차 미세플라스틱으로 추정된다. 보통은 프라이머, 마감제 및 바니쉬 등에 포함된 첨가제인데, 해양 코팅 및 페인트 부문에서는 미세플라스틱에 대한 의존도가 높은 반면 그 대체물질을 찾는 데 어려움이 있어 보인다.

❑ 도로 페인트의 경우 글라스비드가 대체물질로 검토된 바 있으나 내구성이 많이 떨어지는 것으로 보고된다(Durkin and Tobén, 2018, p.6). 건축용 페인트는 Pure Silicate와 Inorganic Binding 제제가 대안으로 검토 중이며 기능을 향상시키려는 노력이 진행 중이다(Durkin and Tobén, 2018). 이처럼 도료·페인트·잉크 및 코팅제는 대체물질 개발 속도가 많이 더딘 영역으로 ECHA(2020a)는 이 제품군으로부터 줄일 수 있는 미세플라스틱의 양이 많지 않다고 보고, 현재로서는 직접적인 관리 대상으로 고려하지 않고 있다.

마. 인조잔디 충전재

❑ 충전재를 사용하는 인조잔디는 바닥면에서의 충격 완화 및 인조잔디 파일의 내구성을 높이기 위해 사용된다. 인조잔디 충전재로는 일반적으로 비용과 기능적으로 우위에 있는 폐타이어를 사용한다(한국건설생활환경시험연구원, 2011, p.19). 인조잔디 포설 초기 인조잔디 충전재로 대부분은 폐타이어 분말(SBR: Stylene Budadiene Rubber)을 사용해 왔으며, 2006년 기준 82만 톤이 생산된 것으로 확인된다.

❑ 폐타이어를 이용한 SBR은 자외선에 강하고 타 충전재에 비해 내구성이 높으며 탄성이 뛰어난 특징이 있으나, 일부 저급 수입 폐타이어에 포함된 산화아연(zinc oxide), 중금속 등 유해물질의 우려 때문에 현재 거의 사용되지 않는다고 한다. 이를 대체하여 자동차 고무 창틀과 전기 부품을 재활용한 EPDM(Ethylene Propylene Diene Monomer)이 다수 사용 중이며, 이는 2011년 기준 국내 600여 개 운동장에서 사용 중인 것으로 확인된다.

❑ 네덜란드에서 인조잔디 내 폐합성 고무 충전재로 인한 인체 위해성 우려를 제기한 이후 인조잔디 충전재에 대한 친환경 소재 개발 수요가 증가하였고, 그에 따라 코르크와 코코넛(주로 수입제품)과 왕겨 및 황토 등의 천연재료를 충전재로 사용한 사례가 존재한다(한국건설생활환경시험연구원, 2015, p.4). 특히 우리나라 제품에서 왕겨, 황토 또는 제올라이트와 규조토를 합성고무 충전재 대신 사용하는 사례가 있지만, 답압 현상이 발생하여 탄성 복원력이 합성고무 충전재에 비하여 낮다는 단점이 있다. 천연재료 기반의 충전재는 보습 효과가 뛰어나고 유해성이 낮지만 밀도가 낮아 빗물에 쉽게 유실되며 미생물 번식이 쉽다는 단점도 있다.

❑ 사실 인조잔디 충전재는 천연잔디로의 사용이라는 극단적이고 확실한 대체물질이 존재하기 때문에, 인조잔디 충전재 사용에 대한 정책 방향의 결정은 대체기술 자체보다는 다른 측면에 대한 고려가 더 필요하다. 일반적으로 인조잔디가 관리유지비가 적은 것으로 알려져 있지만, 천연잔디의 품종 개량으로 비용 문제가 유리해졌다는 의견이 있는 등 비용 문제에 대해서는 이견이 존재한다. 문제는 천연잔디 사용으로 인한 2차 환경오염 문제로서, 농약, 비료 등의 사용에 따른 환경문제이다. 인조잔디 사용에 따른 미세플라스틱 문제와 천연 잔디 사용에 따른 토양오염 문제에 대한 종합적인 검토가 필요하다.

2) 2차 미세플라스틱 관리 방안

(1) 타이어 마모 분진 및 미세섬유의 하수도에서의 유출 저감 방안

❑ 하수도시스템을 통한 미세플라스틱 유출 경로 Boolmann et al.(2019)의 연구에 의하면 도시 유역의 배수체계에서 수계로 배출될 수 있는 미량유기오염물질(organic micropollutants)과 미세플라스틱 배출 경로는 다음 그림과 같이 모식화할 수 있다.

❑ 먼저 하수도시스템을 하수처리구역과 하수처리 미정비구역으로 나누고, 하수처리구역은 다시 합류식(합류관) 구역과 분류식(오수관, 우수관) 구역으로 구분하였다. 국내의 경우 하수도 통계에 의하면 대부분의 도시는 하수도시스템이 정비된 하수처리구역으로 구분할 수 있다. 합류식시스템(하수처리구역)에서 미세플라스틱 수계 배출 경로는 ① 하수처리장(하수, 고도처리)을 거친 경로와 ② 강우시에 미처리 하수(오수+우수, CSO)를 배출하는 경로로 구분하였으며, 분류식시스템(하수처리구역)의 경우 ① 하수처리장(오수, 고도처리)을 거친 경로, ② 우수를 그대로 수계에 직배출하는 경로, ③ 우수를 간이처리하여 수계에 배출하는 경로로 구분하였다.

[그림 V-26] 오수와 우수의 유출 모식도

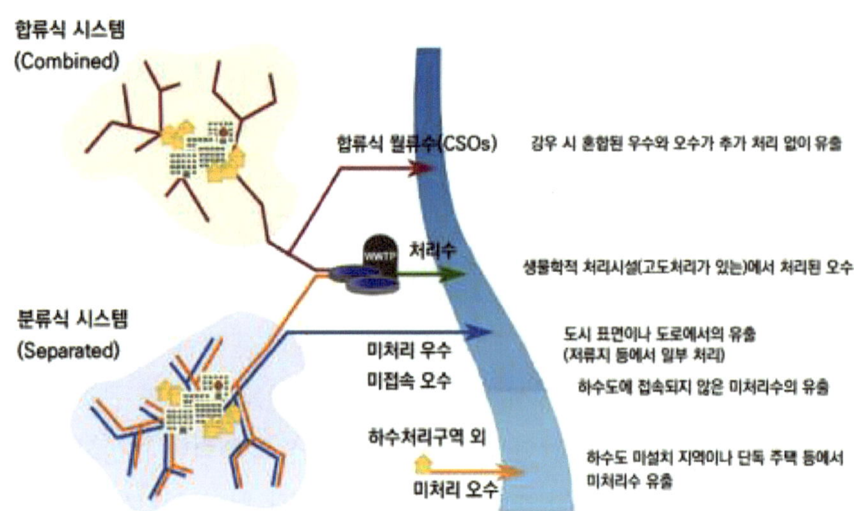

자료 : 한국환경연구원 [미세플라스틱의 건강 피해 저감 연구(Ⅲ)], 2021. 12

❑ 합류식의 경우 강수 시 미처리 월류수(CSOs: Combined Sewer Overflows)가 오염물질의 유출 경로인 반면, 분류식의 경우 우수 내의 오염물질이 항상 수계로 배출되기 때문에 주요 유출 경로로 생각할 수 있다. 실제 월류수는 합류식뿐 아니라 분류식에서도 발생할 수 있다. 이를 SSOs(Sanitary Sewer Overflows)라고 하며, 분류식 하수도에서 오수관로나 맨홀로 불명수가 유입되어 하수처리장에서 처리되지 못하고 하천에 방류되는 것을 말한다. 일반적으로 SSOs의 발생의 영향은 CSOs에 비해 작은 것으로 보고되고 있다(신민환, 전지홍, 2017)

❑ 미세섬유의 경우 오수를 통해 유입되는 흐름으로 오수관을 중심으로 유출 경로를 파악하였다. 먼저 하수처리구역과 하수처리구역 외로 나누고, 하수처리구역 외는 다시 오수처리시설과 정화조의 처리 인구 비율, 그리고 미처리 인구 비율로 나눈다. 하수처리구역은 처리면적을 기준으로 합류식(합류관) 구역과 분류식(오수관, 우수관) 구역으로 구분하였다. 합류식 구역에서의 미세플라스틱 수계 배출 경로는 ① 청천시 하수처리시설을 거쳐 방류, ② 강우시 차집되어 하수처리시설에서 방류되거나 월류(CSOs)로 유출되는 경로로 구분하였으며, 분류식 구역의 경우 ① 청천시 오접에 의해 우수관으로 유출, ② 청천시 하수처리시설을 거쳐 방류, ③ 강우시 불명수에 의해 오수관으로 유입, 하수처리시설을 거쳐 방류되거나 월류(SSOs)되어 유출되는 경로로 구분하였다.

❑ 타이어 마모 분진의 경우 우수를 통해 유입되는 흐름으로 우수관을 중심으로 유출 경로를 파악하였다. 먼저 하수처리구역과 하수처리구역 외로 나누고, 하수처리구역 외에서는 모두 유출된다고 보았다. 기본적으로 강우시에만 발생되기 때문에 강우시의 상황만 고려하였다. 합류식 구역의 경우 ① 강우시에 차집되어 하수처리시설을 거쳐 방류되거나 월류(CSOs)되어 유출되고, 분류식 구역의 경우 ① 강우시 오접에 의해 오수관으로 유입되어 하수처리시설을 거쳐 방류되거나 월류(SSOs)로 유출, ② 강우시에 우수관으로 직방류되어 유출 등으로 구분하였다.

[그림 V-27] 하수도시스템에서의 미세플라스틱 유출 흐름

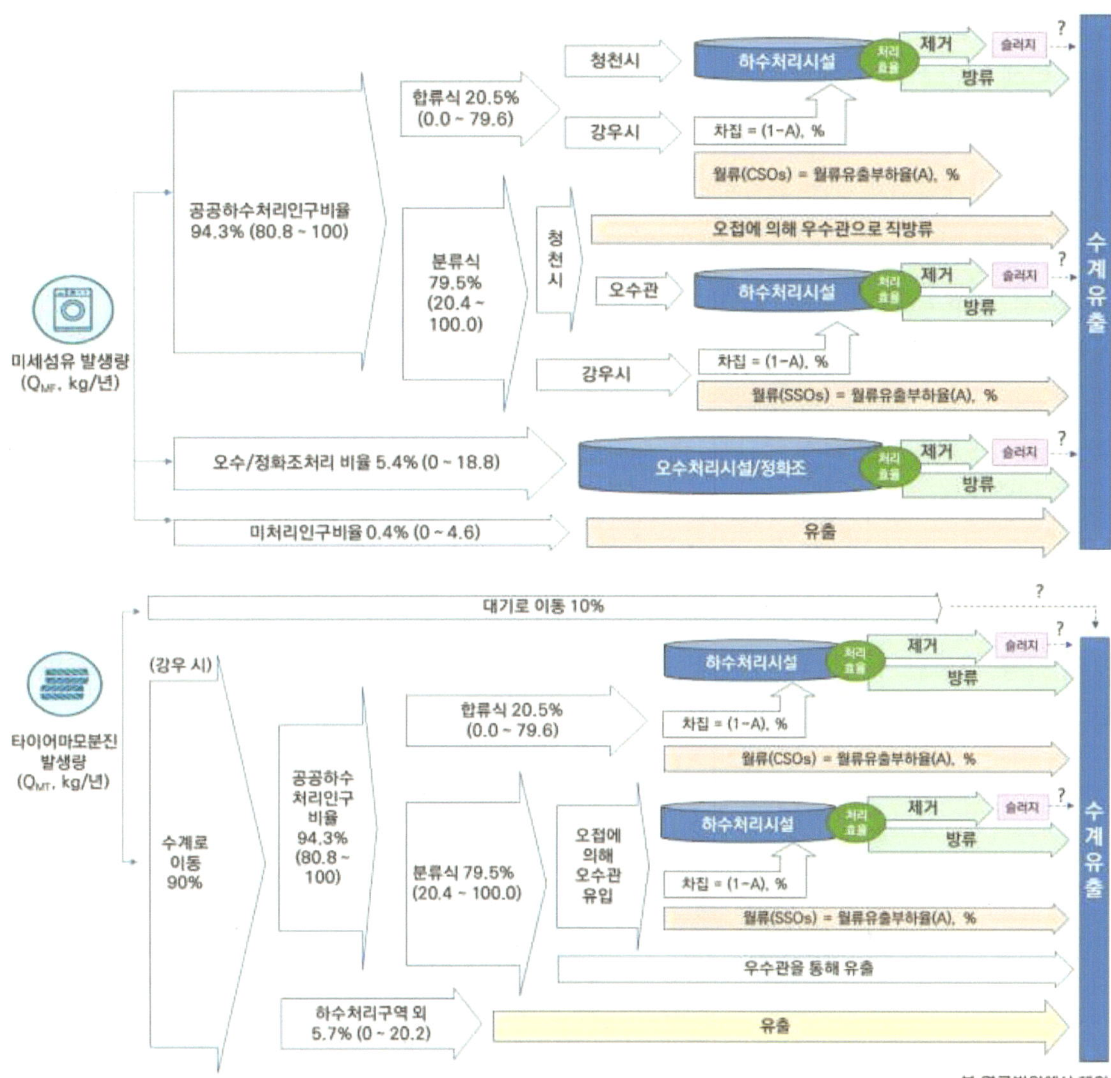

자료 : 한국환경연구원 [미세플라스틱의 건강 피해 저감 연구(Ⅲ)], 2021. 12

❑ 현재는 월류수에서의 미세플라스틱 거동이나 처리효율에 대한 데이터 구축 현황이 국내외적으로 부족한 상황이라서 직접 모니터링 대상 지점의 월류유출부하율을 계산한 결과를 적용하였기 때문에 유의할 필요가 있다. 유출 경로는 하수관로의 특성(합류식/분류식), 오접상황, 월류 특성, 강우사상, 하수처리구역 외의 비율, 슬러지 처리방법 등에 따라 달라질 수 있다. 또한 유출에 의한 영향도 지역에 따라 상이할 수 있다. 방류 영향 지역이 대부분 상수원이나 수생태 중심으로 관리되고 있지만, 미세플라스틱의 영향을 받을 수 있는 양식장(패류, 해조류, 갑각류-미세플라스틱 섭취 우려 식품군), 염전 등을 추가하여 관리할 필요가 있다.

❑ 또한 슬러지 처리현황에서 현재는 건조연료화나 소각 등 열적처리 비율이 높은데, 현재 미세먼지 문제나 대기오염물질 등의 우려로 그 수요가 점차 줄어들고 있어 이를 토양개량제나 부숙토로 활용하는 방안이 확대될 가능성도 있으며, 최근 그 사용량이 확대되고 있는 상황이 엿보인다.

일부 지자체에서는 하수슬러지를 부숙토로 조경용 등으로 활용하기도 하는데 일부 농민들이 무상 공급되는 하수슬러지 부숙토를 경작지에 오용하는 경우도 있어 이에 대한 사용 관리가 필요하다. 경작지 외에 사용한다고 해도 토양 중 미세플라스틱이 비산하거나 강우에 의해 유출되거나 지하수로 이동할 수 있다. 현재 부숙토로 활용 시 유해물질 함유 비율이 1%를 초과할 수 없는데, 이 유해물질에 미세플라스틱을 포함하여 관리할 필요가 있다.

❑ 미세플라스틱의 유출 경로를 보면 열적처리를 제외하고는 분해되지 않으며 대기, 토양, 수계 등 매체 간 이동을 통해 자연 중에 잔류하게 된다. 유출 경로를 관리하고 그 안에서 저감하는 데에는 많은 비용과 노력이 소요된다. 따라서 사전예방원칙에 따라 발생원에서의 저감 노력이 더욱 필요하고 그 방안이 더 효과적일 수 있다. 미세섬유의 경우, 원천적으로 발생하지 않도록 내구성 있는 소재를 개발하고, 미세섬유 유출량이 많은 소재(플리스 등)에 대한 생산/소비 지양이나 라벨링을 통한 정보 제공이 필요하다. 또한 미세섬유 발생을 줄이는 세탁습관에 대한 정보 제공이 필요하겠다. 또한 세탁 시 보풀거름망 사용을 통해 절반을 줄일 수 있을 것으로 판단되며, 현재 사용되는 보풀거름망의 경우 부유식으로 상부 투입 세탁기에 효과적인 것으로 드럼식 세탁기에서 사용 가능한 거름망의 개발과 보급도 필요하다. 이러한 국내 보풀거름망의 효율에 대한 분석 및 데이터 공개도 필요하다.

[도표 V-13] Lint LUV-R과 Coraball

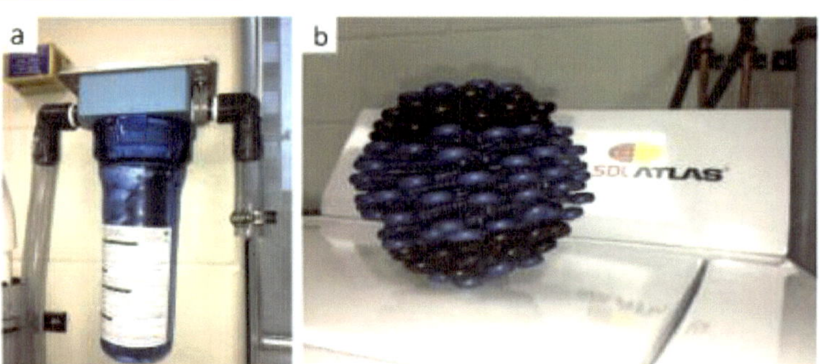

- 유럽에서 개발되어 판매 중인 Coraball이나 LUV-R의 경우 제거효율이 각각 26%, 87%로 보고되고 있는데, 한국에서 사용하고 있는 보풀거름망은 후자와 유사한 형태를 띤다.
- 향후 보풀거름망 등의 필터 사용이 증가한다면 현재 흐름도의 각 부분에서 약 50% 정도(위 두 수치의 중간값)의 유출을 방지할 수 있다고 볼 수 있다.

자료 : 한국환경연구원 [미세플라스틱의 건강 피해 저감 연구(Ⅲ)], 2021. 12

❑ 타이어 마모 분진의 경우에도 도로청소를 통해 제거할 수 있는데, 물청소 이후 청소수의 흐름이 분류식인 경우 그대로 유출될 수 있어 지역에 따라 유출 경로를 고려하여 물청소를 최소화하고 건식청소를 통해 제거하는 것이 미세플라스틱 유출 저감 측면에서는 바람직할 수 있다. 비점오염저감시설의 경우 설치 이후 유지관리에도 어려움이 있는 만큼 발생원에서 제거하는 것이 가장 효과적일 것으로 판단된다. 분류식에서의 초기강우 관리에 대해서는 지속적으로 문제가 제기

되고 있기 때문에, 비단 미세플라스틱 유출 관점이 아니더라도 기타 수질오염물질의 관리 차원에서 개선될 여지가 있다고 판단된다.

❑ 타이어 마모 분진의 경우 원천적으로 발생량을 줄이기 위해서는 타이어의 내구성을 증진시키는 방법이나 주행거리를 줄이는 방법이 있다. 전자는 생산자의 생산방식, 후자는 소비자의 생활양식 변화를 요구하기 때문에 단기간에 가능한 방식은 아니지만 장기적으로는 미세플라스틱 저감을 위해 강조될 필요가 있다.

❑ 결국, 하수도로 투입된 이후에는 다양한 변수에 의해 수계로 유출될 가능성이 있으며 이를 관리하는 것보다 생산단계나 소비단계에서의 원천 감량이 비용 효과적 측면에서 가장 바람직한 미세플라스틱의 유출 경로 관리 방안일 것이다. 다만, 현재 월류수로의 오염물질 유출 부하를 줄이려고 하는 노력은 비단 미세플라스틱만을 위한 것이 아니고 의약품 및 각종 미량오염물질의 유출을 관리하고자 하는 것으로, 이러한 수질관리 정책이 앞으로 지속되고 발전될 때 미세플라스틱의 유출 저감에도 기여할 수 있을 것이다. 또한 기존 하수에 있는 오염물질의 유출을 방지하기 위해 합류식에서 분류식으로 바뀌고 있는 상황에서 우수 중 오염물질의 유출을 방지하기 위한 초기 강우수 처리 전략도 함께 마련될 필요가 있다.

[도표 V-14] 섬유세탁과 도로교통에 기인한 미세섬유/타이어 마모 분진 저감을 위한 주체별 전략

발생원	주요 경로	저감 전략	주체	오염 이동
섬유 세탁	오수	섬유 구조 변화, 미세섬유 관련 정보제공 (지속가능한 섬유 라벨링, 플리스 소재 지양)	정부, 생산자	없음
		세탁 및 소비자행동 변화 (플리스 소재 지양, 모아서 세탁, 액체세제 사용, 먼지거름망 사용)	소비자	없음
		생산 단계에서의 1차 세탁 및 적정처리 (가정에서 1차 세탁 시 다량의 미세섬유 발생)	생산자	폐수에서 슬러지
		분류식 하수관거에서의 오접 개선 청천시 오수가 우수관으로 유출	지방당국	없음
도로 교통	우수	건식 도로청소 (폐기물로 집적하여 처리 시 수계유입 차단 가능)	도로공사, 지자체	우수에서 폐기물
		비점오염저감기술을 활용한 필터링 (장치형/자연형)	도로공사, 지자체	우수에서 폐기물
		내구성 및 저항성 강화 (타이어 라벨링)	정부, 생산자	없음

자료 : 한국환경연구원 [미세플라스틱의 건강 피해 저감 연구(Ⅲ)], 2021. 12

(2) 매크로플라스틱 중 병뚜껑 수집 및 재활용 방안

❑ 국내외 병뚜껑 관리 현황, 그리고 새롭게 진전되는 프레셔스 플라스틱 프로그램 등을 정리하여 병뚜껑 자원순환성 제고방안을 정리하고자 한다.

가. 물질의 자원순환성 확대 및 경제적 가치 증진은 미세플라스틱 유출을 방지

❑ 폐기물 관리 우선순위(hierarchy)에 따라 미세플라스틱의 원인인 플라스틱의 소비문화를 개선하는 것이 그 어떤 정책보다 효과적일 수 있다. 소비량이 많을수록 유출되는 양도 더 많아질 수 있기 때문이다. 따라서 단계적으로 일회용 제품의 소비 지양, 올바른 배출 유도, 고품질 재활용 체계(회수/재활용/제품 사용) 순으로 추진하는 것이 필요하다. 재활용 시에도 단계식(cascading) 재활용이 필요하다. Hahladakis and Iacovidou(2018)는 사용 후 가치가 높은 플라스틱은 수중 및 육상 환경과 생물군에 피해를 주는 해양 유출 가능성이 적다고 밝힌 Jambeck et al.(2015)의 연구를 인용하면서 동일 용도의 재활용(closed loop)을 가장 우선 추진하고 그 다음 다른 용도의 재활용(open recycling)을 할 경우에도 품질을 고려하여 단계식 재활용(cascaded recycling)을 해야 한다고 강조하고 있다.

[그림 V-28] 소비 후 플라스틱 포장폐기물의 폐쇄 루프(동일 용도 재활용)와 단계식 재활용

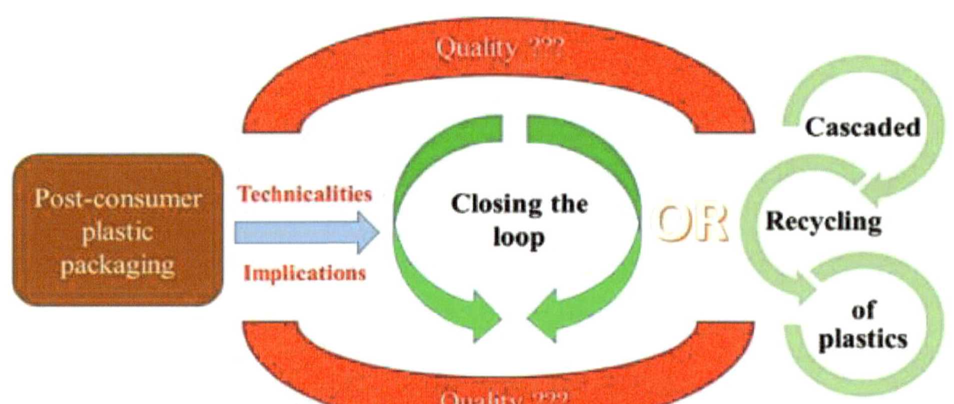

자료 : 한국환경연구원 [미세플라스틱의 건강 피해 저감 연구(Ⅲ)], 2021. 12

❑ 그런 의미에서 버려지는 플라스틱의 새로운 가치체계를 만들어서 플라스틱이 투기되지 않도록 사람들이 버리지 않고 회수하도록, 혹은 누군가 투기하더라도 그것을 모아서 가져올 수 있도록 하는 방안이 중요하다. 도시 지역에서는 해양으로 유출될 우려가 적은 편이지만, 재활용되지 않는, 경제적 가치가 없다고 판단되는 폐기물은 처리비용을 회피하기 위해 불법 투기되는 경우도 있기 때문에 물질의 경제적 가치를 만들어 나가는 것이 중요하다.

나. 병뚜껑 물질재활용 고품질화 추진 및 활용 확대

❑ 현재 페트병 재활용 공정에서는 병뚜껑을 파쇄 후 물속에서 비중분리하여 물질재활용(산업용 펠릿 등)으로 활용하고 있다. 재활용되고 있으니 우선은 이렇게 배출해도 큰 문제는 없다고 생각할 수 있으나, 단계식 재활용 관점에서 보면 좀 더 고부가가치의 제품으로 활용될 수 있는 방안도 같이 고민해 볼 필요가 있다. 장기적인 관점에서 보면, 산업용 펠릿은 어떤 플라스틱으로도 만들 수 있는 제품이다.

❑ 만약 병뚜껑을 별도로 회수한다면 이 재질은 식품 용도였던 재질이므로 더 다양한 방식으로 재활용할 수 있다. 국외사례에서는 의료 기구를 만들거나 장난감을 만드는 데 활용되기도 한다. 이는 재활용 제품의 종류와 수요를 확대한다는 측면에서도 중요한 의미를 가진다. 예를 들어, 병뚜껑 등 식품용기나 화장품용기, 장난감 등은 고품질의 플라스틱을 요구하는데 여기에 사용 가능한 재생원료는 역시 식품용기와 같은 고품질의 재활용품으로 한정될 수밖에 없다. 가능한 그 가치를 최대한으로 활용할 수 있도록 재활용하는 체계를 구축하는 것이 필요하다.

[도표 V-15] 국외 병뚜껑 수집 사례

주체	내용	국가 및 지역
Sheffield Hallam 대학생	셰필드강에서 플라스틱 병뚜껑 등의 HDPE를 수거하여 화분 제작, 현재 사업으로 발전 중임	영국 셰필드
GHS Recycling (폐기물 업체)	플라스틱 우유병 뚜껑을 회수하여 여러 자선단체에 기부, 장난감 제작	영국 포츠머스
Beach Environmental Awareness Campaign Hawaii(환경보호단체)	플라스틱 해양쓰레기에 대한 인식을 제고하는 캠페인의 일환으로 플라스틱 병뚜껑을 회수하여 New Hope Energy에서 오일로 변환	미국 하와이
Florida Institute of Technology	강에서 회수한 플라스틱 병뚜껑으로 수중 질소를 제거하는 연구를 진행, 기존의 플라스틱 바이오볼(미생물 생장을 돕는 표면적 넓은 매체)을 대신하여 병뚜껑을 망에 넣어 활용	미국 인디언강
John P. Parker School 학생들과 Green Tree Plastics	학생들이 500파운드의 플라스틱 병뚜껑을 수집하고 Green Tree Plastics에 의뢰하여 벤치를 제작, 지역 공원에 기부	미국 신시내티
Tim Miller 가족과 Envision	지역사회에 봉사하고자 플라스틱 병뚜껑을 수거하는 Lids 4 Kids 프로젝트 시작, 회수한 병뚜껑은 지역 자선단체인 Envision에서 절단사고를 겪은 아동들을 위한 의수 및 의족 제작	호주 캔버라
Genki Project(비영리단체)	플라스틱 병뚜껑을 수집하는 에코 캡 프로젝트를 진행, 병뚜껑을 재활용 업체에 판매하고 수익금을 전 세계 어린이들에게 백신을 제공하는 단체에 기부	일본 비호로 마을

자료 : 한국환경연구원 [미세플라스틱의 건강 피해 저감 연구(Ⅲ)], 2021. 12

[도표 V-16] 국내 병뚜껑 별도 회수 사례

주체	내용	국가 및 지역
서울환경운동연합	- 프레셔스 플라스틱 운동의 일환으로 플라스틱의 지역 내 순환 운동 전개, 재활용되지 않는 품목 중 재질이 안전한 병뚜껑을 대상으로 회수 프로그램 '플라스틱방앗간' 진행. 초기 택배로 배송을 받았다가 폭발적인 참여로 배송박스 쓰레기 발생 - 최근 거점수거 형태로 전환 중이며, 다양한 기관과 수거협력 구축. 리워드 형태로 물품을 제작하여 전달, 실용적인 제품 생산 노력	서울 및 전국

주체	내용	국가 및 지역
전주시자원봉사센터 및 GS리테일 전북영업팀	GS25에 플라스틱 병뚜껑 수집함을 설치하고 회수된 병뚜껑을 전주시자원봉사센터에 전달하여 생활용품 제작에 이용	전북 전주시
제주도 지속가능발전협의회	'세상의 희망이 되는 2g' 플라스틱 병뚜껑 모으기 캠페인 진행, 제주도 내 21개 기관 및 단체에서 병뚜껑 수집, 플라스틱 병뚜껑을 개당 5원의 적립금으로 환산해 도내 소외계층 대상 생계비로 지원	제주도 전역
본투비플라스틱	'프레셔스 플라스틱' 프로젝트 진행, 안암 지역에서 병뚜껑을 수거하여 생활용품 제작	서울 성북구 안암동
아로마티카 제로스테이션	제로웨이스트 콘셉트를 적용한 아로마티카 화장품 매장으로 친환경 화장품 판매 및 각종 재활용(업사이클링) 제품을 전시, 카페도 운영, 플라스틱방앗간과 협업하여 플라스틱 병뚜껑으로 비누 받침대를 제작하여 판매, 원래 가격은 1만 원이지만 병뚜껑을 모아 온 손님에게는 3,000원에 판매	서울 강남구 신사동 가로수길

❑ Gall et al.(2020)은 페트병 뚜껑의 여러 재활용 기술 및 재활용 과정에서 미끄럼 방지제 등 첨가제의 변화를 살펴본 결과 잔존하고 있어 병뚜껑으로 다시 사용 시 첨가물의 양을 줄일 수 있거나 투입이 필요하지 않을 수 있다고 밝히고 있다. 현재 PET와 대조적으로 제한적인 재활용 폴리올레핀의 식품용기 승인 검토가 필요하다고 결론짓고 있다.

[그림 V-29] 병뚜껑 재활용 잠재성 검토

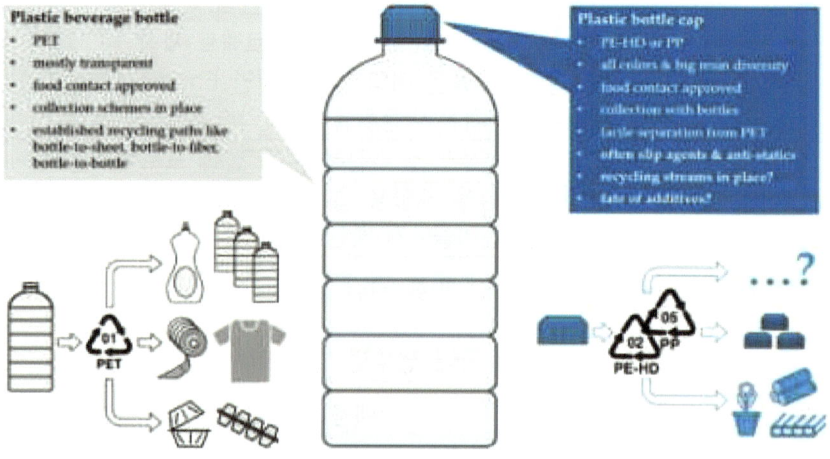

자료 : 한국환경연구원 [미세플라스틱의 건강 피해 저감 연구(Ⅲ)], 2021. 12

다. 재활용 공정 중 미세플라스틱 발생 모니터링 필요

❑ 미세플라스틱의 관점에서 파쇄 후 비중분리 방식에 대해 모니터링이 필요하다. 파쇄와 동시에 미세화된 플라스틱은 비중분리된 후 체거름 과정에서 유실될 수 있고, 폐수처리 공정에서도 처리효율에 따라 유출될 우려가 있다. 미세플라스틱은 대부분 도로나 하수, 개인 영역에서의 배출

만 다루어질 뿐 대규모의 산업 영역에서의 배출은 잘 다루어지지 않는다. 폐기물 재활용 체계 내에서도 그 과정 중에서 미세플라스틱을 발생시키거나 유출시키지 않는지 모니터링할 필요가 있다. 가능하다면 타 재질 반입을 줄여 비중분리 공정을 최소화하는 것이 바람직하다.

[그림 V-30] 페트병 재활용 공정 현장조사 사진

자료 : 한국환경연구원 [미세플라스틱의 건강 피해 저감 연구(Ⅲ)], 2021. 12

라. 병뚜껑 별도 회수 프로그램 시범실시 확대

❑ 국내에서는 병뚜껑 별도 회수 경험이 있고 소비자의 참여 의향도 높기 때문에 별도 회수에 대해서도 지자체에 따라 시범적으로 실시할 수 있는 충분한 여건이 된다고 판단된다. 본 연구는 결론적으로 지금 수거체계에서 '병뚜껑 수거함'을 별도로 도입하여 별도의 재활용체계를 구축하는 것이 가능할 수 있음을 밝혔다. 소비자 조사결과 시민들은 93.3% 이상이 수거함에 버릴 의향이 있음을 밝혔고, 거점수거도 59.7%가 참여 의향이 있는 것으로 나타났다.

❑ 본인부담에 의한 택배배송 수거방식도 26.0%가 참여 의향을 밝혀 소비자들의 참여 의향이 전반적으로 매우 높음을 알 수 있다. 현재 병뚜껑 별도 회수 사례에 참여하고 있는 사람들은 7~8%로 조사되었다. 플라스틱방앗간 프로그램에 참여함으로써 분리배출에 대한 관심이 높아지거나, 소비습관을 돌아보는 계기가 되거나(모음으로써 얼마나 버리는지 실감하게 됨), 일회용 제품을 지양하는 태도로 발전할 수 있다.

[그림 V-31] 일본 편의점 앞의 페트병과 뚜껑 분리배출함

자료 : 한국환경연구원 [미세플라스틱의 건강 피해 저감 연구(Ⅲ)], 2021. 12

마. 페트병과 함께 병뚜껑 회수 리워드 확대

❑ 현재 페트병 무인회수기도 확대되고 있는데, 페트병만 수거하다 보니 뚜껑은 쓰레기통에 버려지게 된다. 기존 수거체계에서 결합배출 시에는 중품질의 페트병과 중품질의 뚜껑을 재활용하는 것으로 본다면, 무인회수기는 고품질의 페트병을 수거하지만 뚜껑의 재활용은 이루어지지 않는다는 점에서 한계가 있다. 이에 무인회수기에서 페트병 수거 구멍 옆에 병뚜껑도 수거할 수 있는 구멍을 추가하는 방안을 제안한다.

❑ 음료용 병뚜껑의 재질은 보통 LDPE이기 때문에 해당 재질을 식별하여 수거한다면 고품질의 페트병과 고품질의 병뚜껑 수거체계를 구축할 수 있다. 장기적으로 페트병 보증금제도가 시행될 경우, 반드시 뚜껑을 같이 회수할 수 있는 시스템을 마련할 필요가 있다. 유럽의 보증금제도에서 페트병만 수거할 경우 병뚜껑이 버려지는 상황이 발생하기 때문이다.

❑ 해안에 투기된 병뚜껑의 경우에도, 해당 지역 내에서 병뚜껑 회수 시스템이 마련되고 일부 보상하는 체계가 만들어진다면 자발적으로 회수하는 사람들이 생기고, 투기하는 것도 방지할 수 있다고 생각된다. 이런 보상체계를 만들기 위해서는 병뚜껑을 유용한 제품으로 판매하는 비즈니스모델을 만들어 나갈 필요가 있다.

[도표 V-17] 플라스틱 자원회수 프로그램 리워드 제공 사례

사례	제공 조건	리워드
알맹상점	자원순환 품목 1개당 1도장. 하루 최대 도장 4개	12개 달성 시 플라스틱 프리 제품 제공
늘미곡	병뚜껑 30개당 도장 1개. 하루 최대 도장 3개	3개 달성 시 찰보리 500g, 6개 달성 시 대나무 칫솔, 9개 달성 시 재사용 빨대, 12개 달성 시 밀랍랩
성남자원순환가게 re100	PP/PE ㎏당 105~200원	유가보상, 시세에 따라 변동
슈퍼빈	페트병 1개당 10원	2,000원 이상 적립 시 현금 전환

바. 분산형 지역순환 재활용 시 실용적인 재활용 제품 개발 필요

❑ 중앙집중식 재활용 체계에서는 산업계에서 수요에 따라 재활용 제품이 흘러가게 된다. 특히 품질이 좋은 재질의 경우에는 실제 활용도가 더 높아지게 된다. 분산형 재활용 체계에서는 병뚜껑을 활용할 때 단기적으로 사용하고 버리게 되는 물품을 만드는 것보다는 실제로 필요하고 장기간 사용 가능한 제품을 만드는 것이 필요하고, 더 가치 있는(매력적인) 제품을 만들어서 중앙집중식 재활용 제품보다 더 많은 가치를 창출할 수 있어야 한다. 경제적 비용을 생각해 보면 대량의 중앙집중식 처리방식이 효율적일 수밖에 없다. 분산형 방식이 경제적 수익성을 보장하기 위해서는 소비자 수요를 고려한 맞춤형 제품 생산체계 구축이 필요하다. 지역 중심의 순환체계이기 때문에 오히려 이런 수요 기반 생산 방식을 더 쉽게 적용할 수 있을 것이다.

❑ 커뮤니티 중심의 순환체계를 만들어 가고 그 안에서 소비문화를 바꿔나가는 교육, 인식 개선 등이 같이 이루어질 수 있다. 중앙집중형 수거체계에서는 안정적인 수거와 재활용이 가능하지만, 경제적 효율성이라는 기준에 맞지 않는 많은 플라스틱 제품들이 소각/매립되고 있고, 불법 투기로 이어져 자연으로 흘러들어갈 수 있다.

사. 용기부착형 병뚜껑 도입 검토 필요

❑ 병뚜껑의 경우 해안가나 도로에 투기되기 쉬운 설계상 문제점을 가지고 있다. 유럽에서 Tethered cap, 즉 부착형 병뚜껑을 의무화한 것도 그러한 배경에서 시작한다. 만약 재활용 시설에서 병뚜껑이 심각한 방해인자로 작용한다면 부착형 뚜껑을 도입하는 것은 어렵다고 생각되지만, 현재 재활용 시설에서는 병뚜껑 혼입에 대한 부담이 없고, 또한 부착형 병뚜껑은 분리할 때도 링까지 제거 가능하기 때문에 별도 회수체계에서도 유용한 역할을 할 수 있다고 판단된다.

❑ 또한 소비자 조사결과, 병뚜껑 유실 경험이 있다는 응답이 65.5%이고 용기부착형 병뚜껑 구매에 대해서도 63.5%가 긍정적인 응답을 보였다. 구매하지 않겠다는 응답은 9.7%에 불과하였다. 용기부착형 병뚜껑 구매 이유로 '편리성'이 가장 높게 나타나 비단 환경적인 목적뿐 아니라 소비자의 편의성을 고려해도 도입 의미가 있다고 판단되어 음료업계에서도 부착형 병뚜껑 도입 검토가 필요하다. 단, 용기부착형 병뚜껑 구매의향이 없는 응답자의 경우 불편함에 대한 우려나 플라스틱 사용량 증가를 우려하고 있으므로 이를 고려한 방법을 고민할 필요가 있겠다.

[그림 V-32] 다양하게 출시되는 용기부착형 뚜껑

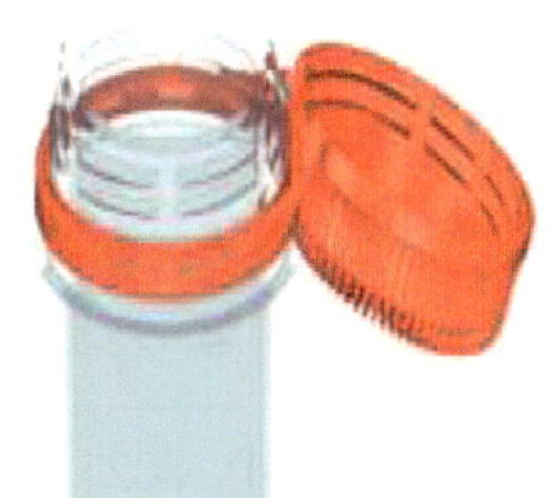

자료 : 한국환경연구원 [미세플라스틱의 건강 피해 저감 연구(Ⅲ)], 2021. 12

아. 병뚜껑 자원순환성 제고를 위한 주체별 역할

❑ 병뚜껑의 투기 방지와 더불어 고품질 재활용 체계 구축을 위해 각 주체별 역할을 다음에 정리하였다.

[도표 V-18] 병뚜껑의 고품질 순환체계 구축을 위한 주체별 역할

구분	역할	의미
정부	- 페트병 별도 '배출'을 넘어 별도 '수거' 경로 체계 정비, 관련 예산 지원(이미 혼입된 선별 라인에서의 선별 로봇 활용은 오염원 회피에 한계가 있음) - 페트별 보증금제도 도입 시 병뚜껑도 같이 포함 - 병뚜껑 구조 개선 검토(부착형 방식) - 재활용 시설에서의 미세플라스틱 모니터링	- 페트병 별도 '배출'의 의미를 살려 고품질 재활용으로 이어지도록 함 - 다른 플라스틱과 혼입 과정에서 이물질이 묻어 품질에 영향을 줄 수 있음
지자체	- 지역 내 시설의 재활용 공정에 따라 병뚜껑 별도 '배출' 및 '수거' 체계 구축 - 주민, 재활용 업계, 제조업체 등 관련 거버넌스 구축 - 지역 내 플라스틱 공방 운영 지원(공간, 시설 등 초기인프라) - 특히, 해안이나 수변 지역의 지자체에서는 해양쓰레기 투기방지를 위해 회수-보상체계검토(무인수거/거점수거)	- 현재 일부 지자체에서는 제조기업과 연계하여 페트병을 수거한 후 다시 지역 내에서 사용하는 체계를 구축해 가고 있음 - 병뚜껑도 충분히 그런 가치가 있기 때문에 적극 활용용도를 발굴해서 진행할 수 있음 - 단지 내 수거함 설치에 대해 93.3%가 참여의사를 보임
음료 제조업체	- 병과 부착된 병뚜껑 도입 (배출 시에는 분리 가능)	- 투기 방지 목적
	- 병뚜껑의 폐쇄재활용 체계 구축 (Closed loop)	- 앞으로 고품질의 재생원료를 확보하는 기업이 시장에서 우위를 점할 수 있음 - 특히, 식품용기는 훌륭한 재생원료로 활용될 수 있기 때문에 버려지고 있는 가치를 적극 회수하려는 노력이 필요
지역 내 제로웨이스트샵, 소매업체, 교육기관	- 병뚜껑 거점수거 장소 제공	- 단지마다 수거함을 설치하고 수거하는 것이 비용적으로 어렵다면 거점수거 방식도 가능. 소비자 조사결과 59.7%가 거점수거 참여의향이 있음
지역 내 플라스틱 공방	- 제조업체에서 수거하지 않는 병뚜껑은 자체적으로 회수하여 지역에서 필요한 제품을 직접 생산 - 병뚜껑은 LDPE나 PP 재질로 가장 안전한 물질이며 프레셔스 플라스틱 조직에서 안전한 재활용 지침을 제공하고 있음(안전한 온도기준, 안전장비 등)	- 현재 프레셔스 플라스틱 운동을 통해 지역 내 플라스틱 순환체계를 구축하고 있음 - 이런 활동을 통해 비단 물질의 순환에 기여할 뿐 아니라 교육의 역할도 기대할 수 있음

자료 : 한국환경연구원 [미세플라스틱의 건강 피해 저감 연구(Ⅲ)], 2021. 12

Ⅲ편
플라스틱 순환경제와 대체물질 개발

1장 플라스틱 대체소재 및 재활용기술 개발동향

제 1장 플라스틱 대체소재 및 재활용기술 개발동향

1. 바이오플라스틱 주요동향

1) 바이오플라스틱 분류

❑ 바이오플라스틱(Bioplastics)은 생물공학 기반 기술을 통해 생산되는 생분해성 또는 바이오베이스 플라스틱을 의미한다.

❑ 바이오플라스틱은 원료 및 제품으로서 원료, 분해 메커니즘, 생산방법 등에 따라 생분해성 플라스틱(Biodegradable plastics)과 바이오베이스 플라스틱(Bio-based plastics)로 구분된다.

- 규격 기준에 따라 생분해성 플라스틱은 표준물질인 셀룰로오스 대비 6개월에 90% 이상 분해되는 경우에 해당하며, 바이오매스 함유 여부와 무관함
- 바이오베이스 플라스틱은 식물체 기반 바이오매스를 20~25% 이상 함유한 플라스틱으로 석유계 플라스틱 대비 온실가스 배출량이 적음

[도표 Ⅰ-1] 바이오플라스틱의 종류 및 특징

구분	바이오플라스틱			
	생분해성 플라스틱		바이오베이스 플라스틱	
	천연물 계열	석유 계열	결합형	중합형
바이오매스 함량	50-70% 이상	-	20-25% 이상	
사용원료	천연물, 미생물계	석유 유래 원료 중합 합성	천연물-고분자 결합	천연물-단량체 중합
특징	빠른 생분해		탄소저감	
플라스틱 사용여부	첨가제 형태로 10% 이내 사용		베이스레진으로 사용	
재활용 여부	불가능		가능	
생분해 여부	최종 생분해		난분해(비분해)	
생분해 시험	6개월 이내(90% ↑), 45일 이내(60%)		6개월 이내(60%↑)	
시험분석	생분해(미생물)		유기탄소 정량	
종류	PLA, TPS, PHA, AP, CA 등	PBS, PES, PVA, PCL, PBAT 등	Bio PE, Bio PP, Bio PET, Bio PA 등	
규격 기준	ISO 14855, ASTM D 6400 등		ASTM D 6866, CEN/TR 15932 등	
주요 적용지역	유럽 등		미국 등	

자료 : 한국과학기술기획평가원 브리프 [바이오플라스틱], 2022. 8

❑ 생분해성 플라스틱은 최종 생분해되는 특성을 가지며, 바이오매스 포함 여부에 따라 바이오 기반과 석유 기반으로 구분된다.

- (바이오 기반 & 생분해성) 옥수수계 100% 바이오매스 기반으로 생산되는 PLA(Polylactic acid)가 대표적임
- (석유 기반 & 생분해성) 석유화학 기반으로 생산되며, PBS(Polybutylene Succinate), PBAT(Polybutylene Adipate Terephthalate) 등이 상용화되어 있음

❑ 바이오베이스 플라스틱은 바이오 기반 & 난분해성 특성을 보이며, Bio-PE(Polyethylene) 등이 상용화되어 있다.

2) 바이오플라스틱 관련 정책동향

(1) 국외 정책동향

가. 미국

❑ 미국은 2030년까지 석유 소비량 30%를 바이오화학제품으로 대체하는 것을 목표로 제시하고, 바이오 자원의 사용을 늘리고 바이오 기반 제품 개발 및 구매를 촉진한다.

❑ 1996년 「Technology Vision 2020」을 발표하고, 2020년까지 미국 내 화학원료 사용량의 20% 감축, 2050년까지 50% 감축 목표를 수립하였다.

❑ 2000년 연방정부는 '바이오매스 연구개발 육성법'을 제정하고 자금지원, 세제지원, 공공기관 우선구매, 바이오기술 개발 자금지원, 산업바이오 인증제도, 전담기관 설립 및 지원조직 구성의 근거를 마련하였다.

❑ 2002년 미국 농무성(USDA)에서 바이오베이스 플라스틱 인증을 시작하였고 이후 일본, 벨기에, 독일, 한국 등에서 인증하였다.

- 유기탄소로 측정하여 바이오매스 70% 이상인 경우 인증마크에 FP라고 표기하여 연방법에 따른 우선 구매 제품으로 분류

❑ 2012년에는 '국가 바이오경제 청사진(National Bioeconomy Blueprint)' 발표를 통해 재생가능한 자원 및 생물 제조방법 활용에 대한 내용을 구체화하였다.

- 국가 바이오경제 청사진 실행을 위해 필요한 자금은 농무부(USDA), 에너지부(DOE), 에너지첨단 연구프로젝트 사무국(ARPA-E; Advanced Research Projects Agency - Energy)으로부터 보조금 또는 대출 형태로 지원 받고 있음

❑ 바이오우선사용(Biopreferred) 프로그램을 통해 연방정부가 공공기관 우선 구매 대상 바이오매스 유래 제품 품목을 2005년 5개에서 2021년 139개까지 확대하였다.

- 소비자들이 인지할 수 있는 바이오 인증제와 라벨을 도입하는 등 바이오 제품 사용 촉진 제도를 시행

❑ 바이오플라스틱을 포함한 바이오 제조경쟁력 강화를 위한 합성생물학 기반의 바이오파운드리 기술 개발을 추진한다. 미국의 8개 국립연구소가 연합한 공공 바이오파운드리 Agile Biofoundry를 지원하여 바이오 제품 개발 및 상용화 기간 50% 단축을 목표로 설정하고 바이오플라스틱 단량체 등 바이오 제조기술 고도화를 집중 지원하고 있다.

나. EU

❑ EU는 순환경제로의 전환을 목표로 민관 협력의 RoadtoBio 프로젝트를 통해 2030년 화학 원료의 25%를 바이오 기반 제품으로 대체하기 위한 기술개발 로드맵을 수립하였다.

❑ EU집행위원회(European Commission)는 유럽그린딜과 기존 순환경제패키지 연장선에서 2020년 3월 **「신순환경제실행계획(New Circular Economy Action Plan)」**를 발표하였다.

- 유럽그린딜에서는 2050년까지 탄소중립 달성을 위해 △에너지 탈탄소화, △산업육성과 순환경제 구축, △건축·운송분야 에너지 효율 강화, △식품안전, △생물다양성 보호 정책을 제시하였음
- 제품설계 → 재활용단계까지 전 생애주기를 고려하는「신순환경제실행계획」상 탈플라스틱의 핵심과제는 플라스틱 선형경제 → 순환경제(제품설계 → 생산 → 소배 → 폐기물관리 → 재활용)로 이행하는 것이 목표임
- EU이사회(Council of the European Union)는 탈탄소사회 실현과 코로나19 경기부양을 위한 자금 확보를 위해 2020년 7월 플라스틱세를 채택한 후 2021년 1월 1일부로 도입

❑ Horizon 2020 프로그램 내 BBI-JU(Bio-based Industries Joint Undertaking) 사업의 **RoadtoBio 프로젝트**를 통해 바이오매스 기반 소재 상용화 추진 및 2030년 화학 원료의 25%를 바이오 기반 제품으로 대체하기 위한 기술개발 로드맵을 수립하였다.

- EU의 대표 9개 품목으로 화장품, 페인트 및 코팅제, 농화학제품, 계면활성제, 윤활유, 인조섬유, 용매제, 접착제, 플라스틱/고분자를 선정하여 로드맵을 발표
- 시장규모, 지속가능한 원동력 및 한계점 분석을 통해 유럽의 RoadtoBio에서는 바이오 기반의 화학물질 생산 효율 증대를 통해 가격을 낮추는 단기에서 장기에 이르는 연구개발 투자를 계획함
- 유럽은 Horizon 2020 프로그램 내 BIOnTop 프로젝트를 통해서 8개 국가 20개 기관이 참여하여 바이오매스 함량이 85% 이상인 생분해가 가능한 새로운 바이오플라스틱을 개발하고 있으며, 바이오플라스틱의 순환을 위해 소각 또는 매립을 최소화하는 새로운 물리적 재활용, 유기적 재활용 시스템을 개발하고 있음

다. 일본

❑ 일본은 2030년까지 일회용 플라스틱 쓰레기 배출량 25% 삭감을 목표로 중장기 로드맵 수립 등 자원순환 및 생분해성 플라스틱 개발에 중점 지원하고 있다.

❑ G7 환경해양 에너지 장관회의에서 일본은 바이오플라스틱의 연간 생산량을 2030년까지 197만톤으로 늘리는 계획을 발표(`18년) 하였다.

- 일본 바이오플라스틱협회에 따르면, 2017년 바이오플라스틱 생산량은 약 4만톤임

❑ 일본은 2019년 5월에 '플라스틱 자원순환 전략'을 수립하고, 2050년까지 중장기 바이오 플라스틱 도입 로드맵을 마련하였다.

- 2035년 폐플라스틱 재활용률 100%를 목표로 하여 해양 생분해성 플라스틱 개발을 지원

❑ 일본은「바이오전략 2020」시장 분야 정책 확장판을 발표(`21년)하여 고성능 바이오소재, 바이오플라스틱(53.3조엔) 등의 시장 분야별 규모 확대 목표를 제시하였다.

- 일본 경제산업성은 '2050년 탄소중립을 실현하기 위한 녹색성장전략'을 수립하고 바이오연료, 바이오매스 소재 등을 탄소순환을 위한 육성 산업으로 선정

라. 중국

❑ 중국은 2020년 '2060년 탄소중립(실질적 탄소배출량 제로)' 목표 달성을 위해 탄소배출권 거래 시장을 개설하고 녹색기술 혁신체계 구축을 발표하였다.

❑ 2020년 국가발전개혁위원회와 생태환경부에서 공동으로 '플라스틱오염 관리강화 방안'을 발표하고 일회용 플라스틱 제품 사용 금지제도 시행에 따라 생분해성 바이오플라스틱 관련 산업이 급성장할 것으로 예상된다.

- 농업용 비닐, 일회용 식기 부문을 생분해성 플라스틱으로 대체하기 위해 농업용 비닐 관리 방법(농업부, `20년), 플라스틱 제품 관련 금지 세분화 기준(범부처, `20년) 등을 발표

❑ 2021년부터 2025년까지 진행되는「중국 14차 5개년 계획」을 통해 바이오화학을 중국 차세대 경제성장 동력산업으로 집중 육성할 것을 제시하였다.

마. 그 외

❑ 프랑스, 이탈리아, 인도, UAE, 파키스탄 등은 산화 생분해 플라스틱(Oxo-degradable bioplastics) 포장재 사용에 대한 법령을 제정하였고, 프랑스 정부는 2017년 1월 1일부터 과일 및 야채 포장지와 일부 포장재에 퇴비화 할 수 있는 바이오플라스틱의 사용을 의무화하는 법률을 2015년에 채택했다.

❑ 전 세계 30여 개의 글로벌 기업들은 '플라스틱 쓰레기 제거 연합(AEPW, Alliance to End Plastic Waste)'을 결성하였다.

- BASF, DSM, Dow, Braskem, ExxonMobil, Total, Shell, Mitsubishi Chemical Holdings, Mitsui Chemicals, Procter & Gamble 등

❑ 해양 폐플라스틱 감소 및 제거를 위한 솔루션을 증진하는 AEPW는 5년간 15억달러 투자를 목표로 하며, 플라스틱 쓰레기 최소화를 위한 새로운 솔루션 개발은 물론, 폐플라스틱 재활용을 통해 순환경제에 기여하는 솔루션도 가속화할 예정이다.

(2) 국내 정책동향

❑ 탄소중립 추진, 플라스틱 문제 해결, 화이트바이오산업 활성화를 위한 중장기 대책을 관계부처 합동으로 마련하였으며, 산업계와의 협력 확대를 추진하고 있다.

❑ 「2050 탄소중립 추진전략(`20.12)」에서는 3대 정책방향과 10대 과제 중 '新유망 저탄소산업 생태계 조성' 정책의 '新유망 산업 육성' 과제에 해당된다.

- 저탄소 신산업으로 기존의 석유화학 산업을 대체할 수 있는 화이트바이오 신산업 육성 내용을 포함
- 친환경·저탄소 신산업 분야 유망기술 보유 기업을 집중 발굴·지원하고, 친환경소재 개발 등 대기업이 제시하는 과제를 스타트업이 수행하는 '대기업-스타트업 협력 플랫폼'을 통해 저탄소 개방형 생태계 저변을 확대할 계획임

❑ 「화이트바이오 산업 활성화 전략(`20.12)」에서는 플라스틱 쓰레기 문제 해결, 탄소 저감 등을 위해 바이오플라스틱 등 화이트바이오 산업에서 수요창출 지원, 규제개선, 기반구축 등으로 산업경쟁력을 제고하기 위한 세부계획을 발표하였다.

- 정부는 바이오플라스틱 개발·보급 확대, 화이트바이오 고부가가치 제품 중심으로 밸류체인 강화, 산업군을 형성하기 위한 기반 구축 등 화이트바이오 全분야 육성을 위한 전략 마련
- 화이트바이오 산업 기반인 원료(바이오매스 등)를 확보하고 생분해성 바이오플라스틱 신소재 개발을 위한 R&D 확대, 실증사업, 공공 인증제 도입 등 추진
- 화이트바이오 제품 개발·생산을 위해 R&D 및 시설 인프라를 지원하고 바이오화학 기업 및 수요 산업간 공동개발 지원, 규제개선을 통한 신기술 개발 촉진
  - * 바이오 리파이너리(원료추출·가공) 공정기술 개발, 파일럿 생산시설 구축, 바이오에너지(바이오디젤, 해양 바이오수소 등) 생산기술 등

❑ 2050 탄소중립 사회를 위해 화석연료 플라스틱의 제로화 장기대책의 필요성에 따라 「생활폐기물 탈(脫)플라스틱 대책(`20.12.)」을 발표하고 대체 플라스틱 사회로의 전환을 위한 100% 바이오플라스틱으로의 전환을 추진한다.

- 본 대책을 통해 2025년까지 플라스틱 폐기물을 20% 줄이고, 분리 배출된 폐플라스틱의 재활용 비율을 현재 54%에서 2025년까지 70%로 상향시킬 계획임
- 중장기적으로 석유계 플라스틱을 줄여서 플라스틱으로 인한 온실가스 배출량을 2030년까지 30% 줄이고, 2050년까지는 산업계와 협력하여 석유계 플라스틱을 100% 바이오플라스틱으로 전환하는 내용을 포함하고 있음
- 2030년까지는 석유계 혼합 바이오플라스틱의 제한 사용을 실현하기 위해 기존 플라스틱(PET, PP)과 물성이 동일한 Bio-PET, Bio-PP 사용을 유도하고, 기존 플라스틱과 물성이 상이한 경우에는 첨가제를 추가하여 자연분해를 촉진함

- 2050년까지 100% 바이오플라스틱으로 대체하기 위해서는 바이오 기반 소재 개발을 위해 균주-공정-대량생산-제품화 전주기 R&D를 추진하고, 상용화 시 바이오플라스틱 재생원료 재활용체계를 구축할 계획

❑ 환경부에서 제정한 환경표지대상제품 및 인증기준(시행 2022.01.03.)에는 생분해성수지제품(EL 724), 바이오매스 합성수지제품(EL 727) 등이 포함된다.

- 환경표지대상제품 및 인증기준 개정안(시행 2022.01.03.)의 주요 내용을 보면, 포장재(EL 606), 생분해성 수지(EL 724), 바이오매스 수지(EL 727) 제품 중에서 1회용품은 인증에서 제외되고, 특히 생분해성 수지는 통상적으로 회수가 어려운 농업용 필름, 수의용품 등에 한해서만 인증이 유지됨
  * 1회용품이란 반복사용이 가능하더라도 1회용을 목적으로 제공되는 제품을 말하며, 컵, 접시, 용기, 봉투, 쇼핑백, 지퍼백, 롤백 등이 해당됨
- 사용 환경(토양, 해수, 담수 등)에 따른 생분해성 인증, 바이오매스 함량에 따른 인증 등을 고려한 바이오플라스틱 인증 제도가 마련되지 못한 실정

❑ 생분해플라스틱 평가·인증·처리시스템 마련에 관한 내용이 윤석열 정부 110대 국정 과제(`22.5.3)에도 포함되었다.

[도표 Ⅰ-2] 바이오플라스틱 규제

구분	규제
한국	- 생분해성 제품은 1회용품 사용규제 대상에서 제외, 폐기물 부담금 제외 * 생분해성 제품: 환경기술개발 및 지원에 관한 법률, 제 1조에 따른 생분해성 수지 제품으로 환경표지 인증을 받은 제품
유럽	- 일회용 플라스틱 제품 사용 규제를 위한 지침 제정안 2021년부터 발효 - 일회용 플라스틱 제품의 사용 금지 * 플라스틱 식기류(cutlery), 접시(plate), 빨대(straw), 발포폴리스티렌 음식물용기(fod container), 음료 용기(fod container), 음료용 컵(cup), 플라스틱으로 제조된 면봉용 막대, 산화생분해성(oxo-degradable) 플라스틱으로 제조된 제품 - 2025년부터는 PET 음료 병의 25%는 재활용된 플라스틱으로 제조해야 하고, 2030년부터는 모든 플라스틱 병의 30%는 재활용플라스틱으로 제조 - 2029년까지 플라스틱 병의 90%를 의무적으로 수거 - 플라스틱이 함유된 담배 필터의 제조업자는 생산자책임재활용제도(Extended Producer Responsibilty Scheme)가 대상
이탈리아	- 비분해성 봉투 사용 규제 시행(`14,10):90%이상 쇼핑백에 사용 중 (세계 최대 시장)
프랑스	- 비분해성 일회용 쇼핑 봉투 사용 규제(`16.7), 바이오매스함량 30% 봉투만 사용 (`17.1) - 2020년부터 플라스틱 컵과 접시 사용 금지
독일	- 생분해성 봉투인 경우 Bio contents 비율 50% 고시 예정
미국	- 갤리포니아주, 식품판매점에서 비닐봉지제공금지(2016), 식당에서 플라스틱 빨대 사용금지(2018) - 하와이주, 플라스틱 봉투 사용 금지(`15.7) - 시애틀, 식당에서 빨대, 포트. 접시 등의 플라스틱 사용 금지(`18) 위반 시 벌금부과(250$) - 텍사스, 플라스틱 봉투 사용 시 벌금부과(5c/장)

구분	규제
캐나다	- 몬트리올 지역 플라스틱 봉투 규제 예정(2018) - 주 전역의 플라스틱 봉투 규제 검토 중
호주	- 남호주(애들레이드, 시드니, 멜버른 등) 지역 플라스틱 봉투 규제 실시(2009,4) - 북호주 지역 플라스틱 봉투 사용 금지(2011,9) (다중용도 플라스틱 봉투, 쿨백, 종이봉투, 생분해성 봉투 허용)
뉴질랜드	- 일회용 비닐본지 사용 전면금지(2019)
중국	- 길림성, 비분해성 봉투 사용 금지(2015,1): PLA35%(`15년) 30%(`16년) 이상 사용

자료 : 한국바이오협회 BIO ECONOMY BRIEF Issue 87 [바이오플라스틱 시장 동향], 2020.

3) 바이오플라스틱 기술개발 및 기업동향

(1) 바이오플라스틱 기술

❑ 바이오플라스틱은 기존 화석 원료로부터 생산하던 플라스틱 단량체를 바이오매스로부터 생산함으로써 탄소저감 및 미세플라스틱 문제 해결에 기여할 수 있을 것으로 기대된다.

- 생분해성 플라스틱 소재는 바이오매스로부터 얻어진 단량체(monomer)를 중합하거나 석유 유래 원료 중합 합성을 통해 얻어지며, 미생물 등에 의해 생분해가 일어남
- 바이오베이스 플라스틱은 바이오매스 유래 물질, 생분해 물질, 석유화학 유래 물질 등을 이용하여 천연물-고분자 결합 또는 천연물-단량체 중합하는 형태로 만들어짐

❑ 전 세계적으로 NatureWorks, BASF, Novamont 등 주요 기업의 기술우위에 의한 독점적 공급 형태이며, 이들 기업이 바이오·화학 융합 요소기술 개발을 통해 바이오플라스틱 상용화를 지속적으로 추진하고 있다.

- 글로벌 선도기업들은 신규 바이오플라스틱 소재·공정·제품 용도로 개발하거나, 바이오플라스틱의 고함량화를 위한 바이오 단량체 생산을 위한 플랫폼 기술 개발에 주력
- 플라스틱 폐기물에 의한 오염문제 해결 및 재활용을 위한 새로운 솔루션 개발 등 바이오플라스틱의 자원 순환기술도 개발하고 있음

❑ 국내는 대기업을 중심으로 온실가스 저감, 플라스틱 순환 등과 같은 친환경 제조 관련 분야에 대한 기술개발 및 상용화를 추진하고 있다.

- 바이오플라스틱의 경우 국내 기업의 수요가 폭발적으로 증가하고 있으나, 대부분의 소재를 수입에 의존하고 있어 국내 자립화가 어려운 상황
- 대기업과 벤처 중심으로 바이오플라스틱 소재의 국산화를 위한 연구개발 및 상용화가 적극적으로 추진되고 있으나, 산업 혁신생태계 구축에는 한계가 있음

가. 생분해성 플라스틱(Biodegradable plastics)

❑ 생분해성 플라스틱은 식물체 기반 고분자, 미생물 생산 고분자 및 석유계 플라스틱 유래 고분자를 모두 포함하는데, 퇴비화 조건에서 36주 이내에 셀룰로오스 대비 90% 이상 생분해되어야 한다.

❑ 생분해성 플라스틱은 바이오매스로부터 얻어진 단량체(monomer)를 중합하는 방법과 석유화학 유래 물질을 이용해 제조하는 방법이 존재한다.

- 단량체 중합법은 바이오매스를 전처리, 당화과정을 통해 당을 제조하고 발효하여 산업상 이용이 용이한 고분자의 단량체를 생산한 후 이 단량체를 중합하여 소재를 얻음
- 현재 대표적인 생분해 플라스틱인 PLA는 전분을 발효시켜 젖산(lactic acid)을 만들고 그 젖산을 중합하여 제조함

[그림 Ⅰ-1] PLA(Polylactic acid) 분해 기작

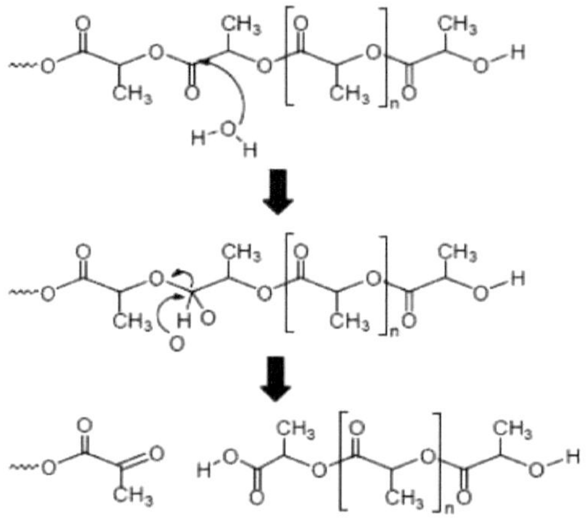

자료 : 한국과학기술기획평가원 브리프 [바이오플라스틱], 2022. 8

❑ 생분해성 플라스틱의 주요 분해 메커니즘은 미생물이 분비하는 효소로 인해 플라스틱 물질이 붕괴되어 저분자화 된 후 미생물이 저분자를 흡수하고 대사 작용을 거쳐 물과 이산화탄소로 최종 방출된다.

- 열화(Deterioration) → 생물 절단(Biofragmentation) → 동화 작용(Assimilation) → 광화 작용(Mineralization)

❑ 생분해성 플라스틱은 크게 천연물 합성계, 화학 합성계, 미생물 합성계로 나눌 수 있으며, 단일 소재보다는 생분해성 소재를 혼합하여 사용한다.

❑ **(천연물 합성계)** 식물체 등 천연물을 가소화, 단량체 및 축중합 시키는 천연물 합성계 생분해성 플라스틱은 PLA(Polylactic acid), TPS(Thermo plastic acid), AP(Aliphatic polyester), CA(Cellulose acetate), CDA(Cellulose diacetate) 등이 있다.

- 옥수수, 사탕수수 등이 원료로 사용되며, 화학 합성계 대비 물성은 떨어지나 제조과정에서의 탄소배출량이 약 70% 감소하는 장점이 있음
- 천연물 합성계 생분해성 플라스틱은 물성 개선, 유통 중 분해 방지, 가격경쟁력, 생산성 등의 해결해야 할 문제가 많음
- 생분해성 플라스틱 물성 보완을 위해 천연물 합성계 및 석유화학 유래 화학 합성계 생분해 플라스틱 원료를 혼합사용하고 있음

* Starch blends는 전분 분말을 가소제로 처리하여 열가소성 전분(Thermoplastic Starch)으로 제조하고, 이를 바탕으로 생분해 플라스틱을 생산하는데, 약한 물성과 매우 저렴한 가격으로 인해 다른 고분자(PVA, PBAT, PLA 등)와 혼합하여 생분해도를 향상시키고 비용을 절감

❑ **(화학 합성계)** 석유화학 유래 화학 합성계 생분해성 플라스틱에는 PBS(Polybutylene succinate), PCL(Polycapro lactone), PEU(Polyester urethane), PGA(Polyglycolic acid), PBAT(Polybutylene adipate-co-terephthalate), PES(Polyethylene succinate), PVA(Polyvinyl alcohol) 등이 있다.

- 단량체를 화학 합성하여 얻는 생분해성 플라스틱으로 물성, 생산성이 우수하여 많은 분야에 적용되고 있음

❑ **(미생물 합성계)** 미생물이 양분의 저장형태 및 배설물의 형태로 생산한 고분자를 말하며, PHA(Polyhydroxy alkanoate), PHB(Polyhydroxy butyrate), PHV(Polyhydroxy valerate) 등이 있다.

- 열가소성 고분자 소재로 PHA 연구 개발이 활발하며, PHB는 열 분해되기 쉬워 가공이 어려운 단점을 개선하기 위해 PHB/V 공중합체의 미생물 생산기술이 개발됨

❑ 생분해성 플라스틱의 종류는 20가지 넘게 있지만, 현재 산업화 단계에 진입한 제품들에는 Starch blends, PLA, PHA, PBS, PBAT 등이 있다.

❑ 기존의 생분해성 플라스틱은 약한 물성, 유통 중 생분해 가능성, 내수성, 투기성, 생산성, 가격경쟁력, 재활용 어려움 등의 문제점으로 인해 산업화 적용이 부진한 실정이다.

- 생분해 플라스틱의 단점을 보완한 바이오매스 20~40%와 플라스틱 60~80%를 혼합사용

❑ **Starch blends**는 현재까지 생분해 플라스틱 중 가장 많이 사용되어 왔으며, PBAT, PLA, PCL 등과 혼합하여 사용되고 있다.

- 다른 생분해성 플라스틱 원료보다 원가가 낮은 열가소성 전분을 PLA, PBAT 등 생분해성 소재와 혼합한 복합소재로 높은 생분해성 특성으로 인해 일회용 비닐봉투, 컵, 수저, 포장재 등에 사용됨
- 다만, 열가소성 전분은 생분해도가 좋은 만큼 강도가 약하고 강력한 수분 흡수력을 가지고 있어, 직물, 자동차, 건자재 등 산업용 수요를 충족시키는 어려운 단점이 있음

❑ 바이오매스 유래 젖산(Lactic acid)을 이용하여 락타이드(Lactide)를 합성하고, 이를 이용하여 **PLA**를 제조하며, 높은 가격경쟁력, 투명성, 생체적합성, 열 가공성의 장점이 있어 포장재, 소비재, 3D 프린팅 원료로 사용되나, 자연 환경에서 생분해가 느리며 특수 퇴비화(Composting)에서 생분해가 가능하다.

- 생분해성 바이오플라스틱을 산소에 민감하지 않는 미생물을 이용하여 물과 이산화탄소로 분해하는 기술임

- PLA는 생체 내에서 분해·흡수되는 성질과 생체 내 무해하다는 장점으로 인해 의료용 재료로 활용이 가능하며, 식물의 생육을 촉진하는 것으로 알려져 농림업 분야에 활용되고 있음
- PLA는 약한 내열성과 내충격성, 일반적인 조건 하에서 분해속도가 다소 느린 단점이 있음
  * PLA의 생분해 조건은 지역 58℃ 이상, 수분이 70% 이상의 조건일 경우 90~180일 이내 90%가 분해됨

❑ **PBAT**는 화석 원료 기반 1,4-부탄디올(1,4-Butanediol), 아디프산(Adipic acid), 테레프탈산(Terephthalic acid)의 중합을 통해 제조되어 높은 생분해성과 가공성의 장점 때문에 석유화학 기업에서 빠르게 상용화를 추진하고 있으며, 연질 포장재와 농업용 멀칭필름에 주로 사용된다.

❑ **PBS**는 화석연료 기반 숙신산(Succinic acid)과 1,4-부탄디올의 중합을 통해 제조되며, 높은 생분해성으로 인해 연질 포장재 또는 PHA와 혼합하여 어망, 어구에 주로 사용된다.

❑ **PHA**는 높은 생산원가와 바이오 공정만으로 제조가 가능하며, 가수분해가 잘 일어나 특정 조건에서 분해하기가 쉬우며, 생분해성 플라스틱 중에서 내열성이 낮다.

- PHA는 미생물을 원료로 한 소재이기 때문에 생체적합성과 생분해성이 뛰어나기 때문에 약물 전달 및 조직공학 분야에 널리 사용 가능

나. 바이오베이스 플라스틱(Bio-based plastics)

❑ 바이오베이스 플라스틱은 생분해성에 초점을 두지 않고 식물체 바이오매스를 20~25% 이상 함유하는 경우를 말하며, 이산화탄소 저감에 기여한다는 점에서 생분해성 플라스틱과 차별성을 가진다.

❑ 바이오베이스 플라스틱은 생분해 플라스틱의 단점을 보완하기 위해 생분해 수지와 산화 분해제 등을 첨가하여 만들며, 분해 기간과는 상관없이 유기탄소 함량을 측정하여(CO_2 저감) 분류한다.

❑ 식물체 유래 물질, 생분해 물질, 석유화학 유래 물질 등을 이용하여 제조되며 중합형과 결합형이 있다.

- 사탕수수와 같은 식물체인 바이오매스에서 당화과정을 거쳐 단량체를 생산하고 이 단량체를 중합하는 방식의 중합형 바이오베이스 플라스틱과 생분해 플라스틱 또는 식물체 바이오매스를 기존 난분해성 플라스틱에 결합시킨 결합형 바이오베이스 플라스틱이 있음
- 기존의 석유계 플라스틱 PE(Polyethylene), PP(Polypropylene), PET(Polyethylene terephthalate) 소재의 단량체를 바이오매스 유래 동일 단량체로 대체하여 바이오매스 함량을 증가시키거나, 새로운 바이오매스 유래 단량체를 사용한 PTT(Polytrimethylene terephthalate), PEF(Polyethylene 2,5-furandicarboxylate)와 같은 바이오플라스틱에 해당함

❑ 바이오베이스 플라스틱은 생분해성 플라스틱보다 생산성이 우수하고 가격이 저렴할 뿐만 아니라 재활용할 수 있어 일반 플라스틱과 함께 분리배출이 가능하다.

- 페트병에서 자동차 분야까지 그 적용 범위가 확장되고 있으며, 식량자원을 사용하기보다

는 셀룰로오스, 볏짚, 왕겨, 옥수숫대, 대두박, 옥수수 껍질, 대나무 등 비식용계 부산물 자원을 원료로 활용하는 추세

❑ 바이오베이스 플라스틱은 유통기한이 길며 물성 보완이 필요한 분야에 적용되어 Bio-PA, Bio-PE, Bio-PTT, Bio-PET, Bio-PP 등이 산업화되어 있다.

❑ **Bio-PA(Polyamide)**는 피마자유 등을 사용하여 만든 고성능 플라스틱으로 자동차 부품 및 건축자재 등에 활용되고 있다.

❑ **Bio-PE(Polyethylene)**은 사탕수수 유래 에탄올로 합성된 바이오에틸렌을 이용하여 생산하며, 비닐봉투 등의 포장재로 이용된다.

- 2020년 기준 Bio-PE는 바이오베이스 플라스틱 내 25% 점유율을 차지함

❑ **Bio-PTT(Polytrimethylene terephthalate)**는 옥수수 유래 1,3-프로판디올(1,3-Propanediol)로 제조되며, 신축성이 있어 카페트 및 의류에 사용된다.

❑ **Bio-PET(Polyethylene terephthalate)**는 사탕수수 유래 에탄올로 합성된 에틸렌글리콜을 이용하여 생산하며, 석유계 PET를 대체하여 이미 상용화 사례가 존재한다.

- Coca Cola, PlantBottle™ 출시
- 바이오베이스 플라스틱 내 Bio-PET의 점유율이 2020년 19%에서 2025년에 11%까지 감소할 것으로 추정되는데, 이는 기존에 Bio-PET가 주도해 왔던 시장에서 생분해 플라스틱으로 이전될 것으로 전망하기 때문임

❑ **Bio-PP(Polypropylene)**는 사탕수수 유래 에탄올로 합성된 프로필렌을 이용하여 생산하나, 여타 제품 대비 기술적 장벽이 높아서 아직까지 상업적 생산 규모는 매우 미미한 수준이다.

- Bio-PP는 2020년 바이오베이스 플라스틱 내 점유율이 3%에 불과하였지만, 향후 물성 구현 등의 기술적 난제 해결을 통해 가장 빠른 성장세가 예상됨

(2) 글로벌 기업 개발동향

❑ 글로벌 기업들은 PLA, PHA, PBAT, PBS 등 생분해성 플라스틱 기반의 제품 상용화를 추진하고 있다.

❑ **NatureWorks社**는 장기간 연구개발을 통해 젖산, 락타이드, PLA를 생산하는 공정을 최적화하였으며, 개별 공정의 생산 수율은 95% 이상, 전체 공정의 수율은 80% 이상으로 석유 유래 소재 수준의 매우 높은 가격경쟁력을 확보하고 있다.

- NatureWorks社는 축적된 연구경험과 기술력(산성 발효(pH 3), 젖산 및 락타이드 재활용 최적화 등)을 토대로 후발 기업인 Total Corbion社의 PLA보다 우월한 가격 경쟁력을 유지
- NatureWorks社는 15만톤/년 규모로 공급하고 있으며, 6억 달러를 투자하여 2024년 7.5만톤/년 생산 규모의 신규 PLA 공장 건립 계획을 수립
- Total Cobion社는 PLA 중합의 원료가 되는 락타이드의 최대 생산기업이며, 태국에 연간

7만 5천톤 규모의 생산설비 완공 후 Suler chemtech과 공동기술연구를 통하여 PLA소재 생산에 박차를 가하고 있음

❑ 해양 생분해도가 높아 해양 제품에 활용성이 높은 PHA의 경우, **Kaneka社**는 PHBH™을, **Danimer Scientific社**는 Nodax®를 상용화하였으며, 지속적인 연구개발을 통해 다양한 조성의 PHA를 개발하고 있다.

- Danimer Scientific社는 2002년 기준 1만톤/년 규모의 PHA 생산공정을 완공하고, 2022년까지 7억 달러를 투입하여 2.25만톤/년 생산 규모를 증설하여 최종적으로 3.25만톤/년 규모의 PHA 생산공장을 확보할 계획임

❑ **BASF社**는 Ecovio®와 Ecoflex®을 상용화하여 포장재 및 필름 등 다양한 제품에 활용하며, 질량균형접근법을 개발하여 석유화학제품의 바이오매스 함량을 지속적으로 향상시키고 있다.

- BASF社는 PBAT의 단량체 아디프산(Adipic acid)을 숙신산(Succinic acid)으로 대체하여 새로운 물성의 생분해성 바이오플라스틱 소재(PBST)를 개발
- BASF社는 바이오납사(Bio-naptha) 또는 바이오가스 유래 원료와 석유 유래 원료와 혼합하여 석유화학제품을 생산하는 바이오매스 함량을 향상하는 질량균형접근법(Biomass balance approach)을 개발하여 자사 제품의 바이오매스 함량을 향상

❑ **Novamont社**는 전분계 생분해성 바이오플라스틱 복합소재(Mater-Bi)를 상용화하고, 바이오윤활유(Matro-Bi), 바이오화장품 원료(Celus-Bi) 등과 같이 바이오제품군을 점차 확대하고 있다.

- Novamont社는 Mater-Bi의 시장경쟁력 확대를 위해 포장재 회사인 **BioBag社** 인수

❑ 1,4-부탄디올, 아디프산, 테레프탈산 등을 바이오매스로부터 생산하는 생물공정 또는 화학공정 기술을 개발하고 있으며, 이들 단량체를 활용하는 경우, 바이오매스 고함량 PBS/PBAT 생산이 가능하다.

- **Bioamber社**는 8천톤/년 규모의 바이오 숙신산 공장 가동을 2018년 이후 중단, 2021년 LCY Biosciences의 투자를 통해 1.8만톤/년 규모의 바이오매스 유래 숙신산 공장을 재가동을 추진하고 2025년까지 3만톤/년 규모 증설 검토
- **Genomatica社**는 1,4-부탄디올 기반의 GENO BDO™ process 개발 완료 후 Novamont社와 3만톤/년 규모 공장 건립을 추진하고, **Cargil社**와 6.5만톤/년 규모 공장 건립을 위해 기술이전 계약 완료
- **PTT MCC Biochem社**는 바이오 숙신산을 사용하여 50% 바이오매스 함량의 BioPBS™ 수지를 생산하고 있으며, 바이오매스 유래 1,4-부탄디올을 활용하여 100% 바이오매스 기반 PBS 개발 추진

❑ 바이오베이스 플라스틱의 경우 석유계 단량체를 바이오매스로부터 생산하거나 직접 대체가 가능한 신규 단량체 생산기술을 상용화하는데 주력하고 있다.

❑ **Braskem社**는 바이오에탄올로부터 탈수 반응을 통해 에틸렌글리콜(Ethylene glycol)을 생산하여 100% 바이오매스 기반 PE(Polyethylene) 상용화하였다.

- Braskem社는 20만톤/년 규모로 생산하고 있으며, 6.1천만 달러를 투자하여 2022년 말까지 26만톤/년까지 생산 규모를 증설할 계획임

❑ **Cathay Industrial Biotech社**는 석유계 1,6-Hexanediamine 대체가 가능한 바이오매스 유래 단량체 1,5-Pentanediamine를 개발하여 PA510, PA512 등과 같은 다양한 바이오폴리아마이드(Bio polyamide)를 출시하였다.

❑ **Genomatica社**는 미생물 개량 기술을 토대로 1,4-부탄디올, Brontide™(1,3-Butanediol), BDE(Butadiene), GENO CPL™M(Hexamethylenediamine, caprolactam, 아디프산)의 생물학적 생산기술을 개발하고, Novament社와 협업을 통해 1,4-부탄디올의 상용공정(3만톤/년)을 개발하고 있다.

❑ **Virent社**는 보유하고 있는 Bioforming® process를 활용하여 100% 바이오매스 유래 테레프탈산 생산 기술을 개발하였다.

❑ **Avantium社**는 XYZ technology를 개발하여 바이오매스 Fructose로부터 테레프탈산을 대체하는 2,5-퓨란디카르복실산을 제조하고 이를 PET 대체 100% 바이오매스 유래 PEF (Polyethylene 2,5-furandicarboxylic acid)를 개발하였다.

❑ 세바식산(Sebacic acid), 11-aminoundecanoic acid, dodecanedioic acid 등 지방산유래 단량체는 고가의 특수용도 바이오 폴리아마이드(Bio polyamide)에 사용되며 **Evonik社** 등이 연구개발을 추진하고 있다.

❑ **Zymergen社**는 합성생물학 전문기업으로 Sumitomo社와 협업을 통해 전자기기에 사용 가능한 고투명도 폴리이미드(Polyimide) Hyaline Z2를 개발하였다.

[도표 Ⅰ-3] 글로벌 기업의 바이오베이스 플라스틱 적용 제품

기업명	바이오베이스 플라스틱 적용 제품
코카콜라/하인즈	PlantBottle(Bio-PET병) 사용(Bio-PE 30%, 석유화학 70%)
다농	Volvic 물병(20%), Activia 요거트 포장 및 Stonyfield 요거트 포장 뚜껑
네슬레	Vittel 물병(30% Bio-PET), Ninho 강화우유 뚜껑
P&G	Pantene Nature Fusion 샴푸 용기(Bio-PE) 사용
나이키	32% 바이오소재 기반 폴리우레탄 축구화 출시
포드車	무스탕 모델의 좌석, 머리받침대, 차량 플랫폼 전반에 바이오플라스틱 적용

자료 : 한국과학기술기획평가원 브리프 [바이오플라스틱], 2022. 8

(3) 국내 기업 개발동향

❑ 대기업을 중심으로 바이오플라스틱 소재의 국산화를 위한 연구개발 및 상용화가 추진되고 있으나, 빠른 산업생태계 구축에는 한계가 있다.

- CJ제일제당, LG화학, 대상 등 글로벌 추세를 반영한 생분해성 바이오플라스틱 중심의 상용화에 집중하고 있음

[도표 Ⅰ-4] 국내 기업의 생분해성 바이오플라스틱 상용화 추진 현황

기업명	상용화 관련 내용
CJ 제일제당	• 해양 생분해성이 우수한 바이오플라스틱 소재인 폴리히드록시알카노에이트(PHA) 생산설비(연산5천 톤 규모)를 인도네시아에 건립하여 상용화 추진 • SKC와의 협업을 통해 자사가 생산한 PHA 소재와 PLA 소재를 활용하여 친환경 생분해성 포장재 개발을 추진
LG화학	• 포도당과 폐글리세롤로부터 3-HP(3-Hydroxypropionic acid)를 생산하는 생물공정을 개발하고, lactic acid와 3-HP의 공중합체인 신규 생분해성 바이오플라스틱 PLH(Poly lactate hydracrylate)를 개발하고 상용화 추진 • 미국 곡물회사 ADM社와 생분해성 플라스틱 소재 PLA를 생산하기 위한 협력연구를 진행하고 있으며, 연산 5만톤 규모의 PBAT 공장 설립 계획을 수립
㈜대상	• 아미노산 유래 바이오플라스틱 단량체(2-Pyrrolidone, cadaverine) 생산 기술 개발 • 자사의 전분당 기술을 활용한 전분계 생분해성 바이오플라스틱 복합소재 기술 개발 중 • LX인터-SKC-대상은 '생분해 플라스틱' 합작사 설립하여 PBAT 생산 추진 중이며, 대상은 바이오매스 유래 1,4-부탄디올 생산 공정 개발 진행

[도표 Ⅰ-5] CJ PHACT PHA(Polyhydroxyalkanoate) 분자구조 및 분해도

- CJ제일제당은 생분해 플라스틱 시장 선점을 목표로 역량을 집중하고 있음
- 대량 발효 기술과 정제 공법을 바탕으로 `22년 5월, 인도네시아 파수루안 바이오공장에서 해양 생분해 플라스틱 소재 PHA 양산을 시작함
- 전 세계 유일 상용화에 성공한 비결정형 aPHA(amorphous PHA)를 연간 톤 규모로 생산할 수 있으며, 반결정형 scPHA(semi crystalline PHA) 생산설비 착공에 추가 돌입함
- 미국 메타볼릭스(Metabolix)의 PHA 관련 자산인수를 통해 미국 보스턴에 위치한 연구 인력 및 네트워크를 확보하고 상용화 연구를 진행 중임

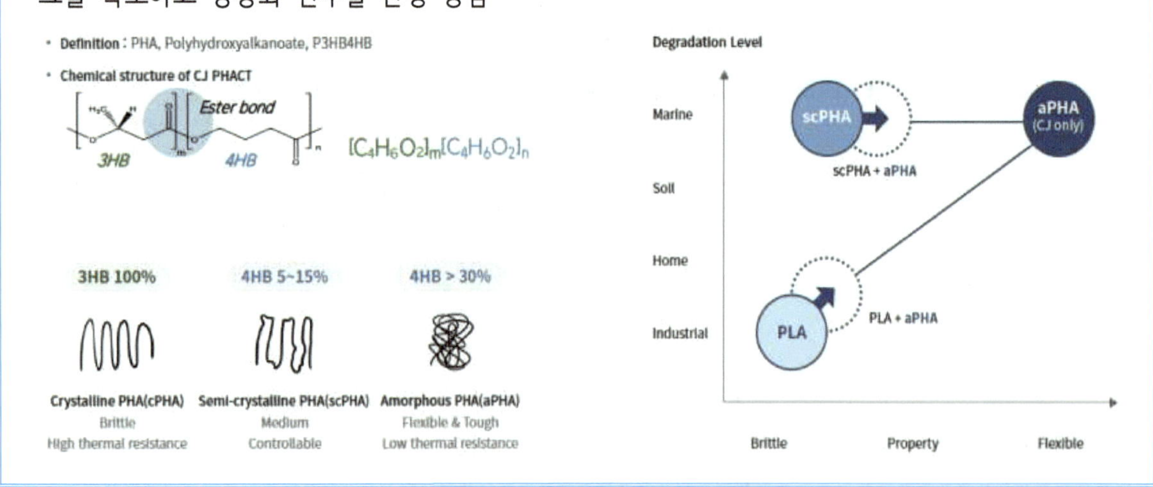

자료 : 한국바이오협회 BIO ECONOMY BRIEF Issue160 [지속가능성을 위한 친환경 바이오 플라스틱 산업 동향], 2022.

❑ 롯데케미칼, 삼양사, SK케미컬, SKC는 탄소중립형 바이오베이스 플라스틱의 상용화를 추진하고 있다.

- 삼양사 화학연구소는 `21년 7월 이소소르비드 기반 생분해성 플라스틱 'PBIAT(Poly Butylene Isosorbide Adipate-co-Terephthalate)'을 세계 최초로 개발하는 데 성공함. 이는 기존 석유 유래 소재 대비 탄소 중립적이며 토양에서의 자연분해 속도가 빠르다는 장점이 있음. 특히, 강하고 질겨서 필름 형태로 가공 시 얇게 만들 수 있어 플라스틱 사용량 자체를 줄일 수 있음

[도표 Ⅰ-6] 국내 기업의 바이오매스 기반 플라스틱 상용화 추진 현황

기업명	상용화 관련 내용
롯데 케미컬	• 사탕수수 유래 MEG(Mono ethylene glycol)를 이용하여 바이오매스 함량이 30%인 PET를 생산하고 있으며, 생산 규모는 2017년 100톤, 2018년 264톤, 2020년 1만톤으로 지속 확대
삼양사	• 군산에 연산 1만톤 규모의 이소소르비드(Isosorbide) 생산 공장을 2021년 완공하여 상용화 • 이소소르비드를 활용한 생분해성 플라스틱 관련 다양한 응용 기술 및 적용 제품 개발 추진
SK 케미컬	• 바이오매스 기반 바이오플라스틱 ECOZEN, ECOPROL 판매
SKC	• 바이오매스 기반 PET, PTT, PHA, PLA 필름 기술 개발 • 나노셀룰로오즈를 활용한 고강도 PBAT 개발 및 상용화 추진

자료 : 한국과학기술기획평가원 브리프 [바이오플라스틱], 2022. 8

❑ 국내 대형 원료 기업들은 PLA, PBAT, PHA 등 바이오플라스틱 원료 생산을 위한 사업을 추진하고 있다.

[도표 Ⅰ-7] 국내 대형 원료 기업의 사업 추진 현황

기업명	사업 추진 현황
LG화학	• (PBAT) 연간 5만톤 규모 PBAT 생산 공장 신설 및 `24년 본격 양산 목표 • (PLA) `25년까지 연간 7.5만톤 규모의 PLA 공장 건설
SKC/LX인터내셔날/대상	• (PBAT) `23년 상업화를 목표로 연간 7만톤 규모의 PBAT 생산시설 구축
SK지오센트릭-코오롱인더스트리	• (PBAT) `22년 0.3만톤 규모 PBAT 공장 가동, `24년까지 연간 6만톤 생산 능력 확보
CJ제일제당	• (PHA) `22년 0.5만톤 생산 시설 준공, `25년 연간 6.5만톤, `30년까지 30만톤 PHA 생산 능력 확보
롯데케미칼	• (PHA) `30년까지 PHA 생산 기술 확보 및 제품 생산

❑ **친환경 PET(Bio-PET, Recycled PET)** 일반 석유 화학에서 얻는 기존의 PET는 석유에서 추출한 원료 100%로 구성되어 있지만 'BIO-PET' 의 경우, 구성 원료 중 일부를 식물성 원료로 적용해 친환경적이다.

- **롯데알루미늄**의 경우 PET Resin 제조시 식물성 원료 사용(TPA 70% + 식물성 EG 30%)으로 친환경 관련 제품에 적용함으로서 CO_2 배출량을 20% 감소하는데 성공함
- **풀무원**은 구성 원료 중 30%를 사탕수수로 대체 제조, 운송, 소각을 포함한 전 공정과정에서 발생하는 이산화탄소를 20% 감축하는 성과를 보임

❑ 플라스틱 부산물을 활용해 만드는 **재활용 플라스틱 섬유(Recycled PET, rPET)** 또한 일반 폴리에스터 섬유보다 단가가 높지만, ESG 경영을 실천하고 의식 있는 소비를 공략하기 위해 완제품 제조 기업의 rPET 수요가 꾸준히 증가하고 있는 추세다.

[그림 Ⅰ-2] 국내 바이오플라스틱 산업의 Value chain

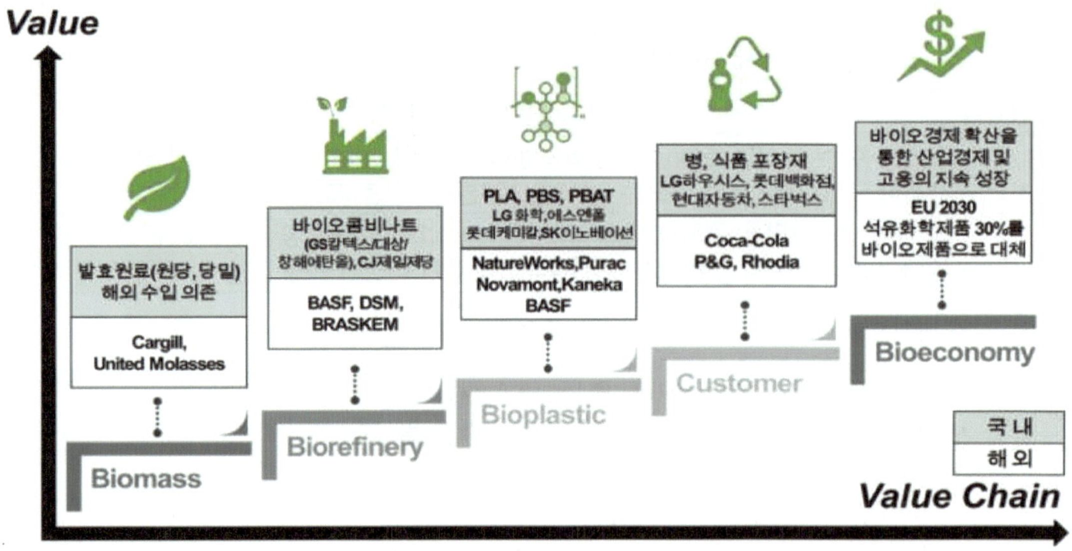

자료 : 한국바이오협회 BIO ECONOMY BRIEF Issue160 [지속가능성을 위한 친환경 바이오 플라스틱 산업 동향], 2022.

4) 바이오플라스틱 산업동향

(1) 글로벌 산업 동향

❑ 글로벌 바이오플라스틱 및 바이오폴리머 시장이 2021년 106억 5,560만 달러(약 12조원)에서 연평균 22.7%씩 증가하여, 2026년에는 296억 5,880만 달러(약 34조원)에 이를 것으로 전망(MarketsandMarkets, 2020) 하였다.

[도표 Ⅰ-8] 글로벌 바이오플라스틱 및 바이오폴리머 유형별 시장 규모 및 전망(백만 달러)

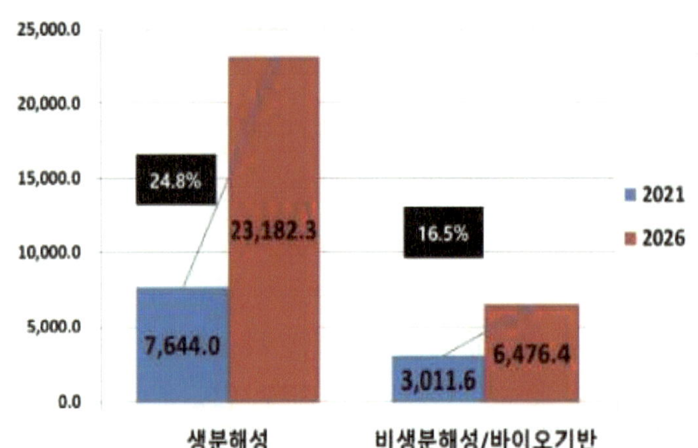

자료 : MarketsandMarkets(2020), 한국과학기술기획평가원 브리프 [바이오플라스틱], 2022. 8

- 생분해성 바이오플라스틱은 2021년 76억 4,400만 달러에서 연평균 24.8%로 증가하여, 2026년에는 231억 8,230만 달러에 이를 것으로 전망됨
- 비생분해성(난분해성)/바이오기반 플라스틱은 2021년 30억 1,160만 달러에서 연평균 16.5%로 증가하여, 2026년에는 64억 7,640만 달러에 이를 것으로 전망됨

❑ 유럽플라스틱협회에서는 세계 바이오플라스틱 생산 능력이 2021년 약 241만톤에서 2026년 759만톤으로 254.7% 성장할 것으로 전망(European Bioplastics, 2021) 하였다.

- 일반 플라스틱 시장의 연평균 수요 성장률이 3~4%인 점을 감안하면, 바이오플라스틱 시장은 연평균 성장률 28.8%로 고속 성장할 것으로 전망
- 생분해성 플라스틱의 시장은 2021년 155만톤 규모에서 2026년 530만톤까지 연평균 27.9%의 성장세를 보일 것으로 예상
  * 2021년 155만톤 생산량 기준으로 소재별 점유율이 PBAT, PLA, Starch blends, PBS, PHA 순
- 난분해성 바이오베이스 플라스틱의 시장은 2021년 86만톤 규모에서 2026년 230만톤까지 연평균 21.7%의 성장세를 보일 것으로 예상
  * 2021년 86만톤 생산량 기준으로 소재별 점유율이 Bio-PE, Bio-PA, Bio-PTT, Bio-PET, Bio-PP 순

[도표 Ⅰ-9] 글로벌 바이오플라스틱 생산 규모

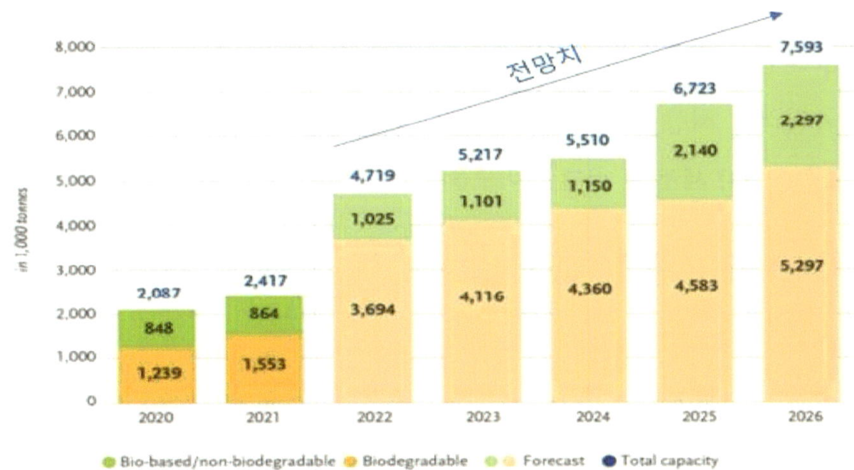

자료 : European Bioplastics(2021), 한국과학기술기획평가원 브리프 [바이오플라스틱], 2022. 8

❑ 2021년 바이오플라스틱 제품 종류별 생산능력을 살펴보면, 글로벌 바이오 플라스틱 시장에서 생분해성 플라스틱 소재의 점유율은 64.2%를 차지하고 있다.

- 2021년의 경우 PBAT가 19.2%로 점유율이 가장 컸으며, 그 다음으로 PLA(18.9%), Starch blends(16.4%) 순
- European Bioplastics는 향후 바이오플라스틱 시장에서 난분해성보다 생분해성 소재의 비중이 늘어날 것으로 전망

[도표 Ⅰ-10] 글로벌 바이오플라스틱의 용도별 생산 규모(2021년)

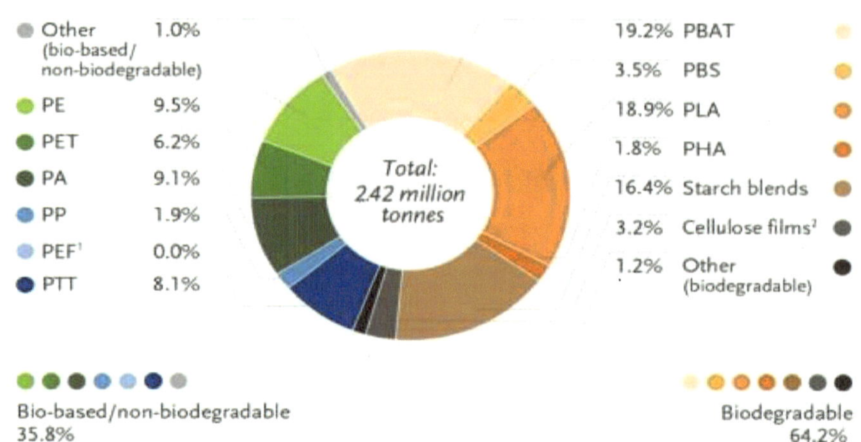

자료 : European Bioplastics(2021), 한국과학기술기획평가원 브리프 [바이오플라스틱], 2022. 8

❑ 바이오플라스틱 생산능력을 전 세계의 지역별로 보면, 2021년 기준으로 아시아 지역의 생산능력이 49.9%로 가장 크다.

- 아시아 다음으로 유럽이 24.1%, 북미지역이 16.5%, 남미지역이 9.1%의 생산능력을 보유한 것으로 추산됨
- 특히, 아시아의 비중이 2026년에는 70.8%로 크게 증가할 것으로 전망됨

❑ 적용 분야별 시장규모로는 포장 및 용기 분야가 2020년 기준 가장 규모가 크고, 23%의 연평균 성장률로 시장규모가 증가해 2025년 세계시장의 64%인 17억 9,3050만 달러 시장을 형성할 것으로 예측된다. 우리나라도 포장 및 용기 분야에서 바이오플라스틱의 성장률이 가장 높아 2025년 1억 9,060만 달러의 시장규모로 전체 시장의 65%를 차지할 것으로 전망된다.

[도표 Ⅰ-11] 세계 및 국내 바이오플라스틱 적용분야별 시장 규모 및 전망

구분		2020	2021	2022	2023	2024	2025	CAGR
세계	포장 및 용기	6,363.5	7,827.1	7,827.1	12,587.9	12,587.9	17,930.5	23.0%
	소비재	840.1	1,025.8	1,252.5	1,529.2	1,867.2	2,277.0	22.1%
	자동차 및 수송	738.4	881.6	1,052.7	1,256.9	1,500.8	1,792.3	19.4%
	섬유	1,014.6	1,194.2	1,405.6	1,654.3	1,947.2	2,289.0	17.7%
	농경 및 원예	498.6	600.3	722.8	870.2	1,047.8	1,262.7	20.4%
	기타	1,006.9	1,193.2	1,413.9	1,675.5	1,985.5	2,355.5	18.5%
	합계	10,462.0	12,732.3	15,495.2	18,857.6	22,949.7	27,906.9	21.7%
국내	포장 및 용기	95.8	109.9	126.0	144.6	165.8	190.6	14.7%
	소비재	12.6	14.4	16.3	18.6	21.2	24.1	13.9%
	자동차 및 수송	10.8	12.0	13.4	14.9	16.5	18.3	11.2%
	섬유	15.2	16.6	18.2	19.9	21.8	23.8	9.4%
	농경 및 원예	7.8	8.8	9.8	11.0	12.4	13.8	12.2%
	기타	14.5	16.0	17.6	19.5	21.5	23.7	10.3%
	합계	156.6	177.7	201.7	229.0	259.9	294.3	13.5%

자료 : Marketsandmarkets(2020), ASTI MARKET INSIGHT [바이오플라스틱, 탄소중립 선도로 지속가능 사회 구축], 2021

(2) 국내 산업 동향

❑ 2019년 기준 국내 바이오플라스틱 시장은 약 4만톤 규모로 국내 플라스틱 시장의 0.5%를 차지하며, 세계 바이오플라스틱 시장의 1~2% 내외에 불과하다.

- 2019년 바이오고분자 생산은 545억 원으로 글로벌 시장 점유율이 1.5% 수준에 불과하고 바이오플라스틱 소재의 해외 의존도가 매우 높은 상황이 지속되고 있음

❑ 바이오플라스틱 산업은 발효원료(원당, 당밀) 확보, 바이오리파이너리를 통한 플랫폼 화합물의 생산, 바이오플라스틱의 제조, 최종 소비재로 가공 등의 가치사슬이 존재한다.

- 석유화학 기업 중심으로 바이오플라스틱 생산 중(원료 중합)이나, 리파이너리(원료 추출·가공) 및 단량체 생산은 기술개발 단계로 해외 원료 수입에 의존함
- 국내 기업들은 다양한 일회용 플라스틱 제품에 대한 대체원료를 출시하여 일회용 프라스틱 제품을 급속하게 바이오매스 소재로 대체하고 있어, 추후 바이오플라스틱의 국내 시장 규모는 최소 5조원 이상 될 것으로 예상

5) 친환경 미래소재 분야 특허분석

(1) 친환경 분해성 소재 분야 특허분석

가. 해외 플레이어 특허 동향

A) 연도별 출원 동향

❑ 해외 주요 플레이어 각각의 출원 동향을 살펴보면 MITSUI CHEMICALS와 UNITIKA는 1990년 중반에 특허출원을 활발히 하다 2000년대 이후 출원이 감소하는 경향을 보이고 있으며 BASF 1990년 중반에 활발히 출원을 하다 2005년 이후에 출원 건수가 증가하는 것으로 파악된다.

[도표 Ⅰ-12] 해외 연도별 출원 동향

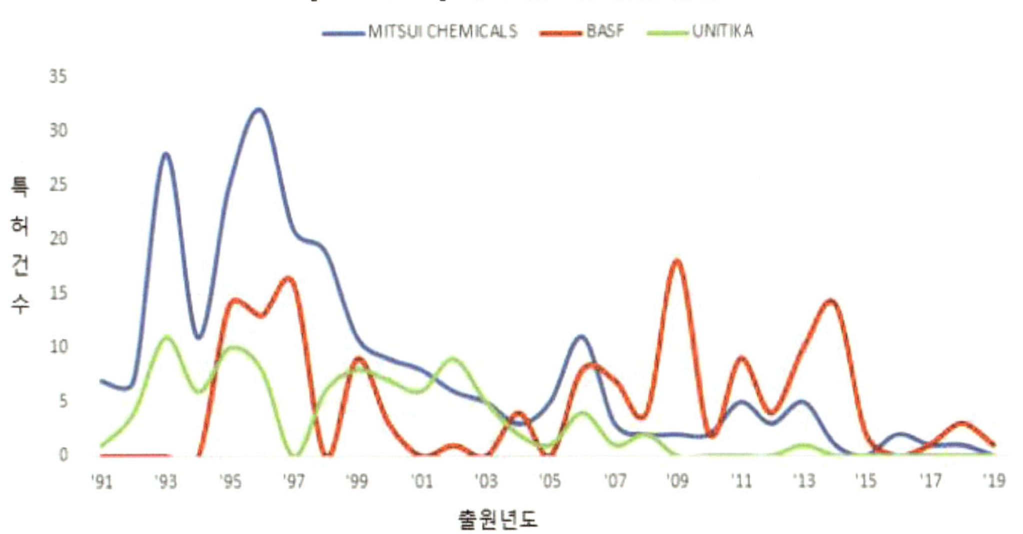

자료 : 중소벤처기업부, TIPA 중소기업기술국산화 전략품목 상세분석 [미래소재 편], 2022.

B) 국가별 출원 동향(건수)

❑ 해외 주요 플레이어 각각의 국가별 출원동향을 살펴보면 MITSUI CHEMICALS와 UNITIKA는 자국의 집중적인 출원이 이뤄지고 있는 것으로 나타났으며, 주요시장국에 모두 출원을 진행한 것으로 나타나 해외 시장을 중요하게 보고 있는 것으로 판단된다.

[도표 Ⅰ-13] 해외 국가별 출원 동향(건수)

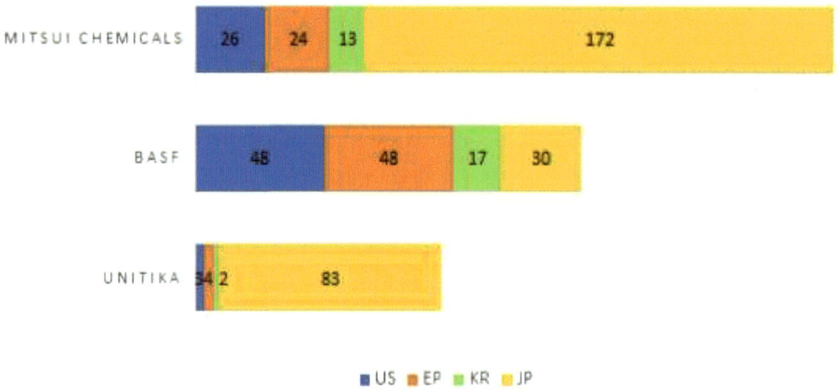

MITSUI CHEMICALS 26 24 13 172
BASF 48 48 17 30
UNITIKA 34 2 83
■US ■EP ■KR ■JP

자료 : 중소벤처기업부, TIPA 중소기업기술국산화 전략품목 상세분석 [미래소재 편], 2022.

나. 국내 플레이어 특허 동향

A) 연도별 출원 동향

❑ 국내 주요 플레이어 각각의 출원 동향을 살펴보면, 엘지화학이 1990년대 중반 이후 출원하다 2005년 이후에 출원건수가 상승하는 경향을 보이며 2010년대 이후에 출원이 증가하는 경향을 보인다. 에이유, 및 롯데케미칼은 2009년 이후에 출원이 활발하다.

[도표 Ⅰ-14] 국내 연도별 출원 동향

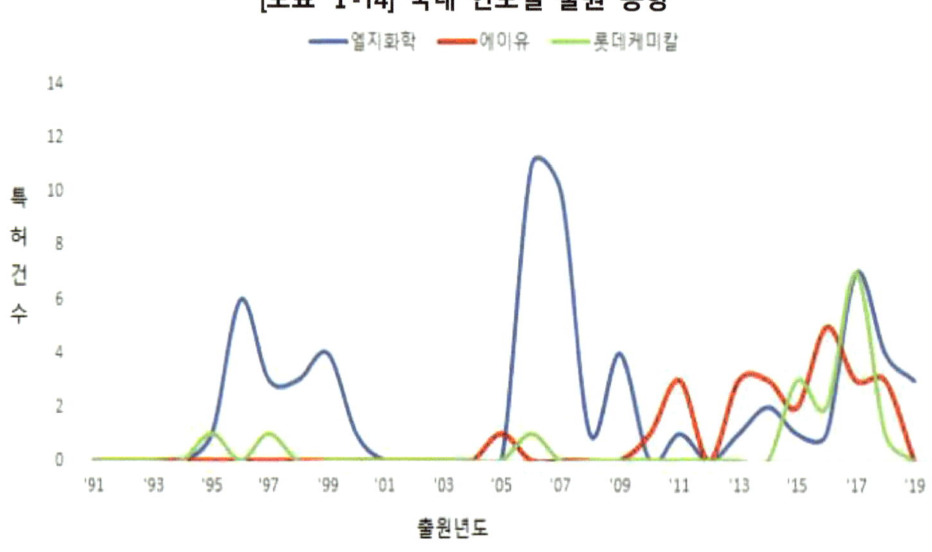

B) 국가별 출원 동향(건수)

❑ 국내 주요 플레이어 각각의 국가별 출원 동향을 살펴보면 공통적으로 자국위주로 출원을

진행하고 있는 것으로 나타났으며, 엘지화학과 롯데케미칼은 미국, 유럽, 및 일본의 주요 시장국에도 출원을 다수 진행한 것으로 조사된다.

[도표 Ⅰ-15] 국가별 출원 동향(건수)

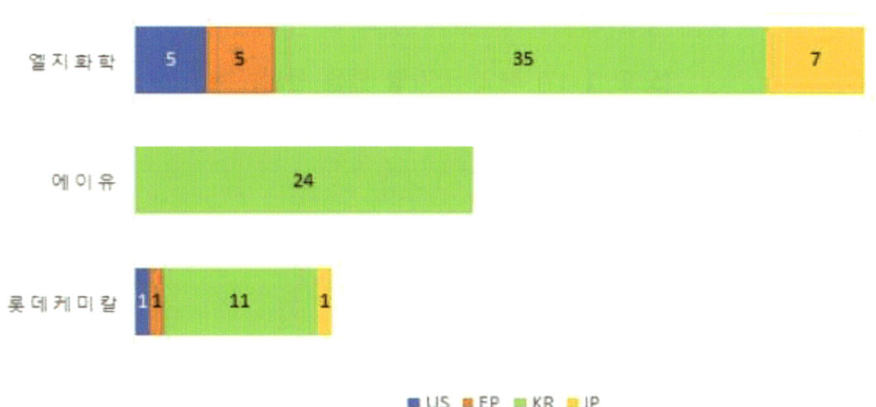

자료 : 중소벤처기업부, TIPA 중소기업기술국산화 전략품목 상세분석 [미래소재 편], 2022.

(2) 셀룰로오스 플라스틱 특허분석

❑ 셀룰로오스 플라스틱은 바이오 플라스틱의 일종으로 자연계에 존재하는 유기계 자원 중 가장 많은 양을 차지하고 있는 셀룰로오스의 분자구조를 개질하여 생분해성을 가진 열안정성 및 용융 성형성이 우수한 셀룰로오스계 바이오 플라스틱을 말한다.

가. 해외 플레이어 특허 동향

A) 연도별 출원 동향

❑ 해외 주요 플레이어 각각의 출원 동향을 살펴보면 CELANESE는 `12년 이후 출원이 증가하는 경향을 보이고 있으며, NOVAMONT는 `95년에 가장 많은 특허출원 건수를 나타낸다. Eastman Chemical 소폭으로 증감하는 경향을 나타낸다.

[도표 Ⅰ-16] 국내 연도별 출원 동향

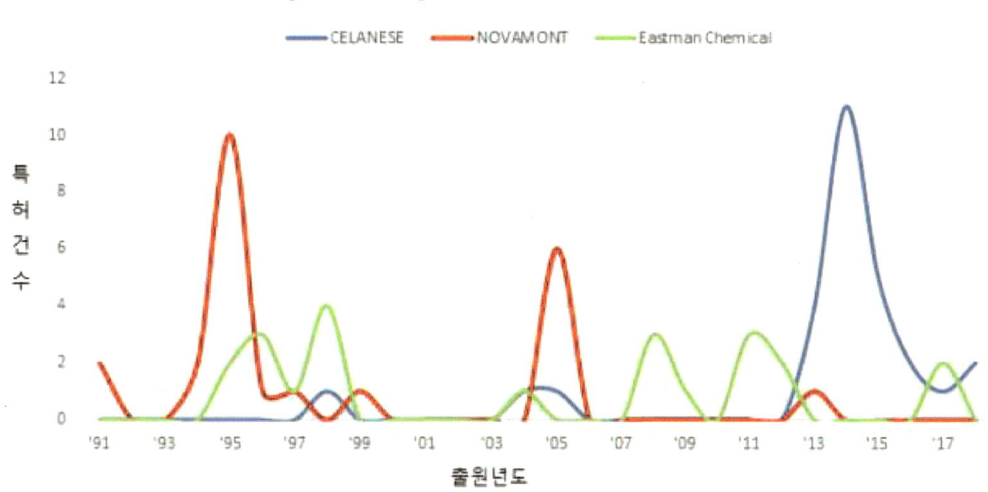

B) 국가별 출원 동향(건수)

❑ 해외 주요 플레이어 각각의 국가별 출원동향을 살펴보면 공통적으로 미국과 유럽에 집중적인 출원이 이뤄지고 있는 것으로 나타났으며, NOVAMONT는 주요시장국에 모두 출원을 진행한 것으로 나타나 해외 시장을 중요하게 보고 있는 것으로 판단된다.

[도표 Ⅰ-17] 해외 국가별 출원 동향(건수)

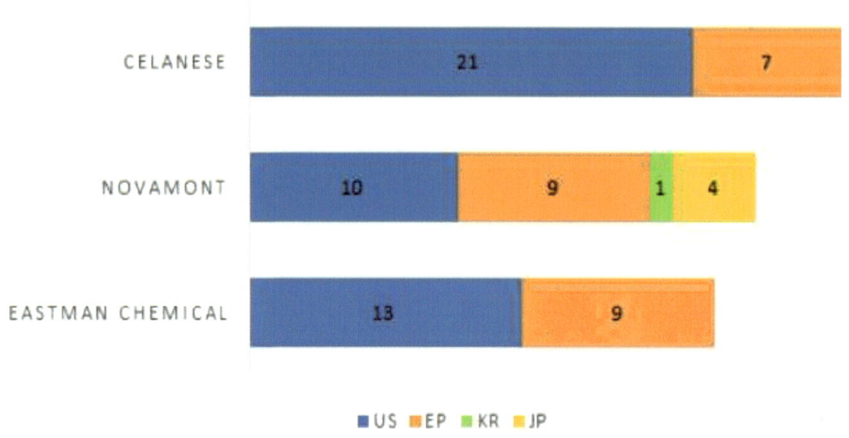

	US	EP	KR	JP
CELANESE	21	7		
NOVAMONT	10	9	1	4
EASTMAN CHEMICAL	13	9		

자료 : 중소벤처기업부, TIPA 중소기업기술국산화 전략품목 상세분석 [미래소재 편], 2022.

나. 국내 플레이어 특허 동향

A) 연도별 출원 동향

❑ 국내 주요 플레이어 각각의 출원 동향을 살펴보면, LG화학이 `06년에 다수의 특허건수를 나타냈으며, SK와 대상은 꾸준히 출원하고 있지만 양적인 측면에서 특허출원 활동이 미진한 것으로 분석된다.

[도표 Ⅰ-18] 국내 연도별 출원 동향

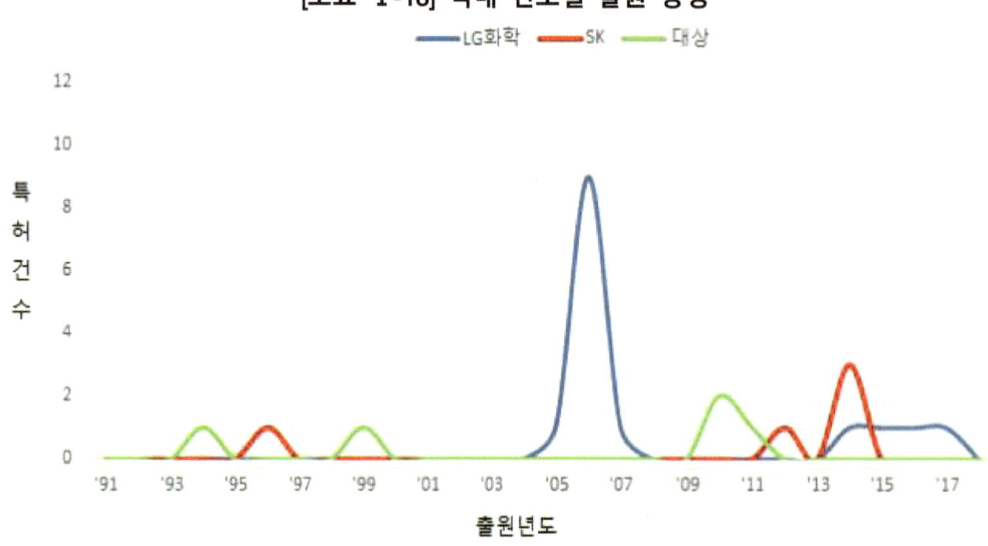

B) 국가별 출원 동향(건수)

❑ 국내 주요 플레이어 각각의 국가별 출원 동향을 살펴보면, 공통적으로 자국시장을 주요 타겟으로 생각하고 출원을 진행하고 있는 것으로 나타났으며, SK는 미국 일본 주요 시장국에도 출원을 진행한 것으로 조사되었다.

[도표 Ⅰ-19] 해외 국가별 출원 동향(건수)

LG화학
13
2
SK
1
2
2
대상
5
US EP KR JP

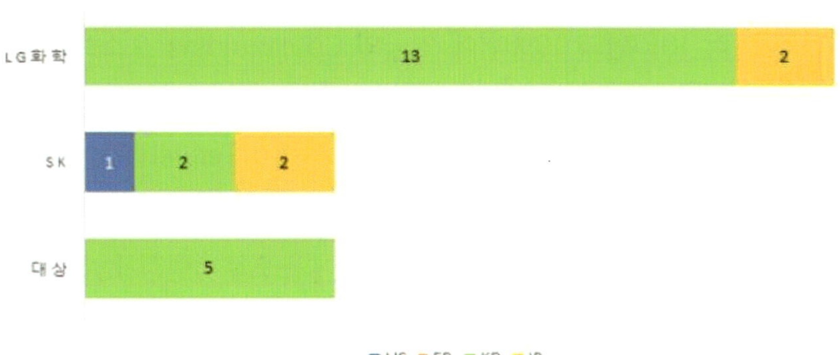

자료 : 중소벤처기업부, TIPA 중소기업기술국산화 전략품목 상세분석 [미래소재 편], 2022.

2. 지속가능한 친환경섬유와 화학재생 섬유 주요동향

1) 친환경 라이오셀(Lyocell) 섬유 주요동향

(1) 친환경 섬유 '라이오셀'

❑ 셀룰로스는 지구상에서 가장 풍부한 천연자원이며, 특히, 라이오셀 섬유는 유칼립투스(Eucalytus) 인공 조림에서 추출한 목재 펄프를 친환경 용제인 아민옥사이드 수화물(N-methylmorpholine-N-oxide, NMMO)에 직접 용해시켜 방사과정을 통해 제조되기 때문에 원료부터 생산과정에서 환경오염물질 배출이 없다. NMMO는 99% 이상 재사용이 가능하고, 섬유는 퇴비화 및 생분해성 물질로 인증되어 자연으로 완전히 돌아갈 수 있어 대표적인 친환경 섬유로 평가된다.

[그림 Ⅰ-3] 자연에서 유래한 라이오셀 섬유 텐셀(Tencel™)

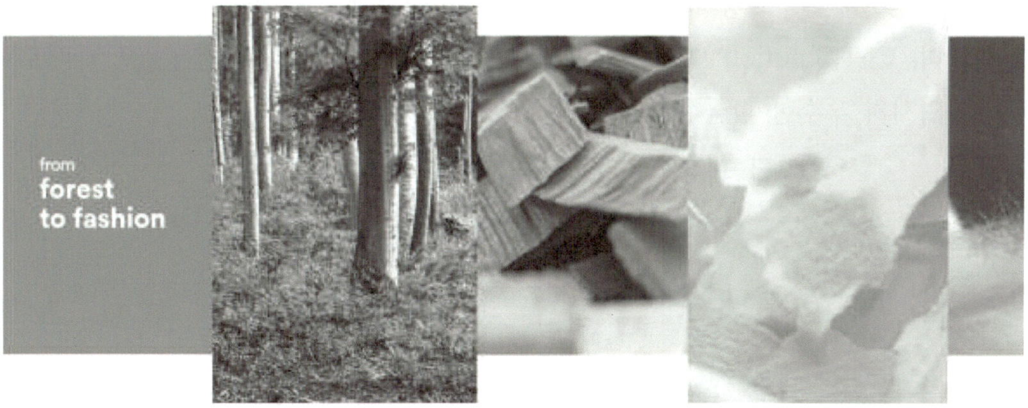

from
forest
to fashion

자료 : 한국산업기술평가관리원 PD ISSUE REPORT [친환경 라이오셀(Lyocell) 섬유 산업동향], 2021. 12

(2) 라이오셀 섬유 국내외 기술동향

가. 해외기술 동향

❑ 라이오셀 섬유는 1969년 Eastman Kodak이 셀룰로스 용매로서 NMMO를 개발한 후 특허화가 되었으며, 그 당시 Akzo는 비스코스(Viscose)공정의 환경오염으로 레이온(Rayon) 생산에 제약을 받게 되자 NMMO를 이용한 새로운 제조공법을 집중 연구하였다.

❑ 해당 특허권이 각각 1987년과 1990년에 영국의 Courtaulds와 오스트리아 렌징에 라이센싱되면서, 1988년 Courtaulds는 연산 1,500톤 규모의 파일롯 규모의 생산을 시작하여 1992년 세계 최초로 미국에 연산 18,000톤 규모 생산시설을 갖추고 "텐셀(Tencel™)"이란 상품명으로 라이오셀 섬유의 상업적 생산을 시작하였다.

❑ 1997년 렌징은 Heiligenkreuz에 연산 10,000톤 규모로 "렌징 Lyocell"을 생산 및 판매 시작하였고, 독일의 TITK 연구소와 Zimmer는 공동으로 "ALCERU"라는 이름으로 라이오셀 섬유 생산 기술을 개발 완료하였다.

❑ 1998년 네덜란드 Akzo는 영국 Courtaulds를 인수하여 새롭게 Acordis를 설립하여 텐셀 단섬유(Staple fiber) 생산라인을 증설하고, 연산 100,000톤 규모의 생산 능력을 갖추게 되며, 이후 일본의 Asahi와 공동으로 의류용 장섬유(Filament) "Newcell" 개발하였다.

❑ 2004년 렌징은 Acordis의 텐셀 사업부문을 인수하여, 친환경 섬유인 라이오셀 섬유를 포함하여 기타 재생 셀룰로스 섬유 브랜드들을 텐셀 단일 브랜드로 통합하여 시장에서 독점적인 위치를 차지하고 있다.

❑ 2014년 독일 TITK 그룹에서 스핀-오프(Spin-off:연구결과물의 시장 진입의 장벽을 낮추기 위한 연구자 출신 창업/벤처 기업) 기업 중 하나인 Smartpolymer는 ALCERU 공정 기반 셀룰로스 용액(Cell Solution®)에 기능성 물질(PCM(Phase Change Material), Zinc, Silver ion 등)을 도입하여 기능성 라이오셀 섬유를 개발하였다.

❑ Cell Solution® CLIMA는 PCM 물질로 28~32℃ 온도에서 용융되는 파라핀(Paraffin)을 사용하여 주변 환경으로부터 과량의 열을 흡수하여 축적하고, 필요 시 축적된 열을 방출하는 기능을 지니고 있으며, Cell Solution® BIOACTIVE는 특별한 나노공정 없이 셀룰로오스 매트릭스 내 은이온을 봉입시켜 우수한 항균성을 발휘한다.

[그림 Ⅰ-4] Cell Solution® CLIMA 표면 SEM 이미지

❑ 2017년 렌징은 기존 원료인 목재 펄프에 면 폐기물(Post-Consumer Cotton Waste)을 30%까지 혼합하여 사용함으로써 고품질의 라이오셀 섬유를 제조하는 REFIBRA™ 기술을 개발하여 시장에 진출하였다.

[그림 Ⅰ-5] REFIBRA™

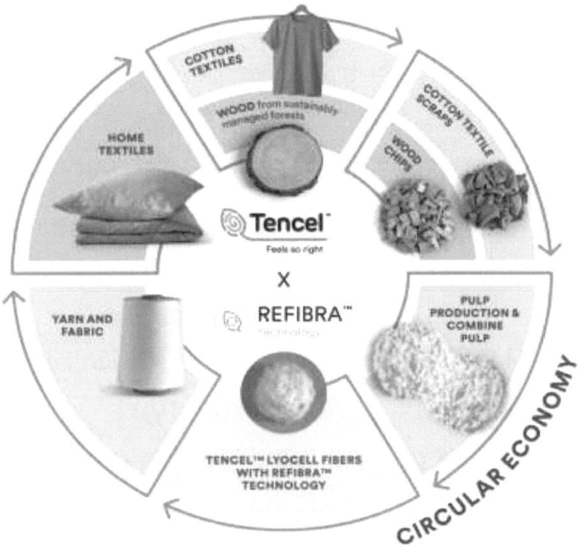

자료 : 한국산업기술평가관리원 PD ISSUE REPORT [친환경 라이오셀(Lyocell) 섬유 산업동향], 2021. 12

❑ 2018년 렌징은 실크 감성(Silk-like)의 Tencel™ Luxe 라이오셀 필라멘트를 최초로 시장에 출시한 후 바로 두 번째 파일롯 플랜트 구축을 추진하여 2019년 12월부터 가동 중이다.

[그림 Ⅰ-6] TENCEL™ Luxe 라이오셀 필라멘트 파일롯 설비

❑ Tencel™은 다른 라이오셀 브랜드들과 기본적인 특징은 유사하지만 친환경/윤리적 측면에서 가장 투명하고 선도적으로 시장을 주도하고 있다.

- **지속가능한 산림** : 텐셀 제조에 사용하는 유칼립투스 나무는 FSC(Forest Stewardship Council, 산림인증협의회), PEFC(Program for the Endorsement of Forest Certification, 국제산림인증연합프로그램) 인증의 자연림 혹은 인조 조림에서 제공받으며, 미국 농부부에서 부여하는 바이오 소재 기반 인증(United States Department of Agriculture(USDA) biopreferred)을 받음

- **친환경 순환형 생산 공정** : 라이오셀 제조에 사용되는 용매는 샴푸에도 사용되는 아민옥사이드로 인체에 무해하며, 제조공정에서 99% 이상 회수하여 재사용하기 때문에 공해물질을 배출하지 않음
- **분해** : 토양, 해양에서 100% 생분해 혹은 퇴비화가 가능해서 사용 후 완벽하게 자연으로 돌아가는 자연순환 자원임
- **EU의 환경 관련 상 수상** : 자원 효용성은 높이고 생태학적 영향을 줄이면서 목재 펄프를 텐셀 섬유로 전환하는 렌징의 폐쇄 순환 생산 공정은 유럽 위원회(European Union)의 "지속 가능한 개발 기술상(The Technology Award for Sustainable Development)" 부문 "유럽환경대상(European Award for the Environment, 2002년)을 수상

나. 국내기술 동향

❑ 국내 라이오셀 섬유의 시작은 1989년 한국과학기술원(KIST) 이화섭 박사팀이 기초연구를 시작, 1994년 상업 생산 허가를 승인받고 특허를 획득하였다.

❑ 2001년 한일합섬과 KIST의 공동연구로 라이오셀 섬유에 대한 원천기술을 확보하여 연산 2,700톤 규모로 'Cocel'을 생산하였으나, 자금력과 역량부족으로 인해 법정관리 사태에 놓이게 되면서 생산을 중단한 후 2006년 ㈜효성에 해당 특허 실시권 매각되었다.

- Cocel은 이축압출기(Twin-extruder)를 사용하여 고농도 NMMO 수용액으로 셀룰로스를 단시간에 팽윤 및 용해시켜 도프를 제조하는 방식으로 해외 경쟁사들 방식인 장시간의 NMMO 농축공정이 필요 없는 독창적인 기술

❑ 효성(現, 효성첨단소재)은 라이오셀 타이어코드(Tire cord)를 세계 최초로 개발하여 상업화하고, 2007년 국내 최고의 산업기술상인 장영실상을 수상하였다.

❑ 한편, 코오롱인더스트리에서도 2007년 라이오셀 필라멘트 제조기술을 확보하고 타이어코드용 필라멘트를 생산하였으나 현재는 시장에서 철수한 상황이다. 또한, 2010년부터 GKD(한국조폐공사 자회사)에서 생산하는 면 린터를 이용한 라이오셀 장섬유 개발을 추진한 바 있다.

[도표 Ⅰ-20] 국내외 주요 기술개발 현황

연구기관명	프로젝트명	개요	연구기간
㈜효성	인조섬유 장섬유사 개발	의류용 Lyocell 장섬유 소재개발	2003.12-2007.01
한국조폐공사 기술연구원	셀룰로스 재생섬유용 면 펄프 개발	방사적성이 우수한 면린터 펄프 제조공정 개발	2010.04-2015.03
코오롱화이버 주식회사	의류위생용 이형단면 라이오셀 필라멘트와 장섬유 부직포 개발	• 라이오셀 필라멘트 섬유 방사공정 설계 및 개발 • 연속방사 장섬유 부직포 제조를 위한 셀룰로스 기반 방사용액 제조기술 설계 및 개발	2021.09-2024.12

자료 : 한국산업기술평가관리원 PD ISSUE REPORT [친환경 라이오셀(Lyocell) 섬유 산업동향], 2021. 12

(3) 라이오셀 시장 동향

❑ Global Info Research의 최신 발간자료 'Global Lyocell Fiber; Market 2021 by Manufactures, Regions, Type and Application, Forecast to 2027'에 따르면 전 세계 라이오셀 섬유 시장 규모는 2020년 7억 3,326만 달러에서 2021년 8억 366만 달러로 2020년과 2021년 사이에 9.60% 성장할 것으로 예상되며, 전 세계 라이오셀 섬유 시장 규모는 2021년부터 2027년까지 GAGR 8.62%로 전망하였다.

[도표 Ⅰ-21] Lyocell 섬유 시장규모 및 전망

(단위 : 백만 달러)

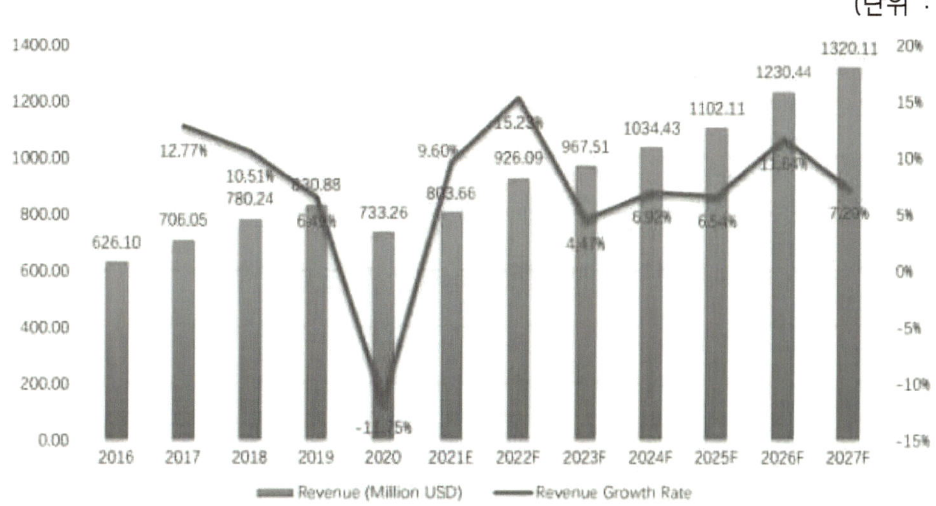

❑ 라이오셀 섬유 타입별 시장 규모를 살펴보면 스탠다드 타입과 가교 처리된 타입 두 종류로 판매가 이루어지고 스탠다드타입 라이오셀 시장 규모는 2021년 4억 6,836만 달러에서 2027년 7억 6,069만 달러로 연평균 8.42%의 성장이 예측되며, 가교 처리된 라이오셀 섬유의 시장 규모는 2020년 3억 3,530만 달러에서 2027년 5억 5,942만 달러로 연평균 8.91%의 성장이 예측된다.

[도표 Ⅰ-22] 라이오셀 섬유 타입별 시장 규모 추이(2022-2027)

(단위 : 달러)

타입	2020	2021	2027	성장률 (2020-2021)	GAGR (2021-2027)
Standard Lyocell Fiber	4억 3,176만	4억 6,836만	7억 6,069만	8.48%	8.42%
Cross-linked Lyocell Fiber	3억 150만	3억 3,530만	5억 5,942만	11.21%	8.91%
합계	7억 3,326만	8억 366만	13억 2,011만	9.60%	8.62%

자료 : 한국산업기술평가관리원 PD ISSUE REPORT [친환경 라이오셀(Lyocell) 섬유 산업동향], 2021. 12

❑ 라이오셀 섬유의 용도별 시장규모를 살펴보면 의류용 제품이 2021년 4억 3,607만 달러 규모로 가장 큰 시장규모를 차지하고 있으며, 그 뒤를 이어 침구류, 인테리어 제품 등의 홈 텍스타일 제품이 2억 7,076만 달러 규모로 파악되고, 부직포 제품 시장은 현재 7819만 달러 규모를 형성한다.

[도표 Ⅰ-23] 라이오셀 용도별 시장 규모 추이(2022-2027)

(단위 : 달러)

타입	2020	2021	2027	성장률 (2020-2021)	GAGR (2021-2027)
의류	3억 9,209만	4억 3,607만	7억 4,065만	11.22%	9.23%
홈텍스타일	2억 5,339만	2억 7,076만	4억 1,719만	6.86%	7.50%
부직포	7,099만	7,819만	1억 3,060만	10.14%	8.93%
기타	1,679만	1,864만	3,107만	11.02%	8.89%
합계	7억 3,326만	8억 366만	13억 2,011만	9.60%	8.62%

❑ 전 세계 라이오셀 섬유 판매량을 살펴보면, 2021년 32만 2,800톤 규모에서 2027년 57만 8,900톤 규모로 큰 성장세를 보일 것으로 예측되며, 2021년 지역별 판매량을 살펴보면 아시아-태평양 지역이 전 세계 판매량의 약 50%를 차지하는 가장 큰 시장을 형성하고 있으며 유럽시장은 23.6%, 북아메리카 시장은 15.3%를 차지할 것으로 예상되었다.

[도표 Ⅰ-24] 전 세계 Lyocell 섬유 판매량 추이

(단위 : 천 톤)

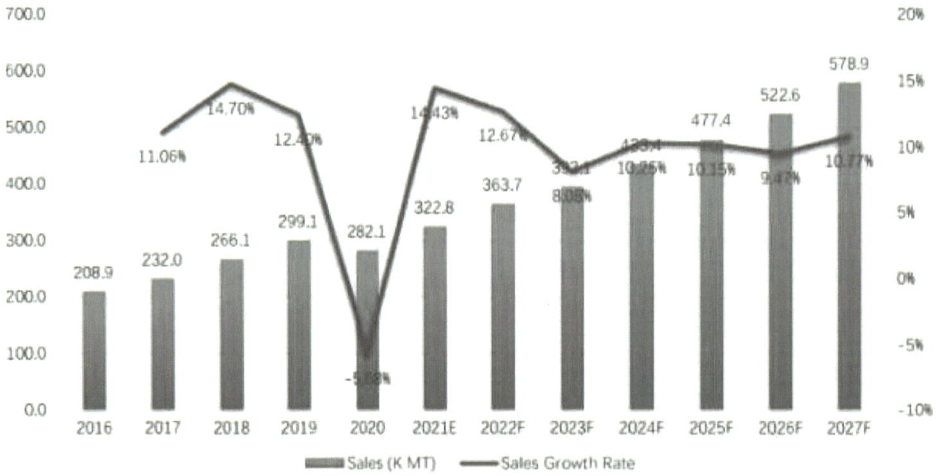

자료 : 한국산업기술평가관리원 PD ISSUE REPORT [친환경 라이오셀(Lyocell) 섬유 산업동향], 2021. 12

❑ 한편, 전 세계 라이오셀 섬유의 톤당 판매 가격 추이를 살펴보면, 2020년 톤당 2,599달러에서 2021년에는 톤당 2,490달러 수준으로 감소하였으며, 친환경 섬유 시장 확대 및 수요증가가 맞물려 2021년부터 2027까지 판매 가격은 지속적으로 감소하는 추세가 나타날 것으로 전망된다.

[도표 Ⅰ-25] 라이오셀 섬유 타입별 판매 가격 추이(2016-2020)

(단위 : 달러/톤)

타입	2016	2017	2018	2019	2020	2021
Standard Lyocell Fiber	2776	2805	2709	2534	2372	2264
Cross-linked Lyocell Fiber	3399	3475	3332	3229	3012	2893

[도표 Ⅰ-26] 라이오셀 섬유 타입별 판매 가격 예측(2022-2027)

(단위 : 달러/톤)

타입	2022	2023	2024	2025	2026	2027
Standard Lyocell Fiber	2304	2247	2197	2411	2166	2073
Cross-linked Lyocell Fiber	2976	2843	2724	2599	2684	2640

자료 : 한국산업기술평가관리원 PD ISSUE REPORT [친환경 라이오셀(Lyocell) 섬유 산업동향], 2021. 12

2) 자원순환 화학재생 섬유 주요동향

(1) 자원순환 화학재생 섬유 정의

❑ 폐플라스틱, 폐섬유의 고분자 구조를 화학적으로 분해(해중합)하여 단량체를 분리, 정제 회수하여 고품질의 신규 고분자를 합성하고 이를 다시 섬유로 재활용하는 기술로부터 얻어진 섬유이다.

- 물리적 재활용(물질 재활용)은 공정이 상대적으로 단순하고 소요비용이 낮지만, 공단량체 및 첨가제 등 이물질 제거가 어려워 고품질의 제품에 사용이 어려움
- 화학적 재활용 공정은 고분자의 해중합을 통해 포함된 이물 제거, 단량체 분리, 정제를 통한 회수로 원물질(Virgin)과 동일한 물성의 고품질 섬유 제조가 가능하고, 석유화학기반 대비 제조공정상에 이산화탄소 배출량 저감 가능

(2) 자원순환 소재 글로벌 시장동향

❑ **(글로벌 시장의 변화)** 유럽, 미국 등은 글로벌 패션기업을 중심으로 지속가능 중심의 친환경 섬유 사용 확대 정책을 가속화하고, 유럽, 미국 등은 플라스틱 재활용 소재의 사용 의무화에 대한 규제를 강화하고 있다.

- 유럽섬유의류산업연합회(EURATEX)는 포스트 코로나 시대 유럽 섬유·의류산업 경기 회복 전략 발표(`20.4)
- 파타고니아, 갭, 나이키 등 글로벌 기업들이 지속가능한 비즈니스를 실천하기 위한 전략으로 자체적으로 리사이클 프로젝트를 수행 중이며, 특히 파타고니아는 업사이클링 프로젝트의 일환으로 `16년부터 100% 리사이클 폴리에스터로 만든 의류 출시
- H&M, ZARA, Nike 등 글로벌 패션기업을 선두로 `25년까지 지속 가능 소재 비중을 50% 이상 적용 선언

❑ **(유럽)** 「Zero Plastics to landfill by 2025」 정책을 실현하기 위해 2017년 이후 다양한 화학재생 연구를 수행 중이며, EU를 중심으로 민간기업들이 참여하는 EU Framework Programmes 추진 중이다.

- EU는 2018년 '순환경제를 위한 유럽의 플라스틱 배출 전략'을 발표, 2030년까지 플라스틱 용기의 사용을 줄이고 재활용 비율을 높이기로 하였으며, EU 집행위원회는 일회용 플라스틱 제품의 시장출시 금지 등 사용을 제한하는 지침을 제안
- Europe 2020 전략을 통해 "자원효율적인 유럽(Resource-efficient Europe)"의 달성을

주요 이니셔티브(flagship initiative) 중 하나로 선정할 만큼 선형 경제구조를 순환형으로 전환하기 위해 노력해 왔으며, "순환경제 행동계획(Circular Economy Action Plan)"을 통해 제품 단위의 자원순환 촉진 수행

가. 폴리에스터(PET)

❑ 유색, 복합재질, 혼합 폐기물 등 분리, 선별이 불가능하여 화학적 재활용 공정에 대해 다양한 연구와 시범사업이 진행 중이다.

❑ **(유럽)** EU와 노르웨이, 아이슬란드(EU28+2)에서는 회수 선별된 209만 톤의 폴리에스터 중 약 187만 톤(비 폴리에스터 소재, 폴리에스터 트레이 수분을 포함)이 재처리되고 있다.

- 독일(23%), 프랑스(14%), 이탈리아(14%), 스페인(14%)의 4개국이 EU28+2에서 폴리에스터 재처리 능력의 65%를 차지
- EU28+2는 현재 폴리에스터 재처리용량이 약 220만 톤이며, 지난 10년간 150만 톤에서 크게 증가하고 있으며, PRE의 조사에 따르면 `18년의 플랜트 능력의 평균 이용률은 86%로 추정되며 190만 톤이 처리되어 135만 톤의 재생폴리에스터를 생산
- EU의 페트병 재처리 공정은 플레이크 또는 펠렛으로 가공하는 데 초점을 맞추고 있으며, 재생폴리에스터의 약 24%가 섬유 용도로 재활용

❑ **(일본)** 포장폐기물 관련 법률이 운영되고 있어 `18년 기준 페트병 회수율은 91.5% 수준이다.

- `18년 기준 재활용률은 자국내 재자원화 334천 톤, 해외 재자원화 195천 톤으로, 전년 대비 31천 톤 증가한 529천 톤에 달하며, 재활용률은 84.6% 수준

❑ **(한국)** 정부에서 재활용 섬유를 사용한 제품을 선제적으로 구매하는 재활용 섬유 시범사업을 추진하기로 하였다.

- 환경부는 앞으로 공공기관의 재활용제품 구매를 확대하기 위해 재생원료를 활용한 제품을 조달청 혁신제품으로 등록하고, 지자체가 재생원료 사용제품을 구매토록 의무화할 계획임
  - * 현재 '자원의 절약과 재활용촉진에 관한 법률' 입법예고 중
- `20년 블랙야크, 아모레퍼시픽, 코오롱, 플리츠마마 등의 업체에서 환경부와 업무협약 체결을 통해 의류, 가방, 신발 등 재활용 제품을 생산하고 있으며 점차 확대될 계획

나. 나일론

❑ **(유럽)** EC는 폐어망을 적극적으로 수거 후 재활용하고 있는데, `12년부터 `15년까지 어업용 쓰레기를 수집, 분류, 재활용하는 'EUfir 시스템' 프로그램을 구축하였다.

- `08년 설립된 노르웨이의 농업, 어업 폐기물 처리업체인 노피르(Nofir)社는 어망 분리 수집시설과 나일론 재활용 공장이 연계하여 어선 어업에서 발생하는 폐어망 수거, 재활용시스템을 유럽에 구축
- 현재까지 유럽 9개국에 EUfir 시스템을 구축하였으며, `17년 한 해 동안 어망 7,428톤을

재활용하였는데, 이중 나일론(PA6)이 76.2%에 달했으며, 그밖에 PP와 PE가 각각 12.6%, 8.7% 수준임

❑ **(미국)** 민관 공동으로 '친에너지어업(fishing for energy)' 프로젝트로 수거한 폐어망을 연료로 사용하여 에너지를 회수하여 연안 지역주민에 공급하는 프로젝트를 추진한다.

- 미국은 `08년부터 'Fishing For Energy'를 실시하여 폐어구가 바다로 유입되지 않도록 예방하면서 동시에 재활용
- '해양쓰레기프로그램(Marine Debris Program)'을 운영하는 NOAA(해양대기청)과 NFWF(국립 어류 야생동물 기금), 금용 재활용회사인 슈니처스틸(Schnitzer Steel Industries), 폐기물 및 에너지 재활용 회사인 코반타(Covanta)가 협력하는 민관 협력 방식 추진
- 현재 13개주 56개 수거함(Collection bins)을 설치하고 연간 4백만 파운드의 어구를 수거하여 금속 재활용업체인 슈니처스틸社가 금속 자재를 분리하고, 이후 코반타社는 재활용이 불가능한 나머지 자재를 지역 에너지원로 사용하는 사업을 추진 중

❑ **(인도네시아)** 세계 2위 해양쓰레기 배출국인 인도네시아는 `17년 3월 세계해양정상회의(World Oceans Summit)에서 해양조정부(Coordinating Ministry for Maritime Affairs) 장관이 "`25년까지 바다로 버려지는 플라스틱 쓰레기 배출량을 70% 이상 감축"하겠다는 계획을 발표하였다.

- 인도네시아 해양조정부 차관은 공공사업부(Ministry of Public Works and Housing)와 함께 '플라스틱 도로' 건설 계획을 `17년 발표한 후, 그해 7월 말 발리에서 시범사업 실시

❑ **(중국)** 세계 최대의 섬유제품 생산기지로 나일론 섬유의 활용도가 매우 높은 편인 중국에서는 폐나일론 섬유를 재활용한 나일론 컴파운드 설비공정을 도입하였다.

- 중국 매체 인민망에 따르면 허난성 핑딩산시 나일론 신소재 산업단지에서 나일론 관련 60.2억 위안 규모 프로젝트를 착공함

(3) 자원순환 화학재생 섬유 기술동향

가. 자원순환 소재 글로벌 기술동향

A) 폴리에스터 재활용 기술 개발 동향

❑ 현재 상용화된 폴리에스터 재활용 기술은 주로 물질 재활용을 사용하고 있으며, 의류용 섬유로 사용되는 것은 폐페트병을 재활용하거나 생산폐기물 원료(공장에서 발생하는 원단 등)를 주로 재활용하고 있다.

▶ 물리적 재활용

❑ 유럽 내 폴리에스터 포장재 주요 제조회사 중 하나인 오스트리아 **Alpla社**는 독일의 **Texplast社**와 합작하여 PET Recycling Team을 설립하였다.

- PET Recycling Team은 food grade의 post-consumer 폴리에스터 폐기물을 재활용할 수 있으며, 폴리에스터 입자와 플레이크를 생산하는 기술을 확보하여 `20년 폴란드에 연간 30,000톤을 처리할 수 있는 플랜트의 가동을 시작함

[그림 Ⅰ-7] PET Recycling Team에서 생산하는 재생 폴리에스터 입상과 플레이크

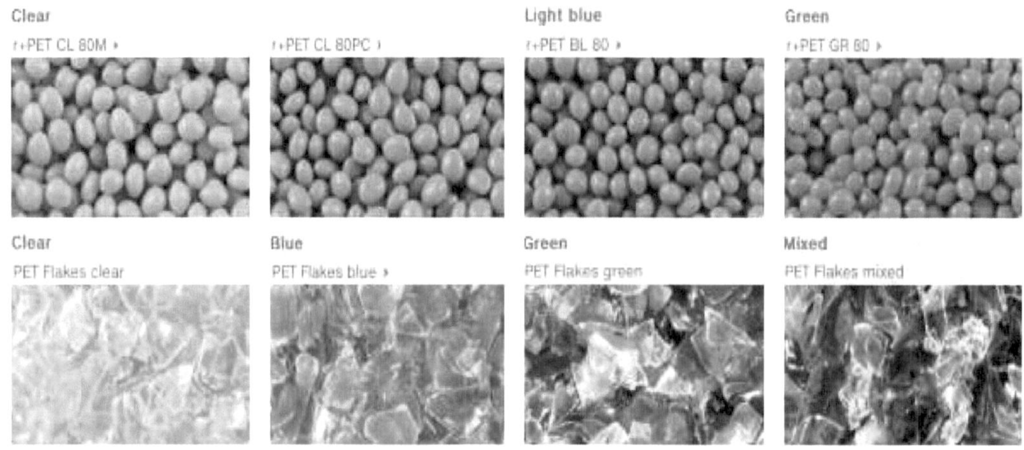

자료 : 한국산업기술평가관리원 PD ISSUE REPORT [자원순환 화학재생 섬유 기술동향 및 전망], 2021. 7

❑ **Indorama Ventures(IVL)**은 11개의 물질 재활용 설비 시설을 갖추고 있으며 2019년 post-consumer 페트병을 350,903톤 재활용하였다.

- IVL은 Deja라는 재생 폴리에스터 브랜드를 출시하여 플레이크, 펠렛, 필라멘트, 스테이플 섬유를 생산함

[그림 Ⅰ-8] IVL社의 재생 폴리에스터 브랜드 deja

❑ 대만의 화섬메이커 **Far Eastern New Century(FENC)**는 post-consumer 폴리에스터를 기계적 재활용 방법을 통해 섬유를 생산하는 세계 최고의 재생 폴리에스터 업체 중 하나로 Nike, Adidas 등 대형 고객을 보유하고 있다.

- 또한 post-consumer 페트병을 화학재생을 통해 TPA와 EG를 회수하는 독자 기술을 보유하고 있으며 폐의류 또한 용매를 통해 재생 폴리에스터 섬유를 생산할 수 있다고 밝힘
- 2023년까지 폐의류를 화학재생하여 재생 폴리에스터 섬유를 양산할 계획

❑ 미국의 재생 폴리에스터 수요가 급증할 것으로 예상되면서 **DAK Americas LLC**는 미국의 Richmond에 위치한 Perpetual Recycling Solution LLC의 재활용 시설을 인수하였는데, 고품질 재생 폴리에스터 플레이크 생산 능력은 연간 45,000톤 정도이다.

❑ 미국의 재생 폴리에스터 단섬유 생산업체 **Stein Fibers, Ltd**는 사우스 캐롤라이나 주에 소재한 생산 공장을 확대하였다.

- Stein Fibers는 post-industrial 과 post-consumer 폐기물을 활용하여 연간 65,000톤 이상의 재생 폴리에스터 단섬유를 생산함

▶ 화학적 재활용

❑ 폴리에스터의 화학재생은 폴리에스터를 모노머로 해중합한 후 모노머를 다시 중합하여 폴리에스터로 재생하는 것으로, 글리콜리시스, 메탄올리시스, 하이드롤리시스 해중합 방법이 알려져 있다.

[그림 Ⅰ-9] 폴리에스터의 화학재생 방법

Chemical recycling

Glycolysis	Hydrolysis	Methanolysis	Other processes
BHET + Oligomer	TPA + $HOCH_2CH_2OH$	DMT + $HOCH_2CH_2OH$	Aminolysis Ammonolysis

자료 : 한국산업기술평가관리원 PD ISSUE REPORT [자원순환 화학재생 섬유 기술동향 및 전망], 2021. 7

❑ 미국의 **Eastman社**는 2019년 Carbon renewal technology(CRT)와 Polyester renewal technology(PRT) 두 가지 화학재생 기술을 발표하였다.

- RT는 폴리에스터 폐기물에 대한 메탄올리시스 공정이며, 이를 활용하여 재활용 성분이 최대 50%가 함유되었으나 기존 Tritan 제품과 물성이 동일한 코폴리에스터 제품 Tritan Renew를 2020년 출시함

❑ `19년 **IBM社**는 개발된 촉매를 활용하여 글리콜리시스법을 활용한 VolCat 기술을 개발하였는데, 이 기술은 폐 폴리에스터의 분류 및 세척이 필요하지 않으며 해중합이 끝난 후 오염물 및 촉매의 완벽한 제거가 가능하다.

[그림 Ⅰ-10] Volcat 공정과 공정 중 발생한 오염물 분리

❑ 이탈리아의 원사 제조기업 **아쿠아필(Aquafil)社**는 글리콜리시스법을 활용한 EverPET® 기술을 보유 중이다.

- 고순도 재생 폴리에스터부터 소비재용까지 총 4가지 grade의 재생 폴리에스터 제품 생산 가능

❑ 이탈리아 업체 **Garbo社**는 5단계의 정제를 거쳐 오염물 및 불순물을 제거하여 고순도의 BHET를 회수할 수 있는 기술인 ChemPET® 를 개발하였다.

❑ 세계에서 두 번째로 큰 EG 생산업체 EQATE 그룹의 자회사인 Equipolymer(네덜란드)의 **Veridis 25**는 재생 폴리에스터 flake를 virgin 원료와 혼합하여 재생 폴리에스터가 포함된 폴리에스터 제품을 생산하였다.

❑ 네덜란드의 **Cumapol Emmen社**는 에너지 효율을 높인 저전력 화학재생 방법(CuRe)을 개발 하였다.

- CuRe 기술은 종류에 관계없이 어떤 폐 폴리에스터도 처리가 가능하며 색상이 제거된 투명한 펠렛을 제조하는 것이 가능하며, 현재 네덜란드 Emmen에서 20kg/hr의 파일럿 플랜트 가동 중

❑ 네덜란드의 **Ioniqa technologies社**는 이온형 복합 촉매를 사용하여 폴리에스터를 해중합는 기술을 확보하였다.

- 촉매는 안료를 흡수할 수 있으며 자성을 띠기 때문에 쉽게 제거하는 것이 가능하여 고순도의 BHET를 회수할 수 있음

❑ 독일 **perPETual Global Technology BV社**는 촉매를 비롯한 화학적 첨가물을 사용하지 않고 Mono EG(MEG)만 사용하여 BHET를 회수하는 ReNEW 기술을 개발하였다.

- 이 기술을 활용하여 인도의 **Polygenta社**는 Post-consumer 폴리에스터에서 100% 재활용한 POY와 DTY를 생산하고 있으며 최근 FDY 생산을 시작

❑ 프랑스의 생명공학 기업 **Carbios社**는 효소분해 공정을 통해 섬유 폐기물을 페트병으로 재활용하는데 성공하였다.

- 특정 효소를 활용하여 TPA와 MEG로 분해하여 페트병을 제조하였으며 해중합은 온도는 20~80℃, pH는 4~10의 넓은 범위에서 적용할 수 있으며, 조건에 따라 최소 5시간에서 72시간까지 소요

❑ 일본 JEPLAN의 자회사 폴리에스터 **Refine Technology社**는 글리콜리시스 해중합 후 활성탄소를 이용하여 염·안료를 분리하고이온 교환 수지로 원재료에 남아있는 금속 촉매를 제거하여 고순도 BHET를 회수하는 BRING Technology를 이용한다.

❑ 일본의 **Teijin社**는 'fiber to fiber'를 목표로 'ECO-CIRCLE' 프로그램을 런칭하였으며, 재생 폴리에스터 제품인 Ecopet를 생산하였다.

- Teijin社는 글리콜리시스와 메탄올리시스를 복합화한 공정으로 폐 폴리에스터를 글리콜리시스로 해중합하고, 회수된 crude BHET를 메탄올리시스하여 DMT를 제조

- 이 DMT를 고순도화하고 하이드롤리시스 과정을 거쳐 고순도의 purified TPA(PTA)를 얻고 이를 중합하여 폴리에스터 수지를 제조함

[그림 Ⅰ-11] Carbios의 효소 하이드롤리시스 모식도

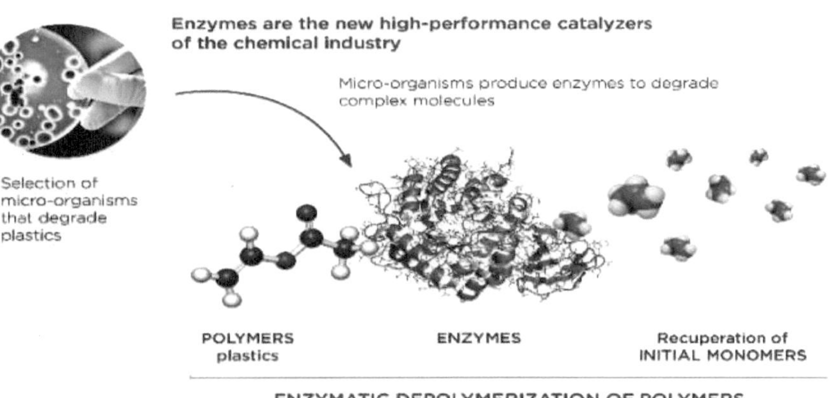

[그림 Ⅰ-12] Teijin社의 SOLOTEX® ECO-Hybrid 섬유

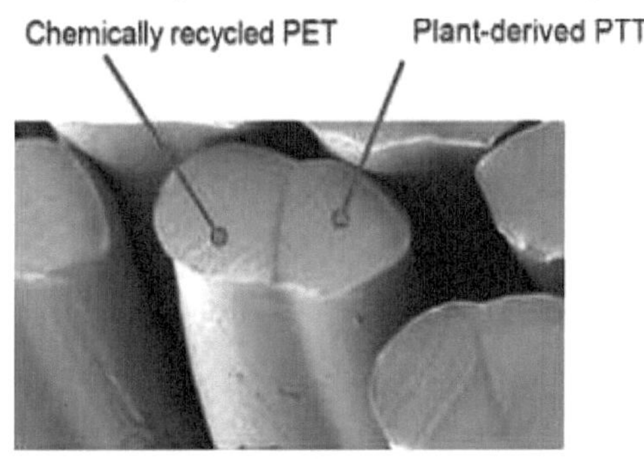

자료 : 한국산업기술평가관리원 PD ISSUE REPORT [자원순환 화학재생 섬유 기술동향 및 전망], 2021. 7

B) 나일론 재활용 기술개발 동향

▶ 물리적 재활용

❑ 최근 벨기에 섬유기업 Beaulieu International Group은 나일론 원사 생산 시 발생되는 소비 전(pre-consumer) 폐기물로 나일론 섬유를 제조하였다.

[그림 Ⅰ-13] eqocycle 시스템 모식도(Beaulieu International Group)

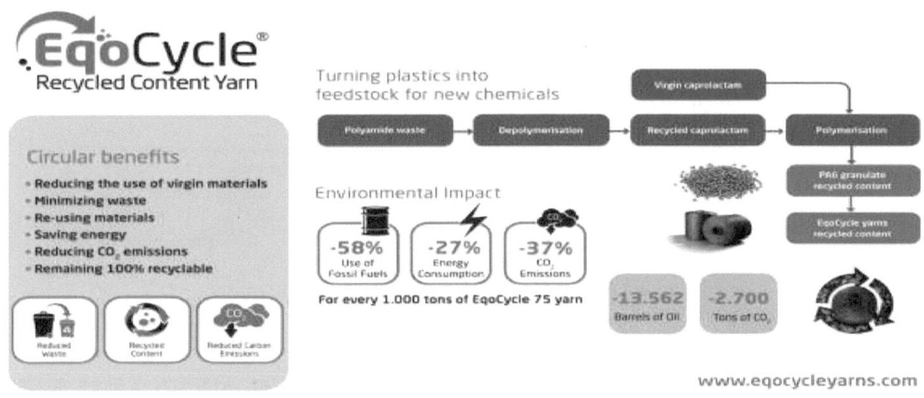

❑ **효성티앤씨**에서는 섬유 생산 시에 발생하는 부산물을 기계적 재활용 방법을 통해 친환경 나일론을 제조하였다. `20년 12월 부산 스타트업 "넷스파" 나일론 원료화 공정 개발 중이고, 원료 품질 확보 후 나일론 샘플 방사 시작 단계로 향후 국내 및 아시아 지역으로 확대해 나갈 예정임을 발표하였다.

▶ 화학적 재활용

❑ 나일론의 화학재생 기술은 폴리에스터만큼 연구가 활발하지 않은 상황이며, 폐어망, 폐어구 등의 재활용을 통한 해양보호관점에서 연구가 수행되고 있다.

- 화학적 재활용 방법에 따라 다른 종류의 부산물이 발생하고 이에 따른 처리방법의 연구도 필요

[그림 Ⅰ-14] 나일론의 화학적 재활용 방법

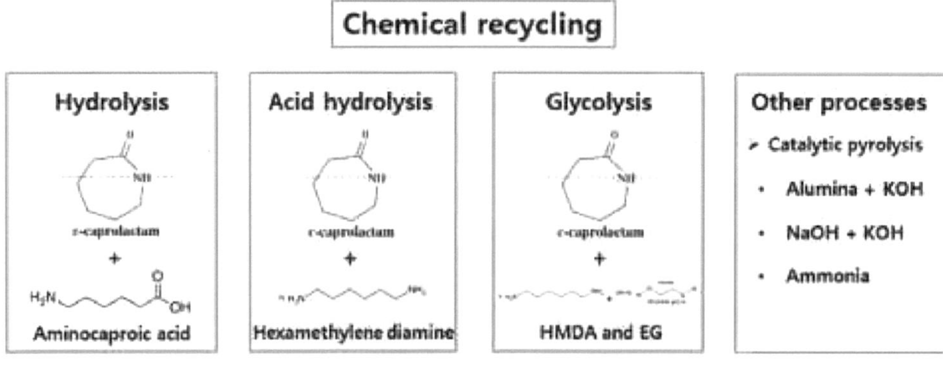

[그림 Ⅰ-15] 나일론의 화학재생 모식도(하이드롤리시스)

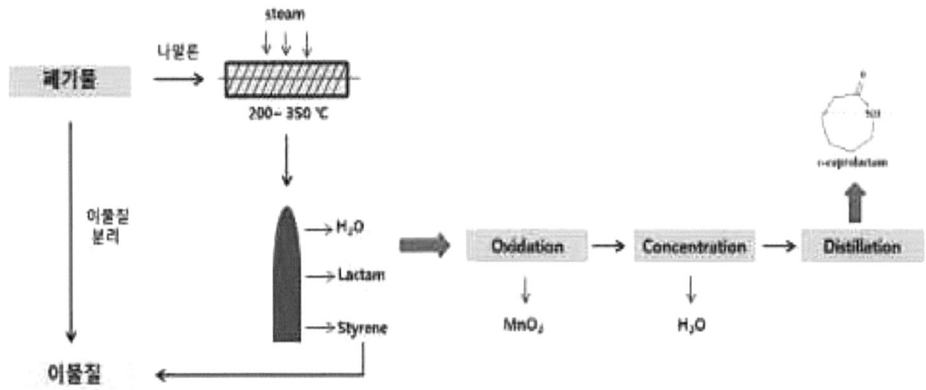

[그림 Ⅰ-16] Nylon의 화학재생 방법(글리콜리시스)

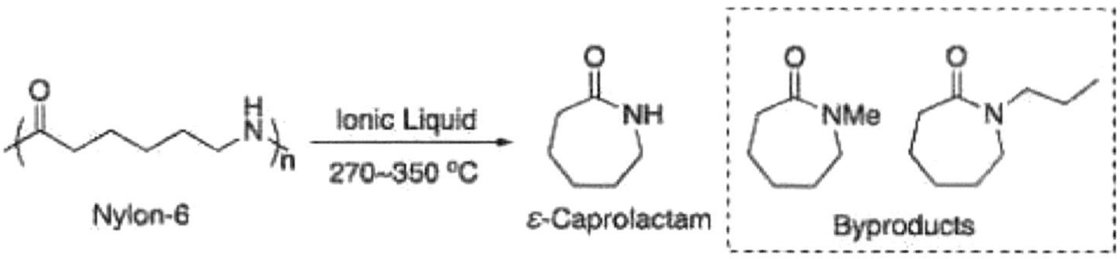

Nylon-6 → Ionic Liquid, 270~350 ℃ → ε-Caprolactam + Byproducts

자료 : 한국산업기술평가관리원 PD ISSUE REPORT [자원순환 화학재생 섬유 기술동향 및 전망], 2021. 7

❑ 이탈리아의 원사 제조기업 **아쿠아필(Aquafil)**에서는 폐나일론을 재활용할 수 있는 기술을 보유하고 있다.

- 폐나일론 및 제조과정에서 나오는 부산물을 해중합을 통해 원료인 카프로락탐까지 되돌려 불순물을 완전히 제거해 버진 소재와 동등한 품질로 재사용이 가능한 시스템 구축

❑ 세계적인 화학기업인 **BASF**는 ChemCycling 기술을 개발하여, 기존 방식으로 재활용하기 어려운 혼합 플라스틱이나 오염된 플라스틱을 소각 처리하지 않고 재활용하는 방안을 제시하였다.

- 세계적인 컨설팅 기업인 Sphera를 통해 자사의 ChemCycling 기술에 대해 전 과정평가(LCA)를 추진하여 기존 폐기물 처리 공정들과 이산화탄소 배출량을 비교한 결과 물리적 재활용 공정과 비견되는 수준이며, 소각 공정보다는 월등히 뛰어난 결과 도출

❑ `19년 일본의 **JGC Corporation, Ebara Environmental Plant, Ube Industries, Showa Denko**는 Ebara Ube Process(EUP)를 적용한 세계 최초의 가스화 화학적 재활용(산소와 스팀 사용) 설비를 이용하여 상용화를 위한 공동 연구를 추진 협약하였다.

- 일본의 플라스틱 폐기물의 재활용 비율이 86% 달하지만 대부분 타국으로 수출되거나 연료로 재활용되고 13.5%만을 원료로 재활용하고 있는 실정
- 2000년 Ebara와 Ube가 공동 개발한 EUP는 `03년부터 Showa Denko의 Kawasaki Plant에서 연간 7만 톤의 혼합 플라스틱 폐기물을 처리하는 실증사업을 추진 중

나. 화학적 재활용 기술 분석

❑ 나일론 화학적 재활용 공정기술은 글리콜리시스(Glycolysis), 메탄올리시스(Methanolysis), 하이드롤리시스(Hydrolysis) 방법 등으로 분류된다.

- 화학적 재활용은 물리적 재활용에 대비 완벽한 불순물 제거 공정을 통한 고순도의 원료물질(단량체)을 얻을 수 있으며, 재중합을 통해 기존의 버진 물성과 동일한 재활용 원료를 기대할 수 있으며, 전주기적으로 지속가능한 순환계를 형성할 수 있음

[도표 Ⅰ-27] 화학재생 공정 비교

방법	장점	단점
글리콜리시스	• 기존 생산라인과 쉽게 통합할 수 있어 virgin 형태의 반응물과 혼합 가능	• 오염의 위험성이 높아 품질 유지에 세심한 관리가 필요 • 분해된 올리고머의 정제기술 필요
메탄올리시스	• 정제가 용이해 고순도 제품 회수 가능 • 오염된 폐기물 처리 가능	• 유기 불순물이 완벽히 제거되지 않음 • 장치비가 크고 원료화 비용이 큼 • 추가 하이드롤리시스 공정이 필요할 수 있음
하이드롤리시스	• 오염된 폐기물 처리 가능	• 생성된 반응물의 정제가 까다로움 • 글리콜리시스나 메탄올리시스에 비해 반응이 느림

자료 : 한국산업기술평가관리원 PD ISSUE REPORT [자원순환 화학재생 섬유 기술동향 및 전망], 2021. 7

3. 폐플라스틱의 순환경제로의 전환과 대응전략

1) 플라스틱 순환경제의 필요성

(1) 환경적 관점

❑ 1846년 처음 발명된 플라스틱은 1930년 이후 인류 생활에 급속히 파고들었다. 유럽 플라스틱 산업협회인 플라스틱스유럽(Plastics Europe)에 따르면, 2020년 세계 플라스틱 생산량은 3억 6,700만 톤에 달하며, 별다른 조치가 없다면 플라스틱 생산량이 2015년과 대비해 2030~2035년에 2배, 2050년에는 3배로 증가할 것으로 추정된다.

[도표 Ⅰ-28] 글로벌 플라스틱 생산량

(단위: 백만 톤)

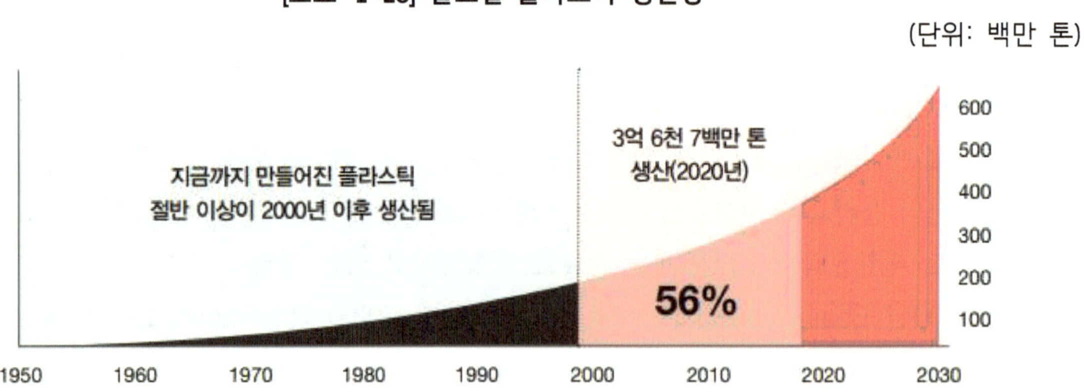

자료 : 플라스틱유럽, 삼일 PwC 경영연구원 Insight Research [순환경제로의 전환과 대응전략], 2022. 4

❑ 대부분의 플라스틱은 미생물이 분해할 수 없는 화학 구조를 가지고 있기 때문에 자연 분해기간이 500년 이상 걸린다. 플라스틱 컵은 430년, 일회용 기저귀는 450년, 낚시줄은 600년의 자연 분해기간이 필요한데, 이러한 플라스틱은 각종 생물의 몸속으로 들어가 최종적으로는 먹이사슬을 통해 인간의 신체에 미세플라스틱 형태로 재축적되며, 생태계뿐 아니라 인간 생존에 심각한 위험요소로 부각되고 있다.

[도표 Ⅰ-29] 플라스틱이 썩기까지 걸리는 시간

(단위: 년)

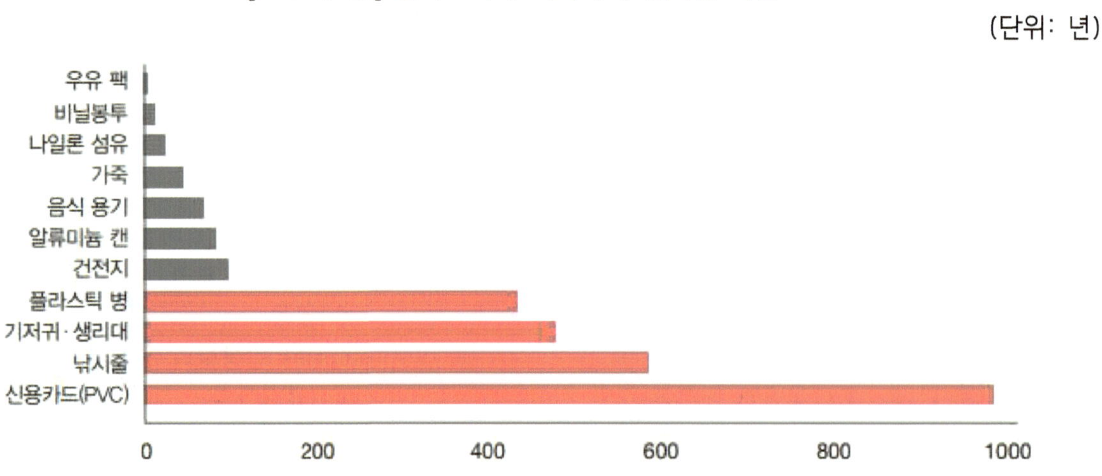

❑ 미국 캘리포니아 주립대학의 연구에 따르면, 1950년부터 2015년까지 생산된 플라스틱은 약 83억톤이며, 이 중 58억톤은 폐기된 것으로 추산된다. 폐기된 58억톤 중에서 약 46억톤(79%)가 매립되거나 자연에 그대로 버려졌으며, 7억톤(12%)은 소각, 5억톤(9%)만이 재활용된 것으로 보여진다. 게다가, 재활용된 제품(5억 톤) 중 80%는 한번 사용된 후 소각되거나 버려지는 것으로 파악되기에 궁극적으로 재활용률은 9%에도 미치지 못하는 것을 알 수 있다.

[도표 Ⅰ-30] 글로벌 플라스틱의 생산, 소비 및 처리 현황(1950~2015)

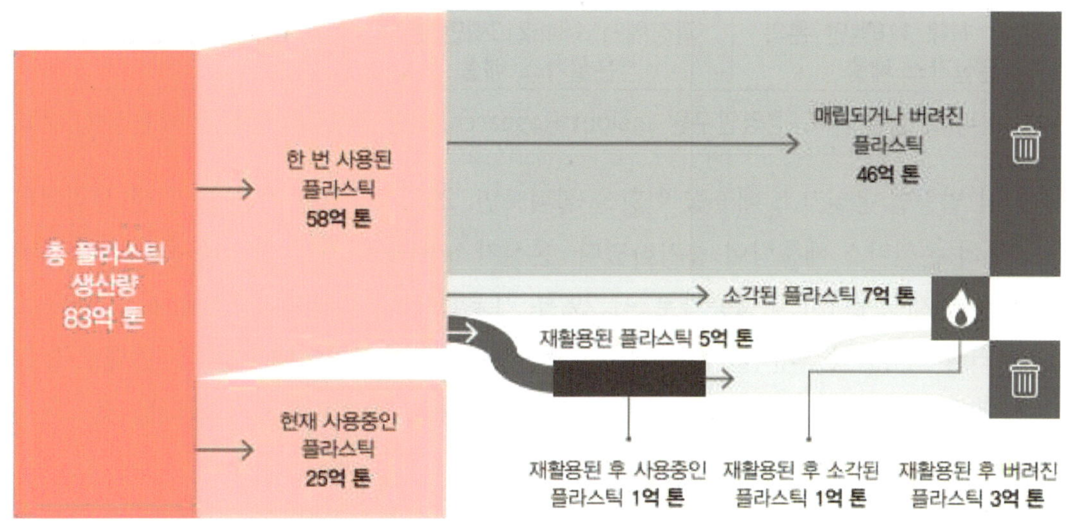

자료 : 삼일 PwC 경영연구원 Insight Research [순환경제로의 전환과 대응전략], 2022. 4

(2) 경제적 관점 : 탄소중립 달성을 위한 핵심 요소

❑ 국제환경법센터(Center for International Environmental Law)에 따르면 2019년 기준, 플라스틱 수명 전 주기에 걸쳐 배출하는 탄소량은 석탄 화력발전소 200개의 탄소 배출량과 맞먹는 것으로 나타났다. 플라스틱 1톤당 총 5톤의 온실가스가 배출되는 것인데, 플라스틱 생산이 현재 예측한 추세로 계속 증가할 경우, 플라스틱의 전 수명 주기에 걸쳐 배출되는 온실가스의 총량은 2030년에 2019년 대비 50% 이상 늘어난 13억 4,000톤(화력 발전소 300개 탄소 배출량)에 달할 것으로 예측된다. 해당 탄소량은, 파리협약의 과제인 지구 온도 상승폭 1.5℃ 이내 유지 목표를 위해 남은 탄소 예산의 10~13%가 2050년까지 플라스틱 생산으로 소진될 수 있고, 2100년에는 25% 이상 소진될 수 있다는 것을 의미한다.

❑ 99% 화석연료로 만들어지는 플라스틱은 석유 및 가스 추출-정제-분해-소각의 전 단계에서 온실가스를 배출한다. 플라스틱 온실가스 배출량의 61%는 석유자원의 채출과 플라스틱 수지를 생산하는 과정에서 발생하고, 30%는 수지를 가공하여 포장재 등 플라스틱 제품을 생산하는 과정에서 발생하며, 나머지 9%는 폐플라스틱을 소각·매립 처리하는 과정에서 발생한다. 만일 플라스틱 재활용 기술개발을 통해 신재가 아닌 재생재를 사용해도 품질저하가 발생하지 않는다고 가정할 때, 플라스틱을 재활용하면 신재에 비해 최소 온실가스 배출량의 60% 이상을 줄일 수 있다.

[도표 Ⅰ-31] 플라스틱 공정별 온실가스 배출량

추출·정제	분해	소각
우리나라 58개 석탄발전소 배출량의 약 70%와 맞먹음(2020년 기준)	한국 자동차 1억대의 연간 평균 배출량과 맞먹음	4인으로 이루어진 27만 가정의 연간 배출량과 맞먹음
전 세계적으로 플라스틱 생산을 위해 화석연료의 탄화수소를 추출하고 정제하는 과정에서 **최대 118백만 톤의 온실가스 배출**	전 세계적으로 에탄, 나프타 등 원료를 증기분해를 거쳐 에틸렌 등의 석유화학물질로 만드는 과정에서 **184~213백만 톤의 온실가스 배출**	전 세계적으로 플라스틱 포장재를소각하는 과정에서 **16백만 톤 온실가스 배출**

자료 : 그린피스, 삼일 PwC 경영연구원 Insight Research [순환경제로의 전환과 대응전략], 2022. 4

❑ 한국의 업종별 온실가스 배출량 현황을 살펴보면, 2011~2019년 기간 동안 전 산업에서 연평균 약 1.8%의 온실가스 배출량이 증가하였다. 온실가스 배출의 가장 큰 비중을 차지했던 발전에너지 부문은 신재생에너지 비중증가로 -1.2%를 기록했으며, 철강도 1.9%로 산업 평균 수준에 그쳤다. 그러나 석유화학 부문은 +2.8%로, 주요 업종 중 IT 하드웨어에 이어 두 번째로 높은 증가율을 기록했다. 향후 한국 석유화학업종의 탄소배출 비중은 보다 가파르게 확대될 것으로 전망하는데, 이는 대규모 증설 물량에 기인한다.

❑ 한국 석유화학업체들의 2020~2025년 연평균 Capa 증가율은 약 7.6%로, 동기간 글로벌 Capa 증가율 3.5%를 크게 상회할 것으로 예상된다. 이러한 추세는 2021년 말 한국 정부가 발표한 탄소 중립 목표에 근거한, 탄소 배출저감 추세와 배치된다. 국가적 목표 달성을 위해서라도 플라스틱 재활용에 대한 필요성은 더욱 커지고 있다.

2) 정책 동향

(1) 글로벌 동향

❑ 플라스틱 순환경제 도입에 가장 적극적인 곳은 유럽이다. EU는 2015년 '지속가능한 성장을 위한 순환경제 패키지'를 발표한 바 있으며, 2019년 '유럽 내 플라스틱 폐기물 방지'에 관한 정책 보고서를 통해 플라스틱 생산량과 폐기물 발생량을 줄이기 위한 기반을 마련하고, EU 10개국은 플라스틱 폐기물 매립 금지를 선언했다. 또한, 2020년에는 '그린딜(Green Deal) 순환경제 행동계획'을 수립하며, 2030년까지 포장폐기물의 70% 재활용 목표를 제시하였다. 이에 따라 일회용 플라스틱을 중심으로 사용규제가 본격화되고 있으며, 재활용 플라스틱 비중 의무화를 추진 중이다. 2021년 1월부터는 재활용이 불가능한 포장재 플라스틱 폐기물에 kg당 0.8유로를 부과하는 플라스틱세가 시행되고 있는데, 이에 따라 각 회원국 정부는 자국 내 발생하는 연간 포장재 플라스틱 총량에서 재활용이 되는 플라스틱을 제한 후, 남은 폐기물에 대해 kg당 0.8유로를 EU에 납부해야 한다.

❑ 한편 최근 몇 년간 플라스틱 폐기물에 대한 문제를 각성시킨 국가는 중국이다. 중국은 2017년 생활 폐플라스틱 등 고체폐기물 24종 수입 금지에 이어, 2018년 말에는 '수입 폐기물 허가제도'를 도입해 무역회사의 폐기물 대리 수입을 금지했다. 폐플라스틱 최대 수입국가인 중국의 이러한 조치로 선진국들의 플라스틱 처리 문제가 심각해지며, 선진시장 내 일회용 플라스틱 금지 조치들이 본격적으로 도입되기 시작하였다. 또한, 중국은 2020년 1월 '플라스틱 오염 대책 강화에 관한 의견'을 발표하고, 2020년 말까지 플라스틱 제품의 생산·판매 및 사용을 제한하기로 했으며, 2022년 말까지 일회용 플라스틱을 현저하게 감소시키기 위해 대체품을 보급하여, 자원이용과 에너지 회수비율을 대폭 끌어올리기로 했다.

[도표 Ⅰ-32] 중국 폐플라스틱 수입 추이

(단위: 백만 달러)

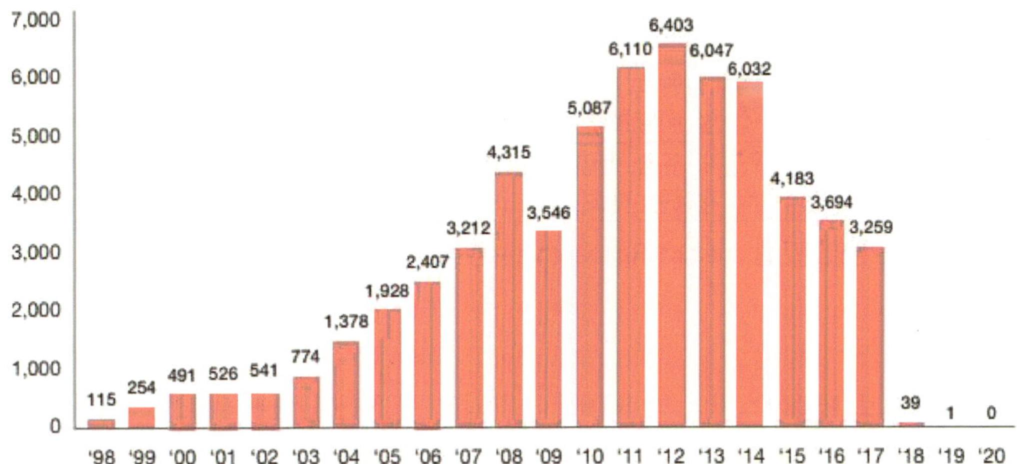

자료 : 무역협회, 삼일 PwC 경영연구원 Insight Research [순환경제로의 전환과 대응전략], 2022. 4

(2) 국내 동향

❑ 한국은 2018년 '제1차 자원순환기본계획(2018~2027)'에 따라 폐기물 발생량을 줄이고, 지속가능한 순환경제 비전을 제시했다. 해당 계획에 따라 2027년까지 폐기물 발생량을 20% 축소하고, 생활폐기물 직매립 비율을 2018년 15% → 2022년 10% → 2027년 0%로 제로(zero)화할 계획이다. 또한 2021년 말 '탄소중립을 위한 한국형(K)-순환경제 이행계획'을 발표하며, 기존 플라스틱 산업에 있어서 재생원료 사용 의무(PET의 경우 2030년까지 30% 이상 사용)를 부여하고, 중장기적으로 플라스틱 산업을 바이오 플라스틱으로 변화시키는 방안(2050년까지 생활 플라스틱 100%, 사업장 플라스틱 45% 대체)을 마련하였다.

❑ 2020년까지 각국에서 플라스틱 사용에 대한 규제가 강화되는 추세였으나, 최근 코로나 사태로 이러한 움직임이 다소 둔화된 부분이 있다. 코로나 전파를 막기 위해 일회용품 사용이 불가피했기 때문이다. 그러나 향후 플라스틱에 대한 규제는 필연적으로 재개될 수밖에 없고, 이에 따라 플라스틱 재활용에 대한 연구개발은 더욱 강화될 것이다. 코로나 바이러스는 환경에 대한 인류의

관심을 더욱 증폭시켰고, 각국 정부와 기업에 대해 환경적 책임을 강화시키는 움직임이 지속될 것으로 판단한다.

[도표 Ⅰ-33] 주요 국가 플라스틱 규제 현황

국가	내용
미국	• 뉴욕, `19년 1월부터 스티로폼 사용 금지 • 캘리포니아, 플로리다, 뉴저지 등 주와 도시별로 일회용 빨대 및 비닐봉투 사용 규제 시행 중
유럽	• `20년부터 플라스틱 폐기물 매립 전면 금지(EU 10개국) • `21년부터 대체 가능한 플라스틱 제품의 역내 유통을 금지 • `25년까지 대체 불가능한 플라스틱에 대해서는 다음의 목표를 수립: 플라스틱 병 - 90% 이상 분리수거, 플라스틱 봉투 - 25% 사용감축
중국	• `18년부터 폐플라스틱 수입금지 정책 시행 • `21년부터 발포플라스틱 음식용기 및 플라스틱 면봉 사용 금지 • 일회용 플라스틱 식기와 비닐포장, 비닐봉지 사용 금지: `21년 주요 도시부터 시작하여 `26년 전국 확대
한국	• `30년까지 플라스틱 재생원료 사용비율을 30%로 확대 • `22년까지 일회용 컵 및 비닐봉투 사용량 35% 감축
UAE	• 난분해 플라스틱 포장재 규격 전면 시행(`14년) • 산화생분해 플라스틱 제품만 제조, 유통, 수입 허용

자료 : 삼일 PwC 경영연구원 Insight Research [순환경제로의 전환과 대응전략], 2022. 4

3) 기술 동향

❑ 전 세계적으로 폐플라스틱의 약 30%는 소각되고, 50%는 단순폐기(매립 및 해상오염 등)되며, 나머지 20% 전후만이 재활용되고 있다. 폐플라스틱을 재활용하는 방법은 ① 물리적 재활용, ② 화학적 재활용, ③ 열적(에너지) 재활용 세 가지로 나눌 수 있는데, 현재 플라스틱 재활용 방식 중 물리적·열적 재활용 방식이 주로 사용되고 있으며, 화학적 재활용은 시작 단계에 불과하다.

❑ 한국의 경우도 2017년 기준 플라스틱 폐기물의 38%가 단순 소각·매립되고, 22.7%가 물리적 재활용되었으며, 열적(에너지) 재활용은 39.3%, 화학적 방식은 거의 사용되지 않은 것으로 파악된다. 그러나 진정한 의미의 순환경제를 이룩하기 위해서는 화학적 재활용이 필수적이며, 물리적·열적 방식이 가진 문제점을 보완하기 위한 대안으로 최근 화학업계에서 해당 기술이 부상하고 있다.

[그림 Ⅰ-17] 플라스틱 재활용의 종류

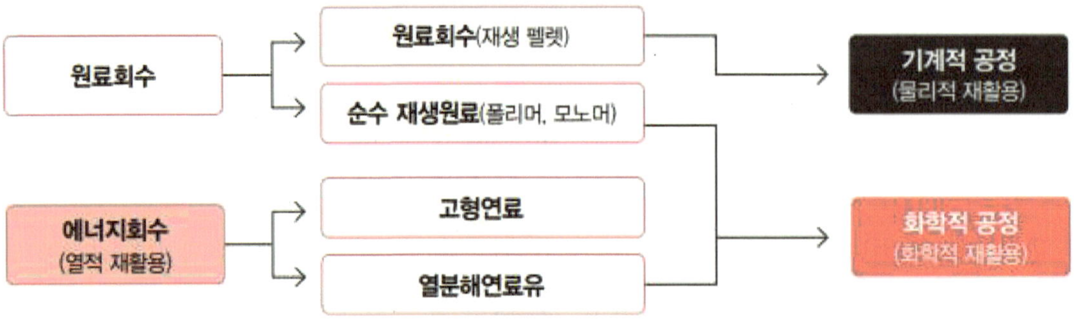

(1) 물리적 재활용

물리적 재활용(Material Recycle)은 재활용이 어려운 재질의 플라스틱을 선별하고 이물질이 묻어 더러운 플라스틱을 세척하는 과정을 통해 재생원료로 재활용하는 방식이다. 쉽게 말해 폐플라스틱을 물리적으로 가공해 다시 플라스틱을 생산하는 것인데, 선별 및 세척을 거친 폐플라스틱 조각들을 기계를 사용해 일정한 크기의 플라스틱 조각인 '펠렛(Pellet)'으로 만들어 재생원료로 사용한다. 대부분의 플라스틱에 대해서 물리적 재활용 기술이 존재하나 일상용품이나 식품용 용기로 활용되는 PET나 HDPE 정도만 물리적으로 재활용되고 있다. 다른 종류의 플라스틱을 처리하려면 더 복잡한 프로세스가 필요해 경제성이 떨어지기 때문이다.

[그림 Ⅰ-18] 물리적 재활용의 과정

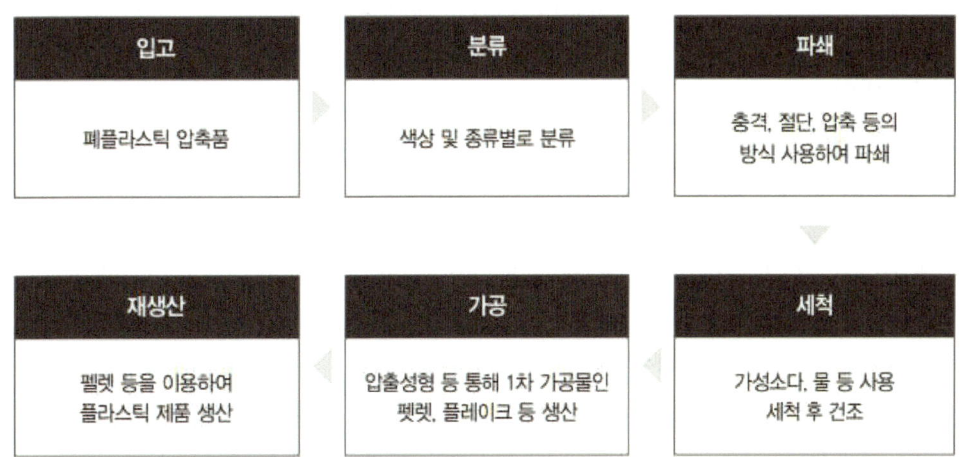

자료 : 삼일 PwC 경영연구원 Insight Research [순환경제로의 전환과 대응전략], 2022. 4

❑ 물리적 재활용은 공정이 단순해 재활용 과정에서 탄소를 가장 적게 배출하고 투자비용도 저렴하다는 장점이 있다. 사용된 플라스틱을 회수하여 소각하거나 재활용을 하는 경우에도 에너지 투입이 필요하기 때문에 탄소배출이 불가피하지만, 물리적 재활용은 사용된 플라스틱에 대한 화학적 또는 열적 처리를 최소화하기 때문에, 소각 및 화학적 재활용 대비 탄소 저감 기능이 우수하다. 그러나 재활용 결과물의 품질이 기존 제품에 비해 떨어지고, 재활용이 가능한 플라스틱 제품 범위가 좁다는 한계가 있다. 복합 재질 플라스틱의 경우 저급의 플라스틱 제품이 생산되고, 단일 재질인 경우도 일정 횟수 이상 재활용할 경우 품질이 저하되며, 폐플라스틱에 이물질이 부착된 경우 재활용이 불가능한 경우가 많다.

[그림 Ⅰ-19] 물리적 재활용의 사례

[도표 Ⅰ-34] 재활용 방식에 따른 탄소배출량(기준: PET 1톤)

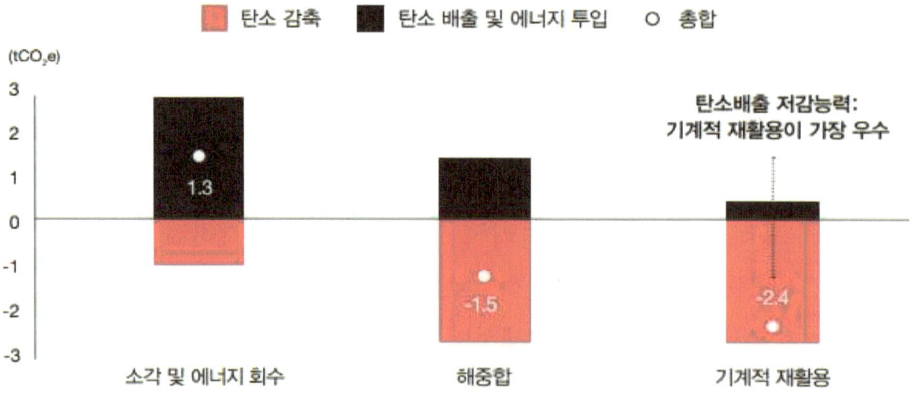

탄소 감축 / 탄소 배출 및 에너지 투입 / ○ 총합

(tCO2e)

탄소배출 저감능력: 기계적 재활용이 가장 우수

소각 및 에너지 회수: 1.3 / 해중합: -1.5 / 기계적 재활용: -2.4

자료 : 삼일 PwC 경영연구원 Insight Research [순환경제로의 전환과 대응전략], 2022. 4

(2) 화학적 재활용

❑ 화학적 재활용(Chemical Recycle)은 탄화수소 등의 성분으로 분해하여 재활용하는 방법이다. 주로 열분해 및 화학반응 공정을 통해 이루어지며, 종류별 고도분리작업이나 오염된 폐기물에 대해 크게 민감하지 않아, 물리적 재활용의 한계를 해결하기 위한 궁극적인 해결책으로 글로벌 화학업계에서 떠오르고 있는 기술이다. 물리적 재활용이 플라스틱 본래의 성질을 변형시키지 않고 물리적인 형태만 바꾸는 개념인 반면, 화학적 재활용은 고분자(Polymer) 형태의 플라스틱을 화학적 반응을 통해 최초의 원료 형태인 모노머(Monomer, 단량체)로 완전히 되돌리는 것을 의미한다.

[그림 Ⅰ-20] 국내외 플라스틱 물질흐름도 비교분석

(단위: 톤, %)

❑ 물리적 재활용은 재활용을 거듭할수록 물성이 떨어지는 점과, 회수된 플라스틱 오염 정도에 따라 재활용 자체가 어려울 수 있는 한계점으로 인해 플라스틱 순환경제를 구축하는데 있어 영속성이 떨어질 수 있다. 열적(에너지) 재활용 또한 유독가스 방출 등의 문제를 안고 있어, 엄밀히는 순환경제에 부합하는 방식으로는 볼 수 없다. 앞의 그림에서 보여지듯이 글로벌 주요국들의 플라스틱 폐기물 중에서 실제 재활용 되는 비중은 25% 내외에 불과하고, 나머지는 잔재 폐기물로 분류돼 대부분 소각되거나 고형 연료(열적 재활용, 에너지 회수)로 사용되는 실정인데, 진정한 의미의 순환경제 달성이 이루어지려면 화학적 재활용이 필수적이다.

[그림 Ⅰ-21] 화학적 재활용: 최종 산출품에 따른 구분

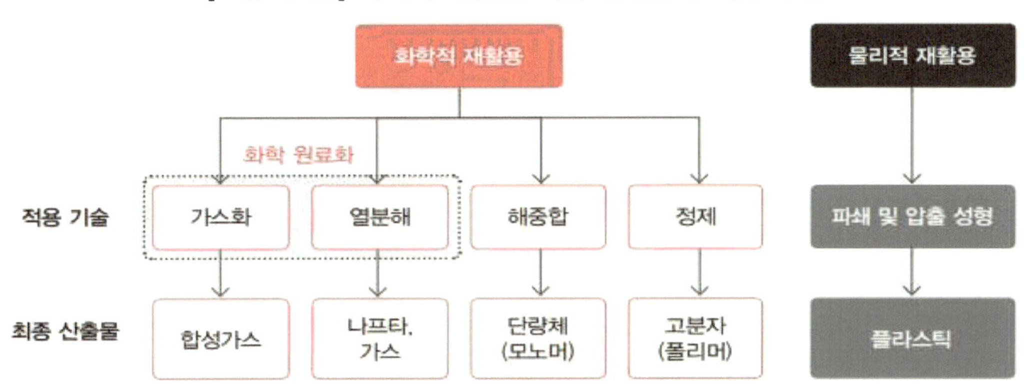

자료 : 삼일 PwC 경영연구원 Insight Research [순환경제로의 전환과 대응전략], 2022. 4

가. 화학적 재활용 기술: 가스화 및 열분해(화학 원료화)

❑ 화학 원료화는 화학 원재료 또는 정유제품까지의 단계로 변환시키는 것을 의미한다. 궁극적인 지향점이 자원 순환이라는 점을 생각해 볼 때 폐플라스틱 연료화로는 부족하여, 글로벌 주요 화학기업들은 폐플라스틱을 통해 생산된 원료를 플라스틱 원재료로까지 고도 정제하는 방법을 개발 중이다. 현재 사용되는 대표적인 기술로 열분해와 가스화가 있다.

❑ **열분해(Pyrolysis)**는 무산소 상태에서 유기물질을 열분해 시키는 방법인데, 이미 수세기 동안 시도되었던 방법으로 현재 가장 상용화되어 있는 화학적 재활용 방식이다. 폐플라스틱을 열분해하면 플라스틱의 분자가 불규칙적으로 분해되는데, 분해 생성물로 무거운 탄화수소들이 주로 생성되어, 열분해 산물은 저급 디젤유나 보일러 연료로만 사용이 가능하다.

❑ **가스화(Gasification)**는 플라스틱 폐기물에 1,000~1,500℃의 고열을 가하여 합성가스(수소, 메탄 등)로 분해하는 것을 의미한다. 기본적으로 열분해 기술과 유사하나, 열분해와 달리 소량의 산소를 반응기에 주입하는 것이 차이점이다. 이러한 기술로 만들어진 합성가스(수소 및 일산화탄소 혼합물)는 메탄올·암모니아 등 새로운 화학제품, 연료 및 비료 등으로 재생산될 수 있다. 가스화 기술은 향후 수소경제 도래시 폐플라스틱을 활용한 수소 생산 방식으로 활용될 가능성이 높은데, 일례로 `21년 6월 국내 기업 플라젠은 사우디아라비아 기업인 SSC사와 MOU를 체결하고 사우디 얀부 지역에 세계 최대 규모의 폐플라스틱 수소 생산 플랜트 건설 추진을 발표했다.

[그림 Ⅰ-22] 열분해를 통한 폐플라스틱 에너지화 개념도

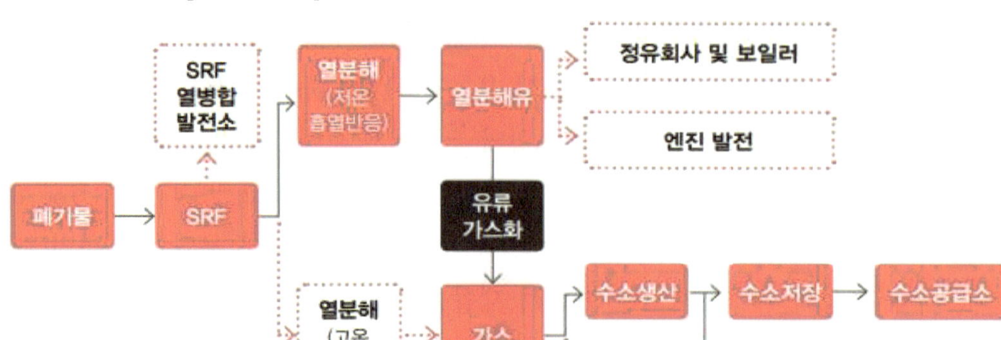

자료 : 삼일 PwC 경영연구원 Insight Research [순환경제로의 전환과 대응전략], 2022. 4

나. 화학적 재활용 기술: 해중합

❑ 물리적 재활용이 폐플라스틱을 녹여 다시 성형하는 것이라면, 해중합(Depolymerization)은 플라스틱을 그 원재료인 단위체로 바꾸는 과정을 의미한다. 고온에서 촉매와 유기용매 등을 이용해 분해반응을 일으켜 단량체를 추출하기 때문에, 원유에서 생산한 신규 플라스틱 원재료와 동일하여 물리적 재활용의 한계점인 품질 저하가 없다. 또한 복합 소재 플라스틱이나 오염, 염색 등 물리적 방식으로 재활용이 불가능했던 소재들에 적용이 가능하기 때문에 가장 이상적인 방식이지만, 석유에서 원재료를 생산하는 방식에 비해서 비용이 훨씬 많이 들기 때문에 경제성 측면에서 상용화까지 시간이 더 필요하다.

❑ 해외 기업들은 해중합 기술을 선제적으로 연구해 실증화 단계까지 나아간 상황이며, 국내의 경우는 아직 태동기 수준이다. 향후 해당 기술이 상용화되기 위해서는 에너지 효율을 획기적으로 높이면서 가격이 저렴한 촉매 개발이 선행되어야 한다.

[그림 Ⅰ-23] 해중합 기술의 원리

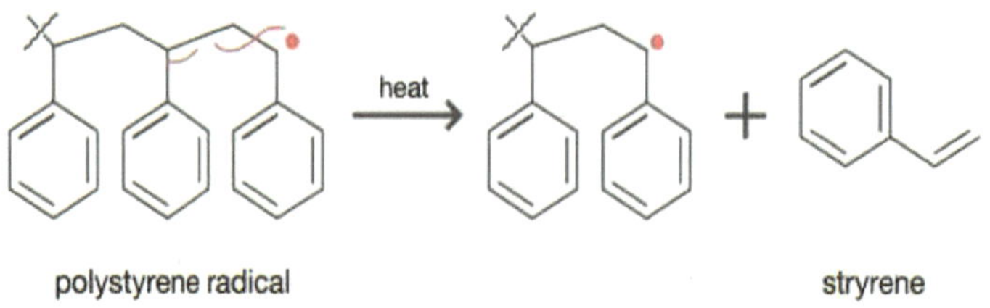

heat

polystyrene radical

stryrene

[도표 Ⅰ-35] 물질별 해중합 시 요구 온도(℃)

종류	요구 온도
폴리에틸렌	610
폴리이소부틸렌	175
폴리메틸 메타크릴레이트	198
폴리스티렌	395
폴리테트라플루오로에틸렌	1100
폴리아이소프렌(천연고무)	466

다. 화학적 재활용 기술: 정제

❑ 정제(Purification)는 플라스틱의 고분자 구조를 건드리지 않은 상태에서 용제(특정 물질을 녹이는 물질)를 활용하여 플라스틱을 녹이거나 액화 시켜서 첨가제 등의 불순물을 걸러내거나 복합 재질 중 특정 재질만을 선별하는 작업이다. 여타 기술 대비 에너지 소비량이 적게 소요된다는 점이 있으나, 해당 과정에서 액상 유독 폐기물이 발생하며, 원료 물질을 무한 반복하여 순환시킬 수 없는 단점이 있다.

[도표 Ⅰ-36] 화학적 재활용: 기술별 비교

기술	정제	해중합	화학 원료화	
			열분해	가스화
재활용 원료	PVC, PS, PE, PP	PET, PA, PU	PE, PP, PB, PS, PMMA	모든 플라스틱
최종 산출물	고분자(폴리머)	단량체(모노머)	나프타 등 정유제품, 가스	합성가스
개발 현황	개발 완료	상업화 단계	상업화 완료	상업화 완료

자료 : 삼일 PwC 경영연구원 Insight Research [순환경제로의 전환과 대응전략], 2022. 4

(3) 열적(에너지) 재활용

❑ 열적 재활용(Thermal Recycle)은 폐플라스틱을 발전 시설, 시멘트 공정, 보일러 등의 대체연료로 활용하는 것으로, 일반적으로 재활용이 불가능한 식품 봉지 등 필름류도 재활용이 가능하다는 장점이 있지만, 소각 시 유해 배출물이 발생하여 이에 대한 기술적 보완이 필요하다. 열적 재활용은 플라스틱 폐기물을 재활용하기는 하지만, 단순히 태우는 것에 불과하여 엄격하게 볼 때 재활용이라고 보기는 어렵고, EU에서도 에너지 재활용은 플라스틱 재활용의 범주 안에 포함시키지 않고 있다.

❑ 열적 재활용의 종류는 i) 직접소각, ii) 건류소각, iii) 고체 성형 연료(Solid Refuse Fuel, SRF) 세 가지로 구분된다. 첫 번째 **i) 직접소각**은 일반적인 생활 폐기물 소각과 마찬가지로 플라스틱을 직접 태우는 것을 의미하는데, 소각 시 일반 폐기물에 비해 더 많은 공기량을 필요로 하기 때문에 특수한 형태의 소각로가 필요하고 이로 인해 경제성이 낮다. **ii) 건류소각**은 폐기물을 저산소 상태에서 부분 연소시켜 가연성 가스를 발생시킨 후, 이 가연성 가스를 재연소시켜 완전 소각하는 기술이다. 건류로에 들어간 폐기물은 건조 - 용융 - 열분해 - 가스화 반응과정을 거치게 되는데, 이 역시 특수한 설비가 필요하여 경제성이 낮다. 마지막으로 에너지 재활용에서 가장 많이 사용되는 방법은 **iii) 고체 성형 연료(SRF) 방식**이다. 폐플라스틱은 발열량이 높기 때문에 고체 연료를 만들기에 적합하다. 플라스틱을 활용한 고체 성형 원료는 제철소, 시멘트 공장, 발전소 등에 주로 활용되고 있으며, 버려지는 플라스틱류의 자원순환 측면에서 장점이 있지만, 연소 시 다량의 질소산화물과 일산화탄소가 발생할 가능성이 높다.

[그림 Ⅰ-24] 고체 성형 연료 제조 공정

반입	파쇄	선별	선별	선별	건조
가연성 폐기물	파쇄기	회전채	공기 분급기	자력 선별기	압축기

난방/전기 생산	RDF	성형	건조	건조
		펠렛성형기	교반기	회전 건조기

자료 : 삼일 PwC 경영연구원 Insight Research [순환경제로의 전환과 대응전략], 2022. 4

(4) 촉매를 이용한 폐플라스틱의 고부가가치 화합물로의 업사이클링 전환 연구

가. 촉매 폐플라스틱 분해 반응

❑ 폐플라스틱 중 가장 큰 비율을 차지하는 LDPE, HDPE, PP를 촉매를 이용한 화학적 재활용 방법을 통해 부가가치가 높은 물질로 전환하는 연구에 대해 알아보고자 한다. 촉매를 이용한 폐플라스틱 분해 반응은 크게 3가지 (열분해-수소화 2단계 분해, 수소첨가 폐플라스틱 분해, 수소 무첨가 폐플라스틱 분해)로 나뉘어진다.

A) 열분해-수소화 2단계 분해 반응

❑ 열분해-수소화 분해 반응은 2단계로 구성되어 있으며 첫 번째 반응인 열분해 반응은 현재 화학적 재활용에서 가장 많이 사용되는 방식으로, 플라스틱 폐기물을 산소가 없는 반응기에 넣고 반응기 밖에서 열을 가해 분해하는 기술이다. 열분해 반응은 반응기 내 산소가 없어 플라스틱은 타지 않고, 생성물로는 가스, 오일 등이 생성된다. 열분해 방식은 폐플라스틱을 열로 분해하여 원료를 추출해 석유화학제품 원료인 나프타로 재활용하는 방식이며 상대적으로 연구가 많이 진행된 분야로 SK를 포함한 국내의 기업들이 앞다퉈 상용화에 나서고 있다.

❑ 두 번째 반응인 수소화 반응은 열분해를 통해 생성된 나프타를 촉매를 이용하여 수소화 반응을 하여 부가가치가 더 높은 가솔린과 디젤과 같은 액상 연료를 생산하는 방식이다. 1단계인 열분해 방식은 산소가 없는 inert 환경에서 약 400 ℃ 이상에서 반응이 진행되는데 반해, 2단계인 수소화 반응은 수소 환경에서 약 250-400 ℃에서 진행되는 특성상 2개의 다른 반응시스템이 필요한 특징이 있다. 촉매가 사용되는 2단계 수소화 분해 반응에서 사용할 수 있는 높은 활성을 지닌 촉매 개발 연구가 과거 진행되어 왔다. 효과적인 오일의 수소화 분해를 위해 산을 포함한 지지체(예, 제올라이트) 위에 Ni, Pt, Pd, Ru, Ni-Ru, Ni-Mo와 같은 다양한 금속이 올라간 촉매가 보고되었다

B) 수소 첨가 폐플라스틱 분해 반응

□ 수소 첨가 폐플라스틱 분해 반응은 열분해-수소화 2단계 분해 반응과 달리 촉매를 이용한 폐플라스틱의 1단계의 hydrocracking을 통해 부가가치가 높은 화학물질을 생산할 수 있는 장점을 가지고 있다. 1997년 유타 주립대학교 Anderson교수 연구팀은 Ni/HSiAl와 NiMo/HSiAl 촉매는 폐플라스틱에 포함된 불순물이나 황, 질소를 포함한 물질에 의한 비활성화를 보여준 기존의 보고된 촉매와 달리 375 ℃와 6.9 Mpa의 수소 압력 조건아래에서 HDPE와 폐플라스틱을 가솔린 범위의 화합물로 성공적으로 전환할 수 있다는 것을 보고하였다. 그 중 Ni/HSiAl 촉매는 상용 가솔린에 비견될 정도의 고품질 액상 연료를 합성하였다는 점에서 의미 있는 연구결과이다.

□ Ni 금속이 아닌 USY와 Beta 제올라이트를 지지체로 사용한 백금 촉매가 산과 금속의 상호작용(bifunctional)에 의해 hydrocracking 반응성 및 선택성을 증가한다는 보고도 있었다. 해당 연구는 기존까지 촉매 사용이 단순히 폐플라스틱 hydrocracking 반응의 전환율 및 선택성에 영향을 미친다는 보고와 달리 산과 금속의 상호작용과 반응성의 상관관계를 규명하려고 했다는 점에서 의미를 지닌다. 하지만 정교하게 합성되지 않은 촉매를 사용한 탓에 이를 이용한 폐플라스틱 분해 반응 메커니즘과 활성화 장소가 제대로 규명되지 못한 한계점을 가지고 있다.

□ 2021년 델라웨어 대학교 Dionisios Vlachos교수 연구팀은 Pt/WO_3/ZrO_2와 HY 제올라이트 촉매를 이용하여 LDPE를 225℃의 반응온도에서 85% 이상의 수율로 디젤과 가솔린 범위 액상연료로 전환하였다고 보고하였다. 첫 LDPE의 활성은 Pt사이트에서 일어나며, WO_3/ZrO_2와 HY 제올라이트에 존재하는 산이 추가적으로 분해되고, isomerization 반응이 WO_3/ZrO 사이트에서 일어난 후, olefin 수소화 반응이 Pt에서 일어난다는 보고를 하였다. 해당 연구는 기존까지 정교하게 규명되지 않았던 산과 금속의 상호작용이 플라스틱 분해반응에서 어떤 영향을 미치는지 심도 있게 규명하였다는 점에서 흥미로운 연구결과이다.

□ 2020년 미국 Ames Lab의 Perras박사 연구팀은 HDPE 플라스틱을 다공성 실리카와 백금 나노 입자로 이루어진 코어-쉘 촉매를 이용하여 디젤과 윤활유로 전환하는 연구결과를 발표하였다. 해당 촉매는 효소가 거대 분자를 반복적으로 분해하는 매커니즘(“processive mechanism”)을 모방하여 합성한 것으로, 활성 부위에서 분자량 큰 플라스틱이 작은 분자로 분해되고, 과정이 반복되는 과정을 담고 있다. 해당 연구는 극소량(0.004wt%)의 백금과 다공성 실리카 결합을 통해 정교한 core-shell 구조의 기공 크기를 제어하여 HDPE를 높은 수율의 액상 연료(C8-C30 yield: 76%)로 전환하였다는데 큰 의미를 가진다. 특히, 다공성 물질의 기공 구조를 정밀하게 활용하여 플라스틱을 선택적으로 분해한 첫 연구로 주목을 받고 있다.

□ 뒤이어 2021년 Ames Lab의 Huang 박사 연구팀은 같은 core-shell 촉매의 mSiO_2/Pt/SiO_2의 구조와 선택성 사이의 상관관계를 규명한 후속 연구결과를 발표하였다. 다음 그래프에서 보이듯 Pt의 particle 크기가 1.7 nm에서 5.0 nm까지 세밀하게 조절되었음에도 불구하고, product distribution은 크게 차이가 없는 것을 볼 수 있다(a). 따라서, 연구를 통해 Pt particle 크기보다

도 $mSiO_2/Pt/SiO_2$의 구조가 반응성에 더 큰 영향을 미치는 것을 확인하였다. 또한, 해당 촉매는 over-cracking이 되지 않고, C_{23}에서 가장 높은 수율을 보이는 것을 확인하였다(b).

[도표 Ⅰ-37] core-shell 촉매의 $mSiO_2/Pt/SiO_2$의 구조와 선택성 사이의 상관관계 규명 후속연구

(a) Similar carbon number distribution of extracted waxes with high conversion regardless of Pt particle size.	(b) Narrow C_{23}-centered product distribution of hydrocarbons in high yield using $mSiO_2/Pt/SiO_2$ with very low Pt loadings.

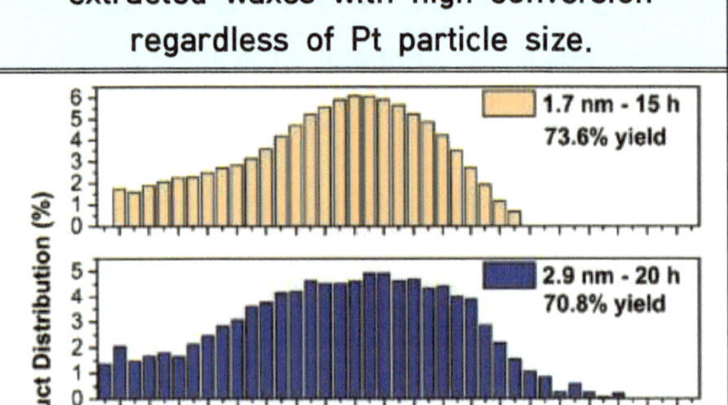

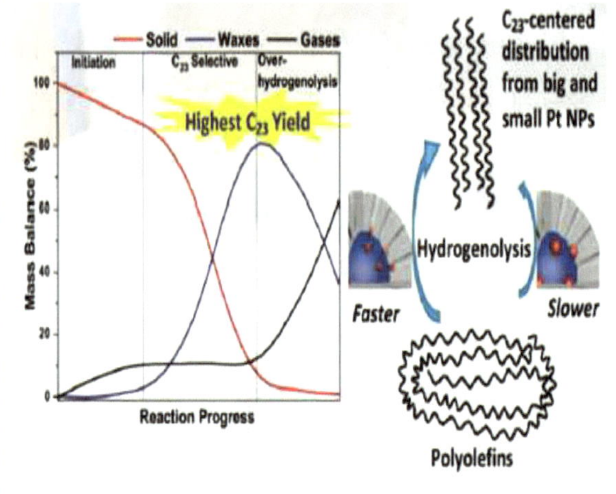

자료 : 세라미스트 제25권 제2호 [촉매를 이용한 폐플라스틱의 고부가가치 화합물로의 업사이클링 전환], 2022. 6

❑ 마지막으로, 일본 토호쿠 대학 Tomishige 교수 연구팀은 2021년 다양한 종류의 금속(Ru, Ir, Pd, Cu, Rh, Ni, Pt, Co)과 지지체(CeO_2, TiO_2, SiO_2, ZrO_2, carbon, H-USY)와 결합한 촉매를 합성하여, 플라스틱 분해반응에 최적화된 촉매 조합을 연구하였다. 이 중 Ru/CeO_2 촉매가 가장 우수하였으며, 해당 촉매는 상대적으로 낮은 반응 온도(200 ℃)에서 LDPE를 분해하여 높은 수율의 액상 연료(77%)와 왁스(15%)로 생성할 수 있다는 것을 보고되었다.

❑ 도호쿠 대학 연구팀은 기존 보고된 Ru금속의 알케인 hydrogenolysis반응 메커니즘을 기반으로, 플라스틱 수소화 분해 반응의 메커니즘을 제안하였다. 첫 번째로, 알케인의 C-H결합의 해리 흡착이 일어나고(step (i)), Ru 금속에 두 개의 알킬 adspecies를 형성하기위한 C-C 결합의 해리가 일어나고(step (ii)), 마지막으로 adspecies의 수소화 및 생성물의 탈착(step (iii))과정을 통해 플라스틱이 분해된다고 보고하였다. 해당 연구는 다양한 촉매조합을 통해 플라스틱 분해반응에서 가장 활성이 좋은 촉매를 개발하였다는데 의미를 지닌다.

C) 수소 무첨가 폐플라스틱 분해 반응

❑ 2020년 미국 University of California-Santa Barbara(UCSB)의 Scott교수 연구팀은 Pt/Al_2O_3 촉매를 사용하여 용매와 수소 공급없이 LDPE와 HDPE를 Hydrogenolysis와 Aromatization Tandem 반응을 통해 세제 등으로 합성 가능한 dialkylbenzene이 생산할 수 있다는 연구결과를 Science지에 보고하였다. 해당 연구는 폐플라스틱에 수소를 첨가하여

hydrogenolysis를 통해 alkane 등을 생산할 수 있는 대부분의 연구와 달리 고압의 외부 수소 공급 없이도 부가가치가 더 높은 dialkylbenzene을 생산했다는 점에서 큰 주목을 받고 있다.

❑ 해당 반응은 280 ℃에서 수행되었는데, 이는 상대적으로 부가가치가 낮은 메탄, 에탄, 프로판 등의 가스 생성의 최소화하고, 부가가치가 높은 생성물인 Alkylaromatics과 Alkylnaphthenes의 효율적인 생성을 위해서는 hydrogenolysis와 aromatization 두 반응의 균형을 최적화할 수 있는 적절한 반응 온도가 필요하기 때문이다. 또한, 반응 온도에 따라 생성물이 많이 바뀌는 것을 보고하였는데, 250 ℃ 미만에서는 검출이 어려울 정도로 반응이 일어나지 않았고, 330 ℃의 반응온도에서는 지나치게 많은 양의 가스가 생성되었다.

❑ 수소공급없이 Tandem 반응을 통해 Alkylaromatics과 Alkylnaphthenes을 생산한 메커니즘을 제안하였다. Tandem 반응에서 사용된 수소는 탈수소방향족화 (dehydro-aromatization)와 고리 닫힘(1,6-ring closure)를 통해 실시간으로 생성이 되었고, 이렇게 생산된 수소는 aromatization반응을 유도하여 Alkylaromatics을 생성하고, hydrogenolysis를 유도하여 Alkylnaphthenes을 생성한다고 보고하였다.

❑ 하지만 반응 메커니즘과 관련하여 열역학적으로 계산된 값보다 더 많은 수소가 반응을 통해서 생성되었음에도 불구하고 이에 대한 설명이 생략된 한계점을 지니고 있다. 이러한 한계점에도 불구하고, 외부의 수소 공급 없이도 실제 LDPE로 만들어진 비닐봉지와 HDPE로 만들어진 물병 뚜껑을 이용한 실험을 통해 높은 수율을 보여주었다는 점에서 매우 흥미로운 연구 결과이다.

❑ 2021년 미국 신재생에너지 연구소(Nat iona l Renewable Energy Laboratory, NREL)의 Gregg Beckham 박사와 MIT의 Yuriy Roman-Leshkov 교수 연구팀은 알칸 교차 복분해를 통한 플라스틱 분해 반응 결과를 보고하였다. 해당 연구 결과는 외부 수소는 주입하지 않았지만, 고압의 He(20, 40 bar)을 반응을 위해 주입하였으며, n-pentane을 용매로 사용했다는 점에서 Scott교수 연구팀의 tandem 반응과 차이점을 가지고 있다. 해당 반응은 상대적으로 낮은 온도인 200 ℃에서 15시간 가량 Re_2O_7/Al_2O_3와 $SnPt/Al_2O_3$을 물리적으로 혼합하여 촉매로 사용하였다(a).

❑ $SnPt/Al_2O_3$ 촉매는 수소/탈수소화 반응을 Re_2O_7/Al_2O_3 촉매는 metathesis반응을 유도하기에 물리적으로 혼합한 촉매를 사용하였다. 흥미롭게도 물리적으로 혼합한 촉매는 $SnPt/Al_2O_3$ 위에 담지된 Re촉매와 Re_2O_7/Al_2O_3 위에 담지된 SnPt촉매에 비해 높은 활성을 보여주었다. 해당 촉매는 n-pentane를 용매로 사용하여 73%의 HDPE 분자량 감소를 보고하였다(b). 알칸 교차 복분해를 통해 HDPE는 주로 C_{30}이하의 생성물을 보여주었으며, 그 중 C_6으로의 가장 높은 선택도를 보여주었다(c). 해당 연구는 플라스틱 알칸 복분해 반응을 균일 촉매가 아닌 불균일 촉매로 진행하여 해당 반응에서 불균일 촉매 적용의 가능성을 보여주었지만, 실제 폐플라스틱이 아닌 순수한 고순도 HDPE 플라스틱을 사용하여 위 결과를 이끌어낸 한계점을 지니고 있다.

[도표 Ⅰ-38] 알칸 교차 복분해를 통한 플라스틱 분해 반응 연구결과

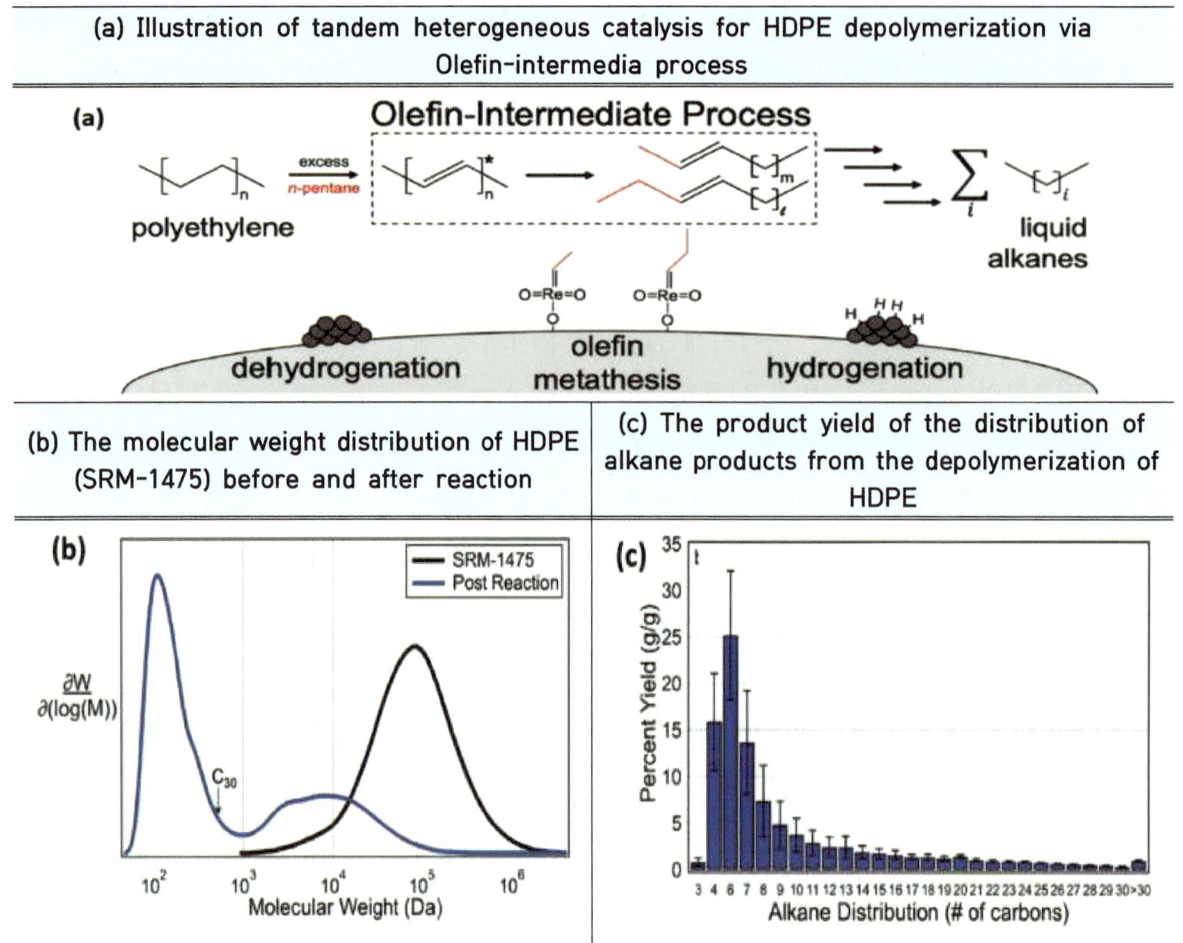

(a) Illustration of tandem heterogeneous catalysis for HDPE depolymerization via Olefin-intermedia process

(b) The molecular weight distribution of HDPE (SRM-1475) before and after reaction

(c) The product yield of the distribution of alkane products from the depolymerization of HDPE

자료 : 세라미스트 제25권 제2호 [촉매를 이용한 폐플라스틱의 고부가가치 화합물로의 업사이클링 전환], 2022. 6

(5) 폐플라스틱 촉매 열분해를 통한 재생 연료 및 화학제품 생산 기술 연구동향

가. 폐플라스틱의 촉매 열분해 기술

❏ 폐플라스틱을 열적으로 분해하게 되면 분해 온도도 높아지게 되고, 액체 오일의 조성도 넓은 분포도를 가져 활용성이 크게 떨어진다. 따라서 촉매적 크랙킹을 통해 분해 효율을 증진시키고, 액체 생성물을 보다 저분자 탄화수소 화합물들로 전환하는 촉매 열분해 기술이 많이 연구되었다.

❏ 사용된 촉매는 천연 제올라이트, red mud, FCC 촉매, 합성 제올라이트, 금속 산화물 등이 다양하게 사용되었으며, 그 중에서도 강한 산점을 가진 합성 제올라이트가 가장 널리 사용되었다. 일반적으로 촉매 열분해를 하게 되면 크랙킹 반응이 촉진되어 액체 생성물이 줄고, 가스 생성물 수율이 늘어나게 된다. 그러나 생성된 액체 생성물의 성분에는 가솔린 등의 저비점 유분량이 많아지게 되고, 왁스와 같은 고비점 성분이 줄어 수송용 연료로 활용하기 위한 품질은 더 올라가게 된다. 대표적인 연구 결과들은 다음과 같다.

❏ Manos 등은 Y 제올라이트 촉매 상에서 HDPE의 촉매 열분해 반응 특성을 연구하였고,

280~375 ℃의 온도 범위를 적용하였다. 375 ℃에서 가장 높은 46%의 액체 수율을 얻었고, 액체 생성물들의 성분은 주로 C5~C13 범위의 이소파라핀들이어서 높은 옥탄가를 가진 가솔린 연료로 활용 가능함을 보고하였다.

❑ 반면 Bagri 등은 Y 제올라이트 촉매 상에서 LDPE의 촉매 열분해 반응을 수행하였고, 400~600 ℃의 높은 온도를 적용한 결과, 분해 온도가 증가할수록 파라핀 생성양이 줄고, 톨루엔과 에틸벤젠과 같은 단환 방향족 화합물 수율이 증가함을 보고하였다. 600 ℃ 온도에서 최고 40 wt% 수준까지 방향족 화합물 수율이 증가하였고, 이는 고온에서 일차적으로 분해된 긴 체인의 올레핀 중간체들이 제올라이트 산점에서 크랙킹, 고리화(cyclization), 탈수소화 반응을 거쳐 방향족 화합물로 쉽게 변환될 수 있기 때문이다. 따라서 폴리올레핀 계열 플라스틱들의 경우, 촉매 열분해 온도 조건에 따라 최종 액체 생성물의 조성이 변화될 수 있다.

❑ PP의 경우를 살펴보면, Kassargy 등은 Y 제올라이트 촉매 상에서 PP와 PE의 촉매 열분해 특성을 비교하였고, 두 플라스틱의 전체적인 분해 효율은 비슷하나, PP에서 보다 낮은 분자량의 지방족 화합물들(C5~C11)이 생성됨을 보고하였다.

❑ 한편, PS의 경우, 무촉매 조건에서도 워낙 잘 분해되어, 촉매적 효과는 상당히 미미한 편이며, PVC의 경우, 분해 효율 증가보다는 염화수소가스 제거나 형성을 억제하는 관점에서 촉매 적용 연구가 주로 수행되었다.

❑ PET의 경우, Jia 등은 ZSM-5 제올라이트 촉매를 사용하여 촉매 열분해 특성을 연구하였으며, 무촉매 조건 대비 분해 효율이 증가하지는 않았지만, 생성된 오일 내에 카르보닐기와 C-O기가 효과적으로 제거되어 산소 함량이 50% 이상 감소하는 효과가 있음을 보고하였다.

❑ 플라스틱 촉매 열분해에 사용된 제올라이트 촉매들의 성능을 증진시키기 위해 마이크로기공 구조 및 산점 특성을 개선하는 연구 또한 보고되었다. Lee 등은 PE와 PP의 촉매 열분해 반응에서, 탈실리카 처리를 통해 메조기공이 추가된 Beta 제올라이트 촉매 사용 시 플라스틱 분자들의 제올라이트 기공 내로의 확산 속도 및 접근성이 증대되어 분해 효율이 더 증대됨을 보고하였다.

❑ Akubo 등은 HDPE의 촉매 열분해에서 Y 제올라이트에 다양한 전이금속(Ni, Fe, Mo, Ga, Ru, Co)이 담지 되었을 때의 효과를 조사하였다. 이러한 금속 담지 제올라이트의 경우, 금속이 수소화 및 탈수소화 반응을 촉진하는 활성점으로 작용하고, 제올라이트 내 산점이 크래킹 및 방향족화 반응을 촉진하는 활성점이 되어 서로 협력하는 이작용기 촉매 효과를 내게 되어, 플라스틱 분해 효율을 현저히 증가시킬 수 있다. 연구 결과를 살펴보면, 금속 담지 Y 제올라이트 사용 시, 톨루엔, 에틸벤젠과 같은 방향족 화합물 수율이 현저히 증가하여, 생성된 오일 중 95~97% 이상이 방향족 화합물로 구성되었다. 아울러 가스 생성물 분포도를 살펴보면 무촉매 대비 수소 함량 또한 10배 이상 증가하였다.

❑ 한편 최근에는 제올라이트와 같은 강산 촉매가 아닌 약한 산 특성을 가진 활성탄을 촉매로 사용하여 PE로부터 항공유 물성과 유사한 오일을 생산하는 연구 결과 또한 보고되었다. Zhang

등은 다양한 산소기가 존재하는 고표면적 활성탄 촉매를 사용하여 LDPE의 촉매 열분해 시 항공유에 적용 가능한 C8~C16 범위의 파라핀/방향족 화합물(7 : 3 비율)로 구성된 오일 생성물을 직접 생산 가능함을 보고하였다.

❑ 보다 최근의 연구에서 Huo 등은 활성탄과 함께 MgO를 촉매로 추가적으로 사용하여 2단 공정으로 LDPE를 촉매 열분해하면 항공유급 오일 생산과 더불어 가스 생성물로 수소가 풍부한 합성 가스를 동시 생성할 수 있음을 보고하였다.

나. 바이오매스와 폐플라스틱의 혼합 촉매 열분해 기술

❑ 폐목재와 같은 목질계 바이오매스를 ZSM-5와 같은 제올라이트 촉매 존재 하에서 열분해하면 벤젠, 톨루엔, 자일렌과 같은 방향족 화합물로 전환 가능하다. 그러나 바이오매스 열분해 유래 증기들이 가지는 높은 산소 함량과 수소결핍 특성(예: 유기산, 알데히트, 케톤, 페놀 등) 때문에 제올라이트 접촉을 통해 촉매 반응을 유도하더라도 목표로 하는 방향족 화합물 생성량은 적고 촉매의 비활성화를 가속하는 코크와 더불어 타르 생성량이 높은 편이다.

❑ Zhang 등은 Hydrogen-to-carbon-effective ratio(H/Ceff)라고 하는 수소 탄소 유효 비율이라는 개념을 정의하여, 사용된 바이오매스 원료가 방향족 화합물로 전환되는 효율은 다른 공정 조건보다도 바이오매스 원료 자체가 가지는 수소, 산소, 탄소 함량의 비율에 크게 의존한다는 이론을 보고하였다.

$$H/C_{eff} = \frac{H-2O}{C} \qquad (1)$$

❑ 예를 들어, 석유계 유래 화합물(메탄올 등)들은 H/C_{eff} 비가 보통 1과 2사이에 존재하는 반면, 대부분의 바이오매스 화합물(폐목재, 글리세롤 등)들은 0~0.3 사이의 낮은 값을 가진다. 다양한 석유계 및 바이오매스 화합물들의 촉매 열분해 결과를 비교한 결과, H/C_{eff} 비 값과 방향족 수율은 선형적으로 비례하였다.

[도표 Ⅰ-39] 바이오매스 유래 화합물들의 H/Ceff 비값과 방향족 화합물 수율과의 상관관계 그래프

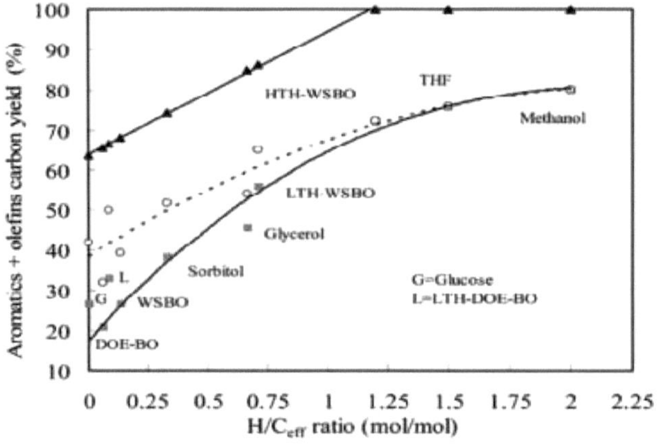

▲: 이론 수율, ■: 실험 수율, ○: 실험 수율/이론 수율의 비

❑ Zhang 등의 이러한 연구 결과는 바이오매스 촉매 열분해 공정에서 방향족 화합물 생산 효율 향상을 위해서는 촉매 개선이나 공정 조건의 최적화가 그다지 효율적인 전략이 아니라는 사실을 의미한다.

❑ 이러한 바이오매스 원료의 수소 결핍 특성을 보완하기 위해 Dorade 등은 플라스틱을 촉매 열분해 원료물질로 바이오매스와 함께 투입하는 공정을 제안하였고, PE나 PP처럼 H/C_{eff} 비의 값이 2로 높은 플라스틱과 공동 열분해 시 방향족 화합물 수율이 크게 증가하고, 코크 수율이 감소하여 촉매 안정성이 증가하는 시너지가 발생함을 확인하였다. 반응 메커니즘적으로 이러한 시너지 효과의 이유를 살펴보면, 바이오매스 촉매 열분해 반응 중간체인 퓨란 화합물들과 PE/PP 열분해 반응 중간체인 저비점 올레핀들이 Diels-Alder cyclo addition 반응에 의해 방향족 화합물로 전환되는 반응이 일어나기 때문이다.

[그림 Ⅰ-25] ZSM-5 촉매를 사용하여 바이오매스 주요 구성성분인 셀룰로오스와 LDPE의 혼합 촉매 열분해 반응 시 방향족 화합물이 생성되는 메커니즘 개략도

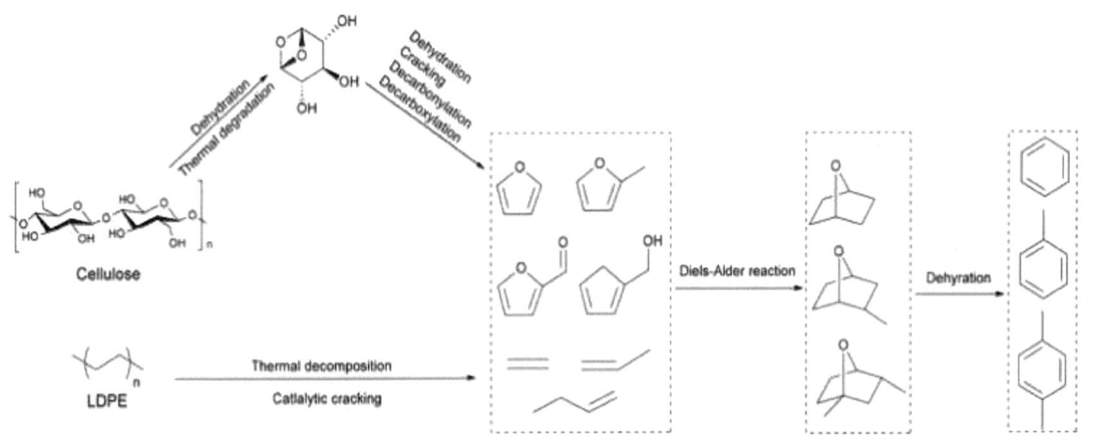

자료 : 공업화학 전망 제24권 제2호 [폐플라스틱 촉매 열분해를 통한 재생 연료 및 화학제품 생산 기술 연구동향], 2021.

❑ 이후, 많은 연구자들이 다양한 바이오매스와 플라스틱을 혼합한 시료를 원료물질로 사용한 혼합 촉매 열분해에 대한 연구를 수행하였다. Ahmed 등의 보고에 의하면, 바이오매스의 촉매 열분해 효율, 즉 방향족 화합물 수율을 향상시키기 위해 적용된 혼합주입물질 중 플라스틱이 가장 많았고 적용 촉매는 HZSM-5, mesoporous HZSM-5(Desilicated ZSM-5), 금속 담지 HZSM-5 촉매가 50 % 이상인 것으로 나타났다. 다양한 제올라이트 구조 중 유독 ZSM-5 촉매가 혼합 촉매 열분해 시스템에서 많이 사용된 이유는 바이오매스의 방향족화 반응에서 제올라이트의 형상 선택성이 중요한 역할을 하기 때문이며, ZSM-5 촉매가 적절한 기공 크기(0.55~0.56 nm)로 인해 다른 촉매들 대비 현저히 높은 방향족화 반응 수율을 나타내기 때문이다.

❑ Kim 등은 열중량분석기와 Py-GC/MS를 이용하여 목재 바이오매스의 주요 구성성분 중 하나인 셀룰로오스가 HZSM-5 상에서 촉매 열분해될 때 PP나 LLDPE의 혼합주입 효과를 조사하였다. PP의 경우, LLDPE보다 분자 크기가 크기 때문에 500 ℃에서는 HZSM-5로 확산되는 효율이

떨어져 방향족 화합물 생성률이 크게 향상되지는 않았으나 반응 온도를 600 ℃로 올렸을 때는 PP와 LLDPE 모두 방향족 화합물 생성량이 이론값보다 많아지는 시너지 효과가 크게 나타나는 것이 확인되었다.

❑ 또한 Kim 등은 HZSM-5와 Al-MCM-41 촉매 상에서 반탄화된 굴참나무와 HDPE를 혼합 촉매 열분해한 결과, 바이오매스 반탄화와 HDPE 혼합 주입을 통해 방향족 화합물 생성량을 크게 증가시킬 수 있음을 보고하였다. 아울러 메조기공을 가지고 있어 반응물의 촉매 기공 내 확산 효율은 높으나 산도가 낮은 Al-MCM-41 촉매가 마이크로기공 특성으로 인해 확산 효율은 낮은 반면 산세기가 큰 HZSM-5보다 훨씬 낮은 효율을 나타내어 촉매 내 산세기가 반응 수율에 중요한 역할을 함을 발견하였다.

❑ Rezaei 등은 이러한 메조기공 촉매의 약한 산점 세기 특성을 보완하기 위해서 메조기공을 가지면서도 산도가 높은 mesoporous ZSM-5(meso-ZSM-5) 촉매를 제조하여, 굴참나무와 HDPE의 혼합 촉매에 적용하였다. 그 결과, Al-SBA-15보다 훨씬 높은 방향족 생성 수율을 획득할 수 있었다.

❑ 바이오매스와 플라스틱의 혼합 촉매 열분해에서 제올라이트 계열의 촉매가 주로 적용되었으나, 최근 촉매 공정의 경제성 때문에 CaO와 같은 저가 촉매들의 적용사례들도 보고되고 있다.

[도표 Ⅰ-40] 바이오매스와의 혼합 촉매 열분해 공정을 위해 적용된 물질과 촉매분포

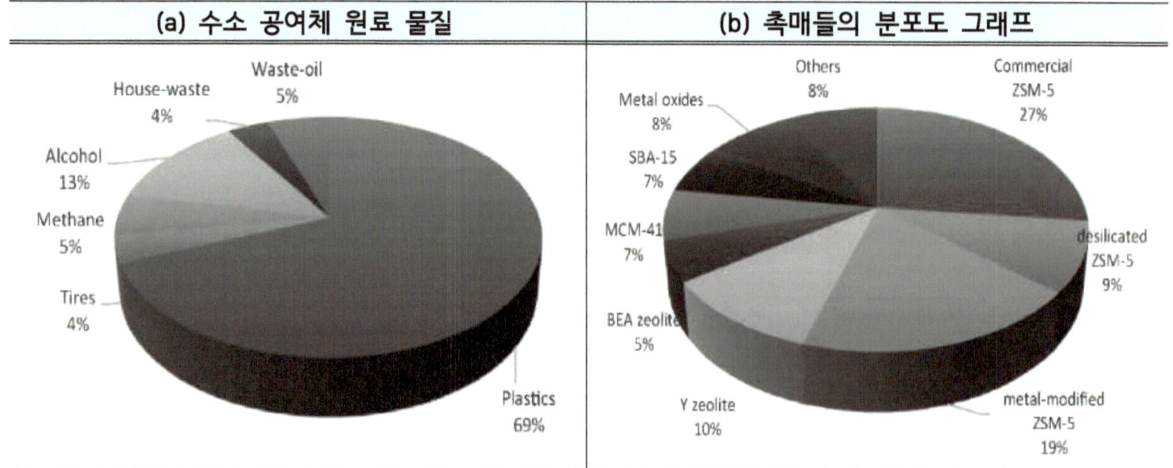

자료 : 공업화학 전망 제24권 제2호 [폐플라스틱 촉매 열분해를 통한 재생 연료 및 화학제품 생산 기술 연구동향], 2021.

❑ Veses 등은 포도 씨의 촉매 열분해에 PS와 CaO를 혼합 주입한 결과, 생성 오일 중 방향족 화합물의 양이 증가하고, 가스 성분 중 CO_2의 농도는 낮고, 수소의 함량이 증가하는 경향을 발견하였으며, pilot scale의 auger-type 반응기를 사용하여 이러한 시너지 효과가 상용화 scale에서도 구현될 수 있음을 보고하였다.

❑ 이러한 방향족 화합물 수율 상승효과는 크게 두 가지 측면에서 설명될 수 있는데, 먼저 PS의 열분해 반응 중 스타이렌 모노머와 더불어 에틸렌 및 벤젠 화합물들이 함께 생성될 수 있기 때문이

다. 앞서 PE 및 PP 경우에서처럼, 생성된 에틸렌은 바이오매스 화합물들과의 Diels-Alder 반응 및 Alkylation 반응을 통해 추가적인 방향족 화합물로 전환될 수 있다. 두 번째로 CaO 촉매 상에서 수소 풍부한 PS 분자와 수소 결핍 바이오매스 분자 사이에 직접적인 수소 전달 반응(hydrogen transfer)이 일어날 수 있다. 이러한 수소 전달 반응은 바이오매스 분자들의 방향족화 전환을 더욱 촉진시킬 수 있다. 결과적으로 이러한 연구 결과들은 PE, PP와 더불어 PS 역시 바이오매스 촉매 열분해 효율을 증진시키는 좋은 혼합 물질이 될 수 있음을 의미한다.

[그림 Ⅰ-26] ZSM-5 촉매를 사용하여 바이오매스 주요 구성성분인 셀룰로오스와 PS의 혼합 촉매 열분해 반응 시 방향족 화합물이 생성되는 메커니즘 개략도

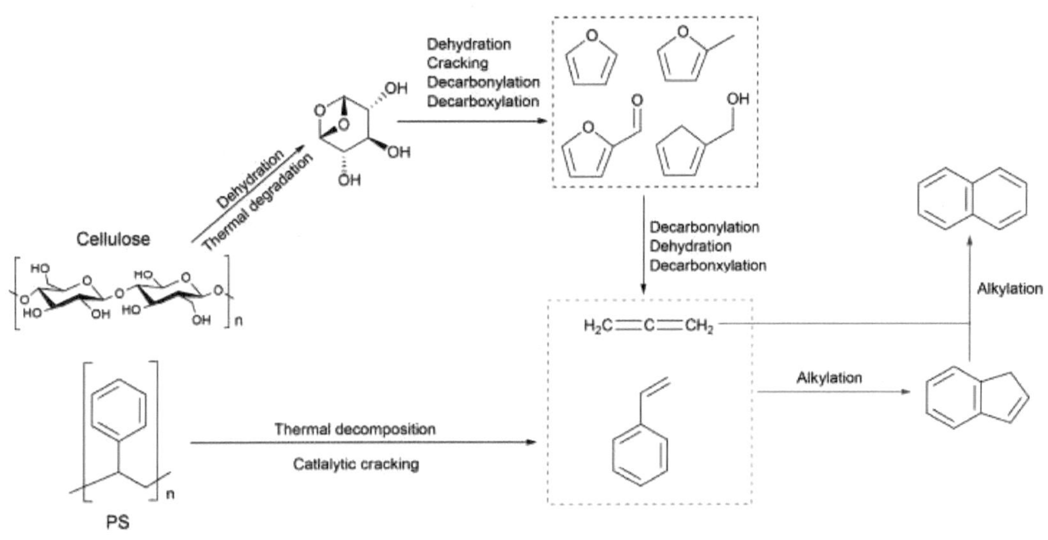

자료 : 공업화학 전망 제24권 제2호 [폐플라스틱 촉매 열분해를 통한 재생 연료 및 화학제품 생산 기술 연구동향], 2021.

❑ 한편, PET를 바이오매스 촉매 열분해에 혼합 주입한 결과도 최근 보고되었다. Park 등은 바이오매스와 PET를 효율적으로 분해하기 위해 2단 촉매 공정을 제시하였다. 첫 번째 개질 촉매로 CaO를 사용하여 dehydroxylation, decarbonylation, decarboxylation 반응 효율을 증진시켜 중간 단계의 small molecules들로 전환 후, 두 번째 반응기에서 강산점을 가진 HZSM-5를 도입하여 방향족 화합물들로 전환하였다. 이러한 2단 촉매 공정은 단일 HZSM-5 촉매 공정 대비 PET 분해 효율을 증진시켜 더욱 높은 수율의 방향족 화합물 생산을 가능하게 했다.

❑ 아울러 최근 연구 결과들에 따르면 wood-plastic composite(WPC)나 테트라팩과 같은 복합재질로된 난분해성 소재들의 혼합 촉매 열분해 공정 가능성 또한 제시된 바 있다. Kim 등은 바이오매스, PE, PP, $CaCO_3$ 등의 복합소재로 구성된 WPC를 mesoporous HZSM-5를 이용해 열분해한 결과, 복합소재의 동시 처리를 가능하게 하면서도 더 많은 양의 고품질 원료를 생산하는 것이 가능함을 보고하였다.

❑ Siddiqui 등은 크레이트펄프, PE 필름, 알루미늄호일의 겹층 구조로 되어있는 테트라팩에 촉매 열분해를 적용하여 방향족화합물의 회수 뿐만 아니라 열분해 후 잔류하는 알루미늄의 재활용 방안도 제시하였다.

❑ 폐플라스틱 혼합열분해는 바이오매스뿐만 아니라 다양한 폐기물의 촉매 열분해에도 적용되고 있다. Kim 등은 폐PCB 기판(epoxy-printed circuit board)의 열분해를 통한 열분해유 생산 시 브롬계 페놀과 브롬계 비스페놀A가 다량 생성되어 연료로의 활용이 불가하나, HDPE나 PP를 혼합 주입하고, HZSM-5를 사용한 촉매 열분해 공정 적용 시 브롬계 오일의 생성량이 최소화되면서도 방향족 화합물의 수율이 극대화되는 것을 확인하였다.

❑ 이처럼 바이오매스 및 다양한 폐기물들의 촉매 열분해 시 플라스틱의 혼합 주입은 원료 내 수소 함량이 제한되는 경우에 수소 공여체 역할을 통해 방향족 화합물 수율을 증가시키고, 브롬과 같은 비목적 화합물의 수율을 감소시키는 역할을 하는 등 열분해유의 물성을 향상시키는 역할을 할 수 있으며, 앞으로 그 응용범위가 더욱 넓어질 것으로 기대된다.

❑ PE, PP, PVC, PET 및 PS와 같은 플라스틱 폐기물 중 단순 물질 재활용이 불가능한 경우 열분해와 같은 열화학적 전환 공정을 통해 연료유 및 화학원료의 생산이 가능하고 추가적인 촉매 공정을 도입할 경우 방향족화합물과 같이 연료 첨가제나 고분자 합성원료로 활용가치가 높은 방향족화합물의 생산이 가능함을 확인하였다.

❑ 폐플라스틱의 열분해에 있어 촉매의 사용 효과는 대상 폐플라스틱의 분해 온도를 낮추거나 특정 화합물의 수율 및 선택도를 향상시키는 것으로, 제올라이트를 비롯한 다양한 촉매가 적용되었고, 촉매의 성능 및 수명 향상을 위해 금속을 담지한 촉매의 적용도 최근 많이 보고되고 있다. 특히, 플라스틱에 비해 상대적으로 높은 산소와 낮은 수소함량을 가지는 폐바이오매스의 촉매 열분해 시 나타나는 방향족화합물의 낮은 수율과 빠른 촉매 비활성화 문제를 폐플라스틱과의 혼합 촉매 열분해에 의해서 개선될 수 있다.

❑ 이러한 바이오매스/플라스틱 혼합 촉매 열분해 기술은 폐바이오매스와 폐플라스틱뿐만 아니라 최근 많이 사용되고 있는 바이오매스/플라스틱 복합체, 테트라팩 및 인쇄회로 기판과 같은 다양한 유기성 복합 소재 폐기물들의 실질 재활용률도 크게 향상시킬 수 있을 것으로 기대된다.

(6) 미생물을 활용한 플라스틱 생물학적 분해 연구동향

가. 비생물학적 플라스틱 분해 기술

A) 광분해(Photodegradation)

❑ 광분해는 자유 라디칼(free radicals)의 생성과 전달을 통해 매개되는 일련의 연쇄 화학반응을 통해 플라스틱을 분해하는 방법이다. 기본적으로 280-420nm 파장의 자외선(UV)의 높은 에너지는 플라스틱을 구성하는 C-C 결합(375 kJ/mol)이나 C-H 결합(420 kJ/mol)을 해리시킬 수 있다. 결합의 해리 반응을 통해 생성되는 알킬 라디칼(alkyl-radical, R*)이 산소(O_2)와 반응하여 ROO*를 형성하며, 이후 ROO*는 다시금 플라스틱 고분자(RH)와 반응하여 ROOH와 알킬라디칼(R*)을 반복하여 만드는 원리를 통해 플라스틱을 저분자 화합물로 분해시키는 것이다.

❑ 이러한 광분해는 이론적으로 무한한 에너지원에 기반한다는 점에 플라스틱 분해를 위한 이

상적인 기술로 보이지만, 실제로 지표면에 도달하는 UV의 에너지는 크게 높지 않으며, UV가 조사되는 플라스틱 표면적이 상대적으로 적어 분해 속도 측면에서 큰 한계를 가진다.

❑ 이를 극복하고자 광촉매(photocatalyst) 활용을 통한 라디칼 형성 촉진과 관련된 연구들이 많이 진행되어 왔다. 기본적으로 광촉매의 밴드갭(bandgap) 에너지보다 높은 에너지를 갖는 UV가 조사될 때 전자(electrons)가 발생한다는 점을 이용한다. 발생된 전자는 산소의 단계적 환원반응을 통해 과산화수소(H_2O_2)를 생성케 하며, 이러한 과산화수소가 추가로 환원되며 OH* 라디칼을 발생시켜 각종 플라스틱 결합과의 반응 및 분해를 유도하게 된다.

❑ 대표적으로, TiO_2는 높은 뛰어난 산화환원능력, 화학적 안정성을 바탕으로 가장 많이 활용되어 온 광촉매이며, PS, PP, PVC 에 대해서 최대 2.5배가량 빠르게 촉진시킬 수 있다는 것을 보인 바 있다. 이외에도 ZnO, FeO_2, CdS 를 포함한 다양한 광촉매가 플라스틱 분해에 사용된 바 있다. 하지만, 광촉매를 이용한 광분해 역시 광촉매 자체의 경제성이나 전 처리 과정이 필수적이라는 점에서 실제 플라스틱 분해에 활용되는 데 한계가 존재한다.

B) 열산화 분해(thermo-oxidative degradation)

❑ 광분해와 기본적인 분해 메커니즘은 동일하나, 자유 라디칼의 발생이 자외선이 아닌 고온 혹은 자연적으로 발생한다는 점에서 근본적인 차이를 갖는다. 고온 환경에서 그리고 극히 드물게는 자연적으로도 R*이 생성될 수 있으며 이후 산소 분자와의 반응을 통해 생성되는 ROO*이 연쇄 분해 반응을 일으킨다. 이러한 분해는 광분해만큼 분해 속도가 빠르지는 않지만, 플라스틱을 사용하는 다양한 환경에서 진행될 수 있으며, 기계적 물성 변화나 색상 변화와 같은 플라스틱의 특성 변화를 가져온다는 점에 플라스틱 사용 수명을 줄이는 주요 원인이 되어왔다.

❑ 하지만, 최근에는 이러한 열산화 분해를 막고자 다양한 플라스틱에 자유 라디칼 스캐빈저, 과산화질소 스캐빈저와 같은 각종 산화 방지제를 처리하고 있으며, 때문에 열산화 분해를 통한 플라스틱의 자연적 분해를 어렵게 만들고 있다. 더불어 산소가 필수적으로 관여하기 때문에 매립이나 해양 환경에서는 이러한 분해를 크게 기대하기 힘들다.

C) 가수분해(hydrolytic degradation)

❑ 가수분해는 플라스틱 표면의 수분이 플라스틱 내부로 일부 확산되며 분해가 진행되는 반응이다. 물이 플라스틱 내부로 확산되면, 카르복실(carboxyl), 아민(amine), 에스테르(ester)와 같은 산성 말단 작용기 그룹(acidic end-group)에서는 자가 촉매(autocatalysis) 가수분해가 진행될 수 있으며, 이러한 과정을 통해 플라스틱이 저분자 화합물로 분해된다.

❑ 에스테르화(esterification) 반응을 통해 제작되는 PET의 경우, 역반응인 가수분해를 통해 분리될 수 있는 플라스틱의 대표적인 사례다. PET의 에스테르 결합의 가수분해 과정에서는 카르복실(carboxyl), 하이드록실(hydroyxl) 말단이 형성되기 때문에 자가촉매 과정을 통해 지속적인 분해가 가능하다. 비슷하게 폴리우레탄(polyurethane)에서도 내부의 에스테르, 우레아(urea),

우레탄(urethane) 결합으로부터 가수분해가 자가촉매 과정을 통해 진행될 수 있다. 하지만 이러한 플라스틱들의 가수분해는 일부 pH 조건에서 촉진될 수 있다고는 알려져 있으나, 일반적인 환경에서는 기본적으로 아주 느리다는 한계가 존재한다.

❑ 한편, 가수분해는 몇몇 생분해성 플라스틱들의 주된 분해 방법으로 활용되고 있다. 알려진 PLA(polylactic acid)의 경우, 에스테르 결합을 주된 결합으로 구성됨과 동시에 비교적 간단한 단량체 구조를 가지기 때문에 50도 이상의 온도에서 빠르게 가수분해될 수 있는 것으로 알려져 있다. 비슷하게 PBAT (poly-butylene adipate-co-terephthalate), poly-caprolactone(PCL) 역시 높은 가수분해성을 갖는 것으로 알려져 있다.

나. 플라스틱 생분해 기술 및 동향

❑ 플라스틱은 자체 안정성으로 비생물학적인 물리적 분해와 더불어 미생물이 보유하고 있는 효소에 의한 생화학적 분해의 복합적인 과정으로 분해되는 것으로 알려져 있다. 앞서 기술한 세 가지의 분해 방법에서 더 나아가 플라스틱의 근본적인 분해라 할 수 있는 미생물을 활용한 생물학적 분해 및 재활용에 관한 연구가 진행 중이며, 여기에서는 플라스틱의 종류별 미생물 생분해 기술 연구 동향을 정리하여 기술하고자 한다.

❑ 일반적으로 물리적으로 분해된 플라스틱은 에스터가수분해효소(esterase), 라이페이스(lipase), 큐틴분해효소(cutinase) 등의 작용으로 저분자량의 중간 물질로 분해되어 미생물의 대사회로를 통해 바이오매스 형성에 사용되거나 저분자량 유기물, 더 나아가 이산화탄소로 분해된다. 이때 하나의 단일 균주만이 분해과정에 작용하기보다는 여러 미생물의 복합 군집이 동시에 작용하는 것으로 이해되고 있으며, 따라서 생물학적 분해 연구는 미생물의 군집 및 군집 내 개별 균주를 대상으로 복합적으로 진행되고 있다.

[그림 Ⅰ-27] 플라스틱의 비생물학적 분해 및 생물학적 분해 모식도

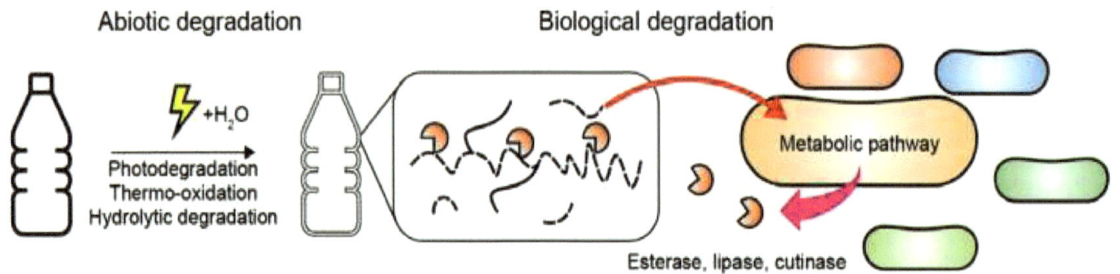

자료 : BRIC View 동향리포트 [미생물을 활용한 플라스틱 생물학적 분해 동향], 2021.

A) 폴리에틸렌 테레프탈레이트(polyethylene terephthalate, PET)

❑ PET를 생물학적으로 분해하기 위한 초기 연구로써, 다양한 효소들을 대상으로 PET film 분해 성능을 테스트해보았고, 실제로 actinomycete Thermobifida fusca 유래의 큐틴분해효소가 상온보다는 비교적 높은 온도(55℃)이긴 하지만 PET을 분해할 수 있음을 보이면서, PET가

생물학적으로 분해될 수 있음이 처음 보고되었다. 이후 T. fusca의 cutanse 외에도 다양한 미생물 혹은 메타지놈 라이브러리로부터 얻어진 큐틴분해효소가 PET을 분해할 수 있음이 알려졌다.

❑ 이후 효소단계를 넘어 미생물 단계로서의 연구가 수행되었는데, 초기 단계에서는 각종 환경 샘플로부터 PET를 분해할 수 있는 미생물 군집을 얻는 연구가 수행되었다. 가장 최근 보고된 내용에 따르면, 환경 샘플로부터 얻은 Pseudomonas와 Bacillus 균주 군집이 UV-treated PET나 분해된 BHET(Bis(2-hydroxyethyl) terephthalate)에서 성장하는 것이 보고되었다.

❑ 기존에는 PET의 분해 과정에 UV 등으로 인한 분해 과정이 선행되어 활성화된 작용기와 반응하여야만 효과적으로 분해가 일어나는 것으로 알려져 왔지만, 별다른 물리적 분해 없이 PET를 직접적으로 분해하여 에너지원으로 사용하고 성장할 수 있는 미생물이 보고되었다. 2016년 Science지에 게재된 바에 따르면, Ideonella sakaiensis 미생물은 PET를 직접적으로 분해할 수 있는 두 가지 효소(PETase와 MHETase)를 가지고 있어 최종 단량체인 terephthalic acid와 ethylene glycol 단계까지 비교적 빠른 속도(0.13 mg cm^{-2} day^{-1})로 분해하여 성장할 수 있는 것으로 보고되었다. 해당 연구는 PETase 관련 연구를 촉발하여, 많은 후속 연구가 진행되고 있다. 예를 들면 I. sakaiensis의 PETase의 구조를 밝히거나, 구조 기반 예측된 활성 부위에 돌연변이를 도입하여 반응 효율을 높이는 연구 등 각종 단백질 공학을 접목한 연구들이 수행되고 있다.

[그림 Ⅰ-28] 플라스틱 분해의 예시로서 PETase와 MHETase에 의한 PET 분해 기작

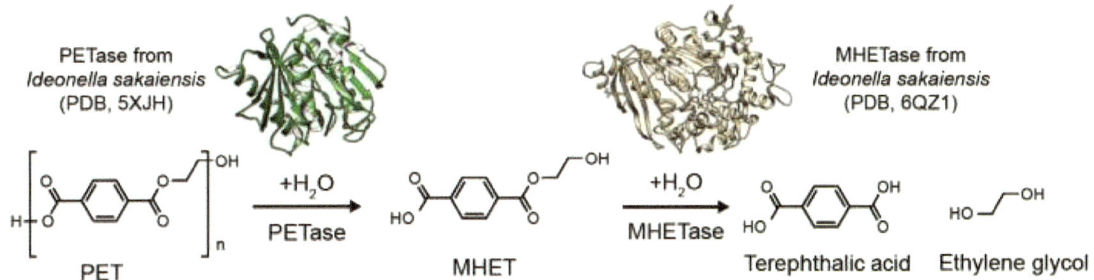

자료 : BRIC View 동향리포트 [미생물을 활용한 플라스틱 생물학적 분해 동향], 2021.

B) 폴리에틸렌(Polyethylene, PE)

❑ 에틸렌의 중합 반응으로 만들어지는 PE는 탄소-수소 사슬로만 구성되어 매우 안정하여, 다른 플라스틱과 마찬가지로 매립 후에도 수십 년 동안 분해되지 않는 것으로 알려져 있다. PE의 분해과정에 대한 구체적인 작용기작은 밝혀지지 않았지만, 탄소-탄소 결합이 끊어져 상대적으로 분자량이 적은 중간물질이 만들어지고 이후 산화과정을 거쳐 지방산의 형태로 전환될 것으로 예상되고 있다. 이때, 탄소-탄소 결합을 끊어낼 수 있는 효소들의 작용이 중요하며 이런 효소의 예로써는 lignin peroxidase, manganese peroxidase, laccase 등이 있다.

❑ 현재까지 이러한 효소들을 가지고 있을 것으로 예상되는 Pseudomonas 균주 등 약 20여 종에 이르는 박테리아가 PE를 분해하는 것으로 보고되었으며, 박테리아 이외에도 Aspergillus, Cladosporium 등 각종 곰팡이에도 PE 분해능을 갖고 있음이 보고되고 있다.

❑ 플라스틱은 주로 미생물에 의해 분해될 것이라는 선입견에 반해 곤충인 꿀벌부채명나방(Galleria mellonella, 벌집나방)의 애벌레가 PE를 먹으며 이를 분해할 수 있는 것으로 보고되었다. 이 나방의 애벌레는 꿀벌집의 밀랍을 먹고 자라는데, 100% PE를 탄소원으로 공급하였을 때 1년 이상 생존하는 것이 관찰되었고, 이는 곧 고등생물 또한 플라스틱을 분해 및 대사할 수 있음을 의미한다. 추후 연구에서 이 능력이 애벌레의 장내에 존재하는 미생물들과 연관 있을 것으로 예상하고, 이를 확인하기 위하여 항생제로 미생물을 제거해보았는데, 장내 미생물이 제거된 후에도 PE의 분해가 관찰되어, 곤충 자체가 PE를 분해할 수 있는 능력을 가지고 있음을 확인하였다.

C) 폴리염화비닐(Polyvinyl chloride, PVC)

❑ PVC는 PP와 비슷하지만 수소 하나가 염소 하나로 치환된 형태를 띄고 있다. PVC의 경우 PVC의 주요 탄소사슬 보다 생산 시 포함되는 가소제(plasticizer, 예: bis-2-ethylhexyl phthalate, dioctyl adipate 등)가 다양한 환경에서 수집된 박테리아 및 곰팡이에 의해 일부 분해되어, 저분자량 물질로 전환됨이 주로 연구되었다. 최근까지만 해도 PVC를 완전하게 분해할 수 있는 미생물의 존재 유무는 명확하게 알려지지 않았지만, PVC film을 분해하는 Pseudomonas, Bacillus 균주 등이 보고되었다. 또한 PE와 유사하게 갈색거저리(Tenebrio molitor)의 유충이 장내 미생물과 무관하게 PVC를 직접 분해하여 탄소원으로 사용할 수 있다고 보고되었으며, 이에 관련 연구가 진행되고 있다.

D) 폴리스티렌(Polystyrene, PS)

❑ PS는 구조적으로 PET, HDPE/LDPE와 유사하지만, 단량체의 구조적 특징으로 보다 높은 소수성(hydrophobicity)을 가져 가수분해가 거의 이루어지지 않으며, 일반적으로 분류되는 플라스틱 중 자연환경에서의 분해 속도가 가장 느린 것으로 알려져 있다.

❑ 단량체인 스티렌(styrene)의 경우, 일찍이 많은 미생물에서 분해능이 확인되고 관련 대사경로도 잘 알려져 있음에도 불구하고, 위와 같은 이유로 PS의 직접적인 분해와 관련된 연구가 활발히 진행되지 못한 것으로 보인다. PS의 분해와 관련하여 Rhodococcus, Pseudomonas, Microbacterium 등의 균주가 보고된 바 있으나, PS 표면의 바이오필름을 형성하거나 표면의 일부만이 분해되는 정도에 그쳤다. 이 밖에 토양에서 분리된 미생물 군집이 120일간 최대 30%까지 PS를 분해하였다는 보고가 있었으나, 자세한 군집 구성과 균주 종류에 대해 추가적인 확인이 필요하다.

❑ PS를 분해하는 갈색거저리가 보고되며, PS 분해의 새로운 장을 열고 있다. 갈색거저리는 다양한 환경에서 PS를 분해할 수 있는 것으로 알려졌으며, 12-15시간에 걸친 소화시간 동안 약 65%의 PS가 안정적으로 분해될 수 있었다. 더불어 소화된 PS의 물성 분석을 통해 갈색거저리가 PS를 실제로 해중합(depolymerization)하는 것이 확인되었다. 보다 최근 연구에서는 갈색거저리 소화기관에 PS의 소화를 돕는 효소가 자체적으로 존재하며, Citrobacter, Serratia, Klebsiella

를 포함하는 장내 미생물 군집이 소화를 돕는 것이 밝혀졌다. 갈색거저리의 PS 섭취 환경에서의 유전적 진화, 자체적인 소화효소에 대한 추가적인 규명을 포함한 향후 연구를 통해 분해 속도를 보다 향상시킬 수 있을 것으로 기대된다.

E) 폴리프로필렌(Polypropylene, PP)

❑ PP는 탄소 결합으로 연결되는 비교적 간단한 분자 구조를 갖지만, PS와 비슷하게 각 결합이 포함하는 메틸기로 인해 가수분해가 어렵다. Pseudomonas, Bacillus를 포함한 몇 가지 균주들의 분해 능력이 보고된 바 있지만, 6개월 동안 최대 1% 미만의 질량 감소를 보이는 데 그쳤다. 느린 분해 속도를 극복하기 위하여 열, UV 처리와 같은 비생물적 분해를 동시에 진행하여 분해 속도를 촉진시키고자 하는 연구들이 주로 진행되어왔는데, 최근에는 하수 처리장에서 분리된 Brevibacillus, Aneurinibacillus 군집이 50°C의 고온 환경에서 140일간 약 50%가량의 PP를 효율적으로 분해할 수 있음이 알려짐에 따라 큰 주목을 받기도 했다.

❑ 한편, 최근 PE, PS의 성공적인 분해 사례는 고등생물을 활용한 PP의 분해 연구를 부추겨 왔다. 2021년 공개된 한 연구에서는 다른 플라스틱의 분해능이 알려진 갈색거저리와 슈퍼밀웜(Zophobas atratus)를 활용하여 PP의 분해를 시도하였다. 두 생물 모두에서 분해가 확인되기는 하였으나, 다른 플라스틱들과는 다르게 아주 제한적인 해중합만이 확인되었다. 비록, 분해가 제한적이기는 하나 소화기관 내에서 동정된 Citrobacter, Enterobacter의 미생물 군집이 PP 분해에 중요한 역할을 하는 것이 알려졌으며, 추가적인 연구를 통해 분해 속도가 개선될 여지가 있다.

F) 폴리우레탄 (Polyurethane, PU)

❑ 기타 플라스틱으로 분류되는 플라스틱 중 하나인 PU는 이소시아네이트(isocyanate)와 폴리올(polyol)의 중합 반응으로 우레탄 결합(-NHCOO-)을 기반 구조로 하며, 다양한 디올(diol)들이 사슬 증량제(chain extender)로 첨가되기도 한다. 기본적으로 우레탄 결합 자체는 미생물의 공격에 취약한 것으로 알려져 있으나, PCL이나 폴리에틸렌 글리콜(polyethylene glycol)과 같이 폴리올 내부에 존재하는 폴리에스테르 혹은 폴리에테르(ether) 결합이 고분자 구조 내 절대다수를 차지하기 때문에 우레탄의 생분해는 일차적으로 이러한 결합 종류 및 정도에 따라 미생물에 의한 분해 여부가 결정된다.

❑ 폴리에스테르 우레탄은 기본적으로 에스터 가수분해효소와 같은 가수분해효소에 의해 폴리에테르 우레탄보다 비교적 쉽게 분해될 수 있으며, 수많은 곰팡이와 박테리아들이 이를 분해하는 것으로 알려져 있다. 대표적인 곰팡이에는 Aspergillus, Cladosporium, Penicillium가 있으며, 이들의 대다수가 사상균(filamentous fungi)에 속하는 것을 감안하면 단순히 미생물의 효소 작용뿐 아니라, 필라멘트(filaments)의 합성과 같은 생물리적 영향 역시 우레탄의 분해에 큰 역할을 차지할 것으로 추측되고 있다. 박테리아로는 Pseudomonas, Arthrobacter, Bacillus로 대표되는 일부 종들에서 분해가 알려진 바 있다. 한편, 폴리에테르 우레탄의 경우, 가수분해에 비교적

높은 저항성을 갖기 때문에 이를 분해하는 미생물은 상대적으로 많이 알려져 있지 않으며, Cladosporium, Aspergillus 중 몇 가지 종들에서 분해가 확인된 바 있다.

❑ 많은 연구들에서 토양 혹은 폐기물 환경에서 분리된 이들 미생물을 분리 동정하고, 에스터가수분해효소, 라이페이스와 같은 효소들에 의해 분해가 촉진될 수 있다는 것을 확인할 수 있었지만, 상대적으로 복잡한 구조를 갖는 PU의 특성상 구체적인 분해 메커니즘에 대해서는 많은 연구가 진행되지 못했다. 일부 연구에서는 FT-IR, GC를 포함한 분석 방법을 통해 분해 메커니즘을 밝히고자 하는 시도가 있었으나, 단계별 중간체가 명확히 확인되지 못했다는 점이나 몇몇 PU 종류에 국한된다는 점에 한계가 존재한다. 더불어, 각 단량체의 미생물에 의한 분해 메커니즘 역시 지금까지도 이해가 충분치 않은 실정이다.

❑ 체인 익스텐더로 가장 많이 활용되는 1,4-부탄디올에 대해서는 P. putida 균주 내 생분해 경로가 최근 밝혀진 바 있으나, 기본 골격 구조를 이루는 isocyanate나 polyol에 대해서는 Pseudomonas sp. TDA1 균주에서 완전한 분해가 가능하다는 점만이 최근 알려진 바 있을 뿐, 아직까지도 구체적인 경로에 대해 알려진 바 없다. 이에, 분리 동정된 미생물에 대한 구체적인 대사 경로 규명과 관련 미생물의 중점적인 개량에 대한 후속 연구들이 필요하다.

❑ 지금까지의 생물학적 분해 연구는 플라스틱의 분해 환경에서 분리 동정되는 미생물 혹은 군집에 대한 특성 파악이 주를 이루어왔으며, 각 플라스틱 분해와 관련된 상세 메커니즘 및 대사 경로에 대해서는 크게 밝혀지지 못했다.

❑ 최근 오믹스 분석 기술의 발달이 난소화성 기질 대사와 관련된 효소 및 유전자 규명에 효과적으로 활용될 수 있었다는 점을 고려하면, 해당 기술이 플라스틱 생분해 관련 연구에도 크게 기여할 수 있을 것으로 판단되며 향후 미생물 개량 등을 통한 분해능 향상 역시 가능할 것이다. 또한, 지금까지의 연구는 개별 플라스틱 종류를 한정하여 분해하는 데 초점이 맞춰져 왔지만, 각종 플라스틱이 섞인 채로 자연에 노출되는 현 상황을 고려하면 다양한 플라스틱을 복합적으로 분해할 수 있는 미생물 혹은 미생물 군집의 개발이 필수적이라 사료된다.

4) 관련 기업 동향

❑ 글로벌 업체 중에서는 BASF가 최초로 화학적 재활용 방식에 대해 상업적 도입을 시도하였으며, 이후 SABIC, Shell 등의 많은 글로벌 화학업체가 해당 시장에 신규 진출하고 있다.

❑ BASF의 사례를 자세히 살펴보면, 회사는 2018년부터 순환경제로의 전환을 가속화하기 위해 'Circular Economy Program'을 운영하고 있으며, 순환경제에 대한 고유의 Framework을 정의하고, i) 바이오 연료에서부터 ii) 폐배터리·폐타이어·폐플라스틱·폐매트리스의 재활용, iii) 폐기물 분해까지, 화학 분야 전반에 친환경 업무 프로세스를 구축하였다. 특히 폐플라스틱 재활용 확대를 위해 'ChemCycling' 프로젝트를 진행 중인데, New Energy 등의 기업들과 MOU를 맺어 화학적 재활용 기술 개발을 추진하고 있다.

[그림 Ⅰ-29] BASF의 ChemCycling 프로젝트

폐기물처리업체가 재활용 업체에 폐플라스틱을 공급 → 폐플라스틱으로부터 원료를 추출 → 추출된 원료는 다양한 화학 제품 및 플라스틱 제품 생산에 사용 → 제조사들이 이를 활용해 새로운 제품을 생산 → 소비자 및 기업들이 제품을 사용 후 폐기 → 폐기물처리업체가 쓰레기를 수거 및 분류

자료 : BASF, 삼일 PwC 경영연구원 Insight Research [순환경제로의 전환과 대응전략], 2022. 4

❑ 국내 기업들의 움직임을 살펴보면 롯데케미칼과 SK그룹이 적극적이다.

❑ 롯데케미칼은 재생플라스틱 원료를 제품화하는 'Project LOOP'를 추진하여, 물리적 재활용 뿐 아니라 화학적 재활용까지 전방위적 확대 계획을 수립하였다. 2030년까지 재활용 플라스틱 생산계획은 약 100만 톤이며, 이 중 약 36만 톤을 화학적 재활용, 26만 톤은 물리적 재활용을 통해 생산할 예정이며, 나머지 38만 톤의 재활용방식은 현재 논의 중이다.

❑ SK는 그룹 차원에서 여러 회사가 동시 다발적으로 폐플라스틱 사업에 투자를 진행 중이다. SK지오센트릭(구. SK종합화학)은 2021년 초 캐나다 루프 인더스트리 및 미국 열분해유 전문 생산업인 브라이트마크와 폐플라스틱 열분해유 설비 투자를 위한 MOU를 체결하였다. SKC의 화학사업 투자사인 SK피아이씨글로벌도 열분해유 생산을 준비중이며, 열분해 기술을 보유한 일본 칸쿄에네르기사와 제휴하여 비닐 등 폐플라스틱 5만 톤 이상을 투입해 3만5천톤 이상의 열분해유를 생산할 수 있는 설비를 2023년까지 완공할 예정이다. 완공 후 초반에는 SKC 화학공장의 보일러 연료로 사용하지만, 향후 불순물 제거 수준을 높여 나프타 등 플라스틱 원료로 활용할 계획이다. 이외에도 많은 기업들이 차기 성장동력으로 폐플라스틱 사업에 주목하며, 투자를 진행 중이다.

[도표 Ⅰ-41] 주요 기업들의 폐플라스틱 재활용 사업 현황 및 계획

기업명	국가	내용
BASF	독일	**화학적 재활용** • 전세계 30여개의 기업들과 함께 해양 폐플라스틱 감소 및 제거를 위한 솔루션을 증진하는 글로벌 '플라스틱 쓰레기 제거 연합' 결성. 5년간 15억 달러(한화 약 1조 6천억 원)투자를 목표(`19.01) • 플라스틱 화학적 재활용을 통해 첫 파일럿 제품 생산(`19.01)
Eastman	미국	**화학적 재활용** • 폴리에스터 재생 기술 및 가스화를 통한 재활용 기술인 탄소 재생 기술 사용 • 프랑스 대통령과 Eastman의 CEO가 프랑스의 재료 분자 재생 시설에 최대 10억 달러 투자할 것이라 공동 발표(`22.01) • '25년 가동 예정인 분자 재생 시설은 폴리에스터 재생 기술을 통해 폐플라스틱을 연간 최대 160,000미터 톤까지 재생할 예정

기업명	국가	내용
Sabic	사우디	**화학적 재활용** • 영국의 플라스틱 재활용 회사 Plastic Energy와 MOU 체결하여 네덜란드에 상업 폐기물 재활용 공장을 설립하기로 발표(`18.12) • 재활용 폴리머 대규모 생산을 위한 최초 상업 공장 건설 개시(`21.01). `22년 하반기 가동 예정 • 말레이시아 플라스틱 재활용 회사 HHI와 협업하여 세계 최초 재활용 폴리머 생산(`21.11)
Covestro	독일	**화학적 재활용** • 폐기된 매트리스의 연질 폴리우레탄 폼의 화학적 재활용 기술을 개발(`21.03) • 매트리스 폼을 이루는 2가지 원료(polyol, toluene diamine)를 모두 재활용하기 위해 연질 폼 재활용을 위한 파일럿 공장 가동(`21.04) • 폐기된 연질 폴리우레탄 폼의 화학적 재활용을 산업화하고 회수된 2가지 원료를 모두 재생산하는 것이 목표
Loreal	프랑스	• 프랑스 스타트업 Carbios의 효소기술을 이용해 재활용 플라스틱으로 만든 최초의 화장품 용기 구현(`21.06) • 2025년에 효소 재활용 기술로 용기를 생산하는 것을 목표로 하고 있으며, 향후 비오템이 로레알 브랜드 중 최초로 해당 용기 사용 제품 출시 계획
Agilyx	미국	**화학적 재활용** • 전 세계에서 현재 유일하게 자사 열분해 시스템을 이용해 폴리스티렌(PS)을 재활용할 수 있는 설비를 갖춤 • ExxonMobil, Toyo Styrene, Braskem, Trinseo, INEOS 등 글로벌 화학업체들과 기술을 개발하거나 생산설비를 신설 중
JGC	일본	**화학적 재활용** • 일본의 Ebara Environmental Plant, Ube Industries, Showa Denko와 공동으로 플라스틱 가스화 기술인 EUP(Ebara Ube Process)를 이용한 플라스틱 폐기물 재활용 협업 계약 체결(`20.10)
DOW	미국	**물리적 재활용 + 화학적 재활용** • Recycling 목표: `30년까지 1백만 톤의 플라스틱을 재사용, 재활용 계획. `35년까지 전제품들이 재사용 또는 재활용 가능한 패키징으로 판매될 예정 • 첨단 재활용 프로세스 접목: Mura Technology와 파트너십을 통해 Hydrothermal 플라스틱 재활용 솔루션 활용
Dupont	프랑스	**물리적 재활용 + 화학적 재활용** • 2030년 로드맵에서 폐기물 감축을 위한 4R(Reduce, Reuse, Repurpose, Recycle) 프로그램을 도입 • Tyvek 재활용 프로그램 - 미국 내 PPE 의류 수집, 운송, 보관 및 재활용 활동 • Entira EP copolymer기술을 활용하여 혼합 플라스틱 폐기물 재활용 개발 중
LG화학	한국	**물리적 재활용 + 화학적 재활용** • 쿠팡과 플라스틱 재활용, 자원 선순환 생태계 구축을 위한 MOU 체결. 쿠팡이 폐기하는 3,000톤가량의 포장용 비닐을 재활용해 쿠팡에 재공급 계획(`21.09) • `24년 1월까지 국내 최초 초임계 열분해유 공장 건설, 연 2만 톤 규모로 시작하여 점차 확대 예정(영국 무라테크놀로지 지분 투자)

기업명	국가	내용
롯데케미칼	한국	**화학적 재활용** • `24년까지 1,000억 원을 투자해 향후 `30년까지 울산 PET 공장 전체를 재생 PET 공장으로 전환하겠다는 계획 발표(`21.04)
한화솔루션	한국	**화학적 재활용** • 산자부 '폐플라스틱 열분해유 기반 나프타 생성기술' 사업 주관 기업 선정 (`21.04) • 폐플라스틱을 고온에서 분해한 열분해유에서 불순물을 제거하고 분자 구조를 변화시켜 납사를 생성하는 기술(PTC, Plastic to Chemicals) 개발이 목표 • 열분해 기반 화학적 재활용 기술을 `24년까지 개발해 내재화 방침(`21.04)
SK 지오센트릭 (구 SK 종합화학)	한국	**화학적 재활용** • 해중합 기술을 보유한 캐나다 루프 인더스트리에 지분(10%) 투자(`21.01) • 루프 인더스트리사와 함께 '25년까지 연간 8.4만 톤 규모의 PET 해중합 설비 구축 계획(`21.07) • 미국 브라이트 마크사와 협력해 '24년까지 연간 10만 톤 규모의 열분해 생산설비 구축 예정(`21.07) • 폐플라스틱 재활용 규모를 `25년까지 90만 톤 → `27년 250만 톤까지 확대 계획
SKC	한국	**화학적 재활용** • 열분해 기술을 보유한 일본 벤처기업 칸쿄에네르기(Kankyo Energy)와 상업화 추진 중(`21.06)
SK케미칼	한국	**화학적 재활용** • 해중합 기술과 생산 설비를 보유한 중국 수예(Shuye) 지분(10%, 230억) 투자 통해 화학적 재활용된 원료를 구매할 수 있는 권한 확보
효성	한국	**화학적 재활용** • PET 해중합, 후공정을 통해 재생 폴리에스터 수지(리젠) 상업 생산 성공 (`08년) • `22년 초까지 울산 지역 내 해중합 설비를 갖추고 부산·전남 지역 폐어망을 모아 연간 1,800톤 상당의 재활용 나일론 섬유를 생산 계획(`21.08)
휴비스	한국	**물리적 재활용 + 화학적 재활용** • `21년 4월부터 연간 2천 톤 규모의 물리적 재활용 방식을 사용한 원사 '에코에버' 가동 돌입(`21.03) • 물리적 재활용 원사 브랜드 '에코에버'에 화학적 재활용 원사 브랜드 '에코에버 CR'까지 추가(`21.06)
삼양패키징	한국	**물리적 재활용** • PET 플레이크를 생산해 재활용 사업을 영위하는 시화공장에 약 430억 원을 투자해 폐플라스틱 재활용 신규 설비를 도입한다는 계획 발표 (`22.01) • 고순도 PET 플레이크와 고부가가치 제품의 원료가 되는 리사이클 페트칩 생산 설비 2종 도입 예정. `23년 말부터 본격 설비 가동 시작할 예정
에코 크레이션	한국	**화학적 재활용** • 열분해유 제조 및 열분해 설비 생산기술 보유 중소기업 • 인천 청라에 신규 열병합 열분해 플랜트 제조공장 구축 중 • SK지오센트릭으로부터 68억 원 투자 받음(`21.08)

기업명	국가	내용
ACI엔텍	한국	**물리적 재활용** • 인공지능(AI) 및 사물인터넷(IoT) 기술을 활용한 폐기물 수거 및 처리 전문 기업 • 고품질 PET 플레이크를 생산하는 페트병 재활용라인, HDPE 용기 및 LDPE 필름을 생산하는 폴리올레핀 재활용라인, rPET 시트 압출생산라인 보유 • 사모펀드운용사 VL인베스트먼트로부터 70억 원 투자 받음(`21.10)
슈퍼빈	한국	**물리적 재활용** • 인공지능(AI) 기술을 활용해 재활용 폐기물을 회수하는 로봇 '네프론'을 2016년에 개발하여 상용화에 성공한 스타트업 • 회수된 재활용 폐기물을 고부가가치 재생소재로 가공해 제품 생산업체에 판매하는 '순환경제 사이클'을 구축할 계획 • 200억 원 규모의 시리즈B 투자를 유치해 누적 투자금 270억 원, 기업가치 1,000억 원을 달성(`20.08)

자료 : 삼일 PwC 경영연구원 Insight Research [순환경제로의 전환과 대응전략], 2022. 4

5) 시장 동향과 전망

❑ 현재와 같은 수준의 소비를 지속할 경우 2040년에는 약 80억톤 규모의 폐플라스틱이 발생할 것으로 전망되는데, 이러한 폐기물 감축을 위한 전 지구적 노력이 진행될 것으로 예상한다. 다음 도표에서 보여지듯이, 각 경제주체의 역할 수행 및 기술 개발이 원활히 이루어졌을 경우 플라스틱 폐기량의 약 58%가 감소할 수 있는데, 이를 달성하기 위한 가장 핵심 영역은 재활용이다. 재활용을 통한 폐기물 감축 가능 비율은 38%로, 소비 제한을 통한 감축 19% 대비 약 2배 수준 높다. 이에 따라 플라스틱 재활용 시장의 높은 성장이 전망되며, 기술적으로도 물리적 재활용 방식의 고도화뿐 아니라, 화학적 기술의 상용화도 빠르게 진행될 것으로 보인다.

[도표 Ⅰ-42] 글로벌 폐플라스틱 발생량 및 감축 방안

(단위: 억 톤)

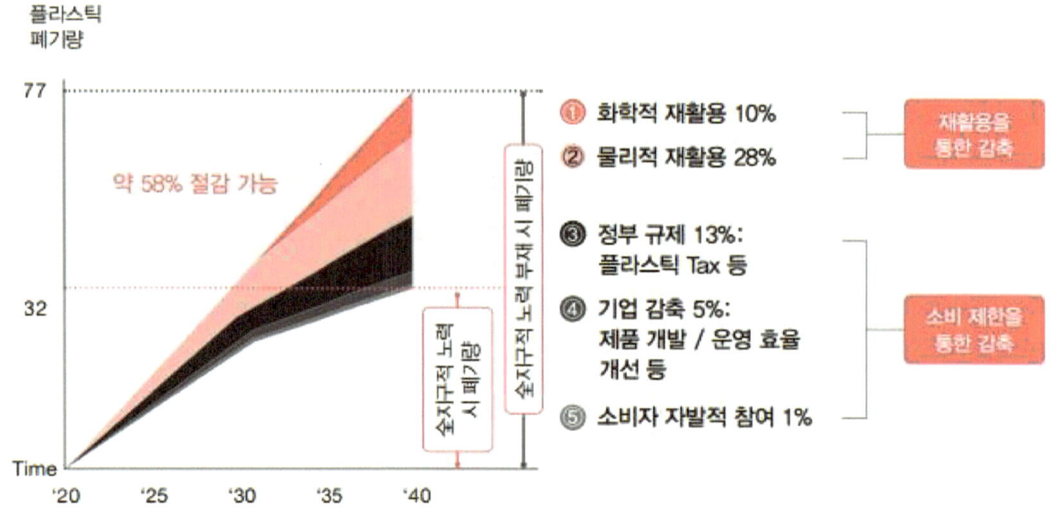

(1) 시장 규모 및 전망

❑ 글로벌 플라스틱 재활용 시장은 2019년 368억 달러에서 향후 연평균 7.4% 성장하여 2027년에는 약 638억 달러에 이를 것으로 전망된다. 글로벌 시장조사 기관인 리서치앤마켓도 이와 유사한 전망을 하고 있는데, 폐플라스틱 시장 규모는 2021년 451억 달러에서 2026년에는 650억 달러에 이르며, 연간 7.5% 씩 성장할 것으로 예측된다. 환경오염에 대한 우려로 플라스틱 사용에 대한 각국 정부의 규제가 강화됨에 따라 전 세계적으로 플라스틱 재활용 시장이 확대될 것으로 판단하며, 재활용 플라스틱을 선호하는 MZ세대의 소비 패턴 등에 따라 성장세가 더욱 강화될 수 있을 것으로 예상된다.

[도표 Ⅰ-43] 글로벌 플라스틱 재활용 시장 전망

(단위: 억 달러)

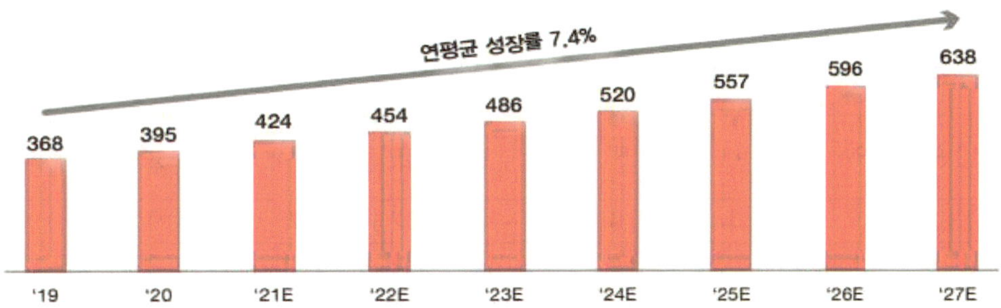

자료 : 삼일 PwC 경영연구원 Insight Research [순환경제로의 전환과 대응전략], 2022. 4

❑ 국내 시장의 경우도 글로벌과 비슷한 움직임을 나타낼 것으로 예상된다. 2019년 기준 국내 플라스틱 재활용 시장의 규모는 1조 6,700억 원 수준으로 추산되는데, 향후 정부 지원과 기업의 ESG기조 하에 연 6.9% 지속 성장하여, 2027년에는 2조 8,400억 원 규모의 시장을 형성할 것으로 보인다. 품목별로는 재생 PET의 성장률이 8.1%로 가장 높은데, 정부의 PET 사용 규제 등에 대응하기 위해 국내 포장재 및 화학섬유 업체들의 공격적인 투자가 지속되고 있고, 소비자들의 일회용품 사용 자제 운동 등에 힘입어 재생 PET 부문이 빠르게 성장할 것으로 전망한다.

[도표 Ⅰ-44] 국내 플라스틱 재활용 시장 전망

(단위: 억 원, %)

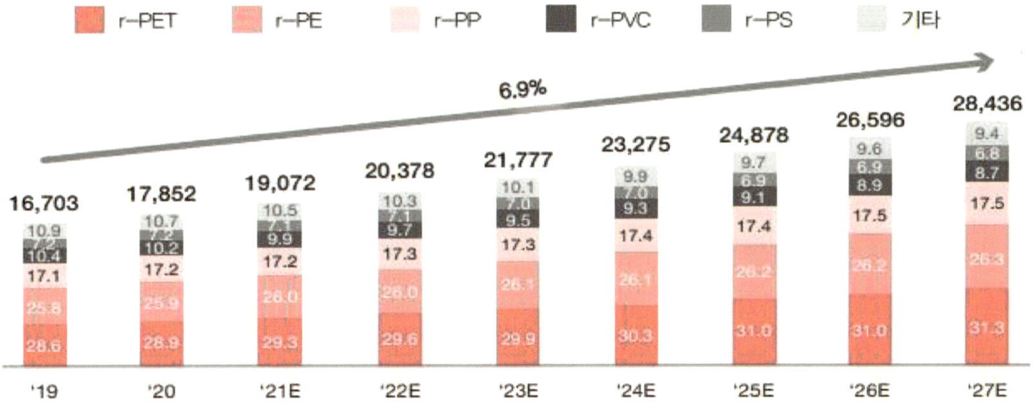

(2) 기술별 전망

❑ 기술적으로는 화학적 방식이 플라스틱 재활용 시장의 성장을 주도할 것으로 전망한다. 다음에 따르면, 2020년 기준 플라스틱 재활용 시장 내 화학적 방식의 점유율은 6.6%에 불구하며, 대부분이 물리적 재활용 방식을 사용하고 있다(열적 재활용 제외 수치). 그러나 연구개발 단계에만 머물렀던 업체들이 상업화를 개시하면서, 화학적 재활용 시장은 향후 10년간 연평균 17.1%의 성장할 것으로 예상된다. 이에 반해 물리적 재활용의 연평균 성장률은 2.8% 수준에 머물며, 2030년 기준 화학적 방식이 전체 플라스틱 재활용 시장에서 차지하는 비중이 20.7%까지 높아질 것으로 전망한다.

[도표 I-45] 플라스틱 재활용 시장 전망: 기술별

(단위: 백만 톤)

구분	`19	`20	`21 E	`22 E	`23 E	`24 E	`25 E	`26 E	`27 E	`28 E	`29 E	`30 E	`20~`30E CAGR(%)
물리적 재활용	12.6	12.0	12.5	12.9	13.5	14.0	14.5	15.0	15.2	15.5	15.7	15.9	2.8%
화학적 재활용	0.6	0.9	1.1	1.3	1.5	1.6	1.8	2.1	2.5	3.0	3.5	4.1	17.1%
합계	13.2	12.9	13.6	14.2	15.0	15.6	16.3	17.1	17.7	18.5	19.2	20.0	4.5%
점유율 (%)	**`19**	**`20**	**`21 E**	**`22 E**	**`23 E**	**`24 E**	**`25 E**	**`26 E**	**`27 E**	**`28 E**	**`29 E**	**`30 E**	
물리적 재활용	95.5	93.4	91.9	90.8	90.0	89.7	89.0	97.7	85.9	83.8	81.8	79.3	
화학적 재활용	4.5	6.6	8.1	9.2	10.0	10.3	11.0	12.3	14.1	16.2	18.2	20.7	

※ 열적 재활용 제외

자료 : 삼일 PwC 경영연구원 Insight Research [순환경제로의 전환과 대응전략], 2022. 4

❑ 현재 국내에서 진행되는 폐플라스틱 재활용도, 글로벌 대부분 국가와 마찬가지로 물리적 재활용 및 열적 재활용에만 집중되어 있다. 화학적 재활용은 열분해를 이용한 연료유 생산 단계로, 플라스틱 폐기물을 투입해 열분해한 뒤 연료유를 생산해 난방용이나 산업용 연료로 사용하고 있는 수준이다. 그러나 정부 차원의 규제 혜택과 기술 개발을 위한 기업들의 투자로, 향후 빠른 속도로 화학적 재활용 기술이 상용화될 것으로 전망한다.

❑ 2021년 3월 환경부에서 발표한 폐플라스틱 열분해 활성화 방안의 주요 내용을 살펴보면 i) 폐플라스틱 열분해 비중을 `30년까지 10%로 늘리고, ii) 석유·화학 기업이 폐플라스틱 열분해유를 석유제품 원료로 활용할 경우 탄소배출권으로 인정, iii) 플라스틱으로 만든 합성가스를 원료로 메탄올·암모니아 등을 생산하거나 수소를 추출하여 수소차 충전·연료전지 발전에 활용하는 것을 지원하는 내용이 포함되어 있다. 현재까지는 규모의 경제 및 투입 에너지 비용 등을 감안할 때 화학적 재활용의 경제성이 낮으나, 정부 차원의 규제 혜택과 기술 개발 지원으로 향후 시장이 커질 것으로 전망한다.

[도표 Ⅰ-46] 폐플라스틱을 통한 열분해유 및 가스생산 목표

(단위: 만 톤/연)

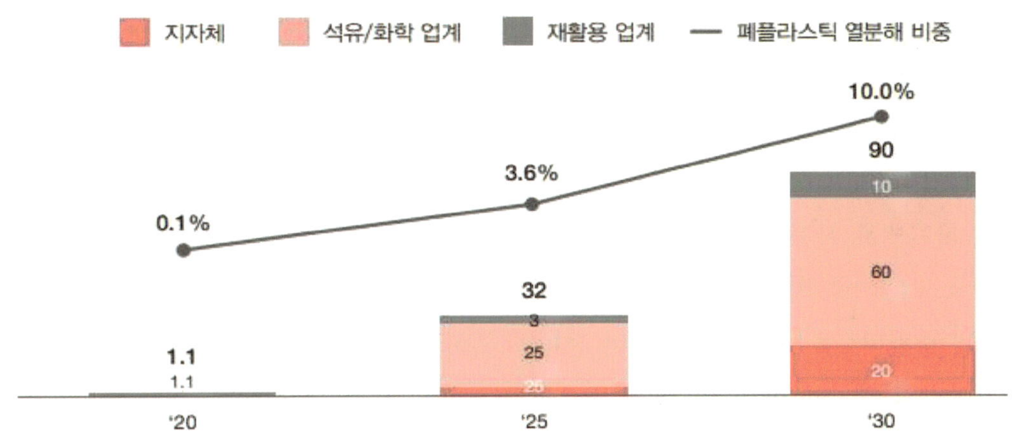

자료 : 삼일 PwC 경영연구원 Insight Research [순환경제로의 전환과 대응전략], 2022. 4

(3) Retail 시장 전망

❑ 최종 소비재 관점에서는 폐플라스틱을 다방면으로 활용한 업사이클링 부분이 성장할 것으로 예상한다. 업사이클링(Upcycling)은 기존보다 제품 기능을 향상시켜 고부가가치화 하는 개념인 "업그레이드(Upgrade)"와 폐기물을 재활용하는 "리사이클링(Recycling)"의 합성어이다. 이는 버려지는 폐기물과 사용하지 않는 제품 등을 단순 재활용하는 차원을 넘어 첨단 기술(재생 기술)과 디자인(미적 창의성, 아이디어 등)을 접목시켜 높은 수준과 부가가치를 지닌 제품으로 전환시키는 것을 의미한다. 따라서 폐플라스틱에 대한 물리·화학적 전처리 공정과 더불어 재활용 소재에 대한 제품화 역량이 요구되며, 나아가 고부가 가치화의 핵심인 디자인화가 필수적이다.

[그림 Ⅰ-30] 업사이클링 프로세스

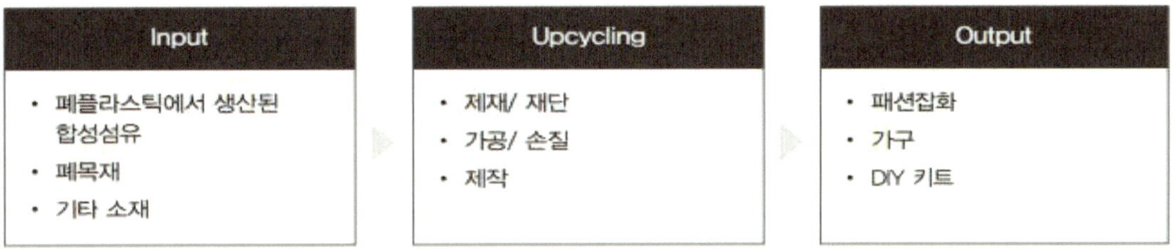

Input	Upcycling	Output
• 폐플라스틱에서 생산된 합성섬유 • 폐목재 • 기타 소재	• 제재/ 재단 • 가공/ 손질 • 제작	• 패션잡화 • 가구 • DIY 키트

❑ 업사이클링은 EU 국가들을 중심으로 시작되었으며, 현재는 미국, 캐나다 등지에서도 '친환경적 생산과 윤리적 소비 양식'의 하나로 주목받고 있으나, 시장규모는 아직 미미한 실정이다. 한국도 비슷한 상황으로, 경기연구원의 조사에 따르면 2018년 기준 국내에는 약 100개의 업사이클 브랜드가 있고, 시장규모는 40억 원 미만으로, 전체 재활용 시장 내 0.01% 수준에 불과하여 초기 단계에 머물고 있다. 그러나 업사이클링 제품에 대한 소비자의 인식과 관심이 높아지고 있으며, ESG(환경·사회·지배구조)를 키워드로 하여 기업의 환경적·사회적 책임에 관한 활동 필요성이 증대되면서 본격적으로 시장이 개화될 것으로 전망한다.

6) 폐플라스틱 활용 공정 및 제품 특허분석

(1) 연도별 출원동향

❑ 폐플라스틱 재활용 공정 및 제품 기술의 지난 20년(2000년~2019년)간 출원동향을 살펴보면 2000년대에는 감소하는 추세를 보이다 2010년대 들어서 특허 출원 증감 추이의 큰 변화가 없는 것으로 나타났다.

- 각 국가별로 살펴보면 일본이 가장 활발한 출원 활동을 보이고 있는 것으로 나타났으며, 한국, 유럽 및 미국도 유사한 추세의 출원 활동이 진행되고 있는 것으로 나타남

❑ 국가별 출원비중을 살펴보면 일본이 전체의 65%의 출원 비중을 차지하고 있어, 최대 출원국으로 폐플라스틱 재활용 공정 및 제품 분야를 리드하고 있는 것으로 나타났으며, 한국은 28%, 유럽은 4%, 미국은 3% 순으로 나타났다.

[도표 Ⅰ-47] 연도별 출원동향

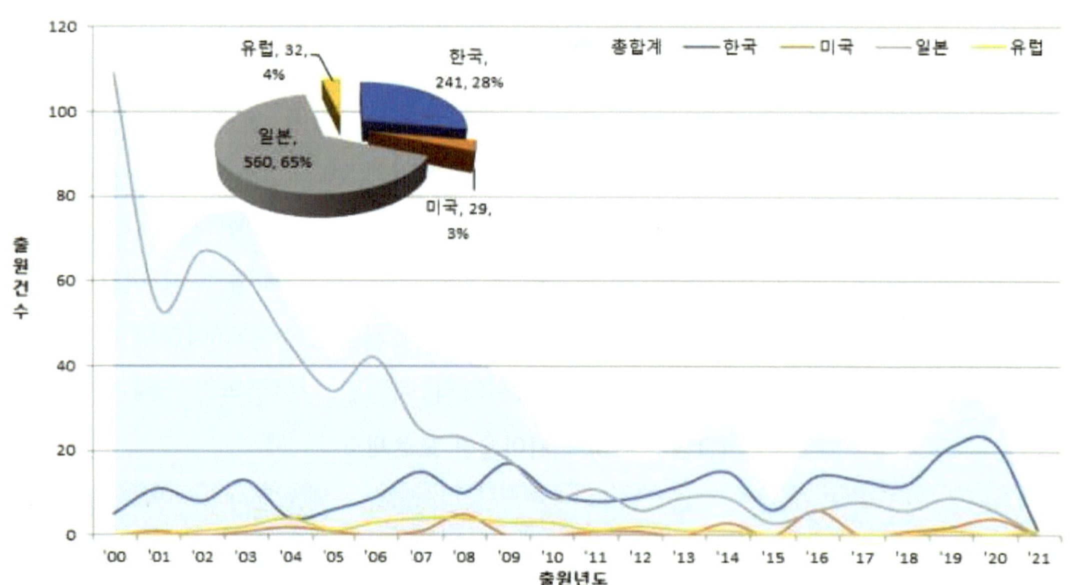

자료 : 중소벤처기업부, TIPA 중소기업 전략기술로드맵 2022-2024 [자원순환 및 에너지 재활용 편], 2022.

(2) 국가별 내·외국인 출원현황

❑ 한국의 내외국인 출원현황을 살펴보면, 2000년대 초반부터 최근까지 외국인의 출원활동이 활발하지 않은 것으로 조사되어, 해당 기술 분야에서 한국 시장에 대한 관심도가 높지 않은 것으로 나타났다.

❑ 미국의 경우, 폐플라스틱 재활용 공정 및 제품 기술과 관련하여 출원활동이 저조하게 진행된 것으로 나타나 증감의 경향을 판단하기 어려우나, 내국인의 출원활동이 활발하지 않은 것으로 조사되었으며, 특히 최근에는 외국인에 의한 출원활동 비중이 더 높은 것으로 나타나, 해외 기업의 진출 가능성이 높은 것으로 나타났다.

❑ 일본의 내외국인 출원현황은, 폐플라스틱 재활용 공정 및 제품 기술을 주도하고 있는 것으로 나타났으며, 2000년대 초반부터 최근까지 내국인의 출원 비중이 높은 것으로 나타나, 해당 기술 분야에서 내수 시장 장악도가 높은 것으로 나타났다.

❑ 유럽의 경우, 폐플라스틱 재활용 공정 및 제품 기술과 관련하여 출원활동이 저조하게 진행된 것으로 나타나 증감의 경향을 판단하기 어려우나, 2000년대 초반부터 최근까지 내국인의 출원 비중이 낮은 것으로 나타나, 외국 출원인에 의한 해외 기술 의존도가 높은 것으로 분석된다.

[도표 Ⅰ-48] 국가별 출원현황

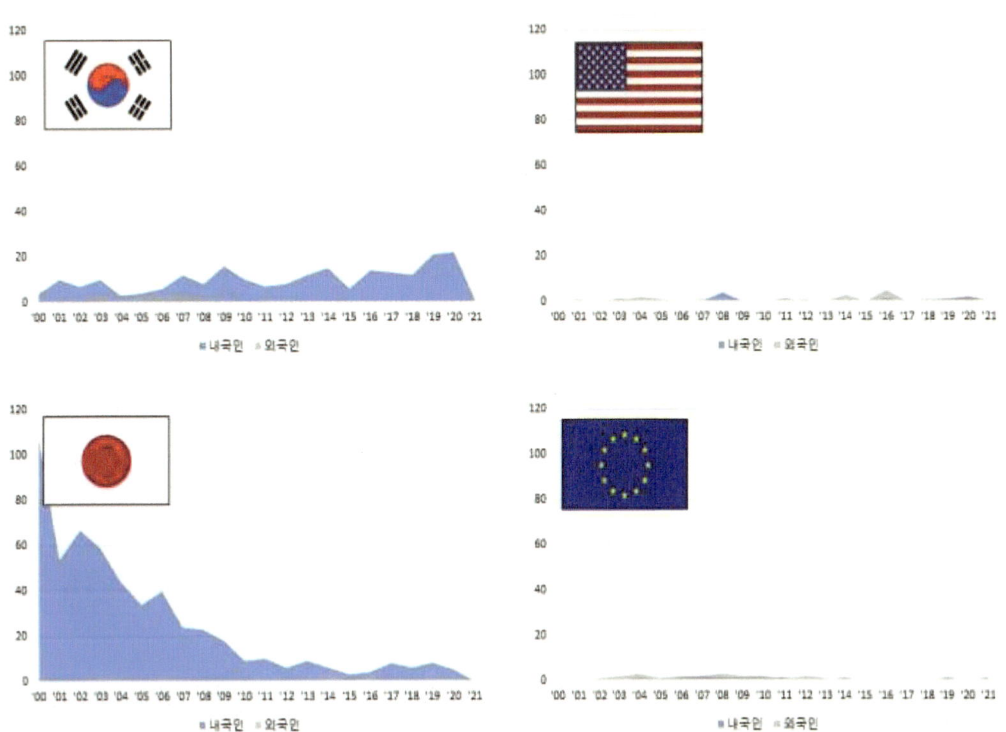

자료 : 중소벤처기업부, TIPA 중소기업 전략기술로드맵 2022-2024 [자원순환 및 에너지 재활용 편], 2022.

(3) 주요 출원인 분석

❑ 폐플라스틱 재활용 공정 및 제품 기술의 전체 주요출원인(Top 5)을 살펴보면, 주로 일본 국적의 출원인이 다수 포함되어 있는 것으로 나타났으며, 제 1 출원인으로는 일본의 NIPPON STEEL인 것으로 나타났다.

- NIPPON STEEL은 일본의 철강 제조 기업으로, 2012년 10월 1일 신일본제철과 스미토모 금속공업이 합병하여 2019년 4월 1일 일본제철로 상호를 변경함

❑ 폐플라스틱 재활용 공정 및 제품 기술 관련 국내 주요출원인으로 김윤 및 주식회사 설성프라스틱이 도출되었으며, 한국에만 출원을 진행한 것으로 나타났다.

[도표 Ⅰ-49] 주요출원인 동향

전체 주요출원인

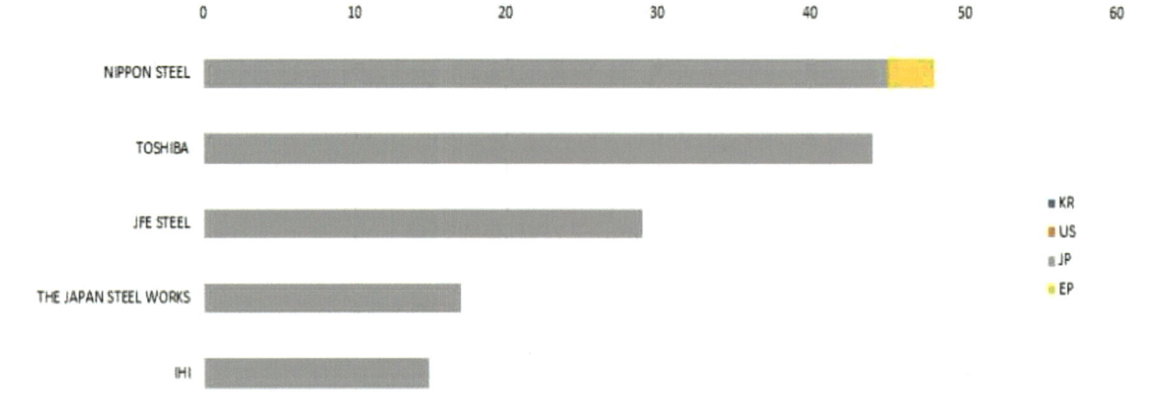

해외 주요 출원인

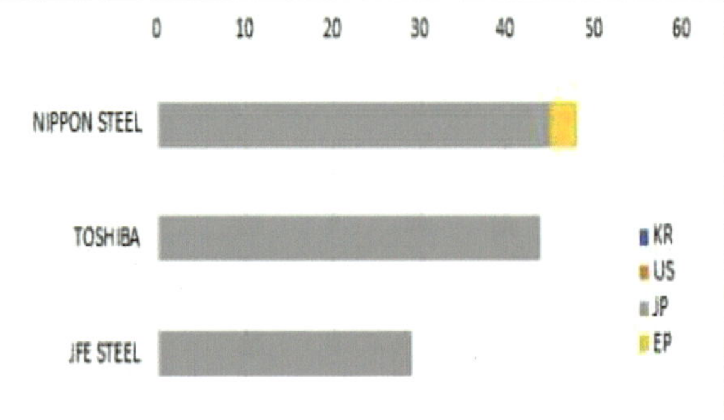

국내 주요 출원인

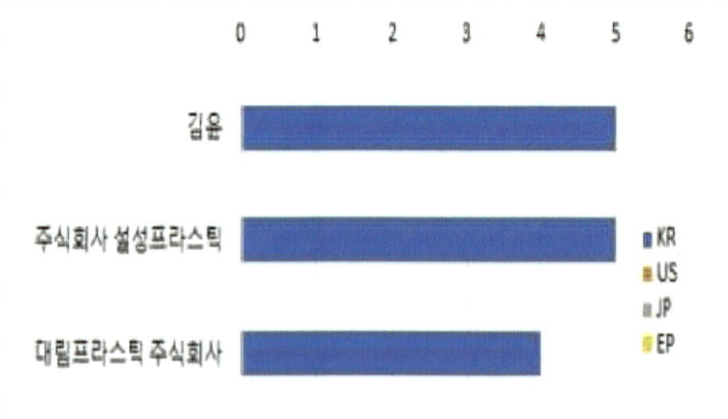

자료 : 중소벤처기업부, TIPA 중소기업 전략기술로드맵 2022-2024 [자원순환 및 에너지 재활용 편], 2022.

(4) 주요 기술 키워드 분석

가. 기술개발 동향 변화 분석

❑ 폐플라스틱 재활용 공정 및 제품 기술에 대한 구간별 기술 키워드 분석을 진행하였으며, 전체분석구간에서 폐플라스틱 처리 장치, Waste Plastic, 폐기 플라스틱 등 폐플라스틱 재활용 공정 및 제품 관련 기술 키워드들이 다수 도출된다.

- 최근 분석구간에 대한 기술 키워드 분석 결과, 최근 1구간에는 Waste Plastic, 충진재 외경, 코팅 성형, 이물질 분리기 등의 키워드가 도출되었으며, 2구간에서는 분쇄 단계, 폐플라스틱 유화 시스템, 폐플라스틱 조각 등 1구간의 주요키워드와 유사한 키워드가 도출됨

나. 기술-산업 현황 분석

❑ 폐플라스틱 재활용 공정 및 제품 기술에 대한 Subclass 기준 IPC 분류결과, 성형 재료의 준비 또는 전처리; 조립 또는 예비 성형품의 제조; 플라스틱을 함유하는 폐기물로부터 플라스틱 또는 다른 구성 성분의 회수(B29B) 및 마무리; 일반적 혼합 방법(C08J)로 다수의 특허가 분류되는 것으로 조사되었다.

4. 플라스틱 재활용/친환경 패키징 개발동향

1) 플라스틱 업사이클링 기업 개발동향

(1) 해외

❑ 세계 주요 플라스틱 업사이클링 주요 기업들은 미국을 중심으로 한 기업들이나 최근에는 일본, 홍콩 등 아시아나 브라질 등 남미 지역에서도 관련 산업들의 약진이 이루어지고 있다. 세계 각국에서는 도시지역을 중심으로 업사이클링 산업이 성장하고 있다.

❑ 영국의 런던은 업사이클링 관련 기업과 디자이너들이 가장 왕성하게 활동하고 있는 도시 중 하나로, Junky Styling, Worn Again과 같은 업사이클링 업체들을 포함하여 세계 2차 대전 당시 생산된 잉여 군복을 업사이클링한 유명 디자이너 등이 있다.

❑ 이탈리아의 파엔자는 소도시임에도 불구하고 'Resign Project'의 중심도시로, Design 2.0라는 디자인 전문기업 등이 위치하여 업사이클링 디자인 트렌드를 소개하고 각종 캠페인을 벌이고 있다.

❑ 스위스의 Freitag은 1993년 론칭된 세계 업사이클링 시장 선도 브랜드로서, 타폴린 소재의 폐 트럭의 방수천, 자동차 안전벨트, 폐자전거의 고무 등을 사용하여 가방을 제작한다. 원재료의 원형을 그대로 사용하기 때문에 동일한 디자인이 없는 것이 특징이다. Freitag은 전 세계 350개가 넘는 매장에서 한 해 20만 개 이상의 제품을 판매하고 있으며, 2015년 기준 약 500억 원의 수익을 시현하였다. 이는 연간 방수천 200톤, 자전거 튜브 7만 5,000개, 자동차 안전벨트 2만 5,000개를 업사이클링한 결과이다.

[그림 Ⅰ-31] 세계 업사이클링 기업들의 주요 제품들

자료 : 한국 IR협의회 혁신성장품목분석보고서 [플라스틱 업사이클링], 2021. 7

❑ 핀란드의 GlobeHope는 스칸디나비아 반도 지역의 업사이클링 산업을 주도하고 있는 기업으로서, 재활용천, 폐타이어, 군복 등을 재료로 의류나 패션잡화 등을 생산하고 있다.

❑ 이탈리아의 Wewood는 폐목 및 기타 시계부품의 재활용을 통해 업사이클링 사업을 진행하고 있으며, Forest Foundation(포레스트파운데이션)을 통해 나무를 심는 친환경 마케팅을 진행한다.

❑ 미국의 Ecoist는 산업폐기물의 재활용 사례 중 가장 혁신적인 케이스로 주목받는 기업 중 하나이다. 사탕 봉지나 라벨, 캔이나 병의 뚜껑 등을 모아 패션잡화를 제조하며, 최근 할리우드 유명 스타들이 애용하면서 매출이 급증하였다. 또한, 최근 코카콜라, 월트디즈니, M&M 등의 기업과 업사이클링 관련 파트너십을 맺고 관련 캠페인을 추진하고 있다.

❑ 직접 제품을 제조하는 업체 외에도 업사이클링 사업자를 대상으로 8,200개가 넘는 소재 샘플, 6,000개 이상의 제조업체 연락처 정보, 온라인 콘텐츠 데이터 저작권 등을 보유한 라이브러리 플랫폼 「마테리오(materiO)」, 업사이클링 제품에 대한 전자상거래 플랫폼 「엣시(Etsy)」 등의 업체들도 왕성한 활동을 하고 있다.

[도표 Ⅰ-50] 세계 주요 업사이클링 업체 동향

기업명	사업화 현황	
	주요 재료	주요 생산제품
Freitag(스위스)	페트럭방수천, 안전벨트, 폐지, 자전거바퀴 고무 등	가방
Ecoist(미국)	캔디 포장지, 뚜껑, 불량포장지 등	가방, 악세서리
Vetrazzo(미국)	술병유리, 신호등, 자동차유리 등	가방, 악세서리
Holestee(미국)	폐지	패션 잡화
ViaVegen(캐나다)	폐플라스틱병	가방
Demano(스페인)	폐현수막	가방, 악세서리, 노트북 케이스 등
GlobeHope(핀란드)	재활용천, 폐타이어, 군복 등	옷, 가방, 신발 등
Zirkeltraining(독일)	체조 운동기구, 매트	운동가방, 여성가방
Zweitsinn(독일)	폐목재, 재활용천, 폐의류 등	책상, 책장, 쇼파 등
WornAgain(영국)	애드벌룬, 승무원유니폼	활용 패션소품, 기내가방
JunkyStyling(영국)	유행 지난 폐의류, 남성정장	남성 및 여성 의류
Elvis&Kresse(영국)	소방호스, 낙하산	디자인 소품
Wewood(이탈리아)	마루 바니재	나무 시계
HEVEA(일본)	폐타이어	가방
DekkoToys(홍콩)	폐지	조립세트, 기차세트 등
D.R.Z(오스트리아)	폐가전제품	테이블, 의자, 가구 등

자료 : 한국 IR협의회 혁신성장품목분석보고서 [플라스틱 업사이클링], 2021. 7

(2) 국내

❑ 국내 업사이클링 기업들은 연매출 5천만 원 미만, 기업주 연령 20~30대, 종사자 수 1~2인의 중소기업·스타트업이 대부분을 구성하는 특징을 가진다. 국내 업사이클링 업체들은 ① 정부의 지

원을 받아 설립된 사회적 기업, ② 제품 재고 처리 등 기업 내 문제해결을 위해 모기업에서 별도로 만들어진 파생기업, ③ 개인이 공예 기술을 기반으로 운영하는 소규모 공방 등 세 가지로 형태로 대별되며, 그 외에도 기업의 사회적 책임활동과 마케팅 활동의 일환으로서 이반 기업에서도 업사이클링 관련 영업활동이 이루어지고 있다.

❑ 국내에서는 2006년 아름다운가게가 국내 최초의 업사이클링 브랜드인 에코파티메아리를 론칭한 것이 시초가 되어 이후 여러 업사이클링 브랜드가 추진되었으나, 대부분의 브랜드의 매출 규모는 미미한 수준에 그치고 있다. 특히, 국내에서 플라스틱 업사이클링 관련 사업을 전문적으로 영위하는 업체는 현재 소수에 불과하다. 다만, 플라스틱 업사이클링은 산업의 특성상 다양한 형태로의 확장이 가능하고 복합소재로의 활용성이 우수하여, 제품의 다각화 및 사업화의 잠재적 가능성이 높다.

❑ 터치포굿은 국내 대표적 업사이클링 기업으로서 주요사업으로 리싱크(Re-sync) 운영하고 지속적으로 폐기물을 발생하는 기업과 협약하여 기관이 직접 사용할 수 있는 업사이클링 제품을 생산하고 있다. 또한, 산업의 특성상 반드시 발생하는 자원을 업사이클링 할 수 있도록 컨설팅 및 디자인기획 서비스를 제공하고 있다. 대선, 지방선거에서 사용한 선거 현수막을 업사이클링하는 '5년의 약속', '서울의 약속' 프로젝트를 진행했으며 우체국의 현수막으로 우체국 기념품 제작하기도 하였다.

❑ 코오롱인더스트리의 업사이클링 브랜드 '레코드(RE;CODE)'는 기업의 의류 재고를 새로운 제품으로 만드는 브랜드로 출발하였다. 브랜드 관리를 위해 연각 약 40억 원 규모로 소각되던 재고 의류를 소각하지 않고, 해체하여 새 원단을 만들고 이를 이용해 제품을 생산한다. 물량해체 작업은 지적 장애인 단체인 '굿 윌 스토어'에서 이루어지며, 제품의 디자인은 독립 디자이너들과 협업을 통해 진행된다.

[그림 Ⅰ-32] 국내 업사이클링 기업들의 주요 제품들

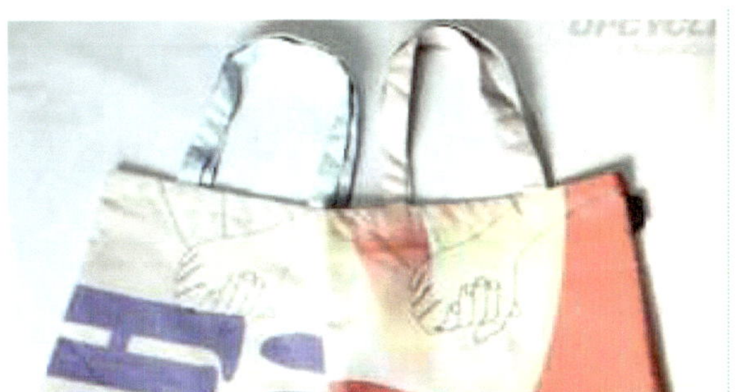

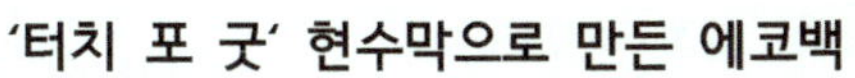

'터치 포 굿' 현수막으로 만든 에코백

'래코드' 군복으로 만든 외투

자료 : 한국 IR협의회 혁신성장품목분석보고서 [플라스틱 업사이클링], 2021. 7

[도표 Ⅰ-51] 국내 주요 업사이클링 업체 동향

기업명	개발/사업화 현황		
	브랜드 소개	주요 재료	주요 생산제품
터치포굿	◇ 2008년 설립된 1세대 업사이클링 업체로, 폐현수막을 이용하여 에코백 등 패션소품을 제작함. 최근 폐플라스틱을 이용한 블록형 보관함을 출시함	PET 등 각종 플라스틱, 현수막, 스크린도어	PET병 담요, 에코백, 광고판, 백팩 등
효성티앤씨	◇ 2008년 폐PET병에서 유용성분을 추출해 폴리에스터 원사를 생산함. Ford(미국), Nike(미국), Adidas(독일) 등에 납품함	폐PET병	폴리에스터 원사
비페이블	◇ 업사이클링과 적정기술을 기반으로 개발된 과학교육용 블록 완구 'VATOOL'을 개발함	폐플라스틱	유아용품, 교육용 블록완구
솔리누	◇ 가치를 상실한 LP판을 이용해 인테리어소품을 디자인, 제작함. 무소음 시계 등이 대표적임	폐플라스틱	인테리어 소품
코오롱인더스트리 (RE:CODE)	◇ FnC 부문에서 런칭한 업사이클링 브랜드로, 코오롱 그룹의 재고의류 등을 이용하여 패션상품을 제작함	의류, 군 텐트, 낙하산, 자동차 용품 등	남녀의류, 액세서리
세이지디자인	◇ 군용품이나 폐시계 등을 활용하여 업사이클링 제품을 제작함. 원료는 군부대 입찰, 기업 기부, 시계 수리처 매입 등을 통해 조달함	군용물품, 폐시계, 공병 등	가방, 액세서리
저스트 프로젝트	◇ 계간지 <쓰레기>를 출판하고, 크라우드펀딩에 성공한 업사이클링 업체로, 다양한 원재료로 상품을 제작함	폐포장지, 비닐, 신문지, 헌옷, 현수막, 폐지	지갑, 파우치, 생활용
파이어마커스	◇ 버려지는 소방호스를 수거하여 세척한 후 원단상태로 만들어 업사이클링 제품을 제작함	소방호스	모자, 가방, 지갑 등
아름다운가게 (에코파티메아리)	◇ 자체적으로 운영 중인 소재공방에서 폐소파의 가죽, 자투리 천 등을 활용하여 제품을 제작되며, 아름다운가게에서 기부받은 물품에서 원재료를 주로 확보함	가죽, 의류, 패브	클립카드케이스, 수트멀티백 등

기업명	개발/사업화 현황		
	브랜드 소개	주요 재료	주요 생산제품
큐클리프	◇ 소각으로만 처리되는 폐우산을 이용하여 가방, 지갑, 파우치 등의 소품을 제작함. 우산이 가진 다양한 패턴을 이용한 업사이클링 디자인을 채택함	폐우산	가방, 지갑 등 패션소품

자료 : 한국 IR협의회 혁신성장품목분석보고서 [플라스틱 업사이클링], 2021. 7

2) 친환경 패키징 기업 개발동향

(1) 친환경 패키징

❑ 기후변화와 환경오염의 심각성이 전 세계적으로 주목받으며, 그린슈머(Greensumer)라는 단어가 새롭게 등장하였다. 그린슈머는 자연을 상징하는 말인 '그린'과 소비자라는 뜻을 가진 '컨슈머(Consumer)'의 합성어로, 친환경적인 제품을 구매하는 소비자를 의미한다. 환경과 후손을 위한 책임 있는 소비를 지향하는 그린슈머의 증가가 친환경 패키징 수요로 이어지고 있다.

❑ 유통 관련 서비스업체인 Dotcom Distribution이 온라인 소비자를 대상으로 설문 조사한 결과, 응답자의 57%가 친환경 패키징의 중요성을 인지하고 있으며, 61%는 친환경 패키징 사용여부가 구입처 결정 시 중요하게 고려하는 요소가 된다고 답했다. 55%는 온라인 소매 업체의 탄소발자국(Carbon Footprint)을 고려해 본 적이 있으며, 64%는 브랜드를 선택할 때 공급망의 지속가능성에 대해서 생각해 본 적이 있다고 응답했다. 이를 통해 친환경 패키징은 단순히 제품 보호의 기능을 넘어 소비자의 구매 결정에 중요한 요소로 작용하는 것을 알 수 있다.

❑ 이에 따라 기업들의 친환경 패키징에 대한 투자도 지속적으로 증가하고 있다. Amazon은 재활용 전문 투자그룹인 Closed Loop Fund에 1억 달러를 투자했으며, 이를 통해 친환경 패키징 개발 기업에 투자하는 방식으로 환경보호에 동참하고 있다. 또한, Dell, REI, Colgate-Palmolive, Puma와 같은 주요 소비재 기업들은 완전히 재활용이 가능하거나 재활용품을 활용한 용기 개발, 쓰레기를 최소화한 포장재 등에 큰 관심을 보이고 있으며, 이와 관련하여 지속적인 제품 개발을 수행하고 있다.

[도표 Ⅰ-52] 포장재 주요 생산 업체의 친환경 패키징 현황 예

기업명	패키징	설명
Dell		- 해양 플라스틱을 재활용한 노트북 제조 - 패키징 쓰레기를 최소화하기 위한 3C 패키징 디자인 - 포장재는 대나무, 버섯 등 농업 쓰레기를 활용한 특수재질로 제작

기업명	패키징	설명
REI		- 포장재 가짓수와 부피를 줄이고, 100% 재활용이 가능한 포장재를 사용 - 제품 개발 폴리백을 없애고, 섬유제품을 돌돌 말아서 묶어 패키징
Colgate-Palmolive		- 2025년까지 생산하는 모든 제품의 플라스틱 용기를 재활용이 가능한 제품으로 교체할 예정 - '2020 Packaging Sustainability goals'에 따라 생산하는 제품용기 98%가 PVC-free 제품
PUMA		- 매장 내 샌들 진열 시 사용하는 플라스틱 고리 퇴출 - 생산과정에서 물과 에너지를 최소화하고, 골판지와 재사용 가능한 가방으로 구성된 신발박스 'Clever little bag'을 개발해 사용

자료 : 한국 IR협의회 혁신성장품목분석보고서 [친환경 패키징], 2021. 8

❑ 친환경 패키징은 크게 네 가지의 형태로 개발되고 있다.

❑ 첫 번째로 **재활용 가능 재질로 제작한 패키징**을 들 수 있다. 내용물을 담고 있는 용기를 포함해 제품을 보호하는 포장재, 택배 운반 시 사용하는 상자 및 완충재 등 일회용 제품을 재활용이 가능한 재질을 사용해 제작하고 있다. 스티로폼과 같이 재활용이 불가능하거나 재활용 과정이 까다로운 기존 포장재를 대체하여 폐기물 발생과 비용을 최소화할 수 있는 효과를 얻을 수 있다.

[그림 Ⅰ-33] TemperPack이 재활용 가능한 재질로 제작한 단열 포장지 ClimaCell

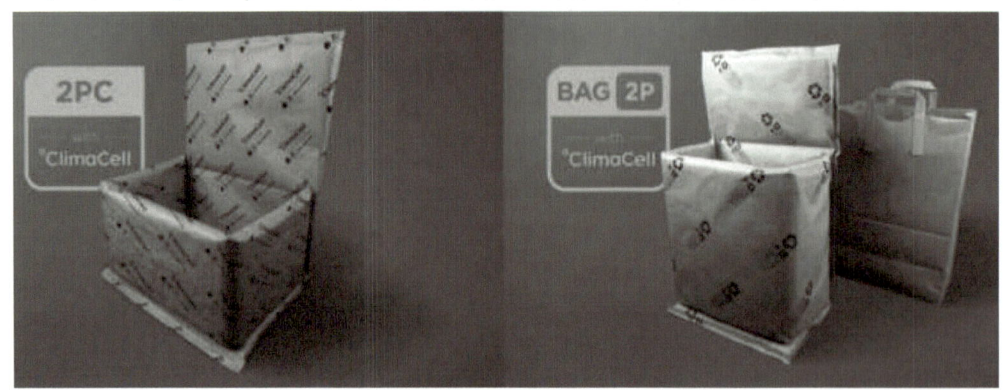

❑ 두 번째는 자연에서 **완전 분해되는 패키징**이다. 최근 옥수수 전분, 대나무 섬유질, 목재 펄프 등 식물성 성분을 이용한 퇴비화 포장재(Compostable package)와 자연에서 생분해되는 포장재(Biodegradable Polymer)를 채택하는 업체가 증가하고 있다. 퇴비화 포장재와 생분해성 포장재는 음식 테이크아웃 용기에 사용하고 있으며, 빨대와 포크, 스푼 등의 제조에도 적용되고 있다.

❑ 세 번째는 제품을 패키징할 때, **사용한 가방이나 용기를 다시 사용할 수 있도록 제작**해 소비자들에게 재사용을 유도한다. 스타벅스는 홀리데이 시즌 음료를 판매하면서 소비자들에게 무료로 홀리데이 한정판 컵을 제작해 나눠주고, 음료를 주문할 때 일회용 컵 대신 사용하면 할인해주는 행사를 진행한다. 이 밖에 상자 바닥을 잘라 접시로 활용하거나 남은 피자를 들고 갈 수 있도록 작은 상자로 만들 수 있는 피자 상자, 제품을 구입할 때 플라스틱백 대신 에코백으로 활용할 수 있는 부직포 가방을 제공하는 것 등이 있다.

[그림 Ⅰ-34] GreenBox 피자 박스와 Lululemon의 부직포 쇼핑백

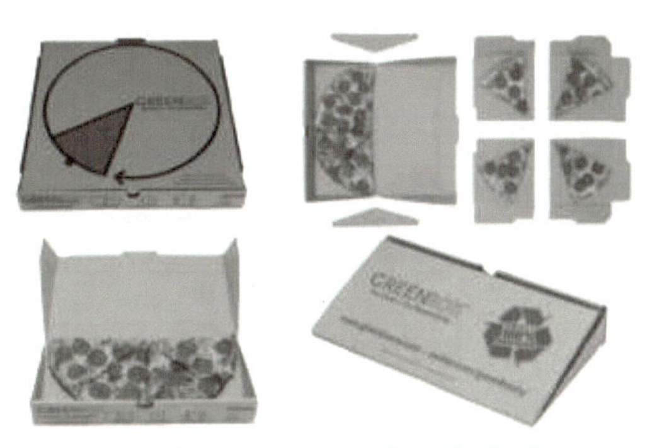

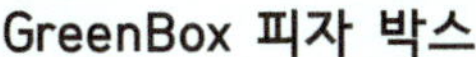

GreenBox 피자 박스 **Lululemon의 부직포 쇼핑백**

자료 : 한국 IR협의회 혁신성장품목분석보고서 [친환경 패키징], 2021. 8

❑ 네 번째는 **친환경 패키지 채택을 소비자에게 알릴 수 있는 패키징**이다. 환경보호에 대한 인식 확산으로 친환경 패키징의 수요도 커지면서 환경오염을 최소화한 패키징 여부도 구매 결정에 중요한 요인으로 작용하고 있다. 따라서 친환경 패키징을 알리는 문구나 용기의 재활용 방법 등을 삽입한 패키지가 증가하고 있다.

(2) 해외 친환경 패키징 관련 기업 현황

❑ 친환경 패키징 기술은 다양한 산업에서 활용되고 있던 포장재 및 소재들을 대체하는 방향으로 빠르게 적용되고 있다. 글로벌 대기업들은 자체적으로 친환경 소재를 개발하거나 개발하고 있는 기업의 인수, 협업 및 기술 도입을 통하여 친환경 패키징 시장을 이끌어나가고 있다.

[도표 Ⅰ-53] 친환경 패키징 세계 주요 업체 동향

기업명	개발/사업화 현황
Coca-cola Amati	◇ 세계 최초로 폐페트병을 재활용한 페트병 출시
PepsiCo	◇ 필요할 때마다 밀봉 가능하며 재활용되는 알루미늄 캔 개발 ◇ 2021년 글로벌 혁신 친환경패키징으로 선정
Tod & Co Realty	◇ 라임루프(LimeLoop)라는 스타트업이 개발한 패키징 시스템 사용 ◇ 상품 주문 시 옵션으로 '재사용 포장재'를 선택하면 상품이 빌보드로 재생한 경량 방수 재질의 비닐 파우치에 담겨 배송
Amazon	◇ 간단하고 재활용 가능한 패키징 프로그램(Frustration-free packaging program) 운영 중

❑ 해외의 경우, 친환경 패키징 기술의 개발 및 사업화를 수행하고 있는 기업으로 Dell, REI, Colgate-Palmolive, Puma, Coca-cola Amati, PepsiCo, Tod & Co Realty, Amazon 등이 있고, 친환경 포장재의 활용 및 플라스틱의 사용량 감소에 대한 제품 개발 및 사업화 진행이 두드러지게 나타나고 있으며, 친환경 소재 개발에 지속적인 투자가 이루어지고 있다.

(3) 국내 친환경 패키징 관련 기업 현황

❑ 국내의 경우, 화학 기반의 대기업을 중심으로 친환경 소재가 개발되고 있으며, 다양한 친환경 소재가 시장에 진입하지 못한 실정이다. 다만, 기존의 플라스틱, 스티로폼 소재를 종이 소재로 대체하는데 주력하고 있으며, 유통 중심의 기업들이 이러한 흐름에 앞장서고 있다.

[도표 Ⅰ-54] 친환경 패키징 주요 코스닥 기업 현황(국내)

기업명	개발/사업화 현황
한국팩키지	◇ 국내 최초 카톤팩 생산 기업
삼륭물산	◇ 산소차단이 가능하여 음료 용기가 가능한 카톤팩 'GB-8'개발
제닉	◇ 친환경 택배 포장재를 도입, 리사이클링이 용이한 용기 개발 및 비건 제품 생산 설비 구축
시노펙스	◇ 모든 종류의 금속에 사용 가능한 고성능 친환경 포장지
펌텍코리아	◇ 종이를 사용한 화장품 용기(Eco tube) 개발, 국내 최초 에코바디스 골드 획득

자료 : 한국 IR협의회 혁신성장품목분석보고서 [친환경 패키징], 2021. 8

(4) 친환경 패키징 산업동향

❑ 산업의 눈부신 성장은 인류에게 편리하고 윤택한 삶을 제공했다. 지난 수십 년간 편리하며 운송에 용이한 형태의 패키징을 위하여 플라스틱 사용을 늘렸으며, 소비자들은 마찬가지로 편한 일회용 패키징 사용에 익숙해져 왔다.

❑ 한편 무분별하게 사용되어진 플라스틱은 환경오염의 주범으로 떠오르며 세계적인 이슈로 부상하였고, 이에 따라 소비자의 친환경 소비에 대한 인식이 증가하며 전체적인 산업 트렌드를 변화시켜 나가고 있다.

❑ 밀레니얼 세대를 중심으로 그린컨슈머들의 친환경 패키징 제품 선호 및 플라스틱 패키징 제품에 대한 거부감이 커지고 있고, 이에 따라 기업들은 플라스틱 대체재를 활용한 친환경 패키징 기술의 개발 및 활용도를 지속적으로 높이고 있다. 대표적으로 종이와 바이오플라스틱의 활용도가 높아지고 있는 것으로 보인다.

가. 세계 포장재 시장

❑ 글로벌 조사업체 Smithers Pira에 따르면, 세계 포장재 시장은 2013년 877조 원 규모에서 연평균 3%의 지속적인 성장에 따라 2018년 1,072조 원 규모를 형성한 것으로 확인된다. 세계적으로 산업 발전에 따른 삶의 질 향상 및 생활 패턴의 변화에 따른 것으로 판단된다. 간편식의 판매가 늘면서 포장재의 수요가 늘었고, 제품 수명 사이클이 지속적으로 짧아져 포장재의 활용이 증가하

였기 때문이다. 또한, 기존 포장재의 환경오염 문제로 인해 지속적으로 다양한 친환경 포장재가 개발되고 있어 지속적인 성장세에 기여할 것으로 판단된다.

[도표 Ⅰ-55] 세계 포장재 시장 성장 추이

(단위: 조 원)

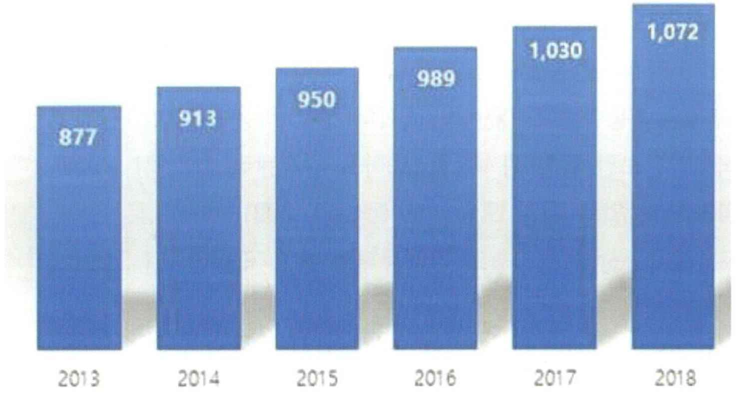

자료 : Smithers Pira(2018), 한국 IR협의회 혁신성장품목분석보고서 [친환경 패키징], 2021. 8

나. 국내 포장재 시장

❑ 한국생산기술연구원 패키징기술센터에 따르면, 국내 포장재 시장은 2010년 16조 원 규모에서 연평균 37% 성장하여 2020년 56조 원 규모로 고속 성장한 것으로 확인된다. 이는 1인 가족, 핵가족, 맞벌이 가족의 증가, 고령화, 개인의 여가시간 충족 등 매우 다양한 사회 변화에 따른 것으로 분석되고, 특히 가정간편식(HMR)의 인기가 증가하면서 식품 패키징 산업이 매우 가파르게 성장하였기 때문인 것으로 분석된다.

[도표 Ⅰ-56] 국내 포장재 시장 성장 추이

(단위: 조 원)

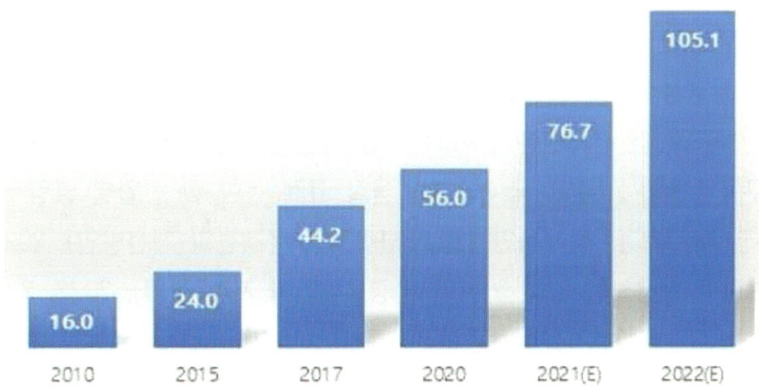

❑ 한국농식품유통교육원 유통연구소에 따르면, 국내 가정간편식 시장은 2010년 9,000억 원 규모에서 연평균 16%로 급속도로 성장하여 2020년 3조 9,228억 원 규모의 시장을 형성한 것으로 확인된다.

자료 출처(참고문헌 및 보고서)

관계부처합동 [제2차 환경보건종합계획(2021~2030)], 2020. 12
환경부 보도자료 [제2차 환경보건종합계획 본격 추진…환경건강 안전망 구축], 2021. 1
ICT플랫폼학회 지능정보기술동향 [AI 기반 빅 데이터 분석 적용 사례 IoT환경보건 기술], 2021. 5
안전보건공단 주요국제안전보건 동향 제488호 [스마트 안전관리 시스템], 2022.
ASTI MARKET INSIGHT [산업용 배관 모니터링 시스템], 2021.
한국재료연구원 보도자료 [국산 센서기술로 유해물질의 공포 극복한다!], 2022. 4

KIST 청정대기센터 미세먼지 인사이트 [입자상 유기독성물질 측정분석 및 자료해석], 2022. 3
KIST 청정대기센터 미세먼지 인사이트 [미세먼지 저감을 위한 측정기술의 역할], 2022. 7
한국환경연구원 [미세먼지 통합관리 전략 수립 연구], 2021. 12
KIST 청정대기센터 미세먼지 인사이트 [나노 미세먼지(Ultrafine particle) 관리의 중요성], 2022. 8
KIST 청정대기센터 미세먼지 인사이트 [환경위성 현황과 위성기반 미세먼지 관측], 2022. 4
중소벤처기업부, TIPA 중소기업 기술국산화 전략품목 상세분석 2022-2024 [그린에너지편], 2022.
차세대융합기술학회논문지 Vol.6, No.1 [복합센서와 공조기반에서 지능형 실내공기질 관리 시스템 개발], 2022.
한국가시화정보학회지 Vol.20, No.1 [휴대용 실내 미세먼지 농도 측정 장치 개발], 2022.
한국표준과학연구원 보도자료 [미세먼지 유해성분 측정부터 발생원 추적까지…], 2022. 3
연구개발특구진흥재단 [배기가스 정화 촉매 시장], 2021. 5

한국지하수토양환경학회지 Vol.25 [라돈가스의 문제점과 사례분석을 통한 해결방안], 2020.
안전보건공단 연구보고서 [산업안전보건법상의 석면관리제도 발전방향 연구], 2021. 11
한국화재소방학회 논문지 제34권 제6호 [화재조사현장 호흡가스 유해물질 분석 기초연구], 2020.
한국환경보건학회지 [환경성질환과 환경유해인자의 연관성을 규명하기 위한 독성 연구 고찰], 2021.
공기청정기술 제34권 제3호 [환경보건분야 AIoT 기술 기반 디지털트윈 시스템적용], 2021. 9
국회예산정책처 연구용역보고서 [주요 국내외 화학물질 규제 동향 및 산업별 영향 조사], 2022. 1
형사법의 신동향 통권 제73호 [화학제품안전법 처벌규정의 문제점과 개선방안], 2021. 12
환경부 보도자료 [어린이 환경보건 강화를 위해 환경유해인자 저감 협력], 2022. 7
한국산업보건학회지 제30권 제3호 [물질안전보건자료 대상물질의 유해성 분류기준 적용 연구], 2020.

경기연구원 이슈&진단 No.498 [화학 노출 사고로부터 안전은 위험지역 설정], 2022. 5
한국화학연구원 화학소재정보은행 심층보고서 [유해화학물질 사고대응 현황 및 동향], 2021. 1
국립재난안전연구원 재난 안전 2021년 제23권 제4호(통권 제93호), 2021.
한국화학연구원 화학소재정보은행 심층보고서 [유해화학물질 사고대응 현황 및 동향], 2021. 1

안전보건공단 연구보고서 [화학물질의 누출특성을 고려한 위험장소 설정기준 개선방안 연구], 2021. 11
중소벤처기업부, TIPA 중소기업 전략기술로드맵 2022-2024 [재난/안전 편]
인천광역시 보도자료 [인천남동산단 화학사고 24시간 원격 모니터링], 2022. 3
ASTI MARKET INSIGHT [가스 센서], 2021.
세라미스트 제24권 제2호 [WO_3 기반 가스 센서의 감응 특성 향상 연구 동향], 2021. 6
한국산업보건학회지 제32권 제1호 [사물인터넷 기술을 이용한 가스상 물질 측정용 스마트센서 개발과 향후과제], 2022.

환경부 보도자료 [국민 몸속 환경유해물질 농도… 3년 전보다 대부분 감소], 2021. 12
식품의약안전처 보도자료 [국내 유통식품 미세플라스틱 오염수준 조사 결과], 2022. 3
식품의약안전처 보도자료 [생활 속 유해물질 통합 위해성 평가 결과발표], 2022. 4
과학기술정책 제4권 제1호 [상·하수도에 존재하는 미량의약물질 모니터링 현황과 개선 방향], 2021. 6
상하수도학회지 제36권 제2호 [미량오염물질 관리를 위한 산화 및 흡착 기반
하수 방류수 강화처리 기술의 연구 동향 및 시사점], 2022
한국환경연구원 [해양수송의 친환경·저탄소 전환에 따른 신형 해양오염사고 대비·대응 정책 연구], 2022.

자원리싸이클링 제29권 제5호 [미세플라스틱 처리를 위한 연구동향], 2020.
한국환경연구원 [미세플라스틱의 건강 피해 저감 연구(Ⅲ)], 2021. 12
Korean Chem. Eng. Res., Vol.59 No.3 [수환경 내 미세플라스틱 검출분석법 최신 동향 연구], 2021.
생명과학회지 Vol.31 No.4 [Microplastics in the Marine Environment and Their Impacts on Human Health], 2021.
대한조선학회지 Volume 59 [해안가 미세플라스틱 수거 기술개발 소개], 2022.

한국과학기술기획평가원 브리프 [바이오플라스틱], 2022. 8
한국바이오협회 BIO ECONOMY BRIEF Issue 87 [바이오플라스틱 시장 동향], 2020.
한국바이오협회 BIO ECONOMY BRIEF Issue160 [지속가능성을 위한 친환경 바이오 플라스틱 산업 동향], 2022.
ASTI MARKET INSIGHT [바이오플라스틱, 탄소중립 선도로 지속가능 사회 구축], 2021
중소벤처기업부, TIPA 중소기업 기술국산화 전략품목 상세분석 2022-2024 [미래소재편], 2022.
한국산업기술평가관리원 PD ISSUE REPORT [친환경 라이오셀(Lyocell) 섬유 산업동향], 2021. 12
한국산업기술평가관리원 PD ISSUE REPORT [자원순환 화학재생 섬유 기술동향 및 전망], 2021. 7
삼일 PwC 경영연구원 Insight Research [순환경제로의 전환과 대응전략], 2022. 4
세라미스트 제25권 제2호 [촉매를 이용한 폐플라스틱의 고부가가치 화합물로의 업사이클링 전환], 2022.
공업화학 전망 제24권 제2호 [폐플라스틱 촉매 열분해를 통한 재생 연료 및 화학제품 생산 기술 연구동향], 2021.
BRIC View 동향리포트 [미생물을 활용한 플라스틱 생물학적 분해 동향], 2021.
중소벤처기업부, TIPA 중소기업 전략기술로드맵 2022-2024 [자원순환 및 에너지 재활용 편], 2022.
한국 IR협의회 혁신성장품목분석보고서 [플라스틱 업사이클링], 2021. 7
한국 IR협의회 혁신성장품목분석보고서 [친환경 패키징], 2021. 8

환경유해인자 감시·저감관리 대응기술
-미세먼지/유해화학물질/미세플라스틱-

2022년 10월 04일 인쇄
2022년 10월 11일 발행

편 찬 : R&D정보센터
편저자 : 금 혜 란
발행처 : 지식산업정보원
발행인 : 손 명 하

서울특별시 금천구 디지털로 121
에이스 가산타워 1310호
전화 : 02-523-3070, 팩스 : 02-742-0390
등록번호 제313-2011-62호 (1989.01.20)

www.knin.co.kr

ISBN 979-11-5862-221-3 93500 정가380,000원